Online-Version inklusive!

Stellen Sie dieses Buch jetzt in Ihre „digitale Bibliothek" in der NWB Datenbank und nutzen Sie Ihre Vorteile:

- Ob am Arbeitsplatz, zu Hause oder unterwegs: Die Online-Version dieses Buches können Sie jederzeit und überall da nutzen, wo Sie Zugang zu einem mit dem Internet verbundenen PC haben.
- Die praktischen Recherchefunktionen der NWB Datenbank erleichtern Ihnen die gezielte Suche nach bestimmten Inhalten und Fragestellungen.
- Die Anlage Ihrer persönlichen „digitalen Bibliothek" und deren Nutzung in der NWB Datenbank online ist kostenlos. Sie müssen dazu nicht Abonnent der Datenbank sein.

Ihr Freischaltcode: CFCNQCKASXAGLXGKLDSNLE

Lüdenbach/Christian, IFRS Essentials

So einfach geht's:

1. Rufen Sie im Internet die Seite **www.nwb.de/go/online-buch** auf.
2. Geben Sie Ihren Freischaltcode in Großbuchstaben ein und folgen Sie dem Anmeldedialog.
3. Fertig!

Alternativ können Sie auch den Barcode direkt mit der **NWB Mobile** App einscannen und so Ihr Produkt freischalten! Die NWB Mobile App gibt es für iOS, Android und Windows Phone!

Die NWB Datenbank – alle digitalen Inhalte aus unserem Verlagsprogramm in einem System.

www.nwb.de

NWB Studium Betriebswirtschaft

IFRS Essentials

Regeln · Fälle · Lösungen

- Mehr als 50 % Beispiele
- Verständlicher Sprachstil
- Praxisrelevante Bilanzierungsfragen

Von

WP/StB Dr. Norbert Lüdenbach

Dr. Dieter Christian

3., vollständig überarbeitete Auflage

nwb STUDIUM

Kein Produkt ist so gut, dass es nicht noch verbessert werden könnte. Ihre Meinung ist uns wichtig! Was gefällt Ihnen gut? Was können wir in Ihren Augen noch verbessern? Bitte verwenden Sie für Ihr Feedback einfach unser Online-Formular auf:

www.nwb.de/go/feedback_bwl

Als kleines Dankeschön verlosen wir unter allen Teilnehmern einmal pro Quartal ein Buchgeschenk.

ISBN 978-3-482-**59833**-3

3., vollständig überarbeitete Auflage 2015

Satz: Griebsch & Rochol Druck GmbH & Co. KG, Hamm
Druck: medienHaus Plump GmbH, Rheinbreitbach

VORWORT

Am Markt für IFRS-Publikationen gibt es eine Reihe größtenteils gelungener, mehrere 1.000 Seiten langer Kommentare, deren Lektüre enorme Zeit und teilweise auch Vorwissen voraussetzt. Diese sind zwar für Experten von Interesse, werden aber den Umfang, den viele Anwender oder Studierende benötigen, bei Weitem übersteigen. Der Titel „Essentials" soll hier signalisieren, dass der Leser es nicht mit einer Enzyklopädie zu tun hat, sondern mit einem Buch, das die wichtigen, d. h. **essenziellen IFRS-Themen** schildert. Dabei wird eben nicht überall bis ins letzte – für viele Leser gar nicht interessante – Detail gegangen.

Andererseits führt der Titel zu einer Abgrenzung von Büchern, die „IFRS in ein paar Tagen" oder Ähnliches versprechen und nicht die Tiefe aufweisen, die viele benötigen.

Es handelt sich somit um ein Buch mittlerer Länge, das qualitativ auf ein ausgewogenes Verhältnis von „Theorie" (**Darstellung der Regeln**) und „Praxis" (**Anwendung anhand von Fällen**) zielt. Ziel der Autoren war es somit, ein Übungsbuch zu schaffen, das Theorie und Praxis didaktisch optimal verknüpft und sich somit darum bemüht, Probleme sowie deren Lösung in kurzen, einfachen und verständlichen Worten auf den Punkt zu bringen. Grammatikalische Hochseilakrobatik wird ebenso vermieden wie der Versuch, sich einer Lösung über fünf Ecken zu nähern.

Das entstandene Werk ist auch an **Universitäten** und in **anderen Bildungseinrichtungen** einsetzbar. Studenten oder in der Vorbereitung auf ein Berufsexamen befindlichen Kollegen wird ein schneller, aber fundierter Einstieg in die IFRS oder in ausgewählte IFRS-Themen ermöglicht. Es empfiehlt sich aber auch für **Praktiker** im betrieblichen Rechnungswesen bzw. Controlling sowie für Mitarbeiter von Wirtschaftstreuhandkanzleien zur Vertiefung und Übung des bereits vorhandenen Wissens. Das Buch ist durch die umfangreichen Erklärungen auch optimal für das Selbststudium geeignet.

In die vorliegende 3. Auflage des Buches wurden alle relevanten Rechtsänderungen eingearbeitet, welche vom IASB bis Ende April 2015 verabschiedet wurden.

Die **englische Übersetzung** des vorliegenden Buches, welche weltweit vermarktet wird, kann beim Verlag Wiley bestellt werden.

Düsseldorf und Wien,
im Mai 2015

Norbert Lüdenbach
Dieter Christian

INHALTSVERZEICHNIS

ABKÜRZUNGSVERZEICHNIS

A

ABS	*asset-backed security*, forderungsbesichertes Wertpapier
Abs.	Absatz
abzgl.	abzüglich
AG	Aktiengesellschaft/Application Guidance, Anwendungsleitlinien
AICPA	American Institute of Certified Public Accountants
AK	Anschaffungskosten
akt.	aktuarisch, versicherungsmathematisch
AktG	Aktiengesetz
a. F.	alte Fassung
APB	Accounting Principles Board (des AICPA, Vorgänger des FASB)
ARGE	Arbeitsgemeinschaft
Aufl.	Auflage

B

BB	Betriebs-Berater (Zeitschrift)
BC	Basis for Conclusions, Grundlage für Schlussfolgerungen
Bsp.	Beispiel
bspw.	beispielsweise
bzw.	beziehungsweise

C

CAD	Kanadische(r) Dollar
CAPM	Capital Asset Pricing Model
CNY	Chinesischer Yuan Renminbi

D

d. h.	das heißt
DB	Der Betrieb (Zeitschrift)
DRSC	Deutsches Rechnungslegungs Standards Committee

E

EBIT	Earnings before interest and taxes (Periodenerfolg von Zinsen und Steuern)
EBITDA	Earnings before interest, taxes, depreciation and amortisation (= Periodenerfolg vor Zinsen, Steuern und planmäßigen Abschreibungen)
EFRAG	European Financial Reporting Advisory Group
EITF	Emerging Issues Task Force (US-GAAP)
EK	Eigenkapital
EK-Methode	Eigenkapitalmethode

EURIBOR	European Interbank Offered Rate (Referenzzinssatz)
exkl.	exklusive

F

f./ff.	folgende/fortfolgende
FASB	Financial Accounting Standards Board (US-GAAP)
FIFO	First in – first out
FK	Fremdkapital

G

GE	Geldeinheit(en)
gem.	gemäß
GGE	Geldgenerierende Einheit(en)
ggf.	gegebenenfalls
gl. A.	gleicher Ansicht
GmbH	Gesellschaft mit beschränkter Haftung
GuV	Separate Gewinn- und Verlustrechnung bzw. jener Teil einer umfassenden Gesamtergebnisrechnung, welcher die Bestandteile des Periodenerfolgs zeigt

H

HGB	(deutsches) Handelsgesetzbuch
h. M.	herrschende(r) Meinung

I

i	Zinssatz *(interest rate)*
i. d. F.	in der Folge, in der Fassung
i. d. R.	in der Regel
i. e. S.	im engeren Sinne
i. H.	in Höhe
i. S.	im Sinne
i. V. mit	in Verbindung mit
i. w. S.	im weiteren Sinne
i. Z.	im Zusammenhang
IAS	International Accounting Standard
IASB	International Accounting Standards Board
ICAEW	Institute of Chartered Accountants in England and Wales
IDW	Institut der Wirtschaftsprüfer
IE	Illustrative Examples, Erläuternde Beispiele
IFRIC	International Financial Reporting Interpretations Committee
IFRS	International Financial Reporting Standard(s)
IG	Guidance on Implementing, Umsetzungsleitlinien
IN	Introduction (Einleitung eines IFRS)
inkl.	inklusive
IRZ	Zeitschrift für internationale Rechnungslegung

J

JPY	Japanische(r) Yen

K

Kap.	Kapitel
KG	Kommanditgesellschaft
km	Kilometer
KoR	Zeitschrift für internationale und kapitalmarktorientierte Rechnungslegung
kum.	kumuliert(e)
KWG	(Deutsches) Kreditwesengesetz

L

L+L	Lieferungen und Leistungen
lt.	laut

M

m. w. N.	mit weiteren Nachweisen
Mio.	Million(en)

N

n. a.	nicht anwendbar
n. F.	neue Fassung
nbA	nicht beherrschende Anteile
ND	Nutzungsdauer

O

OB	Objective (Kapitel 1 „Das Ziel der universellen Finanzberichterstattung" des Rahmenkonzepts)

P

p. a.	pro anno, pro Jahr, jährlich
PiR	Praxis der internationalen Rechnungslegung (Zeitschrift)
p. m.	pro Monat
PoC-Methode	percantage-of-completion-method (Teilgewinnrealisierung)
PRA	Passive Rechnungsabgrenzung

Q

QC	Qualitative characteristics (Kapitel 3 „Qualitative Eigenschaften nützlicher Finanzieller Informationen" des Rahmenkonzepts)

R

R.	Rahmenkonzept
RBF	Rentenbarwertfaktor

ROI	Return on Investment (Gesamtkapital = Rentabilität)
RWZ	Zeitschrift für Recht und Rechnungswesen
Rz.	Randzahl

S

S	Steuersatz
SIC	Standing Interpretations Committee
So.	Sonstige(-r, -s)
sog.	sogenannte(n)
sonst.	sonstiges
Std.	Stunden
Stk.	Stück
strl.	steuerlich, steuerrechtlich
StuB	Steuern und Bilanzen (Zeitschrift)

T

Tz.	Teilzahl

U

u.	und
u. Ä.	und Ähnliches
u. E.	unseres Erachtens
UGB	Unternehmensgesetzbuch (österreichisches Pendant zum deutschen Handelsgesetzbuch)
u. U.	unter Umständen
US GAAP	United States Generally Accepted Accounting Principles
USt	Umsatzsteuer
usw.	und so weiter

V

v.	von
vgl.	vergleiche
vs.	versus

W

WACC	gewichteter durchschnittlicher Kapitalkostenersatz (*weighted average cost of capital*)
WPg	Die Wirtschaftsprüfung (Zeitschrift)

Z

ZGE	Zahlungsmittelgenerierende Einheit
zzgl.	zuzüglich

Rahmenkonzept

1. Einleitung

Das Rahmenkonzept legt die Konzeptionen fest, die der Erstellung und Darstellung von Abschlüssen für externe Benutzer (externe Adressaten) zugrunde liegen (Rahmenkonzept, Abschnitt „Zweck und Status"). Das Verhältnis des Rahmenkonzepts zu den einzelnen IFRS stellt sich wie folgt dar:

- Im Falle von **Regelungslücken** hat die Unternehmensleitung eine Bilanzierungsmethode zu entwickeln. Diese Bilanzierungsmethode muss mit dem Rahmenkonzept verträglich sein, wenn keine Vorschriften in den einzelnen IFRS existieren, die sich mit ähnlichen und verwandten Fragen beschäftigen (IAS 8.11).
- In gewissen Fällen kann es zu einem **Konflikt** zwischen den Vorschriften des **Rahmenkonzepts** und jenen eines **Standards** kommen. In solchen Fällen haben die Vorschriften des Standards Vorrang vor jenen des Rahmenkonzepts (Rahmenkonzept, Abschnitt „Zweck und Status").

2. Das Ziel der universellen Finanzberichterstattung

Die Zielsetzung der universellen Finanzberichterstattung besteht darin, **finanzielle Informationen** über das berichtende Unternehmen bereitzustellen, die für bestehende und potenzielle Investoren sowie für Gläubiger **nützlich** sind, wenn es darum geht, über die Bereitstellung von Ressourcen an das Unternehmen zu **entscheiden** (z. B. Gewährung eines Darlehens an das Unternehmen oder Kauf von Eigenkapitalinstrumenten des Unternehmens) (OB 2).

Vorhandene und potenzielle Investoren sowie Gläubiger sind die Hauptadressaten von universellen Finanzberichten (OB 5). Sie benötigen hilfreiche Informationen, um die künftigen Geldflüsse des zu beurteilenden Unternehmens abschätzen zu können. Normalerweise werden universelle Finanzberichte nicht primär für die Verwendung durch die Unternehmensführung, Regulatoren oder andere Mitglieder der Öffentlichkeit erstellt. Dennoch können auch für diese Personengruppen universelle Finanzberichte nützlich sein (OB 9 f.).

Universelle Finanzberichte zielen nicht darauf ab, den Wert des berichtenden Unternehmens anzuzeigen. Stattdessen helfen sie den Hauptadressaten bei der Schätzung dieses Wertes (OB 7).

Änderungen der Ressourcen des berichtenden Unternehmens und Ansprüche gegen das Unternehmen resultieren einerseits aus seiner **finanziellen Leistung** (*financial performance*) und andererseits aus **weiteren Ereignissen oder Geschäften** wie der Emission von Eigenkapital- und Schuldinstrumenten. Um die künftigen Zahlungen des Unternehmens korrekt beurteilen zu können, müssen die Nutzer dazu in der Lage sein, diese beiden Arten von Änderungen voneinander zu unterscheiden (OB 15).

Die Erstellung von Jahresabschlüssen basiert auf dem Grundsatz der **Periodenabgrenzung**. Dadurch werden die Auswirkungen von Geschäften sowie anderen Ereignissen und Umständen auf die wirtschaftlichen Ressourcen des berichtenden Unternehmens und auf die Ansprüche gegenüber dem Unternehmen in jenen Perioden dargestellt, in denen diese Auswirkungen eintreten – und zwar selbst dann, wenn die resultierenden Ein- und Auszahlungen in einer anderen Periode erfolgen) (OB 17). Die Erstellung einer Geldflussrechnung basiert allerdings nicht auf dem Grundsatz der Periodenabgrenzung (IAS 7).

3. Grundsatz der Unternehmensfortführung

Abschlüsse basieren normalerweise auf der Annahme der Unternehmensfortführung für die absehbare Zukunft. Somit wird angenommen, dass das Unternehmen weder die Absicht hat, noch dazu gezwungen ist, seine Tätigkeiten einzustellen oder deren Umfang wesentlich einzuschränken. Wenn hingegen eine solche Absicht bzw. ein solcher Zwang existiert, so muss der Abschluss ggf. auf einer anderen Grundlage aufgestellt werden, die dann anzugeben ist (R. 4.1).

4. Qualitative Eigenschaften nützlicher finanzieller Informationen

4.1 Überblick

Die Zielsetzung der universellen Finanzberichterstattung (s. Kapitel 2) wird im Rahmenkonzept sehr allgemein formuliert. Daher nimmt das IASB dazu Stellung, wie diese Zielsetzung erreicht werden kann. Die i. d. F. beschriebenen qualitativen Eigenschaften nützlicher finanzieller Informationen identifizieren die Arten von Information, die voraussichtlich für bestehende und potenzielle Investoren sowie für die Gläubiger am nützlichsten sein werden – und zwar zum Zwecke des Treffens von Entscheidungen über das berichtende Unternehmen auf der Grundlage seines Finanzberichtes) (QC 1). Die folgende Abbildung gibt einen Überblick über die qualitativen Eigenschaften:[1]

1 Vgl. *KPMG*, Briefing Sheet, Conceptual Framework for Financial Reporting: Kap. 1 und 3, Oktober 2010, Nr. 213.

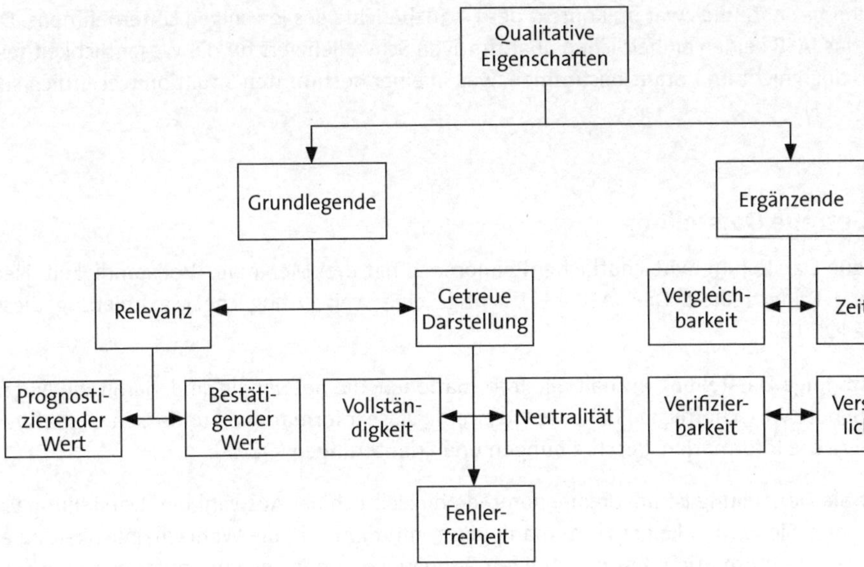

4.2 Grundlegende qualitative Eigenschaften

Um nützlich zu sein, müssen finanzielle Informationen sowohl relevant sein, als auch getreu dargestellt werden (QC 4 und QC 17).

4.2.1 Relevanz

Finanzielle Informationen sind relevant, wenn sie **bei den Nutzern** des Abschlusses **zu unterschiedlichen Entscheidungen führen können** (QC 6). Finanzielle Informationen können bei den Entscheidungen einen Unterschied ausmachen, wenn sie prognostizierenden Wert, bestätigenden Wert oder beides aufweisen (QC 7).

Prognostizierender Wert bedeutet, dass die finanzielle Information in Prozesse eingehen kann, die von Nutzern angewandt werden, um künftige Resultate vorherzusagen. Finanzielle Informationen müssen nicht selbst eine Prognose darstellen, um prognostizierenden Wert aufzuweisen. Stattdessen werden finanzielle Informationen mit prognostizierendem Wert von Nutzern im Rahmen ihrer eigenen Prognosen verwendet (QC 8). **Bestätigender Wert** meint, dass die finanzielle Information Rückmeldung über frühere Einschätzungen gibt (diese also bestätigt oder ändert) (QC 9).

Zwischen dem prognostizierenden Wert und dem bestätigenden Wert besteht ein Zusammenhang. Eine finanzielle Information, die einen vorhersagenden Wert aufweist, hat oft auch einen bestätigenden Wert (QC 10).

Eine finanzielle Information über ein bestimmtes berichtendes Unternehmen ist wesentlich, wenn ihr Weglassen oder ihre falsche Darstellung die Entscheidungen der Nutzer beeinflussen könnte. Mit anderen Worten: Die **Wesentlichkeit** ein unternehmensspezifischer Aspekt der Relevanz, der auf der Größe oder der Art (oder von beiden) der Elemente basiert, auf die sich die Information bezieht, und zwar im Kontext des Finanzberichts des jeweiligen Unternehmens. Daher kann das IASB keinen einheitlichen quantitativen Schwellenwert für die Wesentlichkeit festlegen und auch nicht im Voraus bestimmen, was in einer bestimmten Situation wesentlich sein könnte (QC 11).

4.2.2 Getreue Darstellung

Eine getreue Darstellung wirtschaftlicher Phänomene hat drei Merkmale: Vollständigkeit, Neutralität und Fehlerfreiheit. Das IASB beabsichtigt eine weitestmögliche Maximierung dieser Merkmale (QC 12).

Eine **vollständige** Darstellung enthält alle Informationen, die notwendig sind, damit ein Nutzer das abgebildete wirtschaftliche Phänomen versteht. Diese Informationen umfassen die notwendige numerische Information, Beschreibungen und Erläuterungen (QC 13).

Eine **neutrale** Darstellung ist unvoreingenommen hinsichtlich der Auswahl und Darstellung von Informationen. Sie wird in keiner Form manipuliert, mit dem Ziel, die Wahrscheinlichkeit zu erhöhen, dass die Information von den Nutzern wohlwollend oder negativ aufgenommen wird (QC 14).

Fehlerfrei bedeutet, dass keine Fehler oder Auslassungen bei der Beschreibung eines wirtschaftlichen Phänomens vorkommen. Darüber hinaus muss der Prozess zur Generierung der Information ohne Fehler im Prozess ausgewählt und angewandt werden. Allerdings bedeutet fehlerfrei nicht „völlig genau in jeder Hinsicht". So existieren etwa bei der Schätzung eines nicht beobachtbaren Preises oder Wertes stets gewisse Unsicherheiten (QC 15).

Der Grundsatz der getreuen Darstellung **umfasst nicht das Vorsichtsprinzip**. Letzteres wurde nämlich als Widerspruch zum Grundsatz der Neutralität betrachtet (R. BC 3.19 und BC 3.27 f.).

Im Rahmenkonzept stellt der Grundsatz der **wirtschaftlichen Betrachtungsweise** (*substance over form*) keine separate Komponente des Grundsatzes der getreuen Darstellung dar, da dies überflüssig wäre. Die Darstellung der rechtlichen Form eines wirtschaftlichen Phänomens, welche von dessen wirtschaftlichem Gehalt abweicht, kann nämlich nicht zu einer getreuen Darstellung führen. Daher impliziert eine getreue Darstellung, dass die finanzielle Information den wirtschaftlichen Gehalt eines wirtschaftlichen Phänomens darstellt und nicht lediglich dessen rechtliche Form (R. BC 3.19 und BC 3.26). Somit ist der Grundsatz der wirtschaftlichen Betrachtungsweise in den IFRS ein wichtiger Grundsatz. I. d. F. werden Beispiele für die Anwendung des Grundsatzes der wirtschaftlichen Betrachtungsweise in Bezug auf die Erlösrealisierung beim Verkauf von Waren diskutiert:

- Die Frage, ob der Verkäufer von Waren bereits Erlöse einzubuchen hat, hängt nicht vom Übergang des rechtlichen, sondern des wirtschaftlichen Eigentums ab (wirtschaftliche Betrachtungsweise). So erfasst der Verkäufer etwa bei Verkauf unter **Eigentumsvorbehalt** die Erlöse, sofern die Verfügungsmacht übertragen wird (IFRS 15.38b). Der Verkäufer von Waren erfasst somit die Erlöse bei Verlust des wirtschaftlichen Eigentums. U. E. hat der Käufer von Waren diese analog bei Erlangung des wirtschaftlichen Eigentums zu erfassen.

- Ein weiterer Anwendungsfall sind **Verkaufskommissionsgeschäfte**. Dabei übernimmt es der Kommissionär gewerbsmäßig, Waren für Rechnung eines anderen (des Kommittenten) in eigenem Namen zu verkaufen (§ 383 Abs. 1 HGB). Als Entgelt erhält der Kommissionär dafür vom Kommittent eine Provision. Bei solchen Geschäften stellt sich die Frage, ob der **Kommissionär** lediglich seine Provision als Umsatzerlös darzustellen hat oder den gesamten Verkaufspreis der Ware. Aufgrund der wirtschaftlichen Betrachtungsweise ist ersteres der Fall. Der Kommissionär weist auch nicht die Waren in seiner Bilanz aus, da er nicht wirtschaftlicher Eigentümer wird. Der **Kommittent** weist seinen Erlös mit Übertragung des wirtschaftlichen Eigentums bei Verkauf an den Dritten aus (IFRS 15.B77).
- Die soeben für Verkaufskommissionsgeschäfte dargestellte Vorgehensweise gilt auch für die **wirtschaftliche Verkaufskommission**, d. h. für Geschäfte, die einer Verkaufskommission ähnlich sind. Ob ein Unternehmen in eigener Sache (d. h. als Prinzipal) oder in fremder Sache (d. h. als Agent, z. B. als Quasi-Verkaufskommissionär) handelt, erfordert eine Würdigung aller relevanten Fakten und Umstände. Die folgenden **Indikatoren** deuten auf ein **Handeln als Agent** hin (IFRS 15.B37):
  - Ein anderes Unternehmen hat die primäre Verantwortung für die Vertragserfüllung (ist etwa für deren ordnungs- und vertragsgemäßen Zustand verantwortlich und trägt – mindestens im Innenverhältnis – das Gewährleistungsrisiko).
  - Das Berichtsunternehmen trägt vor oder nach Eingang des Kundenauftrags, während des Transports oder bei Rückgabe *nicht* das Bestandsrisiko.
  - Das Berichtsunternehmen bestimmt nicht den Absatzpreis der Leistung (weder direkt noch durch auf eigene Rechnung gehendes Angebot wesentlicher kostenloser Zusatzleistungen).
  - Das Entgelt des Unternehmens hat die Form eines feststehenden Provisions- oder Margensatzes.
  - Das Berichtsunternehmen trägt kein auf den Kunden bezogenes Kreditrisiko.

4.3 Ergänzende qualitative Eigenschaften

Die ergänzenden qualitativen Eigenschaften steigern die Nützlichkeit von relevanten und getreu dargestellten Informationen. Allerdings können sie Informationen nicht nützlich machen, wenn diese Informationen nicht relevant sind oder nicht getreu dargestellt werden. Sie können auch bei der Entscheidung helfen, welche von zwei Möglichkeiten zur Darstellung eines wirtschaftlichen Phänomens verwendet werden soll, wenn beide Möglichkeiten in gleichem Maße relevant sind und zu einer getreuen Darstellung führen (QC 19 und QC 33).

Die ergänzenden qualitativen Eigenschaften sollen weitestmöglich maximiert werden. Allerdings kann es notwendig sein, eine ergänzende qualitative Eigenschaft zu reduzieren, um eine andere qualitative Eigenschaft zu maximieren (QC 33 f.).

4.3.1 Vergleichbarkeit

Eine Information über ein berichtendes Unternehmen ist nützlicher, wenn sie mit ähnlichen Informationen über **dasselbe Unternehmen in Bezug auf eine andere Periode** oder ein anderes Datum verglichen werden kann und mit ähnlichen Informationen über **andere Unternehmen** (QC 20).

Der Begriff der **Stetigkeit** ist mit jenem der **Vergleichbarkeit** verwandt, nicht jedoch bedeutungsgleich. Die Stetigkeit bezieht sich auf die Verwendung derselben Methoden für dieselben Dinge und zwar entweder innerhalb einer einzigen Periode bei mehreren Unternehmen oder von Periode zu Periode beim berichtenden Unternehmen. Die Vergleichbarkeit ist das Ziel, während die Stetigkeit zur Erreichung dieses Ziels beiträgt (QC 22).

Das IASB merkt auch an, dass die Zulassung von **verschiedenen Bilanzierungsmethoden** für dasselbe wirtschaftliche Phänomen die Vergleichbarkeit reduziert (QC 25).

4.3.2 Verifizierbarkeit

Verifizierbarkeit bedeutet, dass unterschiedliche sachkundige und unabhängige Beobachter einen Konsens (obgleich nicht notwendigerweise vollständiges Einvernehmen) dahingehend erzielen könnten, dass eine bestimmte Darstellung getreu ist (QC 26).

Eine in Zahlen ausgedrückte Information muss nicht eine Schätzung eines einzigen Betrages darstellen, um verifizierbar zu sein. Eine Bandbreite möglicher Beträge inkl. der zugehörigen Wahrscheinlichkeiten kann auch verifizierbar sein (QC 26).

Unter Umständen ist es erst in einer künftigen Periode möglich (wenn überhaupt), manche Erklärungen und zukunftsbezogenen Informationen zu verifizieren. Um die Nutzer bei der Entscheidung zu unterstützen, ob sie diese Informationen verwenden wollen, ist es normalerweise erforderlich, die zugrundeliegenden Annahmen, die Methoden der Zusammenstellung der Informationen sowie andere Faktoren und Umstände, welche diese Informationen stützen, zu veröffentlichen (QC 28).

4.3.3 Zeitnähe

Zeitnähe bedeutet, dass Informationen den Entscheidungsmachern rechtzeitig zur Verfügung stehen, sodass sie dazu in der Lage sind, deren Entscheidungen zu beeinflussen. Normalerweise sind Informationen weniger nützlich, je älter sie sind (QC 29).

4.3.4 Verständlichkeit

Informationen werden verständlich gemacht, indem sie klassifiziert, charakterisiert und klar und präzise dargestellt werden (QC 30).

Finanzberichte werden für Nutzer erstellt, die hinsichtlich geschäftlicher und wirtschaftlicher Aktivitäten über ein angemessenes Wissen verfügen und zudem die finanziellen Informationen gewissenhaft durchdenken und analysieren. Manchmal können sogar gut informierte und gewissenhafte Nutzer die Unterstützung eines Beraters benötigen, um Informationen über komplexe Phänomene zu verstehen (QC 32).

5. Die Kostenrestriktion hinsichtlich der nützlichen Finanzberichterstattung

Die Kosten stellen eine umfassende Restriktion hinsichtlich der Informationen dar, die durch die Finanzberichterstattung bereitgestellt werden können. Die Offenlegung von Informationen verursacht **Kosten**. Es ist wichtig, dass diese Kosten durch den **Nutzen** der Offenlegung der Informationen gerechtfertigt sind (QC 35). Wenn das IASB im Rahmen der Entwicklung eines Standards die Kostenrestriktion überdenkt, dann beurteilt es daher, ob der Nutzen der Offenlegung einer bestimmten Information voraussichtlich die Kosten der Erhebung und Nutzung dieser Information rechtfertigen wird (QC 38).

6. Die Abschlussposten

6.1 Definitionen

Die **Bilanzposten** werden im Rahmenkonzept folgendermaßen **definiert** (vor allem R. 4.4):

- Ein **Vermögenswert** ist eine Ressource, die vom Unternehmen als Resultat vergangener Ereignisse beherrscht wird und von der erwartet wird, dass dem Unternehmen aus ihr künftiger wirtschaftlicher Nutzen zufließen wird;
- eine **Schuld** ist eine gegenwärtige Verpflichtung des Unternehmens aus vergangenen Ereignissen, von deren Erfüllung erwartet wird, dass vom Unternehmen Ressourcen mit abfließen werden, die wirtschaftlichen Nutzen verkörpern;
- das **Eigenkapital** ist der nach Abzug aller Schulden des Unternehmens verbleibende Restbetrag seiner Vermögenswerte.

Vermögenswerte und Schulden i. S. der obigen Definitionen erscheinen nicht immer in der Bilanz. Voraussetzung für die Aufnahme in die Bilanz ist nämlich, dass die Vermögenswerte und Schulden auch die Ansatzkriterien (s. Kapitel 6.2) erfüllen (R. 4.5).

In weiterer Folge definiert das Rahmenkonzept die **Posten i. Z. mit der Leistung** (*performance*) (R. 4.25):

- **Erträge** stellen Zunahmen des wirtschaftlichen Nutzens innerhalb der Berichtsperiode dar, in der Form von Zuflüssen oder Erhöhungen von Vermögenswerten oder Abnahmen von Schulden, die zu Zunahmen des Eigenkapitals führen, aber nicht gesellschaftsrechtlich als Beiträge von Eigenkapitalgebern veranlasst sind;
- **Aufwendungen** stellen entsprechend Abnahmen des wirtschaftlichen Nutzens innerhalb der Berichtsperiode dar.

Aufwendungen und Erträge i. S. der obigen Definitionen erscheinen nicht immer in der Gesamtergebnisrechnung. Voraussetzung für die Aufnahme in die Gesamtergebnisrechnung ist nämlich, dass die Ansatzkriterien (s. Kapitel 6.2) erfüllt werden (R. 4.26).

Erträge (*income*) umfassen sowohl Gewinne (*gains*) (etwa aus dem Abgang von langfristigem Vermögen), als auch Erlöse (*revenues*) (etwa aus dem Verkauf von Handelswaren). Auf der Gegenseite umfassen Aufwendungen sowohl Verluste (*losses*), als auch andere Aufwendungen (*other expenses*) (R. 4.29-4.35).

6.2 Ansatz

Ansatz bedeutet die Erfassung eines Abschlusspostens (s. Kapitel 6.1) in der Bilanz bzw. in der Gesamtergebnisrechnung (R. 4.37).

Ein **Vermögenswert** wird in der Bilanz angesetzt, sofern es wahrscheinlich ist, dass künftiger wirtschaftlicher Nutzen, der mit dem Vermögenswert verbunden ist, dem Unternehmen zufließen wird und wenn der Vermögenswert Kosten hat, die verlässlich bewertet werden können oder einen Wert hat, der verlässlich bewertet werden kann (R. 4.44).

Eine **Schuld** wird in der Bilanz angesetzt, sofern es wahrscheinlich ist, dass Ressourcen, die wirtschaftlichen Nutzen verkörpern, durch die Erfüllung einer gegenwärtigen Verpflichtung abfließen werden und wenn der Betrag, zu dem die Erfüllung erfolgen wird, verlässlich bewertet werden kann (R. 4.46).

Für den Ansatz von Erträgen und Aufwendungen in der Gesamtergebnisrechnung gilt das sog. **Gegenüberstellungsprinzip (*matching principle*)**. Aufwendungen werden in der Gesamtergebnisrechnung auf der Basis einer direkten Verbindung zwischen den angefallenen Kosten und der Erwirtschaftung bestimmter Erträge erfasst. Dies bedeutet, dass eine gleichzeitige bzw. gemeinsame Erfassung von Erträgen und Aufwendungen erfolgt (Gegenüberstellung), die direkt und gemeinsam aus denselben Geschäftsfällen oder anderen Ereignissen resultieren. So wird etwa der Wareneinsatz zum selben Zeitpunkt erfasst, wie die Erlöse aus dem Verkauf der Waren. Die Anwendung des Gegenüberstellungsprinzips erlaubt jedoch nicht den Ansatz von Elementen in der Bilanz, die nicht die Definition von Vermögenswerten oder Schulden erfüllen (R. 4.50).

6.3 Bewertung

Die Bewertung von Bilanzposten ist in den einzelnen Standards geregelt. Der Gegenüberstellung verschiedener Bewertungsmaßstäbe in R. 4.55 kommt praktisch keine Bedeutung zu.

7. Aufgaben mit Lösungen

AUFGABE 1

Relevanz: Prognostizierender Wert und bestätigender Wert

Die X-AG veröffentlicht in ihrem Abschluss zum 31.12.01 Informationen zu ihren Umsatzerlösen des Jahres 01.

Aufgabenstellung

Beurteilen Sie, ob die Informationen der X-AG zu den Umsatzerlösen i. S. des Rahmenkonzepts relevant sind.

Lösungshinweise

Insbesondere Kap. 4.2.1

LÖSUNG

Prognostizierender Wert bedeutet, dass eine finanzielle Information in Prozesse eingehen kann, die von Nutzern angewandt werden, um künftige Resultate vorherzusagen. Finanzielle Informationen müssen nicht selbst eine Prognose darstellen, um prognostizierenden Wert aufzuweisen. Stattdessen werden finanzielle Informationen mit prognostizierendem Wert von Nutzern im Rahmen ihrer eigenen Prognosen verwendet. Die Informationen der X-AG zu ihren Umsatzerlösen für die aktuelle Periode (01) können als Grundlage für die Prognose der Umsatzerlöse in künftigen Perioden verwendet werden. Somit haben sie einen prognostizierenden Wert (QC 8 und QC 10).

Bestätigender Wert bedeutet, dass eine finanzielle Information Rückmeldung über frühere Einschätzungen gibt (d. h. diese bestätigt oder ändert) (QC 9). Die Informationen der X-AG zu ihren Umsatzerlösen für die aktuelle Periode (01) können mit Prognosen vom Umsatzerlösen für das Jahr 01, welche in früheren Perioden erfolgten, verglichen werden. Somit haben sie auch einen bestätigenden Wert (QC 9 f.).

Finanzielle Informationen sind **relevant**, wenn sie prognostizierenden Wert, bestätigenden Wert oder beides aufweisen (QC 6 f.). Nachdem die Informationen der X-AG zu ihren Umsatzerlösen sowohl prognostizierenden Wert, als auch bestätigenden Wert aufweisen, sind sie i. S. des Rahmenkonzepts relevant.

AUFGABE 2

Wirtschaftliche Betrachtungsweise – Eigentumsvorbehalt

Die G-AG (Großhändler) liefert am 31.12.01 Waren unter Eigentumsvorbehalt an die E-AG (Einzelhändler). Durch die Lieferung geht die Verfügungsmacht auf die E-AG über. Die Waren haben bei der G-AG einen Buchwert von GE 4. Der Verkaufspreis beträgt GE 5 und wird erst in 02 bezahlt.

Aufgabenstellung

Nehmen Sie alle in diesem Zusammenhang erforderlichen Buchungen aus der Perspektive (a) der G-AG bzw. (b) der E-AG vor (beide: Bilanzstichtag 31.12.01).

Lösungshinweise

Insbesondere Kap. 4.2.2

LÖSUNG

Allgemeines

Das **wirtschaftliche Eigentum** geht am 31.12.01 ungeachtet des Eigentumsvorbehalts vom Verkäufer auf den Käufer über. Es wurde nämlich die Verfügungsmacht über die Waren übertragen (IFRS 15. 38b).

(a) Perspektive des Verkäufers (G-AG)

Die G-AG hat das wirtschaftliche Eigentum verloren und somit die Kriterien zur Erlösrealisierung erfüllt. Daher sind die Umsatzerlöse zu erfassen. In der Periode der Erlöserfassung ist auch der Wareneinsatz (Materialaufwand) zu erfassen (IAS 2.34).

31.12.01	Forderungen L+L	5,-	
	an Umsatzerlöse		5,-

31.12.01	Materialaufwand	4,-	
	an Handelswaren		4,-

(b) Perspektive des Käufers (E-AG)

Die E-AG erfasst die Waren bei Erlangung des wirtschaftlichen Eigentums.

31.12.01	Handelswaren	5,-	
	an Verbindlichkeiten L+L		5,-

AUFGABE 3

Kommissionsähnliches Geschäft (Wirtschaftliche Verkaufskommission)

Die X-AG betreibt einen Handel im Netz (Internet-Handel). Die Kunden der X-AG zahlen direkt per Kreditkarte. Die Bestellung wird nach der Kreditkartenprüfung automatisch an den Produzenten (die P-AG) weitergeleitet, der die Ware unmittelbar an den Endkunden ausliefert.

Die X-AG ist gegenüber den Endkunden für alle Defekte der Produkte der P-AG verantwortlich. Die P-AG steht allerdings im Innenverhältnis (zwischen der X-AG und der P-AG) für alle Mängel gerade.

Die X-AG erhält für jeden Verkauf eine Provision i. H. von 10 % des an den Endkunden verrechneten Verkaufspreises. Die Verkaufspreise sowie die Verkaufskonditionen werden von der P-AG im Alleingang festgelegt.

Am 07.12.01 hat die X-AG Waren für GE 50 an einen Endkunden verkauft. Alle Zahlungen werden noch am selben Tag abgewickelt.

Aufgabenstellung

Beurteilen Sie, ob die X-AG als Prinzipal oder als Agent tätig ist und nehmen Sie alle im Abschluss der X-AG zum 31.12.01 erforderlichen Buchungen vor.

Lösungshinweise

Insbesondere Kap. 4.2.2

LÖSUNG

Es gilt, zu untersuchen, ob die X-AG in eigener Sache oder als Quasi-Verkaufskommissionär handelt (IFRS 15.B37):

- Die X-AG ist gegenüber den Endkunden für alle Defekte der Produkte der P-AG verantwortlich. Die P-AG steht allerdings im Innenverhältnis (zwischen der X-AG und der P-AG) für alle Mängel gerade. Wirtschaftlich betrachtet hat die X-AG somit keine Verpflichtungen im Hinblick auf mangelhafte oder defekte Waren.
- Die X-AG hat keine Bestandsrisiken, d. h. kein Risiko hinsichtlich einer Reduktion des Wertes der Waren.
- Die Verkaufspreise und -konditionen werden von der P-AG im Alleingang festgelegt. Daher verfügt die X-AG diesbezüglich über keine Freiräume.
- Das Entgelt der X-AG (festgelegter Prozentsatz des dem Endkunden verrechneten Betrags) ist vorbestimmt.
- Durch die Kreditkartenzahlung besteht kein relevantes Kreditrisiko in Bezug auf den Endkunden.

Nach diesen Merkmalen handelt die X-AG kommissionsähnlich, d. h. sie ist ein „Quasi-Verkaufskommissionär" bzw. Agent. Die X-AG weist daher lediglich die Provision als Erlös aus:

07.12.01		Geld	5,-	
	an	Umsatzerlöse		5,-

AUFGABE 4

Ansatz eines immateriellen Vermögenswerts?

Die X-AG hat im Juni 01 einen Betrag von GE 100 für Mitarbeiterschulungen ausgegeben. Die Unternehmensleitung ist der Ansicht, dass die Mitarbeiter dadurch beim Kunden einen kompetenteren Eindruck erwecken werden, was zu einem Anstieg der Umsätze führen wird.

Aufgabenstellung

Beurteilen Sie, ob die Ausgaben für Mitarbeiterschulungen in der IFRS-Bilanz der X-AG zum 31.12.01 als immaterieller Vermögenswert anzusetzen sind. Nehmen Sie dabei auf das Gegenüberstellungsprinzip (*matching principle*) (R. 4.50) Bezug.

Lösungshinweise

Insbesondere Kap. 6.1 und 6.2

LÖSUNG

Nach dem Gegenüberstellungsprinzip (*matching principle*) (R. 4.50) wäre zunächst die folgende Vorgehensweise zu erwägen: Die Ausgaben i. H. von GE 100 werden zunächst als immaterieller Vermögenswert aktiviert. Dieser immaterielle Vermögenswert wird in denselben Perioden erfolgswirksam, in denen die entsprechenden Umsatzsteigerungen eintreten. Somit würden die höheren Umsätze in den gleichen Perioden erfolgswirksam erfasst werden, wie die Schulungsaufwendungen, die notwendig waren, um die höheren Umsätze zu erzielen.

Allerdings darf die Anwendung des Gegenüberstellungsprinzips nicht dazu führen, dass Bilanzposten erfasst werden, die nicht die Definition von Vermögenswerten oder Schulden erfüllen (R. 4.50). Ein Bilanzansatz ist auch dann nicht möglich, wenn ein Vermögenswert nicht die Ansatzkriterien erfüllt.

Somit ist die obige Vorgehensweise (Aktivierung der Schulungsausgaben und aufwandswirksame Erfassung des Aktivpostens bei Eintritt der Umsatzsteigerungen) nicht zulässig. Die Schulungsausgaben stellen nämlich keinen immateriellen Vermögenswert dar, der die Ansatzkriterien erfüllt (IAS 38.69b). Daher sind sie im Juni 01 erfolgswirksam zu erfassen.

IAS 1 Darstellung des Abschlusses

1. Einleitung und Anwendungsbereich

Der vorrangig Fragen der Darstellung bzw. des Ausweises betreffende Standard kann in **drei große Bereiche** untergliedert werden:

- Allgemeine, über Ausweisfragen hinausgehende Vorgaben (z. B. Grundsatz der Unternehmensfortführung (*going concern*)),
- allgemeine Grundsätze für den Ausweis (Saldierungsverbot, Darstellungsstetigkeit, Vorjahresvergleich),
- Gliederung und Inhalt des Abschlusses und des Großteils seiner Bestandteile (Bilanz, Gesamtergebnisrechnung, separate GuV, Eigenkapitalspiegel und Anhang).

Hinsichtlich der Ansatz- und Bewertungsfragen verweist IAS 1 auf andere IFRS (IAS 1.3).

2. Grundsatz der Unternehmensfortführung (*going concern*)

Bei der Erstellung des Jahresabschlusses muss die Unternehmensführung die Fähigkeit des Unternehmens beurteilen, den Geschäftsbetrieb fortzuführen. Abschlüsse werden unter der Annahme der Unternehmensfortführung aufgestellt, es sei denn, die Unternehmensführung **beabsichtigt**, entweder **das Unternehmen zu liquidieren** oder die **Geschäftstätigkeit einzustellen**, oder der Unternehmensführung bietet sich **keine realistische Alternative**, als dies zu tun. Sind der Unternehmensführung wesentliche Unsicherheiten in Bezug auf Ereignisse oder Bedingungen bekannt, welche erhebliche Zweifel hinsichtlich der Fortführungsfähigkeit des Unternehmens aufwerfen, so sind diese Unsicherheiten anzugeben. Wird der Jahresabschluss nicht unter der Annahme der Unternehmensfortführung aufgestellt, so ist dieser Umstand offenzulegen. Zusätzlich sind in diesem Fall die Grundsätze anzugeben, auf deren Basis der Abschluss erstellt wird, sowie der Grund dafür, weshalb nicht mehr von der Unternehmensfortführung ausgegangen wird. Bei der Beurteilung, ob die Annahme der Unternehmensfortführung sachgerecht ist, berücksichtigt die Unternehmensführung sämtliche verfügbare Informationen über die Zukunft, welche mindestens zwölf Monate ab dem Bilanzstichtag umfasst, jedoch nicht auf diesen Zeitraum beschränkt ist (IAS 1.25 f.).

3. Tatsachengetreue Darstellung des Abschlusses und Übereinstimmung mit den IFRS

Der Jahresabschluss hat die Vermögens-, Finanz- und Ertragslage (inkl. der Geldflüsse) den tatsächlichen Verhältnissen entsprechend, d. h. **tatsachengetreu** darzustellen (*fair presentation*). Die Anwendung der IFRS – unter Bereitstellung ergänzender Angaben, sofern erforderlich – führt annahmegemäß fast immer zu dieser den tatsächlichen Verhältnissen entsprechenden Darstellung (IAS 1.15).

In extrem seltenen Fällen (*extremely rare circumstances*) kann die Einhaltung der Einzelregeln dem Gebot der tatsachengetreuen Darstellung zuwider laufen. Dann ist eine Abweichung von den Einzelregeln geboten (**Hinwegsetzungsprinzip** bzw. *overriding principle*) (IAS 1.19). Die diesbezüglichen Regeln sind aber nicht nur tatbestandsseitig („extrem seltene Fälle“) sondern auch rechtsfolgenseitig restriktiv: In einer Art Schattenbilanzierung ist im Anhang darzustellen, wie Vermögen, Periodenerfolg usw. aussehen würden, wenn nicht von der Einzelregel abgewichen worden wäre (IAS 1.20d). In der Praxis findet eine Berufung auf das Hinwegsetzungsprinzip u. a. deshalb fast nie statt.

Ein Unternehmen, dessen Jahresabschluss mit den IFRS im Einklang steht, hat im Anhang diesbezüglich eine explizite und uneingeschränkte Erklärung (**Übereinstimmenserklärung**) offenzulegen. Dies setzt voraus, dass alle Vorschriften der IFRS eingehalten wurden (IAS 1.16).

4. Allgemeine Grundsätze für den Ausweis

4.1 Wesentlichkeit und Zusammenfassung

Geschäftsfälle und andere Ereignisse, welche **nicht ähnlich** sind, sind separat darzustellen, es sei denn, sie sind unwesentlich. Im **Anhang** gilt eine **niedrigere Wesentlichkeitsschwelle** als in den restlichen Abschlussbestandteilen, d. h. Posten, welche z. B. in der Bilanz mangels Wesentlichkeit nicht aufgegliedert werden, können im Anhang aufzugliedern sein. Reicht die Offenlegung der nach IFRS vorgesehenen Informationen für ein Verständnis der zugrundeliegenden Sachverhalte nicht aus, so sind **zusätzliche Angaben** erforderlich (IAS 1.29-1.31).

4.2 Saldierung

Es besteht ein grundsätzliches **Saldierungsverbot** (IAS 1.32). Demnach dürfen Vermögenswerte nicht mit Schulden – und Aufwendungen nicht mit Erträgen – verrechnet werden. Eine Ausnahme besteht jedoch, wenn dies von einem IFRS verlangt oder erlaubt wird. In der separaten GuV bzw. in der umfassenden Gesamtergebnisrechnung ist die genaue Reichweite des Saldierungsverbotes in vielen Fällen unbestimmt.

4.3 Häufigkeit der Berichterstattung

Der Jahresabschluss (inkl. Vergleichsinformationen) ist zumindest jährlich zu erstellen, d. h. im Normalfall beträgt der Berichtszeitraum zwölf Monate. Im Falle einer Änderung des Bilanzstichtages (z. B. vom 31.12. auf den 31.03.), kann eine Übergangsperiode von entweder weniger als zwölf Monaten (Rumpfgeschäftsjahr) oder mehr als zwölf Monaten (extralanges Geschäftsjahr) gewählt werden (IAS 1.36). Die Ausübung des Wahlrechts kann allerdings durch die jeweiligen nationalen Aufstellungs- bzw. Publizitätspflichten eingeschränkt sein.[2]

2 Zur deutschen Rechtslage vgl. *Lüdenbach*, PiR 2007 S. 292 ff.

4.4 Vergleichsinformationen

Für alle Beträge des Jahresabschlusses der aktuellen Periode sind Vergleichsinformationen **für die Vorperiode** offenzulegen, es sei denn, ein IFRS erlaubt oder verlangt, von diesem Grundsatz abzuweichen. Demnach sind jeweils mindestens zwei eines jeden der Bestandteile des Jahresabschlusses[3] sowie die dazugehörigen Anhangangaben offenzulegen (IAS 1.10ea, 1.38 und 1.38A).

Es ist eine zusätzliche Bilanz (sog. „**dritte Bilanz**") auf den Beginn der Vorperiode bezogen offenzulegen, wenn (IAS 1.10f und 1.40A-1.40D)

- eine Bilanzierungsmethode retrospektiv geändert wird, eine retrospektive Fehlerkorrektur erfolgt oder Posten umklassifiziert werden und
- sich dies auf die Informationen in der Bilanz zu Beginn der Vorperiode wesentlich auswirkt.

Wird die Darstellung bzw. Klassifizierung von Posten geändert, so ist auch die **Vergleichsperiode analog anzupassen**, es sei denn, dies ist „undurchführbar" (IAS 1.41).

4.5 Darstellungsstetigkeit

Die Darstellung und Klassifizierung von Posten im Abschluss ist von einer Periode zur nächsten beizubehalten (**Darstellungsstetigkeit**), es sei denn (IAS 1.45, 1.55Ac und 1.85Ac),

- es zeigt sich, dass eine andere Darstellung oder Klassifizierung verlässliche und relevantere Informationen liefert (IAS 8.7-8.12) oder
- ein (neuer/geänderter) IFRS verlangt eine Änderung der Darstellung.

5. Bestandteile des Jahresabschlusses

Ein Jahresabschluss besteht aus den folgenden Bestandteilen (IAS 1.10):

- **Bilanz** (in manchen Fällen ist auch eine Bilanz auf den Beginn der Vorperiode bezogen offenzulegen),[4]
- entweder[5]
  - eine **einzige, umfassende Gesamtergebnisrechnung** (Darstellung einer einzigen Ergebnisrechnung) oder
  - eine **separate GuV** und zusätzlich eine **separate Gesamtergebnisrechnung** (Darstellung von zwei Ergebnisrechnungen),

---

3 Vgl. Kapitel 5.

4 Vgl. Kapitel 4.4.

5 Eine im Juni 2011 vom IASB verabschiedete Überarbeitung von IAS 1 führte zu einer Änderung der Bezeichnungen der Ergebnisrechnungen (d. h. jener Rechnungen, welche den Periodenerfolg, das sonstige Gesamtergebnis und das Gesamtergebnis darstellen). In der neuen Version von IAS 1 werden die Ausdrücke „Darstellung des Erfolges und des sonstigen Gesamtergebnisses" („*statement of profit or loss and other comprehensive income*") und „Darstellung des Erfolges" („*statement of profit or loss*") verwendet. Allerdings erlaubt der Standard auch die Verwendung anderer Bezeichnungen (IAS 1.10). Daher werden in diesem Buch die Bezeichnungen „Gesamtergebnisrechnung" („*statement of comprehensive income*") und „separate GuV" („*separate income statement*") verwendet, welche von den Autoren des vorliegenden Werks präferiert werden. Dabei handelt es sich um die Bezeichnungen, welche in IAS 1 vor dessen Überarbeitung im Juni 2011 verwendet wurden.

- **Eigenkapitalspiegel**,
- **Geldflussrechnung**,
- **Anhang**: Dieser enthält zusätzlich zu den anderen Abschlussbestandteilen weitere Informationen (IAS 1.7).

6. Gliederung und Inhalt einzelner Abschlussbestandteile[6]

6.1 Bilanz

6.1.1 Gliederung nach Fristigkeiten

Die Gliederung des Vermögens und der Schulden in der Bilanz hat – mit faktisch nur für Finanzdienstleister relevanten Ausnahmen – nach **Fristigkeiten** (d. h. in lang- und kurzfristiges Vermögen sowie in lang- und kurzfristige Schulden) zu erfolgen (IAS 1.60). Dabei dürfen **latente Steuern** (d. h. latente Steueransprüche und latente Steuerschulden) nicht dem kurzfristigen Bereich zugeordnet werden (IAS 1.56).

Vermögenswerte und Schulden sind **kurzfristig, wenn** eine der nachfolgenden Bedingungen erfüllt wird (IAS 1.66 und 1.69):

- Die Realisation des Vermögenswertes bzw. dessen Verkauf bzw. Verbrauch wird **innerhalb des normalen Geschäftszyklus** erwartet. Im Falle einer Schuld muss deren Begleichung innerhalb des normalen Geschäftszyklus erwartet werden.
- Der Vermögenswert bzw. die Schuld wird primär zu **Handelszwecken** (*for the purpose of trading*) gehalten.
- Die Realisation des Vermögenswertes bzw. die Begleichung der Schuld erfolgt erwartungsgemäß **innerhalb von zwölf Monaten** nach dem Bilanzstichtag. Bei einer Schuld reicht es aus, dass der Gläubiger sie durch Kündigung binnen zwölf Monaten fällig stellen kann, auch wenn eine Kündigung nicht erwartet wird.
- Beim Vermögenswert handelt es sich um **Geld oder Geldäquivalente** (i. S. von IAS 7.6).[7]

Im Falle eines Produktionsunternehmens beginnt der **Geschäftszyklus** mit dem Erwerb von Materialien, welche in die Produktion eingehen und endet mit deren Realisation in Geld durch Verkauf der Erzeugnisse. Manchmal (z. B. in der Bauwirtschaft) kann der Geschäftszyklus mehr als zwölf Monate betragen. Ist der normale Geschäftszyklus nicht klar identifizierbar, so gilt die Annahme, dass dieser zwölf Monate beträgt (IAS 1.68 und 1.70).

Im Falle der **Verletzung einer Bestimmung einer langfristigen Kreditvereinbarung** vor oder am Bilanzstichtag, mit dem Effekt, dass die Schuld auf Verlangen des Gläubigers fällig wird, wird diese zur Gänze als kurzfristige Schuld ausgewiesen (IAS 1.74).

6 Zu den Auswirkungen von zum Verkauf gehaltenen langfristigen Vermögenswerten bzw. Veräußerungsgruppen und aufgegebenen Geschäftsbereichen wird auf den Abschnitt zu IFRS 5 verwiesen. Hinsichtlich der Geldflussrechnung wird auf den Abschnitt zu IAS 7 verwiesen.

7 Vgl. dazu den Abschnitt zu IAS 7, Kapitel 1.

6.1.2 Mindestgliederung der Bilanz

Bei Gliederung nach Fristigkeit ergibt sich i.V. mit den Vorgaben von IAS 1.54 im Normalfall folgende Mindestgliederung der Bilanz, wobei die Reihenfolge der Posten nicht fixiert ist:[8]

AKTIVA	PASSIVA
LANGFRISTIGES VERMÖGEN	**EIGENKAPITAL**
Immaterielle Anlagen	Eingezahltes Kapital und Rücklagen
Sachanlagen	Nicht beherrschende Anteile
Anlageimmobilien	
Nach der EK-Methode bilanzierte Beteiligungen	**LANGFRISTIGE SCHULDEN**
Sonstige Finanzanlagen	Langfristige finanzielle Verbindlichkeiten
Latente Steueransprüche	Langfristige Rückstellungen
	Abgegrenzte öffentliche Investitionszuwendungen
KURZFRISTIGES VERMÖGEN	Latente Steuerschulden
Vorräte	
Forderungen L+L und sonstige Forderungen	**KURZFRISTIGE SCHULDEN**
Sonstige kurzfristige finanzielle Vermögenswerte	Verbindlichkeiten L+L und sonstige Verbindlichkeiten
Tatsächliche Steueransprüche	Sonstige kurzfristige finanzielle Verbindlichkeiten
Sonstige nicht finanzielle Vermögenswerte	Kurzfristige Rückstellungen
Geld und Geldäquivalente	Tatsächliche Steuerschulden
Bilanzsumme	**Bilanzsumme**

6.2 Gesamtergebnisrechnung und separate GuV

6.2.1 (Perioden-)Erfolg, sonstiges Gesamtergebnis und der Zusammenhang zwischen diesen Ergebnisarten

Das **Gesamtergebnis** einer Periode ist die Summe aus (IAS 1.7)

- (Perioden-)Erfolg[9] und
- sonstigem Gesamtergebnis (*other comprehensive income*).

8 Vgl. *Lüdenbach/Hoffmann/Freiberg*, IFRS-Kommentar, 12. Aufl., § 2 Tz. 44. U. E. ist es sachgerecht, Vertragsvermögenswerte, -verbindlichkeiten und Forderungen i. S.von IFRS 15 (vgl. Abschnitt IFRS 15, Kapitel 7) in die Sammelposten „Forderungen L+L und sonstige Forderungen“ (IAS 1.54h) bzw. „Verbindlichkeiten L+L und sonstige Verbindlichkeiten“ (IAS 1.54k) aufzunehmen.

9 Bei den Begriffen „(Perioden-)Erfolg“ und „(GuV-)Erfolg“ handelt es sich um Synonyme.

Das **sonstige Gesamtergebnis** ist negativ definiert und zwar als Aufwands- und Ertragsposten, welche nicht GuV-wirksam erfasst werden. Seine **Komponenten** werden im Standard abschließend aufgezählt (IAS 1.7). Das sonstige Gesamtergebnis umfasst insbesondere die folgenden Komponenten:

(a) Änderungen der Neubewertungsrücklage in Bezug auf **Sach- bzw. immaterielle Anlagen**,[10]

(b) Neubewertungen von **leistungsorientierten (Pensions-)Plänen**,[11]

(c) Gewinne und Verluste aus der Umrechnung des **Abschlusses einer ausländischen Einheit** nach der modifizierten Stichtagskursmethode,[12]

(d) Zeitwertänderungen gehaltener **Eigenkapitalinstrumente**, welche wahlweise im sonstigen Gesamtergebnis ausgewiesen werden,[13]

(e) bestimmte Zeitwertänderungen gehaltener **Schuldinstrumente**, welche zum Zeitwert über das sonstige Gesamtergebnis bilanziert werden,[14]

(f) der effektive Teil der Gewinne und Verluste aus **Sicherungsinstrumenten** im Rahmen einer Geldflusssicherung (*cash flow hedge*)[15] sowie Gewinne und Verluste aus Sicherungsinstrumenten, die zum Zeitwert über das sonstige Gesamtergebnis bilanzierte Eigenkapitalinstrumente absichern,[16]

(g) Zeitwertänderungen aufgrund der Änderung des **Kreditrisikos** bestimmter Schulden.[17]

Zunächst werden die Aufwendungen bzw. Erträge der eben genannten Komponenten im sonstigen Gesamtergebnis erfasst und reduzieren bzw. erhöhen die entsprechende Rücklage. Bei bestimmten Komponenten können allerdings i. d. F. in gewissen Fällen sog. **Umgliederungen** (*reclassification adjustments*) vorkommen. Umgliederungen stellen genauer gesagt Beträge dar, welche in der aktuellen Periode in die GuV (d. h. in den Erfolg) umgegliedert werden und in der aktuellen oder einer früheren Periode im sonstigen Gesamtergebnis erfasst wurden. Im Falle einer Umgliederung wird in der GuV ein Aufwand bzw. Ertrag erfasst, welcher im sonstigen Gesamtergebnis gegengebucht wird („Sonstiges Gesamtergebnis an Erfolg“ bzw. „Erfolg an Sonstiges Gesamtergebnis“) (IAS 1.7 und 1.93). Wurden etwa in der Vorperiode Währungsdifferenzen aus der Umrechnung einer ausländischen Einheit nach der modifizierten Stichtagskursmethode von GE +5 im sonstigen Gesamtergebnis erfasst und wird diese Einheit in der aktuellen Periode verkauft, so erfolgt in der aktuellen Periode die Buchung „Sonstiges Gesamtergebnis an GuV GE 5“.[18] Dies ist erforderlich, damit der Ertrag von GE 5 das Gesamtergebnis nicht zwei Mal erhöht (IAS 1.93).

---

10 Vgl. Abschnitt IAS 16, Kapitel 4.1 sowie Abschnitt IAS 38, Kapitel 5.1.
11 Vgl. Abschnitt IAS 19, Kapitel 3.3.6.
12 Vgl. Abschnitt IAS 21, Kapitel 4.2.
13 Vgl. Abschnitt IFRS 9, Kapitel 5.3.
14 Vgl. Abschnitt IFRS 9, Kapitel 5.2.
15 Vgl. Abschnitt IFRS 9, Kapitel 8.6.2.
16 Vgl. Abschnitt IFRS 9, Kapitel 8.6.1.
17 Vgl. Abschnitt IFRS 9, Kapitel 5.4.
18 Vgl. Abschnitt IAS 21, Kapitel 4.2.

I. d. F. soll überblicksartig dargestellt werden, ob bzw. unter welchen Voraussetzungen bei den oben genannten Komponenten des sonstigen Gesamtergebnisses **Umgliederungen** erforderlich sind (IAS 1.93-1.96):

(ad a) Eine Neubewertungsrücklage aus der Neubewertung von **Sach- bzw. immateriellen Anlagen** darf zwar in die einbehaltenen Gewinne (*retained earnings*) umgebucht werden, während der Vermögenswert genutzt wird oder wenn dieser ausgebucht wird, eine Umgliederung in die GuV ist allerdings nicht möglich.

(ad b) Neubewertungen von **Leistungsplänen**, d. h. von leistungsorientierten (Pensions-)Plänen sind zwingend im sonstigen Gesamtergebnis auszuweisen (IAS 19.120c). Eine Umgliederung in die GuV findet niemals statt. Allerdings ist es zulässig, die im sonstigen Gesamtergebnis erfassten Beträge von einer Eigenkapitalkategorie in eine andere umzubuchen (IAS 19.122 und IAS 1.96).

(ad c) Umgliederungen von Währungsdifferenzen aus der Umrechnung einer ausländischen Einheit nach der modifizierten Stichtagskursmethode kommen insbesondere dann zustande, wenn die **ausländische Einheit** i. d. F. zur Gänze verkauft wird (IAS 1.95).[19]

(ad d) Zeitwertänderungen gehaltener **Eigenkapitalinstrumente**, welche wahlweise im sonstigen Gesamtergebnis ausgewiesen werden, dürfen i. d. F. nicht in die GuV umgegliedert werden. Allerdings ist es zulässig, den kumulierten, im sonstigen Gesamtergebnis erfassten Betrag (Rücklage) – ohne Berührung der Ergebnisrechnung – innerhalb des Eigenkapitals umzubuchen (IFRS 9.B5.7.1), z. B. in die einbehaltenen Gewinne.[20]

(ad e) Werden **Schuldinstrumente** ausgebucht, welche zum Zeitwert über das sonstige Gesamtergebnis bilanziert wurden, so sind die bis zum Tag der Ausbuchung kumuliert im sonstigen Gesamtergebnis erfassten Beträge in die GuV umzugliedern.[21]

(ad f) Werden im Rahmen einer **Geldflusssicherung** abgesicherte Geldflüsse GuV-wirksam, so hat in bestimmten Fällen eine Umgliederung in die GuV zu erfolgen (IFRS 9.6.5.11d und IAS 1.95 f.).[22]

(ad g) Zeitwertänderungen aufgrund der Änderung des **Kreditrisikos** bestimmter Schulden, welche im sonstigen Gesamtergebnis erfasst wurden, dürfen i. d. F. nicht in die GuV umgegliedert werden. Allerdings ist eine Umbuchung des kumulierten sonstigen Gesamtergebnisses innerhalb des Eigenkapitals zulässig (IFRS 9.B5.7.9), z. B. in die einbehaltenen Gewinne.[23]

---

19 Dazu genauer: Abschnitt IAS 21, Kapitel 4.2.
20 Vgl. Abschnitt IFRS 9, Kapitel 5.3.
21 Vgl. Abschnitt IFRS 9, Kapitel 5.2.
22 Dazu genauer: Abschnitt IFRS 9, Kapitel 8.6.2.
23 Vgl. Abschnitt IFRS 9, Kapitel 5.4.

6.2.2 Darstellung der Ergebnisrechnung(en)

Hinsichtlich der Darstellung der Aufwendungen und Erträge einer Periode besteht ein Wahlrecht (IAS 1.10A, 1.81A und 1.82A):

(a) **Darstellung einer einzigen Ergebnisrechnung**, d. h. einer **umfassenden Gesamtergebnisrechnung**, welche sowohl die Komponenten des (Perioden-)Erfolgs (GuV), als auch jene des sonstigen Gesamtergebnisses (*other comprehensive income*) enthält.

(b) **Darstellung von zwei Ergebnisrechnungen**:

i. Separate GuV: Diese zeigt die Bestandteile des (Perioden-)Erfolgs.

ii. Verkürzte Gesamtergebnisrechnung: Diese Rechnung beginnt mit dem Periodenerfolg, stellt die Komponenten des sonstigen Gesamtergebnisses dar und wird unmittelbar nach der separaten GuV präsentiert.

Die Posten des **sonstigen Gesamtergebnisses** werden nach ihrer Art klassifiziert und folgendermaßen gruppiert (IAS 1.82A und 1.IN18):

- Posten, die gem. anderer IFRS i. d. F. nicht in den (Perioden-)Erfolg umgegliedert werden (**sonstiges Gesamtergebnis I**),[24]
- Posten, bei denen gem. anderer IFRS i. d. F. eine Umgliederung in den (Perioden-)Erfolg zumindest möglich ist (d. h. die umgegliedert werden, sofern bestimmte Bedingungen erfüllt werden) (**sonstiges Gesamtergebnis II**).

Sowohl das sonstige Gesamtergebnis I als auch das sonstige Gesamtergebnis II aus **Gemeinschafts- bzw. assoziierten Unternehmen**, welche nach der EK-Methode bilanziert werden, sind in der Gesamtergebnisrechnung als separate Posten auszuweisen (IAS 1.82A, 1.BC54K, 1.BC106c und 1.IG).

Die im Periodenerfolg erfassten **operativen Aufwendungen** können nach einem der folgenden beiden Verfahren dargestellt werden (IAS 1.99, 1.102 und 1.103):

- **Gesamtkostenverfahren:** dabei erfolgt eine Aufgliederung nach **Aufwandsarten** (z. B. Materialaufwand, Personalaufwand usw.),
- **Umsatzkostenverfahren:** dabei erfolgt eine Aufgliederung der Aufwendungen nach **betrieblichen Funktionsbereichen** wie Verwaltung, Vertrieb usw.

Zu wählen ist jenes der beiden soeben beschriebenen Verfahren, welches im Einzelfall verlässliche und relevantere Informationen bereitstellt (IAS 1.99). Eine **Mischung beider Verfahren**, d. h. eine Darstellung, die teilweise nach Aufwandsarten und teilweise nach funktionalen Kriterien erfolgt, **ist unzulässig** und kann auch durch entsprechende Anhangangaben nicht geheilt werden.[25]

Die nachfolgende Darstellung ist ein **Beispiel** für eine **umfassende Gesamtergebnisrechnung** eines Unternehmens nach dem **Gesamtkostenverfahren** unter Vernachlässigung nicht beherr-

---

24 Vgl. Kapitel 6.2.1 hinsichtlich Umgliederungen in den (Perioden-)Erfolg.

25 Vgl. *Lüdenbach*, PiR 2009 S. 85 ff.

schender Anteile. Diese Ergebnisrechnung enthält einige Angaben, welche auch im Anhang gemacht werden könnten (IAS 1.97-1.105), in der Praxis aber in der Ergebnisrechnung selbst erfolgen.[26]

GESAMTERGEBNISRECHNUNG (für das Jahr 01)	
Bestandteile des Jahreserfolgs	
Umsatzerlöse	XX
Bestandsveränderungen	XX
Aktivierte Eigenleistungen	XX
Sonstige betriebliche Erträge	XX
Materialaufwand	XX
Personalaufwand	XX
Plan- und außerplanmäßige Abschreibungen	XX
Sonstige betriebliche Aufwendungen	XX
Betriebserfolg	**XX**
Erfolg aus nach der Eigenkapitalmethode bilanzierten Beteiligungen	XX
Außerplanmäßige Abschreibungen und Zuschreibungen auf Finanzinstrumente[27]	XX
Übrige Finanzerträge	XX
Übrige Finanzaufwendungen	XX
Finanzerfolg	**XX**
Jahreserfolg vor Steuern	**XX**
Ertragsteuern	XX
JAHRESERFOLG	**XX**
Überleitung des Jahreserfolgs auf das Gesamtergebnis	
Sonstiges Gesamtergebnis I (= Posten, die nicht in den (Jahres-)Erfolg umgegliedert werden):	
Neubewertungen von Sachanlagen	XX
Anteiliges sonstiges Gesamtergebnis I assoziierter Unternehmen	XX
Neubewertungen leistungsorientierter (Pensions-)Pläne	XX
Zeitwertänderungen designierter Eigenkapitalinstrumente	XX
Veränderungen des Kreditrisikos bestimmter Verbindlichkeiten	XX
Ertragsteuern auf das sonstige Gesamtergebnis I	XX
	XX

26 Im GuV-Teil der umfassenden Gesamtergebnisrechnung bzw. in der separaten GuV ist die Offenlegung weiterer Posten i. Z. mit Finanzinstrumenten erforderlich, soweit diese nicht unwesentlich sind und entsprechende Sachverhalte existieren (IAS 1.82(aa), (ca) und (cb) sowie IAS 8.8).

27 Dieser nach IAS 1.82(ba) in der Ergebnisrechnung offenzulegende Saldo umfasst Beträge aus der Anwendung des Wertminderungsmodells von IFRS 9 (vgl. Abschnitt IFRS 9, Kapitel 4.7).

Sonstiges Gesamtergebnis II (= Posten, bei denen in bestimmten Fällen Umgliederungen in den (Jahres-)Erfolg erforderlich sind):	
Währungsdifferenzen aus der Umrechnung ausländischer Einheiten nach der modifizierten Stichtagskursmethode	XX
Anteiliges sonstiges Gesamtergebnis II assoziierter Unternehmen	XX
Bestimmte Zeitwertänderungen gewisser Schuldinstrumente	XX
Bestimmte Geldflusssicherungen	XX
Ertragsteuern auf das sonstige Gesamtergebnis II	XX
	XX
SONSTIGES GESAMTERGEBNIS (nach Steuern)	**XX**
GESAMTERGEBNIS	**XX**

Hätte das Unternehmen die **umfassende Gesamtergebnisrechnung nach dem Umsatzkostenverfahren** erstellt, so würde sich die Gliederung lediglich bis zur Zeile Betriebserfolg unterscheiden, der Rest bliebe gleich:

Umsatzerlöse	XX
Umsatzkosten	XX
Bruttoergebnis vom Umsatz	**XX**
Vertriebskosten	XX
Allgemeine Verwaltungskosten	XX
Sonstige betriebliche Erträge	XX
Sonstige betriebliche Aufwendungen	XX
Betriebserfolg	**XX**

In der umfassenden Gesamtergebnisrechnung sind noch die nachfolgenden Posten anzugeben (IAS 1.81B), durch die die **Anteile der Eigentümer der Muttergesellschaft und der Minderheitsgesellschafter am Jahreserfolg sowie am Gesamtergebnis** ersichtlich gemacht werden.[28] In einer solchen Rechnung erfolgt die Angabe unterhalb des Gesamtergebnisses.

(a) Jahreserfolg der Eigentümer der Muttergesellschaft

(b) Jahreserfolg nicht beherrschender Anteile

(c) Gesamtergebnis der Eigentümer der Muttergesellschaft

(d) Gesamtergebnis nicht beherrschender Anteile

Werden eine verkürzte Gesamtergebnisrechnung und eine separate GuV erstellt, so sind die Posten (a) und (b) in der separaten GuV anzugeben und die Posten (c) und (d) in der verkürzten Gesamtergebnisrechnung (IAS 1.81B).

28 Dazu genauer: Abschnitt IFRS 3, Kapitel 3.8.2.

In einer umfassenden bzw. verkürzten Gesamtergebnisrechnung sowie in einer etwaigen separaten GuV sind **zusätzliche Posten, Überschriften und Zwischensummen** darzustellen, wenn dies für das Verständnis der finanziellen Leistung (*financial performance*) des Unternehmens relevant ist (IAS 1.85).

Die Zwischensumme „**Betriebserfolg**" (bzw. „operativer Erfolg") ist in IAS 1 nicht explizit vorgesehen, wird aber in der Praxis häufig dargestellt. Sofern ausgewiesen, muss der Betriebserfolg jene Aktivitäten repräsentieren, welche normalerweise als operativ betrachtet werden. So wäre es etwa unzulässig, Aufwendungen, welche offensichtlich betrieblicher Natur sind (z. B. Vorratsabschreibungen und Restrukturierungsaufwendungen), deshalb nicht einzubeziehen, weil sie unregelmäßig oder selten vorkommen oder eine unübliche Höhe aufweisen. Ähnlich wäre es unzulässig, Aufwendungen deswegen nicht einzubeziehen, weil sie nicht zahlungswirksam sind (z. B. planmäßige Abschreibungen) (IAS 1.BC56).[29]

Im GuV-Teil einer umfassenden Gesamtergebnisrechnung bzw. in einer separaten GuV sind die **Finanzerträge und -aufwendungen** getrennt voneinander darzustellen. Eine Saldierung erfolgt lediglich in jenem Ausmaß, in dem sie einen Jahreserfolg aus nach der Eigenkapitalmethode (*equity method*)[30] bilanzierten Beteiligungen darstellen (IAS 1.82c).[31] Es darf kein Posten als **außerordentlich** dargestellt werden, auch nicht im Anhang (IAS 1.87).

Wird das **Umsatzkostenverfahren** angewandt, so sind dennoch zusätzliche Informationen über die Aufwandsarten, insbesondere die Höhe der planmäßigen Abschreibungen und Gehaltsaufwendungen offenzulegen (IAS 1.104).

Im oben angeführten Beispiel für eine Gesamtergebnisrechnung wurden die **Posten des sonstigen Gesamtergebnisses vor Steuern** angegeben und die Ertragsteuern jeweils getrennt für das sonstige Gesamtergebnis I und für das sonstige Gesamtergebnis II angegeben. Auf diese Weise werden die Posten des Erfolgs und des sonstigen Gesamtergebnisses einheitlich dargestellt, d. h. vor Steuern. Alternativ wäre es aber auch möglich, jeden Posten des sonstigen Gesamtergebnisses in der Gesamtergebnisrechnung bereits nach Steuern darzustellen (IAS 1.91 und 1.IG).

Die folgenden Angaben, welche wahlweise im Anhang oder in der Gesamtergebnisrechnung erfolgen können, sollten u. E. im Anhang erfolgen, damit die Übersichtlichkeit der Gesamtergebnisrechnung erhalten bleibt:

- Betrag an **Ertragsteuern** für *jeden einzelnen* Posten des sonstigen Gesamtergebnisses (inkl. Umgliederungen[32]) (IAS 1.90),
- **Umgliederungen**[33] in Bezug auf die Komponenten des sonstigen Gesamtergebnisses (IAS 1.92 und 1.94).

6.3 Eigenkapitalspiegel

Die nachfolgende Darstellung ist ein Beispiel für einen Eigenkapitalspiegel für die Berichtsperiode und für die Vorperiode:

29 Vgl. *Lüdenbach/Hoffmann/Freiberg*, IFRS-Kommentar, 12. Aufl., § 2 Tz. 59.

30 Vgl. Abschnitt IAS 28, Kapitel 3.

31 Vgl. *Lüdenbach/Hoffmann/Freiberg*, IFRS-Kommentar, 12. Aufl., § 2 Tz. 75.

32 Vgl. Kapitel 6.2.1.

33 Vgl. Kapitel 6.2.1.

	Gezeichnetes Kapital	Kapitalrücklage	Einbehaltene Gewinne (retained earnings)	Kumuliertes sonstiges Gesamtergebnis I	Kumuliertes sonstiges Gesamtergebnis II	EK der Eigentümer des Mutterunternehmens	Nicht beherrschende Anteile	Konzerneigenkapital
Stand 01.01.01								
Änderungen von Bilanzierungsmethoden								
Fehlerkorrekturen								
Angepasster Stand per 01.01.01								
Kapitalerhöhung								
Dividenden								
Gesamtergebnis								
Umklassifizierungen								
Stand 31.12.01								
Dividenden								
Gesamtergebnis								
Umklassifizierungen								
Stand 31.12.02								

Erläuterungen hinsichtlich des oben dargestellten Eigenkapitalspiegels:

- Die **einbehaltenen Gewinne** (*retained earnings*) umfassen (a) die kumulierten (Jahres-)Erfolge, welche den Eigentümern des Mutterunternehmens zuzurechnen sind, nach Abzug der Dividenden an Eigentümer des Mutterunternehmens und (b) Beträge, welche vom kumulierten sonstigen Gesamtergebnis in die einbehaltenen Gewinne umklassifiziert (umgebucht) werden, ohne dabei den (Jahres-)Erfolg sowie das sonstige Gesamtergebnis zu beeinflussen.[34] So kann etwa ein Unternehmen die aus der Neubewertung von Grund und Boden resultierende Neubewertungsrücklage (= kumuliertes sonstiges Gesamtergebnis aus der Neubewertung des Grund und Bodens) in die einbehaltenen Gewinne umklassifizieren (umbuchen), wenn der Grund und Boden verkauft wird (Buchung „Neubewertungsrücklage an Einbehaltene Gewinne").[35] Im obigen Eigenkapitalspiegel werden derartige direkte Umbuchungen innerhalb des Eigenkapitals, welche weder den (Jahres-)Erfolg, noch das sonstige Gesamtergebnis beeinflussen, in der Zeile „Umklassifizierungen" dargestellt. U. E. ist es empfehlenswert, das sonstige Gesamtergebnis aus der Neubewertung leistungsorientierter (Pensions-)Pläne *nicht* als einbehaltene Gewinne zu betrachten (IAS 19.122 und 19.BC100).[36] Die Darstellungen in diesem Buch basieren somit auf der Annahme seiner Zuordnung zur Spalte „kumuliertes sonstiges Gesamtergebnis I".

34 Vgl. Kapitel 6.2.1.

35 Vgl. Abschnitt IAS 16, Kapitel 4.1.

36 Gl. A. *Pawelzik/Theile*, in Heuser/Theile, IFRS-Handbuch, 5. Aufl., Rz. 7632. Hinsichtlich der alten Rechtslage wird auf den Abschnitt zu IAS 19 der 2. Auflage des vorliegenden Buches verwiesen.

- Die Spalte „**kumuliertes sonstiges Gesamtergebnis I**" enthält Posten, die gem. anderer IFRS i. d. F. nicht in den (Perioden-)Erfolg umgegliedert werden. Beispiele sind das sonstige Gesamtergebnis aus der Neubewertung von Grund und Boden sowie jenes aus der Neubewertung leistungsorientierter (Pensions-)Pläne.[37]
- Die Spalte „**kumuliertes sonstiges Gesamtergebnis II**" enthält Posten, bei denen gem. anderer IFRS i. d. F. eine Umgliederung in den (Perioden-)Erfolg zumindest möglich ist (d. h. die umgegliedert werden, sofern bestimmte Bedingungen erfüllt sind).[38] So erfolgt etwa im Zeitpunkt des Verkaufs einer ausländischen Einheit, die nach der modifizierten Stichtagskursmethode umgerechnet wurde, eine Umgliederung (Buchung „Erfolg an sonstiges Gesamtergebnis" bzw. „sonstiges Gesamtergebnis an Erfolg") der bislang im sonstigen Gesamtergebnis erfassten Währungsdifferenzen (IAS 21.48).[39]

Wird der Eigenkapitalspiegel wie im obigen Beispiel dargestellt, so sind zusätzliche **Anhangangaben** erforderlich, insbesondere eine Darstellung der Überleitung der einzelnen Komponenten des sonstigen Gesamtergebnisses I und II (IAS 1.106A, 1.107 und 1.BC74A-1.BC75).

Im Eigenkapitalspiegel werden das Eigenkapital, welches (a) auf die **Eigentümer des Mutterunternehmens** sowie (b) auf die **Minderheitsgesellschafter** (d. h. auf die nicht beherrschenden Anteile) entfällt, separat ausgewiesen.[40] Die Spalte „EK der Eigentümer des Mutterunternehmens" stellt die Summe aller davor befindlichen Spalten (Einbehaltene Gewinne, kumuliertes sonstiges Gesamtergebnis I + II etc.) dar. Aus der Addition der Spalten „EK der Eigentümer des Mutterunternehmens" und „nicht beherrschende Anteile" ergibt sich schließlich das gesamte Eigenkapital lt. Konzernbilanz. Aus dieser Unterteilung des Eigenkapitalspiegels ergeben sich u. a. die folgenden Schlussfolgerungen:

- An der Schnittstelle der Spalte „nicht beherrschende Anteile" mit der Zeile „Gesamtergebnis" ist das auf die Minderheitsgesellschafter entfallende Gesamtergebnis ersichtlich.
- An der Schnittstelle der Spalte „Einbehaltene Gewinne" mit der Zeile „Gesamtergebnis" wird der auf die Eigentümer des Mutterunternehmens entfallende Jahreserfolg (GuV-Ergebnis) ausgewiesen.
- An der Schnittstelle der Spalte „kumuliertes sonstiges Gesamtergebnis I" mit der Zeile „Gesamtergebnis" ist das auf die Eigentümer des Mutterunternehmens entfallende sonstige Gesamtergebnis I des aktuellen Jahres zu sehen.
- Der Anteil der Minderheitsgesellschafter an einer effektiven Kapitalerhöhung des Tochterunternehmens ist an der Schnittstelle der Spalte „nicht beherrschende Anteile" mit der Zeile „Kapitalerhöhung" ersichtlich.

Der Ausweis der **nicht beherrschenden Anteile** in einer einzigen Spalte ist ganz herrschende Praxis und entspricht auch dem Beispiel in IAS 1.IG. Allerdings ist an der Schnittstelle der Spalte „nicht beherrschende Anteile" mit der Zeile „Gesamtergebnis" lediglich das auf letztere entfallende Gesamtergebnis ersichtlich, nicht jedoch der auf sie entfallende Jahreserfolg lt. GuV, wodurch IAS 1.106(d)(i) verletzt wird. Es bleibt abzuwarten, ob das IASB diese Inkonsistenz im Standard entschärfen wird.

---

37 Vgl. Kapitel 6.2.

38 Vgl. Kapitel 6.2.

39 Vgl. Abschnitt IAS 21, Kapitel 4.2.

40 Genauer zur Zusammensetzung und Fortschreibung nicht beherrschender Anteile: Abschnitt IFRS 3, Kapitel 3.6 und 3.8.2.

7. Aufgaben mit Lösungen[41]

Verweise auf andere Abschnitte

Zu den Auswirkungen retrospektiver Änderungen (Änderung einer Bilanzierungsmethode und Fehlerkorrektur) auf die Bilanz, auf die separate GuV und auf den Eigenkapitalspiegel wird auf den Abschnitt zu IAS 8 (Aufgaben 3-6) verwiesen. Ein weiteres Beispiel für einen Konzerneigenkapitalspiegel befindet sich im Abschnitt zu IFRS 3 (Aufgabe 5).

7.1 Aufgaben, welche ohne die Lektüre anderer Abschnitte des Buches gelöst werden können

AUFGABE 1

Gesamt- und Umsatzkostenverfahren

Die X-AG ist im Einzelhandel tätig, d. h. sie kauft Waren vom Großhändler und verkauft diese an ihre Kunden weiter. Die folgende Tabelle zeigt die in 01 angefallenen Aufwendungen nach Aufwandsarten sowie ihre Aufteilung auf die einzelnen Funktionsbereiche:

	Umsatz-kosten	Verwaltungs-kosten	Vertriebs-kosten	**Summe**
Materialaufwand	18	1	1	**20**
Personalaufwand	5	2	2	**9**
Planmäßige Abschreibungen	3	1	1	**5**
Sonstige betriebliche Aufwendungen	2	1	6	**9**
Summe	**28**	**5**	**10**	**43**

In 01 sind darüber hinaus Umsatzerlöse i. H. von GE 50 angefallen.

Aufgabenstellung

Die X-AG erstellt zum 31.12.01 erstmalig einen IFRS-Abschluss und beschließt, zwei Ergebnisrechnungen (separate GuV und verkürzte Gesamtergebnisrechnung) darzustellen. Der Finanzvorstand der X-AG interessiert sich dafür, welche Möglichkeiten zur Darstellung des Betriebserfolgs in der separaten GuV bestehen. Der Finanzvorstand der X-AG möchte – sofern zulässig – die folgende Variante umsetzen (Darstellung der Umsatz-, Verwaltungs- und Vertriebskosten exkl. planmäßiger Abschreibungen; Darstellung letzterer in einer eigenen Zeile):

41 In diesen Beispielen werden Steuereffekte vernachlässigt.

Umsatzerlöse	50
Umsatzkosten	-25
Bruttoergebnis vom Umsatz	**25**
Verwaltungskosten	-4
Vertriebskosten	-9
Planmäßige Abschreibungen	-5
Betriebserfolg	**7**

Beurteilen Sie, ob die oben angeführte Variante der Darstellung des Betriebserfolgs in der separaten GuV für das Jahr 01 zulässig ist. Ist dies nicht der Fall, so stellen Sie zulässige Varianten einer IFRS-konformen GuV für die X-AG dar. Die X-AG plant nicht, Informationen in den Anhang zu verlagern.

Lösungshinweise

Insbesondere Kapitel 6.2.2

LÖSUNG

Obige GuV stellt eine Mischung einer Gliederung nach Aufwandsarten (z. B. planmäßige Abschreibungen) und Funktionsbereichen (z. B. Umsatzkosten und Vertrieb) dar. Diese Vorgehensweise ist nach IFRS unzulässig. Der Vorstand kann zwischen den folgenden Möglichkeiten zur Darstellung wählen, sofern beide verlässlich und in gleichem Maße relevant sind (IAS 1.99):

Umsatzkostenverfahren:

Umsatzerlöse	50
Umsatzkosten	-28
Bruttoergebnis vom Umsatz	**22**
Verwaltungskosten	-5
Vertriebskosten	-10
Betriebserfolg	**7**

Gesamtkostenverfahren:

Umsatzerlöse	50
Materialaufwand	-20
Personalaufwand	-9
Planmäßige Abschreibungen	-5
Sonstige betriebliche Aufwendungen	-9
Betriebserfolg	**7**

Die Lösung dieses Beispiels (Darstellung der Posten des Betriebserfolgs) wäre dieselbe, hätte die X-AG eine einzige Ergebnisrechnung (umfassende Gesamtergebnisrechnung) dargestellt.

AUFGABE 2

Kurzfristige vs. langfristige Schulden

Am 31.12.01 beträgt die Restlaufzeit eines von der X-AG aufgenommenen Darlehens 18 Monate. Der normale Geschäftszyklus der X-AG beträgt 12 Monate.

Aufgabenstellung

Beurteilen Sie für die nachfolgenden Varianten, ob die Schuld in der Bilanz der X-AG zum 31.12.01 als **kurz- oder langfristig** auszuweisen ist:

(a) I. Z. mit der Schuld sind keine weiteren Ereignisse eingetreten.

(b) Die X-AG hat am 22.12.01 eine Bestimmung im Kreditvertrag verletzt, wonach die X-AG dazu verpflichtet gewesen wäre, eine bestimmte EK-Quote aufrechtzuerhalten. Laut Kreditvertrag wäre die Bank in diesem Fall dazu berechtigt, sofort die Rückzahlung des Kredits zu verlangen. Trotz der Verletzung des Kreditvertrags hat sich die Bank am 03.01.02 dazu bereit erklärt, den Kreditvertrag auf Kulanzbasis zu unveränderten Konditionen fortzuführen und keine sofortige Rückzahlung zu verlangen. Das Recht der Bank, jederzeit die sofortige Rückzahlung zu verlangen, besteht jedoch weiterhin.

(c) Die Situation ist dieselbe wie bei Aufgabe (b), allerdings erfolgte die Erklärung seitens der Bank bereits am 30.12.01, d. h. vor dem Ende der Berichtsperiode.

(d) Die Situation ist dieselbe wie bei Aufgabe (b). Allerdings unterschreibt die Bank am 05.01.02 eine Vereinbarung, in der sie auf ihr Recht, die sofortige Rückzahlung des gesamten Kredits zu verlangen, verzichtet.

(e) Die Situation ist dieselbe wie bei Aufgabe (d). Allerdings wurde die in (d) genannte Vereinbarung bereits am 30.12.01 unterschrieben.

Lösungshinweise

Insbesondere Kapitel 6.1

LÖSUNG

Variante (a)

Die Verbindlichkeit, welche nach dem 31.12.02 fällig ist, muss als langfristige Schuld ausgewiesen werden.

Variante (b)

Die X-AG verfügt nicht mehr über das uneingeschränkte Recht, die Zahlung auf zumindest zwölf Monate nach dem 31.12.01 zu verschieben. Aus diesem Grund ist die Verbindlichkeit als kurzfristige Schuld auszuweisen (IAS 1.74).

Variante (c)

Die Bank erklärt sich dazu bereit, vom Recht auf vorzeitige Rückzahlung keinen Gebrauch zu machen und die Kreditbestimmungen nicht zu ändern. Diese Erklärung erfolgt vor dem Ende der Berichtsperiode. Allerdings erlischt dadurch nicht das Recht der Bank, die sofortige Rückzahlung zu verlangen. Die X-AG verfügt demnach nicht über das uneingeschränkte Recht, die Zahlung auf zumindest zwölf Monate nach dem 31.12.01 zu verschieben. Aus diesem Grund ist die Verbindlichkeit als kurzfristige Schuld auszuweisen (IAS 1.74).

Variante (d)

Am 31.12.01 hat die X-AG nicht das uneingeschränkte Recht, die Zahlung auf zumindest zwölf Monate nach dem 31.12.01 zu verschieben. Die Bank hat die Vereinbarung über den Verzicht auf das Recht, die sofortige Rückzahlung zu verlangen, nach dem 31.12.01 unterschrieben. Aus diesem Grund ist die Verbindlichkeit als kurzfristige Schuld auszuweisen (IAS 1.74).

Variante (e)

Die Bank hat die Vereinbarung über den Verzicht auf das Recht, die sofortige Rückzahlung zu verlangen, vor dem Ende der Berichtsperiode 01 unterschrieben. Demnach hat die X-AG am 31.12.01 das uneingeschränkte Recht, die Zahlung auf zumindest zwölf Monate nach dem 31.12.01 zu verschieben. Aus diesem Grund ist die Verbindlichkeit als langfristige Schuld auszuweisen (IAS 1.74).

AUFGABE 3

Hinwegsetzungsprinzip (*overriding principle*) – Fortsetzung von Aufgabe 2(d)

Die Situation ist dieselbe wie bei Aufgabe 2(d). Allerdings vertritt die X-AG die Ansicht, dass die Anwendung von IAS 1.74 und die daraus resultierende Klassifizierung der Verbindlichkeit als kurzfristige Schuld nicht zu einer tatsachengetreuen Darstellung des Jahresabschlusses führen würde und so irreführend wäre, dass sie mit der im Rahmenkonzept der IFRS festgelegten Zielsetzung des Jahresabschlusses im Widerspruch stünde. Daher möchte die X-AG das Hinwegsetzungsprinzip (*overriding principle*) anwenden und die Verbindlichkeit als langfristige Schuld klassifizieren.

Aufgabenstellung

Beurteilen Sie, ob die von der X-AG angedachte Vorgehensweise in der Bilanz der X-AG zum 31.12.01 umgesetzt werden kann.

Lösungshinweise

Insbesondere Kapitel 3

LÖSUNG

Bei der Beurteilung, ob das Hinwegsetzungsprinzip angewandt werden kann, muss die X-AG u. a. prüfen, wie sich deren Umstände von jenen anderer Unternehmen unterscheiden, welche IAS 1.74 einhalten. Sofern andere Unternehmen unter ähnlichen Umständen IAS 1.74 einhalten, gilt die widerlegbare Vermutung, dass die Anwendung von IAS 1.74 durch die X-AG nicht zu so einer irreführenden Darstellung führen würde, dass sich daraus ein Konflikt mit der im Rahmenkonzept normierten Zielsetzung des Abschlusses ergäbe (IAS 1.24b). Daher ist die Umsetzung der von der X-AG angedachten Vorgehensweise unter Berufung auf das Hinwegsetzungsprinzip faktisch nicht möglich. Die Verbindlichkeit ist somit gem. IAS 1.74 als kurzfristige Schuld auszuweisen.

Auf Basis der oben beschriebenen widerlegbaren Vermutung ist das Hinwegsetzungsprinzip nach h. M. in IFRS-Abschlüssen generell so gut wie nie anwendbar.

AUFGABE 4

Grundsatz der Unternehmensfortführung (*going concern*)

(a) Am 31.12.01 besteht die Absicht, die A-AG in 18 Monaten zu liquidieren. Dennoch beabsichtigt die A-AG, ihren Jahresabschluss zum 31.12.01 unter der Annahme der Unternehmensfortführung aufzustellen. IAS 1.26 erwähnt nämlich einen Zeitraum von zwölf Monaten ab dem Bilanzstichtag als Bezugspunkt.

(b) Es bestehen signifikante Zweifel hinsichtlich der Fähigkeit der B-AG, ihre Geschäftstätigkeit fortzuführen. Dennoch beabsichtigt die B-AG, ihren Abschluss per 31.12.01 unter der Annahme der Unternehmensfortführung zu erstellen.

Aufgabenstellung

Beurteilen Sie, ob es sachgerecht ist, die Abschlüsse der A-AG und der B-AG zum 31.12.01 unter der Annahme der Unternehmensfortführung zu erstellen.

Lösungshinweise

Insbesondere Kapitel 2

LÖSUNG (A)

Es ist nicht möglich, den Abschluss der A-AG zum 31.12.01 unter der Annahme der Unternehmensfortführung zu erstellen. Der (in IAS 1.26 erwähnte) Zeitraum von zwölf Monaten für die Beurteilung der Zukunft des Unternehmens stellt nämlich eine Mindestanforderung dar, und es besteht die Absicht, die A-AG 18 Monate nach dem Bilanzstichtag zu liquidieren.[42]

LÖSUNG (B)

Der Abschluss der B-AG zum 31.12.01 wird unter der Annahme der Unternehmensfortführung erstellt. Die Existenz signifikanter Zweifel hinsichtlich der Fähigkeit der B-AG, ihre Geschäftstätigkeit fortzuführen, reicht nicht aus, um die Annahme der Unternehmensfortführung zu verwerfen. Abschlüsse werden unter der Annahme der Unternehmensfortführung aufgestellt, es sei denn, die Unternehmensführung beabsichtigt, entweder das Unternehmen zu liquidieren oder die Geschäftstätigkeit einzustellen, oder die Unternehmensführung hat keine realistische Alternative, als dies zu tun (IAS 1.25).[43]

42 Vgl. *PwC*, Manual of Accounting, IFRS 2011, Tz. 4.25.

43 Vgl. *PwC*, Manual of Accounting, IFRS 2011, Tz. 4.25.

AUFGABE 5

Ausweis einer latenten Steuerschuld in der Bilanz

Am 31.12.01 erfasst die X-AG eine Prozessrückstellung. Der Buchwert der Rückstellung nach IFRS beträgt GE 26. Der steuerliche Buchwert beträgt GE 34.

Gemäß IAS 12 erfasst die X-AG hinsichtlich dieser Prozessrückstellung auch eine latente Steuerschuld i. H. von GE 2 (= GE 8 · Steuersatz der X-AG i. H. von 25 %).[44]

Die Rechtsanwälte der X-AG halten es für hochwahrscheinlich, dass der Prozess bis Mai 02 beendet sein wird und dass die Parteien die Entscheidung des Gerichts akzeptieren werden.

Aufgabenstellung

Beurteilen Sie, ob die latente Steuerschuld in der Bilanz der X-AG per 31.12.01 als kurzfristige oder als langfristige Schuld auszuweisen ist.

Lösungshinweise

Insbesondere Kapitel 6.1

LÖSUNG

Nachdem es hochwahrscheinlich ist, dass der Rechtsstreit bis Mai 02 beigelegt sein wird, ist davon auszugehen, dass sich die temporäre Differenz (GE 8) im Jahr 02 „umdrehen" wird. Allerdings verbietet IAS 1.56 die Klassifizierung latenter Steueransprüche und latenter Steuerschulden als kurzfristig. Daher ist die latente Steuerschuld i. H. von GE 2 in der Bilanz der X-AG zum 31.12.01 als langfristige Schuld auszuweisen.

7.2 Aufgaben, deren Lösung die Lektüre anderer Abschnitte des Buches voraussetzt

Die folgenden Aufgaben setzen Kenntnisse voraus, welche in den Abschnitten zu IAS 16, IAS 19, IAS 21, IFRS 3 sowie IFRS 9 vermittelt werden.

AUFGABE 6

Gesamtergebnisrechnung und Eigenkapitalspiegel –
Zum Zeitwert über das sonstige Gesamtergebnis bilanzierte Eigenkapitalinstrumente[45]

Die X-AG erwirbt am 01.01.01 Aktien für GE 10 und beschließt unwiderruflich, diese zum Zeitwert über das sonstige Gesamtergebnis zu bilanzieren (IFRS 9.5.7.5). Am 31.12.01 beträgt der Zeitwert dieser Aktien GE 12. Am 01.05.02 werden die Aktien um GE 9 verkauft. Im Zeitpunkt der Ausbuchung der Aktien bucht die X-AG den in der Zeitwertrücklage angesammelten Betrag in die einbehaltenen Gewinne um (IFRS 9.B5.7.1).

44 Hinsichtlich latenter Steuern vgl. Abschnitt IAS 12.

45 Vgl. Abschnitt IFRS 9, Kapitel 5.3.

Aufgabenstellung

(a) Nehmen Sie alle in den Jahren 01 und 02 aus der Perspektive der X-AG (Bilanzstichtag: 31.12.) erforderlichen **Buchungen** vor.

(b) Stellen Sie die Auswirkungen der Buchungen auf die **umfassende Gesamtergebnisrechnung** der X-AG für die Jahre 01 und 02 dar.

(c) Stellen Sie die Auswirkungen der Buchungen auf den **Eigenkapitalspiegel** der X-AG per 31.12.02 dar. In den Jahren 01 und 02 beträgt der Stand des gezeichneten Kapitals GE 100 und jener der Kapitalrücklage stets GE 20.

Lösungshinweise

Insbesondere Kapitel 6.2 und 6.3

LÖSUNG

01.01.01	Aktien	10,-	
	an Geld		10,-

31.12.01	Aktien	2,-	
	an Sonstiges Gesamtergebnis I		2,-

Das sonstige Gesamtergebnis I aus der Bewertung der Aktien (in 01: GE +2) wird stets in der sog. Zeitwertrücklage I angesammelt.

Der Buchwert der Aktien ist in der logischen Sekunde vor ihrer Ausbuchung nochmals an den aktuellen Zeitwert anzupassen. Die Änderung des Buchwerts gegenüber dem letzten Bilanzstichtag ist im sonstigen Gesamtergebnis zu erfassen (IFRS 9.3.2.12 und 9.5.7.5):[46]

01.05.02	Sonstiges Gesamtergebnis I	3,-	
	an Aktien		3,-

01.05.02	Geld	9,-	
	an Aktien		9,-

Der in 01 und 02 im sonstigen Gesamtergebnis erfasste und in der Zeitwertrücklage I angesammelte Betrag von GE -1 (= GE 2 - GE 3) darf im Ausbuchungszeitpunkt nicht in die GuV umgebucht werden. Die von der X-AG praktizierte Umbuchung in die einbehaltenen Gewinne ohne Berührung der Ergebnisrechnung ist allerdings zulässig (IFRS 9.B5.7.1).[47]

01.05.02	Einbehaltene Gewinne	1,-	
	an Zeitwertrücklage I		1,-

46 Vgl. Abschnitt IFRS 9, Kapitel 5.3 und 7.
47 Vgl. Abschnitt IFRS 9, Kapitel 5.3.

Die Buchungen wirken sich folgendermaßen auf die **Gesamtergebnisrechnung** aus:

	02	**01**
Bestandeile des Jahreserfolgs		
Außerplanmäßige Abschreibungen und Zuschreibungen auf Finanzinstrumente	0	0
Übrige Finanzerträge	0	0
Übrige Finanzaufwendungen	0	0
Finanzerfolg	**0**	**0**
JAHRESERFOLG	**0**	**0**
Überleitung des Jahreserfolgs auf das Gesamtergebnis		
Sonstiges Gesamtergebnis I:[48]		
Zeitwertänderungen designierter Eigenkapitalinstrumente	-3	2
	-3	2
SONSTIGES GESAMTERGEBNIS	**-3**	**2**
GESAMTERGEBNIS	**-3**	**2**

Die Buchungen wirken sich folgendermaßen auf den **Eigenkapitalspiegel** aus:

	Grundkapital	**Kapitalrücklage**	**Einbehaltene Gewinne**	**Kumuliertes sonstiges Gesamtergebnis I**	**Summe Eigenkapital**
Stand 01.01.01	**100**	**20**	**0**	**0**	**120**
Gesamtergebnis 01	–	–	0	2	2
Stand 31.12.01	**100**	**20**	**0**	**2**	**122**
Gesamtergebnis 02	–	–	0	-3	-3
Umklassifizierung	–	–	-1	1	0
Stand 31.12.02	**100**	**20**	**-1**	**0**	**119**

48 Umfasst jene Posten, die *nicht* in den (Jahres-)Erfolg umgegliedert werden.

AUFGABE 7

Gesamtergebnisrechnung und Eigenkapitalspiegel –
Zum Zeitwert über das sonstige Gesamtergebnis bilanzierte Schuldinstrumente

Am 01.01.01 erwirbt die X-AG eine **Anleihe** zu ihrem beizulegenden Zeitwert (= Nominale) von GE 100. Entsprechend den Klassifizierungskriterien von IFRS 9[49] erfolgt eine Bilanzierung zum **Zeitwert über das sonstige Gesamtergebnis.**[50] Die Effektiv- und Nominalverzinsung beträgt 4 % p. a. Die Anleihe hat eine Laufzeit von 4 Jahren und ist bei erstmaliger Erfassung *nicht* kreditwertgemindert.[51] Am 31.12.01 beträgt der Zeitwert aufgrund einer Veränderung der Marktzinssätze nur noch GE 91. Zum selben Zeitpunkt betragen die 12-Monats-bemessenen Kreditverluste GE 7.[52] Am 01.01.02 verkauft die X-AG die Anleihe zu ihrem Zeitwert von GE 91.[53]

Aufgabenstellung

Die Aufgabenstellung lautet wie in Aufgabe 6.

Lösungshinweise

Insbesondere Kapitel 6.2 und 6.3

LÖSUNG

01.01.01		Anleihe	100,-	
	an	Geld		100,-

31.12.01		Geld	4,-	
	an	Zinserträge		4,-

31.12.01		Außerplanmäßige Abschreibung	7,-	
		Sonstiges Gesamtergebnis II	2,-	
	an	Anleihe		9,-

Das sonstige Gesamtergebnis II aus der Bewertung von zum Zeitwert über das sonstige Gesamtergebnis bilanzierten Schuldinstrumenten (in 01: GE -2) wird stets in der sog. Zeitwertrücklage II angesammelt.

01.01.02		Geld	91,-	
	an	Anleihe		91,-

49 Vgl. Abschnitt IFRS 9, Kapitel 4.4.1-4.4.3.

50 Vgl. Abschnitt IFRS 9, Kapitel 5.2.

51 Vgl. Abschnitt IFRS 9, Kapitel 4.2.2 und 4.7.5.

52 Zur Frage, wann eine 12-Monats-Bemessung und wann eine Laufzeitbemessung erforderlich ist: Abschnitt IFRS 9, Kapitel 4.7.2.

53 Zu einem ähnlichen Bsp. vgl. IFRS 9.IG, Bsp. 13.

Zusätzlich ist im Zeitpunkt der Ausbuchung der bis dahin kumuliert im sonstigen Gesamtergebnis erfasste Betrag in die GuV umzubuchen (IFRS 9.5.7.10):

01.01.02	Veräußerungsverlust	2,-	
	an Sonstiges Gesamtergebnis II		2,-

Nach Vornahme der letztgenannten Buchung beträgt der Stand der Zeitwertrücklage Null (Stand per 31.12.01 von GE -2 + sonstiges Gesamtergebnis 02 von GE 2 = GE 0).

Die oben dargestellten Buchungen wirken sich folgendermaßen auf die **Gesamtergebnisrechnung** aus:

	02	**01**
Bestandeile des Jahreserfolgs		
Außerplanmäßige Abschreibungen und Zuschreibungen auf Finanzinstrumente	0	-7
Übrige Finanzerträge	0	4
Übrige Finanzaufwendungen	-2	0
Finanzerfolg	**-2**	**-3**
JAHRESERFOLG	**-2**	**-3**
Überleitung des Jahreserfolgs auf das Gesamtergebnis		
Sonstiges Gesamtergebnis II:[54]		
Bestimmte Zeitwertänderungen gewisser Schuldinstrumente	2	-2
	2	-2
SONSTIGES GESAMTERGEBNIS	**2**	**-2**
GESAMTERGEBNIS	**0**	**-5**

Die Buchung „Veräußerungsverlust an Sonstiges Gesamtergebnis II GE 2" in 02 stellt eine **Umgliederung** (IAS 1.7) dar (IFRS 9.B5.7.1A), denn schließlich verändert diese Umbuchung im Jahr 02 sowohl das sonstige Gesamtergebnis als auch den Erfolg. Der Sinn und Zweck der Umgliederung wird ersichtlich, wenn die in 01 erfasste **restliche Zeitwertänderung** von GE -2, welche in 02 zu einem **Veräußerungsverlust** wird (unter Vernachlässigung des Zinsertrags und der GuV-wirksamen Abschreibung des Jahres 01) genauer betrachtet wird: Würde in 01 lediglich ein sonstiges Gesamtergebnis von GE -2 gezeigt werden und in 02 bloß ein (GuV-wirksamer) Aufwand von GE -2, so würde in den Jahren 01 und 02 in Summe ein Gesamtergebnis von GE -4 ausgewiesen werden (Doppelerfassung des Verlusts). Somit würde ein und derselbe Verlust das Gesamtergebnis gleich zweimal reduzieren, was natürlich nicht realitätskonform ist. Um dies zu verhindern, verlangt IAS 1 die folgende Darstellung (IAS 1.93):

- 01: Sonstiges Gesamtergebnis i. H. von GE -2,
- 02: GuV-wirksamer Aufwand i. H. von GE -2 und sonstiges Gesamtergebnis i. H. von GE +2; in Summe beträgt das Gesamtergebnis in 02 aus diesem Sachverhalt daher Null.

54 Umfasst jene Posten, bei denen in bestimmten Fällen Umgliederungen in den (Jahres-)Erfolg erforderlich sind.

► In den Jahren 01 und 02 wurde auf diese Weise insgesamt ein Gesamtergebnis von GE -2 erfasst, was der Realität entspricht. Die Doppelerfassung wurde somit vermieden.

Die Buchungen wirken sich folgendermaßen auf den **Eigenkapitalspiegel** aus:

	Grund-kapital	Kapital-rück-lage	Einbe-haltene Gewinne	Kumuliertes sonstiges Gesamt-ergebnis I	Summe Eigen-kapital
Stand 01.01.01	**100**	**20**	**0**	**0**	**120**
Gesamtergebnis 01	–	–	-3	-2	-5
Stand 31.12.01	**100**	**20**	**-3**	**-2**	**115**
Gesamtergebnis 02	–	–	-2	2	0
Stand 31.12.02	**100**	**20**	**-5**	**0**	**115**

In 02 wird an der Schnittstelle der Zeile „Gesamtergebnis 02" und der Spalte „einbehaltene Gewinne" ein Betrag von GE -2 ausgewiesen. Dies entspricht dem in der Gesamtergebnisrechnung für 02 ausgewiesenen Jahreserfolg von GE -2.

AUFGABE 8

Gesamtergebnisrechnung und Eigenkapitalspiegel – Neubewertung einer Sachanlage[55]

Die X-AG erwirbt am 01.01.01 ein unbebautes Grundstück für GE 10, welches als Sachanlage gehalten wird. Am 31.12.01 beträgt der beizulegende Zeitwert GE 14. Am 10.08.02 verkauft die X-AG das Grundstück um GE 14.

Aufgabenstellung

Die Aufgabenstellung lautet wie in Aufgabe 6. Grund und Boden wird von der X-AG nach dem Neubewertungsmodell i. S. von IAS 16 bilanziert. Die X-AG bucht Neubewertungsrücklagen im Zeitpunkt der Ausbuchung der betreffenden Sachanlage in die einbehaltenen Gewinne um (IAS 16.41).

Lösungshinweise

Insbesondere Kapitel 6.2 und 6.3

LÖSUNG

01.01.01		Grundstück	10,-	
	an	Geld		10,-

31.12.01		Grundstück	4,-	
	an	Sonstiges Gesamtergebnis I		4,-

55 Hinsichtlich der Neubewertung von Grund und Boden vgl. Abschnitt IAS 16, Kapitel 4.1.

Das sonstige Gesamtergebnis I (GE 4) wird in der Neubewertungsrücklage angesammelt.

10.08.02		Geld	14,-	
	an	Grundstück		14,-

Die X-AG bucht laut Angabe im Zeitpunkt der Ausbuchung des Grundstücks (d. h. am 10.08.02) die Neubewertungsrücklage (kumuliertes sonstiges Gesamtergebnis I) von GE 4 direkt in die einbehaltenen Gewinne um (IAS 16.41). Dies stellt keine Umgliederung i. S. von IAS 1.7 dar, denn diese Umbuchung beeinflusst weder das sonstige Gesamtergebnis, noch den (Jahres-)Erfolg (IAS 1.96):

10.08.02		Neubewertungsrücklage	4,-	
	an	Einbehaltene Gewinne		4,-

Die Buchungen wirken sich folgendermaßen auf die **Gesamtergebnisrechnung** aus:

	02	01
Bestandeile des Jahreserfolgs		
JAHRESERFOLG	**0**	**0**
Überleitung des Jahreserfolgs auf das Gesamtergebnis		
Sonstiges Gesamtergebnis I (= Posten, die nicht in den (Jahres-)Erfolg umgegliedert werden):		
Neubewertung von Sachanlagen	0	4
Zwischensumme	0	4
SONSTIGES GESAMTERGEBNIS	**0**	**4**
GESAMTERGEBNIS	**0**	**4**

Die Buchung „Neubewertungsrücklage an Einbehaltene Gewinne GE 4" in 02 stellt keine Umgliederung i. S. von IAS 1.7 dar (IAS 1.96) (s. oben). Daher scheint in 02 auch kein Betrag von GE -4 in der Zeile „Neubewertung von Sachanlagen" auf (IAS 1.IG).

Die Buchungen wirken sich folgendermaßen auf den **Eigenkapitalspiegel** aus:

	Gezeichnetes Kapital	Kapitalrücklage	Einbehaltene Gewinne	Kumuliertes sonstiges Gesamtergebnis I	Summe Eigenkapital
Stand 01.01.01	**100**	**20**	**0**	**0**	**120**
Gesamtergebnis 01	--	--	0	4	4
Stand 31.12.01	**100**	**20**	**0**	**4**	**124**
Gesamtergebnis 02	--	--	0	0	0
Umklassifizierung	--	--	4	-4	0
Stand 31.12.02	**100**	**20**	**4**	**0**	**124**

AUFGABE 9

Gesamtergebnisrechnung und Eigenkapitalspiegel – Währungsdifferenzen[56]

Die X-AG verkauft am 01.01.02 eine ausländische Einheit, welche nach der modifizierten Stichtagskursmethode umgerechnet wurde, zur Gänze. Diese war bis zum Verkauf eine 100 %ige Tochtergesellschaft der X-AG. Die kumulierten, in Bezug auf diese ausländische Einheit im sonstigen Gesamtergebnis erfassten (und dadurch in der Währungsrücklage gespeicherten) Währungsdifferenzen betrugen per 31.12.01 GE +5 und per 31.12.00 GE +3.

Aufgabenstellung

Die Aufgabenstellung lautet wie in Aufgabe 6 und bezieht sich auf den Konzernabschluss der X-AG.

Lösungshinweise

Insbesondere Kapitel 6.2 und 6.3

LÖSUNG

Im Jahr 01 wurde aufgrund der Währungsumrechnung ein Betrag von GE +2 im sonstigen Gesamtergebnis (im Haben) erfasst.

Am 01.01.02 kommt es durch den Verkauf der ausländischen Einheit zur Umgliederung der bislang kumuliert im sonstigen Gesamtergebnis erfassten Währungsdifferenzen (GE +5) in die GuV (IAS 1.7, 1.93, 1.95 und IAS 21.48):

01.01.02	Sonstiges Gesamtergebnis II	5,-	
	an Ertrag		5,-

Der Sachverhalt wirkt sich folgendermaßen auf die **Gesamtergebnisrechnung** aus:

GESAMTERGEBNISRECHNUNG	**02**	**01**
Bestandteile des Jahreserfolgs		
Betriebliche Erträge[57]	5	0
Betriebserfolg	**5**	**0**
JAHRESERFOLG	**5**	**0**

56 Vgl. Abschnitt IAS 21, Kapitel 1 und 4.

57 Zum Ausweis von Währungsdifferenzen in der GuV vgl. *Lüdenbach/Hoffmann/Freiberg*, Haufe IFRS-Kommentar, 12. Aufl., § 27 Rz. 85.

Überleitung des Jahreserfolgs auf das Gesamtergebnis		
Sonstiges Gesamtergebnis II:[58]		
Währungsdifferenzen	-5	2
	-5	**2**
SONSTIGES GESAMTERGEBNIS	**-5**	**2**
GESAMTERGEBNIS	**0**	**2**

- Die Buchung „Sonstiges Gesamtergebnis II an Ertrag GE 5" in 02 stellt eine **Umgliederung** (IAS 1.7, 1.95 und IAS 21.48) dar, denn schließlich verändert diese Umbuchung im Jahr 02 sowohl das sonstige Gesamtergebnis als auch den Erfolg. Würde in 01 und in den Vorjahren ein sonstiges Gesamtergebnis von GE +5 gezeigt werden und zusätzlich in 02 ein (GuV-wirksamer) Ertrag von GE +5, so käme es in 02 und in den Vorjahren in Summe zum Ausweis eines Gesamtergebnisses von GE +10 (Doppelerfassung ein und derselben Währungsdifferenzen). Demnach würden ein und dieselben Währungsdifferenzen das Gesamtergebnis gleich zwei Mal erhöhen, was natürlich nicht realitätskonform ist. Um dies zu verhindern, verlangt IAS 1 die folgende Darstellung (IAS 1.93):
- 01 und Vorjahre: Sonstiges Gesamtergebnis i. H. von GE +5.
- 02: GuV-wirksamer Ertrag i. H. von GE +5 und sonstiges Gesamtergebnis i. H. von GE -5; in Summe beträgt das Gesamtergebnis in 02 aus diesem Sachverhalt daher Null.
- In 02 und in den Vorjahren wurde auf diese Weise insgesamt ein Gesamtergebnis von GE +5 erfasst, was der Realität entspricht. Die Doppelerfassung wurde somit vermieden.

Der Sachverhalt wirkt sich folgendermaßen auf den **Eigenkapitalspiegel** aus:

	Gezeichnetes Kapital	Kapitalrücklage	Einbehaltene Gewinne	Kumuliertes sonstiges Gesamtergebnis II	Summe Eigenkapital
Stand 01.01.01	**100**	**20**	**0**	**3**	**123**
Gesamtergebnis 01	--	--	0	2	2
Stand 31.12.01	**100**	**20**	**0**	**5**	**125**
Gesamtergebnis 02	--	--	5	-5	0
Stand 31.12.02	**100**	**20**	**5**	**0**	**125**

In 02 wird an der Schnittstelle der Zeile „Gesamtergebnis 02" und der Spalte „einbehaltene Gewinne" ein Betrag von GE 5 ausgewiesen. Dies entspricht dem in der Gesamtergebnisrechnung für 02 ausgewiesenen Jahreserfolg von GE 5.

58 Umfasst jene Posten, bei denen in bestimmten Fällen Umgliederungen in den (Jahres-)Erfolg erforderlich sind.

IAS 2 Vorräte

1. Anwendungsbereich

IAS 2 regelt die Bilanzierung von Vorräten. **Vorräte** umfassen die folgenden Arten von Vermögenswerten (IAS 2.6):[59]

- Vermögenswerte, die zum Verkauf im normalen Geschäftsgang gehalten werden (**fertige Erzeugnisse und Waren**),
- Vermögenswerte, welche sich gerade im Produktionsprozess befinden, mit dem Ziel eines späteren Verkaufs im normalen Geschäftsgang (**unfertige Erzeugnisse**),
- Vermögenswerte, die zum Verbrauch im Produktionsprozess bzw. im Rahmen der Erbringung von Dienstleistungen bestimmt sind (**Roh-, Hilfs- und Betriebsstoffe**).

Kosten der Erfüllung eines Vertrags mit einem Kunden, welche nicht zu Vorräten (oder Vermögenswerten im Anwendungsbereich eines anderen Standards) führen, werden nach **IFRS 15** bilanziert (IAS 2.8).

Finanzinstrumente sind vom Anwendungsbereich von IAS 2 ausgenommen (IAS 2.2b).

Die **Abgrenzung von Vorräten** zu Sachanlagen ist nicht trennscharf.[60] Diesbezüglich wird auf den Abschnitt zu IAS 16 verwiesen.[61] Die Abgrenzung zwischen Vorräten Anlageimmobilien wird im Abschnitt zu IAS 40 erörtert.[62] Die Frage einer möglichen **Drohverlustrückstellung** im Falle **schwebender Absatzgeschäfte** über Vorräte ist Gegenstand des Abschnitts zu IAS 37.[63]

2. Bewertung

2.1 Erstbewertung zu Anschaffungs- bzw. Herstellungskosten

Die Zugangsbewertung (Einbuchung) von Vorräten, erfolgt mit den **Anschaffungs- bzw. Herstellungskosten** (IAS 2.9 i.V. mit 2.1).[64] Die Anschaffungs- bzw. Herstellungskosten umfassen alle Kosten, die angefallen sind, um die Vorräte an ihren derzeitigen Ort zu bringen und in ihren derzeitigen Zustand zu versetzen (IAS 2.10 und 2.15).

Die **Anschaffungskosten** errechnen sich aus dem **Kaufpreis**, zzgl. der **Anschaffungsnebenkosten** (d. h. Einfuhrzölle, Transportkosten und sonstige Kosten, die der Anschaffung direkt zurechenbar sind) und abzüglich der **Anschaffungspreisminderungen** (z. B. Skonti, Rabatte und Boni) (IAS 2.11).

Enthält ein Kaufvertrag ein **Finanzierungselement** (z. B. eine Differenz zwischen einem üblichen Zahlungsziel und dem Unternehmen gewährten unüblich langen Zahlungsziel), so ist dieses

59 Vgl. *Lüdenbach/Hoffmann/Freiberg*, IFRS-Kommentar, 12. Aufl., § 17 Tz. 1 f.

60 Vgl. *Freiberg*, PiR 2/2011, S. 51.

61 Vgl. Abschnitt IAS 16, Aufgabe 1.

62 Vgl. Abschnitt IAS 40, Kapitel 1 und Aufgabe 1b.

63 Vgl. Abschnitt IAS 37, Kapitel 8.1.

64 Stellvertretend für viele in Bezug auf die i. d. F. verwendeten Begriffe der Kostenrechnung: *Egger/Samer/Bertl*, Der Jahresabschluss nach dem Unternehmensgesetzbuch, Band 1, 13. Aufl., S. 58-66.

nicht Bestandteil der Anschaffungskosten. Das Finanzierungselement ist vielmehr als **Zinsaufwand** über die Dauer der Finanzierung zu erfassen (IAS 2.18).

Die **Herstellungskosten**[65] umfassen die **Materialeinzelkosten** (Fertigungsmaterial), die **Fertigungseinzelkosten** (Fertigungslöhne), die **Sonderkosten der Fertigung und Beschaffung**, die **anteiligen Material- und Fertigungsgemeinkosten** (inkl. des anteiligen Nutzenverbrauchs des langfristigen Vermögens). Anteilige Verwaltungskosten, Kosten für freiwillige soziale Leistungen bzw. Einrichtungen sowie Kosten für betriebliche Altersversorgung sind einzubeziehen, sofern diese **produktionsbezogen** sind (IAS 2.12).[66] **Fremdkapitalkosten** sind in eingeschränkten Fällen Bestandteil der Anschaffungs- bzw. Herstellungskosten von Vorräten (IAS 2.17 und IAS 23).

Ist das **tatsächliche Produktionsvolumen** (Produktionsmenge bzw. Produktionsstunden) in einer Periode wesentlich **kleiner als die Normalkapazität**, so müssen die fixen Gemeinkosten den Erzeugnissen auf Basis der Normalkapazität zugerechnet werden. Ansonst würde sich der Wertansatz der Erzeugnisse erhöhen, je kleiner die Auslastung ist. Ist das tatsächliche Produktionsvolumen hingegen wesentlich **größer als die Normalkapazität**, so werden die fixen Gemeinkosten dem Erzeugnis auf Basis des tatsächlichen Produktionsvolumens zugerechnet (IAS 2.13).[67]

Beispiele für Kosten, welche **nicht zu den Anschaffungs- bzw. Herstellungskosten** gehören, sind die Folgenden (IAS 2.16):

- Unüblich hohe Kosten (z. B. Ausschuss und Fehlarbeiten, die ein übliches Ausmaß übersteigen);
- Lagerungskosten, es sei denn, diese sind im Produktionsprozess vor einer weiteren Produktionsstufe erforderlich;
- Verwaltungsgemeinkosten, die nicht dazu dienen, die Vorräte an ihren derzeitigen Ort zu bringen und in ihren derzeitigen Zustand zu versetzen;
- Vertriebskosten.

Zur Ermittlung der Anschaffungs- bzw. Herstellungskosten von Vorräten können Bewertungsmethoden wie die **Standardkostenmethode** bzw. die **retrograde Methode** angewandt werden. Die Standardkosten sind die für ein Produkt ermittelten Vorgabekosten, welche auf der Grundlage einer normalisierten Kapazitätsauslastung und eines normalisierten Material- und Personaleinsatzes ermittelt werden (IAS 2.21).[68] Die retrograde Methode kommt praktisch lediglich im Bereich des Einzelhandels vor, und selbst dort mit stark rückläufiger Tendenz.[69] Bei dieser Methode werden die Anschaffungskosten durch Abzug einer Bruttogewinnspanne vom Verkaufspreis ermittelt (IAS 2.22).

Festwertverfahren (z. B. § 240 Abs. 3 HGB bzw. § 209 Abs. 1 UGB), bei denen Vorratsposten bei Erfüllung bestimmter Voraussetzungen über mehrere Bilanzstichtage hinweg mit einem gleich bleibenden Wert angesetzt werden, werden in IAS 2 zwar nicht erwähnt, sind allerdings nach

65 Zu Besonderheiten in Bezug auf die Kuppelproduktion vgl. IAS 2.14 und *von Keitz*, in: Thiele/von Keitz/Brücks, Internationales Bilanzrecht, 2008, IAS 2, Tz. 182 ff.

66 Vgl. *von Keitz*, in: Thiele/von Keitz/Brücks, Internationales Bilanzrecht, 2008, IFRS-Kommentar, IAS 2, Tz. 160.

67 Vgl. *von Keitz*, in: Thiele/von Keitz/Brücks, Internationales Bilanzrecht, 2008, IFRS-Kommentar, IAS 2, Tz. 180 f. bzw. im Detail *Kümpel*, 2005, S. 44 ff.

68 Vgl. *Kümpel*, Vorratsbewertung und Auftragsfertigung nach IFRS, 2005 – a. a. O., S. 51.

69 Vgl. *von Keitz*, KoR 2006 S. 108 und *Lüdenbach/Hoffmann/Freiberg*, IFRS-Kommentar, 12. Aufl., § 17 Tz. 27.

IFRS zulässig, sofern die Auswirkungen der Anwendung eines solchen Verfahrens **unwesentlich** sind (IAS 8.8).

Bei Vorräten, welche nicht austauschbar sind, sowie bei Vorräten, die einem bestimmten Projekt zurechenbar sind, werden die Anschaffungs- bzw. Herstellungskosten durch Einzelzuordnung bestimmt. Dies bedeutet, dass jeder Vorrat mit seinen individuellen Anschaffungs- bzw. Herstellungskosten angesetzt wird. Bei den anderen Vorräten (Massengeschäft) ist hingegen das **FIFO-Verfahren** bzw. das **permanente oder periodische Durchschnittsverfahren** anzuwenden (IAS 2.23 ff.).[70]

2.2 Folgebewertung

Die Folgebewertung (Bewertung am ersten Bilanzstichtag nach dem Zugang und an den nachfolgenden Bilanzstichtagen) erfolgt mit dem **kleineren Betrag aus Anschaffungs- bzw. Herstellungskosten und Nettoveräußerungswert** (IAS 2.9 i.V. mit 2.1). Dadurch können sich Wertminderungen und -aufholungen ergeben.

Der **Nettoveräußerungswert** ist der geschätzte Verkaufspreis im normalen Geschäftsgang abzüglich der geschätzten Fertigstellungs- und Verkaufskosten. Der Nettoveräußerungswert unterscheidet sich vom Nettozeitwert darin, dass ersterer die unternehmensspezifischen Erwartungen reflektiert (IAS 2.6 f. und 2.30 ff.).

Die **geschätzten Fertigstellungskosten** sind im Falle **unfertiger Erzeugnisse** von Bedeutung. Sie stellen jenen Teil der Herstellungskosten dar, der bis zum Bilanzstichtag noch nicht angefallen ist und umfassen die Vollkosten (d. h. auch die fixen Kosten). Einbezogen werden dabei dieselben Kostenarten, die bei der Ermittlung der Herstellungskosten der zu bewertenden Vorräte berücksichtigt wurden.[71]

Wertminderungen auf Vorräte haben grundsätzlich in der Form von **Einzelwertberichtigungen** zu erfolgen. Für ähnliche Vorräte kann allerdings eine Sammelbewertung angemessen sein (**Portfoliowertberichtigung**). Bei der Abgrenzung der Gruppe besteht ein gewisser Ermessensspielraum. Die Sammelbewertung kann angemessen sein, wenn es sich um Vorräte handelt, welche derselben Produktlinie angehören, einen ähnlichen Zweck oder Endverbleib haben, in demselben geografischen Gebiet produziert und vermarktet werden und praktisch nicht unabhängig von anderen Gegenständen dieser Produktlinie bewertet werden können. Allerdings ist es etwa unzulässig, alle Fertigerzeugnisse oder alle Vorräte in einem bestimmten operativen Segment gemeinsam wertzuberichtigen (IAS 2.29).

In der IFRS-Bilanzierungspraxis der Einzelhandelsbranche sind darüber hinaus **Gängigkeitsabschläge** weit verbreitet.[72] Über die Kriterien, die für die Vornahme von Gängigkeitsverfahren erfüllt sein müssen, bestehen in der Literatur unterschiedliche Ansichten.[73]

---

70 Vgl. *von Keitz*, in: Thiele/von Keitz/Brücks, 2008, a. a. O., IAS 2, Tz. 211 und 213.

71 Vgl. *Kümpel*, 2005 – a. a. O., S. 79 f. und *von Keitz*, in: Thiele/von Keitz/Brücks, 2008 – a. a. O., IAS 2, Tz. 227.

72 Vgl. *von Keitz*, KoR 2006, S. 110 f.

73 Vgl. etwa *von Keitz*, in: Thiele/von Keitz/Brücks, 2008 – a. a. O., IAS 2, Tz. 233 und *Kümpel*, 2005 – a. a. O., S. 91 ff.

Roh-, Hilfs- und Betriebsstoffe, werden nicht unter ihre Anschaffungskosten abgeschrieben, sofern die betreffenden Fertigprodukte in die sie eingehen, erwartungsgemäß zu oder über den Anschaffungs- bzw. Herstellungskosten verkauft werden. Deutet allerdings ein Rückgang im Preis der Stoffe darauf hin, dass die Anschaffungs- bzw. Herstellungskosten des betreffenden Fertigprodukts dessen Nettoveräußerungswert überschreiten, so sind die Stoffe auf ihren Nettoveräußerungswert abzuschreiben. In diesem Fall können die Wiederbeschaffungskosten die beste Schätzgröße für den Nettoveräußerungswert der Stoffe darstellen (IAS 2.32).

3. Darstellung und Ausbuchung

Wird in der Bilanz lediglich der Gesamtbetrag dar Vorräte angegeben (IAS 1.54g), so ist es normalerweise erforderlich, die Zusammensetzung der Vorräte (fertige Erzeugnisse, unfertige Erzeugnisse, Handelswaren, Roh-, Hilfs- und Betriebsstoffe) im Anhang darzustellen (IAS 2.36b).

Die Darstellung der Veränderung des Buchwerts der Vorräte in der GuV hängt davon ab, ob das Gesamtkostenverfahren oder das Umsatzkostenverfahren angewandt wird:

- Bei Anwendung des **Gesamtkostenverfahrens** wird der Buchwert der verkauften Handelswaren als Materialaufwand dargestellt. Die Differenz zwischen dem Buchwert der fertigen und unfertigen Erzeugnisse am Bilanzstichtag im Vergleich zum Buchwert zu Periodenbeginn wird als Bestandsveränderung ausgewiesen. Abschreibungen und Zuschreibungen werden in den entsprechenden GuV-Posten (s. o.) einbezogen (IAS 2.34 und IAS 1.IG).
- Bei Anwendung des **Umsatzkostenverfahrens** (IAS 1.99, 1.102 und 1.IG) wird der Buchwert der verkauften Vorräte in der Periode, in der die zugehörigen Erlöse erfasst werden, als Umsatzkosten erfasst. Abschreibungen erhöhen die Umsatzkosten. Zuschreibungen führen hingegen zu einer Reduktion der Umsatzkosten (IAS 2.34).[74]

4. Aufgaben mit Lösungen

Verweis auf einen anderen Abschnitt

Die **Abgrenzung** zwischen Vorräten **Anlageimmobilien** wird im Abschnitt zu IAS 40 (Aufgabe 1b) veranschaulicht, jene zwischen Vorräten und **Sachanlagen** im Abschnitt zu IAS 16 (Aufgabe 1).

AUFGABE 1

Herstellungskosten fertiger Erzeugnisse

Die nachfolgenden Zahlen stellen kostengleiche Aufwendungen dar. Im Geschäftsjahr 01 sind bei der X-AG für die Herstellung des fertigen Erzeugnisses A, dessen Produktion im Jahr 01 aufgenommen wurde, Fertigungsmaterial i. H. von GE 100 sowie 10.000 Maschinenstunden in der Fertigungsstelle angefallen. Des Weiteren liegen die folgenden Daten vor (in GE):

74 Vgl. *KPMG*, Insights into IFRS, 11. Aufl., Tz. 3.8.440.70.

Kostenstellen	**Material**	**Fertigung**
Aufwandsarten		
Fertigungsmaterial	1.000	
Fertigungslöhne		1.250
Diverse Gemeinkosten	600	2.500

Die diversen Gemeinkosten beider Kostenstellen sind zu 60 % fix und zu 40 % variabel. In der Fertigungsstelle beträgt die Normalkapazität p. a. 100.000 Stunden.

Bisheriger Buchungsstand:

Bislang wurden lediglich die angefallenen Aufwendungen ordnungsgemäß erfasst.

Aufgabenstellung

Nehmen Sie unter Vernachlässigung latenter Steuern alle noch erforderlichen Buchungen im Abschluss der X-AG (Bilanzstichtag: 31.12.01) vor, wenn die tatsächliche Auslastung in der Fertigungsstelle im Geschäftsjahr 01 (a) 125.000 Stunden bzw. (b) 75.000 Stunden betrug.

Lösungshinweise

Insbesondere Kap. 2.1

LÖSUNG (A)

Die Materialstelle wird auf Basis eines Zuschlagsatzes abgerechnet. Daraus ergibt sich ein Prozentsatz für die Materialgemeinkosten, der später bei der Berechnung der Herstellungskosten von A auf das bereits gegebene Fertigungsmaterial für A (GE 100) aufgeschlagen wird:

	Material
Diverse Gemeinkosten	600
Basis (Fertigungsmaterial)	1.000
Zuschlagsatz	**60,00 %**

Die Fertigungsstelle muss hingegen auf der Basis eines Stundensatzes abgerechnet werden. Lt. Angabe sind nämlich für A 10.000 Stunden in der Fertigungsstelle angefallen. Die Fertigungsgemeinkosten ergeben sich dann später bei der Berechnung der Herstellungskosten von A durch die Multiplikation dieses Stundensatz mit 10.000 Stunden. Der Stundensatz muss auch die Fertigungslöhne umfassen. Darüber hinaus ist das Produktionsvolumen in 01 wesentlich höher als die Normalkapazität. Daher werden sowohl die Fixkosten, als auch die variablen Kosten auf Basis der tatsächlichen Auslastung (und somit auf Basis der tatsächlich angefallenen Aufwendungen) abgerechnet (IAS 2.13).

	Fertigung
Fertigungslöhne	1.250
Diverse Gemeinkosten	2.500
Summe	3.750
Basis (Maschinenstunden)	125.000
Stundensatz	**0,03**

Es ergibt sich die folgende Kalkulation für das Erzeugnis A:

Fertigungsmaterial	100
Materialgemeinkosten (60 %)	60
Fertigungskosten (10.000 Stunden · GE 0,03)	300
Herstellungskosten	**460**

31.12.01	Fertige Erzeugnisse	460,-	
	an Bestandsveränderungen		460,-

LÖSUNG (B)

Für die Materialgemeinkosten ergibt sich derselbe Zuschlagsatz wie in (a).

Fertigungsstelle: Das Produktionsvolumen ist in 01 wesentlich niedriger, als die Normalkapazität. Daher werden lediglich die variablen Kosten auf Basis der tatsächlichen Auslastung (und somit auf Basis der tatsächlich angefallenen Aufwendungen) abgerechnet. Die Fertigungseinzelkosten stellen variable Kosten dar. Die Fixkosten müssen auf Basis der Normalkapazität einbezogen werden, was entsprechend der niedrigeren Auslastung zu einem niedrigeren Stundensatz führt (IAS 2.13). Die Auslastung der Fertigungsstelle beträgt 75 % (75.000 Std./ 100.000 Std.).

	Fertigung
Fertigungslöhne	1.250
Variable Gemeinkosten (40 % von GE 2.500)	1.000
Fixe Gemeinkosten (60 % von GE 2.500) · 75 %	1.125
Summe	3.375
Maschinenstunden	75.000
Stundensatz (Vollkosten)	**0,045**

Es ergibt sich die folgende Kalkulation für das Erzeugnis A:

Fertigungsmaterial	100
Materialgemeinkosten (60 %)	60
Fertigungskosten (10.000 Stunden · GE 0,045)	450
Herstellungskosten	**610**

31.12.01	Fertige Erzeugnisse	610,-	
	an Bestandsveränderungen		610,-

AUFGABE 2

Anschaffungskosten – Finanzierungselement

Die X-AG kauft am 01.11.01 Handelswaren. Bei einem (üblichen) Zahlungsziel von einem Monat würde der Kaufpreis GE 200 betragen. Da sich die X-AG jedoch aufgrund einer Wirtschaftskrise in Liquiditätsproblemen befindet, wird mit dem Lieferanten vereinbart, dass die Zahlung erst am 30.11.02 erfolgen muss, allerdings zu einem Betrag von GE 212 (d. h. GE 200 zzgl. 6 % Zinsen für ein Jahr).

Aufgabenstellung

Nehmen Sie alle aus der Perspektive der X-AG (Bilanzstichtag: 31.12.) in 01 noch erforderlichen Buchungen vor. Im Falle einer evtl. erforderlichen Erfassung von Zinsaufwendungen ist davon auszugehen, dass die X-AG die Zinsaufwendungen aufgrund von Wesentlichkeitsüberlegungen zulässigerweise linear erfasst.

Lösungshinweise

Insbesondere Kapitel 2.1

LÖSUNG

Die Zinsen zwischen dem 01.12.01 und 30.11.02 (Dauer der Finanzierung) dürfen nicht aktiviert werden, sondern sind als Zinsaufwand zu erfassen (IAS 2.18). Die Zinsen betragen (bei lt. Angabe linearer Erfassung) GE 1 p. m. (GE 200 · 6 % p. a.: 12), somit fallen in 01 Zinsaufwendungen von GE 1 (für Dezember 01) an.

01.11.01	Handelswaren	200,-	
	an Verbindlichkeit L+L		200,-

31.12.01	Zinsaufwand	1,-	
	an Verbindlichkeit L+L		1,-

AUFGABE 3

Bewertung von Handelswaren

Die X-AG besitzt am 31.12.01 100 Stk. der Handelsware A. Die Anschaffung erfolgte am 15.10.01 zu Anschaffungskosten von GE 1 je Stk. Der Nettoveräußerungswert beträgt am 31.12.01 GE 0,9 je Stk. Am 10.07.02 wurden 90 Stk. von Ware A um GE 95 an einen Kunden verkauft (Zahlung in bar). Am 31.12.02 liegen noch 10 Stk. auf Lager. Der Nettoveräußerungswert am 31.12.02 beträgt GE 1,1 je Stk.

Aufgabenstellung

Nehmen Sie alle aus der Perspektive der X-AG (Bilanzstichtag: 31.12.) in den Jahren 01 und 02 noch erforderlichen Buchungen vor. Steuereffekte sollen vernachlässigt werden.

Lösungshinweise

Insbesondere Kapitel 2 und 2.3

LÖSUNG

15.10.01	Handelswaren	100,-	
	an Geld		100,-

Die Folgebewertung am 31.12.01 erfolgt mit einem Wert von GE 90 (kleinerer Betrag aus Anschaffungskosten und Nettoveräußerungswert gem. IAS 2.9), im Vergleich zu den Anschaffungskosten ergibt sich eine Wertminderung von GE 10:

31.12.01	Materialaufwand	10,-	
	an Handelswaren		10,-

10.07.02	Geld	95,-	
	an Umsatzerlöse		95,-

Der Wareneinsatz ist das Produkt aus Buchwert am 31.12.01 mit den verkauften Stk. (GE 0,9 je Stk. · 90 Stk. = GE 81). Die Erfassung des Wareneinsatzes erfolgt in der Periode der Erfassung der Erlöse (IAS 2.34):

10.07.02	Materialaufwand	81,-	
	an Handelswaren		81,-

Folgebewertung des Lagerbestandes (10 Stk.) am 31.12.02:

	je Stk.	**Stk. (31.12.02)**	**Summe**
Aktueller Buchwert	**0,9**	10	**9**
Folgebewertung 31.12.02			
Anschaffungskosten (1)	1,0		
Nettoveräußerungswert (2)	1,1		
Kleinerer Betrag aus (1) und (2) (IAS 2.9)	**1,0**	10	**10**
Wertaufholung	**0,1**	10	**1**

31.12.02	Handelswaren	1,-	
	an Materialaufwand		1,-

AUFGABE 4

Bewertung von Rohstoffen

Die X-AG hat in 01 den Einstieg in die Produktion von Produkt P beschlossen. Im Rahmen der Produktion von P wird der Rohstoff R verarbeitet. In 01 hat die X-AG bereits 100 Stk. R zu GE 12 / Stk. angeschafft.

Die Produktion von P soll in 02 beginnen. Die X-AG rechnet mit Herstellungskosten von GE 20 / Stk.

Am 31.12.01 betragen die Wiederbeschaffungskosten (= Nettoveräußerungswert) von R nur noch GE 7 / Stk. Aufgrund des gesunkenen Rohstoffpreises wird der Nettoveräußerungswert von P allerdings nur noch GE 18 / Stk. betragen.

Aufgabenstellung

Nehmen Sie alle aus der Perspektive der X-AG (Bilanzstichtag: 31.12.) in 01 erforderlichen Buchungen vor.

Lösungshinweise

Insbesondere Kapitel 2.2 und 2.3

LÖSUNG

Jahr 01	Rohstoffe	1.200,-	
	an Geld		1.200,-

Nachdem ein Preisrückgang der Rohstoffe darauf hindeutet, dass die Herstellungskosten des Fertigerzeugnisses dessen Nettoveräußerungswert überschreiten, sind die Rohstoffe auf ihren Nettoveräußerungswert abzuwerten. Im vorliegenden Fall wurde unterstellt, dass die Wiederbeschaffungskosten der Rohstoffe die beste verfügbare Bewertungsgrundlage für den Nettoveräußerungswert sind (IAS 2.32).

31.12.01	Materialaufwand	500,-	
	an Rohstoffe		500,-

AUFGABE 5

Bewertung von unfertigen Erzeugnissen

Die X-AG hat am 31.12.01 100 Stk. unfertige Erzeugnisse auf Lager, welche bereits die erste Produktionsstufe durchlaufen haben, aber noch nicht die zweite. Dazu liegen die folgenden Daten vor:

Von der Unternehmensleitung geschätzter Verkaufspreis	20
Bis zum 31.12.01 angefallene Herstellungskosten	10
Nach dem 31.12.01 noch anfallende (**variable**) Herstellungskosten	4
Nach dem 31.12.01 noch anfallende (**fixe**) Herstellungskosten	5
Nach dem 31.12.01 noch anfallende Verkaufskosten	2

Bisheriger Buchungsstand:

Jahr 01	Diverse Herstellungsaufwendungen	10,-	
	an Geld		10,-

31.12.01	Unfertige Erzeugnisse	10,-	
	an Bestandsveränderungen		10,-

Aufgabenstellung

Nehmen Sie alle aus der Perspektive der X-AG (Bilanzstichtag: 31.12.) in 01 noch erforderlichen Buchungen vor.

Lösungshinweise

Insbesondere Kapitel 2.2 und 2.3

LÖSUNG

Bei der Ermittlung des Nettoveräußerungswertes sind auch die nach dem 31.12.01 noch anfallenden fixen Herstellungskosten abzuziehen.

Von der Unternehmensleitung geschätzter Verkaufspreis	20
Nach dem 31.12.01 noch anfallende (**variable**) Herstellungskosten	-4
Nach dem 31.12.01 noch anfallende (**fixe**) Herstellungskosten	-5
Nach dem 31.12.01 noch anfallende Verkaufskosten	-2
Nettoveräußerungswert	**9**
Bisherige Herstellungskosten	**10**
Wertminderung	**-1**

31.12.01	Bestandsveränderungen	1,-	
	an Unfertige Erzeugnisse		1,-

IAS 7 Geldfluss- bzw. Kapitalflussrechnung

1. Einleitung

Eine **Geldflussrechnung** (= **Kapitalflussrechnung**) ist ein zwingender Bestandteil des Jahresabschlusses (IAS 1.10d und IAS 7.1). **Geldflüsse** (*cash flows*) sind Zu- und Abflüsse von Geld und Geldäquivalenten. **Geld** (bzw. Zahlungsmittel) i. S. des Standards umfasst Barmittel und Sichteinlagen. **Geldäquivalente** (bzw. Zahlungsmitteläquivalente) sind kurzfristige, hoch liquide Finanzinvestitionen, die jederzeit in bekannte Beträge von Geld umgewandelt werden können und einem nicht signifikanten Wertschwankungsrisiko unterliegen (IAS 7.6). Daher stellt eine Finanzinvestition normalerweise nur dann ein Geldäquivalent dar, wenn diese – gerechnet vom Erwerbszeitpunkt – eine kurze Laufzeit hat, d. h. etwa von drei Monaten oder weniger. Eigenkapitalinvestitionen stellen normalerweise keine Geldäquivalente dar (IAS 7.7). Kontokorrentkredite, welche auf Anforderung rückzahlbar sind, gehören zur Position Geld und Geldäquivalente, und zwar in dem Ausmaß, in dem sie einen integralen Bestandteil der Gelddisposition (*cash management*) des Unternehmens darstellen (IAS 7.8).[75]

Der Abschlussadressat soll durch die Geldflussrechnung einen Einblick in die **Ein- und Auszahlungen** des Unternehmens während eines Jahres erhalten, **im Gegensatz zu periodisierten Aufwendungen und Erträgen**. Erträge und Aufwendungen sind u. U. **nicht zahlungswirksam**, d. h. „**unbar**“.

In der Geldflussrechnung sind die während des Jahres erfolgten Ein- und Auszahlungen nach den Tätigkeiten des Unternehmens (**Tätigkeitsbereiche**) zu untergliedern (IAS 7.6, 7.10 und 7.13 ff.):

- **Betriebliche bzw. operative Tätigkeit**: Darunter sind vor allem die primären erlösgenerierenden Tätigkeiten des Unternehmens zu verstehen (z. B. Auszahlungen für den Kauf und Einzahlungen aus dem Verkauf von Waren, Arbeitsentgelte von Mitarbeitern etc.).
- **Investitionstätigkeit**: Darunter sind der Erwerb und der Verkauf langfristiger Vermögenswerte zu verstehen, sowie anderer Finanzinvestitionen, bei denen es sich nicht um Geldäquivalente handelt (z. B. Auszahlungen zum Erwerb von Sachanlagen). Voraussetzung für den Einbezug in die Investitionstätigkeit ist, dass die Aufwendungen zum Ansatz eines Vermögenswerts in der Bilanz führen (IAS 7.16).
- **Finanzierungstätigkeit**: Darunter sind Tätigkeiten zu verstehen, die sich auf die Höhe und die Zusammensetzung des eingebrachten Eigenkapitals und des aufgenommenen Fremdkapitals des Unternehmens auswirken. Beispiele sind Einzahlungen aus der Emission von Aktien, Einzahlungen aus der Aufnahme von Darlehen sowie Auszahlungen für die Rückzahlung von Darlehen.

75 Vgl. *KPMG*, Insights into IFRS, 11. Aufl., Tz. 2.3.10.60.

Es gilt der folgende **Zusammenhang**:

Geld und Geldäquivalente 01.01.		**10**
Geldfluss aus betrieblicher Tätigkeit	5	
Geldfluss aus Investitionstätigkeit	-9	
Geldfluss aus Finanzierungstätigkeit	2	
Geldfluss		**-2**
Geld und Geldäquivalente 31.12.		**8**

2. Erstellung der Geldflussrechnung

2.1 Betriebliche bzw. operative Tätigkeit

Der Geldfluss aus der betrieblichen Tätigkeit kann **wahlweise** auf eine der folgenden beiden Varianten ermittelt werden (IAS 7.18 ff.):

- **Direkte Methode**: Bei dieser werden die Hauptklassen der Bruttoeinzahlungen und Bruttoauszahlungen gesondert angeführt.
- **Indirekte Methode**: Bei dieser erfolgt eine Überleitung des Jahreserfolgs des Unternehmens auf den Geldfluss aus der betrieblichen Tätigkeit.

Obwohl das IASB die direkte Methode bevorzugt (IAS 7.19), wird in der Praxis i. d. R. die **indirekte Methode** angewandt.[76] Auf diese soll daher i. d. F. genauer eingegangen werden. Sie lässt sich folgendermaßen zusammenfassen, wobei der Jahreserfolg grundsätzlich nicht zwingend die Ausgangsgröße darstellen muss:[77]

	Jahreserfolg
+	Unbare, d. h. nicht zahlungswirksame Aufwendungen (z. B. Abschreibungen)
-	Unbare, d. h. nicht zahlungswirksame Erträge (z. B. Zuschreibungen)
+/-	GuV-neutrale, jedoch zahlungswirksame Buchungen (z. B. „Vorräte an Geld")
+/-	Umgliederungen zu anderen Aktivitätsbereichen
=	**Geldfluss aus der betrieblichen Tätigkeit**

Unbare Aufwendungen wie Abschreibungen haben einen etwaigen Jahresgewinn reduziert. Diese Reduktion muss rückgängig gemacht werden, indem diese Aufwendungen wieder zum Jahresgewinn addiert werden. Ein weiteres Beispiel für unbare Aufwendungen ist die Bildung einer Rückstellung, denn die Buchung „Aufwand an Rückstellung" ist GuV-wirksam, führt jedoch zu keiner Zahlung. Die Zahlung erfolgt vielmehr erst bei Begleichung der Verpflichtung. Bei **unbaren Erträgen** wie Zuschreibungen verhält es sich genau umgekehrt.

Im nächsten Schritt sind **GuV-neutrale Zahlungen** zu berücksichtigen, d. h. Zahlungen, die sich nicht in der GuV niedergeschlagen haben. So hat etwa die Buchung „Handelswaren an Geld" die GuV nicht berührt und hat sich daher nicht im Jahreserfolg (Ausgangsgröße) niedergeschlagen. Der Abgang an Geld ist somit zusätzlich in der Geldflussrechnung zu erfassen.

76 Vgl. *Lüdenbach/Hoffmann/Freiberg*, IFRS-Kommentar, 12. Aufl., § 3 Tz. 56.

77 Vgl. *Lüdenbach/Hoffmann/Freiberg*, IFRS-Kommentar, 12. Aufl., § 3 Tz. 67 und *Hüttche/Int-Veen*, IRZ 2008, S. 350 f.

Der letzte Schritt betrifft Sachverhalte, die zwar in der GuV – und somit im Jahreserfolg – enthalten sind, jedoch nicht zur betrieblichen Tätigkeit gehören, weshalb eine **Umgliederung** erforderlich ist. Geschäftsfälle wie der Verkauf von Sachanlagen sind grundsätzlich der Investitionstätigkeit und nicht der betrieblichen Tätigkeit zuzuordnen (IAS 7.14). Ein Veräußerungsgewinn ist daher bei Anwendung der indirekten Methode aus der betrieblichen Tätigkeit zu eliminieren, während die gesamten Einzahlungen aus dem Verkauf Bestandteil der Investitionstätigkeit sind.

2.2 Investitions- und Finanzierungstätigkeit

Im Rahmen der Investitions- und Finanzierungstätigkeit ist die **direkte Methode zwingend vorgeschrieben**. Es sind die Hauptklassen der Bruttoeinzahlungen und Bruttoauszahlungen gesondert anzuführen. In gewissen Fällen ist jedoch eine Saldierung zulässig (IAS 7.21 ff.).

Unbare Investitions- und Finanzierungstransaktionen, d. h. die zu keiner Veränderung des Bestands an Geld bzw. Geldäquivalenten führen, sind nicht Bestandteil der Geldflussrechnung. Ein Beispiel für eine solche Transaktion ist die Anschaffung einer Maschine im Rahmen eines Finanzierungsleasings (IAS 7.43 f.).

3. Einzelfragen

3.1 Zinsen und Dividenden

Der Standard verlangt die **separate Angabe** der folgenden Geldflüsse (IAS 7.31):

- Erhaltene Zinsen,
- gezahlte Zinsen,
- erhaltene Dividenden,
- gezahlte Dividenden.

U. E. bedeutet dies, dass eine **Angabe in der Geldflussrechnung selbst** erforderlich ist und die bloße Angabe im Anhang nicht ausreicht.[78]

Unternehmen, die keine Finanzinstitutionen sind, können sowohl gezahlte Zinsen, als auch gezahlte Dividenden jeweils entweder der betrieblichen Tätigkeit oder der Finanzierungstätigkeit zuordnen und sowohl erhaltene Zinsen, als auch erhaltene Dividenden jeweils als betriebliche Tätigkeit oder als Investitionstätigkeit klassifizieren (IAS 7.31 ff.):[79]

	Zinsen		**Dividenden**	
	erhaltene	gezahlte	erhaltene	gezahlte
Betriebliche Tätigkeit	X	X	X	X
Investitionstätigkeit	X		X	
Finanzierungstätigkeit		X		X

78 Gl. A. *KPMG*, Insights into IFRS, 11. Aufl., Tz. 2.3.50.10.

79 Vgl. *KPMG*, Insights into IFRS, 11. Aufl., Tz. 2.3.50.20.

Die gewählte Zuordnung zu den Tätigkeitsbereichen ist von Periode zu Periode **beizubehalten** (IAS 7.31).

Die in der Geldflussrechnung separat anzugebenden gezahlten Zinsen enthalten auch Zinsen, die gem. IAS 23 aktiviert wurden (IAS 7.32).

3.2 Steuern vom Einkommen und vom Ertrag

Geldflüsse aus Steuern vom Einkommen und vom Ertrag sind in der Geldflussrechnung separat anzugeben. Sie sind der betrieblichen Tätigkeit zuzuordnen, es sei denn, es ist praktikabel, diese spezifisch mit Investitions- und Finanzierungstätigkeit zu identifizieren und die Steuern daher diesen zuzuordnen (IAS 7.35 f.).[80]

4. Die Geldflussrechnung im Konzernabschluss

4.1 Einleitung

Die Konzerngeldflussrechnung enthält lediglich die Geldflüsse zwischen dem Konzern und externen Dritten. Konzerninterne Geldflüsse (z. B. konzerninterne Verkäufe, Managementgebühren, Zinsen und Finanzierungsvereinbarungen) werden nicht einbezogen. Somit wird die Konzerngeldflussrechnung so dargestellt, als würde es sich beim Konzern um ein einziges Unternehmen handeln.[81] Die Konzernbilanz sowie der Jahreserfolg des Konzerns sind die Grundlage für die Erstellung der Konzerngeldflussrechnung.

4.2 Erwerb und Veräußerung von Tochterunternehmen

Die folgenden Beträge müssen in der Geldflussrechnung **separat** (d. h. **unsaldiert**) im Rahmen der Investitionstätigkeit offengelegt werden (IAS 7.39 und 7.41):

- Summe der Geldflüsse aus der Erlangung der Beherrschung über Tochterunternehmen,
- Summe der Geldflüsse aus dem Verlust der Beherrschung von Tochterunternehmen.

Beim Erwerb eines Tochterunternehmens entspricht der Geldabfluss nicht einfach dem gezahlten Kaufpreis. Er mindert sich um den Betrag **von Geld bzw. Geldäquivalenten** des Tochterunternehmens, die im Konzern zugehen. Dies gilt sinngemäß für die Veräußerung eines Tochterunternehmens (IAS 7.42).

4.3 Gemeinschafts- und assoziierte Unternehmen

Bei Anwendung der Eigenkapitalmethode werden die Geldflüsse und das Geld sowie die Geldäquivalente des Gemeinschafts- bzw. assoziierten Unternehmens in der Konzerngeldflussrechnung nicht berücksichtigt. Lediglich die Geldflüsse zwischen dem Konzern und den Gemeinschafts- bzw. assoziierten Unternehmen schlagen sich in der Konzerngeldflussrechnung nieder

80 Vgl. *KPMG*, Insights into IFRS, 11. Aufl., Tz. 2.3.50.10 und 2.3.50.20.

81 Vgl. *Ernst & Young*, International GAAP 2015, S. 2715 f.

(z. B. die Zahlung von Dividenden). Die aus der Anwendung der Eigenkapitalmethode stammenden Erfolge werden mangels Zahlungswirksamkeit ebenso wenig einbezogen wie Abschreibungen auf den Beteiligungsbuchwert. Zahlungen im Bereich der Liefer- und Leistungsbeziehungen sowie der Finanzierungstätigkeit (Eigenkapitalein- und -auszahlungen sowie Darlehensgewährungen) werden wie bei Konzernfremden berücksichtigt (IAS 7.37 f.).[82]

5. Aufgaben mit Lösungen

AUFGABE 1

Einführendes Beispiel – Unbare Aufwendungen

Die X-AG erwirbt am 01.01.01 eine Maschine um GE 10 und bezahlt den Kaufpreis. Die Maschine ist am selben Tag betriebsbereit. Die Nutzungsdauer beträgt zehn Jahre.

Aufgabenstellung

Beurteilen Sie, zu welchen Auszahlungen einerseits und Aufwendungen andererseits der obige Sachverhalt führt.

Lösungshinweise

Insbesondere Kapitel 2.1

LÖSUNG

Die GuV enthält in den Jahren 01 bis 10 einen Abschreibungsaufwand von GE 1 p. a. Tatsächlich hat allerdings lediglich Anfang 01 eine Auszahlung stattgefunden und zwar i. H. von GE 10. Während die GuV diese Auszahlung periodisiert als Aufwand darstellt, enthält die Geldflussrechnung in 01 die gesamte Auszahlung i. H. von GE 10, welche Bestandteil des Geldflusses aus der Investitionstätigkeit ist.

AUFGABE 2

Einführendes Beispiel – Gewinn aus dem Verkauf einer Sachanlage

Die X-AG (Jahresgewinn 01 = GE 100) verkauft am 31.12.01 eine Maschine (Sachanlage) für GE 10, der Restbuchwert im selben Zeitpunkt beträgt GE 9. Es ergibt sich ein – saldiert auszuweisender (IAS 1.34a) – Veräußerungsgewinn von GE 1, durch den sich der Jahresgewinn um GE 1 erhöht (Steuereffekte sollen vernachlässigt werden.):

31.12.01	Geld	10,-	
	an Maschine		9,-
	an Veräußerungsgewinn		1,-

82 Vgl. *Lüdenbach/Hoffmann/Freiberg*, IFRS-Kommentar, 12. Aufl., § 3 Tz. 127.

Aufgabenstellung

Stellen Sie die Auswirkungen des Verkaufs der Maschine auf die Geldflussrechnung der X-AG dar, wenn die betriebliche Tätigkeit nach der indirekten Methode dargestellt wird.

Lösungshinweise

Insbesondere Kapitel 2.1 und 1

LÖSUNG

Der Veräußerungsgewinn hat den Jahresgewinn erhöht. In der Geldflussrechnung ist der Gewinn von GE 1, obwohl er zahlungswirksam ist, im Rahmen der betrieblichen Tätigkeit aus dem Jahreserfolg zu eliminieren. Der Verkauf der Maschine ist nämlich Bestandteil der Investitionstätigkeit, d. h. letztere erhöht sich um die Einzahlung von GE 10:[83]

Jahresgewinn	100
Veräußerungsgewinn	-1
Geldfluss aus der betrieblichen Tätigkeit	**99**
Einzahlungen aus Sachanlagenverkauf	10
Geldfluss aus der Investitionstätigkeit	**10**
Geldfluss	**109**

AUFGABE 3

Einführendes Beispiel – Geldfluss aus der betrieblichen Tätigkeit

Im Jahr 01 erfasst die X-AG für Sachanlagen eine planmäßige Abschreibung i. H. von GE 60 und erwirbt Handelswaren um GE 40 (Barzahlung). Der Gewinn der X-AG für das Jahr 01 beträgt GE 100.

Aufgabenstellung

Stellen Sie die Auswirkungen der planmäßigen Abschreibung sowie des Kaufs der Handelswaren auf die Geldflussrechnung der X-AG dar. Die X-AG präsentiert den Geldfluss aus der betrieblichen Tätigkeit nach der indirekten Methode.

Lösungshinweise

Insbesondere Kapitel 2.1

LÖSUNG

Der Abzug der Abschreibungen in der GuV (Reduktion des Jahresgewinns) ist rückgängig zu machen, da es sich um unbare Aufwendungen handelt. Der Kauf der Handelswaren hat sich auf die

83 In dieser Tabelle werden andere in der Geldflussrechnung zu berücksichtigende Sachverhalte im Interesse einer übersichtlichen Darstellung vernachlässigt.

GuV nicht ausgewirkt (und somit auch nicht auf den Jahreserfolg). Allerdings hat dieser zu einer Auszahlung i. H. von GE 40 geführt (Buchung „Handelswaren an Geld 40"), die bei der Ermittlung des Geldflusses zu berücksichtigen ist.

Jahresgewinn	100
Abschreibungen	60
Kauf von Handelswaren gegen Barzahlung	-40
Geldfluss aus der betrieblichen Tätigkeit	**120**

AUFGABE 4

Erstellung einer Geldflussrechnung[84]

Bilanz der X-AG aus dem Abschluss zum 31.12.01:

	AKTIVA	**31.12.01**	**31.12.00**		**PASSIVA**	**31.12.01**	**31.12.00**
(a)	Gebäude 1	290	0	(e)	Grundkapital	260	160
(b)	Gebäude 2	0	40		Jahresgewinn	40	0
(c)	LKW	20	0	(c)	Leasingschuld	20	0
(d)	Handelswaren	50	100	(f)	Verbindlichkeiten aus L+L	20	0
	Geld	40	20	(g)	Rückstellung	10	0
				(h)	Darlehensverbindlichkeit	50	0
	Summe	**400**	**160**		**Summe**	**400**	**160**

GuV der X-AG (lediglich für das Jahr 01) (der **sonstige Aufwand** betrifft den betrieblichen Bereich und ist zur Gänze in 01 zahlungswirksam):

	01
Umsatzerlöse	450
Veräußerungsgewinn (Gebäude 2)	10
Wareneinsatz	-300
Planmäßige Abschreibung	-10
Bildung der Rückstellung	-10
Sonstiger Aufwand	-100
Jahresgewinn	**40**

84 Auf die Ausweisvorschriften der IFRS hinsichtlich Bilanz und GuV wird in diesem vereinfachten Beispiel keine Rücksicht genommen.

Anmerkungen zur Bilanz:

(a) Am 01.01.01 wurde das **Gebäude 1** (Sachanlage) um GE 300 (Barzahlung) erworben und in Betrieb genommen. Die Nutzungsdauer beträgt 30 Jahre.

(b) Am 01.01.01 hat die X-AG das **Gebäude 2** (Sachanlage), dessen Restbuchwert GE 40 beträgt, für GE 50 verkauft (Barzahlung).

(c) Am 31.12.01 wurde ein **LKW** (Sachanlage) im Rahmen eines Finanzierungsleasings erworben. Der Buchwert des LKWs und der Leasingschuld zum 31.12.01 betragen GE 20.

(d) Der Buchwert der **Handelswaren** beträgt am 31.12.00 GE 100 und am 31.12.01 GE 50. In 01 wurden neue Handelswaren für GE 250 zugekauft. Von diesen Zukäufen erfolgten GE 230 gegen Barzahlung (Waren an Geld 230) und GE 20 auf Ziel (Waren an Verbindlichkeiten L+L 20). In 01 wurden Handelswaren mit einem Buchwert von GE 300 (um GE 450) verkauft (Wareneinsatz an Waren 300 und Geld an Umsatzerlöse 450).

(e) In 01 hat die X-AG ihr Grundkapital von GE 160 auf GE 260 erhöht (**Kapitalerhöhung** gegen Bareinlage).

(f) Der Buchwert der **Verbindlichkeiten aus L+L** beträgt zum 31.12.00 GE 0 und zum 31.12.01 GE 20 (s. Punkt (d)).

(g) Am 31.12.01 wurde eine **Rückstellung für Gewährleistungen** i. H. von GE 10 gebildet.

(h) Am 31.12.01 hat die X-AG bei ihrer Hausbank ein **Darlehen** i. H. von GE 50 aufgenommen.

Aufgabenstellung

Erstellen Sie die Geldflussrechnung der X-AG (Bilanzstichtag: 31.12.) für das Jahr 01. Der Geldfluss aus der betrieblichen Tätigkeit wird von der X-AG nach der indirekten Methode ermittelt.

Lösungshinweise

Insbesondere Kapitel 2

LÖSUNG

(1)	Jahresgewinn	40
(2)	Planmäßige Abschreibung	10
(3)	Aufwand für die Bildung der Rückstellung	10
(4)	Handelswaren	70
(5)	Veräußerungsgewinn	-10
	Geldfluss aus der betrieblichen Tätigkeit	**120**
(6)	Erwerb von Sachanlagen	-300
(7)	Verkauf von Sachanlagen	50
	Geldfluss aus der Investitionstätigkeit	**-250**
(8)	Kapitalerhöhung gegen Bareinlage	100
(9)	Darlehensaufnahme	50
	Geldfluss aus der Finanzierungstätigkeit	**150**
	Geldfluss	**20**

Kontrolle:	
Geld 31.12.00	20
Geldfluss 01	20
Geld 31.12.01	40

In der Geldflussrechnung werden lediglich die **zahlungswirksamen Sachverhalte** berücksichtigt (Gegenbuchung am Konto Geld (bzw. Geldäquivalente)). Diese sind teilweise bereits im Jahresgewinn enthalten (z. B. der Verkauf von Handelswaren um GE 450).

(ad 1) Ausgangspunkt ist der Jahresgewinn, welcher auf den Geldfluss übergeleitet wird (IAS 7.18b).

(ad 2 und 3) Die planmäßigen Abschreibungen sind in 01 nicht zahlungswirksam (unbare Aufwendungen). Da sie den Jahresgewinn reduziert haben, müssen sie wieder dazugezählt werden, um sie aus der Rechnung zu eliminieren. Dasselbe gilt für die Bildung der Rückstellung.

(ad 4) Der Betrag von GE 70 besteht aus zwei Komponenten:

- Es werden Handelswaren um GE 250 erworben. Davon wurde lediglich ein Betrag von GE 230 in bar bezahlt („Handelswaren an Geld GE 230"), während Waren im Wert von GE 20 auf Ziel gekauft wurden („Handelswaren an Lieferverbindlichkeiten GE 20"). Daher beträgt die Auswirkung des Kaufs der Handelswaren im Jahr 01 auf den Geldbestand GE 230.
- Der Wareneinsatz i. H. von GE 300 (= Buchwert der Handelswaren, welcher bei Verkauf der Handelswaren als Aufwand erfasst wurde) stellt einen unbaren Aufwand dar. Daher wird der Wareneinsatz genauso behandelt wie die planmäßige Abschreibung und wie der Aufwand für die Bildung der Rückstellung (s. Anm. 2 und 3).

(ad 5) Die Veräußerung von Sachanlagen (Veräußerungsgewinn) muss aus der Rechnung eliminiert werden, da sie nicht zur betrieblichen Tätigkeit gehört (Umgliederung von der betrieblichen Tätigkeit in die Investitionstätigkeit).

(ad 6) Für den Erwerb von Sachanlagen musste ein Betrag von GE 300 gezahlt werden.

(ad 7) Die Einzahlungen aus dem Verkauf von Sachanlagen betragen GE 50.

(ad 8) Kapitalerhöhung gegen Bareinlage i. H. von GE 100.

(ad 9) Einzahlung aus der Darlehensaufnahme i. H. von GE 50.

AUFGABE 5

Zinsen, Emission und Tilgung einer Schuldverschreibung[85]

Die X-AG emittiert am 01.01.01 eine Schuldverschreibung und erhält dafür einen Emissionserlös von GE 100. Die Rückzahlung erfolgt am 31.12.02. Es werden keine expliziten Zinsen vereinbart, dafür beträgt aber der Rückzahlungsbetrag GE 121. Die Bilanzierung der Verbindlichkeit erfolgt zu fortgeführten Anschaffungskosten (Effektivzinsmethode). Der Effektivzinssatz beträgt 10 % p. a. (GE $121/1{,}1^2$ = GE 100).

85 Vgl. Abschnitt IFRS 9, Kapitel 4.2.2 sowie Beispiele 6 und 7 in Bezug auf die Effektivzinsmethode.

Bisheriger (korrekter) Buchungsstand:

01.01.01	Geld	100,-	
	an Finanzielle Verbindlichkeit		100,-

31.12.01	Zinsaufwand	10,-	
	an Finanzielle Verbindlichkeit		10,-

31.12.02	Zinsaufwand	11,-	
	an Finanzielle Verbindlichkeit		11,-

31.12.02	Finanzielle Verbindlichkeit	121,-	
	an Geld		121,-

Der Gewinn der X-AG für das Jahr 01 beträgt GE 200. Im Jahr 02 erzielt die X-AG denselben Gewinn. Aus Vereinfachungsgründen wird angenommen, dass diese Beträge keine unbaren Aufwendungen bzw. Erträge enthalten. Allerdings wurde noch nicht der Frage nachgegangen, ob die Zinsaufwendungen für die Schuldverschreibung unbar sind.

Aufgabenstellung

Stellen Sie die Auswirkungen des beschriebenen Sachverhalts auf die Geldflussrechnung der X-AG (Bilanzstichtag: 31.12.) für die Jahre 01 und 02 dar. Der Geldfluss aus der betrieblichen Tätigkeit wird von der X-AG nach der indirekten Methode ermittelt. Die X-AG weist die Zinsen

(a) im Rahmen der betrieblichen Tätigkeit aus,

(b) im Rahmen der Finanzierungstätigkeit aus.

Lösungshinweise

Insbesondere Kapitel 2 und 3.1

LÖSUNG

Jahr 01

Der erhaltene Betrag von GE 100 wird als Einzahlung aus der Finanzierungstätigkeit dargestellt.

Der Jahresgewinn 01 wurde um den Zinsaufwand von GE 10 reduziert. Diese Berücksichtigung muss im Rahmen der Überleitung des Jahreserfolgs eliminiert werden (Eliminierung unbarer Aufwendungen). Der Geldfluss aus betrieblicher Tätigkeit enthält somit keine Zinsen.

In Bezug auf Variante (a) und (b) ergeben sich in 01 keine Unterschiede.

Jahresgewinn	200
Zinsaufwand (Eliminierung des Abzugs)	10
Geldfluss aus der betrieblichen Tätigkeit	**210**
Emission einer Schuldverschreibung	100
Geldfluss aus der Finanzierungstätigkeit	**100**
Geldfluss	**310**

Jahr 02

Die Differenz zwischen dem Emissionserlös in 01 (GE 100) und dem Rückzahlungsbetrag stellt eine geleistete Zinszahlung dar. Diese kann entweder der betrieblichen Tätigkeit (Variante a) oder der Finanzierungstätigkeit (Variante b) zugeordnet werden (IAS 7.12, 7.31 und IAS 7.33):

Variante (a)	
Jahresgewinn	200
Zinsaufwand (Eliminierung des Abzugs)	11
Gezahlte Zinsen	-21
Geldfluss aus der betrieblichen Tätigkeit	**190**
Tilgung einer Schuldverschreibung	-100
Geldfluss aus der Finanzierungstätigkeit	**-100**
Geldfluss	**90**

Variante (b)	
Jahresgewinn	200
Zinsaufwand (Eliminierung des Abzugs)	11
Geldfluss aus der betrieblichen Tätigkeit	**211**
Tilgung einer Schuldverschreibung	-121
Geldfluss aus der Finanzierungstätigkeit	**-121**
Geldfluss	**90**

AUFGABE 6

Erwerb und Verkauf eines Tochterunternehmens[86]

Die M-AG hat am 31.12.01 100 % der Anteile an der (schuldenfreien) T1-AG um einen Betrag von 11 erworben. Die Bezahlung erfolgte am selben Tag in bar. Die folgende Tabelle enthält die beizulegenden Zeitwerte der Vermögenswerte der T1-AG am Erwerbstag:

Maschinen	3
Gebäude	2
Fertige Erzeugnisse	3
Geld und Geldäquivalente	2
Firmenwert	1
Kaufpreis	**11**

86 Aus Vereinfachungsgründen wird unterstellt, dass bei den beiden Tochtergesellschaften nur eine sehr geringe Anzahl an Vermögenswerten existiert.

Die M-AG hat ebenfalls am 31.12.01 100 % der Anteile an der (schuldenfreien) T2-AG um einen Betrag von 8 verkauft. Die Bezahlung erfolgte am selben Tag in bar. Die folgende Tabelle enthält die Buchwerte der Vermögenswerte der T2-AG vor der Entkonsolidierung:

Gebäude	4
Handelswaren	3
Geld und Geldäquivalente	1
Verkaufspreis	**8**

Aufgabenstellung

Stellen Sie den Erwerb der T1-AG sowie den Verkauf der T2-AG in der Geldflussrechnung der M-AG (Konzernabschluss zum 31.12.01) dar.

Lösungshinweise

Insbesondere Kapitel 4.2

LÖSUNG

Auszahlungen aus dem Zugang von Tochterunternehmen	-9
Einzahlungen aus dem Abgang von Tochterunternehmen	7
Geldfluss aus der Investitionstätigkeit	**-2**

Die Auszahlungen für den Erwerb von Tochterunternehmen (GE 11) werden nach Abzug des erhaltenen Geldes und der erhaltenen Geldäquivalente (GE 2) dargestellt. Analog werden die Einzahlungen aus dem Verkauf von Tochterunternehmen (GE 8) nach Abzug des abgegangenen Geldes und der abgegangenen Geldäquivalente (GE 1) dargestellt. Es werden hingegen *nicht* die einzelnen Positionen (Maschinen, Gebäude usw.) in der Geldflussrechnung dargestellt. Der Ausweis erfolgt innerhalb der Investitionstätigkeit. Eine Saldierung der beiden in obiger Tabelle enthaltenen Zeilen ist unzulässig (IAS 7.39 und 7.41 f.).

IAS 8 Bilanzierungsmethoden, Schätzungsänderungen und Fehler

1. Einleitung[87]

IAS 8 regelt (a) die Auswahl und Änderung von Bilanzierungsmethoden, (b) Schätzungsänderungen und (c) die Korrektur von in Vorperioden begangenen Fehlern (IAS 8.1).

Bilanzierungsmethoden sind die besonderen Prinzipien, Grundlagen, Konventionen, Regeln und Praktiken, die bei der Erstellung und Darstellung des Abschlusses angewandt werden.

Eine **Schätzungsänderung** ist eine Anpassung des Buchwerts eines Vermögenswerts bzw. einer Schuld oder des Betrags des periodischen Verbrauchs des Vermögenswerts aufgrund neuer Informationen oder neuer Entwicklungen.

Fehler aus früheren Perioden sind Auslassungen und fehlerhafte Darstellungen im Abschluss eines Unternehmens für eine oder mehrere frühere Perioden, die sich aus einer Nicht- oder Fehlanwendung von zuverlässigen Informationen ergeben haben, die zum Zeitpunkt der Freigabe der ursprünglichen Abschlüsse zur Veröffentlichung verfügbar oder beschaffbar waren. Solche Fehler umfassen die Auswirkungen von mathematischen Fehlern, Fehlern bei der Anwendung von Bilanzierungsmethoden, des Übersehens oder der Fehlinterpretation von Fakten sowie Betrugsfälle.

Methodenänderungen und Korrekturen von in Vorperioden begangenen Fehlern sind grundsätzlich **retrospektiv** durchzuführen, d. h. so als ob die neue Bilanzierungsmethode bereits immer angewandt worden wäre bzw. als ob der Fehler nicht passiert wäre.

Schätzungsänderungen erfolgen **prospektiv**, d. h. durch Erfassung der Auswirkung der Änderung in der Gesamtergebnisrechnung der aktuellen Periode und von Folgeperioden.

2. Bilanzierungsmethoden

2.1 Auswahl und Anwendung von Bilanzierungsmethoden

Wenn ein IFRS speziell für einen Sachverhalt gilt, so ist die Bilanzierungsmethode gem. diesem IFRS zu bestimmen (IAS 8.7).

Ist die Auswirkung der Anwendung einer Bilanzierungsmethode eines IFRS **unwesentlich**, so muss diese nicht angewandt werden. Allerdings ist es nicht angebracht, von einem IFRS unwesentlich abzuweichen, um die Unternehmenslage zielgerichtet zu verschleiern (IAS 8.8).

Gibt es keinen IFRS, der speziell für einen Sachverhalt gilt (**Regelungslücke**), so muss die Unternehmensleitung eine **Bilanzierungsmethode entwickeln**, die zu relevanten und verlässlichen Informationen führt (IAS 8.10). Dabei erfolgt eine Berücksichtigung der folgenden Quellen, und zwar in absteigender Reihenfolge (IAS 8.11 f.):

- **Primär** hat sich die Entwicklung an den Vorschriften **anderer IFRS** zu orientieren, die sich mit ähnlichen und verwandten Fragen beschäftigen (Analogieschluss).

87 Zu den in diesem Kapitel angeführten Definitionen vgl. IAS 8.5.

- **Sekundär** ist auf die Kriterien des **Rahmenkonzepts** abzustellen.
- **Zusätzlich** können auch noch die folgenden Quellen berücksichtigt werden, allerdings nur soweit diese nicht den ersten beiden Quellen widersprechen:
  - **Verlautbarungen anderer Normengeber** (z. B. FASB, IDW und DRSC), denen ein ähnlicher konzeptioneller Rahmen für die Entwicklung von Vorschriften zugrunde liegt,
  - **Andere Bilanzierungsliteratur**,
  - **Akzeptierte Branchenpraktiken**.

U. E. gilt die eben beschriebene Vorgehensweise nicht nur für den Fall des vollständigen Fehlens einer Regel, sondern auch für den Fall der Anwendung unscharfer, interpretationsbedürftiger Regeln.

2.2 Stetigkeitsgebot

Die Bilanzierungsmethoden sind **stetig**, d. h. **konsistent** auf ähnliche Sachverhalte anzuwenden (IAS 8.13).

Betroffen sind zunächst die meisten **echten Wahlrechte**, d. h. Situationen, in denen die IFRS einem Unternehmen erlauben, zwischen verschiedenen Bilanzierungsmethoden zu wählen, wie etwa in den folgenden Fällen:

- Folgebewertung von Anlageimmobilien entweder nach dem Anschaffungskosten- oder dem Zeitwertmodell. Grundsätzlich ist dasselbe Modell für alle Anlageimmobilien des Unternehmens anzuwenden (IAS 40.30).[88]
- Verwendung des FIFO-Verfahrens oder des Durchschnittspreisverfahrens für alle Vorräte mit einer ähnlichen Beschaffenheit und Verwendung für das Unternehmen (IAS 2.25).[89]
- Im Rahmen der echten Wahlrechte existiert in Bezug auf **Unternehmenszusammenschlüsse** eine bedeutende **Ausnahme**: Die **nicht beherrschenden Anteile** (Minderheitenanteile) am erworbenen Unternehmen werden im Erwerbszeitpunkt grundsätzlich entweder mit ihrem beizulegenden Zeitwert oder mit dem anteiligen nach IFRS 3 ermittelten Wert des identifizierbaren Nettovermögens des erworbenen Unternehmens bewertet. Dieses Wahlrecht kann für jeden Unternehmenszusammenschluss abweichend ausgeübt werden (IFRS 3.19 und 3.32).[90]

Bei **unechten oder faktischen Wahlrechten** ist zu differenzieren:

- Das **Stetigkeitsgebot gilt für die Auslegung unbestimmter Begriffe** (z. B. Interpretation des Begriffs „gering" („*remote*") bei der Beurteilung, ob für Eventualschulden Anhangangaben erforderlich sind (IAS 37.28 und 37.86))[91] **sowie generell für die Auswahl von Schätzverfahren bei Unsicherheit** (z. B. wenn sich das Unternehmen hinsichtlich der planmäßigen Abschreibung einer neuen Maschine für die lineare Abschreibung an Stelle der degressiven Abschreibung entscheidet).

---

88 Vgl. Abschnitt IAS 40, Kapitel 4.

89 Vgl. Abschnitt IAS 2, Kapitel 2.1.

90 Vgl. Abschnitt IFRS 3, Kapitel 3.5.1 und 3.5.3.

91 Vgl. Abschnitt IAS 37, Kapitel 3.

- Das Stetigkeitsgebot gilt hingegen **nicht** im Falle **individueller Schätzungen**, d. h. bei der Auswahl konkreter Prämissen für Schätzungen im Einzelfall. Ändert sich etwa die Nutzungsdauereinschätzung einer Sachanlage in einem Folgejahr aufgrund einer höheren Reparaturhäufigkeit als bislang erwartet von 15 auf 12 Jahre, so ist dies im Abschluss zu berücksichtigen.[92]

2.3 Der Ausdruck „Änderung einer Bilanzierungsmethode"

Eine Bilanzierungsmethode ist nur dann zu ändern, wenn dies **von einem IFRS verlangt** wird (IAS 8.14a) oder dadurch **verlässliche und relevantere Informationen** bereitgestellt werden (IAS 8.14b).

Die Beurteilung, ob eine Methodenänderung wirklich verlässliche und relevantere Informationen liefert, ist **ermessensbehaftet**. Aufgrund der Beispiele in IAS 8.IG, die sich mit **sehr weichen Begründungen** begnügen,[93] kann folgender Schluss gezogen werden: „Die in IAS 8.14b vorausgesetzte Verbesserung der Lagedarstellung muss mehr **behauptet** als im Detail **belegt** werden. Ein Verweis auf Zuverlässigkeit, Relevanz, Branchenpraxis, Detailgenauigkeit etc. reicht regelmäßig aus."[94]

2.4 Folgen der Änderung einer Bilanzierungsmethode

Wird eine Bilanzierungsmethode aufgrund der erstmaligen Anwendung eines IFRS geändert, so gelten die **speziellen Übergangsvorschriften dieses IFRS** (IAS 8.19a). Wird eine Bilanzierungsmethode aufgrund der erstmaligen Anwendung eines IFRS geändert, der keine speziellen Übergangsvorschriften für diese Methodenänderung enthält oder wird eine Bilanzierungsmethode freiwillig geändert, so wird die Änderung **retrospektiv** verbucht (IAS 8.19b).

Im Falle einer **retrospektiven** Erfassung einer Methodenänderung gilt grundsätzlich die folgende **Vorgehensweise** (IAS 8.22-8.26):[95]

- Der **Bilanzansatz** von Vermögenswerten und Schulden ist so zu beurteilen, als ob immer schon nach der neuen Bilanzierungsmethode vorgegangen worden wäre. Dasselbe gilt für die Ermittlung des **Bilanzwerts.**
- Daraus resultierende Differenzen gegenüber dem bisherigen Ansatz bzw. Wert, welche sich auf im Abschluss nicht dargestellte Vorperioden beziehen, sind in der **Eröffnungsbilanz** des Vorjahres direkt im **Eigenkapital** (i. d. R. in den **einbehaltenen Gewinnen**) zu erfassen.
- Alle dargestellten **Vergleichsinformationen** (Vorjahresbeträge) sind anzupassen.
- Neben der Bilanz zum Ende des aktuellen Jahres und jener zum Ende des Vorjahres muss auch die **angepasste Eröffnungsbilanz zu Beginn des Vorjahres** offengelegt werden, sofern sich die retrospektive Anpassung auf letztere wesentlich auswirkt. Werden freiwillig Vergleichsinformationen für noch frühere Jahre bereitgestellt, so muss ebenfalls nur die angepasste Eröffnungsbilanz zu Beginn des Vorjahres offengelegt werden (IAS 1.10(f), 1.40A f. und 1.40D).

---

92 Vgl. *Lüdenbach/Hoffmann/Freiberg*, IFRS-Kommentar, 12. Aufl., § 24 Tz. 12.
93 Vgl. *Lüdenbach/Hoffmann/Freiberg*, IFRS-Kommentar, 12. Aufl., § 24 Tz. 23.
94 Vgl. *Lüdenbach/Hoffmann/Freiberg*, IFRS-Kommentar, 12. Aufl., § 24 Tz. 24.
95 Vgl. *Lüdenbach/Hoffmann/Freiberg*, IFRS-Kommentar, 12. Aufl., § 24 Tz. 28.

Im Falle einer **Regelungslücke** kann unter bestimmten Voraussetzungen auf Verlautbarungen anderer Normengeber zurückgegriffen werden (IAS 8.12). Wird eine solche Verlautbarung geändert und das Unternehmen entschließt sich, seine Bilanzierungsmethode entsprechend anzupassen, so wird dies als eine freiwillige Änderung einer Bilanzierungsmethode behandelt (IAS 8.21).

3. Schätzungsänderungen

3.1 Einleitung

Die Erstellung von Abschlüssen erfordert in vielen Bereichen die Vornahme vernünftiger **Schätzungen** (z. B. Schätzung des beizulegenden Zeitwerts mit Optionspreismodellen, Schätzung der Nutzungsdauer einer Sachanlage oder Schätzung des erzielbaren Betrags einer ZGE) (IAS 8.32).

In Bezug auf eine Schätzung kann eine **Anpassung (Änderung)** erforderlich sein, sei es aufgrund geänderter objektiver Umstände oder als Resultat neuer Informationen oder zunehmender Erfahrung (IAS 8.34).

Ist es in einem bestimmten Fall schwierig zu beurteilen, ob es sich um eine Änderung einer Bilanzierungsmethode oder um eine Schätzungsänderung handelt, so ist **im Zweifel von einer Schätzungsänderung auszugehen** (IAS 8.35). U. E. gilt dieser Grundsatz auch im Falle von Abgrenzungsschwierigkeiten zwischen Fehlern und Schätzungsänderungen.

3.2 Darstellung einer Schätzungsänderung im Jahresabschluss

Die Bilanzierung einer Schätzungsänderung erfolgt **prospektiv**. Dies bedeutet, dass die Auswirkung der Schätzungsänderung in der Gesamtergebnisrechnung der aktuellen Periode darzustellen ist und – soweit betroffen (z. B. im Falle einer Änderung der Abschreibungsbasis) – auch in den Gesamtergebnisrechnungen der Folgeperioden (IAS 8.5 und 8.36).

Normalerweise werden die Auswirkungen einer Schätzungsänderung **erfolgswirksam** (d. h. im Periodenerfolg) erfasst. In Ausnahmefällen findet jedoch eine Erfassung außerhalb des Periodenerfolgs statt. Ein Beispiel für den letzteren Fall ist eine Erhöhung einer Rückstellung für Abbruchkosten aufgrund einer Neueinschätzung der Abbruchkosten. Eine solche Schätzungsänderung würde zur Buchung „Sachanlage an Rückstellung" führen (IFRIC 1).

Bei Sachanlagen (IAS 16) bzw. immateriellen Vermögenswerten (IAS 38) wirkt sich eine geänderte Einschätzung der **Nutzungsdauer** bereits auf die planmäßige Abschreibung der aktuellen Periode aus (IAS 8.38).

4. Korrektur von in Vorperioden begangenen Fehlern

Fehler können hinsichtlich der Umsetzung der Ansatz-, der Bewertungs-, der Ausweis- oder der Offenlegungsvorschriften auftreten. Ein Abschluss ist nicht IFRS-konform, wenn dieser entweder **wesentliche Fehler** enthält oder unwesentliche Fehler, die bewusst gemacht wurden, um eine bestimmte Darstellung des Abschlusses zu erreichen. Normalerweise werden in Bezug auf die aktuelle Berichtsperiode begangene Fehler entdeckt und korrigiert, bevor der Abschluss zur

Veröffentlichung freigegeben wird. Manchmal werden wesentliche Fehler allerdings erst in einer Folgeperiode entdeckt. Hinsichtlich der Korrektur letzterer Fehler (Anpassung der Vorjahresbeträge, u.U. Offenlegung einer dritten Bilanz etc.) gilt **dieselbe Vorgehensweise** wie bei einer **retrospektiven Änderung einer Bilanzierungsmethode** (siehe Kapitel 2.4).

Fehlerkorrekturen unterscheiden sich von **Schätzungsänderungen**. Schätzungen sind Annäherungen, bei denen eine Anpassung erforderlich werden kann, sofern zusätzliche Informationen bekannt werden (IAS 8.48).

Ist es in einem bestimmten Fall schwierig zu beurteilen, ob es sich um eine Änderung einer Bilanzierungsmethode oder um eine Schätzungsänderung handelt, so ist **im Zweifel von einer Schätzungsänderung auszugehen** (IAS 8.35). U.E. gilt dieser Grundsatz auch im Falle von Abgrenzungsschwierigkeiten zwischen Fehlern und Schätzungsänderungen.

5. Aufgaben mit Lösungen

AUFGABE 1

Geltungsbereich des Stetigkeitsgebots

(a) Die Nutzungsdauer einer Windkraftanlage der X-AG wurde zunächst auf 16 Jahre geschätzt. An einem späteren Bilanzstichtag stellt sich heraus, dass mehr Reparaturen erforderlich sind und mehr Stillstände eintreten, als ursprünglich erwartet.[96]

(b) Eventualschulden werden im Anhang angegeben, es sei denn, ein Abfluss von Ressourcen, die wirtschaftlichen Nutzen verkörpern, ist unwahrscheinlich (*remote*) (IAS 37.28 und 37.86).[97] In ihren vergangenen Abschlüssen hat die X-AG den Begriff „unwahrscheinlich" i.S. einer Wahrscheinlichkeitsgrenze von 5 % interpretiert. Im aktuellen Abschluss möchte der Finanzvorstand der X-AG diesen Begriff nun i.S. einer Wahrscheinlichkeitsgrenze von 10 % interpretieren. Er verfügt jedoch über keine speziellen Argumente für die Änderung der Interpretation.

(c) Die X-AG hat eine Maschine erworben. Sowohl eine lineare Abschreibung, als auch eine degressive Abschreibung wurden für vertretbar gehalten.[98] Die X-AG hat sich im Rahmen der Erstellung ihres letzten Abschlusses für die degressive Abschreibungsmethode entschieden. Der Finanzvorstand der X-AG möchte jedoch im Abschluss für die aktuelle Periode zur linearen Abschreibung wechseln. Der Nutzenverlauf hat sich nicht geändert und der Wechsel der Abschreibungsmethode war auch nicht von vornherein geplant.

Aufgabenstellung

Beurteilen Sie, ob hinsichtlich der geschilderten Sachverhalte das Stetigkeitsgebot gilt. Beschreiben Sie die Bilanzierung im Abschluss der X-AG, sofern das Stetigkeitsgebot nicht gilt.

Lösungshinweise

Insbesondere Kapitel 2.2

96 In Anlehnung an *Lüdenbach/Hoffmann/Freiberg*, IFRS-Kommentar, 12. Aufl., § 24 Tz. 12.

97 Vgl. Abschnitt IAS 37, Kapitel 3.

98 Vgl. Abschnitt IAS 16, Kapitel 4.2.3.

LÖSUNG

(a) Die ursprüngliche Einschätzung der Nutzungsdauer ist anzupassen, da das Stetigkeitsgebot nicht für individuelle Schätzungen gilt. Die Nutzungsdauerverkürzung hat prospektiv zu erfolgen, da eine Schätzungsänderung vorliegt (IAS 8.36). Da es sich um die Änderung der Nutzungsdauer einer Sachanlage (IAS 16) handelt, wirkt sich die Schätzungsänderung bereits auf die planmäßige Abschreibung der aktuellen Periode aus (IAS 8.38).

(b) Für die Auslegung unbestimmter Rechtsbegriffe (wie „unwahrscheinlich") gilt das Stetigkeitsgebot. Eine Änderung der Interpretation des Begriffes „unwahrscheinlich" von 5 % auf 10 % ohne spezielle Gründe ist daher unzulässig.

(c) Die Auswahl von Schätzverfahren bei Unsicherheit ist generell vom Stetigkeitsgebot erfasst. Die einmal für die Maschine gewählte Abschreibungsmethode ist stetig von Periode zu Periode beizubehalten, es sei denn, es liegt eine Änderung des Nutzenverlaufs vor (IAS 16.62). Der Wechsel von der degressiven zur linearen Abschreibung ist somit unzulässig. Hätte der Abschreibungsplan der X-AG für die betreffende Maschine hingegen von Beginn an einen Wechsel von der degressiven zur linearen Abschreibung nach einer bestimmten Zeit vorgesehen, so wäre der Fall anders zu beurteilen gewesen. In diesem Fall hätte sich die Frage der Geltung des Stetigkeitsgebots gar nicht gestellt. Vielmehr wäre die Vorgehensweise, zuerst degressiv und später linear abzuschreiben, eine eigene Abschreibungsmethode gewesen.[99]

AUFGABE 2

Schätzungsänderungen

(a) Die X-AG hat am 01.01.01 eine Maschine (Sachanlage) für GE 100 erworben und in Betrieb genommen. Die Nutzungsdauer wurde ursprünglich auf 10 Jahre geschätzt. Ende 05 stellt sich heraus, dass die Gesamtnutzungsdauer der Maschine aufgrund geänderter Umstände nicht 10 Jahre, sondern lediglich 8 Jahre betragen wird.

Bisheriger Buchungsstand:

In den Jahren 01-04 wurde bislang jeweils eine planmäßige Abschreibung i. H. von GE 10 erfasst.

(b) Die X-AG hat am 31.12.04 eine Rückstellung i. H. von GE 8 gebildet. Am 31.12.05 beträgt die beste Schätzung des Betrags der Rückstellung aufgrund geänderter Verhältnisse GE 12.

Aufgabenstellung

Nehmen Sie alle im Abschluss der X-AG zum 31.12.05 noch erforderlichen Buchungen vor. Die X-AG muss in ihrem Abschluss lediglich eine Vergleichsperiode (d. h. das Jahr 04) darstellen.

Lösungshinweise

Insbesondere Kapitel 3.2

99 Vgl. *Lüdenbach/Hoffmann/Freiberg*, IFRS-Kommentar, 12. Aufl., § 24 Tz. 17.

LÖSUNG (A)

Bei der Änderung der Nutzungsdauer der Maschine handelt sich um eine Schätzungsänderung. Diese Schätzungsänderung wirkt sich bereits auf die planmäßige Abschreibung für das Jahr 05 aus (IAS 8.38). Daher errechnet sich die neue planmäßige Abschreibung durch Division des Buchwerts per 01.01.05 (GE 60) durch die neue Restnutzungsdauer zum selben Zeitpunkt (4 Jahre). In anderen Worten erfolgt die Änderung prospektiv per 01.01.05. Im Gegensatz zu einer retrospektiven Anpassung ist die Vergleichsperiode 04 nicht betroffen und die Eröffnungsbilanz per 01.01.04 wird nicht angepasst und muss auch nicht offengelegt werden.

31.12.05		Planmäßige Abschreibung	15,-	
	an	Maschine		15,-

LÖSUNG (B)

Der Buchwert einer Rückstellung muss der besten Schätzung jenes Betrags entsprechen, der zur Erfüllung der Verpflichtung am Bilanzstichtag erforderlich ist (IAS 37.36). In Bezug auf diese Schätzung kann in einer späteren Periode eine Anpassung erforderlich sein, wenn sich die Umstände, auf denen die Schätzung basierte ändern oder als Resultat neuer Informationen oder zunehmender Erfahrung. Dabei handelt es sich um eine Schätzungsänderung und nicht um einen Fehler (IAS 8.34 und 8.48). Die Anpassung des Buchwerts der Rückstellung von GE 8 auf GE 12 erfolgt prospektiv und erfolgswirksam (d. h. über den Periodenerfolg) (IAS 8.36 f.).

31.12.05		Aufwand	4,-	
	an	Rückstellung		4,-

AUFGABE 3

Retrospektive Anpassung – Fehlerkorrektur

Die X-AG hat am 01.01.01 eine Software für GE 5 erworben und in Betrieb genommen. Die Nutzungsdauer beträgt 5 Jahre. Die Software wurde am 01.01.01 i. H. der Anschaffungskosten aktiviert („Software an Geld GE 5") (IAS 38.24). Die X-AG hat diese Software allerdings in den Abschlüssen zum 31.12.01 und zum 31.12.02 fälschlicherweise nicht planmäßig abgeschrieben. Dieser Fehler wird erst bei der Erstellung des Abschlusses zum 31.12.03 bemerkt.

Bisheriger Buchungsstand:

01.01.01		Software	5,-	
	an	Geld		5,-

Aufgabenstellung

(a) Stellen Sie alle im Abschluss der X-AG zum 31.12.03 erforderlichen Buchungen dar.

(b) Stellen Sie die Auswirkungen der Buchungen (inkl. des bisherigen Buchungsstands) auf die Bilanz, die separate GuV und den Eigenkapitalspiegel der X-AG in vereinfachten Darstellungen dieser Rechnungen dar. Gehen Sie davon aus, dass die Auswirkungen allenfalls erforderlicher retrospektiver Anpassungen stets wesentlich sind.

Die X-AG stellt in ihrem Abschluss lediglich eine Vergleichsperiode (d. h. das Vorjahr 02) dar.

Lösungshinweise

Insbesondere Kapitel 2.4 und 4

LÖSUNG (A)

Der in den Vorperioden begangene Fehler ist retrospektiv zu korrigieren.

Das Jahr 01 wird im Abschluss zum 31.12.03 nicht als Vergleichsperiode dargestellt. Stattdessen wird die separate GuV lediglich für die Jahre 02 und 03 dargestellt. Die in der Eröffnungsbilanz per 01.01.02 erforderliche Korrekturbuchung lautet jedoch *nicht* „Planmäßige Abschreibung an Software“, da es ansonsten in 02 zum Ausweis eines periodenfremden Aufwands kommen würde. Die Gegenbuchung muss vielmehr in den einbehaltenen Gewinnen erfolgen, da diese andernfalls nicht den korrekten Stand aufweisen würden. Die einbehaltenen Gewinne enthalten nämlich auch den Gewinn- bzw. Verlustvortrag aus den Vorjahren und somit auch jenen aus dem Jahr 03.

01.01.02		Einbehaltene Gewinne	1,-	
	an	Software		1,-

31.12.02		Planmäßige Abschreibung	1,-	
	an	Software		1,-

31.12.03		Planmäßige Abschreibung	1,-	
	an	Software		1,-

LÖSUNG (B)

Auswirkungen auf die separate GuV

	03	**02**
Planmäßige Abschreibung	-1	-1
Jahreserfolg	**-1**	**-1**

Auswirkungen auf den Eigenkapitalspiegel

	Einbehaltene Gewinne
Stand 01.01.02	0
Fehlerkorrektur	-1
Angepasster Stand 01.01.02	-1
Gesamtergebnis 02	-1
Stand 31.12.02	-2
Gesamtergebnis 03	-1
Stand 31.12.03	-3

Auswirkungen auf die Bilanz

Es ist zu beachten, dass auch die angepasste Eröffnungsbilanz zum 01.01.02 offenzulegen ist, da sich die retrospektive Anpassung lt. Angabe auf die Eröffnungsbilanz per 01.01.02 wesentlich auswirkt (IAS 1.10(f), 1.40A f. und 1.40D).

AKTIVA	31.12.03	31.12.02	01.01.02	PASSIVA	31.12.03	31.12.02	01.01.02
Software	2	3	4	Einbehaltene Gewinne	-3	-2	-1
Geld	-5	-5	-5				
Summe	-3	-2	-1	Summe	-3	-2	-1

AUFGABE 4

Retrospektive Anpassung – Fehlerkorrektur

Die X-AG hat am 01.01.03 einen Zinstausch (Zinsswap) abgeschlossen (Anschaffungskosten: GE 0). Die X-AG hat beschlossen, diesen Zinstausch mit seinen Anschaffungskosten zu bewerten. Ende 05 wird jedoch festgestellt, dass es erforderlich gewesen wäre, das Derivat stets erfolgswirksam zum beizulegenden Zeitwert zu bilanzieren (IFRS 9.B4.1.9 i.V. mit 9.4.1.4).[100] Der beizulegende Zeitwert des Zinstausches hat sich folgendermaßen entwickelt:

01.01.03	0
31.12.03	4
31.12.04	12
31.12.05	52

Aufgabenstellung

(a) Stellen Sie alle im Abschluss der X-AG zum 31.12.05 erforderlichen Buchungen dar.

(b) Stellen Sie die Auswirkungen der Buchungen auf die Bilanz, die separate GuV und den Eigenkapitalspiegel der X-AG in vereinfachten Darstellungen dieser Rechnungen dar. Gehen Sie davon aus, dass die Auswirkungen allenfalls erforderlicher retrospektiver Anpassungen stets wesentlich sind.

100 Vgl. Abschnitt IFRS 9, insb. Kapitel 4.4.3 (Überschrift „Hebeleffekte").

Die X-AG stellt in ihrem Abschluss lediglich eine Vergleichsperiode (d. h. das Vorjahr 04) dar.

Lösungshinweise

Insbesondere Kapitel 2.4 und 4

LÖSUNG (A)

Die X-AG hat den Zinstausch nicht erfolgswirksam zum beizulegenden Zeitwert bilanziert. Diese Vorgehensweise stellt einen Fehler dar, welcher **retrospektiv** zu korrigieren ist. Die per 01.01.04 erforderliche Korrekturbuchung lautet jedoch *nicht* „Finanzieller Vermögenswert an Zeitwertgewinn", da es ansonsten in 04 zum Ausweis eines periodenfremden Gewinns kommen würde. Die Gegenbuchung muss vielmehr in den einbehaltenen Gewinnen erfolgen, da diese anderenfalls nicht den korrekten Stand aufweisen würden. Die einbehaltenen Gewinne enthalten nämlich auch den Gewinnvortrag aus den Vorjahren und somit auch jenen aus dem Jahr 03.

01.01.04		Finanzieller Vermögenswert	4,-	
	an	Einbehaltene Gewinne		4,-

31.12.04		Finanzieller Vermögenswert	8,-	
	an	Zeitwertgewinn		8,-

31.12.05		Finanzieller Vermögenswert	40,-	
	an	Zeitwertgewinn		40,-

LÖSUNG (B)

Auswirkungen auf die separate GuV

	05	04
Bewertungsgewinn	40	8
Jahreserfolg	**40**	**8**

Auswirkungen auf den Eigenkapitalspiegel

	Einbehaltene Gewinne
Stand 01.01.04	0
Fehlerkorrektur	4
Angepasster Stand 01.01.04	4
Gesamtergebnis 04	8
Stand 31.12.04	12
Gesamtergebnis 05	40
Stand 31.12.05	52

Auswirkungen auf die Bilanz

Es ist zu beachten, dass auch die angepasste Eröffnungsbilanz zum 01.01.04 offenzulegen ist, da sich die retrospektive Fehlerkorrektur lt. Angabe auf die Eröffnungsbilanz per 01.01.04 wesentlich auswirkt (IAS 1.10(f), 1.40A f. und 1.40D).

AKTIVA	31.12.05	31.12.04	01.01.04	PASSIVA	31.12.05	31.12.04	01.01.04
Finanzieller Vermögenswert (Derivat)	52	12	4	Einbehaltene Gewinne	52	12	4
Summe	52	12	4	Summe	52	12	4

AUFGABE 5

Retrospektive Anpassung – Änderung einer Bilanzierungsmethode

Die X-AG hat am 01.01.03 ein Gebäude für GE 40 erworben und in Betrieb genommen. Das Gebäude stellt eine Anlageimmobilie i. S. von IAS 40 dar. Das Gebäude wurde bislang nach dem Kostenmodell (IAS 40.56) bilanziert. Die planmäßige Abschreibung wurde direkt verbucht. Die Nutzungsdauer beträgt 40 Jahre. Ende 05 beschließt die X-AG, die Bilanzierung ihrer Anlageimmobilien auf das Zeitwertmodell umzustellen. Bei diesem Modell wird keine planmäßige Abschreibung erfasst. Stattdessen werden alle Zeitwertänderungen erfolgswirksam erfasst (IAS 40.33-40.55). Der beizulegende Zeitwert der Anlageimmobilie hat sich folgendermaßen entwickelt:

01.01.03	40
31.12.03	43
31.12.04	50
31.12.05	61

Bisheriger Buchungsstand:

01.01.03		Gebäude	40,-	
	an	Geld		40,-

Darüber hinaus wurde in den Jahren 03 bis 05 jeweils die planmäßige Jahresabschreibung erfasst:

	Planmäßige Abschreibung	1,-	
an	Gebäude		1,-

Aufgabenstellung

(a) Stellen Sie alle im Abschluss der X-AG zum 31.12.05 erforderlichen Buchungen dar.

(b) Stellen Sie die Auswirkungen der Buchungen (inkl. des bisherigen Buchungsstands) auf die Bilanz, die separate GuV und den Eigenkapitalspiegel der X-AG in vereinfachten Darstellungen dieser Rechnungen dar. Gehen Sie davon aus, dass die Auswirkungen allenfalls erforderlicher retrospektiver Anpassungen stets wesentlich sind.

Die X-AG stellt in ihrem Abschluss lediglich eine Vergleichsperiode (d. h. das Vorjahr 04) dar.

Lösungshinweise

Insbesondere Kapitel 2.4

LÖSUNG (A)

Die Folgebilanzierung der Anlageimmobilie kann entweder zu fortgeführten Anschaffungskosten (d. h. nach dem Kostenmodell) oder zum Zeitwert über die GuV (d. h. nach dem Zeitwertmodell) erfolgen (IAS 40.30).[101] Die X-AG hat sich zunächst für das Kostenmodell entschieden. Der Wechsel zum Zeitwertmodell stellt eine freiwillige **Änderung einer Bilanzierungsmethode** dar (IAS 40.31), welche **retrospektiv** abzubilden ist (IAS 8.19 und 8.22).

Die in 03 erfasste planmäßige Abschreibung ist in der Eröffnungsbilanz zum 01.01.04 durch Anpassung der einbehaltenen Gewinne zu stornieren. Somit lautet die entsprechende Buchung per 01.01.04 „Gebäude an Einbehaltene Gewinne" und nicht „Gebäude an Planmäßige Abschreibung":

01.01.04	Gebäude	1,-	
	an Einbehaltene Gewinne		1,-

Die Zeitwertänderung des Jahres 03 wird ebenfalls in der Eröffnungsbilanz per 01.01.04 erfasst:

01.01.04	Gebäude	3,-	
	an Einbehaltene Gewinne		3,-

Stornierung der in 04 erfassten planmäßigen Abschreibung:

31.12.04	Gebäude	1,-	
	an Planmäßige Abschreibung		1,-

Erfassung der Zeitwertänderung des Jahres 04:

31.12.04	Gebäude	7,-	
	an Zeitwertgewinn		7,-

Stornierung der in 05 erfassten planmäßigen Abschreibung:

31.12.05	Gebäude	1,-	
	an Planmäßige Abschreibung		1,-

Erfassung der Zeitwertänderung des Jahres 05:

31.12.05	Gebäude	11,-	
	an Zeitwertgewinn		11,-

101 Vgl. Abschnitt IAS 40, Kapitel 4.

LÖSUNG (B)

Auswirkungen auf die separate GuV

	05	04
Zeitwertgewinn	11	7
Jahreserfolg	**11**	**7**

Auswirkungen auf den Eigenkapitalspiegel

	Einbehaltene Gewinne	
Stand 01.01.04	-1	*Planmäßige Abschreibung 03*
Änderung einer Bilanzierungsmethode	4	*Änderung der einbehaltenen Gewinne per 01.01.04*
Angepasster Stand 01.01.04	3	
Gesamtergebnis 04	7	
Stand 31.12.04	10	
Gesamtergebnis 05	11	
Stand 31.12.05	21	

Auswirkungen auf die Bilanz

Es ist zu beachten, dass auch die angepasste Eröffnungsbilanz zum 01.01.04 offenzulegen ist, da sich die retrospektive Anpassung lt. Angabe auf die Eröffnungsbilanz per 01.01.04 wesentlich auswirkt (IAS 1.10(f), 1.40A f. und 1.40D).

AKTIVA	31.12.05	31.12.04	01.01.04	PASSIVA	31.12.05	31.12.04	01.01.04
Gebäude	61	50	43	Einbehaltene Gewinne	21	10	3
Geld	-40	-40	-40				
Summe	21	10	3	Summe	21	10	3

AUFGABE 6

Retrospektive Anpassung inkl. latenter Steuern[102]

Die Angabe und die Aufgabenstellung lauten wie in Aufgabe 5. Allerdings sind zusätzlich latente Steuern zu berücksichtigen. Der Steuersatz beträgt 25 %. Nach dem anzuwendenden Steuerrecht ist hinsichtlich der Bilanzierung des Gebäudes nur das Kostenmodell anerkannt. Nehmen

102 Hinsichtlich latenter Steuern wird auf den Abschnitt zu IAS 12 verwiesen.

Sie an, dass die steuerliche Nutzungsdauer und jene nach IFRS identisch sind. Nehmen Sie an, dass die noch nicht genutzten steuerlichen Verluste der X-AG nicht die Ansatzkriterien von IAS 12 erfüllen.

Lösungshinweise

Insbesondere Kapitel 2.4

LÖSUNG (A)

01.01.04		Gebäude	1,-	
	an	Einbehaltene Gewinne		1,-

01.01.04		Gebäude	3,-	
	an	Einbehaltene Gewinne		3,-

IFRS-Buchwert 01.01.04	43	
Steuerlicher Buchwert 01.01.04	39	*= GE 40 - Planmäßige Abschreibung 03 i. H. von GE 1*
Zu versteuernde temporäre Differenz	4	
Steuersatz	25 %	
Latente Steuerschuld 01.01.04	1	

01.01.04		Einbehaltene Gewinne	1,-	
	an	Latente Steuerschuld		1,-

31.12.04		Gebäude	1,-	
	an	Planmäßige Abschreibung		1,-

31.12.04		Gebäude	7,-	
	an	Zeitwertgewinn		7,-

Veränderung der latenten Steuern in 04:

IFRS-Buchwert 31.12.04	50	
Steuerlicher Buchwert 31.12.04	38	*= GE 40 - Planmäßige Abschreibungen für 03 und 04 i. H. von GE 2*
Zu versteuernde temporäre Differenz	12	
Steuersatz	25 %	
Latente Steuerschuld 31.12.04	3	
Latente Steuerschuld 01.01.04	1	
Latenter Steueraufwand 04	2	

31.12.04	Latenter Steueraufwand	2,-	
	an Latente Steuerschuld		2,-

31.12.05	Gebäude	1,-	
	an Planmäßige Abschreibung		1,-

31.12.05	Gebäude	11,-	
	an Zeitwertgewinn		11,-

Veränderung der latenten Steuern in 05:

IFRS-Buchwert 31.12.05	61	
Steuerlicher Buchwert 31.12.05	37	*= GE 40 - Planmäßige Abschreibungen für 03-05 i. H. von GE 3*
Zu versteuernde temporäre Differenz	24	
Steuersatz	25 %	
Latente Steuerschuld 31.12.05	6	
Latente Steuerschuld 31.12.04	3	
Latenter Steueraufwand 05	3	

31.12.05	Latenter Steueraufwand	3,-	
	an Latente Steuerschuld		3,-

LÖSUNG (B)

Auswirkungen auf die separate GuV

	05	**04**
Zeitwertgewinn	11	7
Latenter Steueraufwand	-3	-2
Jahreserfolg	**8**	**5**

Auswirkungen auf den Eigenkapitalspiegel

	Einbehaltene Gewinne	
Stand 01.01.04	-1	*Planmäßige Abschreibung 03*
Änderung einer Bilanzierungsmethode	3	*Änderung der einbehaltenen Gewinne per 01.01.04*[103]
Angepasster Stand 01.01.04	2	
Gesamtergebnis 04	5	
Stand 31.12.04	7	
Gesamtergebnis 05	8	
Stand 31.12.05	15	

Auswirkungen auf die Bilanz

Es ist zu beachten, dass auch die angepasste Eröffnungsbilanz zum 01.01.04 offenzulegen ist, da sich die retrospektive Anpassung lt. Angabe auf die Eröffnungsbilanz per 01.01.04 wesentlich auswirkt (IAS 1.10(f), 1.40A f. und 1.40D).

AKTIVA	31.12.05	31.12.04	01.01.04	PASSIVA	31.12.05	31.12.04	01.01.04
Gebäude	61	50	43	Einbehaltene Gewinne	15	7	2
Geld	-40	-40	-40	Latente Steuerschuld	6	3	1
Summe	21	10	3	Summe	21	10	3

103 Erhöhung des Gebäudebuchwerts um GE 4 abzüglich der latenten Steuern (GE 1).

IAS 10 Ereignisse nach der Berichtsperiode

1. Überblick

IAS 10 beschäftigt sich mit den Auswirkungen von Ereignissen, welche nach der Berichtsperiode stattgefunden haben, auf den Jahresabschluss (IAS 10.1 f.). Bei Ereignissen nach der Berichtsperiode handelt es sich um jene Ereignisse, welche nach der Berichtsperiode (d. h. nach dem Bilanzstichtag) eingetreten sind, jedoch vor der Freigabe des Jahresabschlusses zur Veröffentlichung. Der Zeitpunkt der **Freigabe zur Veröffentlichung** ist jener Tag, an dem der Vorstand einer Aktiengesellschaft den Abschluss dem Aufsichtsrat zur Prüfung vorlegt (Unterzeichnung durch den Vorstand). Bei GmbHs mit fakultativem Aufsichtsrat gilt dies analog (IAS 10.6).[104] An diesem Tag, welcher im Anhang anzugeben ist, endet der Erhellungszeitraum. Demnach reflektiert der Jahresabschluss keine Ereignisse, die nach dem Zeitpunkt der Freigabe zur Veröffentlichung eingetreten sind (IAS 10.17 f.).

Gem. den obigen Ausführungen befinden sich nicht alle Ereignisse nach der Berichtsperiode im Anwendungsbereich von IAS 10:[105]

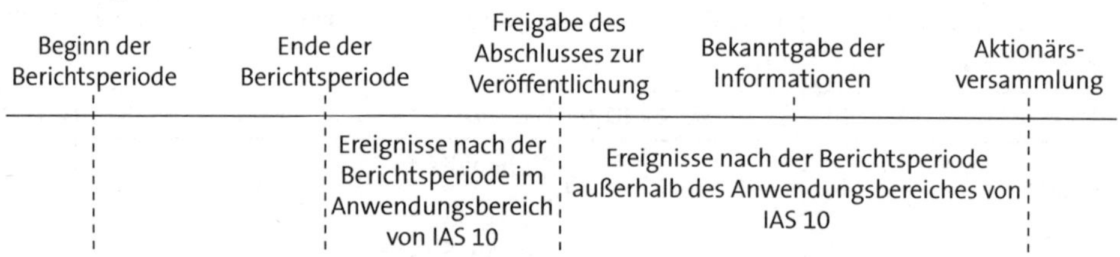

Es gibt zwei verschiedene Formen von Ereignissen nach der Berichtsperiode, die sich im Anwendungsbereich von IAS 10 befinden (IAS 10.3):

- **Erhellende, d. h. zu berücksichtigende Ereignisse**: Durch diese werden nähere Informationen über die Verhältnisse, die am Ende der Berichtsperiode (d. h. am Bilanzstichtag) existierten, verfügbar. Die im Jahresabschluss erfassten Beträge sind anzupassen, um erhellende Ereignisse zu reflektieren. Durch derartige Ereignisse können auch Posten zu erfassen sein, welche bislang nicht erfasst wurden, oder Anhangangaben anzupassen sein (IAS 10.8 f. und 10.19 f.).
- **Begründende, d. h. nicht zu berücksichtigende Ereignisse**: Diese beziehen sich auf Verhältnisse, die nach dem Bilanzstichtag entstanden sind. Begründende Ereignisse führen nicht zu einer Anpassung der im Abschluss erfassten Beträge (IAS 10.10). Allerdings ist zu jeder wesentlichen Kategorie begründender Ereignisse nach der Berichtsperiode folgendes anzugeben (IAS 10.21):
  - die Art des Ereignisses,
  - eine Schätzung der finanziellen Auswirkungen oder eine Aussage, dass eine solche Schätzung nicht vorgenommen werden kann.

104 Vgl. *Lüdenbach/Hoffmann/Freiberg*, IFRS-Kommentar, 12. Aufl., § 4 Tz. 9 ff. Zu einer detaillierten Diskussion in Abhängigkeit von der jeweiligen Rechtsform vgl. ADS International, Abschnitt 2, Tz. 19 ff.

105 Vgl. *KPMG*, Insights into IFRS, 11. Aufl., Tz. 2.9.10.10.

Beispiele für begründende Ereignisse nach der Berichtperiode, welche i. d. R. Angaben erfordern, sind ein bedeutender Unternehmenszusammenschluss, der Verkauf einer bedeutenden Tochtergesellschaft bzw. die Bekanntgabe eines Plans zur Aufgabe eines Geschäftsbereiches (IAS 10.22).

Wenn ein Unternehmen nach dem Bilanzstichtag **Dividenden** beschließt (begründendes Ereignis), dann darf der entsprechende Betrag zum Bilanzstichtag nicht vom Eigen- in das Fremdkapital umgegliedert werden. Zum Bilanzstichtag liegt nämlich noch keine Verpflichtung des Unternehmens zur Leistung der Dividende vor (IAS 10.12 f.).

Wenn die **Liquidation des Unternehmens** bzw. die **Aufgabe seiner Geschäftstätigkeit** beabsichtigt ist oder wenn **keine realistische Alternative** hierzu existiert, darf der Abschluss nicht mehr unter der Annahme der Unternehmensfortführung aufgestellt werden. Dies gilt auch dann, wenn das maßgebliche begründende Ereignis erst nach dem Bilanzstichtag eingetreten ist. An dieser Stelle werden somit die allgemeinen Grundsätze des IAS 10 durchbrochen (IAS 10.14 f.).

2. Aufgaben mit Lösungen

AUFGABE 1

Ende des Erhellungszeitraumes[106]

31.12.01	Bilanzstichtag der X-AG
20.02.02	Fertigstellung des Entwurfs des Jahresabschlusses durch den Vorstand
01.03.02	Ende der Jahresabschlussprüfung
03.03.02	Freigabe des Abschlusses durch den Vorstand zur Weiterleitung an den Aufsichtsrat (Unterzeichnung)
04.03.02	Bestätigungsvermerk des Abschlussprüfers
14.03.02	Genehmigung des Abschlusses durch den Aufsichtsrat

Aufgabenstellung

Beurteilen Sie, wann der Erhellungszeitraum im konkreten Fall endet, d. h. bis zu welchem Zeitpunkt erhellende Ereignisse, die nach dem 31.12.01 eingetreten sind, im Rahmen der Erstellung des Abschlusses zum 31.12.01 zu berücksichtigen sind.

LÖSUNG

Der Erhellungszeitraum endet am 03.03.02, mit der Freigabe des Abschlusses durch den Vorstand zur Weiterleitung an den Aufsichtsrat (Unterzeichnung).

106 In Anlehnung an: *Lüdenbach/Hoffmann/Freiberg*, IFRS-Kommentar, 12. Aufl., § 4 Tz. 10 und IAS 10.6.

AUFGABE 2

Diverse Sachverhalte

(1) Die A-AG wurde im Jahr 01 geklagt. Am 31.12.01 ist es strittig, ob die Wahrscheinlichkeit einer Verurteilung in dem laufenden Prozess mehr als 50 % beträgt. Kurz nach dem 31.12.01 wird die X-AG in diesem **Prozess** verurteilt.

(2) Die B-AG besitzt eine **Darlehensforderung** gegenüber der X-GmbH, welche gem. IFRS 9 zu fortgeführten Anschaffungskosten bewertet wird. Kurz nach dem Bilanzstichtag meldet die X-GmbH Insolvenz an.

(3) Die C-AG führt in den Jahren 01 und 02 einen **Fertigungsauftrag** zur Herstellung einer Spezialmaschine zu einem fixen Preis von GE 30 aus. Abgesehen vom konkreten Auftraggeber gibt es am Markt keinen weiteren Interessenten für die Maschine (Kundenspezifität). Die C-AG verfügt jederzeit über einen durchsetzbaren Anspruch auf Zahlung für die bereits erbrachten Leistungen. Daher sind die Erlöse zeitraumbezogen zu realisieren (IFRS 15.35c und 15.39).[107] Bis zum 31.12.01 sind für den Auftrag Kosten i. H.v. GE 12 angefallen. Die Berechnung des Fertigstellungsgrades erfolgt annahmegemäß nach dem Verhältnis der Kosten (IFRS 15.41 und 15.B18). Nach einer erneuten Kalkulation im Januar 02 wird die Schätzung der gesamten Auftragskosten von GE 20 auf GE 24 erhöht. Grund dafür ist ein im Januar 02 erfolgter **Anstieg der Preise an den Rohstoffbörsen.**

(4) Die D-AG errichtet als Bauträger Gebäude mit **Eigentumswohnungen**, welche Vorratsvermögen i. S. von IAS 2 darstellen. Diverse unfertige Eigentumswohnungen, welche nach den am Bilanzstichtag geltenden Verkaufsprospekten noch zu GE 50 angeboten wurden, werden Ende Januar für GE 45 angeboten. Für diese unfertigen Wohnungen sind bis zum 31.12.01 Herstellungskosten von GE 30 angefallen. Bis zur Fertigstellung werden voraussichtlich noch weitere GE 18 für Herstellung und Vertrieb anfallen.[108]

Variante (a):

Bis Ende 01 verkauften sich die Eigentumswohnungen zu den für diesen Zeitraum von der D-AG festgelegten Preisen ausgezeichnet. Ursache für die Preisreduktion im Januar 02 ist ein nach dem Bilanzstichtag eingetretener allgemeiner Rückgang der Immobilienpreise.

Variante (b):

Im Jahr 01 ist der Absatz der Wohnungen beinahe zum Erliegen gekommen. Die Preisreduktion Ende Januar 02 war eine Maßnahme der D-AG, um den Absatz anzukurbeln. Durch die Preisreduktion hat sich der Absatz im Endeffekt tatsächlich signifikant verbessert.

(5) Im Januar 02 wird ein **Teil der Produktionsanlagen und der Vorräte** der E-AG **durch eine Flutkatastrophe zerstört**. Der Schaden ist nicht durch einen Versicherungsschutz gedeckt. Dennoch geht der Vorstand der E-AG davon aus, dass es möglich sein wird, die **Geschäftstätigkeiten fortzuführen.**

107 Vgl. Abschnitt IFRS 15, Kapitel 3.5.2.

108 Beispiel in Anlehnung an: *Lüdenbach*, PiR 2010, S. 268 ff.

(6) Im Januar 02 werden die **gesamten Produktionsanlagen und Vorräte** der F-AG **durch eine Flutkatastrophe zerstört**. Da der Schaden nicht durch einen Versicherungsschutz gedeckt ist, sieht der Vorstand der F-AG keine realistische Alternative zur **Einstellung der Geschäftstätigkeiten**.

Aufgabenstellung

Beurteilen Sie, wie sich die oben beschriebenen Ereignisse nach der Berichtsperiode (IAS 10.3) auf den Ansatz und die Bewertung in den Abschlüssen der Unternehmen A-D zum 31.12.01 auswirken.

LÖSUNG

(1) Die Verurteilung nach dem Bilanzstichtag gibt Aufschluss darüber, dass zum 31.12.01 eine gegenwärtige Verpflichtung vorlag. Somit stellt die Verurteilung ein erhellendes Ereignis dar. Die A-AG muss daher eine Rückstellung ansetzen und nicht lediglich eine Eventualschuld offenlegen (IAS 10.9(a) i.V. mit IAS 37.15 f.).

(2) Der Umstand, dass die X-GmbH kurz nach dem Bilanzstichtag Insolvenz angemeldet hat, bestätigt grundsätzlich, dass die Forderung gegenüber der X-GmbH am 31.12.01 kreditwertgemindert[109] war (erhellendes Ereignis). Nach IFRS 9 wird die Forderung daher der Stufe 3 („signifikante Zunahme des Kreditrisikos seit erstmaliger Erfassung + Kreditwertminderung")[110] zugeordnet. Die erwarteten Kreditverluste ergeben sich als Differenz zwischen dem Bruttobuchwert[111] und dem Barwert der künftigen Geldflüsse (abgezinst mit dem ursprünglichen Effektivzinssatz (IFRS 9.B5.5.33)).[112]

(3) Fraglich ist, ob der Fertigstellungsgrad (a) 60 % (= GE 12 : GE 20) oder (b) 50 % (= GE 12 : GE 24) beträgt. Ursache für die geänderte Schätzung der Höhe der Auftragskosten ist ein im Januar 02 erfolgter Anstieg der Preise an den Rohstoffbörsen (begründendes Ereignis). Daher ist für den Abschluss per 31.12.01 noch von gesamten Auftragskosten i. H.v. GE 20 und somit von einem Fertigstellungsgrad von 60 % auszugehen. Für das Jahr 01 sind somit Umsatzerlöse i. H. von GE 18 (= GE 30 · 60 %) zu erfassen (IFRS 15.B18).

(4a) Die Anpassung der Verkaufspreise ist die Folge einer nach dem Bilanzstichtag eingetretenen Verschlechterung der Marktbedingungen. Somit handelt es sich um ein begründendes Ereignis, welches im Abschluss per 31.12.01 nicht berücksichtigt werden darf. Die unfertigen Bauten werden in weiterer Folge nicht außerplanmäßig abgeschrieben, da der auf Basis des „alten" Verkaufspreises ermittelte Nettoveräußerungswert (GE 50 - GE 18 = GE 32) über den Herstellungskosten (GE 30) liegt (IAS 2.9).

109 Vgl. Abschnitt IFRS 9, Kapitel 4.7.3.
110 Vgl. Abschnitt IFRS 9, Kapitel 4.7.2.
111 Vgl. Abschnitt IFRS 9, Kapitel 4.2.2.
112 Vgl. Abschnitt IFRS 9, Kapitel 4.7.7.

(4b) Die D-AG hat als Reaktion auf den schlechten Absatz Ende Januar 02 die Preise reduziert. Dies stellt einen Hinweis auf fehlende Marktkonformität der noch am Bilanzstichtag verlangten Preise dar. Es liegt somit ein erhellendes Ereignis vor, welches im Abschluss per 31.12.01 zu berücksichtigen ist. Die unfertigen Bauten werden in weiterer Folge außerplanmäßig abgeschrieben, da der auf Basis des „alten“ Verkaufspreises ermittelte Nettoveräußerungswert (GE 45 - GE 18 = GE 27) unter den Herstellungskosten (GE 30) liegt (IAS 2.9).

(5) Da die Flut nach dem 31.12.01 stattgefunden hat, stellt sie ein begründendes Ereignis dar, welches nicht berücksichtigt werden darf. Daher werden die Beträge im Abschluss der E-AG per 31.12.01 nicht angepasst.

(6) Es ist nicht gänzlich klar, ob sich IAS 10.14 f.

(a) lediglich auf Vorgänge beziehen, die in der Berichtsperiode begonnen haben und sich nach der Berichtsperiode fortgesetzt haben (wie die in IAS 10.15 erwähnte Verschlechterung der operativen Ergebnisse bzw. der Vermögens- und Finanzlage) oder,

(b) ob sie sich auch auf isolierte Ereignisse beziehen (wie eine Flut), welche nach der Berichtsperiode plötzlich stattgefunden haben.

Wird die Ansicht (b) vertreten, so ist nicht eindeutig klar, ob die Bewertung auf den Liquidationswerten der zerstörten Vermögenswerte zu basieren hat oder auf jenen der nicht zerstörten Vermögenswerte.

IAS 11 Fertigungsaufträge beim Auftragnehmer

HINWEIS

Die Erlösrealisierung wird künftig durch IFRS 15 umfassend geregelt. Hinsichtlich dieser Materie wird daher auf den Abschnitt des vorliegenden Werks zu letzterem Standard verwiesen. Eine Darstellung von IAS 11 befindet sich in der 2. Auflage des Buches.

IAS 12 Steuern vom Einkommen und vom Ertrag

1. Einleitung

IAS 12 regelt (in deutscher und österreichischer Terminologie) die Bilanzierung von **Steuern vom Einkommen und vom Ertrag**, also gewinn-, ggf. auch ausschüttungsabhängiger Steuern wie der Körperschaftsteuer. Substanz- und Verbrauchssteuern sind nicht Gegenstand des Standards. In Deutschland umfasst der Anwendungsbereich bei Kapitalgesellschaften die Körperschaftsteuer mit Solidaritätszuschlag und bei allen anderen Rechtsformen die Gewerbesteuer.[113] Zur **Bankenabgabe** und zu **weiteren öffentlichen Abgaben**, welche Gegenstand von **IFRIC 21** sind, wird auf den Abschnitt zu IAS 37 (Kapitel 8.4) verwiesen.

Die nachfolgenden Ausführungen werden folgendermaßen untergliedert:

- Bilanzierung **tatsächlicher (d. h. laufender) Steuern**, welche in Bezug auf den steuerlichen Gewinn der aktuellen (d. h. der laufenden) Periode zu entrichten sind (s. Kapitel 2),
- Bilanzierung **latenter Steuern** (d. h. künftiger Steuervor- und -nachteile) (s. Kapitel 3).

2. Tatsächliche Steuern

Das Unternehmen ermittelt für die betreffende Periode den steuerlichen Gewinn und berechnet auf dessen Grundlage die zu leistenden (tatsächlichen bzw. laufenden) Steuern (steuerlicher Gewinn · Steuersatz = zu leistende tatsächliche Steuern). Tatsächliche Steuern für die aktuelle und für frühere Perioden sind – in dem Ausmaß, in dem sie noch nicht bezahlt wurden – als Schuld zu erfassen. Sofern der bereits bezahlte Betrag hinsichtlich der aktuellen und früherer Perioden den für diese Perioden geschuldeten Betrag übersteigt, ist das Guthaben als Vermögenswert anzusetzen (IAS 12.12).

Die Bewertung der **tatsächlichen Steuerschulden und -ansprüche** erfolgt mit dem erwarteten Betrag, der an die Steuerbehörden bezahlt bzw. von diesen erstattet wird und zwar auf der Grundlage der Steuersätze bzw. -vorschriften nach den gültigen Gesetzen oder der am Bilanzstichtag mit Sicherheit zu erwartenden („*substantively enacted*") Gesetzeslage (IAS 12.46).

Die tatsächlichen Steuern sind **grundsätzlich erfolgswirksam** zu erfassen. Wurde allerdings der zugehörige Geschäftsfall außerhalb des Periodenerfolgs erfasst, d. h. entweder **im sonstigen Gesamtergebnis oder direkt im Eigenkapital** gegengebucht, so sind die tatsächlichen Steuern auf dieselbe Weise zu erfassen. Resultieren die Steuern aus einem Unternehmenszusammenschluss, so werden diese weder erfolgswirksam, noch im sonstigen Gesamtergebnis erfasst (IAS 12.58 und 12.61A).[114]

In der **Bilanz** besteht ein **Gebot zur Saldierung** tatsächlicher Steueransprüche mit tatsächlichen Steuerschulden, wenn ein Rechtsanspruch auf eine Aufrechnung der erfassten Beträge besteht und beabsichtigt wird, auf einer Nettobasis zu bezahlen oder die Realisierung des Vermögenswerts und die Begleichung der Schuld simultan durchzuführen (IAS 12.71-12.73).

113 Vgl. *Lüdenbach/Hoffmann/Freiberg*, IFRS-Kommentar, 12. Auf., § 26 Tz. 1.
114 Hinsichtlich Unternehmenszusammenschlüssen wird auf den Abschnitt zu IFRS 3 verwiesen.

3. Latente Steuern

3.1 Die Logik der Erfassung latenter Steuern

Der Ansatz latenter Steuern in der Bilanz kann aufgrund temporärer Differenzen sowie noch nicht in Anspruch genommener steuerlicher Verlustvorträge bzw. Steuergutschriften erforderlich sein.

Temporäre Differenzen sind Differenzen zwischen dem Buchwert eines Vermögenswerts bzw. einer Schuld nach IFRS und jenem nach Steuerrecht, welche zu künftigen Steuervorteilen oder Steuernachteilen des Unternehmens führen werden. Temporäre Differenzen, welche zu **künftigen Steuervorteilen** führen werden, werden als **„abzugsfähige temporäre Differenzen"** bezeichnet. Jene temporären Differenzen, welche zu **künftigen Steuernachteilen** führen werden, sind hingegen als **„zu versteuernde temporäre Differenzen"** zu bezeichnen (IAS 12.5). Temporäre Differenzen, welche die Ansatzkriterien[115] erfüllen, werden mit dem Steuersatz multipliziert und als latenter Steueranspruch aktiviert (sofern die Differenz einen künftigen Steuervorteil darstellt) bzw. als latente Steuerschuld passiviert (sofern die Differenz einen künftigen Steuernachteil darstellt).

Konzeptionell liegt der Ermittlung der latenten Steuern die Annahme zugrunde, dass sich der steuerliche Buchwert eines Vermögenswerts bzw. einer Schuld in der Zukunft an den IFRS-Buchwert anpassen wird. Es wird unterstellt, dass die Differenz zwischen diesen beiden Buchwerten den steuerlichen Gewinn beeinflussen wird, wenn der Buchwert des Vermögenswerts realisiert bzw. jener der Schuld beglichen wird. Es sei angenommen, dass der IFRS-Buchwert eines Grundstücks GE 10 und der steuerliche Buchwert GE 8 beträgt. Ein fiktiver Verkauf des Grundstücks um GE 10 (d. h. zum IFRS-Buchwert) würde zu einem steuerlichen Veräußerungsgewinn i. H. von GE 2 führen. Daher würde sich der steuerliche Gewinn des Unternehmens um GE 2 erhöhen und (sofern der Steuersatz 25 % beträgt) die tatsächliche Steuerschuld um GE 0,5 steigen. Ein Verkauf in einer zukünftigen Periode würde somit zu einem Steuernachteil i. H. von GE 0,5 für das Unternehmen führen. Dieser Steuernachteil i. H. von GE 0,5 ist als latente Steuerschuld anzusetzen.

In der Praxis wäre es sehr zeitaufwändig, für jeden Vermögenswert und für jede Schuld eine detaillierte Analyse wie in dem obigen Beispiel durchzuführen. Daher empfiehlt sich die Anwendung einer einfachen **Merkregel** bzw. „Eselsbrücke" (sog. **„Ärmer-Reicher-Regel"**), welche in der unten angeführten Tabelle veranschaulicht wird. Ist das Unternehmen in der IFRS-Bilanz ärmer als in der Steuerbilanz, so erfolgt der Ansatz eines latenten Steueranspruchs. Ist das Unternehmen hingegen in der IFRS-Bilanz reicher als in der Steuerbilanz, so erfolgt der Ansatz einer latenten Steuerschuld (latente Steuerrückstellung).

Unternehmen nach IFRS ärmer => aLS
reicher => pLS

115 Vgl. Kapitel 3.2.

	Buchwert nach IFRS	Steuerlicher Buchwert	Beurteilung
Vermögenswert A	10	8	Das Unternehmen ist nach IFRS reicher als nach Steuerrecht (mehr Vermögen nach IFRS, als nach Steuerrecht) und passiviert daher eine latente Steuerrückstellung (latente Steuerschuld).
Vermögenswert B	8	10	Das Unternehmen ist nach IFRS ärmer als nach Steuerrecht (weniger Vermögen nach IFRS, als nach Steuerrecht) und aktiviert daher einen latenten Steueranspruch.
Schuld C	10	8	Das Unternehmen ist nach IFRS ärmer als nach Steuerrecht (mehr Schulden nach IFRS, als nach Steuerrecht) und aktiviert daher einen latenten Steueranspruch.
Schuld D	8	10	Das Unternehmen ist nach IFRS reicher als nach Steuerrecht (weniger Schulden nach IFRS, als nach Steuerrecht) und passiviert daher eine latente Steuerrückstellung (latente Steuerschuld).

Im obigen Zahlenbeispiel müssen die Buchwertunterschiede noch mit dem Steuersatz multipliziert werden, um den Buchwert der latenten Steuerschuld bzw. des latenten Steueranspruchs zu erhalten. Der Ansatz in der Bilanz setzt natürlich auch die Erfüllung der Ansatzkriterien (s. unten) voraus.

3.2 Ansatzkriterien

3.2.1 Zu versteuernde temporäre Differenzen

Für zu versteuernde temporäre Differenzen ist grundsätzlich eine latente Steuerschuld zu passivieren (**generelle Ansatzpflicht mit Ausnahmen**). Eine wichtige Ausnahme von dieser generellen Ansatzpflicht betrifft **Firmenwerte**: Latente Steuerschulden, welche aus dem **erstmaligen Ansatz eines Firmenwerts** resultieren, dürfen nicht in der Bilanz angesetzt werden (IAS 12.15 und 12.21-12.21B).

3.2.2 Abzugsfähige temporäre Differenzen

Ein künftiger (latenter) Steuervorteil in der Form einer Reduktion von Steuerzahlungen kann natürlich nur dann ausgenützt werden, wenn in der Zukunft ausreichende steuerliche Gewinne vorhanden sind, mit denen der Steuervorteil verrechnet werden kann. Denn nur dadurch entsteht in der Zukunft eine Steuerersparnis (IAS 12.27). Der Standard verlangt daher grundsätzlich die Aktivierung eines latenten Steueranspruchs in dem Ausmaß, in dem es wahrscheinlich ist, dass künftig steuerlicher Gewinn vorhanden sein wird, gegen den die abzugsfähige temporäre Differenz verrechnet werden kann (**Kriterium der wahrscheinlichen Gewinne**) (IAS 12.24).

Dieses Kriterium ist erfüllt, wenn **ausreichende zu versteuernde temporäre Differenzen** vorhanden sind, und zwar hinsichtlich derselben Steuerbehörde und hinsichtlich desselben Steuersubjekts (IAS 12.28),

- die sich erwartungsgemäß in derselben Periode „umdrehen", in der sich auch die abzugsfähige temporäre Differenz „umdreht", ***oder***
- die sich erwartungsgemäß in den Perioden „umdrehen", in denen ein aus dem aktiven latenten Steueranspruch resultierender steuerlicher Verlust vor- oder rückgetragen werden kann.

Liegen hingegen **keine ausreichenden zu versteuernden temporären Differenzen** vor, so sind latente Steuern in dem Ausmaß zu aktivieren, in dem (IAS 12.29)

- es wahrscheinlich ist, dass das Unternehmen über ausreichende zu versteuernde Gewinne verfügen wird und zwar hinsichtlich derselben Steuerbehörde, hinsichtlich desselben Steuersubjekts und in derselben Periode, in der sich die abzugsfähige temporäre Differenz umdrehen wird (oder in den Perioden, in die ein steuerlicher Verlust infolge eines latenten Steueranspruchs vor- oder rückgetragen werden kann)[116] ***oder***
- das Unternehmen über zulässige steuergestalterische Möglichkeiten verfügt, deren Umsetzung in den entsprechenden Perioden zu versteuernde Gewinne in erforderlichem Ausmaß generieren lässt (z. B. Generierung von steuerlichen Gewinnen aus der Veräußerung von Vermögenswerten in einem bestimmten Steuerrechtssystem durch Verkauf mit Rückmiete (*sale and lease back*)).

Besonders strenge Anforderungen gelten für den Fall einer **Verlusthistorie** (IAS 12.31 i.V. mit IAS 12.35 f.).

Ist der IFRS-Buchwert eines **Firmenwerts** aus einem Unternehmenszusammenschluss kleiner als sein steuerlicher Buchwert, so führt diese Differenz zu einem latenten Steueranspruch. Der latente Steueranspruch aus dem erstmaligen Ansatz des Firmenwerts ist als Teil der Bilanzierung des Unternehmenszusammenschlusses zu erfassen und zwar im Ausmaß, in dem es wahrscheinlich ist, dass steuerlicher Gewinn vorhanden sein wird, gegen den die abzugsfähige temporäre Differenz verwendet werden kann (IAS 12.32A).

3.2.3 Ungenutzte steuerliche Verluste und ungenutzte Steuergutschriften

Die Ansatzkriterien für latente Steueransprüche aus noch nicht genutzten steuerlichen Verlusten und Steuergutschriften **entsprechen jenen**, die für die Aktivierung latenter Steuern auf **abzugsfähige temporäre Differenzen** gelten (IAS 12.35).

---

116 Im Rahmen dieser Beurteilung sind keine zu versteuernden Beträge zu berücksichtigen, welche aus abzugsfähigen temporären Differenzen resultieren, die erwartungsgemäß in künftigen Perioden entstehen. Der latente Steueranspruch aus diesen abzugsfähigen temporären Differenzen setzt nämlich seinerseits ein zukünftiges, zu versteuerndes Ergebnis voraus, damit dieser genutzt werden kann (IAS 12.29).

3.2.4 Neubeurteilung nicht angesetzter latenter Steueransprüche

An jedem Abschlussstichtag ist erneut zu beurteilen, ob die Ansatzvoraussetzungen für bislang nicht aktivierte latente Steueransprüche nun erfüllt sind. Eine Nachaktivierung erfolgt in dem Maße, in dem die Aktivierungsbedingungen nun gegeben sind. Beispiele für Ereignisse, die zu einer Nachaktivierung führen können sind ein Unternehmenszusammenschluss oder verbesserte Handelsbedingungen (IAS 12.37).

3.2.5 Außen- vs. Innendifferenzen

Wird ein **Tochter-, ein Gemeinschafts- bzw. ein assoziiertes Unternehmen** vollkonsolidiert bzw. nach der Eigenkapitalmethode (*equity method*) bilanziert, so werden die latenten Steuern folgendermaßen systematisiert:[117]

- **Innendifferenzen I**: Differenzen zwischen den IFRS- und Steuerbuchwerten in der Bilanz des untergeordneten Unternehmens.
- **Innendifferenzen II**: Im Rahmen der Konsolidierungsmethode durchgeführte Zeitwertanpassungen (Aufdeckung stiller Reserven bzw. stiller Lasten), welche in der Steuerbilanz nicht berücksichtigt werden.
- **Außendifferenz**: Eine Differenz zwischen (a) dem nach der jeweiligen Konsolidierungsmethode (Vollkonsolidierung bzw. Eigenkapitalmethode) ermittelten Buchwert der Beteiligung bzw. des Nettovermögens des untergeordneten Unternehmens im Konzernabschluss des Investors und (b) dem Buchwert der Beteiligung in der Steuerbilanz.

Für zu versteuernde temporäre Außendifferenzen ist eine latente Steuerschuld anzusetzen, außer in dem Ausmaß, in dem beide der folgenden Bedingungen erfüllt werden (IAS 12.39):

(a) Das Mutterunternehmen bzw. der Investor ist dazu in der Lage, den zeitlichen Verlauf der Umdrehung der temporären Differenz zu steuern.

(b) Es ist wahrscheinlich, dass sich die temporäre Differenz in der absehbaren Zukunft nicht umdrehen wird.

Abzugsfähige temporäre Außendifferenzen sind in dem Ausmaß als Vermögenswert anzusetzen, in dem die Erfüllung der folgenden beiden Bedingungen wahrscheinlich ist (IAS 12.44):

(a) Die temporäre Differenz wird sich in der absehbaren Zukunft umdrehen.

(b) Es wird steuerlicher Gewinn vorhanden sein, gegen den die temporäre Differenz verwendet werden kann.

3.3 Bewertung

3.3.1 Anzuwendende Steuersätze und -vorschriften

Die Bewertung der **latenten Steuerschulden und -ansprüche** erfolgt mit den am Bilanzstichtag gültigen oder angekündigten („*substantively enacted*") Steuersätzen bzw. -vorschriften (IAS 12.47).[118]

117 Vgl. *Lüdenbach/Hoffmann/Freiberg*, IFRS-Kommentar, 12. Auf., § 26 Tz. 129 und § 33 Tz. 122.
118 Vgl. *Lüdenbach/Hoffmann/Freiberg*, IFRS-Kommentar, 12. Auf., § 26 Tz. 191.

3.3.2 Art der Realisierung des Buchwerts eines Vermögenswerts bzw. der Erfüllung des Buchwerts einer Schuld

In manchen Rechtssystemen kann die Art und Weise der Realisierung des Buchwerts eines Vermögenswerts bzw. der Erfüllung des Buchwerts einer Schuld entweder einen oder beide der folgenden Parameter beeinflussen (IAS 12.52):

- Steuersatz, der bei der Realisierung bzw. Erfüllung anzuwenden ist,
- Steuerlicher Buchwert des Vermögenswerts bzw. der Schuld.

In diesen Fällen erfolgt die Bewertung der latenten Steuerschulden und -ansprüche mit dem Steuersatz und auf Grundlage des steuerlichen Buchwerts, die mit der erwarteten Art und Weise der Realisierung bzw. Erfüllung konsistent sind (IAS 12.51 f.).

3.3.3 Abzinsungsverbot

Der Standard normiert für latente Steuerschulden und -ansprüche ein Abzinsungsverbot (IAS 12.53).

3.3.4 Wertminderungen und -aufholungen

Der Buchwert eines latenten Steueranspruchs ist zu jedem Bilanzstichtag zu überprüfen. Ein latenter Steueranspruch ist in dem Ausmaß abzuwerten (**Wertminderung**), in dem es nicht mehr wahrscheinlich ist, dass ausreichender steuerlicher Gewinn vorhanden sein wird, der es ermöglicht, den Nutzen des latenten Steueranspruchs (oder eines Teils davon) zu verwenden. Eine solche Wertminderung ist in dem Ausmaß rückgängig zu machen (**Wertaufholung**), in dem es wahrscheinlich wird, dass ausreichender steuerlicher Gewinn vorhanden sein wird (IAS 12.56).

3.4 Ausweis

Latente Steuern sind **erfolgswirksam** zu erfassen. Allerdings gibt es Ausnahmen von diesem Grundsatz (IAS 12.58 und 12.61A):

- Wurde der zugehörige Geschäftsfall im **sonstigen Gesamtergebnis** erfasst, so sind auch die daraus resultierenden latenten Steuern im sonstigen Gesamtergebnis zu erfassen.
- Wurde der zugehörige Geschäftsfall **direkt im Eigenkapital** erfasst, so sind auch die daraus resultierenden latenten Steuern direkt im Eigenkapital zu erfassen.
- Resultiert die Steuerlatenz aus der **Erstkonsolidierung** im Rahmen eines Unternehmenszusammenschlusses, so werden die latenten Steuern weder erfolgswirksam, noch im sonstigen Gesamtergebnis erfasst.[119]

Es besteht ein **Gebot zur Saldierung** latenter Steueransprüche mit latenten Steuerschulden, sofern beide der folgenden Kriterien erfüllt werden (IAS 12.74):

119 In Bezug auf Unternehmenszusammenschlüsse wird auf den Abschnitt zu IFRS 3 verwiesen.

(a) Das Unternehmen verfügt über ein einklagbares Recht zur Aufrechnung tatsächlicher Steueransprüche mit tatsächlichen Steuerschulden.

(b) Die latenten Steueransprüche und die latenten Steuerschulden beziehen sich auf Ertragsteuern, welche von der gleichen Steuerbehörde erhoben werden und zwar für

- dasselbe Steuersubjekt ***oder***
- unterschiedliche Steuersubjekte, welche beabsichtigen (in jeder künftigen Periode, in der die Ablösung oder Begleichung erheblicher Beträge an latenten Steuerschulden bzw. Steueransprüchen zu erwarten ist) entweder den Ausgleich der tatsächlichen Steuerschulden und Steueransprüche auf Nettobasis herbeizuführen oder die Realisierung des Vermögenswerts und die Begleichung der Schuld simultan durchzuführen.
- Hinsichtlich des **Ausweises** latenter Steuern in der Bilanz sowie in der Gesamtergebnisrechnung wird auf den Abschnitt zu IAS 1 (Kapitel 6.1 und 6.2.2) verwiesen.

3.5 Sonderfragen

3.5.1 Änderung des Steuersatzes

Im Falle einer Änderung des Steuersatzes ändert sich der Buchwert der latenten Steuerschulden bzw. -ansprüche, obwohl sich der Betrag der temporären Differenzen nicht ändert. Die Änderung des Buchwerts des Bilanzpostens für latente Steuern folgt der früheren Einbuchung als erfolgswirksam bzw. -neutral (IAS 12.60).

3.5.2 Unternehmenszusammenschlüsse

Die Behandlung latenter Steuern in Bezug auf Firmenwerte und Zeitwertanpassungen (Aufdeckung stiller Reserven und stiller Lasten) im Rahmen der erstmaligen Bilanzierung eines Unternehmenszusammenschlusses im Erwerbszeitpunkt wurde in den vorhergehenden Kapiteln erörtert.

Als Folge eines Unternehmenszusammenschlusses können in Bezug auf **latente Steueransprüche des Erwerbers** die folgenden Fälle eintreten (IAS 12.67):

- Ein bislang nicht aktivierter latenter Steueranspruch des Erwerbers ist nun zu aktivieren.
- Ein bislang aktivierter latenter Steueranspruch des Erwerbers erfüllt nicht mehr die Ansatzkriterien.

In diesen Fällen hat der Erwerber die Veränderung in der Periode des Unternehmenszusammenschlusses zu verbuchen, allerdings ist diese nicht Bestandteil der Bilanzierung des Unternehmenszusammenschlusses. Somit wird diese **bei der Ermittlung des Firmenwerts nicht berücksichtigt** (IAS 12.67).

Steuerliche Verlustvorträge oder andere **latente Steueransprüche des erworbenen Unternehmens** erfüllen u.U. nicht die Voraussetzungen für einen separaten Ansatz im Rahmen der erstmaligen Bilanzierung eines Unternehmenszusammenschlusses. Stellt sich jedoch zu einem späteren Zeitpunkt heraus, dass die Ansatzkriterien erfüllt werden, so ist folgendermaßen vorzugehen (IAS 12.68):

- Erworbene latente Steuervorteile, die **innerhalb der Bewertungsperiode**[120] (IFRS 3.45) angesetzt werden und aus neuen Informationen über **Fakten und Umstände** resultieren, die **im Erwerbszeitpunkt** existierten, sind als Reduktion des Firmenwerts aus diesem Unternehmenszusammenschluss zu behandeln (Buchung „per Latenter Steueranspruch an Firmenwert"). Beträgt der Buchwert des Firmenwerts Null, so sind die verbleibenden latenten Steuervorteile erfolgswirksam zu erfassen (Buchung „per Latenter Steueranspruch an Ertrag").
- **Alle anderen** erworbenen latenten Steuervorteile, die nachträglich realisiert werden, sind erfolgswirksam zu erfassen (Buchung „per Latenter Steueranspruch an Ertrag") oder – wenn IAS 12 dies vorsieht – außerhalb des Periodenerfolgs.

4. Steuerüberleitungsrechnung

Im Anhang ist eine sog. Steuerüberleitungsrechnung offenzulegen. Dabei wird das Produkt aus dem IFRS-Gewinn vor Steuern und dem relevanten Steuersatz auf die Summe aus latentem und tatsächlichem Steueraufwand (bzw. -ertrag) übergeleitet. Die Darstellung erfolgt in absoluten Zahlen und/oder in Prozent des IFRS-Gewinns vor Steuern (IAS 12.81c). Im folgenden Beispiel einer Steuerüberleitungsrechnung, welches lediglich grundlegende Sachverhalte berücksichtigt, wurden der IFRS-Gewinn vor Steuern, der relevante Steuersatz sowie die steuerlich nicht abzugsfähigen Aufwendungen beliebig angenommen:

Steuerüberleitungsrechnung in absoluten Zahlen	
IFRS-Gewinn vor Steuern	40
Relevanter Steuersatz	25 %
Fiktiver Steueraufwand (zum relevanten Steuersatz)	10
Steuerlich nicht abzugsfähige Aufwendungen	2
(Tatsächlicher und latenter) Steueraufwand	12
Steuerüberleitungsrechnung in Prozent	
Relevanter Steuersatz	25 %
Steuerlich nicht abzugsfähige Aufwendungen	5 %
Durchschnittssteuersatz	30 %

5. Aufgaben mit Lösungen

Verweise auf andere Abschnitte

Hinsichtlich latenter Steuern im Rahmen von **Unternehmenszusammenschlüssen** wird auch auf den Abschnitt zu IFRS 3 (Aufgaben 5 und 6b) verwiesen. Die Behandlung latenter Steuern bei der **Neubewertung von Sachanlagen** wird im Abschnitt zu IAS 16 (Aufgabe 9) dargestellt. Hinsichtlich einer **retrospektiven Anpassung** mit latenten Steuern wird auf den Abschnitt zu IAS 8

120 Vgl. Abschnitt IFRS 3, Kapitel 3.5.7.

(Aufgabe 6) verwiesen. Zum Ansatzverbot für **latente Steuerschulden aus der erstmaligen Erfassung** eines Vermögenswerts vgl. Abschnitt IFRS 3 (Aufgabe 1). Ein Beispiel zum **Ausweis** einer latenten Steuerschuld in der Bilanz befindet sich im Abschnitt zu IAS 1 (Aufgabe 5).

AUFGABE 1

Tatsächliche Steuern

Unternehmen X hat für das Jahr 01 Steuern vom Einkommen und vom Ertrag i. H. von GE 5 zu entrichten. Nach dem für X geltenden Rechtssystem müssen die Unternehmen während des Jahres (z. B. während des Jahres 01) Vorauszahlungen auf die Steuerschuld für das ganze Jahr (z. B. für das Jahr 01) leisten. Diese Vorauszahlungen werden auf Basis des steuerlichen Gewinns für das letzte Jahr (z. B. für das Jahr 00) bemessen.

Während des Jahres 01 hat X auf die Steuern für das Jahr 01

(aa) Vorauszahlungen i. H. von GE 4 geleistet. Derartige Vorauszahlungen werden von X stets erfolgswirksam verbucht.

(ab) Vorauszahlungen i. H. von GE 4 geleistet. Derartige Vorauszahlungen werden von X stets erfolgsneutral verbucht (d. h. auf einem Verrechnungskonto mit dem Finanzamt als Vorauszahlung bzw. als Guthaben aktiviert).

(ba) Vorauszahlungen i. H. von GE 6 geleistet. Derartige Vorauszahlungen werden von X stets erfolgswirksam verbucht.

(bb) Vorauszahlungen i. H. von GE 6 geleistet. Derartige Vorauszahlungen werden von X stets erfolgsneutral verbucht (d. h. auf einem Verrechnungskonto mit dem Finanzamt als Vorauszahlung bzw. als Guthaben aktiviert).

Aufgabenstellung

Nehmen Sie alle aus der Perspektive von X (Bilanzstichtag: 31.12.) in 01 erforderlichen Buchungen vor.

Lösungshinweise

Insbesondere Kapitel 2

LÖSUNG (AA)

Jahr 01		Tatsächlicher Steueraufwand	4,-	
	an	Geld		4,-

Der Abschluss von X muss einen tatsächlichen Steueraufwand i. H. von GE 5 enthalten. Die noch nicht beglichenen tatsächlichen Steuern i. H. von GE 1 müssen als Schuld erfasst werden.

31.12.01		Tatsächlicher Steueraufwand	1,-	
	an	Tatsächliche Steuerschuld		1,-

LÖSUNG (AB)

Jahr 01		Kontokorrent Finanzamt	4,-	
	an	Geld		4,-

Der Abschluss von X muss einen tatsächlichen Steueraufwand i. H. von GE 5 enthalten, und die noch nicht beglichenen tatsächlichen Steuern i. H. von GE 1 müssen als Schuld erfasst werden. Das Verrechnungskonto mit dem Finanzamt ist ein Interimskonto, welches im Abschluss nicht aufscheint.

31.12.01		Tatsächlicher Steueraufwand	5,-	
	an	Kontokorrent Finanzamt		4,-
	an	Tatsächliche Steuerschuld		1,-

LÖSUNG (BA)

Jahr 01		Tatsächlicher Steueraufwand	6,-	
	an	Geld		6,-

Der Abschluss von X muss einen tatsächlichen Steueraufwand i. H. von GE 5 enthalten. Die in 01 geleisteten Steuervorauszahlungen betragen GE 6. Der Betrag von GE 1, um den zu viel vorausbezahlt wurde, wird vom Finanzamt zurückverlangt und wird daher als Forderung an das Finanzamt (tatsächlicher Steueranspruch) angesetzt.

31.12.01		Tatsächlicher Steueranspruch	1,-	
	an	Tatsächlicher Steueraufwand		1,-

LÖSUNG (BB)

Jahr 01		Kontokorrent Finanzamt	6,-	
	an	Geld		6,-

Der Abschluss von X muss einen tatsächlichen Steueraufwand i. H. von GE 5 enthalten. Das Verrechnungskonto mit dem Finanzamt ist ein Interimskonto, welches im Abschluss nicht aufscheint. Der Betrag von GE 1, um den zu viel vorausbezahlt wurde, wird vom Finanzamt zurückverlangt und wird daher als Forderung an das Finanzamt (tatsächlicher Steueranspruch) angesetzt.

31.12.01		Tatsächlicher Steueranspruch	1,-	
		Tatsächlicher Steueraufwand	5,-	
	an	Kontokorrent Finanzamt		6,-

AUFGABE 2

Latente Steuern – Einführendes Beispiel

Variante (a)

Die X-AG erwirbt am 01.01.01 eine Software um GE 12 und nimmt diese noch am selben Tag in Betrieb. Die Nutzungsdauer beträgt **nach IFRS 3 Jahre**, nach Steuerrecht **hingegen 4 Jahre**.

Variante (b)

Die X-AG erwirbt am 01.01.01 eine Software um GE 12 und nimmt diese noch am selben Tag in Betrieb. Die Nutzungsdauer beträgt **nach IFRS 4 Jahre, nach Steuerrecht hingegen 3 Jahre**.

Aufgabenstellung

Nehmen Sie alle i. Z. mit latenten Steuern erforderlichen Buchungen im Abschluss der X-AG zum 31.12.01 vor. Der Steuersatz der X-AG beträgt 25 %. Nehmen Sie vereinfachend an, dass etwaige latente Steueransprüche die Ansatzkriterien von IAS 12[121] erfüllen.

Lösungshinweise

Insbesondere Kapitel 3.1

LÖSUNG (A)

Im Jahr 01 beträgt die planmäßige Abschreibung nach IFRS GE 4 und nach Steuerrecht GE 3. Daher beträgt der Buchwert der Software per 31.12.01 nach IFRS GE 8 (= GE 12 - GE 4) und nach Steuerrecht GE 9 (= GE 12 - GE 3).

Der Buchwert der Software nach IFRS ist niedriger als jener nach Steuerrecht (wodurch das Vermögen nach IFRS kleiner ist, als nach Steuerrecht). Demnach ist die X-AG nach IFRS ärmer als nach Steuerrecht und erfasst daher nach der „Ärmer-Reicher-Regel" einen latenten Steueranspruch.

Die Logik der Erfassung des latenten Steueranspruchs kann auch folgendermaßen erklärt werden: Konzeptionell liegt der Ermittlung der latenten Steuern die Annahme zugrunde, dass sich der steuerliche Buchwert (GE 9) in der Zukunft an den IFRS-Buchwert (GE 8) anpassen wird. Gedanklich wird folglich in der Zukunft steuerlich die Buchung „Aufwand an Vermögen GE 1" vorgenommen. Durch diese Buchung würde in der Zukunft der steuerliche Gewinn um GE 1 sinken und (bei einem Steuersatz von 25 %) die *tatsächliche* Steuerschuld um GE 0,25 sinken. Somit würde in der Zukunft ein Steuervorteil i. H. von GE 0,25 für die X-AG entstehen. Dieser künftige Steuervorteil i. H. von GE 0,25 ist bereits am 31.12.01 als Vermögenswert (latenter Steueranspruch) anzusetzen (nachdem lt. Angabe zu unterstellen ist, dass die Ansatzkriterien für latente Steueransprüche erfüllt werden):

31.12.01		Latenter Steueranspruch	0,25	
	an	Latenter Steuerertrag		0,25

121 Vgl. Kapitel 3.2.2.

LÖSUNG (B)

Im Jahr 01 beträgt die planmäßige Abschreibung nach IFRS GE 3 und nach Steuerrecht GE 4. Daher beträgt der Buchwert der Software per 31.12.01 nach IFRS GE 9 (= GE 12 - GE 3) und nach Steuerrecht GE 8 (= GE 12 - GE 4).

Der Buchwert der Software nach IFRS ist höher als jener nach Steuerrecht (wodurch das Vermögen nach IFRS größer ist als nach Steuerrecht). Demnach ist die X-AG nach IFRS reicher, als nach Steuerrecht und erfasst daher nach der „Ärmer-Reicher-Regel" eine latente Steuerschuld (latente Steuerrückstellung).

Die Logik der Erfassung der latenten Steuerschuld kann auch folgendermaßen erklärt werden: Konzeptionell liegt der Ermittlung der latenten Steuern die Annahme zugrunde, dass sich der steuerliche Buchwert (GE 8) in der Zukunft an den IFRS-Buchwert (GE 9) anpassen wird. Gedanklich wird folglich in der Zukunft steuerlich die Buchung „Vermögen an Ertrag GE 1" vorgenommen. Durch diese Buchung würde in der Zukunft der steuerliche Gewinn um GE 1 steigen und (bei einem Steuersatz von 25 %) die *tatsächliche* Steuerschuld um GE 0,25 steigen. Somit würde in der Zukunft ein Steuernachteil i. H. von GE 0,25 für die X-AG entstehen. Dieser künftige Steuernachteil i. H. von GE 0,25 ist bereits am 31.12.01 als Verbindlichkeit (latente Steuerschuld) anzusetzen:

31.12.01		Latenter Steueraufwand	0,25	
	an	Latente Steuerschuld		0,25

AUFGABE 3

Steuerlich nicht abzugsfähige Aufwendungen

Bei der X-AG sind in 01 Aufwendungen i. H. von GE 10 angefallen. Diese sind steuerlich nicht anerkannt, d. h. sie reduzieren nicht den steuerlichen Gewinn.

Bisheriger Buchungsstand:

Die Aufwendungen i. H. von GE 10 wurden bereits korrekt verbucht.

Aufgabenstellung

Nehmen Sie alle i. Z. mit latenten Steuern im Abschluss der X-AG zum 31.12.01 erforderlichen Buchungen vor. Der Steuersatz beträgt 25 %.

Lösungshinweise

Insbesondere Kapitel 3.1

LÖSUNG

In den Folgejahren (02 ff.) entsteht durch diese Aufwendungen weder ein Steuervorteil, noch ein Steuernachteil. Somit existieren hinsichtlich dieser Aufwendungen keine temporären Differenzen. Daher wird in der Bilanz kein latenter Steueranspruch und keine latente Steuerschuld angesetzt.

AUFGABE 4

Latente Steuern und Steuerüberleitungsrechnung

Die X-GmbH wurde am 01.01.01 gegründet. Im Jahr 01 erzielte die X-GmbH nach IFRS einen Gewinn vor Steuern i. H. von GE 100 und einen steuerlichen Gewinn von GE 104. Die Differenz zwischen diesen Beträgen hat folgende Ursachen:

1. Die X-GmbH hat am 01.11.01 eine Maschine um GE 120 erworben und in Betrieb genommen. Die planmäßige Abschreibung erfolgt nach IFRS monatsweise und nach lokalem Steuerrecht bereits für das gesamte Halbjahr, in dem die Inbetriebnahme erfolgt ist (Halbjahresregel). Die Nutzungsdauer beträgt sowohl nach IFRS als auch nach Steuerrecht 10 Jahre.
2. Im Jahr 01 sind Repräsentationsaufwendungen i. H. von GE 8 angefallen, welche nach lokalem Steuerrecht zur Gänze nicht abzugsfähig sind.

Aufgabenstellung

(a) Nehmen Sie alle im Abschluss der X-GmbH zum 31.12.01 erforderlichen Buchungen vor. Berücksichtigen Sie dabei tatsächliche und latente Steuern. Der Steuersatz beträgt 25 %. Unterjährige steuerliche Vorauszahlungen (s. Aufgabe 1) sollen vernachlässigt werden.

(b) Erstellen Sie die Steuerüberleitungsrechnung für das Geschäftsjahr 01, und zwar sowohl in absoluten Beträgen (IAS 12.81(c)(i)), als auch in Prozent (IAS 12.81(c)(ii)).

Lösungshinweise

Insbesondere Kapitel 3.1 und 4

LÖSUNG (A)

Die tatsächlichen Steuern für das Jahr 01 betragen GE 26 (= steuerlicher Gewinn von GE 104 · 25 %).

31.12.01		Tatsächlicher Steueraufwand	26,-	
	an	Tatsächliche Steuerschuld		26,-

Repräsentationsaufwendungen:

Jahr 01		Repräsentationsaufwendungen	8,-	
	an	Geld		8,-

Steuerlich nicht abzugsfähige Aufwendungen führen nicht zu latenten Steuern.

Maschine:

01.11.01	Maschine	120,-	
	an Geld		120,-

Die planmäßige Abschreibung für die Monate November und Dezember 01 beträgt GE 2 (= GE 120 : 10 Jahre : 12 Monate · 2 Monate).

31.12.01	Planmäßige Abschreibung	2,-	
	an Maschine		2,-

Latente Steuern:

Am 31.12.01 beträgt der IFRS-Buchwert der Maschine GE 118 (= GE 120 - GE 2). Steuerlich wird hingegen in 01 für das gesamte 2. Halbjahr 01 abgeschrieben, d. h. i. H. von GE 6 (= GE 120 : 10 Jahre : 12 Monate · 6 Monate). Der steuerliche Buchwert per 31.12.01 beträgt somit GE 114 (= GE 120 - GE 6).

	IFRS-Buchwert per 31.12.01	Steuerlicher Buchwert per 31.12.01	Abzugsfähige temporäre Differenzen	Zu versteuernde temporäre Differenzen	Aktive latente Steuern (25 %)	Passive latente Steuern (25 %)	Verbuchung
Maschine	118	114		4		1	erfolgswirksam
Latente Steuerschuld						**1**	

31.12.01	Latenter Steueraufwand	1,-	
	an Latente Steuerschuld		1,-

LÖSUNG (B)

Steuerüberleitungsrechnung in absoluten Beträgen (IAS 12.81(c)(i)):

Gewinn vor Steuern nach IFRS	100	
Relevanter Steuersatz	25 %	
Fiktiver Steueraufwand (zum relevanten Steuersatz)	**25**	
Steuerlich nicht abzugsfähige Aufwendungen	2	*= 8 · 25 %*
(Tatsächlicher und latenter) Steueraufwand	**27**	*= 26 + 1 bzw. 25 + 2*

I. d. F. wird die **Steuerüberleitungsrechnung in Prozent** dargestellt (IAS 12.81(c)(ii)). Bei dieser werden einfach die Größen aus obiger Rechnung in Prozent des Gewinns vor Steuern nach IFRS ausgedrückt.

Relevanter Steuersatz	**25 %**
Steuerlich nicht abzugsfähige Aufwendungen	2 %
Durchschnittssteuersatz	**27 %**

AUFGABE 5

Fortsetzung von Aufgabe 4 im Folgejahr

Die X-GmbH erzielt im Folgejahr 02 nach IFRS einen Gewinn vor Steuern i. H. von GE 100 und einen steuerlichen Gewinn von GE 140. Die Differenz zwischen diesen Beträgen hat folgende Ursachen:

1. Die X-GmbH hat am 01.09.01 Aktien um GE 200 erworben, welche zum Zeitwert über das sonstige Gesamtergebnis bilanziert werden (IFRS 9.5.7.1b und 9.5.7.5). Am 31.12.02 beträgt der Zeitwert der Aktien GE 208 und am 31.12.01 betrug dieser GE 200. Die X-GmbH erhält in 02 eine (nach lokalem Steuerrecht für die X-GmbH steuerfreie) Dividende i. H. von GE 4 für den Zeitraum 01.09.01-31.12.01.
2. Die X-GmbH hat eine Prozessrückstellung i. H. von GE 100 gebildet. Der steuerliche Buchwert beträgt GE 80.
3. Im Jahr 02 wurden Aufsichtsratsvergütungen i. H. von GE 16 bezahlt, welche nach lokalem Steuerrecht nur zur Hälfte steuerlich abzugsfähig sind.
4. Am 01.01.02 wurde von der X-AG ein neues Gebäude um GE 2.000 angeschafft und in Betrieb genommen. Nach lokalem Steuerrecht erfolgt die Abschreibung mit 3 % p. a. Nach IFRS beträgt die Nutzungsdauer 25 Jahre.
5. Der steuerliche Buchwert einer Rückstellung der X-GmbH beträgt GE 4. Diese Rückstellung erfüllt nicht die Ansatzkriterien der IFRS.

Bisheriger (korrekter) Buchungsstand:

Bis auf die tatsächlichen und latenten Steuern für das Jahr 02 wurden bereits alle erforderlichen Buchungen vorgenommen. Die tatsächliche Steuerschuld für das Jahr 01 wurde bereits beglichen und ausgebucht. Die Zeitwertänderung der Aktien wurde folgendermaßen erfasst:

31.12.02		Aktien	8,-	
	an	Sonstiges Gesamtergebnis I (Zeitwertrücklage)		8,-

Die Dividende i. H. von GE 4 wurde erfolgswirksam erfasst (IFRS 9.5.7.6).

Aufgabenstellung

(a) Nehmen Sie alle im Abschluss der X-GmbH zum 31.12.02 i. Z. mit tatsächlichen und latenten Steuern erforderlichen Buchungen vor. Der Steuersatz beträgt 25 %. Unterjährige steuerliche Vorauszahlungen (s. Aufgabe 1) sollen vernachlässigt werden. Nehmen Sie vereinfachend an, dass etwaige latente Steueransprüche die Ansatzkriterien von IAS 12[122] erfüllen und dass die Voraussetzungen für die Saldierung latenter Steueransprüche und latenter Steuerschulden in der Bilanz[123] erfüllt werden.

122 Vgl. Kapitel 3.2.2.
123 Vgl. Kapitel 3.4.

(b) Erstellen Sie die Steuerüberleitungsrechnung für das Geschäftsjahr 02 sowohl in absoluten Beträgen (IAS 12.81(c)(i)), als auch in Prozent (IAS 12.81(c)(ii)).

Lösungshinweise

Insbesondere Kapitel 3.1 und 4

LÖSUNG (A)

Die tatsächlichen Steuern für das Jahr 02 betragen GE 35 (= steuerlicher Gewinn von GE 140 · 25 %).

31.12.02		Tatsächlicher Steueraufwand	35,-	
	an	Tatsächliche Steuerschuld		35,-

Latente Steuern:

		IFRS-Buchwert per 31.12.01	Steuerlicher Buchwert per 31.12.01	Abzugsfähige temporäre Differenzen	Zu versteuernde temporäre Differenzen	Aktive latente Steuern (25 %)	Passive latente Steuern (25 %)	Verbuchung
Aufg. 1	Maschine	106	102		4		1	Jahr 01
(1)	Aktien	208	200		8		2	erfolgsneutral
(2)	Rückstellung	100	80	20		5		erfolgswirksam
(4)	Gebäude	1.920	1.940	20		5		erfolgswirksam
(5)	Rückstellung	0	4		4		1	erfolgswirksam
	Summe					10	4	
	Latenter Steueranspruch (31.12.02)				6			
	Erfolgswirksam zu verbuchen				9 (Latenter Steuerertrag)			
	Erfolgsneutral zu verbuchen				2 (Sonstiges Gesamtergebnis)			
	Ausbuchung der in 01 erfassten latenten Steuerschuld				1			

31.12.02		Latenter Steueranspruch	6,-	
		Latente Steuerschuld	1,-	
		Ertragsteuern im sonstigen Gesamtergebnis I (Zeitwertrücklage)	2,-	
	an	Latenter Steuerertrag		9,-

LÖSUNG (B)

Steuerüberleitungsrechnung in absoluten Beträgen (IAS 12.81(c)(i)):

Gewinn vor Steuern nach IFRS	100	
Relevanter Steuersatz	25 %	
Fiktiver Steueraufwand (zum relevanten Steuersatz)	**25**	
Steuerlich nicht abzugsfähige Aufwendungen	2	*= 8 · 25 % (halbe Aufsichtsratsvergütungen)*
Steuerfreie Erträge	-1	*= -4 · 25 % (Dividende)*
(Tatsächlicher und latenter) Steueraufwand	**26**	*= 25 + 2 - 1 oder tatsächlicher Steueraufwand (35) abzgl. latenter Steuerertrag (9)*

Steuerüberleitungsrechnung in Prozent (IAS 12.81(c)(ii))

Relevanter Steuersatz	**25 %**
Steuerlich nicht abzugsfähige Aufwendungen	2 %
Steuerfreie Erträge	-1 %
Durchschnittssteuersatz	**26 %**

AUFGABE 6

Latente Steuern – Unterschiedliche Steuersätze

Ein Vermögenswert der X-AG hat am 31.12.01 einen IFRS-Buchwert von GE 100 und einen steuerlichen Buchwert von GE 80. Im Falle des Verkaufs des Vermögenswerts würde ein Steuersatz von 25 % zur Anwendung kommen. Ansonst beträgt der Steuersatz 30 %.

Aufgabenstellung

Ermitteln Sie den Buchwert der latenten Steuerschuld im Abschluss der X-AG zum 31.12.01.

Lösungshinweise

Insbesondere Kapitel 3.3.2

LÖSUNG

Wird von einem Verkauf ohne weitere Nutzung ausgegangen, so beträgt der Buchwert der latenten Steuerschuld GE 5 (= GE 20 · 25 %). Wird davon ausgegangen, dass der Vermögenswert behalten wird und dessen Buchwert durch Nutzung realisiert wird, so beträgt die latente Steuerschuld GE 6 (= GE 20 · 30 %) (IAS 12.52, Bsp. A).

AUFGABE 7

Latente Steuern – Änderung des Steuersatzes[124]

Die X-AG besitzt die folgenden Aktien, welche jeweils um GE 900 erworben wurden:

Aktien der A-AG: Diese Aktien stellen „Handelsbestand" (Begriff „*held for trading*") dar (IFRS 9.Anhang A) und sind als solche nach IFRS 9 zum Zeitwert über die GuV zu bilanzieren (IFRS 9.4.1.2, 9.4.1.2A, 9.B4.1.6, 9.4.1.4 und 9.5.7.5). Am 31.12.01 beträgt der IFRS-Buchwert GE 1.000 und der steuerliche Buchwert GE 900.

Aktien der B-AG: Diese Aktien werden zum Zeitwert über das sonstige Gesamtergebnis bilanziert (IFRS 9.4.1.2, 9.4.1.2A, 9.4.1.4 und 9.5.7.5). Am 31.12.01 beträgt der IFRS-Buchwert GE 1.000, die Zeitwertrücklage somit GE 100 und der steuerliche Buchwert GE 900.

Am 31.12.01 erfolgt eine Änderung des Steuersatzes von 30 % auf 25 %. Die Buchwerte haben sich nach IFRS sowie nach Steuerrecht in 01 annahmegemäß nicht signifikant verändert.

Bisheriger Buchungsstand:

Es wurden bereits alle erforderlichen Buchungen korrekt vorgenommen. Allerdings wurde dabei die Änderung des Steuersatzes noch nicht berücksichtigt.

Aufgabenstellung

Nehmen Sie alle im Abschluss der X-AG zum 31.12.01 noch erforderlichen Buchungen vor.

Lösungshinweise

Insbesondere Kapitel 3.5.1

LÖSUNG

Die latenten Steuerschulden für die Aktien der A-AG und für jene der B-AG verändern sich jeweils folgendermaßen:

Buchwert nach IFRS (31.12.01)	1.000
Steuerlicher Buchwert (31.12.01)	900
Zu versteuernde temporäre Differenz	100
Latente Steuerschuld 31.12.01 (auf der Basis eines Steuersatzes von 30 %)	30
Latente Steuerschuld 31.12.01 (auf der Basis eines Steuersatzes von 25 %)	25
Anpassung	-5

Die durch die Steuersatzänderung erforderliche Anpassung des Buchwerts des Bilanzpostens für latente Steuern folgt der früheren Einbuchung als erfolgswirksam bzw. -neutral (IAS 12.60, 12.58 und 12.61A). Daher ist die latente Steuerschuld für die Aktien der A-AG GuV-wirksam anzupassen, jene für die Aktien der B-AG hingegen über das sonstige Gesamtergebnis. Im letzteren Fall wird die Zeitwertrücklage um die Verringerung der latenten Steuerschuld i. H. von GE 5 größer.

124 In Anlehnung an *Lüdenbach/Hoffmann/Freiberg*, IFRS-Kommentar, 12. Auf., § 26 Tz. 193.

Aktien der A-AG:

31.12.01		Latente Steuerschuld	5,-	
	an	Latenter Steueraufwand		5,-

Aktien der B-AG:

31.12.01		Latente Steuerschuld	5,-	
	an	Ertragsteuern im sonstigen Gesamtergebnis I (Zeitwertrücklage)		5,-

AUFGABE 8

Unternehmenszusammenschlüsse[125] und steuerliche Verlustvorträge des erworbenen Unternehmens

Die M-AG hat am 31.12.01 100 % der Anteile an der schuldenfreien T-AG um GE 100 erworben.

I. d. F. wird die Bilanz der T-AG per 31.12.01 vereinfacht dargestellt. Aus Vereinfachungsgründen wird angenommen, dass diese mit der Bilanz II der T-AG zum selben Zeitpunkt identisch ist.

Diverse Vermögenswerte	90	Grundkapital	70
		Einbehaltene Gewinne	20
Summe	**90**	**Summe**	**90**

Der nach IFRS 3 ermittelte Wert der Vermögenswerte der T-AG im Erwerbszeitpunkt beträgt GE 95. Darüber hinaus existieren bei der T-AG steuerliche Verlustvorträge i. H. von GE 40, die im Zeitpunkt des Erwerbs der T-AG (31.12.01) allerdings nicht die Ansatzkriterien erfüllten.

Variante (a)

Am 31.12.02 stellt sich aufgrund neuer Informationen über die Fakten und Umstände, die im Erwerbszeitpunkt existierten heraus, dass die Ansatzkriterien hinsichtlich der Verlustvorträge im Erwerbszeitpunkt doch erfüllt waren.

Variante (b)

Am 31.12.02 werden die Ansatzkriterien aufgrund einer nach dem Erwerbszeitpunkt eingetretenen deutlichen Verbesserung der Gewinnsituation der T-AG erfüllt.

Im Einzelabschluss der M-AG werden die Anteile an der T-AG zu Anschaffungskosten bilanziert (IAS 27.10a).

Bisheriger Buchungsstand (im Einzelabschluss der M-AG):

31.12.01		Beteiligung (an der T-AG)	100,-	
	an	Geld		100,-

125 In Bezug auf Unternehmenszusammenschlüsse wird auf den Abschnitt zu IFRS 3 verwiesen.

Bisheriger Buchungsstand (Kapitalkonsolidierung im Konzernabschluss der M-AG):

31.12.01	Firmenwert	5,-	
	Diverse Vermögenswerte der T-AG	5,-	
	Grundkapital	70,-	
	Einbehaltene Gewinne	20,-	
	an Beteiligung (an der T-AG)		100,-

Aufgabenstellung

Nehmen Sie alle im Konzernabschluss der M-AG per 31.12.02 in Bezug auf latente Steuern erforderlichen Buchungen vor. Der Steuersatz beträgt 25 %.

Lösungshinweise

Insbesondere Kapitel 3.5.2

LÖSUNG (A)

Erworbene latente Steuervorteile, die **innerhalb der Bewertungsperiode** (IFRS 3.45) angesetzt werden und aus neuen Informationen über **Fakten und Umstände** resultieren, die **im Erwerbszeitpunkt** existierten, sind als Reduktion des Firmenwerts zu behandeln. Beträgt der Buchwert des Firmenwerts Null, so sind die verbleibenden latenten Steuervorteile erfolgswirksam zu erfassen (IAS 12.68a). In diesem Beispiel beträgt der latente Steuervorteil GE 10 (= GE 40 · 25 %).

31.12.02	Latenter Steueranspruch	10,-	
	an Firmenwert		5,-
	an Ertrag		5,-

LÖSUNG (B)

Im Gegensatz zu Variante (a) werden die Ansatzkriterien am 31.12.02 aufgrund von Ereignissen erfüllt, welche nach dem Erwerbszeitpunkt eingetreten sind. Die Erfüllung der Ansatzkriterien zu diesem Zeitpunkt ist somit *nicht* das Ergebnis neuer Informationen über Fakten und Umstände, die im Erwerbszeitpunkt existierten. Daher führt der Ansatz des latenten Steueranspruchs von GE 10 (= GE 40 · 25 %) zur Erfassung eines Ertrags in derselben Höhe, während der Firmenwert unverändert bleibt (IAS 12.68b).

31.12.02	Latenter Steueranspruch	10,-	
	an Ertrag		10,-

AUFGABE 9

Erfassung latenter Steuern in Bezug auf Firmenwerte

Am 01.01.01 erwirbt die M-AG alle Anteile an der T-AG. Aus diesem Unternehmenszusammenschluss resultiert

(a) nach IFRS ein Firmenwert i. H. von GE 80, während der steuerliche Buchwert des Firmenwerts GE 0 beträgt.

(b) wie in Aufgabe (a) nach IFRS ein Firmenwert i. H. von GE 80, während der steuerliche Buchwert des Firmenwerts GE 0 beträgt. Nach IFRS wird der Firmenwert allerdings am 31.12.01 um GE 10 außerplanmäßig abgeschrieben.

(c) nach IFRS ein Firmenwert i. H. von GE 80, während der steuerlich abzugsfähige Buchwert des Firmenwerts GE 60 beträgt. Nach lokalem Steuerrecht wird der Firmenwert über 15 Jahre planmäßig abgeschrieben.

Aufgabenstellung

Nehmen Sie alle im Konzernabschluss der M-AG zum 31.12.01 i. Z. mit latenten Steuern in Bezug auf den Firmenwert erforderlichen Buchungen vor. Der Steuersatz beträgt 25 %.

Lösungshinweise

Insbesondere Kapitel 3.2.1

LÖSUNG

Fall (a)

Die zu versteuernde temporäre Differenz von GE 80 resultiert aus dem erstmaligen Ansatz des Firmenwerts. Es darf keine entsprechende latente Steuerschuld passiviert werden, da dies gem. IAS 12 verboten ist (IAS 12.15a).

Fall (b)

Die zu versteuernde temporäre Differenz von GE 80 resultiert aus dem erstmaligen Ansatz des Firmenwerts. Daher darf keine latente Steuerschuld passiviert werden (IAS 12.15a). Auch die außerplanmäßige Abschreibung nach IFRS i. H. von GE 10, welche am 31.12.01 erfasst wurde, ändert nichts daran (IAS 12.21A).

Fall (c)

Aus dem erstmaligen Ansatz des Firmenwerts resultiert eine zu versteuernde temporäre Differenz i. H. von GE 20. Hinsichtlich dieser Differenz darf keine latente Steuerschuld passiviert werden (IAS 12.15a).

Am 31.12.01 wurde der Firmenwert steuerlich um GE 4 (= GE 60 : 15 Jahre) planmäßig abgeschrieben und somit steuerlich auf GE 56 reduziert. Da der anteilige IFRS-Buchwert des Firmenwerts weiterhin GE 60 beträgt (d. h. exkl. des oben erwähnten Betrages von GE 20), entsteht durch die steuerliche Abschreibung auf GE 56 eine zu versteuernde temporäre Differenz i. H. von GE 4. Diese ist nicht durch den erstmaligen Ansatz des Firmenwerts entstanden. Daher ist eine latente Steuerschuld anzusetzen (IAS 12.21B).

Anteiliger IFRS-Buchwert (31.12.01)	60
Steuerlicher Buchwert (31.12.01)	56
Zu versteuernde temporäre Differenz	4
Steuersatz	25 %
Latente Steuerschuld	1

31.12.01	Latenter Steueraufwand	1,-	
	an Latente Steuerschuld		1,-

IAS 16 Sachanlagen

1. Einleitung

Sachanlagen sind materielle Vermögenswerte, die beide der folgenden Kriterien erfüllen (IAS 16.6):

(a) Sie werden für einen der folgenden **Zwecke gehalten**:

- Verwendung im Rahmen der Produktion oder des Angebots von Gütern bzw. Dienstleistungen,
- eigene Verwaltung,
- Vermietung an Dritte.

(b) Erwartete Nutzung während mehr als einer Periode.

Angesichts des klaren Wortlauts des Standards ist nach dieser Definition lediglich eine Nutzung in zwei unterschiedlichen Perioden erforderlich und nicht notwendigerweise eine Nutzung von mehr als einem Jahr.[126]

Typische **Beispiele** für Sachanlagen sind Fabrik-, Lager- oder Verwaltungsgebäude, Warenhäuser, technische Anlagen und Maschinen, Fahrzeuge, die Betriebs- und Geschäftsausstattung, Grund und Boden etc., sofern sie die oben angeführten Kriterien erfüllen. Faktisch handelt es sich bei Sachanlagen um **Gebrauchsgüter** und nicht – wie im Falle von Vorräten – um Verbrauchsgüter.[127]

IAS 16 gilt nicht für gem. IFRS 5 als **„zum Verkauf gehalten"** klassifizierte Sachanlagen (IAS 16.3a). **Fruchttragende Pflanzen** – allerdings *nicht* die auf diesen Pflanzen befindlichen Früchte – i. Z. mit landwirtschaftlicher Tätigkeit fallen in den Anwendungsbereich von IAS 16 (IAS 16.3b).[128]

Die Abgrenzung des Anwendungsbereichs von IAS 16 zu jenem von IAS 40, welcher sich mit **Anlageimmobilien** beschäftigt, wird im Abschnitt zu IAS 40 erörtert.[129] Die Abgrenzung von Sachanlagen zu **Vorräten** ist nicht trennscharf.[130] Zur Definition von Vorräten – welche v. a. auf den künftigen Verkauf im normalen Geschäftsgang abstellt (IAS 2.6) – wird auf den Abschnitt zu IAS 2 verwiesen.[131]

2. Ansatz

Die **Kosten** einer Sachanlage sind zu **aktivieren**, wenn beide der folgenden Voraussetzungen erfüllt werden (**Ansatzprinzip**) (IAS 16.7):

- ► Es ist wahrscheinlich, dass dem Unternehmen künftiger wirtschaftlicher Nutzen i.V. mit der Sachanlage zufließen wird;
- ► die Anschaffungs- bzw. Herstellungskosten können verlässlich ermittelt werden.

---

126 Gl. A. *Ballwieser*, in: Baetge, Rechnungslegung nach IFRS, 2. Aufl., IAS 16 Rz. 10 m. w. N.
127 Vgl. *Roos/Schmidt*, PiR 2/2013, S. 49.
128 Zu fruchttragenden Pflanzen vgl. Abschnitt IAS 41, Kapitel 1 sowie Aufgaben 1 und 2.
129 Vgl. Abschnitt IAS 40, Kapitel 1 und Aufgabe 1.
130 Vgl. *Freiberg*, PiR 2/2011, S. 51.
131 Vgl. Abschnitt IAS 2, Kapitel 1.

Auch **i. d. F. anfallende Kosten** sind im Zeitpunkt ihres Entstehens nach dem Ansatzprinzip zu beurteilen. Vom zweiten Kriterium der verlässlichen Ermittelbarkeit der Kosten wird u. E. faktisch wohl immer auszugehen sein, da ein jedes Unternehmen dafür Sorge zu tragen hat, dass ein den (grundlegenden) Anforderungen der Bilanzierung entsprechendes Kostenrechnungssystem implementiert ist. Eine Aktivierung dieser Kosten erfolgt somit dann, wenn sie **nutzenerhöhend** wirken (IAS 16.10 i.V. mit 16.7a). Diesbezüglich hält das IASB zunächst fest, dass die **laufenden Wartungs-, Reparatur- bzw. Erhaltungsaufwendungen** – welche v. a. laufende Lohnkosten und Verbrauchsstoffe umfassen und ggf. auch kleine Teile – nicht aktiviert werden dürfen (IAS 16.12 und 16.BC12). Abseits letzterer Regelung bleibt das Nutzenkriterium jedoch **weitgehend unbestimmt**. Anstatt das Kriterium hinreichend zu konkretisieren, arbeitet das IASB sehr stark mit **Tautologien**, getreu dem Motto „Eine Aktivierung hat zu erfolgen, wenn die Aktivierungskriterien erfüllt sind" (IAS 16.14 f.). Dieser Zugang in einem zentralen Bereich der Bilanzierung wird bei weitem nicht den Erwartungen an international verbreitete Rechnungslegungsstandards gerecht. Im Falle von **nachträglichem Herstellungsaufwand**, welcher zu einer Erweiterung der Kapazität, zu einer Verlängerung der Nutzungsdauer oder zu einer substanziellen Verbesserung der Qualität führt, wird man jedoch u. E. regelmäßig von einer Erfüllung des Nutzenkriteriums ausgehen können.[132]

Der Standard schreibt nicht vor, welche **Einheit** als Sachanlage festzulegen ist. Diese Festlegung erfordert daher Ermessen. Es kann angemessen sein, einzeln nicht signifikante Posten zusammenzufassen und die Kriterien auf den gesamten Wert anzuwenden (IAS 16.9). Beispielsweise könnte ein Unternehmen ein ganzes Hotel als eine Sachanlage betrachten. Alternativ dazu könnte es die einzelnen Bestandteile des Hotels (Bauwerk, technische Ausstattung, Innenausstattung und Möblierung) als separate Sachanlagen festlegen. Man könnte auch noch weiter gehen, und jedes einzelne Möbelstück als Sachanlage betrachten.[133] Sofern man im genannten Fall das ganze Hotel als Sachanlage betrachtet, so sind jedoch (bei Wesentlichkeit) die einzelnen Komponenten (Bauwerk, technische Ausstattung, Innenausstattung und Möblierung) separat planmäßig abzuschreiben (**Komponentenansatz** – vgl. zu diesem im Detail: Kapitel 4.2.4). Dadurch wird das Ausmaß des Ermessens wieder eingeengt.

Obwohl der Standard keine Sofortabschreibung geringwertiger Vermögenswerte kennt, haben viele Unternehmen auf der Basis von Wesentlichkeitsüberlegungen[134] einen **Mindestwert für die Aktivierung** festgelegt.[135]

3. Erstbewertung

3.1 Allgemeines

Eine Sachanlage, welche die Ansatzkriterien (i. S. von IAS 16.7) erfüllt, ist im Zeitpunkt des Ansatzes zu Anschaffungs- bzw. Herstellungskosten zu bewerten (IAS 16.15).

132 Vgl. *Lüdenbach/Hoffmann/Freiberg*, Haufe IFRS-Kommentar, 12. Aufl., § 8 Rz. 34.

133 Vgl. *Bertl/Fröhlich*, RWZ 2006 S. 150.

134 Zum Grundsatz der Wesentlichkeit vgl. Abschnitt IAS 8, Kapitel 2.1.

135 Vgl. *Ernst & Young*, International GAAP 2014, S. 1270.

Die Kosten für den Kauf eines Vermögenswerts (**Anschaffungskosten**) umfassen die folgenden Komponenten (IAS 16.16 ff.):

- **Kaufpreis** exkl. erstattungsfähiger Umsatzsteuern (= abziehbare Vorsteuer), jedoch inkl. nicht erstattungsfähiger Umsatzsteuern;
- **Anschaffungsnebenkosten**, d. h. Einfuhrzölle und Kosten, die dem Versetzen des Vermögenswerts an seinen Standort und in den Zustand, der für den von der Unternehmensleitung beabsichtigten Einsatz erforderlich ist, direkt zurechenbar sind (z. B. Installations- und Montagekosten);
- **Anschaffungspreisminderungen** (Skonti und Rabatte) sind abzuziehen;
- die ursprüngliche Schätzung der **Kosten für den Abbruch und die Beseitigung der Sachanlage und für die Wiederherstellung des Standorts**, soweit das Unternehmen die Verpflichtung entweder bei Erwerb der Sachanlage eingeht oder als Folge der Verwendung der Sachanlage in einer bestimmten Periode für andere Zwecke, als die Herstellung von Vorräten. Im letzteren Fall sind diese Kosten nämlich Bestandteil der Herstellungskosten von Vorräten (IAS 16.16c, 16.18 und 16.BC15).[136] Die genannten Kosten sind mit dem Barwert anzusetzen (IAS 16.18 i. V. mit IAS 37.45).

Die Kosten für die Herstellung einer Sachanlage durch das Unternehmen (**Herstellungskosten**) werden nach denselben Grundsätzen ermittelt. Die Herstellungskosten einer Sachanlage sind normalerweise mit den Herstellungskosten eines ähnlichen Vermögenswerts identisch, der im Rahmen der normalen Geschäftstätigkeit für den Verkauf hergestellt wird. Daher verweist IAS 16.22 für diesen Fall auf IAS 2. Die Literatur geht allerdings davon aus, dass dieser Verweis allgemein gilt, d. h. auch für andere selbst hergestellte Sachanlagen.[137]

Die Frage der Aktivierung von **Fremdkapitalkosten** im Rahmen der Anschaffungs- bzw. Herstellungskosten wird in einem eigenen Standard (IAS 23) behandelt. Hinsichtlich der Erstbewertung von Sachanlagen, welche **im Rahmen eines Finanzierungsleasings gemietet** werden, ist auf IAS 17 zu verweisen (IAS 16.27 i. V. mit IAS 17.20), hinsichtlich **öffentlicher Zuwendungen** für Sachanlagen auf IAS 20 (IAS 16.28 i. V. mit IAS 20.24).

3.2 Tausch von Sachanlagen

Ein Tausch von Sachanlagen wird **grundsätzlich** wie folgt bilanziert (IAS 16.24):

(a) Die **erworbene Sachanlage** wird grundsätzlich i. H. des **beizulegenden Zeitwerts der hingegebenen Sachanlage** (IAS 16.26 i. V. mit 16.24)[138] zzgl. vom Unternehmen entrichteter **Zahlungsmittel** und abzgl. vom Unternehmen empfangener Zahlungsmittel erfasst. Die Ausgleichszahlung wird am Zahlungsmittelkonto erfasst. Der Saldo aus den am Konto der erworbenen Sachanlage und am Zahlungsmittelkonto verbuchten Beträge wird auf dem Konto „**Veräußerungsertrag**" erfasst. Beim beizulegenden Zeitwert handelt es sich um jenen Preis,

136 Vgl. *Ballwieser*, in: Baetge u. a., Rechnungslegung nach IFRS, 2. Aufl., IAS 16 Tz. 17.
137 Vgl. *Quick*, in: Hennrichs/Kleindiek/Watrin, Münchener Kommentar zum Bilanzrecht, Band 1, IFRS, 2008, IAS 16 Tz. 37.
138 Vgl. *PwC*, IFRS für Banken, 5. Aufl., Band II, S. 1242.

der beim Verkauf eines Vermögenswerts zufließen würde – und zwar in einem gewöhnlichen Geschäft zwischen Marktteilnehmern am Bewertungsstichtag zu den gegenwärtigen Marktbedingungen (IAS 16.6 i.V. mit IFRS 13).[139]

(b) **Erfolgswirksame Ausbuchung** des Buchwerts der hingegebenen Sachanlage über das Konto „Abgangsaufwand".

(c) Die Folge der in (a) und (b) beschriebenen Buchungen ist eine **Gewinn- bzw. Verlustrealisierung** (positive bzw. negative Differenz der Konten „Veräußerungsertrag" und „Abgangsaufwand"). In der Ergebnisrechnung sind der Ertrag aus dem Abgang des hingegebenen Vermögenswerts und der Buchwertabgang **saldiert** darzustellen (IAS 1.34a).

Im Gegensatz dazu ist bei Tauschgeschäften eine **Buchwertfortführung** geboten, wenn das Tauschgeschäft (IAS 16.24 ff.)

- entweder keinen wirtschaftlichen Gehalt hat oder
- der Zeitwert keines der beiden getauschten Vermögenswerte verlässlich ermittelbar ist.

Im Falle von **Tauschgeschäften mit Zahlungskomponente** ist dieser Ausnahmetatbestand **eher selten** als erfüllt zu betrachten. Letzteres wird etwa dann der Fall sein, wenn die Zahlungskomponente nicht signifikant ist und somit kein wirtschaftlicher Gehalt des Geschäfts vorliegt. Eine Gewinn- bzw. Verlustrealisierung wird kaum an der verlässlichen Ermittelbarkeit der Zeitwerte scheitern, da diese normalerweise auf vernünftige Weise möglich sein wird (IAS 16.25).[140]

Die in diesem Kapitel dargestellten Grundsätze gelten nicht nur für den Tausch von Sachanlagen, sondern auch für den Tausch von **Anlageimmobilien** (IAS 40.27 ff.) bzw. **immateriellen Anlagen** (IAS 38.45 ff.) sowie für jene Fälle, in denen zwischen diesen Kategorien getauscht wird (z.B. eine Sachanlage gegen eine immaterielle Anlage).[141]

4. Folgebewertung

4.1 Kosten- vs. Neubewertungsmodell

Die Folgebewertung von Sachanlagen kann wahlweise nach dem Kosten- oder dem Neubewertungsmodell erfolgen. Dieses Wahlrecht muss innerhalb einer **Klasse von Sachanlagen** einheitlich ausgeübt werden (IAS 16.29 und 16.36).

Beim **Kostenmodell** wird die Sachanlage zu **Anschaffungs- bzw. Herstellungskosten** abzüglich kumulierter planmäßiger und außerplanmäßiger Abschreibungen bewertet (IAS 16.30).

Bei Anwendung des **Neubewertungsmodells**[142] (IAS 16.31 ff.) wird die Sachanlage mit ihrem **beizulegenden Zeitwert** im Zeitpunkt der Neubewertung bilanziert, abzüglich nachfolgender kumulierter planmäßiger und außerplanmäßiger Abschreibungen. Der beizulegende Zeitwert ist der Preis, der beim Verkauf eines Vermögenswerts zufließen würde bzw. der zu zahlen wäre,

139 Zur Ermittlung beizulegender Zeitwerte vgl. Abschnitt IFRS 13.

140 *Lüdenbach/Hoffmann/Freiberg*, Haufe IFRS-Kommentar, 12. Aufl., § 14 Rz. 15.

141 *Lüdenbach/Hoffmann/Freiberg*, Haufe IFRS-Kommentar, 12. Aufl., § 8 Rz. 50.

142 Im Detail zum Neubewertungsmodell im Falle von Grund und Boden: *Christian*, RWZ 2008 S. 82 ff.

um eine Schuld zu übertragen – und zwar in einem gewöhnlichen Geschäft zwischen Marktteilnehmern am Bewertungsstichtag zu den gegenwärtigen Marktbedingungen (IAS 16.6 i.V. mit IFRS 13).[143]

In vielen Ländern sind Neubewertungen von Sachanlagen selten und wenn sie erfolgen, dann handelt es sich dabei i. d. R. um Neubewertungen von Grund und Boden. Dies gilt insbesondere für Deutschland und Österreich.[144] Daher beschränken sich die nachfolgenden Ausführungen lediglich auf die Neubewertung von **Grund und Boden**, welcher nicht planmäßig abgeschrieben wird.

Dabei werden Wertänderungen im sonstigen Gesamtergebnis erfasst, soweit diese oberhalb der Anschaffungskosten stattfinden. Steigt etwa der Wert von Grund und Boden (Anschaffungskosten = GE 110) von GE 100 (= Buchwert) auf GE 140, so wird (bei Vernachlässigung latenter Steuern) ein Betrag von GE 30 im sonstigen Gesamtergebnis erfasst. Die kumulierten im sonstigen Gesamtergebnis erfassten Beträge werden im Eigenkapitalspiegel als Neubewertungsrücklage dargestellt. In dem Ausmaß, in dem die Wertänderungen unterhalb der Anschaffungskosten stattfinden, werden diese hingegen im Periodenerfolg erfasst (IAS 1.7, 1.106d, 1.108, IAS 16.39 f., IAS 36.60 f. und 36.118-36.120).

Soweit nach lokalem Steuerrecht eine Aufwertung über die Anschaffungskosten hinaus nicht anerkannt ist, führt eine solche Aufwertung nach IFRS zum Ansatz einer latenten Steuerschuld [Buchung „Ertragsteuern im sonstigen Gesamtergebnis I (Neubewertungsrücklage) an Latente Steuerschuld"] (IAS 12.61A f.). Bei Ausbuchung des Grund und Bodens kann die Neubewertungsrücklage direkt in die einbehaltenen Gewinne umgebucht werden („Neubewertungsrücklage an Einbehaltene Gewinne"). Auf diese Umbuchung kann aber auch verzichtet werden (IAS 1.96 und IAS 16.41).

4.2 Planmäßige Abschreibungen

4.2.1 Abschreibungsvolumen

Als Abschreibungsvolumen werden die Anschaffungs- bzw. Herstellungskosten eines Vermögenswerts (oder ein Ersatzbetrag dafür) abzüglich des Restwerts bezeichnet. Unter dem Ersatzbetrag ist der beizulegende Zeitwert im Zeitpunkt einer Neubewertung zu verstehen.[145] Der **Restwert** eines Vermögenswerts ist der geschätzte Betrag, den ein Unternehmen gegenwärtig durch den Verkauf des Vermögenswerts erhalten würde, und zwar nach Abzug der geschätzten Veräußerungskosten, wenn sich der Vermögenswert bereits im Alter und im erwarteten Zustand am Ende seiner Nutzungsdauer befinden würde (IAS 16.6).

Das **Abschreibungsvolumen** ist auf einer systematischen Grundlage über dessen Nutzungsdauer zu verteilen. Der Restwert und die Nutzungsdauer eines Vermögenswerts sind mindestens zum

143 Zur Ermittlung beizulegender Zeitwerte vgl. Abschnitt IFRS 13.

144 Vgl. *Christensen/Nikolaev*, Does fair value accounting for non-financial assets pass the market test?, working paper Nr. 09-12; ICAEW, EU implementation of IFRS and the fair value directive, a report for the European Commission, 2007, S. 119-120; *KPMG/von Keitz*, The application of IFRS: Choices in practice, 2006, S. 11; *von Keitz*, Praxis der IASB-Rechnungslegung, 2. Aufl., 2005, S. 59.

145 Vgl. *Thiele/Eckert*, in: Thiele/von Keitz/Brücks, Internationales Bilanzrecht, 2008, IAS 16, Tz. 259.

Ende eines jeden Geschäftsjahres zu überprüfen, und wenn die Erwartungen von früheren Schätzungen abweichen, so erfolgt die Bilanzierung als **Änderung einer Schätzung i. S. von IAS 8** (IAS 16.50 ff.).

In der Praxis ist der **Restwert** eines Vermögenswerts oft nicht signifikant und kann daher unter Wesentlichkeitsgesichtspunkten bei der Berechnung des Abschreibungsvolumens vernachlässigt werden (IAS 16.53 und IAS 8.8). Die Berücksichtigung des Restwerts ist jedoch insbesondere dann von großer Bedeutung, wenn Vermögenswerte (aus wirtschaftlichen Gründen oder aufgrund des technischen Fortschritts) bereits deutlich vor Ablauf ihrer technischen Nutzungsdauer ersetzt werden. Dies ist etwa denkbar bei Flugzeugen, Schiffen oder bei zum Fuhrpark des Unternehmens gehörenden Fahrzeugen.[146] Erhöht sich der Restwert und entspricht sodann dem Buchwert des Vermögenswerts oder übersteigt diesen, so wird in der entsprechenden Periode keine planmäßige Abschreibung mehr erfasst. Eine planmäßige Abschreibung erfolgt erst dann wieder, wenn der Restwert i. d. F. auf einen Betrag sinkt, der kleiner ist, als der Buchwert des Vermögenswerts (IAS 16.54).

4.2.2 Abschreibungszeitraum

Die **Nutzungsdauer** ist (IAS 16.6)

- die Periode über die ein Vermögenswert erwartungsgemäß von einem Unternehmen nutzbar ist, oder
- die Anzahl an Produktions- oder ähnlichen Einheiten, die erwartungsgemäß von einem Unternehmen durch den Vermögenswert erhalten werden.

Die **Nutzungsdauer** (IAS 16.6) eines Vermögenswerts wird hinsichtlich des erwarteten Nutzens aus dem Vermögenswert für das Unternehmen definiert. Die Politik des Unternehmens kann den Abgang von Vermögenswerten (z. B. durch Veräußerung) nach einer bestimmten Zeit oder nach Verbrauch eines bestimmten Teils der künftigen wirtschaftlichen Vorteile des Vermögenswerts vorsehen. Somit kann die für die planmäßige Abschreibung relevante Nutzungsdauer eines Vermögenswerts kürzer sein als die wirtschaftliche Nutzungsdauer (IAS 16.57).

Der **Abschreibungsbeginn** ist der Zeitpunkt, zu dem der Vermögenswert **betriebsbereit** ist, d. h., zu dem sich dieser an seinem Standort und in dem Zustand befindet, der für den von der Unternehmensleitung beabsichtigten Einsatz erforderlich ist (IAS 16.55). Bei unterjährigem Zugang wird es in vielen Fällen unter Wesentlichkeitsgesichtspunkten (IAS 8.8) vertretbar sein, lediglich monatsgenau und nicht tagesgenau abzuschreiben.

Die **Abschreibung endet** zu dem früheren der folgenden beiden Zeitpunkte (IAS 16.55):

- Zeitpunkt zu dem der Vermögenswert gem. **IFRS 5** als **„zum Verkauf gehalten"** klassifiziert wird (oder in eine Veräußerungsgruppe einbezogen wird, die als „zum Verkauf gehalten" klassifiziert wird);
- Zeitpunkt der **Ausbuchung** des Vermögenswerts.

146 Vgl. *Thiele/Eckert*, in: Thiele/von Keitz/Brücks, Internationales Bilanzrecht, 2008, a. a. O. – IAS 16 Tz. 261 und *Quick*, in: Hennrichs/Kleindiek/Watrin, Band 1, 2008, a. a. O. – IAS 16, Tz. 64.

Demnach wird auch weiterhin ein planmäßiger Abschreibungsaufwand erfasst, wenn der Vermögenswert nicht mehr genutzt wird oder aus dem aktiven Gebrauch ausgeschieden wird (IAS 16.55).

4.2.3 Abschreibungsmethoden

Die Abschreibungsmethode muss dem erwarteten Verlauf des Verbrauchs des künftigen wirtschaftlichen Nutzens des Vermögenswerts durch das Unternehmen entsprechen. Es ist jene Abschreibungsmethode zu verwenden, welche dieser Zielsetzung am besten entspricht. Die Abschreibungsmethode eines Vermögenswerts ist mindestens zum Ende eines jeden Geschäftsjahres zu überprüfen. Im Falle einer signifikanten Änderung des erwarteten Verlaufs des Verbrauchs des künftigen wirtschaftlichen Nutzens, der durch den Vermögenswert verkörpert wird, ist die Abschreibungsmethode entsprechend zu ändern. Die Bilanzierung einer Änderung der Abschreibungsmethode erfolgt als **Änderung einer Schätzung i. S. von IAS 8** (IAS 16.60 ff.).

Der Standard enthält eine beispielhafte Aufzählung von Abschreibungsmethoden. Dazu gehören u. a. die **lineare Abschreibung** (Division des Abschreibungsvolumens durch die Nutzungsdauer in Jahren) sowie die **Leistungsabschreibung** (dabei kommt es zu Abschreibungen, welche von der erwarteten Nutzung bzw. Produktionsmenge abhängen). Eine erlösorientierte Abschreibung von Sachanlagen ist nicht zulässig (IAS 16.62A).

In der Praxis spielen nicht-lineare Abschreibungen keine große Rolle. Es gilt der „Grundsatz“: Wer linear abschreibt muss nicht begründen, wer degressiv abschreibt muss eine Begründung liefern.

4.2.4 Komponentenansatz

Der Komponentenansatz verlangt eine **separate planmäßige Abschreibung eines jeden signifikanten Teils (Komponente)** einer Sachanlage. Komponenten können entweder **körperlicher Natur** (z. B. der Reaktor einer industriellen Anlage oder die Technik eines Fabrikgebäudes) oder **unkörperlicher Natur** (Kosten einer regelmäßig erforderlichen Großinspektion bzw. Generalüberholung) sein (IAS 16.14 i.V. mit IAS 16.43 ff.).[147] Signifikante Komponenten mit **identischer Nutzungsdauer und Abschreibungsmethode** können bei der Berechnung der planmäßigen Abschreibung zusammengefasst werden (IAS 16.45).

Das Erfordernis einer separaten planmäßigen Abschreibung gilt nur für jene Komponenten, deren Anschaffungs- bzw. Herstellungskosten im Verhältnis zu den gesamten Anschaffungs- bzw. Herstellungskosten **signifikant** sind (IAS 16.43 f.). U. E. ist es grundsätzlich sachgerecht, den Begriff „signifikant“ i. S. eines Anteils der Komponente von 15 bis 20 % an den Gesamtkosten zu interpretieren.[148] Auf diese Weise wird eine **Atomisierung der Sachanlage vermieden**, d. h., es sind lediglich die wirklich bedeutenden Komponenten einer Sachanlage separat planmäßig abzuschreiben (z. B. bei einem Fabrikgebäude das Bauwerk einerseits sowie die technischen Anla-

147 Vgl. *KPMG*, Insights into IFRS, 10. Aufl., Band 1, Rz. 3.2.230.50.

148 Vgl. *Lüdenbach/Hoffmann/Freiberg*, IFRS-Kommentar, 12. Aufl., § 10 Rz. 7.

gen und die Außenanlage andererseits), nicht aber kleinere Komponenten (wie etwa das Mauerwerk, die Fenster, das Dach, die sanitären Anlagen etc. eines Fabrikgebäudes).[149] Nicht signifikante Komponenten können aber wahlweise separat planmäßig abgeschrieben werden (IAS 16.47).

Vielfach wird die Ansicht vertreten, dass die Kosten einer regelmäßig erforderlichen **Großinspektion bzw. Generalüberholung** (IAS 16.14) nur dann zu aktivieren sind, wenn diese **rechtlich** vorgeschrieben ist. Nach einer alternativen Sichtweise sind die Kosten jedoch auch dann zu aktivieren, wenn sie erforderlich sind, um einen aus **wirtschaftlicher** Sicht sinnvollen (evtl. auch sicheren) Weiterbetrieb der Sachanlage zu ermöglichen – selbst wenn keine rechtliche Verpflichtung besteht.[150]

Auch wenn die planmäßige Abschreibung komponentenweise berechnet wird, wird die Sachanlage in der **Bilanz** weiterhin **in ihrer Gesamtheit** ausgewiesen und nicht ihre einzelnen Komponenten.[151]

Zu Fragen der **Ausbuchung** i. Z. mit dem Komponentenansatz wird auf Kapitel 5 verwiesen.

4.3 Wertminderungen und -aufholungen

Hinsichtlich Wertminderungen und -aufholungen verweist IAS 16.63 auf IAS 36.

4.4 Rückstellungen für Entsorgungs-, Wiederherstellungs- und ähnliche Verpflichtungen

Änderungen der Bewertung bestehender Rückstellungen für Entsorgungs-, Wiederherstellungs- und ähnliche Verpflichtungen für eine nach dem Anschaffungskostenmodell bilanzierte Sachanlage sind folgendermaßen zu behandeln (IFRIC 1):

- Soweit die Änderung der Bewertung auf eine **Änderung des geschätzten zeitlichen Anfalls oder Betrags der Ausgaben** zurückzuführen ist oder auf eine **Änderung des Diskontierungszinssatzes**, so gilt Folgendes: Änderungen der Rückstellung erhöhen bzw. verringern den Buchwert der Sachanlage (Buchung „Sachanlage an Rückstellung" oder „Rückstellung an Sachanlage"). Sinkt der Buchwert der Sachanlage dadurch auf Null, so ist jede weitere Reduktion der Rückstellung erfolgswirksam zu erfassen. Aufwertungen der Sachanlage können die Erfassung einer außerplanmäßigen Abschreibung erfordern. Der auf diese Weise neu ermittelte Buchwert der Sachanlage wird über deren Restnutzungsdauer planmäßig abgeschrieben. Hat die Sachanlage bereits das Ende ihrer Nutzungsdauer erreicht, so werden die nachfolgenden Änderungen der Rückstellung erfolgswirksam erfasst.
- Die **periodische Aufzinsung** der Rückstellung ist als Finanzaufwand zu erfassen.

---

149 Vgl. *Lüdenbach/Hoffmann/Freiberg*, IFRS-Kommentar, 12. Aufl., § 10 Rz. 9.
150 Vgl. *Lüdenbach/Hoffmann/Freiberg*, IFRS-Kommentar, 12. Aufl., § 8 Rz. 39.
151 Vgl. *KPMG*, Insights into IFRS, 10. Aufl., Band 1, Rz. 3.2.230.50.

5. Ausbuchung

Eine Sachanlage ist auszubuchen, wenn sie abgegangen ist (z. B. durch Verkauf oder Abschluss eines Finanzierungsleasings) oder wenn kein zukünftiger wirtschaftlicher Nutzen aus der weiteren Nutzung oder ihrem Abgang zu erwarten ist (IAS 16.67 und 16.69). Der Gewinn bzw. Verlust aus der Ausbuchung einer Sachanlage ist die Differenz zwischen dem Nettoverkaufs- bzw. Nettoabgangserlös und dem Restbuchwert der Sachanlage (IAS 16.71 f.).

Sofern im Buchwert einer Sachanlage nach dem Ansatzprinzip[152] Kosten für den **Ersatz eines Teils einer Sachanlage** aktiviert werden (z. B. Ersatz eines alten Triebwerks eines Flugzeugs durch ein neues Triebwerk), so wird der Buchwert des ersetzten Teils ausgebucht. Dies erfolgt unabhängig davon, ob der ersetzte Teil bislang separat planmäßig abgeschrieben wurde (IAS 16.70). Diese Ausführungen gelten analog für die bereits erörterten **Großinspektions- bzw. Generalüberholungskomponenten**[153] (IAS 16.14).

Der **(beabsichtigte) Verkauf einer einzelnen Sachanlage** führt nicht dazu, dass die Sachanlage in das Vorratsvermögen umgegliedert wird. Es handelt sich nämlich um einen einzelnen Verkauf und nicht um einen Verkauf im normalen Geschäftsgang. Folglich wird ein Veräußerungsgewinn erfasst und kein Umsatzerlös (IAS 2.6 und IAS 16.68). Der Veräußerungsgewinn wird saldiert erfasst (Verkaufspreis abzüglich Buchwertabgang abzüglich Verkaufskosten) (IAS 1.34a und IAS 16.71). Bei Erfüllung der Kriterien gem. IFRS 5.6 ff. erfolgt jedoch eine Klassifizierung der Sachanlage als „zum Verkauf gehalten". Die Folgen sind ein separater Bilanzausweis (allerdings kein separater GuV-Ausweis) und grundsätzlich eine Bewertung zum kleineren Betrag aus Buchwert und Nettozeitwert (IFRS 5.5d, 5.15 und 5.37 f.).

Im Falle des **regelmäßigen Verkaufs bislang vermieteter Sachanlagen im normalen Geschäftsgang** (Vorliegen zweier aneinander gekoppelter Geschäftsmodelle, so etwa bei Autovermietern[154]) werden Sachanlagen mit ihrem Buchwert in die Vorräte umgegliedert, sofern die Vermietung endet und die Sachanlage nun zum Verkauf gehalten wird. IFRS 5 kommt dann nicht zur Anwendung. Entscheidende Konsequenz ist, dass der Verkaufspreis als Umsatzerlös[155] erfasst wird (IAS 16.68A) und der abgegangene Buchwert gleichzeitig als Materialaufwand (IAS 2.34).[156]

6. Aufgaben mit Lösungen

Verweise auf andere Abschnitte

Hinsichtlich **der Darstellung der Auswirkungen einer Neubewertung von Grund und Boden in der Gesamtergebnisrechnung und im Eigenkapitalspiegel** wird auf den Abschnitt zu IAS 1 (Aufgabe 8) verwiesen. Zur Abgrenzung des Anwendungsbereichs von IAS 16 zu jenem von IAS 40, welcher sich mit **Anlageimmobilien** beschäftigt, vgl. Abschnitt IAS 40, Aufgabe 1.

152 Vgl. Kapitel 2.
153 Vgl. Kapitel 2 und 4.2.4.
154 Vgl. *Freiberg*, PiR 2/2011, S. 51.
155 Vgl. Abschnitt IFRS 15.
156 Vgl. Abschnitt IAS 2, Kapitel 3.

AUFGABE 1

Anwendungsbereich von IAS 16 – insbesondere Abgrenzung zwischen Sachanlagen und Vorräten – und Bilanzierung[157]

(a) Die A-AG erwirbt am 01.11.01 eine **Maschine** und verwendet diese im **Zeitraum November 01 bis März 02** für die Ausführung eines Zusatzauftrags. Ende März 02 wird die Maschine schließlich verkauft.

(b) Die B-AG hat im Jahr 01 eine **Rohrleitung (*pipeline*)** errichtet, über die andere Unternehmen gegen Entgelt Rohöl befördern können. Für die Rohrleitung sind Herstellungskosten i. H. von GE 4.800 angefallen sind. Die Fertigstellung erfolgte am 30.11.01. Die **Erstfüllung** der Rohrleitung mit Rohöl erfolgte am 01.12.01. Diese diente der Erreichung der Funktionsfähigkeit, denn um betriebsbereit zu sein, muss die Rohrleitung durchgehend mit Rohöl gefüllt sein. Die Kosten der Erstfüllung mit Rohöl betragen GE 100. Dieser Betrag entspricht dem aktuellen Wert des per 31.12.01 in der Rohrleitung befindlichen Rohöls (eiserner Bestand). Die geschätzte Nutzungsdauer der Rohrleitung beträgt 40 Jahre.

(c) Die C-AG ist eine Fluggesellschaft. Sie verfügt u. a. auch über **längerlebige Ersatzteile für ihre eigenen Flugzeuge**, welche bei Bedarf in diese eingebaut werden.

(d) Einem Elektroeinzelhändler (der D-AG) wurden am 01.10.01 50 neue **Waschmaschinen** geliefert. Die Anschaffungskosten pro Stück betragen GE 10. 49 dieser Waschmaschinen sind zum Verkauf bestimmt, während eine Waschmaschine in den Verkaufsräumlichkeiten als **Ausstellungsgerät** dient. Im Durchschnitt werden Ausstellungsgeräte der D-AG nach 1,5 Jahren verbilligt (mit einer deutlich reduzierten Gewinnmarge) an Kunden verkauft.

(e) Die E-AG verkauft **Kopiergeräte** an Firmenkunden. Des Öfteren wird potenziellen Kunden ein Testgerät für einen Zeitraum von drei Monaten unentgeltlich zur Verfügung gestellt, damit sie sich von den positiven Eigenschaften des Geräts (z. B. störungsfreier Betrieb, selbst bei starker Inanspruchnahme) überzeugen können.

   i. Im Falle eines Geschäftsabschlusses mit einem Kunden nach dem Probebetrieb, werden diesem in aller Regel sowohl das Testgerät als auch zusätzliche Kopiergeräte verkauft.

   ii. Sofern die E-AG eine Bestellung eines neuen Kunden erhält, wird das Testgerät in aller Regel zurückgenommen und der Kunde erhält völlig neue, baugleiche Kopiergeräte. Das Testgerät wird danach wieder anderen potenziellen Kunden für den Probebetrieb zur Verfügung gestellt.

Aufgabenstellung

Beurteilen Sie, nach welchen Standards die beschriebenen Sachverhalte in den Abschlüssen der genannten Aktiengesellschaften zum 31.12.01 zu bilanzieren sind und erörtern Sie die Bilanzierung.

157 Zur Umgliederung bislang vermieteter Sachanlagen, welche im Rahmen des normalen Geschäftsgangs regelmäßig verkauft werden, in das Vorratsvermögen vgl. Aufgabe 7.

Lösungshinweise

Insbesondere Kapitel 1, 3.1, 4.2.1 und 4.2.2

LÖSUNG (A)

Die Maschine wird nicht einmal ein Jahr lang für Zwecke der betrieblichen Leistungserstellung genutzt. Dennoch stellt sie eine Sachanlage i. S. von IAS 16 dar, da sie während mehr als einer Periode (d. h. sowohl in 01 als auch in 02) genutzt wird. Daher ist auch eine planmäßige Abschreibung zu erfassen. In der Bilanz der A-AG zum 31.12.01 erfolgt der Ausweis im kurzfristigen Vermögen. Da die Maschine kein langfristiges Vermögen darstellt, ist IFRS 5 nicht anwendbar.

LÖSUNG (B)

Jahr 01	Diverse Aufwendungen	4.800,-	
	an Geld		4.800,-

30.11.01	Rohrleitung	4.800,-	
	an Aktivierte Eigenleistung		4.800,-

Die Erstfüllung der Rohrleitung (Sachanlage) mit Rohöl ist integrale Voraussetzung für deren Betriebsbereitschaft. Die Kosten der Erstfüllung mit Rohöl stellen daher Anschaffungsnebenkosten der Sachanlage „Rohrleitung" dar (IAS 16.16b). Das für die Erstfüllung verwendete Rohöl wird somit nicht als Vorratsvermögen klassifiziert, sondern einer Sachanlage zugeordnet:[158]

01.12.01	Rohrleitung	100,-	
	an Geld		100,-

Das Abschreibungsvolumen (IAS 16.6) ergibt sich aus der Differenz zwischen den Herstellungskosten (GE 4.900) und dem Restwert (aktueller Wert per 31.12.01 des in der Rohrleitung befindlichen Rohöls von GE 100[159]) und beträgt somit GE 4.800. Die für Dezember 01 zu erfassende planmäßige Abschreibung beläuft sich daher auf GE 10 (= GE 4.800 : 40 Jahre : 12 Monate):

31.12.01	Planmäßige Abschreibung	10,-	
	an Rohrleitung		10,-

An den folgenden Bilanzstichtagen führen Veränderungen des Rohölwerts zu einer Veränderung des Restwerts, was sich auf die Höhe des Abschreibungsvolumens auswirkt (IAS 16.51).[160]

158 Gl. A. *Freiberg*, PiR 2/2011, S. 52.
159 Vgl. *Freiberg*, PiR 2/2011, S. 52.
160 Vgl. *Freiberg*, PiR 2/2011, S. 52.

LÖSUNG (C)

Die längerlebigen Ersatzteile werden während mehr als einer Periode verwendet. Sie werden bei Bedarf in die Flugzeuge der C-AG eingebaut und ermöglichen dieser daher den weiteren Einsatz ihrer Flugzeuge, was Voraussetzung dafür ist, dass die C-AG weiterhin Flugleistungen anbieten kann. Daher stellen diese Ersatzteile Sachanlagen und nicht Vorräte dar.[161]

LÖSUNG (D)

Die 49 **zum Verkauf bestimmten Waschmaschinen** stellen Vorratsvermögen dar und werden daher als solches aktiviert:

01.10.01	Waschmaschinen (Vorräte)	490,-	
	an Geld		490,-

Sobald Vorräte verkauft und dem Kunden übergeben werden, sind ein Wareneinsatz (Materialaufwand) sowie Umsatzerlöse zu erfassen (IAS 2.34 i.V. mit IFRS 15).[162]

Das **Ausstellungsgerät** ist hingegen als Sachanlagevermögen zu aktiveren,[163] da dieses zunächst nicht verkauft werden soll, sondern ein Gebrauchsgut darstellt (Verwendung im Rahmen des Angebots der Produkte der D-AG während mehr als einer Periode – IAS 16.6):

01.10.01	Waschmaschine (Sachanlage)	10,-	
	an Geld		10,-

Da der Restwert allerdings die Selbstkosten deckt, ergibt sich ein Abschreibungsvolumen (IAS 16.6) von Null. Somit erfolgt keine planmäßige Abschreibung des Ausstellungsgeräts (IAS 16.54). Im Zeitpunkt des späteren Verkaufs des Ausstellungsgeräts erfolgt keine Umgliederung in die Vorräte, da die Spezialregel IAS 16.68A nicht anwendbar ist (keine Vermietung). Vielmehr ist eine Klassifizierung als „zum Verkauf gehalten" nach IFRS 5 erforderlich, sobald die entsprechenden Kriterien des letzteren Standards erfüllt werden.[164]

LÖSUNG (E)

Bei der **Variante (i)** stellt das Testgerät Vorratsvermögen dar, da seitens des Verkäufers die Erwartung des Verkaufs ebendieses Geräts existiert (IAS 2.6). Bei der **Variante (ii)** erfolgt hingegen eine Klassifizierung des Testgeräts als Sachanlage, da dieses nicht dem Verkauf dient, sondern dem Probebetrieb bei potenziellen Kunden (klassisches Vorführgerät).[165]

---

161 Vgl. *KPMG*, Insights into IFRS, 10. Aufl., Rz. 3.8.30.10; *Lüdenbach/Hoffmann/Freiberg*, Haufe IFRS-Kommentar, 12. Aufl., § 14 Rz. 6.

162 Zur buchungstechnischen Erfassung von Erlösen und Wareneinsatz (Materialaufwand) vgl. Abschnitt IAS 2, Aufgabe 3.

163 Vgl. *Roos/Schmidt*, PiR 2/2013, S. 49.

164 Vgl. *Roos/Schmidt*, PiR 2/2013, S. 50.

165 Vgl. *Roos/Schmidt*, PiR 2/2013, S. 49 f.

AUFGABE 2

Tausch von Sachanlagen mit Zahlungskomponente

Ein Produzent, die P-AG, erwirbt am 01.01.01 bei ihrem Großhändler, der G-AG, eine neue Produktionsmaschine und gibt dafür eine gebrauchte Produktionsmaschine in Zahlung. Der Listenpreis für die neue Maschine beträgt GE 10 Zu diesem Zeitpunkt beträgt der beizulegende Zeitwert der gebrauchten Maschine GE 3 und ihr Buchwert bei der P-AG GE 2. Somit überweist die P-AG lediglich einen Betrag von GE 7 (= GE 10 - GE 3) zum Ausgleich der Wertdifferenz. Gehen Sie von einer Erstellung der Ergebnisrechnung nach dem Gesamtkostenverfahren[166] aus.

Aufgabenstellung

Verbuchen Sie den Tauschvorgang per 01.01.01 aus der Perspektive der P-AG.

Lösungshinweise

Insbesondere Kapitel 3.2

LÖSUNG

Es handelt sich aus der Perspektive der P-AG um einen Tausch von zwei Produktionsmaschinen, d. h. von zwei Sachanlagen. Da einerseits die Ausgleichszahlung signifikant ist und andererseits auch die Zeitwerte der Tauschobjekte offensichtlich verlässlich ermittelbar sind, erfolgt eine Gewinnrealisierung und keine Buchwertfortführung.

Die erworbene, neue Maschine wird mit dem Zeitwert der hingegebenen, alten Maschine (GE 3) zzgl. der von der P-AG entrichteten Zahlungsmittel (GE 7) – somit mit einem Betrag von GE 10 – aktiviert. Die Ausgleichszahlung (GE 7) wird am Zahlungsmittelkonto erfasst, während der Differenzbetrag (GE 3) einen Veräußerungsertrag darstellt.

01.01.01		Maschine (neu)	10,-	
	an	Geld		7,-
	an	Veräußerungsertrag		3,-

Die gebrauchte Maschine wird in Höhe ihres Buchwerts ausgebucht:

01.01.01		Abgangsaufwand	2,-	
	an	Maschine (alt)		2,-

Da im Rahmen des Tauschs Anlagevermögen veräußert wurde, sind schließlich noch die Erträge von GE 3 mit dem Buchwertabgang von GE 2 zu saldieren (IAS 1.34a). Dies geschieht technisch, indem diese beiden Konten gegen das Konto „Veräußerungsgewinn“ umgebucht werden:

01.01.01		Veräußerungsertrag	3,-	
	an	Abgangsaufwand		2,-
	an	Veräußerungsgewinn		1,-

166 Vgl. Abschnitt IAS 1, Kapitel 6.2.2.

AUFGABE 3

Komponentenansatz – Lokomotive

Die X-AG hat am 01.01.01 eine elektrische Lokomotive erworben, welche ab demselben Tag betriebsbereit ist. Es wird von einer Nutzungsdauer von 24 Jahren ausgegangen. Nach 6 Jahren muss eine Großinspektion der Lokomotive erfolgen, welche voraussichtlich Kosten von GE 24 verursachen wird. Die Lokomotive besteht aus den folgenden Komponenten:

	Anschaffungskosten
Drehgestell mit Radsätzen	16
Lokkasten	19
Transformator	24
Stromrichter	13
Steuergeräte	18
Hilfsbetriebsumrichter	18
Summe der Anschaffungskosten	**108**

Die Bestandteile werden im Zuge der Großinspektion ausgebaut, gewartet und wieder eingebaut. Dabei erfolgt somit kein Ersatz. Der Transformator wird jedoch nach 12 Jahren durch einen neuen ersetzt und wird während der Großinspektion auch nicht gewartet.

Aufgabenstellung

Berechnen und verbuchen Sie die planmäßige Abschreibung (direkte Verbuchung) der neu angeschafften elektrischen Lokomotive der X-AG (Bilanzstichtag: 31.12.01), wenn die X-AG den Begriff „signifikant" für Zwecke des Komponentenansatz i. S. von 20 % der gesamten Anschaffungskosten interpretiert.

Lösungshinweise

Insbesondere Kapitel 2 und 4.2.4

LÖSUNG

Auch wenn die planmäßige Abschreibung komponentenweise berechnet wird, erfordert dies keinen gesonderten Ausweis in der Bilanz und in der Gesamtergebnisrechnung.

01.01.01	Lokomotive	108,00	
	an Geld		108,00

Die Kosten der Großinspektion werden bereits in 01 als eigene Komponente der Lokomotive betrachtet, welche planmäßig abgeschrieben wird. Diese Kosten werden nicht vom Transformator abgezogen, sondern von jenen Komponenten, welche tatsächlich der Großinspektion unterzogen werden.

Komponenten	Anschaffungskosten 01.01.	Nutzungsdauer (in Jahren)	Planmäßige Abschreibung
Transformator	24,0	12,0	2,0
Großinspektion	24,0	6,0	4,0
Sonstige	60,0	24,0	2,5
Summe	108,0		8,5

31.12.01	Planmäßige Abschreibung	8,50	
	an Lokomotive		8,50

AUFGABE 4

Komponentenansatz – Lokomotive (Fortsetzung von Aufgabe 1)

Die erste Generalinspektion erfolgt planmäßig Ende Dezember 06, verursacht jedoch Kosten von GE 30. Der Austausch des Transformators erfolgt bereits Ende Dezember 10, da die X-AG beschlossen hat, ein technisch neueres Modell einzusetzen. Der neue Transformator kostet GE 28 und hat eine Nutzungsdauer von 14 Jahren. Vereinfachend sei angenommen, dass der alte Transformator nicht mehr verwertet werden kann, jedoch auch keine Kosten (Verschrottung) in Bezug auf diesen anfallen.

Aufgabenstellung

Nehmen Sie alle bei der X-AG (Bilanzstichtag: 31.12.) i. Z. mit der Lokomotive in den Jahren 06, 10 und 11 erforderlichen Buchungen vor. Planmäßige Abschreibungen sind direkt zu verbuchen.

Lösungshinweise

Insbesondere Kapitel 2 und 4.2.4 und 5

LÖSUNG

Jahr 06

31.12.06	Planmäßige Abschreibung	8,50	
	an Lokomotive		8,50

Der Buchwert der alten Inspektionskomponente beträgt zum 31.12.06 Null, die neue Inspektionskomponente ist mit GE 30 zu aktivieren.

31.12.06	Lokomotive	30,00	
	an Geld		30,00

Jahr 10

Die planmäßige Abschreibung der Inspektionskomponente beträgt seit 07 GE 5 (GE 30 : 6 Jahre) und nicht mehr GE 4. Dadurch hat sich die planmäßige Abschreibung der Lokomotive von GE 8,5 auf GE 9,5 erhöht.

31.12.10	Planmäßige Abschreibung	9,50	
	an Lokomotive		9,50

Ende Dezember 10 wird eine Komponente (Transformator) ausgetauscht. Daher wird der Buchwert der alten Komponente ausgebucht, bevor der neue Transformator aktiviert wird. Der Buchwert des Transformators per 31.12.10 beträgt somit GE 4 (GE 24 - GE 2 · 10 Jahre).

31.12.10	Verlust aus dem Abgang von Sachanlagen	4,00	
	an Lokomotive		4,00

31.12.10	Lokomotive	28,00	
	an Geld		28,00

Jahr 11

31.12.11	Planmäßige Abschreibung	9,50	
	an Lokomotive		9,50

AUFGABE 5

Abschreibungsmethoden und -volumen

Die X-AG hat am 01.01.01 eine Maschine um GE 15 erworben, welche noch am selben Tag betriebsbereit ist. Die Nutzungsdauer beträgt 3 Jahre, der Restwert GE 3.

Aufgabenstellung

Berechnen Sie die planmäßigen Abschreibungen dieser Maschine der X-AG (Bilanzstichtag: 31.12.) für die Jahre 01 bis 03 (a) linear bzw. (b) leistungsabhängig (Leistungsabschreibung).

Stellen Sie für den Fall (a) auch die Buchungen dar. Nehmen Sie im Fall (b) an, dass die Leistung der Maschine in 01 bis 03 12.000 Maschinenstunden beträgt. Davon fallen 3.000 Stunden in 01, 5.000 in 02 und 4.000 in 03 an.

Lösungshinweise

Insbesondere Kapitel 4.2.1 und 4.2.3

LÖSUNG (A) – LINEAR

Anschaffungskosten	15
Restwert	3
Abschreibungsvolumen	12
Nutzungsdauer (Jahre)	3
Planmäßige Abschreibung p. a.	4

Jahr	Buchwert 01.01.	Planmäßige Abschreibung	Buchwert 31.12. (vor Abgang)
01	15	-4	11
02	11	-4	7
03	7	-4	3

01.01.01	Maschine	15,00	
	an Geld		15,00

Am 31.12. eines jeden der Jahre 01 bis 03 erfolgt die folgende Buchung:

31.12.	Planmäßige Abschreibung	4,00	
	an Maschine		4,00

31.12.03	Geld	3,00	
	an Maschine		3,00

LÖSUNG (B) – LEISTUNGSABHÄNGIG (LEISTUNGSABSCHREIBUNG)

Abschreibung 01 =	$12 \cdot 3.000 : 12.000 =$	3
Abschreibung 02 =	$12 \cdot 5.000 : 12.000 =$	5
Abschreibung 03 =	$12 \cdot 4.000 : 12.000 =$	4
Summe		**12**

Jahr	Buchwert 01.01.	Planmäßige Abschreibung	Buchwert 31.12. (vor Abgang)
01	15	-3	12
02	12	-5	7
03	7	-4	3

AUFGABE 6

Entsorgungsverpflichtung

Die X-AG hat am 01.01.01 eine Maschine um GE 220 erworben und in Betrieb genommen (Nutzungsdauer: 3 Jahre). Die X-AG ist durch den Erwerb der Maschine rechtlich dazu verpflichtet, diese am Ende ihrer Nutzungsdauer fachgerecht zu entsorgen. Die X-AG rechnet damit, dass dafür am 31.12.03 Ausgaben i. H. von GE 92,61 anfallen werden. Der Diskontierungszinssatz beträgt 5 % p. a.

Am 31.12.02 rechnet die X-AG damit, dass am 31.12.03 Entsorgungskosten i. H. von GE 63 anfallen werden. Dies entspricht auch dem Betrag, der am 31.12.03 tatsächlich bezahlt wird.

Aufgabenstellung

Nehmen Sie alle in den Jahren 01 bis 03 aus der Perspektive der X-AG (Bilanzstichtag: 31.12.) noch erforderlichen Buchungen vor. Steuereffekte sind außer Acht zu lassen.

Lösungshinweise

Insbesondere Kapitel 3.1 und 4.4

LÖSUNG

Jahr 01

Kaufpreis	**220,00**
Entsorgungskosten	92,61
Fälligkeit (in Jahren)	3
Diskontierungszinssatz (p. a.)	5,00 %
Barwert der Verpflichtung (01.01.01)	**80,00**
Anschaffungskosten	**300,00**

01.01.01		Maschine	300,00	
	an	Geld		220,00
	an	Rückstellung		80,00

31.12.01		Planmäßige Abschreibung	100,00	
	an	Maschine		100,00

Erfassung der Aufzinsung als Finanzaufwand (GE 4 = GE 80 · 5 %) (IFRIC 1.8):

31.12.01		Zinsaufwand	4,00	
	an	Rückstellung		4,00

Jahr 02

31.12.02		Planmäßige Abschreibung	100,00	
	an	Maschine		100,00

Erfassung der Aufzinsung als Finanzaufwand (GE 4,2 = GE 84 · 5 %) (IFRIC 1.8):

31.12.02		Zinsaufwand	4,20	
	an	Rückstellung		4,20

Rückstellung 31.12.02 (GE 92,61)	88,20	*= 80 + 4 + 4,2 oder 92,61 : 1,05 oder 80 · $1{,}05^2$*
Rückstellung 31.12.02 (GE 63)	60,00	*= 63 : 1,05*
Reduktion der Rückstellung	**28,20**	

Die Reduktion der Rückstellung (GE 28,20) reduziert den Buchwert der Maschine von GE 100 auf GE 71,80 (IFRIC 1.5):

31.12.02	Rückstellung	28,20	
	an Maschine		28,20

Jahr 03

Erfassung der planmäßigen Abschreibung von 71,80 (= Restbuchwert von GE 71,80 per 31.12.02: Restnutzungsdauer von 1 Jahr per 31.12.02) (IFRIC 1.7):

31.12.03	Planmäßige Abschreibung	71,80	
	an Maschine		71,80

Erfassung der Aufzinsung als Finanzaufwand (GE 3 = GE 60 · 5 %) (IFRIC 1.8):

31.12.03	Zinsaufwand	3,00	
	an Rückstellung		3,00

31.12.03	Rückstellung	63,00	
	an Geld		63,00

AUFGABE 7

Bilanzierung von Sachanlagen inkl. Verkauf

Die X-AG hat am 01.01.01 einen PKW (Sachanlage) um GE 24 erworben. Die planmäßige Abschreibung erfolgt linear. Der PKW wird schließlich überraschenderweise bereits am 30.06.02 um GE 20 weiterverkauft.

Aufgabenstellung

Nehmen Sie alle in den Jahren 01 und 02 aus der Perspektive der X-AG (Bilanzstichtag: 31.12.) noch erforderlichen Buchungen vor, wenn

(a) die X-AG im Rahmen der Autovermietung tätig ist. Die X-AG erwirbt jährlich ca. 100 Neuwagen, damit sie ihren Kunden stets die neuesten Modelle (im Rahmen operativer Leasingverhältnisse) anbieten kann. Spätestens nach Ablauf von 1-2 Jahren sollen diese möglichst gewinnbringend weiterveräußert werden.[167] Auch der konkrete PKW wird an die Kunden der X-AG (im Rahmen operativer Leasingverhältnisse) vermietet. Bislang wurde für diesen (i. S. von IAS 16.57) von einer Nutzungsdauer von 2 Jahren und von einem Restwert von GE 16 ausgegangen. Gehen Sie davon aus, dass die Verbuchung der Mieterträge bereits ordnungsgemäß erfolgte.

167 In Anlehnung an *Bömelburg/Landgraf/Eberhardt*, PiR 2008 S. 334.

(b) die X-AG keine Autovermieterin ist und den PKW bis zum 30.06.02 Mitarbeitern für Dienstfahrten zur Verfügung stellte. Der Verkauf des PKW erfolgte im Gegensatz zu (a) nicht im normalen Geschäftsgang. Bislang wurde für den PKW von einer Nutzungsdauer von 6 Jahren und einem Restwert von GE 6 ausgegangen.

Lösungshinweise

Insbesondere Kapitel 5 und 6

LÖSUNG (A)

Die X-AG hat als (operativer) Leasinggeber den PKW in ihrer Bilanz als Sachanlage anzusetzen (IAS 17.49).

01.01.01		PKW (Sachanlage)	24,-	
	an	Geld		24,-

Das Abschreibungsvolumen von GE 8 (d. h. die Differenz zwischen den Anschaffungskosten von GE 24 und dem Restwert von GE 16) (IAS 16.6) wird auf die Nutzungsdauer (2 Jahre) verteilt (IAS 17.53 i. V. mit IAS 16.50):

31.12.01		Planmäßige Abschreibung	4,-	
	an	PKW (Sachanlage)		4,-

30.06.02		Planmäßige Abschreibung	2,-	
	an	PKW (Sachanlage)		2,-

Da die X-AG regelmäßig bislang vermietete PKWs (Sachanlagen) im normalen Geschäftsgang verkauft, erfolgt eine Umgliederung des PKWs zu seinem Buchwert (GE 18) in das Vorratsvermögen, wobei IFRS 5 nicht zur Anwendung kommt (IAS 16.68A).

30.06.02		PKW (Vorratsvermögen)	18,-	
	an	PKW (Sachanlage)		18,-

Durch die Umgliederung in das Vorratsvermögen ist der Verkaufspreis als Umsatzerlös zu erfassen (IAS 16.68A) und der abgegangene Buchwert als Materialaufwand.[168] Der Materialaufwand wird in 02 erfasst, d. h. in jener Periode, in der der Erlös erfasst wird (IAS 2.34).

30.06.02		Geld	20,-	
	an	Umsatzerlöse		20,-

30.06.02		Materialaufwand	18,-	
	an	PKW (Vorratsvermögen)		18,-

168 Vgl. Abschnitt IAS 2, Kapitel 3.

LÖSUNG (B)

01.01.01	PKW (Sachanlage)	24,-	
	an Geld		24,-

31.12.01	Planmäßige Abschreibung	3,-	
	an PKW (Sachanlage)		3,-

30.06.02	Planmäßige Abschreibung	1,50	
	an PKW (Sachanlage)		1,50

Da der Verkauf von PKW bei der X-AG nicht regelmäßig im Rahmen des normalen Geschäftsgangs erfolgt, und der PKW bislang auch nicht vermietet wurde, erfolgt keine Umgliederung in die Vorräte. Der PKW stellt daher weiterhin eine Sachanlage dar. Die Ausbuchung ebendieser führt zu einem Veräußerungsgewinn von GE 0,50 (Differenz zwischen Verkaufspreis und Buchwertabgang) (IAS 1.34a, IAS 16.68 und 16.71).

30.06.02	Geld	20,00	
	an Veräußerungsgewinn		0,50
	an PKW (Sachanlage)		19,50

AUFGABE 8

Neubewertungsmodell ohne latente Steuern im Falle von Grund und Boden

Die X-AG hat am 01.01.01 ein unbebautes Grundstück um GE 40 erworben, welches nach dem Neubewertungsmodell bilanziert wird. Die Neubewertung erfolgt jährlich. Der beizulegende Zeitwert des Grundstücks entwickelt sich wie folgt:

31.12.01	44
31.12.02	36
31.12.03	48

Aufgabenstellung

Nehmen Sie alle in den Jahren 01 bis 03 aus der Perspektive der X-AG (Bilanzstichtag: 31.12.) noch erforderlichen Buchungen vor. Latente Steuern sind außer Acht zu lassen.

Lösungshinweise

Insbesondere Kapitel 4.1

LÖSUNG

01.01.01		Grund und Boden	40,-	
	an	Geld		40,-

31.12.01		Grund und Boden	4,-	
	an	So. Gesamtergebnis I aus der Neubewertung von Sachanlagen		4,-

31.12.02		So. Gesamtergebnis I aus der Neubewertung von Sachanlagen	4,-	
		Außerplanmäßige Abschreibung (GuV)	4,-	
	an	Grund und Boden		8,-

31.12.03		Grund und Boden	12,-	
	an	Ertrag aus der Zuschreibung (GuV)		4,-
	an	So. Gesamtergebnis I aus der Neubewertung von Sachanlagen		8,-

Jede der angeführten Buchungen am Konto „sonstiges Gesamtergebnis I aus der Neubewertung von Sachanlagen" verändert den Stand der Neubewertungsrücklage.

AUFGABE 9

Neubewertungsmodell mit latenten Steuern im Falle von Grund und Boden

Aufgabenstellung

Die Angabe und die Aufgabenstellung lauten wie in Aufgabe 6, allerdings sind latente Steuern zu berücksichtigen. Der Steuersatz der X-AG beträgt 25 %. Nach lokalem Steuerrecht ist eine Aufwertung des Grund und Bodens über seine Anschaffungskosten hinaus unzulässig, während ein Rückgang des beizulegenden Zeitwerts unter die Anschaffungskosten eine verpflichtende Abwertung zur Folge hat. Die X-AG stellt in der Gesamtergebnisrechnung die einzelnen Posten des sonstigen Gesamtergebnisses vor Steuern dar.[169]

Lösungshinweise

Insbesondere Kapitel 4.1

169 Vgl. Abschnitt IAS 1, Kapitel 6.2.2.

LÖSUNG

01.01.01	Grund und Boden	40,-	
	an Geld		40,-

31.12.01	Grund und Boden	4,-	
	an So. Gesamtergebnis I aus der Neubewertung von Sachanlagen		4,-

Im Rahmen der Folgebewertung sind bei Aufwertungen über die Anschaffungskosten hinaus, welche steuerlich nicht anerkannt sind, latente Steuern zu berücksichtigen.

IFRS-Buchwert 31.12.01	44
Steuerlicher Buchwert 31.12.01	40
Zu versteuernde temporäre Differenz	4
Steuersatz	25 %
Latente Steuerschuld	1

Die latenten Steuern werden im sonstigen Gesamtergebnis I erfasst, da sie sich auf dieses beziehen (IAS 12.61A f. i.V. mit IAS 1.91):

31.12.01	Ertragsteuern im sonstigen Gesamtergebnis I	1,-	
	an Latente Steuerschuld		1,-

Der Stand der Neubewertungsrücklage beträgt per 31.12.01 GE 3 (= GE 4 - GE 1) und reflektiert somit den insgesamt als Folge der Neubewertung im sonstigen Gesamtergebnis erfassten Betrag.

31.12.02	So. Gesamtergebnis I aus der Neubewertung von Sachanlagen	4,-	
	Außerplanmäßige Abschreibung (GuV)	4,-	
	an Grund und Boden		8,-

Am 31.12.02 sind die Buchwerte nach IFRS und Steuerrecht gleich, wodurch die latente Steuerschuld Null beträgt. Die latente Steuerschuld aus 01 ist daher auszubuchen.

31.12.02	Latente Steuerschuld	1,-	
	an Ertragsteuern im sonstigen Gesamtergebnis I		1,-

Der Stand der Neubewertungsrücklage beträgt per 31.12.02 somit Null (= Stand per 31.12.01 von GE 3 – Neubewertung in 02 von GE 4 + damit verbundene Ertragsteuern in 02 von GE 1). Dies muss so sein, da der Grund und Boden auf einen Betrag unterhalb seiner Anschaffungskosten abgewertet wurde.

31.12.03		Grund und Boden	12,-	
	an	Ertrag aus der Zuschreibung (GuV)		4,-
	an	So. Gesamtergebnis I aus der Neubewertung von Sachanlagen		8,-

IFRS-Buchwert 31.12.03	48
Steuerlicher Buchwert 31.12.03	40
Zu versteuernde temporäre Differenz	8
Steuersatz	25 %
Latente Steuerschuld	2

31.12.03		Ertragsteuern im sonstigen Gesamtergebnis I	2,-	
	an	Latente Steuerschuld		2,-

Der Stand der Neubewertungsrücklage beträgt per 31.12.03 somit GE 6 (= Stand per 31.12.02 von Null + Neubewertung in 03 von GE 8 – damit verbundene Ertragsteuern in 03 von GE 2).

IAS 17 Leasingverhältnisse

1. Einleitung und Anwendungsbereich

IAS 17 regelt die Bilanzierung von Leasingverhältnissen aus der Perspektive des Leasingnehmers und des Leasinggebers (IAS 17.1). Bei einem **Leasingverhältnis** handelt es sich um eine Vereinbarung, bei der der Leasinggeber dem Leasingnehmer gegen eine Zahlung oder eine Reihe von Zahlungen das Recht auf Nutzung eines Vermögenswertes für einen vereinbarten Zeitraum überträgt (IAS 17.4).

Unter anderem sind allerdings folgende Sachverhalte vom Anwendungsbereich des Standards ausgenommen (IAS 17.2):

- Vereinbarungen, welche i. Z. mit der Entdeckung und Verarbeitung von **Mineralien, Öl, Erdgas, Holz und ähnlichen nicht regenerativen Ressourcen** stehen;
- Lizenzvereinbarungen über **Filme, Videos, Theaterstücke, Manuskripte, Patente, Urheberrechte u. Ä.**

Besonderheiten, die sich ergeben, wenn Hersteller oder Händler als Leasinggeber ihrer Produkte auftreten (wie etwa in der Automobilbranche), werden in diesem Abschnitt des Buches ausgeklammert.

2. Abgrenzung von Leasing in zeitlicher Hinsicht

Der **Beginn des Leasingverhältnisses** ist der frühere der folgenden beiden Zeitpunkte (IAS 17.4):

- Tag der Leasingvereinbarung,
- Tag, an dem sich die Vertragsparteien über die wesentlichen Bestimmungen des Leasingverhältnisses geeinigt haben.

Der **Beginn der Laufzeit des Leasingverhältnisses** ist hingegen jener Tag, ab dem der Leasingnehmer Anspruch auf die Ausübung seines Nutzungsrechts in Bezug auf den gemieteten (geleasten) Vermögenswert hat (IAS 17.4).

Die **Laufzeit des Leasingverhältnisses** umfasst (IAS 17.4)

- den **unkündbaren Zeitraum**, für den sich der Leasingnehmer vertraglich verpflichtet hat, den Vermögenswert zu mieten sowie
- weitere Zeiträume, für die der Leasingnehmer die **Option** hat, die Miete des Vermögenswertes fortzusetzen (und zwar mit oder ohne weiteren Zahlungen), wenn es bei Beginn des Leasingverhältnisses **angemessen sicher** ist, dass der Leasingnehmer diese Option ausüben wird.

3. Klassifizierung von Leasingverhältnissen als Finanzierungs- oder operatives Leasing

3.1 Einleitung

Die Frage der **Zurechnung des Mietobjekts** hängt davon ab, ob Finanzierungsleasing (Ausweis in der Bilanz des Leasingnehmers) oder operatives Leasing (Ausweis in der Bilanz des Leasinggebers) vorliegt. Im Falle von **Finanzierungsleasing** werden im Wesentlichen alle mit dem Eigentum am Mietobjekt verbundenen Risiken und Chancen übertragen. Das Eigentumsrecht kann dabei übertragen werden. **Operatives Leasing** ist ein Leasingverhältnis, das nicht Finanzierungsleasing darstellt (Negativabgrenzung) (IAS 17.4 und 17.8).

Es ist darauf hinzuweisen, dass die Kriterien gem. IAS 17.10[170] und 17.11[171] lediglich Beispiele für Kriterien sind, welche im Hinblick auf die Klassifizierung von Leasingverhältnissen relevant sein können.

3.2 Primäre Kriterien für die Klassifizierung

I. d. F. werden Kriterien beschrieben, deren Erfüllung normalerweise zur Klassifizierung eines Leasingverhältnisses als Finanzierungsleasing führen (IAS 17.10). Grundsätzlich deutet bereits die Erfüllung eines einzigen solchen Kriteriums auf Finanzierungsleasing hin. Letztendlich basiert jedoch die Klassifizierung auf einer Gesamtwürdigung, bei der es darum geht, ob im Wesentlichen alle mit dem Eigentum verbundenen Risiken und Chancen eines Vermögenswerts vom Leasinggeber auf den Leasingnehmer übertragen wurden.[172]

(a) **Eigentumsübergang**: Am Ende der Laufzeit des Leasingverhältnisses wird dem Leasingnehmer das Eigentum an dem Leasingobjekt übertragen.

(b) **Günstige Kaufoption**: Der Leasingnehmer verfügt über die Option, das Mietobjekt zu einem Preis zu erwerben, der erwartungsgemäß ausreichend niedriger sein wird als der beizulegende Zeitwert des Mietobjekts im Zeitpunkt zu dem die Option ausübbar wird. Dadurch ist die Ausübung der Option bereits zu Beginn des Leasingverhältnisses angemessen sicher. Der **beizulegende Zeitwert** stellt jenen Betrag dar, zu dem zwischen sachverständigen, vertragswilligen und voneinander unabhängigen Geschäftspartnern ein Vermögenswert getauscht oder eine Schuld beglichen werden könnte (IAS 17.4).[173] Der Standard legt nicht fest, wie der Ausdruck „ausreichend niedriger" („*sufficiently lower*") genau zu verstehen ist, d. h. es liegt ein Interpretationsspielraum vor.

(c) **Laufzeittest**: Die Laufzeit des Leasingverhältnisses muss den überwiegenden Teil der wirtschaftlichen Nutzungsdauer des Leasingobjektes umfassen. Was ein überwiegender Teil (*major part*) ist, wird im Standard nicht definiert. Die herrschende Praxis besteht darin, die diesbezüglichen Regeln der US GAAP sinngemäß anzuwenden. Demnach wird der Begriff „über-

170 Vgl. Kapitel 3.2.

171 Vgl. Kapitel 3.3.

172 Vgl. *KPMG*, Insights into IFRS, 11. Aufl., Tz. 5.1.120.10.

173 Die Ermittlung beizulegender Zeitwerte für Zwecke der Anwendung von IAS 17 unterscheidet sich in mancherlei Hinsicht von der Vorgehensweise nach IFRS 13 (IAS 17.6A und IFRS 13.6b).

wiegender Teil" nach IFRS normalerweise i. S. von „75 % oder mehr" interpretiert.[174] Von Bedeutung ist dabei auch, dass sich die (für den Laufzeittest relevante) wirtschaftliche Nutzungsdauer (*economic life*) vom Begriff der Nutzungsdauer (*useful life*) unterscheidet (IAS 17.4):

- Die **wirtschaftliche Nutzungsdauer** ist entweder der Zeitraum über den ein Vermögenswert erwartungsgemäß durch einen oder mehrere Benutzer wirtschaftlich nutzbar ist, oder die Anzahl an Produktions- oder ähnlichen Einheiten, die erwartungsgemäß von dem Vermögenswert durch einen oder mehrere Benutzer erhalten wird.
- Die **Nutzungsdauer** ist die geschätzte Restperiode ab dem Beginn der Laufzeit des Leasingverhältnisses, ohne Begrenzung durch die Laufzeit des Leasingverhältnisses, über die die wirtschaftlichen Vorteile aus dem Vermögenswert erwartungsgemäß vom Unternehmen konsumiert werden.

(d) **Barwerttest**: Der Barwert der Mindestleasingzahlungen entspricht zu Beginn des Leasingverhältnisses im Wesentlichen mindestens dem gesamten (*at least sustantially all*) beizulegenden Zeitwert des Mietobjekts. Der Barwerttest läuft in den folgenden Schritten ab:

(1) **Ermittlung der Mindestleasingzahlungen** (IAS 17.4): Die Mindestleasingzahlungen sind die Zahlungen über die Laufzeit des Leasingverhältnisses, die der Leasingnehmer zu leisten hat oder zu denen er herangezogen werden kann (exkl. bedingter Mietzahlungen, Kosten für Dienstleistungen und Steuern, die der Leasinggeber zu zahlen hat und die ihm erstattet werden). Bei **bedingten Mietzahlungen** (IAS 17.4) handelt es sich um jenen Teil der Leasingzahlungen, der betraglich nicht fixiert ist, sondern von dem künftigen Betrag eines Faktors abhängt, der sich nicht durch den Ablauf von Zeit ändert (z. B. Prozentsatz künftiger Verkäufe, künftige Nutzung, künftige Preisindizes und künftige Marktzinssätze). Die Mindestleasingzahlungen umfassen auch:

- beim Leasingnehmer alle Beträge, die von ihm oder einer ihm nahestehenden Partei garantiert werden;
- beim Leasinggeber jeglichen ihm garantierten Restwert und zwar durch
  - den Leasingnehmer,
  - eine Partei, die dem Leasingnehmer nahe steht oder
  - eine dritte Partei, welche dem Leasinggeber nicht nahe steht, und die finanziell in der Lage ist, den Verpflichtungen aus der Garantie nachzukommen.

Verfügt der Leasingnehmer allerdings über eine **günstige Kaufoption** (s. o.), so umfassen die Mindestleasingzahlungen die während der Leasinglaufzeit bis zum erwarteten Optionsausübungszeitpunkt zu zahlenden Mindestzahlungen und die für die Optionsausübung erforderliche Zahlung.

(2) **Ermittlung des Barwerts der Mindestleasingzahlungen**: Nachdem die Mindestleasingzahlungen berechnet wurden, ist deren Barwert zu ermitteln:

- Der Barwert wird vom **Leasinggeber** mit dem **dem Leasingverhältnis zugrunde liegenden Zinssatz** berechnet. Letzterer ist der Abzinsungssatz, bei dessen Anwendung zu Beginn des Leasingverhältnisses der Barwert der Mindestleasingzahlungen und des

174 Vgl. *KPMG*, Insights into IFRS, 11. Aufl., Tz. 5.1.150.20.

nicht garantierten Restwertes der Summe aus beizulegendem Zeitwert des Mietobjekts und den anfänglichen direkten Kosten des Leasinggebers entspricht. Die **anfänglichen direkten Kosten** sind zusätzliche Kosten, welche den Verhandlungen und dem Abschluss eines Leasingvertrages direkt zugerechnet werden können (IAS 17.4).

- Der **Leasingnehmer** verwendet **denselben Zinssatz wie der Leasinggeber**, sofern die Ermittlung von diesem in **praktikabler Weise** möglich ist. Andernfalls verwendet er seinen eigenen **Grenzfremdkapitalzinssatz** (IAS 17.20). Dieser ist der Zinssatz (IAS 17.4),
  - den der Leasingnehmer bei einem vergleichbaren Leasingverhältnis zahlen müsste, oder wenn dieser nicht ermittelt werden kann,
  - der Zinssatz, den der Leasingnehmer bei Beginn des Leasingverhältnisses vereinbaren müsste, um die für den Kauf des Vermögenswertes notwendigen Mittel über die gleiche Laufzeit und mit gleicher Sicherheit auszuborgen.

(3) **Vergleich von Barwert der Mindestleasingzahlungen und beizulegendem Zeitwert**: Wie bereits oben beschrieben liegt normalerweise Finanzierungsleasing vor, sofern der Barwert der Mindestleasingzahlungen (bei Beginn des Leasingverhältnisses) im Wesentlichen mindestens dem gesamten (*at least sustantially all*) beizulegenden Zeitwert des Leasingobjektes entspricht. Der Ausdruck „im Wesentlichen mindestens dem gesamten" wird im Standard nicht definiert. Die herrschende Praxis besteht darin, die diesbezüglichen Regeln der US GAAP sinngemäß anzuwenden. Demnach wird der Begriff „im Wesentlichen mindestens dem gesamten" nach IFRS normalerweise i. S. von „90 % oder mehr" interpretiert.[175]

(e) **Spezialleasing**: Die Leasinggegenstände sind so speziell beschaffen, dass sie ohne wesentliche Veränderungen nur vom Leasingnehmer genutzt werden können.

3.3 Ergänzende Kriterien für die Klassifizierung

Der Standard nennt **ergänzende Kriterien,** die auf das Vorliegen von Finanzierungsleasing hindeuten können (IAS 17.11):

(a) **Verluste aus der Auflösung des Leasingverhältnisses**: Der Leasingnehmer verfügt zwar in Bezug auf das Leasingverhältnis über ein Kündigungsrecht, muss jedoch im Falle der Kündigung die Verluste des Leasinggebers aus der Auflösung tragen.

(b) **Zeitwertänderung des Restwerts**: Gewinne und Verluste, welche durch Schwankungen des beizulegenden Zeitwertes des Restwerts entstehen, fallen dem Leasingnehmer zu. In diesem Zusammenhang sind insbesondere Andienungsrechte zu nennen.

(c) **Günstige Verlängerungsoption**: Der Leasingnehmer ist dazu in der Lage, das Leasingverhältnis um eine zweite Mietperiode zu einer Miete zu verlängern, welche wesentlich niedriger ist als die marktübliche Miete.

Zu beachten ist jedenfalls, dass die Aufzählung der Kriterien in IAS 17.10 f. nicht abschließend ist.

175 Vgl. *KPMG*, Insights into IFRS, 11. Aufl., Tz. 5.1.160.10 und 5.1.160.20.

4. Bilanzierung beim Leasingnehmer

4.1 Finanzierungsleasing

Zu Beginn der Laufzeit des Leasingverhältnisses setzt der Leasingnehmer im Rahmen eines Finanzierungsleasingverhältnisses das **Mietobjekt** und eine **Leasingschuld** mit dem **kleineren** der folgenden beiden (zu Beginn des Leasingverhältnisses ermittelten) Beträge an (IAS 17.20):

- **Beizulegender Zeitwert** des Leasinggegenstandes,
- **Barwert der Mindestleasingzahlungen**. Der zu verwendende **Abzinsungssatz** entspricht dem Zinssatz, der bei der Berechnung des Barwerts der Mindestleasingzahlungen im Rahmen des Barwerttests[176] verwendet wird.

Anfängliche direkte Kosten des Leasingnehmers (d. h. zusätzliche Kosten, die den Verhandlungen und dem Abschluss eines Leasingvertrages direkt zugerechnet werden können – IAS 17.4) erhöhen den aktivierten Betrag (IAS 17.20).

Die laufenden Mindestleasingzahlungen sind in **Finanzaufwand** und Reduktion **(Tilgung) der Leasingschuld** aufzuteilen. Der Finanzaufwand ist so über die Perioden der Laufzeit des Leasingverhältnisses zu verteilen, dass ein konstanter periodischer Zinssatz entsteht, der auf die noch offene Leasingschuld angewandt wird. **Bedingte Mietzahlungen** sind in den Perioden als Aufwand zu erfassen, in denen sie verursacht werden (IAS 17.25 f.).

Werden Vermögenswerte gemietet (geleast), die **planmäßig abzuschreiben** sind, so entstehen Abschreibungsaufwendungen. Besteht keine angemessene Sicherheit, dass der Leasingnehmer am Ende der Laufzeit des Leasingverhältnisses das Eigentum am Miet- bzw. Leasingobjekt erlangen wird, so ist dieser über den kürzeren Zeitraum von Leasinglaufzeit und Nutzungsdauer vollständig abzuschreiben. Besteht hingegen eine solche angemessene Sicherheit – etwa wegen einer günstigen Kaufoption – so erfolgt die planmäßige Abschreibung über die Nutzungsdauer (IAS 17.27 f.).

4.2 Operatives Leasing

Im Gegensatz zu Finanzierungsleasing wird im Falle von operativem Leasing in der Bilanz des Leasingnehmers weder das Mietobjekt aktiviert, noch die entsprechende Leasingschuld passiviert. **Leasingzahlungen** (exkl. Kosten für Dienstleistungen wie Versicherung und Instandhaltung) im Rahmen eines operativen Leasings sind über die Laufzeit des Leasingverhältnisses **linear** als Aufwand zu erfassen (Linearisierung), es sei denn, eine **andere systematische Grundlage** entspricht besser dem zeitlichen Verlauf des Nutzens des Benutzers (IAS 17.33 f.).

Bei der Ausverhandlung eines operativen Leasings bietet der Leasinggeber dem Leasingnehmer ggf. **Anreize** an, die Leasingvereinbarung abzuschließen (z. B. mietfreie oder -reduzierte Perioden zu Beginn des Leasingverhältnisses). Der Leasingnehmer hat den Gesamtvorteil aus den Anreizen als Reduktion des Mietaufwands über die Laufzeit des Leasingverhältnisses zu erfassen.

176 Vgl. Kapitel 3.2.

Dies geschieht **linear**, es sei denn, eine andere systematische Grundlage entspricht besser dem zeitlichen Verlauf des Nutzens des Benutzers aus der Verwendung des Mietobjekts (SIC 15.1 und SIC 15.5).

5. Bilanzierung beim Leasinggeber

5.1 Finanzierungsleasing

Der Leasinggeber hat im Rahmen eines Finanzierungsleasingverhältnisses nicht das Mietobjekt, sondern eine **Forderung** anzusetzen. Deren Höhe entspricht im **Zugangszeitpunkt** der **Nettoinvestition in das Leasingverhältnis** (IAS 17.36):

	Mindestleasingzahlungen (d. h. inkl. des garantierten Restwerts[177])
+	geschätzter nicht garantierter Restwert
=	Bruttoinvestition in das Leasingverhältnis
-	noch nicht realisierter Finanzertrag
=	Nettoinvestition in das Leasingverhältnis

Der **nicht garantierte Restwert** ist dabei der Teil des Restwertes des Mietobjekts, dessen Realisierung durch den Leasinggeber nicht gesichert ist oder nur durch eine mit dem Leasinggeber verbundene Partei garantiert wird. Die **Nettoinvestition in das Leasingverhältnis** ergibt sich aus der Abzinsung der Bruttoinvestition in das Leasingverhältnis, mit dem den Leasingverhältnis zugrunde liegenden Zinssatz (IAS 17.4).

Im Rahmen der Folgebewertung der Leasingforderung sind die Leasingraten in einen **Zins- und Tilgungsanteil** zu zerlegen. Die Erfassung von Finanzerträgen hat auf eine Weise zu erfolgen, die eine konstante periodische Verzinsung der Nettoinvestition des Leasinggebers in das Leasingverhältnis reflektiert (IAS 17.39).

Geschätzte **nicht garantierte Restwerte** sind regelmäßig auf ihre Realisierbarkeit zu prüfen. Ergeben sich Anzeichen für eine Verringerung des erwarteten nicht garantierten Restwerts, so ist die Ertragsverteilung über die Laufzeit des Leasingverhältnisses anzupassen und die Minderung bereits abgegrenzter Beträge sofort zu erfassen (IAS 17.41).

5.2 Operatives Leasing

Der Leasinggeber hat im Zugangszeitpunkt das **Mietobjekt** mit den Anschaffungs- bzw. Herstellungskosten anzusetzen und nicht eine Leasingforderung, da er im Falle von operativem Leasing wirtschaftlicher Eigentümer ist (IAS 17.49). Die **planmäßige Abschreibung** ist gemäß IAS 16 und IAS 38 zu berechnen (IAS 17.53).

Die **Leasingerträge** (exkl. Entgelte für vom Leasinggeber erbrachte Leistungen wie Versicherung und Instandhaltung) sind **linear** über die Laufzeit des Leasingverhältnisses zu verteilen (Linearisierung), es sei denn, eine andere systematische Verteilung führt zu einer sachgerechteren Ertragserfassung (IAS 17.50 f.).

177 Vgl. Kapitel 3.2.

Bei der Ausverhandlung eines operativen Leasings bietet der Leasinggeber dem Leasingnehmer ggf. **Anreize** an, die Leasingvereinbarung abzuschließen (z. B. mietfreie oder -reduzierte Perioden zu Beginn des Leasingverhältnisses). Der Leasingnehmer hat die gesamten Kosten der Anreize als Reduktion des Mietertrags über die Laufzeit des Leasingverhältnisses zu erfassen. Dies erfolgt **linear**, es sei denn, eine **andere systematische Grundlage** ist besser geeignet (SIC 15.1 und SIC 15.4).

Anfängliche direkte Kosten, die beim Leasingnehmer durch die Verhandlungen und den Abschluss des Leasingverhältnisses entstehen, sind als Erhöhung des Buchwertes des Mietobjekts zu behandeln. Sie werden über die Laufzeit des Leasingverhältnisses als Aufwand erfasst, und zwar auf derselben Grundlage, wie die Leasingerträge (IAS 17.52).

6. Verkauf mit Rückmiete (*sale and leaseback*)

Ein Verkauf mit Rückmiete (*sale and leaseback*) besteht aus zwei Komponenten:[178]

- Verkauf des Vermögenswerts durch den Verkäufer an den Leasinggeber;
- anschließende Vermietung des Vermögenswerts durch den Käufer/Leasinggeber an den Verkäufer/Leasingnehmer.

Die bilanzielle Behandlung hängt davon ab, ob Finanzierungs- oder operatives Leasing vorliegt (IAS 17.58).

Im Falle von **Finanzierungsleasing** verbleibt der **Vermögenswert** in der **Bilanz des Verkäufers (= Leasingnehmer)**. Daher darf dieser einen Überschuss des Verkaufserlöses über den Buchwert des Vermögenswertes auch nicht sofort als Ertrag erfassen. Vielmehr wird dieser in eine **passive Rechnungsabgrenzung eingestellt**. Letztere wird über die Laufzeit des Leasingverhältnisses erfolgswirksam aufgelöst (IAS 17.59 und IAS 1.34a).

7. Aufgaben mit Lösungen

AUFGABE 1

Finanzierungs- oder operatives Leasing?

Die X-AG mietet ab 01.01.01 eine Maschine. Die Laufzeit des Leasingverhältnisses beträgt 4 Jahre und die (wirtschaftliche) Nutzungsdauer 6 Jahre. Am Ende eines jeden Jahres ist eine Mindestleasingzahlung i. H. von GE 1 zu entrichten. Es besteht keine Kaufoption und es wurde auch kein Übergang des Eigentums auf den Leasingnehmer am Ende der Laufzeit des Leasingverhältnisses vereinbart. Bei der Maschine handelt es sich um ein Standardmodell, welches auch von den Konkurrenzunternehmen der X-AG verwendet wird. Die X-AG kann den dem Leasingverhält-

178 Vgl. *KPMG*, Insights into IFRS, 11. Aufl., Tz. 5.1.470.10.

nis zugrundeliegenden Zinssatz nicht in praktikabler Weise ermitteln. Der Grenzfremdkapitalzinssatz der X-AG beträgt 9 % p. a. Der beizulegende Zeitwert der Maschine beträgt am 01.01.01 GE 3.

Aufgabenstellung

Beurteilen Sie aus der Perspektive der X-AG, ob die einzelnen Kriterien gem. IAS 17.10 auf Finanzierungsleasing hindeuten. Nehmen Sie an, dass abgesehen von IAS 17.10 im vorliegenden Fall keine weiteren Kriterien für die Beurteilung dieser Frage relevant sind.

Lösungshinweise

Insbesondere Kapitel 3

LÖSUNG

Eine Beurteilung der Kriterien gem. IAS 17.10 führt zu folgendem Ergebnis:

Eigentumsübergang (IAS 17.10a): Dem Leasingnehmer wird das Eigentum am Mietobjekt am Ende der Laufzeit des Leasingverhältnisses nicht übertragen. Daher deutet dieses Kriterium nicht auf das Vorliegen von Finanzierungsleasing hin.

Günstige Kaufoption (IAS 17.10b): Eine Kaufoption existiert nicht. Daher deutet dieses Kriterium nicht auf das Vorliegen von Finanzierungsleasing hin.

Laufzeittest (IAS 17.10c): Die Laufzeit des Leasingverhältnisses beträgt 66,67 % (= 4 : 6) der wirtschaftlichen Nutzungsdauer der gemieteten Maschine und somit deutlich weniger als 75 %. Daher deutet auch dieses Kriterium nicht auf Finanzierungsleasing hin.

Barwerttest (IAS 17.10d): Da die X-AG den dem Leasingverhältnis zugrundeliegenden Zinssatz nicht in praktikabler Weise ermitteln kann, verwendet sie ihren eigenen Grenzfremdkapitalzinssatz von 9 % p. a. zur Berechnung des Barwerts der Mindestleasingzahlungen (IAS 17.20):

	Rate	**Barwert**
1. Rate (31.12.01)	1	0,92
2. Rate (31.12.02)	1	0,84
3. Rate (31.12.03)	1	0,77
4. Rate (31.12.04)	1	0,71
Barwert 01.01.01		3,24
Beizulegender Zeitwert 01.01.01		3,00
Barwert / beizulegender Zeitwert		107,99 %

107,99 % liegt über 90 %. Daher deutet der Barwerttest auf Finanzierungsleasing hin.

Spezialleasing (IAS 17.10e): Nachdem es sich bei der Maschine um ein Standardmodell handelt, liegt kein Spezialleasing vor. Somit deutet dieses Kriterium nicht auf das Vorliegen von Finanzierungsleasing hin.

Mit dem Barwerttest deutet eines der Kriterien gem. IAS 17.10 auf Finanzierungsleasing hin. Nachdem lt. Angabe im vorliegenden Fall keine anderen Kriterien hinsichtlich der Leasingklassifizierung relevant sind, liegt **Finanzierungsleasing** vor. Daher nimmt die X-AG die Maschine in ihre Bilanz auf.

AUFGABE 2

Finanzierungsleasing beim Leasingnehmer

Aufgabenstellung

Nehmen Sie alle Buchungen aus der Perspektive der X-AG (Bilanzstichtag: 31.12.) vor, die i. Z. mit dem Sachverhalt in Aufgabe 1 in den Jahren 01 und 02 erforderlich sind.

Lösungshinweise

Insbesondere Kapitel 4.1

LÖSUNG

Ansatz der gemieteten Maschine per 01.01.01 und einer Schuld mit dem kleineren Betrag aus beizulegendem Zeitwert der Maschine und Barwert der Mindestleasingzahlungen (IAS 17.20):

01.01.01		Maschine	3,00	
	an	Leasingverbindlichkeit		3,00

Im vorliegenden Fall existiert kein Eigentumsübergang und keine günstige Kaufoption. Es deuten auch keine anderen Kriterien darauf hin, dass der Leasingnehmer am Ende der Laufzeit des Leasingverhältnisses das Eigentum am Leasinggegenstand mit angemessener Sicherheit erlangen wird. Daher erfolgt die planmäßige Abschreibung über den kürzeren Zeitraum von Laufzeit des Leasingverhältnisses und Nutzungsdauer (IAS 17.27 f.) (GE 3 : 4 Jahre):

31.12.01		Planmäßige Abschreibung	0,75	
	an	Maschine		0,75

Die laufenden Mindestleasingzahlungen sind in Finanzaufwand und Reduktion (Tilgung) der Leasingschuld aufzuteilen. Der Finanzaufwand wird so über die Perioden der Laufzeit des Leasingverhältnisses verteilt, dass ein konstanter periodischer Zinssatz entsteht, der auf die noch offene Leasingschuld angewandt wird (IAS 17.25). Zu diesem Zweck ist zunächst der interne Zinssatz zu ermitteln:

Buchwert der Verbindlichkeit 01.01.01	3,00	
1. Rate (31.12.01)	-1,00	
2. Rate (31.12.02)	-1,00	
3. Rate (31.12.03)	-1,00	
4. Rate (31.12.04)	-1,00	
Interner Zinssatz	**12,59 %**	*Formel IKV bzw. XINTZINSFUSS in Excel*

Anschließend wird auf der Grundlage dieses Zinssatzes der Tilgungsplan erstellt. Der Zinsaufwand eines Jahres ergibt sich aus der Formel „Buchwert der Verbindlichkeit am 01.01. eines Jahres Zinssatz“ und die Tilgung aus der Formel „Leasingrate - Zinsaufwand“:[179]

Jahr	Buchwert 01.01.	Mietrate	Zinsaufwand	Tilgung	Buchwert 31.12.
01	3,00	1,00	0,38	0,62	2,38
02	2,38	1,00	0,30	0,70	1,68
03	1,68	1,00	0,21	0,79	0,89
04	0,89	1,00	0,11	0,89	0,00
Summe		4,00	1,00	3,00	

31.12.01		Leasingverbindlichkeit	0,62	
		Zinsaufwand	0,38	
	an	Geld		1,00

31.12.02		Planmäßige Abschreibung	0,75	
	an	Maschine		0,75

31.12.02		Leasingverbindlichkeit	0,70	
		Zinsaufwand	0,30	
	an	Geld		1,00

AUFGABE 3

Operatives Leasing beim Leasingnehmer

Die X-AG mietet eine Maschine im Rahmen eines operativen Leasingverhältnisses. Leasinggeber ist die Y-AG. Die Laufzeit des Leasingverhältnisses, welche per 01.01.01 beginnt, beträgt 3 Jahre. Der Leasinggeber hat mit der X-AG als Anreiz für den Abschluss des Leasingvertrags vereinbart, dass die ersten 3 Monate des Leasingverhältnisses mietfrei sind. Nach Ablauf der mietfreien Zeit betragen die monatlichen Leasingraten, welche nachschüssig zu entrichten sind, GE 1.

Bisheriger Buchungsstand:

In diesem Zusammenhang wurden noch keine Buchungen vorgenommen.

Aufgabenstellung

Nehmen Sie alle aus der Perspektive der X-AG (Bilanzstichtag: 31.12.) in den Jahren 01 bis 03 noch erforderlichen Buchungen vor. Gehen Sie davon aus, dass eine lineare Verteilung des Anreizes i. S. von SIC 15.5 im konkreten Fall adäquat ist.

179 Die Berechnungen in dieser Tabelle erfolgten mit dem genauen und nicht mit dem auf zwei Dezimalen gerundeten Zinssatz.

Lösungshinweise

Insbesondere Kapitel 4.2

LÖSUNG

In jedem Jahr muss die tatsächliche Zahlung am Konto „Geld" erfasst werden. Der gesamte Leasingaufwand i. H. von GE 33 (33 Raten · GE 1) muss auf die 3 Jahre der Laufzeit des Leasingverhältnisses linear verteilt werden, d. h. in jedem Jahr ist ein Aufwand von GE 11 zu erfassen. Als Differenz ist eine sonstige Verbindlichkeit zu erfassen bzw. aufzulösen.

In 01 ist etwa eine Erfassung einer sonstigen Verbindlichkeit i. H. von GE 2 erforderlich, da GE 9 gezahlt wurden, jedoch ein Leasingaufwand von GE 11 erfasst werden muss. In 02 muss die sonstige Verbindlichkeit i. H. von GE 1 aufgelöst werden, da GE 12 gezahlt wurden, allerdings lediglich ein Leasingaufwand von GE 11 zu erfassen ist. Am 31.12.02 beträgt der Stand der sonstigen Verbindlichkeit somit GE 1. Der Buchwert i. H. von GE 1 repräsentiert die Differenz zwischen den kumulierten Aufwendungen der Jahre 01 und 02 (GE 22) und den kumulierten Zahlungen der Jahre 01 und 02 (GE 21): Aufwendungen i. H. von GE 1 wurden noch nicht bezahlt.

Jahr	**Gezahlte Leasingraten**	**Leasingaufwand**	**Sonstige Verbindlichkeit 31.12.**
01	9	11	2
02	12	11	1
03	12	11	0
Summe	*33*	*33*	

31.12.01		Leasingaufwand	11,-	
	an	Geld		9,-
	an	Sonstige Verbindlichkeit		2,-

31.12.02		Leasingaufwand	11,-	
		Sonstige Verbindlichkeit	1,-	
	an	Geld		12,-

31.12.03		Leasingaufwand	11,-	
		Sonstige Verbindlichkeit	1,-	
	an	Geld		12,-

AUFGABE 4

Finanzierungsleasing beim Leasinggeber

Die X-AG erwirbt am 01.01.01 eine Maschine und vermietet diese ab demselben Tag. Die Laufzeit des Leasingverhältnisses und die (wirtschaftliche) Nutzungsdauer betragen jeweils 3 Jahre. Die Leasingraten, die der Leasinggeber am Jahresende im Nachhinein erhält, betragen GE 1. Es existiert kein Restwert. Der beizulegende Zeitwert der Maschine und die Anschaffungskosten des Leasinggebers sind (am 01.01.01) identisch und betragen GE 2,4.

Aufgabenstellung

Nehmen Sie alle aus der Perspektive der X-AG (Bilanzstichtag: 31.12.) in den Jahren 01 und 02 erforderlichen Buchungen vor.

Lösungshinweise

Insbesondere Kapitel 3 und 5.1

LÖSUNG

Der dem Leasingverhältnis zugrundeliegende Zinssatz i. S. von IAS 17.4 (interner Zinssatz des Leasinggebers) errechnet sich folgendermaßen:

Beizulegender Zeitwert der Maschine am 01.01.01	2,40	
1. Rate (31.12.01)	-1,00	
2. Rate (31.12.02)	-1,00	
3. Rate (31.12.03)	-1,00	
Interner Zinssatz	**12,04 %**	*Formel IKV bzw. XINTZINSFUSS in Excel*

Aufgrund des Barwert- und des Laufzeittests liegt Finanzierungsleasing vor (IAS 17.10).

Auf der Basis des internen Zinssatzes (s. o.) ergibt sich der folgende Tilgungsplan:

Jahr	Buchwert 01.01.	Mietrate	Zinsertrag	Tilgung	Buchwert 31.12.
01	2,40	1,00	0,29	0,71	1,69
02	1,69	1,00	0,20	0,80	0,89
03	0,89	1,00	0,11	0,89	0,00
Summe		3,00	0,60	2,40	

01.01.01	Maschine	2,40	
	an Geld		2,40

Der Leasinggeber setzt am 01.01.01 eine **Forderung** i. H. der Nettoinvestition in das Leasingverhältnis (IAS 17.4) an (IAS 17.36). Das Mietobjekt ist auszubuchen.

01.01.01		Leasingforderung	2,40	
	an	Maschine		2,40

Die laufenden Leasingraten sind in einen Zins- und Tilgungsanteil zu zerlegen (s. den obigen Tilgungsplan):

31.12.01		Geld	1,00	
	an	Zinsertrag		0,29
	an	Forderung		0,71

31.12.02		Geld	1,00	
	an	Zinsertrag		0,20
	an	Forderung		0,80

AUFGABE 5

Finanzierungsleasing beim Leasinggeber mit Restwert

Aufgabenstellung

Nehmen Sie alle in Bezug auf in Aufgabe 4 beschriebene Leasingverhältnis im Abschluss der X-AG (Bilanzstichtag: 31.12.) in den Jahren 01 und 02 erforderlichen Buchungen vor. Allerdings existiert im Gegensatz zu Aufgabe 4 ein nicht garantierter Restwert i. H. von GE 0,1 per 31.12.03.

Lösungshinweise

Insbesondere Kapitel 3 und 5.1

LÖSUNG

Es liegt ein nicht garantierter Restwert vor. Dieser ist nicht Bestandteil der Mindestleasingzahlungen (IAS 17.4).

Der dem Leasingverhältnis zugrundeliegende Zinssatz i. S. von IAS 17.4 (interner Zinssatz des Leasinggebers) errechnet sich folgendermaßen:

Beizulegender Zeitwert der Maschine am 01.01.01	2,40	
1. Rate (31.12.01)	-1,00	
2. Rate (31.12.02)	-1,00	
3. Rate (31.12.03)	-1,10	
Interner Zinssatz	**13,73 %**	*Formel IKV bzw. XINTZINSFUSS in Excel*

Beim Barwerttest wird auf den Barwert der Mindestleasingzahlungen (d. h. exkl. des nicht garantierten Restwerts) abgestellt (IAS 17.10d). Aufgrund des Barwert- und des Laufzeittests liegt Finanzierungsleasing vor (IAS 17.10).

Auf der Basis des internen Zinssatzes (s. o.) ergibt sich der folgende Tilgungsplan, bei dem am 31.12.03 ein Restwert von GE 0,1 verbleibt:

Jahr	**Buchwert 01.01.**	**Mietrate**	**Zinsertrag**	**Tilgung**	**Buchwert 31.12.**
01	2,40	1,00	0,33	0,67	1,73
02	1,73	1,00	0,24	0,76	0,97
03	0,97	1,00	0,13	0,87	0,10
Summe		3,00	0,70	2,30	

Der Leasinggeber setzt am 01.01.01 eine **Forderung** i. H. der Nettoinvestition in das Leasingverhältnis (Barwert von Mindestleasingzahlungen und nicht garantiertem Restwert – s. IAS 17.4) an (IAS 17.36), das Mietobjekt ist auszubuchen.

01.01.01		Maschine	2,40	
	an	Geld		2,40

01.01.01		Leasingforderung	2,40	
	an	Maschine		2,40

Die laufenden Leasingraten sind in einen Zins- und Tilgungsanteil zu zerlegen (s. den obigen Tilgungsplan):

31.12.01		Geld	1,00	
	an	Zinsertrag		0,33
	an	Forderung		0,67

31.12.02		Geld	1,00	
	an	Zinsertrag		0,24
	an	Forderung		0,76

AUFGABE 6

Operatives Leasing beim Leasinggeber

Aufgabenstellung

Angabe und Aufgabenstellung lauten wie in Aufgabe 3. Diesmal ist allerdings der Sachverhalt aus der Perspektive des Leasinggebers, d. h. der Y-AG (Bilanzstichtag 31.12.) zu verbuchen. Nehmen Sie an, dass die Anschaffung der vermieteten Maschine am 01.01.01 erfolgte (Anschaffungskosten: GE 90; (wirtschaftliche) Nutzungsdauer: 10 Jahre).

Lösungshinweise

Insbesondere Kapitel 5.2

LÖSUNG

Zunächst wird die Maschine in der Bilanz der Y-AG aktiviert:

01.01.01		Maschine	90,-	
	an	Geld		90,-

Der Leasinggeber hat die Gesamtkosten der Anreize als Reduktion des Mietertrags über die Laufzeit des Leasingverhältnisses zu erfassen (SIC 15.4). Die Buchungstechnik ist ähnlich wie jene in Aufgabe 3. In 01 muss eine Forderung i. H. von GE 2 erfasst werden, nachdem Mieterträge i. H. von GE 11 erfasst werden, jedoch lediglich Zahlungen i. H. von GE 9 eingehen.

Jahr	**Erhaltene Mietraten**	**Mietertrag**	**Sonstige Forderung 31.12.**
01	9	11	2
02	12	11	1
03	12	11	0
Summe	*33*	*33*	

31.12.01		Geld	9,-	
		Sonstige Forderung	2,-	
	an	Mieterträge		11,-

Darüber hinaus wird die planmäßige Abschreibung über die Nutzungsdauer erfasst (IAS 17.53 i.V. mit IAS 16.50):

31.12.01		Planmäßige Abschreibung	9,-	
	an	Maschine		9,-

31.12.02		Geld	12,-	
	an	Sonstige Forderung		1,-
	an	Mieterträge		11,-

31.12.02		Planmäßige Abschreibung	9,-	
	an	Maschine		9,-

31.12.03		Geld	12,-	
	an	Sonstige Forderung		1,-
	an	Mieterträge		11,-

31.12.03		Planmäßige Abschreibung	9,-	
	an	Maschine		9,-

AUFGABE 7

Verkauf mit Rückmiete (*sale and leaseback*)

Die X-AG besitzt eine Maschine deren Buchwert am 01.01.01 GE 10 beträgt. Der beizulegende Zeitwert im selben Zeitpunkt beträgt GE 12,8. Am 01.01.01 verkauft die X-AG diese Maschine um GE 12,8 an die Y-AG und mietet diese ab demselben Zeitpunkt zu einer Mindestleasingzahlung von GE 4 p. a. (fällig am Jahresende im Nachhinein) wieder zurück. Die Laufzeit des Leasingverhältnisses beträgt 4 Jahre und die (wirtschaftliche) Nutzungsdauer der Maschine 6 Jahre. Es besteht keine Kaufoption bei Laufzeitende des Leasingvertrags und es wurde auch kein Übergang des Eigentums auf den Leasingnehmer am Ende der Laufzeit des Leasingverhältnisses vereinbart. Bei der Maschine handelt es sich um ein Standardmodell, welches auch von den Konkurrenzunternehmen der X-AG verwendet wird. Die X-AG kann den dem Leasingverhältnis zugrundeliegenden Zinssatz nicht in praktikabler Weise ermitteln. Der Grenzfremdkapitalzinssatz der X-AG beträgt 8 % p. a.

Aufgabenstellung

Nehmen Sie alle in 01 noch erforderlichen Buchungen aus der Perspektive der X-AG (Bilanzstichtag: 31.12.) vor. Nehmen Sie an, dass abgesehen von IAS 17.10 im vorliegenden Fall keine weiteren Kriterien für die Klassifizierung des Leasingverhältnisses als Finanzierungsleasing oder als operatives Leasing relevant sind.

Lösungshinweise

Insbesondere Kapitel 3 und 6

LÖSUNG

Nachdem die X-AG den dem Leasingverhältnis zugrunde liegenden Zinssatz nicht in praktikabler Weise ermitteln kann, verwendet die X-AG ihren Grenzfremdkapitalzinssatz zur Berechnung des Barwerts der Mindestleasingzahlungen im Rahmen des Barwerttests (IAS 17.20):[180]

	Rate	Barwert
1. Rate (31.12.01)	4	3,70
2. Rate (31.12.02)	4	3,43
3. Rate (31.12.03)	4	3,18
4. Rate (31.12.04)	4	2,94
Barwert 01.01.01		13,25
Beizulegender Zeitwert 01.01.01		12,80
Barwert/beizulegender Zeitwert		103,52 %

180 Im Rahmen dieser Berechnungen werden die Barwerte auf zwei Dezimalstellen gerundet.

Mit dem Barwerttest deutet eines der Kriterien gem. IAS 17.10 auf Finanzierungsleasing hin. Nachdem lt. Angabe im vorliegenden Fall keine anderen Kriterien hinsichtlich der Leasingklassifizierung relevant sind, liegt **Finanzierungsleasing** vor.

Nachdem Finanzierungsleasing vorliegt, verbleibt die Maschine in der Bilanz der X-AG. Sie ist vielmehr vom Buchwert von GE 10 auf den kleineren Betrag aus beizulegendem Zeitwert und Barwert der Mindestleasingzahlungen aufzuwerten, d. h. auf GE 12,8 (IAS 17.20). Ebenfalls mit dem kleineren Betrag aus beizulegendem Zeitwert der Maschine und Barwert der Mindestleasingzahlungen muss eine Verbindlichkeit passiviert werden (IAS 17.20). Der Verkaufspreis ist am Konto „Geld" zu erfassen, der Veräußerungsgewinn (Verkaufspreis GE 12,8 – bisheriger Buchwert der Maschine von GE 10) ist als passive Rechnungsabgrenzung auszuweisen (IAS 17.59 f. und IAS 1.34a).

01.01.01		Maschine	2,80	
		Geld	12,80	
	an	Passive Rechnungsabgrenzung		2,80
	an	Leasingverbindlichkeit		12,80

Die passive Rechnungsabgrenzung wird über die Laufzeit des Leasingverhältnisses (4 Jahre) erfolgswirksam aufgelöst (IAS 17.59 f. und IAS 1.34a):

31.12.01		Passive Rechnungsabgrenzung	0,70	
	an	Sonstige Erträge		0,70

Im vorliegenden Fall existiert kein Eigentumsübergang und keine günstige Kaufoption. Es deuten auch keine anderen Kriterien darauf hin, dass der Leasingnehmer am Ende der Laufzeit des Leasingverhältnisses das Eigentum am Leasinggegenstand mit angemessener Sicherheit erlangen wird. Daher erfolgt die planmäßige Abschreibung über den kürzeren Zeitraum von Laufzeit des Leasingverhältnisses und Nutzungsdauer (IAS 17.27 f.) (GE 12,8 : 4 Jahre):

31.12.01		Planmäßige Abschreibung	3,20	
	an	Maschine		3,20

Zur Erstellung des Tilgungsplans ist zunächst der interne Zinssatz zu ermitteln:

Buchwert der Verbindlichkeit 01.01.01	12,80	
1. Rate (31.12.01)	-4,00	
2. Rate (31.12.02)	-4,00	
3. Rate (31.12.03)	-4,00	
4. Rate (31.12.04)	-4,00	
Interner Zinssatz	**9,56 %**	*Formel IKV bzw. XINTZINSFUSS in Excel*

Anschließend wird auf der Grundlage dieses Zinssatzes der Tilgungsplan erstellt. Der Zinsaufwand eines Jahres ergibt sich aus der Formel „Buchwert der Verbindlichkeit am 01.01. eines Jahres · Zinssatz“ und die Tilgung aus der Formel „Leasingrate - Zinsaufwand“:[181]

Jahr	Buchwert 01.01.	Mietrate	Zinsaufwand	Tilgung	Buchwert 31.12.
01	12,80	4,00	1,22	2,78	10,02
02	10,02	4,00	0,96	3,04	6,98
03	6,98	4,00	0,67	3,33	3,65
04	3,65	4,00	0,35	3,65	0,00
Summe		16,00	3,20	12,80	

31.12.01		Leasingverbindlichkeit	2,78	
		Zinsaufwand	1,22	
	an	Geld		4,00

181 Die Berechnungen in dieser Tabelle erfolgten mit dem genauen und nicht mit dem auf zwei Dezimalen gerundeten Zinssatz.

IAS 18 Erlöse

HINWEIS

Die Erlösrealisierung wird künftig durch IFRS 15 umfassend geregelt. Hinsichtlich dieser Materie wird daher auf den Abschnitt des vorliegenden Werks zu letzterem Standard verwiesen. Eine Darstellung von IAS 18 befindet sich in der 2. Auflage des Buches.

IAS 19 Leistungen an Arbeitnehmer/ IAS 26 Bilanzierung und Berichterstattung von Altersversorgungsplänen

1. Einleitung und Anwendungsbereich

IAS 19 regelt die Bilanzierung von **Leistungen an Arbeitnehmer** (inkl. Führungskräfte). Diese umfassen alle Formen von Entgelt, die ein Unternehmen (IAS 19.7 f.)

- im Austausch für die von Arbeitnehmern erbrachte Arbeitsleistung oder
- für die Beendigung des Arbeitsverhältnisses gewährt.

IAS 19 gilt *nicht* für jene Leistungen an Arbeitnehmer, welche IFRS 2 („**Anteilsbasierte Vergütungen**“) unterliegen (IAS 19.2)[182] und beschäftigt sich darüber hinaus auch *nicht* mit der **Berichterstattung von Versorgungsplänen für Arbeitnehmer**, denn dies ist Gegenstand von IAS 26 (IAS 19.3). Letzterer Standard regelt u. a. die Berichterstattung von Pensionsfonds, Pensionskassen, Unterstützungskassen usw. Der praktische Anwendungsbereich von IAS 26 tendiert jedoch gegen Null. Die Informationspflichten eines Altersversorgungsplans gegenüber den Versorgungsberechtigten ergeben sich nämlich i. d. R. aus Vorschriften der nationalen Aufsichtsbehörden, des nationalen Betriebsrentenrechts bzw. aus freiwilligen Regelungen (z. B. in einer Satzung) der Versorgungseinrichtung.[183]

IAS 19 unterscheidet vier verschiedenen **Arten** von Leistungen an Arbeitnehmer:

- Leistungen, die das Unternehmen als **Gegenleistung für die Arbeitsleistung** von Mitarbeitern erbringt:
  - kurzfristig fällige Leistungen (Kapitel 2),
  - Leistungen nach Beendigung des Arbeitsverhältnisses (Kapitel 3),
  - andere langfristige Leistungen (Kapitel 4);
- Leistungen, die das Unternehmen als **Gegenleistung für die Beendigung des Arbeitsverhältnisses** erbringt:
  - Leistungen anlässlich der Beendigung des Arbeitsverhältnisses (Kapitel 5).

Der Standard basiert auf den folgenden Grundsätzen (IAS 19.1):

- Es ist eine **Schuld** zu erfassen, wenn ein Arbeitnehmer Tätigkeiten im Austausch für Leistungen an Arbeitnehmer erbracht hat, die in der Zukunft zu bezahlen sind.
- Es ist ein **Aufwand** zu erfassen, wenn das Unternehmen den wirtschaftlichen Vorteil aus einer Tätigkeit eines Arbeitnehmers konsumiert, die der Arbeitnehmer im Austausch gegen Leistungen an Arbeitnehmer erbringt.

---

182 Zur Abgrenzung der Anwendungsbereiche von IAS 19 und IFRS 2 im Detail vgl. etwa *KPMG*, Insights into IFRS, 11. Aufl., Rz. 4.4.20-4.4.70.

183 Vgl. *Neumeier/Hagemann*, in: Lüdenbach/Hoffmann/Freiberg, IFRS-Kommentar, 12. Aufl., § 41 Tz. 2 f.

2. Kurzfristig fällige Leistungen an Arbeitnehmer

Gegenstand dieser Kategorie sind Leistungen des Unternehmens an Arbeitnehmer, von denen eine vollständige Begleichung **innerhalb von 12 Monaten** nach dem Bilanzstichtag des Geschäftsjahres, in dem die Arbeitnehmer die entsprechende Arbeitsleistung erbracht haben, erwartet wird, sofern sie nicht Leistungen anlässlich der Beendigung des Arbeitsverhältnisses[184] darstellen (IAS 19.8). **Beispiele** sind die folgenden Leistungen an Arbeitnehmer, sofern sie den eben genannten Kriterien entsprechen (IAS 19.5 und 19.9):

- Löhne, Gehälter und Sozialversicherungsbeiträge,
- Urlaubs- und Krankengeld,
- Sachbezüge für derzeitige Arbeitnehmer (z. B. medizinische Versorgung, Wohnungen, Dienstwagen und kostenlose bzw. vergünstigte Güter oder Dienstleistungen),
- Erfolgsbeteiligungen.

Kurzfristig fällige Leistungen an Arbeitnehmer sind i. d. R. unmittelbar als **Aufwand** zu erfassen. Sofern bis zum Bilanzstichtag noch keine Erfüllung erfolgte, ist eine **Schuld** zu passivieren, wobei allerdings **keine Abzinsung** erfolgt. Für noch nicht in Anspruch genommene **Urlaubstage** ist eine Schuld anzusetzen, sofern sie nicht am Bilanzstichtag verfallen.[185]

3. Leistungen nach Beendigung des Arbeitsverhältnisses

3.1 Einleitung

Gegenstand dieser Kategorie sind Leistungen an Arbeitnehmer, welche vom Unternehmen **nach Beendigung des Arbeitsverhältnisses zu zahlen** sind und bei denen es sich weder um Leistungen anlässlich der Beendigung des Arbeitsverhältnisses[186] handelt, noch um kurzfristig fällige Leistungen an Arbeitnehmer[187] (IAS 19.8). Die Zahlung kann entweder während des Ruhestands erfolgen oder davor und die Verpflichtung kann entweder rechtlicher oder faktischer Natur sein (IAS 19.28 und 19.61 f.).[188] Beispiele sind die betriebliche Altersversorgung (z. B. Renten und Einmalzahlungen bei Pensionierung) sowie Lebensversicherungen und Beiträge zu den Krankheitskosten von Pensionären (IAS 19.5 und 19.26).

IAS 19 gilt für alle derartigen Pläne, und zwar unabhängig davon, ob eine **separate Einheit** eingesetzt wird, die Beiträge erhält und Leistungen an Arbeitnehmer zahlt (IAS 19.26). Dem Standard unterliegen somit die folgenden beiden Arten von Plänen:[189]

- **Gedeckte Pläne** (*funded plans*): Bei diesen wird für die Verpflichtung in der Form von Vermögenswerten vorgesorgt, welche separat vom Geschäft des Unternehmens gehalten werden, oder anhand besonderer Versicherungspolicen.

184 Vgl. Kapitel 5.
185 Vgl. *Neumeier/Hagemann*, in: Lüdenbach/Hoffmann/Freiberg, IFRS-Kommentar, 12. Aufl., § 22 Tz. 71.
186 Vgl. Kapitel 5.
187 Vgl. Kapitel 2.
188 Vgl. *KPMG*, Insights into IFRS, 11. Aufl., Rz. 4.4.100.10 und 4.4.120.10 f.
189 Vgl. *PwC*, Manual of accounting, IFRS 2015, Rz. 11.74 f.

- **Ungedeckte Pläne** (*unfunded plans*): Bei solchen wird kein Planvermögen im Voraus für die Verpflichtung beiseitegelegt. Stattdessen werden die Pensionsverpflichtungen bei Fälligkeit aus den normalen Ressourcen des Arbeitgebers beglichen.

Ein **jeder Plan** ist einer der beiden nachfolgend genannten Kategorien zuzuordnen.[190] Die Zuordnung erfolgt auf Basis des wirtschaftlichen Gehalts und führt zu **grundlegenden Unterschieden** bei der Bilanzierung (IAS 19.8 und 19.27-19.30).

- Im Falle eines **Beitragsplans** (bzw. **beitragsorientierten Plans**) (*defined contribution plan*) zahlt das Unternehmen festgelegte Beiträge an eine separate Einheit (Fonds) und hat dabei keine (rechtliche oder faktische) Verpflichtung zur Zahlung weiterer Beiträge, sofern die Vermögenswerte des Fonds nicht ausreichen, um alle Leistungen an Arbeitnehmer zu begleichen (welche sich auf Leistungen der Arbeitnehmer der aktuellen Periode oder von Vorperioden beziehen). Im Falle von Beitragsplänen werden das aktuarische Risiko (dass die Leistungen an die Arbeitnehmer unter den Erwartungen liegen) und das Investitionsrisiko (dass die investierten Vermögenswerte nicht ausreichen, um die erwarteten Leistungen an die Arbeitnehmer zu bezahlen) vom Arbeitnehmer getragen.
- **Leistungspläne** (bzw. **leistungsorientierte Pläne**) (*defined benefit plans*) sind Pläne, welche keine Beitragspläne darstellen (Negativdefinition). Bei Leistungsplänen ist das Unternehmen dazu verpflichtet, die vereinbarten Leistungen an derzeitige und frühere Mitarbeiter zu erbringen. Das aktuarische Risiko (dass die Leistungen an die Arbeitnehmer mehr kosten werden, als erwartet) und das Investitionsrisiko werden letztlich vom Unternehmen getragen.

Arbeitgeberbeiträge zur **gesetzlichen Rentenversicherung** unterliegen jedenfalls nicht den Vorschriften für leistungsorientierte Pläne, da das Unternehmen kein Investitions- bzw. aktuarisches Risiko trägt. Nach der gebotenen weiten Auslegung des Begriffs „Fonds“ stellen die Beiträge Zahlungen im Rahmen eines beitragsorientierten Plans dar.

3.2 Beitragspläne

Im Falle von Beitragsplänen besteht der **Aufwand** lediglich aus den zu zahlenden **Beiträgen**. Ein **Aktivposten** bzw. eine **Schuld** wird nur dann angesetzt, wenn das Unternehmen Beiträge **vorausbezahlt** hat bzw. mit seinen Beitragszahlungen **in Verzug** ist. Aktuarische Annahmen sind nicht erforderlich und demnach kann es auch nicht zu aktuarischen Gewinnen bzw. Verlusten kommen. Grundsätzlich erfolgt auch **keine Abzinsung**, es sei denn, es wird erwartet, dass Beiträge nicht gänzlich innerhalb von 12 Monaten nach dem Jahresabschlussstichtag bezahlt werden (IAS 19.50-19.52).

3.3 Leistungspläne

3.3.1 Überblick

Die Bilanzierung von Leistungsplänen erfolgt in den unten aufgeführten **Schritten** (IAS 19.57 und 19.8):

190 Vgl. *PwC*, Manual of accounting, IFRS 2015, Rz. 11.73.

- Ermittlung des **Barwerts der leistungsorientierten Verpflichtung** (Kapitel 3.3.2).
- Abzug des beizulegenden **Zeitwerts** des vorhandenen **Planvermögens** (Kapitel 3.3.3) vom Barwert der leistungsorientierten Verpflichtung. Daraus resultiert der sog. **Aktiv- bzw. Passivüberhang**.
- Ein Passivüberhang wird als **leistungsorientierte Nettoschuld** bezeichnet. Das ansatzfähige **leistungsorientierte Nettovermögen** resultiert hingegen aus der Beschränkung eines Aktivüberhangs an seine **Obergrenze** (*asset ceiling*) (IAS 19.64) (Kapitel 3.3.4).
- Ermittlung der **GuV-wirksam** zu erfassenden Beträge.
- Ermittlung des im **sonstigen Gesamtergebnis** zu erfassenden Betrags.

3.3.2 Bewertung der Verpflichtung

Bei der Bewertung leistungsorientierter Verpflichtungen ist aufgrund ihrer Langfristigkeit eine **Abzinsung** erforderlich (IAS 19.55). Die Höhe des Zinssatzes wirkt sich wegen der Langfristigkeit auch spürbar auf den Barwert aus. Der **Zinssatz** ist grundsätzlich unter Bezugnahme auf Marktrenditen zum Bilanzstichtag von laufzeit- und währungsäquivalenten Unternehmensanleihen hoher Qualität zu bestimmen (IAS 19.83). Darunter sind grundsätzlich entsprechende Anleihen mit einer Bonitätsstufe von zumindest AA (nach Standard & Poor's) oder Aa2 (nach Moody's) zu verstehen, obwohl auch andere Meinungen existieren.[191]

Der **Barwert der leistungsorientierten Verpflichtung** ist der Barwert (ohne Abzug eines Planvermögens) der erwarteten künftigen Zahlungen, welche zur Begleichung der Verpflichtung erforderlich sind, die aus in der aktuellen Periode und in Vorperioden erbrachten Arbeitsleistungen resultiert (IAS 19.8). Als Methode zur Ermittlung des Barwerts der Verpflichtung dient das **Anwartschaftsbarwertverfahren** (= Methode der laufenden Einmalprämien bzw. *projected unit credit method*). Bei diesem Verfahren wird davon ausgegangen, dass in jeder Periode von den Mitarbeitern eine **zusätzliche Einheit** an Leistungsansprüchen (Baustein) erdient wird, wodurch die Verpflichtung weiter aufgebaut wird. Abzuzinsen ist die gesamte leistungsorientierte Verpflichtung, und zwar auch dann, wenn bei einem Teil davon die Begleichung innerhalb von 12 Monaten nach dem Bilanzstichtag erwartet wird (IAS 19.67-19.69).

Beim Anwartschaftsbarwertverfahren sind die **künftigen Gehälter und Leistungen** zu prognostizieren, auf die ein Arbeitnehmer im erwarteten Zeitpunkt des Ausscheidens Anspruch haben wird.[192] Bei der Barwertermittlung sind die Leistungen den Dienstjahren entsprechend der Leistungsformel des Plans (**Planformel**) zuzuordnen. Davon abweichend ist jedoch im Falle einer **endbelasteten Formel** (d. h. die in späteren Dienstjahren erbrachte Arbeitsleistung führt zu wesentlich höheren Leistungen als die in früheren Dienstjahren erbrachte Arbeitsleistung) eine **lineare** Zuordnung nach bestimmten Regeln erforderlich (IAS 19.70).

---

191 Vgl. etwa *KPMG*, Insights into IFRS, 11. Aufl., Rz. 4.4.520.10 sowie *Neumeier/Hagemann*, in: Lüdenbach/Hoffmann/Freiberg, IFRS-Kommentar, 12. Aufl., § 22 Tz. 33.

192 Vgl. *KPMG*, Insights into IFRS, 11. Aufl., Rz. 4.4.390.10-4.4.390.30.

3.3.3 Beizulegender Zeitwert des Planvermögens

Sofern i. Z. mit leistungsorientierten Verpflichtungen ein sog. **Planvermögen** existiert, handelt es sich um einen gedeckten Plan.[193] Planvermögen ist der Oberbegriff für die folgenden beiden Arten von Vermögen (IAS 19.8):

(a) Vermögenswerte, die von einer langfristig ausgelegten, vom berichtenden Unternehmen **rechtlich separaten Einheit** gehalten werden, die ausschließlich der Zahlung bzw. Finanzierung von Leistungen an Arbeitnehmer dient. Die Vermögenswerte

- können nur zur Zahlung bzw. Finanzierung von Leistungen an Arbeitnehmer verwendet werden,
- sind dem Zugriff der Gläubiger des berichtenden Unternehmens entzogen (auch im Falle der Insolvenz) *und*
- können nicht an das berichtende Unternehmen herausgegeben werden, außer
  - als Erstattung für von letzterem gezahlte Leistungen an Arbeitnehmer *oder*
  - wenn die separate Einheit einen Überschuss aufweist.

(b) Wird eine Versicherungspolice vom berichtenden Unternehmen gehalten (d. h. dieses ist begünstigt), so stellt sie Planvermögen dar, sofern es sich bei ihr um einen **besonderen Versicherungsvertrag**[194] handelt. Dies ist der Fall, wenn

- der Versicherer keine nahestehende Partei (i. S. von IAS 24) des Unternehmens ist und
- der Erlös aus der Police
  - nur zur Zahlung bzw. Finanzierung leistungsorientierter Verpflichtungen verwendet werden kann,
  - dem Zugriff der Gläubiger des Unternehmens entzogen ist (auch im Falle der Insolvenz) *und*
  - nicht an das berichtende Unternehmen herausgegeben werden kann, außer
    - als Erstattung für von letzterem gezahlte Leistungen an Arbeitnehmer *oder*
    - wenn dieser einen Überschuss darstellt.

Fällige, aber noch nicht an die separate Einheit entrichtete Beiträge des berichtenden Unternehmens sowie von letzterem emittierte und von der Einheit gehaltene, nicht übertragbare Finanzinstrumente, stellen **kein Planvermögen** dar. Letzteres reduziert sich auch um Schulden der Einheit, welche nicht i. Z. mit Leistungen an Arbeitnehmer stehen, wie etwa Liefer- oder derivative Verbindlichkeiten (IAS 19.8 und 19.114).

Beherrscht der Arbeitgeber eine separate Einheit, welche einen Leistungsplan darstellt, so wird diese vom Arbeitgeber ungeachtet des Regelwerks von IFRS 10 ***nicht* konsolidiert**. Dies gilt auch dann, wenn die separate Einheit Vermögen hält, welches kein Planvermögen darstellt.[195]

193 Vgl. Kapitel 3.1.

194 Besondere Versicherungsverträge i. S. von IAS 19 sind nicht notwendigerweise Versicherungsverträge i. S. von IFRS 4 (IAS 19.8, Fußnote 1).

195 Vgl. *KPMG*, Insights into IFRS, 11. Aufl., Rz. 4. 4. 1490.10 und 4. 4. 1490.30.

Der beizulegende Zeitwert des Planvermögens ist vom Barwert der leistungsorientierten Verpflichtung abzuziehen.[196] Beim **beizulegenden Zeitwert** handelt es sich um jenen Preis, der beim Verkauf eines Vermögenswerts zufließen würde, bzw. der zu zahlen wäre, um eine **Schuld zu übertragen**, und zwar in einem gewöhnlichen Geschäft zwischen Marktteilnehmern am Bewertungsstichtag zu den gegenwärtigen Marktbedingungen (IAS 19.8 i.V. mit IFRS 13).[197]

3.3.4 Erfassung und Ausweis in der Bilanz

In der Bilanz ist der beizulegenden Zeitwert des vorhandenen Planvermögens mit dem Barwert der leistungsorientierten Verpflichtung zu **saldieren** (IAS 19.57(a)(iii) und 19.113). Daraus resultiert entweder ein Passivüberhang (= leistungsorientierte Nettoschuld) oder ein Aktivüberhang. Der Bilanzansatz eines Aktivüberhangs ist durch die in IAS 19 und IFRIC 14 festgelegte **Obergrenze** (*asset ceiling*) beschränkt. Bei letzterer handelt es sich um den Barwert der verfügbaren wirtschaftlichen Vorteile in Form von Rückerstattungen durch den Plan oder Reduktionen künftiger Beiträge an den Plan. Nach Beschränkung eines Aktivüberhangs auf seine Obergrenze spricht man vom leistungsorientierten Nettovermögen (IAS 19.8, 19.63 f. und IFRIC 14).

Es ist zulässig, allerdings nicht erforderlich, die Schulden (Vermögenswerte) aus leistungsorientierten Plänen für Zwecke des Bilanzausweises in kurz- bzw. langfristige Schulden (Vermögenswerte) aufzuteilen (IAS 19.133). In der Praxis ist jedenfalls der Ausweis der gesamten leistungsorientierten Schuld (des gesamten leistungsorientierten Vermögens) im Rahmen der **langfristigen Schulden** (des langfristigen Vermögens) üblich.[198]

Bei Erfüllung bestimmter Kriterien ist ein Vermögenswert aus einem Plan mit einer Schuld aus einem **anderen Plan** zu **saldieren**. Bei diesen Kriterien geht es vereinfacht ausgedrückt darum, ob das Unternehmen in der Realität einen Anspruch auf und die Absicht zur Verrechnung hat (IAS 19.131 f.).

3.3.5 Erfassung und Ausweis in der GuV

Die Dienstzeitaufwendungen und die Nettozinsen sind GuV-wirksam zu erfassen, soweit diese nicht nach einem anderen Standard als Teil der Herstellungskosten eines Vermögenswerts (z. B. von fertigen oder unfertigen Erzeugnissen) aktiviert werden (IAS 19.120 f.):

- Die **Dienstzeitaufwendungen** umfassen die folgenden Komponenten (IAS 19.8):
  - **Laufenden Dienstzeitaufwand**, d. h. die Zunahme des Barwerts der leistungsorientierten Verpflichtung, welche auf in der aktuellen Periode erbrachte Arbeitsleistung zurückzuführen ist (Barwert des Bausteins).
  - **Nachzuverrechnenden Dienstzeitaufwand**, d. h. die Veränderung des Barwerts der leistungsorientierten Verpflichtung für in Vorperioden erbrachte Arbeitsleistungen aufgrund einer **Planänderung** (Einführung, Rücknahme oder Änderung eines leistungsorientierten Plans) oder einer **Plankürzung** (i. S. einer erheblichen Reduktion der Anzahl der vom Plan erfassten Arbeitnehmer durch das Unternehmen).

196 Vgl. Kapitel 3.3.1 und 3.3.4.

197 Zur Ermittlung beizulegender Zeitwerte vgl. Abschnitt IFRS 13.

198 Vgl. *KPMG*, Insights into IFRS, 11. Aufl., Rz. 4. 4. 1090.10 f.

- **Gewinne oder Verluste aus der Abgeltung** eines Plans: Bei einer Abgeltung werden alle weiteren Verpflichtungen für einen Teil oder alle der im Rahmen eines leistungsorientierten Plans zugesagten Leistungen eliminiert. Zahlungen an oder für Arbeitnehmer, welche durch den Plan festgelegt und in den aktuarischen Annahmen enthalten sind, stellen jedoch keine Abgeltung dar.

► Bei den **Nettozinsen** auf die leistungsorientierte Nettoschuld (bzw. auf das leistungsorientierte Nettovermögen) handelt es sich um die Änderung der leistungsorientierten Nettoschuld (bzw. des leistungsorientierten Nettovermögens) während der Periode aufgrund des Ablaufs von Zeit (IAS 19.8). Sie werden durch Multiplikation der Nettoschuld (bzw. des Nettovermögens) mit dem – in IAS 19.83 festgelegten – Abzinsungssatz[199] berechnet, wobei beide Größen zu Beginn der jährlichen Berichtsperiode ermittelt werden. Änderungen der Nettoschuld bzw. des Nettovermögens während der Periode aufgrund von Beitrags- und Leistungszahlungen sind jedoch zu berücksichtigen. Die Nettozinsen bestehen somit aufgrund des soeben dargestellten Berechnungsschemas aus Zinserträgen auf das Planvermögen, Zinsaufwendungen auf die leistungsorientierte Verpflichtung und Zinsen auf die Auswirkung der Obergrenze[200] für einen Aktivüberhang (IAS 19.123 f.).

Während der **Dienstzeitaufwand** jedenfalls zum **Betriebserfolg** gehört, kann der **Nettozinsaufwand bzw. -ertrag** aus der leistungsorientierten Nettoschuld (bzw. dem leistungsorientierten Nettovermögen) **wahlweise** dem **Finanzerfolg oder** dem **Betriebserfolg** zugeordnet werden (IAS 19.134 und 19.BC201).[201]

Die in IAS 19 generell als Saldogröße betrachteten **Nettozinsen** fließen u. E. auf **saldierter Basis** in den Betriebs- bzw. Finanzerfolg ein (u. a. IAS 19.120 und 19.134). Dies entspricht auch dem von IAS 1.33 für eine Saldierung geforderten wirtschaftlichen Gehalt. So erfolgt etwa im Finanzerfolg (ungeachtet IFRS 7.IG13) kein separater Ausweis der in den Nettozinsen i. S. von IAS 19 enthaltenen Zinsaufwendungen und -erträge.

3.3.6 Erfassung und Ausweis im sonstigen Gesamtergebnis

Sog. **Neubewertungen** der leistungsorientierten Nettoschuld bzw. des leistungsorientierten Nettovermögens sind im **sonstigen Gesamtergebnis** zu erfassen und auszuweisen, soweit diese nicht nach einem anderen Standard als Teil der Herstellungskosten eines Vermögenswerts aktiviert werden (IAS 19.120c). Unter dem Begriff „Neubewertungen" sind die laufenden periodischen Schwankungen der Werte der leistungsorientierten Verpflichtung und des Planvermögens zu verstehen (IAS 19.BC65c). Präziser ausgedrückt bestehen Neubewertungen aus drei Komponenten (IAS 19.8, 19.57d und 19.127):

(a) **Aktuarische** (d. h. versicherungsmathematische) **Gewinne und Verluste**, d. h. Änderungen des Barwerts der **leistungsorientierten Verpflichtung**, welche folgende Ursachen haben:

  ► Erfahrungsbedingte Anpassungen, also Abweichungen zwischen den früheren aktuarischen Annahmen und der tatsächlichen Entwicklung (z. B. unerwartet hohe Mitarbeiterfluktuation).

---

199 Vgl. Kapitel 3.3.2.

200 Vgl. Kapitel 3.3.4.

201 Vgl. auch *Pawelzik*, PiR 2011, S. 215 f., *PwC*, Manual of accounting, IFRS 2015, Band 1, Tz. 11.252 sowie *KPMG*, Insights into IFRS, 11. Aufl., Tz. 4. 4. 1100.10.

- Auswirkungen von Änderungen aktuarischer Annahmen (z. B. geänderte Einschätzung der künftigen Mitarbeiterfluktuation).

Aktuarische Annahmen umfassen Annahmen hinsichtlich (IAS 19.76)

- **demografischer Parameter** (z. B. Sterblichkeit, Frühpensionierungen und Mitarbeiterfluktuation) sowie
- **finanzieller Parameter** (z. B. Abzinsungssatz, künftige Gehalts- und Lohnsteigerungen einschließlich Karrieretrends – IAS 19.90).

Diese aktuarischen Annahmen sind am Jahresanfang festzulegen, d. h. zu Jahresbeginn erfolgt eine Schätzung der bis zum Jahresende erwarteten Fluktuation, Gehaltssteigerungen usw. Auf Basis dieser Annahmen zu Jahresbeginn wird ein erwarteter Wert der Verpflichtung auf das Jahresende bezogen berechnet. Am Jahresende erfolgt dann ein **Vergleich des tatsächlichen Werts der Verpflichtung mit deren erwartetem Wert**. Als Differenz ergeben sich aktuarische Gewinne bzw. Verluste.

(b) **Unterschiedsbetrag** zwischen (IAS 19.125)

- den **tatsächlichen Erträgen aus dem Planvermögen** (z. B. Zinsen, Dividenden sowie realisierte und unrealisierte Gewinne aus dem Planvermögen) (IAS 19.8) und
- den **Zinserträgen auf das Planvermögen**, welche sich aus der Multiplikation des beizulegenden Zeitwerts des Planvermögens mit dem Zinssatz i. S. von IAS 19.83[202] (beide ermittelt zu Beginn des Geschäftsjahres) ergeben (wobei Änderungen des während der Periode gehaltenen Planvermögens aufgrund von Beitrags- und Leistungszahlungen zu berücksichtigen sind).

(c) Änderungen der Auswirkung der **Obergrenze**[203] für einen Aktivüberhang, exkl. der Beträge, welche Bestandteil der Nettozinsen auf die leistungsorientierte Nettoschuld bzw. auf das leistungsorientierte Nettovermögen sind (IAS 19.126).

Neubewertungen der leistungsorientierten Nettoschuld bzw. des leistungsorientierten Nettovermögens sind Bestandteil des **sonstigen Gesamtergebnisses I**,[204] d. h. es findet niemals eine Umgliederung in die GuV statt (IAS 19.122 und IAS 1.96). Allerdings ist es zulässig, die im sonstigen Gesamtergebnis erfassten Beträge ohne Berührung der Ergebnisrechnung von einer Eigenkapitalkategorie in eine andere umzubuchen (IAS 19.122 und 19.BC100).

4. Andere langfristige Leistungen an Arbeitnehmer

Gegenstand dieser Kategorie sind alle Leistungen an Arbeitnehmer, welche *nicht* kurzfristig fällige Leistungen an Arbeitnehmer, Leistungen nach Beendigung des Arbeitsverhältnisses bzw. Leistungen anlässlich der Beendigung des Arbeitsverhältnisses darstellen (IAS 19.8).

202 Vgl. Kapitel 3.3.2.
203 Vgl. Kapitel 3.3.4.
204 Vgl. Abschnitt IAS 1, Kapitel 6.2.

Beispiele sind Jubiläumsgelder, Sonderurlaube nach langjähriger Dienstzeit, Erwerbsunfähigkeitsleistungen, Gewinnbeteiligungen sowie aufgeschobene Vergütungen, sofern keine vollständige Begleichung innerhalb von zwölf Monaten nach dem Bilanzstichtag des Geschäftsjahres, in dem die entsprechenden Arbeitsleistungen erbracht wurden, erwartet wird (IAS 19.153).

Sofern Pläne über andere langfristige Leistungen an Arbeitnehmer den Charakter von Beitragsplänen haben, sind diese u. E. auch wie **Beitragspläne** zu bilanzieren.[205]

Handelt es sich bei Plänen über andere langfristige Leistungen an Arbeitnehmer hingegen um **Leistungspläne,**[206] so erfolgt deren Bilanzierung in ähnlicher Weise wie jene von Leistungsplänen über Leistungen nach Beendigung des Arbeitsverhältnisses.[207] So ist u. a. auch der beizulegende Zeitwert eines ggf. vorhandenen Planvermögens in der Bilanz von der Schuld abzusaldieren, wobei für den Ansatz eines daraus resultierenden Aktivüberhangs die für leistungsorientierte Pensionspläne beschriebene Obergrenze[208] gilt.[209] Zu beachten ist jedoch, dass **Neubewertungen** nicht im sonstigen Gesamtergebnis erfasst werden, sondern **GuV-wirksam** (IAS 19.154-19.156).

5. Leistungen anlässlich der Beendigung des Arbeitsverhältnisses

5.1 Begriffsabgrenzung

Die gegenständliche Kategorie umfasst Leistungen, die das Unternehmen als **Gegenleistung für die Beendigung des Arbeitsverhältnisses** eines Mitarbeiters erbringt (und *nicht* für die Arbeitsleitungen des Mitarbeiters), welche eine der folgenden beiden Ursachen hat (IAS 19.8 und 19.159):

- Das Unternehmen hat beschlossen, das Arbeitsverhältnis vor dem regulären Pensionierungszeitpunkt (bzw. vor dem regulären Ende des Dienstverhältnisses) zu beenden (**unfreiwilliges Ausscheiden**).
- Ein Arbeitnehmer stimmt einem Angebot von Leistungen für die Beendigung seines Arbeitsverhältnisses zu (**freiwilliges Ausscheiden**).

Um eine Leistung anlässlich der Beendigung des Arbeitsverhältnisses handelt es sich auch bei der **Differenz** zwischen (IAS 19.160)

- der Leistung, welche im Falle der arbeitnehmerseitig gewünschten Beendigung gewährt wird und
- einer höheren Leistung, die im Falle der arbeitgeberseitigen Beendigung zusteht.

Bei Leistungen, welche **unabhängig vom Grund des Ausscheidens** gewährt werden, handelt es sich nicht um Leistungen anlässlich der Beendigung des Arbeitsverhältnisses, sondern um Leistungen nach dessen Beendigung (IAS 19.164).

205 Gl. A. *KPMG*, Insights into IFRS, 11. Aufl., Tz. 4. 4. 1330.10; zur Einstufung als Beitragsplan vgl. Kapitel 3.1 und zur Bilanzierung von Beitragsplänen Kapitel 3.2.

206 Vgl. Kapitel 3.1.

207 Vgl. Kapitel 3.3.

208 Vgl. Kapitel 3.3.4.

209 *Ernst & Young*, International GAAP 2014, S. 2345.

5.2 Ansatz

Eine Schuld sowie ein Aufwand sind **zum früheren** der folgenden beiden **Zeitpunkte** zu erfassen (IAS 19.165):

(a) Zeitpunkt, zu dem das Unternehmen **Kosten für eine Restrukturierung erfasst**, welche sich im Anwendungsbereich von IAS 37 befindet und die Zahlung von Leistungen anlässlich der Beendigung des Arbeitsverhältnisses beinhaltet.

(b) Zeitpunkt, ab dem das Unternehmen ein **Angebot** von Leistungen anlässlich der Beendigung des Arbeitsverhältnisses **nicht mehr zurückziehen kann**. Letzterer Zeitpunkt wird im Standard konkretisiert:

- Sind die Leistungen fällig, weil ein Arbeitnehmer als Gegenleistung für den Erhalt ebendieser seiner Freisetzung **freiwillig zugestimmt** hat, so ist der **frühere** der folgenden Zeitpunkte maßgeblich (IAS 19.166):
  - Zeitpunkt, zu dem der Arbeitnehmer das Angebot annimmt;
  - Zeitpunkt, zu dem eine Restriktion (z. B. in der Form einer gesetzlichen, regulatorischen oder vertraglichen Vorschrift) hinsichtlich der Möglichkeit des Unternehmens, das Angebot zurückzuziehen, in Kraft tritt.
- Sind die Leistungen hingegen aufgrund der **Entscheidung des Unternehmens** fällig, Arbeitsverhältnisse zu beenden, so ist auf jenen Zeitpunkt abzustellen, zu dem das Unternehmen einen **Plan** zur Beendigung gegenüber den betroffenen Arbeitnehmern kommuniziert hat. Dabei gilt die Kommunikation gegenüber einer Arbeitnehmervereinigung, welche die betroffenen Mitarbeiter umfasst, als ausreichend.[210] Der Plan muss alle der folgenden Kriterien erfüllen (IAS 19.167):
  - Die zur Durchführung des Plans erforderlichen Handlungen deuten darauf hin, dass es **unwahrscheinlich** ist, dass der Plan noch **signifikant geändert werden wird**.
  - Im Plan wird die **Anzahl der Arbeitnehmer** identifiziert, deren Arbeitsverhältnisse zu beenden sind, sowie ihre **Jobklassifizierungen bzw. Funktionen** und ihre **Standorte**. Der Plan muss allerdings nicht jeden einzelnen Mitarbeiter identifizieren. Darüber hinaus muss der voraussichtliche **Durchführungszeitpunkt** im Plan erwähnt werden.
  - Im Plan werden die **Leistungen** anlässlich der Beendigung des Arbeitsverhältnisses, die die Arbeitnehmer erhalten werden, **ausreichend detailliert festgesetzt**, sodass die Mitarbeiter die Art und den Betrag der Leistungen, die sie bei Beendigung erhalten werden, feststellen können.

5.3 Bewertung

Die Bewertung beim erstmaligen Ansatz sowie die Bewertung und die Erfassung nachfolgender Änderungen erfolgen **in Übereinstimmung mit der Art der Leistung** an Arbeitnehmer. Demnach werden die Vorschriften für **Leistungen nach Beendigung des Arbeitsverhältnisses** angewandt, sofern die Leistungen anlässlich der Beendigung des Arbeitsverhältnisses eine Erweiterung von Leistungen nach Beendigung des Arbeitsverhältnisses darstellen. Anderenfalls gilt Folgendes (IAS 19.169):

---

210 Vgl. *KPMG*, Insights into IFRS, 11. Aufl., Tz. 4. 4. 1460.60.

- Wird eine gänzliche Begleichung innerhalb von 12 Monaten nach dem Ende der jährlichen Berichtsperiode erwartet, in der diese Leistungen erfasst wurden, so gelten die Vorschriften für **kurzfristig fällige Leistungen an Arbeitnehmer**.
- Wird *keine* gänzliche Begleichung innerhalb von 12 Monaten nach dem Ende der jährlichen Berichtsperiode erwartet, so sind die Vorschriften für **andere langfristige Leistungen an Arbeitnehmer** anzuwenden.

6. Aufgaben mit Lösungen

AUFGABE 1

Kategorisierung von Leistungen an Arbeitnehmer

Die X-AG gewährt ihren Arbeitnehmern die folgenden Leistungen:[211]

(a) Die X-AG hat sich dazu verpflichtet, einem jeden ihrer Arbeitnehmer bei Beendigung des Arbeitsverhältnisses einen Betrag i. H. von 1/60 des Jahresgehalts des letzten Dienstjahres für jedes geleistete Dienstjahr auszuzahlen. Diese Zahlung steht unabhängig vom Grund des Ausscheidens zu.

(b) Im Rahmen einer Restrukturierung bietet die X-AG allen ihrer Mitarbeiter im Alter zwischen 54 und 58 Jahren zeitlich befristet ein Frühpensionierungspaket an. Dabei verlassen Mitarbeiter im Alter von 58 Jahren (oder älter) sofort die Firma. Mitarbeiter, die 54 Jahre oder älter sind, aber noch nicht 58, und das Angebot annehmen, müssen hingegen bis zu ihrem 58. Geburtstag weiterarbeiten.

(c) Nach vierjähriger, bei der X-AG geleisteter Dienstzeit besteht ein einmaliger Anspruch auf einen zusätzlichen Urlaub von einer Woche. Es ist *nicht* möglich, diesen Sonderurlaub vor Ablauf der 4-Jahresfrist anteilig zu konsumieren.

(d) Den Mitarbeitern der X-AG stehen nach lokalem Recht pro Jahr 15 Tage an bezahltem Urlaub zu. Rechtlich betrachtet können die Arbeitnehmer ihre Urlaubsansprüche zeitlich unbegrenzt vortragen. Bei Beendigung des Dienstverhältnisses werden nicht genutzte Urlaubsguthaben ausbezahlt. Die X-AG kontrolliert die Urlaubsguthaben häufig und fordert ihre Mitarbeiter oft eindringlich dazu auf, diese in Anspruch zu nehmen. Daher werden die Urlaubsguthaben von den Mitarbeitern innerhalb von 12 Monaten konsumiert.

(e) Die Angabe lautet wie in Variante (d). Allerdings fordert die X-AG ihre Mitarbeiter erst zum Verbrauch des Urlaubs auf, wenn diese mehr als 30 nicht ausgenutzte Urlaubstage angesammelt haben. Vor diesem Hintergrund sammeln zahlreiche Arbeitnehmer Urlaubsguthaben von mehr als 15 Tagen an.

211 Zu ähnlichen Beispielen vgl. *KPMG*, Insights into IFRS, 11. Aufl., Tz. 4.4.110.10, 4. 4. 1250.35-4. 4. 1250.38, 4. 4. 1320.60 und 4. 4. 1450.65 f.

Aufgabenstellung

Beurteilen Sie, welcher Kategorie von Leistungen an Arbeitnehmer (i. S. von IAS 19.8) die beschriebenen Leistungen der X-AG zuzuordnen sind.

Lösungshinweise

Insbesondere Kapitel 2, 3.1, 4 und 5.1

LÖSUNG

(a) Da die Zahlung jedem Arbeitnehmer bei Beendigung des Dienstverhältnisses unabhängig vom Grund des Ausscheidens zusteht, handelt es sich um Leistungen nach Beendigung des Arbeitsverhältnisses und *nicht* um Leistungen anlässlich dessen Beendigung (IAS 19.164).

(b) Die Leistungen, welche von der X-AG an Mitarbeiter erbracht werden, welche **54 oder älter** sind, **allerdings noch nicht 58**, und das Angebot annehmen, stellen Leistungen nach Beendigung des Arbeitsverhältnisses dar. Die Leistungen an Arbeitnehmer stehen nämlich nur dann zu, wenn diese Mitarbeiter künftig noch weitere Arbeitsleistungen erbringen. Anders verhält es sich hingegen bei den Leistungen an jene Mitarbeiter, welche bereits **58 oder älter** sind. Bei diesen handelt es sich um Leistungen anlässlich der Beendigung des Arbeitsverhältnisses, da sie als Gegenleistung für die Beendigung des Arbeitsverhältnisses erbracht werden (IAS 19.162).

(c) Diese Leistung (Sonderurlaub) der X-AG ist stets der Kategorie „andere langfristige Leistungen" (i. S. von IAS 19.8) zuzuordnen. Ungeachtet dessen erfolgt der Bilanzausweis der entsprechenden Schuld der X-AG[212]

- für Mitarbeiter in den ersten 3 Dienstjahren als langfristige Schuld,
- für im 4. Dienstjahr befindliche Mitarbeiter als kurzfristige Schuld.

(d) Zu jedem Bilanzstichtag erwartet die X-AG, dass die Urlaubsguthaben zur Gänze innerhalb von 12 Monaten in Anspruch genommen werden. Daher erfolgt die Zuordnung zur Kategorie „kurzfristig fällige Leistungen an Arbeitnehmer" (i. S. von IAS 19.8).

(e) Es ist davon auszugehen, dass ein signifikanter Teil des während des Geschäftsjahres erdienten Urlaubsguthabens mehr als 12 Monate nach dem Bilanzstichtag konsumiert werden wird. Das Kriterium „gänzliche Begleichung der Arbeitnehmeransprüche innerhalb von 12 Monaten nach dem Bilanzstichtag" der Kategorie „kurzfristig fällige Leistungen" (i. S. von IAS 19.8) ist somit *nicht* erfüllt. Daher erfolgt die Zuordnung der gesamten Leistungen (d. h. auch der kurzfristigen Teile) in die Kategorie „andere langfristige Leistungen an Arbeitnehmer" (i. S. von IAS 19.8). Hinsichtlich des Bilanzausweises wird allerdings zwischen kurz- und langfristigen Teilen differenziert.

212 Zur einheitlichen Bewertung anderer langfristiger Leistungen einerseits sowie zur Unterscheidung kurz- und langfristiger Teile hinsichtlich des Ausweises andererseits vgl. *KPMG*, Insights into IFRS, 11. Aufl., Tz. 4.4.1320.40 und 4.4.1430.10.

AUFGABE 2

Beitrags- oder Leistungsplan?

Die X-AG hat für ihre Mitarbeiter einen Pensionsplan eingerichtet, der über einen externen Fonds abgewickelt wird. Sowohl die X-AG als auch deren Mitarbeiter entrichten dabei jeweils Fondsbeiträge i. H. von 2 % des Gehalts. Das Pensionsalter beträgt 67 Jahre. Das Pensionskonto des jeweiligen Mitarbeiters umfasst die kumulierten Beiträge sowie eine seitens der X-AG garantierte Mindestverzinsung von 3,5 % p. a. Die X-AG rechnet damit, dass der Fonds die Mindestverzinsung leicht erwirtschaften wird.[213]

Aufgabenstellung

Beurteilen Sie, ob es sich bei dem vorliegenden Plan der X-AG über Leistungen nach Beendigung des Arbeitsverhältnisses um einen Beitrags- oder um einen Leistungsplan handelt.

Lösungshinweise

Insbesondere Kapitel 3.1

LÖSUNG

Die Verpflichtung der X-AG besteht nicht lediglich darin, ihre zugesagten Beiträge zu entrichten. Die X-AG trägt vielmehr das Investitionsrisiko, d. h. das Risiko, dass die Rendite unter der garantierten Mindestverzinsung liegen wird und die X-AG Nachschüsse leisten muss, um die Mindestrendite zu gewährleisten (IAS 19.29b). Aus diesem Grund stellt der Pensionsplan der X-AG einen Leistungsplan dar. Die Erwartung der X-AG, dass der Fonds die Mindestverzinsung leicht erwirtschaften wird, ändert nichts an dieser Beurteilung.

AUFGABE 3

Veranschaulichung des Anwartschaftsbarwertverfahrens[214]

Herr Huber wird per 01.01.01 bei der X-AG angestellt. Bei Beendigung des Arbeitsverhältnisses hat Herr Huber Anspruch auf eine Einmalzahlung i. H. von 1 % des Jahresgehalts für jedes geleistete Dienstjahr. Maßgeblich ist dabei das Gehaltsniveau im Zeitpunkt des Ausscheidens. Im Jahr 01 beträgt das Gehalt von Herrn Huber GE 100, wobei für die Folgejahre von einer (zinseszinsmäßig zu berechnenden) Gehaltssteigerung von 8 % p. a. ausgegangen wird. Der Abzinsungssatz beträgt 10 % p. a. Es wird damit gerechnet, dass Herr Huber per 31.12.04 aus der X-AG ausscheiden wird. Es sei vereinfachend angenommen, dass sich die aktuarischen Annahmen nicht verändern. Darüber hinaus wird die erforderliche Anpassung, um die Wahrscheinlichkeit eines früheren oder späteren Ausscheidens zu berücksichtigen, vernachlässigt.

213 Zu einem ähnlichen Beispiel vgl. *PwC*, Manual of accounting, IFRS 2015, Rz. 11.72, Bsp. 3.

214 Zu einem ähnlichen Beispiel vgl. IAS 19.68.

Aufgabenstellung

Ermitteln Sie aus der Perspektive der X-AG (Bilanzstichtag: 31.12.) für die Jahre 01 bis 04 jeweils

(a) den Buchwert der Schuld zum 31.12.

(b) den Dienstzeitaufwand sowie den Zinsaufwand.

Stellen Sie zusätzlich die in 02 erforderliche Buchung dar, wenn die X-AG die Zinsen im Betriebserfolg ausweist.

Lösungshinweise

Insbesondere Kapitel 3.3.2 und 3.3.5

LÖSUNG

Anmerkung:

	Gehalt 01	100,00			
(a)	Gehalt 04	125,97 *(= 100 · 1,08³)*			
(b)	Anspruch von Hr. Huber **p. a.** bei Ausscheiden am 31.12.04	1,26 *(= 125,97 · 1 %)*			
		01	**02**	**03**	**04**
(b)	Per 31.12. kumuliert erdienter Anspruch	1,26	2,52	3,78	5,04
(c)	Schuld per 01.01.	0,00	0,95	2,08	3,44
(d)	Zinsaufwand *(z. B. 03: 2,08 · 10 %)*	0,00	0,09	0,21	0,34
(e)	Dienstzeitaufwand *(z. B. 03: 1,26 : 1,1)*	0,95	1,04	1,15	1,26
(f)	Schuld per 31.12. *(z. B. 02: 2,52 : 1,1²)*	0,95	2,08	3,44	5,04
(g)	Gesamter Aufwand *(z. B. 02: 2,08 - 0,95 oder 1,04 + 0,09)*	0,95	1,13	1,36	1,60

Anmerkungen:

(a) Es treten insgesamt 3 Gehaltssteigerungen ein (Gehaltssprung von 01 auf 02, von 02 auf 03 und von 03 auf 04). Daher ergibt sich das Gehalt für 04 durch Aufzinsung mit dem Faktor $1{,}08^3$.

(b) Jedes Jahr wird ein Anspruch i. H. von GE 1,26 erdient (= 1 % vom Jahresgehalt, bemessen auf Basis des Gehaltsniveaus im Zeitpunkt des erwarteten Ausscheidens).

(c) Die Schuld per 01.01. entspricht der Schuld per 31.12. des Vorjahres (siehe Anmerkung f).

(d) Der Zinsaufwand ergibt sich aus der Multiplikation der Schuld per 01.01. mit dem Zinssatz (IAS 19.123).

(e) Beim Dienstzeitaufwand handelt es sich um den **im jeweiligen Jahr erdienten** Anspruch, abgezinst über die Zeitspanne zwischen dem Bilanzstichtag und dem Zeitpunkt des erwarteten Ausscheidens. Dies entspricht der Systematik des Anwartschaftsverfahrens, nach der jedes Jahr ein weiterer Baustein (d. h. der im jeweiligen Jahr erdiente Leistungsanspruch) dazu kommt, wodurch die Verpflichtung weiter aufgebaut wird.

(f) Die Schuld per 31.12. ergibt sich stets durch Abzinsung des bis 31.12. **kumuliert erdienten** Anspruchs, mit 10 % p. a. Die Abzinsung erfolgt über die Zeitspanne zwischen dem Bilanzstichtag und dem Zeitpunkt des erwarteten Ausscheidens. Als Kontrolle gilt: Schuld per 01.01. + Zinsaufwand + Dienstzeitaufwand = Schuld per 31.12.

(g) Der gesamte Aufwand ergibt sich als Summe aus Zins- und Dienstzeitaufwand bzw. in diesem Beispiel auch als Veränderung der Schuld von Jahr zu Jahr.

31.12.02	Personalaufwand	1,13	
	an Leistungsorientierte Schuld		1,13

AUFGABE 4

Leistungsplan[215]

Für die Mitarbeiter der X-AG wurde vor einigen Jahren ein leistungsorientierter Pensionsplan eingerichtet, welcher über eine separate Einheit (Fonds) abgewickelt wird. Für das Geschäftsjahr 01 liegen die folgenden Informationen vor:

Zinssatz per 01.01.01	5 %
Tatsächlicher Zeitwert des Planvermögens per 01.01.01	1.000
Tatsächlicher Zeitwert des Planvermögens per 31.12.01	1.070
Fondsdotierungen *(= tatsächlich von der X-AG an den Fonds überwiesene Beträge)*	70
Geleistete Pensionszahlungen *(= tatsächlich vom Fonds gezahlte Beträge)*	60
Obergrenze per 01.01.01 *(für den Ansatz eines Aktivüberhangs)*	40
Dienstzeitaufwand *(auf Basis der aktuarischen Berechnung per 31.12.00)*	105
Tatsächliche Verpflichtung per 01.01.01 *(auf Basis der aktuarischen Berechnung per 31.12.00)*	900
Tatsächliche Verpflichtung per 31.12.01 *(auf Basis der aktuarischen Berechnung per 31.12.01)*	1.090

Aufgabenstellung

Nehmen Sie alle aus der Perspektive der X-AG (Bilanzstichtag: 31.12.) für das Geschäftsjahr 01 erforderlichen Buchungen vor, wenn die X-AG die Nettozinsen im Finanzerfolg ausweist. Bei der Berechnung der Nettozinsen sollen Änderungen der Nettoschuld bzw. des Nettovermögens während der Periode aufgrund von Beitrags- und Leistungszahlungen vereinfachend vernachlässigt werden.

Lösungshinweise

Insbesondere Kapitel 3.3

215 Zu einem ähnlichen Beispiel vgl. *KPMG*, Insights into IFRS, 11. Aufl., Tz. 4. 4. 1020.20.

LÖSUNG

PLANVERMÖGEN	
Tatsächlicher Zeitwert per 01.01.01	1.000
Zinserträge *(= 5 % von GE 1.000)*	50
Fondsdotierungen *(= tatsächlich von der X-AG an den Fonds überwiesene Beträge)*	70
Geleistete Pensionszahlungen *(= tatsächlich vom Fonds gezahlte Beträge)*	-60
Erwartetes Planvermögen per 31.12.01	**1.060**
Tatsächlicher Zeitwert per 31.12.01	1.070
Neubewertungsgewinn für das Jahr 01	**10**

Der Zeitwert des Planvermögens ist per 31.12.01 höher, als zu Jahresbeginn erwartet. Dies ist aus der Sicht der X-AG **erfreulich**. Deshalb stellt der Differenzbetrag von GE 10 einen (Neubewertungs-)**Gewinn** dar.

LEISTUNGSORIENTIERTE VERPFLICHTUNG	
Tatsächliche Verpflichtung per 01.01.01 *(auf Basis der aktuarischen Berechnung per 31.12.00)*	900
Zinsaufwendungen *(= 5 % von GE 900)*	45
Dienstzeitaufwand *(auf Basis der aktuarischen Berechnung per 31.12.00)*	105
Geleistete Pensionszahlungen *(= tatsächlich vom Fonds gezahlte Beträge)*	-60
Erwartete Verpflichtung per 31.12.01	**990**
Tatsächliche Verpflichtung per 31.12.01 *(auf Basis der aktuarischen Berechnung per 31.12.01)*	1.090
Neubewertungsverlust (= aktuarischer Verlust) für das Jahr 01	**100**

Die Verpflichtung per 31.12.01 ist höher, als zu Jahresbeginn erwartet. Dies ist aus Sicht der X-AG **unerfreulich**. Aus diesem Grund handelt es sich beim Differenzbetrag von GE 100 um einen (Neubewertungs-)**Verlust**.

AUSWIRKUNGEN DER OBERGRENZE FÜR DEN AKTIVÜBERHANG	
Aktivüberhang per 01.01.01 *(= GE 1.000 - GE 900)*	100
Obergrenze per 01.01.01	40
Nicht ansetzbarer Teil des Aktivüberhangs per 01.01.01	**60**
Zinsaufwand darauf *(= GE 60 · 5 %)*	3
Erwartete Auswirkung der Obergrenze per 31.12.01	**63**
Tatsächliche Auswirkung der Obergrenze per 31.12.01 *(= 0, da Passivüberhang von GE 20 (= GE 1.070 - GE 1.090))*	0
Neubewertungsgewinn *(IAS 19.126)*	**63**

Der Nachteil der Beschränkung des Aktivüberhangs per 31.12.01 ist entgegen der ursprünglichen Erwartungen weggefallen. Dieser Effekt ist für sich genommen aus Sicht der X-AG **erfreulich**. Aus diesem Grund handelt es sich beim Differenzbetrag von GE 63 um einen (Neubewertungs-)**Gewinn**.

Per 01.01.01 wird für den Pensionsplan ein leistungsorientiertes Nettovermögen i. H. von GE 40 ausgewiesen. Schließlich konnte der Aktivüberhang von GE 100 (= GE 1.000 - GE 900) nur bis zur Obergrenze von GE 40 aktiviert werden. Per 31.12.01 enthält die Bilanz eine leistungsorientierte Nettoschuld von GE 20 (= GE 1.070 - GE 1.090). Die für das Jahr 01 erforderliche Buchung lautet:

31.12.01		Personalaufwand	105,-	
		Sonstiges Gesamtergebnis I (Pensionsrücklage)	27,-	
	an	Nettozinsertrag		2,-
	an	Leistungsorientiertes Nettovermögen		40,-
	an	Leistungsorientierte Nettoschuld		20,-
	an	Geld		70,-

Anmerkungen:

- Das sonstige Gesamtergebnis umfasst die Summe der oben ermittelten Neubewertungen von GE -27 (= GE 10 - GE 100 + GE 63).
- Die Nettozinsen von GE 2 (= GE 50 - GE 45 - GE 3) (IAS 19.123 f.) werden von der X-AG lt. Angabe dem Finanzerfolg zugeordnet und fließen dort als Saldo ein (kein separater Ausweis der einzelnen Teilbeträge der Nettozinsen).
- Am Geldkonto gehen jene Gelder ab, welche von der X-AG an den Fonds überwiesen werden (GE 70) und nicht jene Beträge, die der Fonds an die Arbeitnehmer zahlt.

AUFGABE 5

Andere langfristige Leistungen an Arbeitnehmer[216]

Die X-AG ist ein innovatives Unternehmen, welches im großen Umfang anwendungsorientierte Forschung betreibt. Um ihr dazu notwendiges Humankapital aufrecht zu erhalten, führt die X-AG einen Plan ein, welcher vorsieht, dass in der Forschung tätigen Mitarbeitern, die per 01.01.01 angestellt sind und per 31.12.03 noch immer Dienstnehmer der X-AG sind, einmalig drei zusätzliche Monatsgehälter ausbezahlt werden. Maßgeblich dafür ist das durchschnittliche Gehaltsniveau des Jahres 03. Im Jahr 01 beträgt die Summe der durchschnittlichen Monatsgehälter der begünstigten Mitarbeiter GE 100. Es wird von einer durchschnittlichen Gehaltssteigerung von 10 % p. a. ausgegangen sowie von einem Ausscheiden von 30 % der am 01.01.01 beschäftigten Forschungsmitarbeiter. Der Abzinsungssatz beträgt 5 %. Ab Ende 02 wird nur noch von einer Ausscheidensquote von 20 % ausgegangen.

216 Zu einem ähnlichen Beispiel vgl. *KPMG*, Insights into IFRS, 11. Aufl., Tz. 4. 4. 1340.30-4. 4. 1340.60.

Aufgabenstellung

Nehmen Sie alle aus der Perspektive der X-AG (Bilanzstichtag: 31.12.) für die Geschäftsjahre 01 - 03 erforderlichen Buchungen vor. Die X-AG weist die Dienstzeitaufwendungen, die Nettozinsen sowie die Neubewertungen i. Z. mit den beschriebenen Leistungen im Betriebserfolg aus (IAS 19.156).

Lösungshinweise

Insbesondere Kapitel 4

LÖSUNG

	Jahr 01	Jahr 02	Jahr 03
Gehalt in 03 von GE 363 *(= 3 · GE 100 · 1,1²)* als Ausgangsbasis			363,00
Kumuliert bis 31.12. erdienter Anspruch *(z. B. 02: GE 363 : 3 Jahre · 2 Jahre)*	121,00	242,00	363,00
Barwert per 31.12. *(z. B. 01: GE 121 : 1,05² bzw. 02: GE 242 : 1,05)*	109,75	230,48	363,00
Schuld per 31.12. *(= Barwert · Wahrscheinlichkeit des Verbleibs im Unternehmen, z. B. 01: GE 109,75 · 70 % bzw. 02: GE 230,48 · 80 %)*	76,83	184,38	290,40
Aufwand *(= Veränderung der Schuld, z. B. 03: GE 290,40 - GE 184,38)*	76,83	107,55	106,02

Der ermittelte Aufwand muss in der Gesamtergebnisrechnung nicht weiter aufgeschlüsselt werden, da die Dienstzeitaufwendungen, die Nettozinsen sowie die Neubewertungen i. Z. mit diesem leistungsorientierten Plan (i. S. von IAS 19) von der X-AG allesamt im Betriebserfolg ausgewiesen werden. Die GuV-wirksame Behandlung von Neubewertungen ist eine Besonderheit der Kategorie „andere langfristige Leistungen an Arbeitnehmer" (IAS 19.156).

31.12.01		Personalaufwand	76,83	
	an	Leistungsorientierte Schuld		76,83

31.12.02		Personalaufwand	107,55	
	an	Leistungsorientierte Schuld		107,55

31.12.03		Personalaufwand	106,02	
	an	Leistungsorientierte Schuld		106,02

31.12.03		Leistungsorientierte Schuld	290,40	
	an	Geld		290,40

IAS 20 Öffentliche Zuwendungen

1. Einleitung und Anwendungsbereich

IAS 20 behandelt primär Zuwendungen der öffentlichen Hand. Die **öffentliche Hand** umfasst staatliche Instanzen und zwar unabhängig davon, ob diese auf lokaler, nationaler oder internationaler Ebene tätig sind, und unabhängig von ihrer Rechtsform (IAS 20.3).

Öffentliche Zuwendungen sind Beihilfen der öffentlichen Hand in der Form der Übertragung von Ressourcen an ein Unternehmen für die vergangene oder künftige Einhaltung bestimmter Bedingungen, die sich auf die operative Unternehmenstätigkeit beziehen (IAS 20.3). Für das Vorliegen einer öffentlichen Zuwendung i. S. von IAS 20 ist es unschädlich, wenn es – abgesehen vom Erfordernis, in einer bestimmten Region bzw. Branche tätig zu sein – keine weiteren Bedingungen gibt, die sich speziell auf die operative Unternehmenstätigkeit beziehen (SIC 10). Bei öffentlichen Beihilfen, welche nicht angemessen bewertet werden können (z. B. kostenlose technische Beratung), handelt es sich nicht um öffentliche Zuwendungen. Dasselbe gilt für Geschäfte mit der öffentlichen Hand, die nicht von der normalen Unternehmenstätigkeit unterschieden werden können (IAS 20.3 und 20.34 f.). **IAS 41 „Landwirtschaft"** enthält von IAS 20 abweichende Regeln zur Bilanzierung öffentlicher Zuwendungen. Zur Abgrenzung der Anwendungsbereiche beider Standards im Hinblick auf öffentliche Zuwendungen wird auf den Abschnitt zu IAS 41 (Kapitel 1 und 4) verwiesen.

Investitionszuwendungen werden unter der primären Bedingung gewährt, dass das Unternehmen langfristige Vermögenswerte anschafft oder herstellt. Es können auch Nebenbedingungen existieren (z. B. hinsichtlich der Art oder des Standorts der Vermögenswerte bzw. hinsichtlich des Zeitraums innerhalb dessen sie angeschafft werden müssen oder sich im Besitz des Unternehmen befinden müssen). **Erfolgszuwendungen** werden negativ definiert, und zwar als solche Zuwendungen, die keine Investitionszuwendungen darstellen (IAS 20.3).

2. Ansatz und Bewertung

Öffentliche Zuwendungen (inkl. nicht-monetärer Zuwendungen, die zum beizulegenden Zeitwert bilanziert werden), werden erfasst, sofern **angemessene Sicherheit** besteht, dass das Unternehmen die **Zuwendungsbedingungen erfüllen wird** und, dass die Zuwendungen von der öffentlichen Hand **erhalten werden** (IAS 20.7). Der Zufluss einer Zuwendung stellt – für sich alleine betrachtet – keinen Hinweis dar, dass die Zuwendungsbedingungen erfüllt wurden oder in der Zukunft erfüllt werden (IAS 20.8). I. Z. mit öffentlichen Zuwendungen stehende Eventualforderungen und -schulden sind nach IAS 37 zu behandeln (IAS 20.11).

Die Bilanzierung einer Zuwendung hängt nicht davon ab, wie die Zuwendung gewährt wird (z. B. Barzahlung oder Erlass einer Verbindlichkeit) (IAS 20.9).

Ein Gläubiger kann ein Darlehen gewähren, auf dessen Rückzahlung er unter bestimmten Bedingungen verzichtet **(erlassfähiges Darlehen)** (IAS 20.3). Ein erlassfähiges Darlehen der öffentlichen Hand wird nur dann als öffentliche Zuwendung behandelt, wenn angemessene Sicherheit besteht, dass das Unternehmen die Bedingungen für den Erlass erfüllen wird (IAS 20.10).

Der Vorteil eines **Kredits durch die öffentliche Hand** zu einem **unter dem Marktzinssatz** liegenden Zinssatz ist als öffentliche Zuwendung zu behandeln. Der Ansatz und die Bewertung des Kredits erfolgen dabei gemäß IFRS 9. Der Vorteil aus der niedrigen Verzinsung ist die Differenz zwischen dem nach IFRS 9 ermittelten Buchwert bei der Ersterfassung und dem erhaltenen Betrag. Dieser Vorteil ist nach IAS 20 zu bilanzieren. Bei der Identifikation der Aufwendungen, welche durch den Vorteil kompensiert werden sollen, sind die Bedingungen und Pflichten zu berücksichtigen, die erfüllt wurden bzw. noch zu erfüllen sind (IAS 20.10A).

Eine öffentliche Zuwendung ist auf einer **systematischen Grundlage erfolgswirksam zu erfassen**, und zwar über jene Perioden, in denen die Aufwendungen erfasst werden, die durch die Zuwendung kompensiert werden sollen (IAS 20.12). Im Falle einer Investitionszuwendung für einen planmäßig abzuschreibenden Vermögenswert wird die Zuwendung normalerweise in jenen Perioden und in jenem Ausmaß erfolgswirksam, in denen bzw. in dem die planmäßige Abschreibung von diesem Vermögenswert erfasst wird (IAS 20.17). Ist eine Investitionszuwendung für einen nicht planmäßig abzuschreibenden Vermögenswert an die Erfüllung bestimmter Pflichten gebunden, so ist die Zuwendung in jenen Perioden erfolgswirksam zu erfassen, in denen die Kosten für die Erfüllung der Pflichten eintreten (IAS 20.18).

Eine öffentliche Zuwendung kann auch **für bereits erfasste Aufwendungen** gewährt werden oder mit dem Ziel, eine **sofortige finanzielle Unterstützung** an ein Unternehmen zu leisten und zwar ohne dass ein Bezug zu künftigen Aufwendungen existiert. In diesen Fällen ist eine erfolgswirksame Erfassung in jener Periode vorgesehen, in der der Anspruch entsteht (IAS 20.20).

Erfolgt eine öffentliche Zuwendung in der Form der Übertragung eines **nicht-monetären Vermögenswerts** (z. B. Grund und Boden), so besteht bei der **Erstbewertung** ein **Wahlrecht** (IAS 20.23):

- Ansatz des Vermögenswerts und der Zuwendung mit dem **beizulegenden Zeitwert des Vermögenswerts**. Der beizulegende Zeitwert ist der Preis, der beim Verkauf eines Vermögenswerts zufließen würde, und zwar in einem gewöhnlichen Geschäft zwischen Marktteilnehmern am Bewertungsstichtag zu den gegenwärtigen Marktbedingungen (IAS 20.3 i.V. mit IFRS 13);
- Ansatz des Vermögenswerts und der Zuwendung mit einem **symbolischen Wert** (Merkposten).

3. Ausweis

3.1 Investitionszuwendungen

Für den Ausweis von Investitionszuwendungen (inkl. zum beizulegenden Zeitwert bilanzierter nicht-monetärer Zuwendungen) in der **Bilanz** besteht ein **Wahlrecht** (IAS 20.24-20.27):

- **Bruttomethode**: Die Zuwendung wird als **passive Rechnungsabgrenzung** erfasst. Letztere wird auf einer systematischen Grundlage über die Nutzungsdauer des Vermögenswerts gegen die **sonstigen betrieblichen Erträge** erfolgswirksam aufgelöst.
- **Nettomethode: Die Zuwendung wird als Reduktion der Anschaffungskosten** des Vermögenswertes erfasst. Dies führt i. d. F. zu geringeren planmäßigen Abschreibungen.

3.2 Erfolgszuwendungen

Für den Ausweis von Erfolgszuwendungen in der **Gesamtergebnisrechnung** besteht ein Wahlrecht (IAS 20.29):

- **Bruttomethode**: Die Zuwendung wird als Ertrag erfasst (entweder unter einer allgemeinen Überschrift wie „sonstige Erträge" oder separat).
- **Nettomethode**: Die Zuwendung wird als Reduktion der Aufwendungen erfasst, auf die sie sich bezieht.

Der Ausweis von Erfolgszuwendungen erfolgt dabei innerhalb des Periodenerfolgs und nicht als Bestandteil des sonstigen Gesamtergebnisses (IAS 20.29 i.V. mit IAS 20.12).

Im Falle von Zuwendungen, welche mit dem Ziel gewährt werden, eine sofortige finanzielle Unterstützung an ein Unternehmen zu leisten, ist nur die **Bruttomethode zulässig.**[217]

4. Rückzahlung öffentlicher Zuwendungen

Tritt im Hinblick auf eine öffentliche Zuwendung eine **Rückzahlungspflicht** ein, so liegt eine **Schätzungsänderung** vor (IAS 20.32 i.V. mit IAS 8.32-8.38).

Im Falle von **Erfolgszuwendungen** wird zunächst eine etwaige in Bezug auf die Zuwendung noch vorhandene passive Rechnungsabgrenzung ausgebucht und gleichzeitig aufgrund der Rückzahlungsverpflichtung eine Verbindlichkeit erfasst. Der Differenzbetrag wird erfolgswirksam erfasst (IAS 20.32).

Im Falle von **Investitionszuwendungen** ist zwischen der Nettomethode und der Bruttomethode zu differenzieren (IAS 20.24).[218] Bei der **Bruttomethode** wird aufgrund der Rückzahlungsverpflichtung eine Verbindlichkeit erfasst und zusätzlich die passive Rechnungsabgrenzung ausgebucht. Der Differenzbetrag wird erfolgswirksam erfasst. Bei der **Nettomethode** ist der Buchwert des Vermögenswerts auf jenen Betrag zu erhöhen, welcher sich ergeben hätte, wenn nie eine Zuwendung stattgefunden hätte. Gleichzeitig wird aufgrund der Rückzahlungsverpflichtung eine Verbindlichkeit erfasst. Der Differenzbetrag (planmäßige Abschreibung, die ohne Erhalt der Zuwendung bislang zusätzlich im Erfolg erfasst worden wäre) ist erfolgswirksam zu erfassen (IAS 20.32). Der Eintritt einer Rückzahlungspflicht hinsichtlich einer Investitionszuwendung kann die Erfassung einer außerplanmäßigen Abschreibung erfordern (IAS 20.33).

5. Aufgaben mit Lösungen

Verweise auf andere Abschnitte

Hinsichtlich **öffentlicher Zuwendungen für erfolgswirksam zum beizulegenden Zeitwert abzgl. Verkaufskosten bilanzierte biologische Vermögenswerte** wird auf den Abschnitt zu IAS 41 (Aufgabe 3) verwiesen.

217 Vgl. *Pfitzer/Wirth*, in: Baetge u. a., Rechnungslegung nach IFRS, 2. Aufl., IAS 20 Tz. 62.
218 Vgl. Kapitel 3.1.

AUFGABE 1

Erfolgszuwendung

Die X-AG erhält am 01.01.01 eine öffentliche Zuwendung i. H. von GE 4 für ihre Forschungsaktivitäten, welche in den Jahren 01 und 02 durchgeführt werden sollen. Ab dem 01.01.01 besteht angemessene Sicherheit hinsichtlich der Einhaltung der Zuwendungsbedingungen. In 01 und in 02 fallen jeweils Forschungsaufwendungen i. H. von GE 10 an.

Aufgabenstellung

Stellen Sie alle aus der Perspektive der X-AG (Bilanzstichtag: 31.12.) in den Jahren 01 und 02 noch erforderlichen Buchungen dar. Der Ausweis der Erfolgszuwendung in der Gesamtergebnisrechnung der X-AG erfolgt nach der

(a) Bruttomethode,

(b) Nettomethode.

Lösungshinweise

Insbesondere Kapitel 3.2

LÖSUNG (A)

Die Ansatzkriterien (angemessene Sicherheit hinsichtlich der Einhaltung der Zuwendungsbedingungen und des Erhalts der Zuwendung) (IAS 20.7) sind ab dem 01.01.01 erfüllt. Die Zuwendung wird je zur Hälfte in 01 und in 02 erfolgswirksam erfasst, da die Forschungsaufwendungen in diesen Jahren jeweils zur Hälfte anfallen (IAS 20.12).

01.01.01	Geld	4,-	
	an Passive Rechnungsabgrenzung		4,-

Jahr 01	Forschungsaufwand	10,-	
	an Geld		10,-

31.12.01	Passive Rechnungsabgrenzung	2,-	
	an Sonstige betriebliche Erträge		2,-

Jahr 02	Forschungsaufwand	10,-	
	an Geld		10,-

31.12.02	Passive Rechnungsabgrenzung	2,-	
	an Sonstige betriebliche Erträge		2,-

LÖSUNG (B)

01.01.01		Geld	4,-	
	an	Passive Rechnungsabgrenzung		4,-

Jahr 01		Forschungsaufwand	10,-	
	an	Geld		10,-

31.12.01		Passive Rechnungsabgrenzung	2,-	
	an	Forschungsaufwand		2,-

Jahr 02		Forschungsaufwand	10,-	
	an	Geld		10,-

31.12.02		Passive Rechnungsabgrenzung	2,-	
	an	Forschungsaufwand		2,-

AUFGABE 2

Rückzahlung einer Erfolgszuwendung

Aufgabenstellung

Die Situation ist dieselbe wie in Aufgabe 1. Allerdings verletzt die X-AG am 30.06.02 überraschenderweise Zuwendungsbedingungen, wodurch mit diesem Tag eine Pflicht zur Rückzahlung der gesamten Zuwendung i. H. von GE 4 eintritt. Vereinfachend sei angenommen, dass noch am selben Tag die Rückzahlung erfolgt.

Lösungshinweise

Insbesondere Kapitel 3.2 und 4

LÖSUNG (A)

Die PRA wird zunächst in 02 für 6 Monate (Zeitraum 01.01.02-30.06.02) ganz normal aufgelöst:

30.06.02		Passive Rechnungsabgrenzung	1,-	
	an	Sonstige betriebliche Erträge		1,-

Danach wird die PRA ausgebucht, die Zahlung verbucht und der Differenzbetrag erfolgswirksam erfasst:

30.06.02		Passive Rechnungsabgrenzung	1,-	
		Sonstiger betrieblicher Aufwand	3,-	
	an	Geld		4,-

LÖSUNG (B)

30.06.02	Passive Rechnungsabgrenzung	1,-	
	an Forschungsaufwand		1,-

30.06.02	Passive Rechnungsabgrenzung	1,-	
	Forschungsaufwand	3,-	
	an Geld		4,-

AUFGABE 3

Investitionszuwendung

Die X-AG erwirbt am 01.04.01 ein neues Verwaltungsgebäude (Anschaffungskosten: GE 600; Nutzungsdauer: 30 Jahre; Betriebsbereitschaft: 01.04.01).

Da sich das erworbene Gebäude in einem Fördergebiet befindet, erhält die X-AG am 01.04.01 eine Zuwendung i. H. von GE 120. Ab diesem Zeitpunkt besteht angemessene Sicherheit hinsichtlich der Einhaltung aller Zuwendungsbedingungen.

Aufgabenstellung

Stellen Sie alle aus der Perspektive der X-AG (Bilanzstichtag: 31.12.) in den Jahren 01 und 02 noch erforderlichen Buchungen dar. Der Ausweis der Investitionszuwendung erfolgt in der Bilanz der X-AG nach der

(a) Bruttomethode,

(b) Nettomethode.

Lösungshinweise

Insbesondere Kapitel 3.1

LÖSUNG (A)

01.04.01	Gebäude	600,-	
	an Geld		600,-

01.04.01	Geld	120,-	
	an Passive Rechnungsabgrenzung		120,-

Erfassung der planmäßigen Abschreibung für das Gebäude in 01 (GE 600 : 30 Jahre : 12 Monate · 9 Monate = GE 15):

31.12.01	Planmäßige Abschreibung	15,-	
	an Gebäude		15,-

Die passive Rechnungsabgrenzung wird in demselben Ausmaß aufgelöst, in dem der Vermögenswert planmäßig abgeschrieben wird (GE 120 : 30 : 12 · 9 = GE 3):

31.12.01	Passive Rechnungsabgrenzung	3,-	
	an Sonstige betriebliche Erträge		3,-

Erfassung der planmäßigen Abschreibung für das Gebäude in 02 (GE 600 : 30 = GE 20):

31.12.02	Planmäßige Abschreibung	20,-	
	an Gebäude		20,-

Auflösung der passiven Rechnungsabgrenzung parallel zur planmäßigen Abschreibung (GE 120 : 30 = GE 4):

31.12.02	Passive Rechnungsabgrenzung	4,-	
	an Sonstige betriebliche Erträge		4,-

LÖSUNG (B)

01.04.01	Gebäude	600,-	
	an Geld		600,-

01.04.01	Geld	120,-	
	an Gebäude		120,-

Durch die Zuwendung werden die Anschaffungskosten von GE 600 auf GE 480 reduziert. Demnach beträgt die Abschreibung für 01 GE 12 (= GE 480 : 30 : 12 · 9).

31.12.01	Planmäßige Abschreibung	12,-	
	an Gebäude		12,-

Erfassung der planmäßigen Abschreibung für das Gebäude in 02 (GE 480 : 30 = GE 16):

31.12.02	Planmäßige Abschreibung	16,-	
	an Gebäude		16,-

AUFGABE 4

Rückzahlung einer Investitionszuwendung

Die X-AG erwirbt am 01.01.01 eine Maschine mit einer Nutzungsdauer von 10 Jahren um GE 100. Die Inbetriebnahme erfolgt am selben Tag.

Am 01.01.01 wird der X-AG für diese Maschine eine öffentliche Zuwendung i. H. von GE 20 überwiesen. Ab diesem Zeitpunkt besteht angemessene Sicherheit hinsichtlich der Einhaltung aller Zuwendungsbedingungen.

Am 31.12.02 begeht die X-AG jedoch einen Verstoß gegen eine Zuwendungsbedingung, wodurch an diesem Tag eine Rückzahlungspflicht für die gesamte Zuwendung i. H. von GE 20 eintritt. Die Rückzahlung erfolgt seitens der X-AG am 20.01.03.

Aufgabenstellung

Stellen Sie alle aus der Perspektive der X-AG (Bilanzstichtag: 31.12.) in den Jahren 01 bis 03 erforderlichen Buchungen dar.

Variante (a)

Der Ausweis der Investitionszuwendung erfolgt nach der **Bruttomethode**. Die Abschreibungen werden direkt verbucht.

Variante (b)

Der Ausweis der Investitionszuwendung erfolgt nach der **Nettomethode.** Die Abschreibungen werden

(ba) direkt verbucht,

(bb) indirekt verbucht.

Annahmegemäß führt der Eintritt der Rückzahlungspflicht zu keiner außerplanmäßigen Abschreibung i. S. von IAS 36 (IAS 20.33).

Lösungshinweise

Insbesondere Kapitel 3.1 und 4

LÖSUNG (A)

01.01.01	Maschine	100,-	
	an Geld		100,-

01.01.01	Geld	20,-	
	an Passive Rechnungsabgrenzung		20,-

31.12.01	Planmäßige Abschreibung	10,-	
	an Maschine		10,-

31.12.01	Passive Rechnungsabgrenzung	2,-	
	an Sonstige betriebliche Erträge		2,-

31.12.02	Planmäßige Abschreibung	10,-	
	an Maschine		10,-

31.12.02	Passive Rechnungsabgrenzung	2,-	
	an Sonstige betriebliche Erträge		2,-

Am 31.12.02 wird die passive Rechnungsabgrenzung i. H. von GE 16 (GE 20 - GE 2 · 2) ausgebucht und es wird im Hinblick auf die Rückzahlung der Zuwendung eine Verbindlichkeit i. H. von GE 20 erfasst. Der Differenzbetrag wird erfolgswirksam erfasst. Die planmäßigen Abschreibungen werden nicht angepasst, da diese bei der Bruttomethode ohnehin stets auf Basis der ungekürzten Anschaffungskosten von GE 100 berechnet werden.

31.12.02	Passive Rechnungsabgrenzung	16,-	
	Sonstige betriebliche Aufwendungen	4,-	
	an Sonstige Verbindlichkeiten		20,-

20.01.03	Sonstige Verbindlichkeiten	20,-	
	an Geld		20,-

31.12.03	Planmäßige Abschreibung	10,-	
	an Maschine		10,-

LÖSUNG (BA)

01.01.01	Maschine	100,-	
	an Geld		100,-

01.01.01	Geld	20,-	
	an Maschine		20,-

31.12.01	Planmäßige Abschreibung	8,-	
	an Maschine		8,-

31.12.02	Planmäßige Abschreibung	8,-	
	an Maschine		8,-

Der Buchwert der Maschine am 31.12.02 i. H. von GE 64 (= GE 80 - GE 8 · 2) ist an jenen Buchwert anzupassen, der sich am 31.12.02 ergeben würde, wenn kein Zuschuss gewährt worden wäre. Der letztere Betrag ist GE 80 (= GE 100 - GE 10 · 2). Im Hinblick auf die Rückzahlung der Zuwendung ist eine Verbindlichkeit i. H. von GE 20 zu erfassen. Darüber hinaus ist die kumulierte zusätzliche Abschreibung unmittelbar erfolgswirksam zu erfassen, welche bislang erfolgswirksam erfasst worden wäre, wenn keine Zuwendung gewährt worden wäre. Dieser Betrag ist GE 4 [= (GE 10 - GE 8) · 2].

31.12.02	Maschine	16,-	
	Planmäßige Abschreibung	4,-	
	an Sonstige Verbindlichkeiten		20,-

20.01.03		Sonstige Verbindlichkeiten	20,-	
	an	Geld		20,-

Die planmäßige Abschreibung für 03 ergibt sich aus der Division des Buchwerts der Maschine per 31.12.02 (GE 80) durch die Restnutzungsdauer der Maschine per 31.12.02 (8 Jahre):

31.12.03		Planmäßige Abschreibung	10,-	
	an	Maschine		10,-

LÖSUNG (BB)

Abgesehen davon, dass die planmäßige Abschreibung stets indirekt zu erfassen ist (Buchung „Planmäßige Abschreibung an Kumulierte Abschreibungen"), erfolgt am 31.12.02 die unten dargestellte Buchung. Durch diese Buchung erhöht sich der Saldo des Kontos „Maschine" von GE 80 (um die Zuwendung gekürzte Anschaffungskosten) auf GE 100 (Anschaffungskosten ohne Abzug der Zuwendung).

31.12.02		Maschine	20,-	
		Planmäßige Abschreibung	4,-	
	an	Kumulierte Abschreibungen		4,-
	an	Sonstige Verbindlichkeiten		20,-

IAS 21 Die Auswirkungen von Wechselkursänderungen

1. Anwendungsbereich

IAS 21 regelt (IAS 21.3)

- die **Umrechnung von Geschäften in Fremdwährung** (z. B. Umsätze, die in Fremdwährung fakturiert sind, der Erwerb von Gütern bzw. Dienstleistungen, die in Fremdwährung fakturiert sind sowie die Aufnahme bzw. Gewährung von Darlehen in Fremdwährung) (s. Kapitel 3) sowie
- die **Umrechnung von Abschlüssen ausländischer Einheiten in eine andere Währung** im Rahmen der Erstellung des Konzernabschlusses (s. Kapitel 4). Eine ausländische Einheit ist ein Tochterunternehmen, eine gemeinsame Vereinbarung, ein assoziiertes Unternehmen oder eine Niederlassung des berichtenden Unternehmens, dessen Tätigkeiten auf/in einem anderen Land oder einer anderen Währung basieren oder durchgeführt werden als jenem bzw. jener des berichtenden Unternehmens (IAS 21.8).

Fremdwährungsderivate, welche in den Anwendungsbereich von **IFRS 9** fallen, sind von IAS 21 ausgenommen. In diesem Fall gilt IAS 21 lediglich für die Umrechnung der entsprechenden Beträge von der funktionalen Währung (= Währung des primären wirtschaftlichen Umfelds, in dem das Unternehmen tätig ist) in die Berichtswährung (= Währung, in der der Abschluss dargestellt wird) (IAS 21.4). IAS 21 beschäftigt sich auch nicht mit der Sicherungsbilanzierung (*hedge accounting*) von Fremdwährungsposten (inkl. der Absicherung einer Nettoinvestition in eine ausländische Einheit), denn dies ist Gegenstand von IFRS 9 (IAS 21.5).

IAS 21 gilt weder für den Ausweis der in einer Fremdwährung zustande gekommenen Geldflüsse in der Geldflussrechnung, noch für die Umrechnung der Geldflüsse einer ausländischen Einheit (s. IAS 7.25-7.28, IAS 21.7).

2. Monetäre und nichtmonetäre Posten

Bestimmte Vorschriften von IAS 21 verwenden die Ausdrücke „monetär" und „nichtmonetär". Daher ist es wichtig zu verstehen, nach welchen Kriterien Vermögenswerte und Schulden als „monetär" bzw. „nichtmonetär" klassifiziert werden. **Monetäre Posten** sind im Besitz des Unternehmens befindliche Gelder und Geldäquivalente sowie Vermögenswerte und Schulden, welche ein Recht auf Erhalt bzw. eine Verpflichtung zur Abgabe einer festen oder bestimmbaren Zahl an Währungseinheiten repräsentieren. Beispiele für monetäre Posten sind Lieferforderungen sowie in der Form von Geld zu begleichende Rückstellungen. Beispiele für **nichtmonetäre Posten** sind Sachanlagen, immaterielle Vermögenswerte (inkl. Firmenwerte), in der Form nichtmonetärer Vermögenswerte zu begleichende Rückstellungen (z. B. Gewährleistungsrückstellungen) und Vorräte. Vorräte stellen kein Recht dar, Geld zu erhalten und sind somit nichtmonetär. Erst wenn der Vorrat verkauft wurde, stellt die dadurch entstandene Lieferforderung ein Recht dar, Geld zu erhalten; letztere ist daher monetär (IAS 21.8 und 21.16). Nicht alle finanziellen Vermögenswerte sind monetär. So stellen etwa Eigenkapitalinstrumente (z. B. Aktien und GmbH-Anteile) nichtmonetäre Posten dar (IFRS 9.B5.7.3) – es besteht nämlich kein Recht auf den Erhalt eines fixen oder bestimmbaren Geldbetrags.[219]

219 Vgl. *PwC*, Manual of Accounting, IFRS 2015, Tz. 7.61.

3. Umrechnung von Fremdwährungsgeschäften

3.1 Erstmaliger Ansatz

Der erstmalige Ansatz eines Fremdwährungsgeschäfts hat in der funktionalen Währung (= Währung des primären wirtschaftlichen Umfelds, in dem das Unternehmen tätig ist) durch Umrechnung mit dem **Kassakurs am Tag des Geschäfts** zu erfolgen. Der Tag des Geschäfts ist jener Tag, an dem das Geschäft erstmalig für den Ansatz qualifiziert (z. B. Tag des Übergangs des wirtschaftlichen Eigentums bei Warenlieferungen). Es ist zulässig, einen **Wochen- oder Monats-Durchschnittskurs** für alle Geschäfte der betreffenden Periode zu verwenden, sofern der Wechselkurs nicht signifikant schwankt (IAS 21.21 f. und 21.8). Bei nicht signifikanten Schwankungen ist auch gegen die Verwendung des Endkurses der Vorperiode für die Buchungen der aktuellen Periode (Woche bzw. Monat) nichts einzuwenden.[220]

3.2 Folgebilanzierung monetärer Posten

Monetäre Posten in fremder Währung werden zu jedem Bilanzstichtag mit dem **Stichtagskurs** (Kassakurs) umgerechnet (IAS 21.23a und 21.8). Bei dieser Umrechnung existieren keine Ober- und Untergrenzen. Die Erfassung der Kursdifferenzen erfolgt grundsätzlich **erfolgswirksam** (IAS 21.28).

3.3 Folgebilanzierung nichtmonetärer Posten

Bei der Umrechnung nichtmonetärer Posten ist zu differenzieren. Erfolgt die Bewertung

- zu **(fortgeführten) Anschaffungs- bzw. Herstellungskosten** in einer Fremdwährung, so erfolgt die Umrechnung mit dem (historischen) Kurs am Tag des Geschäfts (IAS 21.23b);
- zum **beizulegenden Zeitwert** in einer Fremdwährung, so erfolgt die Umrechnung mit dem Kurs am Bewertungstag (IAS 21.23c).

Beim **Wertminderungstest** nicht monetärer Posten nach IAS 36 (z. B. Sachanlagen) bzw. IAS 2 (Vorräte) ist folgendermaßen vorzugehen (IAS 21.25):

- Umrechnung der (fortgeführten) Anschaffungs- bzw. Herstellungskosten mit dem Erstverbuchungskurs.
- Umrechnung des erzielbaren Betrags (IAS 36) bzw. des Nettoveräußerungswerts (IAS 2) mit dem Kurs am Bewertungstag.
- Der kleinere der beiden Werte ist der neue Buchwert des Vermögenswerts.

220 Vgl. *Lüdenbach/Hoffmann/Freiberg*, IFRS-Kommentar, 12. Aufl., § 27 Tz. 13.

Diese Regel zum Wertminderungstest ergibt nur dann einen Sinn, wenn der Ertrag oder sonstige Nutzen aus dem Vermögenswert in der Fremdwährung anfällt. Fällt etwa der Nettoveräußerungswert eines Vorrats in der funktionalen Währung des Unternehmens an und nicht in Fremdwährung, so ist überhaupt keine Umrechnung des Nettoveräußerungswerts mehr erforderlich.[221]

Hinsichtlich der Frage des **Ausweises** der Kursdifferenzen in der Gesamtergebnisrechnung gilt der Grundsatz, dass die Kursdifferenz das Schicksal der zugrunde liegenden Position teilt. Wird somit ein Gewinn bzw. Verlust eines nichtmonetären Postens im sonstigen Gesamtergebnis erfasst (z. B. als Folge einer Neubewertung einer Sachanlage i. S. von IAS 16), so ist die Wechselkurskomponente von diesem Gewinn bzw. Verlust ebenfalls im sonstigen Gesamtergebnis zu erfassen. Wird hingegen ein Gewinn bzw. Verlust eines nichtmonetären Postens erfolgswirksam erfasst, so ist die Wechselkurskomponente von diesem Gewinn bzw. Verlust ebenfalls erfolgswirksam zu erfassen (IAS 21.30 f.).

4. Umrechnung von Abschlüssen ausländischer Einheiten im Rahmen der Erstellung des Konzernabschlusses

4.1 Bestimmung der funktionalen Währung sowie der Methode der Währungsumrechnung

Bei Umrechnung in Fremdwährung erstellter Abschlüsse von Tochterunternehmen usw. ist die **funktionale Währung** der ausländischen Einheit **zu bestimmen**. Die funktionale Währung ist jene Währung, welche vorwiegend

- die Verkaufspreise für Güter und Dienstleistungen bestimmt (IAS 21.9a) sowie
- den Personal-, Material- und sonstigen Aufwand bestimmt (IAS 21.9b).

Die eben angeführten Kriterien sind die **primären Indikatoren** hinsichtlich der funktionalen Währung der ausländischen Einheit. IAS 21.10 und 21.11 enthalten **ergänzende Indikatoren** zur Bestimmung der funktionalen Währung. Diese sind anzuwenden, wenn die Primärindikatoren (IAS 21.9) zu keinem eindeutigen Ergebnis führen. Die Bestimmung der funktionalen Währung ist in vielen Fällen ermessensbehaftet. Das Ziel dieser Ermessensausübung muss jedoch darin bestehen, die Währung zu identifizieren, welche die wirtschaftlichen Auswirkungen der zugrundeliegenden Geschäfte, Ereignisse und Umstände am getreuesten repräsentiert (IAS 21.12).

Die **Methode der Umrechnung** des Abschlusses einer ausländischen Einheit hängt von der funktionalen Währung der ausländischen Einheit ab:

- Die Berichts- und funktionale Währung des Investors (z. B. Euro) kann sich von der funktionalen Währung der ausländischen Einheit (z. B. Schweizer Franken) unterscheiden. In diesem Fall wird der in der funktionalen Währung der ausländischen Einheit erstellte Abschluss der ausländischen Einheit nach der **modifizierten Stichtagskursmethode** in die Berichtswährung des Investors umgerechnet (s. Kapitel 4.2).

221 Vgl. *Lüdenbach/Hoffmann/Freiberg*, IFRS-Kommentar, 12. Aufl., § 27 Tz. 23 ff.

- Es kann auch vorkommen, dass eine ausländische Einheit ihre Bücher und Aufzeichnungen in einer Währung führt (z. B. Schweizer Franken), welche nicht mit ihrer funktionalen Währung (z. B. US$) übereinstimmt. In diesem Fall erfolgt die Umrechnung in die funktionale Währung der ausländischen Einheit (im vorliegenden Beispiel somit von Schweizer Franken in US$) nach der **Zeitbezugsmethode** (s. Kapitel 4.3).

Die folgende Grafik veranschaulicht diese Überlegungen anhand des Beispiels eines europäischen Konzerns, welcher eine japanische Tochtergesellschaft besitzt:

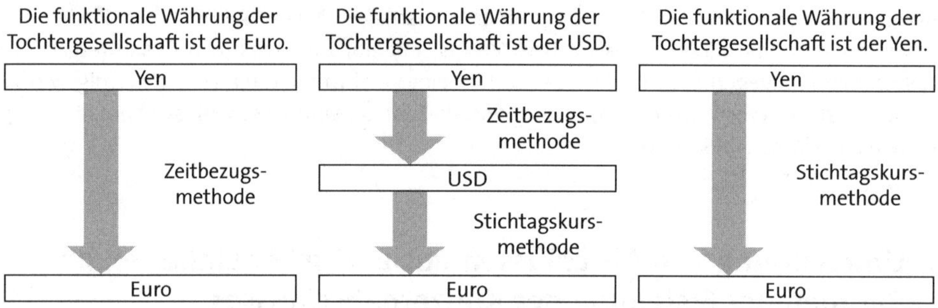

Ein **Wechsel der funktionalen Währung** erfolgt nur dann, wenn eine Änderung der dieser zugrundeliegenden Geschäfte, Ereignisse und Umstände erfolgt (IAS 21.13).

4.2 Modifizierte Stichtagskursmethode

In der Praxis wird meistens die sog. modifizierte Stichtagskursmethode angewandt. Modifiziert bedeutet dabei, dass **nicht alle Posten** des Jahresabschlusses **mit dem Stichtagskurs** (= Kassakurs am Bilanzstichtag) umgerechnet werden. Insbesondere wird das Eigenkapital grundsätzlich mit dem historischen Kurs (Kurs im Erstkonsolidierungszeitpunkt) umgerechnet und sämtliche Posten der **GuV** werden zu den Kursen in den Zeitpunkten der Geschäfte umgerechnet. Bei nicht zu großen Kursschwankungen ist eine Umrechnung der GuV-Posten mit Durchschnittskursen möglich, u. U. kann sogar ein Jahresdurchschnittskurs ausreichend sein. Bei Verwendung eines Jahresdurchschnittskurses ergibt sich auch der Jahreserfolg aus der Umrechnung mit diesem Durchschnittskurs. Da der Jahreserfolg Bestandteil des Eigenkapitals ist, wird an dieser Stelle der Grundsatz der Bewertung des **Eigenkapitals** mit dem historischen Kurs durchbrochen. Somit wird der Wert des Eigenkapitals zum Ende des Vorjahres als neuer Anfangswert für das nächste Jahr übernommen. Ob ein Bilanzposten monetären oder nichtmonetären Charakter hat, wirkt sich bei der modifizierten Stichtagskursmethode nicht auf den zu verwendenden Kurs aus.

Da die oben genannten Positionen mit unterschiedlichen Kursen umgerechnet werden, in der Buchhaltung jedoch Soll-Haben-Gleichheit gefordert ist, ergeben sich buchungstechnisch **Umrechnungsdifferenzen**. Diese sind im Rahmen der modifizierten Stichtagskursmethode im **sonstigen Gesamtergebnis II** zu erfassen (IAS 21.39c) und in der **Währungsrücklage** anzusammeln.

Für Zwecke der Währungsumrechnung sind der beim Erwerb der ausländischen Einheit entstandene **Firmenwert** sowie die dabei aufgedeckten **stillen Reserven und Lasten** als Vermögenswerte bzw. Schulden der ausländischen Einheit zu betrachten. Daher werden diese in der funktionalen Währung der ausländischen Einheit ausgedrückt und zum Stichtagskurs umgerechnet (IAS 21.47).

Im Falle des **Abgangs einer ausländischen Einheit** wird die Währungsrücklage (d. h. die über die einzelnen Perioden kumulierten Umrechnungsdifferenzen) GuV-wirksam (Buchung: „Sonstiges Gesamtergebnis an GuV" bzw. „GuV an Sonstiges Gesamtergebnis"). Dies gilt somit nicht nur für den Fall des Verkaufs, sondern auch für die Liquidation, die Kapitalrückzahlung und die Betriebsaufgabe (IAS 21.48 f.). Zusätzlich zum Abgang der gesamten Beteiligung an einer ausländischen Einheit werden auch die folgenden Sachverhalte als Abgang (und nicht als Teilabgang) bilanziert (auch wenn der Investor Anteile an der ehemaligen Tochtergesellschaft oder dem ehemaligen Gemeinschafts- bzw. assoziierten Unternehmen behält) (IAS 21.48A):

- Verlust der Beherrschung über ein Tochterunternehmen, das eine ausländische Einheit beinhaltet.
- Nach einem Verkauf von Anteilen etc. existiert weder maßgeblicher Einfluss noch gemeinsame Beherrschung in Bezug auf ein ehemaliges Gemeinschafts- bzw. assoziiertes Unternehmen (IAS 28.BC40).[222]

Im Falle des Abgangs eines Tochterunternehmens, das eine ausländische Einheit beinhaltet, werden die bislang den **nicht beherrschenden Anteilen** in Bezug auf diese ausländische Einheit zugeordneten kumulierten Umrechnungsdifferenzen ohne Berührung des sonstigen Gesamtergebnisses in die GuV umgebucht (Buchung: „Nicht beherrschende Anteile an Ertrag (GuV)" bzw. „Aufwand (GuV) an Nicht beherrschende Anteile") (IAS 21.48B).[223]

Im Falle des **Teilabgangs** eines Tochterunternehmens, das eine ausländische Einheit beinhaltet und der zu keinem Verlust der Beherrschung führt, wird die Währungsrücklage (d. h. die kumulierten im sonstigen Gesamtergebnis erfassten Umrechnungsdifferenzen) anteilig den nicht beherrschenden Anteilen an der ausländischen Einheit zugeordnet. Bei jedem anderen Teilabgang einer ausländischen Einheit wird lediglich der entsprechende Anteil an der Währungsrücklage in die GuV umgegliedert (Buchung: „Sonstiges Gesamtergebnis an Ertrag (GuV)" bzw. „Aufwand (GuV) an Sonstiges Gesamtergebnis") (IAS 21.48C).

Ein Teilabgang einer ausländischen Einheit umfasst jede Reduktion der Beteiligung an der ausländischen Einheit, ausgenommen jener Reduktionen, die als Abgänge bilanziert werden. Eine Abschreibung des Buchwerts einer ausländischen Einheit als Folge ihrer eigenen Verluste oder als Folge einer vom Investor erfassten Wertminderung stellt keinen Teilabgang dar (IAS 21.48D-21.49).

4.3 Zeitbezugsmethode

Bei der Umrechnung der **Bilanz** einer ausländischen Einheit ist zu unterstellen, dass die Geschäfte der ausländischen Einheit Fremdwährungsgeschäfte des Konzerns darstellen. Daher sind jene Vorschriften anzuwenden, welche bei der Umrechnung von Fremdwährungsgeschäften anzuwenden sind. Dies bedeutet, dass monetäre Posten zum Stichtagskurs (= Kassakurs am Bilanz-

222 Vgl. *KPMG*, Insights into IFRS, 11. Aufl., Tz. 2.7.340.100.

223 Vgl. *Ernst & Young*, International GAAP 2015, S. 1140 und *KPMG*, Insights into IFRS, 11. Aufl., Tz. 2.7.340.120 ff.

stichtag) umgerechnet werden. Auf der Basis (fortgeführter) historischer Kosten bewertete nichtmonetäre Posten werden mit dem (historischen) Kurs im Zeitpunkt des Geschäfts umgerechnet, während zum beizulegenden Zeitwert bewertete nichtmonetäre Posten mit dem Kurs am Bewertungstag umgerechnet werden (welcher normalerweise dem Stichtagskurs entspricht). Beim Wertminderungstest nichtmonetärer Posten ist jedoch die in Kapitel 3.3 beschriebene Vorgehensweise umzusetzen. Bezahlte Dividenden werden mit dem Kurs im Ausschüttungszeitpunkt umgerechnet.

Die Posten der **GuV** werden auf Basis der Kurse in den Zeitpunkten der betreffenden Geschäfte umgerechnet. Sind die Kursschwankungen lediglich gering, so können Durchschnittskurse für die Umrechnung verwendet werden (manchmal sogar ein Jahresdurchschnittskurs). Werden planmäßig abzuschreibende Vermögenswerte zu historischen Kursen umgerechnet, so ist es sachgerecht, auch die planmäßige Abschreibung auf Basis der historischen Kurse umzurechnen. Ansonst würde keine Übereinstimmung zwischen den Kosten, den kumulierten Abschreibungen und den Buchwerten dieser Vermögenswerte bestehen. Der Materialaufwand wird auf der Basis historischer Kurse umgerechnet, was mit der normalen Umrechnung von Vorräten zu historischen Kursen im Einklang steht. Dividendenerträge werden mit dem Kurs im Ausschüttungszeitpunkt umgerechnet.

Bei der Zeitbezugsmethode wird die **Umrechnungsdifferenz**, welche **erfolgswirksam** zu erfassen ist, wie folgt ermittelt:

- Zunächst wird der endgültige Jahreserfolg aus der Bilanz abgeleitet, und zwar durch Vergleich des Buchwerts des Eigenkapitals zu Jahresbeginn mit jenem zu Jahresende und Bereinigung um Geschäfte mit Anteilseignern.
- Danach wird der vorläufige Jahreserfolg ermittelt. Dieser ergibt sich aus der umgerechneten GuV, welche noch nicht die Umrechnungsdifferenz enthält.
- Schließlich wird der endgültige Jahreserfolg mit dem vorläufigen Jahreserfolg verglichen. Als Differenz ergibt sich die erfolgswirksam zu erfassende Umrechnungsdifferenz, die GuV kann somit fertig gestellt werden.

5. Aufgaben mit Lösungen

Verweis auf einen anderen Abschnitt

Hinsichtlich der **Darstellung der Erfassung und Ausbuchung einer Währungsrücklage im Eigenkapitalspiegel sowie in der Gesamtergebnisrechnung** wird auf Aufgabe 9 des Abschnitts zu IAS 1 verwiesen.

AUFGABE 1

Monetäre vs. nichtmonetäre Posten

(a) Die X-AG hat im Dezember 01 Handelswaren an die Y-AG geliefert und dafür eine **Lieferforderung** erfasst.

(b) Bei der X-AG liegen am 31.12.01 **Handelswaren** auf Lager.

(c) Die X-AG hat am 01.12.01 die Miete für eine im Rahmen eines operativen Leasings gemietete Maschine für den Zeitraum 01.12.01 bis 28.02.02 im Voraus bezahlt. Die monatliche Miete beträgt GE 1. Bisheriger (korrekter) Buchungsstand bei der X-AG:

01.12.01	**Aktive Rechnungsabgrenzung**	2,-	
	Mietaufwand	1,-	
	an Geld		3,-

(d) Die X-AG besitzt 3 % der **Aktien** der Z-AG.

(e) Die Bilanz der X-AG enthält eine **latente Steuerschuld**.

Aufgabenstellung

Beurteilen Sie, ob die fett markierten Vermögenswerte und Schulden in der Bilanz der X-AG zum 31.12.01 monetären oder nichtmonetären Charakter haben.

Lösungshinweise

Insbesondere Kapitel 2

LÖSUNG

(a) Die X-AG hat nach Erbringung ihrer Leistung (Lieferung der Waren) ein Recht auf Erhalt von Geld. Die **Lieferforderung** stellt daher einen monetären Posten dar.

(b) Der Besitz von **Handelswaren** berechtigt die X-AG nicht dazu, Geld von einem Dritten zu verlangen. Handelswaren sind daher nichtmonetäre Posten.

(c) Am 01.12.01 hat die X-AG die Miete für die Monate Januar 02 und Februar 02 im Voraus bezahlt. Demnach repräsentiert die **aktive Rechnungsabgrenzung** das Recht der X-AG, die Maschine in den Monaten Januar 02 und Februar 02 zu verwenden, d. h. es liegt eine Sachleistungsforderung vor. Es erfolgt somit keine Begleichung der aktiven Rechnungsabgrenzung in Form von Geld. Daher ist die aktive Rechnungsabgrenzung nichtmonetär.

(d) **Aktien** sind nichtmonetäre Posten. Es besteht nämlich kein Recht auf den Erhalt eines fixen oder bestimmbaren Geldbetrags.

(e) Die meisten latenten Steuerschulden und latenten Steueransprüche repräsentieren Geld, welches in der Zukunft an die Steuerbehörden abzuführen bzw. von diesen einzufordern ist. Daher präferieren wir die Sichtweise, dass die **latente Steuerschuld** des Unternehmens zur Gänze als monetär betrachtet wird.[224]

224 Vgl. *KPMG*, Insights into IFRS, 11. Aufl., Tz. 2.7.120.30.

AUFGABE 2

Fremdwährungsgeschäfte – Monetäre Posten

Unternehmen X hat zum 31.12.01 zwei Lieferforderungen gegenüber den ausländischen Kunden A und B. Die funktionale Währung von X ist der Yen. Die folgenden Kursangaben sind direkte Kursangaben in der Form 1 Einheit Fremdwährung = xx Yen:[225]

	Tag des Geschäfts	Betrag in Fremdwährung	Kurs am Tag des Geschäfts	Kurs am 31.12.01
Kunde A	01.11.01	20 Mio.	3	4
Kunde B	01.12.01	50 Mio.	10	8

Aufgabenstellung

Nehmen Sie alle im Abschluss von X zum 31.12.01 erforderlichen Buchungen vor.

Lösungshinweise

Insbesondere Kapitel 3.1 und 3.2

LÖSUNG

Der erstmalige Ansatz eines Fremdwährungsgeschäfts erfolgt in der funktionalen Währung durch Umrechnung mit dem Kassakurs am Tag des Geschäfts (IAS 21.21 f.). Lieferforderungen sind monetäre Posten, da sie ein Recht auf Erhalt von Geld darstellen (IAS 21.8 und 21.16). Daher erfolgt zu jedem Bilanzstichtag eine Umrechnung mit dem Stichtagskurs (IAS 21.23a), wobei keine Ober- bzw. Untergrenzen existieren. Die Erfassung der Kursdifferenzen erfolgt erfolgswirksam (IAS 21.28).

Kunde A:

01.11.01		Lieferforderung	60 Mio.	
	an	Umsatzerlöse		60 Mio.

31.12.01		Lieferforderung	20 Mio.	
	an	Kursgewinne		20 Mio.

Kunde B:

01.12.01		Lieferforderung	500 Mio.	
	an	Umsatzerlöse		500 Mio.

31.12.01		Kursverluste	100 Mio.	
	an	Lieferforderung		100 Mio.

225 Bsp. (31.12.01, Kunde A): 20 Mio. Fremdwährungseinheiten = 80 Mio. Yen.

AUFGABE 3

Fremdwährungsgeschäfte – Wertminderungstest

Unternehmen X hat zum 31.12.01 Waren auf Lager. Diese wurden von einem ausländischen Lieferanten, der im Land L ansässig ist, um 10 Mio. Fremdwährungseinheiten erworben. Die Lieferung erfolgte am 15.11.01. Die funktionale Währung von X ist der Yen. Der Kurs am Tag des Geschäfts betrug 10, jener am 31.12.01 beträgt 8. Diese Kursangaben sind direkte Kursangaben in der Form 1 Einheit Fremdwährung = xx Yen.[226]

Aufgabenstellung

Nehmen Sie alle im Abschluss der X-AG zum 31.12.01 erforderlichen Buchungen vor, wenn X beabsichtigt, die Waren nach dem Bilanzstichtag

(a) im Land L um 11 Mio. Fremdwährungseinheiten zu verkaufen.

(b) im Inland um 95 Mio. Yen zu verkaufen.

Es sei vereinfachend angenommen, dass keine Kosten i. Z. mit der Veräußerung der Vorräte nach dem Bilanzstichtag anfallen werden.

Lösungshinweise

Insbesondere Kapitel 3.1 und 3.3

LÖSUNG

Der erstmalige Ansatz des Fremdwährungsgeschäfts erfolgt in der funktionalen Währung (d. h. in Yen) durch Umrechnung mit dem Kassakurs am Tag des Geschäfts (IAS 21.21 f.):

15.11.01	Handelswaren	100 Mio.	
	an Geld		100 Mio.

Am Bilanzstichtag sind die Waren mit dem kleineren Betrag aus Anschaffungskosten und Nettoveräußerungswert zu bewerten (IAS 2.9).

Variante (a)

Der Nettoveräußerungswert in inländischer Währung beträgt 88 Mio. Yen (= 11 Mio. · 8). Es ergibt sich daher eine Abwertung:

31.12.01	Materialaufwand	12 Mio.	
	an Handelswaren		12 Mio.

Variante (b)

Da der Nettoveräußerungswert in Yen (d. h. in der funktionalen Währung von X) zufließen wird, ist keine Umrechnung erforderlich. Der Nettoveräußerungswert beträgt 95 Mio. Yen. Es ergibt sich somit eine Abwertung:

226 Bsp. (31.12.01): 10 Mio. Fremdwährungseinheiten = 80 Mio. Yen.

31.12.01	Materialaufwand	5 Mio.	
	an Handelswaren		5 Mio.

AUFGABE 4

Umrechnung von Fremdwährungsabschlüssen: Modifizierte Stichtagskursmethode

Das österreichische Unternehmen M hat am 01.01.01 100 % der Anteile an einer ausländischen Einheit erworben. M erstellt seinen Konzernabschluss in Euro (Berichtswährung). Der Abschluss der ausländischen Einheit wird in Fremdwährung F erstellt. Es sei angenommen, dass die Währung F die funktionale Währung der ausländischen Einheit darstellt. Daher erfolgt die Währungsumrechnung nach der modifizierten Stichtagskursmethode. Die folgenden Angaben sind direkte Kursangaben in der Form 1 Einheit von Währung F = xx Euro:[227]

Kurs 01.01.01	4
Kurs 31.12.01	6
Durchschnittkurs 01	5

I. d. F. werden die Bilanz II der ausländischen Einheit zum 31.12.01 sowie deren separate GuV II für das Jahr 01 vereinfacht dargestellt (in Währung F):

Bilanz II	**31.12.01**
Grundstücke	50 Mio.
Gebäude	50 Mio.
Vorräte	20 Mio.
Geld	30 Mio.
Summe Aktiva	**150 Mio.**
Grundkapital	80 Mio.
Einbehaltene Gewinne (*retained earnings*)	10 Mio.
Schulden	60 Mio.
Summe Passiva	**150 Mio.**
Separate GuV II	**01**
Umsatzerlöse	80 Mio.
Materialaufwand	-50 Mio.
Planmäßige Abschreibungen	-10 Mio.
Sonstige Aufwendungen	-10 Mio.
Jahresgewinn	**10 Mio.**

227 Bsp. (01.01.01): 1 Einheit von Währung F = 4 Euro.

Aufgabenstellung

M erstellt seinen Konzernabschluss zum 31.12.01. Führen Sie die dafür erforderliche Währungsumrechnung des Abschlusses der ausländischen Einheit durch.

Lösungshinweise

Insbesondere Kapitel 4.1 und 4.2

LÖSUNG

Nachdem die modifizierte Stichtagskursmethode anzuwenden ist, wird das Grundkapital mit dem historischen Kurs (Kurs im Erstkonsolidierungszeitpunkt, d. h. am 01.01.01) umgerechnet, die Vermögenswerte und Schulden hingegen mit dem Stichtagskurs per 31.12.01. Die Umrechnung der separaten GuV erfolgt mit dem Durchschnittskurs des Jahres 01.

	Fremdwährung F	**Kurs**	**Konzernwährung Euro**
Grundstücke	50 Mio.	6	300 Mio.
Gebäude	50 Mio.	6	300 Mio.
Vorräte	20 Mio.	6	120 Mio.
Geld	30 Mio.	6	180 Mio.
Summe Aktiva	**150 Mio.**		**900 Mio.**
Grundkapital	80 Mio.	4	320 Mio.
Einbehaltene Gewinne	10 Mio.		50 Mio.
Währungsrücklage (Umrechnungsdifferenz)			170 Mio.
Schulden	60 Mio.	6	360 Mio.
Summe Passiva	**150 Mio.**		**900 Mio.**
Umsatzerlöse	80 Mio.	5	400 Mio.
Materialaufwand	-50 Mio.	5	-250 Mio.
Planmäßige Abschreibungen	-10 Mio.	5	-50 Mio.
Sonstige Aufwendungen	-10 Mio.	5	-50 Mio.
Jahresgewinn	**10 Mio.**		**50 Mio.**

Aus dem Vergleich der umgerechneten Aktiva (900 Mio. Euro) mit den umgerechneten Passiva (Grundkapital, einbehaltene Gewinne und Schulden) (730 Mio. Euro) ergibt sich eine Umrechnungsdifferenz von 170 Mio. Euro, welche im sonstigen Gesamtergebnis II zu erfassen ist (IAS 21.39c) und in der Währungsrücklage angesammelt wird.

AUFGABE 5

Abgänge und Teilabgänge ausländischer Einheiten

Die M-AG besitzt am 31.12.01 80 % der Anteile an ihrer ausländischen Tochtergesellschaft, der T-AG. Die Währungsumrechnung erfolgt nach der modifizierten Stichtagskursmethode. Vom Erwerbszeitpunkt bis zum 31.12.01 wurden Umrechnungsdifferenzen i. H. von GE +10 im sonstigen Gesamtergebnis erfasst. Davon wurden GE 8 in der Währungsrücklage angesammelt und GE 2 den nicht beherrschenden Anteilen zugeordnet.

Variante (a)

Am 01.01.02 verkauft die M-AG alle ihrer Anteile an der T-AG.

Variante (b)

Am 01.04.02 wird eine Dividende i. H. von GE 5 beschlossen. 80 % dieses Betrages wird am selben Tag an die M-AG ausbezahlt.

Variante (c)

Am 01.01.02 verkauft die M-AG einen Teil ihrer Anteile an der T-AG, wodurch die Beteiligungsquote auf 60 % sinkt, die Beherrschung aber erhalten bleibt.

Variante (d)

Am 01.01.02 verkauft die M-AG einen Teil ihrer Anteile an der T-AG, wodurch die Beteiligungsquote auf 40 % sinkt und die Beherrschung verloren geht.

Aufgabenstellung

Beurteilen Sie, wie die Währungsrücklage (GE 8) sowie die auf die nicht beherrschenden Anteile entfallenden Umrechnungsdifferenzen (GE 2) im Konzernabschluss der M-AG zum 31.12.02 zu behandeln sind.

Lösungshinweise

Insbesondere Kapitel 4.2

LÖSUNG (A)

Nachdem die Anteile an der T-AG verkauft wurden, wird die Währungsrücklage von GE 8 in die GuV umgegliedert (IAS 21.48):

01.01.02		Sonstiges Gesamtergebnis II	8,-	
	an	Ertrag		8,-

Der auf die nicht beherrschenden Anteile entfallende Betrag von GE 2 wird zwar auch gegen die GuV ausgebucht, allerdings eben *nicht* über die Buchung „Sonstiges Gesamtergebnis an GuV“, sondern folgendermaßen (IAS 21.48B):

01.01.02		Nicht beherrschende Anteile	2,-	
	an	Ertrag		2,-

LÖSUNG (B)

Dividenden stellen keinen Teilabgang dar. Daher wirkt sich die Dividende weder auf die Währungsrücklage (IAS 21.49 und 21.BC35) noch auf das sonstige Gesamtergebnis und auch nicht auf den auf die nicht beherrschenden Anteile entfallenden Teil der Umrechnungsdifferenzen aus.

LÖSUNG (C)

Die M-AG hat ein Viertel ihrer Anteile an der T-AG verkauft. Nachdem die M-AG nicht die Beherrschung über die T-AG verliert, stellt der Verkauf einen Teilabgang dar. Daher ist ein Viertel der Währungsrücklage in die nicht beherrschenden Anteile umzubuchen (IAS 21.48C):

01.01.02		Währungsrücklage	2,-	
	an	Nicht beherrschende Anteile		2,-

LÖSUNG (D)

Die M-AG hat die Beherrschung über die T-AG verloren. Daher stellt der Verkauf einen Abgang und keinen Teilabgang dar (obwohl die M-AG eine Beteiligung i.H. von 40 % behält) (IAS 21.48A(a) i.V. mit 21.48D). Somit entspricht die Vorgehensweise jener bei Variante (a).

AUFGABE 6

Umrechnung von Fremdwährungsabschlüssen: Zeitbezugsmethode

Aufgabenstellung

Die Situation ist dieselbe wie in Aufgabe 4. Nehmen Sie allerdings an, dass der Euro die funktionale Währung der ausländischen Einheit darstellt. Daher erfolgt die Währungsumrechnung anhand der Zeitbezugsmethode. Nehmen Sie darüber hinaus an, dass es sich bei den Schulden ausschließlich um Bankdarlehen und somit um monetäre Posten handelt. Zum 01.01.01 betrug das Eigenkapital (= Grundkapital) der T-AG 80 Mio. Einheiten der Währung F.

Lösungshinweise

Insbesondere Kapitel 4.1 und 4.3

LÖSUNG

	Fremdwährung F	**Kurs**	**Berichtswährung Euro**
Grundstücke	50 Mio.	4	200 Mio.
Gebäude	50 Mio.	4	200 Mio.
Vorräte	20 Mio.	4	80 Mio.
Geld	30 Mio.	6	180 Mio.
Summe Aktiva	**150 Mio.**		**660 Mio.**
Grundkapital	80 Mio.	4	320 Mio.
Einbehaltene Gewinne (*retained earnings*)	10 Mio.		-20 Mio.
Schulden	60 Mio.	6	360 Mio.
Summe Passiva	**150 Mio.**		**660 Mio.**
Umsatzerlöse	80 Mio.	5	400 Mio.
Materialaufwand	-50 Mio.	4	-200 Mio.
Planmäßige Abschreibungen	-10 Mio.	4	-40 Mio.
Sonstige Aufwendungen	-10 Mio.	5	-50 Mio.
Kursdifferenzen			-130 Mio.
Jahreserfolg	**10 Mio.**		**-20 Mio.**

Nebenrechnung:

	Euro	
Vermögen 31.12.01	660 Mio.	
Schulden 31.12.01	-360 Mio.	
Eigenkapital 31.12.01	300 Mio.	
Eigenkapital 01.01.01	320 Mio.	*(= 80 · 4)*
Endgültiger Jahresverlust	-20 Mio.	
Vorläufiger Jahresgewinn (vor Kursdifferenzen)	110 Mio.	*(= 400 - 200 - 40 - 50)*
Kursdifferenzen (Aufwand)	-130 Mio.	

IAS 23 Fremdkapitalkosten

1. Überblick

Der Anwendungsbereich von IAS 23 erstreckt sich auf die Bilanzierung von Fremdkapitalkosten (IAS 23.2 f.). **Fremdkapitalkosten** umfassen Zinsen und andere Kosten, die mit der Aufnahme von Fremdkapital verbunden sind (IAS 23.5). Fremdkapitalkosten können u. a. die folgenden Kosten umfassen (IAS 23.6):

- Zinsaufwendungen, welche nach der Effektivzinsmethode[228] (IFRS 9.Anhang A) berechnet wurden,
- Finanzierungskosten in Bezug auf Finanzierungsleasingverhältnisse i. S. von IAS 17 (IAS 17.25 f.).

Nach IAS 23 sind Fremdkapitalkosten, die der **Anschaffung bzw. Herstellung eines besonderen Vermögenswerts direkt zurechenbar** sind, **Bestandteil der Anschaffungs- bzw. Herstellungskosten** von diesem Vermögenswert (IAS 23.1 und IAS 23.8 f.).

2. Der Begriff „besonderer Vermögenswert“

Ein **besonderer Vermögenswert** ist ein Vermögenswert, bei dem **notwendigerweise** ein **beträchtlicher Zeitraum** zwischen dem Beginn der Anschaffung bzw. Herstellung und dem Erreichen des beabsichtigten verkaufsfähigen Zustands (Vorräte) oder gebrauchsfähigen Zustands (Anlagevermögen) liegt (IAS 23.5). Der Begriff „beträchtlicher Zeitraum“ wird im Standard nicht konkretisiert und daher in der Literatur und Praxis unterschiedlich ausgelegt:

- Teilweise wird im Falle eines Zeitraums von **mehr als 12 Monaten** von einer **widerlegbaren Vermutung** zugunsten eines beträchtlichen Zeitraums ausgegangen.[229]
- Nach anderer Ansicht ist hingegen unter einem beträchtlichen Zeitraum ein Zeitraum von **deutlich mehr als 6 Monaten** zu verstehen.[230] Demnach kann auch im Falle eines Anschaffungs- oder Herstellungsvorgangs, der kürzer als ein Jahr ist, ein besonderer Vermögenswert vorliegen.

Vermögenswerte, welche sich bereits im Erwerbszeitpunkt in ihrem beabsichtigten gebrauchs- bzw. verkaufsfähigen Zustand befinden, sind somit keine besonderen Vermögenswerte (IAS 23.7).

3. Vorräte, die in großen Mengen wiederholt hergestellt werden

Im Falle von **Vorräten**, die **in großen Mengen wiederholt hergestellt** werden, ist die Anwendung von IAS 23 überhaupt **optional** und zwar selbst dann, wenn ein beträchtlicher Zeitraum erforderlich ist, bis die Verkaufsreife erlangt wird (IAS 23.4b und 23.BC5 f.).

---

228 Vgl. Abschnitt IFRS 9, Kapitel 4.2.2.

229 Vgl. etwa *PwC*, Manual of accounting, IFRS 2015, Tz. 16.94; IDW RS HFA 37, Tz. 5; *Bischof/Sterzenbach*, in: Baetge, Rechnungslegung nach IFRS, 2. Aufl., IAS 23 Tz. 7 m. w. N.; *Hoffmann*, in: Lüdenbach/Hoffmann, Haufe IFRS-Kommentar, 12. Aufl., § 9 Tz. 10 m. w. N.

230 Vgl. *KPMG*, Insights into IFRS, 11. Aufl., Tz. 4.6.20.40.

- Entschließt sich das Unternehmen dazu, IAS 23 nicht anzuwenden, so erfolgt automatisch eine **erfolgswirksame Erfassung** der Fremdkapitalkosten.
- Andernfalls sind die Regelungen des Standards in Bezug auf deren **Aktivierung** zu beachten.

Relevant ist das eben beschriebene Wahlrecht etwa[231]

- für den Produzenten von Käse oder von alkoholischen Getränken, sofern eine **längere Lager- bzw. Reifezeit** benötigt wird, sowie
- bei **großen Produkten** – wie etwa Flugzeuge und bestimmte Maschinen – deren Herstellung einen beträchtlichen Zeitraum erfordert, welche allerdings als **Standardprodukte** verkauft werden.

4. Spezielle und allgemeine Fremdkapitalkosten

Bei der Ermittlung der zu aktivierenden Fremdkapitalkosten sind zwei Kategorien von Fremdkapital zu unterscheiden (IAS 23.10 ff.):

(1) **Spezielles Fremdkapital** (das speziell für die Anschaffung bzw. Herstellung eines besonderen Vermögenswerts aufgenommen wurde),

(2) **Allgemeines Fremdkapital** (d. h. anderes Fremdkapital, das das Unternehmen hätte zurückzahlen können, wenn die Ausgaben in Bezug auf den Vermögenswert nicht angefallen wären[232]).

Im Falle von **speziellem Fremdkapital** ergibt sich der zu aktivierende Betrag aus den tatsächlichen Fremdkapitalkosten, welche in der Periode angefallen sind. Davon sind allerdings noch Erträge aus der temporären Anlage von aufgenommenem – jedoch noch nicht in vollem Umfang benötigtem – Fremdkapital abzuziehen (IAS 23.12).

Beim **allgemeinen Fremdkapital** ergibt sich der zu aktivierende Betrag aus der Anwendung (IAS 23.14)

- eines gewogenen Durchschnittsatzes der Fremdkapitalkosten des während der Periode ausstehenden allgemeinen Fremdkapitals;
- auf die nicht durch spezielles Fremdkapital gedeckten Ausgaben für den besonderen Vermögenswert.

Es ist eine vollständige Fremdfinanzierung zu unterstellen, d. h. keine Rücksicht auf die Kapitalstruktur des Unternehmens zu nehmen. Die zu aktivierenden Fremdkapitalkosten sind daher jene Fremdkapitalkosten, welche ohne Tätigung der Ausgaben für den besonderen Vermögenswert vermieden worden wären („**Konzept der vermeidbaren Fremdkapitalkosten**") (IAS 23.10).

Der Betrag der während einer Periode aktivierten Fremdkapitalkosten darf nicht die während einer Periode angefallenen Fremdkapitalkosten übersteigen (**Aktivierungsobergrenze**) (IAS 23.14).

231 Vgl. *Ernst & Young*, International GAAP 2014, Band 2, S. 1486; *Bischof/Sterzenbach*, in: Baetge, Rechnungslegung nach IFRS, 2. Aufl., IAS 23 Tz. 3.

232 Vgl. *KPMG*, Insights into IFRS, 11. Aufl., Tz. 4.6.40.20.

Die als Bemessungsgrundlage für die Zinsaktivierung dienenden Ausgaben i. S. von IAS 23 entsprechen nicht den Anschaffungs- bzw. Herstellungskosten. So sind **noch nicht bezahlte Aufwendungen** nicht Bestandteil der Bemessungsgrundlage.[233] Die Ausgaben werden um erhaltene **Abschlagszahlungen** und **Zuwendungen der öffentlichen Hand** (i. S. von IAS 20) i.V. mit dem Vermögenswert gekürzt. Die Ausgaben für den qualifizierten Vermögenswert können lt. Standard normalerweise **näherungsweise** auf Basis seines durchschnittlichen Buchwerts im betreffenden Zeitraum ermittelt werden (IAS 23.18).

Der Zinsaufwand aus der **Aufzinsung von Rückstellungen** (z. B. von Rückstellungen für Entsorgungs- und Wiederherstellungsverpflichtungen)[234] kann – mangels eines Zusammenhangs mit einem besonderen Vermögenswert – nicht aktiviert werden.[235]

5. Aktivierungszeitraum

Der **Beginn der Aktivierung** von Fremdkapitalkosten im Rahmen der Anschaffungs- bzw. Herstellungskosten eines besonderen Vermögenswerts ist der Zeitpunkt, zu dem die folgenden Voraussetzungen erstmals kumulativ erfüllt werden (IAS 23.17):

- Anfall von Ausgaben für die Anschaffung bzw. Herstellung,
- Anfall von Fremdkapitalkosten,
- begonnene Tätigkeiten, um den Vermögenswert für seinen beabsichtigten Verkauf bzw. Gebrauch vorzubereiten.

Die **Aktivierung** von Fremdkapitalkosten ist zu **unterbrechen**, wenn die aktive Entwicklung eines besonderen Vermögenswerts für einen längeren Zeitraum unterbrochen wird (IAS 23.20 f.). Während dieses Zeitraums werden die Fremdkapitalkosten erfolgswirksam erfasst.

Die **Beendigung der Aktivierung** von Fremdkapitalkosten erfolgt, sobald im Wesentlichen alle Aktivitäten abgeschlossen wurden, welche notwendig sind, um den besonderen Vermögenswert für seinen beabsichtigten Gebrauch bzw. Verkauf vorzubereiten (IAS 23.22 f.). Es ist möglich, dass **einzelne Teile** eines besonderen Vermögenswerts bereits fertig gestellt wurden und verwendet werden können, während die Tätigkeiten an anderen Teilen noch nicht abgeschlossen sind (z. B. bei der Errichtung eines aus mehreren Gebäuden bestehenden Gewerbeparks). In diesem Fall endet der Aktivierungszeitraum für den betreffenden Teil, sobald im Wesentlichen alle Aktivitäten abgeschlossen wurden, die notwendig sind, um den Teil für seinen beabsichtigten Gebrauch bzw. Verkauf vorzubereiten (IAS 23.24 f.).

233 Vgl. *Schönbrunn*, in: Baetge u. a., Rechnungslegung nach IFRS, 2. Aufl., IAS 23 Tz. 16.

234 Zu diesen vgl. Abschnitt IAS 16, Kapitel 4.4 und Aufgabe 4.

235 Vgl. *KPMG*, Insights into IFRS, 11. Aufl., Tz. 4.6.90.10 f.; *Ernst & Young*, International GAAP 2014, Band 2, S. 1500.

6. Aufgaben mit Lösungen

AUFGABE 1

Vorliegen eines besonderen Vermögenswerts

(1) Anfang 01 begann die X-AG mit der Errichtung eines Gebäudes für die eigene Verwaltung, die insgesamt 3 Jahre dauern wird.

(2) Die X-AG erwarb von der Z-AG eine Lagerhalle. Diese wurde von der Z-AG bereits seit längerem verwendet. Die Lagerhalle wurde weder von der Z-AG, noch von der X-AG verändert. Sie war vielmehr bereits im Erwerbszeitpunkt für ihre beabsichtigte Verwendung seitens der X-AG bereit.

(3) Die X-AG begann am 01.02.01 mit der Herstellung einer Spezialmaschine für Zwecke der eigenen Produktion. Die Herstellung dauerte schließlich exakt 9 Monate. Normalerweise hätte dieser Herstellungsvorgang lediglich 3 Monate in Anspruch genommen.

Ursachen für die Verzögerung waren

- zunächst Streitigkeiten mit einem Lieferanten hinsichtlich der Qualität von für die Herstellung der Maschine benötigten Teilen und sodann
- das Ausscheiden zweier technischer Schlüsselarbeitskräfte aus dem Unternehmen.

(4) Ein Geschäftszweig der X-AG besteht darin, eine bestimmte Weinsorte zu produzieren und zu verkaufen. Der Produktionsprozess (u. a. Gärung und Reifung) dauert 2,5 Jahre.

Aufgabenstellung

Beurteilen Sie, ob es sich bei den oben angeführten Vermögenswerten der X-AG um besondere Vermögenswerte i. S. von IAS 23 handelt. Die X-AG interpretiert den Begriff „beträchtlicher Zeitraum" i. S. von „deutlich mehr als 6 Monate".

Lösungshinweise

Insbesondere Kapitel 2 und 3

LÖSUNG

(1) Bei der Errichtung eines Gebäudes für die eigene Verwaltung über 3 Jahre ist notwendigerweise ein beträchtlicher Zeitraum erforderlich, um dieses für die beabsichtigte Verwendung fertig zu stellen (IAS 23.5). Somit handelt es sich um einen besonderen Vermögenswert.

(2) Das Gebäude ist bereits im Erwerbszeitpunkt für seine beabsichtigte Verwendung bereit. Deshalb kann es sich um keinen besonderen Vermögenswert handeln (IAS 23.7).

(3) Bei der Spezialmaschine der X-AG handelt es sich um keinen besonderen Vermögenswert. Schließlich ist in der Definition des Begriffs „besonderer Vermögenswert“ (IAS 23.5) davon die Rede, dass **notwendigerweise** ein beträchtlicher Zeitraum erforderlich sein muss. Im konkreten Fall hat die Herstellung lediglich aufgrund außertourlicher Ereignisse 9 Monate gedauert.[236]

(4) Fremdkapitalkosten, die direkt der Herstellung von Vorräten zugerechnet werden können, die in großen Mengen wiederholt hergestellt werden, dürfen wahlweise nach IAS 23 bilanziert werden (IAS 23.4b).

- Entscheidet sich die X-AG dazu, **IAS 23 anzuwenden**, so handelt es sich bei der Produktion des Weins um die Herstellung eines besonderen Vermögenswerts. Schließlich stellt ein Zeitraum von 2,5 Jahren einen „beträchtlichen Zeitraum“ dar (IAS 23.5).
- **Anderenfalls** erfolgt automatisch eine erfolgswirksame Erfassung der Fremdkapitalkosten (IAS 23.BC5 f.).

AUFGABE 2

Bestimmung der zu aktivierenden Fremdkapitalkosten

Am 01.04.00 beauftragt die X-AG die Bau-AG zur Errichtung eines Hochhauses auf im Eigentum der Bau-AG befindlichem Grund und Boden für Zwecke der eigenen Verwaltung.

Die Bau-AG beginnt sofort nach Auftragserteilung mit den Planungsarbeiten. Die Bauarbeiten beginnen schließlich am 01.03.01 und werden am 31.12.01 abgeschlossen. Am 31.12.01 gehen schlussendlich das Hochhaus sowie der Grund und Boden in das Eigentum der X-AG über.

Die X-AG leistet an die Bau-AG vertragsgemäß die folgenden Teilzahlungen, wovon ein Betrag von GE 54 auf die Abgeltung des Werts des Grund und Bodens durch die X-AG entfällt:

01.03.01	400
01.06.01	200
01.10.01	320
31.12.01	160
Summe	**1.080**

236 Vgl. *KPMG*, Insights into IFRS, 11. Aufl., Tz. 4.6.20.60.

Das Fremdkapital der X-AG stellt sich wie folgt dar, wobei annahmegemäß kein Unterschied zwischen Nominal- und Effektivzinsen besteht:

	Nominale	**Nominalzinsen**	**Zinsen 01**	**Anmerkungen**
Darlehen A	480	5,0 %	24	Das **Darlehen A** wurde am 01.01.01 speziell zur Finanzierung der Herstellung des Hochhauses aufgenommen.
Darlehen B	800	5,0 %	40	Beim **Darlehen B** sowie beim **Kontokorrentkredit** handelt es sich um allgemeines Fremdkapital, welches während des gesamten Jahres 01 zur Verfügung steht.
	Kreditrahmen	**Durchschnittliche Inanspruchnahme in 01**	**Zinsen 01 (variable Verzinsung)**	
Kontokorrentkredit	240	200	20	

Die Mittel aus dem Darlehen A werden von der X-AG – soweit diese gerade nicht benötigt werden – zu einem Zinssatz von 2 % p. a. vorübergehend angelegt.

Bisheriger Buchungsstand:

Jahr 01	*Grund und Boden*	*54,-*	
	Gebäude	*1.026,-*	
	an Geld		*1.080,-*

Die Zinsen wurden auf diversen Aufwands- bzw. Ertragskonten erfasst und periodengerecht abgegrenzt. Die Aufnahme von Darlehen A wurde bereits korrekt verbucht.

Darüber hinaus hat die X-AG die Aufzinsung einer Rückstellung (Entsorgungsverpflichtung in Bezug auf eine Produktionsanlage) bereits korrekt verbucht:[237]

31.12.01	*Zinsaufwand*	*4,-*	
	an Rückstellung		*4,-*

Aufgabenstellung

Ermitteln und verbuchen Sie die zu aktivierenden Fremdkapitalkosten im Abschluss der X-AG zum 31.12.01.

Lösungshinweise

Insbesondere Kapitel 4 und 5

237 Zur Berechnung der Aufzinsung anhand eines separaten Beispiels vgl. Abschnitt IAS 16, Aufgabe 4.

LÖSUNG

1. Allgemeines

Die (Planung der) Entwicklung und Gestaltung des Grund und Bodens (Anschluss an die Kanalisation, Anlage von Grünflächen rund um das Gebäude etc.) und die (Planung der) Errichtung des Hochhauses sind sehr eng miteinander verflochten (interdependent). Daher ist eine Trennung dieser Vorgänge einerseits schwer möglich und andererseits auch nicht sinnvoll. U. E. stellen daher die (Planung der) Errichtung des Gebäudes sowie die (Planung der) Entwicklung und Gestaltung des Grund und Bodens durch die Bau-AG für Zwecke der Anwendung von IAS 23 **einen einheitlichen, langfristigen Anschaffungsvorgang** dar.

Nachdem sich der **Anschaffungszeitraum** (April 00 – Dezember 01) über 21 Monate erstreckt, stellt das Gebäude einen besonderen Vermögenswert i. S. von IAS 23 dar.

Der **Aktivierungszeitraum** beginnt hingegen erst am 01.03.01, da erst ab diesem Tag die drei Kriterien des IAS 23.17 kumulativ erfüllt werden.[238]

Das **Darlehen A** wurde bereits am 01.01.01 aufgenommen. Da der Aktivierungszeitraum jedoch erst am 01.03.01 beginnt, können die auf die Monate Januar und Februar 01 entfallenden Zinsen für das Darlehen A nicht aktiviert werden.

Der Zinsaufwand aus der **Aufzinsung der Rückstellung** für die Entsorgungsverpflichtung kann – mangels eines Zusammenhangs mit dem besonderen Vermögenswert – nicht aktiviert werden (IFRIC 1.8).

2. Untersuchung der Auszahlungen hinsichtlich der Art ihrer Finanzierung:

Zunächst ist festzustellen, welcher Teil der Zahlungen an die Bau-AG durch spezielles Fremdkapital finanziert wird und welcher Teil dieser Zahlungen durch allgemeines Fremdkapital finanziert wird. Eine Finanzierung durch allgemeines Fremdkapital erfolgt ab dem Zeitpunkt, ab dem das spezielle Fremdkapital aufgebraucht wurde:[239]

Datum	Teilzahlungen an die Bau-AG	Finanzierung durch spezielles FK	Finanzierung durch allgemeines FK	Gewichtungsfaktor für das allgemeine FK (= Finanzierungsdauer)	Durchschnittlich in Anspruch genommenes allgemeines FK
01.03.01	400	400	–	–	–
01.06.01	200	80	120	7 / 12	70
01.10.01	320	–	320	3 / 12	80
31.12.01	160	–	160	0 / 12	0
Summe	**1.080**	**480**	**600**		**150**

238 Vgl. Kapitel 5.

239 Vgl. *PwC*, Manual of accounting, IFRS 2013, Band 2, Tz. 16.111; *Ernst & Young*, International GAAP 2014, Band 2, S. 1492 f.

Anmerkungen:

- Die zweite Teilzahlung von GE 200 wird noch i. H. von GE 80 durch spezielles Fremdkapital finanziert. Danach ist das spezielle Fremdkapital allerdings aufgebraucht, da dieses in Summe GE 480 beträgt und davon bereits GE 400 zur Finanzierung der ersten Teilzahlung am 01.03.01 verwendet wurden. Somit wird bei der zweiten Teilzahlung an die Bau-AG zur Finanzierung durch allgemeines Fremdkapital übergegangen.
- Die letzte Teilzahlung von GE 160 fällt am 31.12.01 an und wird durch allgemeines Fremdkapital in derselben Höhe finanziert. Die Gewichtung erfolgt jedoch mit dem Faktor Null, was eine Ausklammerung bei der Durchschnittsberechnung bewirkt. Dies ist sachgerecht, da im Jahr 01 lediglich am 31.12.01 (d. h. an einem einzigen Tag) weiteres allgemeines Fremdkapital benötigt wird.

3. Berechnung des gewogenen, durchschnittlichen Kapitalkostensatzes des allgemeinen Fremdkapitals:

Darlehen B	800
Kontokorrentkredit	200
Allgemeines FK (I)	**1.000**
Kapitalkosten Darlehen B	40
Kapitalkosten Kontokorrentkredit	20
Gesamte Kapitalkosten des allgemeinen FK (II)	**60**
Gewogener durchschnittlicher Kapitalkostensatz (= II : I)	**6,00 %**

4. Ermittlung der zu aktivierenden Fremdkapitalkosten:[240]

	Zinskosten für das spezielle FK (= GE 480 · 5 % : 12 · 10)	20,0
+	Zinskosten für das allgemeine FK (= GE 150 · 6 %)	9,0
-	Zinserträge aus der Zwischenanlage von speziellem FK (= GE 80 · 2 % · 3 : 12)	0,4
=	**Zu aktivierende Fremdkapitalkosten**	**28,6**

Anmerkungen:

- Am 01.03.01 wird spezielles Fremdkapital i. H. von GE 400 zur Finanzierung der ersten Teilzahlung an die Bau-AG verwendet. Das restliche spezielle Fremdkapital i. H. von GE 80 wird erst am 01.06.01 zur Finanzierung der zweiten Teilzahlung benötigt und wird daher lt. Angabe für die Monate März bis Mai zu einem Jahreszinssatz von 2 % angelegt. Diese Erträge aus der Zwischenanlage sind vom zu aktivierenden Betrag in Abzug zu bringen (IAS 23.12 f.).
- Das ermittelte Aktivierungsvolumen von GE 28,6 ist kleiner als die in 01 tatsächlich angefallenen Fremdkapitalkosten (GE 84) und ist daher in voller Höhe zu aktivieren (IAS 23.14, letzter Satz).

240 Vgl. auch *PwC*, Manual of accounting, IFRS 2013, Band 2, Tz. 16.104.

5. Aufteilung auf Gebäude und Grund und Boden / Verbuchung

Der Grund und Boden wurde bislang korrekterweise mit einem Betrag von GE 54 aktiviert und das Gebäude i. H. von GE 1.026. Die zu aktivierenden Fremdkapitalkosten (GE 28,6) werden nun im Verhältnis dieser Buchwerte dem Gebäude sowie dem Grund und Boden zugeordnet:

	Buchwerte	**Relative Buchwerte**	**Aufteilung der zu aktivierenden Fremdkapitalkosten**
Grund und Boden	54	5 % *(= 54 : 1.080)*	1,43 *(= 28,6 · 5 %)*
Gebäude	1.026	95 % *(= 1.026 : 1.080)*	27,17 *(= 28,6 · 95 %)*
Summe	1.080	100 %	28,60

Der zu aktivierende Betrag von GE 28,60 besteht einerseits aus Zinsaufwendungen i. H. von GE 29,00 und andererseits aus Zinsaufwendungen von GE 0,40. Daher sind diese Zinsaufwendungen und Zinserträge auf die Anlagenkonten umzubuchen:

31.12.01		Grund und Boden	1,43	
		Gebäude	27,17	
		Zinserträge	0,40	
	an	Zinsaufwendungen		29,00

Im Folgejahr 02 ist keine weitere Aktivierung von Fremdkapitalkosten möglich, da die Errichtung des Gebäudes und die Entwicklung des Grund und Bodens Ende 01 abgeschlossen werden (IAS 23.22).

IAS 24 Angaben zu nahe stehenden Parteien

1. Einleitung

Die von IAS 24 vorgesehenen Angaben sollen darauf hinweisen, dass der Abschluss durch die Existenz von nahe stehenden Parteien und durch Geschäfte bzw. offene Salden mit diesen u.U. beeinflusst wurde. So könnte etwa einem assoziierten Unternehmen ein Kredit zu Bedingungen gewährt werden, die günstiger sind, als die üblichen Marktbedingungen (IAS 24.1 und 24.5 ff.).

2. Nahe stehende Parteien und Geschäfte mit ihnen

Die Definition des Begriff der nahe stehenden Partei setzt bereits die folgenden beiden Begriffe voraus (IAS 24.9):

- **Nahe Familienangehörige** einer Person sind jene Familienangehörigen, von denen erwartet werden kann, dass sie bei ihren Geschäften mit dem Unternehmen von der Person beeinflusst werden oder diese beeinflussen und umfassen:
  - die Kinder dieser Person, den Partner (*spouse or domestic partner*) dieser Person sowie die Kinder von diesem Partner,
  - Angehörige (*dependants*) dieser Person bzw. ihres Partners.
- Mitglieder des **Managements in Schlüsselpositionen**: Die anglo-amerikanischen *executive directors* und *non-executive directors* des Unternehmens sind stets als Mitglieder des Managements in Schlüsselpositionen zu betrachten.[241] U. E. gilt dies für Vorstände und Aufsichtsräte deutscher bzw. österreichischer AGs bzw. GmbHs analog. Andere Personen deutscher bzw. österreichischer AGs bzw. GmbHs gehören nur dann zum Management in Schlüsselpositionen, wenn diese für die Planung, Leitung, Steuerung und Überwachung der Tätigkeiten des Unternehmens direkt oder indirekt zuständig und verantwortlich sind.

Eine **nahe stehende Partei** ist eine **Person** oder ein **Unternehmen** (*entity*), die/das dem berichtenden Unternehmen nahe steht (IAS 24.9). U. E. umfasst der Begriff *entity* in IAS 24 nicht nur Unternehmen, sondern auch etwa Regierungsbehörden. I. d. F. soll aber dennoch primär auf Personen und Unternehmen, d. h. auf die Hauptanwendungsfälle eingegangen werden.

(a) Eine **Person** oder ein **naher Familienangehöriger dieser Person** steht dem berichtenden Unternehmen nahe, wenn diese Person eines der folgenden Kriterien erfüllt (IAS 24.9):

(i.) Sie verfügt über Beherrschung oder gemeinsame Beherrschung über das berichtende Unternehmen.

(ii.) Sie verfügt über maßgeblichen Einfluss über das berichtende Unternehmen.

(iii.) Sie ist ein Mitglied des Managements in Schlüsselpositionen des berichtenden Unternehmens oder eines Mutterunternehmens des berichtenden Unternehmens.

(b) Ein **Unternehmen** (*entity*) steht dem berichtenden Unternehmen vor allem dann nahe, wenn eines der folgenden Kriterien zutrifft (IAS 24.9):

241 Vgl. *PwC*, IFRS Manual of Accounting 2015, Tz. 29.30 ff.

(i.) Das Unternehmen und das berichtende Unternehmen sind Mitglieder desselben Konzerns (d. h. etwa, dass das Mutter- und die Tochterunternehmen einander nahe stehen).

(ii.) Ein Unternehmen ist ein Gemeinschafts- oder assoziiertes Unternehmen des anderen Unternehmens (oder ein Gemeinschafts- bzw. assoziiertes Unternehmen eines Mitglieds eines Konzerns in dem das andere Unternehmen ein Mitglied ist).

(iii.) Beide Unternehmen sind Gemeinschaftsunternehmen derselben dritten Partei.

(iv.) Ein Unternehmen ist ein Gemeinschaftsunternehmen eines dritten Unternehmens und das andere Unternehmen ist ein assoziiertes Unternehmen des dritten Unternehmens.

(v.) Das Unternehmen wird von einer in (a) identifizierten Person beherrscht oder gemeinsam beherrscht.

(vi.) Eine in (a)(i) identifizierte Person hat über das Unternehmen maßgeblichen Einfluss oder ist ein Mitglied des Managements in Schlüsselpositionen des Unternehmens (oder des Mutterunternehmens des Unternehmens).

(vii.) Das Unternehmen („Managementunternehmen") erbringt an das berichtende Unternehmen Schlüsselmanagementienstleistungen.

Im Rahmen der Definition des Begriffs „nahe stehende Partei" umfasst der **Begriff „assoziiertes Unternehmen"** Tochterunternehmen des assoziierten Unternehmens und der **Begriff „Gemeinschaftsunternehmen"** Tochterunternehmen von dem Gemeinschaftsunternehmen. Daher sind z. B. das Tochterunternehmen eines assoziierten Unternehmens und der Investor, der das assoziierte Unternehmen maßgeblich beeinflusst, gegenüber einander nahe stehend (IAS 24.12).

Kunden und Lieferanten, mit denen das Unternehmen ein signifikantes Geschäftsvolumen abwickelt, sind allein durch die daraus resultierende wirtschaftliche Abhängigkeit keine nahe stehenden Parteien i. S. von IAS 24 (IAS 24.11d).

Bei einem **Geschäft mit einer nahe stehenden Partei** handelt es sich um die Übertragung von Ressourcen, Dienstleistungen oder Verpflichtungen zwischen dem berichtenden Unternehmen und einer nahe stehenden Partei, und zwar unabhängig davon, ob dafür ein Entgelt verrechnet wird (IAS 24.9).

Bei der Betrachtung jeder möglichen Beziehung zu nahestehenden Parteien, ist auf den wirtschaftlichen Gehalt der Beziehung abzustellen und nicht lediglich auf die rechtliche Form (Grundsatz der **wirtschaftlichen Betrachtungsweise**) (IAS 24.10).

3. Angaben

Beziehungen zwischen Mutter- und Tochterunternehmen sind offenzulegen und zwar unabhängig davon, ob es zwischen diesen Geschäfte gegeben hat (IAS 24.13).

Vergütungen umfassen alle Leistungen an Arbeitnehmer (i. S. von IAS 19) inkl. jener Leistungen an Arbeitnehmer, auf die IFRS 2 („Anteilsbasierte Vergütungen") Anwendung findet. Die **Vergütungen an das Management in Schlüsselpositionen** sind in Summe anzugeben sowie für jede der folgenden Kategorien (IAS 24.9 und 24.17):

- Kurzfristig fällige Leistungen (i. S. von IAS 19),
- Leistungen nach Beendigung des Arbeitsverhältnisses (i. S. von IAS 19),
- andere langfristige Leistungen an Arbeitnehmer (i. S. von IAS 19),
- Leistungen anlässlich der Beendigung des Arbeitsverhältnisses (i. S. von IAS 19),
- anteilsbasierte Vergütungen (i. S. von IFRS 2).

Sofern **Geschäfte** zwischen nahestehenden Parteien stattgefunden haben, sind die **Art der Beziehung** sowie **Informationen über Geschäfte und offene Salden** anzugeben, die notwendig sind, um ein Verständnis der potenziellen Auswirkungen der Beziehung auf den Abschluss zu ermöglichen. Diese Angaben sind ergänzend zu jenen gem. IAS 24.17 für Vergütungen an das Management in Schlüsselpositionen. Die Angaben müssen mindestens die folgenden Punkte umfassen (IAS 24.18):

- Betrag der Geschäfte,
- Betrag der offenen Salden und
  - ihre Bedingungen, inkl., ob sie besichert sind und die Art der Gegenleistung, die bei Begleichung zu erbringen ist,
  - Details hinsichtlich gewährter oder erhaltener Garantien,
- Vorsorgen für zweifelhafte Forderungen in Bezug auf den Betrag ausstehender Salden,
- der während der Periode erfasste Aufwand in Bezug auf schlechte oder zweifelhafte Forderung an nahestehende Parteien.

Die eben beschriebenen, von IAS 24.18 verlangten, Angaben sind separat **für jede der folgenden Kategorien** erforderlich (IAS 24.19):

- Das Mutterunternehmen,
- Unternehmen mit gemeinsamer Beherrschung über oder signifikantem Einfluss auf das Unternehmen,
- Tochterunternehmen,
- assoziierte Unternehmen,
- Gemeinschaftsunternehmen, in denen das Unternehmen ein Gemeinschaftsunternehmer ist,
- Management in Schlüsselpositionen des Unternehmens oder seines Mutterunternehmens,
- andere nahestehende Parteien.

Es sind auch jene **Beträge** offenzulegen, die das Unternehmen **für den Empfang von Schlüsselmanagementdienstleistungen** auf sich nimmt, welche von einem separaten Managementunternehmen[242] erbracht werden (IAS 24.18A).

Die Angabe, dass Geschäfte mit nahe stehenden Parteien zu **marktüblichen Bedingungen** erfolgten, darf nur gemacht werden, wenn dies nachgewiesen werden kann (IAS 24.23).

242 Vgl. Kapitel 2.

Gleichartige Posten dürfen zusammengefasst angegeben werden, es sei denn, die separate Angabe ist für ein Verständnis der Auswirkungen der Geschäfte mit nahe stehenden Parteien auf den Jahresabschluss des Unternehmens notwendig (IAS 24.24).

Im Falle von Geschäften und offenen Salden, bei denen **Regierungen, Regierungsbehörden usw.** eine nahe stehende Partei sind, gelten bestimmte Erleichterungen hinsichtlich der Angaben (im Detail: IAS 24.9 und 24.25 ff.).

4. Anwendung von IAS 24 im Konzernabschluss

Innerkonzernale Geschäfte und innerkonzernale offene Salden mit nahe stehenden Parteien werden bei der Erstellung des Konzernabschlusses eliminiert (IAS 24.4).

5. Aufgaben mit Lösungen

AUFGABE 1

Nahe Familienangehörige

Im Rahmen der Prüfung des Abschlusses der X-AG wird zunächst diskutiert, ob der Vorstandsvorsitzende eine nahe stehende Partei der X-AG ist. Darüber hinaus wird diskutiert, ob die folgenden Familienangehörigen des Vorstandsvorsitzenden nahe Familienangehörige von ihm i. S. von IAS 24 und nahe stehende Parteien der X-AG sein können:

- Seine Ehefrau,
- seine erwachsene Tochter,
- den erwachsenen Sohn seiner Ehefrau aus erster Ehe.

Aufgabenstellung

Beurteilen Sie, welche der oben genannten Personen nahe Familienangehörige des Vorstandsvorsitzenden darstellen und welche nahe stehende Parteien der X-AG sind.

Lösungshinweise

Insbesondere Kapitel 2

LÖSUNG

Der Vorstandsvorsitzende der X-AG ist als Mitglied des Managements der X-AG in Schlüsselpositionen eine nahestehende Partei der X-AG (IAS 24.9(a)(iii)).

Für seine erwachsene Tochter sowie den erwachsenen Sohn seiner Ehefrau aus erster Ehe besteheht eine Vermutung, dass diese nahe Familienangehörige i. S. von IAS 24.9 sind, die aber im Einzelfall widerlegt werden kann, indem etwa dargetan wird, dass die Personen (wirtschaftlich) völlig unabhängig vom Vorstandsvorsitzenden sind. Für die Ehefrau des Vorstandsvorsitzenden gilt ebenfalls eine solche widerlegbare Vermutung, dass sie eine nahe Familienangehörige i. S. von IAS 24.9 ist, allerdings mit dem Unterschied, dass die Widerlegung dieser Vermutung schwieriger sein wird, als bei den beiden genannten erwachsenen Kindern.

Wird die Meinung vertreten, dass die erwachsene Tochter des Vorstandsvorsitzenden eine nahe Familienangehörige i. S. von IAS 24.9 ist, so ist sie auch eine nahe stehende Partei der X-AG. Dasselbe gilt für die Ehefrau des Vorstandsvorsitzenden sowie für den erwachsenen Sohn seiner Ehefrau aus erster Ehe.

AUFGABE 2

Unternehmen als nahe stehende Parteien

Gegeben ist die folgende Beteiligungsstruktur:

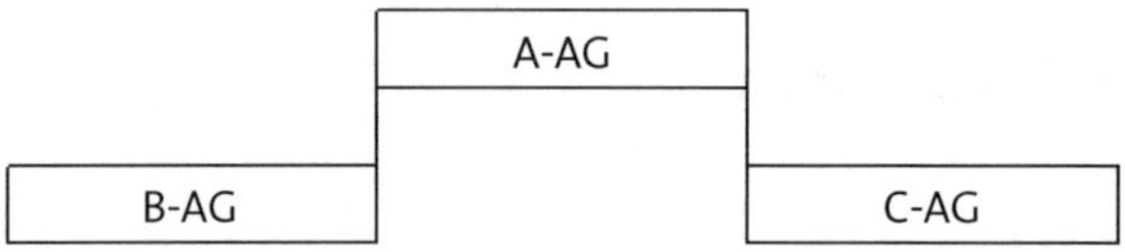

Variante (a)

Die B-AG und die C-AG sind beide Gemeinschaftsunternehmen der A-AG.

Variante (b)

Die B-AG ist ein Gemeinschaftsunternehmen der A-AG und die C-AG ein assoziiertes Unternehmen der A-AG.

Variante (c)

Die B-AG und die C-AG sind beide assoziierte Unternehmen der A-AG.

Aufgabenstellung

Beurteilen Sie, ob die C-AG im Abschluss der B-AG bzw. die B-AG im Abschluss der C-AG nahe stehende Parteien darstellen.

Lösungshinweise

Insbesondere Kapitel 2

LÖSUNG

Variante (a)

Die B-AG und die C-AG sind in ihren Abschlüssen gegenüber einander nahe stehende Parteien (IAS 24.9(b)(iii) und IAS 24.IE24-24.IE26).

Variante (b)

Die B-AG und die C-AG sind in ihren Abschlüssen gegenüber einander nahe stehende Parteien (IAS 24.9(b)(iv) und IAS 24.IE24-24.IE26).

Variante (c)

Die B-AG und die C-AG sind in ihren Abschlüssen gegenüber einander **keine** nahe stehenden Parteien (IAS 24.9 und IAS 24.IE7).

AUFGABE 3

Marktüblichkeit

Der Finanzvorstand der Bau-AG lässt von dieser in 01 eine private Luxusvilla errichten. Der Preis entspricht (a) dem marktüblichen Preis für eine derartige Gebäudeerrichtung bzw. (b) den Herstellungskosten der Bau-AG für die Gebäudeerrichtung.

Aufgabenstellung

Beurteilen Sie, ob die Errichtung des Gebäudes für den Finanzvorstand im Abschluss der X-AG zum 31.12.01 offengelegt werden muss.

Lösungshinweise

Insbesondere Kapitel 2 und 3

LÖSUNG

Der Finanzvorstand der X-AG stellt eine nahestehende Partei der X-AG dar (IAS 24.9(a)(iii)). Die Errichtung des Gebäudes muss daher in die Angaben gem. IAS 24 einfließen. Dies erfolgt unabhängig davon, ob die Gebäudeerrichtung zu marktüblichen Bedingungen erfolgt (Fall a) oder nicht (Fall b) (IAS 24.23).

AUFGABE 4

Lieferant

Die X-AG verkauft 40 % ihrer Erzeugnisse an die Y-AG.

Variante (a)

Die Y-AG ist (a) ein konzernfremdes Unternehmen.

Variante (b)

Die Y-AG besitzt 35 % der Anteile der X-AG und übt maßgeblichen Einfluss auf die X-AG aus.

Aufgabenstellung

Beurteilen Sie, ob die Y-AG aus der Perspektive der X-AG eine nahe stehende Partei darstellt.

Lösungshinweise

Insbesondere Kapitel 2

LÖSUNG

Die Beziehung „**Kunde – Lieferant**" führt für sich alleine noch nicht zum Vorliegen einer nahe stehenden Partei. Dies gilt auch dann, wenn ein signifikantes Geschäftsvolumen abgewickelt wird und dadurch eine wirtschaftliche Abhängigkeit besteht (IAS 24.11d). Im **Fall (a)** ist die Y-AG daher keine nahe stehende Partei der X-AG.

Im **Fall (b)** übt die Y-AG auf die X-AG jedoch **maßgeblichen Einfluss** aus, d. h. die X-AG ist ein assoziiertes Unternehmen der Y-AG. Daher ist die Y-AG eine nahe stehende Partei der X-AG (IAS 24.9(b)(ii) und IAS 24.IE7).

IAS 26 Bilanzierung und Berichterstattung von Altersversorgungsplänen

HINWEIS

Eine Darstellung von IAS 26 finden Sie im Abschnitt „IAS 19 / IAS 26“.

IAS 27 Einzelabschlüsse

1. Einleitung

Fragen, die sich speziell mit **Konzernabschlüssen** beschäftigen bzw. für diese von herausragender Bedeutung sind, werden in diversen Standards geregelt:

- IFRS 3 und 10 regeln die Bilanzierung von Tochterunternehmen und von Geschäften mit ihnen. Darüber hinaus enthält IFRS 10 umfangreiche Regeln zum (Voll-)Konsolidierungskreis, d. h. zur Frage, bei welchen Unternehmen es sich überhaupt um Tochterunternehmen handelt.
- IFRS 11 definiert u. a. die Begriffe „Gemeinschaftsunternehmen" und „gemeinsame Beherrschung".
- IAS 28 definiert den Begriff des assoziierten Unternehmens und beschreibt die für Gemeinschafts- und assoziierte Unternehmen grundsätzlich verbindliche Eigenkapitalmethode.

Demgegenüber enthält **IAS 27** Regeln zur Bilanzierung von Anteilen an Tochter-, Gemeinschafts- und assoziierten Unternehmen in **Einzelabschlüssen** („*separate financial statements*") des beteiligten Unternehmens.

2. Was sind Einzelabschlüsse?

Für den Anwendungsbereich von IAS 27 gilt Folgendes:

- IAS 27.4 definiert „Einzelabschlüsse" als Abschlüsse, die von einem Unternehmen aufgestellt werden, in denen letzteres seine Anteile an Tochter-, Gemeinschafts- und assoziierten Unternehmen wahlweise zu fortgeführten Anschaffungskosten, zum Zeitwert (IFRS 9) oder gem. der Eigenkapitalmethode (IAS 28) bilanzieren könnte.
- Abschlüsse eines Unternehmens, das weder an Tochterunternehmen noch an Gemeinschafts- bzw. assoziierten Unternehmen beteiligt ist, sind nach IAS 27.7 keine separaten Abschlüsse.
- Positiv ausgedrückt stellen separate Abschlüsse damit **unkonsolidierte Abschlüsse** dar, wobei IAS 27 voraussetzt, dass sie **neben konsolidierten Abschlüssen veröffentlicht** werden, es sei denn, nach IAS 27.8 bestehe keine Pflicht zur Aufstellung und Veröffentlichung eines konsolidierten Abschlusses.

Inhaltlich stecken hinter diesen Aspekten folgende Konfliktmöglichkeiten:

- Die Konzernrechnungslegungspflicht und die Befreiung von ihr ergeben sich allein aus dem nationalen Recht (z. B. HGB). Soweit die Befreiung nach nationalem Recht, nicht aber nach IFRS 10 gegeben ist, käme ein separater Abschluss nach IAS 27 nicht infrage.
- Bei enger, von der EU für Europa nicht geteilter Auslegung[243] würde nach IAS 27 aber auch ein IFRS-Einzelabschluss ausscheiden, den demgegenüber § 325 Abs. 2a HGB gerade erlaubt.

243 Vgl. Accounting Regulatory Committee Documents, ARC 08/2007 und ARC 19/2006.

Die nachfolgende Darstellung folgt der EU-Auffassung. Sie benutzt im Übrigen mit Rücksicht auf den Sprachgebrauch der deutschen Praxis und des HGB Begriffe wie „einzelbilanziell" usw. statt sperrigerer Begriffe wie „separatbilanziell".

3. Anteile an Tochter-, Gemeinschafts- und assoziierten Unternehmen im Einzelabschluss

In Einzelabschlüssen sind die folgenden **drei Methoden** zur Bilanzierung von Anteilen an Tochter-, Gemeinschafts- und assoziierten Unternehmen **zulässig**, von denen eine zu wählen ist (IAS 27.10):

(a) Bilanzierung zu **fortgeführten Anschaffungskosten**: Bei der Zugangsbewertung sind direkt zurechenbare Anschaffungsnebenkosten zu aktivieren. „Fortgeführt" bedeutet, dass i. d. F. auch die Erfassung von **Wertminderungen und -aufholungen** erforderlich sein kann, wobei auf die Vorschriften von IAS 36 abzustellen ist (IAS 36.4 sowie 36.2e i.V. mit IFRS 9.2.1a).

(b) Bilanzierung **gem. IFRS 9**, d. h. zum beizulegenden Zeitwert: Nach IFRS 9 sind Eigenkapitalinstrumente (wozu auch Anteile an Tochter-, Gemeinschafts- und assoziierten Unternehmen gehören) zum **Zeitwert über die GuV** zu bilanzieren.[244] Unter bestimmten Voraussetzungen kann aber auch die Option zur Bilanzierung zum **Zeitwert über das sonstige Gesamtergebnis** in Anspruch genommen (IFRS 9.4.1.4, 9.5.7.1b und 9.5.7.5) werden.[245] An dieser Unterscheidung orientiert sich auch die Behandlung von Anschaffungsneben- bzw. Transaktionskosten (IFRS 9.5.1.1 und 9.Anhang A). Erfolgt die Folgebilanzierung zum Zeitwert über die GuV, so werden die Transaktionskosten im Zugangszeitpunkt in der GuV erfasst. Wird hingegen die Option zur Bilanzierung zum Zeitwert über das sonstige Gesamtergebnis in Anspruch genommen, so werden sie aktiviert.[246]

(c) Bilanzierung nach der **Eigenkapitalmethode** (ab 2016; IAS 27.18J): Hinsichtlich des Einzelabschlusses war die EK-Methode bis 2004 zulässig. Nach der im August 2014 verabschiedeten Änderung des Standards steht diese ab 2016 wieder als zusätzliche Wahlmöglichkeit zur Verfügung. Bei der Zugangsbewertung sind direkt zurechenbare Anschaffungsnebenkosten zu aktivieren.[247]

Zu beachten ist, dass auf jede Kategorie von Anteilen dieselbe Methode anzuwenden ist (IAS 27.10).

Werden Anteile an einem Tochter-, Gemeinschafts- oder assoziierten Unternehmen i. S. von **IFRS 5 zur Veräußerung gehalten**, ist in der Einzelbilanz der Vermögenswert „Beteiligung" innerhalb des kurzfristigen Vermögens separat auszuweisen. Hinsichtlich der Bewertung ist in solchen Fällen allerdings zu differenzieren (IAS 27.10, IFRS 5.2, 5.5 und IFRS 9.2.1a):

- Soweit bisher eine Bilanzierung zu fortgeführten Anschaffungskosten oder nach der EK-Methode erfolgte, ist zum Umklassifizierungszeitpunkt auf einen evtl. niedrigeren Zeitwert (abzüglich Veräußerungskosten) abzuschreiben.
- Soweit die Beteiligung bislang nach IFRS 9 zum Zeitwert bilanziert wurde, bleibt es dabei.

244 Vgl. Abschnitt IFRS 9, Kapitel 4.4.1.
245 Vgl. Abschnitt IFRS 9, Kapitel 5.3.
246 Vgl. Abschnitt IFRS 9, Kapitel 4.3.
247 Genauer zur EK-Methode: Abschnitt IAS 28, Kapitel 3.

4. Sonderregeln für Umstrukturierungen

Besondere Probleme bereitet die **Bestimmung der Anschaffungskosten** bei konzerninternen Umstrukturierungen (Reorganisationen). Ein **Sonderfall** solcher Umstrukturierungen ist in IAS 27.13 f. geregelt: Betroffen sind Fälle,

- in denen ein Mutterunternehmen (d. h. ein Unternehmen, welches über Tochterunternehmen verfügt – IAS 27.5 i. V. mit IFRS 10.Anhang A) ein neues Unternehmen errichtet,
- letzteres durch Ausgabe von Anteilen (gegen Einlage von Anteilen am bisherigen Mutterunternehmen) Beherrschung über das ursprüngliche Mutterunternehmen erlangt,
- wobei sich im Zeitpunkt der Umstrukturierung die Zusammensetzung des Vermögens nicht ändert und die Eigentümer des bisherigen Mutterunternehmens in gleichem Maße am neuen beteiligt werden.

Das neue Unternehmen hat in dem beschriebenen Fall als **Anschaffungskosten** ihrer Beteiligung am ursprünglichen Mutterunternehmen das anteilige **IFRS-Eigenkapital** (Nettovermögen zu Buchwerten) lt. Einzelabschluss des ursprünglichen Mutterunternehmens im Zeitpunkt der Umstrukturierung zu betrachten (IAS 27.13 i. V. mit 27.10a). Dies gilt auch für derartige Fälle, in denen das Unternehmen, welches das neue Unternehmen gründet, kein Mutterunternehmen ist (IAS 27.14).

5. Aufgaben mit Lösungen

AUFGABE 1

Bilanzierung von Anteilen an Tochterunternehmen im Einzelabschluss

Die M-AG erwirbt am 01. 01. 2016 $2/3$ der Anteile an der T-AG für GE 100. Diese sind weder zur Weiterveräußerung noch zum Handel bestimmt. Die Anschaffungsnebenkosten betragen GE 10 GE. Dabei handelt es sich um zusätzlich anfallende Kosten, welche dem Erwerb der Anteile unmittelbar zurechenbar sind. Zum 31. 12. 2016 beträgt der Zeitwert der Anteile GE 115.

In 2016 wird keine Dividende ausgezahlt. In diesem Jahr erwirtschaftet die T-AG einen Gewinn von GE 3. Es sei vereinfachend angenommen, dass per 01. 01. 2016 bei den Vermögenswerten und Schulden der T-AG weder stille Reserven noch stille Lasten existieren.

Aufgabenstellung

Welche Bilanzierungsmöglichkeiten bestehen hinsichtlich der Anteile an der T-AG im Einzelabschluss der M-AG per 31. 12. 2016? Nehmen Sie alle in 2016 erforderlichen Buchungen vor.

Lösungshinweise

Insbesondere Kapitel 3

LÖSUNG

Die M-AG kann eine der folgenden drei Methoden wählen (IAS 27.10):

(a) Bilanzierung zu **fortgeführten Anschaffungskosten,**

(b) Bilanzierung **gem. IFRS 9** (d. h. zum beizulegenden Zeitwert) oder

(c) Bilanzierung nach der **EK-Methode** (ab 2016).

LÖSUNG (A)

Bei Bilanzierung zu fortgeführten Anschaffungskosten werden die Anteile per 01. 01. 2015 mit GE 110 (d. h. inkl. Anschaffungsnebenkosten) aktiviert:

01. 01. 2016	Beteiligung	110,-	
	an Geld		110,-

Der gleiche Wert wird per 31. 12. 2016 ausgewiesen, da Zeitwerterhöhungen über die Anschaffungskosten nicht erfasst werden dürfen.

LÖSUNG (B)

Nach IFRS 9 sind Eigenkapitalinstrumente (und somit auch die Anteile an der T-AG) zum beizulegenden Zeitwert zu bilanzieren (IFRS 9.4.1.4). Die M-AG muss sich zum Einbuchungszeitpunkt (d. h. am 01. 01. 2016) unwiderruflich entscheiden, ob sie Zeitwertänderungen GuV-wirksam oder im sonstigen Gesamtergebnis erfassen möchte. Die Möglichkeit zur Erfassung im sonstigen Gesamtergebnis kommt überhaupt nur deswegen in Betracht, da die Anteile nicht Handelsbestand (*held for trading*) darstellen (IFRS 9.4.1.4, 9.5.7.1b und 9.5.7.5).

Variante „GuV-wirksam“:

01. 01. 2016	Beteiligung	100,-	
	an Geld		100,-

Bei dieser Variante sind die Transaktionskosten in der GuV zu erfassen (IFRS 9.5.1.1):

01. 01. 2016	Transaktionsaufwand	10,-	
	an Geld		10,-

31. 12. 2016	Beteiligung	15,-	
	an Zeitwertgewinn (GuV)		15,-

Variante „sonstiges Gesamtergebnis“:

Bei dieser Variante sind die Transaktionskosten zu aktivieren (IFRS 9.5.1.1):

01. 01. 2016		Beteiligung	110,-	
	an	Geld		110,-

31. 12. 2016		Beteiligung	5,-	
	an	Sonstiges Gesamtergebnis		5,-

LÖSUNG (C)

Wird die EK-Methode angewandt, so sind bei der Zugangsbewertung direkt zurechenbare Anschaffungsnebenkosten zu aktivieren:

01. 01. 2016		Beteiligung	110,-	
	an	Geld		110,-

Darüber hinaus erhöht der anteilige Gewinn der M-AG von GE 2 (= GE 3 $\cdot$ $\frac{2}{3}$) den Beteiligungsbuchwert GuV-wirksam:[248]

01. 01. 2016		Beteiligung	2,-	
	an	Erfolg aus nach der EK-Methode bilanzierten Tochterunternehmen		2,-

AUFGABE 2

Konzerninterne Umstrukturierung

Die M-AG besitzt 100 % der Anteile an ihrem Tochterunternehmen, der T-AG. Diese Beteiligung wird zu fortgeführten Anschaffungskosten bilanziert, welche GE 10 betragen.

Am 10.07.01 gründet die M-AG die N-AG. An diesem Tag werden sämtliche Anteile an der M-AG in die N-AG eingebracht. Dafür gibt die N-AG ihre Anteile ausschließlich an die Altaktionäre der M-AG zum Nominale aus. Der Zeitwert der M-AG beträgt zu diesem Zeitpunkt GE 30, der Buchwert ihres Nettovermögens (d. h. ihres Eigenkapitals) GE 25. Unmittelbar vor und nach der Umstrukturierung sind die Vermögenswerte und Schulden des alten und des neuen Konzerns gleich. Auch an den absoluten und relativen Beteiligungsverhältnissen der Eigentümer des Konzerns ändert sich nichts.

Aufgabenstellung

Wie hat die N-AG den Zugang der M-AG zu erfassen, wenn sie die Beteiligung an der M-AG (gem. IAS 27.10a) zu fortgeführten Anschaffungskosten bilanzieren möchte?

Lösungshinweise

Insbesondere Kapitel 4

248 Genauer zur EK-Methode: Abschnitt IAS 28, Kapitel 3.

LÖSUNG

1. **Grafische Sachverhaltsdarstellung**

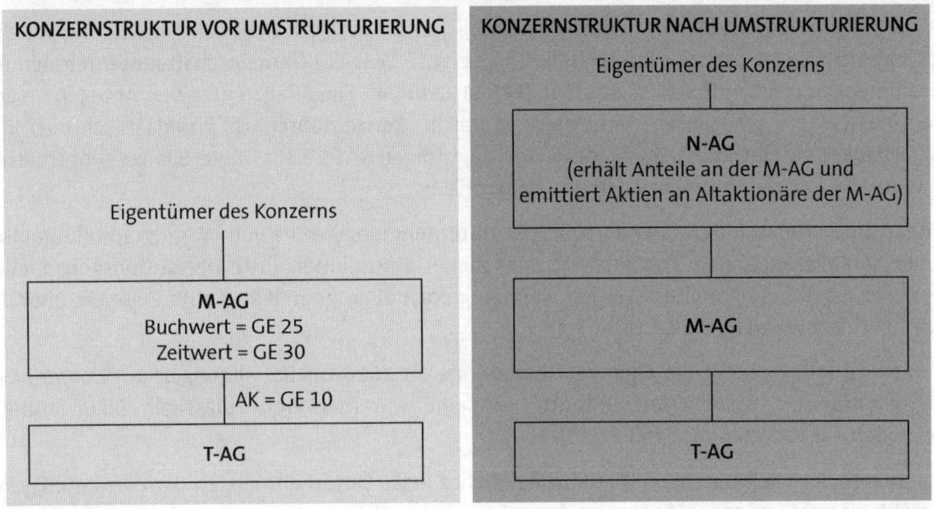

2. **Tatbestand**

Bei der vorliegenden Umstrukturierung

- errichtet ein Mutterunternehmen (die M-AG) eine neue Gesellschaft (die N-AG),
- wobei die N-AG durch Ausgabe von Anteilen (gegen Einlage von Anteilen an der M-AG) Beherrschung über die M-AG erlangt, und
- sich durch den Umstrukturierungsvorgang die Zusammensetzung des Vermögens und der Schulden nicht ändert und die Altgesellschafter der M-AG in gleichem Maße an der N-AG beteiligt werden.

Alle Tatbestandsvoraussetzungen einer Reorganisation i. S. von IAS 27.13 sind damit erfüllt.

3. **Rechtsfolge**

Aufgrund der Bilanzierung der Beteiligung der N-AG an der M-AG zu fortgeführten Anschaffungskosten (gem. IAS 27.10a) entfaltet die Umstrukturierung (i. S. von IAS 27.13) die nachstehende Rechtsfolge: Die Anschaffungskosten der Beteiligung der N-AG an der M-AG entsprechen dem Anteil (hier 100 %) der N-AG am Buchwert des Eigenkapitals der M-AG im Zeitpunkt der Umstrukturierung und betragen somit GE 25.

Die N-AG erfasst die Sacheinlage daher wie folgt:

10.07.01		Beteiligung an der M-AG	25	
	an	Grundkapital		25

IAS 28 Anteile an Gemeinschafts- und assoziierten Unternehmen

1. Einleitung und Anwendungsbereich von IAS 28

IAS 28 definiert zunächst den Begriff **„maßgeblicher Einfluss"**, welcher Voraussetzung für das Vorliegen eines sog. **assoziierten Unternehmens** ist.[249] Was ein **Gemeinschaftsunternehmen** ist, wird hingegen nicht in IAS 28, sondern in **IFRS 11** definiert. Die Bilanzierung von Anteilen an Gemeinschafts- und assoziierten Unternehmen hat im **Konzernabschluss** grundsätzlich nach der sog. **Eigenkapitalmethode** (*equity method*)[250] zu erfolgen (IAS 28.16). Diese Bilanzierungsmethode wird in IAS 28 näher beschrieben und konkretisiert.

Anteile an Gemeinschafts- oder assoziierten Unternehmen, welche von Wagniskapitalorganisationen, Anlagefonds, *unit trusts* sowie ähnlichen Unternehmen (inkl. investitionsgekoppelter Versicherungsfonds) gehalten werden, können jedoch auch gem. IFRS 9 zum Zeitwert über die GuV bilanziert werden (IAS 28.18).

Im Einzelabschluss stellt die **Eigenkapitalmethode** ab 2016 für Beteiligungen an Tochter-, Gemeinschafts- und assoziierten Unternehmen eine von mehreren **zulässigen Bilanzierungsmethoden** dar (IAS 28.44 i.V. mit 27.10).[251]

Im Rahmen der nachfolgenden Ausführungen wird jenes Unternehmen, an dem die Beteiligung besteht, als **„untergeordnetes Unternehmen"** bezeichnet.

2. Der Begriff des assoziierten Unternehmens

Ein **assoziiertes Unternehmen** ist ein Unternehmen (IAS 28.3)

- über das der Investor **maßgeblichen Einfluss** ausüben kann (Positivmerkmal),
- das aber **kein Tochterunternehmen** und **keine gemeinsame Vereinbarung** ist (Negativmerkmal).

Maßgeblicher Einfluss ist dabei die *Möglichkeit*, an den finanz- und geschäftspolitischen Entscheidungen des untergeordneten Unternehmens mitzuwirken. Liegt allerdings Beherrschung oder gemeinsame Beherrschung vor, so handelt es sich nicht mehr um maßgeblichen Einfluss (IAS 28.3).

Hält ein Investor **direkt oder indirekt** (z. B. über Tochterunternehmen) (IAS 28.5)

- 20 % oder mehr der Stimmrechte des untergeordneten Unternehmens, so wird ein maßgeblicher Einfluss vermutet, es sei denn, dass dieser eindeutig widerlegt werden kann (**widerlegbare Vermutung eines maßgeblichen Einflusses**);
- weniger als 20 % der Stimmrechte des untergeordneten Unternehmens, so wird vermutet, dass kein maßgeblicher Einfluss besteht, es sei denn, dass ein solcher eindeutig belegt werden kann (**widerlegbare Vermutung, dass kein maßgeblicher Einfluss besteht**).

249 Vgl. Kapitel 2.
250 Vgl. Kapitel 3.
251 Vgl. Abschnitt IAS 27, Kapitel 3.

Ein Mehrheitsbesitz oder ein erheblicher Besitz eines anderen Anteilseigners schließt einen maßgeblichen Einfluss nicht notwendigerweise aus (IAS 28.5), kann jedoch in Zusammenhang mit anderen Faktoren ein Indiz für fehlenden maßgeblichen Einfluss sein.

Zur etwaigen Widerlegung obiger Vermutungen ist auf **qualitative Kriterien** abzustellen, deren Beurteilung im Einzelfall ermessensbehaftet sein kann. So ist ein maßgeblicher Einfluss i. d. R. dann vorhanden, wenn eines oder mehrere der folgenden Kriterien erfüllt werden (IAS 28.6):[252]

- Vertretung im Geschäftsführungs- und/oder Aufsichtsorgan,
- (maßgebliche) Mitwirkung an der Geschäftspolitik, einschließlich Dividendenpolitik des Unternehmens, an dem die Anteile gehalten werden,
- wesentliche Geschäftsfälle (bzw. wesentlicher Umfang der Geschäftsbeziehung) zwischen dem eigenen und dem untergeordneten Unternehmen,
- Austausch von Führungspersonal zwischen dem eigenen und dem untergeordneten Unternehmen,
- Bereitstellung bedeutender technischer Informationen an das untergeordnete Unternehmen.

Bei der Beurteilung, ob maßgeblicher Einfluss vorliegt, sind nicht nur bereits vorhandene, sondern auch **potenzielle Stimmrechte** (z. B. Aktienkaufoptionen oder Wandelanleihen, welche dem Inhaber durch ihre Ausübung bzw. Wandlung zusätzliche Stimmrechte verschaffen) zu berücksichtigen, sofern diese gegenwärtig ausübbar bzw. wandelbar sind. Potenzielle Stimmrechte sind nicht gegenwärtig ausübbar bzw. wandelbar, wenn die Ausübung bzw. Wandlung erst zu oder ab einem späteren Zeitpunkt oder bei Eintritt eines zukünftigen Ereignisses möglich ist. Es sind alle Tatsachen und Umstände zu untersuchen, welche die potenziellen Stimmrechte beeinflussen, außer die Absicht des Managements sowie die finanzielle Fähigkeit zur Ausübung bzw. Wandlung (IAS 28.7 f.).

3. Die Eigenkapitalmethode

3.1 Die Systematik der Eigenkapitalmethode

Beteiligungen an Gemeinschafts- oder assoziierten Unternehmen sind im Konzernabschluss **i. d. R. nach der Eigenkapitalmethode** (*equity method*) zu bilanzieren (IAS 28.16). Bei dieser werden die Anteile zunächst mit den Anschaffungskosten angesetzt. I. d. F. wird der **Buchwert** der Anteile **um die Änderung des anteiligen Eigenkapitals des untergeordneten Unternehmens angepasst** (IAS 28.3).

Präziser ausgedrückt wird der Beteiligungsbuchwert zunächst um den Anteil des Investors am nacherwerblichen **Periodenerfolg** des untergeordneten Unternehmens angepasst. Gewinnanteile erhöhen den Beteiligungsbuchwert (Buchung beim Anteilseigner: Beteiligung an Erfolg aus Gemeinschafts- bzw. assoziierten Unternehmen), während Verlustanteile den Beteiligungsbuchwert verringern (Buchung beim Anteilseigner: Erfolg aus Gemeinschafts- bzw. assoziierten Unternehmen an Beteiligung).[253] Die anteiligen, vom Investor vereinnahmten **Ausschüttungen**

252 Vgl. *Lüdenbach/Hoffmann/Freiberg*, IFRS-Kommentar, 12. Aufl., 2014, § 33 Tz. 14 ff.

253 Genauer zum Ausweis: Kapitel 4.

des untergeordneten Unternehmens reduzieren den Beteiligungsbuchwert (Buchung: Geld an Beteiligung) (IAS 28.10). Zu berücksichtigen ist auch der Anteil an einer **effektiven Kapitalerhöhung bzw. -herabsetzung** des untergeordneten Unternehmens (Buchung bei einer Kapitalerhöhung gegen bar: Beteiligung an Geld bzw. bei einer Kapitalherabsetzung gegen bar: Geld an Beteiligung). Keine Auswirkung auf den Beteiligungsbuchwert haben Kapitalerhöhungen aus Gesellschaftsmitteln, denn bei einer solchen findet lediglich eine Umgliederung innerhalb des Eigenkapitals des untergeordneten Unternehmens statt.

Im Erwerbszeitpunkt ist es erforderlich, die **anteiligen stillen Reserven und Lasten** (Differenzen zwischen dem beizulegenden Zeitwert der identifizierbaren Vermögenswerte und Schulden des Gemeinschafts- bzw. assoziierten Unternehmens und deren Buchwerten in dessen Abschluss) sowie den **Firmenwert** (positive Differenz zwischen den Anschaffungskosten der Beteiligung und dem Anteil des Investors am beizulegenden Zeitwert des identifizierbaren Nettovermögens des untergeordneten Unternehmens) zu ermitteln, welche in einer Nebenrechnung festgehalten werden. In der Konzernbilanz des Investors wird ein derartiger Firmenwert **nicht als separater Vermögenswert angesetzt**. Stattdessen ist dieser Bestandteil des Buchwerts der Beteiligung am untergeordneten Unternehmen (IAS 28.32). Dies gilt sinngemäß für den Anteil des Investors an den stillen Reserven und Lasten.

Der Firmenwert darf im Rahmen der **Folgebewertung** nicht planmäßig abgeschrieben werden. Im Rahmen der Folgebewertung werden die anteiligen stillen Reserven und Lasten fortgeschrieben. So werden etwa anteilige stille Reserven eines Gebäudes eines Gemeinschafts- bzw. assoziierten Unternehmens über dessen Restnutzungsdauer planmäßig abgeschrieben. Dies wirkt sich sowohl auf den Beteiligungsbuchwert aus, als auch auf den Anteil des Investors am Periodenerfolg des untergeordneten Unternehmens (IAS 28.32).

Wären die Anschaffungskosten der Anteile kleiner als der anteilige beizulegende Zeitwert des identifizierbaren Nettovermögens des untergeordneten Unternehmens, so wäre die Differenz (**negativer Unterschiedsbetrag)** in der Periode des Erwerbs erfolgswirksam zu erfassen (IAS 28.32b). Nach der entsprechenden Buchung (Anteile an Gemeinschafts- bzw. assoziierten Unternehmen an Erfolg aus Gemeinschafts- bzw. assoziierten Unternehmen) wird die Beteiligung über den Anschaffungskosten ausgewiesen.

Auch Anteile des Investors am **sonstigen Gesamtergebnis** des Gemeinschafts- oder assoziierten Unternehmens (z. B. aus der Neubewertung von Sachanlagen)[254] sind im Rahmen der Anwendung der Eigenkapitalmethode zu berücksichtigen. Dadurch wird das sonstige Gesamtergebnis des Investors beeinflusst (IAS 28.10). Der im sonstigen Gesamtergebnis des Investors erfasste Anteil am sonstigen Gesamtergebnis des untergeordneten Unternehmens ist bei Verlust des maßgeblichen Einflusses vom Investor nach denselben Grundsätzen zu behandeln, welche beim direkten Abgang des Vermögenswerts oder der Schuld anzuwenden wären. Existieren etwa beim untergeordneten Unternehmen kumulierte Währungsumrechnungsdifferenzen in Bezug auf eine ausländische Einheit und verliert der Investor seinen maßgeblichen Einfluss, so muss er die bislang (im Hinblick auf diese ausländische Einheit) im sonstigen Gesamtergebnis erfassten Beträge in den Periodenerfolg umgliedern (IAS 28.22c).

254 Vgl. Abschnitt IAS 16, Kapitel 4.1.

Hinsichtlich der Ermittlung der **Anteilsquote**, auf deren Grundlage die im Rahmen der EK-Methode erforderlichen Berechnungen erfolgen, gilt Folgendes:

- Der Anteil des Investors entspricht den gegenwärtigen Eigentumsanteilen, d. h. potenzielle Stimmrechte werden im Rahmen der Ermittlung der Anteilsquote nicht berücksichtigt. Dies unterscheidet sich von der Vorgehensweise bei der Beurteilung des Vorliegens eines maßgeblichen Einflusses (IAS 28.12).
- Der Anteil des Konzerns an einem Gemeinschafts- oder assoziierten Unternehmen ist die Summe der Anteile, welche vom Mutterunternehmen und von dessen Tochterunternehmen gehalten werden. Die von den anderen Gemeinschafts- und assoziierten Unternehmen des Konzerns gehaltenen Anteile werden jedoch nicht berücksichtigt (IAS 28.27).

Eine wichtige **Ausnahme** von der Anwendung der Eigenkapitalmethode bei Gemeinschafts- oder assoziierten Unternehmen im Konzernabschluss sind jene Beteiligungen, welche die Definition von „**zum Verkauf gehalten**" erfüllen und somit nach IFRS 5 zu behandeln sind (IAS 28.20 i.V. mit IFRS 5.2). Besteht die Verkaufsabsicht später nicht mehr, so muss die EK-Methode unter Anpassung der Vorperioden rückwirkend angewandt werden (IAS 28.21).

3.2 Wertminderungen und -aufholungen

Das berichtende Unternehmen hat in Bezug auf ein Gemeinschafts- bzw. assoziiertes Unternehmen zu beurteilen, ob ein **objektiver Hinweis auf eine Wertminderung** seiner Nettoinvestition in ebendieses vorliegt (IAS 28.40). Die **Nettoinvestition** in ein Gemeinschafts- bzw. assoziiertes Unternehmen umfasst nicht nur den Beteiligungsbuchwert, sondern auch Positionen wie langfristige (unbesicherte) Darlehensforderungen, deren Tilgung in der vorsehbaren Zukunft weder geplant noch wahrscheinlich ist (IAS 28.38). Die Vorschriften zur Beurteilung des Vorliegens eines objektiven Hinweises entsprechen fast zur Gänze jenen des alten IAS 39 für Eigenkapitalinstrumente (IAS 28.41A-28.41C i.V. mit IAS 39.58-39.61 a. F.). Objektive Hinweise ergeben sich demnach aus Verlustereignissen (z. B. signifikante finanzielle Schwierigkeiten des Gemeinschafts- bzw. assoziierten Unternehmens), welche **bereits eingetreten** sind (IAS 28.41A).

Die soeben beschriebene Beurteilung erfolgt nach Anwendung der EK-Methode (inkl. der Erfassung der anteiligen, laufenden Verluste des Gemeinschafts- bzw. assoziierten Unternehmens) (IAS 28.40). Sofern dabei eine Wertminderungsindikation festgestellt wurde, so ist diese nach den Vorschriften von **IAS 36** zu quantifizieren, d. h. durch Vergleich des Buchwerts mit dem **erzielbaren Betrag**. Letzterer ist der höhere Betrag aus Nettozeitwert und Nutzungswert (IAS 28.42).[255]

Hinsichtlich des **Nutzungswerts** besteht ein **Ermittlungswahlrecht** (IAS 28.42):

- Barwert der dem Investor anteilig zuzurechnenden künftigen Geldflüsse des untergeordneten Unternehmens,
- Barwert der erwarteten Ausschüttungen des untergeordneten Unternehmens, wobei u. E. von der Annahme einer Vollausschüttung auszugehen ist, auch wenn diese Annahme nicht den realen Verhältnissen entspricht.[256]

---

255 Vgl. Abschnitt IAS 36, Kapitel 5.

256 Vgl. *Lüdenbach/Hoffmann/Freiberg*, IFRS-Kommentar, 12. Aufl., § 33 Tz. 100.

Eine ermittelte **Wertminderung darf nicht** auf die im Buchwert der Nettoinvestition in das Gemeinschafts- bzw. assoziierte Unternehmen implizit enthaltenen Vermögenswerte **aufgeteilt werden**. Die Nettoinvestitionskomponenten Firmenwert und stille Reserven ändern sich daher nicht als Folge der Wertminderung. Stattdessen stellt die Wertminderung eine eigene Komponente der Nettoinvestition mit negativem Vorzeichen dar. Eine spätere Wertaufholung ist in dem Ausmaß zu erfassen, indem der erzielbare Betrag der Nettoinvestition wieder ansteigt (IAS 28.42).

Der erzielbare Betrag einer Beteiligung an einem Gemeinschafts- oder assoziierten Unternehmen ist für die betreffende Beteiligung separat zu ermitteln, es sei denn, das Gemeinschafts- oder assoziierte Unternehmen erzielt keine Geldzuflüsse aus der fortgesetzten Nutzung, welche größtenteils unabhängig von jenen anderer Vermögenswerte des Unternehmens sind (IAS 28.43).

3.3 Einheitliche Bilanzierungsmethoden

Zwecks Anwendung der EK-Methode muss der Abschluss des Gemeinschafts- oder assoziierten Unternehmens an **konzerneinheitliche Bilanzierungsmethoden**, d. h. an jene des Konzernabschlusses des Investors, angepasst werden (IAS 28.35 f.).

Verfügt ein Gemeinschafts- oder assoziiertes Unternehmen über Tochterunternehmen, Gemeinschafts- oder assoziierte Unternehmen, so sind der Periodenerfolg, das sonstige Gesamtergebnis und das Nettovermögen, die bei Anwendung der EK-Methode berücksichtigt werden, jene, welche im Konzernabschluss des Gemeinschafts- oder assoziierten Unternehmens erfasst wurden, und zwar nach Anpassungen an einheitliche Bilanzierungsmethoden (IAS 28.27).

3.4 Zwischenerfolgseliminierung

Viele Konsolidierungsgrundsätze für Tochterunternehmen gelten in ähnlicher Weise auch für Gemeinschafts- und assoziierte Unternehmen (IAS 28.26). Ein Beispiel dafür ist die von IFRS 10 verlangte **Eliminierung von Zwischenerfolgen** aus konzerninternen Geschäften (IFRS 10.B86c).[257] Gewinne und Verluste aus Geschäften zwischen dem Investor (inkl. seiner konsolidierten Tochterunternehmen) und einem Gemeinschafts- oder assoziierten Unternehmen sind vom Investor anteilig im Umfang der Beteiligung am untergeordneten Unternehmen zu eliminieren. Beträgt die Beteiligung an letzterem etwa 25 %, so sind die Gewinne und Verluste aus solchen Geschäften i. H. von 25 % auszubuchen und i. H. von 75 % im Konzernabschluss zu belassen. Darüber hinaus ist die folgende Unterscheidung erforderlich (IAS 28.28):

- **Aufwärtsgeschäfte** (*upstream transactions*) (z. B. Verkauf von Vermögenswerten des untergeordneten Unternehmens an den Investor): Bei diesen wird der Vermögenswert im Konzernabschluss des Investors eingebucht, wohingegen der Gewinn aus dem Verkauf des Vermögenswerts im Abschluss des untergeordneten Unternehmens erfasst wird. Die Eliminierungsbuchung des Investors lautet daher „Erfolg aus Gemeinschafts- bzw. assoziierten Un-

257 Vgl. Abschnitt IFRS 10, Kapitel 3.2.4.

ternehmen an Bezogener Vermögenswert". Ein Teil der Literatur hält allerdings auch die Buchung „Erfolg aus Gemeinschafts- bzw. assoziierten Unternehmen an Anteile an Gemeinschafts- bzw. assoziierten Unternehmen" für zulässig oder vorzugswürdig.

- **Abwärtsgeschäfte** (*downstream transactions*) (z. B. Verkauf von Vermögenswerten des Investors an das untergeordnete Unternehmen): Bei diesen wurde der Vermögenswert im Konzernabschluss des Investors bereits ausgebucht und steht daher technisch für eine Wertkorrektur nicht mehr zur Verfügung. Die Eliminierungsbuchung des Investors lautet daher „Gewinn (aus dem Verkauf des Vermögenswerts) an Anteile an Gemeinschafts- bzw. assoziierten Unternehmen".

3.5 Andauernde Verluste

Nach der EK-Methode reduzieren Verluste des Gemeinschafts- oder assoziierten Unternehmens den Beteiligungsbuchwert. Im Falle andauernder Verluste des untergeordneten Unternehmens würde daher der Beteiligungsbuchwert ab einem bestimmten Zeitpunkt negativ werden. Der Standard sieht allerdings vor, dass der **Beteiligungsbuchwert** in solch einem Fall zwar auf Null zu reduzieren ist, jedoch **nicht negativ werden darf**. Die überschießenden Verluste, welche nach dieser Vorgehensweise nicht erfasst werden, werden in einer **Nebenrechnung** festgehalten. I. d. F. erzielte Gewinne reduzieren zunächst die in der Nebenrechnung erfassten Verluste. Erst nachdem diese Gewinne die in der Nebenrechnung erfassten Verluste zur Gänze ausgeglichen haben, erhöhen sie wieder den Beteiligungsbuchwert. Hinsichtlich dieser Vorgehensweise existieren **Ausnahmen** (z. B. wenn der Investor rechtliche oder faktische Verpflichtungen eingegangen ist oder Zahlungen für das untergeordnete Unternehmen geleistet hat) (IAS 28.39).

3.6 Aktualität des Abschlusses des Gemeinschafts- oder assoziierten Unternehmens

Bilanzieren das untergeordnete Unternehmen und der Investor zu unterschiedlichen Bilanzstichtagen, so darf die zeitliche Differenz zwischen den beiden Bilanzstichtagen **keinesfalls mehr als 3 Monate** betragen. Andernfalls muss das untergeordnete Unternehmen (für den Investor) einen Abschluss auf den Bilanzstichtag des Investors erstellen, sofern dies nicht undurchführbar ist. Im Falle eines Einbezugs auf Basis abweichender Bilanzstichtage sind **Anpassungen** erforderlich, um die Auswirkungen signifikanter Geschäfte und Ereignisse zu berücksichtigen (IAS 28.33 f.).[258]

3.7 Der Umgang mit der Wesentlichkeit

Bei Gemeinschafts- und assoziierten Unternehmen spielt der Grundsatz der Wesentlichkeit (IAS 8.8) **in der Praxis eine große Rolle**. Die Vorschriften der IFRS, und somit auch jene zur EK-Methode gem. IAS 28, müssen nur angewandt werden, wenn die Auswirkungen ihrer Anwendung

258 Vgl. *Lüdenbach/Hoffmann/Freiberg*, IFRS-Kommentar, 12. Aufl., § 33 Tz. 85 ff.

wesentlich sind (d. h. bei Unwesentlichkeit sind Vereinfachungen zulässig). Beispielsweise kann es in bestimmten Fällen vertretbar sein, im Rahmen der EK-Methode lediglich die betragsmäßig größeren stillen Reserven zu berücksichtigen (i. d. R. sind dies jene im Anlage-, d. h. im langfristigen Vermögen).

4. Ausweis

Beteiligungen, welche nach der EK-Methode bilanziert werden, sind als **gesonderter Bilanzposten** (IAS 1.54e) im Bereich des **langfristigen Vermögens** auszuweisen (IAS 28.15). Erfüllt eine solche Beteiligung jedoch die Definition von „**zum Verkauf gehalten**" i. S. von IFRS 5, so ist die Anwendung der Eigenkapitalmethode zu beenden (IAS 28.20 i.V. m. IFRS 5.2) und die Beteiligung im Bereich des kurzfristigen Vermögens auszuweisen (IAS 28.15).

Der aus nach der EK-Methode bilanzierten Beteiligungen resultierende **Periodenerfolg** ist als eigener Posten in der Gesamtergebnisrechnung bzw. in der separaten GuV auszuweisen (IAS 1.82c). Sowohl das sonstige Gesamtergebnis I als auch das sonstige Gesamtergebnis II aus **Gemeinschafts- bzw. assoziierten Unternehmen**, welche nach der EK-Methode bilanziert werden, sind in der Gesamtergebnisrechnung als separate Posten auszuweisen (IAS 1.82A, 1.BC54K, 1.BC106c und 1.IG).

Fraglich ist, ob **Wertminderungen und -aufholungen** in Bezug auf Beteiligungen an Gemeinschafts- bzw. assoziierten Unternehmen Bestandteil der GuV-Position „Erfolg aus Beteiligungen, die nach der EK-Methode bilanziert werden" sind oder nicht. U. E. sind beide Vorgehensweisen vertretbar.

5. Beteiligungen an Gemeinschafts- und assoziierten Unternehmen im Einzelabschluss

Hinsichtlich der Behandlung von Beteiligungen an Gemeinschafts- und assoziierten Unternehmen im Einzelabschluss des Investors sind die folgenden **drei Methoden zulässig**, von denen eine zu wählen ist (IAS 28.44 i.V. mit IAS 27.10):[259]

(a) Bilanzierung **zu fortgeführten Anschaffungskosten**,

(b) Bilanzierung **gem. IFRS 9** (d. h. zum beizulegenden Zeitwert) oder

(c) (ab 2016) Bilanzierung nach der **EK-Methode**.

6. Erstellung des Konzernabschlusses

Der Ausgangspunkt für die Bilanzierung von Anteilen an Gemeinschafts- bzw. assoziierten Unternehmen nach der EK-Methode ist der **Summenabschluss der aktuellen Berichtsperiode**. Letzterer resultiert aus der Addition ähnlicher Aktiva, Passiva, Aufwendungen und Erträge der Bilanzen II und Gesamtergebnisrechnungen II des Investors und seiner Tochterunternehmen.[260] In der

259 Dazu genauer: Abschnitt IAS 27, Kapitel 3.

260 Vgl. Abschnitt IFRS 10, Kapitel 3.2.1.

Summenbilanz scheint die Beteiligung am untergeordneten Unternehmen mit dem Buchwert auf, welcher nach den in Kapitel 5 beschriebenen Regeln ermittelt wurde. Letzterer Buchwert ist zu jedem Konzernbilanzstichtag **an den nach der EK-Methode ermittelten Wert anzupassen**. Dabei werden Beträge, welche in Vorperioden GuV-wirksam erfasst wurden, in der aktuellen Periode direkt in den **einbehaltenen Gewinnen** erfasst.[261]

7. Aufgaben mit Lösungen[262]

AUFGABE 1

Indirekte Stimmrechte

Die Konzernstruktur der M-AG hat folgendes Aussehen:

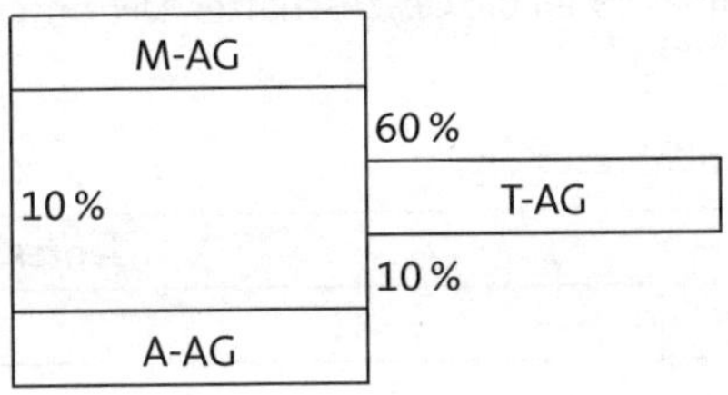

Aufgabenstellung

(a) Beurteilen Sie, ob die widerlegbare Vermutung gilt, dass die A-AG im Konzernabschluss der M-AG ein assoziiertes Unternehmen ist.

(b) Sofern dies der Fall ist, gehen Sie davon aus, dass die A-AG ein assoziiertes Unternehmen darstellt, und ermitteln Sie die Beteiligungsquote (Prozentsatz), auf deren Grundlage die EK-Methode durchzuführen ist.

Lösungshinweise

Insbesondere Kapitel 2 und 3.1

LÖSUNG

(a) Auch die Anteile, welche das Tochterunternehmen (T-AG) an der A-AG hält, sind bei der Beurteilung, ob maßgeblicher Einfluss vorliegt, in vollem Umfang zu berücksichtigen. Der Konzern besitzt daher 20 % der Stimmrechte der A-AG, womit die widerlegbare Vermutung gilt, dass maßgeblicher Einfluss und somit ein assoziiertes Unternehmen vorliegt (IAS 28.5).

261 Diesbezüglich sei auf die Ausführungen zur Wiederholung von Konsolidierungsbuchungen der Vorperioden im Abschnitt IFRS 3, Kapitel 9 verwiesen.

262 Im Rahmen dieser Aufgaben werden latente Steuern vernachlässigt.

(b) Die EK-Methode wird auf Basis einer Beteiligungsquote von 20 % durchgeführt. Demnach werden 20 % des Jahreserfolgs des assoziierten Unternehmens im Konzernabschluss der M-AG erfasst. So wären etwa 20 % eines Verlusts der A-AG als Reduktion des Beteiligungsbuchwerts zu erfassen (IAS 28.38). Ein Teil des Erfolgs des assoziierten Unternehmens ist den an der T-AG beteiligten nicht beherrschenden Gesellschaftern zuzurechnen.

AUFGABE 2

Einführendes Beispiel zur Eigenkapitalmethode

Die M-AG erwirbt am 01.01.01 25 % der Anteile der A-KG um GE 100 und erlangt dadurch maßgeblichen Einfluss. Die A-KG wird daher zu einem assoziierten Unternehmen der M-AG. Der Buchwert des Eigenkapitals der A-KG beträgt am 01.01.01 GE 280. In den Gebäuden der A-KG existieren per 01.01.01 stille Reserven i. H. von GE 40. Die Restnutzungsdauer dieser Gebäude beträgt zum selben Zeitpunkt 10 Jahre. Die A-KG leistet am 31.12.03 eine Ausschüttung i. H. von GE 20 auf den Gewinn des Jahres 03 an die Gesellschafter. Der Anteil der M-AG an der Ausschüttung beträgt GE 5 (= GE 20 · 25 %).

Die A-KG erzielt die folgenden Jahreserfolge:

Jahr	Jahreserfolg der A-KG
01	40
02	-72
03	76

In ihrem Einzelabschluss bilanziert die M-AG die Anteile an der A-KG zu fortgeführten Anschaffungskosten (IAS 28.44 i.V. mit IAS 27.10a).

Bisheriger Buchungsstand (Einzelabschluss der M-AG):

01.01.01		Anteile an assoziierten Unternehmen	100,-	
	an	Geld		100,-

31.12.03		Geld	5,-	
	an	Dividendenerträge		5,-

Aufgabenstellung

Stellen Sie alle im Konzernabschluss der M-AG in den Jahren 01-03 erforderlichen Buchungen dar und ermitteln Sie den im Beteiligungsbuchwert enthaltenen Firmenwert. Die Berichtsperioden der M-AG und der A-KG enden am 31.12.

Lösungshinweise

Insbesondere Kapitel 3.1 und 6

LÖSUNG

Der im Beteiligungsbuchwert enthaltene Firmenwert ist der Überschuss der Anschaffungskosten der Beteiligung über den anteiligen beizulegenden Zeitwert des identifizierbaren Nettovermögens der A-KG (IAS 28.32a):

	100 %	25 %
Buchwert des Nettovermögens (EK) der A-KG	280	70
Stille Reserven (Gebäude)	40	10
Zeitwert des Nettovermögens (EK) der A-KG	320	80
Anschaffungskosten		100
Firmenwert		20

01.01.01

Im Konzernabschluss der M-AG erfolgt die Erstbewertung der Beteiligung i. H. der Anschaffungskosten von GE 100 (IAS 28.10). Dies entspricht der Erstbewertung im Einzelabschluss der M-AG. Daher ist am 01.01.01 keine weitere Buchung erforderlich.

31.12.01

Im Einzelabschluss der M-AG zum 31.12.01 erfolgt hinsichtlich der zu fortgeführten Anschaffungskosten bilanzierten Beteiligung keine Buchung. Der Beteiligungsbuchwert beträgt daher weiterhin GE 100.

Im Konzernabschluss der M-AG ist hingegen die Eigenkapitalmethode anzuwenden. Deshalb verändert sich der Beteiligungsbuchwert um den anteiligen Gewinn der A-KG und um die anteilige Abschreibung der bei den Gebäuden identifizierten stillen Reserven:

	100 %	25 %
Beteiligungsbuchwert per 01.01.01		**100**
Gewinn 01	40	10
Abschreibung der stillen Reserven	-4	-1
Veränderung des Buchwerts in 01		**9**
Beteiligungsbuchwert per 31.12.01		**109**

31.12.01		Anteile an assoziierten Unternehmen	9,-	
	an	Erfolg aus assoziierten Unternehmen		9,-

31.12.02

Veränderung des Buchwerts der Beteiligung in 02 im Konzernabschluss der M-AG nach der EK-Methode:

	100 %	25 %
Beteiligungsbuchwert per 01.01.02		**109**
Verlust 02	-72	-18
Abschreibung der stillen Reserven	-4	-1
Veränderung des Buchwerts in 02		**-19**
Beteiligungsbuchwert per 31.12.02		**90**

Der Ausgangspunkt für die i. Z. mit der EK-Methode erforderlichen Buchungen ist die Summenbilanz der M-AG für das aktuelle Jahr, in der die Beteiligung an der A-KG i. H. ihrer Anschaffungskosten von GE 100 ausgewiesen wird. Daher ist der Buchwert der Anteile von GE 100 auf GE 90 zu reduzieren. Der anteilige Verlust sowie die anteilige Abschreibung der stillen Reserven führen zu einem Verlust i. H. von GE -19, welcher von der M-AG im Jahr 02 nach der EK-Methode zu erfassen ist. Der Betrag von GE +9, der im Jahr 01 erfolgswirksam erfasst wurde, wird im Jahr 02 direkt in den einbehaltenen Gewinnen erfasst.[263]

31.12.02		Erfolg aus assoziierten Unternehmen	19,-	
	an	Einbehaltene Gewinne		9,-
	an	Anteile an assoziierten Unternehmen		10,-

31.12.03

Veränderung des Buchwerts der Beteiligung in 03 im Konzernabschluss der M-AG nach der EK-Methode:

	100 %	25 %
Beteiligungsbuchwert per 01.01.03		**90**
Gewinn 03	76	19
Ausschüttung	-20	-5
Abschreibung der stillen Reserven	-4	-1
Veränderung des Buchwerts in 03		**13**
Beteiligungsbuchwert per 31.12.03		**103**

Der Ausgangspunkt für die i. Z. mit der EK-Methode erforderlichen Buchungen ist die Summenbilanz der M-AG für das aktuelle Jahr, in der die Beteiligung an der A-KG i. H. ihrer Anschaffungskosten von GE 100 ausgewiesen wird. Daher ist der Buchwert der Anteile von GE 100 auf GE 103 zu erhöhen. Die im Einzelabschluss erfassten (und somit im Summenabschluss enthaltenen) Dividendenerträge sind auszubuchen, da Dividenden im Rahmen der EK-Methode als Reduktion des Buchwerts der Anteile erfasst werden. Der anteilige Gewinn der A-KG sowie die anteilige Abschreibung der stillen Reserven führen in Summe zu einem Gewinn i. H. von GE +18, welcher von der M-AG im Jahr 03 nach der EK-Methode zu erfassen ist. Der Betrag von GE -19, der im

263 Vgl. Kapitel 6.

Jahr 02 erfolgswirksam erfasst wurde, sowie der Betrag von GE +9, der im Jahr 02 direkt in den einbehaltenen Gewinnen erfasst wurde, sind im Jahr 03 direkt in den einbehaltenen Gewinnen zu erfassen (GE -19 + GE 9 = GE -10).[264]

31.12.03		Anteile an assoziierten Unternehmen	3,-	
		Dividendenerträge	5,-	
		Einbehaltene Gewinne	10,-	
	an	Erfolg aus assoziierten Unternehmen		18,-

AUFGABE 3

Wertminderung und -aufholung

Die Angabe lautet wie in Aufgabe 2. Allerdings erzielt die A-KG in allen Jahren einen Jahreserfolg von Null und es erfolgt keine Ausschüttung. Darüber hinaus beträgt der erzielbare Betrag der Beteiligung an der A-KG am 31.12.01 GE 75, am 31.12.02 GE 74 und am 31.12.03 GE 105.

Nehmen Sie an, dass im Einzelabschluss der A-KG nach lokalem Recht keine außerplanmäßige Abschreibung erfasst wird.

Aufgabenstellung

Stellen Sie alle im Konzernabschluss der M-AG in den Jahren 01-03 erforderlichen Buchungen dar. Die Berichtsperioden der M-AG und der A-KG enden am 31.12.

Die M-AG weist in ihrer Gesamtergebnisrechnung Wertminderungen in Bezug auf assoziierte Unternehmen *nicht* im Posten „Erfolg aus Beteiligungen, die nach der EK-Methode bilanziert werden" aus.

Lösungshinweise

Insbesondere Kapitel 3.1, 3.2, 4 und 6

LÖSUNG

Jahr 01

Im **Einzelabschluss der M-AG** wird die Beteiligung zu fortgeführten Anschaffungskosten bilanziert, wobei annahmegemäß nach lokalem Recht keine außerplanmäßige Abschreibung erfasst wird. Der Beteiligungsbuchwert zum 31.12.01 beträgt daher weiterhin GE 100.

Im **Konzernabschluss der M-AG** ist hingegen die Eigenkapitalmethode anzuwenden. Auch nach der EK-Methode erfolgt die Erstbewertung der Beteiligung i. H. der Anschaffungskosten (IAS 28.10). Zum 01.01.01 ergeben sich daher noch keine Unterschiede zum Einzelabschluss. I. d. F. wird auf die Anwendung der EK-Methode für das gesamte Jahr 01 eingegangen.

264 Vgl. Kapitel 6.

Die Beteiligung besteht am 01.01.01 aus den folgenden Komponenten (s. Aufgabe 2):

Firmenwert	20
Stille Reserven (Gebäude)	10
Restlicher Teil der Beteiligung	70
Beteiligungsbuchwert per 01.01.01	**100**

Der Buchwert der Beteiligung verändert sich im Jahr 01 folgendermaßen:

Buchwert per 01.01.01	100
Abschreibung der stillen Reserven	-1
Buchwert per 31.12.01 (vor Wertminderung)	99
Erzielbarer Betrag	75
Wertminderung	-24

Es ist zu beachten, dass die Wertminderung nicht auf die im Beteiligungsbuchwert implizit enthaltenen Vermögenswerte aufgeteilt werden darf. Die Beteiligungskomponenten Firmenwert und stille Reserven ändern sich daher nicht, obwohl eine Wertminderung vorliegt. Stattdessen stellt die Wertminderung eine eigene Komponente des Buchwerts der Beteiligung mit negativem Vorzeichen dar (IAS 28.42). Somit besteht die Beteiligung am 31.12.01 aus den folgenden Komponenten:

Firmenwert	20
Stille Reserven (Gebäude)	9
Wertminderung	-24
Restlicher Teil der Beteiligung	70
Buchwert der Anteile per 31.12.01	75

Die M-AG weist in ihrer Gesamtergebnisrechnung Wertminderungen in Bezug auf assoziierte Unternehmen *nicht* im Posten „Erfolg aus Beteiligungen, die nach der EK-Methode bilanziert werden" aus. Daher erfolgt die nachstehende Buchung:

31.12.01		Erfolg aus assoziierten Unternehmen	1,-	
		Wertminderung	24,-	
	an	Anteile an assoziierten Unternehmen		25,-

Jahr 02

31.12.02		Einbehaltene Gewinne	25,-	
	an	Anteile an assoziierten Unternehmen		25,-

In 02 werden lediglich die bei den Gebäuden identifizierten stillen Reserven fortgeschrieben, was sich auf den Buchwert der Beteiligung und auf ihre Komponenten folgendermaßen auswirkt:

Firmenwert	20
Stille Reserven (Gebäude)	8
Wertminderung	-24
Restlicher Teil der Beteiligung	70
Buchwert der Anteile per 31.12.02	74

31.12.02		Erfolg aus assoziierten Unternehmen	1,-	
	an	Anteile an assoziierten Unternehmen		1,-

Jahr 03

31.12.03		Einbehaltene Gewinne	26,-	
	an	Anteile an assoziierten Unternehmen		26,-

In 03 werden zunächst die bei den Gebäuden identifizierten stillen Reserven fortgeschrieben, wodurch sich der Buchwert der Anteile auf GE 73 reduziert.

31.12.03		Erfolg aus assoziierten Unternehmen	1,-	
	an	Anteile an assoziierten Unternehmen		1,-

Durch das Rückgängigmachen der in 01 erfassten Wertminderung i. H. von GE 24 würde der Buchwert der Anteile von GE 73 auf GE 97 steigen. Nachdem der erzielbare Betrag am 31.12.03 GE 105 beträgt, ist diese Wertaufholung im vollen Umfang zu erfassen:

31.12.03		Anteile an assoziierten Unternehmen	24,-	
	an	Wertaufholung		24,-

Somit besteht die Beteiligung am 31.12.03 letztendlich aus den folgenden Komponenten:

Firmenwert	20
Stille Reserven (Gebäude)	7
Restlicher Teil der Beteiligung	70
Buchwert der Anteile per 31.12.03	97

AUFGABE 4

Negativer Unterschiedsbetrag

Die M-AG erwirbt am 31.12.01 25 % der Anteile an der A-AG um GE 8 und erlangt dadurch maßgeblichen Einfluss. Die A-AG wird daher zu einem assoziierten Unternehmen der M-AG. Der beizulegende Zeitwert des Eigenkapitals der A-AG beträgt am 31.12.01 GE 40. In ihrem Einzelabschluss bilanziert die M-AG die Anteile an der A-AG zu fortgeführten Anschaffungskosten (IAS 28.44 i. V. mit IAS 27.10a).

Bisheriger Buchungsstand (Einzelabschluss der M-AG):

31.12.01	Anteile an assoziierten Unternehmen	8,-	
	an Geld		8,-

Aufgabenstellung

Beurteilen Sie, ob im Konzernabschluss der M-AG aus dem Erwerb der A-AG ein negativer Unterschiedsbetrag entsteht. Sofern dies der Fall ist, nehmen Sie die entsprechende Buchung vor. Die Berichtsperioden der M-AG und der A-AG enden am 31.12.

Lösungshinweise

Insbesondere Kap 3.1

LÖSUNG

Da die Anschaffungskosten der Beteiligung (GE 8) kleiner sind als der anteilige beizulegende Zeitwert des Eigenkapitals der A-AG (GE 40 · 25 % = GE 10), liegt i. H. der Differenz (GE 2) ein negativer Unterschiedsbetrag vor, welcher erfolgswirksam zu erfassen ist (IAS 28.32b). Im Einzelabschluss der M-AG ist die Beteiligung bereits i. H. von GE 8 ausgewiesen. Daher ist ihr Buchwert im Rahmen der Konsolidierung um GE 2 (d. h. von GE 8 auf GE 10) zu erhöhen.

31.12.01	Anteile an assoziierten Unternehmen	2,-	
	an Erfolg aus assoziierten Unternehmen		2,-

AUFGABE 5

Andauernde Verluste

Die M-AG leistet bei der Gründung der A-AG am 01.01.01 eine Bareinlage i. H. von GE 10. Dafür erhält die M-AG 25 % der Anteile an der A-AG. Die A-AG stellt somit ein assoziiertes Unternehmen der M-AG dar.

Die A-AG erzielt die folgenden Jahreserfolge:

Jahr	Jahreserfolg der A-AG
01	-24
02	-28
03	20

In ihrem Einzelabschluss bilanziert die M-AG die Anteile an der A-AG zu fortgeführten Anschaffungskosten (IAS 28.44 i.V. mit IAS 27.10a).

Bisheriger Buchungsstand (Einzelabschluss der M-AG):

01.01.01	Anteile an assoziierten Unternehmen	10,-	
	an Geld		10,-

Aufgabenstellung

Stellen Sie alle im Konzernabschluss der M-AG in den Jahren 01-03 erforderlichen Buchungen dar. Die Berichtsperioden der M-AG und der A-AG enden am 31.12. Gehen Sie davon aus, dass die M-AG keine rechtlichen oder faktischen Verpflichtungen für die A-AG eingegangen ist, und auch keine Zahlungen für die A-AG geleistet hat (IAS 28.39).

Lösungshinweise

Insbesondere Kapitel 3.1 und 3.5

LÖSUNG

Konzernabschluss zum 31.12.01

Im Konzernabschluss der M-AG erfolgt die Erstbewertung der Beteiligung i. H. der Anschaffungskosten von GE 10 (IAS 28.10). Dies entspricht der Erstbewertung im Einzelabschluss der M-AG. Daher ist am 01.01.01 keine weitere Buchung erforderlich.

Am 31.12.01 erfasst die M-AG ihren Anteil am Verlust der A-AG i. H. von GE 6 (= GE 24 · 25 %):

31.12.01	Erfolg aus assoziierten Unternehmen	6,-	
	an Anteile an assoziierten Unternehmen		6,-

Konzernabschluss zum 31.12.02

Bei der Erstellung des Konzernabschlusses per 31.12.02 ist der Ausgangspunkt der Summenabschluss der M-AG, in dem die Beteiligung i. H. von GE 10 (Buchwert lt. Einzelabschluss) ausgewiesen ist. Daher ist zunächst die per 31.12.01 i. Z. mit der EK-Methode erfolgte Buchung zu wiederholen, um die für Zwecke des Konzernabschlusses korrekte Ausgangsbasis herzustellen:

31.12.02	Einbehaltene Gewinne	6,-	
	an Anteile an assoziierten Unternehmen		6,-

Der anteilige Verlust des Jahres 02 i. H. von GE 7 (= GE 28 · 25 %) darf nur i. H. von GE 4 erfasst werden, da der Buchwert der Beteiligung ansonsten negativ werden würde. Der nicht erfasste Verlust i. H. von GE 3 wird in einer Nebenrechnung festgehalten (IAS 28.38 f.).

31.12.02	Erfolg aus assoziierten Unternehmen	4,-	
	an Anteile an assoziierten Unternehmen		4,-

Konzernabschluss zum 31.12.03

Wiederholung der i. Z. mit der EK-Methode in den Vorjahren erfolgten Buchungen:

31.12.03	Einbehaltene Gewinne	10,-	
	an Anteile an assoziierten Unternehmen		10,-

Der anteilige Gewinn des Jahres 03 i. H. von GE 5 (= GE 20 · 25 %) kann lediglich i. H. von GE 2 erfasst werden. Zuerst müssen nämlich die in der Nebenrechnung festgehaltenen Verluste i. H. von GE 3 ausgeglichen werden (IAS 28.39).

31.12.03	Anteile an assoziierten Unternehmen	2,-	
	an Erfolg aus assoziierten Unternehmen		2,-

AUFGABE 6

Sonstiges Gesamtergebnis I aus assoziierten Unternehmen

Die M-AG erwirbt am 01.01.01 25 % der Anteile an der A-AG für GE 10, wodurch letztere zum assoziierten Unternehmen der M-AG wird.

Am 01.01.01 erwirbt die A-AG Aktien der X-AG um GE 8, welche von der A-AG zum beizulegenden Zeitwert über das sonstige Gesamtergebnis bilanziert werden (IFRS 9.5.7.1b und 9.5.7.5). Am 31.12.01 beträgt der Zeitwert dieser Aktien GE 12. Am 03.08.02 verkauft die A-AG die Aktien um GE 12. Im Hinblick auf zum Zeitwert über das sonstige Gesamtergebnis bilanzierte Eigenkapitalinstrumente wird annahmegemäß auf Umbuchungen der Zeitwertrücklage in die einbehaltenen Gewinne verzichtet (IFRS 9.B5.7.1).

In ihrem Einzelabschluss bilanziert die M-AG die Anteile an der A-AG zu fortgeführten Anschaffungskosten (IAS 28.44 i.V. mit IAS 27.10a).

Bisheriger Buchungsstand (Einzelabschluss der M-AG):

01.01.01	Anteile an assoziierten Unternehmen	10,-	
	an Geld		10,-

Aufgabenstellung

Stellen Sie alle in den Konzernabschlüssen der M-AG per 31.12.01 und 31.12.02 erforderlichen Buchungen dar.

Lösungshinweise

Insbesondere Kapitel 3.1 und 4

LÖSUNG

Konzernabschluss der M-AG zum 31.12.01

Im Konzernabschluss der M-AG erfolgt die Erstbewertung der Beteiligung i. H. der Anschaffungskosten von GE 10 (IAS 28.10). Dies entspricht der Erstbewertung im Einzelabschluss der M-AG. Daher ist am 01.01.01 keine weitere Buchung erforderlich.

Am 31.12.01 führt die A-AG in ihrem Abschluss die Buchung „Aktien an Sonstiges Gesamtergebnis I GE 4“ durch und speichert dieses Ergebnis von GE 4 in ihrer Zeitwertrücklage. Entsprechend erfasst die M-AG in ihrem Konzernabschluss ihren Anteil am sonstigen Gesamtergebnis I der A-AG i. H. von GE 1 (= GE 4 · 25 %) in einem separaten Posten des sonstigen Gesamtergebnisses (IAS 1.82A, 1.BC106c und 1.IG) und speichert dieses Ergebnis von GE 1 ebenfalls in ihrer Zeitwertrücklage.[265]

265 In Anlehnung an IAS 1.IG, wo im Eigenkapitalspiegel die Neubewertungsrücklage auch die anteilige Neubewertung der Immobilien assoziierter Unternehmen enthält.

31.12.01	Anteile an assoziierten Unternehmen	1,-	
	an Sonst. Gesamtergebnis I aus assoziierten Unternehmen		1,-

Konzernabschluss der M-AG zum 31.12.02

Am 03.08.02 bucht die A-AG die Aktien aus („Geld an Aktien GE 12“) und verzichtet lt. Angabe auf eine Umbuchung der Zeitwertrücklage in die einbehaltenen Gewinne. Die soeben angeführte Buchung stellt lediglich einen Aktivtausch dar, wodurch sich die Höhe des Nettovermögens der A-AG nicht verändert. Daher führt die M-AG nach der EK-Methode i. Z. mit dem Verkauf der Aktien durch die A-AG keine Buchung durch.

Allerdings muss die M-AG die i. Z. mit der EK-Methode in 01 erfolgte Buchung wiederholen, um ausgehend von der Summenbilanz per 31.12.02 den korrekten Buchungsstand wiederherzustellen. Dabei darf jedoch keine Berührung der Ergebnisrechnung des laufenden Jahres 02 durch Vorjahresergebnisse erfolgen:

31.12.02	Anteile an assoziierten Unternehmen	1,-	
	an Zeitwertrücklage		1,-

AUFGABE 7

Sonstiges Gesamtergebnis II aus assoziierten Unternehmen

Die M-AG erwirbt am 01.01.01 25 % der Anteile an der A-AG für GE 10, wodurch letztere zum assoziierten Unternehmen der M-AG wird.

Am 01.01.02 verkauft die A-AG eine ausländische Einheit zur Gänze und erzielt dabei einen Veräußerungsgewinn von Null. Die ausländische Einheit war bis zum Verkauf eine 100 %ige Tochtergesellschaft der A-AG und wurde für Zwecke des Konzernabschlusses der A-AG nach der modifizierten Stichtagskursmethode umgerechnet. Die kumulierten, bei der A-AG in Bezug auf die ausländische Einheit im sonstigen Gesamtergebnis II erfassten Währungsdifferenzen betrugen per 31.12.01 GE +4 und per 01.01.01 Null.

In ihrem Einzelabschluss bilanziert die M-AG die Anteile an der A-AG zu fortgeführten Anschaffungskosten (IAS 28.44 i.V. mit IAS 27.10a).

Bisheriger Buchungsstand (Einzelabschluss der M-AG):

01.01.01	Anteile an assoziierten Unternehmen	10,-	
	an Geld		10,-

Aufgabenstellung

Stellen Sie alle in den Konzernabschlüssen der M-AG per 31.12.01 und 31.12.02 erforderlichen Buchungen dar.

Lösungshinweise

Insbesondere Kapitel 3.1 und 4

LÖSUNG

Konzernabschluss der M-AG zum 31.12.01

Im Konzernabschluss der M-AG erfolgt die Erstbewertung der Beteiligung i. H. der Anschaffungskosten von GE 10 (IAS 28.10). Dies entspricht der Erstbewertung im Einzelabschluss der M-AG. Daher ist am 01.01.01 keine weitere Buchung erforderlich.

Im Jahr 01 wurde aufgrund der Währungsumrechnung bei der **A-AG** ein Betrag von GE +4 im sonstigen Gesamtergebnis (im Haben) erfasst. Die damit einhergehende Erhöhung des Nettovermögens der A-AG führt zu einer (anteiligen) Erhöhung des Beteiligungsbuchwerts i. H. von GE 1 (= GE 4 · 25 %) im Konzernabschluss der **M-AG**. Der Anteil der M-AG am sonstigen Gesamtergebnis II der A-AG wird in einem separaten Posten des sonstigen Gesamtergebnisses der M-AG ausgewiesen (IAS 1.82A, 1.BC106c und 1.IG) und in der Währungsrücklage der M-AG gespeichert.[266]

31.12.01		Anteile an assoziierten Unternehmen	1,-	
	an	Sonst. Gesamtergebnis II aus assoziierten Unternehmen		1,-

Konzernabschluss der M-AG zum 31.12.02

Die M-AG muss die i. Z. mit der EK-Methode in 01 erfolgte Buchung wiederholen, um ausgehend von der Summenbilanz per 31.12.02 den korrekten Buchungsstand wiederherzustellen. Dabei darf jedoch keine Berührung der Ergebnisrechnung des laufenden Jahres 02 durch Vorjahresergebnisse erfolgen:

31.12.02		Anteile an assoziierten Unternehmen	1,-	
	an	Währungsrücklage		1,-

Im Falle des Verkaufs einer ausländischen Einheit, welche nach der modifizierten Stichtagskursmethode umgerechnet wurde, erfolgt eine Umgliederung (i. S. von IAS 1.7) des kumulierten, sonstigen Gesamtergebnisses in die GuV (IAS 21.48). Daher bucht die **A-AG** per 01.01.02 „per Sonstiges Gesamtergebnis II an Ertrag (GuV) GE 4". Entsprechend erfasst die **M-AG** in ihrem Konzernabschluss ihren Anteil an diesen Ergebnissen:

01.01.02		Sonst. Gesamtergebnis II aus assoziierten Unternehmen	1,-	
	an	Erfolg aus assoziierten Unternehmen		1,-

Die Soll-Buchung am Konto „Sonstiges Gesamtergebnis II aus assoziierten Unternehmen" reduziert die Währungsrücklage von GE 1 auf Null.

266 In Anlehnung an IAS 1.IG, wo im Eigenkapitalspiegel die Neubewertungsrücklage auch die anteilige Neubewertung der Immobilien assoziierter Unternehmen enthält.

AUFGABE 8

Zwischenerfolgseliminierung

Die M-AG ist an einem assoziierten Unternehmen (der A-AG) zu 25 % beteiligt.

Variante (a)

In 01 erwirbt die A-AG Waren um GE 16 und verkauft diese um GE 20 an die M-AG. Der Gewinnaufschlag der A-AG beträgt somit (bei Vernachlässigung anderer Kosten) GE 4. In 02 verkauft die M-AG die Waren an ihre Kunden. Die Kauf- bzw. Verkaufszeitpunkte stimmen stets mit den Lieferzeitpunkten überein.

Variante (b)

In 01 erwirbt die M-AG Waren um GE 16 und verkauft diese um GE 20 an die A-AG. Der Gewinnaufschlag der M-AG beträgt somit (bei Vernachlässigung anderer Kosten) GE 4. In 02 verkauft die A-AG die Waren an ihre Kunden. Die Kauf- bzw. Verkaufszeitpunkte stimmen stets mit den Lieferzeitpunkten überein.

Aufgabenstellung

Nehmen Sie alle in den Jahren 01 und 02 im Konzernabschluss der M-AG erforderlichen Buchungen vor. Die Berichtsperioden der M-AG und der A-AG enden am 31.12.

Lösungshinweise

Insbesondere Kapitel 3.4 und 6

LÖSUNG (A)

Jahr 01

Der Verkauf von Waren an die M-AG stellt eine Aufwärtslieferung dar. Die A-AG hat durch den Verkauf an die M-AG einen Zwischengewinn i. H. von GE 4 (= GE 20 - GE 16) erzielt, welcher i. H. der Beteiligungsquote von 25 %, d. h. zu einem Viertel (GE 4 · 25 % = GE 1) eliminiert werden muss. Dies geschieht, indem der Buchwert der Waren (oder alternativ die Beteiligung am assoziierten Unternehmen) um GE 1 reduziert wird:

31.12.01		Erfolg aus assoziierten Unternehmen	1,-	
	an	Waren (bzw. Anteile an assoziierten Unternehmen)		1,-

Jahr 02

Zunächst muss die Erfolgsauswirkung des Vorjahres aus obiger Buchung direkt in den einbehaltenen Gewinnen erfasst werden. Da die M-AG die Waren bereits verkauft hat, ist der Gewinn i. H. von GE 1 nun zu erfassen.

31.12.02		Einbehaltene Gewinne	1,-	
	an	Erfolg aus assoziierten Unternehmen		1,-

LÖSUNG (B)

Jahr 01

Der Verkauf von Waren an die A-AG stellt eine Abwärtslieferung dar. Die Umsatzerlöse und der Wareneinsatz (Materialaufwand) dürfen im Konzernabschluss der M-AG lediglich i. H. von 75 % ausgewiesen werden, d. h. der Anteil der M-AG von 25 % ist zu eliminieren. Demnach werden 25 % der Umsatzerlöse der M-AG (GE 5) und 25 % des Materialaufwands der M-AG (GE 4) ausgebucht. Die Gegenbuchung (Restbetrag von GE 1) erfolgt in den Anteilen an assoziierten Unternehmen, da die verkauften Waren nicht mehr in der Konzernbilanz der M-AG aufscheinen.

31.12.01		Umsatzerlöse	5,-	
	an	Materialaufwand		4,-
	an	Anteile an assoziierten Unternehmen		1,-

Jahr 02

Die oben dargestellte Buchung führte in Summe zu einer Reduktion des Jahresgewinns um GE 1. Dieser Betrag ist im Jahr 02 direkt in den einbehaltenen Gewinnen zu erfassen. Da die A-AG die Waren bereits verkauft hat, sind die im Vorjahr eliminierten Umsatzerlöse und Materialaufwendungen nun zu erfassen.

31.12.02		Einbehaltene Gewinne	1,-	
		Materialaufwand	4,-	
	an	Umsatzerlöse		5,-

IAS 29 Rechnungslegung in Hochinflationsländern[267]

1. Einleitung

Die kaufkraftorientierte Rechnungslegung in Ländern mit **Hochinflation** (Hyperinflation), mit dem Ziel der Scheingewinneliminierung, wird in IAS 29 geregelt. Aus der Sicht von Anwendern in Deutschland, Österreich und der Schweiz sind diese Regelungen nur insoweit relevant, als es um deren **ausländische Einheiten** (Tochtergesellschaften, assoziierte Unternehmen und Gemeinschaftsunternehmen) in **Ländern mit Hochinflation** geht. In derartigen Fällen ist der Abschluss der ausländischen Einheit zuerst um die Inflationseffekte zu bereinigen und erst danach die Währungsumrechnung durchzuführen.

2. Anwendung von IAS 29 bei ausländischen Einheiten: Der „7-Stufen-Ansatz"

Schritt 1: Liegt Hochinflation vor?

Damit IAS 29 zur Anwendung gelangt, muss Hochinflation vorliegen. Eine **Inflationsrate**, welche **kumuliert über 3 Jahre** in der Nähe von **100 %** liegt, ist nicht notwendigerweise, aber regelmäßig der härteste Indikator (IAS 29.3e). Eine über 50 % liegende, aber stark steigende, Inflationsrate kann ebenfalls für Hochinflation sprechen.

Schritt 2: Festlegung des Preisindexes

Für die Kaufkraftanpassung (Inflationsanpassung) ist ein allgemeiner **Preisindex** heranzuziehen. Existieren mehrere Preisindizes (z. B. Industriegüter, Konsumgüter usw.), so ist die Auswahl des zutreffenden Index eine Frage sachgerechten Ermessens (IAS 29.11 und 29.17).

Schritt 3: Anpassung nicht monetärer Bilanzposten

Zur Unterscheidung zwischen monetären und nicht monetären Bilanzposten wird auf den Abschnitt zu IAS 21 (Kapitel 2) verwiesen. Nicht monetäre Bilanzposten, d. h. insbesondere Vorräte, Sachanlagen und immaterielle Vermögenswerte (inkl. Firmenwerte), die zu (fortgeführten) Anschaffungs- bzw. Herstellungskosten bewertet werden, sind durch **Anwendung des Preisindex** auf die Anschaffungs- bzw. Herstellungskosten (und die kumulierten Abschreibungen) anzupassen. Maßgeblich ist nicht die Entwicklung des Index in der Periode, sondern dessen Entwicklung vom Anschaffungszeitpunkt bis zum Bilanzstichtag (IAS 29.15). Monetäre Posten (z. B. Geld, Darlehensforderungen und Verbindlichkeiten aus L+L) werden hingegen nicht angepasst.

Schritt 4: Anpassung der Gesamtergebnisrechnung

Alle Posten der Gesamtergebnisrechnung sind mit der **Kaufkraft des Bilanzstichtags** auszudrücken (IAS 29.26). Bei Erträgen und Aufwendungen, die sich relativ gleichmäßig über das Jahr verteilen (kein Saisongeschäft usw.) und bei einer Inflationsrate, die ebenfalls relativ gleichmäßig über das Jahr verteilt ist, kann zur Umrechnung vom Transaktionszeitpunkt auf den Bilanzstichtag **ggf. mit der halben Inflationsrate des Jahres** indexiert werden.

267 Zu den Ausführungen in diesem Kapitel vgl. *Lüdenbach/Hoffmann/Freiberg*, IFRS-Kommentar, 12. Aufl., § 27, Kapitel 4.

Schritt 5: Ermittlung des Schuldnergewinns bzw. des Gläubigerverlustes

Befindet sich ein Unternehmen in einer **Netto-Gläubigerposition** (d. h. dessen monetäre Vermögenswerte übersteigen seine monetären Schulden), so erleidet es durch die Entwertung (Inflation) dieser Position einen **Gläubigerverlust (soweit** die Vermögenswerte und Schulden nicht an einen Preisindex gebunden sind). Umgekehrt erzielt ein **Netto-Schuldner** aus der Inflation einen **Schuldnergewinn**. Der Schuldnergewinn bzw. der Gläubigerverlust ist Bestandteil des **Jahreserfolgs** (IAS 29.27 f.).

Im System der doppelten Buchhaltung kann der Schuldnergewinn bzw. der Gläubigerverlust über ein sog. **Kaufkraft(ausgleichs)konto** ermittelt werden. Dieses enthält die Anpassung aller Anfangsbestände an und Zugänge zu nicht monetären Bilanzposten sowie bestimmter Posten der Gesamtergebnisrechnung (z. B. Umsatzerlöse). Der Saldo des Kaufkraftkontos ergibt den Schuldnergewinn bzw. den Gläubigerverlust und geht in die Gesamtergebnisrechnung und somit auch in die Bilanz ein. Der Saldo des Kaufkraftkontos sollte ungefähr dem rechnerischen Schuldnergewinn (= Veränderung der Nettoschuldnerposition während des Geschäftsjahres : 2) bzw. Gläubigerverlust entsprechen.

Schritt 6: Anpassung der Vorjahreszahlen

Die Vorjahreszahlen werden i. d. R. mit dem **alten Preisindex** und bei Umrechnung in Euro mit dem **alten Wechselkurs**, d. h. **auf Konzernebene mit den ursprünglichen Werten**, dargestellt (IAS 29.34 i. V. mit IAS 21.42b).

Schritt 7: Umrechnung in die Berichtswährung Euro

Erst **nach Inflationsanpassung** erfolgt nach den normalen Regeln der **Währungsumrechnung** die Umrechnung in die Berichtswährung des Konzerns (IAS 29.35).

3. Geschäftsjahr der erstmaligen Feststellung von Hochinflation

Für das Geschäftsjahr der erstmaligen Feststellung von Hochinflation enthält IFRIC 7 besondere Regeln. IAS 29 ist dabei retrospektiv anzuwenden, d. h. so, als ob Hochinflation immer schon bestanden hätte. Bei Sachanlagen, die zu fortgeführten Anschaffungskosten bilanziert werden, wäre der u. U. sehr weit zurückliegende Zeitpunkt der Anschaffung bzw. Herstellung der Ausgangspunkt für die Preisindexierung.

4. Aufgabe mit Lösung

AUFGABE

Darstellung der Schritte 3-5[268]

Zwecks Erstellung des Konzernabschlusses der M-AG per 31.12.02 ist der Einzelabschluss einer Hochinflationstochter (der H-AG) per 31.12.02 an die Kaufkraft anzupassen.

Im Vorjahr 01 wurde bereits eine entsprechende Indizierung vorgenommen, aus der sich die folgende Bilanz per 31.12.01 ergibt:

Bilanz 31.12.01 (*Index 31.12.01*)

Gebäude (alt)	6	Grundkapital	20
Handelswaren (alt)	30	Einbehaltene Gewinne	10
Forderungen aus L+L / Geld	20	Darlehensschuld	26
Summe	56	Summe	56

Die Inflationsrate des Jahres 02 beträgt 100 %. In 02 ereignen sich u. a. die folgenden Geschäftsfälle:

- Das alte Gebäude (Restnutzungsdauer: 3 Jahre) wird i. H. von GE 2 (auf Basis des per 31.12.01 indizierten Wertes) planmäßig abgeschrieben.
- Ein neues Gebäude (Nutzungsdauer: 20 Jahre) wird am 01.07.02 um GE 80 angeschafft. Für dieses Gebäude wird eine planmäßige Abschreibung i. H. von GE 2 erfasst.
- Alle „alten" Waren werden in 02 verkauft.
- Am 01.07.02 werden neue Waren um GE 80 angeschafft. Die Hälfte der neuen Waren wird in 02 verkauft.

Ein angenommener Jahresgewinn in 02 i. H. von GE 20 und die oben beschriebenen Geschäftsfälle führen zu der i. d. F. dargestellten Bilanz per 31.12.02. In dieser Bilanz sind das alte Gebäude, das Grundkapital sowie die einbehaltenen Gewinne (exkl. Jahresgewinn 02) noch zu Indexwerten per 01.01.02 enthalten.

Bilanz 31.12.02 (*Index 01.01.02*)

Gebäude (alt)	4	Grundkapital	20
Gebäude (neu)	78	Einbehaltene Gewinne (exkl. Jahresgewinn 02)	10
Handelswaren (alt)	0	Jahresgewinn 02	20
Handelswaren (neu)	40	Darlehensschuld	76
Forderungen aus L+L / Geld	4		
Summe	126	Summe	126

268 In Anlehnung an *Lüdenbach/Hoffmann/Freiberg*, IFRS-Kommentar, 12. Aufl., § 27 Tz. 79. In dieser Aufgabe werden die Darstellungsvorschriften von IAS 1 vernachlässigt; „GE" bezeichnet die Geldeinheiten der hochinflationären Währung.

Die noch nicht indexierte separate GuV 02 hat folgendes Aussehen:

Separate GuV 02	
Umsatzerlöse	110
Materialaufwand (Wareneinsatz) (alt)	-30
Materialaufwand (Wareneinsatz) (Zugang)	-40
Planmäßige Abschreibung (altes Gebäude)	-2
Planmäßige Abschreibung (neues Gebäude)	-2
Sonstiger Aufwand	-16
Jahresgewinn 02	20

Die Umsatzerlöse, die sonstigen Aufwendungen sowie die Inflationsrate verteilen sich relativ gleichmäßig über das Jahr 02.

Bisheriger Buchungsstand:

I. Z. mit der Inflationsanpassung für 02 wurden bislang noch keine Buchungen vorgenommen. Ansonsten haben bereits alle Buchungen stattgefunden.

Aufgabenstellung

Stellen Sie die Schritte 3-5 des 7-Stufen-Ansatzes dar. Nehmen Sie alle in Bezug auf die Kaufkraftanpassung (Inflationsanpassung) erforderlichen Buchungen vor.

Lösungshinweise

Insbesondere Kapitel 2

LÖSUNG

Die **Kaufkraftanpassung (Inflationsanpassung)** der Bilanz **per 31.12.02** erfolgt folgendermaßen:

- Die **monetären Posten** der H-AG (Forderungen aus L+L, Geld und Darlehensschuld) werden nicht angepasst.
- Das **Grundkapital** und die **einbehaltenen Gewinne** per 31.12.01 werden mit 2 multipliziert.
- Die Anpassung der **Waren** und der **Gebäude** wird i. d. F. erläutert.

Inflationsanpassung der Waren:

Bis zum 31.12.02 wurden alle alten Vorräte verbraucht, wohingegen die Hälfte der neuen Waren noch nicht verkauft wurde. Die Anschaffungskosten des Teils der neuen Vorräte, der noch auf Lager liegt, betragen daher GE 40 (= GE 80 : 2). Da die neuen Vorräte zur Jahresmitte (01.07.02) angeschafft wurden, erfolgt eine Indexierung mit der halben Inflationsrate (d. h. nicht mit 100 %, sondern mit 50 %). Der **indexierte Endbestand** beträgt daher GE 60 (= GE 40 · 150 %).

Hinsichtlich der Ermittlung des Wareneinsatzes sind der Anfangsbestand (Buchwert der alten Waren per 31.12.01) mit 100 % und der Zugang zur Jahresmitte (01.07.02) (neue Waren) mit 50 % zu indizieren:

	Historische Werte/ Alter Index	Index 31.12.02
Anfangsbestand 01.01.02	30	60
+ Zugang 01.07.02	80	120
- Endbestand 31.12.02	40	60
Wareneinsatz 02	70	120

Das Warenkonto hat somit folgendes Aussehen (mit historischen Werten und auf dem alten Index basierenden Werten in den linken Spalten und Werten nach Inflationsanpassung in den rechten Spalten):

Handelswaren 31.12.02

Anfangsbestand 01.01.02	30	30	Wareneinsatz	70	70
Anpassung		30	Anpassung		50
Zugang 01.07.02	80	80	Endbestand 31.12.02	40	60
Anpassung		40			
Summe	110	180	Summe	110	180

31.12.02		Handelswaren[269]	70,-	
	an	Kaufkraftkonto		70,-

Die Anpassung des Wareneinsatzes um GE 50 (s. o.) entfällt mit GE 30 (= GE 30 · 100 %) auf die alten Waren und mit GE 20 (= GE 40 · 50 %) auf die neuen Waren. Lt. bisherigem Buchungsstand wurde der Wareneinsatz bereits i. H. von GE 70 verbucht. Die Inflationsanpassung wurde allerdings bislang noch nicht erfasst.

31.12.02		Wareneinsatz	50,-	
	an	Handelswaren		50,-

Inflationsanpassung der Gebäude:

Auch bei den Gebäuden wird der Altbestand sowie die auf diesen entfallende planmäßige Abschreibung um ein ganzes Jahr angepasst (100 %), während der Zugang (01.07.02) (neues Gebäude) sowie die auf diesen entfallende planmäßige Abschreibung für ein halbes Jahr indiziert werden (50 %). Das Gebäudekonto wird i. d. F. dargestellt (mit historischen Werten und auf dem alten Index basierenden Werten in den linken Spalten und Werten nach Inflationsanpassung in den rechten Spalten). Der Endbestand (Buchwert der Gebäude am 31.12.02) ergibt sich als Differenzbetrag.

269 GE 70 = GE 30 (Anfangsbestand) + GE 40 (Zugang).

Gebäude 31.12.02

Anfangsbestand (01.01.02)	6	6	Abschreibung (altes Gebäude)	2	2
Anpassung		6	Anpassung		2
Zugang (01.07.02)	80	80	Abschreibung (Zugang)	2	2
Anpassung		40	Anpassung		1
			Endbestand (31.12.02)	82	125
Summe	86	132	Summe	86	132

31.12.02		Gebäude (alt)	6,-	
	an	Kaufkraftkonto		6,-

Lt. bisherigem Buchungsstand wurde die planmäßige Abschreibung für das alte Gebäude bereits i. H.von GE 2 verbucht. Allerdings wurde die Inflationsanpassung bislang noch nicht erfasst.

31.12.02		Planmäßige Abschreibung	2,-	
	an	Gebäude (alt)		2,-

31.12.02		Gebäude (neu)	40,-	
	an	Kaufkraftkonto		40,-

31.12.02		Planmäßige Abschreibung	1,-	
	an	Gebäude (neu)		1,-

Weitere Kaufkraftanpassungen:

Das Grundkapital sowie die einbehaltenen Gewinne zum 31.12.01 werden um 100 % angepasst:

31.12.02		Kaufkraftkonto	20,-	
	an	Grundkapital		20,-

31.12.02		Kaufkraftkonto	10,-	
	an	Einbehaltene Gewinne		10,-

Da sich die Umsatzerlöse sowie die sonstigen Aufwendungen lt. Angabe relativ gleichmäßig über das Jahr 02 verteilen, werden diese mit der halben Inflationsrate von 50 % angepasst:

31.12.02		Kaufkraftkonto	55,-	
	an	Umsatzerlöse		55,-

31.12.02		Sonstiger Aufwand	8,-	
	an	Kaufkraftkonto		8,-

Ermittlung des Schuldnergewinns:

Der Schuldnergewinn ergibt sich als Saldo des Kaufkraftkontos:

Kaufkraftkonto

Grundkapital	20	Handelswaren	70
Einbehaltene Gewinne (per 31.12.01)	10	Gebäude	46
Umsatzerlöse	55	Sonstiger Aufwand	8
Saldo	**39**		
Summe	124	Summe	124

Die Nettoschuldnerposition ergibt sich durch Abzug der Forderungen aus L+L sowie des Geldes von der Darlehensschuld. Sie beträgt daher per 01.01.02 GE 6 (= GE 26 - GE 20) und per 31.12.02 GE 72 (= GE 76 - GE 4). Die Veränderung beträgt daher GE 66, gemittelt über das Jahr somit GE 33 (= GE 66 : 2). Der Schuldnergewinn lt. Kaufkraftkonto (GE 39) entspricht somit näherungsweise dem rechnerischen Schuldnergewinn (GE 33).

Erstellung der inflationsangepassten Bilanz und separaten GuV:

In der inflationsangepassten GuV muss noch der Schuldnergewinn eingesetzt werden, der Jahresgewinn ergibt sich schließlich als Saldo.

Separate GuV 02[270]

Wareneinsatz alt	30	**60**	Umsatzerlöse	110	**165**
Wareneinsatz Zugang	40	**60**	Schuldnergewinn		**39**
Planmäßige Abschreibung (alt)	2	**4**			
Planmäßige Abschreibung (Zugang)	2	**3**			
Sonstiger Aufwand	16	**24**			
Jahresgewinn	20	**53**			
Summe	110	**204**	Summe	110	**204**

Bilanz 31.12.02 (*Index 31.12.02*)

Gebäude (alt)	8	Grundkapital	40
Gebäude (neu)	117	Einbehaltene Gewinne (exkl. Jahresgewinn 02)	20
Handelswaren (alt)	0	Jahresgewinn 02	53
Handelswaren (neu)	60	Darlehensschuld	76
Forderungen aus L+L / Geld	4		
Summe	189	Summe	189

270 In den linken Spalten werden die nicht angepassten Werte angeführt.

Diese Werte in der hochinflationären Landeswährung sind schließlich noch nach den normalen Vorschriften der Währungsumrechnung (IAS 21) in die Berichtswährung des Konzerns (Euro) umzurechnen.

IAS 31 Anteile an Joint Ventures

HINWEIS

Der Standard IAS 31 "Anteile an Joint Ventures" ist mittlerweile auch in der EU außer Kraft getreten. Er wurde durch IFRS 11 "Gemeinsame Vereinbarungen" ersetzt. Hinsichtlich dieser Materie wird daher auf den Abschnitt des vorliegenden Werks zu letzterem Standard verwiesen.

IAS 32 Finanzinstrumente: Darstellung

1. Begriff des Finanzinstruments

IAS 32 definiert zunächst den Begriff des Finanzinstruments, welcher in IAS 32 selbst und in anderen Standards verwendet wird (IAS 32.11). Ein **Finanzinstrument** ist jeder Vertrag, welcher bei einem Rechtsträger (*entity*) zu einem finanziellen Vermögenswert und bei einem anderen Rechtsträger zu einer finanziellen Verbindlichkeit oder einem Eigenkapitalinstrument führt. Die in dieser Definition verwendeten Begriffe sind folgendermaßen zu verstehen:

- **Rechtsträger** (*entity*): Dieser Begriff beinhaltet in diesem Standard Individuen, Personen- und Kapitalgesellschaften, Trusts und Behörden (IAS 32.14);
- **Verträge** i. S. von IAS 32 bedürfen nicht notwendigerweise der Schriftform (IAS 32.13). Steuerforderungen und -schulden basieren auf gesetzlicher und nicht auf vertraglicher Grundlage und stellen daher keine Finanzinstrumente dar. Sie unterliegen vielmehr dem Anwendungsbereich von IAS 12 (IAS 32.AG12);
- ein **Eigenkapitalinstrument** (z. B. eine Aktie) ist ein Vertrag, der einen Residualanspruch an den Vermögenswerten eines Unternehmens nach Abzug aller Schulden begründet (IAS 32.11);
- **finanzielle Vermögenswerte** umfassen u. a. (IAS 32.11)
  - flüssige Mittel,
  - als Aktivum gehaltene Eigenkapitalinstrumente anderer Unternehmen,
  - das vertragliche Recht auf den Erhalt von flüssigen Mitteln oder anderen finanziellen Vermögenswerten von einem anderen Rechtsträger (d. h. bestimmte Forderungen),
  - das vertragliche Recht, finanzielle Vermögenswerte oder finanzielle Verbindlichkeiten mit einem anderen Rechtsträger unter potenziell vorteilhaften Bedingungen zu tauschen (hierzu gehören Finanzderivate mit einem positiven beizulegenden Zeitwert);
- **finanzielle Verbindlichkeiten** umfassen u. a. (IAS 32.11)
  - die vertragliche Pflicht, flüssige Mittel oder einen anderen finanziellen Vermögenswert an einen anderen Rechtsträger abzugeben,
  - die vertragliche Pflicht, finanzielle Vermögenswerte oder finanzielle Verbindlichkeiten mit einem anderen Rechtsträger unter potenziell nachteiligen Bedingungen zu tauschen (hierzu gehören Finanzderivate mit einem negativen beizulegenden Zeitwert).

Zur Veranschaulichung dienen die folgenden Beispiele (IAS 32.AG3 ff.):[271]

- **Positivbeispiele**: Finanzielle Vermögenswerte bzw. finanzielle Verbindlichkeiten sind
  - Kundenforderungen und -verbindlichkeiten,
  - Anleihen beim Inhaber (aktivisch) bzw. Emittenten (passivisch),
  - Darlehen beim Darlehensgeber (aktivisch) bzw. -nehmer (passivisch),
  - Finanzielle Garantien (z. B. Bürgschaften) beim Garantiegeber bzw. -nehmer,
  - Forderungen und Verbindlichkeiten aus Finanzierungsleasing,
  - Eigenkapitalinstrumente (d. h. Anteile an anderen Gesellschaften).

---

271 Vgl. *Lüdenbach/Hoffmann/Freiberg*, IFRS-Kommentar, 12. Aufl., § 28 Tz. 7.

► **Negativbeispiele**: Keine finanziellen Vermögenswerte bzw. finanziellen Verbindlichkeiten sind

- Vorräte,
- Sachanlagen,
- Immaterielle Vermögenswerte,
- Steuerforderungen und -verbindlichkeiten,
- Faktische Verpflichtungen i. S. von IAS 37.

2. Anwendungsbereich

Der **Anwendungsbereich** von IAS 32 erstreckt sich nicht auf alle Finanzinstrumente (IAS 32.4 ff.). So unterliegen etwa Anteile an Tochter-, Gemeinschafts- oder assoziierten Unternehmen, welche nach IFRS 10, IAS 27 bzw. IAS 28 behandelt werden, grundsätzlich nicht dem Anwendungsbereich von IAS 32.

3. Abgrenzung von Eigen- und Fremdkapital

Der Emittent eines Finanzinstruments muss dieses, oder dessen Teile, bei Ersterfassung als finanzielle Verbindlichkeit (Fremdkapital), finanziellen Vermögenswert oder als Eigenkapitalinstrument (Eigenkapital) klassifizieren (IAS 32.15).

Es können Abgrenzungsprobleme zwischen Eigen- und Fremdkapital auftreten. Dies gilt vor allem für **Mezzanine-Finanzierungen** (z. B. schuldrechtliche Kapitalzuführungen mit wirtschaftlichen Elementen von Eigenkapital). Eine Finanzierung wird grundsätzlich als Eigenkapital betrachtet, wenn keine (bedingte oder unbedingte) vertragliche Verpflichtung existiert, Geld oder andere finanzielle Vermögenswerte abzugeben oder finanzielle Vermögenswerte bzw. finanzielle Verbindlichkeiten unter Bedingungen zu tauschen, welche für den Emittenten potenziell unvorteilhaft sind (IAS 32.16 ff.).

Ein Beispiel für eine **unbedingte Rückzahlungspflicht** ist eine Vorzugsaktie, welche vom Emittenten zu einem fixierten Betrag zu einem fixierten künftigen Datum zurückgezahlt werden muss. Ein Beispiel für eine **bedingte Rückzahlungspflicht** ist eine Vorzugsaktie, welche dem Inhaber das Recht gibt, vom Emittenten die Rückzahlung des Instruments zu einem bestimmten Datum zu einem fixierten Betrag zu verlangen (IAS 32.18a). In beiden Fällen liegt somit aufgrund der Rückzahlungspflicht Fremdkapital vor.

Es kann sich auch um ein sog. **zusammengesetztes Finanzinstrument** handeln. Ein solches liegt vor, wenn ein vom Unternehmen emittiertes nicht derivatives Finanzinstrument sowohl eine Schuld- als auch eine Eigenkapitalkomponente enthält. In diesem Fall ist jede Komponente (gem. IAS 32.15) separat als finanzielle Verbindlichkeit (Fremdkapital), finanzieller Vermögenswert oder als Eigenkapitalinstrument (Eigenkapital) zu klassifizieren (IAS 32.28). Ein wichtiges Beispiel hierfür sind Wandelanleihen.[272] Bei diesen hat der Gläubiger das Recht, die Anleihe

272 Ausführlich zur Bilanzierung von Wandelanleihen: *Christian*, PiR 2008 S. 81 ff.

(Fremdkapital) in Aktien (Eigenkapital) zu wandeln. Dies bedeutet, dass sich der Gläubiger entweder für die Tilgung der Anleihe oder für den Erhalt von Aktien des Schuldners entscheiden kann.

Der Emittent eines zusammengesetzten Finanzinstruments bewertet die Eigenkapital- und die Fremdkapitalkomponente nach der **Subtraktions- bzw. Restwertmethode**. Dabei ermittelt der Emittent einer **Wandelanleihe** zunächst den Buchwert der **Fremdkapitalkomponente**, und zwar durch Abzinsung der künftigen Zins- und Tilgungszahlungen der Anleihe mit dem Marktzinssatz, der für eine ähnliche, jedoch nicht mit einem Wandlungsrecht versehene Anleihe zu zahlen wäre. Der Buchwert der **Eigenkapitalkomponente** (d. h. des Wandlungsrechts) wird danach (unter der Annahme, dass keine Transaktionskosten existieren) durch Abzug des Buchwerts der Fremdkapitalkomponente vom Emissionserlös ermittelt (IAS 32.31 f.). Die Eigenkapitalkomponente wird als Kapitalrücklage ausgewiesen.

Die Anwendung der Abgrenzungsregeln von IAS 32, die auf die (bedingte oder unbedingte) Rückzahlungspflicht abstellen, führt in manchen Fällen zu **widersinnigen Ergebnissen**. So würde etwa die Einlage eines Gesellschafters einer **Personengesellschaft** Fremdkapital darstellen, wenn dem Gesellschafter ein ordentliches Kündigungsrecht zusteht und die Ausübung dieses Rechts einen Abfindungsanspruch gegen das Unternehmen begründet. Das IASB hat zur Beseitigung dieses Ergebnisses kasuistische Sonderregeln erlassen, welche im Falle deutscher Personengesellschaften i. d. R. wieder einen Eigenkapitalausweis ermöglichen. Die Sonderregeln gelten jedoch *nicht* für den Ausweis nicht beherrschender Anteile an Tochterpersonengesellschaften im Konzern, d. h. der nicht beherrschende Anteil wird als Fremdkapital behandelt (IAS 32.AG29A und 32.BC68).[273]

Ein anderer Problembereich sind sog. **ewige Anleihen (Hybridanleihen)**. Diese sind dadurch gekennzeichnet, dass der Emittent, nicht aber der Inhaber, ein ordentliches Kündigungsrecht besitzt. Der Emittent hat i. d. R. nach einigen Jahren aufgrund einer akzelerierenden Verzinsung keine andere wirtschaftlich sinnvolle Möglichkeit, als die Kündigung der ewigen Anleihe. Obwohl wirtschaftlich betrachtet die Kündigung feststeht, erfolgt dennoch nach IFRS bei entsprechender Vertragsgestaltung ein Eigenkapitalausweis. Rechtlich betrachtet hat der Inhaber nämlich keinen Rückzahlungsanspruch.[274]

4. Folgebilanzierung einer Wandelanleihe beim Emittenten

Die Fremdkapitalkomponente wird im Rahmen der Folgebilanzierung (in Abhängigkeit von den Umständen des Einzelfalls) entweder zu fortgeführten Anschaffungskosten (d. h. nach der Effektivzinsmethode) oder zum beizulegenden Zeitwert über die GuV bilanziert.[275] Der Buchwert der Eigenkapitalkomponente wird im Rahmen der Folgebilanzierung nicht an Änderungen des beizulegenden Zeitwertes des Wandlungsrechts angepasst (IAS 32.36, letzter Satz i.V. mit IFRS 9.2.1d). Entscheidet sich der Gläubiger der Wandelanleihe für den Erhalt von Aktien des Schuldners (und somit für den Verzicht auf seine Forderung gegenüber dem Schuldner), so stellt

273 Vgl. *Lüdenbach/Hoffmann/Freiberg*, IFRS-Kommentar, 12. Aufl., § 20 Tz. 31 f.

274 Vgl. IASB Update, Juni 2006, S. 4.

275 Vgl. Abschnitt IFRS 9, Kapitel 4.5.

dieser Forderungsverzicht in der Bilanz des Schuldners eine Sacheinlage dar (Buchung „per Verbindlichkeit an Grundkapital an Kapitalrücklage"). Am Ende der Laufzeit kann die Eigenkapitalkomponente (unabhängig davon, ob eine Wandlung erfolgt) ohne Berührung der Ergebnisrechnung in eine andere Eigenkapitalkategorie umgebucht werden (IAS 32.AG32).

5. Eigene Anteile

Erwirbt ein Unternehmen seine eigenen Eigenkapitalinstrumente (z. B. die X-AG kauft in ihrer Eigenschaft als juristische Person Aktien der X-AG), so führt dies zu einer **Reduktion des Eigenkapitals**. Für die erworbenen eigenen Anteile wird kein finanzieller Vermögenswert aktiviert. Diese Vorgehensweise entspricht der Sichtweise, dass ein Rückkauf eigener Anteile wirtschaftlich betrachtet eine Kapitalherabsetzung darstellt. Durch einen Kauf bzw. Verkauf eigener Anteile, bei einer neuen Emission der Anteile sowie im Falle einer Einziehung dürfen sich der Periodenerfolg und das sonstige Gesamtergebnis nicht ändern (IAS 32.33, 32.AG36 und IAS 1.7).

Seit der Aufhebung von SIC 16 bestehen keine Regeln, welcher **Eigenkapitalposten** durch den Erwerb eigener Anteile reduziert werden soll. Die Aufzählung in SIC 16 war außerdem lediglich beispielhaft. Aufgrund dieser Unbestimmtheit sind verschiedene Buchungstechniken vertretbar, u. a. die Folgenden:[276]

- Die Anschaffungskosten der eigenen Anteile werden als eigener Eigenkapitalposten mit negativem Vorzeichen dargestellt (**Anschaffungskostenmethode**). Werden die eigenen Anteile später verkauft, so wird auf diesem Eigenkapitalkonto im Haben gebucht. Ist der Verkaufspreis größer oder kleiner als die ursprünglichen Anschaffungskosten, so bleibt der separate Eigenkapitalposten mit positivem bzw. negativem Vorzeichen stehen;
- der Nennwert der eigenen Anteile reduziert das Grundkapital (gezeichnetes Kapital) und die Differenz zwischen dem Nennwert und den höheren Anschaffungskosten reduziert die Kapitalrücklage (**Nennwertmethode**). Werden die eigenen Anteile später verkauft, so wird der Nennwert als Erhöhung des Grundkapitals erfasst und die Differenz zwischen dem Nennwert und dem höheren Verkaufspreis als Erhöhung der Kapitalrücklage. Ist der Verkaufspreis größer oder kleiner als die ursprünglichen Anschaffungskosten, so verbleibt der Differenzbetrag in der Kapitalrücklage.

6. Kosten einer Eigenkapitaltransaktion

Ein Beispiel für eine **Eigenkapitaltransaktion** ist eine **Kapitalerhöhung** in der Form von **Bareinlagen**. Eine solche ist als Erhöhung des **gezeichneten Kapitals** zu erfassen und – soweit sie **über pari** erfolgt – als **Kapitalrücklage**.

Kosten einer Eigenkapitaltransaktion sind als **Reduktion des Eigenkapitals** zu erfassen. Der Periodenerfolg sowie das sonstige Gesamtergebnis ändern sich dadurch nicht. Die damit verbundenen Ertragsteuervorteile sind ebenfalls ohne Berührung der Ergebnisrechnung direkt im Eigenkapital zu erfassen (IAS 32.35 f., IAS 12.58a und 12.61Ab). Sind etwa steuerlich abzugsfähige Kosten einer Eigenkapitaltransaktion i. H. von GE 100 angefallen und beträgt der Steuersatz 25 %, so erfolgt eine Reduktion des Eigenkapitals um GE 75. Am Konto „Geld" wird ein Betrag

276 Vgl. *PwC*, IFRS für Banken, 5. Aufl., S. 1396.

von GE 100 erfasst. Der Differenzbetrag von GE 25 stellt einen **Steuervorteil** dar (der steuerliche Gewinn und somit die Steuerlast sinken nämlich durch die Kosten von GE 100) und wird daher als Erhöhung der tatsächlichen Steuerforderung bzw. als Reduktion der tatsächlichen Steuerverbindlichkeit erfasst.

Die eben beschriebene Vorgehensweise (Reduktion des Eigenkapitals, welche weder den Periodenerfolg, noch das sonstige Gesamtergebnis berührt) erfolgt genauer gesagt nur dann, wenn es sich um **zusätzliche**, der Eigenkapitaltransaktion **direkt zurechenbare Kosten**, handelt, welche andernfalls vermieden worden wären (IAS 32.37). Die ohnehin anfallenden Kosten werden hingegen ganz normal als Aufwand erfasst. In der Praxis bedeutet dies, dass externe Kosten (z. B. Rechtsanwaltshonorare, Registergebühren usw.) zusätzliche Kosten darstellen. Interne Kosten wären in aller Regel auch ohne die Emission entstanden und sind daher als Aufwand zu verbuchen. Eine Ausnahme stellen Überstunden dar, welche speziell für die Eigenkapitaltransaktion anfallen und gesondert vergütet werden. Diese haben Zusatzcharakter und sind daher wie die externen Kosten zu behandeln.[277]

7. Saldierung

Als Grundsatz verlangt IAS 32 eine **Verrechnung (= Saldierung) eines finanziellen Vermögenswerts mit einer finanziellen Verbindlichkeit**, wenn die folgenden beiden Bedingungen kumulativ erfüllt sind (IAS 32.42):

- Das Unternehmen besitzt zum gegenwärtigen Zeitpunkt einen **Rechtsanspruch**, die erfassten Beträge miteinander zu verrechnen;
- das Unternehmen **beabsichtigt**, entweder den **Ausgleich auf Nettobasis** herbeizuführen oder den Vermögenswert und die dazugehörige Verpflichtung **gleichzeitig zu realisieren bzw. zu tilgen**.

8. Aufgaben mit Lösungen

AUFGABE 1

Vorliegen eines finanziellen Vermögenswerts bzw. einer finanziellen Verbindlichkeit

(a) Die X-AG besitzt Bargeld i. H. von GE 100.

(b) Die Y-AG besitzt eine Sichteinlage i. H. von GE 100.

(c) Die Bilanz der X-AG enthält Anteile an der Z-GmbH.

(d) Die X-AG besitzt Handelswaren.

(e) Die X-AG hat der Y-AG im Dezember 01 Waren geliefert, welche bis zum 31.12.01 noch nicht bezahlt wurden. Daher hat die X-AG am 31.12.01 eine Lieferforderung und die Y-AG eine Lieferverbindlichkeit.

277 Vgl. *Lüdenbach*, PiR 2007 S. 263.

(f) Die Y-AG hat bei der X-AG im Dezember 01 Waren bestellt und den Rechnungsbetrag bereits im Vorhinein bezahlt. Die Waren werden erst im Januar 02 geliefert. (Buchung bei der X-AG in 01: Geld an Erhaltene Anzahlung; Buchung bei der Y-AG in 01: Geleistete Anzahlung an Geld).

(g) Die Bilanz der Y-AG zeigt eine tatsächliche und eine latente Steuerschuld.

Aufgabenstellung

Beurteilen Sie sowohl aus der Perspektive der X-AG, als auch aus jener der Y-AG, ob in den beschriebenen Fällen finanzielle Vermögenswerte bzw. finanzielle Verbindlichkeiten vorliegen. Der Bilanzstichtag beider Unternehmen ist der 31.12.01.

Lösungshinweise

Insbesondere Kapitel 1

LÖSUNG

(a) Bargeld ist ein finanzieller Vermögenswert, da dieses das Austauschmedium der Geschäfte darstellt, auf dessen Grundlage alle Geschäfte im Abschluss bewertet und erfasst werden (IAS 32.AG3).

(b) Durch die Sichteinlage hat der Einleger das Recht, von der Bank die Auszahlung der Einlage in Form von Geld zu verlangen. Somit liegt ein finanzieller Vermögenswert vor (IAS 32.AG3).

(c) Die Anteile der X-AG an der Z-GmbH sind Eigenkapitalinstrumente. Daher behandelt die X-AG diese Anteile als finanzielle Vermögenswerte (IAS 32.11).

(d) Handelswaren führen zwar zum Erhalt von Geld, wenn sie verkauft werden, sie stellen allerdings keinen gegenwärtigen Rechtsanspruch auf den Erhalt von Geld dar. Somit handelt es sich nicht um finanzielle Vermögenswerte (IAS 32.AG10).

(e) Die Lieferforderung (der X-AG) stellt einen finanziellen Vermögenswert dar. Die Waren wurden bereits geliefert und somit hat die X-AG einen Rechtsanspruch auf den Erhalt von Geld. Die Lieferverbindlichkeit (der Y-AG) stellt eine finanzielle Verbindlichkeit dar. Die Waren wurden bereits geliefert und somit hat die Y-AG eine Pflicht zur Zahlung von Geld (IAS 32.11 und 32.AG4).

(f) Die geleistete Anzahlung der Y-AG stellt eine Sachleistungsforderung dar. Die Y-AG hat durch diese nämlich das Recht auf den Erhalt von Waren und nicht von Geld. Somit liegt kein finanzieller Vermögenswert vor. Analog dazu stellt die erhaltene Anzahlung der X-AG eine Sachleistungsverbindlichkeit dar. Die X-AG hat durch diese nämlich die Pflicht, Waren und nicht Geld zu liefern. Somit liegt keine finanzielle Verbindlichkeit vor (IAS 32.AG11).

(g) Tatsächliche und latente Steuerschulden sind keine finanziellen Verbindlichkeiten. Diese basieren nämlich nicht auf einer vertraglichen Grundlage, sondern auf gesetzlichen Vorschriften (IAS 32.AG12).

AUFGABE 2

Eigene Anteile

Die X-AG hat am 31.12.01 eigene Aktien (d. h. Aktien der X-AG) mit einem Nennbetrag von GE 2 um GE 6 erworben, um sie den Mitgliedern des Vorstands im Folgejahr zum Kauf anzubieten. Der Verkauf an den Vorstand erfolgte am 14. Februar 02 zu einem Verkaufspreis von (a) GE 7 bzw. (b) GE 5.

Aufgabenstellung

Stellen Sie alle in den Jahren 01 und 02 aus der Perspektive der X-AG (Bilanzstichtag: 31.12.) erforderlichen Buchungen (a) nach der Anschaffungskostenmethode bzw. (b) nach der Nennwertmethode dar.

Lösungshinweise

Insbesondere Kapitel 5

LÖSUNG

Anschaffungskostenmethode

31.12.01		Sonderposten für eigene Anteile (EK)	6,-	
	an	Geld		6,-

Variante (a)

14.02.02		Geld	7,-	
	an	Sonderposten für eigene Anteile (EK)		7,-

Variante (b)

14.02.02		Geld	5,-	
	an	Sonderposten für eigene Anteile (EK)		5,-

Obwohl die X-AG nach dem Verkauf keine eigenen Aktien mehr hält, verbleibt im Fall (a) ein Sonderposten i. H. von GE +1 bzw. im Fall (b) ein solcher i. H. von GE -1.

Nennwertmethode

31.12.01		Grundkapital	2,-	
		Kapitalrücklage	4,-	
	an	Geld		6,-

Variante (a)

14.02.02		Geld	7,-	
	an	Grundkapital		2,-
	an	Kapitalrücklage		5,-

Variante (b)

14.02.02	Geld	5,-	
	an Grundkapital		2,-
	an Kapitalrücklage		3,-

Obwohl die X-AG nach dem Verkauf keine eigenen Aktien mehr hält, verbleibt ein Betrag von (a) GE +1 bzw. (b) GE -1 in der Kapitalrücklage.

AUFGABE 3

Kosten einer Eigenkapitaltransaktion[278]

Die X-AG emittiert im Jahr 01 neue Aktien mit einem Nominale von GE 100 zu einem Ausgabebetrag von GE 400.

In 01 entstehen für die mit der Emission befassten externen Berater, Prüfer, Banken usw. Kosten i. H. von GE 16, die steuerlich abzugsfähig sind. Darüber hinaus beansprucht die Emission interne Abteilungen (z. B. Finanz- und Rechnungswesen):

- Für die Emission fallen in 01 noch einmal Kosten i. H. von GE 4 für geleistete und gesondert vergütete Überstunden an (diese Kosten sind steuerlich abzugsfähig).
- Der Emission sind noch diverse Gemeinkosten i. H. von GE 10 zuzurechnen, die allerdings auch ohne der Emission angefallen wären (diese Kosten sind steuerlich nicht abzugsfähig – vereinfachende Annahme).

Aufgabenstellung

Stellen Sie alle noch erforderlichen Buchungen aus der Perspektive der X-AG (Bilanzstichtag: 31.12.01) dar. Der Steuersatz beträgt 25 %.

Lösungshinweise

Insbesondere Kapitel 6

LÖSUNG

Jahr 01	Diverse Aufwendungen	30,-	
	an Geld		30,-

31.12.01	Geld	400,-	
	an Grundkapital		100,-
	an Kapitalrücklage		300,-

278 In Anlehnung an *Lüdenbach*, PiR 2007 S. 262 ff.

Die externen Kosten sowie die speziell für die Emissionsarbeiten angefallenen und gesondert vergüteten Überstunden (GE 16 + GE 4 = GE 20) werden nach Abzug von Steuern (d. h. nach Abzug der mit ihnen verbundenen Ertragsteuervorteile) i. H. von GE 5 (GE 20 · 25 %) als Reduktion des Eigenkapitals erfasst, welche weder den Periodenerfolg, noch das sonstige Gesamtergebnis berührt (IAS 32.35 f., 32.37, IAS 12.58a und 12.61Ab):

31.12.01		Kapitalrücklage	15,-	
		Steuerforderung bzw. -verbindlichkeit	5,-	
	an	Diverse Aufwendungen		20,-

Der Steuervorteil i. H. von GE 5 resultiert daraus, dass durch die steuerliche Abzugsfähigkeit der Kosten i. H. von GE 20 der steuerliche Gewinn um GE 20 sinkt. Dadurch wird die Steuerbelastung um GE 5 kleiner, d. h. die tatsächliche Steuerverbindlichkeit (bzw. -forderung) an das Finanzamt wird kleiner (größer).

Die angeführten Buchungen haben den Effekt, dass lediglich der wirtschaftliche Vorteil aus der Kapitalerhöhung i. H. von GE 385 (GE 100 + GE 300 - GE 15) als Erhöhung des Grundkapitals sowie der Kapitalrücklage erfasst wurde. Dies ist betriebswirtschaftlich korrekt, denn die X-AG hat einen Emissionserlös von GE 400 erhalten, es sind zusätzliche direkt zurechenbare Kosten i. H. von GE 20 angefallen und durch diese Kosten ist ein wirtschaftlicher Vorteil in der Form einer reduzierten Steuerbelastung i. H. von GE 5 entstanden.

AUFGABE 4

Wandelanleihe – Aufteilung des Emissionserlöses[279]

Die X-AG emittiert am 01.01.01 eine Wandelanleihe (Laufzeit: 01.01.01 bis 31.12.01). Die Wandelanleihe hat ein Nominale von GE 100 und wird zu pari emittiert, so dass das Emissionsvolumen GE 100 beträgt. Der Nominalzins beträgt 6 % p. a. (zahlbar am 31.12.01). Die Wandelanleihe kann am Ende der Laufzeit in fünf Stammaktien des Schuldners gewandelt werden. Bei Ausgabe der Wandelanleihe liegt der maßgebliche Marktzinssatz für eine ähnliche Anleihe ohne Wandlungsrecht bei 9 %.

Aufgabenstellung

Stellen Sie die Verbuchung des Emissionserlöses aus der Perspektive der X-AG per 01.01.01 dar.

Lösungshinweise

Insbesondere Kapitel 3

279 Zu weiterführenden Beispielen zu Wandelanleihen mit Berücksichtigung von Transaktionskosten vgl. *Christian*, PiR 2008 S. 81 ff.

LÖSUNG

	01.01.01	31.12.01
Geldflüsse (Zinsen und Tilgung)		-106
Abzinsungssatz	9,00 %	
Fremdkapitalkomponente (= Barwert 01.01.01)	97,25	
Eigenkapitalkomponente (= 100 - 97,25)	2,75	

01.01.01		Geld	100,00	
	an	Konvertible Anleiheverbindlichkeit		97,25
	an	Kapitalrücklage		2,75

AUFGABE 5

Wandelanleihe – Folgebilanzierung

Aufgabenstellung

Die Angabe lautet wie in Aufgabe 4. Stellen Sie die restlichen aus der Perspektive der X-AG (Bilanzstichtag: 31.12.) in 01 erforderlichen Buchungen dar. Nehmen Sie an, dass die Bilanzierung der Fremdkapitalkomponente zu fortgeführten Anschaffungskosten (Effektivzinsmethode)[280] erfolgt. Nehmen Sie weiters an, dass der Gläubiger am 31.12.01 die folgende Entscheidung trifft:

(a) Keine Wandlung mit der Folge einer Rückzahlung der Anleihe.

(b) Wandlung der Anleihe mit der Folge einer Emission von Aktien. Das Nominale einer der 5 auszugebenden Aktien sei GE 12.

Lösungshinweise

Insbesondere Kapitel 4

LÖSUNG

Die Aufteilung und die Verbuchung des Emissionserlöses wurden bereits in Aufgabe 4 dargestellt.

Der Buchwert der Eigenkapitalkomponente wird im Rahmen der Folgebilanzierung nicht an Änderungen des beizulegenden Zeitwerts des Wandlungsrechts angepasst (IAS 32.36, letzter Satz und IFRS 9.2.1d).

Nach der Effektivzinsmethode wird der Buchwert der Anleiheverbindlichkeit von GE 97,25 unter Berücksichtigung der Nominalverzinsung mit dem Effektivzinssatz (= interner Zinssatz) auf den Rückzahlungsbetrag von GE 100 aufgezinst. Der Effektivzinssatz beträgt 9 % p. a. (s. Aufgabe 4):

280 Zur Effektivzinsmethode vgl. Abschnitt IFRS 9, Kapitel 4.2.2.

Buchwert der Verbindlichkeit 01.01.01	97,25
Effektivzinssatz	9,00 %
Effektivzinsen 01	8,75
Nominalzinsen	-6,00
Buchwert der Verbindlichkeit 31.12.01 (vor Tilgung bzw. Wandlung)	100,00

31.12.01		Zinsaufwand	8,75	
	an	Konvertible Anleiheverbindlichkeit		2,75
	an	Geld		6,00

Variante (a)

Nachdem keine Wandlung erfolgt, wird die Verbindlichkeit am 31.12.01 zum Nominale beglichen:

31.12.01		Konvertible Anleiheverbindlichkeit	100,00	
	an	Geld		100,00

Die Eigenkapitalkomponente verbleibt im Eigenkapital, allerdings ist eine ergebnisneutrale Umbuchung von einem Eigenkapitalposten in einen anderen zulässig:

31.12.01		Kapitalrücklage	2,75	
	an	Einbehaltene Gewinne		2,75

Variante (b)

Die Wandlung stellt bei der X-AG eine Sacheinlage in Form des Forderungsverzichts des Gläubigers dar:

31.12.01		Konvertible Anleiheverbindlichkeit	100,00	
	an	Grundkapital		60,00
	an	Kapitalrücklage		40,00

Die Eigenkapitalkomponente verbleibt wiederum im Eigenkapital, allerdings ist eine ergebnisneutrale Umbuchung von einem Eigenkapitalposten in einen anderen zulässig:

31.12.01		Kapitalrücklage	2,75	
	an	Einbehaltene Gewinne		2,75

IAS 33 Ergebnis je Aktie[281]

1. Einleitung und Anwendungsbereich

Bei der Ermittlung eines Ergebnisses je Aktie wird eine Ergebnisgröße (Zähler) durch eine Anzahl an Aktien (Nenner) dividiert. Hinsichtlich dieser Rechnung enthält IAS 33 genauere Vorschriften, die Gegenstand des vorliegenden Abschnitts sind. Das Ziel dieser Kennzahl besteht darin, über den Anteil einer Aktie am Ergebnis bzw. an der Leistung des Unternehmens zu informieren (IAS 33.11 und 33.32).

Die Berechnung und Offenlegung eines Ergebnisses je Aktie ist nur bei jenen Unternehmen erforderlich, deren Eigenkapitalinstrumente bereits an einer Börse öffentlich gehandelt werden oder die sich gerade in einem erstmaligen öffentlichen Angebot befinden (IAS 33.2).

2. Stammaktien und potenzielle Stammaktien i. S. von IAS 33

Eine **Stammaktie** ist nach IAS 33 ein Eigenkapitalinstrument, das im Verhältnis zu allen anderen Eigenkapitalinstrumenten in Bezug auf die Teilnahme am Periodengewinn nachgeordnet ist (IAS 33.5 f.). Vorzugsaktien i. S. der §§ 12 und 139 des deutschen AktG gehören daher nicht zu den Stammaktien i. S. von IAS 33.

Potenzielle Stammaktien sind Finanzinstrumente oder andere Verträge, welche deren Inhaber zum Bezug von Stammaktien berechtigen (IAS 33.5), wie etwa Wandelschuldverschreibungen und Optionen.

3. Unverwässertes Ergebnis je Aktie

Das unverwässerte Ergebnis je Aktie wird folgendermaßen berechnet (IAS 33.9 f.):

$$\frac{\text{Ergebnis der Stammaktionäre des Mutterunternehmens}}{\text{Gewichteter Durchschnitt der während der Periode ausstehenden Stammaktien}}$$

Das **Ergebnis (Zähler)** stellt somit das positive oder negative (IAS 33.69) Periodenergebnis der Stammaktionäre nach Gewinn- und Verlustanteilen von nicht beherrschenden Gesellschaftern dar. Das Ergebnis leitet sich aus jenen Positionen ab, welche in der Periode in der GuV erfasst wurden (IAS 33.13). Dividendenzahlungen an die Stammaktionäre aus dem laufenden Periodenergebnis oder für Vorperioden beeinflussen den Zähler nicht.

Die **Anzahl an Aktien (Nenner)** stellt den zeitanteilig gewichteten Durchschnitt der während der Periode ausstehenden Anzahl an Stammaktien dar. Die Anzahl an Aktien kann sich während der Periode u. a. durch die Ausgabe von jungen Aktien im Zuge einer Kapitalerhöhung ändern bzw. durch die Ausgabe bzw. den Erwerb eigener Aktien. Der Standard verlangt eine taggenaue Berechnung. Alternativ ist eine näherungsweise Berechnung möglich, sofern diese zu keinen wesentlichen Verzerrungen führt (IAS 33.20).

281 Hinsichtlich der Ausführungen in diesem Abschnitt wird verwiesen auf: *Lüdenbach/Hoffmann/Freiberg*, IFRS-Kommentar, 12. Aufl., § 35.

Im Gegensatz zu den eben genannten Fällen kann es auch zu einer Änderung der Anzahl an Aktien kommen, obwohl sich die dem Unternehmen zur Verfügung stehenden Ressourcen dadurch nicht verändern. Dies ist etwa der Fall, wenn Bonusaktien im Zuge einer Kapitalerhöhung aus Gesellschaftsmitteln ausgegeben werden (z. B. jeder Aktionär erhält für jede bisher gehaltene Aktie eine neue Aktie hinzu und der Nennwert des Grundkapitals wird durch eine Umbuchung von Rücklagen erhöht). In solchen Fällen muss die Anzahl an Aktien und somit auch das (unverwässerte und verwässerte) Ergebnis je Aktie **rückwirkend** angepasst werden. Dies bedeutet, dass auch das Ergebnis je Aktie der frühesten im Abschluss dargestellten Periode angepasst werden muss. Eine rückwirkende Anpassung des (unverwässerten und verwässerten) Ergebnisses je Aktie ist auch im Falle von retrospektiv erfassten Änderungen von Bilanzierungs- und Bewertungsmethoden und Fehlerkorrekturen (IAS 8) erforderlich (IAS 33.64).

4. Verwässertes Ergebnis je Aktie

Bei der Berechnung des verwässerten Ergebnisses je Aktie werden die Auswirkungen von **verwässernden potenziellen Stammaktien** berücksichtigt (IAS 33.31). Unter Verwässerung versteht man eine Reduktion des Gewinns je Aktie bzw. eine Erhöhung des Verlusts je Aktie aufgrund der Annahme, dass potenzielle Stammaktien ausgeübt werden (z. B. Wandlung einer Wandelanleihe bzw. Ausübung einer Option) (IAS 33.5). Die Berechnung hat rein fiktiven Charakter, d. h., die Kennzahl wird so berechnet, als ob die potenziellen Stammaktien tatsächlich ausgegeben worden wären. Bei Vorliegen potenzieller Aktien stellt das verwässerte Ergebnis je Aktie einen besseren Indikator für den Anteil einzelner Aktionäre am Ergebnis bzw. an der Leistung des Unternehmens dar, als das unverwässerte Ergebnis je Aktie.

Die **Beurteilung, ob Verwässerung vorliegt**, erfolgt dabei anhand des dem Mutterunternehmen zuzurechnenden Gewinns bzw. Verlusts aus fortgeführten Tätigkeiten (**Kontrollgröße**), d. h. anhand des Gewinns bzw. Verlusts ohne Berücksichtigung von Posten in Bezug auf aufgegebene Geschäftsbereiche. Zur Ermittlung der Kontrollgröße können in bestimmten Fällen (Vorzugsaktien) Anpassungen erforderlich sein (IAS 33.41-33.43, 33.12, 33.A3 und IFRS 5.Anhang A).

Zur Berechnung des verwässerten Ergebnisses je Aktie existieren in IAS 33 in Abhängigkeit von der Art der verwässernden potenziellen Stammaktien zwei unterschiedliche Methoden:[282]

- **Wandlungsmethode** (*if converted method*): Diese Methode wird u. a. bei **Wandelschuldverschreibungen** angewandt (IAS 33.49 f.). Bei fiktiver Wandlung erspart sich das Unternehmen die Zahlung von Zinsen auf die Wandelschuldverschreibungen. Da die Zinsen jedoch steuerlich abzugsfähig sind, bedeutet der Entfall der Zinsen auch höhere Steuerzahlungen. Beide Effekte in Summe sind im Ergebnis (Zähler) zu berücksichtigen. Dieser wird somit um die Zinsen nach Steuern größer, da das Unternehmen bei Wandlung in dieser Höhe einen Vorteil erlangt. Gleichzeitig erhöht sich jedoch durch die unterstellte Wandlung auch die Zahl der Stammaktien, d. h. der Nenner der Kennzahl wird größer. Von der Wandlung ist nur dann auszugehen, wenn diese verwässernd wirkt. Dies ist der Fall, wenn die Veränderung des Zählers (Entfall der Zinsen nach Steuern im Falle der Wandlung) dividiert durch die Veränderung

282 Vgl. auch *Freiberg*, PiR 2006 S. 266 ff.

des Nenners (zusätzliche Stammaktien im Falle der Wandlung) kleiner ist als der unverwässerte Gewinn je Aktie **aus fortgeführten Tätigkeiten (Kontrollgröße)** (IAS 33.41 ff., 33.50 und 33.A3).

- **Gratisaktienmethode** (*treasury stock method*): Diese Methode kommt u. a. im Falle von Erwerbsoptionen auf Aktien des Unternehmens zur Anwendung, bei denen das Unternehmen Stillhalter ist (**geschriebene Kaufoptionen**). Geschriebene Kaufoptionen können nur dann verwässernd wirken, wenn sie im Geld sind, d. h. der durchschnittliche Marktpreis der Stammaktien während der Periode übersteigt den Ausübungspreis der Option (IAS 33.47). Ansonst ist nämlich nicht von einer Ausübung der Option auszugehen. Ist nun eine Option gem. IAS 33 im Geld, so würde für die Altaktionäre durch die Ausübung ein Vermögensverlust eintreten, da die Optionsinhaber Aktien unter ihrem Marktwert erhalten würden. Dieser Vermögensverlust ist zu quantifizieren. Er errechnet sich aus der Differenz zwischen dem durchschnittlichen Marktwert (Marktpreise) der Stammaktien, die die Optionsinhaber erwerben können und dem Kaufpreis für diese Aktien (Ausübungspreis). Dividiert man den so ermittelten Vermögensverlust durch den durchschnittlichen Marktpreis einer Aktie so erhält man die Zahl an Gratisaktien, die das Unternehmen ausgeben hätte müssen, um denselben Vermögensverlust zu bewirken. Um diese fiktive Zahl an Gratisaktien ist schließlich der Nenner zu erhöhen, während sich der Zähler bei dieser Methode nicht ändert. Dadurch verkleinert sich der Gewinn je Aktie aus fortgeführten Tätigkeiten (Kontrollgröße) (Verwässerung). Würde hingegen ein Verlust je Aktie **aus fortgeführten Tätigkeiten (Kontrollgröße)** vorliegen, so würden die Optionen bei der Ermittlung des verwässerten Ergebnisses je Aktie nicht berücksichtigt werden, denn durch die Einbeziehung zusätzlicher Aktien in den Nenner würde sich der Verlust je Aktie verkleinern, es läge somit keine Verwässerung vor (IAS 33.41 ff. und 33.A3).

Liegen **mehrere Arten potenzieller Stammaktien** vor, so kann die Reihenfolge ihrer Berücksichtigung die Einstufung als „verwässernd" oder „nicht verwässernd" beeinflussen. Um den maximalen Verwässerungseffekt darzustellen sind zuerst jene potenziellen Stammaktien zu berücksichtigen, welche am stärksten verwässernd wirken und zuletzt jene, bei denen die Verwässerung am schwächsten ist. Die Stärke der Verwässerung wird dabei durch die Kennzahl „zusätzliches Ergebnis pro zusätzlicher Aktie" (durch die Optionsausübung bzw. Wandlung) gemessen bzw. kurz „Mehrergebnis je Aktie". Je kleiner diese Kennzahl ist, desto stärker ist eine mögliche Verwässerung (IAS 33.44).

5. Darstellung im Jahresabschluss

Erstellt das Unternehmen eine umfassende Gesamtergebnisrechnung (IAS 1.81a), so hat in dieser die Angabe des unverwässerten sowie des verwässerten Ergebnisses je Aktie zu erfolgen und zwar einerseits in Bezug auf das Ergebnis aus fortgeführten Tätigkeiten, welches den Stammaktionären des Mutterunternehmens zuzurechnen ist, und anderseits in Bezug auf das Ergebnis, welches den Stammaktionären des Mutterunternehmens zuzurechnen ist (IAS 33.66). Das unverwässerte und das verwässerte Ergebnis je Aktie aus einem aufgegebenen Geschäftsbereich sind entweder in der umfassenden Gesamtergebnisrechnung oder im Anhang anzugeben (IAS 33.68).

Erstellt das Unternehmen hingegen eine separate GuV sowie eine separate Gesamtergebnisrechnung (IAS 1.81b), so erfolgen die eben beschriebenen Angaben in der separaten GuV (IAS 33.67A). Lediglich die Angabe des unverwässerten und des verwässerten Ergebnisses je Aktie aus einem aufgegebenen Geschäftsbereich kann wahlweise in der separaten GuV oder im Anhang erfolgen (IAS 33.68A).

6. Aufgaben mit Lösungen

AUFGABE 1

Unverwässertes Ergebnis je Aktie

In 01 hat sich die Anzahl der bei der X-AG ausstehenden Stammaktien folgendermaßen entwickelt:

Anfangsbestand (01.01.01)	100
Erwerb eigener Aktien gegen bar (01.07.01)	-10
Ausgabe neuer Aktien (Kapitalerhöhung gegen bar) (01.10.01)	20
Endbestand (31.12.01)	110

Der Jahresgewinn der X-AG für 01 beträgt GE 500.

Aufgabenstellung

Berechnen Sie das unverwässerte Ergebnis je Aktie für das Jahr 01.

Lösungshinweise

Insbesondere Kapitel 3

LÖSUNG

Im Nenner befindet sich der durchschnittliche ausstehende Aktienbestand des Jahres 01. Um diesen zu berechnen ist zunächst die Summe der Aktienbestände aller Monate zu bilden. Diese Summe wird dann durch 12 dividiert:[283]

Summe der Bestände der Monate Jan.- Juni	600	*6 Monate · 100*
Summe der Bestände der Monate Juli-Sept.	270	*3 Monate · (100 - 10)*
Summe der Bestände der Monate Okt.-Dez.	330	*3 Monate · (100 - 10 + 20)*
Summe der Monatswerte	**1.200**	
Monate pro Jahr	**12**	
Durchschnitt	**100**	

Das unverwässerte Ergebnis je Aktie beträgt somit GE 5 (= GE 500 : 100 Stammaktien).

283 In der Praxis kann es erforderlich sein, den Durchschnitt auf einer wöchentlich oder sogar auf einer täglichen Basis zu berechnen (IAS 33.20) (vgl. Kapitel 3).

AUFGABE 2

Unverwässertes Ergebnis je Aktie – Aktiensplit

In 01 hat sich die Anzahl der bei der X-AG ausstehenden Stammaktien folgendermaßen entwickelt:

Anfangsbestand (01.01.01)	100
Erwerb eigener Aktien gegen bar (01.07.01)	-10
Bestand per 01.07.01	**90**
Aktiensplit am 01.08.01 (Verhältnis 1:4)	**360**
Ausgabe neuer Aktien (Kapitalerhöhung gegen bar) (01.10.01)	80
Endbestand (31.12.01)	**440**

Durch den Aktiensplit erhält jeder Aktionär für jede bisherige Aktie drei Aktien hinzu. Die Erhöhung des Grundkapitals erfolgt durch eine Kapitalerhöhung aus Gesellschaftsmitteln (Umbuchung von Rücklagen in das Grundkapital). Der Börsenkurs sinkt dadurch auf 1:4 seines Werts, dafür besitzt jeder Aktionär allerdings den vierfachen Aktienbestand.

Die Zahl der bei der X-AG ausstehenden Aktien in 00 betrug 100 Stück (während des gesamten Jahres 00 erfolgte keine Veränderung). Der Jahresgewinn der X-AG betrug GE 400 in 00 und GE 800 in 01.

Aufgabenstellung

Berechnen Sie das unverwässerte Ergebnis je Aktie für den Abschluss der X-AG zum 31.12.01, und zwar für das Geschäftsjahr 01 und für die im Abschluss zum 31.12.01 darzustellende Vergleichsperiode 00.

Lösungshinweise

Insbesondere Kapitel 3

LÖSUNG

Im Abschluss zum 31.12.01 hat eine retrospektive Anpassung zu erfolgen (IAS 33.64). Für 00 ist daher von einem durchschnittlichen Bestand an Stammaktien von 400 (= 100 · 4) und nicht von 100 auszugehen. Das unverwässerte Ergebnis je Aktie beträgt somit für 00 GE 1 (= GE 400 : 400 Stammaktien).

Auch bei der Berechnung des Durchschnitts für 01 sind der Anfangsbestand sowie die Anzahl erworbener eigener Aktien (der Erwerb eigener Aktien erfolgte vor dem Aktiensplit) an die geänderten Verhältnisse anzupassen (IAS 33.64), d. h. diese Stückzahlen sind mit 4 zu multiplizieren. Die nach dem Aktiensplit durchgeführte Kapitalerhöhung darf hingegen nicht angepasst werden, da bei dieser bereits Aktien nach dem Aktiensplit ausgegeben wurden.

Summe der Bestände der Monate Jan.-Juni	2.400	*6 Monate · 100 · 4*
Summe der Bestände der Monate Juli-Sept.	1.080	*3 Monate · (4 · 100 - 4 · 10)*
Summe der Bestände der Monate Okt.-Dez.	1.320	*3 Monate · (4 · 100 - 4 · 10 + 80)*
Summe der Monatswerte	**4.800**	
Monate pro Jahr	12	
Durchschnitt	**400**	

Das unverwässerte Ergebnis je Aktie für 01 beträgt somit GE 2 (= GE 800 : 400 Stammaktien).

AUFGABE 3

Aufgegebener Geschäftsbereich

Die X-AG hat in 01 einen Gewinn aus fortgeführten Tätigkeiten i. H. von GE 200 erzielt. Darüber hinaus existiert ein Verlust aus einem aufgegebenen Geschäftsbereich i. H. von GE -600. Bei der X-AG existieren 100 ausstehende Stammaktien. Darüber hinaus ist die X-AG Stillhalter von Erwerbsoptionen auf Aktien der X-AG, welche sich im Geld befinden. Es sei angenommen, dass eine Ausübung dieser Erwerbsoptionen (i. S. der Gratisaktienmethode gem. IAS 33) mit einer Ausgabe von 100 Gratisaktien identisch wäre.

Aufgabenstellung

Berechnen Sie die unterschiedlichen Kennzahlen des unverwässerten und verwässerten Ergebnisses je Aktie, welche von der X-AG für das Jahr 01 offenzulegen sind.

Lösungshinweise

Insbesondere Kapitel 3 bis 5

LÖSUNG

Die 100 zusätzlichen Aktien sind in den Nenner aller drei Kennzahlen des verwässerten Ergebnisses je Aktie einzubeziehen, auch wenn diese lediglich in Bezug auf das Ergebnis je Aktie aus fortgeführten Tätigkeiten verwässernd wirken (Gewinn je Aktie aus fortgeführten Tätigkeiten wird kleiner (= Verwässerung), bei den anderen beiden Größen wird hingegen der Verlust je Aktie kleiner (= keine Verwässerung)). Das **Ergebnis aus fortgeführten Tätigkeiten** ist nämlich die **Kontrollgröße** und die Verwässerung ist ausschließlich anhand derer zu beurteilen (IAS 33.41 ff. und 33.A3).

	Gewinn bzw. Verlust	Ergebnis je Aktie	
		unverwässert	verwässert
Fortgeführte Tätigkeiten	200	2	1
Aufgegebener Geschäftsbereich	-600	-6	-3
Jahresverlust	-400	-4	-2

AUFGABE 4

Verwässertes Ergebnis je Aktie – Wandlungsmethode

Die X-AG hat in 01 einen Gewinn nach Steuern (Steuersatz: 25 %) i. H. von GE 400 erzielt, welcher den Stammaktionären (200 Stammaktien) zusteht. Das unverwässerte Ergebnis je Aktie beträgt daher GE 2,0 (= GE 400 : 200 Aktien).

Die X-AG hat in den Vorjahren eine Wandelschuldverschreibung über einen Betrag von GE 100 ausgegeben,[284] welche mit 8 % p. a. verzinst wird. Bislang wurde noch kein Wandlungsrecht ausgeübt. Ein Nominalbetrag von GE 10 berechtigt zum Erwerb von 2 Stammaktien der X-AG.

Aufgabenstellung

Berechnen Sie das verwässerte Ergebnis je Aktie für das Jahr 01.

Lösungshinweise

Insbesondere Kapitel 4

LÖSUNG

Zähler und Nenner sind unter der Annahme der Wandlung der Wandelschuldverschreibung zu berechnen, sofern diese verwässernd wirkt.

Änderung des Ergebnisses vor Steuern	8	*8 % · GE 100*
Änderung des Ergebnisses nach Steuern	6	*GE 8 - 25 % · GE 8*
Änderung der Anzahl an Stammaktien	20	*100 : 10 · 2*
Änderung des Ergebnisses je Aktie in GE	0,30	*0,3 < 2,0 daher liegt Verwässerung vor.*

Da Verwässerung vorliegt (Gewinn je Aktie würde durch die fiktive Ausübung der Wandlungsrechte sinken), sind die Wandelschuldverschreibungen im Rahmen der Ermittlung des verwässerten Ergebnisses je Aktie zu berücksichtigen. Das verwässerte Ergebnis je Aktie beträgt daher GE 1,85 [(GE 400 + GE 6) : (200 + 20)].

AUFGABE 5

Verwässertes Ergebnis je Aktie – Gratisaktienmethode

Die X-AG hat in 01 einen Gewinn nach Steuern i. H. von GE 400 erzielt, welcher den Stammaktionären (200 Stammaktien) zusteht. Das unverwässerte Ergebnis je Aktie beträgt daher GE 2,0 (= GE 400 : 200 Aktien).

Der durchschnittliche Aktienkurs der X-AG betrug in 01 GE 5/Aktie. Im Jahr 01 existieren Mitarbeiteroptionen auf den Erwerb von 50 Aktien der X-AG mit einem Ausübungspreis von GE 2/Aktie und weitere Mitarbeiteroptionen auf den Erwerb von 30 Aktien der X-AG mit einem

284 Vgl. Abschnitt IAS 32, Kapitel 3-4 und Aufgaben 4-5 hinsichtlich der Bilanzierung von Wandelschuldverschreibungen aus der Perspektive des Emittenten.

Ausübungspreis von GE 6/Aktie. Die X-AG ist Stillhalter dieser Optionen. Die Optionen können erst nach Ende der Wartefrist (31.12.02) tatsächlich ausgeübt werden.

Aufgabenstellung

Berechnen Sie das verwässerte Ergebnis je Aktie für das Jahr 01.

Lösungshinweise

Insbesondere Kapitel 4

LÖSUNG

Nur jene Optionen, die sich im Geld befinden, d. h. bei denen eine Ausübung wahrscheinlich ist, werden berücksichtigt. Ob die Wartefrist bereits abgelaufen ist, ist nicht von Bedeutung, die Ausübung ist fiktiv zu unterstellen. Bei der anzuwendenden Gratisaktienmethode (IAS 33.45) ändert sich lediglich der Nenner: Durch die Ausgabe von Aktien zu einem Preis von GE 2/Aktie, d. h. unterhalb des Marktpreises von GE 5/Aktie, tritt aus der Sicht der Altaktionäre ein Vermögensverlust ein. Dieser wird durch den durchschnittlichen Aktienkurs einer Aktie dividiert. Daraus ergibt sich die Zahl an Gratisaktien, die die X-AG ausgeben hätte müssen, um denselben Vermögensverlust zu bewirken. Diese Zahl an Gratisaktien erhöht den Nenner. Da sich der Zähler nicht ändert, reduziert sich der Gewinn je Aktie der X-AG (Verwässerung):

Aktien, die durch Ausübung der Optionen erworben werden können	50	
Marktwert dieser Aktien	250	*50 · GE 5*
Ausübungspreis der Optionen (= Kaufpreis für diese Aktien)	100	*50 · GE 2*
Vermögensnachteil (in GE)	150	*GE 250 - GE 100*
Vermögensnachteil (in Gratisaktien)	30	*GE 150 : 5*

Das verwässerte Ergebnis je Aktie beträgt GE 1,74 [= GE 400 : (200 + 30)].

AUFGABE 6

Verwässertes Ergebnis je Aktie – Mehrere Arten potenzieller Stammaktien

Bei der X-AG sind während des gesamten Jahres 01 die folgenden potenziellen Stammaktien ausstehend:

(a) Die X-AG ist Stillhalter von 100 Optionen zum Kauf je einer Stammaktie (Ausübungspreis: GE 4/Aktie, durchschnittlicher Aktienkurs in 01: GE 5/Aktie).

(b) 100 Wandelanleihen, von denen jede in 1 Stammaktie der X-AG gewandelt werden kann (Nominale: GE 10/Anleihe, Verzinsung: 10 % p. a.).[285]

285 Vgl. Abschnitt IAS 32, Kapitel 3-4 und Aufgaben 4-5 hinsichtlich der Bilanzierung von Wandelschuldverschreibungen aus der Perspektive des Emittenten.

(c) 100 Wandelanleihen, von denen jede in 3 Stammaktien der X-AG gewandelt werden kann (Nominale: GE 10/Anleihe, Verzinsung: 5 % p. a.).

Der Gewinn nach Steuern (Steuersatz: 40 %) beträgt GE 600, die Anzahl der Stammaktien der X-AG 800 Stück und das unverwässerte Ergebnis je Aktie somit GE 0,75 (= GE 600 : 800 Aktien).

Aufgabenstellung

Berechnen Sie das verwässerte Ergebnis je Aktie für das Jahr 01.

Lösungshinweise

insbesondere Kapitel 2 und 4

LÖSUNG

Zunächst wird für jede Art potenzieller Stammaktien das Mehrergebnis je Aktie ermittelt:

(a) Bei den **Optionen** wird die Gratisaktienmethode angewandt. Demnach erhöht sich das Ergebnis nicht, der Effekt auf den Zähler ist somit Null. Der Nenner (Anzahl an Aktien) erhöht sich um 20 Aktien = [(GE 5 - GE 4) · 100] : GE 5. Das Mehrergebnis je Aktie beträgt daher **Null**.

(b) Bei den **10 %-Wandelanleihen** beträgt das Mehrergebnis nach Steuern GE 60 (Nominale i. H. von GE 1.000 · 10 % · 60 %). Es wird die Ausgabe von 100 (100 Anleihen · 1) zusätzlichen Aktien unterstellt. Das Mehrergebnis je Aktie beträgt daher **GE 0,60** (= GE 60 : 100 Aktien).

(c) Bei den **5 %-Wandelanleihen** beträgt das Mehrergebnis nach Steuern GE 30 (Nominale i. H. von GE 1.000 · 5 % · 60 %). Es wird die Ausgabe von 300 (100 Anleihen · 3) zusätzlichen Aktien unterstellt. Das Mehrergebnis je Aktie beträgt somit **GE 0,10** (= GE 30 : 300 Aktien).

I. d. F. werden daher (in der Reihenfolge der Stärke der Verwässerung, gemessen durch das Mehrergebnis je Aktie) zuerst die Optionen, danach die 5 %-Wandelanleihen und zuletzt die 10 %-Wandelanleihen berücksichtigt (IAS 33.44):

- Durch die Einbeziehung der **Optionen** würde das Ergebnis je Aktie auf GE 0,73 = (Gewinn nach Steuern von 600 + 0) : (800 Aktien + 20 Aktien) sinken. Da dieser Betrag kleiner ist, als das unverwässerte Ergebnis je Aktie i. H. von GE 0,75, liegt Verwässerung vor. Die Optionen sind somit bei der Berechnung des verwässerten Ergebnisses je Aktie zu berücksichtigen.
- Durch die Einbeziehung der **5 %-Wandelanleihen** würde das Ergebnis je Aktie auf GE 0,56 = (600 + 0 + 30) : (800 Aktien + 20 Aktien + 300 Aktien) sinken. Da dieser Betrag kleiner ist, als das verwässerte Ergebnis je Aktie nach Einbeziehung der Optionen i. H. von GE 0,73, liegt Verwässerung vor. Die 5 %-Wandelanleihen sind daher bei der Berechnung des verwässerten Ergebnisses je Aktie zu berücksichtigen.
- Durch die Einbeziehung der **10 %-Wandelanleihen** würde das Ergebnis je Aktie GE 0,57 betragen = (600 + 0 + 30 + 60) : (800 Aktien + 20 Aktien + 300 Aktien + 100 Aktien). Dieser Betrag ist größer, als das verwässerte Ergebnis je Aktie nach Einbeziehung der Optionen sowie der 5 %-Wandelanleihen i. H. von GE 0,56. Daher ist der Effekt der 10 %-Wandelanleihen der Verwässerung entgegenwirkend. Die 10 %-Wandelanleihen sind daher bei der Berechnung des verwässerten Ergebnisses je Aktie nicht zu berücksichtigen.

Das verwässerte Ergebnis je Aktie beträgt somit GE 0,56.

IAS 34 Zwischenberichterstattung

1. Einleitung

Das Ziel von IAS 34 besteht darin, den Mindestinhalt eines **Zwischenberichts** (= **Zwischenabschluss**) sowie die Grundsätze für den Ansatz und die Bewertung in einem solchen Bericht vorzuschreiben. Ein Zwischenbericht wird für eine Zwischen(berichts-)periode dargestellt, d. h. für eine Berichtsperiode, welche kürzer ist, als ein Geschäftsjahr (IAS 34.1 und 34.4). So kann etwa der Fall vorliegen, dass ein Unternehmen Quartalsabschlüsse erstellt.

Während alle nach IFRS bilanzierenden Unternehmen zur jährlichen Erstellung eines Abschlusses verpflichtet sind (IAS 1.36), ergibt sich aus IAS 34 selbst keine unmittelbare Verpflichtung zur Erstellung von Zwischenberichten. Auch die Länge der Zwischenperioden wird in IAS 34 nicht geregelt. Die Regelung dieser Fragen wird somit den nationalen Normengebern bzw. Börsenplätzen überlassen. Wird von diesen ein Zwischenbericht nach IFRS gefordert oder erstellt ein Unternehmen freiwillig einen Zwischenbericht nach IFRS, so ist dem Standard IAS 34 zu entsprechen (IAS 34.1).

Ein Zwischenbericht ist auf konsolidierter Basis zu erstellen, wenn der aktuellste Jahresabschluss des Unternehmens ebenfalls auf konsolidierter Basis erstellt wurde (IAS 34.14).

2. Umfang eines Zwischenberichts

2.1 Verkürzter Zwischenbericht

IAS 34 definiert den Mindestumfang eines Zwischenberichts in der Form eines verkürzten Zwischenberichts (IAS 34.4 und 34.6). Ein solcher besteht aus den folgenden **Bestandteilen** (IAS 34.8):

- **Verkürzte Bilanz,**
- verkürzte umfassende Gesamtergebnisrechnung (Darstellung einer **einzigen Ergebnisrechnung**) **oder** eine verkürzte separate GuV und zusätzlich eine verkürzte separate Gesamtergebnisrechnung (Darstellung von **zwei Ergebnisrechnungen**), wobei das gewählte Format mit dem im Jahresabschluss verwendeten übereinstimmen muss (IAS 34.8A),[286]
- **verkürzter Eigenkapitalspiegel,**
- **verkürzte Geldflussrechnung,**
- **bestimmte Anhangangaben.**

Manche **Anhangangaben** können in einem **anderen Bericht** veröffentlicht werden, sofern bestimmte Voraussetzungen gegeben sind (z. B. Querverweis im Zwischenbericht) (IAS 34.16A).

Ein verkürzter Zwischenbericht muss zumindest jede der Überschriften und Zwischensummen enthalten, die im aktuellsten Jahresabschluss enthalten waren sowie die von IAS 34 verlangten Angaben. Zusätzliche Posten oder Angaben sind aufzunehmen, wenn ihr Weglassen zu einer irreführenden Darstellung des verkürzten Zwischenberichts führen würde (IAS 34.10).

---

286 Vgl. *Lüdenbach/Hoffmann/Freiberg*, IFRS-Kommentar, 12. Aufl., § 37 Tz. 9.

2.2 Umfassender Zwischenbericht

IAS 34 erlaubt auch die Darstellung eines Zwischenberichts in der Form eines vollständigen Abschlusses (umfassender Zwischenbericht). Ein solcher muss hinsichtlich seiner Form und seines Inhalts den Anforderungen von IAS 1 für vollständige Abschlüsse entsprechen (IAS 34.4 f. und 34.9).

2.3 In Zwischenberichten darzustellende Zeiträume bzw. Zeitpunkte

Die **Bilanz** ist zum Ende der Zwischenperiode und zum Ende des vorhergehenden Geschäftsjahres offenzulegen (IAS 34.20a). Im Falle eines umfassenden Zwischenberichts – nicht aber im Falle eines verkürzten Zwischenberichts – kann auch die Offenlegung einer weiteren Bilanz zu Beginn der Vorperiode (sog. **dritte Bilanz**) erforderlich sein (IAS 34.5f).[287]

Die **umfassende Gesamtergebnisrechnung bzw. eine separate GuV sowie eine separate Gesamtergebnisrechnung** sind für die folgenden Perioden darzustellen (IAS 34.20b):

- Aktuelle Zwischenperiode,
- Zeitraum von Beginn des aktuellen Geschäftsjahres bis zum Ende der aktuellen Zwischenperiode,
- entsprechende Zeiträume des vorherigen Geschäftsjahres.

Sowohl der **Eigenkapitalspiegel**, als auch die **Geldflussrechnung** sind für den Zeitraum von Beginn des aktuellen Geschäftsjahres bis zum Ende der aktuellen Zwischenperiode darzustellen, sowie für die entsprechenden Zeiträume des vorhergehenden Geschäftsjahres (IAS 34.20(c) und (d)).

3. Wesentlichkeit

Hinsichtlich der Frage des Ansatzes, der Bewertung, der Klassifizierung bzw. der Angabe eines Postens im Rahmen der Zwischenberichterstattung ist die Frage der Wesentlichkeit hinsichtlich der Finanzdaten der Zwischenperiode zu beurteilen. Bei der Beurteilung der Wesentlichkeit können Bewertungen in größerem Maße auf Schätzungen basieren, als im Rahmen des Jahresabschlusses (IAS 34.23).

4. Ansatz und Bewertung[288]

Ist der Zwischenabschluss ein vollständiger Abschluss i. S. von IAS 1, so muss auch dieser mit den Ansatz- und Bewertungsvorschriften von IAS 34 übereinstimmen (IAS 34.7).

---

287 Vgl. *Lüdenbach/Hoffmann/Freiberg*, IFRS-Kommentar, 12. Aufl., § 37 Tz. 9.

288 In Anlehnung an *Lüdenbach/Hoffmann/Freiberg*, IFRS-Kommentar, 12. Aufl., § 37 Tz. 17-30.

4.1 Eigenständiger vs. integrativer Ansatz

Der Zwischenbericht ist nach denselben Bilanzierungsmethoden zu erstellen, wie der Jahresabschluss. Abweichungen von diesen Bilanzierungsmethoden erfolgen nach den allgemeinen Vorschriften der IFRS (IAS 34.28 f.). So kann etwa der Fall eintreten, dass als Folge einer Standardänderung bzw. -neueinführung im ersten Quartalsabschluss (31.03.02) eine andere Bewertungsmethode angewandt wird, als im letzten Jahresabschluss (31.12.01).

Während IAS 34 überwiegend dem eigenständigen Ansatz der Zwischenberichterstattung folgt, entsprechen die Vorschriften der US GAAP hinsichtlich der Zwischenberichterstattung (festgehalten u. a. in APB 28) stärker dem integrativen Ansatz:

- Nach dem **eigenständigen Ansatz (IAS 34)** basiert die Bewertung des Erfolgs von Zwischenperioden auf einer separaten Betrachtung einer jeden Zwischenperiode und nicht in Vorwegnahme des Jahresabschlusses. Bei Vermögenswerten wird der künftige wirtschaftliche Nutzen an Zwischenstichtagen auf dieselbe Art und Weise beurteilt, wie am Ende des Geschäftsjahres. Kosten, welche aufgrund ihrer Art im Jahresabschluss nicht aktiviert werden dürften, können auch nicht an Zwischenstichtagen aktiviert werden. Die Passivierung einer Verbindlichkeit am Zwischenstichtag setzt die Existenz einer gegenwärtigen Verpflichtung zu diesem Zeitpunkt voraus, genauso wie es im Jahresabschluss der Fall ist (IAS 34.32).
- Nach dem **integrativen Ansatz** liegt der Bewertung des Erfolgs von Zwischenperioden die Sichtweise zugrunde, dass jede Zwischenperiode einen integralen Bestandteil des entsprechenden Geschäftsjahres darstellt. Der Zwischenabschluss soll im Interesse der Prognosefunktion eine Hochrechnung auf den Jahresabschluss ermöglichen. Es kann etwa der Fall eintreten, dass Maschinen im auftragsschwachen 1. Quartal eines Jahres umfangreich gewartet werden. Die diesbezüglichen Aufwendungen dürfen nach den allgemeinen Ansatzkriterien im Jahresabschluss zum 31.12. nicht aktiviert werden. Nach dem eigenständigen Ansatz werden diese Instandhaltungskosten im 1. Quartalsabschluss zum 31.03. zur Gänze als Aufwand erfasst (Umkehrschluss aus IAS 34.B2). Nach dem integrativen Ansatz werden sie hingegen im 1. Quartalsabschluss zum 31.03. aktivisch abgegrenzt und die aktivische Abgrenzung wird in den folgenden Quartalsabschlüssen aufwandswirksam aufgelöst.

4.2 Unabhängigkeit des Jahresresultats von der Häufigkeit der Berichterstattung

Die Häufigkeit der Berichterstattung des Unternehmens (jährlich, halbjährlich bzw. quartalsweise) darf nicht das Jahresresultat beeinflussen (IAS 34.28).

Dieser Grundsatz wird im Bereich der Firmenwertabschreibungen durchbrochen. Nach einer solchen Abschreibung ist die Zuschreibung eines Firmenwerts im Jahresabschluss verboten (IAS 36.124 f.). IFRIC 10 erweitert den Anwendungsbereich dieses Verbots. Demnach ist etwa die Zuschreibung eines Firmenwertes im Jahresabschluss verboten, welcher im ersten Quartalsabschluss des Jahres außerplanmäßig abgeschrieben wurde.

4.3 Mengen- und Preiskomponente

Aufwendungen und Erlöse haben regelmäßig eine **Mengen- und** eine **Preiskomponente**:

- **Mengenkomponente**: Nach dem eigenständigen Ansatz ist das **tatsächliche Mengengerüst** des Quartals ausschlaggebend. Demnach ist es nach IFRS unzulässig, einen angemessenen Teil von Erlösen und Aufwendungen, welche in späteren Quartalen anfallen, im aktuellen Quartalsabschluss zu erfassen. Umgekehrt ist es nach IFRS unzulässig, einen angemessenen Teil von Erlösen und Aufwendungen, welche im aktuellen Quartal anfallen, in den nachfolgenden Quartalsabschlüssen des Jahres zu erfassen.
- Hinsichtlich der **Preiskomponente** basieren die Ausführungen in IAS 34.Anhang B eher auf dem integrativen Ansatz, als auf dem eigenständigen Ansatz. Ist die Preiskomponente von dem Erreichen bestimmter Jahresbemessungsgrößen (Schwellenwertvereinbarungen, progressive Tarife usw.) abhängig, so wird als Preis schon in den ersten Quartalen der Wert angesetzt, der sich nach der voraussichtlichen Jahresbemessungsgröße ergibt. Ein Beispiel ist ein vertraglich vereinbarter Mengenrabatt, dessen Höhe davon abhängt, welche Menge während des gesamten Jahres gekauft wird (IAS 34.B23).

Diese Überlegungen gelten auch bei der Bemessung der **Steuern vom Einkommen und vom Ertrag** der Zwischenperiode (IAS 34.30c und 34.B12-34.B16):

- Die steuerliche Bemessungsgrundlage ist der steuerliche Gewinn der Zwischenperiode (Mengenkomponente i. w. S.).
- Der im Falle progressiver Steuern vom Jahresergebnis abhängige Steuersatz (Preiskomponente) wird auf Basis des geschätzten steuerlichen Gewinns für das ganze Jahr bestimmt (geschätzter gewichteter durchschnittlicher Jahressteuersatz).
- Schließlich wird der Steuersatz mit dem steuerlichen Gewinn der Zwischenperiode multipliziert.

Die Schätzung des Jahressteuersatzes ist weiterzuführen und ggf. aufgrund des steuerlichen Gewinns der folgenden Zwischenperiode anzupassen (IAS 34.B13).

5. Aufgaben mit Lösungen

AUFGABE 1

In Zwischenberichten darzustellende Zeiträume bzw. Zeitpunkte

Die X-AG erstellt per 30.06.01 einen Quartalsabschluss. Das Geschäftsjahr der X-AG endet am 31.12.01.

Aufgabenstellung

Beurteilen Sie, zu welchen Zeitpunkten bzw. für welche Zeiträume die Bilanz, die umfassende Gesamtergebnisrechnung (bzw. alternativ die separate GuV sowie die separate Gesamtergebnisrechnung) der Eigenkapitalspiegel sowie die Geldflussrechnung im Quartalsabschluss der

X-AG per 30.06.01 aufgestellt werden müssen. Nehmen Sie auch auf die Vergleichszahlen Bezug. In ihrem Jahresabschluss muss die X-AG Vergleichsinformationen für das vergangene Jahr offenlegen.

Lösungshinweise

Insbesondere Kapitel 2.3

LÖSUNG

Die **Bilanz** der X-AG ist per 30.06.01 offenzulegen. Als Vergleich sind die Bilanzwerte des vorhergehenden Geschäftsjahres per 31.12.00 anzugeben.

Die **umfassende Gesamtergebnisrechnung** (bzw. alternativ die **separate GuV** sowie die **separate Gesamtergebnisrechnung**) der X-AG sind für die folgenden Zeiträume darzustellen:

01.01.01-30.06.01	01.01.00-30.06.00	01.04.01-30.06.01	01.04.00-30.06.00

Der **Eigenkapitalspiegel** sowie die **Geldflussrechnung** sind für die folgenden Zeiträume darzustellen:

01.01.01-30.06.01	01.01.00-30.06.00

AUFGABE 2

Eigenständiger vs. integrativer Ansatz

Die Produktionsmaschinen der X-AG werden jedes Jahr im auftragsschwachen 1. Quartal umfangreich gewartet. Die entsprechenden Aufwendungen für das 1. Quartal 01 i. H. von GE 4 werden am 31.03.01 bezahlt. Diese Aufwendungen sind im Jahresabschluss der X-AG zum 31.12. nicht zu aktivieren.

Aufgabenstellung

Nehmen Sie alle aus der Perspektive der X-AG im Quartalsabschluss zum 31.03.01 erforderlichen Buchungen vor. Das Geschäftsjahr der X-AG endet am 31.12.01. Wenden Sie

(a) den eigenständigen Ansatz (IFRS) an.

(b) den integrativen Ansatz an.

Lösungshinweise

Insbesondere Kapitel 4.1

LÖSUNG (A) – EIGENSTÄNDIGER ANSATZ (IFRS)

Nach dem eigenständigen Ansatz werden die Aufwendungen i. H. von GE 4 im 1. Quartalsabschluss der X-AG per 31.03.01 erfolgswirksam erfasst (Umkehrschluss aus IAS 34.B2):

31.03.01	Instandhaltungsaufwand	4,-	
	an Geld		4,-

LÖSUNG (B) – INTEGRATIVER ANSATZ

Jedem Quartal wird ein Viertel der Aufwendungen zugerechnet. Der Aufwand des 1. Quartals beträgt daher GE 1. Nachdem im 1. Quartal bereits der Gesamtbetrag von GE 4 bezahlt wurde, ist ein Abgrenzungsposten i. H. von GE 3 zu aktivieren.

31.03.01	Instandhaltungsaufwand	1,-	
	Aktive Rechnungsabgrenzung	3,-	
	an Geld		4,-

In jedem der folgenden 3 Quartale wird der Abgrenzungsposten anteilig aufwandswirksam:

Instandhaltungsaufwand	1,-	
an Aktive Rechnungsabgrenzung		1,-

AUFGABE 3

Unabhängigkeit des Jahresresultats von der Häufigkeit der Berichterstattung

Im 1. Quartal 01 wurde die X-AG auf Schadenersatz verklagt. Daher bildet die X-AG im ersten Quartalsabschluss per 31.03.01 eine Rückstellung für Schadenersatz i. H. von GE 10. Am 30.06.01 verliert die X-AG den Prozess und bezahlt die festgelegte Schadenersatzleistung i. H. von GE 9.

Aufgabenstellung

Nehmen Sie alle in den Quartalsabschlüssen sowie im Jahresabschluss der X-AG erforderlichen Buchungen vor. Das Geschäftsjahr der X-AG endet am 31.12.01.

Lösungshinweise

Insbesondere Kapitel 4.2

LÖSUNG

1. Quartalsabschluss:

31.03.01	Aufwand	10,-	
	an Rückstellung		10,-

2. Quartalsabschluss:

Die folgende Buchung beeinflusst sowohl die separate GuV der X-AG vom 01.04. bis 30.06., als auch die separate GuV der X-AG vom 01.01. bis 30.06.

30.06.01	Rückstellung	10,-	
	an Ertrag		1,-
	an Geld		9,-

Im **Jahresabschluss** ist es unzutreffend, einen Aufwand von GE 10 sowie einen Ertrag von GE 1 auszuweisen. Vielmehr ist ein Aufwand von GE 9 und kein Ertrag darzustellen. Dies gilt, obwohl IAS 34.28 lediglich auf die Bewertung des Jahresergebnisses Bezug nimmt und nicht auf dessen Ausweis. Das Saldierungsverbot (IAS 1.32) kommt nicht zur Anwendung.

31.12.01	Ertrag	1,-	
	an Aufwand		1,-

AUFGABE 4

Mengen- und Preiskomponente[289]

Die X-AG verkauft die Ware W an die A-AG. Die X-AG hat der A-AG vertraglich einen Bonus i. H. von 5 % zugesichert, wenn ihr Jahreseinkauf der Ware W in einem Jahr mehr als GE 100 beträgt. Im 1. Quartal 01 kauft die A-AG 400 Stk. der Ware W zu je GE 0,1, d. h. im Wert von insgesamt GE 40. Unter Berücksichtigung der Saisonspezifika ist für das gesamte Jahr 01 mit einem Einkauf der A-AG i. H. von GE 140 zu rechnen.

Aufgabenstellung

Nehmen Sie alle aus der Perspektive der X-AG und der A-AG im Quartalsabschluss per 31.03.01 erforderlichen Buchungen vor. Die Geschäftsjahre der X-AG und der A-AG enden am 31.12.01.

Lösungshinweise

Insbesondere Kapitel 4.3

LÖSUNG

Ein Bonus ist (sowohl vom Verkäufer, als auch vom Käufer) in Zwischenperioden zu antizipieren, wenn es wahrscheinlich ist, dass dieser eintreten wird und dieser vertraglich zugesichert wurde (IAS 34.B23).

In dieser Aufgabe wird geschätzt, dass der Einkauf der A-AG für das ganze Jahr 01 GE 140 betragen wird. Daher wird erwartet, dass die A-AG den Bonus vom Kaufpreis abziehen können wird.

Die 400 von der A-AG im 1. Quartal 01 gekauften Stück stellen die **Mengenkomponente** dar. Die **Preiskomponente** wird durch Reduktion des Kaufpreises von 0,1 pro Stück um 5 % berücksichtigt. Daher betragen der Buchwert der Waren in der Bilanz der A-AG und die Umsatzerlöse der X-AG GE 38 (= 400 Stück · 0,1 · 95 % = GE 38). Unerheblich ist der Umstand, dass die Bonusschwelle im 1. Quartal nicht überschritten wurde.

Buchungen im 1. Quartalsabschluss der **X-AG**:

Jahr 01-Q1	Geld	40,-	
	an Umsatzerlöse		40,-

289 In Anlehnung an *Lüdenbach*, PiR 2007 S. 57 f.

31.03.01		Umsatzerlöse	2,-	
	an	Bonusschuld		2,-

Buchungen im 1. Quartalsabschluss der **A-AG**:

Jahr 01-Q1		Waren	40,-	
	an	Geld		40,-

31.03.01		Bonusforderung	2,-	
	an	Waren		2,-

AUFGABE 5

Diverse Sachverhalte

Fall (a)

Nach dem lokalen Steuerrecht der X-AG werden die ersten GE 20 des steuerlichen Jahresgewinns mit 20 % besteuert und alle über GE 20 hinausgehenden Gewinne mit 40 %. Die X-AG erzielt im 1. Quartal 01 einen steuerlichen Gewinn von GE 10 und rechnet damit, in jedem der restlichen 3 Quartale des Jahres 01 denselben steuerlichen Gewinn zu erzielen.

Fall (b)

Die X-AG besitzt Anteile an der Y-AG, welche zum Zeitwert über das sonstige Gesamtergebnis bilanziert werden (IFRS 9.5.7.1b und IFRS 9.5.7.5). Am 25.03.01 entsteht der Rechtsanspruch der X-AG auf eine Dividende von der Y-AG i. H. von GE 4. Die Auszahlung erfolgt am 30.03.01.

Aufgabenstellung

Nehmen Sie alle aus der Perspektive der X-AG im Quartalsabschluss per 31.03.01 erforderlichen Buchungen vor. Das Geschäftsjahr der X-AG endet am 31.12.01.

Lösungshinweise

Insbesondere Kapitel 4.1 und 4.3

LÖSUNG (A)

	1. Quartal	2. Quartal	3. Quartal	4. Quartal	Jahr 01	
(Geschätzter) steuerlicher Gewinn	10	10	10	10	40	
Besteuerung mit 20 %					4	*= GE 20 · 20 %*
Besteuerung mit 40 %					8	*= GE 20 · 40 %*
Tatsächliche Steuern					12	
Gewichteter durchschnittlicher Jahressteuersatz 01					30 %	*= GE 12 : GE 40*
Tatsächliche Steuern 1. Quartal 01	3	*= GE 10 · 30 %*				

31.03.01		Tatsächlicher Steueraufwand	3,-	
	an	Tatsächliche Steuerschuld		3,-

LÖSUNG (B)

Die Dividende wird an jenem Tag erfolgswirksam erfasst, an dem das Recht auf die Dividende entsteht (IFRS 9.5.7.6, 9.5.7.1A und 9.B5.7.1). Eine Verteilung über die verschiedenen Zwischenperioden des Jahres 01 ist nicht möglich.

25.03.01		Dividendenforderung	4,-	
	an	Dividendenertrag		4,-

30.03.01		Geld	4,-	
	an	Dividendenforderung		4,-

IAS 36 Wertminderung von Vermögenswerten

1. Einleitung und Anwendungsbereich von IAS 36

IAS 36 regelt die Wertminderung (**außerplanmäßige Abschreibung**) sowie die Wertaufholung (**Zuschreibung**) bestimmter Vermögenswerte. In Bezug auf den **Konzernabschluss** umfasst der **Anwendungsbereich** des Standards vor allem Sachanlagen (IAS 16), immaterielle Anlagen inkl. Firmenwerte aus Unternehmenszusammenschlüssen (IAS 38 und IFRS 3) sowie Anlageimmobilien, die nach dem Kostenmodell (d. h. zu fortgeführten Anschaffungskosten) bilanziert werden (IAS 40) (IAS 36.2-36.5). Nach der EK-Methode bilanzierte Beteiligungen (d. h. Beteiligungen an Gemeinschafts- und assoziierten Unternehmen) unterliegen hinsichtlich des quantitativen Wertminderungstests den Vorschriften von IAS 36, wobei allerdings Erleichterungen gelten.[290]

Eine außerplanmäßige Abschreibung wird erfasst, sofern der Buchwert eines Vermögenswerts (nach Abzug der planmäßigen Abschreibung der Periode) größer ist, als dessen **erzielbarer Betrag**. Der erzielbare Betrag eines Vermögenswerts ist der höhere der folgenden beiden Beträge (IAS 36.6):

- **Nutzungswert** = Barwert der künftigen Geldflüsse, welche dem Unternehmen voraussichtlich aus einem Vermögenswert zufließen werden.
- **Nettozeitwert** = Beizulegender Zeitwert des Vermögenswerts nach Abzug der Veräußerungskosten. Der beizulegende Zeitwert ist der Preis, der beim Verkauf eines Vermögenswerts zufließen würde bzw. der zu zahlen wäre, um eine Schuld zu übertragen, und zwar in einem gewöhnlichen Geschäft zwischen Marktteilnehmern am Bewertungsstichtag zu den gegenwärtigen Marktbedingungen (IAS 36.6 i.V. mit IFRS 13).[291]

In der praktischen Anwendung ist es in vielen Fällen nicht möglich, die von einem einzelnen Vermögenswert erwirtschafteten künftigen Geldzuflüsse auf vernünftige Weise zu schätzen. Dies wäre allerdings Voraussetzung für die Ermittlung des Nutzungswerts des Vermögenswerts. Als Beispiel wird Unternehmen U erwähnt, welches u. a. das Produkt P produziert. Die Maschinen und das Fabrikgebäude werden sowohl für die Produktion von P verwendet, als auch für die Herstellung anderer Erzeugnisse. Es ist daher nicht möglich, darzulegen, welche Teile der Geldzuflüsse aus dem Verkauf von P von jeder einzelnen Produktionsmaschine, vom Fabrikgebäude, vom Verwaltungsgebäude etc. erwirtschaftet werden. Allerdings ist es möglich, die Geldzuflüsse aus dem Verkauf von P (und aus dem Verkauf anderer Produkte) der gesamten Gruppe von Vermögenswerten (welche die unterschiedlichen Maschinen, das Fabrikgebäude etc. enthält) zuzuordnen. Solch eine Gruppe von Vermögenswerten, der Geldzuflüsse zugeordnet werden können und für die daher der Nutzungswert ermittelt werden kann, wird als **zahlungsmittelgenerierende bzw. geldgenerierende Einheit** (abgekürzt ZGE bzw. GGE)[292] (*cash-generating unit*) bezeichnet. Nach dem Standard handelt es sich bei einer GGE um die kleinste identifizierbare Gruppe von Vermögenswerten, die Einzahlungen (= Geldzuflüsse) erwirtschaftet, welche von den Einzahlungen anderer Vermögenswerte bzw. Gruppen von Vermögenswerten weitgehend unabhängig sind (IAS 36.6, 36.59, 36.66 f. und 36.104).

290 Vgl. Abschnitt IAS 28, Kapitel 3.2.

291 Vgl. Abschnitt IFRS 13, Kapitel 3.1.

292 Die Ausdrücke **„zahlungsmittelgenerierende Einheit“ (ZGE)** und **„geldgenerierende Einheit“ (GGE)** werden i. d. F. synonym verwendet.

2. Vorliegen einer Wertminderung

Der erzielbare Betrag muss berechnet werden, wenn in Bezug auf einen Vermögenswert bzw. eine GGE ein Indikator auf eine Wertminderung vorliegt (**anlassbezogener Wertminderungstest**) (IAS 36.8). Ob ein solcher vorliegt, ist am Ende einer jeden Berichtsperiode zu beurteilen (IAS 36.9). Die folgenden Fälle sind Beispiele für solche Indikatoren (IAS 36.12-36.16):

- Es existieren beobachtbare Hinweise, dass der Wert des Vermögenswerts während der Periode weitaus stärker gesunken ist, als dem normalen Wertverlust durch Zeitablauf oder Abnutzung entsprechen würde.
- Ein Vermögenswert ist physisch beschädigt oder veraltet.
- Das interne Berichtswesen liefert Hinweise, dass die wirtschaftliche Leistung eines Vermögenswerts schlechter ist, oder sein wird, als erwartet.

Der **Wesentlichkeitsgrundsatz** kann bei der Beurteilung, ob der erzielbare Betrag berechnet werden muss, hilfreich sein (IAS 36.15 f.). Demnach kann z. B. eine erneute Berechnung des erzielbaren Betrags entfallen, sofern frühere Berechnungen zeigen, dass der erzielbare Betrag eines Vermögenswerts bzw. einer ZGE signifikant größer war, als der Buchwert und, sofern keine Ereignisse eingetreten sind, welche diesen Überschuss eliminiert haben.

Unabhängig davon, ob ein Wertminderungsindikator vorliegt, muss der erzielbare Betrag der folgenden Vermögenswerte bzw. GGE jährlich berechnet werden (**anlassunabhängiger Wertminderungstest**) (IAS 36.10 und 36.90):

- immaterielle Vermögenswerte mit unbestimmter Nutzungsdauer,[293]
- noch nicht betriebsbereite immaterielle Vermögenswerte,
- eine GGE, der ein (in einem Unternehmenszusammenschluss erworbener) Firmenwert[294] zugeordnet wurde.

Die Berechnung des erzielbaren Betrags für die eben beschriebenen Arten immaterieller Vermögenswerts und GGEs kann zu einem **beliebigen Zeitpunkt** während des Jahres erfolgen, welcher aber in den Folgejahren **beizubehalten** ist. Es können jedoch für verschiedene Vermögenswerte bzw. für verschiedene ZGE auch unterschiedliche Zeitpunkte gewählt werden. Wurde allerdings der immaterielle Vermögenswert während des aktuellen Geschäftsjahres erstmalig angesetzt bzw. stammt der Firmenwert, der einer ZGE zugeordnet wurde, (teilweise oder zur Gänze) aus einem Unternehmenszusammenschluss, der während des aktuellen Geschäftsjahres stattgefunden hat, so hat die Ermittlung des erzielbaren Betrags bis zum Ende des aktuellen Geschäftsjahres zu erfolgen (IAS 36.10, 36.90 und 36.96).

3. Vorliegen einer Wertaufholung

Am Ende einer jeden Berichtsperiode ist zu beurteilen, ob ein Indikator vorliegt, dass eine in Vorperioden für einen Vermögenswert (der keinen Firmenwert darstellt) bzw. eine GGE erfasste außerplanmäßige Abschreibung nicht mehr existiert oder sich reduziert hat. Liegt ein solcher Indikator vor, so ist der erzielbare Betrag zu berechnen (IAS 36.110). Der Standard enthält eine bei-

293 Vgl. Abschnitt IAS 38, Kapitel 5.4.

294 Vgl. Abschnitt IFRS 3, Kapitel 3.5.1.

spielhafte Aufzählung derartiger Indikatoren (IAS 36.111), welche im Wesentlichen den Indikatoren auf eine Wertminderung (IAS 36.12) entsprechen, allerdings in die entgegengesetzte Richtung deuten (IAS 36.112).

4. Einzelbewertung eines Vermögenswerts oder Bewertung auf Ebene der GGE?

Der Standard geht vom **Grundsatz der Einzelbewertung** aus, d. h. der erzielbare Betrag ist – sofern möglich – für den einzelnen Vermögenswert zu ermitteln. Der **erzielbare Betrag eines einzelnen Vermögenswerts ist nicht ermittelbar**, sofern beide der folgenden Kriterien erfüllt sind (IAS 36.22 und 36.66 f.):

- Es kann nicht davon ausgegangen werden, dass der Nutzungswert des Vermögenswerts dessen Nettozeitwert näherungsweise entspricht.
- Der Vermögenswert erwirtschaftet keine Geldzuflüsse, die von jenen anderer Vermögenswerte weitgehend unabhängig sind.[295]

In solchen Fällen kann der Nutzungswert und somit der erzielbare Betrag lediglich für die GGE, zu der der Vermögenswert gehört, ermittelt werden, es sei denn, der Nettozeitwert des Vermögenswerts übersteigt dessen Buchwert (IAS 36.22 und 36.66 f.). Im letzteren Fall ist der Vermögenswert nicht wertgemindert (IAS 36.19).

Ein Vermögenswert kann i. d. R. nur im Verbund mit anderen Vermögenswerten Geldzuflüsse erwirtschaften.[296] Daher wird der Wertminderungstest auf der Ebene der GGE zum Regelfall und die Einzelbewertung eines Vermögenswerts zur Ausnahme. Im Falle vermieteter Vermögenswerte ist eine Einzelbewertung möglich.

Eine **GGE** ist die kleinste identifizierbare Gruppe von Vermögenswerten, die **Einzahlungen (Geldzuflüsse)** erwirtschaftet, die von den Einzahlungen anderer Vermögenswerte bzw. Gruppen von Vermögenswerten **weitgehend unabhängig** sind (IAS 36.6). Einzahlungen sind Zuflüsse von Geld und Geldäquivalenten von unternehmensexternen Parteien. Bei der Beurteilung, ob die von einem Vermögenswert (bzw. einer Gruppe von Vermögenswerten) erwirtschafteten Einzahlungen von den Einzahlungen, welche von anderen Vermögenswerten (bzw. Gruppen von Vermögenswerten) erwirtschaftet werden, weitgehend unabhängig sind, werden verschiedene Faktoren berücksichtigt, einschließlich der folgenden (IAS 36.69):

- Art und Weise, wie das Management die Unternehmenstätigkeiten überwacht (z. B. nach Produktlinien oder geographischen Kriterien),
- Grundlage, auf der das Management Entscheidungen über die Fortführung oder Veräußerung der Tätigkeiten und Vermögenswerte des Unternehmens trifft.

Eine ZGE kann etwa eine Produktlinie, ein Werk, ein Geschäftsbereich, eine geographische Region oder ein berichtspflichtiges Segment i. S. von IFRS 8 sein (IAS 36.130d).

295 Vgl. Kapitel 1.
296 Vgl. Kapitel 1.

Sofern ein **aktiver Markt** für die Produkte eines Vermögenswerts bzw. einer Gruppe von Vermögenswerten existiert, so ist es wahrscheinlich, dass dieser Vermögenswert bzw. diese Gruppe eine GGE darstellt. Dies gilt auch dann, wenn ein Teil der Produkte oder alle Produkte (z. B. im Rahmen einer Zwischenstufe des Produktionsprozesses erzeugte Produkte) unternehmensintern verwendet werden. Relevant ist somit regelmäßig die Existenz eines aktiven Marktes für die Produkte, und zwar unabhängig davon, ob diese Produkte auch tatsächlich dort verkauft werden (IAS 36.70 f., 36.IE6 und 36.IE12). Ein aktiver Markt ist ein Markt, in dem Geschäfte mit dem Vermögenswert oder der Schuld in ausreichender Menge und mit ausreichender Häufigkeit stattfinden, um fortlaufend Preisinformationen bereitzustellen (IFRS 13.Anhang A).

5. Ermittlung des erzielbaren Betrags

5.1 Allgemeines

Es ist nicht immer erforderlich, sowohl den Nettozeitwert, als auch den Nutzungswert eines Vermögenswerts bzw. einer ZGE zu ermitteln. Sofern einer dieser beiden Beträge höher ist, als der Buchwert des Vermögenswerts bzw. der ZGE, liegt keine Wertminderung vor und es ist daher nicht mehr erforderlich, den anderen Betrag zu berechnen (IAS 36.19).

Sofern es nicht möglich ist, den Nettozeitwert zu ermitteln, so kann der Nutzungswert alleine als erzielbarer Betrag betrachtet werden (IAS 36.20). Umgekehrt kann der Nettozeitwert alleine nur dann als erzielbarer Betrag verwendet werden, wenn Grund zur Annahme besteht, dass der Nutzungswert nicht wesentlich höher ist, als der Nettozeitwert (IAS 36.21 f. und 36.67).

Wenn vereinfachende Vorgehensweisen zur Ermittlung des Nutzungswerts bzw. des Nettozeitwerts eine vernünftige Annäherung an die exakte Vorgehensweise laut Standard darstellen, so ist deren Anwendung zulässig (IAS 36.23).

5.2 Nettozeitwert

Der **Nettozeitwert** ist der beizulegende Zeitwert des Vermögenswerts bzw. der GGE nach Abzug der Veräußerungskosten. Der **beizulegende Zeitwert** ist dabei der Preis, der beim Verkauf eines Vermögenswerts zufließen würde bzw. der zu zahlen wäre, um eine Schuld zu übertragen, und zwar in einem gewöhnlichen Geschäft zwischen Marktteilnehmern am Bewertungsstichtag zu den gegenwärtigen Marktbedingungen. Der beizulegende Zeitwert stellt somit einen **marktbasierten Bewertungsmaßstab** dar und nicht einen unternehmensspezifischen.[297] Die **Veräußerungskosten** sind die zusätzlichen Kosten, welche der Veräußerung eines Vermögenswerts bzw. einer GGE direkt zurechenbar sind, exkl. Finanzierungskosten und Ertragsteueraufwand. Veräußerungskosten, die als Verbindlichkeit erfasst wurden, werden jedoch bei der Ermittlung des Nettozeitwerts nicht abgezogen (IAS 36.6, 36.28 und 36.53A).

297 Zur Ermittlung beizulegender Zeitwerte im Detail vgl. Abschnitt IFRS 13.

5.3 Nutzungswert

5.3.1 Einleitung

Im Gegensatz zum beizulegenden Zeitwert handelt es sich beim Nutzungswert um einen **subjektiven Wert**, welcher auch Aspekte berücksichtigt, die unternehmensspezifisch sind, d. h. nicht für andere Unternehmen gelten (IAS 36.53A).

Die Berechnung des Nutzungswerts eines Vermögenswerts bzw. einer ZGE erfolgt durch die Abzinsung der künftigen Ein- und Auszahlungen aus der fortgesetzten Nutzung und aus der letztendlichen Veräußerung mit dem entsprechenden Zinssatz (IAS 36.31). Dabei sind die **folgenden Elemente** zu berücksichtigen (IAS 36.30 und 36.A1):

(a) Eine Schätzung der künftigen Geldflüsse i. Z. mit dem Vermögenswert bzw. der ZGE,

(b) Erwartungen hinsichtlich möglicher Veränderungen des Betrags bzw. der Zeitpunkte dieser Geldflüsse,

(c) Verwendung des aktuellen risikolosen Marktzinssatzes zur Abzinsung,

(d) das mit dem Vermögenswert bzw. der ZGE verbundene Risiko,

(e) andere Faktoren, die Marktteilnehmer berücksichtigen würden (z. B. Illiquidität).

Die Ermittlung des Nutzungswerts kann nach einer der beiden nachstehenden Methoden erfolgen (IAS 36.A2):

- Auf Basis der wahrscheinlichsten Entwicklung (**traditionelle Methode**): Dabei werden die Faktoren (b)-(e) im Abzinsungssatz berücksichtigt. Somit wird das Unsicherheitsmoment durch einen Risikoaufschlag auf den Zinssatz berücksichtigt.[298]
- Auf Basis der mit subjektiven Wahrscheinlichkeiten gewichteten alternativen Entwicklungen (**Erwartungswertmethode**): Dabei werden die Faktoren (b), (d) und (e) durch eine Anpassung der Geldflüsse berücksichtigt, wodurch sich risikoangepasste erwartete Geldflüsse ergeben.

Die **Annahmen**, die bei der Ermittlung des **Zinssatzes** und bei der Schätzung der **Geldflüsse** getroffen werden, müssen miteinander **konsistent** sein. Demnach darf der Zinssatz nicht jene Risiken reflektieren, um die die Geldflüsse angepasst wurden. Ansonst würde der Effekt mancher Annahmen doppelt berücksichtigt werden (IAS 36.56, 36.A3 und 36.A15).

5.3.2 Schätzung der künftigen Geldflüsse

Der Schätzung der Geldflüsse sind **vernünftige und vertretbare Annahmen** zugrunde zu legen, wobei externen Hinweisen eine größere Bedeutung zukommt (IAS 36.33a und 36.34). Die Schätzung der Geldflüsse hat des Weiteren auf den **aktuellsten vom Management genehmigten Budgets bzw. Prognosen** zu basieren. Der **Detailplanungszeitraum** für die Schätzung der Geldflüsse (auf Basis dieser Budgets bzw. Prognosen) beträgt **maximal fünf Jahre**, es sei denn, dass ein längerer Zeitraum gerechtfertigt ist (IAS 36.33b und 36.35). Die Geldflüsse, die außerhalb des

298 Vgl. *Lüdenbach/Hoffmann*, WPg 2004 S. 1074.

Detailplanungszeitraums liegen, sind durch Extrapolation der Geldflüsse des Detailplanungszeitraums zu ermitteln. Dabei ist von einer gleich bleibenden oder rückläufigen Wachstumsrate auszugehen, es sei denn, eine steigende Rate ist gerechtfertigt (IAS 36.33c und 36.36 f.).

Die künftigen **Geldflüsse** umfassen (IAS 36.39, 36.41 und 36.51 f.)

- **Einzahlungen aus der fortgesetzten Nutzung** des Vermögenswerts bzw. der GGE,
- **Auszahlungen, die erforderlich sind, um diese Einzahlungen zu erwirtschaften** (inkl. Kosten, die der Nutzung des Vermögenswerts bzw. der GGE direkt bzw. auf einer vernünftigen und stetigen Basis zugeordnet werden können) und
- etwaige Nettogeldflüsse aus der **Veräußerung** des Vermögenswerts bzw. der GGE am Ende der Nutzungsdauer.

Um eine doppelte Berücksichtigung zu vermeiden, umfassen die Geldflüsse keine Auszahlungen, welche sich auf Verpflichtungen (z. B. Pensionsverpflichtungen) beziehen, die als Schulden erfasst wurden (IAS 36.43b).

Die Auszahlungen umfassen jene für die **laufende Wartung** (Erhaltung bzw. Instandhaltung) des Vermögenswerts bzw. der GGE, welche notwendig sind, um die Höhe der wirtschaftlichen Vorteile aufrechtzuerhalten, die aus der fortgesetzten Nutzung des Vermögenswerts bzw. der GGE im gegenwärtigen Zustand zu erwarten ist (IAS 36.39b, 36.41 und 36.49).

Die Schätzung der Geldflüsse erfolgt auf der Grundlage des gegenwärtigen Zustands eines Vermögenswerts bzw. einer ZGE. Daher dürfen künftige Ein- und Auszahlungen, die auf **künftige Restrukturierungen** (zu denen das Unternehmen noch nicht gem. IAS 37 verpflichtet ist) bzw. auf **künftige Erweiterungsinvestitionen** zurückzuführen sind, nicht in die Berechnung des Nutzungswerts einfließen. Sofern allerdings die Auszahlungen für die Erweiterungsinvestition bereits getätigt wurden, so sind die daraus resultierenden zusätzlichen künftigen Einzahlungen in die Geldflüsse einzubeziehen. Sobald das Unternehmen zur Restrukturierung verpflicht ist, reflektieren die für die Berechnung des Nutzungswerts relevanten Geldflüsse die Einsparungen sowie die anderen Vorteile aus der Restrukturierung. Da die künftigen Auszahlungen für die Restrukturierung bereits Bestandteil einer Restrukturierungsrückstellung i. S. von IAS 37 sind, dürfen diese allerdings nicht in die Berechnung des Nutzungswerts einfließen (IAS 36.33b, 36.44-36.48 und 36.IE44-36.IE61).

Hinsichtlich des **Zeitraums für den die Geldflüsse zu prognostizieren sind**, gilt Folgendes (IAS 36.49):[299]

- Der Prognosezeitraum für die Geldflüsse eines **einzelnen Vermögenswerts** richtet sich nach dessen Nutzungsdauer. Besteht ein einzelner Vermögenswert aus mehreren Komponenten, so richtet sich der Prognosezeitraum nach der Komponente mit der längsten Nutzungsdauer, es sei denn, diese ist von untergeordneter Bedeutung. Der Ersatz von Komponenten mit einer kürzeren Nutzungsdauer dient annahmegemäß der laufenden Erhaltung des Vermögenswerts.

299 Vgl. auch IDW RS HFA 16, Tz. 102 f.

- Existiert bei einer **ZGE** ein Vermögenswert, welcher der ZGE das Gepräge gibt (prägender Vermögenswert), so bestimmt dieser Vermögenswert den Prognosezeitraum. Umfasst die ZGE mehrere Vermögenswerte, welche für die Tätigkeit der ZGE unerlässlich sind, so richtet sich der Prognosezeitraum nach dem Vermögenswert mit der längsten Nutzungsdauer. Der Ersatz der anderen Vermögenswerte hat annahmegemäß Erhaltungscharakter.

Enthält der Buchwert eines Vermögenswerts noch nicht alle Auszahlungen, die notwendig sind, um den Vermögenswert betriebsbereit zu machen (z. B. **ein im Bau befindliches Gebäude**), so fließen in die Berechnung des Nutzungswerts alle künftigen Auszahlungen ein, die erwartungsgemäß vor dem Zeitpunkt der Betriebsbereitschaft anfallen (IAS 36.39b und 36.42).

In die künftigen Geldflüsse dürfen Ein- und Auszahlungen i. Z. mit **Finanzierungstätigkeiten** sowie **Ertragsteuern** nicht einbezogen werden (IAS 36.50).

Bei der Schätzung der Geldflüsse sind die Auswirkungen **interner Verrechnungspreise**, welche nicht den künftigen Preisen entsprechen, die in Geschäften zu marktüblichen Bedingungen erzielt werden könnten, zu eliminieren (IAS 36.70 f.).

5.3.3 Ermittlung des Abzinsungssatzes

Ist ein vermögenswertspezifischer Marktzinssatz nicht direkt verfügbar, so sind zur Schätzung des Abzinsungssatzes Surrogate zu verwenden (IAS 36.57 und 36.A16). Als Ausgangspunkt für die Ermittlung des Abzinsungssatzes kann einer der folgenden Zinssätze dienen (IAS 36.A17):

- Gewichteter durchschnittlicher Kapitalkostensatz des Unternehmens (WACC), welcher z. B. anhand des CAPM ermittelt werden kann,
- Grenzfremdkapitalzinssatz des Unternehmens,
- andere Marktfremdkapitalzinssätze.

Der Abzinsungssatz muss die aktuellen Marktbeurteilungen in Bezug auf den risikofreien Zinssatz und hinsichtlich der spezifischen Risiken des Vermögenswerts bzw. der ZGE, für die noch keine Anpassung der künftigen Geldflüsse erfolgte, reflektieren (IAS 36.55, 36.A1, 36.A16 und 36.A18).

Der Abzinsungssatz ist unabhängig von der Kapitalstruktur des Unternehmens und unabhängig davon, wie das Unternehmen den Kauf des Vermögenswerts bzw. der ZGE finanziert hat (IAS 36.A19). Es ist ein Zinssatz vor Steuern zu verwenden (IAS 36.55 und 36.A20). Normalerweise wird ein einziger Abzinsungssatz verwendet. Allerdings sind unterschiedliche Zinssätze für verschiedene künftige Perioden zu verwenden, wenn dies aufgrund der Zinsstrukturkurve oder unterschiedlicher Risiken in verschiedenen Perioden als angemessen erscheint (IAS 36.A21).

6. Ermittlung des Buchwerts einer GGE

Die Ermittlung des Buchwerts einer GGE hat auf einer Grundlage zu erfolgen, welche mit der Vorgehensweise bei der Ermittlung des erzielbaren Betrags der GGE konsistent ist. Dies wird als **Äquivalenzprinzip** bezeichnet (IAS 36.75).[300] Der Buchwert einer GGE umfasst den Buchwert jener Vermögenswerte, welche der GGE entweder direkt oder auf einer vernünftigen und stetigen

300 Vgl. IDW RS HFA 16, Tz. 84 ff.

Grundlage zugeordnet werden können, und die die künftigen Einzahlungen erwirtschaften, welche bei der Berechnung des Nutzungswerts der GGE verwendet werden. Der Buchwert einer GGE umfasst nicht den Buchwert einer angesetzten Schuld, es sei denn, der erzielbare Betrag der GGE kann ohne Berücksichtigung dieser Schuld nicht ermittelt werden. Letzteres kann dann der Fall sein, wenn der Käufer im Falle der Veräußerung der GGE die Schuld übernehmen müsste (IAS 36.76-36.78).

Aus **Praktikabilitätsgründen** wird der erzielbare Betrag einer ZGE manchmal nach Berücksichtigung von diversen in der Bilanz **angesetzten Schulden** oder von **Vermögenswerten** ermittelt, **die nicht Teil der ZGE sind** (z. B. finanzielle Vermögenswerte). In diesen Fällen ist der Buchwert der ZGE durch den Buchwert solcher Vermögenswerte zu erhöhen und durch den Buchwert derartiger Schulden zu reduzieren (IAS 36.79). Die Vermögenswerte und Schulden, welche nicht IAS 36 unterliegen, sind allerdings zuerst nach den für sie relevanten Standards zu bewerten. So werden etwa Vorräte zuerst auf einen allenfalls niedrigeren Nettoveräußerungswert abgeschrieben (IAS 2.9), bevor sie in den Buchwert der ZGE eingerechnet werden.[301]

7. Firmenwert

7.1 Zuordnung zu den GGE

Ein Firmenwert, der in einem Unternehmenszusammenschluss erworben wurde,[302] ist für Zwecke des Wertminderungstests **jenen ZGE oder Gruppen von ZGE** des Erwerbers **zuzuordnen**, die voraussichtlich **von den Synergien des Zusammenschlusses profitieren** werden (IAS 36.80). Somit sind die erwarteten Synergieeffekte zu quantifizieren und als Zuordnungsschlüssel zu verwenden. Hilfsweise kann die Zuordnung allerdings auch anhand anderer Wertmaßstäbe (z. B. beizulegende Zeitwerte, Ertragswertanteile, EBIT, EBITDA) erfolgen, sofern diese die Synergieeffekte im Einzelfall angemessen reflektieren.[303]

Jede ZGE bzw. jede Gruppe von ZGE, der auf die eben beschriebene Weise ein Firmenwert zugeordnet wird (IAS 36.80-36.83),

- muss die **niedrigste Ebene im Unternehmens sein, auf der der Firmenwert** für interne Managementzwecke **überwacht wird** (z. B. die niedrigste Ebene auf der die Gesamtkapitalrentabilität unter Einschluss des Firmenwerts kontrolliert wird[304]), und
- darf **nicht größer** sein, **als ein operatives Segment** (i. S. der Definition in IFRS 8.5 vor Aggregation).

7.2 Mehrstufiger Wertminderungstest

In manchen Fällen ist ein mehrstufiger Wertminderungstest erforderlich (IAS 36.97 f.):

- Sofern ein Vermögenswert einer ZGE, der ein Firmenwert zugeordnet wurde, zum selben Zeitpunkt auf Wertminderung getestet wird, wie diese ZGE, so ist zuerst der Vermögenswert auf Wertminderung zu testen und eine etwaige außerplanmäßige Abschreibung zu erfassen. Erst danach wird die ZGE, der der Firmenwert zugeordnet wurde, auf Wertminderung getestet.

301 Vgl. IDW RS HFA 16, Tz. 91.

302 Vgl. Abschnitt IFRS 3, Kapitel 3.5.1.

303 Vgl. IDW RS HFA 16, Tz. 94.

304 Vgl. *Lüdenbach/Hoffmann*, WPg 2004, S. 1072.

► Wird analog dazu eine ZGE, welche Bestandteil einer Gruppe von ZGE ist, der ein Firmenwert zugeordnet wurde, zum selben Zeitpunkt auf Wertminderung getestet, wie diese Gruppe von ZGE, so ist zuerst die ZGE auf Wertminderung zu testen und eine etwaige außerplanmäßige Abschreibung zu erfassen. Erst danach wird die Gruppe von ZGE, der der Firmenwert zugeordnet wurde, auf Wertminderung getestet.

8. Gemeinschaftliche Vermögenswerte

Gemeinschaftliche Vermögenswerte **tragen zu den künftigen Geldflüssen von mindestens zwei verschiedenen GGE bei**. Ein **Firmenwert** ist per Definition **kein gemeinschaftlicher Vermögenswert** (IAS 36.6). Ob ein Vermögenswert die Definition eines gemeinschaftlichen Vermögenswerts erfüllt, hängt von der Unternehmensstruktur ab. Typische Beispiele sind das Gebäude der Zentrale des Konzerns oder eines Unternehmensbereichs, die zentrale EDV-Ausstattung sowie ein Forschungszentrum (IAS 36.100). Im Normalfall kann der erzielbare Betrag eines einzelnen gemeinschaftlichen Vermögenswerts nicht ermittelt werden (IAS 36.101).

Wird eine GGE auf Wertminderung getestet, so sind alle gemeinschaftlichen Vermögenswerte zu identifizieren, die zu dieser GGE in Beziehung stehen. Sofern die **Zuordnung eines Teils des Buchwerts** eines gemeinschaftlichen Vermögenswerts **zu dieser ZGE auf einer vernünftigen und stetigen Grundlage** (IAS 36.102)

(a) **möglich** ist, so ist der Buchwert dieser GGE (inkl. des anteiligen Buchwerts des gemeinschaftlichen Vermögenswerts) ihrem erzielbaren Betrag gegenüberzustellen und eine etwaige außerplanmäßige Abschreibung zu erfassen.

(b) **nicht möglich** ist, so ist zunächst der Buchwert dieser GGE (exkl. des gemeinschaftlichen Vermögenswerts) ihrem erzielbaren Betrag gegenüberzustellen. Danach ist die kleinste Gruppe von GGE zu identifizieren, welche die betrachtete GGE enthält, und der ein Teil des Buchwerts des gemeinschaftlichen Vermögenswerts auf einer vernünftigen und stetigen Grundlage zugeordnet werden kann. Schließlich ist der Buchwert dieser Gruppe (inkl. des anteiligen Buchwerts des gemeinschaftlichen Vermögenswerts) ihrem erzielbaren Betrag gegenüberzustellen und eine etwaige außerplanmäßige Abschreibung zu erfassen.

9. Erfassung einer Wertminderung bzw. einer Wertaufholung[305]

Im Falle einer Wertaufholung (= Zuschreibung) eines einzelnen Vermögenswerts darf **nicht über den fiktiven Buchwert hinaus** aufgewertet werden, der sich ergeben würde, wenn für den Vermögenswert bislang keine Wertminderung (= außerplanmäßige Abschreibung) erfasst worden wäre (IAS 36.117).

305 Aufgrund der geringen praktischen Relevanz wird in diesem Kapitel auf die Darstellung der Besonderheiten, die sich bei Anwendung des Neubewertungsmodells i. S. von IAS 16 bzw. IAS 38 ergeben, verzichtet (vgl. Abschnitt IAS 16, Kapitel 4.1 und Abschnitt IAS 38, Kapitel 5.1).

Für **Firmenwerte** gilt ein **Wertaufholungsverbot** (IAS 36.124 f.). Selbst wenn die Wertminderung eines Firmenwerts in einem Zwischenbericht erfasst wurde, so gilt für nachfolgende Zwischenberichte sowie für den Jahresabschluss ebenfalls ein Wertaufholungsverbot (IFRIC 10.8).

Wurde eine **Wertminderung** pauschal für eine **ZGE** bzw. **Gruppe von ZGE** ermittelt, so ist an dieser Stelle wiederum zum Grundsatz der Einzelbewertung zurückzukehren, in dem die pauschal ermittelte Wertminderung **auf die einzelnen Vermögenswerte verteilt** wird. Dabei ist **zunächst der Buchwert der Firmenwerte**, welche der ZGE bzw. Gruppe von ZGE zugeordnet wurden, zu reduzieren. Sofern nach Abschreibung der Firmenwerte auf Null noch eine Wertminderung verbleibt, so ist diese **buchwertproportional auf die restlichen Vermögenswerte der ZGE bzw. der Gruppe von ZGE** zu verteilen (IAS 36.104). Dabei darf der Buchwert eines Vermögenswerts nicht unter den höchsten der folgenden Beträge reduziert werden (**Untergrenze**) (IAS 36.105):

- Nettozeitwert (sofern dieser ermittelbar ist),
- Nutzungswert (sofern dieser ermittelbar ist),
- Null.

Die durch diese Untergrenze nicht erfasste Wertminderung ist wiederum **buchwertproportional auf die anderen Vermögenswerte** der ZGE bzw. der Gruppe von ZGE zu verteilen (IAS 36.105).

Diese Buchwertreduktionen werden **wie Wertminderungen einzelner Vermögenswerte** behandelt und erfasst (IAS 36.104). Sofern nach Anwendung der eben beschriebenen Verteilungsregeln (IAS 36.104 f.) noch eine Wertminderung verbleibt, so ist für diese nur dann eine Schuld anzusetzen, wenn dies von einem anderen Standard verlangt wird (IAS 36.108).

Eine **Wertaufholung**, die für eine **ZGE** ermittelt wurde, ist auf die **einzelnen Vermögenswerte der ZGE buchwertproportional zu verteilen**. Von dieser Verteilung ist der Firmenwert ausgeschlossen, da für diesen ein Wertaufholungsverbot gilt. Diese Buchwerterhöhungen werden **wie Wertaufholungen einzelner Vermögenswerte** behandelt und erfasst (IAS 36.122). Bei der Verteilung einer Wertaufholung einer ZGE auf die einzelnen Vermögenswerte ist eine **Obergrenze zu beachten**. Demnach darf der Buchwert eines einzelnen Vermögenswerts nicht über den niedrigeren der folgenden beiden Beträge hinaus erhöht werden (IAS 36.123):

- Erzielbarer Betrag (sofern dieser ermittelbar ist),
- **fiktiver Buchwert**, der sich ergeben würde, wenn für den Vermögenswert bislang keine Wertminderung erfasst worden wäre.

Der Betrag der Wertaufholung, der einem oder mehreren Vermögenswerten ohne Existenz dieser Obergrenze zugeordnet worden wäre (nicht erfasste Wertaufholung), ist **buchwertproportional auf die anderen Vermögenswerte der ZGE (exkl. Firmenwert)** zu verteilen (IAS 36.123).

10. Nicht beherrschende Anteile

Der Erwerber hat bei jedem Unternehmenszusammenschluss grundsätzlich das Wahlrecht, die **nicht beherrschenden Anteile** am erworbenen Unternehmen im Erwerbszeitpunkt entweder (a) mit ihrem **beizulegenden Zeitwert** oder (b) mit dem **anteiligen identifizierbaren Nettovermögen** der nicht beherrschenden Gesellschafter am erworbenen Unternehmen zu bewerten (IFRS 3.19), was sich auch auf die Höhe des Firmenwerts auswirkt (**Firmenwertoption**). Variante (a) wird daher auch als **volle Firmenwertmethode** und Variante (b) als **partielle Firmenwertmethode** bezeichnet.[306]

Stellt ein Tochterunternehmen, an dem nicht beherrschende Gesellschafter beteiligt sind, selbst eine GGE dar, so wird die außerplanmäßige Abschreibung zwischen dem Mutterunternehmen und den nicht beherrschenden Anteilen auf derselben Basis aufgeteilt, wie der Periodenerfolg (IAS 36.C6).

Im Falle der Bilanzierung nicht beherrschender Anteile mit dem **anteiligen Nettovermögen** (s. o.) ergibt sich das Problem, dass der Firmenwert, der auf die nicht beherrschenden Anteile entfällt, zwar nicht in der Konzernbilanz des Mutterunternehmens aktiviert wird, jedoch im erzielbaren Betrag der betreffenden ZGE enthalten ist. Daher muss der Buchwert der ZGE für Zwecke des Wertminderungstests um den Firmenwert der nicht beherrschenden Anteile erhöht werden. Dieser angepasste Buchwert wird dann dem erzielbaren Betrag der ZGE gegenüber gestellt (IAS 36.C4 und 36.IE65). Es wird jener Teil der Wertminderung des Firmenwerts im Konzernabschluss des Mutterunternehmens nicht erfasst, welcher dem in der Bilanz nicht aktivierten Firmenwert nicht beherrschender Gesellschafter zuzurechnen ist (IAS 36.C8).

11. Aufgaben mit Lösungen

AUFGABE 1

Identifikation der ZGE

(a) Unternehmen A besitzt und betreibt ein großes Wiederverwertungswerk sowie eine private Eisenbahn, die den verarbeiteten Müll in Behältern vom Werk zum öffentlichen Schienennetz transportiert. Die private Eisenbahn könnte lediglich zum Schrottwert verkauft werden und sie erzielt keine Geldzuflüsse aus der fortgesetzten Nutzung, welche von Geldzuflüssen des Werks weitestgehend unabhängig sind.[307]

(b) Der Fußballclub B, welcher in der Rechtsform einer Aktiengesellschaft betrieben wird, muss seit seiner Börsenotierung nach IFRS bilanzieren. Nach IFRS stellen die einzelnen Spieler immaterielle Vermögenswerte dar. Der Club erzielt in den folgenden Bereichen wesentliche Erträge: Zuschauereinnahmen (= Verkauf von Eintrittskarten in das Stadion sowie von Getränken und Speisen im Stadion), Fernsehübertragungsrechte, Werbeeinnahmen (= Vermietung von Werbeflächen an andere Unternehmen) und Vereinsartikelverkauf.[308]

(c) Eine Eisenbahngesellschaft betreibt Personentransporte auf fünf verschiedenen Strecken. Dafür hat die Eisenbahngesellschaft eine Lizenz vom Staat erhalten, welche vorschreibt, dass auf jeder der 5 Strecken ein gewisses Mindestmaß an Transportfahrten erfolgen muss. Die auf jeder Strecke eingesetzten Vermögenswerte und die Geldflüsse einer jeden Strecke können gesondert identifiziert werden.[309]

306 Vgl. Abschnitt IFRS 3, Kapitel 3.5.3.
307 Fall (a) basiert auf IAS 36.67 und *PwC*, Manual of Accounting, IFRS 2015, Tz. 18.99.
308 In Anlehnung an *Lüdenbach/Hoffmann*, DB 2004 S. 1445.
309 In Anlehnung an IAS 36.68.

Aufgabenstellung

Beurteilen Sie, welcher Vermögenswert bzw. welche Gruppe von Vermögenswerten eine ZGE darstellt.

Lösungshinweise

Insbesondere Kapitel 1 und 4

LÖSUNG

(a) Es ist nicht möglich, den erzielbaren Betrag der privaten Eisenbahn zu schätzen, da ihr Nutzungswert nicht ermittelt werden kann und letzterer höchstwahrscheinlich vom Schrottwert abweichen wird. Der Schrottwert der Eisenbahn liegt unter ihrem Buchwert. A schätzt daher den erzielbaren Betrag der GGE (d. h. des gesamten Werks), zu der die private Eisenbahn gehört.

(b) Es ist grundsätzlich nicht möglich, die vom Fußballclub erwirtschafteten Einzahlungen einzelnen Spielern zuzuordnen, selbst wenn bestimmte Spieler eine außergewöhnlich gute bzw. schlechte Leistung erbringen. So kann etwa nicht beurteilt werden, welcher Teil der Zuschauereinnahmen der guten Leistung von Spieler X zuzuordnen ist und welcher Teil der Leistung und Sympathie von Spieler Y. Im Vereinsartikelverkauf kann diese Frage i. d. R. auch nicht beantwortet werden. So kann etwa nicht geklärt werden, welche Einzahlungen aus dem Verkauf von Bällen, bedruckter Bettwäsche und Schalen auf Spieler Z zurückzuführen sind. Anders könnte dies im Falle von Trikots sein, die mit dem Namen eines bestimmten Spielers versehen sind, dies wäre allerdings eine Ausnahme. Grundsätzlich steht und fällt das gesamte Geschäft somit mit dem Erfolg der gesamten Profimannschaft. Dem einzelnen Spieler können i. d. R. keine Einzahlungen zugeordnet werden. Daher stellt der gesamte Fußballclub die GGE dar.

(c) Die Eisenbahngesellschaft hat nicht die Möglichkeit, eine der fünf Strecken stillzulegen (z. B. wenn auf einer bestimmten Strecke große Verluste erwirtschaftet werden), denn in diesem Falle würde die Eisenbahngesellschaft die Lizenz für alle fünf Strecken verlieren. Daher ist die niedrigste Ebene identifizierbarer Geldzuflüsse aus der fortgesetzten Nutzung, welche von den Geldzuflüssen anderer Vermögenswerte oder Gruppen von Vermögenswerten weitestgehend unabhängig sind, die Ebene der gesamten Geldzuflüsse aller fünf Strecken. Somit stellt nicht jede einzelne Strecke eine eigene GGE dar. Vielmehr stellt die gesamte Eisenbahngesellschaft die GGE dar.

AUFGABE 2

Einzelner Vermögenswert –
Ermittlung des Nutzungswerts, Erfassung einer Wertminderung und einer Wertaufholung

Die X-AG vermietet eine Maschine im Rahmen eines operativen Leasings an die Y-AG. Am 31.12.00 beträgt die Restnutzungsdauer der Maschine vier Jahre und ihr Buchwert GE 60.

Die X-AG plant am 31.12.01, die Maschine zu modifizieren, um ihre Leistung (d. h. die jährliche Produktionsmenge) zu erhöhen. Die entsprechenden Arbeiten werden von der Z-AG am 28.12.02 durchgeführt. Der dafür von der Z-AG in Rechnung gestellte Betrag (GE 10) wird von der X-AG am 28.12.02 bezahlt.

Es sei angenommen, dass am 31.12.01 ein Indikator auf eine Wertminderung der Maschine vorliegt, weshalb ihr erzielbarer Betrag zu ermitteln ist. Der Nutzungswert der Maschine ist annahmegemäß stets höher als ihr Nettozeitwert. Der Abzinsungssatz (Zinssatz vor Steuern – IAS 36.55) beträgt 10 % p. a. Die geschätzten Geldflüsse vor Steuern (IAS 36.50 f.) können der unten angeführten Tabelle entnommen werden. Die zweite Spalte der folgenden Tabelle beinhaltet weder Ein- und Auszahlungen, welche auf die Erweiterungsinvestition (Modifikation der Maschine) zurückzuführen sind, noch Auszahlungen für die laufende Wartung der Maschine:

Jahr	Künftige Geldflüsse	Auszahlungen für die laufende Wartung	Auszahlungen für die Erweiterungsinvestition	Zusätzliche Einzahlungen durch die Erweiterungsinvestition
02	16	-1	-10	0
03	17	-1	0	9
04	17	-1	0	9

Aufgabenstellung

Nehmen Sie alle im Abschluss der X-AG (Bilanzstichtag: 31.12.) für die Jahre 01 und 02 erforderlichen Buchungen vor.

Lösungshinweise

Insbesondere Kapitel 5.3.2 und 9

LÖSUNG

Jahr 01

31.12.01		Planmäßige Abschreibung	15,-	
	an	Maschine		15,-

Am 31.12.01 wird Nutzungswert durch Abzinsung der künftigen Geldflüsse berechnet (nach Abzug der Auszahlungen für die laufende Wartung, jedoch ohne Berücksichtigung der Ein- und Auszahlungen i. Z. mit der Erweiterungsinvestition) (IAS 36.33b, 36.44 f. und 36.48):

Jahr	Künftige Geldflüsse	Auszahlungen für die laufende Wartung	Summe	Barwert
02	16	-1	15	13,64
03	17	-1	16	13,22
04	17	-1	16	12,02
Nutzungswert (gerundet)				39

In diesem Beispiel wird angenommen, dass der Nutzungswert der Maschine stets höher ist, als ihr Nettozeitwert. Somit beträgt der erzielbare Betrag ebenfalls GE 39. Aus dem Vergleich des erzielbaren Betrags der Maschine mit ihrem Buchwert ergibt sich eine Wertminderung:

Buchwert 31.12.00	60
Planmäßige Abschreibung 01	-15
Buchwert 31.12.01	**45**
Erzielbarer Betrag 31.12.01	**39**
Wertminderung	**-6**

31.12.01		Außerplanmäßige Abschreibung	6,-	
	an	Maschine		6,-

Jahr 02

Zunächst wird die planmäßige Abschreibung für 02 erfasst (= Restbuchwert per 31.12.01 von GE 39 : Restnutzungsdauer per 31.12.01 von drei Jahren):

31.12.02		Planmäßige Abschreibung	13,-	
	an	Maschine		13,-

28.12.02		Maschine	10,-	
	an	Geld		10,-

Nach diesen Buchungen beträgt der Buchwert GE 36:

Buchwert 31.12.01	39
Planmäßige Abschreibung 02	-13
Erweiterungsinvestition (28.12.02)	10
(Vorläufiger) Buchwert 31.12.02	**36**

Die Erweiterungsinvestition (Modifikation der Maschine) wurde bereits Ende 02 durchgeführt. Dies stellt einen Indikator auf eine Wertaufholung dar (IAS 36.111d). Daher ist der Nutzungswert zu ermitteln, wobei die künftigen Einzahlungen, welche auf die Erweiterungsinvestition zurückzuführen sind, berücksichtigt werden müssen (IAS 36.110):

Jahr	Künftige Geldflüsse vor der Modifikation der Maschine	Auszahlungen für die laufende Wartung	Zusätzliche Einzahlungen durch die Erweiterungsinvestition	Summe	Barwert
03	17	-1	9	25	22,73
04	17	-1	9	25	20,66
Nutzungswert (gerundet)					**43**

In diesem Beispiel wird angenommen, dass der Nutzungswert der Maschine stets höher ist, als ihr Nettozeitwert. Somit beträgt der erzielbare Betrag ebenfalls GE 43. Im vorliegenden Fall kann allerdings nicht auf GE 43 aufgewertet werden. Obergrenze für die Wertaufholung ist nämlich der fiktive Buchwert, der sich zum 31.12.02 ergeben hätte, wenn in der Vergangenheit keine Wertminderung stattgefunden hätte (IAS 36.117):

Buchwert 31.12.00	60
Planmäßige Abschreibung 01	-15
Planmäßige Abschreibung 02 (fiktiv)	-15
Erweiterungsinvestition 02	10
Fiktiver Buchwert 31.12.02	**40**

Somit ist lediglich von GE 36 auf GE 40 zuzuschreiben:

31.12.02		Maschine	4,-	
	an	Ertrag aus der Zuschreibung		4,-

AUFGABE 3

Wertminderung einer GGE

Die M-AG hat am 01.07.01 alle Anteile an der T-AG erworben. Die T-AG stellt im Konzernabschluss der M-AG eine eigene GGE dar. Die Aktiva der T-AG sowie der aus dem Unternehmenszusammenschluss resultierende Firmenwert scheinen zum 31.12.01 mit den folgenden Buchwerten im vorläufigen Konzernabschluss der M-AG auf:[310]

	Buchwert	**Nettozeitwert (IAS 36.6)**	**Nutzungswert (IAS 36.6)**	**Nettoveräußerungswert (IAS 2.6)**
A. Langfristiges Vermögen				
Grundstück (IAS 16)	70	74	*nicht ermittelbar*	
Gebäude (IAS 16)	300	250	*nicht ermittelbar*	
Maschine (IAS 16)	150	*nicht ermittelbar*	*nicht ermittelbar*	
Software (IAS 38)	150	*nicht ermittelbar*	*nicht ermittelbar*	
Firmenwert	50	*nicht ermittelbar*	*nicht ermittelbar*	

310 Aus Vereinfachungsgründen wird in diesem Beispiel lediglich von einer sehr geringen Anzahl von Vermögenswerten ausgegangen.

B. Kurzfristiges Vermögen				
Kassa, Bankguthaben	100			
Forderung aus L+L	70			
Handelswaren	110			100
SUMME AKTIVA	**1.000**			

Im vorläufigen Konzernabschluss der M-AG zum 31.12.01 beträgt der Buchwert der Rückstellungen der T-AG GE 100 und jener der anderen Verbindlichkeiten der T-AG GE 300.

Hinsichtlich der Forderung aus L+L, welche zu fortgeführten Anschaffungskosten bilanziert wird, soll die Verlustvorsorge nach IFRS 9 vereinfachend vernachlässigt werden.[311] Beim Bankguthaben handelt es sich um Sichteinlagen. Die Handelswaren bestehen aus homogenen Artikeln, welche alle denselben Buchwert und denselben Nettoveräußerungswert aufweisen.

Aus Praktikabilitätsgründen berücksichtigt die M-AG im Rahmen der Ermittlung des erzielbaren Betrags und des Buchwerts der GGE auch Vermögenswerte, die nicht dem Anwendungsbereich von IAS 36 unterliegen sowie Schulden, die in der Bilanz passiviert wurden (IAS 36.79). Am 31.12.01 beträgt der Nutzungswert der GGE GE 340 und ihr Nettozeitwert GE 270.

Aufgabenstellung

Nehmen Sie alle erforderlichen Buchungen im Konzernabschluss der M-AG zum 31.12.01 vor. Vereinfachend werden in diesem Beispiel Steuern vernachlässigt.

Lösungshinweise

Insbesondere Kapitel 6 und 9

LÖSUNG

Streng genommen müsste der erzielbare Betrag grundsätzlich lediglich für jene Vermögenswerte ermittelt werden, die vom Anwendungsbereich von IAS 36 (IAS 36.2-36.5) erfasst sind. Davon betroffen wären lediglich die Sachanlagen und die immateriellen Vermögenswerte (inkl. Firmenwert) der T-AG. Lt. Angabe berechnet die M-AG allerdings den erzielbaren Betrag der GGE unter Berücksichtigung von Vermögenswerten, welche nicht dem Anwendungsbereich von IAS 36 unterliegen, sowie von bilanziell erfassten Schulden. Daher müssen diese Vermögenswerte und Schulden auch bei der Ermittlung des Buchwerts der GGE berücksichtigt werden (IAS 36.79). Im Rahmen der Ermittlung des Buchwerts der GGE werden zuerst jene Posten, die nicht IAS 36 unterliegen, nach den für sie relevanten Standards bewertet:

- Kassenbestände und Sichteinlagen können naturgemäß nicht abgeschrieben werden, da sie ansonst unter ihrem Nominalwert angesetzt werden müssten.[312]

311 Vgl. Abschnitt IFRS 9, Kapitel 4.7.
312 Vgl. *Dobler*, PiR 2005 S. 28.

- Bei der Forderung aus L+L soll die Verlustvorsorge nach IFRS 9 laut Angabe vereinfachend vernachlässigt werden.[313]
- Die Vorräte sind auf den Nettoveräußerungswert abzuwerten (IAS 2.9, 2.34 und IAS 1.102):

31.12.01		Materialaufwand	10,-	
	an	Handelswaren		10,-

Aus dem Vergleich des erzielbaren Betrags der GGE mit dem Buchwert ihres Nettovermögens ergibt sich für die GGE eine Wertminderung:

Summe der Aktiva	1.000
Rückstellungen	-100
Andere Verbindlichkeiten	-300
Vorläufiges Nettovermögen	600
Wertminderung der Vorräte	-10
Nettovermögen	590
Erzielbarer Betrag	340
Wertminderung der GGE	250

Die soeben ermittelte Wertminderung von GE 250 muss auf die einzelnen Vermögenswerte der GGE verteilt werden, welche dem Anwendungsbereich von IAS 36 unterliegen:

- Zunächst wird der Firmenwert von GE 50 auf Null abgewertet (IAS 36.104a).
- Die restliche Wertminderung der GGE von GE 200 (= GE 250 - GE 50) ist sodann buchwertproportional auf die restlichen Vermögenswerte zu verteilen, welche in den Anwendungsbereich von IAS 36 fallen (IAS 36.104b). Dem Grundstück wird dabei allerdings keine anteilige Wertminderung zugeordnet, da dessen Nettozeitwert größer ist, als der Buchwert (IAS 36.19, 36.22 und 36.105).

	Buchwert in GE	**Buchwert in %**	**Anteilige Wertminderung**
Gebäude	300	50 %	100
Maschine	150	25 %	50
Software	150	25 %	50
Summe	**600**	**100 %**	**200**

Durch die eben dargestellte Verteilung der Wertminderung auf die einzelnen Vermögenswerte darf allerdings der Buchwert eines Vermögenswerts nicht unter den höchsten der folgenden Beträge reduziert werden (**Untergrenze**) (IAS 36.105):

- Nettozeitwert (sofern dieser ermittelbar ist),
- Nutzungswert (sofern dieser ermittelbar ist),
- Null.

313 Vgl. Abschnitt IFRS 9, Kapitel 4.7.

Bei der Maschine und bei der Software beträgt die Untergrenze demnach Null, beim Gebäude hingegen GE 250 (Nettozeitwert vom Gebäude). Somit kann der Gebäudebuchwert nicht um GE 100 (d. h. von GE 300 auf GE 200) reduziert werden. Er kann lediglich von GE 300 auf GE 250 reduziert werden, d. h. um GE 50. Die restliche Wertminderung von GE 50 ist in einem 2. Durchgang buchwertproportional auf die Maschine und auf die Software zu verteilen (IAS 36.105, letzter Satz):[314]

	Buchwert in GE	**Buchwert in %**	**Anteilige Wertminderung**
Maschine	150	50 %	25
Software	150	50 %	25
Summe	**300**	**100 %**	**50**

Die Verteilung der Wertminderung der GGE auf die einzelnen Vermögenswerte führt somit zu folgendem Ergebnis:

	Vorläufiger Buchwert (31.12.01)	*1. Verteilung der Wert-minderung*	*2. Verteilung der Wert-minderung*	*Summe der Wert-minderungen*	*Buchwert (31.12.01)*
Grundstück	70	0	0	0	70
Gebäude	300	-50	0	-50	250
Maschine	150	-50	-25	-75	75
Software	150	-50	-25	-75	75
Firmenwert	50	-50	0	-50	0
Summe	**720**	**-200**	**-50**	**-250**	**470**
Nicht zuordenbar		***-50***	***0***	***0***	

31.12.01		Außerplanmäßige Abschreibung	250,-	
	an	Gebäude		50,-
	an	Maschine		75,-
	an	Software		75,-
	an	Firmenwert		50,-

314 Die Verteilung auf Basis der ursprünglichen Buchwerte der Maschine und der Software (jeweils GE 150) führt zum selben Ergebnis wie die Verteilung auf Basis der reduzierten Buchwerte (jeweils GE 100).

AUFGABE 4

Wertaufholung einer GGE – Fortsetzung von Aufgabe 3 im Jahr 02

Die M-AG (aus Aufgabe 3) erstellt ihren Konzernabschluss für das Jahr 02. Es sei vereinfachend angenommen, dass in 02 keine Geschäfte und Ereignisse stattgefunden haben. In diesem Beispiel sollen lediglich die planmäßigen Abschreibungen sowie die Anwendung der Vorschriften von IAS 36 in Bezug auf die Wertaufholung einer GGE veranschaulicht werden.

	Restnutzungsdauer per 31.12.**01** (in Jahren)	Nutzungswert 31.12.**02**	Nettozeitwert 31.12.**02**
Grundstück	n. a.	*nicht ermittelbar*	74
Gebäude	25	*nicht ermittelbar*	285
Maschine	5	*nicht ermittelbar*	*nicht ermittelbar*
Software	5	*nicht ermittelbar*	*nicht ermittelbar*
Firmenwert	n. a.	*nicht ermittelbar*	*nicht ermittelbar*

Am 31.12.02 beträgt der erzielbare Betrag der GGE GE 480.

Aus Praktikabilitätsgründen berücksichtigt die M-AG im Rahmen der Ermittlung des erzielbaren Betrags und des Buchwerts der GGE auch Vermögenswerte, die nicht dem Anwendungsbereich von IAS 36 unterliegen, sowie Schulden, die in der Bilanz passiviert wurden (IAS 36.79).

Aufgabenstellung

Nehmen Sie alle im Konzernabschluss der M-AG zum 31.12.02 erforderlichen Buchungen vor. Vereinfachend werden in diesem Beispiel Steuern vernachlässigt.

Lösungshinweise

Insbesondere Kapitel 6 und 9

LÖSUNG

Die Buchwerte zum 31.12.01 (s. Aufgabe 3) müssen in 02 planmäßig abgeschrieben werden. Die planmäßige Abschreibung für 02 berechnet sich nach der Formel „Buchwert per 31.12.01 : Restnutzungsdauer per 31.12.01" (IAS 36.104, letzter Satz und IAS 36.63):

	Buchwert 31.12.01	Restnutzungsdauer per 31.12.01 (in Jahren)	Planmäßige Abschreibung 02	Vorläufiger Buchwert 31.12.02
Grundstück	70	*n. a.*	*n. a.*	70
Gebäude	250	25	-10	240
Maschine	75	5	-15	60
Software	75	5	-15	60
Firmenwert	0	*n. a.*	*n. a.*	0
Summe	**470**		**-40**	**430**

31.12.02		Planmäßige Abschreibung	40,-	
	an	Gebäude		10,-
	an	Maschine		15,-
	an	Software		15,-

Aus dem Vergleich des erzielbaren Betrags der GGE mit dem Buchwert ihres Nettovermögens ergibt sich für die GGE eine Wertaufholung:

Summe der Buchwerte (lt. obiger Tabelle)	430
Kassa, Bankguthaben	100
Forderung aus L+L	70
Handelswaren (nach der außerplanmäßigen Abschreibung in 01)	100
Summe der Aktiva	700
Rückstellungen	-100
Andere Verbindlichkeiten	-300
Nettovermögen	300
Erzielbarer Betrag	480
Wertaufholung der GGE	180

Die soeben ermittelte Wertaufholung der GGE von GE 180 muss nun buchwertproportional auf die einzelnen Vermögenswerte der GGE verteilt werden, welche dem Anwendungsbereich von IAS 36 unterliegen. Von dieser Verteilung ist allerdings der Firmenwert ausgeschlossen, da für diesen ein Wertaufholungsverbot gilt (IAS 36.122 und 36.124).

Durch die Verteilung der Wertaufholung darf der Buchwert eines einzelnen Vermögenswerts nicht über den niedrigeren der folgenden beiden Beträge hinaus erhöht werden (**Obergrenze**) (IAS 36.123):

- **Erzielbarer Betrag des Vermögenswerts** (sofern dieser ermittelbar ist),
- **fiktiver Buchwert**, der sich ergeben würde, wenn für den Vermögenswert bislang keine Wertminderung erfasst worden wäre.

In diesem Beispiel ist es nicht möglich, den erzielbaren Betrag eines einzelnen Vermögenswerts zu ermitteln. Die Nettozeitwerte vom Grundstück und vom Gebäude stellen keine erzielbaren Beträge dar (IAS 36.67). Daher entspricht die soeben diskutierte Obergrenze dem fiktiven Buchwert des betreffenden Vermögenswerts.

Von der buchwertproportionalen Verteilung der Wertaufholung ist – zusätzlich zum Firmenwert – auch das Grundstück ausgenommen. Bei diesem entspricht nämlich der Buchwert bereits der Obergrenze, nachdem es in 01 nicht außerplanmäßig abgeschrieben wurde.

	Buchwert in GE	Buchwert in %	Anteilige Wertaufholung
Gebäude	240	66,66 %	120
Maschine	60	16,67 %	30
Software	60	16,67 %	30
Summe	**360**	**100 %**	**180**

	Buchwert per 31.12.01 vor Wertminderung	Fiktive planmäßige Abschreibung 02	Fiktiver Buchwert per 31.12.02
Gebäude	300	12	288
Maschine	150	30	120
Software	150	30	120

Die Maschine und die Software werden von jeweils GE 60 (Buchwerte per 31.12.02) um jeweils GE 30 (buchwertproportionale Wertaufholungen) aufgewertet, denn dadurch werden die Obergrenzen (fiktive Buchwerte) von jeweils GE 120 nicht überschritten. Das Gebäude, dessen Buchwert am 31.12.02 GE 240 beträgt, kann allerdings nicht um GE 120 (buchwertproportionale Wertaufholung) aufgewertet werden, denn dadurch würde die Obergrenze von GE 288 überschritten werden. Das Gebäude wird daher lediglich um GE 48 (d. h. von GE 240 auf GE 288) aufgewertet. Die restliche Wertaufholung von GE 72 (= GE 120 - GE 48) wird auf die Maschine und auf die Software verteilt (IAS 36.123, letzter Satz):[315]

	Buchwert in GE	Buchwert in %	Anteilige Wertaufholung
Maschine	60	50 %	36
Software	60	50 %	36
Summe	**120**	**100 %**	**72**

Die folgende Tabelle zeigt die Zuordnung der Wertaufholung. Dabei stellt sich heraus, dass die anteiligen Wertaufholungen der Maschine und der Software von jeweils GE 36 (s. o.) nicht in voller Höhe zugeordnet werden können (aufgrund der Obergrenzen). Somit kann ein Teil der Wertaufholung der GGE (GE 12) nicht erfasst werden:

315 Die Verteilung auf Basis der ursprünglichen Buchwerte der Maschine und der Software (jeweils GE 60) führt zum selben Ergebnis wie die Verteilung auf Basis der bereits erhöhten Buchwerte (jeweils GE 90).

	Vorläufiger Buchwert (31.12.02)	*Obergrenze (36.123 f.)*	*1. Verteilung der Wertaufholung*	*Buchwert nach der 1. Verteilung*	*2. Verteilung der Wertaufholung*	*Buchwert nach der 2. Verteilung*	*Summe der Wertaufholungen*
Grundstück	70	70	0	70	0	70	0
Gebäude	240	288	48	288	0	288	48
Maschine	60	120	30	90	30	120	60
Software	60	120	30	90	30	120	60
Firmenwert	0	0	0	0	0	0	0
Summe	**430**		**108**		**60**		**168**
Nicht zuordenbar:			***72***		***12***		***12***

31.12.02	Gebäude	48,-	
	Maschine	60,-	
	Software	60,-	
	an Ertrag aus der Zuschreibung		168,-

AUFGABE 5

Firmenwert – Mehrstufiger Wertminderungstest

Die X-AG hat am 01.01.01 alle Anteile an der Y-AG erworben. Letztere besteht aus ZGE 1 und ZGE 2. Der Buchwert des Firmenwerts, der der Y-AG für Zwecke des Wertminderungstests nach IAS 36 zugerechnet wird, beträgt GE 10. Dieser Firmenwert kann annahmegemäß nicht auf die beiden ZGE der Y-AG (ZGE 1 und ZGE 2) aufgeteilt werden, sondern lediglich der gesamten Y-AG (Gruppe von ZGE) zugeordnet werden (IAS 36.80 f.).

Am 31.12.01 liegen die folgenden Informationen vor:

	ZGE 1	**ZGE 2**
Buchwerte	40	38
Erzielbare Beträge	42	33

Der erzielbare Betrag der Y-AG (inkl. Firmenwert) beträgt GE 80.

Aufgabenstellung

Nehmen Sie alle im Konzernabschluss der X-AG zum 31.12.01 erforderlichen Buchungen vor.

Lösungshinweise

Insbesondere Kapitel 7 und 9

LÖSUNG

In diesem Fall ist ein zweistufiger Wertminderungstest erforderlich. Zunächst werden die ZGE einzeln auf Wertminderung getestet und erforderliche außerplanmäßige Abschreibungen erfasst. Im Anschluss daran wird die Summe der Buchwerte von ZGE 1, ZGE 2 und des Firmenwerts mit dem erzielbaren Betrag von GE 80 verglichen (IAS 36.97 f.).

<table>
<tr><th></th><th>ZGE 1</th><th>ZGE 2</th><th>Firmenwert</th></tr>
<tr><td>Buchwerte</td><td>40</td><td>38</td><td></td></tr>
<tr><td>Erzielbare Beträge</td><td>42</td><td>33</td><td></td></tr>
<tr><td>1. Wertminderung</td><td>0</td><td>-5</td><td></td></tr>
<tr><td>Buchwert nach 1. Wertminderung</td><td>40</td><td>33</td><td>10</td></tr>
<tr><td>Buchwertsumme nach 1. Wertminderung</td><td colspan="3">83</td></tr>
<tr><td>Erzielbarer Betrag</td><td colspan="3">80</td></tr>
<tr><td>2. Wertminderung</td><td colspan="3">-3</td></tr>
</table>

31.12.01		Außerplanmäßige Abschreibung	8,-	
	an	Diverse Vermögenswerte (ZGE 2)		5,-
	an	Firmenwert		3,-

Die 2. Wertminderung (d. h. die Wertminderung der Gruppe von ZGE, welcher der Firmenwert zugeordnet wurde) reduziert den Firmenwert, da der Standard in erster Linie eine Zurechnung zum Firmenwert verlangt (IAS 36.104).

AUFGABE 6

Gemeinschaftliche Vermögenswerte

Die X-AG besteht aus den GGE A und B. Es existiert kein Firmenwert. Aufgrund des Vorliegens von Wertminderungsindikatoren ermittelt die X-AG die erzielbaren Beträge dieser GGE. Am 31.12.01 betragen die Buchwerte von A und B (vor Zuordnung gemeinschaftlicher Vermögenswerte) GE 20 bzw. GE 40, die erzielbaren Beträge GE 18 bzw. GE 50 und die Restnutzungsdauern 20 bzw. 15 Jahre. Der erzielbare Betrag der X-AG beträgt GE 80.

Die Geschäftstätigkeit der X-AG wird von ihrer Hauptniederlassung aus gesteuert. Die Hauptniederlassung besteht aus einem Verwaltungsgebäude (Buchwert per 31.12.01: GE 10) und aus einem Forschungszentrum (Buchwert per 31.12.01: GE 12). Die laufzeitgewichteten Buchwerte der einzelnen GGE stellen eine vernünftige Basis für die Aufteilung des Buchwerts vom Verwaltungsgebäude auf die einzelnen GGE dar. Der Buchwert vom Forschungszentrum kann hingegen nicht auf einer vernünftigen Basis auf die einzelnen GGE aufgeteilt werden.

Aufgabenstellung

Nehmen Sie alle im Konzernabschluss der X-AG zum 31.12.01 erforderlichen Buchungen vor.

Lösungshinweise

Insbesondere Kapitel 8 und 9

LÖSUNG

In diesem Beispiel wird unterstellt, dass die laufzeitgewichteten Buchwerte der einzelnen GGE eine vernünftige Basis für die Aufteilung des Buchwerts vom Verwaltungsgebäude auf die GGE A und B darstellen. Hinsichtlich des Forschungszentrums wird hingegen davon ausgegangen, dass dessen Buchwert nicht auf einer vernünftigen Basis auf die GGE A und B aufgeteilt werden kann. GGE A und B sind daher zunächst einschließlich des anteiligen Gebäudebuchwerts auf Wertminderung zu testen (IAS 36.102a):

	GGE A	GGE B	Summe
Buchwert	20	40	60
Restnutzungsdauer (= Gewichtungsfaktor)	20	15	
Gewichteter Buchwert in GE	400	600	1.000
Gewichteter Buchwert in %	40 %	60 %	
Aufteilung des Gebäudebuchwerts	4	6	10
Buchwert der GGE nach der Aufteilung	24	46	70
Erzielbarer Betrag	18	50	
Wertminderung	-6	0	

Die Wertminderung von GGE A (GE 6) entfällt i. H. von GE 1 (= GE 6 · GE 4 : GE 24) auf das Verwaltungsgebäude und i. H. von GE 5 (= GE 6 · GE 20 : GE 24) auf die restlichen Vermögenswerte von GGE A (IAS 36.102a und 36.104).

Die kleinste Gruppe von GGE, der der Buchwert des Forschungszentrums zugeordnet werden kann, ist die X-AG selbst. Daher wird der Buchwert der X-AG (inkl. der gemeinschaftlichen Vermögenswerte) mit deren erzielbarem Betrag verglichen (IAS 36.102b):

	GGE A	GGE B	Gebäude	Forschungszentrum	Summe
Buchwert	20	40	10	12	82
1. Wertminderung	-5	0	-1	n. a.	-6
Buchwert nach 1. Wertminderung	15	40	9	12	76
Erzielbarer Betrag					80
2. Wertminderung					0

31.12.01		Außerplanmäßige Abschreibung	6,-	
	an	Verwaltungsgebäude		1,-
	an	Diverse Vermögenswerte (GGE A)		5,-

AUFGABE 7

Nicht beherrschende Anteile[316]

Die M-AG hat am 01.10.01 80 % der Anteile an der T-AG um GE 90 erworben. Zu diesem Zeitpunkt beträgt der nach IFRS 3 ermittelte Wert des Nettovermögens der T-AG GE 100 und der beizulegende Zeitwert der nicht beherrschenden Anteile GE 22. Die Gewinn- bzw. Verlustverteilung erfolgt im Konzern der M-AG stets nach Eigentumsanteilen.

Die T-AG stellt eine ZGE dar. Es sei angenommen, dass die Hälfte der Differenz zwischen dem Kaufpreis und dem Anteil der M-AG am Nettovermögen der T-AG (ermittelt nach IFRS 3) der T-AG zuzuordnen ist und, dass die andere Hälfte den anderen ZGE der M-AG zuzuordnen ist (auf Basis der Synergien aus dem Unternehmenszusammenschluss).

Der erzielbare Betrag der ZGE T-AG (einschließlich des Firmenwerts der nicht beherrschenden Anteile) beträgt zum 31.12.01 GE 101. Nehmen Sie vereinfachend an, dass sich der nach IFRS 3 ermittelte Buchwert des Nettovermögens der T-AG bis zum 31.12.01 nicht ändert.

Aufgabenstellung

Führen Sie im Konzernabschluss der M-AG zum 31.12.01 den Wertminderungstest für die ZGE T-AG durch und nehmen Sie diesbezüglich alle erforderlichen Buchungen vor. Die nicht beherrschenden Anteile werden (a) mit ihrem Anteil des identifizierbaren Nettovermögens der T-AG bewertet bzw. (b) mit ihrem beizulegenden Zeitwert (IFRS 3.19).

Lösungshinweise

Insbesondere Kapitel 10

LÖSUNG – ALLGEMEINE ANMERKUNGEN

Da das Tochterunternehmen (T-AG) (bei dem nicht beherrschende Anteile existieren) eine ZGE darstellt, wird die Wertminderung zwischen dem Mutterunternehmen (M-AG) und den nicht beherrschenden Anteilen auf derselben Grundlage aufgeteilt, auf der auch der Gewinn bzw. Verlust aufgeteilt wird. Somit entfallen 80 % der Wertminderung auf die M-AG und die restlichen 20 % auf die nicht beherrschenden Anteile an der T-AG (IAS 36.C6).

316 Hinsichtlich nicht beherrschender Anteile vgl. Abschnitt IFRS 3 (Kapitel 3.5.1 und 3.5.3).

LÖSUNG (A)

Kaufpreis	90
Nicht beherrschende Anteile (bewertet zum anteiligen Nettovermögen) (20 % von GE 100)	20
Anschaffungskosten i. w. S.	110
Nettovermögen der T-AG (nach IFRS 3 bewertet)	100
Aktivierter Firmenwert	10
Anteil der ZGE T-AG am aktivierten Firmenwert (50 %)	5

Der Firmenwert, welcher auf die nicht beherrschenden Anteile entfällt, wurde im vorliegenden Fall nicht aktiviert. Der erzielbare Betrag enthält jedoch stets den Firmenwert der nicht beherrschenden Anteile. Um einen Vergleich zu ermöglichen muss der Firmenwert der nicht beherrschenden Anteile für Zwecke des Wertminderungstests in den Buchwert der ZGE T-AG einbezogen werden (Anpassung des Buchwerts) (IAS 36.C4 und 36.IE62-36.IE68). Der für Zwecke des Wertminderungstests angepasste Buchwert des Firmenwerts kann folgendermaßen berechnet werden: GE 5 : 0,8 = GE 6,25.

	Firmenwert	Nettovermögen	Summe
Buchwert	5,00	100,00	105,00
Angepasster Buchwert	6,25	100,00	106,25
Erzielbarer Betrag			101,00
Wertminderung			5,25
Anteil der M-AG (80 %)			4,20
Anteil der nicht beherrschenden Gesellschafter (20 %)			1,05

Da der Firmenwert der nicht beherrschenden Anteile nicht aktiviert wurde, wird lediglich der Anteil der M-AG an der Wertminderung erfasst:

31.12.01		Außerplanmäßige Abschreibung	4,20	
	an	Firmenwert		4,20

LÖSUNG (B)

Kaufpreis	90
Nicht beherrschende Anteile (beizulegender Zeitwert)	22
Anschaffungskosten i. w. S.	112
Nettovermögen der T-AG (nach IFRS 3 bewertet)	100
Firmenwert	12
Firmenwert, welcher der ZGE T-AG zugeordnet wurde	7
Firmenwert, welcher anderen ZGE zugeordnet wurde	5

	Firmenwert	Nettovermögen	Summe
Buchwert	7,0	100,0	107,0
Erzielbarer Betrag			101,0
Wertminderung			6,0
Anteil der M-AG (80 %)			4,8
Anteil der nicht beherrschenden Gesellschafter (20 %)			1,2

Die Wertminderung wird aufgrund der Vorrangregeln in IAS 36.104 zur Gänze dem Firmenwert zugeordnet. Da der gesamte Firmenwert (welcher den Firmenwert der nicht beherrschenden Anteile einschließt) aktiviert wurde, wird auch die gesamte Wertminderung erfasst:

31.12.01		Außerplanmäßige Abschreibung	6,0	
	an	Firmenwert		6,0

31.12.01		Nicht beherrschende Anteile	1,2	
	an	Erfolg nicht beherrschender Anteile		1,2

IAS 37 Rückstellungen, Eventualschulden und Eventualforderungen

1. Anwendungsbereich

IAS 37 gilt für die Behandlung von **Rückstellungen, Eventualschulden und Eventualforderungen** im Jahresabschluss.

Noch zu erfüllende Verträge *(executory contracts)* bzw. in der Terminologie des HGB/UGB schwebende Geschäfte unterliegen nur dann IAS 37, wenn sie **belastend**[317] sind, aus ihnen also ein Verlust droht. Noch zu erfüllende Verträge umfassen Verträge, bei denen keine der Parteien auch nur irgendeine ihrer Verpflichtungen erfüllt hat, sowie Verträge, bei denen beide Parteien ihre Verpflichtungen teilweise und im gleichen Ausmaß erfüllt haben (IAS 37.1, 37.3 und 37.67).

Darüber hinaus gilt IAS 37 nicht für jene Rückstellungen, Eventualschulden und Eventualforderungen, welche einem **anderen Standard** unterliegen. Betroffen sind etwa **Finanzinstrumente** (inkl. Garantien), die sich innerhalb des Anwendungsbereichs von IFRS 9 befinden, tatsächliche und latente Steuerschulden (IAS 12) sowie Rückstellungen für Leistungen an Arbeitnehmer i. S. von IAS 19 (IAS 37.1c, 37.2 und 37.5).

IAS 37 gilt für **Restrukturierungsrückstellungen** (inkl. aufgegebener Geschäftsbereiche). Erfüllt eine Restrukturierung die Definition eines **aufgegebenen Geschäftsbereichs** (IFRS 5.Anhang A), so können gem. IFRS 5 zusätzliche Angaben erforderlich sein (IAS 37.9).

2. Definition und Ansatz von Rückstellungen

2.1 Überblick

Rückstellungen sind Schulden, die bezüglich ihrer Fälligkeit oder ihrer Höhe ungewiss sind. Eine **Schuld** ist eine **gegenwärtige Verpflichtung** des Unternehmens, die aus **vergangenen Ereignissen** resultiert und deren Erfüllung erwartungsgemäß zu einem **Abfluss von Ressourcen** aus dem Unternehmen führen wird, welche wirtschaftlichen Nutzen verkörpern. Eine Schuld kann sowohl durch **rechtliche**, als auch durch **faktische Verpflichtungen**[318] begründet werden. In beiden Fällen darf das Unternehmen keine realistische Alternative zur Erfüllung der Verpflichtung haben (**Unentziehbarkeit**). Der Ansatz einer Rückstellung setzt voraus, dass der Ressourcenabfluss **wahrscheinlich** ist (i. S. einer Wahrscheinlichkeit von mehr als 50 %). Kann der Betrag der Verpflichtung ausnahmsweise nicht **verlässlich geschätzt** werden, so erfolgt kein Ansatz einer Rückstellung (IAS 37.10, 37.14, 37.19 und 37.23).

2.2 Vorliegen einer gegenwärtigen Verpflichtung

Eine Rückstellung wird nur dann angesetzt, wenn eine gegenwärtige Verpflichtung existiert, welche entweder rechtlicher oder faktischer Natur sein kann (IAS 37.14a):

---

317 Vgl. Kapitel 8.1.

318 Vgl. Kapitel 2.2.

- Eine **rechtliche Verpflichtung** kann auf einem Vertrag beruhen (und zwar auf seinen expliziten oder impliziten Bedingungen), auf Gesetzen oder auf anderer Rechtsgrundlage (insbesondere öffentlich-rechtlicher Natur) (IAS 37.10).
- **Faktische Verpflichtungen** liegen vor, wenn (IAS 37.10)
  - das Unternehmen durch sein bisher übliches Geschäftsgebaren, seine öffentlich verlautbarte Politik oder eine ausreichend spezifische, aktuelle Aussage anderen Parteien gegenüber die Übernahme gewisser Verantwortungen angedeutet hat, und
  - das Unternehmen dadurch bei diesen anderen Parteien eine gerechtfertigte Erwartung geweckt hat, dass es diesen Verantwortungen nachkommen wird.

2.3 Vergangenes Ereignis

Voraussetzung für das Vorliegen einer Rückstellung ist, dass die **gegenwärtige** (rechtliche oder faktische) **Verpflichtung** aus einem **vergangenen Ereignis** resultiert (IAS 37.10, 37.14a und 37.17). **Erwartete künftige betriebliche Verluste** dürfen demnach nicht rückgestellt werden, es sei denn, sie resultieren aus einem belastenden Vertrag (IAS 37.18 und 37.63-37.65).[319]

Zum Ansatz einer Rückstellung führen lediglich jene Verpflichtungen aus vergangenen Ereignissen, welche **unabhängig von den künftigen Handlungen** des Unternehmens existieren. Eine Absicht oder ein künftiges Gesetz führen nicht zu einer **unvermeidbaren Verpflichtung**. So kann es etwa erforderlich sein, dass ein Unternehmen eine Fabrik in der Zukunft mit einem Rauchfilter ausstattet oder Mitarbeiter umschult, um neuen Gesetzen zu entsprechen und damit es in dem betreffenden Land in der Zukunft weiterhin tätig sein kann. In derartigen Fällen können die Ausgaben durch künftige Handlungen des Unternehmens (z. B. Verlegung der Produktion in ein anderes Land oder Anstellung neuer sachkundiger Mitarbeiter) vermieden werden, auch wenn das Unternehmen dies nicht beabsichtigt. Daher existiert in solchen Fällen kein verpflichtendes Ereignis (IAS 37.19 und 37.C6).

Es kann der Fall vorliegen, dass ein Hersteller **Entsorgungskosten für Altgeräte** lt. Gesetz tragen muss, die in der Vergangenheit verkauft wurden. Das Gesetz kann allerdings vorsehen, dass sich diese Kosten nicht auf Grundlage der tatsächlichen Verkäufe (oder der Produktion) bemessen, sondern auf Basis des Marktanteils in einer bestimmten Periode. In diesem Fall ist die Marktteilnahme des Unternehmens in dieser Periode das verpflichtende Ereignis und nicht der Verkauf bzw. die Produktion der Geräte (IFRIC 6).[320]

Eine Verpflichtung betrifft stets eine **andere Partei**, gegenüber der sie besteht. Allerdings ist es nicht notwendig, dass die Identität dieser Partei bekannt ist – die Verpflichtung kann sogar gegenüber der **Öffentlichkeit in ihrer Gesamtheit** bestehen (IAS 37.20).

Eine **mögliche neue Gesetzgebung** führt nur dann zum Entstehen einer Verpflichtung, wenn die Verabschiedung des Gesetzesentwurfs so gut wie sicher *(virtually certain)* ist. In vielen Fällen entsteht die Verpflichtung jedoch erst mit der Verabschiedung selbst (IAS 37.22).

319 Zu belastenden Verträgen vgl. Kapitel 8.1.

320 Vgl. *KPMG*, Insights into IFRS, 7. Aufl., Tz. 3.12.90.30.

2.4 Wahrscheinlichkeit eines Ressourcenabflusses

Der Ansatz einer Rückstellung setzt u. a. voraus, dass es **wahrscheinlich** ist, dass ein **Abfluss von Ressourcen**, die wirtschaftlichen Nutzen verkörpern, erforderlich sein wird, um die Verpflichtung zu erfüllen. Der Ausdruck „wahrscheinlich" ist i. S. einer Wahrscheinlichkeit von mehr als 50 % zu interpretieren (IAS 37.14(b) und 37.23).

Im Falle einer **Vielzahl ähnlicher Verpflichtungen** (z. B. Produktgarantien) wird die Wahrscheinlichkeit des Ressourcenabflusses auf der Ebene der gesamten Klasse von Verpflichtungen beurteilt. Obwohl die Wahrscheinlichkeit des Abflusses für eine einzelne Verpflichtung (z. B. für eine einzelne Produktgarantie) ggf. gering ist, kann es wahrscheinlich sein, dass ein gewisser Ressourcenabfluss erforderlich ist, um die Klasse von Verpflichtungen als Ganzes zu erfüllen. In diesem Fall ist eine Rückstellung anzusetzen (sofern auch die anderen Ansatzkriterien erfüllt werden) (IAS 37.24).

2.5 Verlässliche Schätzung des Betrags der Verpflichtung

Abgesehen von extrem seltenen Fällen ist es möglich, den Betrag der Verpflichtung verlässlich zu schätzen. Somit wird das Kriterium „verlässliche Schätzung" fast immer erfüllt (IAS 37.25 f.).

2.6 Abgrenzung zu anderen bilanzierten Schulden

Rückstellungen unterscheiden sich lt. Standard von **anderen Schulden** (z. B. Verbindlichkeiten aus Lieferungen und Leistungen oder Verpflichtungen aufgrund nicht konsumierter Urlaube der Mitarbeiter) dadurch, dass mit anderen Schulden grundsätzlich weit geringere Unsicherheiten hinsichtlich der Fälligkeit oder des Betrags der künftigen Ausgaben verbunden sind (IAS 37.11). **In der Praxis** werden bestimmte Formen anderer Schulden (z. B. Urlaubsrückstände) dennoch unter den Rückstellungen ausgewiesen.[321]

3. Eventualschulden

Der Begriff „Eventualschuld" umfasst verschiedene Arten von Verpflichtungen (IAS 37.10):

- Die erste Form ist eine **mögliche Verpflichtung**, die aus vergangenen Ereignissen resultiert und deren Existenz nur durch den Eintritt oder Nicht-Eintritt von einem oder von mehreren künftigen Ereignissen bestätigt werden wird, die nicht vollständig unter der Kontrolle des Unternehmens stehen.
- Die zweite Form ist eine **gegenwärtige Verpflichtung**, die aus vergangenen Ereignissen resultiert, aber aus einem der folgenden Gründe **nicht angesetzt** wird:
  - Es ist **nicht wahrscheinlich**, dass ein **Abfluss von Ressourcen** erforderlich sein wird, die wirtschaftlichen Nutzen verkörpern, um die Verpflichtung zu erfüllen.
  - Der Betrag der Verpflichtung kann **nicht mit hinreichender Verlässlichkeit bewertet** werden. Ein solcher Fall ist allerdings extrem selten (IAS 37.25 f.).

321 Vgl. *Lüdenbach*, IFRS – Erfolgreiche Anwendung von IFRS in der Praxis, 7. Aufl, S. 206.

Eine Eventualschuld existiert auch dann, wenn es nicht wahrscheinlich ist, dass eine gegenwärtige Verpflichtung des Unternehmens besteht (IAS 37.16(b) und 37.23).

Eventualschulden dürfen **nicht** in der Bilanz **passiviert** werden. In Bezug auf Eventualschulden sind jedoch **Anhangangaben** erforderlich, es sei denn, die Wahrscheinlichkeit eines Abflusses von Ressourcen, die wirtschaftlichen Nutzen verkörpern, ist **gering** *(remote)* (IAS 37.27 f. und 37.86).

4. Eventualforderungen

Bei einer Eventualforderung handelt es sich um einen **möglichen Vermögenswert**, der aus vergangenen Ereignissen resultiert und dessen Existenz nur durch den Eintritt oder Nicht-Eintritt von einem oder von mehreren künftigen Ereignissen bestätigt werden wird, die nicht vollständig unter der Kontrolle des Unternehmens stehen (IAS 37.10). Ein Beispiel für eine Eventualforderung ist ein Anspruch, den ein Unternehmen im Rahmen eines Gerichtsverfahrens mit unsicherem Ausgang durchzusetzen versucht (IAS 37.32).

Eventualforderungen dürfen **nicht** in der Bilanz **aktiviert** werden (IAS 37.31). In Bezug auf Eventualforderungen sind jedoch **Anhangangaben** erforderlich, sofern ein Zufluss wirtschaftlicher Vorteile wahrscheinlich ist (IAS 37.34 und 37.89 f.). Der Ausdruck „wahrscheinlich" ist in diesem Zusammenhang wiederum i. S. einer Wahrscheinlichkeit von mehr als 50 % zu interpretieren (IAS 37.23).

Ist die Realisierung von Erträgen **so gut wie sicher** *(virtually certain)*, so liegt **keine Eventualforderung** vor und es erfolgt eine **Aktivierung** des Vermögenswerts in der Bilanz (IAS 37.33).

5. Bewertung von Rückstellungen

5.1 Bewertungsmaßstäbe

Die Bewertung von Rückstellungen hat nach IAS 37 auf Basis der **Fiktion der sofortigen Erledigung am Bilanzstichtag** zu erfolgen, und nicht unter der Annahme einer künftigen Begleichung im Fälligkeitszeitpunkt. Demnach stellt der Buchwert einer Rückstellung die **beste Schätzung** jener Ausgaben dar, die das Unternehmen **am Bilanzstichtag** vernünftigerweise zahlen müsste, zur (IAS 37.36 f.)

- **sofortigen Erfüllung** der Verpflichtung oder
- zur **sofortigen Übertragung** auf einen Dritten.

Eine willkürliche Über- oder Unterbewertung von Rückstellungen ist unzulässig (IAS 37.42 f.).

Die Vorschriften zur Bewertung von Rückstellungen in IAS 37 sind **teilweise alles andere als klar und eindeutig formuliert.**[322] Im Standard wird jedenfalls hinsichtlich der Bewertung von Rückstellungen zunächst wie folgt differenziert:

- Im Falle **großer Grundgesamtheiten** (z. B. Garantie- bzw. Gewährleistungsverpflichtungen) erfolgt die Bewertung mit dem **Erwartungswert**. Bei der Schätzung des Erwartungswerts werden alle möglichen Ergebnisse mit ihren Wahrscheinlichkeiten gewichtet. Der Standard hält des Weiteren fest, dass im Falle einer Bandbreite möglicher Ergebnisse, innerhalb derer die Wahrscheinlichkeit der einzelnen Punkte gleich groß ist, auf den mittleren Wert der Bandbreite abzustellen ist (IAS 37.39). Mit dem mittleren Wert dürfte das IASB den Erwartungswert gemeint haben, obwohl auch eine Interpretation i. S. des Medians möglich wäre.[323]
- Bei **singulären Risiken** – d. h. im Falle der Bewertung einer **einzelnen Verpflichtung** – (z. B. Prozessrückstellung) ist das einzelne **wahrscheinlichste Ergebnis (Modalwert)** für die Bewertung maßgeblich, jedoch ein höherer (niedrigerer) Betrag, wenn die anderen möglichen Ergebnisse überwiegend höher (niedriger) sind (IAS 37.40). Oft wird diese Vorgabe so verstanden, dass die Bewertung in solchen Fällen normalerweise mit dem Modalwert erfolgt.[324]

Die Bewertung von Rückstellungen erfolgt **vor Steuern**, da die steuerlichen Konsequenzen von Rückstellungen Gegenstand von IAS 12 sind (IAS 37.41).

Sofern zur Begleichung einer Verpflichtung u. U. ein Betrag erforderlich ist, welcher den Buchwert der Rückstellung überschreitet, so liegt i. H. der Differenz *keine* Eventualschuld vor.[325]

5.2 Abzinsung

Ist der Abzinsungseffekt **wesentlich**, so ist eine **Abzinsung** der erwarteten Ausgaben erforderlich (IAS 37.45 f.). In der Praxis und im Schrifttum wird relativ einheitlich bei allen nach **mehr als 12 Monaten** fälligen Verpflichtungen von einer Wesentlichkeit des Abzinsungseffekts ausgegangen. Allerdings können bei der Beurteilung genau genommen auch **andere Kriterien** (die Höhe des Zinssatzes) relevant sein.[326]

Im Falle einer Abzinsung wird ein **Zinssatz** vor Steuern verwendet, der die aktuellen Marktbeurteilungen hinsichtlich des Zeitwerts des Geldes reflektiert sowie die spezifischen Risiken der Schuld. Risiken, um die bereits die Schätzung der künftigen Geldflüsse angepasst wurde, dürfen sich nicht auf den Zinssatz auswirken (IAS 37.47). Ansonst würden diese Risiken nämlich doppelt berücksichtigt werden (d. h. einmal als Reduktion des Zinssatzes und ein weiteres Mal als Aufschlag auf die künftigen Auszahlungen). Diese erforderliche Konsistenz zwischen Zahlungsströmen und Zinssatz wird als **Äquivalenzprinzip** bezeichnet.[327]

---

322 Gl. A. *Ernst & Young*, International GAAP 2014, S. 1741; *Freiberg/Lüdenbach*, PiR 11/2007, S. 330.

323 Vgl. *Ernst & Young*, International GAAP 2014, S. 1740.

324 Vgl. *KPMG*, Insights into IFRS, 10. Aufl., Rz. 3.12.110.30; so auch *PwC*, IFRS für Banken, 5. Aufl., Band II, S. 1354 sowie *Lüdenbach*, PiR 5/2014, S. 157.

325 Gl. A. *KPMG*, Insights into IFRS, 10. Aufl., Rz. 3.12.110.40.

326 Vgl. *Freiberg/Lüdenbach*, PiR 11/2007, S. 332.

327 Vgl. *Freiberg/Lüdenbach*, PiR 11/2007, S. 332.

Folgendes ist bei der **Ermittlung des Zinssatzes** zu beachten:[328]

- **Ausgangsbasis** für seine Ermittlung ist der gegenwärtige Marktzins für **risikofreie Anlagen**. Dabei wird i. d. R. auf die Rendite quasi-risikoloser, langfristiger, auf dieselbe Währung lautender Staatsanleihen am Bewertungsstichtag abgestellt. Ihre Laufzeit muss der Restlaufzeit der zu bewertenden Verpflichtung entsprechen (Laufzeitäquivalenz).
- Die erforderliche Berücksichtigung der **schuldspezifischen Risiken** (IAS 37.47) sollte – um unnötige Komplexität zu vermeiden – nicht durch Abschläge auf den Zins erfolgen, sondern durch **Zuschläge auf die Zahlungsströme**.
- Da es sich beim eigenen Kreditrisiko des Unternehmens um kein schuldspezifisches Risiko handelt, erfolgt **keine Berücksichtigung der eigenen Bonität** des Unternehmens bei der Ermittlung des Zinssatzes bzw. im Rahmen der abzuzinsenden Zahlungsströme.
- Im Interesse der Vermeidung zusätzlicher Komplexität sollte – entsprechend der herrschenden Praxis – eine **Nominalrechnung** erfolgen. Dabei werden nominale Zahlungsströme (welche als solche die erwartete Geldentwertung berücksichtigen) mit einem Nominalzinssatz (welcher als solcher die Inflation beinhaltet und auf den am Markt beobachtbaren Nominalrenditen der quasi-sicheren Staatsanleihen basiert) abgezinst.[329]

Im Falle einer Abzinsung ist in den Folgeperioden eine **Aufzinsung** des Buchwerts der Rückstellung erforderlich, welche **Zinsaufwand** darstellt (IAS 37.60).

5.3 Künftige Ereignisse und Gewinne aus der erwarteten Veräußerung

Künftige Ereignisse, die den zur Erfüllung der Verpflichtung erforderlichen Betrag beeinflussen können, sind bei der Bewertung der Rückstellung zu berücksichtigen, wenn es ausreichende objektive Hinweise gibt, dass sie eintreten werden. So ist es etwa sachgerecht, erwartete Kostenreduktionen aufgrund zunehmender Erfahrungen bei der Anwendung einer bestehenden Technologie zu berücksichtigen (IAS 37.48 f.).

Gewinne aus der erwarteten **Veräußerung von Vermögenswerten** dürfen bei der Bewertung einer Rückstellung nicht berücksichtigt werden (IAS 37.51 f.).

6. Erstattungen und andere kompensierende Vorteile

6.1 Erstattungen

IAS 37 enthält eine **spezielle Kasuistik** für Erstattungsansprüche (= Rückgriffsansprüche) (IAS 37.53-37.58). Dabei handelt es sich insbesondere um Rückgriffsansprüche gegen Versicherungen, um Rückgriffsrechte eines Generalunternehmers gegen einen Subunternehmer (z. B. bei Mängelhaftung im Baubereich), sowie um Rückgriffsrechte eines Händlers gegenüber dem Produzenten (bei Produktgarantien). Wird in solchen Fällen erwartet, dass ein Teil der Ausgaben

328 Vgl. *KPMG*, Insights into IFRS, 10. Aufl., Rz. 3.12.120.20 f. sowie *Freiberg/Lüdenbach*, PiR 11/2007, S. 332 ff.
329 Vgl. auch *PwC*, Manual of accounting, IFRS 2013, Band 2, Rz. 21.95.

oder alle Ausgaben, die zur Erfüllung einer **Rückstellung** erforderlich sind, durch einen Dritten (z. B. durch die Versicherung oder durch den Subunternehmer) erstattet wird, so ist wie folgt zu differenzieren:

- Ist der **Erhalt** der Erstattung bei Erfüllung der Verpflichtung **so gut wie sicher** *(virtually certain)*, so ist die Erstattung als separater Vermögenswert zu aktivieren. Letzterer darf allerdings den Betrag der Rückstellung nicht übersteigen. In der Gesamtergebnisrechnung kann der Aufwand i. Z. mit einer Rückstellung mit dem für die Erstattung erfassten Betrag saldiert werden (IAS 37.53 f. und IAS 1.34b). Geht es um die Erstattung eines versicherten Verlusts und liegen dabei einzig und allein hinsichtlich der Höhe der Erstattung Unsicherheiten vor, so wird die Erstattung häufig zu aktivieren sein.[330]
- Ist der **Erhalt** der Erstattung bei Erfüllung der Verpflichtung ***nicht* so gut wie sicher**, so erfolgt weder eine Aktivierung des Erstattungsanspruchs, noch eine Reduktion des Buchwerts der Rückstellung um denselben.[331] Grund dafür ist die spezielle Kasuistik für Erstattungen in IAS 37.53-37.58.
- Ein Sonderfall liegt vor, wenn sich der Erstattungsanspruch auf einen **belastenden Vertrag** bezieht, für den eine Drohverlustrückstellung zu bilden ist. In diesem Fall haben die speziellen Regeln von IAS 37 zu belastenden Verträgen[332] u. E. Vorrang vor jenen zu Erstattungsansprüchen.[333] Demnach ist der Buchwert der Drohverlustrückstellung um Erstattungsansprüche zu reduzieren. Somit wird der Erstattungsanspruch auch dann nicht aktiviert, wenn dessen Erhalt so gut wie sicher ist, sondern eben mit dem Rückstellungsbetrag verrechnet.

6.2 Andere kompensierende Vorteile

Bei einer Verpflichtung kann auch ein Ersatzanspruch existieren, welcher **keinen Erstattungs- bzw. Rückgriffsanspruch** i. S. von IAS 37.53-37.58 darstellt, womit die in Kapitel 6.1 beschriebene Vorgehensweise nicht anwendbar ist. Sofern es sich zusätzlich bei der Verpflichtung um **keinen belastenden Vertrag** handelt, kommen auch die in Kapitel 8.1 für Drohverlustrückstellungen kommentierten Regeln nicht zur Anwendung. Ein Beispiel ist eine gesetzliche Verpflichtung zur Wiederauffüllung des Aushubs sowie zur Rekultivierung des Geländes nach Beendigung des Abbaus von Bodenschätzen, wobei das Unternehmen mit hoher Wahrscheinlichkeit Einnahmen aus der Auffüllung des Aushubs mit Bauschutt erzielen kann (Kippgebühren bzw. Deponieeinnahmen).

In derartigen Fällen wird der **Rückstellungsbetrag um zu erwartende kompensierende Vorteile reduziert**. Dies entspricht der Definition der besten Schätzung des Rückstellungsbetrags (IAS 37.36 f.): Ein Dritter würde für die Übernahme einer Verpflichtung (z. B. zur Wiederauffüllung des Aushubs sowie zur Rekultivierung) nicht den vollen Betrag verlangen, sondern den um wahrscheinliche kompensierende Vorteile (z. B. Kippgebühren) reduzierten Betrag. Dieser Nettoansatz ist u. E. aufgrund der eben angestellten Überlegungen jedenfalls dann erforderlich, wenn

330 Vgl. *KPMG*, Insights into IFRS, 10. Aufl., Rz. 3.12.190.40 f.

331 Vgl. etwa *Ernst & Young*, International GAAP 2014, S. 1751.

332 Vgl. Kapitel 8.1.

333 Gl. A. *Lüdenbach*, PiR 7/2007, S. 204 sowie *Ernst & Young*, International GAAP 2014, S. 1751.

das Unternehmen die kompensierenden Vorteile mit hoher Wahrscheinlichkeit erhalten wird. Für die Aktivierung des Vorteils besteht so lange kein Raum, bis das Unternehmen die Leistung (z. B. Annahme des Bauschutts) erbracht hat.

7. Veränderungen von Rückstellungen

Rückstellungen sind am Ende einer jeden Berichtsperiode an die aktuelle beste Schätzung anzupassen (IAS 37.59).

Eine Veränderung einer Rückstellung kann die folgenden Gründe haben:

- **Auflösung** einer Rückstellung oder eines Teils davon: Ist ein Abfluss von Ressourcen, die wirtschaftlichen Nutzen verkörpern, zur Erfüllung der Verpflichtung nicht mehr wahrscheinlich, so ist die Rückstellung „aufzulösen“ (IAS 37.59). Auch eine anteilige Auflösung kann erforderlich sein.
- Erfolgt im Rahmen der Bewertung einer Rückstellung eine Abzinsung,[334] so ist in jeder Folgeperiode eine **Aufzinsung** des Buchwerts der Rückstellung erforderlich, um dem Zeitablauf Rechnung zu tragen. Die Aufzinsung stellt **Zinsaufwand** dar (IAS 37.60).
- Die **Verwendung** (Inanspruchnahme) einer Rückstellung erfolgt nur für Ausgaben, für die die Rückstellung ursprünglich angesetzt wurde (IAS 37.61 f.).

8. Spezielle Sachverhalte

8.1 Belastende Verträge

Verträge, welche ohne Zahlung einer Entschädigung an die andere Partei storniert werden können, begründen keine Verpflichtung. Andere Verträge begründen sowohl Rechte als auch Pflichten für jede Vertragspartei. Wird ein solcher Vertrag belastend, so ist die gegenwärtige Verpflichtung aus diesem als **Drohverlustrückstellung** anzusetzen und zu bewerten (IAS 37.66 f. und 37.C8). Ein Vertrag ist belastend, wenn die **unvermeidbaren Kosten den wirtschaftlichen Nutzen übersteigen**, der erwartungsgemäß zufließen wird (IAS 37.10 und 37.68):

- Die **unvermeidbaren Kosten** entsprechen dem niedrigeren Betrag von Kosten der Nichterfüllung (z. B. Entschädigungszahlungen oder Strafgelder) und Erfüllungskosten. U. E. scheiden die Kosten der Nichterfüllung jedoch aus der Betrachtung aus, wenn ein Vertragsbruch überhaupt nicht beabsichtigt ist.[335]
- Der vom Betrag der Verpflichtung abzuziehende **wirtschaftliche Nutzen** umfasst u. E. nicht nur vertraglich vereinbarte Gegenleistungen, sondern auch alle sonstigen Vorteile. Diese **weite Interpretation des Saldierungsbereichs** ergibt sich auf Basis einer wirtschaftlichen Betrachtungsweise (wirtschaftliches Synallagma).[336]

334 Vgl. Kapitel 5.2.
335 Gl. A. *Lüdenbach/Freiberg*, PiR 3/2005, S. 42.
336 Vgl. *Lüdenbach/Freiberg*, PiR 3/2005, S. 41 ff.

Zu beachten ist, dass in den IFRS der allgemeine Rechtsgedanke des **Vorrangs** der Erfassung **einer außerplanmäßigen Abschreibung** vor der Bildung einer Drohverlustrückstellung besteht (Analogie zu IAS 37.69 und zu IAS 36.108). Dieser Vorrang entfaltet u. E. im Zusammenspiel mit der weiten Interpretation des Saldierungsbereichs v. a. die folgenden Auswirkungen:[337]

- **Schwebende Beschaffungsgeschäfte über Sach- und immaterielle Anlagen**: Sofern über die Vornahme einer außerplanmäßigen Abschreibung der noch nicht gelieferten Sach- bzw. immateriellen Anlage künftig nur auf der Ebene einer ZGE[338] entschieden wird, ist auch über die Bildung einer Drohverlustrückstellung auf Ebene der ZGE zu entscheiden:
  - Im Falle **defizitärer ZGE**, bei denen der Wertminderungsverlust der ZGE nicht zur Gänze den einzelnen Vermögenswerten der ZGE zugeordnet werden konnte, ist die Erfassung einer Drohverlustrückstellung für belastende schwebende Beschaffungsgeschäfte über Sach- bzw. immaterielle Anlagen erforderlich (IAS 36.108 und IAS 37.69).
  - Im Falle **profitabler**, nicht wertgeminderter **ZGE** wird auch keine Drohverlustrückstellung für schwebende Beschaffungsgeschäfte über Sach- bzw. immaterielle Anlagen erfasst. In diesem Fall absorbieren nämlich die positiven Nutzenbeiträge der gesamten ZGE auch einen etwaigen drohenden Verlust aus dem schwebenden Beschaffungsgeschäft (weiter Saldierungsbereich).
- **Dauerschuldverhältnisse** (z. B. Anmietverträge): Hier gelten ähnliche Überlegungen: Wird ein Vermögenswert angemietet, so ist über die Bildung einer Drohverlustrückstellung für den Mietvertrag grundsätzlich auf Ebene der ZGE zu entscheiden (weiter Saldierungsbereich). Die Notwendigkeit einer Rückstellungsbildung hängt somit – wie im Falle der schwebenden Beschaffungsgeschäfte über Sach- bzw. immaterielle Anlagen – von der Profitabilität der ZGE ab.
- **Schwebende Beschaffungsgeschäfte über Vorräte**: Hat das Unternehmen einen Vertrag über die künftige Lieferung von Vorräten abgeschlossen, so führen gesunkene Wiederbeschaffungskosten zu keiner Drohverlustrückstellung, sofern kostendeckende Weiterverarbeitungs- bzw. Absatzmöglichkeiten bestehen.
- **Schwebende Absatzgeschäfte über Vorräte**: Eine außerplanmäßige Abschreibung von Vorräten hat Vorrang vor der Bildung einer Drohverlustrückstellung (Analogie zu IAS 37.69 und zu IAS 36.108). Eine Rückstellung kann allerdings zu bilden sein, wenn das Unternehmen Verkaufsverträge über eine Menge an Vorräten abgeschlossen hat, welche über den Lagerbestand hinausgeht (IAS 2.31).

8.2 Rückstellungen für Entsorgungs-, Wiederherstellungs- und ähnliche Verpflichtungen

Die Bilanzierung von Rückstellungen für Entsorgungs-, Wiederherstellungs- und ähnliche Verpflichtungen in Bezug auf **Sachanlagen** ist Gegenstand des Abschnitts zu IAS 16[339]. Hinsichtlich einer Besonderheit (kompensierende Vorteile) wird auf Kapitel 6.2 dieses Abschnitts verwiesen. Die Bilanzierung solcher Rückstellungen i. Z. mit **Anlageimmobilien** wird im Abschnitt zu IAS 40[340] erörtert.

---

337 Vgl. *Lüdenbach/Freiberg*, PiR 3/2005, S. 41 ff. und *Freiberg*, PiR 2/2008, S. 68 ff.

338 Zur außerplanmäßigen Abschreibung auf ZGE-Ebene vgl. Abschnitt IAS 36.

339 Vgl. Abschnitt IAS 16, Kapitel 3.1 und 4.4.

340 Vgl. Abschnitt IAS 40, Kapitel 3, 4.2 und 4.3.

8.3 Restrukturierungen

Eine Restrukturierung ist ein Programm, das vom Management geplant und kontrolliert wird und entweder den Umfang eines vom Unternehmen betriebenen Geschäftsbereichs wesentlich ändert oder die Art und Weise wesentlich ändert, in der dieser Geschäftsbereich betrieben wird (IAS 37.10). Die Definition einer Restrukturierung kann in den folgenden Fällen erfüllt sein (IAS 37.70):

- Verkauf oder Einstellung eines Geschäftszweigs,
- Stilllegung von Standorten in einer Region oder die Verlegung von Geschäftsaktivitäten von einer Region in eine andere,
- Änderung der Struktur des Managements (z. B. Auflösung einer Managementebene),
- grundsätzliche Umorganisation mit wesentlichen Auswirkungen auf den Charakter und Schwerpunkt der Geschäftstätigkeit des Unternehmens.

Eine Restrukturierungsrückstellung wird nur dann angesetzt, wenn die **allgemeinen Ansatzkriterien für Rückstellungen** (IAS 37.14) erfüllt werden. IAS 37.72-37.83 veranschaulichen die Anwendung der allgemeinen Ansatzkriterien im Falle von Restrukturierungen (IAS 37.71).

Eine **faktische Verpflichtung zur Restrukturierung** entsteht nur dann, wenn beide der folgenden Kriterien erfüllt werden (IAS 37.72):

(a) Das Unternehmen hat einen **detaillierten, formalen Restrukturierungsplan**, in dem zumindest alle der folgenden Angaben enthalten sind:

  i. Der betroffene Geschäftsbereich oder Teil eines Geschäftsbereichs,

  ii. die wichtigsten betroffenen Standorte,

  iii. Standort, Funktion und ungefähre Anzahl der Arbeitnehmer, die für die Beendigung ihres Beschäftigungsverhältnisses eine Entschädigung erhalten werden,

  iv. die entstehenden Ausgaben,

  v. der Umsetzungszeitpunkt des Plans,

(b) Das Unternehmen hat bei den Betroffenen eine **gerechtfertigte Erwartung** geweckt, dass es die Restrukturierung durchführen wird und zwar durch den Beginn der Umsetzung des Plans oder die Ankündigung seiner wesentlichen Bestandteile gegenüber den Betroffenen.

Voraussetzung dafür, dass ein Plan durch die Bekanntgabe an die Betroffenen zu einer faktischen Verpflichtung führt, ist, dass der Beginn der Umsetzung **zum frühest möglichen Zeitpunkt** geplant ist und, dass die Umsetzung in einer **Zeitspanne** erfolgt, **die bedeutende Änderungen am Plan unwahrscheinlich** erscheinen lässt. Wenn der Beginn der Restrukturierung erst nach einer längeren Verzögerung erwartet wird oder ein unverhältnismäßig langer Zeitraum für die Durchführung vorgesehen ist, so ist es unwahrscheinlich, dass der Plan bei anderen die gerechtfertigte Erwartung einer gegenwärtigen Bereitschaft des Unternehmens zur Restrukturierung weckt, denn die Zeitspanne gestattet dem Unternehmen, Änderungen am Plan vorzunehmen (IAS 37.74).

Aus dem **Verkauf eines Geschäftsbereichs** entsteht keine Verpflichtung bis eine bindende Kaufvereinbarung existiert. Ist der Verkauf des Geschäftsbereichs lediglich Teil einer Restrukturierung, so kann eine faktische Verpflichtung für die anderen Teile der Restrukturierung vorliegen, bevor eine bindende Kaufvereinbarung existiert (IAS 37.78 f.).

Eine Restrukturierungsrückstellung enthält nur die **direkt i. Z. mit der Restrukturierung entstehenden Ausgaben**. Dies sind jene Ausgaben, die sowohl (IAS 37.80)

- zwangsläufig im Zuge der Restrukturierung entstehen als auch
- nicht mit den laufenden Tätigkeiten des Unternehmens i. Z. stehen.

Eine Restrukturierungsrückstellung beinhaltet **nicht Aufwendungen wie** die folgenden (IAS 37.81):

- Umschulung oder Versetzung weiterbeschäftigter Mitarbeiter,
- Vermarktung,
- Investitionen in neue Systeme und Vertriebsnetze.

Diese Ausgaben entstehen für die künftige Geschäftstätigkeit und stellen zum Bilanzstichtag keine Restrukturierungsschulden dar. Solche Ausgaben werden auf derselben Grundlage erfasst, als wären sie unabhängig von einer Restrukturierung entstanden (IAS 37.81).

8.4 Bankenabgabe und sonstige öffentliche Abgaben

Nach dem Recht einiger Staaten existiert eine Bankenabgabe. In Deutschland müssen etwa Kreditinstitute – nach Maßgabe des Restrukturierungsfondsgesetzes i. V. mit dem KWG – Jahresbeiträge an einen Fonds entrichten.[341] Insbesondere dieses Themengebietes nimmt sich die Interpretation IFRIC 21 an.

IFRIC 21.2 regelt

- die Bilanzierung von Schulden zur Entrichtung von Abgaben, wenn die Schuld in den Anwendungsbereich von IAS 37 fällt sowie
- die Bilanzierung von Schulden zur Bezahlung von Abgaben, deren Fälligkeit und Betrag unsicher sind.

Ausgenommen vom Anwendungsbereich der Interpretation sind (IFRIC 21.4)

- Steuern vom Einkommen und vom Ertrag i. S. von IAS 12 sowie
- Strafen und Bußgelder für den Bruch von Gesetzen.

Das **verpflichtende Ereignis** zur Entrichtung einer Abgabe besteht in der gesetzlich definierten Betätigung des Unternehmens, welche die Abgabepflicht auslöst (IFRIC 21.8). Tritt das verpflichtende Ereignis erst im Zeitablauf ein, so ist die Schuld sukzessive anteilig anzusetzen. Entsteht die Abgabepflicht bei Erreichen eines bestimmten Schwellenwerts (z. B. Umsatz oder Absatz), so ist im Zeitpunkt des Erreichens des Schwellenwerts eine Schuld anzusetzen (IFRIC 21.11 f.).

341 Vgl. *Lüdenbach/Hoffmann/Freiberg*, Haufe IFRS-Kommentar, 12. Aufl., § 21 Rz. 113.

8.5 Entsorgungsfonds

Ein Teilnehmer an einem Entsorgungsfonds muss seine Verpflichtung, Entsorgungskosten zu zahlen, als **Schuld** ansetzen und seinen Anteil am Fonds separat ansetzen, es sei denn, er haftet nicht für die Zahlung der Entsorgungskosten, selbst wenn der Fonds nicht zahlt (IFRIC 5.7).

Der Teilnehmer muss beurteilen, ob er über **Beherrschung, gemeinsame Beherrschung oder maßgeblichen Einfluss** über den Fonds verfügt. Für diese Beurteilung sowie hinsichtlich der Konsequenzen dieser Beurteilung sind IFRS 10, IFRS 11 und IAS 28 relevant (IFRIC 5.8).[342] Liegt weder Beherrschung, noch gemeinsame Beherrschung, noch maßgeblicher Einfluss vor, so setzt der Teilnehmer das Recht auf Erstattung vom Fonds als **Erstattungsanspruch** gem. IAS 37 an. Dieser Erstattungsanspruch wird zum kleineren der folgenden Beträge bewertet (IFRIC 5.9):

- Betrag der angesetzten Entsorgungsverpflichtung,
- Anteil des Teilnehmers am beizulegenden Zeitwert des Nettovermögens des Fonds, das den Teilnehmern zuzurechen ist.

In bestimmten Fällen können **Eventualschulden** vorliegen (IFRIC 5.10).

9. Aufgaben mit Lösungen

Verweise auf andere Abschnitte

Hinsichtlich der Bilanzierung von **Rückstellungen für Entsorgungs-, Wiederherstellungs- und ähnliche Verpflichtungen** in Bezug auf **Sachanlagen** wird auf den Abschnitt zu IAS 16 (Aufgabe 6) verwiesen. Die Bilanzierung solcher Rückstellungen i. Z. mit **Anlageimmobilien**,

- welche nach dem **Zeitwertmodell** bilanziert werden, ist Gegenstand des Abschnitts zu IAS 40 (Aufgabe 4).
- welche nach dem **Kostenmodell** bilanziert werden, ist Gegenstand des Abschnitts zu IAS 16 (Aufgabe 6).

AUFGABE 1

Rückstellungen – Beurteilung der Ansatzpflicht[343]

(a) Die X-AG ist nach einer Gesetzesänderung dazu verpflichtet, in ihren Fabriken bis spätestens 30.09.02 Rauchfilter einzubauen. Die X-AG ist dieser Verpflichtung in den Jahren 01 und 02 nicht nachgekommen.

(b) Die X-AG (Hersteller) übernimmt zum Zeitpunkt des Verkaufs ihres Produkts gegenüber den Kunden Gewährleistungen. Dabei ist die X-AG dazu verpflichtet, Herstellungsfehler durch Reparatur oder Ersatz zu beseitigen, sofern die Fehler innerhalb von 2 Jahren ab dem Verkaufsdatum auftreten. Aufgrund ihrer Erfahrungen in der Vergangenheit hält es die X-AG für wahrscheinlich (i. S. einer Wahrscheinlichkeit von mehr als 50 %), dass aus diesen Gewährleistungen einige Reklamationen von Kunden resultieren werden.

342 Wir verweisen auf die entsprechenden Abschnitte und Kapitel des vorliegenden Buches.

343 In Anlehnung an IAS 37.Anhang C.

(c) Die Geschäftsstrategie der X-AG besteht darin, ihren Kunden qualitativ hochwertige Produkte anzubieten. Daher verfolgt die X-AG u. a. die Politik, bestimmte Defekte ihrer Produkte auch dann kostenlos zu reparieren, wenn sie dazu aufgrund der Gewährleistungs- und Garantieansprüche des Kunden, rechtlich nicht verpflichtet ist. Diese kulante Geschäftspolitik der X-AG ist allgemein bekannt.

(d) Die Regierung des Landes L verabschiedet Änderungen im Bereich des Steuerrechts. Als Konsequenz dieser Änderungen muss ein Teil des Personals der X-AG umgeschult werden. Bis zum 31.12.01 haben keine Mitarbeiterschulungen stattgefunden. Ende 02 wurden jedoch schließlich Mitarbeiter der X-AG von einem externen Seminaranbieter gegen Stundenhonorar plus Erstattung von Spesen in diesem Bereich geschult. Die X-AG erhält die endgültige Abrechnung erst nach Freigabe des Abschlusses für 02 zur Veröffentlichung. Die Höhe der Spesen ist daher während der Bilanzaufstellung ungewiss.

(e) Beim Tod von 5 Personen im Jahr 01 besteht der Verdacht, dass diese an einer Lebensmittelvergiftung durch von der X-AG (Einzelhändler) verkaufte Produkte gestorben sind. Daraufhin beginnen noch im Jahr 01 Gerichtsverfahren zur Durchsetzung von Schadenersatzleistungen. Die X-AG lehnt jedoch jegliche Haftung ab. Für den Abschluss zum 31.12.01 beträgt die Wahrscheinlichkeit, dass die X-AG haftbar gemacht werden kann, lt. Ansicht der Rechtsanwälte 30 %. Für den Abschluss zum 31.12.02 beträgt diese Wahrscheinlichkeit allerdings lt. Auskunft der Rechtsanwälte aufgrund neuer Entwicklungen in dem vorliegenden Fall 70 %.

Aufgabenstellung

Beurteilen Sie, ob die X-AG in ihren Abschlüssen zum 31.12.01 und zum 31.12.02 hinsichtlich der geschilderten Sachverhalte Rückstellungen ansetzen muss.

Lösungshinweise

Insbesondere Kapitel 2 und 3

LÖSUNG (A)

Rauchfilter – Abschluss zum 31.12.01: Die Ausgaben für den Einbau von Rauchfiltern können durch künftige Handlungen der X-AG (z. B. Verlegung der Produktion in ein anderes Land) vermieden werden. Ob die X-AG solche Handlungen beabsichtigt, ist irrelevant. Daher existiert kein vergangenes Ereignis, das zu einer gegenwärtigen Verpflichtung führt. Somit wird keine Rückstellung angesetzt.

Rauchfilter – Abschluss zum 31.12.02: Hinsichtlich der Ausgaben für den Einbau von Rauchfiltern existiert auch zum 31.12.02 kein vergangenes Ereignis, das zu einer gegenwärtigen Verpflichtung führt. Somit wird keine Rückstellung angesetzt. Die Begründung ist dieselbe wie für den Abschluss zum 31.12.01.

Strafen: Die X-AG hat im Zeitraum Oktober 02 bis Dezember 02 die Fabriken nicht vorschriftsgemäß (d. h. ohne den ab 01.10.02 lt. Gesetz erforderlichen Rauchfiltern) betrieben. Somit besteht hinsichtlich der Strafen am 31.12.02 ein vergangenes Ereignis (= nicht ordnungsgemäßer Betrieb der Fabriken), das zu einer gegenwärtigen Verpflichtung der X-AG führt. Im Abschluss zum 31.12.02 ist somit eine Rückstellung anzusetzen, sofern der zur Begleichung der Verpflichtung erforderliche Abfluss von Ressourcen, die wirtschaftlichen Nutzen verkörpern, wahrscheinlich ist (i. S. einer Wahrscheinlichkeit von mehr als 50 %) und der Betrag der Verpflichtung verlässlich geschätzt werden kann. Letzteres ist in aller Regel der Fall. Da im Jahr 01 kein nicht ordnungsgemäßer Betrieb der Fabriken erfolgte, wird im Abschluss zum 31.12.01 keine Rückstellung angesetzt.

LÖSUNG (B)

Aus dem Verkauf der Produkte mit **Gewährleistung** (vergangenes Ereignis) resultiert eine rechtliche Verpflichtung. Auch wenn ein Ressourcenabfluss bei einem einzelnen Verkauf nicht wahrscheinlich (i. S. einer Wahrscheinlichkeit von mehr als 50 %) sein sollte, ist ein Ressourcenabfluss für die gesamte Gruppe von Verpflichtungen wahrscheinlich (i. S. einer Wahrscheinlichkeit von mehr als 50 %). Da eine verlässliche Schätzung des Betrags der Verpflichtung im vorliegenden Fall möglich ist, wird eine Rückstellung angesetzt.

LÖSUNG (C)

Das vergangene Ereignis „Verkauf von Produkten" führt zunächst zu **Garantie- und Gewährleistungsverpflichtungen** der X-AG gegenüber ihren Kunden. Dafür wird eine Rückstellung angesetzt, da ein bestimmter Ressourcenabfluss für eine größere Zahl von Produkten wahrscheinlich ist (i. S. einer Wahrscheinlichkeit von mehr als 50 %) und eine verlässliche Schätzung der Verpflichtung möglich ist.

Darüber hinaus besteht eine **faktische Verpflichtung** für die **zusätzlichen kostenlosen Reparaturen auf Kulanzbasis**. Durch die allgemein bekannte Politik der zusätzlichen kostenlosen Reparaturen auf Kulanzbasis wurde nämlich bei den Kunden eine gerechtfertigte Erwartung geweckt, dass die X-AG auch in der Zukunft solche Reparaturen durchführen wird. Es kann davon ausgegangen werden, dass es wahrscheinlich ist (i. S. einer Wahrscheinlichkeit von mehr als 50 %), dass bei einem Teil der Produkte solche Reparaturen auf Kulanzbasis erfolgen werden, woraus ein Ressourcenabfluss resultieren wird (IAS 37.24). Da eine verlässliche Schätzung des Betrags der Verpflichtung im vorliegenden Fall möglich ist, wird eine Rückstellung angesetzt.

LÖSUNG (D)

Bis zum **31.12.01** haben keine Mitarbeiterschulungen stattgefunden. Somit liegt bis zum 31.12.01 kein vergangenes Ereignis vor, welches zu einer gegenwärtigen Verpflichtung führt. Die Ausgaben können nämlich durch künftige Handlungen der X-AG (z. B. Anstellung neuer sachkundiger Mitarbeiter) vermieden werden. Ob die X-AG derartige Handlungen beabsichtigt, ist irrelevant. Daher wird im Abschluss zum 31.12.01 keine Rückstellung für die Umschulungskosten angesetzt.

Ende 02 wurden jedoch Mitarbeiter der X-AG von einem externen Seminaranbieter geschult. Somit besteht am **31.12.02** eine rechtliche Verpflichtung der X-AG die Schulungskosten an den externen Seminaranbieter zu zahlen. Die Verpflichtung ist nur noch mit einer geringen Unsicherheit (Höhe der Spesen) behaftet. Daher stellt die erfasste Schuld keine Rückstellung, sondern eine abgegrenzte Schuld *(accrual)* dar (IAS 37.11).

LÖSUNG (E)

Abschluss zum 31.12.01: Die Wahrscheinlichkeit, dass eine gegenwärtige Verpflichtung existiert, beträgt lt. Angabe nur 30 % und ist somit nicht größer als 50 %. Somit wird mangels Existenz einer gegenwärtigen Verpflichtung keine Rückstellung angesetzt. Allerdings liegt eine Eventualschuld vor, zu der Anhangangaben erforderlich sind (IAS 37.15 f. und 37.86).

Abschluss zum 31.12.02: Da die Wahrscheinlichkeit einer Verurteilung der X-AG 70 % beträgt (und somit größer als 50 % ist), erfolgt der Ansatz einer Rückstellung (unter der Voraussetzung, dass eine verlässliche Schätzung des Betrags der Verpflichtung möglich ist, was in aller Regel der Fall ist).

AUFGABE 2

Restrukturierungsrückstellungen – Beurteilung der Ansatzpflicht[344]

(a) Am 01.12.01 beschloss der Vorstand der X-AG, einen Unternehmensbereich zu schließen. Bis zum 31.12.01 wurde diese Entscheidung den Betroffenen noch nicht mitgeteilt und es wurden auch keine anderen Maßnahmen zur Umsetzung der Entscheidung getroffen.

(b) Am 01.12.01 beschloss der Vorstand der X-AG, einen Unternehmensbereich zu schließen. Am 05.12.01 stimmt der Vorstand einem detaillierten Plan für die Schließung des Unternehmensbereichs zu. Am 10.12.01 wurden Kunden schriftlich darauf hingewiesen, sich alternative Lieferanten zu suchen und die Belegschaft des Unternehmensbereichs erhielt Kündigungsschreiben.

Aufgabenstellung

Beurteilen Sie, ob der Ansatz einer Restrukturierungsrückstellung im Abschluss der X-AG zum 31.12.01 erforderlich ist.

Lösungshinweise

Insbesondere Kapitel 8.3

344 In Anlehnung an IAS 37.C5A f.

LÖSUNG (A)

Es existiert keine faktische Verpflichtung. Somit wird keine Rückstellung angesetzt (IAS 37.10, 37.14 und 37.72).

LÖSUNG (B)

Das vergangene verpflichtende Ereignis ist die Mitteilung des Beschlusses an die Kunden und an die Mitarbeiter. Dadurch entsteht zu diesem Zeitpunkt eine faktische Verpflichtung, da eine gerechtfertigte Erwartung geweckt wird, dass der Unternehmensbereich geschlossen wird. Ein Abfluss von Ressourcen, die wirtschaftlichen Nutzen verkörpern ist wahrscheinlich. Die X-AG setzt daher in ihrem Abschluss zum 31.12.01 eine Rückstellung für die Schließung des Unternehmensbereichs an (IAS 37.14 und 37.72).

AUFGABE 3

Bewertung einer Rückstellung mit dem wahrscheinlichsten Wert

Herr Maier hat die X-AG in 01 auf Schadenersatz geklagt, da er sich beim Besuch einer Veranstaltung der X-AG verletzt hat. Die X-AG rechnet mit einer Wahrscheinlichkeit von 60 % mit einer Schadenersatzleistung von GE 100 und mit einer Wahrscheinlichkeit von 40 % damit, dass sie den Prozess gewinnt.

Aufgabenstellung

Nehmen Sie die i. Z. mit dem beschriebenen Sachverhalt im Abschluss der X-AG zum 31.12.01 allenfalls erforderliche Buchung vor. Gehen Sie im Falle des Ansatzes einer Rückstellung davon aus, dass eine Abzinsung mangels Wesentlichkeit nicht erforderlich ist und daher unterbleibt. Gehen Sie davon aus, dass die Prozesskosten (v. a. Rechtsanwaltskosten) im Vergleich zur drohenden Schadenersatzzahlung äußerst gering sind und daher vernachlässigt werden.

Lösungshinweise

Insbesondere Kapitel 5.1

LÖSUNG

Da die Wahrscheinlichkeit, dass die X-AG Schadenersatz zahlen muss, 60 % beträgt (und somit größer als 50 % ist), erfolgt der Ansatz einer Rückstellung. Diese wird mit dem wahrscheinlichsten Wert, d. h. mit GE 100, bewertet.

31.12.01		Aufwand	100,-	
	an	Rückstellung		100,-

AUFGABE 4

Bewertung einer Rückstellung mit dem Erwartungswert

Die X-AG hat in 01 1.000 Stk. eines seit Februar 01 vertriebenen neuen Produkts verkauft. Die X-AG übernimmt beim Verkauf des neuen Produkts eine Garantie. Innerhalb eines Zeitraums von einem Jahr ab Verkauf repariert die X-AG demnach defekte Geräte kostenlos. Es wird geschätzt, dass Kunden

- bei 10 % der in 01 von der X-AG verkauften Produkte geringfügige Defekte reklamieren werden, die um einen Betrag von GE 1/Stk. repariert werden können.
- bei 5 % der in 01 von der X-AG verkauften Produkte größere Defekte reklamieren werden, die um einen Betrag von GE 5/Stk. repariert werden können.

Bei den restlichen 85 % der verkauften Produkte werden keine Reklamationen erwartet.

Aufgabenstellung

Nehmen Sie die i. Z. mit dem beschriebenen Sachverhalt im Abschluss der X-AG zum 31.12.01 allenfalls erforderliche Buchung vor. Gehen Sie im Falle des Ansatzes einer Rückstellung davon aus, dass eine Abzinsung mangels Wesentlichkeit nicht erforderlich ist und daher unterbleibt.

Lösungshinweise

Insbesondere Kapitel 5.1

LÖSUNG

Die X-AG muss im vorliegenden Fall eine Rückstellung ansetzen (zur Begründung vgl. Aufgabe 1(b)). Da eine große Grundgesamtheit vorliegt, erfolgt die Bewertung der Rückstellung mit dem Erwartungswert. Dabei werden alle möglichen Ergebnisse mit ihren Wahrscheinlichkeiten gewichtet. Daraus resultiert eine Rückstellung i. H. von GE 350:

	in %	in Stk.	Reparaturkosten pro Stk.	Reparaturkosten in Summe
Kein Defekt	85 %	850	0	0
Geringfügige Defekte	10 %	100	1	100
Größere Defekte	5 %	50	5	250
Summe	100 %	1.000		350

31.12.01		Garantieaufwand	350,-	
	an	Garantierückstellung		350,-

AUFGABE 5

Sanierungsbedingtes Nachrangdarlehen beim Gläubiger[345]

A ist Automobilhersteller. Z ist Zulieferer eines – an den Herstellungskosten des A gemessen – zwar unwesentlichen, aber funktional bedeutsamen Bauteils. Aus patentrechtlichen und wirtschaftlichen Gründen ist ein Ersatz des Z durch einen anderen Zulieferer nicht bzw. nur mit hohen Kosten möglich.

A gewährt daher am 31.12.01 dem in finanzielle Schwierigkeiten geratenen Z zur Aufrechterhaltung und Sanierung seines Betriebs ein partiarisches Nachrangdarlehen i. H. von GE 10, das nur nach Maßgabe zukünftiger Gewinne, dann aber mit hohem Zinssatz, zu bedienen ist.

Nach den Verhältnissen des Bilanzstichtags rechnet A mit einer Wahrscheinlichkeit von mehr als 50 % – jedoch nicht so gut wie sicher – damit, dass die Forderung nicht oder nur zu einem kleinen Teil ausfällt. Eine wahrscheinlichkeitsgewichtete Szenariorechnung ergibt per 31.12.01 einen Zeitwert der Forderung von GE 7.

Aufgabenstellung

Erläutern Sie die Behandlung des beschriebenen Sachverhalts im Abschluss von A zum 31.12.01.

Lösungshinweise

Insbesondere Kapitel 4

LÖSUNG

Gegen die Aktivierung der Forderung per 31.12.01 könnte zunächst das **Aktivierungsverbot für Eventualforderungen** (IAS 37.31) sprechen. Zwar sind von diesem Ansatzverbot solche unsicheren Forderungen nicht betroffen, deren Realisation so gut wie sicher ist. Dieser Fall liegt bei A jedoch nicht vor. Die Realisierung der Forderung gilt lediglich als überwiegend wahrscheinlich, hingegen nicht als so gut wie sicher. Allerdings setzt die Anwendung des **Ansatzverbots** für Eventualforderungen (IAS 37.31) kumulativ voraus, dass

(1) überhaupt eine **Eventualforderung** i. S. von IAS 37.10 vorliegt und

(2) die Behandlung dieser Forderung nicht von einem **anderen Standard** (hier infrage kommend IFRS 9) abgedeckt wird (IAS 37.1c).

Zweifel ergeben sich beim Nachrangdarlehen bereits bei der ersten Bedingung: Als Eventualforderung definiert IAS 37.10 Vermögenswerte, deren **Existenz** vom Eintritt unsicherer zukünftiger Ereignisse abhängt. Die Existenz der Nachrangforderung hängt jedoch nicht von ungewissen zukünftigen Ereignissen ab. Die Forderung **entsteht** sofort und nicht erst, wenn Z zukünftig Gewinne erzielt. Die ungewissen zukünftigen Gewinne betreffen lediglich den **Wert** der Forderung, nicht deren Entstehung. Nur wenn und insoweit in der Zukunft Gewinne entstehen, muss Z die Forderung bedienen. Die Ungewissheit ist zwar **bewertungs- aber nicht ansatzerheblich**.

345 In Anlehnung an *Lüdenbach*, PiR 10/2013, S. 329.

Hinsichtlich der zweiten Bedingung ist festzuhalten, dass A über ein bedingtes vertragliches Recht auf Erhalt flüssiger Mittel von Z verfügt. Somit handelt es sich beim Nachrangdarlehen von A um einen **finanziellen Vermögenswert** (IAS 32.11). Ein solcher unterliegt **IFRS 9** und damit wegen des explizit in IAS 37.1c geregelten Vorrangs anderer Standards nicht mehr IAS 37. A hat das Nachrangdarlehen zu aktivieren (IFRS 9.3.1.1).

Die **Zugangsbewertung** erfolgt gem. IFRS 9.5.1.1 zum beizulegenden Zeitwert. Regelmäßig entspricht dieser dem hingegebenen Betrag, d. h. dem Transaktionspreis (IFRS 9.B5.1.1, 1. Satz). Eine **Abweichung vom Transaktionspreis** ist jedoch u. a. dann erforderlich, wenn ein Teil des gegebenen Entgelts sich auf **etwas anderes** als den finanziellen Vermögenswert bezieht (IFRS 9.B5.1.1, 2. Satz). Dieser Tatbestand ist hier erfüllt. Als **anderes Element** kann die **Aufrechterhaltung der Lieferfähigkeit des Z** gelten, da A nicht oder nur mit hohen Kosten einen anderen Zulieferer finden könnte. Dieser Liefervorteil ist nicht aktvierungsfähig. A bucht daher per 31.12.01 (IFRS 9.B5.1.1):

31.12.01	Forderung	7,-	
	Sonstiger Aufwand	3,-	
	an Geld		10,-

AUFGABE 6

Erstattungen und andere kompensierende Vorteile

(a) Ein Kunde der E-AG (Einzelhändler) hat im Jahr 01 gegenüber der E-AG einen Anspruch i. H. von GE 40 aufgrund einer schadhaften Ware geltend gemacht. Da der Anspruch ziemlich eindeutig feststeht, hat die E-AG gegenüber ihrem Kunden bereits die Überweisung des geforderten Betrags angedeutet. Zwischen der E-AG und dem Hersteller besteht ein Rahmenvertrag, wonach letzterer in derartigen Fällen der E-AG einerseits den Schaden erstatten muss und zusätzlich ein Pönale von 10 % leisten muss. Der Hersteller hat bereits die Zahlung des entsprechenden Betrags von GE 44 an die E-AG zugesagt, sobald letztere an ihren Kunden gezahlt hat. Die Zahlung der E-AG an ihren Kunden sowie die Zahlung des Herstellers an die E-AG erfolgen schließlich am 15.01.02.[346]

(b) Die Angabe lautet wie in Aufgabe (a). Die E-AG rechnet jedoch lediglich mit überwiegender Wahrscheinlichkeit damit, dass der Hersteller den Betrag von GE 44 überweisen wird. Der Rahmenvertrag zwischen dem Hersteller und der E-AG ist nämlich in bestimmten Bereichen nicht wirklich eindeutig formuliert und der Hersteller hat den Anspruch der E-AG bislang auch noch nicht bestätigt. Die E-AG überweist am 15.01.02 GE 40 an ihren Kunden. Danach wird der Rahmenvertrag mit dem Hersteller überarbeitet und die neue Fassung von beiden Parteien unterzeichnet. Der Hersteller überweist schließlich am 15.06.02 den Betrag von GE 44 an die E-AG.

(c) Im Jahr 01 wurde die Umwelt aufgrund einer defekten Anlage der C-AG verunreinigt. Die C-AG ist dazu verpflichtet, die Umweltschäden zu beseitigen, was in 02 zu Auszahlungen von ca. GE 80 führen wird. Die Versicherung der C-AG hat bereits bestätigt, dass im konkre-

346 Beispiel in Anlehnung an *KPMG*, Insights into IFRS, 10. Aufl., Rz. 3.12.190.20 f.

ten Fall ein von der Versicherung zu deckender Schaden vorliegt. Allerdings hat die Versicherung noch keine Auskunft darüber erteilt, in welcher Höhe sie den Schaden ersetzen wird. Die beste Schätzung der C-AG hinsichtlich der Höhe des Erstattungsanspruchs beläuft sich auf GE 65, wobei diese Schätzung allerdings noch mit etlichen Unsicherheiten verbunden ist. In 02 fallen im Endeffekt tatsächlich Auszahlungen i. H. von GE 76 an. Am 20.07.02 erhält die C-AG von ihrer Versicherung eine Erstattung i. H. von GE 62.[347]

(d) Die D-AG baut ab Januar 01 auf einer kleineren Fläche Bodenschätze ab. Die Abbauarbeiten werden im Dezember 01 beendet, nachdem die Rohstoffvorkommen erschöpft sind. Nach den landesgesetzlichen Vorschriften ist die X-AG dazu verpflichtet, im 1. Halbjahr 02 den Aushub wiederaufzufüllen und das Gelände zu rekultivieren. Die Ausgaben hierfür werden sich in etwa auf GE 70 belaufen. Die D-AG plant, den Aushub zur Gänze mit Bauschutt aufzufüllen und rechnet damit, Kippgebühren i. H. von GE 40 einzunehmen. In dem betreffenden Gebiet wird sehr viel gebaut. Gleichzeitig besteht ein Mangel an nahegelegenen Entsorgungsmöglichkeiten. Die D-AG hat daher in 01 bezüglich der Entsorgung von Bauschutt schon unzählige Anfragen erhalten, allerdings noch keine Verträge abgeschlossen. Die Möglichkeit der Auffüllung des gesamten Aushubs mit entgeltlich übernommenem Bauschutt kann vor diesem Hintergrund als so gut wie sicher betrachtet werden. In 02 fallen im Endeffekt Ausgaben von GE 75 und Deponieeinnahmen von GE 43 an.

Aufgabenstellung

Nehmen Sie alle i. Z. mit den beschriebenen Sachverhalten in den Abschlüssen der namentlich genannten Aktiengesellschaften (Bilanzstichtag: 31.12.) noch erforderlichen Buchungen vor.

Lösungshinweise

Insbesondere Kapitel 6

LÖSUNG (A)

31.12.01	Aufwand	40,-	
	an Rückstellung		40,-

Nachdem die E-AG die Erstattung – im Falle der Erfüllung ihrer Verpflichtung gegenüber ihrem Kunden – so gut wie sicher erhalten wird (bedingte Wahrscheinlichkeit), setzt sie den Erstattungsanspruch in ihrer Bilanz als separaten Vermögenswert an.[348] Allerdings darf der Erstattungsanspruch nicht mit einem höheren Betrag als dem Buchwert der Rückstellung aktiviert werden (IAS 37.53 und 37.56). Im Anhang ist jedoch nicht nur der aktivierte Erstattungsanspruch von GE 40 offenzulegen, sondern auch die erwartete Erstattung von GE 44 (IAS 37.85c).[349]

31.12.01	Erstattungsanspruch	40,-	
	an Ertrag		40,-

347 Beispiel in Anlehnung an *KPMG*, Insights into IFRS, 10. Aufl., Rz. 3.12.190.40 f.

348 Vgl. *Lüdenbach/Hoffmann/Freiberg*, Haufe IFRS-Kommentar, 12. Aufl., § 21 Rz. 162.

349 Ähnlich *KPMG*, Insights into IFRS, 10. Aufl., Rz. 3.12.190.25.

In der Gesamtergebnisrechnung ist es zulässig (allerdings nicht zwingend erforderlich), den Aufwand aus der Bildung der Rückstellung mit dem aus der Aktivierung der Erstattung resultierenden Ertrag zu saldieren (IAS 37.54 und IAS 1.34b):

31.12.01		Ertrag	40,-	
	an	Aufwand		40,-

Der Erhalt der Zahlung des Herstellers ist wie folgt zu erfassen:

15.01.02		Geld	44,-	
	an	Erstattungsanspruch		40,-
	an	Ertrag		4,-

Die Leistung der Zahlung an den Kunden schlägt sich wie folgt nieder:

15.01.02		Rückstellung	40,-	
	an	Geld		40,-

LÖSUNG (B)

31.12.01		Aufwand	40,-	
	an	Rückstellung		40,-

Die E-AG wird die Erstattung zwar mit überwiegender Wahrscheinlichkeit erhalten, allerdings nicht so gut wie sicher. In diesem Fall erfolgt daher weder eine Aktivierung des Erstattungsanspruchs, noch eine Reduktion des Buchwerts der Rückstellung um denselben. Grund dafür sind die kasuistischen Spezialregeln für Erstattungen in IAS 37. Im Anhang ist jedoch die erwartete Erstattung von GE 44 offenzulegen (IAS 37.85c sowie Analogieschluss zu IAS 37.34).

Die Leistung der Zahlung an den Kunden schlägt sich wie folgt nieder:

15.01.02		Rückstellung	40,-	
	an	Geld		40,-

Der Erhalt der Zahlung des Herstellers ist wie folgt zu erfassen:

15.06.02		Geld	44,-	
	an	Ertrag		44,-

LÖSUNG (C)

31.12.01		Aufwand	80,-	
	an	Rückstellung		80,-

Im konkreten Fall geht es um die Erstattung eines versicherten Schadens, welche so gut wie sicher erfolgen wird. Unsicherheiten bestehen lediglich hinsichtlich der Höhe des Erstattungsanspruchs. Daher ist der Erstattungsanspruch i. H. der besten Schätzung zu aktivieren:

31.12.01	Erstattungsanspruch	65,-	
	an Ertrag		65,-

In der Gesamtergebnisrechnung ist es zulässig (allerdings nicht zwingend erforderlich), den Aufwand aus der Bildung der Rückstellung mit dem aus der Aktivierung der Erstattung resultierenden Ertrag zu saldieren (IAS 37.54 und IAS 1.34b):

31.12.01	Ertrag	65,-	
	an Aufwand		65,-

Die Auszahlungen zur Beseitigung der Umweltschäden schlagen sich wie folgt nieder:

Jahr 02	Rückstellung	80,-	
	an Geld		76,-
	an Ertrag		4,-

Der Erhalt der Versicherungsentschädigung ist wie folgt zu erfassen:

20.07.02	Geld	62,-	
	Aufwand	3,-	
	an Erstattungsanspruch		65,-

Auch im Jahr 02 kann in der Gesamtergebnisrechnung eine Saldierung erfolgen (analoge Anwendung von IAS 37.54 und IAS 1.34b):

31.12.01	Ertrag	3,-	
	an Aufwand		3,-

LÖSUNG (D)

Bei den so gut wie sicher zu erzielenden künftigen Kippgebühren handelt es sich um keinen Erstattungsanspruch. Darüber hinaus basiert die Verpflichtung zur Wiederauffüllung und Rekultivierung auf gesetzlicher und nicht auf vertraglicher Grundlage, weshalb kein belastender Vertrag vorliegen kann. Somit kommen weder die Spezialregeln zu Erstattungsansprüchen, noch jene zu belastenden Verträgen zur Anwendung.

Ein Dritter würde bei der Festsetzung des Entgelts für die Übernahme der Verpflichtung zur Wiederauffüllung und Rekultivierung die erwarteten Kippgebühren mindernd berücksichtigen. Daher wird der Rückstellungsbetrag um den so gut wie sicher eintretenden wirtschaftlichen Vorteil aus den erwarteten Kippgebühren reduziert. Es erfolgt somit keine Aktivierung dieses Vorteils.

31.12.01	Aufwand	30,-	
	an Rückstellung		30,-

Jahr 02	Rückstellung	30,-	
	Aufwand	45,-	
	an Geld		75,-

Jahr 02	Geld	43,-	
	an Ertrag		43,-

AUFGABE 7

Belastende Verträge

(a) Die X-AG ist als Großhändler tätig. Am 01.12.01 hat sie bei einem Kleinbauern aus dem niederösterreichischen Marchfeld – der auch in einem Glashaus Gemüse anbaut – zu einem fixen Preis von GE 10 Erbsen bestellt. Die Lieferung erfolgt Anfang 02. Aufgrund eines im Dezember 01 eingetretenen Preisverfalls wird die X-AG nicht mehr dazu in der Lage sein, die Erbsen kostendeckend weiterzuveräußern. Der Nettoveräußerungswert der bestellten Erbsen beträgt nämlich nur noch GE 8. Die X-AG ist sich bewusst, dass der Gütenachweis schwierig ist und der Bauer an einem gutachten- und kostenintensiven Rechtsstreit kein Interesse hat. Darüber hinaus würde der Bauer auch zur Vermeidung einer Auslistung bei der X-AG im Falle eines Vertragsbruchs seitens der X-AG mit an Sicherheit grenzender Wahrscheinlichkeit keine Schadenersatzklage einreichen. Da die X-AG allerdings auf ihr öffentliches Image größten Wert legt, kommt es für sie nicht in Frage, sich in derartigen Fällen vertragsbrüchig zu verhalten.[350]

(b) Die X-AG mietet ab Anfang 00 drei Stockwerke eines Bürohochhauses für die nächsten 10 Jahre im Rahmen eines operativen Leasingverhältnisses[351] gegen eine fixe Mietrate von 6 p. m. In den Jahren 00 und 01 sind die Immobilienpreise stark gesunken. Die X-AG bringt in Erfahrung, dass die Miete für ihre drei Stockwerke Ende 01 nur noch GE 4 betragen würde.

(c) Die Angabe lautet wie in Aufgabe (b). Allerdings übersiedelt die Verwaltung der X-AG im Dezember 01 in ein neues Bürogebäude. Der Mietvertrag läuft noch bis inkl. Juni 02 weiter und kann nicht gekündigt werden. Ein Untermieter kann für diesen kurzen Zeitraum nicht gefunden werden.

(d) Die X-AG ist eine Apothekenkette und betrachtet jeden Apothekenstandort als eine eigene ZGE. Die X-AG mietet ab Ende 01 neue Räumlichkeiten für GE 20 im Rahmen eines operativen Leasingverhältnisses für die nächsten 10 Jahre. Die Hälfte dieser angemieteten Räumlichkeiten wird für den Betrieb einer neuen Apotheke verwendet, während die andere Hälfte

350 Beispiel in Anlehnung an *Lüdenbach/Freiberg*, PiR 3/2005, S. 42.
351 Zur Abgrenzung zwischen Finanzierungs- und operativem Leasing vgl. Abschnitt IAS 17, Kapitel 3.

– zu einer unter dem marktüblichen Niveau liegenden Miete von GE 7 p. m. – an einen Arzt weitervermietet wird. Hintergrund für die günstige Untervermietung ist die Erwartung höherer Apothekenumsätze aufgrund der nahegelegenen Arztpraxis.

Aufgabenstellung

Beurteilen Sie für jeden der beschriebenen Sachverhalte, ob im Abschluss der X-AG zum 31.12.01 ein belastender Vertrag vorliegt und somit eine Drohverlustrückstellung zu bilden ist.

Lösungshinweise

Insbesondere Kap. 8.1

LÖSUNG (A)

Das Gemüse wurde noch nicht geliefert und wird daher in der Bilanz der X-AG zum 31.12.01 nicht (als Vorratsvermögen) ausgewiesen. Eine außerplanmäßige Abschreibung kommt somit nicht in Betracht. Allerdings stellt sich die Frage, ob ein belastender Vertrag vorliegt und somit eine Drohverlustrückstellung für das schwebende Geschäft zu erfassen ist (IAS 37.66 f.). Die Kosten der X-AG für die Nichterfüllung des Vertrags betragen aufgrund der Ohnmacht des Kleinbauern gegenüber dem Großhändler Null, wodurch auf den ersten Blick die Bildung einer Rückstellung ausscheiden würde. Dennoch ist eine Drohverlustrückstellung zu bilden, da die Kosten der Nichterfüllung nicht relevant sind, nachdem die X-AG keine Absicht hat, sich vertragsbrüchig zu verhalten. Somit betragen die unvermeidbaren Kosten der X-AG (Kosten der Erfüllung) GE 10 und der wirtschaftliche Nutzen aus der Weiterveräußerung GE 8. Daher ist i. H. der Differenz eine Drohverlustrückstellung zu bilden:

31.12.01	Aufwand	2,-	
	an Drohverlustrückstellung		2,-

LÖSUNG (B)

Der konkrete Mietvertrag ist zwar – gemessen an den aktuellen Marktkondition – unvorteilhaft. Diese Opportunitätskostenüberlegung entscheidet allerdings nicht über die Bildung einer Drohverlustrückstellung. Die Frage der Rückstellungsbildung hängt vielmehr von der Profitabilität der ZGE ab, der der Mietvertrag zugeordnet wurde. Schließlich kann der wirtschaftliche Nutzen des Dauerschuldverhältnisses (Miete dreier Stockwerke) nur gemeinsam mit den anderen Vermögenswerten der ZGE beurteilt werden:[352]

- Im Falle einer **ausreichenden Profitabilität der ZGE** werden deren Vermögenswerte nicht außerplanmäßig abgeschrieben. Der Ansatz einer Drohverlustrückstellung kommt dann ebenfalls nicht in Betracht.

352 Vgl. *Freiberg*, PiR 2/2008, S. 68.

- Ist die **ZGE hingegen nicht ausreichend profitabel**, so sind zunächst deren Vermögenswerte außerplanmäßig abzuschreiben, wobei die Verteilungsregeln gem. IAS 36.104 f. inkl. der Abwertungsuntergrenze gem. IAS 36.105 zu beachten sind. Für darüber hinaus gehende Verluste sind nach Maßgabe von IAS 37 Drohverlustrückstellungen zu bilden (IAS 36.108 und IAS 37.69).

LÖSUNG (C)

Die drei gemieteten Stockwerke sind nun einzeln zu bewerten, da diese nicht mehr zu den Zahlungsströmen der ZGE beitragen bzw. nicht mehr im Verbund mit den Vermögenswerten der ZGE genutzt werden.[353] Den künftigen Mietauszahlungen stehen keine wirtschaftlichen Vorteile mehr gegenüber. Daher ist für die künftigen Mietauszahlungen von GE 36 (= GE 6 · 6 Monate) eine Drohverlustrückstellung zu bilden (IAS 37.C8):

31.12.01		Aufwand	36,-	
	an	Drohverlustrückstellung		360,-

LÖSUNG (D)

Auf den ersten Blick resultiert aus der Weitervermietung an den Arzt ein Verlust von GE 3 p. m. (Mieteinzahlungen von GE 7 p. m. – Mietauszahlungen von GE 10 p. m.). Dennoch ist keine Drohverlustrückstellung zu bilden. Grund dafür ist der weite Saldierungsbereich: In die Betrachtung sind nicht nur die Mietein- und -auszahlungen einzubeziehen, sondern auch die durch die nahegelegene Arztpraxis generierten höheren Verkaufszahlen der Apotheke. Somit existiert in einer wirtschaftlichen Gesamtbetrachtung kein Verlust aus der Weitervermietung an den Arzt.[354] Eine Drohverlustrückstellung wäre nur dann zu bilden, wenn der Apothekenstandort (ZGE) wertgemindert wäre und die außerplanmäßige Abschreibung seiner Vermögenswerte nicht ausreichen würde, um die Verluste zu erfassen.

353 Vgl. *Freiberg*, PiR 2/2008, S. 69.
354 Vgl. *Lüdenbach/Freiberg*, PiR 3/2005, S. 45.

IAS 38 Immaterielle Vermögenswerte

1. Anwendungsbereich von IAS 38

IAS 38 regelt die Bilanzierung immaterieller Vermögenswerte. Immaterielle Vermögenswerte, welche dem Anwendungsbereich eines anderen Standards unterliegen, sind **von IAS 38 ausgenommen**. Dies betrifft vor allem die folgenden Vermögenswerte (IAS 38.2 f.):

- Immaterielle Vermögenswerte, die von einem Unternehmen zum Verkauf im normalen Geschäftsgang gehalten werden (IAS 2), → Vorräte
- Leasingverhältnisse über immaterielles Vermögen, sofern sie IAS 17 unterliegen,
- Firmenwerte aus Unternehmenszusammenschlüssen (IFRS 3),
- langfristige immaterielle Vermögenswerte, die gem. IFRS 5 als „zum Verkauf gehalten“ klassifiziert wurden.

Im Rahmen der Erörterung, ob ein Vermögenswert, der **sowohl materielle, als auch immaterielle Elemente** aufweist, eine Sachanlage (IAS 16) oder einen immateriellen Vermögenswert (IAS 38) darstellt, ist zu beurteilen, welches Element signifikanter ist. So ist etwa eine **Software** für eine computergesteuerte Maschine ein integraler Bestandteil der Maschine, wenn die letztere ohne diese bestimmte Software nicht betriebsfähig ist. Die Software wird somit als Teil der Maschine (und somit als Sachanlage) behandelt, sofern die materielle und nicht die immaterielle Komponente signifikanter ist, also etwa den Wert der Anlage dominiert. Bilden hingegen ein materieller und ein immaterieller Vermögenswert keine integrale Einheit (z. B. Anwendungssoftware für einen Computer), so liegen zwei separate Vermögenswerte vor (IAS 38.4).

Rechte aus **Lizenzvereinbarungen über Filme, Videos, Theaterstücke, Manuskripte, Patente, Urheberrechte u. Ä.** fallen nicht in den Anwendungsbereich von IAS 17, sondern in jenen von IAS 38 (IAS 38.6 und IAS 17.2).

2. Der Begriff „Immaterieller Vermögenswert“

Ein **Vermögenswert** ist eine Ressource, die vom Unternehmen als Resultat vergangener Ereignisse beherrscht wird und von der erwartet wird, dass dem Unternehmen durch sie künftiger wirtschaftlicher Nutzen zufließen wird (IAS 38.8 in Übereinstimmung mit R.49a). Ein **immaterieller Vermögenswert** ist ein identifizierbarer, nicht-monetärer Vermögenswert des Unternehmens ohne physische Substanz. **Monetäre Vermögenswerte** sind im Bestand befindliche Geldmittel und Vermögenswerte, für die das Unternehmen einen festen oder bestimmbaren Geldbetrag erhält (IAS 38.8).

In der Praxis existiert eine Vielzahl immaterieller *Werte* (z. B. Software, Patente und Kundentreue), von denen aber nicht alle immaterielle *Vermögenswerte* darstellen. In Übereinstimmung mit den obigen Definitionen erfüllt ein immaterieller Wert nur dann die Definition eines immateriellen Vermögenswerts, wenn die folgenden drei **Kriterien** kumulativ erfüllt werden (IAS 38.8-38.17):

- **Künftiger wirtschaftlicher Nutzen**: Es wird erwartet, dass dem Unternehmen durch die Ressource künftiger wirtschaftlicher Nutzen zufließen wird (IAS 38.8). Der künftige wirtschaftliche Nutzen kann Erlöse aus dem Verkauf von Produkten bzw. Dienstleistungen oder andere Vorteile (etwa Kostenreduktionen) aus der Nutzung der Ressource durch das Unternehmen umfassen (IAS 38.17).
- **Beherrschung**: Dieses Kriterium ist erfüllt, wenn das Unternehmen in der Lage ist, die künftigen wirtschaftlichen Vorteile aus der zugrunde liegenden Ressource zu erhalten, und den Zugang anderer auf diese Vorteile zu beschränken. Im Normalfall entsteht Beherrschung durch rechtlich durchsetzbare Ansprüche, allerdings sind diese nicht immer Voraussetzung (IAS 38.13-38.16).
- **Identifizierbarkeit**: Dieses auf die Unterscheidbarkeit vom Firmenwert gerichtete Kriterium ist – analog zu IFRS 3 (IFRS 3.Anhang A) – bei Erfüllung einer der folgenden beiden Voraussetzungen erfüllt (IAS 38.11 f.):
  - Der immaterielle Wert ist separierbar, d. h. er kann vom Unternehmen getrennt und verkauft, übertragen, lizenziert, vermietet oder getauscht werden (und zwar entweder einzeln oder zusammen mit einem verbundenen Vermögenswert oder einer verbundenen Schuld), unabhängig davon, ob das Unternehmen dies beabsichtigt (***Kriterium der Separierbarkeit***).
  - Der immaterielle Wert resultiert aus vertraglichen oder sonstigen Rechten, unabhängig davon, ob diese Rechte vom Unternehmen oder von anderen Rechten und Verpflichtungen übertragbar oder separierbar sind (***vertraglich-rechtliches Kriterium***).

3. Ansatz und Erstbewertung

3.1 Einleitung

Die Beantwortung der Frage des **Bilanzansatzes** (d. h., ob ein immaterieller Wert in der Bilanz als immaterieller Vermögenswert anzusetzen ist), läuft in zwei Schritten ab (IAS 38.18):

(1) Der betreffende immaterielle Wert muss die **Definition eines immateriellen Vermögenswerts erfüllen**. Diese Frage nach der abstrakten Bilanzierungsfähigkeit wird anhand der in Kapitel 2 genannten Kriterien beantwortet (IAS 38.8-38.17).

(2) Wenn die abstrakte Bilanzierungsfähigkeit bejaht wird, stellt sich die Frage, ob der immaterielle Vermögenswert die **Ansatzkriterien** erfüllt. Diese konkrete Bilanzierungsfähigkeit erfordert die Wahrscheinlichkeit des Nutzenzuflusses und die verlässliche Bewertbarkeit der Anschaffungs- bzw. Herstellungskosten (IAS 38.21-38.23).

Diese Vorgehensweise gilt nicht nur für die Anschaffungs- bzw. Herstellungskosten eines immateriellen Werts, sondern auch für nachträgliche Kosten, die der Ergänzung, dem teilweisen Ersatz oder der Wartung eines immateriellen Vermögenswerts dienen (IAS 38.18). Nachträgliche Kosten sind jedoch in der Praxis im Falle immaterieller Vermögenswerte nur selten zu aktivieren (IAS 38.20).

Die **Erstbewertung** eines immateriellen Vermögenswerts erfolgt zu **Anschaffungs- bzw. Herstellungskosten** (IAS 38.24).

3.2 Separater Erwerb immaterieller Vermögenswerte

Im Falle eines separaten Erwerbs immaterieller Vermögenswerte wird immer unterstellt, dass das Ansatzkriterium „Wahrscheinlichkeit des Nutzenzuflusses" (IAS 38.21a) erfüllt ist (IAS 38.25). Im Normfallfall können bei separatem Erwerb auch die Anschaffungskosten verlässlich ermittelt werden (IAS 38.26). Sie umfassen auch Anschaffungsnebenkosten (IAS 38.27-38.32).

3.3 Erwerb immaterieller Vermögenswerte im Rahmen eines Unternehmenszusammenschlusses

Hinsichtlich des Erwerbs immaterieller Vermögenswerte im Rahmen eines Unternehmenszusammenschlusses existieren – zusätzlich zu den Vorschriften des IFRS 3 – auch in IAS 38.33-38.43 Vorschriften, welche mit jenen von IFRS 3 im Einklang stehen.[355]

3.4 Selbst erstellte immaterielle Vermögenswerte

3.4.1 Unterteilung des Herstellungsvorgangs

IAS 38 enthält weitere Vorschriften für selbst erstellte immaterielle Vermögenswerte, welche zusätzlich zu den allgemeinen Regeln von IAS 38 gelten (IAS 38.51).

Zunächst ist ein Verständnis der Begriffe „Forschung" und „Entwicklung" von essenzieller Bedeutung (IAS 38.8):

- **Forschung** ist die eigenständige und geplante Suche mit der Aussicht auf neue wissenschaftliche oder technische Erkenntnisse.
- **Entwicklung** ist die Anwendung von Forschungsergebnissen oder von anderem Wissen auf einen Plan oder Entwurf für die Produktion neuer oder beträchtlich verbesserter Materialien, Geräte, Verfahren, Produkte, Systeme oder Dienstleistungen. Die Entwicklung findet dabei vor Beginn der kommerziellen Produktion oder Nutzung statt.

Die folgenden Tätigkeiten sind **Beispiele für Forschungsaktivitäten** (IAS 38.56):

- Aktivitäten, die das Ziel verfolgen, neues Wissen zu erlangen,
- Suche nach Alternativen für Materialien, Geräte, Produkte, Verfahren, Systeme oder Dienstleistungen.

Die folgenden Tätigkeiten stellen **Beispiele für Entwicklungsaktivitäten** dar (IAS 38.59):

- Entwurf, Konstruktion und Testen von Prototypen und Modellen vor Beginn der Produktion oder Nutzung,
- Entwurf von Werkzeugen und Gussformen, wobei neue Technologien verwendet werden,
- Entwurf, Konstruktion und Betrieb einer Pilotanlage, die von ihrer Größe her für eine kommerzielle Produktion wirtschaftlich nicht geeignet ist.

355 Vgl. Abschnitt IFRS 3, Kapitel 3.5.1.

Aufbauend auf dieser Unterscheidung zwischen „Forschung“ und „Entwicklung“ wird die Herstellung immaterieller Vermögenswerte in zwei Phasen unterteilt (IAS 38.8 und IAS 38.52):

- **Forschungsphase**,
- **Entwicklungsphase**.

Die Begriffe „Forschungsphase“ und „Entwicklungsphase“ haben eine **umfassendere Bedeutung** als die obigen Definitionen vermuten lassen (IAS 38.52). Sie sind nicht auf technologische Prozesse beschränkt. Vielmehr erfolgt eine **Verallgemeinerung der beiden Begriffe**, wobei die Forschungsphase die frühe, konzeptionelle Phase der Herstellung eines immateriellen Vermögenswerts ist und die Entwicklungsphase die fortgeschrittene, verwertungsnahe Phase darstellt. So wird etwa die Erstellung einer **Netzseite** (*website*) für das eigene Unternehmen in eine Forschungs- und in eine Entwicklungsphase unterteilt (SIC 32). Sogar bei der „Herstellung“ von **Humankapital** (z. B. Profisportler oder Künstler) kann zwischen einer Forschungs- und einer Entwicklungsphase unterschieden werden.[356]

Die **Kosten** der Forschungs- und jene der Entwicklungsphase sind unterschiedlich zu behandeln (IAS 38.54 und 38.57):

- Im Rahmen der frühen, konzeptionellen Phase (**Forschungsphase**) gilt ein Aktivierungsverbot.
- Die fortgeschrittene, verwertungsnahe Phase (Entwicklungsphase) ist nochmals zu unterteilen. Kosten, die bis zum Zeitpunkt der Erfüllung bestimmter im Standard vorgegebener Kriterien anfallen (**Entwicklungsphase I**), dürfen nicht aktiviert werden. Danach anfallende Kosten (**Entwicklungsphase II**) sind hingegen in der Bilanz anzusetzen.

Grafisch lassen sich der **Prozess der Herstellung** eines immateriellen Vermögenswerts gem. IAS 38 sowie die Behandlung der **dabei anfallenden Kosten** somit wie folgt darstellen:

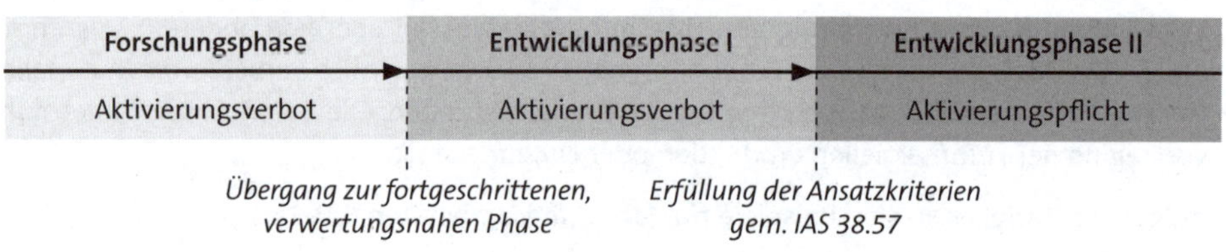

Bei der folgenden Auflistung handelt es sich um die **Ansatzkriterien**, welche die Entwicklungsphasen I und II voneinander trennen. Der Beginn der Entwicklungsphase setzt die kumulative Erfüllung dieser Kriterien voraus (IAS 38.57).[357]

- Technische Machbarkeit der Fertigstellung des Vermögenswerts, sodass dieser nutzungs- oder verkaufsbereit ist (kurz: **technische Realisierbarkeit**);
- **Absicht**, den Vermögenswert fertig zu stellen, und diesen zu nutzen oder zu verkaufen;
- **Fähigkeit**, den Vermögenswert zu nutzen oder zu verkaufen;

356 Vgl. *Lüdenbach/Hoffmann/Freiberg*, IFRS-Kommentar, 12. Aufl., § 13 Tz. 32 u. 44.
357 Ausführlich zu den einzelnen Ansatzkriterien: *Christian/Kern*, PiR 6/2014, S. 171 ff.

- Darlegung, wie der Vermögenswert wahrscheinliche künftige **wirtschaftliche Vorteile** generieren wird. Das Unternehmen muss u. a. dazu in der Lage sein nachzuweisen, dass ein Markt für den Ausstoß (*output*) des Vermögenswerts oder für den Vermögenswert selbst existiert. Soll der Vermögenswert intern verwendet werden, so muss seine Nützlichkeit nachgewiesen werden können. Die Bestimmung der wirtschaftlichen Vorteile erfolgt dabei nach den Grundsätzen von IAS 36. Wird der Vermögenswert lediglich gemeinsam mit anderen Vermögenswerten wirtschaftliche Vorteile generieren, so kommt das Konzept der ZGE i. S. von IAS 36 zur Anwendung (IAS 38.60);
- **Verfügbarkeit** adäquater technischer, finanzieller und sonstiger **Ressourcen**, um die Entwicklung abzuschließen und den Vermögenswert zu nutzen oder zu verkaufen (darzulegen z. B. durch einen Geschäftsplan oder eine Finanzierungszusage – IAS 38.61);
- **Verlässliche Ermittelbarkeit der Kosten**, die dem Vermögenswert während seiner Entwicklung zurechenbar sind.

3.4.2 Die praktische Anwendung des 3-Phasenkonzepts

Im Zuge der praktischen Anwendung des im letzten Kapitel beschriebenen 3-Phasenkonzepts können in mehrfacher Hinsicht Abgrenzungsfragen auftreten, welche **beträchtliche Ermessensspielräume** eröffnen:[358]

(a) IAS 38 räumt ein, dass es Fälle geben kann, in denen eine **Trennung der Forschungs- von der Entwicklungsphase nicht möglich** ist. In solch einer Situation sind die gesamten Forschungs- und Entwicklungskosten des Projekts wie Forschungskosten zu behandeln, womit eine Aktivierung ausgeschlossen ist (IAS 38.53 f.). Ob eine Phasentrennung in diesem Sinne möglich ist oder nicht, hängt davon ab, welcher Phasenverlauf vorliegt bzw. unterstellt wird:

   i. **Sequenzieller Phasenverlauf** (sog. **Wasserfall-Modell**): Im Rahmen dieser klassischen Sichtweise wird davon ausgegangen, dass die Forschungsphase zu einem bestimmten Zeitpunkt endet und danach die Entwicklungsphase beginnt. Die Kosten der Forschungsphase sowie der Entwicklungsphase I sind sodann erfolgswirksam, während jene der Entwicklungsphase II in der Bilanz als immaterieller Vermögenswert angesetzt werden.

   ii. **Iterativer bzw. zyklischer Phasenverlauf**: Es wird davon ausgegangen, dass es mehrere Forschungs- und Entwicklungsphasen gibt, welche einander laufend abwechseln. In solch einem Fall kommt eine Aktivierung nicht in Betracht, da die Forschungsphase nicht eindeutig von der Entwicklungsphase getrennt werden kann (Verneinung der Möglichkeit einer Phasentrennung).

(b) Beurteilung bzw. Festlegung des **Zeitpunkts des Übergangs von der Forschungsphase zur Entwicklungsphase I**, welcher im Standard nur ansatzweise geregelt ist. So kann etwa die sog. **angewandte Forschung** – die den Schwerpunkt der industriellen Forschung darstellt – weder der Forschungs- noch der Entwicklungsphase i. S. von IAS 38 eindeutig zugeordnet werden. Die angewandte Forschung umfasst alle Aktivitäten, welche auf die Gewinnung neuer wissenschaftlicher Erkenntnisse gerichtet sind, allerdings im Gegensatz zur Grundlagenforschung spezifische praktische Ziele verfolgen.

358 Zu den folgenden Ausführungen vgl. im Detail: *Christian/Kern*, PiR 6/2014, S. 169 ff.

(c) Beurteilung bzw. Festlegung des **Zeitpunkts des Übergangs von der Entwicklungsphase I zur Entwicklungsphase II.** Dabei geht es um die Interpretation und Anwendung der **Kriterien für die Aktivierung von Entwicklungskosten** i. S. von IAS 38.57. Die Ausübung der diesbezüglichen Spielräume hängt naturgemäß nicht nur von faktischen Gegebenheiten ab, sondern auch von der bilanzpolitischen Interessenslage und von der Ertragslage des jeweiligen Unternehmens bzw. der jeweiligen Branche. Bei Vergleich der Handhabung der Kriterien in der Pharmabranche mit deren Anwendung in der Automobilindustrie können international starke Gegensätze beobachtet werden.

3.4.3 Weitere Aspekte

Die **Erstbewertung** eines selbst hergestellten immateriellen Vermögenswerts erfolgt mit seinen **Herstellungskosten** (IAS 38.24). Diese sind die Summe der Aufwendungen ab dem Zeitpunkt, an dem der immaterielle Vermögenswert erstmalig die Ansatzkriterien (IAS 38.21 f. und 38.57) erfüllt.[359] Die Herstellungskosten eines immateriellen Vermögenswerts umfassen alle direkt zurechenbaren Kosten, welche erforderlich sind, um den Vermögenswert zu entwerfen, herzustellen und vorzubereiten, sodass er für den vom Management beabsichtigten Gebrauch betriebsbereit ist (IAS 38.66).

Bei der Ermittlung der Herstellungskosten ist das **Nachholverbot** zu beachten. Dabei handelt es sich um ein Verbot der nachträglichen Aktivierung der Kosten der Forschungsphase sowie jener der Entwicklungsphase I, wenn die Aktivierungskriterien i. S. von IAS 38.57 zu einem späteren Zeitpunkt erfüllt werden (IAS 38.65 und 38.71).[360]

Resultiert aus einem Unternehmenszusammenschluss ein Firmenwert (= **derivativer bzw. entgeltlicher erworbener Firmenwert**), so ist dieser in der Konzernbilanz zu **aktivieren.**[361] Im Gegensatz dazu gilt jedoch für einen **selbst geschaffenen Firmenwert** (originärer Firmenwert) ein Aktivierungsverbot. Letzterer kann aus Ausgaben resultieren, die künftigen wirtschaftlichen Nutzen generieren sollen, jedoch keinen immateriellen Vermögenswert darstellen, der die Ansatzkriterien erfüllt (IAS 38.48-38.50).

Ungeachtet der in den Kapiteln 3.4.1 und 3.4.2 beschriebenen Aktivierungskriterien ist der Ansatz der folgenden selbst erstellten immateriellen Vermögenswerte in der Bilanz stets untersagt (**spezifisches Aktivierungsverbot**; IAS 38.63 f.):

- Marken und Warenzeichen,
- Druck- und Verlagsrechte,
- Kundenlisten und -beziehungen,
- Ihrem Wesen nach ähnliche Werte.

Hinsichtlich der Frage der Aktivierung von **Fremdkapitalkosten** im Rahmen der Herstellungskosten immaterieller Vermögenswerte wird auf den Abschnitt zu IAS 23 verwiesen (IAS 38.66).

359 Vgl. Kapitel 3.4.1 und 3.4.2.
360 Vgl. *Christian/Kern*, PiR 6/2014, S. 174.
361 Vgl. Abschnitt IFRS 3, Kapitel 3.5.1 und 3.5.4.

4. Weitere Aktivierungsverbote

IAS 38 nennt weitere Beispiele für Kosten, welche die Kriterien für eine Aktivierung nicht erfüllen, und daher erfolgswirksam zu erfassen sind (IAS 38.69):

- **Gründungs- und Anlaufkosten** (d. h. Kosten für die Gründung und den Anlauf eines Geschäftsbetriebs), es sei denn, diese sind Bestandteil der Anschaffungs- bzw. Herstellungskosten einer Sachanlage (IAS 16). Beispiele für Gründungs- und Anlaufkosten sind:
  - Rechtliche Kosten, die bei der Gründung einer juristischen Einheit anfallen,
  - Kosten für die Eröffnung einer neuen Betriebsstätte,
  - Kosten für die Aufnahme neuer Tätigkeitsbereiche oder für die Einführung neuer Produkte oder Verfahren,
- **Ausbildungskosten**,
- Kosten für **Werbung und Verkaufsförderung**,
- Kosten für die **Verlegung oder Umorganisation** von Unternehmensteilen oder des gesamten Unternehmens.

Darüber hinaus ist bei der Ermittlung der Herstellungskosten das **Nachholverbot**[362] zu beachten.

5. Folgebewertung

5.1 Kostenmodell und Neubewertungsmodell

Die Folgebewertung immaterieller Vermögenswerte kann wahlweise nach dem Kosten- oder dem Neubewertungsmodell erfolgen (IAS 38.72).

Beim **Kostenmodell** wird der immaterielle Vermögenswert zu **Anschaffungs- bzw. Herstellungskosten** abzgl. kumulierter planmäßiger und außerplanmäßiger Abschreibungen bewertet (IAS 38.74).

Die Vorschriften zum **Neubewertungsmodell** für immaterielle Vermögenswerte (IAS 38.75-38.87) entsprechen in den Grundzügen jenen für Sachanlagen (IAS 16.31-16.42).[363]

Der für die Neubewertung maßgebliche beizulegende Zeitwert muss gem. IAS 38 – im Gegensatz zu IAS 16 – unter Bezugnahme auf einen **aktiven Markt** ermittelt werden (IAS 38.75). Ein aktiver Markt ist ein Markt, in dem Geschäfte mit dem Vermögenswert oder der Schuld in ausreichender Menge und mit ausreichender Häufigkeit stattfinden, um fortlaufend Preisinformationen bereitzustellen (IFRS 13.Anhang A).

Das Vorliegen eines aktiven Marktes ist im Falle immaterieller Vermögenswerte **ungewöhnlich**, kann jedoch vorkommen. Ein aktiver Markt kann etwa im Falle von frei übertragbaren Taxi- oder Fischereilizenzen, Produktionsquoten oder CO_2-Emissionsrechten existieren. Allerdings kann es im Falle von Marken, Zeitungsdrucktiteln, Musik- und Filmverlagsrechten, Patenten oder Warenzeichen keinen aktiven Markt geben, da jeder dieser immateriellen Vermögenswerte einzigartig ist (IAS 38.78).

362 Vgl. Kapitel 3.4.3.
363 Vgl. Abschnitt IAS 16, Kapitel 4.1.

Sofern ein immaterieller Vermögenswert nach dem Neubewertungsmodell bilanziert wird, sind alle anderen immateriellen Vermögenswerte seiner **Klasse** auch nach dem Neubewertungsmodell zu bilanzieren, es sei denn, für diese existiert kein aktiver Markt. Es ist jedoch möglich, das Neubewertungsmodell für eine bestimmte Klasse immaterieller Vermögenswerte anzuwenden, während andere Klassen nach dem Kostenmodell bilanziert werden (IAS 38.72 und 38.81). Eine Klasse umfasst immaterielle Vermögenswerte mit ähnlicher Art und Verwendung im Unternehmen (IAS 38.73 und 38.119).

In Deutschland, in Österreich und in vielen anderen Ländern haben Neubewertungen immaterieller Vermögenswerte i. S. von IAS 38 keine praktische Bedeutung.[364]

5.2 Nachträgliche Kosten

Generell kommt es eher selten vor, dass immaterielle Vermögenswerte erweitert bzw. Teile von ihnen ersetzt werden. Daher haben nachträgliche Kosten immaterieller Vermögenswerte (d. h. Kosten, die nach deren Anschaffung bzw. Fertigstellung anfallen) i. d. R. den Charakter von Erhaltungsaufwand. Außerdem ist es oft schwierig, Kosten einem bestimmten immateriellen Vermögenswert zuzuordnen. Daher betont der Standard, dass es auch **nur selten** zur **Aktivierung** nachträglicher Kosten kommen kann (IAS 38.20).

Bestimmte immaterielle Werte (z. B. Marken) unterliegen einem **spezifischen Aktivierungsverbot** (IAS 38.63).[365] Dennoch kann es zur Aktivierung derartiger immaterieller Werte kommen, nämlich insbesondere bei Erwerb im Rahmen eines Unternehmenszusammenschlusses oder bei separatem Erwerb. In solchen Fällen ist eine **Aktivierung nachträglicher Kosten** für diese immateriellen Werte aufgrund des eben genannten spezifischen Ansatzverbots **nicht möglich** (IAS 38.20).

5.3 Immaterielle Vermögenswerte mit beschränkter Nutzungsdauer

Immaterielle Vermögenswerte mit einer beschränkten Nutzungsdauer[366] werden **planmäßig abgeschrieben** (IAS 38.89). Die Bestimmung der Nutzungsdauer eines immateriellen Vermögenswerts ist ermessensbehaftet und hängt von vielen Faktoren ab (IAS 38.90). Software und viele andere immaterielle Vermögenswerte können besonders schnell technologisch veraltern. Daher wird ihre Nutzungsdauer oft kurz sein. Unsicherheiten rechtfertigen eine vorsichtige Schätzung der Nutzungsdauern, allerdings dürfen nicht unrealistisch kurze Nutzungsdauern gewählt werden (IAS 38.92 f.).

Die Nutzungsdauer eines immateriellen Vermögenswerts, der auf **vertraglichen oder anderen Rechten** beruht, darf den Zeitraum dieser Rechte nicht überschreiten, kann jedoch kürzer sein,

---

364 Vgl. *Christensen/Nikolaev*, Does fair value accounting for non-financial assets pass the market test?, working paper no. 09-12, *ICAEW*, EU implementation of IFRS and the fair value directive, a report for the European Commission, 2007, S. 122 f., *KPMG/von Keitz*, The application of IFRS: Choices in practice, 2006, S. 11 und *von Keitz*, Praxis der IASB-Rechnungslegung, 2. Aufl., 2005, S. 59.

365 Vgl. Kapitel 3.4.3.

366 Zur Unterscheidung von einer unbestimmten Nutzungsdauer vgl. Kapitel 5.4.

und zwar in Abhängigkeit vom Zeitraum über den das Unternehmen den Vermögenswert erwartungsgemäß nutzen wird (IAS 38.94).

Für diese vertraglichen oder anderen Rechte kann jedoch u.U. nach ihrem Ablauf eine **Verlängerungsmöglichkeit** bestehen. In diesen Fällen kann die Nutzungsdauer des betreffenden immateriellen Vermögenswerts nur dann den Verlängerungszeitraum umfassen, wenn substanzielle Hinweise vorliegen, die zur Schlussfolgerung führen, dass eine Verlängerung stattfinden wird. Darüber hinaus dürfen die Kosten der Verlängerung nicht signifikant sein (IAS 38.94).[367] Diese Vorgabe stellt darauf ab, ob von einer Ausübung der Verlängerungsoption ökonomisch auszugehen ist.[368] Sie kann auch in weiterer Folge zum Vorliegen einer unbestimmten Nutzungsdauer[369] führen. Lt. Standard lässt u. a. die Erfüllung der folgenden Kriterien die Annahme einer Verlängerung als sachgerecht erscheinen (IAS 38.96):

- Es existieren substanzielle Hinweise, die darauf hindeuten, dass eine Verlängerung erfolgen wird. Diese Hinweise basieren möglicherweise auf Erfahrungen.
- Es liegen substanzielle Hinweise vor, dass die für eine Verlängerung erforderlichen Voraussetzungen erfüllt werden.
- Die Verlängerungskosten sind im Verhältnis zu den aus der Verlängerung resultierenden künftigen wirtschaftlichen Vorteilen nicht signifikant. In der Praxis sind die Kosten einer Verlängerung im Falle einer gesetzlichen Verlängerungsoption häufig vernachlässigbar gering, während sie bei (zwischen fremden Parteien) vertraglich eingeräumten Verlängerungsoptionen i. d. R. signifikant sind.[370]

Sind die **Verlängerungskosten** hingegen i. S. der obigen Ausführungen **signifikant**, so sind diese im Zeitpunkt der Verlängerung als neuer immaterieller Vermögenswert zu aktivieren (IAS 38.96, letzter Satz).

Die Nutzungsdauer eines im Rahmen eines Unternehmenszusammenschlusses **zurückerworbenen Rechts** ist die restliche Dauer des Vertrags, in dem das Recht gewährt wurde und umfasst keinen Verlängerungszeitraum (IAS 38.94, IFRS 3.55 und 3.B35).

Das **Abschreibungsvolumen** [Anschaffungs- bzw. Herstellungskosten (oder ein Ersatzbetrag für diese) abzgl. des Restwerts – IAS 38.8] eines immateriellen Vermögenswerts mit einer beschränkten Nutzungsdauer ist auf einer systematischen Grundlage über dessen Nutzungsdauer zu verteilen (IAS 38.97).

Im Falle immaterieller Vermögenswerte mit beschränkter Nutzungsdauer ist der **Restwert** normalerweise Null. Die wohl einzige praktisch wirklich relevante **Ausnahme** von dieser Regel[371] ist der Fall, dass sich ein Dritter dazu verpflichtet hat, den Vermögenswert am Ende seiner Nutzungsdauer zu erwerben (IAS 38.100).

Der **Abschreibungsbeginn** ist der Zeitpunkt der Betriebsbereitschaft des immateriellen Vermögenswerts, d. h. der Zeitpunkt, zu dem sich dieser an seinem Standort und in dem Zustand

367 Vgl. *KPMG*, Insights into IFRS, 10. Aufl., Band 1, Rz. 3.3.190.50 f.

368 Vgl. *Freiberg*, PiR 7/2006, S. 119.

369 Vgl. Kapitel 5.4.

370 Vgl. *Freiberg*, PiR 7/2006, S. 120.

371 Vgl. *Ernst & Young*, International GAAP 2014, S. 1236.

befindet, der für den von der Unternehmensleitung beabsichtigten Einsatz erforderlich ist (IAS 38.97).

Die **Abschreibung endet** zu dem früheren der folgenden beiden Zeitpunkte (IAS 38.97):

- Zeitpunkt zu dem der Vermögenswert gem. **IFRS 5** als **„zum Verkauf gehalten“** klassifiziert wird (oder gem. IFRS 5 in eine Veräußerungsgruppe einbezogen wird, die als „zum Verkauf gehalten“ klassifiziert wird),
- Zeitpunkt der **Ausbuchung** des Vermögenswerts.

Die verwendete **Abschreibungsmethode** muss dem erwarteten Verlauf des Verbrauchs des künftigen wirtschaftlichen Nutzens des Vermögenswerts durch das Unternehmen entsprechen. Die Abschreibungsmethode ist von Periode zu Periode stetig anzuwenden, es sei denn, es liegt eine Änderung des erwarteten Verlaufs vor. Kann der Verlauf nicht verlässlich bestimmt werden, so ist linear abzuschreiben (IAS 38.97-38.98C).

Die planmäßige Abschreibung ist **erfolgswirksam** zu erfassen, es sei denn, IAS 38 oder ein anderer Standard erlaubt oder verlangt eine Einbeziehung in den Buchwert eines anderen Vermögenswerts (IAS 38.97 und 38.99).

Eine **Überprüfung der Abschreibungsdauer sowie der Abschreibungsmethode** eines immateriellen Vermögenswerts mit beschränkter Nutzungsdauer hat mindestens zum Ende eines jeden Geschäftsjahres zu erfolgen. Sofern die erwartete Nutzungsdauer von früheren Schätzungen abweicht, so ist die Abschreibungsdauer entsprechend anzupassen. Im Falle einer Änderung des erwarteten Verlaufs des Verbrauchs des künftigen wirtschaftlichen Nutzens des Vermögenswerts ist die Abschreibungsmethode entsprechend anzupassen. Derartige Änderungen stellen Schätzungsänderungen i. S. von IAS 8 dar (IAS 38.104-38.106).

5.4 Immaterielle Vermögenswerte mit unbestimmter Nutzungsdauer

Ein immaterieller Vermögenswert hat eine unbestimmte Nutzungsdauer, wenn das Ende des Zeitraumes, in dem der Vermögenswert erwartungsgemäß Nettogeldzuflüsse für das Unternehmen erwirtschaften wird, nicht vorhersehbar ist (IAS 38.88). Der Ausdruck „unbestimmt“ ist nicht identisch mit „unbeschränkt“ (IAS 38.91).

Rechte, die das Unternehmen lediglich für einen beschränkten Zeitraum erhält, die aber zu niedrigen Kosten **erneuert** werden können, können eine unbestimmte Nutzungsdauer aufweisen. Ein typisches Beispiel sind Marken, welche lediglich für zehn Jahre rechtlich geschützt sind, wobei allerdings eine Option existiert, durch die der Schutz mehrere Male ohne signifikante Kosten für weitere zehn Jahre verlängert werden kann.[372]

Bei immateriellen Vermögenswerten mit unbestimmter Nutzungsdauer erfolgt **keine planmäßige Abschreibung** (IAS 38.89 und 38.107). Jedoch sind derartige Vermögenswerte jährlich und damit auch bei fehlender Indikation einer Wertminderung auf **Werthaltigkeit** zu testen, indem der erzielbare Betrag mit dem Buchwert verglichen wird. Dieselbe Vorgehensweise gilt für **noch nicht betriebsbereite immaterielle Vermögenswerte** (IAS 38.108 und IAS 36.9 f.).

372 Zur Auswirkung von Erneuerungsmöglichkeiten vgl. bereits Kapitel 5.3.

Im Falle eines immateriellen Vermögenswerts, welcher nicht planmäßig abgeschrieben wird, hat in jeder Periode eine **Überprüfung** zu erfolgen, ob noch weiterhin von der Annahme einer unbestimmten Nutzungsdauer ausgegangen werden kann. Kann diese Annahme nicht mehr aufrechterhalten werden, so liegt einerseits eine Schätzungsänderung i. S. von IAS 8 vor und andererseits ein Wertminderungsindikator, welcher einen quantitativen Wertminderungstest erfordert (IAS 38.109 f. und IAS 36.12f).

5.5 Wertminderungen und -aufholungen

Hinsichtlich Wertminderungen und -aufholungen wird auf den Abschnitt zu IAS 36 des vorliegenden Buches verwiesen (IAS 38.111).

6. Ausbuchung

Ein immaterieller Vermögenswert ist auszubuchen, wenn dieser **abgegangen** ist (z. B. durch Verkauf oder durch Abschluss eines Finanzierungsleasings) oder wenn **kein zukünftiger wirtschaftlicher Nutzen** aus der weiteren Nutzung oder dem Abgang des Vermögenswerts zu erwarten ist. Der **Gewinn oder Verlust aus der Ausbuchung** (= Differenz zwischen Nettoabgangserlös und Buchwert des Vermögenswerts) ist im Ausbuchungszeitpunkt erfolgswirksam zu erfassen (es sei denn, es handelt sich um einen Verkauf mit Rückmiete,[373] denn in diesem Fall kann nach IAS 17 eine abweichende Vorgehensweise erforderlich sein). Gewinne dürfen nicht als Erlöse klassifiziert werden (IAS 38.112-38.114).

Sofern gemäß dem Ansatzprinzip (IAS 38.21)[374] **Kosten für den Ersatz eines Teils eines immateriellen Vermögenswerts** im Buchwert des betreffenden immateriellen Vermögenswerts aktiviert werden, so wird der Buchwert des ersetzten Teils ausgebucht (IAS 38.115).

7. Aufgaben mit Lösungen

Hinsichtlich der Grundzüge der Buchungstechnik beim **Neubewertungsmodell** wird auf den Abschnitt zu IAS 16 (Aufgaben 8 und 9) verwiesen.

AUFGABE 1

Anwendungsbereich von IAS 38

Die X-AG hat eine computergesteuerte Produktionsmaschine gemeinsam mit einer entsprechenden Software erworben. Ohne diese Software wäre die Maschine nicht betriebsfähig. Die materielle Komponente (Maschine) ist signifikanter, als die immaterielle Komponente (Software).

373 Vgl. Abschnitt IAS 17, Kapitel 6.

374 Vgl. Kapitel 3.1.

Die Y-AG hat ein neues Computerspiel produziert und verkauft dieses im Rahmen ihrer normalen Geschäftstätigkeit.

Die Z-AG hat eine Software programmiert. Dabei handelt es sich um ein neues Buchhaltungsprogramm, welches seit Fertigstellung für die Durchführung der Buchhaltung der Z-AG verwendet wird.

Aufgabenstellung

Beurteilen Sie, welcher Standard in den beschriebenen Fällen für die Bilanzierung maßgeblich ist.

Lösungshinweise

Insbesondere Kapitel 1

LÖSUNG

X-AG: Die computergesteuerte Maschine ist ohne die Software nicht betriebsfähig. Somit ist die Software ein integraler Bestandteil der Maschine. Da die materielle Komponente signifikanter ist, als die immaterielle Komponente, wird die Maschine (inkl. der Software) als Sachanlage (IAS 16) behandelt (IAS 38.4).

Y-AG: Die Software wird zum Verkauf im Rahmen der normalen Geschäftstätigkeit gehalten. Daher findet IAS 2 Anwendung und nicht IAS 38 (IAS 38.3a und IAS 2.6).

Z-AG: Es liegt keine Ausnahme vom Anwendungsbereich von IAS 38 vor. In welchem Maße die angefallenen Kosten zu aktivieren sind, wird daher nach den Vorschriften von IAS 38 für selbst erstellte immaterielle Vermögenswerte beurteilt.

AUFGABE 2

Beurteilung der Aktivierungsfähigkeit

Bei der X-AG sind im Jahr 01 die folgenden Aufwendungen angefallen:

Durchführung einer Werbekampagne
Testen eines Prototypen vor Beginn der Produktion
Herstellung einer Marke durch das Unternehmen
Suche nach Alternativen für ein Produktionsverfahren

Aufgabenstellung

Beurteilen Sie, ob die oben genannten Aufwendungen zu aktivieren sind.

Lösungshinweise

Insbesondere Kapitel 3.4 und 4

LÖSUNG

Durchführung einer Werbekampagne	Es erfolgt keine Aktivierung, da für Kosten für Werbung und Verkaufsförderung ein Aktivierungsverbot gilt (IAS 38.69c).
Testen eines Prototypen vor Beginn der Produktion	Dabei handelt es sich um Entwicklungstätigkeiten (IAS 38.59a). Es erfolgt eine Aktivierung, wenn die Kriterien gem. IAS 38.57 kumulativ erfüllt werden.
Herstellung einer Marke durch das Unternehmen	Selbst erstellte Marken dürfen aufgrund des spezifischen Aktivierungsverbots (IAS 38.63 f.) nicht in der Bilanz angesetzt werden.
Suche nach Alternativen für ein Produktionsverfahren	Da es sich um Forschungstätigkeiten handelt (IAS 38.56c), erfolgt keine Aktivierung (IAS 38.54 f.).

AUFGABE 3

Forschungs- und Entwicklungskosten – Nachholverbot

Die X-AG hat im Jahr 01 eine neue Technologie hergestellt. Die Forschungsphase erstreckte sich über den Zeitraum Januar bis Juni, die Entwicklungsphase über den Zeitraum Juli bis November. Die Aktivierungskriterien für Entwicklungskosten (IAS 38.57) waren ab dem Monat August erfüllt.

Bisheriger Buchungsstand:

Die Buchhalterin hat während des Jahres 01 alle Kosten (inkl. der gesamten Entwicklungskosten) als laufenden Aufwand erfasst.

Aufgabenstellung

Beurteilen Sie die Bilanzierung der Herstellung der Technologie unter Berücksichtigung des Nachholverbots (IAS 38.71) im Abschluss der X-AG zum 31.12.01.

Lösungshinweise

Insbesondere Kapitel 3.4.3 und 4

LÖSUNG

Trotz des Nachholverbots (IAS 38.71) sind die Kosten der Entwicklungsphase II (August bis November) in der Bilanz als immaterieller Vermögenswert anzusetzen. Dem steht das Nachholverbot keineswegs entgegen. Vielmehr geht es bei diesem lediglich darum, eine nachträgliche Aktivierung der Kosten der Forschungsphase sowie der Entwicklungsphase I – d. h. der Kosten der Monate Januar bis Juli – zu verhindern.[375]

375 In Anlehnung an *Christian/Kern*, PiR 6/2014, S. 174.

AUFGABE 4

Forschungs- und Entwicklungskosten – Humankapital[376]

Der Musicalproduzent X entdeckt in der Chorbesetzung eine besonders talentierte, erfolgversprechende Nachwuchssängerin. Sie wird auf sechs Jahre in die Exklusivdienste des Produzenten genommen und erhält auf dessen Kosten Gesangs- und Schauspielunterricht.

Aufgabenstellung

Beurteilen Sie die Bilanzierung des geschilderten Sachverhalts.

Lösungshinweise

Insbesondere Kapitel 3.4

LÖSUNG

Obwohl die Begriffe „Forschung“ und „Entwicklung“ im Standard definiert werden, haben die Begriffe „Forschungsphase“ und „Entwicklungsphase“ eine umfassendere Bedeutung (IAS 38.52). Diese sind nicht auf technologische Prozesse beschränkt. Vielmehr erfolgt eine **Verallgemeinerung der beiden Begriffe**, wobei die Forschungsphase die frühe, konzeptionelle Phase der Herstellung eines immateriellen Vermögenswerts darstellt, während es sich bei der Entwicklungsphase um die fortgeschrittene, verwertungsnahe Phase handelt.

In Bezug auf die Nachwuchssängerin erfolgt die Aktivierung von Kosten sobald die Ansatzkriterien für Entwicklungskosten (IAS 38.57) erfüllt werden.

AUFGABE 5

Forschungs- und Entwicklungskosten – Software

Die Programmierer der X-AG haben im Jahr 01 eine neue Software für die Verwaltung und Auswertung der Vertriebsdaten der X-AG programmiert. Der Herstellungsvorgang bestand aus den folgenden Projektphasen:

- In den Monaten **Januar bis April 01** stand eindeutig die Gewinnung kreativer Ideen im Mittelpunkt. Allerdings erfolgten bereits Programmierarbeiten – obgleich in geringerem Maße – um einen besseren Eindruck hinsichtlich der möglichen Gestaltung bestimmter Teile des Programms zu erhalten. Insgesamt fielen dabei Kosten i. H. von GE 8 an.
- In den Monaten **Mai bis September 01** ging es dann primär um die programmtechnische Umsetzung des entworfenen Konzepts. Allerdings wurden die Programmierarbeiten einige Male kurz unterbrochen, um neue Ideen zur Verbesserung bestimmter Funktionalitäten und Menüs des Programms zu gewinnen. In Summe fielen dabei Kosten i. H. von GE 12 an.

376 In Anlehnung an *Lüdenbach/Hoffmann/Freiberg*, IFRS-Kommentar, 12. Aufl., § 13 Tz. 32.

Bisheriger Buchungsstand:

Die soeben beschriebenen Forschungs- und Entwicklungskosten i. H. von GE 20, welche in Bezug auf die Software angefallen sind, wurden bislang erfolgswirksam erfasst.

Aufgabenstellung

Beurteilen Sie die Bilanzierung der Herstellung der Software im Abschluss der X-AG zum 31.12.01.

Lösungshinweise

Insbesondere Kapitel 3.4

LÖSUNG

Im Falle der Programmierung von Software für die Verwendung im eigenen Unternehmen wird in der Praxis uneinheitlich vorgegangen. Des Öfteren wird die Annahme eines iterativen Phasenverlaufs für sachgerecht erachtet. Dennoch ist auch die Aktivierung selbst erstellter Software weit verbreitet, was die Annahme eines sequenziellen Phasenverlaufs voraussetzt. Bei der Softwareherstellung ist es in der Praxis in vielen Fällen möglich, für jede der beiden Vorgehensweisen Argumente zu finden.[377] Letzteres trifft auch auf das vorliegende Beispiel zu:

- Es könnte zunächst argumentiert werden, dass es mehrere Forschungsphasen (Ideengewinnung) und Entwicklungsphasen (Ideenumsetzung, Programmierung) gibt, welche einander laufend abwechseln (**iterativer bzw. zyklischer Phasenverlauf**). In diesem Fall sind alle Kosten wie Forschungskosten zu behandeln, was eine Aktivierung ausschließt (IAS 38.53 f.). Bei dieser Sichtweise hat keine weitere Buchung zu erfolgen.
- Allerdings könnte ebenso zugunsten eines **sequenziellen Phasenverlaufs (Wasserfall-Modell)** argumentiert werden. Demnach müsste betont werden, dass im Zeitraum Januar bis April das kreative Nachdenken und Experimentieren im Mittelpunkt steht (Forschungsphase), während es in den Monaten Mai bis September primär um die programmtechnische Umsetzung des entworfenen Konzepts geht (Entwicklungsphase). Dabei dürfen die Forschungskosten i. H. von GE 8 nicht aktiviert werden. Hinsichtlich der Kosten der Entwicklungsphase i. H. von GE 12 müsste die X-AG ferner beurteilen, ab welchem Zeitpunkt die Aktivierungskriterien i. S. von IAS 38.57 erfüllt sind, was erneut ermessensbehaftet ist.[378] Die Kosten der Entwicklungsphase I dürfen nicht aktiviert werden; die Kosten der Entwicklungsphase II sind hingegen zu aktivieren (Buchung „Software an Aktivierte Eigenleistungen").

AUFGABE 6

Forschungs- und Entwicklungskosten – Pharmabranche

Die X-AG ist in der Pharmabranche tätig und hat im Jahr 01 ein neues Medikament entwickelt. Die Forschungs- und die Entwicklungsphase können annahmegemäß voneinander getrennt werden.

377 Vgl. *Christian/Kern*, PiR 6/2014, S. 170 m. w. N.

378 Allgemein zur Beurteilung der Aktivierbarkeit von Software gem. IAS 38.57 vgl. *Christian/Kern*, PiR 6/2014, S. 171.

Vom 01.01.01 bis zum 31.05.01 fallen Forschungskosten (i. S. von IAS 38) i. H. von GE 15 an. Aufbauend auf den Forschungsergebnissen beginnt am 01.06.01 die Entwicklungsphase (i. S. von IAS 38). Am 30.11.01 erhält die X-AG für das neue Medikament die Arzneimittelzulassung; bis zu diesem Zeitpunkt war der Erhalt der Arzneimittelzulassung mit größeren Unsicherheiten behaftet. Im Zeitraum 01.06.01-30.11.01 fielen Entwicklungskosten i. H. von GE 27 an. Dieser Betrag enthält nicht die folgenden Kosten, da deren Behandlung nach IFRS bislang noch nicht diskutiert wurde:

	01.06.01 bis 30.11.01	**Dez. 01**
Administrative Kosten für das Projektmanagement	3	
Allgemeine Verwaltungsgemeinkosten, die dem Projekt im Rahmen der internen Leistungsverrechnung zugerechnet wurden	3	
Kosten für eine Werbekampagne für das neue Medikament		7

Bisheriger Buchungsstand:

Die angeführten Aufwendungen wurden während des Jahres 01 erfolgswirksam erfasst.

Aufgabenstellung

Beurteilen Sie die Bilanzierung der Herstellung des Medikaments im Abschluss der X-AG zum 31.12.01.

Lösungshinweise

Insbesondere Kapitel 3.4

LÖSUNG

Die **Forschungskosten** i. H. von GE 15 wurden korrekterweise nicht aktiviert (Aktivierungsverbot gem. IAS 38.54).

Die **Entwicklungskosten** betragen in Summe GE 30 (= GE 27 + administrative Kosten für das Projektmanagement i. H. von GE 3). Die Kosten für die Werbekampagne (GE 7) sowie die anteiligen allgemeinen Verwaltungskosten (GE 3) stellen keine Entwicklungskosten dar, da diese nicht unmittelbar dazu dienen, den Vermögenswert für seine Verwendung vorzubereiten (IAS 38.67a und 38.69c).

Zur Beurteilung der Aktivierbarkeit der Entwicklungskosten (GE 30), ist der Kriterienkatalog i. S. von IAS 38.57 zu würdigen. Bis zum 30.11.01 bestanden größere Unsicherheiten i. Z. mit dem Erhalt der Arzneimittelzulassung. Das Kriterium der **technischen Realisierbarkeit** (IAS 38.57a) wird aus diesem Grund erst am 30.11.01 – d. h. mit Erhalt der Arzneimittelzulassung – erfüllt. Allerdings endet die Entwicklungsphase bereits an diesem Tag. Daher ist eine Aktivierung von Entwicklungskosten überhaupt nicht möglich.

AUFGABE 7

Forschungs- und Entwicklungskosten – Pharmabranche

Die Angabe entspricht derjenigen aus Aufgabe 6. Allerdings handelt es sich bei dem entwickelten Medikament um ein **Generikum** (= Nachahmerprodukt auf Basis bereits auf dem Markt befindlicher Wirkstoffe). Die X-AG rechnet seit dem 01.06.01 – aufgrund ihrer langjährigen Erfahrungen in der Branche – damit, die Arzneimittelzulassung mit äußerst hoher Wahrscheinlichkeit zu erhalten.

Aufgabenstellung

Beurteilen Sie die Bilanzierung der **Herstellung** des Medikaments im Abschluss der X-AG zum 31.12.01.

Lösungshinweise

Insbesondere Kapitel 3.4

LÖSUNG

Analog zu Aufgabe 6 dürfen die Forschungskosten (GE 15) nicht aktiviert werden. Es existieren Entwicklungskosten i. H. von GE 30, deren Aktivierbarkeit zu untersuchen ist.

Im konkreten Fall liegt nahe, bereits ab dem 01.06.01 – trotz der noch nicht vorhandenen Arzneimittelzulassung – von der Erfüllung des Kriteriums der technischen Realisierbarkeit auszugehen. Schließlich sind die Entwicklung des Generikums sowie der Erhalt der Arzneimittelzulassung lediglich mit sehr geringen Unsicherheiten behaftet.[379] Sofern auch alle anderen Aktivierungskriterien für Entwicklungskosten i. S. von IAS 38.57 erfüllt werden, wird daher die folgende Aktivierungsbuchung durchgeführt (wobei die Folgebewertung an dieser Stelle vernachlässigt werden soll):

31.12.01		Patent	30,-	
	an	Aktivierte Eigenleistungen		30,-

AUFGABE 8

Fernsehübertragungsrechte für ein Sportereignis

Die X-AG erwirbt am 10.11.01 um GE 10 die Fernsehübertragungsrechte für die kommende Fußball-Weltmeisterschaft, welche im Jahr 02 stattfinden wird. Die ersten Werbeerträge, die mit der Weltmeisterschaft in Verbindung stehen, fallen bereits im Feb. 02 an. Die Weltmeisterschaft beginnt am 01.06.02 und endet am 30.06.02.

379 Vgl. *Christian/Kern*, PiR 6/2014, S. 171 m. w. N.

Aufgabenstellung

Erläutern Sie die Bilanzierung der Fernsehübertragungsrechte im Abschluss der X-AG (Bilanzstichtag: 31.12.) für die Jahre 01 und 02 und nehmen Sie alle erforderlichen Buchungen vor.

Lösungshinweise

Insbesondere Kapitel 5.3

LÖSUNG

Die Fernsehübertragungsrechte stellen kurzfristiges immaterielles Vermögen dar (vorausgesetzt, dass der Erwerb der Übertragungsrechte nicht als Anzahlung betrachtet wird). Die Behandlung dieses immateriellen Vermögens erfolgt nach IAS 38, da der Anwendungsbereich von IAS 38 nicht auf langfristiges immaterielles Vermögen beschränkt ist.

10.11.01		Fernsehübertragungsrechte	10,-	
	an	Geld		10,-

Obwohl die ersten Werbeerträge i. Z. mit der Weltmeisterschaft bereits vor dem Turnier anfallen, erfolgt die planmäßige Abschreibung der Übertragungsrechte über die Dauer des Turniers. Diese Vorgehensweise ist dadurch gerechtfertigt, dass während des Turniers zweifellos der Hauptteil der Erträge anfällt.

Obwohl somit im Abschluss zum 31.12.01 noch keine planmäßige Abschreibung erfolgt, ist zu beachten, dass noch nicht betriebsbereite immaterielle Vermögenswerte zwingend einmal jährlich auf Wertminderung zu testen sind. Dieser Wertminderungstest erfolgt durch Vergleich des Buchwerts mit dem erzielbaren Betrag und zwar unabhängig davon, ob ein Indikator auf Wertminderung vorliegt. Nachdem die erstmalige Erfassung der Übertragungsrechte in 01 erfolgte, muss dieser Wertminderungstest bis zum Ende des Geschäftsjahres 01 erfolgen (IAS 36.10a). In diesem Beispiel wird unterstellt, dass der erzielbare Betrag nicht unter dem Buchwert liegt.

Während des Turniers (Juni 02) werden die Fernsehübertragungsrechte planmäßig abgeschrieben (s. o.):

Juni 02		Planmäßige Abschreibung	10,-	
	an	Fernsehübertragungsrechte		10,-

AUFGABE 9

Bestimmung der Nutzungsdauer von Kundenbeziehungen

Die X-AG erwirbt 100 % der Anteile an der Y-AG. Letztere besitzt einen Radiosender. Die Y-AG verhandelt die Werbezeiten direkt mit den Werbetreibenden, die größtenteils Großunternehmen sind. Die Werbeverträge werden alle 6 Monate neu verhandelt. Die Y-AG geht dennoch davon aus, dass die Beziehungen zu den Werbetreibenden (Kundenbeziehungen) langfristig sind und dass ihre Länge ungefähr geschätzt werden kann.

Die X-AG hat diese Kundenbeziehungen der Y-AG in ihrer Konzernbilanz als immaterielles Vermögen angesetzt.

Aufgabenstellung

Erläutern Sie die Folgebewertung der im Konzernabschluss der X-AG aktivierten Kundenbeziehungen.

Lösungshinweise

Insbesondere Kapitel 5.3-5.5

LÖSUNG

Das spezifische Aktivierungsverbot für selbst hergestellte Kundenbeziehungen (IAS 38.63 f.) greift im konkreten Fall nicht. Schließlich handelt es sich aus der Perspektive der X-AG um eine (im Rahmen eines Unternehmenszusammenschlusses) erworbene und nicht um eine von der X-AG selbst hergestellte Kundenbeziehung. Lt. Angabe hat die Kundenbeziehung im Zeitpunkt des Erwerbs durch die X-AG die Voraussetzungen gem. IFRS 3 für die Aktivierung in der Konzernbilanz der X-AG erfüllt.[380]

Ein immaterieller Vermögenswert hat nach IAS 38 eine unbestimmte Nutzungsdauer, wenn das Ende des Zeitraumes, in dem der Vermögenswert erwartungsgemäß Nettogeldzuflüsse für das Unternehmen erwirtschaften wird, nicht vorhersehbar ist (IAS 38.88). Der Ausdruck „unbestimmt" ist nicht identisch mit „unbeschränkt" (IAS 38.91).

In Anbetracht dieser Definition des Begriffs „unbestimmt" ist es unwahrscheinlich, dass Kundenbeziehungen unbestimmte Nutzungsdauern aufweisen. Die Kunden können nämlich an Konkurrenten verloren werden oder es kann sich die Unternehmensstrategie ändern.[381]

In diesem Beispiel haben die Kundenbeziehungen daher keine unbestimmten Nutzungsdauern. Stattdessen erfolgt eine planmäßige Abschreibung, wobei die Festlegung der Nutzungsdauern ermessensbehaftet ist (IAS 38.89-38.93).

AUFGABE 10

Bestimmung der Nutzungsdauer und Konsequenzen

(a) Die X-AG hat am 01.01.01 im Rahmen eines Unternehmenszusammenschlusses eine Marke erworben. Diese wurde per 01.01.01 in der Konzernbilanz der X-AG mit ihrem beizulegenden Zeitwert von GE 900 angesetzt. Dabei handelt es sich um eine **Dachmarke**, welche alle Produkte des erworbenen Unternehmens kennzeichnet und bereits seit 35 Jahren erfolgreich am Markt etabliert ist. Die restliche rechtliche Schutzdauer der Marke beträgt ab dem 01.01.01 nur noch 3 Jahre. Allerdings kann der Markenschutz nach jedem Ablauf der Schutzdauer gegen Zahlung einer geringfügigen Gebühr um jeweils 10 Jahre verlängert werden.

---

380 Ausführlich zur Frage der Aktivierung von Kundenbeziehungen im Rahmen einer Erstkonsolidierung: *Christian*, in: Eberhartinger/Fraberger,Hirschler, Rechnungswesen, Wirtschaftsprüfung, Steuern – Festschrift für Romuald Bertl, 2013, S. 35 ff.

381 Vgl. *PwC*, Manual of accounting, IFRS 2013, Tz. 15.193.

Die Verlängerung der Schutzdauer ist von der X-AG auf alle Fälle beabsichtigt. Es ist davon auszugehen, dass die von der Marke erfasste Produktgruppe für die X-AG in der Zukunft stets Nettogeldzuflüsse generieren wird.

(b) Am 01.01.01 vereinbart die X-AG mit der Y-AG ein **Wettbewerbsverbot**.[382] Die Y-AG erhält demnach von der X-AG eine Zahlung von GE 300 und verpflichtet sich als Gegenleistung dazu, am österreichischen Markt in den nächsten 10 Jahren keine Sportartikel zu vertreiben. Das Wettbewerbsverbot kann gegen Ende der Vertragsdauer auf weitere 10 Jahre verlängert werden, wobei der Preis für die Verlängerung dann erneut auszuhandeln ist. Es ist allerdings davon auszugehen, dass der Preis einer Verlängerung einen ziemlich beachtlichen Teil des zukünftigen Nutzens, den die X-AG aus der gesicherten Marktposition ziehen könnte, abschöpfen würde.

Aufgabenstellung

Erläutern Sie die Folgebilanzierung der soeben beschriebenen immateriellen Vermögenswerte im Abschluss der X-AG zum 31.12.01 und nehmen Sie alle dabei noch erforderlichen Buchungen vor. Die Anschaffung der immateriellen Vermögenswerte wurde bereits ordnungsgemäß verbucht.

Lösungshinweise

Insbesondere Kapitel 5.2-5.5

LÖSUNG (A)

Der Markenschutz kann nach jedem Ablauf der Schutzdauer gegen Zahlung einer geringfügigen Gebühr um jeweils 10 Jahre verlängert werden, wobei diese Verlängerung von der X-AG auf alle Fälle beabsichtigt ist. Darüber hinaus ist lt. Angabe davon auszugehen, dass die von der Marke erfasste Produktgruppe für die X-AG in der Zukunft stets Nettogeldzuflüsse generieren wird (IAS 38.94 ff.). Da somit keine zeitliche Begrenzung des Zeitraums erkennbar ist, in dem die Dachmarke für die X-AG Nettogeldzuflüsse erwirtschaftet, ist von einer unbestimmten Nutzungsdauer auszugehen. Es erfolgt daher keine planmäßige Abschreibung.

Da die Dachmarke somit einen immateriellen Vermögenswert mit unbestimmter Nutzungsdauer darstellt, ist zwingend einmal pro Jahr ein quantitativer Wertminderungstest i. S. von IAS 36 erforderlich. Ein solcher ist auch bei Vorliegen eines Wertminderungsindikators vorzunehmen (IAS 36.10a und IAS 38.IE7).

LÖSUNG (B)

01.01.01	Wettbewerbsverbot	300,-	
	an Geld		300,-

Das Wettbewerbsverbot hat aufgrund der signifikanten Verlängerungskosten eine zeitlich begrenzte Nutzungsdauer (IAS 38.94 und 38.96c). Daher erfolgt eine planmäßige Abschreibung über einen Zeitraum von 10 Jahren.

382 Beispiel in Anlehnung an *Freiberg*, PiR 7/2006, S. 120.

31.12.01	Planmäßige Abschreibung	30,-	
	an Wettbewerbsverbot		30,-

Ein quantitativer Wertminderungstest i. S. von IAS 36 ist nur bei Vorliegen eines Wertminderungsindikators erforderlich.

Sollte im Endeffekt eine Vertragsverlängerung zustande kommen, so handelt es sich bei dieser – aufgrund des Kosten-Nutzen-Verhältnisses – um eine Anschaffung eines neuen immateriellen Vermögenswerts (IAS 38.96, letzter Satz).

IAS 39 Finanzinstrumente: Ansatz und Bewertung

HINWEIS

Die zentralen Aspekte der Finanzinstrumentebilanzierung werden künftig primär durch IFRS 9 geregelt. Hinsichtlich dieser Materie wird daher auf den Abschnitt des vorliegenden Werks zu letzterem Standard verwiesen. Eine Darstellung von IAS 39 befindet sich in den Vorauflagen des Buches.

IAS 40 Anlageimmobilien

1. Der Begriff der „Anlageimmobilie“

Anlageimmobilien sind Immobilien (Grund und Boden oder Gebäude – oder Teile von Gebäuden – oder beides), welche (vom Eigentümer oder vom Leasingnehmer im Rahmen eines Finanzierungsleasingverhältnisses) gehalten werden, um Mieteinnahmen und/oder Wertsteigerungen zu erzielen (IAS 40.5).

Immobilien, welche zum Verkauf im normalen Geschäftsverlauf bestimmt sind, stellen keine Anlageimmobilien dar, sondern **Vorräte** (IAS 40.5 und IAS 2.6). Das primäre Kriterium für die Klassifizierung einer Immobilie als Vorrat oder als Anlageimmobilie ist das Geschäftsmodell des Unternehmens (d. h. die Absichten des Unternehmens in Bezug auf diese Immobilie).[383]

Anlageimmobilien sind auch von **selbst genutzten Immobilien** zu unterscheiden. Bei letzteren handelt es sich um Immobilien, welche (vom Eigentümer oder vom Leasingnehmer im Rahmen eines Finanzierungsleasingverhältnisses) im Rahmen der Produktion oder der Lieferung von Gütern bzw. Erbringung von Dienstleistungen verwendet werden, oder für Verwaltungszwecke gehalten werden. Wird erwartet, dass eine selbst genutzte Immobilie länger als eine Periode genutzt wird, so erfüllt sie die Definition einer **Sachanlage** (IAS 40.5 und IAS 16.6).

Immobilien, welche **für Dritte errichtet oder entwickelt** werden, sind keine Anlageimmobilien. Vielmehr erfolgt die Erlösrealisierung gem. IFRS 15.

Ein im Besitz des Unternehmens befindliches Gebäude des Unternehmens oder ein Gebäude, welches vom Unternehmen im Rahmen eines Finanzierungsleasings gemietet wird, und gleichzeitig im Rahmen eines oder mehrerer **operativer Leasingverhältnisse weitervermietet** wird, ist ein Beispiel für eine Anlageimmobilie (IAS 40.8d). Wird das Gebäude hingegen im Rahmen eines **Finanzierungsleasings weitervermietet**, so liegt keine Anlageimmobilie mehr vor, denn in diesem Fall wird das Gebäude nicht mehr in der Bilanz des Leasinggebers ausgewiesen (IAS 40.9e).

Eine Immobilie, die **für die künftige Verwendung als Anlageimmobilie errichtet oder entwickelt** wird, stellt eine Anlageimmobilie dar (IAS 40.8e).

Gemischt genutzte Immobilien sind dadurch gekennzeichnet, dass ein Teil der Immobilie den Charakter einer Anlageimmobilie hat und der andere Teil den Charakter einer selbst genutzten Immobilie. Könnten diese Teile separat verkauft werden (oder separat im Rahmen eines Finanzierungsleasings vermietet werden), so werden diese separat bilanziert. Andernfalls stellt die gesamte Immobilie nur dann eine Anlageimmobilie dar, wenn ein nicht signifikanter Teil für den Zweck der Nutzung durch das Unternehmen selbst gehalten wird (IAS 40.10).

In manchen Fällen bietet das Unternehmen den Mietern von ihm gehaltener Immobilien **Nebenleistungen** an. In solch einem Fall liegt dann eine Anlageimmobilie vor, wenn diese Nebenleistungen im Rahmen der Vereinbarung nicht signifikant sind (IAS 40.11-40.13).

Es kann der Fall vorliegen, dass ein Unternehmen eine Immobilie besitzt, welche an das **Mutterunternehmen** oder an ein anderes **Tochterunternehmen** vermietet wird und von diesem genutzt wird. Im Einzelabschluss des Vermieters wird die Immobilie als Anlageimmobilie behandelt,

383 Vgl. *KPMG*, Insights into IFRS, 11. Aufl., Tz. 3.4.60.30 ff.

sofern sie die allgemeinen Kriterien einer Anlageimmobilie erfüllt. Im Konzernabschluss stellt diese Immobilie jedoch keine Anlageimmobilie dar, denn aus der Perspektive des Konzerns handelt es sich um eine selbst genutzte Immobilie (IAS 40.15).

2. Ansatz

Die Ansatzkriterien für die ursprünglichen sowie die nachträglichen Anschaffungs- bzw. Herstellungskosten von Anlageimmobilien entsprechen jenen für Sachanlagen gem. IAS 16.[384]

3. Erstbewertung

Die Erstbewertung einer **erworbenen Anlageimmobilie** erfolgt zu Anschaffungskosten, welche den Kaufpreis sowie direkt zurechenbare Anschaffungsnebenkosten umfassen (IAS 40.20 f.).

In Analogie zu IAS 16 umfassen die Anschaffungskosten einer Anlageimmobilie auch die **Kosten für den Abbruch und die Beseitigung der Immobilie und für die Wiederherstellung des Standorts**, soweit das Unternehmen die Verpflichtung bei Erwerb der Anlageimmobilie eingeht (IAS 16.16c, 16.18 und 16.BC15). Die genannten Kosten sind grundsätzlich in der Höhe ihres Barwerts einzubeziehen (IAS 16.18 i.V. mit IAS 37.45).

Die Anschaffungskosten einer **im Rahmen eines Finanzierungsleasings gemieteten** (und somit aktivierten) **Anlageimmobilie** entsprechen dem kleineren der folgenden beiden Beträge (IAS 40.25 i.V. mit IAS 17.20):

- Beizulegender Zeitwert der Immobilie.
- Barwert der Mindestleasingzahlungen.

Hinsichtlich des **Tausches** von Anlageimmobilien wird auf den Abschnitt zu IAS 16 verwiesen.[385]

4. Folgebewertung

4.1 Einleitung

Im Rahmen der Folgebewertung von Anlageimmobilien besteht ein Wahlrecht zwischen dem **Zeitwertmodell** (siehe Kapitel 4.2) und dem **Kostenmodell** (siehe Kapitel 4.3). Dieses Wahlrecht muss grundsätzlich für alle Anlageimmobilien des Unternehmens einheitlich ausgeübt werden (IAS 40.30 und 40.32A-40.32C).

Laut Standard ist es in hohem Maße unwahrscheinlich, dass ein **Wechsel** vom Zeitwert- zum Kostenmodell zu einer relevanteren Darstellung führt, weshalb ein solcher Wechsel im Normalfall unzulässig ist (IAS 40.31). In die umgekehrte Richtung wird hingegen ein Wechsel grundsätzlich einfach zu argumentieren sein.

384 Vgl. Abschnitt IAS 16, Kapitel 2.
385 Vgl. Abschnitt IAS 16, Kapitel 3.2.

4.2 Zeitwertmodell

Entscheidet sich das Unternehmen für die Anwendung des Zeitwertmodells, so werden alle Anlageimmobilien im Rahmen der Folgebewertung grundsätzlich zum **beizulegenden Zeitwert** bilanziert (IAS 40.32A, 40.33 und 40.53-40.55). Bei letzterem handelt es sich um jenen Preis, der beim Verkauf eines Vermögenswerts zufließen würde, und zwar in einem gewöhnlichen Geschäft zwischen Marktteilnehmern am Bewertungsstichtag zu den gegenwärtigen Marktbedingungen (IAS 40.5 i.V. mit IFRS 13).

Änderungen des Zeitwerts sind in der betreffenden Periode **GuV-wirksam** zu erfassen (IAS 40.35). Im Rahmen des Zeitwertmodells werden **keine planmäßigen Abschreibungen** erfasst.

Die erfolgswirksame Erfassung aller Zeitwertänderungen stellt einen **Unterschied zum Neubewertungsmodell** gem. IAS 16 (Sachanlagen)[386] bzw. IAS 38 (Immaterielle Vermögenswerte)[387] dar. Beim Neubewertungsmodell werden die Zeitwertänderungen nämlich in bestimmten Fällen im sonstigen Gesamtergebnis und in anderen Fällen GuV-wirksam erfasst; außerdem bleibt es bei letzterem Modell grundsätzlich bei planmäßigen Abschreibungen.

Zur Zeitwertermittlung wird die Heranziehung eines professionellen **Gutachters** zwar empfohlen, jedoch nicht zwingend vorgeschrieben (IAS 40.32).

Wurde eine Anlageimmobilie bislang zum Zeitwert bewertet, so ist diese Bewertung bis zur Veräußerung (bzw. bis zur Umklassifizierung als selbst genutzte Immobilie bzw. bis zum Beginn der Entwicklung zum Verkauf als Vorrat) **fortzusetzen** (IAS 40.55).

Bei Anwendung des Zeitwertmodells sind auch **im Bau befindliche Anlagen** zum Zeitwert zu bewerten, es sei denn, die Vermutung von dessen verlässlicher Ermittelbarkeit wird widerlegt. Im letzteren Fall erfolgt eine Bewertung zu Herstellungskosten nach dem Kostenmodell von IAS 16 (IAS 40.8e und 40.53).

Existiert in Bezug auf eine nach dem Zeitwertmodell bilanzierte Anlageimmobilie eine **Rückstellung für Entsorgungs-, Wiederherstellungs- u. ä. Verpflichtungen,** so erfolgt die Folgebewertung der Anlageimmobilie mit dem **Zeitwert der unbelasteten Immobilie** (= Zeitwert vor Abzug der Rückstellung) und nicht mit jenem der belasteten Immobilie (= Zeitwert nach Abzug der Rückstellung). Die Rückstellung wird nämlich bereits passivseitig als Schuld erfasst. Würde sie nochmals vom Zeitwert der Anlageimmobilie abgezogen werden, so würde die Verpflichtung in der Bilanz doppelt berücksichtigt werden. **Änderungen derartiger Rückstellungen** für eine nach dem Zeitwertmodell bilanzierte Anlageimmobilie werden folgendermaßen behandelt:

- Die **periodische Aufzinsung** der Rückstellung wird als Finanzaufwand erfasst.
- Auswirkungen von **Änderungen des Abzinsungssatzes** auf die Rückstellung werden als Finanzaufwand bzw. -ertrag erfasst. Soweit die Änderung der Rückstellung auf eine Änderung des geschätzten **zeitlichen Anfalls oder Betrags der Ausgaben** zurückzuführen ist, erfolgt eine Erfassung als sonstiger betrieblicher Aufwand bzw. als sonstiger betrieblicher Ertrag.

386 Vgl. Abschnitt IAS 16, Kapitel 4.1.
387 Vgl. Abschnitt IAS 38, Kapitel 5.1.

4.3 Kostenmodell

Entscheidet sich das Unternehmen für die Bewertung seiner Anlageimmobilien nach dem **Kostenmodell**, so sind die Vorschriften gem. **IAS 16** anzuwenden und somit auch die Vorschriften gem. **IAS 36** hinsichtlich des **Wertminderungstests** (IAS 16.63). Bei Anlageimmobilien, die gem. **IFRS 5** als **„zum Verkauf gehalten"** klassifiziert werden (oder zu einer Veräußerungsgruppe gehören, die als „zum Verkauf gehalten" klassifiziert wurde), erfolgt allerdings die Bewertung nach diesem Standard (IAS 40.56).

Die Behandlung von **Änderungen der Bewertung bestehender Rückstellungen für Entsorgungs-, Wiederherstellungs- und ähnliche Verpflichtungen** für eine nach dem Kostenmodell bilanzierte Anlageimmobilie erfolgt wie bei einer nach dem Kostenmodell bilanzierten Sachanlage.[388]

Die Ermittlung **beizulegender Zeitwerte** muss auch bei Anwendung des **Kostenmodells** für Zwecke der Anhangangaben erfolgen. Sofern die Zeitwerte nicht verlässlich ermittelt werden können, sind weitere Angaben erforderlich (IAS 40.32, 40.53 und 40.79e).

5. Ausbuchung

Eine Anlageimmobilie ist im Zeitpunkt der Veräußerung (Verkauf oder Abschluss eines Finanzierungsleasings als Leasinggeber) auszubuchen. Eine Ausbuchung erfolgt auch dann, wenn dauerhaft keine Nutzung der Anlageimmobilie mehr stattfindet und keine künftigen wirtschaftlichen Vorteile aus ihrer Veräußerung erwartet werden (IAS 40.66 f.). Die Differenz zwischen dem Nettoveräußerungserlös und dem Buchwertabgang ist erfolgswirksam zu erfassen, es sei denn, IAS 17 verlangt eine andere Vorgehensweise für den Fall eines Verkaufs mit Rückmiete (*sale and leaseback*)[389] (IAS 40.69).

6. Ausweis

Veräußerungsgewinne bzw. -verluste werden in der Gesamtergebnisrechnung saldiert dargestellt, d. h. der Nettoveräußerungserlös und der Buchwertabgang werden miteinander verrechnet (IAS 1.34a und IAS 40.69).

Bei Anwendung des Zeitwertmodells werden die Gewinne aus Zeitwerterhöhungen (**Zeitwertgewinne**) in der Gesamtergebnisrechnung nicht mit **Zeitwertverlusten** saldiert, sofern diese Gewinne und Verluste wesentlich sind. Ebenso dürfen **Veräußerungsgewinne** nicht mit **Veräußerungsverlusten** saldiert werden (IAS 1.35).

7. Aufgaben mit Lösungen

Verweise auf andere Abschnitte

Zur Darstellung des **Kostenmodells** sowie von **Wertminderungen** bei Anwendung des Kostenmodells wird auf die Abschnitte zu IAS 16 und IAS 36 verwiesen. Hinsichtlich der Bilanzierung

388 Vgl. Abschnitt IAS 16, Kapitel 4.4.
389 Vgl. Abschnitt IAS 17, Kapitel 6.

von **Rückstellungen für den Abbruch und die Beseitigung der Immobilie und für die Wiederherstellung des Standorts** bei Anwendung des Kostenmodells für eine Anlageimmobilie wird auf den Abschnitt zu IAS 16 (Kapitel 3.1 und 4.4 sowie Aufgabe 6) verwiesen.

AUFGABE 1

Klassifizierung von Immobilien

Fall (a): Die X-AG erwirbt ein Baugrundstück. Eine Entscheidung über die künftige Verwendung wurde allerdings bislang noch nicht getroffen. Die Kaufentscheidung beruht auf der Annahme eines günstigen Preises.

Fall (b): Das Geschäftsmodell der X-AG sieht einen Kauf und Verkauf von Immobilien innerhalb des normalen Geschäftszyklus der X-AG vor.

Fall (c): Die X-AG ist Eigentümerin eines Bürogebäudes. Sie vermietet dieses im Rahmen operativer Leasingverhältnisse. Die X-AG ist dazu verpflichtet, Sicherheits- und Instandhaltungsleistungen für die Mieter des Gebäudes zu erbringen.

Fall (d): Die X-AG besitzt und betreibt ein Hotel.

Fall (e): Die X-AG ist gerade dabei, ein Gebäude im Auftrag der Y-AG zu errichten. Das Gebäude wird bei Fertigstellung an die Y-AG übergeben.

Fall (f): Die X-AG ist gerade dabei, ein Gebäude zu errichten. Dieses soll nach Fertigstellung eine gewisse Zeit im Rahmen eines operativen Leasings vermietet werden. Darüber hinaus soll das Gebäude zum Zwecke der langfristigen Wertsteigerung gehalten werden.

Fall (g): Die X-AG vermietet ein Grundstück im Rahmen eines Finanzierungsleasings an die Y-AG.

Fall (h): Die X-AG besitzt 100 % der Anteile an der T-AG. Die X-AG vermietet ein Gebäude im Rahmen eines operativen Leasings an die T-AG. Dieses Gebäude wird von der T-AG zur Gänze als Verwaltungsgebäude verwendet.

Aufgabenstellung

Beurteilen Sie, nach welchen Standards die Immobilien der X-AG zu bilanzieren sind.

Lösungshinweise

Insbesondere Kapitel 1

LÖSUNG

Fall (a): Nachdem bislang noch keine Entscheidung über die künftige Verwendung des Baugrundstücks getroffen wurde, handelt es sich um eine Anlageimmobilie (IAS 40.8b), womit IAS 40 anzuwenden ist.

Fall (b): Da die Immobilien nach dem Geschäftsmodell der X-AG innerhalb des normalen Geschäftszyklus der X-AG gekauft und verkauft werden, stellen sie – unabhängig von einer ggf. noch andauernden Vermietung – Vorräte dar.[390] Die Bilanzierung erfolgt somit gem. IAS 2. Hinsichtlich der Abgrenzung zwischen Anlageimmobilien und Vorräten ist nämlich das Geschäftsmodell des Unternehmens (d. h. die Absichten des Unternehmens hinsichtlich der Immobilie) primär ausschlaggebend.[391]

Fall (c): Die Vermietung im Rahmen operativer Leasingverhältnisse führt nicht zur Ausbuchung des Gebäudes, d. h., das Gebäude wird nach wie vor in der Bilanz der X-AG (d. h. in der Bilanz des Vermieters) ausgewiesen. Sicherheits- und Instandhaltungsleistungen für die Mieter eines Gebäudes sind nicht signifikant. Das vermietete Bürogebäude stellt somit eine Anlageimmobilie dar (IAS 40.8c und 40.11), weshalb IAS 40 anzuwenden ist.

Fall (d): Im Falle eines Hotels sind die Dienstleistungen, welche den Gästen angeboten werden, signifikant. Das vom Eigentümer betriebene Hotel stellt somit eine selbst genutzte Immobilie und keine Anlageimmobilie dar (IAS 40.12). Wird erwartet, dass das Hotel (selbst genutzte Immobilie) während mehr als einer Periode genutzt wird, so erfüllt es die Definition einer Sachanlage (IAS 40.5 und IAS 16.6). In diesem Fall ist IAS 16 anzuwenden.

Fall (e): Immobilien, die für Dritte errichtet oder entwickelt werden, stellen keine Anlageimmobilien dar. Die Erlösrealisierung erfolgt gem. IFRS 15.

Fall (f): Die geplante Vermietung im Rahmen eines operativen Leasings wird nicht zur Ausbuchung des Gebäudes bei der X-AG (d. h. beim Vermieter) führen. Die künftige Vermietung im Rahmen eines operativen Leasings und das Ziel, die Immobilie zum Zwecke der langfristigen Wertsteigerung zu halten, werden in der Zukunft eine Klassifizierung des Gebäudes als Anlageimmobilie bewirken (IAS 40.5, 40.8a und 40.8c). Da das Gebäude für die künftige Verwendung als Anlageimmobilie errichtet wird, stellt es eine Anlageimmobilie dar (IAS 40.8e). Somit ist IAS 40 anzuwenden.

Fall (g): Das Grundstück stellt keine Anlageimmobilie der X-AG dar, da dieses aufgrund des Finanzierungsleasings nicht mehr in der Bilanz der X-AG ausgewiesen wird (IAS 40.9e).

Fall (h) – Einzelabschluss der X-AG: Die Vermietung im Rahmen eines operativen Leasings führt nicht zur Ausbuchung des Gebäudes, d. h., dieses wird nach wie vor in der Bilanz der X-AG (Vermieter) ausgewiesen. Das vermietete Gebäude stellt aufgrund des operativen Leasings eine Anlageimmobilie dar (IAS 40.8c und 40.15), womit IAS 40 anzuwenden ist.

Fall (h) – Konzernabschluss der X-AG: Im Konzernabschluss der X-AG stellt das Gebäude keine Anlageimmobilie dar, da es sich aus Konzernsicht um eine eigengenutzte Immobilie (Verwaltungsgebäude des Konzerns) handelt (IAS 40.15). Wird erwartet, dass das Gebäude (eigengenutzte Immobilie) während mehr als einer Periode genutzt wird, so erfüllt es die Definition einer Sachanlage (IAS 40.5 und IAS 16.6). In diesem Fall ist IAS 16 anzuwenden.

---

390 In Anlehnung an *Lüdenbach/Hoffmann/Freiberg*, IFRS-Kommentar, 12. Aufl., § 16 Tz. 8.

391 Vgl. *KPMG*, Insights into IFRS, 11. Aufl., Tz. 3.4.60.30 ff.

AUFGABE 2

Zeitwertmodell

Die X-AG erwirbt am 01.01.01 ein Gebäude um GE 100. Dieses Gebäude stellt eine Anlageimmobilie dar. Anlageimmobilien werden von der X-AG nach dem Zeitwertmodell bilanziert.

Der Zeitwert des Gebäudes entwickelt sich wie folgt:

31.12.01	112
31.12.02	112
31.12.03	96

Aufgabenstellung

Nehmen Sie alle aus der Perspektive der X-AG (Bilanzstichtag: 31.12.) in den Jahren 01 bis 03 erforderlichen Buchungen vor.

Latente Steuern[392] sollen (a) vernachlässigt bzw. (b) berücksichtigt werden. Nehmen Sie bei der Variante (b) an, dass die steuerliche Nutzungsdauer des Gebäudes 25 Jahre und der Steuersatz 25 % beträgt.

Lösungshinweise

Insbesondere Kapitel 4.2

LÖSUNG (A)

01.01.01		Gebäude	100,-	
	an	Geld		100,-

Im Falle des Zeitwertmodells werden keine planmäßigen Abschreibungen auf das Gebäude erfasst, es werden lediglich die Zeitwertänderungen erfolgswirksam erfasst (IAS 40.35).

31.12.01		Gebäude	12,-	
	an	Zeitwertgewinn		12,-

31.12.03		Zeitwertverlust	16,-	
	an	Gebäude		16,-

392 Hinsichtlich latenter Steuern wird auf den Abschnitt zu IAS 12 verwiesen.

LÖSUNG (B)

01.01.01	Gebäude	100,-	
	an Geld		100,-

31.12.01	Gebäude	12,-	
	an Zeitwertgewinn		12,-

Aus der Differenz zwischen dem Gebäudebuchwert nach IFRS und jenem nach Steuerrecht ergibt sich am 31.12.01 gem. IAS 12 eine latente Steuerschuld:[393]

IFRS-Buchwert	112	
Strl. Buchwert	96	*= GE 100 - GE 100 : 25*
Zu versteuernde temporäre Differenz	16	
Steuersatz	25 %	
Latente Steuerschuld	4	

31.12.01	Latenter Steueraufwand	4,-	
	an Latente Steuerschuld		4,-

Am 31.12.02 ändert sich die Differenz zwischen dem Gebäudebuchwert nach IFRS und jenem nach Steuerrecht, obwohl nach IFRS keine Zeitwertänderung erfasst wird:

IFRS-Buchwert	112	
Strl. Buchwert	92	*= GE 100 - GE 4 · 2*
Zu versteuernde temporäre Differenz	20	
Steuersatz	25 %	
Latente Steuerschuld 31.12.02	5	
Latente Steuerschuld 31.12.01	4	
Latenter Steueraufwand 02	1	

31.12.02	Latenter Steueraufwand	1,-	
	an Latente Steuerschuld		1,-

31.12.03	Zeitwertverlust	16,-	
	an Gebäude		16,-

393 Vgl. Abschnitt IAS 12, Kapitel 3.1.

Im Jahr 03 ändert sich der Buchwert der latenten Steuerschuld erneut:

IFRS-Buchwert 31.12.03	96	
Strl. Buchwert 31.12.03	88	*= GE 100 - GE 4 · 3*
Zu versteuernde temporäre Differenz	8	
Steuersatz	25 %	
Latente Steuerschuld 31.12.03	2	
Latente Steuerschuld 31.12.02	5	
Latenter Steuerertrag 03	3	

31.12.03	Latente Steuerschuld	3,-	
	an Latenter Steuerertrag		3,-

AUFGABE 3

Gemischt genutzte Immobilie

Die X-AG erwirbt am 05.07.01 ein Grundstück. Die Anschaffungskosten betragen GE 10. Es wird stets erwartet, dass das Grundstück während mehr als einer Periode gehalten wird. Das Grundstück besteht aus zwei Hälften, welche separat verkauft oder separat im Wege von Finanzierungsleasing vermietet werden könnten. Eine Hälfte wird zur langfristigen Wertsteigerung gehalten und die andere Hälfte für die Errichtung eines neuen Verwaltungsgebäudes für die X-AG. Der Zeitwert einer jeden Grundstückshälfte beträgt am 31.12.01 GE 4 und am 31.12.02 GE 6.

Aufgabenstellung

(a) Beurteilen Sie, ob beide Grundstückshälften separat zu bilanzieren sind und welche Standards anzuwenden sind.

(b) Sofern eine Hälfte eine Anlageimmobilie darstellt, nehmen Sie alle aus der Perspektive der X-AG (Bilanzstichtag: 31.12.) in Bezug auf diese Hälfte in den Jahren 01 und 02 erforderlichen Buchungen vor. Die X-AG bilanziert ihre Anlageimmobilien nach dem Zeitwertmodell.

Lösungshinweise

Insbesondere Kapitel 1 und 4.2

LÖSUNG (A)

Das Grundstück stellt eine gemischt genutzte Immobilie dar. Eine solche ist nämlich dadurch gekennzeichnet, dass ein Teil der Immobilie den Charakter einer Anlageimmobilie hat und der andere Teil den Charakter einer selbst genutzten Immobilie. Nachdem beide Hälften separat verkauft werden könnten (oder separat im Wege von Finanzierungsleasing vermietet werden könnten), werden diese separat bilanziert (IAS 40.10). Jene Hälfte, welche eine Anlageimmobilie darstellt, wird nach IAS 40 bilanziert. Da erwartet wird, dass die selbst genutzte Grundstückshälfte länger als eine Periode genutzt wird, erfüllt diese die Definition einer Sachanlage, welche nach IAS 16 zu bilanzieren ist (IAS 40.5 und IAS 16.6).

LÖSUNG (B)

Gewinne und Verluste aus Zeitwertänderungen sind erfolgswirksam zu erfassen (IAS 40.35).

05.07.01		Grundstück	5,-	
	an	Geld		5,-

31.12.01		Zeitwertverlust	1,-	
	an	Grundstück		1,-

31.12.02		Grundstück	2,-	
	an	Zeitwertgewinn		2,-

AUFGABE 4

Abbruchverpflichtung

Die X-AG pachtet noch bis zum 31.12.04 Grund und Boden im Rahmen eines operativen Leasings. Anfang Januar 01 errichtet ein anderes Unternehmen für die X-AG auf diesem Grundstück eine Lagerhalle. Der Kaufpreis beträgt GE 300. Anfang Januar 01 vermietet die X-AG die Lagerhalle im Rahmen eines operativen Leasings bis 31.12.04 an die Y-AG. Die X-AG ist durch den Erwerb der Lagerhalle rechtlich dazu verpflichtet, diese Ende Dezember 04 auf ihre Kosten abreißen zu lassen. Die X-AG rechnet damit, dass dafür Ende Dezember 04 Auszahlungen i. H. von GE 146,41 anfallen werden. Der Abzinsungssatz beträgt 10 % p. a.

Der Zeitwert der unbelasteten Lagerhalle (d. h. vor Abzug der zu entrichtenden Abbruchkosten) entwickelt sich folgendermaßen:

31.12.01	450
31.12.02	300
31.12.03	150
31.12.04	0

Am 31.12.03 geht die X-AG davon aus, dass die Abbruchkosten lediglich GE 121 betragen werden, was auch dem Betrag entspricht, der schlussendlich am 31.12.04 bezahlt wird.

Aufgabenstellung

Nehmen Sie alle in den Jahren 01 bis 04 aus der Perspektive der X-AG (Bilanzstichtag: 31.12.) in Bezug auf die **Lagerhalle** noch erforderlichen Buchungen vor. Die X-AG bilanziert ihre Anlageimmobilien nach dem **Zeitwertmodell**. Die Darstellung der Verbuchung der Mietzahlungen ist außer Acht zu lassen.

Lösungshinweise

Insbesondere Kapitel 3 und 4.2

LÖSUNG

Jahr 01

Die Erstbewertung der Anlageimmobilie erfolgt zu Anschaffungskosten (IAS 40.20), welche auch den Barwert der Kosten für den Abbruch der Lagerhalle enthalten (IAS 37.45):

Kaufpreis	**300**
Abbruchkosten	146,41
Fälligkeit (in Jahren)	4
Abzinsungssatz (p. a.)	10 %
Barwert der Verpflichtung (01.01.01)	**100**
Anschaffungskosten	**400**

Januar 01		Gebäude	400,-	
	an	Geld		300,-
	an	Rückstellung		100,-

Am 31.12.01 wird die Rückstellung um ein Jahr aufgezinst (GE 10 = Stand der Rückstellung Anfang Januar 01 i. H. von GE 100 · 10 %):

31.12.01		Zinsaufwand	10,-	
	an	Rückstellung		10,-

Die Folgebewertung der Lagerhalle erfolgt mit dem Zeitwert des unbelasteten Gebäudes (d. h. vor Abzug der Rückstellung). Die Rückstellung wurde nämlich bereits in der Bilanz passiviert. Eine zusätzliche Kürzung des Zeitwerts des Gebäudes um die Rückstellung würde zu einer doppelten Berücksichtigung der Verpflichtung in der Bilanz führen. Das Gebäude wird somit von GE 400 auf GE 450 aufgewertet:

31.12.01		Gebäude	50,-	
	an	Zeitwertgewinn		50,-

Jahr 02

Am 31.12.02 wird die Rückstellung um ein Jahr aufgezinst:

Rückstellung 01.01.02	110	*GE 100 · 1,1 oder GE 146,41 : 1,1*^{3}
Zinssatz	10 %	
Zinsaufwand 02	11	

31.12.02		Zinsaufwand	11,-	
	an	Rückstellung		11,-

31.12.02		Zeitwertverlust	150,-	
	an	Gebäude		150,-

Jahr 03

Am 31.12.03 wird die Rückstellung um ein Jahr aufgezinst:

Rückstellung 01.01.03	121	*GE 110 · 1,1 oder GE 146,41 : $1{,}1^2$*
Zinssatz	10 %	
Zinsaufwand 03	12,1	

31.12.03		Zinsaufwand	12,1	
	an	Rückstellung		12,1

31.12.03		Zeitwertverlust	150,-	
	an	Gebäude		150,-

Am 31.12.03 ändert sich schließlich der Buchwert der Rückstellung aufgrund einer geänderten Schätzung hinsichtlich der Höhe der Abbruchkosten:

Rückstellung 31.12.03 (GE 146,41)	133,1	*GE 100 · $1{,}1^3$ oder GE 146,41 : 1,1*
Rückstellung 31.12.03 (GE 121)	110	*GE 121 : 1,1*
Reduktion der Rückstellung	**23,1**	

Die Reduktion der Rückstellung resultiert aus einer geänderten Schätzung in Bezug auf den Ende Dezember 04 zu zahlenden Betrag. Daher erfolgt die Erfassung als sonstiger betrieblicher Ertrag.

31.12.03		Rückstellung	23,1	
	an	Sonstiger betrieblicher Ertrag		23,1

Jahr 04

Am 31.12.04 wird die Rückstellung um ein Jahr aufgezinst:

Rückstellung 01.01.04	110
Zinssatz	10 %
Zinsaufwand 04	11

31.12.04		Zinsaufwand	11,-	
	an	Rückstellung		11,-

31.12.04		Zeitwertverlust	150,-	
	an	Gebäude		150,-

31.12.04		Rückstellung	121,-	
	an	Geld		121,-

IAS 41 Landwirtschaft

1. Einleitung und Anwendungsbereich

IAS 41 gilt für (IAS 41.1)

- **biologische Vermögenswerte**, bei denen es sich um keine fruchttragenden Pflanzen (s. u.) handelt,
- **landwirtschaftliche Erzeugnisse im Zeitpunkt der Ernte**, sowie für
- **bestimmte öffentliche Zuwendungen**,

sofern diese mit einer landwirtschaftlichen Tätigkeit i. Z. stehen (IAS 41.1).

Ein **biologischer Vermögenswert** ist ein lebendes Tier (z. B. ein Schaf) oder eine lebende Pflanze. Ein **landwirtschaftliches Erzeugnis** ist das geerntete Produkt (z. B. Wolle) eines biologischen Vermögenswerts (z. B. Schaf) des Unternehmens. **Ernte** ist dabei die Abtrennung des Erzeugnisses von einem biologischen Vermögenswert oder das Ende des Lebensprozesses eines biologischen Vermögenswerts (IAS 41.4 f.).

Landwirtschaftliche Tätigkeit ist das Management der biologischen Umwandlung und Ernte biologischer Vermögenswerte durch ein Unternehmen, um diese zu verkaufen oder in landwirtschaftliche Erzeugnisse oder in zusätzliche biologische Vermögenswerte umzuwandeln. Die **biologische Umwandlung** umfasst die Prozesse des Wachstums, des Rückgangs, der Fruchtbringung und der Vermehrung, die qualitative oder quantitative Änderungen eines biologischen Vermögenswerts verursachen (IAS 41.5 ff.).

Vom **Anwendungsbereich** des IAS 41 sind **ausgenommen** (IAS 41.1 f.):

- Grund und Boden, i. Z. mit landwirtschaftlicher Aktivität (s. IAS 16 bzw. IAS 40);
- immaterielle Vermögenswerte i. Z. mit landwirtschaftlicher Tätigkeit (s. IAS 38) (IAS 41.2);
- **Fruchttragende Pflanzen** i. Z. mit landwirtschaftlicher Tätigkeit – diese unterliegen nämlich IAS 16. Dabei handelt es sich um lebende Pflanzen, welche die folgenden drei Kriterien kumulativ erfüllen (IAS 41.6 und IAS 16.6):
  - Sie werden im Rahmen der Produktion bzw. des Angebots landwirtschaftlicher Erzeugnisse verwendet.
  - Es wird erwartet, dass sie während mehr als einer Periode Früchte tragen.
  - Die Wahrscheinlichkeit, dass sie einmal als landwirtschaftliches Erzeugnis verkauft werden, ist gering. Beiläufige Verkäufe als Ausschuss bzw. Schrott (z. B. als Brennholz) sind jedoch unschädlich (IAS 41.5Ab und 41.5B).

  Ein Beispiel für fruchttragende Pflanzen sind Rebstöcke. Bei jährlich angebauten Feldfrüchten (z. B. Mais und Weizen) handelt es sich hingegen nicht um fruchttragende Pflanzen i. S. von IAS 41 (IAS 41.5Ac). Die auf fruchttragenden Pflanzen befindlichen Früchte stellen biologische Vermögenswerte dar (IAS 41.5C und 41.44) und unterliegen – im Gegensatz zu den Pflanzen – dem Anwendungsbereich von IAS 41 (IAS 41.2b).
- **Öffentliche Zuwendungen**, die sich auf **fruchttragende Pflanzen** beziehen – diese fallen nämlich in den Anwendungsbereich von IAS 20.

IAS 41 gilt für **landwirtschaftliche Erzeugnisse im Zeitpunkt der Ernte**. Danach ist IAS 2 (Vorräte) oder ein anderer anzuwendender Standard maßgeblich. Somit gilt IAS 41 nicht für die Verarbeitung landwirtschaftlicher Erzeugnisse nach der Ernte, denn die Definition der landwirtschaftlichen Tätigkeit umfasst nicht eine solche Verarbeitung (IAS 41.3).

2. Ansatz

Ein biologischer Vermögenswert bzw. ein landwirtschaftliches Erzeugnis ist **anzusetzen**, wenn die folgenden Kriterien kumulativ erfüllt werden (IAS 41.10 f.):

- Das Unternehmen **beherrscht** den Vermögenswert als Ergebnis **vergangener Ereignisse**.
- Es ist **wahrscheinlich**, dass dem Unternehmen **künftiger wirtschaftlicher Nutzen**, der mit dem Vermögenswert verbunden ist, zufließen wird.
- Der beizulegende Zeitwert oder die Anschaffungs- bzw. Herstellungskosten des Vermögenswerts können **verlässlich** ermittelt werden.

Diese Ansatzkriterien entsprechen den allgemeinen Ansatzkriterien des Rahmenkonzepts (R.49a und R.83).

3. Bewertung

Ein **biologischer Vermögenswert** ist sowohl beim erstmaligen Ansatz, als auch zum Ende einer jeden Berichtsperiode zum **Nettozeitwert** (d. h. zum beizulegenden Zeitwert abzgl. Verkaufskosten) zu bewerten, es sei denn, der beizulegende Zeitwert kann nicht verlässlich ermittelt werden (IAS 41.12). Der **beizulegende Zeitwert** ist der Preis, der beim Verkauf eines Vermögenswerts zufließen würde, und zwar in einem gewöhnlichen Geschäft zwischen Marktteilnehmern am Bewertungsstichtag zu den gegenwärtigen Marktbedingungen (IAS 41.8 i.V. mit IFRS 13). Die **Verkaufskosten** sind die zusätzlichen Kosten, die dem Verkauf des Vermögenswerts direkt zurechenbar sind, exkl. Finanzierungskosten und Steuern vom Einkommen und vom Ertrag (IAS 41.5). Gewinne und Verluste aus der Erst- bzw. Folgebewertung zum Nettozeitwert sind **erfolgswirksam** zu erfassen (IAS 41.26 f.).

Landwirtschaftliche Erzeugnisse, die von den biologischen Vermögenswerten des Unternehmens geerntet werden, sind mit dem **Nettozeitwert** (beizulegender Zeitwert abzgl. Verkaufskosten) **im Zeitpunkt der Ernte** zu bewerten. Nach der Ernte wird nicht mehr IAS 41 angewandt, sondern IAS 2 oder ein anderer anzuwendender Standard. Der Nettozeitwert stellt dann die Herstellungskosten im Zeitpunkt der Ernte für die Anwendung von IAS 2 (oder eines anderen anzuwendenden Standards) dar (IAS 41.3 und 41.13). Gewinne und Verluste aus der Erstbewertung zum Nettozeitwert sind **erfolgswirksam** zu erfassen (IAS 41.28 f.).

Für **biologische Vermögenswerte** gilt eine **widerlegbare Vermutung der verlässlichen Ermittelbarkeit des beizulegenden Zeitwerts**. Eine Widerlegung ist nur bei erstmaligem Ansatz unter bestimmten Voraussetzungen möglich. Die Folge der Widerlegung ist eine Bilanzierung zu fortgeführten Kosten (d. h. unter Berücksichtigung planmäßiger und außerplanmäßiger Abschreibungen). Wird der Zeitwert zu einem späteren Zeitpunkt wieder verlässlich ermittelbar, so ist zur Bewertung zum Nettozeitwert überzugehen. Für **landwirtschaftliche Erzeugnisse** gilt hingegen eine **unwiderlegbare Vermutung**, dass der beizulegende Zeitwert im Zeitpunkt der Ernte verlässlich ermittelbar ist (IAS 41.30 ff.).

4. Öffentliche Zuwendungen

IAS 20 findet auf öffentliche Zuwendungen Anwendung, die sich auf biologische Vermögenswerte beziehen, welche mit ihren **Kosten** abzüglich kumulierter planmäßiger und außerplanmäßiger Abschreibungen bewertet werden (IAS 41.37 f.). Darüber hinaus gilt IAS 20 auch für öffentliche Zuwendungen, welche sich auf **fruchttragende Pflanzen** beziehen (IAS 41.2c i.V. mit IAS 20.2d).

IAS 41 verlangt hingegen die folgende – von IAS 20 abweichende – Vorgehensweise, sofern sich die öffentliche Zuwendung auf einen biologischen Vermögenswert bezieht, der nach IAS 41 zum Nettozeitwert bewertet wird (oder wenn eine öffentliche Zuwendung für die Nichtausübung einer bestimmten landwirtschaftlichen Tätigkeit gewährt wird) (IAS 41.34 ff.):

- Eine **unbedingte** öffentliche Zuwendung ist erfolgswirksam zu erfassen, sobald diese einforderbar wird.
- Eine **bedingte** öffentliche Zuwendung ist erfolgswirksam zu erfassen, sobald die mit der Zuwendung verbundenen Bedingungen erfüllt werden. Wird eine öffentliche Zuwendung an das Unternehmen ausbezahlt, bevor alle Bedingungen erfüllt werden, so ist in gleicher Höhe eine Schuld zu erfassen, bis alle Bedingungen erfüllt werden.

5. Aufgaben mit Lösungen

AUFGABE 1

Terminologie und für biologische Vermögenswerte maßgeblicher Standard

Aufgabenstellung

(a) Ordnen Sie die folgenden Begriffe den **Kategorien** „biologische Vermögenswerte", „landwirtschaftliche Erzeugnisse" bzw. „Produkte aus der Verarbeitung nach der Ernte" zu: Bauholz, Teebüsche, Garne, Teppiche, Gepflückte Teeblätter, Schafe, Tee, Käse, Wolle, gefällte Bäume, Milch, Bäume einer Bauholzplantage, Milchvieh.

(b) Beurteilen Sie, **nach welchem Standard** die **biologischen Vermögenswerte** zu bilanzieren sind.

Lösungshinweise

Insbesondere Kapitel 1

LÖSUNG (A)

Es ergibt sich die folgende Zuordnung (IAS 41.4 f.):

Biologische Vermögenswerte	Landwirtschaftliche Erzeugnisse	Produkte aus der Verarbeitung nach der Ernte
Schafe	Wolle	Garne, Teppiche
Milchvieh	Milch	Käse
Teebüsche	Gepflückte Teeblätter	Tee
Bäume einer Bauholzplantage	Gefällte Bäume	Bauholz

LÖSUNG (B)

Bei **Teebüschen** handelt es sich um biologische Vermögenswerte. Sie erfüllen normalerweise die Definition einer fruchttragenden Pflanze und fallen daher in den Anwendungsbereich von IAS 16 (IAS 41.4 f. und 41.1 f). Die **auf den Teebüschen befindlichen Teeblätter** stellen ebenfalls biologische Vermögenswerte dar (IAS 41.5C und 41.44). Sie unterliegen allerdings IAS 41 (IAS 41.1 f. und 41.4).

Anders verhält es sich hingegen bei den **Bäumen der Bauholzplantage** (biologische Vermögenswerte), welche einmal gefällt und zu Bauholz verarbeitet werden sollen. Bei diesen handelt es sich um keine fruchttragenden Pflanzen (IAS 41.5Aa und 41.44). Daher befinden sie sich im Anwendungsbereich von IAS 41 (IAS 41.IN5 und 41.1 f.).

Die **Schafe** und das **Milchvieh** stellen biologische Vermögenswerte im Anwendungsbereich von IAS 41 dar, da sie keine Pflanzen und somit auch keine fruchttragenden Pflanzen sind (IAS 41.1 f., 41.5 und 41.BC53).

AUFGABE 2

Terminologie, Anwendungsbereich und Bewertung

Die X-AG besitzt **Weingärten**, in denen sich **Weinstöcke** mittleren Alters befinden. Die Weingärten dienen ausschließlich der Produktion. Die **Weintrauben** werden von der X-AG geerntet und danach mit den **technischen Anlagen** der X-AG zu **Wein** verarbeitet. Die X-AG verkauft schließlich den Wein an ihre Kunden.

Aufgabenstellung

Beurteilen Sie, **nach welchem Standard** die X-AG die fett hervorgehobenen Vermögenswerte zu bilanzieren hat und erläutern Sie deren **Folgebewertung** durch die X-AG.

Lösungshinweise

Insbesondere Kapitel 1 und 3

LÖSUNG

Die **Weingärten** (Grundstücke) dienen der Produktion und stellen somit Sachanlagen i. S. von IAS 16 dar (IAS 41.2). Dasselbe gilt für die **technischen Anlagen**. Die Folgebewertung entweder nach dem Kosten- oder dem Neubewertungsmodell (IAS 16.29 ff.).

Bei den **Weinstöcken** handelt es sich um lebende Pflanzen und daher um biologische Vermögenswerte (IAS 41.4 f.). Sie stellen fruchttragende Pflanzen dar (IAS 41.5-41.5B) und fallen daher nicht in den Anwendungsbereich von IAS 41, sondern in jenen von IAS 16. Die Folgebewertung erfolgt daher ebenfalls entweder nach dem Kosten- oder dem Neubewertungsmodell (IAS 16.29 ff., insb. IAS 16.37i).

Von IAS 41 sind lediglich die Weinstöcke ausgenommen, nicht aber die auf diesen wachsenden **Weintrauben** (IAS 41.2b). Die auf den Weinstöcken befindlichen Weintrauben stellen biologische Vermögenswerte dar (IAS 41.5C). Im Zeitpunkt der Ernte werden sie dann zu landwirtschaftlichen Erzeugnissen. Auch als solche unterliegen sie im Zeitpunkt der Ernte dem Anwendungsbereich von IAS 41. Die Bewertung erfolgt zum Nettozeitwert im Zeitpunkt der Ernte. Die Verarbeitung der Weintrauben nach der Ernte unterliegt jedoch nicht mehr IAS 41, sondern IAS 2. Der Nettozeitwert im Zeitpunkt der Ernte stellt die Kosten im Zeitpunkt der Ernte für die Anwendung von IAS 2 dar (IAS 41.3 f. und 41.13).

Beim **Wein** handelt es sich um einen Vorrat i. S. von IAS 2 (IAS 41.3 f.).

AUFGABE 3

Öffentliche Zuwendung

Die X-AG besitzt eine Bauholzplantage, auf der sich eine große Zahl an Bäumen befindet. Diese stellen biologische Vermögenswerte dar (IAS 41.4 f.) und werden zum Nettozeitwert bewertet (IAS 41.12).

Am 01.01.01 wird eine öffentliche Zuwendung i. H. von GE 2 für die Bäume einforderbar. Die Auszahlung an die X-AG erfolgt noch am selben Tag.

Variante (a)

Mit der Zuwendung sind keine Bedingungen bzw. Auflagen verbunden.

Variante (b)

Die Auszahlung erfolgt unter der Bedingung, dass die X-AG die Bauholzplantage mindestens bis zum 31.12.02 bewirtschaftet. Wird diese Bedingung nicht eingehalten, so ist die Zuwendung i. H. von GE 2 **zur Gänze** zurück zu zahlen. Gehen Sie davon aus, dass die X-AG die Bedingung schließlich erfüllt.

Variante (c)

Die Auszahlung der öffentlichen Zuwendung erfolgt unter der Bedingung, dass die X-AG die Bauholzplantage mindestens bis zum 31.12.02 bewirtschaftet. Wird diese Bedingung nicht eingehalten, so ist die Zuwendung **zeitanteilig** zurück zu zahlen. Gehen Sie davon aus, dass die X-AG die Bedingung schließlich erfüllt.

Aufgabenstellung

Nehmen Sie alle aus der Perspektive der X-AG (Bilanzstichtag: 31.12.) in den Jahren 01 und 02 i. Z. mit der öffentlichen Zuwendung erforderlichen Buchungen vor.

Lösungshinweise

Insbesondere Kapitel 4

LÖSUNG (A)

Es handelt sich um eine unbedingte öffentliche Zuwendung. Eine solche ist erfolgswirksam zu erfassen, sobald sie einforderbar wird, d. h. im vorliegenden Fall am 01.01.01 (IAS 41.34):

01.01.01	Geld	2,-	
	an Ertrag		2,-

LÖSUNG (B)

Es handelt sich um eine bedingte öffentliche Zuwendung. Die erfolgswirksame Erfassung findet statt, sobald die Bedingung erfüllt ist. Im vorliegenden Beispiel wird die Zuwendung am 01.01.01 an die X-AG ausbezahlt. Zu diesem Zeitpunkt ist die Bedingung noch nicht erfüllt. Daher wird eine Schuld in gleicher Höhe erfasst (IAS 41.35 f.):

01.01.01	Geld	2,-	
	an Schuld		2,-

Am 31.12.02, d. h. bei Erfüllung der Bedingung wird die Zuwendung erfolgswirksam (IAS 41.35 f.):

31.12.02	Schuld	2,-	
	an Ertrag		2,-

LÖSUNG (C)

Im Gegensatz zu (b) wird der Ertrag zeitanteilig erfasst. Es handelt sich nämlich um eine Zuwendung, die nur zeitanteilig zurückgezahlt werden muss, sofern die Bewirtschaftung der Fläche beendet wird (IAS 41.35 f.). Am 31.12.01 findet eine erfolgswirksame Erfassung zu 50 % statt, da bereits eines der zwei Jahre abgelaufen ist.

01.01.01		Geld	2,-	
	an	Schuld		2,-

31.12.01		Schuld	1,-	
	an	Ertrag		1,-

31.12.02		Schuld	1,-	
	an	Ertrag		1,-

IFRS 1 Erstmalige Anwendung der IFRS

1. Einleitung und Anwendungsbereich

IFRS 1 enthält Vorschrift in Bezug auf die erstmalige Anwendung der IFRS. IFRS 1 ist im ersten Jahresabschluss eines Unternehmens nach IFRS anzuwenden sowie in (nach IAS 34 erstellten) Zwischenabschlüssen, welche einen Teil der Periode abdecken, die vom ersten IFRS-Jahresabschluss abgedeckt wird (IFRS 1.2).

Der **erste IFRS-Abschluss** eines Unternehmens ist der **erste Jahresabschluss**, in dem das Unternehmen eine explizite und uneingeschränkte Erklärung abgibt, dass dieser Abschluss mit den IFRS (d. h. mit allen Standards (IAS und IFRS) sowie Interpretation des SIC und des IFRIC) übereinstimmt (**Übereinstimmenserklärung**).[394] Bei einem Unternehmen, das seinen ersten IFRS-Abschluss darstellt, handelt es sich um einen IFRS-Erstanwender. Ein solcher hat IFRS 1 anzuwenden (IFRS 1.2 f., 1.Anhang A und IAS 1.16).

Ein IFRS-Abschluss ist z. B. in den folgenden Fällen der **erste IFRS-Abschluss** des Unternehmens (IFRS 1.3):

- Das Unternehmen stellte seinen aktuellsten, vorhergehenden Abschluss folgendermaßen dar:
  - In Übereinstimmung mit den Bilanzierungsvorschriften des betreffenden Landes, die mit den IFRS nicht in allen Belangen übereinstimmen,
  - in Übereinstimmung mit den IFRS in jeder Hinsicht, allerdings enthielt der Abschluss keine Übereinstimmenserklärung,
  - in Übereinstimmung mit den Bilanzierungsvorschriften des betreffenden Landes, mit einer Überleitung einiger Beträge auf IFRS-Beträge.
- Das Unternehmen erstellte ein Berichtspaket (*reporting package*) in Übereinstimmung mit den IFRS für Zwecke der Konsolidierung, jedoch keinen vollständigen Abschluss i. S. von IAS 1.
- Das Unternehmen erstellte Abschlüsse in Übereinstimmung mit den IFRS, allerdings lediglich für die interne Verwendung, ohne diese den Eigentümern des Unternehmens oder anderen externen Adressaten zur Verfügung zu stellen.

Keine IFRS-Erstanwendung liegt hingegen etwa dann vor, wenn das Unternehmen in verschiedenen Bereichen des aktuellsten vorhergehenden Abschlusses Vorschriften der IFRS verletzt hat, im Anhang aber dennoch wahrheitswidrig eine Übereinstimmungserklärung abgegeben hat.

Wechselt der Konzern von der Bilanzierung nach IFRS zu einer solchen nach nationalem Bilanzrecht und kehrt er etwas später zu den IFRS zurück, so besteht hinsichtlich der **Rückkehr zu den IFRS** das folgende **Wahlrecht** (IFRS 1.4A):

- Erneute Anwendung von IFRS 1.
- Retrospektive Anwendung der IFRS (gem. IAS 8), als ob der Konzern die Anwendung der IFRS niemals unterbrochen hätte.

394 Vgl. Abschnitt IAS 1, Kapitel 3.

Der **Übergangszeitpunkt auf IFRS** ist der Beginn der frühesten Periode, für die das Unternehmen vollständige Vergleichsinformationen auf Basis der IFRS in seinem ersten IFRS-Abschluss darstellt. Die Bilanz im Übergangszeitpunkt wird als **IFRS-Eröffnungsbilanz** bezeichnet (IFRS 1.Anhang A). Diese muss bereits den Ansatz- und Bewertungsregeln der IFRS entsprechen und ist offenzulegen (IFRS 1.6, 1.10 und 1.21). Erstellt etwa ein Unternehmen, das dazu verpflichtet ist, in seinen Abschlüssen eine Vergleichsperiode offenzulegen, zum 31.12.02 seinen ersten IFRS-Abschluss, so ist das Jahr 02 die **erste IFRS-Berichtsperiode**, das Jahr 01 die **Vergleichsperiode** und der 01.01.01 der Übergangszeitpunkt auf IFRS (d. h. der Bilanzstichtag der IFRS-Eröffnungsbilanz).

2. Ansatz und Bewertung

2.1 Rechnungslegungsmethoden

In der IFRS-Eröffnungsbilanz sowie während aller Perioden, die im ersten IFRS-Abschluss dargestellt werden, sind **dieselben Rechnungslegungsmethoden** anzuwenden. Diese Methoden müssen mit allen IFRS übereinstimmen, die am Ende der ersten IFRS-Berichtsperiode (s. Kapitel 1) gültig sind. Hinsichtlich dieses Grundsatzes existiert jedoch eine Reihe von Ausnahmen (IFRS 1.7).

IFRS 1 wird nicht im Falle von **Änderungen von Rechnungslegungsmethoden** eines Unternehmens angewandt, das bereits nach IFRS bilanziert. Solche Änderungen unterliegen den Vorschriften von IAS 8 bzw. spezifischen Übergangsvorschriften anderer IFRS (IFRS 1.5). Andererseits erstreckt sich IAS 8 nicht auf Änderungen von Rechnungslegungsmethoden, die bei der erstmaligen Anwendung der IFRS erfolgen (IFRS 1.27). Die Übergangsvorschriften anderer IFRS gelten nicht für die Umstellung eines IFRS-Erstanwenders auf die IFRS. Diesbezüglich existieren allerdings auch Ausnahmen (IFRS 1.9).

Die in der IFRS-Eröffnungsbilanz angewandten Rechnungslegungsmethoden können von jenen Methoden abweichen, die das Unternehmen zum selben Zeitpunkt nach seinen bisherigen Rechnungslegungsvorschriften angewandt hat. Daher erfolgen in der IFRS-Eröffnungsbilanz **Umbuchungen**, um die Bilanz von den bisherigen Rechnungslegungsvorschriften **auf die IFRS umzustellen**, d. h. an die IFRS anzupassen. Diese Anpassungen sind auf Ereignisse und Geschäfte zurückzuführen, welche vor dem Übergangszeitpunkt auf die IFRS stattgefunden haben. Daher werden die Anpassungen in Bezug auf den Ansatz bzw. die Bewertung von Posten direkt in den **einbehaltenen Gewinnen** (bzw. **sofern zutreffend in einer anderen Eigenkapitalkategorie** wie in einer Währungsrücklage i. S. von IAS 21) erfasst (IFRS 1.11). Im Falle von Anpassungen, welche sich lediglich auf den Ausweis beziehen (z. B. im Falle einer Anpassung, die erforderlich ist, da kurz- und langfristige Schulden bislang nach den bisherigen Rechnungslegungsvorschriften in der Bilanz nicht separat ausgewiesen wurden), ergibt sich grundsätzlich keine Auswirkung auf die Höhe des Eigenkapitals.

Ein IFRS-Erstanwender hat die IFRS **retrospektiv** anzuwenden, d. h. so, als ob schon immer nach IFRS bilanziert worden wäre. Allerdings normiert IFRS 1 **Ausnahmen** von diesem Grundsatz, von denen einige wichtige in den Kapiteln 2.2 und 2.3 erläutert werden.

2.2 Pflichtausnahmen von der retrospektiven Anwendung anderer IFRS

IFRS 1 **verbietet** die **retrospektive Anwendung** einiger Aspekte anderer IFRS, welche in IFRS 1.14-1.17 sowie in IFRS 1.Anhang B beschrieben werden (IFRS 1.12 f.). Eine dieser Ausnahmen wird i. d. F. beschrieben.

Die nach IFRS im Rahmen der Erstellung der **IFRS-Eröffnungsbilanz** erforderlichen **Schätzungen** müssen mit jenen Schätzungen konsistent sein, welche im Rahmen der Erstellung der Bilanz nach den bisherigen Rechnungslegungsvorschriften zum selben Zeitpunkt erforderlich waren. Es sei beispielsweise angenommen, dass ein Unternehmen seine IFRS-Eröffnungsbilanz per 01.01.04 erstellt. Die Bilanz desselben Unternehmens nach den bisherigen Rechnungslegungsvorschriften wurde per 31.12.03 erstellt. Die für diese IFRS-Bilanz erforderlichen Schätzungen müssen mit den Schätzungen für die Bilanz nach den bisherigen Rechnungslegungsvorschriften per 31.12.03 konsistent sein. Somit dürfen Informationen, die das Unternehmen im Nachhinein hinsichtlich seiner Schätzungen für die Bilanz nach den bisherigen Rechnungslegungsvorschriften per 31.12.03 erhalten hat, in der IFRS-Eröffnungsbilanz nicht berücksichtigt werden. Ausnahmen sind die Anpassung einer Schätzung, um Unterschieden in den Bilanzierungsmethoden Rechnung zu tragen, sowie objektive Hinweise, dass eine damalige Schätzung fehlerhaft war (IFRS 1.14 f.).

Es kann auch der Fall eintreten, dass nach IFRS **Schätzungen** in Bezug auf die IFRS-Eröffnungsbilanz erforderlich sind, die nach den bisher angewandten Bilanzierungsvorschriften für den Abschluss zu diesem Zeitpunkt **nicht erforderlich waren**. Diese Schätzungen müssen den Gegebenheiten entsprechen, die zum Stichtag der IFRS-Eröffnungsbilanz existierten. Insbesondere müssen Schätzungen von Marktpreisen, Zinssätzen oder Wechselkursen zum Zeitpunkt des Übergangs auf die IFRS den Marktbedingungen zu diesem Zeitpunkt entsprechen (IFRS 1.16). In solchen Fällen reicht jedoch der Erhellungszeitraum[395] bis zur Erstellung der IFRS-Eröffnungsbilanz.[396]

Die obigen Ausführungen zu den Schätzungen (IFRS 1.14-1.16) gelten auch für den **Bilanzstichtag einer Vergleichsperiode**, die im ersten IFRS-Abschluss dargestellt wird (IFRS 1.17).

2.3 Wahlausnahmen von anderen IFRS

2.3.1 Überblick

Es kann **optional** eine oder mehrere der in den Anhängen C-E zu IFRS 1 enthaltenen Ausnahmeregelungen in Anspruch genommen werden. Diese Ausnahmen dürfen allerdings **nicht per Analogie** auf andere Sachverhalte angewandt werden (IFRS 1.18). I. d. F. werden ausgewählte Ausnahmen beschrieben.

2.3.2 Bewertung von Sachanlagen

In der IFRS-Eröffnungsbilanz gelten für die Bewertung einer Sachanlage Wahlrechte. Neben der Bewertung einer Sachanlage in der IFRS-Eröffnungsbilanz auf der Grundlage IFRS-konform **fort-**

395 Vgl. Abschnitt IAS 10.

396 Vgl. *Lüdenbach/Hoffmann/Freiberg*, IFRS-Kommentar, 12. Aufl., § 6 Tz. 40.

geführter Anschaffungs- bzw. Herstellungskosten ist es auch zulässig, der Wertermittlung einen **Kostenersatz** zugrunde zu legen. Ein Kostenersatz ist ein Betrag, der als Ersatz für die (fortgeführten) Kosten zu einem bestimmten Zeitpunkt verwendet wird. Im Rahmen der nachfolgenden planmäßigen Abschreibung wird unterstellt, dass der Vermögenswert zu dem bestimmten Zeitpunkt angesetzt wurde und dessen Anschaffungs- bzw. Herstellungskosten dem Kostenersatz entsprachen (IFRS 1.Anhang A, 1.D5 f. und 1.D8).

Falls sich das Unternehmen für einen **Kostenersatz** entscheidet, bestehen für die IFRS-Eröffnungsbilanz weitere – je Sachanlage einzeln ausübbare – **Wahlrechte** (IFRS 1.BC45):

- Bewertung mit dem **Zeitwert im Zeitpunkt der IFRS-Eröffnungsbilanz** (IFRS 1.D5).
- Eine **Neubewertung nach bisherigem Bilanzrecht** (die zum oder vor dem Zeitpunkt der IFRS-Eröffnungsbilanz erfolgte) kann als Kostenersatz im Zeitpunkt der Neubewertung verwendet werden. Dies setzt voraus, dass die Neubewertung im Zeitpunkt der Neubewertung bei großzügiger Betrachtung (*broadly*)
  - mit dem Zeitwert oder
  - mit den (fortgeführten) Anschaffungs- bzw. Herstellungskosten gem. IFRS (angepasst um etwa Änderungen eines allgemeinen oder spezifischen Preisindex zu reflektieren) vergleichbar war (IFRS 1.D6).
- Ein Erstanwender kann für einen Teil oder alle seiner Vermögenswerte und Schulden einen Kostenersatz nach bisherigem Bilanzrecht ermittelt haben, in dem diese zu ihrem beizulegenden Zeitwert zu einem bestimmten Zeitpunkt bewertet wurden und zwar wegen eines Ereignisses wie einer Privatisierung oder eines Börsegangs. Solche **ereignisbezogenen beizulegenden Zeitwerte** können zum Bewertungsdatum als Kostenersatz verwendet werden, sofern letzteres vor dem Bilanzstichtag der IFRS-Eröffnungsbilanz liegt (oder mit dem Bilanzstichtag der IFRS-Eröffnungsbilanz identisch ist) (IFRS 1.D8a).

2.3.3 Währungsrücklage

Nach IAS 21 sind Währungsumrechnungsdifferenzen aus der Umrechnung von Fremdwährungsabschlüssen im Wege der **modifizierten Stichtagskursmethode** im **sonstigen Gesamtergebnis** zu erfassen und in einer **Währungsrücklage** anzusammeln. Beim **Abgang** der ausländischen Einheit erfolgt eine **Umgliederung** der auf diese Einheit entfallende Rücklage **in den Periodenerfolg** (als Teil des Abgangsgewinns bzw. -verlusts) (IFRS 1.D12).[397]

Ein **IFRS-Erstanwender** muss sich allerdings hinsichtlich der kumulierten Umrechnungsdifferenzen, die im Zeitpunkt der IFRS-Eröffnungsbilanz existieren, nicht an diese Vorschriften halten. Beruft sich der IFRS-Erstanwender auf diese Erleichterung, so gilt Folgendes (IFRS 1.D13):[398]

- Die **kumulierten Umrechnungsdifferenzen** aller ausländischen Einheiten werden im Zeitpunkt der IFRS-Eröffnungsbilanz **mit Null angesetzt**, d. h., die (bislang) „gespeicherten" Differenzen werden in die einbehaltenen Gewinne umgebucht.

397 Vgl. Abschnitt IAS 21, Kapitel 4.2.
398 Vgl. *Lüdenbach/Hoffmann/Freiberg*, IFRS-Kommentar, 12. Aufl., § 6 Tz. 85.

- Beim späteren Abgang der ausländischen Einheit werden dann nur noch die seit dem Zeitpunkt der IFRS-Eröffnungsbilanz aufgetretenen kumulierten Umrechnungsdifferenzen in den Periodenerfolg umgebucht.

2.3.4 Unternehmenszusammenschlüsse

Für Unternehmenszusammenschlüsse sieht IFRS 1 Gestaltungsmöglichkeiten vor (IFRS 1.Anhang C), welche so weitreichend sind, dass sie die Vergleichbarkeit der Bilanzen verschiedener Konzerne in Frage stellen können.[399]

2.4 Latente Steuern

IFRS 1 enthält keine Sonderregeln für latente Steuern. Soweit sich im Zuge der Umbuchungen in der IFRS-Eröffnungsbilanz die Unterschiede zwischen dem neuen, angepassten IFRS-Buchwert und dem steuerlichen Buchwert verändern, sind die Auswirkungen auf die Bilanzposten für latente Steuern nach den allgemeinen Regeln von IAS 12 zu behandeln. Anpassungen der Bilanzposten für latente Steuern werden i. d. R. gegen die einbehaltenen Gewinne gebucht (z. B. „Einbehaltene Gewinne an Latente Steuerschuld").

3. Darstellung und Offenlegung

IFRS 1 enthält **keine Ausnahmen** von den Darstellungs- und Offenlegungsvorschriften anderer IFRS (IFRS 1.20).

Der erste IFRS-Abschluss muss (um den Anforderungen von IAS 1 zu entsprechen) **mindestens die folgenden Bestandteile** enthalten (IFRS 1.21):

- Drei Bilanzen. Somit ist die Offenlegung der IFRS-Eröffnungsbilanz zwingend erforderlich (IFRS 1.6 und 1.21),
- entweder
  - zwei umfassende Gesamtergebnisrechnungen oder
  - zwei separate GuVen und zusätzlich zwei separate Gesamtergebnisrechnungen,
- zwei Geldflussrechnungen,
- zwei Eigenkapitalspiegel,
- einen Anhang, der Vergleichsinformationen enthält, wozu auch bestimmte Vergleichsinformationen hinsichtlich der IFRS-Eröffnungsbilanz gehören.[400]

Im ersten IFRS-Abschluss müssen u. a. **Eigenkapitalüberleitungen** (in einem ausreichenden Detaillierungsgrad) dargestellt werden und zwar vom Eigenkapital gem. den bisherigen Rechnungslegungsvorschriften auf das Eigenkapital nach IFRS. Eine solche Überleitung muss sowohl für den Übergangszeitpunkt auf IFRS, als auch für den Bilanzstichtag des aktuellsten Jahresabschlusses, der mit den bisherigen Rechnungslegungsvorschriften übereinstimmt, offengelegt werden (IFRS 1.24 f.).

399 Zu einer Darstellung vgl. *Lüdenbach/Hoffmann/Freiberg*, IFRS-Kommentar, 12. Aufl., § 6 Tz. 56 ff.

400 Dazu genauer: *KPMG*, Insights into IFRS, 11. Aufl., Tz. 6. 1. 1540.10-6. 1. 1540.30.

Hat das Unternehmen **für vorherige Perioden keine Abschlüsse** erstellt, so muss dieser Umstand im ersten IFRS-Abschluss angegeben werden (IFRS 1.28). Eine neu gegründete Gesellschaft ist auch ein IFRS-Erstanwender. Im Gegensatz zu den Unternehmen, welche von den nationalen Rechnungslegungsvorschriften auf die IFRS umstellen, werden allerdings keine Vergleichszahlen dargestellt und es werden keine Anpassungen im Eigenkapital erfasst.

4. Aufgaben mit Lösungen

AUFGABE 1

Bei welchen Unternehmen handelt es sich um IFRS-Erstanwender?

Die **A-AG** hat in ihrem aktuellsten, vorhergehenden Abschluss (das ist jener zum 31.12.01) eine explizite und uneingeschränkte Erklärung der Übereinstimmung mit den IFRS abgegeben. Allerdings hat der Wirtschaftsprüfer seinen Bestätigungsvermerk eingeschränkt, da nicht alle Vorschriften der IFRS korrekt angewandt wurden.

Die **B-AG** hat in ihrem aktuellsten, vorhergehenden Abschluss (das ist jener zum 31.12.01) lediglich eine explizite und uneingeschränkte Erklärung der Übereinstimmung mit bestimmten – nicht aber mit allen – Vorschriften der IFRS abgegeben.

Bislang hat die **C-AG** ihre Abschlüsse nach IFRS erstellt. Diese enthielten stets eine explizite und uneingeschränkte Erklärung der Übereinstimmung mit den IFRS. Diese Abschlüsse waren bislang allerdings lediglich für die interne Verwendung bestimmt und standen somit weder den Eigentümern der C-AG, noch anderen externen Adressaten zur Verfügung.

Der (veröffentlichte) Abschluss der **D-AG** zum 31.12.00 enthielt eine explizite und uneingeschränkte Erklärung der Übereinstimmung mit den IFRS. Zum 31.12.01 wurde ein Abschluss nach HGB erstellt, allerdings kein IFRS-Abschluss. Per 31.12.02 erstellt die D-AG wieder einen IFRS-Abschluss.

Aufgabenstellung

Beurteilen Sie, in welchen/welchem der angeführten Fälle der IFRS-Abschluss zum 31.12.02 einen erstmaligen IFRS-Abschluss i. S. von IFRS 1 darstellt.

Lösungshinweise

Insbesondere Kapitel 1

LÖSUNG

Der Abschluss der **A-AG** zum 31.12.02 stellt keinen erstmaligen IFRS-Abschluss i. S. von IFRS 1 dar. Das entscheidende Kriterium ist nämlich die Übereinstimmenserklärung und diese ist im Abschluss zum 31.12.01 vorhanden. Ob die Behauptung der IFRS-Übereinstimmung wahrheitswidrig war und, ob der Bestätigungsvermerk eingeschränkt wurde, ist nicht von Bedeutung (IFRS 1.4(c)).

Der Abschluss der **B-AG** zum 31.12.02 stellt einen erstmaligen IFRS-Abschluss i. S. von IFRS 1 dar. Eine explizite und uneingeschränkte Erklärung der Übereinstimmung mit allen IFRS ist nämlich im Abschluss zum 31.12.01 nicht vorhanden (IFRS 1.3(a)(iii)).

Die bisherigen Abschlüsse der **C-AG** enthielten zwar Übereinstimmenserklärungen, allerdings wurden sie bislang ausschließlich intern verwendet. Daher stellt der Abschluss der C-AG zum 31.12.02 einen erstmaligen IFRS-Abschluss i. S. von IFRS 1 dar (IFRS 1.3(b)).

Der Abschluss der **D-AG** zum 31.12.02 stellt einen erstmaligen IFRS-Abschluss i. S. von IFRS 1 dar. Der aktuellste vorhergehende Abschluss (d. h. jener zum 31.12.01) wurde nämlich nach anderen Rechnungslegungsgrundsätzen erstellt, als nach IFRS (IFRS 1.3a).

AUFGABE 2

Schätzungen im Falle von Rückstellungen

Gegen die X-AG wurde Ende 00 eine Klage wegen Schadenersatz erhoben. Da die X-AG mit einer Verurteilung rechnete, wurde in der Bilanz zum 31.12.00 nach bisherigem Bilanzrecht diesbezüglich eine Rückstellung i. H. von GE 40 angesetzt. Im Erhellungszeitraum des Abschlusses zum 31.12.00 noch völlig unvorhersehbar wurde der Prozess im November 01 von der X-AG wider Erwarten gewonnen. Hätte die X-AG bereits zum 31.12.00 nach IFRS bilanziert, so wäre annahmegemäß ebenfalls eine Rückstellung i. H. von GE 40 zu passivieren gewesen.

Aufgabenstellung

Beurteilen Sie, wie dieser Sachverhalt im ersten IFRS-Abschluss der X-AG zum 31.12.02 zu behandeln ist.

Lösungshinweise

Insbesondere Kapitel 2.2

LÖSUNG

Das Urteil im November 01 stellt ein erhellendes Ereignis dar. Das Urteil konnte allerdings im Abschluss zum 31.12.00 nicht mehr berücksichtigt werden, da es erst nach dem Erhellungszeitraum erging.

Die nach IFRS im Rahmen der Erstellung der **IFRS-Eröffnungsbilanz** per 01.01.01 erforderlichen **Schätzungen** müssen mit jenen Schätzungen konsistent sein, welche im Rahmen der Erstellung der Bilanz nach den bisherigen Rechnungslegungsvorschriften zum selben Zeitpunkt (d. h. zum 31.12.00) erforderlich waren. Demnach darf das im November 01 erfolgte Gerichtsurteil in der IFRS-Eröffnungsbilanz der X-AG nicht berücksichtigt werden (IFRS 1.14 f.). Daher enthält auch die IFRS-Eröffnungsbilanz der X-AG dieselbe Rückstellung i. H. von GE 40.

Allerdings ist die Rückstellung im **Jahr 01** auszubuchen. Dies wirkt sich auf die Vergleichsperiode 01 aus, sowie auf die Bilanz zum 31.12.01, welche im Abschluss der X-AG per 31.12.02 darzustellen sind.

31.12.01		Rückstellung	40,-	
	an	Sonstige betriebliche Erträge		40,-

AUFGABE 3

Bewertung einer Sachanlage in der IFRS-Eröffnungsbilanz

Die X-AG erstellt per 31.12.04 ihren ersten IFRS-Abschluss. Der Stichtag der IFRS-Eröffnungsbilanz ist somit der 01.01.03.

Die X-AG besitzt ein Verwaltungsgebäude (d. h. eine Sachanlage). Der Zeitwert des Gebäudes von GE 80 per 01.01.03 wird von der X-AG als Kostenersatz zum 01.01.03 verwendet (IFRS 1.D5). I. d. F. wird das Gebäude nach dem Kostenmodell von IAS 16 bilanziert. Nach dem bisherigen Bilanzrecht der X-AG sowie nach dem lokalen Steuerrecht der X-AG beträgt der Buchwert des Gebäudes per 01.01.03 GE 60.

Aufgabenstellung

Nehmen Sie alle in der IFRS-Eröffnungsbilanz der X-AG erforderlichen Buchungen vor. Latente Steuern sind

(a) zu vernachlässigen.

(b) zu berücksichtigen. Der Steuersatz der X-AG beträgt 25 %.

Lösungshinweise

Insbesondere Kapitel 2.3.2 und 2.4

LÖSUNG (A)

Aufwertung des Gebäudes in der IFRS-Eröffnungsbilanz:

01.01.03	Gebäude	20,-	
	an Einbehaltene Gewinne		20,-

LÖSUNG (B)

01.01.03	Gebäude	20,-	
	an Einbehaltene Gewinne		20,-

Die Aufwertung des Gebäudes in der IFRS-Eröffnungsbilanz (über den steuerlichen Buchwert hinaus) führt zu einer temporären Differenz, für die eine latente Steuerschuld i. H. von GE 5 (= GE 20 · 25 %) erfasst wird:[401]

01.01.03	Einbehaltene Gewinne	5,-	
	an Latente Steuerschuld		5,-

401 Vgl. Abschnitt IAS 12, Kapitel 3.1.

IFRS 2 Anteilsbasierte Vergütungen

1. Betriebswirtschaftliche Grundlagen zu Mitarbeiteroptionen[402]

IFRS 2 regelt die Bilanzierung von **Geschäften mit anteilsbasierter Vergütung**. Die folgenden Geschäftstypen sind in der Praxis am Wichtigsten:

- Sacheinlagen, bei denen das Unternehmen Güter erwirbt und das Geschäft durch die Ausgabe von Eigenkapitalinstrumenten begleicht,
- Mitarbeiteroptionen, bei denen das Unternehmen Arbeitsleistungen von Mitarbeitern empfängt und den Mitarbeitern das Recht (oder das virtuelle Recht) gewährt, Eigenkapitalinstrumente unterhalb ihres Marktpreises zu erwerben.

Eine **Aktienoption** ist ein Vertrag, der den Inhaber berechtigt, jedoch nicht verpflichtet, die Aktien des Unternehmens zu einem festen oder bestimmbaren Preis zu erwerben. Bei der großen Mehrheit der Optionen handelt es sich entweder um europäische oder amerikanische Optionen. Eine **europäische Option** kann lediglich am Ende der Laufzeit der Option ausgeübt werden, d. h. an einem einzigen im Vorhinein definierten Zeitpunkt. Im Gegensatz dazu kann eine **amerikanische Option** jederzeit während der gesamten Laufzeit ausgeübt werden.

Bei der **Bewertung von Optionen** ist der **beizulegende Zeitwert** (*fair value*) von besonderer Bedeutung. Dieser ist der Betrag, zu dem ein Vermögenswert getauscht, eine Schuld beglichen oder ein gewährtes Eigenkapitalinstrument getauscht werden könnte, und zwar zwischen sachverständigen, vertragswilligen und voneinander unabhängigen Parteien (IFRS 2.Anhang A). Die Ermittlung beizulegender Zeitwerte für Zwecke der Anwendung von IFRS 2 unterscheidet sich in mancherlei Hinsicht von der Vorgehensweise nach IFRS 13 (IFRS 2.6A und IFRS 13.6a). Der beizulegende Zeitwert einer Aktienoption setzt sich aus den folgenden Komponenten zusammen:

- **Innerer Wert** (*intrinsic value*): Der innere Wert einer Option auf den Erwerb einer Aktie ist die positive Differenz zwischen dem beizulegenden Zeitwert der Aktie und dem Ausübungspreis der Option (Kaufpreis für die Aktie im Rahmen des Optionsvertrags). In diesem Fall befindet sich die Option „im Geld". Beträgt etwa der beizulegende Zeitwert der Aktie GE 3 und der Ausübungspreis GE 2, so beträgt der innere Wert der Option GE 1. Der innere Wert kann nicht negativ werden, denn wäre der Ausübungspreis der Option größer, als der beizulegende Zeitwert der Aktie, so würde der Optionsinhaber die Option verfallen lassen, d. h. auf die Ausübung verzichten.
- **Zeitwert** (*time value*): Dieser ist die Differenz zwischen dem beizulegenden Zeitwert der Option und ihrem inneren Wert. Er reflektiert die Wahrscheinlichkeit, dass der innere Wert der Option steigen wird bzw., dass die Ausübung der Option vorteilhaft wird, bevor sie verfällt. Der Zeitwert hängt von der Restlaufzeit und der erwarteten Volatilität des Basiswerts (z. B. der Aktien, die durch Optionsausübung gekauft werden können) ab.

402 Zu den Begriffen vgl. IFRS 2.Anhang A.

Das Recht auf Ausübung einer Option kann an verschiedene **Bedingungen** geknüpft sein. Diese können folgendermaßen systematisiert werden:

<table>
<tr><th colspan="3">Ausübungsbedingungen</th><th rowspan="3">Sonstige Bedingungen</th></tr>
<tr><td rowspan="2">Dienstbedingungen</td><td colspan="2">Leistungsbedingungen</td></tr>
<tr><td>Andere Leistungsbedingungen</td><td>Marktbedingungen</td></tr>
</table>

Bei Mitarbeiteroptionen werden i. d. R. unterschiedliche Arten von **Ausübungsbedingungen** (*vesting conditions*) vereinbart:

- **Dienstbedingungen** (*service conditions*): Das Ausübungsrecht der Option ist lediglich an die Ableistung einer bestimmten Dienstzeit gekoppelt, wobei während dieser Zeit gegenüber dem Unternehmen Dienste erbracht werden.
- **Leistungsbedingungen** (*performance conditions*): Der Mitarbeiter muss zunächst eine bestimmte Dienstzeit ableisten, d. h. eine (explizit oder implizit vereinbarte) Dienstbedingung erfüllen. Darüber hinaus müssen während der Erbringung dieser Dienste bestimmte Erfolgsziele (z. B. ein bestimmtes Umsatz- oder Gewinnwachstum) erreicht werden.

Bei einer Leistungsbedingung kann es sich um eine **Marktbedingung** (*market condition*) handeln. Eine Marktbedingung liegt vor, wenn das vereinbarte Erfolgsziel mit dem Börsenkurs bzw. bei fehlender Börsennotierung mit dem anderweitig ermittelten beizulegenden Zeitwert der Unternehmensanteile (bzw. der Eigenkapitalinstrumente eines anderen Unternehmens desselben Konzerns) i. Z. steht.[403] Ein Beispiel einer Marktbedingung ist daher das Erreichen eines bestimmten Börsenkurses bzw. eines bestimmten inneren Werts einer Aktienoption. Wird hingegen bei einer Leistungsbedingung das Optionsrecht etwa an eine bestimmte Umsatz- bzw. Gewinnsteigerung gebunden (anstatt an den Marktwert der Eigenkapitalinstrumente des Unternehmens), so liegt keine Marktbedingung vor. Im Falle einer Marktbedingung muss der Mitarbeiter eine bestimmte Dienstzeit ableisten, d. h. eine (explizit oder implizit vereinbarte) Dienstbedingung erfüllen.

Die **Wartefrist** (*vesting period*) ist jene Zeitspanne, innerhalb derer alle festgelegten Ausübungsbedingungen erfüllt werden müssen. Das **Unverfallbarkeitsdatum** (*vesting date*) ist jener Tag, an dem die Ausübungsbedingungen des Optionsplans erfüllt werden, wodurch der Mitarbeiter tatsächlich Optionsinhaber wird. In diesem Sinne ist auch der Ausdruck „**unverfallbar werden**" („*to vest*") zu verstehen. Der **Ausübungstag** (*exercise date*) ist schließlich jener Tag, an dem die Aktienoption durch den Mitarbeiter ausgeübt wird.

Neben den Ausübungsbedingungen (*vesting conditions*) kann die Ausübungsmöglichkeit einer Option auch an **sonstige Bedingungen** (*non-vesting conditions*) geknüpft sein. Bei letzteren handelt es sich – negativ definiert – um jene Bedingungen, welche keine Dienst- bzw. Leistungsbedingungen darstellen. Bei sonstigen Bedingungen liegt die Erfüllung im Ermessen[404]

- keiner der Vertragsparteien (z. B. wenn die Erfüllung der Bedingung von der Entwicklung eines Index abhängt),

403 Vgl. *Lüdenbach/Hoffmann/Freiberg*, IFRS-Kommentar, 12. Aufl., § 23 Tz. 69.
404 Vgl. *Lüdenbach/Hoffmann/Freiberg*, IFRS-Kommentar, 12. Aufl., § 23 Tz. 72.

- des Anspruchsberechtigten, d. h. des Mitarbeiters (z. B. Einzahlen eines bestimmten Betrags während der Wartefrist), oder
- des Vergütungsschuldners, d. h. des Unternehmens (z. B. wenn eine Beendigung des Optionsplans jederzeit möglich ist).

2. Anwendungsbereich von IFRS 2

Der separate Erwerb finanzieller Vermögenswerte durch die Ausgabe von Eigenkapitalinstrumenten ist nicht Gegenstand von IFRS 2, da es sich bei Finanzinstrumenten nicht um Güter i. S. des Standards handelt (IFRS 2.5). Der Erwerb von Gütern als Teil des im Rahmen eines Unternehmenszusammenschlusses (der den Vorschriften von IFRS 3 unterliegt) erworbenen Nettovermögens ist vom Anwendungsbereich von IFRS 2 ausgeschlossen (IFRS 2.5). Allerdings können bei einem Unternehmenszusammenschluss Sachverhalte vorliegen, welche dem Anwendungsbereich von IFRS 2 unterliegen.

Sofern keine spezifisch identifizierbaren Güter oder Dienstleistungen existieren, können andere Umstände darauf hindeuten, dass Güter oder Dienstleistungen erhalten wurden (bzw. in der Zukunft erhalten werden). In diesem Fall ist IFRS 2 anzuwenden (IFRS 2.2).

3. Die Bilanzierung von Mitarbeiteroptionen auf Aktien

3.1 Einleitung

In Kapitel 3 werden ausschließlich Mitarbeiteroptionen auf Aktien behandelt. Bei diesen erhält das Unternehmen **Arbeitsleistungen gegen Gewährung von Aktienoptionen** an Mitarbeiter. Der Erhalt von Arbeitsleistungen gegen Gewährung von Aktienoptionen führt **i. d. R. beim Unternehmen zu keinem Zugang eines zu aktivierenden Vermögenswerts**. Daher werden die Arbeitsleistungen als Personalaufwand erfasst (IFRS 2.7 f.). Die Gegenbuchung sowie die weitere Bilanzierung hängen davon ab, ob die Mitarbeiteroption den Charakter eines realen Geschäfts (s. Kapitel 3.2) oder eines virtuellen Geschäfts (s. Kapitel 3.3) hat (IFRS 2.Anhang A):

- **Reale Geschäfte**: Das Unternehmen gewährt als Gegenleistung für die erhaltenen Arbeitsleistungen Optionen auf den Kauf von Aktien des Unternehmens. Daher emittiert das Unternehmen bei Ausübung der Optionen neue Aktien oder führt einen Rückkauf eigener Anteile durch.[405]
- **Virtuelle Geschäfte**: Das Unternehmen geht als Gegenleistung für die erhaltenen Arbeitsleistungen die Verpflichtung ein, Geld oder andere Vermögenswerte an den Mitarbeiter zu übertragen. Der Betrag dieser Verpflichtung ist an den Wert der Aktien des Unternehmens gekoppelt. So könnte sich etwa die X-AG dazu verpflichten, an ihren Vorstandsvorsitzenden eine Zahlung zu leisten, deren Höhe von der Wertentwicklung der Aktien der X-AG in einem bestimmten Zeitraum abhängt. Die X-AG wird daher in diesem Zusammenhang weder Aktien emittieren, noch eigene Anteile zurückkaufen.

405 Hinsichtlich des Rückkaufs eigener Anteile vgl. Abschnitt IAS 32, Kapitel 5.

3.2 Reale Geschäfte

Im Falle realer Mitarbeiteroptionen werden die Arbeitsleistungen, die das Unternehmen erhält, i. d. R. durch die Buchung „**Personalaufwand an Eigenkapital (Kapitalrücklage)**" erfasst, da durch die Arbeitsleistungen i. d. R. kein Zugang eines zu aktivierenden Vermögenswerts erfolgt.

Der beizulegende Zeitwert der gewährten Eigenkapitalinstrumente stellt stets den Wert der Arbeitsleistungen, die das Unternehmen erhält, dar. Die Wertermittlung erfolgt im **Zusagedatum** (IFRS 2.11 f.). Das Zusagedatum (*grant date*) ist jener Tag, an dem mit dem Mitarbeiter eine anteilsbasierte Vergütung vereinbart wird. Ist für diese Vereinbarung eine Genehmigung erforderlich (z. B. durch Aktionäre), so ist das Zusagedatum jener Tag, an dem diese Genehmigung erfolgt (IFRS 2. Anhang A).

Der beizulegende Zeitwert der gewährten Eigenkapitalinstrumente ist auf der Grundlage von Marktpreisen zu ermitteln, sofern verfügbar. Sind Marktpreise nicht verfügbar, so ist ein Bewertungsmodell (s. Kapitel 4) heranzuziehen, welches bestimmten Anforderungen entsprechen muss (IFRS 2.16-2.18 und 2. Anhang B). Normalerweise kann der beizulegende Zeitwert verlässlich ermittelt werden (IFRS 2.24).

Es sind zunächst zwei Fälle zu unterscheiden (IFRS 2.14 f.):

- Die gewährten Eigenkapitalinstrumente werden **sofort unverfallbar**: In diesem Fall ist – sofern keine gegenteiligen Hinweise vorliegen – anzunehmen, dass die Arbeitsleistungen des Mitarbeiters bereits erhalten wurden. In dieser Situation sind die Arbeitsleistungen sowie die Eigenkapitalerhöhung **zur Gänze im Zusagedatum** zu erfassen („Personalaufwand 100 % an Kapitalrücklage 100 %").
- Die gewährten Eigenkapitalinstrumente werden erst **nach Ableistung einer bestimmten Dienstzeit** durch einen Mitarbeiter **unverfallbar**: In diesem Fall ist anzunehmen, dass das Unternehmen die von dem Mitarbeiter zu erbringenden Arbeitsleistungen in der Zukunft (d. h. während der Wartefrist) erhalten wird. Das Unternehmen hat sodann die Arbeitsleistungen **während der Wartefrist** zu erfassen, sobald sie erbracht werden. So erfolgt etwa in jedem Jahr der Wartefrist die Buchung „Personalaufwand 50 % an Kapitalrücklage 50 %", sofern die Wartefrist zwei Jahre beträgt.

Ausübungsbedingungen, welche *keine* Marktbedingungen darstellen, sind (IFRS 2.19 f.)

- bei der Ermittlung des beizulegenden Zeitwerts zum Bewertungstag *nicht* zu berücksichtigen.
- bei der Ermittlung der Zahl der Eigenkapitalinstrumente zu berücksichtigen, die erwartungsgemäß in der Zukunft unverfallbar werden. Wird z. B. nach dem zweiten Jahr der Wartefrist erwartet, dass insgesamt 20 Eigenkapitalinstrumente nicht unverfallbar werden (da ein Teil der Mitarbeiter das Unternehmen bereits vorzeitig verlassen hat oder erwartungsgemäß vorzeitig verlassen wird), so sind für diese 20 Eigenkapitalinstrumente keine Arbeitsleistungen zu erfassen. Ändern sich diesbezüglich die Erwartungen, so erfolgt eine entsprechende Anpassung der Zahl der Eigenkapitalinstrumente, die erwartungsgemäß unverfallbar werden.

Ausübungsbedingungen, welche Marktbedingungen darstellen (z. B. Erreichung eines bestimmten Börsenkurses), sind hingegen bei der Ermittlung des beizulegenden Zeitwerts der gewährten Eigenkapitalinstrumente zu berücksichtigen. Der Personalaufwand ist auch dann zu erfassen, wenn von der Erfüllung der Marktbedingung nicht mehr ausgegangen wird, jedoch von der

Erfüllung aller anderen Ausübungsbedingungen, die keine Marktbedingungen darstellen, ausgegangen wird (IFRS 2.21). Diese umstrittene Andersbehandlung von Marktbedingungen stammt aus den US-GAAP, wo es darum ging, Möglichkeiten zur Umgehung des Sinns der Vorschriften (d. h. ein Rückgängigmachen bereits erfasster Aufwendungen in bestimmten Fällen) zu vereiteln.[406]

Nach dem Unverfallbarkeitsdatum darf der für Arbeitsleistungen erfasste Betrag nicht rückgängig gemacht werden, wenn Aktienoptionen nicht ausgeübt werden. Eine Umbuchung von einer Eigenkapitalkategorie in eine andere ist jedoch zulässig (IFRS 2.23).

Bei Optionsausübung erhält der Mitarbeiter Anteile der Gesellschaft. Um dem Mitarbeiter die Anteile übergeben zu können, führt die Gesellschaft entweder eine **Kapitalerhöhung** oder einen **Rückkauf eigener Anteile** (IAS 32.33 und 32.AG36)[407] durch. Im ersten Fall erhalten die Mitarbeiter neu emittierte Anteile, in letzterem Fall erhalten die Mitarbeiter Anteile der Gesellschaft, die diese zuvor erworben hat.

3.3 Virtuelle Geschäfte

Bei virtuellen Mitarbeiteroptionen sind die erworbenen Arbeitsleistungen sowie die eingegangene Schuld mit dem **beizulegenden Zeitwert der Schuld** zu bewerten. Bis zur Begleichung der Schuld ist der beizulegende Zeitwert zu jedem Bilanzstichtag und im Zeitpunkt der Begleichung neu zu ermitteln. Änderungen des beizulegenden Zeitwerts sind erfolgswirksam zu erfassen (IFRS 2.30 f.).

Die Arbeitsleistungen, die das Unternehmen erhält, sowie die Verpflichtung, für diese zu zahlen, werden erfasst, sobald die Mitarbeiter die Arbeitsleistungen erbringen (IFRS 2.32). Wurden etwa Aktienoptionen an Mitarbeiter gewährt, welche nach Ablauf einer dreijährigen Wartefrist ausgeübt werden können und beträgt der beizulegende Zeitwert nach Ablauf des ersten Jahres der Wartefrist (erster Bilanzstichtag) GE 3, so ist in der Bilanz eine Schuld i. H. von GE 1 zu erfassen.

Wurden hingegen mit den Optionen (ausnahmsweise) bereits erbrachte Arbeitsleistungen abgegolten, so sind die Schuld sowie die erhaltenen Arbeitsleistungen sofort zu erfassen (IFRS 2.32).

4. Optionspreismodelle[408]

Das **Black-Scholes-Modell** ist das einfachste Modell zur Bewertung von Optionen. Dieses ist nur dann anwendbar, wenn mehrere vereinfachende Annahmen erfüllt sind. Das IASB hält die Anwendung von diesem Modell lediglich in bestimmten Fällen für angemessen (IFRS 2.BC131 und BC160-BC162). Sind die vereinfachenden Annahmen des Modells nicht erfüllt bzw. müssen Ausübungsbedingungen im Modell berücksichtigt werden, so lässt sich das Modell anpassen. Solche Anpassungen sind allerdings aufwendig, und sind daher für die Praxis nicht zu empfehlen.

406 Dazu ausführlich: *Ernst & Young*, International GAAP 2015, S. 2273 ff.

407 Zum Rückkauf eigener Anteile vgl. Abschnitt zu IAS 32, Kapitel 5.

408 Vgl. *Lüdenbach/Hoffmann/Freiberg*, IFRS-Kommentar, 12. Aufl., § 23 Tz. 241 ff.

Das **Binomialmodell** ist in der Umsetzung komplexer, als das Basismodell (d. h. ohne Anpassungen) von Black-Scholes. Dafür kann es allerdings zur Bewertung sehr vieler Optionen im Rahmen anteilsbasierter Vergütungen eingesetzt werden. Dieses Modell wird im Vergleich zum Black-Scholes-Modell in der Praxis im Rahmen der Anwendung von IFRS 2 sehr häufig angewandt.[409]

5. Aufgaben mit Lösungen

Verweis auf einen anderen Abschnitt

Hinsichtlich des Binomialmodells wird auf den Abschnitt zu IFRS 13 (Kapitel 4.2 und Aufgabe 1) verwiesen.

AUFGABE 1

Reale Mitarbeiteroptionen – Dienstbedingung

Die X-AG gewährt am 01.01.01 10 Mitarbeitern reale Aktienoptionen. Jeder dieser Mitarbeiter erhält 10 Optionen. Als Dienstbedingung wird vereinbart, dass der betreffende Mitarbeiter 3 Jahre im Unternehmen angestellt bleiben muss, erst danach tritt die Unverfallbarkeit ein. Am 01.01.01 wird der beizulegende Zeitwert je Option auf GE 3 geschätzt.

Am 31.12.01 wird damit gerechnet, dass während der gesamten dreijährigen Wartefrist 10 % der Mitarbeiter aus dem Unternehmen ausscheiden werden. Am 31.12.02 wird die Schätzung auf 30 % angepasst. Im Endeffekt sind bis zum 31.12.03 tatsächlich 20 % der Mitarbeiter ausgeschieden.

Es sei angenommen, dass alle Optionen von Mitarbeitern, welche ausübungsberechtigt sind, schlussendlich am 01.01.04 ausgeübt werden.

Am 01.01.04 wird eine Kapitalerhöhung durchgeführt. Dabei werden neue Anteile emittiert, die den Mitarbeitern, die ihre Optionen ausüben, übergeben werden. Im Gegenzug dafür erhält die Gesellschaft die Summe der Ausübungspreise der Optionen. Es sei angenommen, dass diese Summe GE 250 und das Nominale der Kapitalerhöhung GE 100 beträgt.

Aufgabenstellung

Stellen Sie alle aus der Perspektive der X-AG (Bilanzstichtag: 31.12.) in den Jahren 01 bis 04 erforderlichen Buchungen dar.

Lösungshinweise

Insbesondere Kapitel 1 und 3.2

409 Hinsichtlich des Binomialmodells wird auf den Abschnitt zu IFRS 13 (Kapitel 4.2 und Aufgabe 1) verwiesen.

LÖSUNG

Die X-AG erhält die Arbeitsleistungen während der Wartefrist (IFRS 2.15). Es liegt eine Ausübungsbedingung (und zwar eine Dienstbedingung in der Form einer Dienstzeit von 3 Jahren) vor, welche keine Marktbedingung darstellt. Das Mengengerüst (Zahl der Eigenkapitalinstrumente, die voraussichtlich unverfallbar werden) ist daher zu jedem Stichtag an die aktuelle Schätzung anzupassen (IFRS 2.19 f.). Die Optionen werden im Zusagedatum mit dem beizulegenden Zeitwert bewertet (IFRS 2.11). Der im Zusagezeitpunkt ermittelte beizulegende Zeitwert wird auch für Zwecke der Folgebilanzierung beibehalten. Die folgende Tabelle zeigt den Stand der Kapitalrücklage zu jedem Bilanzstichtag. Der Personalaufwand ergibt sich aus der Veränderung der Kapitalrücklage.

Beizulegender Zeitwert der Optionen im Zusagedatum:					300	
	Ausscheidensquote	**Ausübbare Optionen**	**Abgelaufener Teil der Wartefrist**	**Stand der Kapitalrücklage (31.12.)**	*Nebenrechnungen (Stand der Kapitalrücklage)*	**Personalaufwand des Jahres**
01	10,00 %	90,00 %	1/3	90	*GE 300 · 90 % · 1/3*	90
02	30,00 %	70,00 %	2/3	140	*GE 300 · 70 % · 2/3*	50
03	20,00 %	80,00 %	3/3	240	*GE 300 · 80 % · 3/3*	100

31.12.01		Personalaufwand	90,-	
	an	Kapitalrücklage		90,-

31.12.02		Personalaufwand	50,-	
	an	Kapitalrücklage		50,-

31.12.03		Personalaufwand	100,-	
	an	Kapitalrücklage		100,-

Bei Optionsausübung erhalten die Mitarbeiter Aktien der X-AG. Diese Aktien werden von der X-AG emittiert. Die Zahlung an die Gesellschaft (d. h. die Summe der Ausübungspreise der Optionen) wird in dem Ausmaß, in dem sie das Nominale übersteigt (Agio) in die Kapitalrücklage eingestellt:

01.01.04		Geld	250,-	
	an	Grundkapital		100,-
	an	Kapitalrücklage		150,-

AUFGABE 2

Reale Mitarbeiteroptionen – Dienstbedingung und Leistungsbedingung

Der Sachverhalt ist derselbe wie in Aufgabe 1. Allerdings existiert zusätzlich zur Dienstbedingung eine Leistungsbedingung. Demnach werden die Optionen nur dann unverfallbar, wenn die X-AG bis zum 31.12.03 einen **Umsatzanstieg** von mindestens 20 % erzielt. Am 31.12.01 sowie am 31.12.02 wird davon ausgegangen, dass diese Zielvorgabe erreicht wird, am 31.12.03 stellt sich allerdings heraus, dass sie verfehlt wurde. Aus diesem Grund wird weder eine Kapitalerhöhung, noch ein Rückkauf eigener Anteile durchgeführt.

Aufgabenstellung

Stellen Sie alle aus der Perspektive der X-AG (Bilanzstichtag: 31.12.) in den Jahren 01 bis 03 erforderlichen Buchungen dar.

Lösungshinweise

Insbesondere Kapitel 1 und 3.2

LÖSUNG

Die Leistungsbedingung stellt **keine Marktbedingung** dar, da eine Umsatzsteigerung nicht mit dem Börsenkurs (bzw. bei fehlender Börsennotierung mit dem anderweitig ermittelten beizulegenden Zeitwert der Unternehmensanteile) in (unmittelbarem) Zusammenhang steht (IFRS 2.Anhang A). Daher ist der Personalaufwand nur dann zu erfassen, wenn von der Erfüllung der Leistungsbedingung ausgegangen werden kann. Im konkreten Fall wird in 01 und 02 der entsprechende Personalaufwand erfasst, da am Ende dieser beiden Jahre von der Erfüllung der Leistungsbedingung ausgegangen wird. Schließlich wird die Leistungsbedingung allerdings bis zum 31.12.03 nicht erreicht. Daher ist zum 31.12.03 die Erfassung des Personalaufwands der Jahre 01 und 02 wieder rückgängig zu machen (IFRS 2.19 f.).

31.12.01		Personalaufwand	90,-	
	an	Kapitalrücklage		90,-

31.12.02		Personalaufwand	50,-	
	an	Kapitalrücklage		50,-

31.12.03		Kapitalrücklage	140,-	
	an	Personalaufwand		140,-

AUFGABE 3

Reale Mitarbeiteroptionen – Dienstbedingung und Leistungsbedingung

Der Sachverhalt ist derselbe wie in Aufgabe 1. Allerdings existiert zusätzlich zur Dienstbedingung eine Leistungsbedingung. Demnach werden die Optionen nur dann unverfallbar, wenn der **Börsenkurs** der Aktien der X-AG per 31.12.03, den Börsenkurs per 01.01.01 um mindestens 20 % übersteigt. Am 31.12.01 sowie am 31.12.02 wird davon ausgegangen, dass diese Zielvorgabe erreicht wird, am 31.12.03 stellt sich allerdings heraus, dass sie verfehlt wurde. Aus diesem Grund wird weder eine Kapitalerhöhung, noch ein Rückkauf eigener Anteile durchgeführt.

Aus Vereinfachungsgründen wird die Auswirkung der Leistungsbedingung auf den beizulegenden Zeitwert vernachlässigt, d. h. es wird angenommen, dass der beizulegende Zeitwert derselbe ist wie in Aufgabe 1.

Aufgabenstellung

Stellen Sie alle aus der Perspektive der X-AG (Bilanzstichtag: 31.12.) in den Jahren 01 bis 03 erforderlichen Buchungen dar.

Lösungshinweise

Insbesondere Kapitel 1 und 3.2

LÖSUNG

Die Leistungsbedingung stellt eine **Marktbedingung** dar, da eine Steigerung des Börsenkurses vereinbart wurde (IFRS 2.Anhang A). Daher ist der Personalaufwand auch dann zu erfassen, wenn von der Erfüllung der Marktbedingung nicht mehr ausgegangen wird, jedoch von der Erfüllung aller anderen Ausübungsbedingungen, die keine Marktbedingungen darstellen (in diesem Beispiel ist das die Dienstbedingung), ausgegangen wird.

Im konkreten Fall wird zwar zum 31.12.03 die Leistungsbedingung verfehlt. Dennoch ist auch für das Jahr 03 ein zusätzlicher Personalaufwand zu erfassen (nur für jene Mitarbeiter, welche die Dienstbedingung erfüllen – s. Aufgabe 1) (IFRS 2.21).

31.12.01		Personalaufwand	90,-	
	an	Kapitalrücklage		90,-

31.12.02		Personalaufwand	50,-	
	an	Kapitalrücklage		50,-

31.12.03		Personalaufwand	100,-	
	an	Kapitalrücklage		100,-

AUFGABE 4

Virtuelle Mitarbeiteroptionen

Die X-AG vereinbart am 01.01.01 mit 10 Mitarbeitern die Gewährung von Wertsteigerungsrechten (*share appreciation rights*). Jeder dieser Mitarbeiter erhält 10 derartige Rechte. Diese sind in den Jahren 03 und 04 jederzeit ausübbar, sofern der betreffende Mitarbeiter vom 01.01.01 bis 31.12.02 bei der X-AG angestellt war.

Am 31.12.01 wird mit einem Ausscheiden von insgesamt 2 Mitarbeitern während der Jahre 01 und 02 gerechnet. Bis zum 31.12.02 ist allerdings tatsächlich nur 1 Mitarbeiter ausgeschieden.

Es sei angenommen, dass am 31.12.03 3 berechtigte Mitarbeiter und am 31.12.04 die restlichen 6 berechtigten Mitarbeiter ihre Optionen ausüben.

Zu den Optionen (Wertsteigerungsrechten) liegen folgende Informationen vor:

Datum	Beizulegender Zeitwert	Innerer Wert
31.12.01	7	5
31.12.02	4	3
31.12.03	8	6
31.12.04	9	9

Aufgabenstellung

Stellen Sie alle aus der Perspektive der X-AG (Bilanzstichtag: 31.12.) in den Jahren 01 bis 04 erforderlichen Buchungen dar.

Lösungshinweise

Insbesondere Kapitel 3.3

LÖSUNG

Es ist eine Schuld zu erfassen, welche an jedem Bilanzstichtag mit dem aktuellen beizulegenden Zeitwert *der Optionen* (Wertsteigerungsrechte) bewertet wird. Die Änderungen dieses beizulegenden Zeitwerts sind erfolgswirksam zu erfassen (IFRS 2.30). Der tatsächliche Geldabfluss bei Ausübung eines Wertsteigerungsrechts entspricht hingegen dem inneren Wert der Option, denn der Optionsinhaber erhält die Differenz zwischen dem Ausübungspreis der Option und dem beizulegenden Zeitwert *der Aktien* ausgezahlt.

Datum	Aufwand	Schuld	Anmerkungen
31.12.01	280	280	(10 - 2) Mitarbeiter · 10 Rechte · GE 7 · 1/2 = GE 280
31.12.02	80	360	**Schuld** = (10 - 1) Mitarbeiter · 10 Rechte · GE 4 · 2/2 = GE 360 **Aufwand** = GE 360 - GE 280 = GE 80
31.12.03	300	480	9 Mitarbeiter sind zur Optionsausübung berechtigt, 3 davon haben ihre Optionen zum 31.12.03 ausgeübt. **Schuld** = (9 - 3) Mitarbeiter · 10 Rechte · GE 8 = GE 480 Der **Aufwand** besteht aus 2 Komponenten: ► Erhöhung der Schuld um GE 120 (d. h. von GE 360 auf GE 480). ► Zahlung an die Mitarbeiter, die ihre Rechte ausüben, i. H. von GE 180 (= 3 Mitarbeiter · 10 Rechte · GE 6). Somit beträgt der Aufwand in Summe GE 300.
31.12.04	60	0	Da alle der 9 zur Optionsausübung berechtigten Mitarbeiter ihre Optionen ausgeübt haben, reduziert sich der Wert **Schuld** von GE 480 auf Null. Darüber hinaus haben am 31.12.04 6 Mitarbeiter ihre Optionen ausgeübt, was zu einer Zahlung an die Mitarbeiter i. H. von GE 540 (= 6 Mitarbeiter · 10 Rechte · GE 9) führt. Da die Zahlung im Endeffekt höher ist, als die (Reduktion der) Schuld, ist ein zusätzlicher **Personalaufwand** i. H. von GE 60 (= GE 540 - GE 480) zu erfassen.

31.12.01	Personalaufwand	280,-	
	an Schuld		280,-

31.12.02	Personalaufwand	80,-	
	an Schuld		80,-

31.12.03	Personalaufwand	300,-	
	an Schuld		120,-
	an Geld		180,-

31.12.04	Personalaufwand	60,-	
	Schuld	480,-	
	an Geld		540,-

IFRS 3 Unternehmenszusammenschlüsse

1. Einleitung, Begriffsdefinitionen und Anwendungsbereich von IFRS 3

IFRS 3 widmet sich primär der Frage, wie ein Unternehmenserwerb im Erwerbszeitpunkt sowie an den nachfolgenden Bilanzstichtagen im **Konzernabschluss des Erwerbers** abzubilden ist. Der Standard verwendet allerdings nicht den Begriff des Unternehmenserwerbs, sondern vielmehr den etwas breiteren Begriff des **Unternehmenszusammenschlusses**. In Bezug auf Unternehmenszusammenschlüsse werden in IFRS 3 u. a. Fragen des Ansatzes sowie der (Erst- und Folge-)Bewertung des Vermögens und der Schulden des Erwerbsobjekts beim Erwerber angesprochen. Die künftigen wirtschaftlichen Vorteile, welche aus Vermögenswerten resultieren, die in einem Unternehmenszusammenschluss erworben wurden, aber nicht separat aktivierbar sind, sind im Rahmen eines Sammelpostens (**Firmenwert**) zu aktivieren (IFRS 3.Anhang A).

Bei einem **Unternehmenszusammenschluss** handelt es sich definitionsgemäß um ein Geschäft oder Ereignis, bei dem der Erwerber die **Beherrschung** über einen oder mehrere **Geschäftsbetriebe** erlangt (IFRS 3.Anhang A). Daher müssen zunächst die folgenden zwei Fragen bejaht werden, damit überhaupt ein Unternehmenszusammenschluss vorliegt:

(a) Hat der Erwerber die **Beherrschung** über das Erwerbsobjekt erlangt? Zu dieser Frage enthält IFRS 10 ausführliche Regeln. Beherrschung setzt v. a. Macht (*power*) voraus (IFRS 10.Anhang A).[410]

(b) Handelt es sich beim Erwerbsobjekt um einen **Geschäftsbetrieb** (*business*)? Diese Frage ist Gegenstand der nachfolgenden Ausführungen.

Ein Erwerbsobjekt hat die Qualität eines **Geschäftsbetriebs**, wenn eine integrierte Gruppe von Tätigkeiten und Vermögenswerten vorliegt, die mit dem Ziel geführt und geleitet werden kann, wirtschaftliche Vorteile (z. B. Dividenden) für die Eigentümer, Mitglieder oder Partizipanten zu erzielen (IFRS 3.3 und 3.Anhang A). Es ist erforderlich, dass auf Einsatzfaktoren (Arbeitnehmer, Sachanlagen usw.) **Prozesse** angewandt werden können, um einen Ausstoß (Erträge) zu erzielen. Beim Erwerb von Gesellschaften, die nur einen einzigen funktional bedeutsamen Vermögenswert haben (z. B. eine Immobilie oder ein Schiff) ist vor allem zu prüfen, ob es relevante Prozesse gibt.

Wird eine **Gruppe von Vermögenswerten und Schulden** erworben, die **keinen Geschäftsbetrieb** darstellt, so liegt kein Unternehmenszusammenschluss vor (IFRS 3.3). Daher kommen die zentralen Vorschriften von IFRS 3 erst gar nicht zur Anwendung. So wird z. B. kein Firmenwert aktiviert. Darüber hinaus kommen auch (wegen IAS 12.15, 12.22c und 12.24) keine latenten Steuern zum Ansatz. IFRS 3 hält allerdings fest, dass in solch einem Fall die Anschaffungskosten der Gruppe auf die einzelnen identifizierbaren Vermögenswerte und Schulden auf der Basis ihrer

410 Vgl. Abschnitt IFRS 10, Kapitel 2.

relativen beizulegenden Zeitwerte im Kaufzeitpunkt aufzuteilen sind (IFRS 3.2b). Beim **beizulegenden Zeitwert** handelt es sich um jenen Betrag, der beim Verkauf eines Vermögenswerts zufließen würde bzw. der für die Übertragung einer Schuld zu zahlen wäre – und zwar in einem gewöhnlichen Geschäft zwischen Marktteilnehmern am Bewertungsstichtag zu den gegenwärtigen Marktbedingungen (IFRS 3.Anhang A i.V. mit IFRS 13).[411]

Zusammenschlüsse von Unternehmen oder Geschäftsbetrieben **unter gemeinschaftlicher Beherrschung** sind aufgrund einer Sonderregel vom Anwendungsbereich des IFRS 3 ausgeschlossen (IFRS 3.2c). Diese sind dadurch gekennzeichnet, dass die ultimative Beherrschung über die beteiligten Unternehmen vor und nach dem Zusammenschluss durch dieselbe Partei oder dieselben Parteien erfolgt, und diese Beherrschung nicht nur vorübergehend ist (IFRS 3.B1-3.B4). Derartige Transaktionen kommen insbesondere bei Umstrukturierungen von Konzernen vor.[412]

2. Anteils- und Vermögenskauf im Konzern- und Einzelabschluss

2.1 Anteilskauf

Im Falle eines Anteilskaufs (*share deal*), der zur Beherrschung des erworbenen Unternehmens durch den Erwerber führt, ist wie folgt zu differenzieren:

- Die Vorschriften von IFRS 3 (z. B. Ausweis der erworbenen Vermögenswerte und der übernommenen Schulden anstatt der Beteiligung – IFRS 3.5) gelten nur für den **Konzernabschluss des Erwerbers**.
- Im **Einzelabschluss** des Erwerbers wird hingegen eine Beteiligung aktiviert, welche entweder zu fortgeführten Anschaffungskosten, gem. IFRS 9 zum beizulegenden Zeitwert oder (ab 2016) nach der Eigenkapitalmethode bilanziert wird (IAS 27.10).[413]

2.2 Vermögenskauf

Im Gegensatz dazu kommt es bei einem Unternehmenszusammenschluss in der Form eines **Vermögenskaufs** (*asset deal*) (z. B. Erwerb eines Einzelunternehmens) nicht zu einem Erwerb von Anteilen, sondern zum Erwerb der einzelnen Vermögenswerte und Schulden eines anderen Unternehmens. In diesem Fall kommt IFRS 3 sowohl im Einzel- als auch im Konzernabschluss des Erwerbers zur Anwendung, d. h. in beiden Fällen werden die einzelnen Vermögenswerte und Schulden des erworbenen Unternehmens erfasst und ein Firmenwert ermittelt und angesetzt.[414]

---

411 Zur Ermittlung beizulegender Zeitwerte vgl. Abschnitt IFRS 13.

412 Vgl. dazu im Detail: *Christian*, PiR 2012, S. 167 ff. sowie *Lüdenbach/Hoffmann/Freiberg*, Haufe IFRS-Kommentar, 12. Aufl., § 31, S. 186 ff.

413 Vgl. Abschnitt IAS 27, Kapitel 3.

414 Vgl. *Lüdenbach/Hoffmann/Freiberg*, Haufe IFRS-Kommentar, 12. Aufl., § 31 Tz. 1.

3. Bilanzierung der IFRS 3 unterliegenden Unternehmenszusammenschlüsse im Konzernabschluss des Erwerbers

3.1 Überblick

Bei der **Erstkonsolidierung** stellen sich in zeitlich und logisch gestaffelter Betrachtung die folgenden Aufgaben:

(a) Identifikation des Erwerbers (Kapitel 3.2),

(b) Bestimmung des Erwerbszeitpunkts (Kapitel 3.3),

(c) Ermittlung der Anschaffungskosten für das erworbene Unternehmen,

(d) Vornahme der Aufteilung der Anschaffungskosten (Kaufpreisallokation), d. h. Beurteilung, welche Vermögenspositionen und Schulden des erworbenen Unternehmens beim Erwerber mit welchen Werten anzusetzen sind.

Schließlich wirken sich Unternehmenszusammenschlüsse nicht nur im Erwerbszeitpunkt auf den Konzernabschluss des Erwerbers aus, sondern entfalten auch Auswirkungen auf dessen Konzernabschlüsse für die nachfolgenden Berichtsperioden. Diese Auswirkungen sind Gegenstand der **Folgekonsolidierung**.

3.2 Identifikation des Erwerbers

Der **Erwerber** ist jenes Unternehmen, welches über das **erworbene Unternehmen** die Beherrschung erlangt (IFRS 3.Anhang A). Für jeden Unternehmenszusammenschluss ist eines der involvierten Unternehmen als Erwerber zu identifizieren (IFRS 3.6). In vielen Fällen wird die Identifikation des Erwerbers keine Probleme bereiten. In seltenen Fällen kann es sich allerdings um einen sog. **umgekehrten Erwerb** handeln. Dabei ist das rechtlich als Erwerber zu betrachtende Unternehmen wirtschaftlich betrachtet[415] (d. h. für Bilanzierungszwecke) als erworbenes Unternehmen zu qualifizieren (IFRS 3.B15 und 3.B19). Ein Beispiel wäre die Einbringung eines großen Unternehmens in ein kleines börsenotiertes Unternehmen gegen eine Kapitalerhöhung, die den Einbringenden die Mehrheit an dem börsenotierten Unternehmen verschafft.[416] Gegenstand des vorliegenden Abschnitts zu IFRS 3 sind ausschließlich Fälle, bei denen der rechtliche und der wirtschaftliche Erwerber identisch sind, bei denen also kein umgekehrter Erwerb vorliegt.

3.3 Erwerbszeitpunkt

Der Erwerbszeitpunkt ist jener Tag, an dem der Erwerber die **Beherrschung** über das erworbene Unternehmen **erlangt** (IFRS 3.8). Der Erwerbszeitpunkt ist unter Beachtung des Grundsatzes der wirtschaftlichen Betrachtungsweise[417] zu bestimmen (IFRS 3.9).

415 Zum Grundsatz der wirtschaftlichen Betrachtungsweise vgl. Abschnitt Rahmenkonzept, Kapitel 4.2.2.
416 Vgl. *Lüdenbach/Hoffmann/Freiberg*, Haufe IFRS-Kommentar, 12. Aufl., § 31 Tz. 3.
417 Vgl. Abschnitt Rahmenkonzept, Kapitel 4.2.2.

3.4 Akquisitionsbezogene Kosten

Akquisitionsbezogene Kosten (z. B. externe Rechts- und Beratungskosten, Grunderwerbsteuern sowie die Kosten der Erhaltung einer unternehmensinternen Akquisitionsabteilung) sind Kosten, die beim Erwerber anfallen, damit dieser einen Unternehmenszusammenschluss durchführen kann. Solche Kosten sind periodengerecht als Aufwand zu erfassen. Als Ausnahme von diesem Grundsatz sind jedoch die Kosten der Emission von Eigen- oder Fremdkapitalinstrumenten gem. IAS 32 und IFRS 9 zu behandeln (IFRS 3.53).[418]

3.5 Bilanzierung eines Unternehmenszusammenschlusses im Erwerbszeitpunkt

3.5.1 Grundlagen

Grundsätzlich erfasst der Erwerber die **Vermögenswerte** (z. B. Gebäude, Maschinen, immaterielle Vermögenswerte und Vorräte usw.) und **Schulden** (z. B. Anleihen, Verbindlichkeiten L+L und Rückstellungen) **des erworbenen Unternehmens** im Zeitpunkt des Unternehmenserwerbs und bewertet diese im selben Zeitpunkt mit ihren beizulegenden **Zeitwerten**. In einem einfachen Fall (Erwerb eines Unternehmens zu 100 %) wird das erworbene Nettovermögen (Vermögenswerte abzgl. Schulden) mit der für den Erwerb des Tochterunternehmens entrichteten Gegenleistung verglichen. Ist diese Gegenleistung größer als das Nettovermögen, so ist ein **Firmenwert** zu **aktivieren**.

Diese Überlegungen sind zu erweitern, wenn ein anderes Unternehmen (an dem bislang keine Anteile gehalten wurden) nicht zu 100 %, sondern bspw. zu **80 % erworben** wird. In diesem Fall repräsentiert der verbuchte Kaufpreis lediglich 80 % des erworbenen Unternehmens. Allerdings sind die einzelnen **Vermögenswerte und Schulden** des erworbenen Unternehmens wiederum **zu 100 % zu erfassen**. Daher ergibt sich bei der Erstkonsolidierung buchungstechnisch zwangsläufig die Notwendigkeit der Erfassung eines Passivpostens, der die 20 % der Anteile reflektiert, welche von Konzernfremden gehalten werden (= **nicht beherrschende Anteile**). Dieser Passivposten ist nach IFRS als Bestandteil des **Eigenkapitals** auszuweisen (IFRS 10.22 und IAS 1.54q). Nicht beherrschende Anteile sind daher das Eigenkapital eines Tochterunternehmens, das weder direkt noch indirekt dem Mutterunternehmen zuzurechnen ist (IFRS 3.Anhang A).

Im Falle der Existenz **nicht beherrschender Anteile** muss die **Berechnung des Firmenwerts modifiziert** werden. Es wäre nämlich nicht sachgerecht, die Gegenleistung für den Erwerb von 80 % des erworbenen Unternehmens mit dessen gesamten Nettovermögen (100 %) zu vergleichen. Nach IFRS 3 ist vielmehr der nach IFRS 3 ermittelte Wert des gesamten Unternehmens (100 %) dem gesamten nach IFRS 3 bewerteten Nettovermögen (100 %) gegenüberzustellen. Die Rechnung lautet somit: Gegenleistung (für 80 %) + nach IFRS 3 ermittelter Buchwert der nicht beherrschenden Anteile (20 %) - Nettovermögen (100 %) = Firmenwert (sofern > 0).[419] Die nicht beherrschenden Anteile werden wahlweise entweder mit ihrem beizulegenden Zeitwert bewertet oder mit dem anteiligen identifizierbaren Nettovermögen des erworbenen Unternehmens

418 Zu Kosten der Emission von Eigenkapitalinstrumenten vgl. Abschnitt IAS 32, Kapitel 6 und Aufgabe 3.

419 S. dazu das Berechnungstableau am Ende des Kapitels.

(IFRS 3.19). Im erstgenannten Fall wird der auf die nicht beherrschenden Anteile entfallende Firmenwert ebenfalls aktiviert (daher die Bezeichnung „**volle Firmenwertmethode**"), im letzteren Fall hingegen nicht (daher die Bezeichnung „**partielle Firmenwertmethode**").

Es kann auch der Sonderfall eines **stufenweisen Unternehmenszusammenschlusses** vorliegen, d. h., der Erwerber erlangt die Beherrschung über ein Unternehmen, an dem er unmittelbar vor dem Unternehmenszusammenschluss Eigenkapitalanteile gehalten hat (IFRS 3.41).[420] In diesem Fall ist die obige Rechnung noch um den **beizulegenden Zeitwert der Altanteile im Erwerbszeitpunkt** zu erweitern.

Die nachfolgende Tabelle fasst wichtige Aspekte der Bilanzierung eines Unternehmenszusammenschlusses zusammen (IFRS 3.32 i.V. mit IFRS 3.19), welche in den Folgekapiteln vertieft werden:

	Anschaffungskosten i. e. S.	Transferierte **Gegenleistung**, welche grundsätzlich zum Zeitwert im Erwerbszeitpunkt bewertet wird.
+	**Nicht beherrschende Anteile**	Diese können grundsätzlich entweder mit ihrem **Zeitwert** oder mit dem **anteiligen nach IFRS 3 ermittelten Wert des Nettovermögens** bewertet werden.
+	**Altanteile**	**Zeitwert** im Erwerbszeitpunkt der EK-Anteile, die vom Erwerber unmittelbar vor dem Unternehmenszusammenschluss am erworbenen Unternehmen gehalten wurden.
=	**Anschaffungskosten i. w. S. bzw. vereinfachter Unternehmenswert**	
-	**Erworbenes Nettovermögen**	Saldo der nach IFRS 3 auf den Erwerbszeitpunkt ermittelten Beträge der erworbenen identifizierbaren Vermögenswerte und der übernommenen Schulden.
=	**Firmenwert**	Sofern > 0

3.5.2 Erworbene identifizierbare Vermögenswerte und übernommene Schulden

3.5.2.1 Ansatz in der Bilanz

Damit ein Posten im Rahmen eines Unternehmenszusammenschlusses für den Ansatz im Erwerbszeitpunkt qualifiziert, muss dieser im Erwerbszeitpunkt lediglich die Definition eines Vermögenswerts bzw. einer Schuld i. S. des Rahmenkonzepts erfüllen (IFRS 3.11).[421] Es existiert eine unwiderlegbare Vermutung, dass die Ansatzkriterien des Rahmenkonzepts (Wahrscheinlichkeit des Nutzenzuflusses bzw. Nutzenabflusses sowie verlässliche Bewertung)[422] immer erfüllt werden.[423] Die Wahrscheinlichkeit des Nutzenzu- bzw. -abflusses ist somit nicht für den Ansatz rele-

420 Vgl. Kapitel 3.5.5.

421 Vgl. Abschnitt Rahmenkonzept, Kapitel 6.1.

422 Vgl. Abschnitt Rahmenkonzept, Kapitel 6.2.

423 Vgl. *KPMG*, Insights into IFRS, 11. Aufl., Tz. 2.6.570.20.

vant, dafür aber im Rahmen der Ermittlung des beizulegenden Zeitwerts (d. h. im Rahmen der Bewertung).

Ein Vermögenswert ist **identifizierbar**, wenn eines der beiden nachfolgenden Kriterien erfüllt wird. Diese Kriterien sind für immaterielle Vermögenswerte von besonderer Bedeutung (IFRS 3.Anhang A und 3.B31-3.B34).

- **Verkehrsfähigkeit (Separierbarkeit)**: Der Vermögenswert ist verkehrsfähig (separierbar), d. h. er kann vom Unternehmen getrennt und verkauft, übertragen, lizenziert, vermietet oder getauscht werden, und zwar entweder einzeln oder zusammen mit einem verbundenen identifizierbaren Vermögenswert (Vertrag oder einer Schuld), unabhängig davon, ob das Unternehmen dies beabsichtigt.
- **Vertraglich-rechtliches Kriterium**: Der Vermögenswert resultiert aus vertraglichen oder sonstigen Rechten, unabhängig davon, ob diese Rechte vom Unternehmen oder von anderen Rechten und Verpflichtungen übertragbar oder separierbar sind.

Im Rahmen eines Unternehmenszusammenschlusses kann es zum Ansatz von Vermögenswerten und Schulden kommen, die im Abschluss des erworbenen Unternehmens nicht angesetzt werden konnten (z. B. selbst erstellte Marken, die bislang gem. IAS 38.63 nicht aktiviert werden durften) (IFRS 3.13).

Der Erwerber darf grundsätzlich keine Vermögenswerte oder Schulden i.V. mit einem **operativen Leasing** ansetzen, in dem das erworbene Unternehmen Leasingnehmer ist. Allerdings gibt es Ausnahmen von diesem Grundsatz (IFRS 3.B28-3.B30):

- Der Erwerber hat einen immateriellen Vermögenswert anzusetzen, wenn die Bedingungen des operativen Leasingvertrags im Vergleich zu den Marktbedingungen vorteilhaft sind, und eine Schuld, wenn die Bedingungen im Vergleich zu den Marktbedingungen unvorteilhaft sind.
- Mit operativen Leasingverträgen des erworbenen Unternehmens können andere Vorteile verbunden sein, welche einen identifizierbaren immateriellen Vermögenswert darstellen können.

3.5.2.2 Klassifizierungen und Widmungen

Im Erwerbszeitpunkt sind die erworbenen identifizierbaren Vermögenswerte und die übernommenen Schulden – zwecks Anwendung der für sie relevanten Standards im Rahmen der Bilanzierung nach dem Erwerbszeitpunkt – entsprechend zu klassifizieren bzw. zu widmen. Maßgebend sind dabei die Verhältnisse im Erwerbszeitpunkt (IFRS 3.15). Ein Beispiel für eine solche Klassifizierung ist die Zuordnung finanzieller Vermögenswerte zu den Kategorien „fortgeführte Anschaffungskosten", „Zeitwert über die GuV" oder „Zeitwert über das sonstige Gesamtergebnis" (i. S. von IFRS 9) für Zwecke der Folgebilanzierung.[424] Ein Beispiel für eine Widmung ist die Widmung eines Derivats als Sicherungsinstrument (IFRS 3.16).[425]

424 Vgl. Abschnitt IFRS 9, Kapitel 4.4.
425 Vgl. Abschnitt IFRS 9, Kapitel 8.

3.5.2.3 Bewertung

Der Erwerber hat die erworbenen identifizierbaren Vermögenswerte und die übernommenen Schulden mit ihren **beizulegenden Zeitwerten im Erwerbszeitpunkt** zu bewerten (IFRS 3.18). Beim **beizulegenden Zeitwert** handelt es sich um jenen Betrag, der beim Verkauf eines Vermögenswerts zufließen würde bzw. der für die Übertragung einer Schuld zu zahlen wäre – und zwar in einem gewöhnlichen Geschäft zwischen Marktteilnehmern am Bewertungsstichtag zu den gegenwärtigen Marktbedingungen (IFRS 3.Anhang A i.V. mit IFRS 13).[426] Der Zeitwert ist kein subjektiver, sondern ein **objektiver Wert**.[427] Demnach wird der Zeitwert eines erworbenen, nicht-finanziellen Vermögenswerts unter der Annahme einer wertmaximierenden Verwendung durch Marktteilnehmer ermittelt. Dies gilt auch dann, wenn der erworbene nicht-finanzielle Vermögenswert vom Erwerber nicht aktiv oder nicht wertmaximierend verwendet werden soll (z. B. wenn der Sinn des Besitzes einer Technologie nur darin besteht, andere von deren Verwendung auszuschließen) (IFRS 3.B43).

Die Ermittlung des Zeitwerts einer im Rahmen eines Unternehmenszusammenschlusses erworbenen **Marke** gem. der **Methode der Lizenzpreisanalogie** sowie der **abschreibungsbedingte Steuervorteil** (*tax amortization benefit*) werden im Abschnitt zu IFRS 13 erörtert.[428]

3.5.2.4 Ausnahme von den Ansatzvorschriften

Der Ausdruck **„Eventualschuld"** wird in IAS 37 definiert.[429] Die Vorschriften von IAS 37 gelten nicht hinsichtlich der Beurteilung, welche Eventualschulden im Erwerbszeitpunkt anzusetzen sind. Stattdessen wird eine im Rahmen eines Unternehmenszusammenschlusses angenommene Eventualschuld im Erwerbszeitpunkt angesetzt, wenn eine gegenwärtige Verpflichtung aus vergangenen Ereignissen vorliegt und der beizulegende Zeitwert verlässlich ermittelt werden kann. Demnach erfasst der Erwerber im Gegensatz zu IAS 37 eine Eventualschuld auch dann, wenn es nicht wahrscheinlich ist (d. h. wenn die Wahrscheinlichkeit kleiner ist als 50 %), dass zur Erfüllung der Verpflichtung ein Ressourcenabfluss erforderlich ist (IFRS 3.22 f.).

3.5.2.5 Ausnahmen von den Ansatz- und Bewertungsvorschriften

Sowohl der Ansatz als auch die Bewertung **latenter Steueransprüche und latenter Steuerschulden**, welche durch die in einem Unternehmenszusammenschluss erworbenen Vermögenswerte und übernommenen Schulden entstehen, erfolgen nach den Vorschriften von IAS 12 (IFRS 3.24). Des Weiteren hat der Erwerber die potenziellen Steuereffekte temporärer Differenzen und noch nicht genutzter steuerlicher Verlustvorträge bzw. Gutschriften des erworbenen Unternehmens, die im Erwerbszeitpunkt existieren oder die als Resultat des Unternehmenszusammenschlusses entstehen, gem. IAS 12 zu behandeln (IFRS 3.25).[430]

---

426 Zur Ermittlung beizulegender Zeitwerte vgl. Abschnitt IFRS 13.

427 Vgl. Abschnitt IFRS 13, Kapitel 3.1.

428 Vgl. Abschnitt IFRS 13, Kapitel 4.3, 4.4 und Aufgabe 3 bzw. im Detail: *Christian*, in Eberhartinger/Fraberger/Hirschler, Rechnungswesen, Wirtschaftsprüfung, Steuern – Festschrift für Romuald Bertl, S. 31 ff.

429 Vgl. Abschnitt IAS 37, Kapitel 3.

430 Vgl. Abschnitt IAS 12, Kapitel 3.2.5 und 3.5.2.

Die Ausnahme in Bezug auf IAS 12 führt dazu, dass latente Steuern, die im Rahmen eines Unternehmenszusammenschlusses erfasst werden, nicht mit dem beizulegenden Zeitwert im Erwerbszeitpunkt bewertet werden. Dies ergibt sich aus dem in IAS 12.53 normierten **Abzinsungsverbot**.

Der Erwerber hat eine Schuld bzw. einen Vermögenswert i.V. mit den **Leistungen an Arbeitnehmer des erworbenen Unternehmens** gem. IAS 19 anzusetzen und zu bewerten (IFRS 3.26).

3.5.2.6 Ausnahme von den Bewertungsvorschriften

Erworbene langfristige Vermögenswerte (bzw. Abgangsgruppen), die im Erwerbszeitpunkt als **„zum Verkauf gehalten"** klassifiziert werden, sind gem. IFRS 5 mit dem Nettozeitwert (beizulegender Zeitwert abzgl. Veräußerungskosten) zu bewerten (IFRS 3.31 und IFRS 5.15-5.18).

3.5.3 Nicht beherrschende Anteile

Hinsichtlich der nicht beherrschenden Anteile am erworbenen Unternehmen im Erwerbszeitpunkt besteht ein **Bewertungswahlrecht**. In dem in Kapitel 3.5.1 dargestellten Berechnungsschema für den Firmenwert ist für die nicht beherrschenden Anteile eine eigene Zeile vorgesehen. Aus diesem Grunde ändert sich der Firmenwert, wenn im Zuge der Wahlrechtsausübung die nicht beherrschenden Anteile einen anderen Wert annehmen. Daher kann das angesprochene Wahlrecht – welches im Übrigen für jeden Unternehmenszusammenschluss **unterschiedlich** ausgeübt werden kann – auch als **Firmenwertoption** bezeichnet werden. Es eröffnet hinsichtlich der nicht beherrschenden Anteile grundsätzlich die folgenden beiden Möglichkeiten (IFRS 3.19):

(a) Bewertung mit ihrem **beizulegenden Zeitwert**. Dabei wird der auf die nicht beherrschenden Anteile entfallende Firmenwert automatisch mitaktiviert (daher die Bezeichnung **„volle Firmenwertmethode"**).

(b) Bewertung mit dem **anteiligen** nach IFRS 3 ermittelten Wert des identifizierbaren **Nettovermögens** des erworbenen Unternehmens. Bei dieser Variante wird der auf die nicht beherrschenden Anteile entfallende Firmenwert nicht aktiviert (daher die Bezeichnung **„partielle Firmenwertmethode"**).

Im Falle der Bewertung zum **Zeitwert** erfolgt die Wertermittlung anhand der in einem aktiven Markt notierten Preise der Anteile, die nicht dem Erwerber gehören. Falls keine derartigen Preise vorliegen, wird eine andere Bewertungstechnik angewandt. Der Wert eines Anteils des Erwerbers am erworbenen Unternehmen und eines Anteils der nicht beherrschenden Anteile können voneinander abweichen. Die Ursache dafür kann eine **Kontrollprämie** sein, wenn Marktteilnehmer diese bei der Bewertung berücksichtigen würden. Das bedeutet etwa, dass der Erwerber für den Kauf von 51 % der Anteile (und die damit verbundene Stimmrechtsmehrheit) u.U. einen signifikant höheren Preis bezahlen würde, als für den Kauf von 49 % der Anteile (durch den er keine Stimmrechtsmehrheit erlangen würde) (IFRS 3.B44 f.).

3.5.4 Firmenwert bzw. negativer Unterschiedsbetrag

Der **Firmenwert** ist die positive Differenz zwischen den Anschaffungskosten i. w. S. und dem erworbenen, nach IFRS 3 bewerteten Nettovermögen.[431] Er repräsentiert den Wert von Positionen, welche beim Erwerber im Erwerbszeitpunkt nicht als Vermögenswerte bzw. Schulden angesetzt werden (IFRS 3.B37 f.).

Es kann der Fall eintreten, dass das erworbene (nach IFRS 3 bewertete) Nettovermögen größer ist als die Anschaffungskosten i. w. S. In diesem Fall ist zu überprüfen, ob alle erworbenen Vermögenswerte und angenommen Schulden identifiziert wurden und ob deren Wert korrekt ermittelt wurde. Ebenso ist zu prüfen, ob die Anschaffungskosten i. e. S., die nicht beherrschenden Anteile sowie etwaige Altanteile korrekt bewertet wurden. Sofern sich nach dieser erneuten Beurteilung noch immer ein **negativer Unterschiedsbetrag** ergibt, so ist dieser im Erwerbszeitpunkt **erfolgswirksam** zu erfassen und dem **Erwerber** zuzurechnen (IFRS 3.34-3.36).

3.5.5 Stufenweiser Unternehmenszusammenschluss

Erlangt der Erwerber die Beherrschung über ein Unternehmen, an dem er unmittelbar vor dem Erwerbszeitpunkt Eigenkapitalanteile (Altanteile) gehalten hat, so liegt ein stufenweiser Unternehmenszusammenschluss vor (IFRS 3.41). In diesem Fall muss die Berechnung des Firmenwerts modifiziert werden, sodass der **Firmenwert um den beizulegenden Zeitwert der Altanteile** im Erwerbszeitpunkt **erhöht** wird.[432]

Wurden die Altanteile bislang nach der Eigenkapitalmethode (*equity method*) bilanziert oder gem. IFRS 9 zum Zeitwert über die GuV, so ist ein **Gewinn bzw. Verlust aus der Neubewertung** dieser Anteile zum Zeitwert im Erwerbszeitpunkt GuV-wirksam zu erfassen. Wurden die Altanteile hingegen bislang zum Zeitwert über das sonstige Gesamtergebnis bilanziert (IFRS 9.4.1.4, 9.5.7.1b und 9.5.7.5), so ist der Gewinn bzw. Verlust aus deren Neubewertung im sonstigen Gesamtergebnis zu erfassen. Beträge, welche gem. IFRS 9 in Bezug auf Eigenkapitalinstrumente im sonstigen Gesamtergebnis erfasst werden, dürfen i. d. F. nicht in die GuV umgebucht werden (IFRS 3.42 und IFRS 9.B5.7.1).[433]

Bei einer **Übergangskonsolidierung** ändert sich der Status von Anteilen. Der eben erwähnte stufenweise Unternehmenszusammenschluss, bei dem die bisherigen Anteile zu Anteilen an einem Tochterunternehmen werden, stellt eine spezielle Form einer Übergangskonsolidierung sowie der Kapitalkonsolidierung dar, und zwar eine sog. **Aufwärtskonsolidierung**.

3.5.6 Anschaffungskosten i. e. S. (inkl. bedingter Gegenleistungen)

Die Bewertung der im Rahmen eines Unternehmenszusammenschlusses transferierten Gegenleistung erfolgt generell zum **beizulegenden Zeitwert im Erwerbszeitpunkt,** welcher grundsätzlich die Summe der folgenden beizulegenden Zeitwerte darstellt (IFRS 3.37 und 3.32):

431 S. das in Kapitel 3.5.1 dargestellte Berechnungsschema.

432 S. das in Kapitel 3.5.1 dargestellte Berechnungsschema.

433 Vgl. Abschnitt IFRS 9, Kapitel 5.3.

- Zeitwert der vom Erwerber **transferierten Vermögenswerte**,
- Zeitwert der vom Erwerber gegenüber den früheren Eigentümern des erworbenen Unternehmens **angenommenen Schulden**,
- Zeitwert der vom Erwerber **emittierten Eigenkapitalanteile**.

Enthält die Gegenleistung Vermögenswerte oder Schulden des Erwerbers, welche von den beizulegenden Zeitwerten im Erwerbszeitpunkt **abweichende Buchwerte** aufweisen, so sind diese auf ihre beizulegenden Zeitwerte im Erwerbszeitpunkt **erfolgswirksam auf- bzw. abzuwerten**. Es ist jedoch auch möglich, dass die **Vermögenswerte oder Schulden** innerhalb des durch den Unternehmenszusammenschluss zusammengefassten Unternehmens **verbleiben** (z. B. weil die Vermögenswerte an das erworbene Unternehmen und nicht an dessen frühere Eigentümer transferiert wurden) und der Erwerber dadurch die Beherrschung über sie behält. In diesem Fall sind deren **Buchwerte**, die vor dem Erwerbszeitpunkt existierten, **fortzuführen** (d. h. es erfolgt keine Zeitbewertung im Erwerbszeitpunkt) (IFRS 3.38).

Es kann auch vorkommen, dass ein Unternehmenszusammenschluss ohne Entrichtung **einer Gegenleistung** zustande kommt, z. B. in den folgenden Fällen (IFRS 3.43):

- Der Erwerber hat bislang die Mehrheit der Stimmrechte gehalten, aufgrund der Vetorechte Konzernfremder lag aber bislang keine Beherrschung vor. Zu einem bestimmten Zeitpunkt **erlöschen** diese **Vetorechte**, wodurch der Erwerber die Beherrschung erlangt.[434]
- Der Erwerber hat bislang 49 % der Stimmrechte gehalten, somit lag keine Beherrschung vor. Zu einem bestimmten Zeitpunkt führt das erworbene Unternehmen einen **Rückkauf eigener Aktien** von anderen Aktionären durch. Dadurch steigt der Stimmrechtsanteil des Erwerbers auf 51 %, wodurch dieser die Mehrheit der Stimmrechte und Beherrschung erlangt.

In den beiden eben genannten Beispielen – in denen gleichzeitig ein stufenweiser Unternehmenszusammenschluss vorliegt – ergeben sich die Anschaffungskosten i. w. S.[435] lediglich aus der Addition des Zeitwerts der Altanteile des Erwerbers mit dem Buchwert der nicht beherrschenden Anteile (IFRS 3.19, 3.32 f. und 3.41 f.).

Die Anschaffungskosten i. e. S. umfassen auch Vermögenswerte oder Schulden aus Vereinbarungen über **bedingte Gegenleistungen** (IFRS 3.39). Im Falle bedingter Gegenleistungen ist der Erwerber normalerweise dazu verpflichtet, bei Eintritt bestimmter künftiger Ereignisse bzw. bei Erfüllung von Bedingungen, an die früheren Eigentümer des erworbenen Unternehmens zusätzliche Vermögenswerte oder Eigenkapitalanteile zu transferieren. Manchmal hat der Erwerber allerdings auch das bedingte Recht, bereits transferierte Gegenleistungen zurück zu erhalten (IFRS 3.Anhang A).

Bedingte Gegenleistungen sind vom Erwerber als Teil der Gegenleistung mit ihrem **beizulegenden Zeitwert im Erwerbszeitpunkt** zu erfassen (IFRS 3.39). Eine Verpflichtung des Erwerbers zur Zahlung einer bedingten Gegenleistung (welche die Definition eines Finanzinstruments erfüllt) ist vom Erwerber als **finanzielle Schuld** oder als **Eigenkapital** zu klassifizieren (und zwar gem. den Definitionen eines Eigenkapitalinstruments bzw. einer finanziellen Schuld gem. IAS 32.11). Das bedingte Recht des Erwerbers auf Rückerstattung von bereits transferierter Gegenleistung ist als **Vermögenswert** zu klassifizieren (IFRS 3.40).

434 Hinsichtlich dieses Falls vgl. Aufgabe 6.

435 S. das in Kapitel 3.5.1 dargestellte Berechnungsschema.

3.5.7 Bewertungsperiode

Sofern bis zum Ende der Berichtsperiode, in der der Unternehmenszusammenschluss erfolgt ist, im Hinblick auf die erstmalige Bilanzierung des erworbenen Unternehmens teilweise lediglich **vorläufige Werte** vorliegen, so hat der Erwerber diese vorläufigen Werte in seinem Abschluss anzusetzen. Innerhalb der **Bewertungsperiode** hat der Erwerber diese vorläufigen Werte **retrospektiv** an neue Informationen über die **Verhältnisse im Erwerbszeitpunkt** anzupassen, sofern die Kenntnis dieser Informationen zu einer anderen Bewertung der zum Erwerbszeitpunkt erfassten Beträge geführt hätte. In gleicher Weise kann auch nachträglich eine retrospektive Erfassung von Vermögenswerten und Schulden erforderlich werden (IFRS 3.45).

Die Bewertungsperiode endet, sobald der Erwerber die fehlenden Informationen über die Verhältnisse im Erwerbszeitpunkt erlangt hat, oder in Erfahrung bringt, dass zusätzliche Informationen nicht erhältlich sind. Jedenfalls darf die Bewertungsperiode nicht **ein Jahr** ab dem Erwerbszeitpunkt überschreiten (IFRS 3.45).

Es ist stets genau zu beurteilen, ob nach dem Erwerbszeitpunkt erhaltene Informationen zu einer **retrospektiven Anpassung** führen oder ob diese Informationen auf **Ereignisse** zurückzuführen sind, die **nach dem Erwerbszeitpunkt** eingetreten sind (IFRS 3.47).

Erfolgt innerhalb der Bewertungsperiode eine **retrospektive Anpassung** des vorläufigen Betrages, in dessen Höhe ein identifizierbarer Vermögenswert bzw. eine Schuld erfasst wurde, so erfolgt die **Gegenbuchung im Firmenwert** (IFRS 3.48). Anpassungen der vorläufigen Beträge, die während der Bewertungsperiode erfolgen, sind somit so durchzuführen, als ob die korrigierten Werte bereits im Erwerbszeitpunkt erfasst worden wären. Die Darstellung von **Vergleichsinformationen** (z. B. planmäßige Abschreibungen) für Vorperioden ist daher **ebenfalls anzupassen** (IFRS 3.49).

Nach dem Ende der Bewertungsperiode hat eine **retrospektive Anpassung** der Bilanzierung eines Unternehmenszusammenschlusses **nur im Falle der Korrektur eines Fehlers** i. S. von IAS 8 zu erfolgen (IFRS 3.50).

3.6 Folgebilanzierung

Die Folgebilanzierung von in einem Unternehmenszusammenschluss erworbenen Vermögenswerten, angenommenen bzw. eingegangenen Schulden und emittierten Eigenkapitalinstrumenten hat gem. der auf diese Posten **anwendbaren IFRS** zu erfolgen. **IFRS 3** enthält jedoch u. a. für die i. d. F. diskutierten Posten **spezifische Vorschriften** (IFRS 3.54).

Nach IFRS ist eine **planmäßige Firmenwertabschreibung unzulässig**. Allerdings gelten für Firmenwerte hinsichtlich des **Wertminderungstests** die Vorschriften von IAS 36.[436]

Nach der Ersterfassung und bis die Schuld beglichen oder aufgehoben wird oder erlischt, ist eine im Rahmen eines Unternehmenszusammenschlusses erfasste **Eventualschuld** mit dem höheren der folgenden beiden Beträge zu bewerten (IFRS 3.56):

436 Vgl. Abschnitt IAS 36, insb. Kapitel 2, 7, 9 und 10.

- Betrag, der nach IAS 37 zu erfassen wäre,
- ursprünglich erfasster Betrag, abzgl. – sofern angemessen – des kumulierten Ertrags, der nach den Grundsätzen von IFRS 15 ermittelt wird.

Die eben genannte Vorschrift gilt allerdings nicht für nach IFRS 9 bilanzierte Verträge (IFRS 3.56).

Im Falle einer **Änderung des beizulegenden Zeitwerts bedingter Gegenleistungen** ist zu differenzieren (IFRS 3.58 und IFRS 9.4.2.1e):

- Eine Änderung innerhalb der **Bewertungsperiode** aufgrund zusätzlicher Informationen, die der Erwerber nach dem Erwerbszeitpunkt über die Verhältnisse zum Erwerbszeitpunkt erlangt hat, führt zu einer retrospektiven Anpassung des Firmenwerts. Zusätzlich ist die Darstellung der Vergleichsperiode anzupassen (IFRS 3.45-3.49).
- Zeitwertänderungen, welche auf **Ereignisse nach dem Erwerbszeitpunkt** zurückzuführen sind (z. B. Erreichen einer bestimmten Ergebnisvorgabe, eines bestimmten Aktienkurses oder eines Meilensteins im Rahmen eines Forschungs- und Entwicklungsprojekts) stellen hingegen keine Bewertungsperiodenanpassungen dar. Diese Änderungen werden vom Erwerber folgendermaßen bilanziert: Im Falle bedingter Gegenleistungen, die
  - **Eigenkapital** darstellen, erfolgt keine Folgebewertung und die Begleichung wird innerhalb des Eigenkapitals dargestellt;
  - **Vermögenswerte oder Schulden** darstellen, erfolgt die Bilanzierung zum beizulegenden Zeitwert über die GuV.

Nicht beherrschende Anteile (nbA) sind im Rahmen der Folgebilanzierung in Abhängigkeit des im Zeitpunkt der Erstkonsolidierung gewählten Wertansatzes (IFRS 3.19)[437] wie folgt fortzuschreiben (IFRS 10.B94) (wobei in der folgenden Darstellung angenommen wird, dass der Unternehmenserwerb am 01.01.01 erfolgte und die Folgekonsolidierung per 31.12.01 stattfindet):

	Partielle Firmenwertmethode (= Erstbewertung mit dem *anteiligen Nettovermögen*)		**Volle Firmenwertmethode (= Erstbewertung zum *beizulegenden Zeitwert*)**
	Buchwert der nbA per 01.01.01 *(= anteiliges Nettovermögen gem. IFRS 3 per 01.01.01, d. h. inkl. stiller Reserven etc., aber exkl. anteiligem Firmenwert der nbA)*		**Buchwert der nbA per 01.01.01** *(= Zeitwert der nbA per 01.01.01, welcher naturgemäß auch den auf die nbA entfallenden Firmenwert enthält)*
+	Anteil der nbA an einer nachfolgenden, effektiven Kapitalerhöhung	+	Anteil der nbA an einer nachfolgenden, effektiven Kapitalerhöhung
+/-	Anteil der nbA am Jahresgewinn bzw. -verlust	+/-	Anteil der nbA am Jahresgewinn bzw. -verlust
+/-	Anteil der nbA am sonstigen Gesamtergebnis	+/-	Anteil der nbA am sonstigen Gesamtergebnis

437 Vgl. Kapitel 3.5.1 und 3.5.3.

-	Anteil der nbA an der Abschreibung stiller Reserven	-	Anteil der nbA an der Abschreibung stiller Reserven
+	Anteil der nbA an der Auflösung einer aus der Aktivierung der stillen Reserven resultierenden latenten Steuerschuld	+	Anteil der nbA an der Auflösung einer aus der Aktivierung der stillen Reserven resultierenden latenten Steuerschuld
-	Anteil der nbA an der Dividende des Tochterunternehmens	-	Anteil der nbA an der Dividende des Tochterunternehmens
+/-	Anteil der nbA an den sonstigen nachfolgenden Änderungen des Nettovermögens i. S. von IFRS 3	+/-	Anteil der nbA an den sonstigen nachfolgenden Änderungen des Nettovermögens i. S. von IFRS 3
		-	*Anteilige Wertminderung des Firmenwerts*[438]
=	**Buchwert der nbA per 31.12.01**	=	**Buchwert der nbA per 31.12.01**

3.7 Latente Steuern

Hinsichtlich latenter Steuern wird auf den Abschnitt zu IAS 12 verwiesen, und zwar insbesondere auf Kapitel 3.2.5 zu latenten Steuern aus **Innendifferenzen II**, welche aus der Kaufpreisallokation resultieren.

3.8 Buchungstechnik beim Anteilskauf im Konzernabschluss

3.8.1 Erstkonsolidierung

Zur Erstellung des Konzernabschlusses ist es zunächst erforderlich, die **Einzelabschlüsse** des Mutter- und der Tochterunternehmen auf sog. **Bilanzen II** und **Gesamtergebnisrechnungen II** dieser Unternehmen überzuleiten, die nach IFRS und nach konzerneinheitlichen Bilanzierungsmethoden erstellt werden (IFRS 10.B87).[439]

Anschließend werden die **Summenbilanz** und die **Summen-Gesamtergebnisrechnung** erstellt. Dabei werden die Buchwerte der einzelnen Aktiva und Passiva (z. B. der Maschinen, der Vorräte, der Beteiligungen und der Grundkapitalien) sowie die einzelnen Aufwendungen und Erträge aus den Bilanzen II und Gesamtergebnisrechnungen II des Mutterunternehmens und der Tochterunternehmen addiert (IFRS 10.B86a).

Als Folge dieser Addition enthält die Summenbilanz die Buchwerte der Beteiligungen des Mutterunternehmens an dessen Tochterunternehmen (aus der IFRS-Bilanz II des Mutterunternehmens), die im Normalfall den Anschaffungskosten entsprechen (IAS 27.10a). Diese Beteiligungen wurden jeweils mit der Buchung „Beteiligung an Geld" erfasst. Zusätzlich zeigt die Summenbilanz als Folge der Addition nicht nur die Vermögenswerte und Schulden eines bestimmten Tochterunternehmens, sondern auch dessen Eigenkapital (diese Posten stammen aus der Bilanz II des Tochterunternehmens) (**Ist-Buchungsstand**). Allerdings wird im Konzernabschluss angenommen, dass der Erwerber nicht die Anteile (z. B. Aktien) seiner Tochtergesellschaft erworben

438 Vgl. Abschnitt IAS 36, Kapitel 10 und Aufgabe 7.

439 Vgl. Abschnitt IFRS 10, Kapitel 3.2.1.

hat. Stattdessen wird der Unternehmenszusammenschluss so dargestellt, als ob der Erwerber die einzelnen Vermögenswerte des erworbenen Unternehmens erworben und dessen einzelne Schulden angenommen hätte (**Soll-Buchungsstand**). Um ausgehend vom Ist-Buchungsstand den Soll-Buchungsstand zu erreichen, muss daher das Eigenkapital des Tochterunternehmens im Erwerbszeitpunkt gegen die Beteiligung am Tochterunternehmen ausgebucht werden (Buchung „Eigenkapital an Beteiligung"), da diese beiden Positionen im Soll-Buchungsstand nicht enthalten sind. Zusätzlich werden der Firmenwert sowie die nicht beherrschenden Anteile (sofern vorhanden) erfasst.[440] Diese Buchung wird als **Kapitalkonsolidierung** bezeichnet.

Bei Durchführung der Kapitalkonsolidierung erfolgen noch **weitere Anpassungen** hinsichtlich des Unternehmenszusammenschlusses (z. B. Anpassung der Buchwerte der Vermögenswerte und Schulden des erworbenen Unternehmens an den nach IFRS 3 erforderlichen Betrag, welcher grundsätzlich der beizulegende Zeitwert im Erwerbszeitpunkt ist sowie die Erfassung zusätzlicher Vermögenswerte und Schulden, welche in der Bilanz II des erworbenen Unternehmens nicht enthalten sind).

Die Bilanzierung eines Unternehmenszusammenschlusses im Erwerbszeitpunkt hat auch Anpassungen nach dem Erwerbszeitpunkt zur Folge. Wurde etwa der Buchwert eines Gebäudes im Erwerbszeitpunkt auf den Zeitwert erhöht (wodurch sich gleichzeitig die Bemessungsgrundlage für die planmäßige Abschreibung erhöht), so muss ab dem Erwerbszeitpunkt auch die **planmäßige Abschreibung angepasst** werden.

3.8.2 Folgekonsolidierung

Bei der Erstellung des Konzernabschlusses einer bestimmten **zukünftigen Periode** wird wiederum der Summenabschluss für diese zukünftige Periode als Ausgangspunkt verwendet. Naturgemäß enthalten Summenabschlüsse keine Buchungen i. Z. mit Kapitalkonsolidierungen. Daher ist im Rahmen der Erstellung des Konzernabschlusses der zukünftigen Periode die **Kapitalkonsolidierung** vom Erwerbszeitpunkt zu **wiederholen**, um den korrekten Buchungsstand herzustellen. Darüber hinaus sind weitere Anpassungen, welche in vergangenen Perioden in Bezug auf Tochterunternehmen erfolgten (z. B. eine Erhöhung der planmäßigen Abschreibung), zu wiederholen. Dabei sind Beträge, welche am oder nach dem Erwerbszeitpunkt, jedoch vor der aktuellen Berichtsperiode im Periodenerfolg erfasst wurden (z. B. ein negativer Unterschiedsbetrag[441] oder die planmäßige Abschreibung für das Vorjahr der bei der Kaufpreisallokation aktivierten stillen Reserven), in der aktuellen Berichtsperiode **direkt in den einbehaltenen Gewinnen** und somit nicht im laufenden Erfolg zu erfassen.

In der **separaten GuV** ist der Periodenerfolg als Ergebnisgröße auszuweisen (IAS 1.81Aa). Der **auf die nicht beherrschenden Anteile entfallende Teil des Periodengewinns** (Periodenverlusts) stellt keinen Abzugsposten (keinen ertragsähnlichen Posten) innerhalb der Ergebnisrechnung dar. Er

440 Die Logik der Erfassung eines Firmenwerts sowie der nicht beherrschenden Anteile (sofern vorhanden) wird in Kapitel 3.5.1 erklärt.

441 Vgl. Kapitel 3.5.4.

ist stattdessen lediglich nach dem Periodenfolg (IAS 1.81B) in der Form eines **Davon-Vermerks** zu präsentieren. Dasselbe gilt für den Anteil der Eigentümer des Mutterunternehmens am Periodenerfolg (IAS 1.81Ba). Der folgende Auszug aus einer separaten GuV soll dies veranschaulichen:

Jahresgewinn vor Steuern	100
Ertragsteuern	-30
Jahresgewinn	**70**
Zurechnung des Jahresgewinns an die	
Eigentümer des Mutterunternehmens	64
nicht beherrschenden Anteile	6

Der Buchwert der nicht beherrschenden Anteile erhöht sich um den auf sie entfallenden Gewinnanteil (IFRS 10.B94), welcher im obigen Beispiel GE 6 beträgt. Die Gegenbuchung erfolgt in den einbehaltenen Gewinnen. Somit lautet der Buchungssatz im Beispiel **„per Einbehaltene Gewinne an Nicht beherrschende Anteile GE** 6“. Die Reduktion der einbehaltenen Gewinne führt zu einer Reduktion des Eigenkapitals der Eigentümer des Mutterunternehmens. Diese ist darauf zurückzuführen, dass ein Teil des Jahresgewinns (GE 6) eben den Minderheitsgesellschaftern zuzurechnen ist und nicht den Eigentümern des Mutterunternehmens.[442]

Wird keine separate GuV präsentiert, sondern eine **umfassende Gesamtergebnisrechnung**,[443] so werden die soeben beschriebenen Davon-Vermerke, welche den Periodenerfolg der unterschiedlichen Gesellschaftergruppen zeigen, im Anschluss an die Zeile „Gesamtergebnis“ präsentiert (IAS 1.IG).

Obige Überlegungen gelten **sinngemäß für das Gesamtergebnis**. Der auf die nicht beherrschenden Anteile entfallende Teil des Gesamtergebnisses ist nach der Zeile „Gesamtergebnis“ in der Form eines **Davon-Vermerks** zu präsentieren, stellt aber wiederum weder einen Abzugsposten noch einen ertragsähnlichen Posten innerhalb der Ergebnisrechnung dar. Dasselbe gilt für den Anteil der Eigentümer des Mutterunternehmens am Gesamtergebnis (IAS 1.81Bb). Allerdings kann nicht immer ausschließlich das Konto „Einbehaltene Gewinne“ verwendet werden. Es sei angenommen, dass der auf die Minderheitsgesellschafter entfallende Jahresgewinn GE +6 und das auf ebendiese entfallende **sonstige Gesamtergebnis** GE +2 (Annahme: aus der Bilanzierung von EK-Instrumenten zum Zeitwert über das sonstige Gesamtergebnis)[444] beträgt, woraus ein Gesamtergebnis der nicht beherrschenden Anteile von GE +8 resultiert. In diesem Fall ist die folgende Buchung erforderlich, damit die einbehaltenen Gewinne und die besondere Bewertungsrücklage nur noch i. H. des Konzernanteils aufscheinen: „per Einbehaltene Gewinne GE 6 per Zeitwertrücklage GE 2 an Nicht beherrschende Anteile GE 8“ (IAS 1.IG).

442 Alternativ wäre es buchungstechnisch auch möglich, obgleich etwas komplexer, ein Konto „Gewinn nicht beherrschender Anteile“ einzuschalten.

443 Vgl. Abschnitt IAS 1, Kapitel 6.2.2.

444 Vgl. Abschnitt IFRS 9, Kapitel 5.3.

3.9 Beurteilung, was Teil eines Unternehmenszusammenschlusses ist

Zwischen dem Erwerber und dem erworbenen Unternehmen kann eine **vorerwerbliche Beziehung** (*pre-existing relationship*) **oder sonstige Vereinbarung** bestehen, bevor die Verhandlungen über den Unternehmenszusammenschluss begonnen haben. Eine solche Beziehung kann vertraglicher Art sein (z. B. Lizenzgeber und -nehmer) oder keine vertragliche Grundlage haben (z. B. Kläger und Angeklagter). Darüber hinaus können der Erwerber und das erworbene Unternehmen während der Verhandlungen über den Unternehmenszusammenschluss eine von diesem **separate Vereinbarung** abschließen (IFRS 3.51).

Die folgenden Geschäfte sind Beispiele für separate Geschäfte, welche nicht Bestandteil der Bilanzierung eines Unternehmenszusammenschlusses sind (IFRS 3.52):

- Ein Geschäft, durch das vorerwerbliche Beziehungen zwischen dem Erwerber und dem erworbenen Unternehmen beglichen werden;
- ein Geschäft, durch das Arbeitnehmer oder frühere Eigentümer des erworbenen Unternehmens für zukünftige Leistungen entlohnt werden;
- ein Geschäft, durch das das erworbene Unternehmen oder dessen frühere Eigentümer für die Zahlung der akquisitionsbezogenen Kosten[445] des Erwerbers entschädigt werden.
- **Separate Geschäfte** sind gem. der **für diese relevanten Standards** zu bilanzieren (IFRS 3.12, 3.51 und 3.B51). Sofern der Unternehmenszusammenschluss eine vorerwerbliche Beziehung begleicht, so erfasst der Erwerber einen Gewinn bzw. Verlust, für dessen Ermittlung IFRS 3.B52 genaue Regeln vorgibt.

4. Aufgaben mit Lösungen[446]

Verweise auf andere Abschnitte

Hinsichtlich der **Entkonsolidierung**, der **Aufstockung** und der **Abstockung** wird auf den Abschnitt zu IFRS 10 (Kapitel 3.3 und Aufgabe 8) verwiesen. Der Abschnitt zu IFRS 10 enthält auch Beispiele zu den **anderen Konsolidierungsarten**. Die Bewertung einer im Rahmen eines Unternehmenszusammenschlusses erworbenen **Marke** gem. der Methode der Lizenzpreisanalogie (unter Berücksichtigung des **abschreibungsbedingten Steuervorteils**) wird im Abschnitt zu **IFRS 13** dargestellt (Kapitel 4.3 und 4.4 sowie Aufgabe 3).

445 Vgl. Kapitel 3.4.

446 Den Aufgaben 2-7 werden zugunsten der Anschaulichkeit vereinfacht dargestellte Abschlüsse mit wenigen Positionen zugrunde gelegt. Dennoch ist stets davon auszugehen, dass das Erwerbsobjekt einen Geschäftsbetrieb darstellt und ein Unternehmenszusammenschluss vorliegt.

AUFGABE 1

Geschäftsbetrieb vs. Gruppe von Vermögenswerten

Zum 31.12.01 erwirbt U für einen Kaufpreis von jeweils GE 100 jeweils 100 % an den Immobiliengesellschaften A und B. Das Anlagevermögen von A besteht ausschließlich aus einem Bürohochhaus, das langfristig vermietet wird. B hält und verwaltet ein Einkaufszentrum mit wechselndem Mieterbestand, organisiert die Werbung für das Einkaufszentrum und dort stattfindende besondere Veranstaltungen. A und B sind schuldenfrei. Die Immobilien haben jeweils einen Zeitwert von GE 80 und einen steuerlichen Buchwert von GE 70. Der Steuersatz beträgt 30 %.

Aufgabenstellung

Erläutern Sie die Behandlung der Erwerbe im Konzernabschluss von U zum 31.12.01.

Lösungshinweise

Insbesondere Kapitel 1 und 3.5.1

LÖSUNG

(a) Beurteilung der Geschäftsbetriebsqualität und Konsequenzen

A stellt keinen Geschäftsbetrieb dar, da es bei langfristiger Vermietung an relevanten Geschäftsprozessen fehlt. Somit handelt es sich im Konzernabschluss von U um den Erwerb eines Gebäudes und nicht um einen Unternehmenszusammenschluss.

Bei B sind solche Prozesse hingegen in vielfacher Hinsicht (Abwicklung alter und Eingehen neuer Mietverträge sowie Organisation der Werbung und besonderer Veranstaltungen) gegeben. Daher stellt B einen Geschäftsbetrieb dar und der Erwerb von B somit einen Unternehmenszusammenschluss.

(b) Erstkonsolidierung von A

Da kein Unternehmenszusammenschluss vorliegt, ist das Gebäude mit den Anschaffungskosten von GE 100 einzubuchen (IFRS 3.3). Aus demselben Grund kann auch kein Firmenwert entstehen.

Die passiven latenten Steuern kommen nicht zum Ansatz, da der Erwerbsvorgang keinen Unternehmenszusammenschluss darstellt und auch nicht ergebniswirksam ist (IAS 12.15b und 12.22c).

(c) Erstkonsolidierung von B

Da ein Unternehmenszusammenschluss vorliegt, ist das Gebäude mit dem Zeitwert von GE 80 anzusetzen. Die passive Differenz von GE 10 zum Steuerwert führt bei U zum Ansatz einer latenten Steuerschuld i. H. von GE 3. Damit ergibt sich folgender Firmenwert:

Anschaffungskosten	100
Gebäude	-80
Latente Steuerschuld	+3
Firmenwert	**23**

AUFGABE 2

Einführendes Beispiel zur Kapitalkonsolidierung

Die M-AG erwirbt am 31.12.01 alle Anteile (100 %) an der T-AG um GE 2. Die Bilanz der M-AG (Einzelabschluss) hat am 31.12.01 vor dem Kauf der T-AG folgendes Aussehen:

Bilanz der M-AG (vor Erwerb der T-AG)

Geld	3	Grundkapital	4
Gebäude	3	Schulden	4
Handelswaren	2		
Summe	**8**	**Summe**	**8**

Die Bilanz der T-AG (auf die sich der Unternehmenszusammenschluss nicht auswirkt) hat per 31.12.01 folgendes Aussehen:

Bilanz der T-AG

Gebäude	1	Grundkapital	2
Handelswaren	1		
Summe	**2**	**Summe**	**2**

Aufgabenstellung

Nehmen Sie alle im Einzel- und Konzernabschluss der M-AG per 31.12.01 erforderlichen Buchungen vor und stellen Sie die Konzernbilanz der M-AG dar. Unterstellen Sie vereinfachend, dass bei der M-AG und bei der T-AG jeweils die Bilanz II und die Bilanz identisch sind.

Lösungshinweise

Insbesondere Kapitel 2.1, 3.5.1 und 3.8.1

LÖSUNG

Einzelabschluss der M-AG

Verbuchung des Erwerbs der T-AG:

31.12.01		Beteiligung (an der T-AG)	2,-	
	an	Geld		2,-

Bilanz der M-AG (nach Erwerb der T-AG)

Geld	1	Grundkapital	4
Beteiligung (an der T-AG)	2	Schulden	4
Gebäude	3		
Handelswaren	2		
Summe	**8**	**Summe**	**8**

Summenbilanz

Die Summenbilanz ergibt sich aus der Addition der einzelnen Aktiva und Passiva der Einzelabschlüsse der M-AG (s. o.) und der T-AG (lt. Angabe):[447]

31.12.01	M-AG	T-AG	Summenbilanz
Geld	1		1
Beteiligung an der T-AG	2		2
Gebäude	3	1	4
Handelswaren	2	1	3
Aktiva	**8**	**2**	**10**
Grundkapital	-4	-2	-6
Schulden	-4		-4
Passiva	**-8**	**-2**	**-10**

Zwischenzusammenfassung: Ist-Buchungsstand

Der Erwerb der T-AG wirkt sich auf die Summenbilanz folgendermaßen aus:

(a) Die einzelnen Vermögenswerte der T-AG, d. h. das Gebäude (GE 1) und die Handelswaren (GE 1) wurden in die Summenbilanz aufgenommen.

(b) Der Geldbestand wurde um GE 2 kleiner. Dies muss so sein, denn das Geld wurde nicht an die T-AG, sondern an deren ehemalige Eigentümer gezahlt.

(c) Die M-AG hat eine Beteiligung an der T-AG i. H. von GE 2 erfasst.

(d) Das Grundkapital wurde um GE 2, d. h. um das Grundkapital der T-AG größer.

Soll-Buchungsstand

Hätte die M-AG nicht die Anteile an der T-AG gekauft, sondern ein Gebäude um GE 1 sowie Handelswaren um GE 1, so hätte sie bereits in ihrem Einzelabschluss gebucht: „per Gebäude GE 1 per Handelswaren GE 1 an Geld GE 2". Dies entspricht den oben dargestellten Punkten (a) und (b) und stellt den Soll-Buchungsstand dar. Im Konzernabschluss ist der Erwerb der T-AG nämlich nicht als Kauf einer Beteiligung, sondern als Kauf der einzelnen Vermögenswerte der T-AG zu verbuchen.

Kapitalkonsolidierung

Um vom Ist-Buchungsstand auf den Soll-Buchungsstand zu kommen, ist eine Korrekturbuchung (Kapitalkonsolidierung) erforderlich, bei der das Grundkapital der T-AG und die Beteiligung der M-AG an der T-AG auszubuchen sind. Anders ausgedrückt werden die in den Punkten (c) und (d) angeführten Positionen (s. o.) eliminiert, während die in den Punkten (a) und (b) angeführten Positionen (s. o.) im Abschluss verbleiben.

31.12.01		Grundkapital	2,-	
	an	Beteiligung (an der T-AG)		2,-

447 In dieser Darstellung weisen Beträge im Soll stets ein positives Vorzeichen auf, jene im Haben ein negatives.

Zusammenfassung[448]

31.12.01	M-AG	T-AG	Summen-bilanz	Kapitalkon-solidierung	Konzern-bilanz
Geld	1		1		1
Beteiligung an der T-AG	2		2	-2	0
Gebäude	3	1	4		4
Handelswaren	2	1	3		3
Aktiva	**8**	**2**	**10**	**-2**	**8**
Grundkapital	-4	-2	-6	2	-4
Schulden	-4		-4		-4
Passiva	**-8**	**-2**	**-10**	**2**	**-8**

AUFGABE 3

Erstkonsolidierung

Die M-AG hat am 31.12.01 60 % der Anteile an der T-AG für GE 110 erworben. Der Kaufpreis enthält eine Kontrollprämie (IFRS 3.B45). Der Zeitwert der restlichen 40 % der Anteile an der T-AG beträgt zum 31.12.01 GE 68.

In ihrem Einzelabschluss bilanziert die M-AG ihre Beteiligung an der T-AG zu fortgeführten Anschaffungskosten (IAS 27.10a).

Bisheriger Buchungsstand (im Einzelabschluss der M-AG):

31.12.01	Beteiligung (an der T-AG)	110,-	
	an Geld		110,-

Zum Bilanzstichtag 31.12.01 haben die Bilanzen II der M-AG und der T-AG folgendes Aussehen:[449]

31.12.01	M-AG	T-AG
Gebäude	250	60
Handelswaren	90	30
Geld	40	10
Beteiligung an der T-AG	110	
Aktiva	**490**	**100**
Grundkapital	-250	-60
Einbehaltene Gewinne	-50	-10
Darlehensverbindlichkeiten	-190	-30
Passiva	**-490**	**-100**

448 In dieser Darstellung weisen Buchungen bzw. Beträge im Soll stets ein positives Vorzeichen auf, jene im Haben ein negatives.

449 In dieser Darstellung weisen Beträge im Soll stets ein positives Vorzeichen auf, jene im Haben ein negatives.

Es liegen zusätzlich die folgenden Informationen per 31.12.01 vor:

- Der Zeitwert vom Gebäude der T-AG beträgt GE 80 und der steuerliche Buchwert GE 60.
- Die T-AG legt im Anhang zu ihrem Einzelabschluss nach IFRS eine (verlässlich bewertbare) Eventualschuld aus einer gegenwärtigen Verpflichtung i. H. von GE 4 offen, die naturgemäß nicht passiviert wurde (IAS 37.27).[450] Die Eventualschuld wurde nach lokalem Steuerrecht der T-AG nicht als Schuld angesetzt.
- Die M-AG hat eine von der T-AG selbst erstellte Marke mit einem Zeitwert von GE 24 identifiziert, welche im Einzelabschluss der T-AG nach IFRS nicht aktiviert werden durfte (IAS 38.63),[451] jedoch die Voraussetzungen für eine Aktivierung in der Konzernbilanz der M-AG nach IFRS 3 erfüllt. Die Marke wurde nach lokalem Steuerrecht der T-AG nicht als Vermögenswert angesetzt.

Aufgabenstellung

Führen Sie die Erstkonsolidierung der T-AG im Konzernabschluss der M-AG zum 31.12.01 durch und stellen Sie die Konzernbilanz der M-AG sowie die Konsolidierungsbuchungen in Tabellenform dar. Die nicht beherrschenden Anteile werden (a) mit ihrem Zeitwert bzw. (b) mit dem anteiligen Nettovermögen bewertet (IFRS 3.19).

Latente Steuern aus Innendifferenzen II[452] sind zu berücksichtigen. Der Steuersatz beträgt 25 %. Nehmen Sie an, dass die Voraussetzungen für die Saldierung latenter Steueransprüche und latenter Steuerschulden in der Bilanz (IAS 12.74) erfüllt werden.

Lösungshinweise

Insbesondere Kapitel 2.1, 3.5.1, 3.5.3 und 3.8.1

LÖSUNG (A)

Die Erstkonsolidierungsbuchung lautet wie folgt:

					Anmerkung
31.12.01		Gebäude	20,-		(1)
		Marke	24,-		(1)
		Firmenwert	78,-		(6)
		Grundkapital	60,-		(3)
		Einbehaltene Gewinne	10,-		(3)
	an	Eventualschuld		4,-	(1)
	an	Latente Steuerschuld		10,-	(5)
	an	Beteiligung an der T-AG		110,-	(2)
	an	Nicht beherrschende Anteile		68,-	(4)

450 Vgl. Abschnitt IAS 37, Kapitel 3.
451 Vgl. Abschnitt IAS 38, Kapitel 3.4.3.
452 Vgl. Abschnitt IAS 12, Kapitel 3.2.5.

Anmerkungen zu diesem Buchungssatz:

(1) Die einzelnen Aktiva und Passiva der T-AG, welche bereits in der Bilanz II der T-AG enthalten sind, müssen im Zuge der Konsolidierung nicht eingebucht werden. Diese fließen nämlich über die Summenbilanz automatisch in den Konzernabschluss der M-AG ein. Der Buchwert vom Gebäude in der Bilanz II und in der Summenbilanz beträgt GE 60. Daher ist der Gebäudebuchwert um GE 20 auf den Zeitwert von GE 80 zu erhöhen. Die identifizierte Marke und die verlässlich bewertbare Eventualschuld (aus der gegenwärtigen Verpflichtung) wurden in der Bilanz II nicht als Vermögenswert bzw. Schuld angesetzt. Allerdings sind sie in der Konzernbilanz der M-AG zu aktivieren. Bei der Marke handelt es sich aus Konzernsicht um eine im Rahmen eines Unternehmenszusammenschlusses erworbene Marke und nicht um eine selbst erstelle Marke, weshalb das spezifische Aktivierungsverbot (IAS 38.63)[453] nicht greift.

(2) Die Beteiligung an der T-AG wird ausgebucht, da diese durch die einzelnen Vermögenswerte (z. B. Gebäude) und Schulden der T-AG ersetzt wird.

(3) Das Eigenkapital der T-AG im Erwerbszeitpunkt (31.12.01) wird im Zuge der Kapitalkonsolidierung zur Gänze ausgebucht. Zum auszubuchenden Eigenkapital gehören auch die einbehaltenen Gewinne der T-AG (welche den bis zum Erwerbszeitpunkt angefallenen Jahreserfolg der T-AG enthalten).

(4) In der Konzernbilanz werden die sog. nicht beherrschenden Anteile (40 %) als separate Eigenkapitalkomponente (IAS 1.54q) eingebucht. Diese stellen einen auf der Passivseite notwendigen Ausgleichsposten dar, da die Vermögenswerte und Schulden in den Konzernabschluss zu 100 % einfließen, die Anteilsquote an der T-AG jedoch nur 60 % beträgt.[454] Bei der Aufgabenstellung (a) erfolgt die Bewertung der nicht beherrschenden Anteile mit ihrem Zeitwert, welcher lt. Angabe GE 68 beträgt (IFRS 3.19).

(5) Latente Steuern: Das Gebäude der T-AG muss nach IFRS auf seinen Zeitwert aufgewertet werden (d. h. von GE 60 auf GE 80). Da der steuerliche Gebäudebuchwert weiterhin GE 60 beträgt, entsteht durch die Aufwertung eine temporäre Differenz von GE 20. Weitere temporäre Differenzen entstehen durch die Einbuchung der Marke und der Eventualschuld nach IFRS, da diese steuerlich nicht als Vermögenswert bzw. Schuld angesetzt wurden. Der erstmalige Ansatz des Firmenwerts führt hingegen nicht zum Ansatz einer latenten Steuerschuld (IAS 12.15a). Dieser wird nämlich als Residualgröße aus der Kaufpreisallokation betrachtet.

453 Vgl. Abschnitt IAS 38, Kapitel 3.4.3.

454 Vgl. Kapitel 3.5.1.

	IFRS-Buchwert per 31.12.01	Steuerlicher Buchwert per 31.12.01	Abzugsfähige temporäre Differenzen	Zu versteuernde temporäre Differenzen	Aktive latente Steuern (25 %)	Passive latente Steuern (25 %)
Gebäude (Zeitwertanpassung)	20	0		20		5
Marke	24	0		24		6
Eventualschuld	4	0	4		1	
Summe					1	11
Latente Steuerschuld (nach der Saldierung gem. IAS 12.74)						**10**

(6) Der **Firmenwert** ergibt sich aus folgender Rechnung (IFRS 3.32):

Anschaffungskosten i. e. S.	110	
Buchwert nicht beherrschender Anteile	68	
Anschaffungskosten i. w. S.		**178**
Nettovermögen (EK) der T-AG (laut Bilanz II)	70	
Aufwertung des Gebäudes der T-AG	20	
Marke	24	
Eventualschuld	-4	
Latente Steuerschuld	-10	
Nettovermögen der T-AG (gem. IFRS 3)		**100**
Firmenwert		**78**

Zusammenfassung

Die nachfolgende Tabelle fasst die soeben dargestellten Schritte zusammen. Das Resultat ist die fertige Konzernbilanz.[455]

455 In dieser Darstellung weisen Buchungen bzw. Beträge im Soll stets ein positives Vorzeichen auf, jene im Haben ein negatives.

31.12.01	M-AG	T-AG	Summen-bilanz	Kapitalkon-solidierung	Konzern-bilanz
Firmenwert				78	78
Marke				24	24
Gebäude	250	60	310	20	330
Handelswaren	90	30	120		120
Geld	40	10	50		50
Beteiligung an der T-AG	110		110	-110	0
Aktiva	**490**	**100**	**590**	**12**	**602**
Grundkapital	-250	-60	-310	60	-250
Einbehaltene Gewinne	-50	-10	-60	10	-50
Nicht beherrschende Anteile				-68	-68
Eventualschuld				-4	-4
Latente Steuerschuld				-10	-10
Darlehensverbindlichkeit	-190	-30	-220		-220
Passiva	**-490**	**-100**	**-590**	**-12**	**-602**

LÖSUNG (B)

Die Erstkonsolidierungsbuchung lautet wie folgt:

					Anmerkung
31.12.01		Gebäude	20,-		
		Marke	24,-		
		Firmenwert	50,-		(2)
		Grundkapital	60,-		
		Einbehaltene Gewinne	10,-		
	an	Eventualschuld		4,-	
	an	Latente Steuerschuld		10,-	
	an	Beteiligung an der T-AG		110,-	
	an	Nicht beherrschende Anteile		40,-	(1)

Anmerkungen zu diesem Buchungssatz:

(1) Die nicht beherrschenden Anteile werden mit dem anteiligen Nettovermögen bewertet (IFRS 3.19):

Nettovermögen (EK) der T-AG (laut Bilanz II)	70	
Aufwertung des Gebäudes der T-AG	20	
Marke	24	
Eventualschuld	-4	
Latente Steuerschuld	-10	
Nettovermögen der T-AG (gem. IFRS 3)		**100**
Nicht beherrschende Anteile (40 % davon)		**40**

(2) Der Firmenwert ergibt sich aus folgender Rechnung (IFRS 3.32):

Anschaffungskosten i. e. S.	110	
Buchwert nicht beherrschender Anteile	40	
Anschaffungskosten i. w. S.		**150**
Nettovermögen der T-AG (gem. IFRS 3) (s. Punkt 1)		**100**
Firmenwert		**50**

Zusammenfassung

Die nachfolgende Tabelle fasst die Vorgehensweise in diesem Beispiel zusammen. Das Resultat ist die fertige Konzernbilanz.[456]

31.12.01	M-AG	T-AG	Summen-bilanz	Kapitalkon-solidierung	Konzern-bilanz
Firmenwert				50	50
Marke				24	24
Gebäude	250	60	310	20	330
Handelswaren	90	30	120		120
Geld	40	10	50		50
Beteiligung an der T-AG	110		110	-110	0
Aktiva	**490**	**100**	**590**	**-16**	**574**
Grundkapital	-250	-60	-310	60	-250
Einbehaltene Gewinne	-50	-10	-60	10	-50
Nicht beherrschende Anteile				-40	-40
Eventualschuld				-4	-4
Latente Steuerschuld				-10	-10
Darlehensverbindlichkeit	-190	-30	-220		-220
Passiva	**-490**	**-100**	**-590**	**16**	**-574**

456 In dieser Darstellung weisen Buchungen bzw. Beträge im Soll stets ein positives Vorzeichen auf, jene im Haben ein negatives.

AUFGABE 4

Folgekonsolidierung – Fortsetzung von Aufgabe 3(b) im Jahr 02

Zusätzlich zur Angabe von Aufgabe 3(b) liegen die folgenden Zusatzinformationen vor:

(a) Die Restnutzungsdauer des **Gebäudes** der T-AG beträgt am 31.12.01 (nach IFRS und nach Steuerrecht) 10 Jahre. Im Mai 02 erhält die M-AG das endgültige Gutachten über den Zeitwert vom Gebäude der T-AG per 31.12.01, wonach dieser nicht GE 80, sondern GE 100 beträgt.

(b) Bei der **Marke** handelt es sich um einen immateriellen Vermögenswert mit unbestimmter Nutzungsdauer, welcher als solcher nicht planmäßig abgeschrieben wird (IAS 38.107). Der für die **Eventualschuld** erforderliche Wertansatz ändert sich annahmegemäß nicht.

(c) Zum Bilanzstichtag 31.12.02 haben die **Bilanzen II** und die **GuVen II** der M-AG und der T-AG annahmegemäß folgendes Aussehen:[457]

31.12.02	**M-AG**	**T-AG**
Gebäude	225	54
Handelswaren	105	44
Geld	60	130
Beteiligung an der T-AG	110	
Aktiva	**500**	**228**
Grundkapital	-250	-60
Einbehaltene Gewinne	-64	-108
Darlehensverbindlichkeiten	-186	-60
Passiva	**-500**	**-228**
Umsatzerlöse	-480	-260
Abschreibung	25	6
Sonstiger Aufwand	435	124
Jahresgewinn vor Steuern	**-20**	**-130**
Ertragsteuern	6	32
Jahresgewinn	**-14**	**-98**

Aufgabenstellung

Die M-AG hat bereits ihren Konzernabschluss zum 31.12.01 erstellt (s. Aufgabe 3b). Nehmen Sie alle zur Erstellung des Konzernabschlusses der M-AG per 31.12.02 erforderlichen Buchungen

457 In dieser Darstellung weisen Beträge im Soll stets ein positives Vorzeichen auf, jene im Haben ein negatives. Somit scheinen Erträge sowie Gewinne mit negativem Vorzeichen auf, während Aufwendungen und Verluste ein positives Vorzeichen aufweisen.

vor. Stellen Sie zusätzlich die Konzernbilanz, die separate Konzern-GuV sowie die Konsolidierungsbuchungen in Tabellenform dar.

Lösungshinweise

Insbesondere Kapitel 3.5.7, 3.6 und 3.8

LÖSUNG

Bei der Erstellung des Konzernabschlusses für 02 dient der Summenabschluss für 02 als Ausgangsbasis. Letzterer enthält jedoch naturgemäß keine Konsolidierungsbuchungen und somit auch nicht die Erstkonsolidierung per 31.12.01. Daher ist die **Erstkonsolidierungsbuchung** zu wiederholen (s. die Spalte „Kapitalkonsolidierung" in der Tabelle am Ende von Aufgabe 3b), um den korrekten Buchungsstand wiederherzustellen.

Anpassungen innerhalb der Bewertungsperiode

Die M-AG hat innerhalb der Bewertungsperiode genauere Erkenntnisse über die Verhältnisse im Erwerbszeitpunkt erlangt. Die i. d. F. beschriebenen Anpassungen erfolgen daher **retrospektiv**, d. h. per 31.12.01 (wobei auch die Vorjahreswerte für 01 im Abschluss zum 31.12.02 anzupassen sind). Der Gebäudebuchwert ist per 31.12.01 um GE 20 (d. h. von GE 80 auf GE 100) zu erhöhen. Dadurch wird die latente Steuerschuld per 31.12.01 um GE 5 (= GE 20 · 25 %) größer. Die Gegenbuchung erfolgt im Firmenwert (IFRS 3.45-3.49 und 3.IE50-3.IE53).[458]

31.12.01		Gebäude	20,-	
	an	Latente Steuerschuld		5,-
	an	Firmenwert		15,-

Durch diese Buchung hat sich das Nettovermögen der T-AG (exkl. Firmenwert) per 31.12.01 retrospektiv geändert. Als Folge erhöht sich auch der Buchwert der nicht beherrschenden Anteile per 31.12.01 um GE 6 (d. h. von GE 40 auf GE 46):

Nettovermögen (EK) der T-AG (laut Bilanz II)	70	
Aufwertung des Gebäudes der T-AG	40	
Marke	24	
Eventualschuld	-4	
Latente Steuerschuld	-15 *(= 10 + 5)*	
Nettovermögen der T-AG gem. IFRS 3 per 31.12.01		**115**
Nicht beherrschende Anteile (40 % davon)		**46**

Diese Erhöhung um GE 6 ist gegen den Firmenwert zu buchen, da innerhalb der Bewertungsperiode genauere Erkenntnisse über die Verhältnisse im Erwerbszeitpunkt erlangt wurden. Die Erhöhung des Firmenwerts resultiert daraus, dass die Zeile „nicht beherrschende Anteile" im Be-

458 Vgl. Kapitel 3.5.7.

rechnungsschema für den Firmenwert (vgl. Kapitel 3.5.1) eine eigene Zeile darstellt und diese nun einen um GE 6 erhöhten Betrag aufweist.

31.12.01		Firmenwert	6,-	
	an	Nicht beherrschende Anteile		6,-

Der neue Buchwert des Firmenwerts per 31.12.01 kann nach einer der folgenden beiden Varianten ermittelt werden:

Firmenwert (im Konzernabschluss der M-AG zum 31.12.01)	50
1. retrospektive Buchung	-15
2. retrospektive Buchung	6
Retrospektiv angepasster Firmenwert per 31.12.01	41

Anschaffungskosten i. e. S.	110	
Buchwert nicht beherrschender Anteile	46	
Anschaffungskosten i. w. S.		**156**
Nettovermögen der T-AG (gem. IFRS 3)		**115**
Firmenwert per 31.12.01 nach retrospektiver Anpassung		**41**

Buchungen für das Jahr 02

Die planmäßige Abschreibung des **Gebäudebuchwerts** lt. Bilanz II i. H. von GE 6 (= GE 60 : 10 Jahre) wurde bereits im Jahresabschluss II der T-AG erfasst. In der Konzernbilanz der M-AG beträgt der Gebäudebuchwert per 31.12.01 allerdings GE 100. Daher ist die planmäßige Abschreibung von GE 6 auf GE 10 (= GE 100 : 10 Jahre) zu erhöhen:

31.12.02		Planmäßige Abschreibung	4,-	
	an	Gebäude		4,-

Am 31.12.01 beträgt der Gebäudebuchwert nach IFRS GE 100 und jener nach Steuerrecht GE 60. Somit liegt in Bezug auf das Gebäude eine zu versteuernde temporäre Differenz i. H. von GE 40 vor und eine latente Steuerschuld i. H. von GE 10 (= GE 40 · 25 %). Am 31.12.02 beträgt der Gebäudebuchwert nach IFRS GE 90 (= GE 100 - GE 100 : 10) und jener nach Steuerrecht GE 54 (= GE 60 - GE 60 : 10). Daher beträgt die zu versteuernde temporäre Differenz GE 36 (= GE 90 - GE 54 oder GE 40 - GE 4) und die latente Steuerschuld nur noch GE 9 (= GE 36 · 25 %). Somit ist der Buchwert der latenten Steuerschuld um GE 1 zu verringern. Diese Reduktion kann auch errechnet werden, indem die latente Steuerschuld von GE 10 durch 10 Jahre dividiert wird (lineare Auflösung parallel zur planmäßigen Abschreibung).

31.12.02		Latente Steuerschuld	1,-	
	an	Latenter Steuerertrag		1,-

Der Gewinn der T-AG für das Jahr 02 (vor Konsolidierungsbuchungen) beträgt lt. Angabe GE 98. Eben jener Betrag wird durch die zusätzliche Abschreibung von GE 4 (s. o.) reduziert und durch den latenten Steuerertrag von GE 1 (s. o.) erhöht. Diese Informationen sind für die Ermittlung des Buchwerts der **nicht beherrschenden Anteile** von Bedeutung, welche sich um den ihnen zuzurechnenden Erfolg verändern (IFRS 10.B94):

Nicht beherrschende Anteile per 31.12.01 nach retrospektiver Anpassung[459]		**46**
Anteiliger Gewinn (40 % von GE 98)	39,2	
Anteilige zusätzliche Gebäudeabschreibung (40 % von GE -4)	-1,6	
Anteiliger latenter Steuerertrag (40 % von GE 1)	0,4	
Anteiliger Gewinn der nicht beherrschenden Anteile		**38**
Nicht beherrschende Anteile per 31.12.02		**84**

Der Buchwert der nicht beherrschenden Anteile erhöht sich um den soeben ermittelten, auf sie entfallenden Gewinnanteil (IFRS 10.B94). Auf der anderen Seite müssen die einbehaltenen Gewinne um denselben Betrag reduziert werden. Die einbehaltenen Gewinne stellen nämlich eine Position dar, welche stets den Anteilseignern der M-AG zugerechnet wird und nicht den Minderheitsgesellschaftern an der T-AG. Daher muss der Gewinnanteil letzterer Gesellschafter vom Konto „einbehaltene Gewinne" auf das Konto „nicht beherrschende Anteile" umgebucht werden:[460]

31.12.02		Einbehaltene Gewinne	38,-	
	an	Nicht beherrschende Anteile		38,-

Zusammenfassung

Die nachfolgende Tabelle fasst die Vorgehensweise in diesem Beispiel zusammen. Zunächst wird die in Aufgabe 3 vorgenommene Erstkonsolidierung wiederholt. Danach werden schlicht und einfach die in der vorliegenden Aufgabe 4 erfolgten Konsolidierungsbuchungen in die Tabelle eingetragen. Daraus resultiert die fertige Konzernbilanz bzw. die fertige, separate Konzern-GuV:[461]

459 Aufgrund der retrospektiven Anpassung stimmt der Buchwert der im Konzernabschluss für 02 ausgewiesenen nicht beherrschenden Anteile per 31.12.01 nicht mehr mit dem Buchwert der im Konzernabschluss für 01 ausgewiesenen nicht beherrschenden Anteile per 31.12.01 überein.

460 Alternativ wäre es auch möglich, obgleich etwas komplexer, ein Konto „Gewinn nicht beherrschender Anteile" einzuschalten.

461 In dieser Darstellung weisen Buchungen bzw. Beträge im Soll stets ein positives Vorzeichen auf, jene im Haben ein negatives. Somit scheinen Erträge sowie Gewinne mit negativem Vorzeichen auf, während Aufwendungen und Verluste ein positives Vorzeichen aufweisen.

31.12.02	M-AG	T-AG	Summenbilanz bzw. -GuV	Wiederholung der Erstkonsolidierung	Anpassungen Bewertungsperiode	Abschreibung und latente Steuern	Umgliederung des Gewinnanteils der nbA	Konzernbilanz und -GuV
Firmenwert				50	-9			41
Marke				24				24
Gebäude	225	54	279	20	20	-4		315
Handelswaren	105	44	149					149
Geld	60	130	190					190
Beteiligung an der T-AG	110		110	-110				0
Aktiva	**500**	**228**	**728**	**-16**	**11**	**-4**	**0**	**719**
Grundkapital	-250	-60	-310	60				-250
Einbehaltene Gewinne	-64	-108	-172	10		3	38	-121
NbA				-40	-6		-38	-84
Eventualschuld				-4				-4
Latente Steuerschuld				-10	-5	1		-14
Darlehensverbindlichkeit	-186	-60	-246					-246
Passiva	**-500**	**-228**	**-728**	**16**	**-11**	**4**	**0**	**-719**
Umsatzerlöse	-480	-260	-740					-740
Abschreibung	25	6	31			4		35
Sonstiger Aufwand	435	124	559					559
Jahresgewinn vor Steuern	**-20**	**-130**	**-150**	**0**	**0**	**4**	**0**	**-146**
Ertragsteuern	6	32	38			-1		37
Jahresgewinn	**-14**	**-98**	**-112**	**0**	**0**	**3**	**0**	**-109**

Der auf die nicht beherrschenden Anteile entfallende Teil des Jahresgewinns stellt keinen Abzugsposten innerhalb der obigen Ergebnisrechnung dar. Er ist lediglich nach dem Jahresgewinn (IAS 1.81B) in der Form eines Davon-Vermerks zu präsentieren. Dasselbe gilt für den Anteil der Eigentümer des Mutterunternehmens am Jahresgewinn (IAS 1.81Ba). Dies führt zu folgender Darstellung (wobei wir nun das obige Tableau verlassen und daher Gewinne wieder mit positivem Vorzeichen anführen):

Jahresgewinn	**109**
Zurechnung des Jahresgewinns an die	
Eigentümer der M-AG	71
nicht beherrschenden Anteile	38

Der Gewinnanteil der nicht beherrschenden Anteile von GE 38 wurde bereits weiter oben berechnet. Der **auf die Eigentümer der M-AG entfallende Jahresgewinn** von GE 71 setzt sich zusammen aus:

- dem Gewinn der M-AG von GE 14,
- 60 % des konsolidierten Gewinns der T-AG, d. h. GE 57 (= GE 95 · 60 %). Der konsolidierte Gewinn der T-AG von GE 95 ergibt sich aus dem Gewinn der T-AG lt. GuV II von GE 98 - Abschreibung der stillen Reserven von GE 4 + Latenter Steuerertrag von GE 1.

Zur Kontrolle: Einbehaltene Gewinne lt. Konzernbilanz per 31.12.01 (GE 50) + den Eigentümern der M-AG zuzurechnender Jahresgewinn 02 (GE 71) = Einbehaltene Gewinne lt. Konzernbilanz per 31.12.02 (GE 121).

AUFGABE 5

Folgekonsolidierung – Fortsetzung von Aufgabe 4 im Jahr 03

Zusätzlich zu den Angaben der Aufgaben 3 (b) und 4 liegen die folgenden Informationen vor:

(a) In 03 schüttet die T-AG eine **Dividende** i. H. von GE 30 vom Jahresgewinn 02 aus, wovon GE 18 auf die M-AG entfallen (= GE 30 · 60 %). Die Dividende ist bei der M-AG steuerfrei.

Bisheriger Buchungsstand im Einzelabschluss der M-AG:

Jahr 03		Geld	18	
	an	Dividendenerträge		18

Bisheriger Buchungsstand im Einzelabschluss der T-AG:

Jahr 03		Einbehaltene Gewinne	30	
	an	Geld		30

(b) Der für die **Eventualschuld** erforderliche Wertansatz ändert sich annahmegemäß nicht.

(c) Zum Bilanzstichtag 31.12.03 haben die **Bilanzen II** und die **GuVen II** der M-AG und der T-AG annahmegemäß folgendes Aussehen, wobei der bisherige Buchungsstand in Bezug auf die unter (a) gegebene Dividende bereits in diesen enthalten ist:[462]

462 In dieser Darstellung weisen Beträge im Soll stets ein positives Vorzeichen auf, jene im Haben ein negatives. Somit scheinen Erträge sowie Gewinne mit negativem Vorzeichen auf, während Aufwendungen und Verluste ein positives Vorzeichen aufweisen.

31.12.03	M-AG	T-AG
Gebäude	200	48
Handelswaren	95	77
Geld	105	75
Beteiligung an der T-AG	110	
Aktiva	**510**	**200**
Grundkapital	-250	-60
Einbehaltene Gewinne	-117	-61
Darlehensverbindlichkeiten	-143	-79
Passiva	**-510**	**-200**
Umsatzerlöse	-540	-160
Dividendenerträge	-18	0
Abschreibung	25	6
Sonstiger Aufwand	460	171
Jahreserfolg vor Steuern	**-73**	**17**
Ertragsteuern	20	0
Jahreserfolg	**-53**	**17**

Aufgabenstellung

Die M-AG hat bereits ihre Konzernabschlüsse zum 31.12.01 sowie zum 31.12.02 erstellt (s. Aufgaben 3b und 4). Nehmen Sie alle zur Erstellung des Konzernabschlusses der M-AG per 31.12.03 erforderlichen Buchungen vor. Stellen Sie zusätzlich die Konzernbilanz, die separate Konzern-GuV sowie die Konsolidierungsbuchungen in Tabellenform dar.

Zusatzaufgabe

Stellen Sie den Eigenkapitalspiegel für Zwecke des Konzernabschlusses der M-AG dar. In diesem ist nicht nur das Jahr 03, sondern auch die Vergleichsperiode 02 darzustellen (IAS 1.38 f.).

Lösungshinweise

Insbesondere Kapitel 3.6 und 3.8

LÖSUNG

Zunächst ist am 31.12.03 die **Erstkonsolidierungsbuchung** zu wiederholen (s. Spalte „Kapitalkonsolidierung" in der Tabelle am Ende von Aufgabe 3 b). Danach werden die **im Abschluss zum 31.12.02 erfolgten Konsolidierungsbuchungen** (s. Aufgabe 4) wiederholt. Dies ist erforderlich, um den korrekten Buchungsstand herzustellen. Beträge, die in 02 erfolgswirksam erfasst wurden, werden dabei auf dem Konto „Einbehaltene Gewinne" erfasst, und nicht im Periodenerfolg des Jahres 03.[463]

463 Vgl. Kapitel 3.8.2.

31.12.01		Gebäude	20,-	
	an	Latente Steuerschuld		5,-
	an	Firmenwert		15,-

31.12.01		Firmenwert	6,-	
	an	Nicht beherrschende Anteile		6,-

31.12.03		Einbehaltene Gewinne	4,-	
	an	Gebäude		4,-

31.12.03		Latente Steuerschuld	1,-	
	an	Einbehaltene Gewinne		1,-

31.12.03		Einbehaltene Gewinne	38,-	
	an	Nicht beherrschende Anteile		38,-

Buchungen für das Jahr 03

31.12.03		Planmäßige Abschreibung	4,-	
	an	Gebäude		4,-

31.12.03		Latente Steuerschuld	1,-	
	an	Latenter Steuerertrag		1,-

Der Buchwert der nicht beherrschenden Anteile entwickelt sich in 03 folgendermaßen:

Nicht beherrschende Anteile per 31.12.02			**84**
Anteiliger Verlust (40 % von GE -17)	-6,8		
Anteilige zusätzliche Gebäudeabschreibung (40 % von GE -4)	-1,6		
Anteiliger latenter Steuerertrag (40 % von GE 1)	0,4		
Anteiliger Verlust der nicht beherrschenden Anteile		**-8**	
Anteilige Ausschüttung (40 % von GE 30)		-12	
Veränderung des Buchwerts der nicht beherrschender Anteile			**-20**
Nicht beherrschende Anteile per 31.12.03			**64**

Der Buchwert der nicht beherrschenden Anteile reduziert sich um den soeben ermittelten, auf sie entfallenden Verlustanteil (IFRS 10.B94). Auf der anderen Seite müssen die einbehaltenen Gewinne um denselben Betrag erhöht werden. Die einbehaltenen Gewinne stellen nämlich eine Position dar, welche stets den Anteilseignern der M-AG zugerechnet wird und nicht den Minderheitsgesellschaftern an der T-AG. Daher muss der Verlustanteil letzterer Gesellschafter vom Konto „einbehaltene Gewinne" auf das Konto „nicht beherrschende Anteile" umgebucht werden:[464]

31.12.03	Nicht beherrschende Anteile	8,-	
	an Einbehaltene Gewinne		8,-

Die Dividende wurde bei der T-AG durch Reduktion der einbehaltenen Gewinne um GE 30 verbucht (s. bisheriger Buchungsstand lt. Angabe). Im Konzernabschluss stellt die an die Minderheitsgesellschafter gezahlte Dividende von GE 12 (= GE 30 · 40 %) jedoch eine Reduktion der nicht beherrschenden Anteile dar. Daher ist der Betrag von GE 12 von den einbehaltenen Gewinnen in die nicht beherrschenden Anteile umzubuchen:

31.12.03	Nicht beherrschende Anteile	12,-	
	an Einbehaltene Gewinne		12,-

Schließlich handelt es sich bei den im Einzelabschluss der M-AG erfassten Dividendenerträgen von GE 18 um konzerninterne Erträge. Daher sind diese zu eliminieren. Darüber hinaus ist die Soll-Buchung am Konto „einbehaltene Gewinne" (s. bisheriger Buchungsstand) i. H. von GE 18 rückgängig zu machen. Ein Betrag von GE 18 wurde ja lediglich von der T-AG an die M-AG ausgeschüttet (d. h. an die M-AG transferiert). Dieser Betrag befindet sich somit weiterhin im Konzern, weshalb eine Reduktion der einbehaltenen Gewinne (und somit des Eigenkapitals) nicht gerechtfertigt ist.

31.12.03	Dividendenerträge	18,-	
	an Einbehaltene Gewinne		18,-

Zusammenfassung

Die nachfolgende Tabelle fasst die Vorgehensweise in diesem Beispiel zusammen. Zunächst wird die in Aufgabe 3 (b) vorgenommene Erstkonsolidierung wiederholt. Danach erfolgt eine Wiederholung der in Aufgabe 4 durchgeführten Konsolidierungsbuchungen, welche in einer Spalte zusammengefasst werden. Beträge, welche in der GuV für das Jahr 02 enthalten sind, dürfen in der unten dargestellten GuV für das Jahr 03 nicht erfasst werden, da es ansonsten zu einer periodenfremden Zuordnung von Aufwendungen bzw. Erträge kommen würde. Stattdessen hat eine Erfassung in den einbehaltenen Gewinnen zu erfolgen. Danach werden schlicht und einfach die in der vorliegenden Aufgabe 5 durchgeführten Konsolidierungsbuchungen in die Tabelle eingetragen. Daraus resultiert die Konzernbilanz per 31.12.03 sowie die separate Konzern-GuV für das Jahr 03:[465]

464 Alternativ wäre es auch möglich, obgleich etwas komplexer, ein Konto „Verlust nicht beherrschender Anteile" einzuschalten.

465 In dieser Darstellung weisen Buchungen bzw. Beträge im Soll stets ein positives Vorzeichen auf, jene im Haben ein negatives. Somit scheinen Erträge sowie Gewinne mit negativem Vorzeichen auf, während Aufwendungen und Verluste ein positives Vorzeichen aufweisen.

31.12.03	M-AG	T-AG	Summenbilanz bzw. -GuV	Wiederholung der Erstkonsolidierung	Wiederholung der Konsolidierung aus 02	Abschreibung und latente Steuern 03	Umgliederung des Verlustanteils 03 der nbA	Buchungen i. Z. mit der in 03 erfolgten Ausschüttung[466]	Konzernbilanz und -GuV
Firmenwert				50	-9				41
Marke				24					24
Gebäude	200	48	248	20	16	-4			280
Handelswaren	95	77	172						172
Geld	105	75	180						180
Beteiligung an der T-AG	110		110	-110					0
Aktiva	**510**	**200**	**710**	**-16**	**7**	**-4**	**0**	**0**	**697**
Grundkapital	-250	-60	-310	60					-250
Einbehaltene Gewinne	-117	-61	-178	10	41	3	-8	-12	-144
NbA				-40	-44		8	12	-64
Eventualschuld				-4					-4
Latente Steuerschuld				-10	-4	1			-13
Darlehensverbindlichkeiten	-143	-79	-222						-222
Passiva	**-510**	**-200**	**-710**	**16**	**-7**	**4**	**0**	**0**	**-697**
Umsatzerlöse	-540	-160	-700						-700
Dividendenerträge	-18	0	-18					18	0
Abschreibung	25	6	31			4			35
So. Aufwand	460	171	631						631
Jahreserfolg vor Steuern	**-73**	**17**	**-56**	**0**	**0**	**4**	**0**	**18**	**-34**
Ertragsteuern	20	0	20			-1			19
Jahreserfolg	**-53**	**17**	**-36**	**0**	**0**	**3**	**0**	**18**	**-15**

466 Diese Spalte zeigt die Auswirkungen der oben dargestellten Buchungen „Nicht beherrschende Anteile an Einbehaltene Gewinne GE 12" und „Dividendenerträge an Einbehaltene Gewinne GE 18". Letztere Buchung wirkt sich auf die Höhe der einbehaltenen Gewinne gar nicht aus, da GE 18 einerseits auf dem GuV-Konto „Dividendenerträge" im Soll und andererseits auf dem Konto „Einbehaltene Gewinne" im Haben gebucht werden (Auswirkung in Summe = 0). Daher werden die einbehaltenen Gewinne um GE 12 größer (Haben-Buchung am Konto „Einbehaltene Gewinne" im ersten Buchungssatz).

Der auf die nicht beherrschenden Anteile entfallende Teil des Jahreserfolgs ist nach dem Jahresgewinn (IAS 1.81B) in der Form eines **Davon-Vermerks** zu präsentieren. Dasselbe gilt für den Anteil der Eigentümer des Mutterunternehmens am Jahresgewinn (IAS 1.81Ba). Dies führt zu folgender Darstellung (wobei wir nun das obige Tableau verlassen und daher Gewinne wieder mit positivem Vorzeichen anführen):

Jahresgewinn	**15**
Zurechnung des Jahreserfolgs an die	
Eigentümer der M-AG	23
nicht beherrschenden Anteile	-8

Der Verlustanteil der nicht beherrschenden Anteile von GE 8 wurde bereits weiter oben berechnet. Der **auf die Eigentümer der M-AG entfallende Jahresgewinn** von GE 23 setzt sich zusammen aus:

- dem konsolidierten Gewinn der M-AG von GE 35 (= Gewinn der M-AG lt. GuV II von GE 53 - eliminierter, konzerninterner Dividendenertrag von GE 18),
- 60 % des konsolidierten Verlusts der T-AG, d. h. GE 12 (= GE 20 · 60 %). Der konsolidierte Verlust der T-AG von GE 20 ergibt sich aus dem Verlust der T-AG lt. GuV II von GE 17 - Abschreibung der stillen Reserven von GE 4 + Latenter Steuerertrag von GE 1.

Zur Kontrolle: Einbehaltene Gewinne lt. Konzernbilanz per 31.12.02 (GE 121) + den Eigentümern der M-AG zuzurechnender Jahresgewinn 03 (GE 23) = Einbehaltene Gewinne lt. Konzernbilanz per 31.12.03 (GE 144).[467]

LÖSUNG DER ZUSATZAUFGABE – KONZERNEIGENKAPITALSPIEGEL[468]

	Grund-kapital	Ein-behaltene Gewinne	EK der Eigen-tümer des Mutter-unternehmens	Nicht be-herrschende Anteile	Konzern-eigenkapital
Stand 01.01.02	**250**	**50**	**300**	**46**	**346**
Gesamtergebnis 02	–	71	71	38	109
Stand 31.12.02	**250**	**121**	**371**	**84**	**455**
Gesamtergebnis 03	–	23	23	-8	15
Dividende	–	–	–	-12	-12
Stand 31.12.03	**250**	**144**	**394**	**64**	**458**

467 Im Rahmen dieser Kontrollrechnung entfaltet die Dividende keine Auswirkung. Der Dividendenanteil der Minderheitsgesellschafter reduziert nämlich aus Konzernsicht die Position „nicht beherrschende Anteile" und nicht die einbehaltenen Gewinne. Des Weiteren ist die anteilige Dividende der T-AG an die M-AG konzernintern und wurde daher bei der Konsolidierung eliminiert.

468 Grundlegende zum Eigenkapitalspiegel: Abschnitt IAS 1, Kapitel 6.3.

(a) Spalte Grundkapital

In dieser Spalte ist das Grundkapital lt. Konzernbilanz ersichtlich, welches stets dem Grundkapital der M-AG entspricht. Das Grundkapital der T-AG wurde ja bei der Erstkonsolidierung eliminiert und scheint daher konsequenterweise weder in der Konzernbilanz noch im Konzerneigenkapitalspiegel auf.

(b) Spalte „Einbehaltene Gewinne"

Ausgangspunkt sind die einbehaltenen Gewinne der M-AG per 01.01.02 von GE 50. Die ursprünglichen einbehaltenen Gewinne der T-AG von GE 10 sind zu diesem Zeitpunkt aus Konzernsicht nicht mehr vorhanden, da diese bei der Erstkonsolidierung eliminiert wurden.

I. d. F. fließen zunächst die **konsolidierten Jahreserfolge** der M-AG in die Spalte „Einbehaltene Gewinne" ein. Dies gilt auch für die anteiligen, konsolidierten Jahreserfolge der T-AG (d. h. jene, welche nicht auf Minderheitsgesellschafter an der T-AG entfallen), welche nach dem Zeitpunkt des Unternehmenserwerbs (31.12.01) entstanden sind und daher vom Konzern erwirtschaftet wurden. Mit anderen Worten sind die konsolidierten Jahreserfolge der M-AG und der T-AG in diese Spalte einzutragen, allerdings nur soweit, als sie nicht den nicht beherrschenden Anteilen zuzurechnen sind. Die Veränderungen von GE 71 (Jahr 02) bzw. von GE 23 (Jahr 03) entsprechen den Jahresgewinnen, welche den Eigentümern der M-AG zuzurechnen sind. (Die Berechnungen wurden jeweils nach dem Tableau für die Konzern-GuV dargestellt.)

Die in 03 geleistete **Ausschüttung** der T-AG darf nicht in die Spalte „Einbehaltene Gewinne" eingetragen werden. Die Ausschüttung an die M-AG von GE 18 stellt nämlich lediglich einen Transfer von einem Konzernunternehmen (T-AG) zu einem anderen Konzernunternehmen (M-AG) dar. Da diese Gelder (GE 18) die Konzernsphäre noch nicht verlassen haben, handelt es sich lediglich um einen konzerninternen Vorgang, welcher sicher als solcher naturgemäß nicht auf den Konzernabschluss niederschlägt. Dies kommt auch durch die erfolgte Konsolidierungsbuchung „Dividendenerträge an Einbehaltene Gewinne GE 18" zum Ausdruck, durch die der bisherige Buchungsstand i. Z. mit der Dividende (lt. Angabe zu Aufgabe 5) i. H. des Konzernanteils (60 %) wieder rückgängig gemacht wird. Ein Eintrag einer Dividende in die Spalte „Einbehaltene Gewinne" würde erst dann erfolgen, wenn die Gelder von der M-AG an deren eigene Gesellschafter ausgeschüttet werden. Dies ist aber im konkreten Fall gerade nicht geschehen.

(c) Spalte „EK der Eigentümer des Mutterunternehmens"

Dabei handelt es sich um die Addition der Spalten „Grundkapital" und „Einbehaltene Gewinne". Sinn dieser Spalte ist die Offenlegung der Entwicklung des gesamten Eigenkapitals, welches den Eigentümern der M-AG zuzurechnen ist.

(d) Spalte „nicht beherrschende Anteile"

Ausgangspunkt ist der Buchwert der nicht beherrschenden Anteile per 01.01.02 von GE 46, nach den in Aufgabe 4 vorgenommenen Bewertungsperiodenanpassungen. Die Veränderungen von GE 38 (Jahr 02) bzw. von GE -8 (Jahr 03) an der Schnittstelle mit der Zeile „Gesamtergebnis" entsprechen den **konsolidierten Jahreserfolgen**, welche den Minderheitsgesellschaftern an der T-AG zuzurechnen sind. (Die Berechnungen wurden jeweils in den Aufgaben 4 und 5 dargestellt.) Im Gegensatz zur Spalte „Einbehaltene Gewinne" ist in der Spalte „nicht beherrschende Anteile" die anteilige (d. h. die an die Minderheitsgesellschafter geleistete) **Dividende** von GE 12 einzutragen. Diese Gelder (GE 12) haben ja schließlich bereits die Konzernsphäre (bestehend aus der T-AG und der M-AG) verlassen, da sie an die an der T-AG beteiligten Minderheitsgesellschafter überwiesen wurden. Dies kommt auch zum Ausdruck, wenn man die Konsolidierungsbuchungen i. Z. mit der Dividende mit dem bisherigen Buchungsstand (lt. Angabe zu Aufgabe 5) gedanklich zusammenfasst, soweit sie sich auf den Anteil der Minderheitsgesellschafter beziehen: In Summe wurden die nicht beherrschenden Anteile um GE 12 reduziert und am Konto „Geld" eine Auszahlung von GE 12 erfasst.

(e) Spalte „Konzerneigenkapital"

Diese Spalte enthält das konsolidierte Eigenkapital des Konzerns und wird durch Addition der Spalten „EK der Eigentümer des Mutterunternehmens" und „nicht beherrschende Anteile" ermittelt. Die EK-Stände zu den einzelnen Zeitpunkten können mit dem Eigenkapital der jeweiligen Konzernbilanz (bei jener zum 31.12.01 nach den in Aufgabe 4 dargestellten Bewertungsperiodenanpassungen) abgeglichen werden.

AUFGABE 6

Stufenweiser Unternehmenszusammenschluss ohne Entrichtung einer Gegenleistung

Die M-AG erwirbt am 31.12.00 60 % der Anteile an der schuldenfreien T-AG um GE 50. Bislang konnte die M-AG die T-AG trotz Stimmrechtsmehrheit in der Hauptversammlung aufgrund von Vetorechten eines anderen Aktionärs nicht beherrschen. Stattdessen stellte die T-AG bislang ein assoziiertes Unternehmen der M-AG dar und wurde daher im Konzernabschluss der M-AG nach der Eigenkapitalmethode (*equity method*) bilanziert. Im Einzelabschluss der M-AG werden die Anteile an der T-AG zu fortgeführten Anschaffungskosten bilanziert (IAS 27.10a).

Am 31.12.01 verfallen die Vetorechte des anderen Aktionärs, wodurch die M-AG die Beherrschung über die T-AG erlangt. Am 31.12.01 beträgt der Zeitwert der Anteile der M-AG an der T-AG (60 %) GE 60 und der Zeitwert der restlichen 40 % der Anteile GE 40. Aus Vereinfachungsgründen wird die Kontrollprämie vernachlässigt. Die Bilanz II der T-AG zum 31.12.01 hat folgendes Aussehen:

Bilanz II der T-AG per 31.12.01

Gebäude	40	Grundkapital	50
Handelswaren	10	Einbehaltene Gewinne	10
Geld	10		
Summe	**60**	**Summe**	**60**

Am 31.12.01 beträgt der Zeitwert vom Gebäude GE 48. Am 31.12.00 entsprach der Zeitwert vom Gebäude dessen IFRS-Buchwert. Der steuerliche Gebäudebuchwert beträgt per 31.12.01 GE 40. Der Gewinn der T-AG für das Jahr 01 beträgt GE 10.

Bisheriger Buchungsstand (im Einzelabschluss der M-AG):

31.12.00		Beteiligung (an der T-AG)	50,-	
	an	Geld		50,-

Aufgabenstellung

Nehmen Sie alle im Konzernabschluss der M-AG (Bilanzstichtag: 31.12.01) erforderlichen Buchungen vor. Die nicht beherrschenden Anteile werden mit ihrem Zeitwert bewertet (IFRS 3.19). Berücksichtigen Sie latente Steuern aus Innendifferenzen II.[469] Der Steuersatz beträgt 25 %.

Lösungshinweise

Insbesondere Kapitel 3.5.1, 3.5.5, 3.5.6 und 3.8.1

LÖSUNG

Bis zum 30.12.01 stellt die T-AG ein assoziiertes Unternehmen der M-AG dar, das im Konzernabschluss der M-AG nach der Eigenkapitalmethode zu bilanzieren ist. Demnach erhöht der anteilige Jahresgewinn 01 den Beteiligungsbuchwert:[470]

30.12.01		Beteiligung (an der T-AG)	6,-	
	an	Erfolg aus assoziierten Unternehmen		6,-

Am 30.12.01 beträgt der Buchwert der Beteiligung an der T-AG somit GE 56 (= GE 50 + GE 6).

Durch den Verfall der Vetorechte erlangt die M-AG am 31.12.01 die Beherrschung über die T-AG (IFRS 3.43b), was einen Erwerb ohne Entrichtung einer Gegenleistung darstellt (IFRS 3.33, 3.43 und 3.B46). Gleichzeitig handelt es sich um einen stufenweisen Unternehmenszusammenschluss, da die M-AG unmittelbar vor dem Erwerbszeitpunkt bereits Eigenkapitalanteile an der T-AG gehalten hat (IFRS 3.41 f.). Es ist somit per 31.12.01 eine Erstkonsolidierung durchzuführen.

Zunächst sind die bislang an der T-AG gehaltenen Anteile mit ihrem Zeitwert im Erwerbszeitpunkt zu bewerten. Der Gewinn aus dieser Neubewertung (= Differenz zum bisherigen Buchwert) ist erfolgswirksam zu erfassen (IFRS 3.42).

Buchwert der Anteile per 30.12.01	56
Zeitwert der Anteile	60
Gewinn	4

469 Vgl. Abschnitt IAS 12, Kapitel 3.2.5.

470 Vgl. Abschnitt IAS 28, Kapitel 3.1.

Der Firmenwert ergibt sich aus folgender Rechnung (IFRS 3.32):

Anschaffungskosten i. e. S.	0	
Zeitwert der Altanteile (60 %)	60	
Buchwert der nicht beherrschenden Anteile (40 %)	40	
Anschaffungskosten i. w. S. (100 %)		**100**
Nettovermögen (EK) der T-AG (laut Bilanz II)	60	
Aufwertung des Gebäudes der T-AG	8	
Latente Steuerschuld (aus der Gebäudeaufwertung)	-2	
Nettovermögen der T-AG (gem. IFRS 3) (100 %)		**66**
Firmenwert		**34**

31.12.01		Gebäude	8,-	
		Firmenwert	34,-	
		Grundkapital	50,-	
		Einbehaltene Gewinne	10,-	
	an	Gewinn aus der Neubewertung der Anteile (GuV)		4,-
	an	Beteiligung (an der T-AG)		56,-
	an	Latente Steuerschuld		2,-
	an	Nicht beherrschende Anteile		40,-

AUFGABE 7

Bedingte Gegenleistung[471]

Die E-AG (Erwerber) übernimmt am 31.12.01 alle Vermögenswerte des schuldenfreien Unternehmens X durch einen Vermögenskauf (*asset deal*).[472] Somit werden von der E-AG keine Anteile erworben. Die Vermögenswerte von X werden per 31.12.01 im Abschluss von X mit einem Buchwert von GE 40 ausgewiesen. Der nach IFRS 3 ermittelte Wert dieser Vermögenswerte beträgt zum selben Zeitpunkt GE 50.

Während der Verhandlungen war es aufgrund unterschiedlicher Erwartungen hinsichtlich der künftigen Geldflüsse des Geschäftsbetriebs von X schwierig, einen Kaufpreis zu fixieren. Deshalb vereinbarten die Parteien zusätzlich zu einer festen Zahlung von GE 55 (diese wird am 31.12.01 geleistet) eine erfolgsabhängige Zahlung. Letztere beträgt GE 5, wenn das kumulierte EBITDA[473] der Jahre 02 bis 04 mindestens GE 16 beträgt und GE 10, sofern dieses mindestens GE 20 beträgt.

471 In Anlehnung an *Freiberg*, PiR 2008 S. 31 ff.

472 Vgl. Kapitel 2.2.

473 *EBITDA = Earnings before interest, taxes, depreciation and amortization* = Periodenerfolg vor Zinsen, Steuern und planmäßigen Abschreibungen.

Am 31.12.01 rechnet die E-AG mit der Zahlung der folgenden bedingten Gegenleistungen mit den folgenden Wahrscheinlichkeiten:

Kumuliertes EBITDA der Jahre 02-04	Bedingte Gegenleistung	Wahrscheinlichkeit
< GE 16	0	20 %
≥ GE 16 und < GE 20	5	40 %
≥ GE 20	10	40 %

Aufgrund zusätzlicher Informationen, die die E-AG innerhalb der Bewertungsperiode (Jahr 02) über die Verhältnisse im Erwerbszeitpunkt erlangt hat, wird am 31.12.02 die Schlussfolgerung gezogen, dass der Zeitwert der bedingten Gegenleistung per 31.12.01 GE 3 betragen hat. Dieser Betrag stimmt mit dem Zeitwert per 31.12.02 überein.

Am 31.12.03 beträgt der Zeitwert GE 7.

Am 31.12.04 stellt sich heraus, dass das kumulierte EBITDA der Jahre 02-04 lediglich GE 14 beträgt.

Aufgabenstellung

Nehmen Sie alle Buchungen vor, die im Einzelabschluss der E-AG (Abschlussstichtag: 31.12.) im Zeitraum 31.12.01 bis 31.12.04 erforderlich sind. Abzinsungseffekte sind vereinfachend zu vernachlässigen.

Lösungshinweise

Insbesondere Kapitel 2.2, 3.5.1, 3.5.7 und 3.6

LÖSUNG

In diesem Beispiel erwirbt die E-AG die einzelnen Vermögenswerte des schuldenfreien Unternehmens X durch einen Vermögenskauf (*asset deal*).[474] Somit werden von der E-AG keine Anteile erworben. In diesem Fall kommt IFRS 3 bereits im Einzelabschluss der E-AG zur Anwendung, d. h. bereits in diesem werden die einzelnen Vermögenswerte von X erfasst.

Auswirkungen auf den Einzelabschluss der E-AG zum 31.12.01

Der Zeitwert der bedingten Gegenleistung per 31.12.01 berechnet sich folgendermaßen:

Kumuliertes EBITDA der Jahre 02-04	Bedingte Gegenleistung	Wahrscheinlichkeit	Ermittlung des Erwartungswerts
< GE 16	0	20 %	0
≥ GE 16 und < GE 20	5	40 %	2
≥ GE 20	10	40 %	4
	Zeitwert per 31.12.01		6

474 Vgl. Kapitel 2.2.

Die Anschaffungskosten bestehen aus dem fixen Kaufpreis i. H. von GE 55 sowie dem Zeitwert der bedingten Gegenleistung i. H. von GE 6 und betragen somit GE 61. Am 31.12.01 beträgt der nach IFRS 3 ermittelte Wert des Nettovermögens von Unternehmen X GE 50. Somit liegt ein Firmenwert i. H. von GE 11 vor.

31.12.01		Diverse Vermögenswerte	50,-	
		Firmenwert	11,-	
	an	Geld		55,-
	an	Kaufpreisverbindlichkeit		6,-

Auswirkungen auf den Einzelabschluss der E-AG zum 31.12.02

Aufgrund zusätzlicher Informationen, die die E-AG innerhalb der Bewertungsperiode (Jahr 02) über die Verhältnisse im Erwerbszeitpunkt erlangt hat, wird am 31.12.02 die Schlussfolgerung gezogen, dass der Zeitwert der bedingten Gegenleistung per 31.12.01 GE 3 betragen hat. Dieser Betrag stimmt mit dem Zeitwert per 31.12.02 überein.

Somit erfolgt die Anpassung der Kaufpreisverbindlichkeit gegen den Firmenwert. Diese Anpassung erfolgt retrospektiv per 31.12.01, d. h. auch die Vorjahreswerte (Werte der Vergleichsperiode) werden im Abschluss zum 31.12.02 angepasst.

31.12.01		Kaufpreisverbindlichkeit	3,-	
	an	Firmenwert		3,-

Auswirkungen auf den Einzelabschluss der E-AG zum 31.12.03

Per 31.12.03 beträgt der Zeitwert der bedingten Gegenleistung GE 7. Da die Bewertungsperiode, welche maximal 12 Monate ab dem Erwerbszeitpunkt betragen kann, bereits abgelaufen ist, handelt es sich um keine Bewertungsperiodenanpassung (IFRS 3.45). Die Kaufpreisverbindlichkeit wird erfolgswirksam zum Zeitwert bewertet (IFRS 3.58):

31.12.03		Aufwand	4,-	
	an	Kaufpreisverbindlichkeit		4,-

Auswirkungen auf den Einzelabschluss der E-AG zum 31.12.04

Am 31.12.04 erlischt die bedingte Kaufpreisverbindlichkeit, da sogar der untere Grenzwert für die Leistung einer zusätzlichen Zahlung durch die E-AG verfehlt wird (GE 14 < GE 16). Daher erfolgt keine Zahlung.

31.12.04		Kaufpreisverbindlichkeit	7,-	
	an	Ertrag		7,-

IFRS 4 Versicherungsverträge

1. Einleitung

IFRS 4 ist ein **„Trittsteinstandard“** (IFRS 4.IN2), dessen Ziel darin besteht, die Bilanzierung von Versicherungsverträgen beim Versicherer zu regeln, bis das IASB die zweite Phase des Projekts über Versicherungsverträge abgeschlossen hat. In diesem Sinne regelt IFRS 4 lediglich bestimmte Aspekte der Bilanzierung und sieht ausgewählte Anhangangaben vor (IFRS 4.1).

2. Versicherungsverträge, Versicherungsrisiko und Anwendungsbereich von IFRS 4[475]

Bei einem **Versicherungsvertrag** handelt es sich um einen Vertrag, nach dem der Versicherer ein signifikantes Versicherungsrisiko übernimmt, indem vereinbart wird, dass dem Versicherungsnehmer eine Entschädigung geleistet wird, sofern ein spezifiziertes ungewisses künftiges Ereignis den Versicherungsnehmer nachteilig betrifft.

Bei einem **Versicherungsrisiko** handelt es sich um ein anderes Risiko, als ein Finanzrisiko, welches vom Inhaber eines Vertrags auf den Aussteller des Vertrags übertragen wird. Ein **Finanzrisiko** ist das Risiko einer möglichen künftigen Änderung von einer oder mehreren der folgenden Variablen: Zinssatz, Wertpapierkurs, Rohstoffpreis, Wechselkurs, Preis- oder Zinsindizes, Bonitätsstufe, Kreditindex oder andere Variable. Im Falle einer nicht finanziellen Variable (z. B. Wetter) darf die Variable nicht spezifisch für eine Vertragspartei sein, d. h. keine Vertragspartei darf hinsichtlich dieser Variable einem tatsächlichen Risiko ausgesetzt sein.

Der **Anwendungsbereich** von IFRS 4 (IFRS 4.2 ff.) erstreckt sich grundsätzlich auf alle Versicherungsverträge, die ein Unternehmen als Versicherer ausstellt, bei Rückversicherungsverträgen auch auf den Versicherungsnehmer.

IFRS 4 gilt auch für vom Unternehmen ausgestellte Finanzinstrumente mit einer **ermessensabhängigen Überschussbeteiligung**.

Für (selbstständig begründete) **Finanzgarantien** kommt aufgrund ihres Versicherungscharakters eine Anwendung von IFRS 4 konzeptionell ebenso infrage wie eine Anwendung von IFRS 9. Demgemäß existiert ein bedingtes Wahlrecht (IFRS 9.2.1e und IFRS 4.4d):[476]

- Hat der Garant in früheren Fällen abgegebene Finanzgarantien explizit in **Vorjahresberichten** oder gegenüber **Aufsichtsbehörden** oder in **Vertragsunterlagen als Versicherungsverträge** behandelt, so kann er die jetzt abgegebenen Finanzgarantien **wahlweise nach IFRS 4 oder IFRS 9** bilanzieren.
- Fehlt es, wie **regelmäßig bei Industrie- und Handelsunternehmen**, an einer solchen Historie, so ist **zwingend IFRS 9** anzuwenden.

475 Zu den Begriffen vgl. IFRS 4.Anhang A.

476 Vgl. *Lüdenbach/Hoffmann/Freiberg*, IFRS-Kommentar, 12. Aufl., § 28 Tz. 209.

3. Bilanzierung von Versicherungsverträgen

In bestimmten Fällen ist es erforderlich, ein in einen Versicherungsvertrag **eingebettetes Derivat** vom Basisvertrag zu trennen und dieses Derivat nach IFRS 9 zum beizulegenden Zeitwert über die GuV zu bilanzieren (IFRS 4.7 ff.).

Zahlreiche Versicherungsprodukte enthalten sowohl eine Versicherungs- als auch eine Einlagen- bzw. Sparkomponente. Eine Einlagenkomponente ist eine Vertragskomponente, welche nicht als Derivat nach IFRS 9 bilanziert wird und in den Anwendungsbereich von IFRS 9 fallen würde, wenn diese ein separates Instrument wäre (IFRS 4.Anhang A). In bestimmten Fällen ist es erforderlich bzw. erlaubt, eine **Entflechtung der Versicherungs- und der Einlagenkomponente** des Versicherungsvertrags vorzunehmen. Um einen Vertrag zu entflechten, wendet der Versicherer IFRS 4 auf die Versicherungskomponente und IFRS 9 auf die Einlagenkomponente an (IFRS 4.10 ff.).

IFRS 4 erlaubt grundsätzlich die **Beibehaltung der bisher angewandten Bilanzierungs- und Bewertungsmethoden** für Versicherungsverträge, die das Unternehmen ausstellt und für Rückversicherungsverträge, die es hält, sofern diese Methoden bestimmte Mindestkriterien erfüllen. Daher hat die Anwendung von IFRS 4 in vielen Bereichen keine große Auswirkung auf die Bilanzierung von Versicherungsunternehmen.[477]

Ein Versicherer muss die folgenden Vorschriften einhalten (IFRS 4.14 ff.):

- Der Ansatz von Rückstellungen für Risiken aus zum Bilanzstichtag nicht bestehenden Versicherungsverträgen ist unzulässig. Somit können **keine Großrisiken- bzw. Schwankungsrückstellungen** angesetzt werden.
- Die **Versicherungsverbindlichkeiten** sind einem **Angemessenheitstest** zu unterziehen. Das bedeutet, dass am Ende einer jeden Berichtsperiode zu beurteilen ist, ob die vom Versicherer erfassten Versicherungsverbindlichkeiten angemessen sind, und zwar auf der Basis aktueller Schätzungen der künftigen Geldflüsse aus seinen Versicherungsverträgen. Stellt sich dabei heraus, dass der Buchwert der Versicherungsverbindlichkeiten (abzüglich zugehöriger abgegrenzter Abschlusskosten und zugehöriger immaterieller Vermögenswerte) im Hinblick auf die geschätzten künftigen Geldflüsse nicht angemessen ist, so ist der gesamte Fehlbetrag erfolgswirksam zu erfassen.
- Die **Ausbuchung einer Versicherungsverbindlichkeit** (oder eines Teils davon) erfolgt nur dann, wenn diese(r) erloschen ist (z. B. durch Bezahlung).
- Es besteht ein Verrechnungsverbot von Rückversicherungsvermögenswerten mit den zugehörigen Versicherungsverbindlichkeiten sowie für Erträge bzw. Aufwendungen aus Rückversicherungsverträgen gegen die Aufwendungen bzw. Erträge aus den zugehörigen Versicherungsverträgen (Verbot der **Nettodarstellung der Rückversicherung**).
- Erforderlichenfalls hat eine **Wertberichtigung von Rückversicherungsvermögenswerten** zu erfolgen.

477 Vgl. *PwC*, Manual of Accounting, IFRS 2015, Tz. 8.20.

4. Aufgabe mit Lösung

AUFGABE

Anwendungsbereich von IFRS 4

Die **X-AG** beliefert den Großhandel ausschließlich mit ihren selbst hergestellten Produkten.

(a) Die X-AG übernimmt eine Garantie für die von ihr selbst hergestellten Produkte.

(b) Die X-AG übernimmt eine Garantie für von der Y-AG hergestellte Produkte. Die Y-AG ist ein konzernfremder Dritter.

Aufgabenstellung

Beurteilen Sie, ob die oben angeführten Sachverhalte aus der Perspektive der X-AG dem Anwendungsbereich von IFRS 4 unterliegen.

Lösungshinweise

Insbesondere Kapitel 2

LÖSUNG

(a) Produktgarantien, welche von einem Hersteller direkt gegeben werden, unterliegen nicht dem Anwendungsbereich von IFRS 4, da sie jenem von IFRS 15 und IAS 37 unterliegen (IFRS 4.B18h).

(b) Die X-AG gibt eine Garantie für von der Y-AG (konzernfremder Dritter) hergestellte Produkte. Der Garantievertrag stellt einen Versicherungsvertrag dar, sofern das Versicherungsrisiko signifikant ist (IFRS 4.B18h).

IFRS 5 Zum Verkauf gehaltene langfristige Vermögenswerte und aufgegebene Geschäftsbereiche

1. Einleitung und Überblick[478]

IFRS 5 enthält Vorschriften hinsichtlich des Verkaufs bzw. der **Stilllegung von langfristigen Vermögenswerten**. Die Abgrenzung von kurz- und langfristigem Vermögen gem. IFRS 5 stimmt mit jener in IAS 1[479] überein (IFRS 5.Anhang A i.V. mit IAS 1.66).

Langfristige Vermögenswerte werden im einfachsten Fall **einzeln verkauft**.

Es kann aber auch der Fall sein, dass eine **Abgangsgruppe** verkauft wird. Bei einer solchen handelt es sich um eine Gruppe von Vermögenswerten, die in einem einzigen Geschäft veräußert werden soll. Eine Abgangsgruppe umfasst auch Schulden, die mit diesen Vermögenswerten direkt in Verbindung stehen und in dem Geschäft übertragen werden. Eine Abgangsgruppe umfasst auch einen Firmenwert, der im Rahmen eines Unternehmenszusammenschlusses erworben wurde, wenn die Abgangsgruppe eine zahlungsmittelgenerierende Einheit i. S. von IAS 36 (ZGE) darstellt, der ein Firmenwert (gem. IAS 36.80-36.87) zugeordnet wurde oder wenn die Abgangsgruppe einen Geschäftsbereich innerhalb einer solchen ZGE darstellt.

Bei einem **Unternehmensbestandteil** handelt es sich um Tätigkeiten und Geldflüsse, die betrieblich und für Zwecke der Finanzberichterstattung klar vom restlichen Unternehmen abgegrenzt werden können. In anderen Worten wird ein Unternehmensbestandteil, während dieses zur Nutzung gehalten wurde, eine ZGE oder eine Gruppe von ZGE gewesen sein (IFRS 5.31).

Ein **aufgegebener Geschäftsbereich** ist schließlich ein Unternehmensbestandteil, der zum Verkauf bzw. zur Stilllegung gehalten wird oder bereits verkauft bzw. stillgelegt wurde. Darüber hinaus muss der Unternehmensbestandteil eines der nachfolgenden Kriterien erfüllen (IFRS 5.32):

- Er stellt einen separaten, bedeutenden Geschäftszweig oder geographischen Geschäftsbereich dar.
- Er ist Teil eines einzelnen, abgestimmten Plans zur Veräußerung eines separaten, bedeutenden Geschäftszweigs oder geographischen Geschäftsbereichs.
- Er stellt ein Tochterunternehmen dar, das ausschließlich mit der Absicht des Weiterverkaufs erworben wurde.

Die Erfüllung der soeben angeführten Definitionen hat für die **Finanzberichterstattung** die folgenden Konsequenzen:

- Sollen **langfristige Vermögenswerte einzeln verkauft** werden, so müssen diese in der Bilanz gesondert ausgewiesen werden. In manchen Fällen unterliegen sie auch den speziellen Bewertungsvorschriften von IFRS 5.

478 Zu den in diesem Kapitel angeführten Definitionen vgl. IFRS 5.Anhang A.

479 Vgl. Abschnitt IAS 1, Kapitel 6.1.1.

- **Abgangsgruppen, die zum Verkauf gehalten werden**, sind in der Bilanz gesondert auszuweisen. Die speziellen Bewertungsvorschriften von IFRS 5 gelten allerdings nicht für alle Arten von Vermögenswerten, die in einer Abgangsgruppe enthalten sein können.
- Im Falle eines **aufgegebenen Geschäftsbereiches** muss weiter differenziert werden:
  - Wurde der Unternehmensbestandteil **bereits verkauft**, d. h. wurden die Vermögenswerte bzw. Schulden bereits ausgebucht, so erübrigt sich die Frage der besonderen Bewertung nach IFRS 5 sowie der separate Bilanzausweis. Es ist allerdings ein separater Ausweis in der Gesamtergebnisrechnung erforderlich.
  - Es kann aber auch der Fall vorliegen, dass die Vermögenswerte und Schulden einer **Abgangsgruppe, die zum Verkauf gehalten wird** und einen aufgegebenen Geschäftsbereich darstellt, bis zum Bilanzstichtag **noch nicht ausgebucht** wurden. In diesem Fall ist zusätzlich zum gesonderten Ausweis in der Gesamtergebnisrechnung auch ein gesonderter Bilanzausweis sowie eine Bewertung gem. IFRS 5 erforderlich.
  - Wurde ein Geschäftsfeld **stillgelegt**, so ist ein separater Ausweis in der Gesamtergebnisrechnung erforderlich, jedoch kein separater Bilanzausweis und auch keine besondere Bewertung nach IFRS 5.

2. Anwendungsbereich

Hinsichtlich des **Anwendungsbereichs** von IFRS 5 ist die folgende Unterscheidung erforderlich (IFRS 5.2):

- Die Vorschriften von IFRS 5 für die **Klassifizierung** als „zum Verkauf gehalten“[480] gelten für alle erfassten langfristigen Vermögenswerte und für alle Abgangsgruppen des Unternehmens. Im Falle einer Klassifizierung als „zum Verkauf gehalten“ sind die **Ausweisvorschriften** von IFRS 5 zu beachten. Der Standard enthält zusätzlich besondere Ausweisvorschriften für aufgegebene Geschäftsbereiche.
- Die **Bewertungsvorschriften** von IFRS 5 gelten nicht für alle zum Verkauf gehaltenen langfristigen Vermögenswerte und auch nicht für alle Vermögenswerte, die Bestandteile von Abgangsgruppen sind, die als „zum Verkauf gehalten“ klassifiziert wurden. Die folgenden Vermögenswerte sind von den Bewertungsvorschriften von IFRS 5 ausgenommen und zwar unabhängig davon, ob sie Teil einer Abgangsgruppe sind oder, ob es sich um einzelne Vermögenswerte handelt. Stattdessen gelten für ihre Bewertung die jeweils angeführten Standards (IFRS 5.5):
  - Latente Steueransprüche (IAS 12),
  - Vermögenswerte aus Leistungen an Arbeitnehmer (IAS 19),
  - finanzielle Vermögenswerte im Anwendungsbereich von IFRS 9,
  - langfristige Vermögenswerte, welche nach dem Zeitwertmodell i. S. von IAS 40 bilanziert werden,
  - langfristige Vermögenswerte, die gem. IAS 41 zum beizulegenden Zeitwert abzgl. Veräußerungskosten bewertet werden,
  - vertragliche Rechte aus Versicherungsverträgen i. S. von IFRS 4.

480 Vgl. Kapitel 3.1.

3. Zum Verkauf gehaltene langfristige Vermögenswerte und Abgangsgruppen

3.1 Klassifizierung als „zum Verkauf gehalten“

Ein langfristiger Vermögenswert bzw. eine Abgangsgruppe ist als **„zum Verkauf gehalten“** zu klassifizieren, wenn der Buchwert hauptsächlich durch ein Verkaufsgeschäft und nicht durch die fortgesetzte Nutzung realisiert werden wird (IFRS 5.6). Damit dies der Fall ist, muss der Vermögenswert bzw. die Abgangsgruppe **zum sofortigen Verkauf im gegenwärtigen Zustand verfügbar** sein und zwar zu Bedingungen, die für Verkäufe solcher Vermögenswerte bzw. Abgangsgruppen **gängig und üblich** sind. Darüber hinaus muss der Verkauf hochwahrscheinlich sein (IFRS 5.7).

Der Begriff „**hochwahrscheinlich**“ ist quantitativ im Sinne einer Wahrscheinlichkeit von deutlich mehr als 51 % zu verstehen (IFRS 5.Anhang A). Der Standard überlässt die Interpretation, was dies bedeutet, nicht den bilanzierenden Unternehmen. Stattdessen enthält IFRS 5 Kriterien, welche erfüllt werden müssen, damit ein Verkauf als hochwahrscheinlich zu betrachten ist.[481] Demnach ist das Kriterium einer hohen Wahrscheinlichkeit erfüllt, wenn die folgenden Kriterien kumulativ erfüllt werden (IFRS 5.8):

- Die angemessene **Hierarchieebene** hat sich auf einen Plan zum Verkauf des Vermögenswerts bzw. der Abgangsgruppe verpflichtet.
- Ein **aktives Programm** zur Suche eines Käufers sowie zur Umsetzung des Plans wurde initiiert.
- Der Vermögenswert bzw. die Abgangsgruppe wird **aktiv vermarktet** und zwar zu einem im Verhältnis zum gegenwärtigen beizulegenden Zeitwert **vernünftigen Preis**.
- Der Vermögensabgang innerhalb von **12 Monaten** ab dem Zeitpunkt der Klassifizierung wird erwartet. In manchen Fällen ist jedoch eine Ausdehnung dieses Zeitraums zulässig (IFRS 5.9 und IFRS 5.B1).
- Handlungen, die zur Vollendung des Plans erforderlich sind, müssen darauf hindeuten, dass eine **Stornierung oder signifikante Änderung** des Plans **unwahrscheinlich** ist.

Die **Wahrscheinlichkeit der Zustimmung der Anteilseigner** muss im Rahmen der Beurteilung, ob eine hohe Wahrscheinlichkeit gegeben ist, auch berücksichtigt werden, sofern diese Zustimmung im jeweiligen Rechtssystem erforderlich ist (IFRS 5.8).

Werden die Kriterien gem. IFRS 5.7 f. (s. o.) nicht bis zum **Bilanzstichtag** erfüllt, so darf der betreffende langfristige Vermögenswert bzw. die Abgangsgruppe nicht als „zum Verkauf gehalten“ klassifiziert werden (IFRS 5.12).

Ein Unternehmen, dass sich auf einen Verkaufsplan verpflichtet hat, mit dem der **Verlust der Beherrschung eines Tochterunternehmens** verbunden ist, muss die Vermögenswerte und Schulden dieses Tochterunternehmens als „zum Verkauf gehalten“ klassifizieren, wenn die obigen Kriterien (gem. IFRS 5.6-5.8) erfüllt werden. Dies gilt unabhängig davon, ob das Unternehmen nach dem Verkauf an seinem ehemaligen Tochterunternehmen weiterhin Anteile halten wird (IFRS 5.8A).

481 Vgl. *PwC*, Manual of Accounting, IFRS 2015, Tz. 26.47.

Im Falle, dass ein langfristiger Vermögenswert oder eine Abgangsgruppe **ausschließlich mit der Absicht einer späteren Veräußerung erworben** wird, gilt folgendes: Der langfristige Vermögenswert bzw. die Abgangsgruppe wird am Erwerbstag lediglich dann als „zum Verkauf gehalten" klassifiziert, sofern das 12-Monatskriterium (s. o.) eingehalten wird (unter Berücksichtigung der diesbezüglichen Ausnahmen). Darüber hinaus muss es hochwahrscheinlich sein, dass die anderen obigen Kriterien, die am Erwerbstag nicht erfüllt werden, innerhalb einer kurzen Periode (üblicherweise 3 Monate) nach dem Erwerb erfüllt werden (IFRS 5.11).

Langfristige Vermögenswerte bzw. Abgangsgruppen, die zur **Stilllegung** bestimmt sind, dürfen nicht als „zum Verkauf gehalten" klassifiziert werden. In diesem Fall wird nämlich der Buchwert überwiegend durch die fortgesetzte Nutzung realisiert. Eine Stilllegung umfasst die Nutzung bis zum Ende der wirtschaftlichen Nutzungsdauer eines Vermögenswerts bzw. einer Abgangsgruppe sowie die Schließung anstatt des Verkaufs (IFRS 5.13).

Ein **langfristiger Vermögenswert**, der **vorübergehend außer Betrieb** genommen wurde, darf nicht wie ein stillgelegter Vermögenswert behandelt werden (IFRS 5.14). So darf etwa in diesem Fall die planmäßige Abschreibung nicht beendet werden.[482]

3.2 Bewertung von langfristigen Vermögenswerten und Abgangsgruppen, die als „zum Verkauf gehalten" klassifiziert wurden

3.2.1 Allgemeines

Die Bewertungsvorschriften von IFRS 5 gelten für langfristige Vermögenswerte und Abgangsgruppen, die als „zum Verkauf gehalten" klassifiziert wurden. **Bestimmte Vermögenswerte** sind allerdings **von den Bewertungsvorschriften von IFRS 5 ausgenommen** (und zwar unabhängig davon, ob es sich bei diesen um einzelne Vermögenswerte oder um Bestandteile einer Abgangsgruppe handelt).[483]

Ein langfristiger Vermögenswert bzw. eine Abgangsgruppe, der/die als „zum Verkauf gehalten" klassifiziert wurde, ist mit dem **kleineren Betrag aus Buchwert und** beizulegendem Zeitwert abzgl. Veräußerungskosten (i. d. F. **Nettozeitwert**) zu bewerten (IFRS 5.15). Der **beizulegende Zeitwert** ist der Preis, der beim Verkauf eines Vermögenswerts zufließen würde bzw. der zu zahlen wäre, um eine Schuld zu übertragen, und zwar in einem gewöhnlichen Geschäft zwischen Marktteilnehmern am Bewertungsstichtag zu den gegenwärtigen Marktbedingungen. Die **Veräußerungskosten** sind die zusätzlichen Kosten, die der Veräußerung eines Vermögenswerts oder einer Abgangsgruppe direkt zugerechnet werden können, und zwar exkl. Finanzierungskosten und Ertragsteueraufwendungen (IFRS 5.Anhang A i.V. mit IFRS 13). Diese Bewertung mit dem kleineren Betrag erfolgt auch dann, wenn ein neu erworbener Vermögenswert (bzw. eine neu erworbene Abgangsgruppe) als „zum Verkauf gehalten" klassifiziert wird. In diesem Fall erfolgt die Bewertung bei erstmaliger Erfassung mit dem kleineren Betrag aus Buchwert, den der Vermögenswert (bzw. die Abgangsgruppe) ohne eine derartige Klassifizierung hätte (z. B. Anschaffungskosten) und Nettozeitwert (IFRS 5.16).

482 Vgl. *PwC*, Manual of Accounting, IFRS 2015, Tz. 26.74.
483 Vgl. Kapitel 2.

Im Falle eines **Unternehmenszusammenschlusses** sind die einzelnen Vermögenswerte und Schulden des erworbenen Unternehmens grundsätzlich mit ihrem beizulegenden Zeitwert zu bewerten. Geht allerdings im Rahmen eines Unternehmenszusammenschlusses ein zum Verkauf gehaltener langfristiger Vermögenswert (oder eine zum Verkauf gehaltene Abgangsgruppe) zu, so erfolgt im Erwerbszeitpunkt eine Bewertung mit dem Nettozeitwert und nicht mit dem beizulegenden Zeitwert. Diese Vorgehensweise unterscheidet sich von den allgemeinen Regeln von IFRS 3 (IFRS 5.16 und IFRS 3.31). Die Differenz wird nicht als außerplanmäßige Abschreibung erfasst.

Unmittelbar vor der erstmaligen Klassifizierung eines Vermögenswertes bzw. einer Abgangsgruppe als „zum Verkauf gehalten" sind der Vermögenswerts bzw. alle Vermögenswerte und Schulden der Gruppe **gemäß den einschlägigen IFRS zu bewerten** (IFRS 5.18). Während der Klassifizierung einer Abgangsgruppe als „zum Verkauf gehalten", wird diese weiterhin konsolidiert. Daher werden auch Erlöse (z. B. aus dem Verkauf von Vorräten) und Aufwendungen (inkl. Zinsen) weiterhin erfasst. Allerdings werden Sachanlagen (IAS 16) und immaterielle Vermögenswerte (IAS 38), die als „zum Verkauf gehalten" klassifiziert wurden oder Teil einer Abgangsgruppe sind, die als „zum Verkauf gehalten" klassifiziert wurde, **nicht planmäßig abgeschrieben** (IFRS 5.25).[484]

Außerplanmäßige Abschreibungen im Zuge der erstmaligen Klassifizierung eines langfristigen Vermögenswerts (bzw. einer Abgangsgruppe) als „zum Verkauf gehalten" werden erfolgswirksam (d. h. in der GuV) erfasst. Dies gilt auch dann, wenn es sich etwa um eine i. S. von IAS 16 neubewertete Sachanlage handelt (oder die Abgangsgruppe neubewertete Sachanlagen enthält). Dasselbe gilt in Bezug auf Gewinne und Verluste aus der Folgebewertung (IFRS 5.20).[485]

Die Anwendung der Bewertungsvorschriften von IFRS 5 für **Abgangsgruppen** führt zu einem komplexen Zusammenspiel von Einzel- und Gruppenbewertung:[486]

- Unmittelbar vor der Klassifizierung einer Abgangsgruppe als „zum Verkauf gehalten" sind die darin enthaltenen Vermögenswerte und Schulden nach Maßgabe der für sie geltenden Standards zu bewerten (**Einzelbewertung**) (IFRS 5.18). So sind etwa Sachanlagen bis zum Umklassifizierungszeitpunkt planmäßig abzuschreiben. Ein nach den allgemeinen Vorschriften (z. B. IAS 2, IAS 36 oder IFRS 9) regelmäßig nur auf den Bilanzstichtag vorzunehmender Wertminderungstest ist auch zum unterjährigen Umklassifizierungszeitpunkt erforderlich.
- Dem sich daraus ergebenden Nettobuchwert der Abgangsgruppe (Vermögen minus Schulden) ist dem Nettozeitwert der Gruppe gegenüberzustellen (**Gruppenbewertung**) (IFRS 5.4).
- Sofern dabei für die **Gruppe** ein **Wertminderungsverlust** ermittelt wird, so ist dieser auf die langfristigen Vermögenswerte der Gruppe zu verteilen, die sich im Anwendungsbereich der Bewertungsvorschriften von IFRS 5 befinden, und zwar nach der in IAS 36.104 vorgeschriebenen Reihenfolge (IFRS 5.23). Demnach wird zuerst der Buchwert eines etwaigen Firmenwertes reduziert. Eine danach verbleibende Wertminderung wird im Verhältnis der Buchwerte (d. h. buchwertproportional) auf die restlichen der soeben definierten Vermögenswerte verteilt. Ein Beispiel für Vermögenswerte, welche von dieser Verteilung ausgeschlossen sind, sind Vorräte.

484 Vgl. *KPMG*, Insights into IFRS, 11. Aufl., Tz. 5.4.60.70.

485 Vgl. *KPMG*, Insights into IFRS, 11. Aufl., Tz. 5.4.60.40.

486 Zu den nachfolgenden Ausführungen vgl. *Lüdenbach/Hoffmann/Freiberg*, IFRS-Kommentar, 12. Aufl., § 29 Tz. 40.

Die Bewertungsvorschriften von IFRS 5 sind **nur dann auf die gesamte Abgangsgruppe** anzuwenden (d. h. Vergleich des Buchwerts der Gruppe mit ihrem Nettozeitwert), wenn die Gruppe mindestens einen langfristigen Vermögenswert enthält, der den Bewertungsvorschriften von IFRS 5 unterliegt (IFRS 5.4).

3.2.2 Planänderungen

Wurde ein Vermögenswert (bzw. eine Abgangsgruppe) als „zum Verkauf gehalten" klassifiziert, und sind die Kriterien für diese Klassifizierung zu einem späteren Zeitpunkt nicht mehr erfüllt, so endet die Klassifizierung (IFRS 5.26). Die Bewertung eines langfristigen Vermögenswerts, der nicht mehr als „zum Verkauf gehalten" klassifiziert wird (bzw. der nicht mehr Bestandteil einer als „zum Verkauf gehalten" klassifizierten Abgangsgruppe ist), erfolgt **zum kleineren der folgenden Beträge** (IFRS 5.27):

- Buchwert des Vermögenswerts vor der Klassifizierung als „zum Verkauf gehalten", angepasst um planmäßige Abschreibungen und Neubewertungen, die ohne diese Klassifizierung erfasst worden wären.
- Erzielbarer Betrag (i. S. von IAS 36) des Vermögenswerts am Tag der Entscheidung, nicht zu verkaufen. Ist der langfristige Vermögenswert Teil einer ZGE, so ist sein erzielbarer Betrag der Buchwert, der nach Verteilung einer außerplanmäßigen Abschreibung der ZGE gem. IAS 36 angesetzt worden wäre.

3.3 Ausweis

Langfristige Vermögenswerte, die als „zum Verkauf gehalten" klassifiziert wurden, und die Vermögenswerte einer Abgangsgruppe, die als „zum Verkauf gehalten" klassifiziert wurde, sind in der Bilanz **getrennt von den anderen Vermögenswerten** auszuweisen. Die Gesamtsumme dieser Beträge ist als **separater Bilanzposten** auszuweisen (IFRS 5.38 und IAS 1.54j).

Die Schulden einer Abgangsgruppe, die als „zum Verkauf gehalten" klassifiziert wurde, sind in der Bilanz **getrennt von den anderen Schulden** darzustellen. Die Gesamtsumme der Schulden ist als **separater Bilanzposten** auszuweisen (IFRS 5.38 und IAS 1.54p). Der Inhalt dieses Bilanzpostens ist jedoch restriktiv auszulegen. Schulden sind etwa nur dann Teil einer Abgangsgruppe, wenn sie mit den Vermögenswerten der Abgangsgruppe direkt in Verbindung stehen und bei der Veräußerung der Vermögenswerte mit übertragen werden (IFRS 5.Anhang A).

Die nach IFRS 5 in der Bilanz anzugebenden Schulden und Vermögenswerte (IAS 1.54j und 1.54p) dürfen **nicht** miteinander **saldiert** werden. Grundsätzlich sind die **Hauptklassen** von Vermögenswerten und Schulden, die als „zum Verkauf gehalten" klassifiziert wurden, separat offenzulegen und zwar entweder in der Bilanz oder im Anhang. Die **kumulierten, im sonstigen Gesamtergebnis erfassten Erträge und Aufwendungen**, die sich auf einen langfristigen Vermögenswert bzw. eine Abgangsgruppe beziehen, der/die als „zum Verkauf gehalten" klassifiziert wurde, sind in der Bilanz separat darzustellen (z. B. die Zeitwertrücklage in Bezug auf Eigenkapitalinstrumente, die gem. IFRS 9.5.7.1(b) und 9.5.7.5 zum Zeitwert über das sonstige Gesamtergebnis bilanziert werden) (IFRS 5.38 f., 5.BC58, 5.IG Bsp. 12, IAS 1.32 und 1.54).

Im Falle der **erstmaligen Klassifizierung** als „zum Verkauf gehalten" dürfen die **Vorjahresbeträge** für die betreffenden langfristigen Vermögenswerte (bzw. für die Vermögenswerte und Schulden der betreffenden Abgangsgruppe) **in der Bilanz nicht umgegliedert bzw. umklassifiziert** werden (IFRS 5.40).[487]

Langfristige Vermögenswerte (sowie Vermögenswerte einer Klasse, die das Unternehmen normalerweise als langfristig betrachten würde und die mit der Absicht des Weiterverkaufs erworben wurden) dürfen solange nicht **im kurzfristigen Vermögen** ausgewiesen werden, bis sie die Voraussetzungen für eine Klassifizierung als „zum Verkauf gehalten" i. S. von IFRS 5 erfüllen (IFRS 5.3). Die Abgrenzung von kurz- und langfristigem Vermögen gem. IFRS 5 stimmt mit jener in IAS 1 überein (IFRS 5.Anhang A i.V. mit IAS 1.66).

Nach den Umsetzungsleitlinien zu IFRS 5 (IFRS 5.IG, Bsp. 12) wird im Rahmen des kurzfristigen Vermögens sowie der kurzfristigen Schulden zunächst eine Zwischensumme vor jenen Beträgen angeführt, die als „zum Verkauf gehalten" klassifiziert wurden. Danach werden letztere Beträge in separaten Zeilen angeführt. Schließlich wird eine Gesamtsumme für das kurzfristige Vermögen sowie für die kurzfristigen Schulden ausgewiesen.

4. Ausweis aufgegebener Geschäftsbereiche

4.1 Allgemeines

Die Erfüllung der Definition eines **aufgegebenen Geschäftsbereichs hat zusätzliche Offenlegungserfordernisse** zur Folge. U. a. ist ein **einziger Betrag** in der umfassenden Gesamtergebnisrechnung bzw. in der separaten GuV offenzulegen, der die **Gesamtsumme der folgenden Beträge** darstellt (IFRS 5.33a und IAS 1.82a):

- Periodenerfolg nach Steuern der aufgegebenen Geschäftsbereiche,
- Gewinn bzw. Verlust nach Steuern, der bei der Bewertung zum Nettozeitwert oder bei der Veräußerung der Vermögenswerte bzw. der Abgangsgruppe(n), die den aufgegebenen Geschäftsbereich bilden, erfasst wurde.

Dieser Gesamtbetrag ist für die **gesamte Berichtsperiode zu ermitteln und offenzulegen** und nicht für den Zeitraum ab Aufgabe des Geschäftsbereichs. Auch für die im Abschluss dargestellte **Vergleichsperiode** ist dieser Betrag zu berechnen und offenzulegen (IFRS 5.34). Der Ausweis dieses Betrags erfolgt gesondert von den fortgeführten Tätigkeiten. In der **Gesamtergebnisrechnung** wird jeder Posten von den Erlösen bis hinunter zum Periodenerfolg aus fortgeführten Tätigkeiten **exkl. aufgegebener Geschäftsbereiche** dargestellt. Grundsätzlich müssen u. a. auch der Betrag der Erlöse, der Aufwendungen und des Periodenerfolgs vor Steuern des aufgegebenen Geschäftsbereiches, die im oben definierten Betrag (IFRS 5.33a) enthalten sind, entweder in der Gesamtergebnisrechnung oder im Anhang angegeben werden (IFRS 5.33b).

Aufgegebene Geschäftsbereiche umfassen Geschäftsbereiche, welche entweder bereits veräußert wurden oder als „zum Verkauf gehalten" eingestuft wurden. Sofern der gesamte aufgegebene Geschäftsbereich oder ein Teil davon die Definition von **„zum Verkauf gehalten"** erfüllt, sind **zusätzlich zu den in diesem Kapitel beschriebenen Ausweisvorschriften** auch die in

487 Vgl. *Böcking/Kiefer*, in: Baetge u. a., Rechnungslegung nach IFRS, 2. Aufl., IFRS 5, Tz. 104.

Kapitel 3.3 beschrieben Ausweisvorschriften zu beachten. Die Vermögenswerte und Schulden, welche Bestandteil eines aufgegebenen Geschäftsbereichs sind, müssen nicht separat von anderen zum Verkauf gehaltenen Vermögenswerten und Schulden ausgewiesen bzw. angegeben werden. Wird eine Abgangsgruppe in der Berichtsperiode zu einem aufgegebenen Geschäftsbereich und wird diese in derselben Periode als „zum Verkauf gehalten" klassifiziert, so erfolgt keine Anpassung der Vorjahresinformationen in der Bilanz.

Erfüllt eine stillzulegende Abgangsgruppe eines der Kriterien in IFRS 5.32(a)-(c), so werden die Ergebnisse und Geldflüsse der Gruppe als aufgegebener Geschäftsbereich gem. IFRS 5.33 f. dargestellt, und zwar in der Periode, in der der Abgang erfolgt. Die Vorjahreszahlen sind anzupassen (IFRS 5.34). Eine stillzulegende Abgangsgruppe erfüllt nicht die Definition von „zum Verkauf gehalten" (IFRS 5.13).

4.2 Ausgewählte Besonderheiten im Konzernabschluss

Grundsätzlich müssen u. a. der Betrag der Erlöse und der Aufwendungen sowie der Periodenerfolg vor Steuern des aufgegebenen Geschäftsbereichs entweder in der Gesamtergebnisrechnung oder im Anhang angegeben werden (IFRS 5.33b). Stellt ein Tochterunternehmen einen aufgegebenen Geschäftsbereich dar und fallen zwischen diesem Tochterunternehmen und einem anderen Tochterunternehmen bzw. dem Mutterunternehmen Aufwendungen bzw. Erlöse an, so hat u. E. eine Grenzbetrachtung zu erfolgen: In der Gesamtergebnisrechnung und im Anhang sind die Grenzerlöse und Grenzaufwendungen des Konzerns, die dem aufgegebenen Geschäftsbereich zuzuordnen sind, als aufgegebener Geschäftsbereich auszuweisen.[488]

5. Aufgaben mit Lösungen

AUFGABE 1

Einzelner zum Verkauf gehaltener Vermögenswert

Eine Maschine der X-AG wird am 01.07.01 als „zum Verkauf gehalten" klassifiziert. Zu diesem Zeitpunkt steht die Maschine mit GE 10 zu Buche und ihre Restnutzungsdauer beträgt 5 Jahre. Am 30.06.02 wird die Maschine zu ihrem beizulegenden Zeitwert verkauft. Der beizulegende Zeitwert beträgt zu allen Zeitpunkt GE 8 und die Veräußerungskosten GE 1.

Aufgabenstellung

Nehmen Sie alle aus der Perspektive der X-AG im Zeitraum 01.07.01 bis 30.06.02 erforderlichen Buchungen vor. Die Berichtsperioden der X-AG enden am 31.12.

Lösungshinweise

Insbesondere Kapitel 3.2.1 und 3.3

488 Vgl. *Lüdenbach/Hoffmann/Freiberg*, IFRS-Kommentar, 12. Aufl., § 29 Tz. 63 ff.

LÖSUNG

01.07.01	Maschine (zum Verkauf gehaltenes Vermögen)	10,-	
	an Maschine		10,-

Abwertung auf den kleineren Nettozeitwert von GE 7:

01.07.01	Außerplanmäßige Abschreibung	3,-	
	an Maschine (zum Verkauf gehaltenes Vermögen)		3,-

Während der Klassifizierung der Maschine als „zum Verkauf gehalten" (d. h. ab 01.07.01) erfolgt keine planmäßige Abschreibung (IFRS 5.25).

Vor Berücksichtigung der Veräußerungskosten ergibt sich ein (gem. IAS 1.34(a) saldiert darzustellender) Veräußerungsgewinn i. H. von GE 1.

30.06.02	Geld	8,-	
	an Veräußerungsgewinn		1,-
	an Maschine (zum Verkauf gehaltenes Vermögen)		7,-

Schließlich werden die Veräußerungskosten mit dem Veräußerungsgewinn saldiert, wodurch sich letzterer auf Null reduziert (IAS 1.34(a)):

30.06.02	Veräußerungsgewinn	1,-	
	an Geld		1,-

AUFGABE 2

Aufgabe der Veräußerungsabsicht

Aufgabenstellung

Die Situation ist dieselbe wie in Aufgabe 1. Gehen Sie allerdings davon aus, dass die Klassifizierung als „zum Verkauf gehalten" per 01.07.02 entfällt und, dass die Maschine bis zum Ende ihrer ursprünglichen Nutzungsdauer verwendet werden soll. Nehmen Sie an, dass der Nutzungswert (i. S. von IAS 36) am 01.07.02 GE 9 beträgt. Nehmen Sie alle aus der Perspektive der X-AG im Zeitraum 01.07.01 bis 31.12.02 erforderlichen Buchungen vor.

Lösungshinweise

Insbesondere Kapitel 3.2.2

LÖSUNG

01.07.01		Maschine (zum Verkauf gehaltenes Vermögen)	10,-	
	an	Maschine		10,-

01.07.01		Außerplanmäßige Abschreibung	3,-	
	an	Maschine (zum Verkauf gehaltenes Vermögen)		3,-

Nettozeitwert (01.07.02)	7	
Nutzungswert (01.07.02)	9	
Erzielbarer Betrag (01.07.02) (IFRS 5.27b)	**9**	
Buchwert vor Klassifizierung als „zum Verkauf gehalten" (d. h. am 30.06.01)	10	
Planmäßige Abschreibung (01.07.01-30.06.02) ohne Klassifizierung als „zum Verkauf gehalten"	2	= *10 : 5*
Buchwert (01.07.02) ohne Klassifizierung als „zum Verkauf gehalten" (IFRS 5.27a)	**8**	
Kleinerer Betrag gem. IFRS 5.27	**8**	
Buchwert gem. IFRS 5 per 30.06.02	**7**	
Aufwertung	**1**	

01.07.02		Maschine	7,-	
	an	Maschine (zum Verkauf gehaltenes Vermögen)		7,-

01.07.02		Maschine	1,-	
	an	Ertrag aus der Zuschreibung		1,-

Die planmäßige Abschreibung für 02 (**01.07.02-31.12.02**) ergibt sich nach der Formel „Restbuchwert (01.07.02) von GE 8 : Restnutzungsdauer (01.07.02) von 4 Jahren · 6 : 12":

31.12.02		Planmäßige Abschreibung	1,-	
	an	Maschine		1,-

AUFGABE 3

Bewertung einer als „zum Verkauf gehalten“ klassifizierten Abgangsgruppe

Die X-AG klassifiziert am 01.07.01 eine Abgangsgruppe als „zum Verkauf gehalten“. Die folgenden Vermögenswerte sind Bestandteil der Abgangsgruppe:

	Buchwert 31.12.00	**Zusatzangaben**
Maschine	20	Restnutzungsdauer per 31.12.00: 5 Jahre
Erworbenes Patent	10	Restnutzungsdauer per 31.12.00: 5 Jahre
Fertigfabrikate	8	Der Nettoveräußerungswert (IAS 2.6) beträgt per 30.06.01 GE 7.
Forderungen	6	Die Forderungen werden zu fortgeführten Anschaffungskosten bilanziert. Am 30.06. beträgt der Wert der Forderungen gem. IFRS 9.B5.5.33 GE 5.

Bei der Maschine und beim Patent, welche bislang nach dem Anschaffungskostenmodell von IAS 16 bzw. IAS 38 bilanziert wurden, liegt per 30.06.01 kein Hinweis auf eine Wertminderung vor. Die Forderungen sind ausschließlich kurzfristig.

Am 30.06.01 beträgt der Nettozeitwert der Abgangsgruppe GE 33.

Aufgabenstellung

Nehmen Sie alle aus der Perspektive der X-AG im Zeitraum 01.01.-01.07.01 erforderlichen Buchungen vor. Die Berichtsperioden der X-AG enden am 31.12.

Lösungshinweise

Insbesondere Kapitel 3.2.1

LÖSUNG

	Buchwert 31.12.00	**Einzelbewertung 30.06.01**	**Verteilung der Gruppenabschreibung**	**Buchwert 01.07.01**
Maschine	20	18	*-4 (= -6 · 18 : 27)*	14
Erworbenes Patent	10	9	*-2 (= -6 · 9 : 27)*	7
Fertigfabrikate	8	7		7
Forderungen	6	5		5
Summe	44	39	-6	33
Nettozeitwert		33		
Gruppenabschreibung		-6		

Anmerkungen:

Unmittelbar vor der erstmaligen Klassifizierung als „zum Verkauf gehalten" werden die einzelnen Vermögenswerte der Abgangsgruppe nach den einschlägigen Standards bewertet (IFRS 5.18):

- Die Maschine und das Patent werden planmäßig abgeschrieben.
- Die Fertigfabrikate werden auf Wertminderung getestet, d. h. diese werden mit dem kleineren Betrag aus Herstellungskosten und Nettoveräußerungswert bewertet (IAS 2.9).
- Der Buchwert der Forderungen wird auf den gem. IFRS 9.B5.5.33 ermittelten Wert reduziert.

30.06.01		Planmäßige Abschreibung	3,-	
	an	Maschine		2,-
	an	Patent		1,-

30.06.01		Bestandsveränderungen	1,-	
	an	Fertigfabrikate		1,-

30.06.01		Außerplanmäßige Abschreibung	1,-	
	an	Forderungen		1,-

01.07.01		Maschine (zum Verkauf gehaltenes Vermögen)	18,-	
	an	Maschine		18,-

01.07.01		Patent (zum Verkauf gehaltenes Vermögen)	9,-	
	an	Patent		9,-

01.07.01		Fertigfabrikate (zum Verkauf gehaltenes Vermögen)	7,-	
	an	Fertigfabrikate		7,-

01.07.01		Forderungen (zum Verkauf gehaltenes Vermögen)	5,-	
	an	Forderungen		5,-

01.07.01		Außerplanmäßige Abschreibung	6,-	
	an	Maschine (zum Verkauf gehaltenes Vermögen)		4,-
	an	Patent (zum Verkauf gehaltenes Vermögen)		2,-

AUFGABE 4

Inhalt des Bilanzpostens „Schulden in zum Verkauf gehaltenen Abgangsgruppen"[489]

Zu einer Abgangsgruppe der X-AG, die als „zum Verkauf gehalten" klassifiziert wurde, gehören Grundstücke, welche nach IAS 16 bilanziert wurden. Diese Grundstücke sind mit Grundschulddarlehen belastet. Die Bank wird nur gegen Tilgung der Darlehen die wirtschaftlich für einen Verkauf erforderliche dingliche Freigabe erteilen.

Aufgabenstellung

Beurteilen Sie, ob die Grundschulddarlehen in den Bilanzposten „Schulden in zum Verkauf gehaltenen Abgangsgruppen" (IAS 1.54p) einzubeziehen sind.

Lösungshinweise

Insbesondere Kapitel 3.3

LÖSUNG

Es erfolgt *keine* Einbeziehung der Grundschulddarlehen in den Bilanzposten „Schulden in zum Verkauf gehaltenen Abgangsgruppen", da diese nicht auf den Erwerber übergehen werden.

AUFGABE 5

Ausweis einer zum Verkauf gehaltenen Abgangsgruppe

Die X-AG besitzt zwei Abgangsgruppen, welche am 31.12.01 erstmals als „zum Verkauf gehalten" klassifiziert werden. Sie stellen allerdings keine aufgegebenen Geschäftsbereiche dar. Die Abgangsgruppen enthalten auch direkt verbundene Schulden, die im Rahmen des zukünftigen Verkaufs übertragen werden:

	Buchwerte per 31.12.01 (nach Klassifizierung als „zum Verkauf gehalten")	
	Abgangsgruppe A	**Abgangsgruppe B**
Sachanlagen	30	50
Aktien	10	–
Schulden	-20	-5
Nettobuchwert	**20**	**45**

Die Aktien werden zum beizulegenden Zeitwert über das sonstige Gesamtergebnis bilanziert (IFRS 9.5.7.1b und 9.5.7.5). Die Zeitwertrücklage (d. h. der kumuliert im sonstigen Gesamtergebnis erfasste Betrag) beträgt zum 31.12.01 GE +2.

Aufgabenstellung

Stellen Sie den Ausweis der beiden Abgangsgruppen in der Konzernbilanz der X-AG zum 31.12.01 dar.

489 In Anlehnung an *Lüdenbach/Hoffmann/Freiberg*, IFRS-Kommentar, 12. Aufl., § 29 Tz. 53.

Lösungshinweise

Insbesondere Kapitel 3.3

LÖSUNG

Die beiden als „zum Verkauf gehalten" klassifizierten Abgangsgruppen werden in der Konzernbilanz der X-AG wie nachfolgend dargestellt ausgewiesen (IFRS 5.38). Zu beachten ist auch, dass bei erstmaliger Klassifizierung als „zum Verkauf gehalten" die Beträge für das Vorjahr 00 in der Bilanz nicht umgegliedert werden dürfen (IFRS 5.40).

AKTIVA	31.12.01	31.12.00	PASSIVA	31.12.01	31.12.00
Langfristiges Vermögen			**Eigenkapital**		
AA	X	X	**Eigenkapital der Eigentümer des Mutterunternehmens**		
BB	X	X			
	X	X	EE	X	X
			FF	X	X
Kurzfristiges Vermögen			Kumuliertes sonstiges Gesamtergebnis aus einer zum Verkauf gehaltenen Abgangsgruppe	2	–
CC	X	X			
DD	X	X			
	X	X		X	X
Vermögen in zum Verkauf gehaltenen Abgangsgruppen	90	–	**Nicht beherrschende Anteile**	X	X
	X	X	Summe Eigenkapital	X	X
			Langfristige Schulden		
			GG	X	X
			HH	X	X
				X	X
			Kurzfristige Schulden		
			II	X	X
			JJ	X	X
				X	X
			Schulden in zum Verkauf gehaltenen Abgangsgruppen	25	–
				X	X
			Summe Schulden	X	X
SUMME AKTIVA	X	X	SUMME PASSIVA	X	X

AUFGABE 6

Geschäfte eines aufgegebenen Tochterunternehmens mit seinem Mutterunternehmen[490]

Die **Produktionsgesellschaft P** ist zu 100 % an der **Vertriebsgesellschaft V** beteiligt. V kauft die von P hergestellten Erzeugnisse zu fremdüblichen Preisen und verkauft diese mit einem Aufschlag von 20 % an konzernfremde Kunden.

P erzielt in 01 aus dem Verkauf ihrer Produkte an V einen Umsatz von GE 10. Bei P fallen ausschließlich externe Kosten i. H. von GE 9 und somit ein Periodengewinn i. H. von GE 1 an.

V erzielt in 01 einen Umsatz von GE 12. Die externen Kosten von V betragen GE 1 und die internen Kosten von V (Wareneinsatz aus dem Weiterverkauf der von P erworbenen Produkte) GE 10. Somit erwirtschaftet V einen Periodengewinn i. H. von GE 1.

V wurde am 31.12.01 verkauft und stellt im Konzernabschluss von P einen aufgegebenen Geschäftsbereich dar. Der Erwerber von V wird voraussichtlich zu unveränderten Konditionen weiterhin für P tätig sein.

Aufgabenstellung

Stellen Sie die Erlöse, Aufwendungen und den Periodengewinn aus fortgeführten Tätigkeiten und aus dem aufgegebenen Geschäftsbereich in einer vereinfachten Darstellung der separaten Konzern-GuV von P für das Jahr 01 dar. Steuern sind zu vernachlässigen.

Lösungshinweise

Insbesondere Kapitel 4.2

LÖSUNG

Die Geschäfte zwischen V (aufgegebener Geschäftsbereich) und P führen zu Aufwendungen und Erlösen zwischen diesen Gesellschaften. Der folgenden Darstellung liegt eine Grenzbetrachtung zugrunde, d. h. dem aufgegebenen Geschäftsbereich sind die (Grenz-)Erlöse und (Grenz-)Aufwendungen zuzuweisen, die durch die Aufgabe entfallen. Daher hat die separate Konzern-GuV von P folgendes Aussehen:

Fortgeführte Tätigkeiten	
Erlöse	10
Aufwendungen	-9
Gewinn aus fortgeführten Tätigkeiten	1
Aufgegebener Geschäftsbereich	
Erlöse	2
Aufwendungen	-1
Gewinn aus dem aufgegebenen Geschäftsbereich	1
Konzerngewinn	2

490 In Anlehnung an *Lüdenbach/Hoffmann/Freiberg*, IFRS-Kommentar, 12. Aufl., § 29 Tz. 63 ff.

Diese Darstellung reflektiert den Umstand, dass ein Konzernumsatz (externer Umsatz) i. H. von GE 2 (= GE 12 - GE 10) einem Bereich zuzuordnen ist, welcher durch den Verkauf am 31.12.01 nicht mehr zum Konzern gehört. Daher werden in der separaten Konzern-GuV von P Erlöse i. H. von GE 2 dem aufgegebenen Geschäftsbereich zugeordnet, die verbleibenden Erlöse i. H. von GE 10 hingegen den fortgeführten Tätigkeiten.

Diese Überlegungen gelten sinngemäß für die Aufwendungen. Konzernaufwendungen i. H. von GE 1 (das sind die externen Aufwendungen von V) sind einem Bereich zuzuordnen, welcher durch den Verkauf am 31.12.01 nicht mehr zum Konzern gehört. Daher werden in der separaten Konzern-GuV von P Aufwendungen i. H. von GE 1 dem aufgegebenen Geschäftsbereich zugeordnet, die verbleibenden Aufwendungen i. H. von GE 9 (das sind die externen Aufwendungen von P) hingegen den fortgeführten Tätigkeiten.

AUFGABE 7

Ausweis eines aufgegebenen Geschäftsbereichs

(a) Eine Abgangsgruppe der X-AG wird am 31.12.01 als „zum Verkauf gehalten" klassifiziert. Sie stellt darüber hinaus am 31.12.01 einen aufgegebenen Geschäftsbereich dar. Die durch die Aufgabe entfallenden Grenzerlöse betragen in 01 GE 40 und in 00 GE 36. Die durch die Aufgabe entfallenden Grenzaufwendungen betragen in 01 GE 32 und in 00 GE 34. In 01 erfolgte gem. IFRS 5 eine Abwertung i. H. von GE 1 auf den Nettozeitwert.

(b) Gehen Sie vom selben Sachverhalt wie in (a) aus. Nehmen Sie allerdings abweichend zu (a) an, dass der aufgegebene Geschäftsbereich bereits in 01 verkauft wurde und, dass keine Abwertung erfolgte. Als Folge des Verkaufs wurde ein Verlust i. H. von GE 2 erfasst.

Aufgabenstellung

Stellen Sie den aufgegebenen Geschäftsbereich in einer vereinfachten Darstellung der separaten Konzern-GuV der X-AG für die Jahre 01 und 00 dar. Beschreiben Sie darüber hinaus den Ausweis des aufgegebenen Geschäftsbereichs in der Konzernbilanz der X-AG. Steuern sind zu vernachlässigen.

Lösungshinweise

Insbesondere Kapitel 4

LÖSUNG (A)

Nachfolgend wird die separate Konzern-GuV der X-AG für die Jahre 01 und 00 dargestellt. Die entsprechenden Beträge für 01 und für die Vergleichsperiode 00 sind dem Abschnitt „Aufgegebener Geschäftsbereich" zuzuordnen (IFRS 5.34).

	01	00
Fortgeführte Tätigkeiten		
Erlöse	X	X
Aufwendungen	X	X
Gewinn aus fortgeführten Tätigkeiten	X	X
Aufgegebener Geschäftsbereich		
Gewinn aus dem aufgegebenen Geschäftsbereich	7	2
Konzerngewinn	X	X

Anmerkung: GE 7 = Entfallende Grenzerlöse von GE 40 - Entfallende Grenzaufwendungen von GE 32 - Abwertung auf den Nettozeitwert i. H. von GE 1 (IFRS 5.33a).

Da der aufgegebene Geschäftsbereich gleichzeitig eine Abgangsgruppe darstellt, die als „zum Verkauf gehalten" klassifiziert wurde, sind in der **Konzernbilanz** zum 31.12.01 bestimmte Beträge für das Jahr 01 separat auszuweisen (s. Aufgabe 5). In der Konzernbilanz dürfen allerdings die Vorjahresvergleichszahlen für 00 nicht umklassifiziert werden (IFRS 5.40).

LÖSUNG (B)

	01	00
Fortgeführte Tätigkeiten		
Erlöse	X	X
Aufwendungen	X	X
Gewinn aus fortgeführten Tätigkeiten	X	X
Aufgegebener Geschäftsbereich		
Gewinn aus dem aufgegebenen Geschäftsbereich	6	2
Konzerngewinn	X	X

Anmerkung: GE 6 = Entfallende Grenzerlöse von GE 40 - Entfallende Grenzaufwendungen von GE 32 - Verlust aus dem Verkauf i. H. von GE 2 (IFRS 5.33a).

In der **Konzernbilanz** erfolgen keine Umklassifizierungen. Die Buchwerte wurden nämlich im Jahr 01 bereits ausgebucht.

IFRS 6 Erkundung und Evaluierung von Bodenschätzen

1. Einleitung und Anwendungsbereich

IFRS 6 regelt die Behandlung von Ausgaben für die Erkundung und Evaluierung von mineralischen Bodenschätzen (Öl, Erdgas usw.), nicht jedoch andere Aspekte der Bilanzierung von Unternehmen, welche Bodenschätze erkunden und evaluieren (IFRS 6.3 f.).

Erkundung und Evaluierung ist die Suche nach Bodenschätzen, nachdem das Recht zur Erkundung in einem bestimmten Gebiet erhalten wurde und endend mit Feststellung der technischen Machbarkeit und der Wirtschaftlichkeit der Förderung des Bodenschatzes (IFRS 6.Anhang A). Ein Musterbeispiel für solche Tätigkeiten sind Probebohrungen.

Ausgaben der **Vorerkundungsphase** unterliegen ebenso wie jene Ausgaben, welche **nach der Nachweisbarkeit** der technischen Machbarkeit und der Wirtschaftlichkeit der Förderung des Bodenschatzes entstehen, nicht IFRS 6 (IFRS 6.5).

2. Bilanzierung

IFRS 6 enthält nur in geringem Maße Vorschriften für den Ansatz und die Zugangsbewertung von Vermögenswerten aus der **Erkundung und Evaluierung**. Nach den allgemeinen Vorschriften der IFRS müssten zur Schließung der Regelungslücke IAS 8.10-8.12 angewandt werden. Tatsächlich muss im vorliegenden Fall allerdings lediglich IAS 8.10 beachtet werden, der aufgrund seines sehr hohen Abstraktionsgrads kaum praktische Einschränkungen enthält. Fazit ist, dass ein Unternehmen, welches seine Rechnungslegung auf IFRS umstellt, im Großen und Ganzen seine bisherigen Methoden für den Ansatz und die Zugangsbewertung von Vermögenswerten aus der Erkundung und Evaluierung (z. B. jene der US-GAAP) weiterhin anwenden kann. Eine Überprüfung, ob diese im Einklang mit dem Rahmenkonzept bzw. mit den einzelnen Standards des IASB stehen, ist nicht erforderlich.

Es ist somit möglich, z. B. die in den USA innerhalb der Öl- und Gasindustrie angewandten Verfahren zur Beurteilung, ob bzw. in welchem Ausmaß **Vermögenswerte aus der Erkundung und Evaluierung** vorliegen, ungeprüft zu übernehmen:[491]

- **Vollkostenmethode**: Es werden alle Erkundungskosten (d. h. auch vergebliche Kosten) in einem bestimmten Land aktiviert. Der Erkundungserfolg ist somit für die Frage der Aktivierung nicht maßgebend. Die aktivierten Aufwendungen werden auf einer länderspezifischen Basis planmäßig und außerplanmäßig abgeschrieben.
- **Erfolgreiche Anstrengungen** (*successful efforts*): Es werden nur die mit erfolgreichen Projekten verbundenen Kosten aktiviert. Aufwendungen, die interimistisch aktiviert wurden, werden erfolgswirksam, sobald mit einem Erfolg nicht mehr zu rechnen ist.
- **Mischverfahren** aus den beiden genannten Methoden.

Die **Zugangsbewertung** von Vermögenswerten aus der Erkundung und Evaluierung hat mit den **Kosten** zu erfolgen (IFRS 6.8). Die **Folgebewertung** erfolgt nach dem **Kostenmodell** oder nach dem **Neubewertungsmodell** (IFRS 6.12).

491 Vgl. *Lüdenbach/Hoffmann/Freiberg*, IFRS-Kommentar, 12. Aufl., § 42 Tz 13.

Ein Vermögenswert ist nicht mehr länger als Vermögenswert aus der Erkundung und Evaluierung zu klassifizieren, wenn die technische Machbarkeit und die Wirtschaftlichkeit der Förderung des Bodenschatzes nachweisbar sind. Vor dieser **Umklassifizierung** hat ein Test auf Wertminderung zu erfolgen und es ist eine allenfalls vorhandene Wertminderung zu erfassen (IFRS 6.17).

Vermögenswerte aus der Erkundung und Evaluierung sind auf **Wertminderung** zu testen, wenn Tatsachen und Umstände darauf hindeuten, dass der Buchwert den erzielbaren Betrag übersteigt. In diesem Fall ist eine Wertminderung grundsätzlich gem. IAS 36 zu bewerten, darzustellen und anzugeben (IFRS 6.18). Tatsachen und Umstände werden in IFRS 6.20 beispielhaft aufgezählt. Zur Identifikation von wertgeminderten Vermögenswerten aus der Erkundung und Evaluierung ist IFRS 6.20 an Stelle von IAS 36.8-36.17 anzuwenden (IFRS 6.19).

Es ist eine Methode für die **Zuordnung der Vermögenswerte aus Erkundung und Evaluierung auf ZGE bzw. Gruppen von ZGE** zwecks Durchführung des **Wertminderungstests** festzulegen. Jede ZGE bzw. Gruppe von ZGE, der ein Vermögenswert aus der Erkundung und Evaluierung zugeordnet wird, darf nicht größer sein, als ein operatives Segment i. S. von IFRS 8 (IFRS 6.21 f.).

3. Abraumkosten in der Produktionsphase einer über Tagebau erschlossenen Mine

Mit einem verwandten Thema, welches allerdings nicht der Erkundungs- und Evaluierungsphase zuzuordnen ist und somit **nicht in den Anwendungsbereich von IFRS 6** fällt, beschäftigt sich die Interpretation IFRIC 20 „Abraumkosten in der Produktionsphase einer über Tagebau erschlossenen Mine". Im Tagebau kann es erforderlich sein, Schutt (Abraum) zu beseitigen, um Zugang zu Erz- oder Mineralienvorkommen zu erhalten. Derartige Tätigkeiten werden als **Abraumaktivitäten** bezeichnet (IFRIC 20.1). Das Unternehmen kann aus Abraumaktivitäten auf eine der folgenden Arten profitieren (IFRIC 20.4):

- Der Abraum enthält (in geringerer Konzentration) Erze oder Mineralien, welche als Vorräte zu betrachten sind.
- Das Unternehmen erlangt einen besseren Zugang zu weiteren Vorkommen, welche in Zukunft abgebaut werden können.

IFRIC 20 widmet sich der **Bilanzierung** dieser beiden Arten von Vorteilen und enthält die folgenden **Kernaussagen** (IFRIC 20.5-20.9):

- Sofern der Nutzen den Charakter erwirtschafteter **Vorräte** aufweist, erfolgt die Bilanzierung nach **IAS 2**.
- In dem Ausmaß, in dem der Nutzen in einem **besseren Zugang zu abbaubaren Erzen oder Mineralien** liegt, erfolgt – bei Erfüllung **bestimmter Kriterien** – der Ansatz eines **langfristigen Vermögenswerts**.

4. Aufgabe mit Lösung

AUFGABE

Anwendungsbereich von IFRS 6

(a) Die X-AG vermutet in der Region A eine Ölquelle. Bislang haben lediglich geologische Voruntersuchungen stattgefunden. Probebohrungen und Sprengungen konnten noch nicht durchgeführt werden, da es hierzu einer behördlichen Genehmigung bedarf, die die X-AG bislang noch nicht erhalten hat. Die X-AG hat jedoch im Rahmen dieser Tätigkeiten bereits eine Zugangsstraße errichtet.

(b) Die X-AG hat in der Region B Probebohrungen durchgeführt. Die technische Machbarkeit und die Wirtschaftlichkeit der Förderung des Bodenschatzes sind noch nicht nachweisbar.

(c) In der Region C wurde bereits festgestellt, dass die Förderung des Bodenschatzes technisch machbar und wirtschaftlich ist. Die X-AG hat daher Bohrlöcher geplant und gebaut und die Erdschicht entfernt. Im nächsten Wirtschaftsjahr sollen Förderanlagen errichtet werden.

Aufgabenstellung

Beurteilen Sie bitte, ob die oben angeführten Sachverhalte aus der Perspektive der X-AG dem Anwendungsbereich von IFRS 6 unterliegen und – sofern dies nicht der Fall ist – welchem anderen Standard sie unterliegen.

Lösungshinweise

Insbesondere Kapitel 1

LÖSUNG (A)

Die beschriebenen Kosten gehören zur Vorerkundungsphase, es ist somit auf das **Rahmenkonzept** zu verweisen (IFRS 6.BC10). In der Vorerkundungsphase anfallende Kosten können jedoch als Teil der Anschaffung eines **immateriellen Vermögenswerts i. S. von IAS 38** (Erkundungslizenz) zu betrachten sein, mit der Folge der Aktivierung als Bestandteil des immateriellen Vermögenswerts (IFRS 6.BC12). Die Ausgaben für den Bau der Zugangsstraße (Infrastrukturmaßnahme) stellen eine zu aktivierende **Sachanlage i. S. von IAS 16** dar (IFRS 6.BC13).

LÖSUNG (B)

Die technische Machbarkeit und die Wirtschaftlichkeit der Förderung des Bodenschatzes sind noch nicht nachweisbar. Daher sind die Ausgaben für die Probebohrungen der Erkundung und Evaluierung zuzuordnen und unterliegen somit dem Anwendungsbereich von **IFRS 6** (IFRS 6.Anhang A).

LÖSUNG (C)

Es ist auf das **Rahmenkonzept** sowie auf **IAS 38** zu verweisen (IFRS 6.10). Die Entwicklung von Bodenschätzen (z. B. Planung und Bau von Bohrlöchern und Entfernung der Erdschicht), nachdem die technische Machbarkeit und die Wirtschaftlichkeit der Förderung des Bodenschatzes festgestellt wurden, stellt ein Beispiel für die Entwicklungsphase eines internen Projekts dar. Somit ist IAS 38.57 zu befolgen, welcher Kriterien für die Frage des Ansatzes eines selbst erstellten immateriellen Vermögenswerts enthält (IFRS 6.BC27). Die Förderanlagen, die im nächsten Wirtschaftsjahr errichtet werden, werden **Sachanlagen i. S. von IAS 16** darstellen. Die vom Unternehmen kontrollierten Rohstoffvorkommen dürfen **nicht als Vermögenswerte** aktiviert werden.

IFRS 7 Finanzinstrumente: Angaben

1. Einleitung

IFRS 7 regelt die **Anhangangaben zu Finanzinstrumenten**, welche vom Anwendungsbereich dieses Standards erfasst sind. Manche dieser Angaben können jedoch entweder im Anhang oder alternativ in der Bilanz bzw. in der Gesamtergebnisrechnung erfolgen.

2. Bedeutung von Finanzinstrumenten für die Vermögens-, Finanz- und Ertragslage

Die folgende Aufzählung gibt einen groben Überblick über ausgewählte, wichtige Angaben, welche im Abschnitt „Bedeutung der Finanzinstrumente für die Vermögens-, Finanz- und Ertragslage" von IFRS 7 vorgesehenen sind:

- Die **Buchwerte** einer jeden der nachfolgend angeführten **Kategorien finanzieller Vermögenswerte bzw. finanzieller Verbindlichkeiten** sind entweder in der Bilanz oder im Anhang anzugeben (IFRS 7.8):
  - Zum Zeitwert über die GuV bilanzierte Vermögenswerte. Dabei sind die Buchwerte der folgenden beiden Unterkategorien separat offenzulegen:
    - (gem. IFRS 9.6.7.1) designierte Kreditrisikopositionen,
    - verpflichtend zum Zeitwert über die GuV zu bilanzierende Vermögenswerte;
  - zum Zeitwert über die GuV bilanzierte Verbindlichkeiten. In diesem Zusammenhang sind die Buchwerte der folgenden beiden Unterkategorien separat offenzulegen:
    - (gem. IFRS 9.6.7.1) designierte Kreditrisikopositionen,
    - Verbindlichkeiten, welche Handelsbestand[492] darstellen;
  - zu fortgeführten Anschaffungskosten bilanzierte Vermögenswerte;
  - zu fortgeführten Anschaffungskosten bilanzierte Verbindlichkeiten;
  - zum Zeitwert über das sonstige Gesamtergebnis bilanzierte Vermögenswerte, wobei die auf Schuldinstrumente[493] und Eigenkapitalinstrumente[494] entfallenden Buchwerte separat offenzulegen sind.

  Im Falle der Angabe der Buchwerte im Anhang ist es erforderlich, ausreichende Informationen bereitzustellen, um eine Überleitung zu den entsprechenden Bilanzposten zu ermöglichen (IFRS 7.6).
- Ähnliche Vorschriften gelten hinsichtlich der **Nettogewinne bzw. -verluste** aus den **Finanzinstrumentekategorien** (IFRS 7.20a).
- Ausübung der **Zeitwertoption** (d. h. der Option, finanzielle Vermögenswerte bzw. finanzielle Verbindlichkeiten erfolgswirksam zum beizulegenden Zeitwert zu bilanzieren) (IFRS 7.9-7.11).

---

492 Vgl. Abschnitt IFRS 9, Kapitel 4.1.

493 Vgl. Abschnitt IFRS 9, Kapitel 5.2 und 4.4.1.

494 Vgl. Abschnitt IFRS 9, Kapitel 5.3.

- Zum **Zeitwert über das sonstige Gesamtergebnis** bilanzierte **Eigenkapitalinstrumente** (z. B. welche Eigenkapitalinstrumente derart bilanziert werden und die Gründe dafür sowie den Zeitwert eines jeden solchen Instruments am Bilanzstichtag) (IFRS 7.11A f.).
- **Umklassifizierung finanzieller Vermögenswerte** zwischen den Kategorien „fortgeführte Anschaffungskosten", „Zeitwert über das sonstige Gesamtergebnis" und „Zeitwert über die GuV"[495] (IFRS 7.12B-7.12D und IFRS 9.4.4.1).
- **Saldierung finanzieller Vermögenswerte mit finanziellen Verbindlichkeiten** (IFRS 7.13A-7.13F).
- Verpfändung finanzieller Vermögenswerte als **Sicherheit** für Verbindlichkeiten oder Eventualschulden (z. B. Buchwert dieser Vermögenswerte) (IFRS 7.14).
- **Verlustvorsorge** für zum Zeitwert über das sonstige Gesamtergebnis bilanzierte **Schuldinstrumente**[496] (IFRS 7.16A).
- **Vertragsverletzungen bei Kreditverbindlichkeiten** (*loans payable*) (IFRS 7.18 f. und 7.Anhang A).
- **Bilanzierungsmethoden** (IFRS 7.21).
- Umfangreiche Angaben zur **Sicherungsbilanzierung** (*hedge accounting*) (IFRS 7.21A-7.24G).
- **Beizulegende Zeitwerte** (IFRS 7.25-7.30).

3. Art und Ausmaß der Risiken, die sich aus Finanzinstrumenten ergeben

Das Unternehmen hat Informationen offenzulegen, die es den Abschlussadressaten ermöglichen, die Art und das Ausmaß der Risiken, die sich aus Finanzinstrumenten ergeben und denen das Unternehmen am Ende der Berichtsperiode ausgesetzt ist, zu beurteilen. Diese Risiken umfassen normalerweise (aber nicht notwendigerweise ausschließlich) Kreditrisiken, Liquiditätsrisiken sowie Marktrisiken (IFRS 7.31 f.) und werden im Standard wie folgt definiert (IFRS 7.Anhang A):

- **Kreditrisiko:** Risiko, dass eine Partei eines Finanzinstruments bei der anderen Partei finanzielle Verluste verursacht, da sie ihren Verpflichtungen nicht nachkommt.
- **Liquiditätsrisiko:** Risiko, dass ein Unternehmen Schwierigkeiten haben wird, Verpflichtungen i. Z. mit finanziellen Verbindlichkeiten zu erfüllen, welche durch Geld oder andere finanzielle Vermögenswerte beglichen werden.
- **Marktrisiko:** Risiko, dass der beizulegende Zeitwert oder die künftigen Geldflüsse eines Finanzinstruments aufgrund von Änderungen der Marktpreise schwanken werden. Das Marktrisiko umfasst das Währungsrisiko, das Zinsrisiko und sonstige Preisrisiken.

Im Mittelpunkt der Offenlegungsvorschriften in Bezug auf das **Kreditrisiko** stehen grundsätzlich jene Finanzinstrumente, welche den Wertminderungsnormen von IFRS 9 unterliegen (IFRS 7.35A). Die Angabepflichten zum Kreditrisiko können wie folgt systematisiert werden:

495 Vgl. Abschnitt IFRS 9, Kapitel 4.6.1.
496 Vgl. Abschnitt IFRS 9, Kapitel 5.2.

- Informationen zu den **Kreditrisikomanagementpraktiken**, wie etwa die Annahmen, welche der Anwendung der Wertminderungsnormen von IFRS 9 zugrunde liegen (IFRS 7.35F f.);
- quantitative und qualitative Angaben über die **aus erwarteten Kreditverlusten resultierenden Beträge**, wie bspw. eine Überleitungsrechnung für die Verlustvorsorge für jede Klasse von Finanzinstrumenten (IFRS 7.35H-7.35L);
- Informationen zur **Kreditrisikoposition**, wie etwa die Bruttobuchwerte bestimmter finanzieller Vermögenswerte nach Kreditrisikostufen (IFRS 7.35M-7.36);
- bestimmte Angaben zu **Kreditsicherheiten** (IFRS 7.38).

Hinsichtlich des **Liquiditätsrisikos** ist u. a. eine **Fälligkeitsanalyse** für nicht-derivative finanzielle Verbindlichkeiten (inkl. ausgegebener Verträge über Finanzgarantien) offenzulegen. In dieser sind die vertraglichen nicht abgezinsten künftigen Zahlungen, untergliedert nach vertraglichen Restlaufzeiten, darzustellen. Sofern eine Gegenpartei den Zeitpunkt einer Zahlung selbst wählen kann, so erfolgt die Zuordnung zum frühesten Zeitraum, in dem vom Unternehmen die Zahlung verlangt werden kann. **Sichteinlagen** sind daher dem ersten (d. h. dem frühesten) Laufzeitband zuzuordnen (IFRS 7.39a, 7.B11C f.).

In Bezug auf **Marktrisiken** sind u. a. die folgenden Angaben erforderlich (IFRS 7.40):

- Eine **Sensitivitätsanalyse** für jede Art von Marktrisiken, der das Unternehmen am Bilanzstichtag ausgesetzt ist. Diese Sensitivitätsanalyse muss darstellen, wie der Periodenerfolg und das Eigenkapital von (am Bilanzstichtag nach vernünftigem Ermessen als möglich einzuschätzenden) Änderungen der relevanten Risikovariablen beeinflusst worden wären.
- Die bei der Durchführung der Sensitivitätsanalyse verwendeten Methoden und Annahmen.

4. Übertragungen finanzieller Vermögenswerte

IFRS 7 verlangt in Bezug auf Übertragungen finanzieller Vermögenswerte eine Reihe von Angaben (IFRS 7.42A-7.42H).

5. Aufgaben mit Lösungen

AUFGABE 1

Offenlegung der Buchwerte der Finanzinstrumente nach Kategorien

Die folgenden Posten werden in der Bilanz der E-AG per 31.12.01 separat ausgewiesen und stellen finanzielle Vermögenswerte bzw. finanzielle Verbindlichkeiten dar:[497]

- Langfristige finanzielle Vermögenswerte. Dieser Bilanzposten besteht aus den folgenden Positionen:

497 Vgl. Abschnitt IFRS 9, Kapitel 4.4-4.6 und 5.3 hinsichtlich der Zuordnung finanzieller Vermögenswerte bzw. finanzieller Verbindlichkeiten zu den entsprechenden (Bewertungs-)Kategorien.

  - Anteile an Unternehmen X (Buchwert: GE 900), welche zum Zeitwert über das sonstige Gesamtergebnis bilanziert werden (IFRS 9.4.1.4, 9.5.7.1(b) und 9.5.7.5).
  - Anteile an Unternehmen Y (Buchwert: GE 400), welche nach den Klassifizierungsvorschriften von IFRS 9 zum Zeitwert bilanziert werden müssen. Die E-AG hat nicht beschlossen, die Zeitwertänderungen im sonstigen Gesamtergebnis auszuweisen. Daher sind sie Bestandteil des Periodenerfolgs.
  - Ein an Unternehmen Z gewährter Kredit (Buchwert: GE 100) wird zu fortgeführten Anschaffungskosten bewertet.
  - Für einen an Unternehmen A gewährten Kredit (Buchwert: GE 150) wurde die Zeitwertoption (Option zur Bilanzierung zum Zeitwert über die GuV) ausgeübt, um eine Inkonsistenz zu beseitigen (IFRS 9.4.1.5).
  - Derivative Vermögenswerte (Buchwert: GE 60), welche zum Zeitwert über die GuV zu bilanzieren sind (IFRS 9.B4.1.9).
- Forderungen aus L+L (Buchwert: GE 800), welche gehalten werden, um vertragliche Zahlungen zu erwirtschaften und daher zu fortgeführten Anschaffungskosten bewertet werden (IFRS 9.4.1.2).
- Geld und Geldäquivalente (Buchwert: GE 200).
- Langfristige finanzielle Verbindlichkeiten. Dabei handelt es sich um Darlehensverbindlichkeiten (Buchwert: GE 400), welche zu fortgeführten Anschaffungskosten bewertet werden.
- Die Verbindlichkeiten L+L (Buchwert: GE 500) werden zu fortgeführten Anschaffungskosten bewertet.
- Die kurzfristigen Kreditverbindlichkeiten setzen sich folgendermaßen zusammen:
  - Verbindlichkeiten mit einem Buchwert von GE 170 resultieren aus hybriden Verträgen. Für diese wurde die Zeitwertoption ausgeübt (IFRS 9.4.3.5).
  - Verbindlichkeiten mit einem Buchwert von GE 40 werden zu fortgeführten Anschaffungskosten bewertet.
- Die kurzfristigen derivativen Verbindlichkeiten (Buchwert: GE 200) erfüllen die Definition von „Handelsbestand" *(„held for trading")* und werden daher zum Zeitwert über die GuV bilanziert (IFRS 9.4.2.1(a) und 9.Anhang A).

Aufgabenstellung

Erstellen Sie eine Tabelle für den Anhang des Jahresabschlusses der E-AG zum 31.12.01, welche die Angaben gem. IFRS 7.8 (Buchwerte der Kategorien finanzieller Vermögenswerte bzw. finanzieller Verbindlichkeiten) und IFRS 7.6 (Überleitung dieser Beträge zu den entsprechenden Bilanzposten) enthält.

Lösungshinweise

Insbesondere Kapitel 2

LÖSUNG

Der Buchwert der Anteile an Y wurde in der obigen Tabelle in der Spalte „verpflichtend zum Zeitwert über die GuV zu bilanzieren" ausgewiesen. Unseres Erachtens ist dies auch dann sachgerecht, wenn bei Ersterfassung eine Bilanzierung zum Zeitwert über das sonstige Gesamtergebnis möglich gewesen wäre, da der Normzweck auf die Zuordnung zu den Hauptbewertungskategorien von IFRS 9 hinauslaufen dürfte und nicht auf die Option, Zeitwertänderungen von Eigenkapitalinstrumenten im sonstigen Gesamtergebnis zu erfassen (IFRS 7.8(a), 7.BC15 und IFRS 9.4.1.4).

	Finanzielle Vermögenswerte zu fortgeführten AK	Gehaltene EK-Instrumente zum Zeitwert über das sonstige Gesamtergebnis	Finanzielle Vermögenswerte zum Zeitwert über die GuV		Finanzielle Verbindlichkeiten zum Zeitwert über die GuV		Finanzielle Verbindlichkeiten zu fortgeführten AK	**Buchwert des Bilanzpostens**
			Verpflichtend zum Zeitwert über die GuV zu bilanzieren	Sonstige	Handelsbestand *(held for trading)*	Sonstige		
Langfristige finanzielle Vermögenswerte	100	900	460	150				1.610
Kurzfristige finanzielle Vermögenswerte								
Forderungen aus L+L	800							800
Geld und Geldäquivalente	200							200
Buchwerte nach Kategorien	1.100	900	460	150				2.610
Langfristige finanzielle Verbindlichkeiten							400	400
Kurzfristige finanzielle Verbindlichkeiten								
Verbindlichkeiten aus L+L							500	500
Kurzfristige Kreditverbindlichkeiten						170	40	210
Kurzfristige derivative Verbindlichkeiten					200			200
Buchwerte nach Kategorien					200	170	940	1.310

AUFGABE 2

Liquiditätsrisiko

(1) Die Bank B emittiert am 01.01.01 ein Schuldinstrument. Dieses wird zu fortgeführten Anschaffungskosten (d. h. nach der Effektivzinsmethode) bilanziert. Es gelten die folgenden Konditionen:

Auszahlungsbetrag	GE 1.000
Fälligkeit	31.12.03
Rückzahlungsbetrag	GE 1.331
Effektivzinssatz	10 %
Buchwert 31.12.01 (berechnet nach der Effektivzinsmethode)	1.100

Während der Laufzeit des Schuldinstruments sind keine Zinsen zu zahlen. Das Entgelt des Gläubigers (d. h. des Inhabers des Schuldinstruments) stellt nämlich das Disagio i. H. von GE 331 dar. Der Gläubiger verfügt während der Laufzeit des Darlehens über kein ordentliches Kündigungsrecht.

(2) Die Bank B besitzt am 31.12.01 Sichteinlagen von ihren Kunden i. H. von GE 300. Die Auszahlung der Sichteinlagen kann von den Kunden jederzeit verlangt werden.

Aufgabenstellung

Stellen Sie dar, wie sich das Schuldinstrument sowie die Sichteinlagen auf die Fälligkeitsanalyse für nicht-derivative finanzielle Verbindlichkeiten (inkl. ausgegebener Verträge über Finanzgarantien) (IFRS 7.39a), welche im Abschluss von B zum 31.12.01 offenzulegen ist, auswirken.

Lösungshinweise

Insbesondere Kapitel 3

LÖSUNG

Der Buchwert der Verbindlichkeiten ist für Zwecke der Fälligkeitsanalyse irrelevant. Entscheidend sind die vertraglichen, nicht abgezinsten künftigen Zahlungen (IFRS 7.B11D). Sofern eine Gegenpartei den Zeitpunkt einer Zahlung selbst wählen kann, so erfolgt die Zuordnung zum frühesten Zeitraum, in dem vom Unternehmen die Zahlung verlangt werden kann. Sichteinlagen sind daher dem ersten (d. h. dem frühesten) Laufzeitband zuzuordnen (IFRS 7.B11Ca). Die folgende Tabelle stellt die Auswirkungen auf die Fälligkeitsanalyse dar. Vereinfachend werden nur zwei Laufzeitbänder dargestellt:

	Vertragliche Restlaufzeiten	
	Bis zu einem Jahr	Mehr als 1 Jahr
Schuldinstrument		1.331
Sichteinlagen	300	

IFRS 8 Operative Segmente

1. Einleitung

Im Rahmen der Segmentberichterstattung (IFRS 8) soll den Abschlussadressaten ein **Einblick in die operativen Segmente des Unternehmens aus der Perspektive des Managements** gewährt werden. Daher erfolgt im Rahmen der Segmentberichterstattung die Abgrenzung der Segmente des Unternehmens analog zum internen Steuerungs- und Berichtswesen. Analog dazu stammen die nach IFRS 8 anzugebenden Beträge zu einem großen Teil aus dem internen Steuerungs- und Berichtswesen und müssen daher nicht notwendigerweise mit den Vorschriften der IFRS übereinstimmen.

2. Anwendungsbereich

Der Anwendungsbereich von IFRS 8 erstreckt sich auf die Einzel- und Konzernabschlüsse von Unternehmen, deren **Wertpapiere öffentlich gehandelt werden**, bzw. die einen **Börsenhandel ihrer Wertpapiere vorbereiten** (IFRS 8.2). Enthält ein Finanzbericht sowohl den Konzernabschluss, als auch den Einzelabschluss des Mutterunternehmens, so ist die Darstellung der Segmentinformationen lediglich auf der Ebene des Konzernabschlusses erforderlich (IFRS 8.4).

IAS 34 enthält Vorschriften hinsichtlich der Angabe von Segmentinformationen in Zwischenberichten (IAS 34.16Ag).

3. Operative Segmente und Hauptentscheidungsträger

Ein **operatives Segment** (IFRS 8.5 und 8.Anhang A) ist ein Bereich eines Unternehmens,

- der **unternehmerische Tätigkeiten** betreibt, welche zu **Erlösen und Aufwendungen** (mit anderen Segmenten oder mit externen Dritten) führen können,
- dessen operatives Ergebnis regelmäßig vom **Hauptentscheidungsträger** (*chief operating decision maker*) zum Zwecke der Erfolgsbeurteilung sowie der Ressourcenallokation überwacht wird, und
- für den **eigenständige finanzwirtschaftliche Informationen** vorliegen.

Ein operatives Segment kann **unternehmerische Aktivitäten** betreiben, für die es noch keine Erlöse erzielt. So können etwa neu aufgenommene Aktivitäten bereits vor der Erzielung von Erlösen operative Segmente sein (IFRS 8.5).

Nicht jeder Bereich eines Unternehmens stellt notwendigerweise ein operatives Segment oder einen Teil eines operativen Segments dar. Regelmäßig erwirtschaftet etwa die Konzernzentrale keine Erlöse oder lediglich Nebenerlöse zur Geschäftstätigkeit des Unternehmens. Daher ist die Konzernzentrale i. d. R. kein operatives Segment (IFRS 8.6).

Im Rahmen der Definition eines operativen Segments wird der Begriff des **Hauptentscheidungsträgers** verwendet. Dieser Begriff ist funktional zu verstehen. Entscheidend ist die Funktion der Ressourcenallokation sowie der Beurteilung der Leistung der Segmente. Diese Funktion kann von einer Person oder von einer Gruppe von Personen wahrgenommen werden. Bei deutschen und österreichischen Aktiengesellschaften dürfte es sich i. d. R. um den Vorstand handeln (IFRS 8.7).

Die **Segmentabgrenzung** im Jahresabschluss orientiert sich an den **internen Managementberichten** des Unternehmens. Somit ist im Rahmen der externen Segmentberichterstattung u. a. eine Segmentierung nach Produkten, Regionen oder Kundengruppen denkbar, genauso wie eine gemischte Segmentierung. Voraussetzung ist, dass dieselbe Segmentierung in den internen Managementberichten des Unternehmens existiert. Ein Beispiel für eine gemischte Segmentierung wäre, dass intern für einen Teilbereich des Unternehmens Produktgruppen als Segmente verwendet werden und für einen anderen Teilbereich Kundengruppen.

Viele Unternehmen (insbesondere diversifizierte, multinationale Unternehmen) organisieren und berichten finanzielle Informationen an den Hauptentscheidungsträger auf mehr als eine Art und Weise. Daher ist die Identifikation der adäquaten operativen Segmente **nicht immer offensichtlich**. In solchen Fällen ist die Bestimmung der operativen Segmente in Abhängigkeit von der individuellen Situation des Unternehmens ermessensbehaftet. Die operativen Segmente werden in derartigen Situationen anhand der **Zielsetzung von IFRS 8** bestimmt, welche die Offenlegung von Informationen verlangt, die es den Abschlussadressaten ermöglicht, die Art und die finanziellen Auswirkungen der vom Unternehmen ausgeübten Geschäftstätigkeiten zu beurteilen sowie das wirtschaftliche Umfeld, in dem es tätig ist. Die folgenden **zusätzlichen Kriterien** können zur Identifikation der adäquaten operativen Segmente führen (IFRS 8.8-8.10):[498]

- Die Art der Geschäftstätigkeiten eines jeden Unternehmensbereichs,
- die Existenz von Managern, die für die Unternehmensbereiche verantwortlich sind,
- Informationen, die dem Vorstand präsentiert werden,
- Informationen, die externen Finanzanalysten bereitgestellt werden und die auf der Netzseite *(website)* des Unternehmens veröffentlicht werden,
- Informationen, die zu Beginn bzw. am Ende des Jahresabschlusses offengelegt werden.

Manche Unternehmen weisen eine **Matrixorganisation** auf, wobei die Unternehmensbereiche auf mehr als eine Art und Weise geführt werden. So können etwa Segmentmanager vorhanden sein, die für geographische Regionen verantwortlich sind, und zusätzlich Segmentmanager, deren Verantwortungsbereich Produkte und Dienstleistungen umfasst. Wenn das Unternehmen finanzielle Informationen über die Unternehmensbereiche sowohl auf Basis geographischer Regionen, als auch auf Basis der Produkte und Dienstleistungen generiert (und der Hauptentscheidungsträger beide Arten von Informationen verwendet und für beide Bereiche Segmentmanager existieren), so werden die adäquaten operativen Segmente anhand der Zielsetzung von IFRS 8 (s. o.) bestimmt (IFRS 8.10).[499]

---

498 Vgl. *KPMG*, Insights into IFRS, 11. Aufl., Tz. 5.2.120.10 f.

499 Vgl. *KPMG*, Insights into IFRS, 11. Aufl., Tz. 5.2.130.10.

4. Berichtspflichtige Segmente

4.1 Allgemeines

Es ist über **jedes operative Segment** gesondert **zu berichten**, welches (IFRS 8.11)

- gem. IFRS 8.5-8.10 **identifiziert** wurden (Kapitel 3) oder welche aus der Aggregation zwei oder mehrerer operativer Segmente gem. IFRS 8.12 resultieren (Kapitel 4.2), und
- die **quantitativen Schwellenwerte** gem. IFRS 8.13 (Kapitel 4.3) erreichen.

Andere Situationen, in denen separate Informationen über operative Segmente offengelegt werden müssen bzw. können, werden in Kapitel 4.4 beschrieben (IFRS 8.14-8.19).

4.2 Aggregation operativer Segmente

Es ist zulässig, zwei oder mehrere operative Segmente zu einem einzigen operativen Segment **zusammenzufassen**, sofern alle der folgenden Bedingungen erfüllt sind (IFRS 8.12):

- Die Zusammenfassung stimmt mit der **Zielsetzung von IFRS 8** (IFRS 8.1) überein, dem Abschlussadressaten Informationen bereitzustellen, welche diesen bei der Beurteilung der Unternehmenssituation und dessen ökonomischen Umfelds bestmöglich unterstützen.
- Die operativen Segmente haben **ähnliche wirtschaftliche Charakteristika** (z. B. im langfristigen Durchschnitt ähnliche Bruttogewinnspannen).
- Es liegt **Ähnlichkeit hinsichtlich aller der nachfolgenden Kriterien** vor:
  - Art der Produkte und Dienstleistungen,
  - Art der Produktionsprozesse,
  - Art oder Gruppe von Kunden für die Produkte und Dienstleistungen,
  - Vertriebsmethoden hinsichtlich der Produkte und Dienstleistungen,
  - sofern zutreffend, die Art des regulatorischen Umfelds (z. B. im Bank- oder Versicherungswesen bzw. bei öffentlichen Versorgungsbetrieben).

4.3 Quantitative Schwellenwerte

Das Entstehen der Berichtspflicht setzt voraus, dass eine der folgenden Bedingungen erfüllt ist (IFRS 8.13):

- Die **Erlöse** (inkl. der Intersegmenterlöse) betragen mindestens 10 % der gesamten externen und intersegmentären Erlöse aller operativen Segmente;
- der **Erfolg des Segments** (als absoluter Betrag) beträgt mindestens 10 % des höheren der beiden folgenden Beträge (als absolute Beträge):
  - Summe der Segmentgewinne aller operativen Segmente,
  - Summe der Segmentverluste aller operativen Segmente;
- das **Segmentvermögen** beträgt mindestens 10 % des gesamten Vermögens aller operativen Segmente.

Als Bezugsgrößen für diesen Test ist auf die intern zu Steuerungs- und Berichtszwecken verwendeten Daten abzustellen, d. h. auf die Größen, welche auch an den Hauptentscheidungsträger berichtet werden. Somit muss es sich nicht notwendigerweise um nach IFRS ermittelte Beträge handeln.[500]

4.4 Verbleibende operative Segmente

Operative Segmente, die die quantitativen Schwellenwerte (s. Kapitel 4.3) nicht erreichen, können **als berichtspflichtiges Segment deklariert werden**, sofern diese zusätzliche Information nach Ansicht der Unternehmensführung für die Abschlussadressaten **nützlich** ist (IFRS 8.13).

Operative Segmente, die die quantitativen Schwellenwerte nicht erreichen, können darüber hinaus untereinander zu einem berichtspflichtigen Segment **zusammengefasst** werden, sofern diese ähnliche wirtschaftliche Charakteristika aufweisen und in der Mehrzahl der in IFRS 8.12 angeführten Aggregationskriterien übereinstimmen (IFRS 8.14).

Sofern die gesamten Außenerlöse, die von operativen Segmenten berichtet werden, **weniger als 75 % der konsolidierten Erlöse** ausmachen, so müssen im erforderlichen Ausmaß zusätzliche operative Segmente als berichtspflichtig deklariert werden (IFRS 8.15). Welche Segmente dabei ausgewählt werden, steht im Ermessen des bilanzierenden Unternehmens.

Die nun verbleibenden nicht berichtspflichtigen Segmente sowie andere Geschäftstätigkeiten werden in der Kategorie **„alle restlichen Segmente“** zusammengefasst und in den Überleitungsrechnungen (IFRS 8.28)[501] getrennt von anderen Überleitungsposten dargestellt (IFRS 8.16).

Das Unternehmen sollte überlegen, ob eine **praktische Grenze** hinsichtlich der Anzahl der offengelegten Segmente erreicht wird, wenn deren Anzahl über 10 steigt. In diesem Fall könnten die Segmentinformationen zu detailliert sein (IFRS 8.19). Diese Regel darf allerdings vom bilanzierenden Unternehmen nicht dazu verwendet werden, um sich über die in IFRS 8 enthaltenen zwingenden Vorschriften hinsichtlich der Bestimmung der berichtspflichtigen Segmente hinwegzusetzen.

5. Angaben zu den Segmenten

5.1 Ermittlung der offenzulegenden Beträge

Der **Betrag** eines jeden offengelegten Segmentpostens basiert auf den **internen Managementberichten**. Genauer gesagt handelt es sich bei diesen Beträgen um jene Beträge, die an den **Hauptentscheidungsträger** berichtet werden, damit dieser Entscheidungen hinsichtlich der Allokation von Ressourcen an dieses Segment treffen und die Leistung (*performance*) des Segments beurteilen kann. Werden Beträge dem/den offengelegten Segmenterfolg, Segmentvermögen oder Segmentschulden zugeordnet, so hat diese Zuordnung auf vernünftiger Basis zu erfolgen (IFRS 8.25).

500 Vgl. *KPMG*, Insights into IFRS, 11. Aufl., Tz. 5.2.150.30.

501 Vgl. Kapitel 5.2.3.

Sofern der Hauptentscheidungsträger mehrere Maßgrößen für den Erfolg, das Vermögen oder die Schulden eines operativen Segments verwendet, so sind jene Maßgrößen offenzulegen, welche nach Ansicht der Unternehmensführung nach jenen Bewertungsgrundsätzen ermittelt werden, die am besten den im Jahresabschluss verwendeten Bewertungsgrundsätzen entsprechen (IFRS 8.26).

Nach IFRS 8 **müssen die Zuordnungen** zu den berichtspflichtigen Segmenten **nicht symmetrisch sein**. So kann etwa der Fall eintreten, dass die planmäßige Abschreibung bestimmter Sachanlagen bei der Ermittlung des Erfolgs eines bestimmten Segments berücksichtigt wird, während die betreffenden Sachanlagen diesem Segment nicht zugeordnet werden (IFRS 8.27f).

5.2 Die Angaben im Einzelnen

5.2.1 Segmenterfolg

Eine Maßgröße für den Segmenterfolg ist **stets verpflichtend anzugeben** (IFRS 8.23). Dabei ist jene **Erfolgsgröße** anzugeben, welche an den **Hauptentscheidungsträger** berichtet wird, damit dieser Entscheidungen hinsichtlich der Ressourcenallokation treffen kann und deren Leistung (*performance*) beurteilen kann (IFRS 8.23 und 8.25). Sofern das Unternehmen intern für verschiedene Segmente **nicht dieselbe Erfolgsgröße** verwendet, ist es erforderlich, dies in der externen Segmentberichterstattung analog darzustellen. Werden im internen Steuerungs- und Berichtswesen für ein bestimmtes Segment **mehrere Erfolgsgrößen** verwendet, so ist jene Größe berichtspflichtig, welche nach Ansicht des Managements in Bezug auf die Ermittlungsgrundsätze am ehesten den Beträgen im Abschluss entspricht (IFRS 8.26). **Beispiele** für Erfolgsgrößen sind der Umsatz, das Bruttoergebnis vom Umsatz, der Betriebserfolg, EBIT, EBT, der Erfolg aus der fortlaufenden Geschäftstätigkeit, EBITA, EBITDA, Brutto- bzw. Nettogeldfluss oder der Deckungsbeitrag.

Zusätzlich sind die **folgenden Beträge** anzugeben, **sofern** diese **in der anzugebenden Erfolgsgröße enthalten** sind **oder** regelmäßig dem **Hauptentscheidungsträger** vorgelegt werden (IFRS 8.23): Segmenterlöse mit externen Dritten, Intersegmenterlöse, Zinserlöse, Zinsaufwendungen, planmäßige Abschreibungen, Ertrags- und Aufwandsposten, die i. S. von IAS 1.97 wesentlich sind, Erfolgsbeiträge von nach der Eigenkapital-Methode (*equity method*) bilanzierten Unternehmen, Aufwendungen und Erträge aus Ertragsteuern sowie wesentliche nicht zahlungswirksame Posten (abgesehen von planmäßigen Abschreibungen). Diese genannten Komponenten des Segmenterfolges sind in ihrer im internen Berichtswesen verwendeten Ausprägung anzugeben. Zinserlöse und -aufwendungen sind separat voneinander auszuweisen (Bruttoausweis). Der Nettowert kann lediglich dann gezeigt werden, wenn die Zinserlöse den Großteil der Segmenterlöse darstellen und die Beurteilung und Ressourcenallokation der Segmente auf Basis des Nettowerts erfolgt (IFRS 8.23). Zu beachten ist auch, dass zusätzlich u. a. die erfolgswirksam und erfolgsneutral erfassten Wertminderungen und Wertaufholungen i. S. von IAS 36 für jedes berichtspflichtige Segment anzugeben sind (IAS 36.129).

5.2.2 Segmentvermögen und -schulden

Die Segmentschulden und das Segmentvermögen sind anzugeben, sofern diese regelmäßig dem **Hauptentscheidungsträger** vorgelegt werden (IFRS 8.23).

Sofern der Hauptentscheidungsträger nur eine Maßgröße für das Segmentvermögen oder die Segmentschulden bei der Beurteilung der Leistung (*performance*) des Segments und bei der Entscheidung über die Ressourcenallokation verwendet, so werden die Vermögenswerte und die Schulden auf Basis dieser Maßgrößen berichtet. Verwendet der Hauptentscheidungsträger hingegen mehrere unterschiedliche Maßgrößen, so wird auf Basis jener Maßgrößen berichtet, welche nach Ansicht der Unternehmensführung nach jenen Bewertungsgrundsätzen ermittelt werden, die am besten den im Jahresabschluss verwendeten Bewertungsgrundsätzen entsprechen (IFRS 8.26).

5.2.3 Überleitungsrechnungen

IFRS 8 verlangt die Offenlegung von Überleitungsrechnungen **von der Summe der Werte der offengelegten Segmente auf** die entsprechenden **Beträge laut Jahresabschluss**. So ist es etwa erforderlich, die Summe der Segmenterlöse auf die Erlöse lt. Jahresabschluss überzuleiten oder die Summe der Segmenterfolge auf den Erfolg vor Steuern und aufgegebenen Geschäftsbereichen lt. Jahresabschluss. Werden den offengelegten Segmenten allerdings Positionen wie Steueraufwendungen bzw. -erträge zugeordnet, so kann die Summe der Segmenterfolge auf den Erfolg lt. Jahresabschluss nach Berücksichtigung dieser Positionen übergeleitet werden (IFRS 8.28).

Alle wesentlichen Überleitungsposten sind separat zu identifizieren und zu beschreiben (IFRS 8.28). Informationen über andere Geschäftstätigkeiten und operative Segmente, welche nicht berichtspflichtig sind, sind in der Kategorie „alle anderen Segmente" zusammenzufassen und offenzulegen, und zwar separat von anderen Überleitungsposten. Die Quellen der Erlöse der Kategorie „alle anderen Segmente" sind zu beschreiben (IFRS 8.16).

5.2.4 Sonstige Angaben

Es sind die Grundlagen der **Identifizierung der berichtspflichtigen Segmente** zu beschreiben, was auch eine Beschreibung der Organisationsstruktur einschließt. Darüber hinaus ist u. a. anzugeben, aus welchen **Produkten** und **Dienstleistungen** jedes berichtspflichtige **Segment** seine Erlöse generiert (IFRS 8.22).

IFRS 8 verlangt weitere Angaben, z. B. über die Grundlagen der Erfassung von Geschäften zwischen berichtspflichtigen Segmenten und über die Art und die Auswirkungen von asymmetrischen Zuordnungen zu berichtspflichtigen Segmenten (IFRS 8.27).

6. Segmentübergreifende Angaben

Die Vorschriften zu den segmentübergreifenden Angaben gelten für **alle Unternehmen**, die in den **Anwendungsbereich von IFRS 8** fallen und somit auch für jene Unternehmen, welche lediglich ein einziges berichtspflichtiges Segment haben. Die Informationen sind allerdings nur dann offenzulegen, sofern diese nicht an anderer Stelle in der Segmentberichterstattung nach IFRS 8 angegeben werden. Die segmentübergreifenden Angaben erfolgen unabhängig davon, ob die Daten dem Hauptentscheidungsträger zur Verfügung stehen bzw. regelmäßig berichtet werden oder nicht. Die Datenermittlung erfolgt gem. den im Rahmen des Jahresabschlusses angewandten Bilanzierungs- und Bewertungsmethoden (IFRS 8.31 ff.).

Das bilanzierende Unternehmen hat die **Außenerlöse** nach **Produkten** und **Dienstleistungen** bzw. nach Gruppen von Produkten und Dienstleistungen offenzulegen, es sei denn, die erforderlichen Informationen sind nicht verfügbar und deren Erhebung ist nur mit unzumutbarem Aufwand möglich. In letzterem Fall ist diese Tatsache allerdings anzugeben (IFRS 8.32).

Darüber hinaus sind die nachfolgend angeführten **geografischen Informationen** offenzulegen, es sei denn, diese sind nicht verfügbar und deren Erhebung ist nur mit unzumutbarem Aufwand möglich. In letzterem Fall ist diese Tatsache allerdings anzugeben (IFRS 8.33).

- **Erlöse von externen Kunden**, getrennt nach dem Land des Unternehmenssitzes sowie dem Rest der Welt. Zusätzlich sind Erträge von externen Kunden aus einem bestimmten Land angabepflichtig, sofern diese wesentlich sind. Darüber hinaus ist die Grundlage anzugeben, auf der die Erträge den einzelnen Ländern zugeordnet werden.
- **Langfristige Vermögenswerte** (die keine Finanzinstrumente, latenten Steueransprüche, Vermögenswerte aus Leistungen nach Beendigung des Arbeitsverhältnisses oder Rechte aus Versicherungsverträgen darstellen) und zwar getrennt nach dem Land des Unternehmenssitzes sowie dem Rest der Welt. Darüber hinaus sind Vermögenswerte in einem bestimmten Land angabepflichtig, sofern diese wesentlich sind.

Sofern die Erlöse aus Geschäften mit einem einzigen externen Kunden 10 % der Erlöse des Unternehmens erreichen (**Großkunde**), so ist diese Tatsache anzugeben. Darüber hinaus sind der Gesamtbetrag der Erlöse, die mit jedem derartigen Kunden erzielt wurden, sowie die Identität des Segments bzw. der Segmente anzugeben, in denen diese Erlöse berichtet werden. Verschiedene Unternehmen, welche nach dem Wissensstand des bilanzierenden Unternehmens zu demselben Konzern gehören, sind dabei als ein einziger Kunde zu betrachten (IFRS 8.34).

7. Aufgaben mit Lösungen

AUFGABE 1

Bestimmung der berichtspflichtigen Segmente

Die X-AG verwendet im Rahmen der internen Steuerung und Berichterstattung eine gemischte Segmentierung, welche somit auch für die externe Berichterstattung zu verwenden ist. Die folgende Tabelle stellt die sechs operativen Segmente der X-AG dar, welche aus dieser Segmentierung resultieren:

	PKWs			LKWs	Motorräder	Mopeds	Summe
	Verkauf an Privatpersonen (Europa)	Verkauf an Privatpersonen (USA)	Verkauf an Unternehmen	Verkauf an Unternehmen	Verkauf an Privatpersonen	Verkauf an Privatpersonen	
Außenerlöse	33,2	22,3	8,2	8,4	7,0	8,3	87,4
Intersegmenterlöse	8,9	6,0	1,2	0,0	0,0	0,0	16,1
Segmenterlöse gesamt	42,1	28,3	9,4	8,4	7,0	8,3	103,5
Segmenterfolg	6,0	-0,7	-0,8	0,7	-0,1	0,6	5,7
Segmentvermögen	80,1	69,4	20,0	21,0	14,1	14,4	219,0

Aufgabenstellung

Bestimmen Sie die berichtspflichtigen Segmente der X-AG gem. IFRS 8.

Lösungshinweise

Insbesondere Kapitel 4.3 und 4.4

LÖSUNG

Zur Bestimmung der berichtspflichtigen Segmente der X-AG sind die folgenden Berechnungen erforderlich (IFRS 8.13 und 8.15). Die grau hinterlegten Zeilen sind von besonderer Bedeutung.

		PKWs			LKWs	Motorräder	Mopeds	Summe
		Verkauf an Privatpersonen (Europa)	Verkauf an Privatpersonen (USA)	Verkauf an Unternehmen	Verkauf an Unternehmen	Verkauf an Privatpersonen	Verkauf an Privatpersonen	
Außenerlöse	in GE	33,2	22,3	8,2	8,4	7,0	8,3	87,4
Außenerlöse	in %	38,0 %	25,5 %	9,4 %	9,6 %	8,0 %	9,5 %	100,0 %
Intersegmenterlöse	in GE	8,9	6,0	1,2	0,0	0,0	0,0	16,1
Segmenterlöse gesamt	in GE	42,1	28,3	9,4	8,4	7,0	8,3	103,5
Segmenterlöse gesamt	in %	40,7 %	27,3 %	9,1 %	8,1 %	6,8 %	8,0 %	100,0 %
Segmenterfolg	in GE	6,0	-0,7	-0,8	0,7	-0,1	0,6	5,7
Segmentverlust	in GE		-0,7	-0,8		-0,1		-1,6
Segmentgewinn	in GE	6,0			0,7		0,6	7,3
Segmenterfolg	in %	82,2 %	9,6 %	11,0 %	9,6 %	1,4 %	8,2 %	n. a.
Segmentvermögen	in GE	80,1	69,4	20,0	21,0	14,1	14,4	219,0
Segmentvermögen	in %	36,6 %	31,7 %	9,1 %	9,6 %	6,4 %	6,6 %	100,0 %

ad Segmenterfolg: Dieser wird in obiger Tabelle stets in Prozent der Summe der Segmentgewinne ausgedrückt (da die Summe der Segmentgewinne gem. IFRS 8.13b größer ist, als die Summe der Segmentverluste). Der absolute Betrag dieser Verhältniszahl ist mit der 10 %-Grenze zu vergleichen (IFRS 8.13b).

Die Überprüfung hinsichtlich der **Schwellenwerte gem. IFRS 8.13** führt zu folgendem Ergebnis:

- Die operativen Segmente PKWs – Verkauf an Privatpersonen (Europa), PKWs – Verkauf an Privatpersonen (USA) und PKWs – Verkauf an Unternehmen sind berichtspflichtig, da stets zumindest ein Schwellenwert gem. IFRS 8.13 erreicht wird.
- Die operativen Segmente LKWs – Verkauf an Unternehmen, Motorräder – Verkauf an Privatpersonen und Mopeds – Verkauf an Privatpersonen sind zunächst als nicht berichtspflichtig einzustufen, da keiner der in IFRS 8.13 genannten Schwellenwerte erreicht wird.

Die Außenerlöse der berichtspflichtigen Segmente PKWs – Verkauf an Privatpersonen (Europa), PKWs – Verkauf an Privatpersonen (USA) und PKWs – Verkauf an Unternehmen umfassen insgesamt 72,9 % der konsolidierten Erlöse der X-AG (Summe der Außenerlöse). Da dieser Betrag kleiner ist, als 75 % sind so lange weitere operative Segmente als berichtspflichtig einzustufen, bis die Summe der Außenerlöse der berichtspflichtigen Segmente mindestens 75 % der konsolidierten Erlöse der X-AG beträgt (IFRS 8.15). Die X-AG kann dabei selbst entscheiden, welches ihrer bislang nicht berichtspflichtigen operativen Segmente (LKWs – Verkauf an Unternehmen, Motorräder – Verkauf an Privatpersonen und Mopeds – Verkauf an Privatpersonen) sie zusätzlich als berichtspflichtig einstuft.

AUFGABE 2

Überleitung des Erfolgs

Die X-AG verfügt über die operativen Segmente A, B, C und D, von denen lediglich A, B und C berichtspflichtig sind. Die folgenden Informationen stammen aus den internen Managementberichten der X-AG:

	A	B	C	D	Konzern-zentrale	Summe
Kalkulatorische Abschreibungen	-20	-15	-10	-1	-20	-66
Planmäßige Abschreibungen (IFRS)	-15	-12	-9	-1	-18	-55
Zwischenerfolge	-6	-4	7	3	0	0
Betriebserfolg	150	120	80	10	-60	300
Zinsaufwendungen	-20	-10	-10	-5	-5	-50
Zinserlöse	2	2	1	1	1	7

Als Maßstab für den Segmenterfolg wird im internen Steuerungs- und Berichtswesen der Betriebserfolg verwendet. Bei dessen Ermittlung werden allerdings die kalkulatorischen Abschreibungen laut Kostenrechnung berücksichtigt, und nicht die planmäßigen Abschreibungen nach IFRS. Er enthält auch Zwischenerfolge. Ansonst werden im internen Steuerungs- und Berichtswesen die Vorschriften der IFRS analog zum Konzernabschluss angewandt. Die Aufwendungen für die Bildung einer nach IFRS erforderlichen Prozessrückstellung i. H. von GE 10 sowie ein Gewinn i. H. von GE 15 aus der Erhöhung des beizulegenden Zeitwerts eines finanziellen Vermögenswertes, der die Definition von „Handelsbestand" (*held for trading*) (IFRS 9.Anhang A) erfüllt, sind in den obigen Zahlen jedoch nicht enthalten, da sie den einzelnen Bereichen nicht zugeordnet werden.

Aufgabenstellung

Erstellen Sie die Überleitungsrechnung für den Segmenterfolg (IFRS 8.28b).

Lösungshinweise

Insbesondere Kapitel 5.2.3

LÖSUNG

Bevor die Überleitung von der Summe der Segmentgewinne der berichtspflichtigen Segmente (vor Steuern und aufgegebenen Geschäftsbereichen) (IFRS 8.28b) erstellt wird, wird zwecks besseren Verständnisses die folgende Überleitung von den internen Segmentdaten auf den Jahresgewinn lt. separater GuV dargestellt:

	A	B	C	D	Konzernzentrale
Betriebserfolg	150	120	80	10	-60
Eliminierung kalkulatorischer Abschreibungen	20	15	10	1	20
Planmäßige Abschreibungen (IFRS)	-15	-12	-9	-1	-18
Eliminierung von Zwischenerfolgen	6	4	-7	-3	0
Bereinigter Betriebserfolg	**161**	**127**	**74**	**7**	**-58**
Zinsaufwendungen	-20	-10	-10	-5	-5
Zinserlöse	2	2	1	1	1
Erfolg der Geschäftstätigkeit nach IFRS vor nicht zugeordneten Posten	**143**	**119**	**65**	**3**	**-62**
Summe	**268**				
Bildung einer Prozessrückstellung	-10				
Zeitwertgewinn	15				
Jahresgewinn vor Steuern (laut Jahresabschluss)	**273**				

Die Überleitung des Erfolgs (IFRS 8.28b) – welche aus der Zusammenfassung der Werte aus obiger Tabelle abgeleitet werden kann – stellt sich wie folgt dar:

Summe der (nicht bereinigten) Betriebserfolge von A, B und C	**350**
Bereinigung um kalkulatorische Abschreibungen (A, B und C)	45
Planmäßige Abschreibungen nach IFRS (A, B und C)	-36
Zwischenerfolgseliminierung (A, B und C)	3
Zinsaufwendungen (A, B und C)	-40
Zinserlöse (A, B und C)	5
Bildung einer Prozessrückstellung	-10
Zeitwertgewinn	15
Kategorie „alle anderen Segmente“ (IFRS 8.16) (D und Konzernzentrale)	-59
Jahresgewinn der X-AG vor Steuern	**273**

AUFGABE 3

Quiz

(a) An den Hauptentscheidungsträger der A-AG werden die Segmenterlöse berichtet, damit dieser Entscheidungen hinsichtlich der Allokation von Ressourcen an die Segmente treffen kann und damit er die Leistungen der Segmente beurteilen kann. Die A-AG diskutiert derzeit, ob die Umsatzerlöse im Rahmen der Segmentberichterstattung i. S. von IFRS 8 offenzulegen sind.

(b) Der Unternehmensbereich X der B-AG erzielt 80 % seiner Gesamterlöse (interne und externe Erlöse) durch den Verkauf an andere Unternehmensbereiche der B-AG. Die B-AG diskutiert derzeit, ob der Bereich X im Rahmen der Segmentberichterstattung i. S. von IFRS 8 berichtspflichtig sein kann.

(c) Die C-AG verfügt über 3 berichtspflichtige operative Segmente (X, Y und Z). Der Hauptentscheidungsträger der C-AG verwendet bei den Segmenten X und Y den Betriebserfolg als Maßgröße für den Segmenterfolg, bei Segment Z hingegen das Bruttoergebnis vom Umsatz.

(d) Die D-AG erzielt 15 % ihrer Erlöse aus Geschäften mit der Z-AG. Die Z-AG ist ein nicht nach nahestehender Dritter. Welche der folgenden Aussagen ist/sind richtig?

1. Aus dem beschriebenen Sachverhalt resultieren keine weiteren Angabepflichten.
2. Der Gesamtbetrag an Erlösen, der aus Verkäufen an die Z-AG resultiert, ist anzugeben.
3. Die Identität des Großkunden ist anzugeben, d. h. die Z-AG ist namentlich zu nennen.
4. Die Identität der Segmente, die diese Erlöse berichten ist anzugeben.
5. Der Betrag der Erlöse, die jedes berichtspflichtige Segment der D-AG durch Verkäufe an die Z-AG erzielt, ist offenzulegen.

Aufgabenstellung

Beurteilen Sie, wie die oben beschriebenen Sachverhalte im Rahmen der externen Segmentberichterstattung nach IFRS 8 zu behandeln sind.

Lösungshinweise

Insbesondere Kapitel 3, 4.3, 5.2.1 und 6

LÖSUNG

(a) Die Segmenterlöse sind im Rahmen der externen Segmentberichterstattung i. S. von IFRS 8 als Erfolgsgröße heranzuziehen, da diese vom Hauptentscheidungsträger beim Treffen von Entscheidungen hinsichtlich der Allokation von Ressourcen an die Segmente verwendet werden, sowie bei der Beurteilung ihrer Leistung (IFRS 8.25 f.).

(b) Auch Segmente, die hauptsächlich interne Erlöse erzielen, können nach IFRS 8 berichtspflichtig sein. Daher muss – genauso wie für andere Bereiche der B-AG – beurteilt werden, ob der Bereich X im externen Segmentbericht der B-AG offenzulegen ist.

(c) Im Rahmen der Segmentberichterstattung der C-AG gem. IFRS 8 muss die offengelegte Maßgröße für den Segmenterfolg jene sein, welche vom Hauptentscheidungsträger verwendet wird. Verwendet der Hauptentscheidungsträger für die einzelnen Segmente unterschiedliche Maßgrößen, so enthält daher auch der Segmentbericht gem. IFRS 8 unterschiedliche Maßgrößen für die dargestellten Segmente (d. h. den Betriebserfolg für die Segmente X und Y und das Bruttoergebnis vom Umsatz für das Segment Z) (IFRS 8.26).

(d) Die Antworten (2) und (4) sind richtig (IFRS 8.34).

IFRS 9 Finanzinstrumente

1. Einleitung

Die Finanzinstrumentebilanzierung wird nach **geltender Rechtslage** durch **IAS 39** geregelt. Darunter fallen insbesondere der Ansatz, die Bewertung (inkl. Wertminderungen), die Ausbuchung finanzieller Vermögenswerte und finanzieller Verbindlichkeiten sowie die Vorschriften zur Bilanzierung von Sicherungsbeziehungen. Ausgenommen von IAS 39 sind lediglich bestimmte Bereiche, wie etwa die durch IFRS 7 vorgeschriebenen Angaben im Anhang sowie jene Aspekte, welche in IAS 32 normiert wurden (z. B. die Abgrenzung zwischen Eigen- und Fremdkapital sowie die Definition des Begriffs „Finanzinstrument"). Für die Ermittlung beizulegender Zeitwerte von Finanzinstrumenten gilt IFRS 13.

Die vom IASB am 24. 07. 2014 verabschiedete finale Fassung von IFRS 9 wird künftig den Regelungsinhalt von **IAS 39 ersetzen**. IFRS 9 ist für Geschäftsjahre anzuwenden, welche am oder nach dem 01.01.**2018** beginnen. Eine vorzeitige Anwendung ist erlaubt (IFRS 9.7.1.1). In der **Europäischen Union** müssen neue Standards des IASB allerdings zuvor offiziell in das EU-Recht übernommen werden, bevor sie angewandt werden können. Eine entsprechende Übernahme von IFRS 9 ist bislang noch nicht erfolgt, könnte allerdings schon im zweiten Halbjahr 2015 erfolgen.[502] Das vorliegende Buch basiert bereits zur Gänze auf dem neuen IFRS 9.[503]

2. Anwendungsbereich[504]

IFRS 9 regelt – abgesehen von einigen Ausnahmen – die **Bilanzierung aller Finanzinstrumente durch alle Unternehmen**. Als Ausnahme sind etwa Anteile an Tochter-, Gemeinschafts- oder assoziierten Unternehmen zu nennen. Diese befinden sich im Konzernabschluss des Anteilseigners grundsätzlich nicht im Anwendungsbereich von IFRS 9 (IFRS 9.2.1a).

3. Erstmaliger Ansatz

Generell gilt der Grundsatz, dass ein finanzieller Vermögenswert bzw. eine finanzielle Verbindlichkeit in der Bilanz anzusetzen ist, sobald das Unternehmen **Vertragspartei** wird (IFRS 9.3.1.1). Diesem Grundsatz folgend sind positive und negative beizulegende Zeitwerte von **Finanzderivaten** bilanzwirksam (IFRS 9.B3.1.1).

Allerdings werden Forderungen und Schulden, welche das Resultat einer **festen Verpflichtung zum Kauf oder Verkauf von Waren bzw. Dienstleistungen** sind, grundsätzlich nicht angesetzt, bevor zumindest eine Partei ihre Pflichten erfüllt hat. So erfasst etwa ein Unternehmen generell nicht einfach aufgrund des Erhalts (der Aufgabe) einer Bestellung von Waren eine Lieferforderung (Lieferverbindlichkeit). Der Ansatz der Lieferforderung bzw. -verbindlichkeit erfolgt vielmehr erst bei Versand, Lieferung bzw. Erhalt der Waren (IFRS 9.B3.1.2b).

502 Vgl. EFRAG, The EU endorsement status report, Stand 18. März 2015, abgerufen auf der Website www.efrag.org.

503 Hinsichtlich eines Überblicks über die Finanzinstrumentebilanzierung, welcher auf IAS 39 basiert, wird auf die erste Auflage dieses Buches verwiesen.

504 Zur Definition der Begriffe „Finanzinstrument", „finanzieller Vermögenswert", „finanzielle Verbindlichkeit" und „Eigenkapitalinstrument" vgl. IAS 32.11 und Abschnitt IAS 32 (Kapitel 1 und Aufgabe 1).

4. Bewertung

4.1 Derivate und Finanzinstrumente des Handelsbestands

Eine genauere Erörterung der Bewertung von Finanzinstrumenten setzt die Kenntnis der Definitionen der Begriffe „Derivat" und „Handelsbestand" *(held for trading)* voraus:

► Ein **Derivat** ist ein Finanzinstrument oder ein anderer Vertrag innerhalb des Anwendungsbereichs von IFRS 9. Ein Derivat liegt nur dann vor, wenn alle der drei folgenden Eigenschaften vorliegen (IFRS 9.Anhang A):

- Der Wert des Derivats hängt von der **Wertentwicklung eines Basisobjekts** ab. Basisobjekte können etwa Zinssätze, Wertpapierkurse, Rohstoffpreise, Wechselkurse, Preis- oder Zinsindizes und Bonitätsstufen sein. Im Falle eines **nicht finanziellen Basisobjekts** (z. B. Wetterbedingungen), stellt der Vertrag lediglich dann ein Derivat dar, wenn die Variable **nicht spezifisch für eine Vertragspartei ist**. Nicht finanzielle Variablen, welche nicht spezifisch für eine Vertragspartei sind, umfassen einen Index zu Erdbebenschäden in einer bestimmten Region und einen Index zu Temperaturen in einer bestimmten Stadt. Nicht finanzielle Variablen, die für eine Vertragspartei spezifisch sind, umfassen den Eintritt oder Nichteintritt eines Feuers, das einen Vermögenswert einer Vertragspartei beschädigt oder zerstört (IFRS 9.BA.5).
- Es ist **keine anfängliche Nettoinvestition** erforderlich oder eine solche ist **niedriger**, als bei ähnlich reagierenden Verträgen (IFRS 9.BA.3).
- Die **Erfüllung** erfolgt erst in der **Zukunft**, d. h. es liegt ein Termingeschäft vor.

► Ein finanzieller Vermögenswert bzw. eine finanzielle Verbindlichkeit erfüllt die Definition des Begriffs „**Handelsbestand**", wenn eines der folgenden Kriterien erfüllt wird (IFRS 9.Anhang A und 9.BA.6-9.BA.8):

- Das Finanzinstrument wurde hauptsächlich mit der Absicht erworben bzw. eingegangen, **kurzfristig verkauft bzw. zurückgekauft** zu werden.
- Das Finanzinstrument ist bei Ersterfassung **Teil eines Portfolios** identifizierter Finanzinstrumente, die zusammen verwaltet werden, bei dem es in jüngerer Vergangenheit **kurzfristige Gewinnmitnahmen** gab.
- Es handelt es sich um ein **Derivat**, welches weder ein designiertes und effektives Sicherungsinstrument, noch eine Finanzgarantie darstellt.

4.2 Fortgeführte Anschaffungskosten und beizulegende Zeitwerte als Wertmaßstäbe

IFRS 9 basiert hinsichtlich der **Folgebewertung** von Finanzinstrumenten auf einem **gemischten Ansatz**, wonach in bestimmten Fällen eine Bewertung zum beizulegenden Zeitwert erfolgt und in anderen Fällen eine solche zu fortgeführten Anschaffungskosten. Die **Erstbewertung** erfolgt grundsätzlich mit dem Zeitwert des Finanzinstruments. Der vorliegende Abschnitt des Buches ist so aufgebaut, dass

- zunächst die Wertmaßstäbe definiert und erklärt werden (Kapitel 4.2.1 und 4.2.2),
- und danach deren Anwendungsbereich – d. h. die Frage, wann eine Bilanzierung zu fortgeführten Anschaffungskosten und wann eine solche zum Zeitwert erfolgt – erörtert wird (Kapitel 4.3-4.5).

4.2.1 Beizulegende Zeitwerte

Beim beizulegenden Zeitwert handelt es sich um jenen Preis, der beim Verkauf eines Vermögenswerts zufließen würde bzw. der zu zahlen wäre, um eine Schuld zu übertragen, und zwar in einem gewöhnlichen Geschäft zwischen Marktteilnehmern am Bewertungsstichtag zu den gegenwärtigen Marktbedingungen (IFRS 13.Anhang A i.V. mit IFRS 9.Anhang A). Hinsichtlich der Frage nach der Ermittlung beizulegender Zeitwerte – welche grundsätzlich nicht Gegenstand von IFRS 9 ist – wird auf den Abschnitt zu **IFRS 13** verwiesen. Allerdings normiert IFRS 9, dass der beizulegenden Zeitwert nicht notierter Eigenkapitalinstrumente – oder von Verträgen auf diese – in bestimmten Fällen hilfsweise durch Rückgriff auf die historischen Kosten ermittelt werden kann (IFRS 9.B5.2.3-9.B5.2.6).

4.2.2 Fortgeführte Anschaffungskosten

Die fortgeführten Anschaffungskosten eines finanziellen Vermögenswerts bzw. einer finanziellen Verbindlichkeit werden folgendermaßen ermittelt (IFRS 9.Anhang A):

	Buchwert bei erstmaliger Erfassung
-	**Rückzahlungen**
+/-	Kumulierte Fortschreibung (der Differenz zwischen Buchwert bei erstmaliger Erfassung und Fälligkeitsbetrag) auf Basis der **Effektivzinsmethode**
-	Anpassung um die (kumulierte) **Verlustvorsorge** (im Falle finanzieller Vermögenswerte)
=	**Fortgeführte Anschaffungskosten zum jeweiligen Bilanzstichtag**

Die **Effektivzinsen** umfassen etwa die Nominalzinsen, ein Disagio sowie andere Entgelte (IFRS 9.B5.4.1-9.B5.4.3). Der **Effektivzinssatz** ist jener Zinssatz, bei dem der Barwert der Ein- und Auszahlungen (IFRS 9.Anhang A)

- einer **finanziellen Verbindlichkeit** ihrem Buchwert entspricht,
- eines **finanziellen Vermögenswerts** seinem *Brutto*buchwert entspricht. Bei der Berechnung des **Bruttobuchwerts** ist wie bei der Ermittlung der fortgeführten Anschaffungskosten vorzugehen, allerdings darf dabei die (kumulierte) Verlustvorsorge nicht abgezogen werden. Somit handelt es sich beim Bruttobuchwert – im Gegensatz zu den fortgeführten Anschaffungskosten – um einen Buchwert vor Berücksichtigung der Verlustvorsorge.

Im Rahmen der Effektivzinsmethode wird grundsätzlich auf die erwarteten künftigen Ein- bzw. Auszahlungen des Finanzinstruments über dessen **erwartete Laufzeit** (bzw. sofern angemessen eine kürzere Periode) abgestellt (IFRS 9.Anhang A und 9.B5.4.4). **Erwartete Kreditverluste** sind bei der Ermittlung des Effektivzinssatzes jedoch *nicht* zu berücksichtigen (IFRS 9.Anhang A).

Die in der Ergebnisrechnung für **finanzielle Vermögenswerte** zu erfassenden **Zinserträge** ergeben sich sodann aus der Multiplikation des Bruttobuchwerts zu Beginn der jeweiligen Periode mit dem Effektivzinssatz (IFRS 9.5.4.1). Von diesem Grundsatz gibt es jedoch Ausnahmen:

- Tritt **nach der erstmaligen Erfassung** eine **Kreditwertminderung**[505] ein, so ergeben sich die Zinserträge aus der Multiplikation der fortgeführten Anschaffungskosten (und *nicht* des Bruttobuchwerts) zu Periodenbeginn mit dem Effektivzinssatz. In Folgeperioden wird wiederum der Bruttobuchwert zur Bemessungsgrundlage, sofern sich das Kreditrisiko objektiv durch ein nachfolgendes Ereignis (z. B. Verbesserung der Kreditwürdigkeit des Schuldners) reduziert und der Vermögenswert dadurch nicht mehr kreditwertgemindert ist (IFRS 9.5.4.1b und 9.5.4.2).
- Ist ein finanzieller Vermögenswert **bereits bei erstmaliger Erfassung kreditwertgemindert** (IFRS 9.Anhang A), so sind die fortgeführten Anschaffungskosten zu Periodenbeginn mit einem eigens berechneten kreditangepassten Effektivzinssatz – in dessen Ermittlung auch erwartete Kreditverluste einfließen – zu multiplizieren (IFRS 9.5.4.1a). Eine solche Situation wird in aller Regel lediglich bei gekauften Vermögenswerten vorliegen (IFRS 9.BC5.216) (z. B. Erwerb eines Vermögenswerts, welcher ein sehr hohes Kreditrisiko aufweist und mit einem hohen Abschlag erworben wird). Ein von Beginn an hohes Kreditrisiko ist jedoch für sich alleine nicht ausreichend; der Vermögenswert muss kreditwertgemindert sein (IFRS 9.B5.4.7).

Eine direkte **Reduktion des Bruttobuchwerts** (*write-off*) eines finanziellen Vermögenswerts hat zu erfolgen, wenn das Unternehmen keine vernünftigen Erwartungen hat, die vertraglichen Geldflüsse eines Vermögenswerts in ihrer Gesamtheit oder anteilig wiederzuerlangen. Dabei handelt es sich um eine **Ausbuchung** (IFRS 9.5.4.4., 9.B3.2.16r und 9.B5.4.9).

In diesem Kapitel wurden lediglich bestimmte Aspekte der **Verlustvorsorge** für finanzielle Vermögenswerte angesprochen, soweit sie zum Verständnis der Effektivzinsmethode erforderlich waren. Das Wertminderungsmodell von IFRS 9 wird in Kapitel 4.7 ausführlich dargestellt.

4.3 Erstbewertung

Bei der erstmaligen Erfassung eines finanziellen Vermögenswerts bzw. einer finanziellen Verbindlichkeit erfolgt die Bewertung grundsätzlich mit seinem bzw. ihrem **beizulegenden Zeitwert**. Allerdings sind **Forderungen aus Lieferungen und Leistungen**, welche keine signifikante Finanzierungskomponente haben, im Rahmen der Erstbewertung stets zum Transaktionspreis zu bewerten (IFRS 9.5.1.1 und 9.5.1.3).

Im Normalfall stimmt der beizulegende Zeitwert des Finanzinstruments im Zugangszeitpunkt mit dem Transaktionspreis überein (IFRS 9.B5.1.1 und 9.B5.1.2A). Die Zugangsbewertung zum Zeitwert entspricht dann – unter Vernachlässigung von Transaktionskosten – einer Zugangsbewertung zu Anschaffungskosten.[506]

505 Zum Begriff der „Kreditwertminderung" vgl. Kapitel 4.7.3.

506 Vgl. *Lüdenbach/Hoffmann/Freiberg*, IFRS-Kommentar, 12. Aufl., § 28 Tz. 104.

Transaktionskosten sind zusätzlich anfallende Kosten, welche dem Erwerb, der Emission bzw. dem Verkauf eines Finanzinstruments unmittelbar zurechenbar sind. Ihre Behandlung hängt von der Art der Folgebilanzierung des finanziellen Vermögenswerts bzw. der finanziellen Verbindlichkeit[507] ab (IFRS 9.5.1.1, 9.Anhang A, 9.B5.2.2 und 9.IG E.1.1):

- Erfolgt die Folgebilanzierung **zum Zeitwert über die GuV**, so werden sie im Zugangszeitpunkt in der **GuV** erfasst.
- Erfolgt diese hingegen **nicht zum Zeitwert über die GuV**, so werden die Transaktionskosten eines finanziellen Vermögenswerts **aktiviert** und die Transaktionskosten einer finanziellen Verbindlichkeit **von deren Buchwert abgezogen**.

4.4 Klassifizierung finanzieller Vermögenswerte für Zwecke der Folgebilanzierung

4.4.1 Überblick

IFRS 9 basiert hinsichtlich der Folgebilanzierung finanzieller Vermögenswerte auf einem **gemischten Ansatz**, wonach manche zum beizulegenden Zeitwert und andere zu fortgeführten Anschaffungskosten bewertet werden. Im ersteren Fall erfolgt die Bilanzierung entweder erfolgswirksam oder über das sonstige Gesamtergebnis (insbes. IFRS 9.5.2.1).

Nach IFRS 9 müssen finanzielle Vermögenswerte im Zeitpunkt des erstmaligen Ansatzes auf Basis **prinzipienorientierter** Regeln in die für die Folgebilanzierung maßgeblichen Kategorien „fortgeführte Anschaffungskosten", „Zeitwert über die GuV" bzw. „Zeitwert über das sonstige Gesamtergebnis" **klassifiziert** werden (IFRS 9.3.1.1 und 9.4.1.1-9.4.1.4). Entscheidend dafür sind (IFRS 9.4.1.1 und 9.B4.1.1)

- das vom Management in Schlüsselpositionen (i. S. von IAS 24) festgelegte **Geschäftsmodell** des Unternehmens für die Verwaltung der finanziellen Vermögenswerte (subjektive Bedingung) und
- die **Eigenschaften der vertraglichen Geldflüsse** des finanziellen Vermögenswerts (objektive Bedingung).

Sowohl eine Folgebilanzierung zu fortgeführten Anschaffungskosten als auch eine solche zum Zeitwert über das sonstige Gesamtergebnis setzen voraus, dass die vertraglichen Bestimmungen für den finanziellen Vermögenswert zu Geldflüssen an festgelegten Zeitpunkten führen, welche **ausschließlich Zins- und Tilgungszahlungen** auf die ausstehende Kapitalsumme darstellen (IFRS 9.4.1.2b und 9.4.1.2Ab). Allerdings muss für eine derartige Folgebilanzierung **zusätzlich** ein **Geschäftsmodell** vorliegen, welches bestimmte Kriterien erfüllt:

- Die Folgebilanzierung erfolgt zu **fortgeführten Anschaffungskosten**, wenn das Ziel des Geschäftsmodells für die Gruppe der Vermögenswerte, zu der der betreffende Vermögenswert gehört, im Halten der Vermögenswerte zur **Realisierung der vertraglichen Geldflüsse** besteht (IFRS 9.4.1.2a).
- Die Folgebilanzierung erfolgt zum **Zeitwert über das sonstige Gesamtergebnis**, wenn das Ziel des Geschäftsmodells für die Gruppe der Vermögenswerte, zu der der betreffende Vermögenswert gehört, **sowohl durch Realisierung vertraglicher Geldflüsse als auch durch den Verkauf** finanzieller Vermögenswerte erreicht wird (IFRS 9.4.1.2Aa).

---

507 Vgl. Kapitel 4.4 und 4.5.

Eine genauere Erörterung des Geschäftsmodellkriteriums erfolgt in Kapitel 4.4.2 bzw. des Kriteriums „ausschließlich Zins- und Tilgungszahlungen" in Kapitel 4.4.3.

Sofern ein finanzieller Vermögenswert nicht gem. obiger Kriterien entweder zu fortgeführten Anschaffungskosten oder zum Zeitwert über das sonstige Gesamtergebnis zu bilanzieren ist, so erfolgt die Folgebilanzierung zum **Zeitwert über die GuV**. Allerdings können als Ausnahme zu diesem Grundsatz **bestimmte Eigenkapitalinstrumente** (z. B. bestimmte Aktien) – die ansonsten zum Zeitwert über die GuV zu bilanzieren wären – bei Erfüllung bestimmter Voraussetzungen freiwillig zum **Zeitwert über das sonstige Gesamtergebnis** bilanziert werden (IFRS 9.4.1.4).[508]

Ungeachtet der in diesem Kapitel beschriebenen Abgrenzungskriterien zwischen den Kategorien für die Folgebilanzierung kann ein finanzieller Vermögenswert beim erstmaligen Ansatz unwiderruflich der Kategorie **„Zeitwert über die GuV"** zugeordnet werden (kurz: **Zeitwertoption**). Voraussetzung hierfür ist, dass dadurch eine **Inkonsistenz** beseitigt oder signifikant reduziert wird, die ansonsten aus der unterschiedlichen Bewertung von Vermögenswerten oder Verbindlichkeiten resultieren würde oder aus der unterschiedlichen Erfassung von Gewinnen und Verlusten aus ebendiesen (IFRS 9.4.1.5).

4.4.2 Das Geschäftsmodellkriterium

Bei der Würdigung des Geschäftsmodellkriteriums geht es nicht um die Absichten der Geschäftsleitung in Bezug auf einen einzelnen finanziellen Vermögenswert. Die Beurteilung erfolgt vielmehr auf einer Ebene, auf der ersichtlich ist, wie **Gruppen finanzieller Vermögenswerte** zusammen verwaltet werden, um ein bestimmtes Geschäftsziel zu erreichen. Ein Unternehmen kann u. U. lediglich eine derartige Gruppe finanzieller Vermögenswerte halten oder mehrere. So ist etwa auch der Fall denkbar, dass ein Unternehmen lediglich zwei Gruppen besitzt, wovon eine zur Realisierung der vertraglichen Zahlungen gehalten wird und die andere zur Realisierung von Zeitwertänderungen (IFRS 9.B4.1.2).

Das Geschäftsmodell ist normalerweise anhand der Aktivitäten des Unternehmens beobachtbar und durch Fakten belegbar, d. h. eine Tatsache und nicht bloß eine Behauptung (IFRS 9.B4.1.2B). Es wird nicht auf der Basis von Szenarien (z. B. Stressszenarien) beurteilt, deren Eintritt vernünftigerweise nicht erwartet wird (IFRS 9.B4.1.2A).

Halten von Vermögenswerten zur Realisierung vertraglicher Geldflüsse als Ziel des Geschäftsmodells

In einem derartigen Geschäftsmodell geht es *nicht* darum, die Gesamtrendite des Portfolios durch Halten und Verkauf der Vermögenswerte zu steuern. Vielmehr sollen die **vertraglichen Zahlungen während der Laufzeit der Instrumente** realisiert werden (IFRS 9.B4.1.2C).

Auch wenn nicht alle Vermögenswerte bis zur Fälligkeit gehalten werden – d. h. es erfolgen **Verkäufe vor der Fälligkeit** bzw. es wird mit ebensolchen gerechnet – kann das Ziel des Geschäfts-

508 Zur freiwilligen Bilanzierung von Eigenkapitalinstrumenten zum Zeitwert über das sonstige Gesamtergebnis vgl. Kapitel 5.3.

modells im Erhalt vertraglicher Geldflüsse bestehen (IFRS 9.B4.1.3). Entscheidend sind generell insbesondere die Häufigkeit, der Wert und die Zeitpunkte von Verkäufen in der Vergangenheit, die Ursachen dieser Verkäufe sowie die Erwartungen hinsichtlich künftiger Verkaufsaktivitäten. Es sind Informationen über vergangene Verkäufe (wobei die damaligen Bedingungen mit den heutigen zu vergleichen sind) sowie Erwartungen hinsichtlich künftiger Verkäufe zu berücksichtigen (IFRS 9.B4.1.2C).

Verkäufe finanzieller Vermögenswerte **aufgrund einer Zunahme des Kreditrisikos** (z. B. Verkäufe von Vermögenswerten, welche die entsprechenden Kriterien der dokumentierten Investitionspolitik des Unternehmens nicht mehr erfüllen) können – ungeachtet ihrer Häufigkeit bzw. ihres Wertes – auch in einem Geschäftsmodell vorkommen, das auf die Realisierung vertraglicher Geldflüsse abzielt. Schließlich hängt die Kreditqualität der Vermögenswerte mit der Fähigkeit des Unternehmens, vertragliche Geldflüsse zu realisieren, zusammen. Eine Steuerung des Kreditrisikos, welche darauf abzielt, potenzielle Kreditverluste als Resultat gestiegener Kreditrisiken zu minimieren, ist vielmehr sogar ein integraler Bestandteil eines derartigen Geschäftsmodells (IFRS 9.B4.1.3A).

Wie bereits erwähnt, können auch **Verkäufe**, welche aus **anderen Gründen** erfolgen (z. B. zur Steuerung des Kreditkonzentrationsrisikos ohne Zunahme des Kreditrisikos) mit dem Ziel des Geschäftsmodells, vertragliche Geldflüsse zu erhalten, vereinbar sein. Dies kann insbesondere dann – aber nicht nur dann – der Fall sein, wenn solche Verkäufe entweder nur vereinzelt stattfinden oder wertmäßig nicht signifikant sind. Im Falle einer **Zunahme der Häufigkeit oder des Werts der Verkäufe** in einer bestimmten Periode kann das Ziel weiterhin darin bestehen, vertragliche Geldflüsse zu realisieren, wenn die Gründe dafür erklärt werden können und nachgewiesen werden kann, wieso keine Änderung des Geschäftsmodells vorliegt. Verkäufe können auch dann mit dem Ziel, vertragliche Geldflüsse zu erhalten, vereinbar sein, wenn die Verkäufe **in zeitlicher Nähe zur Fälligkeit** der Vermögenswerte erfolgen und die Verkaufserlöse **näherungsweise** der Realisierung der restlichen vertraglichen Geldflüssen entsprechen (IFRS 9.B4.1.3B).

Geschäftsmodelle, deren Ziel erreicht wird, indem sowohl vertragliche Geldflüsse realisiert werden als auch finanzielle Vermögenswerte verkauft werden

Das konkrete Ziel eines Geschäftsmodells, bei dem sowohl vertragliche Geldflüsse realisiert als auch finanzielle Vermögenswerte verkauft werden, kann etwa darin bestehen, den täglichen Liquiditätsbedarf zu koordinieren oder ein bestimmtes Verzinsungsprofil aufrecht zu erhalten (IFRS 9.B4.1.4A).

Bei solch einem Geschäftsmodell werden **Verkäufe** typischerweise mit einer **größeren Häufigkeit** erfolgen und auch einen **höheren Wert** annehmen, als bei einem Geschäftsmodell, das lediglich die Realisierung vertraglicher Geldflüsse zum Ziel hat. Allerdings gibt es **keinen Schwellenwert** hinsichtlich der Häufigkeit bzw. des Wertes der Verkäufe, die bei diesem Geschäftsmodell erfolgen müssen, da sowohl der Verkauf von Vermögenswerten als auch die Realisierung vertraglicher Geldflüsse integraler Bestandteil des Geschäftsmodells sind (IFRS 9.B4.1.4B).

Andere Geschäftsmodelle

Liegt **keines der beiden eben beschriebenen Geschäftsmodelle** vor – und handelt es sich auch nicht um Eigenkapitalinstrumente, die freiwillig zum Zeitwert über das sonstige Gesamtergebnis bilanziert werden[509] (IFRS 9.5.7.5) – so erfolgt die Folgebilanzierung des finanziellen Vermögenswerts zum **Zeitwert über die GuV** (IFRS 9.B4.1.5).

Ein Geschäftsmodell, auf das dies zutrifft, besteht darin, die finanziellen Vermögenswerte mit dem Ziel der **Realisierung von Geldflüssen durch Verkäufe** zu verwalten. Entscheidungen werden dabei auf Basis der beizulegenden Zeitwerte der Vermögenswerte getroffen. Es geht konkret darum, die Zeitwerte zu realisieren. Das Ziel des Unternehmens besteht dann typischerweise darin, aktiv zu kaufen und zu verkaufen. Eine bei einem solchen Geschäftsmodell erfolgende Realisierung vertraglicher Geldflüsse während des Haltens der Vermögenswerte stellt lediglich einen Nebeneffekt dar, ist aber kein integraler Bestandteil von diesem (IFRS 9.B4.1.5).

Im Falle eines Portfolios finanzieller Vermögenswerte, welches die Definition von „**Handelsbestand**“[510] erfüllt, ist eine Folgebilanzierung zum Zeitwert über die GuV geboten (IFRS 9.B4.1.6).

4.4.3 Das Kriterium „ausschließlich Zins- und Tilgungszahlungen“

- Bei diesem Kriterium ist auf Basis jener Währung, auf die der finanzielle Vermögenswert lautet, zu beurteilen, ob die Geldflüsse ausschließlich Zins- und Tilgungszahlungen auf die ausstehende Kapitalsumme i. S. von IFRS 9 darstellen (IFRS 9.4.1.2b, 9.4.1.2Ab, 9.B4.1.8 und 9.B4.1.15 f.).

Zinsen

Bei der Definition des Zinsbegriffs orientierte sich das IASB am **Konzept einer „einfachen Kreditvereinbarung“** – wobei es *nicht* darauf ankommt, ob rechtlich gesehen ein Kredit vorliegt. Im Rahmen einer solchen sind die Gegenleistung für den **Zeitwert des Geldes** – d. h. für den bloßen Ablauf von Zeit (IFRS 9.B4.1.9A) – sowie für das **Kreditrisiko** i. Z. mit der ausstehenden Kapitalsumme normalerweise die signifikantesten Bestandteile der Zinsen. Allerdings können die Zinsen auch im Falle einer einfachen Kreditvereinbarung eine Gegenleistung für **andere Risiken** (z. B. für das Liquiditätsrisiko) und **Kosten** (z. B. Verwaltungskosten) **für das Halten** eines finanziellen Vermögenswerts während einer bestimmten Zeit darstellen. Darüber hinaus kann auch eine mit einer einfachen Kreditvereinbarung **konsistente Gewinnspanne** existieren. Zinsen können im Extremfall auch **negativ** sein – etwa aufgrund der Zahlung einer Gebühr für die Verwahrung des Geldes. Zinsen mit all diesen beschriebenen Eigenschaften stehen mit dem Kriterium „ausschließlich Zins- und Tilgungszahlungen“ **im Einklang** (IFRS 9.4.1.3b, 9.B4.1.7A und 9.BC4.182b).

Das Kriterium „ausschließlich Zins- und Tilgungszahlungen“ ist hingegen *nicht* erfüllt, wenn der Vertrag vorsieht, dass der Inhaber des Vermögenswerts Risiken und Volatilitäten i. Z. mit den vertraglichen Geldflüssen ausgesetzt ist (z. B. Aktienkurs- oder Rohstoffpreisschwankungen), welche sich **nicht auf eine einfache Kreditvereinbarung beziehen** (IFRS 9.B4.1.7A).

Kapitalsumme

- Bei der Kapitalsumme handelt es sich um den **beizulegenden Zeitwert** des Vermögenswerts im Zeitpunkt seiner **erstmaligen Erfassung**. Allerdings kann sich die Kapitalsumme während der Laufzeit des Vermögenswerts ändern (z. B. durch Rückzahlungen) (IFRS 9.4.1.3a und 9.B4.1.7B).

---

509 Vgl. Kapitel 5.3.
510 Vgl. Kapitel 4.1.

Hebeleffekte

Ein **Hebeleffekt** (*leverage*) ist eine Eigenschaft der vertraglichen Geldflüsse mancher finanzieller Vermögenswerte. Nach dem Verständnis von IFRS 9 erhöht ein Hebeleffekt die Variabilität der vertraglichen Geldflüsse, die dann nicht mehr Zinsen i. S. des Standards darstellen. Solche Verträge kommen somit für eine Bilanzierung zu fortgeführten Anschaffungskosten bzw. zum Zeitwert über das sonstige Gesamtergebnis nicht in Frage. Beispiele für Vermögenswerte mit Hebeleffekt sind alleinstehende Options-, Forward- und Swapverträge (IFRS 9.B4.1.9).

Vertragsbestimmungen, die den zeitlichen Anfall oder den Betrag der vertraglichen Geldflüsse ändern

Ein finanzieller Vermögenswert kann eine Vertragsbestimmung enthalten, welche den zeitlichen Anfall oder den Betrag der vertraglichen Geldflüsse ändern kann (z. B. eine **variable Verzinsung**, eine **Verlängerungsoption** oder eine **Möglichkeit einer vorzeitigen Rückzahlung**). In solch einem Fall ist zu beurteilen, ob die vertraglichen Geldflüsse, die während der Laufzeit des Instruments aufgrund dieser Vertragsbestimmung zustande kommen können, ausschließlich Zins- und Tilgungszahlungen auf die ausstehende Kapitalsumme darstellen. Dabei sind die vertraglichen Geldflüsse, die sowohl vor als auch nach der Änderung eintreten können, zu beurteilen (IFRS 9.B4.1.10).

Eine **variable Verzinsung**, die aus einem Entgelt für den Zeitwert des Geldes, für das Kreditrisiko sowie für andere Risiken und Kosten i. Z. mit einer einfachen Kreditvereinbarung und aus einer Gewinnspanne besteht, führt zu Geldflüssen, welche **ausschließlich Zins- und Tilgungszahlungen** darstellen. Dies gilt auch dann, wenn die Gegenleistung für das Kreditrisiko nur bei erstmaliger Erfassung ermittelt wird und somit fix ist (IFRS 9.B4.1.11a).

Es kann u. a. auch erforderlich sein, die **Art eines geldflussändernden Ereignisses** (z. B. Anstieg eines Aktienindex vs. Verschlechterung der Zahlungsmoral des Schuldners als Ursache eines Zinsanstiegs) **als Indikator** in die Würdigung einzubeziehen (IFRS 9.B4.1.10).

Eine **Eigenschaft vertraglicher Geldflüsse** beeinflusst *nicht* die Klassifizierung eines finanziellen Vermögenswerts, wenn (IFRS 9.B4.1.18)

- diese nur einen geringfügigen Effekt auf die vertraglichen Geldflüsse haben kann (**De-minimis-Regel**) oder
- diese einen mehr als geringfügigen Effekt haben kann, allerdings **nicht echt** (*not genuine*) ist. Letzteres ist der Fall, wenn sich die Eigenschaft nur bei Eintritt eines Ereignisses auf die Geldflüsse auswirkt, welches extrem selten, höchst ungewöhnlich und sehr unwahrscheinlich ist.

4.5 Klassifizierung finanzieller Verbindlichkeiten für Zwecke der Folgebilanzierung

Auch hinsichtlich finanzieller Verbindlichkeiten verfolgt IFRS 9 einen **gemischten Ansatz**. Demnach erfolgt die Folgebilanzierung mancher finanzieller Verbindlichkeiten zum beizulegenden **Zeitwert über die GuV** – wobei in gewissen Fällen ein Teil der Wertänderungen im sonstigen

Gesamtergebnis zu erfassen ist[511] – und anderer zu **fortgeführten Anschaffungskosten**. I. d. R. kommt der letztere Bewertungsmaßstab zur Anwendung. Daneben existieren auch noch Sonderregeln – etwa für Finanzgarantien und Zusagen zur Gewährung unterverzinslicher Kredite (IFRS 9.4.2.1 und 9.5.3.1).

Die Kategorie **„Zeitwert über die GuV"** umfasst im Falle finanzieller Verbindlichkeiten – jenseits der Vorschriften zur Sicherungsbilanzierung – zwei Unterkategorien (IFRS 9.Anhang A):

(1) Finanzielle Verbindlichkeiten, welche die Definition von **„Handelsbestand"**[512] erfüllen;

(2) finanzielle Verbindlichkeiten, für die – bei erstmaligem Ansatz und unwiderruflich – die **Zeitwertoption** (Option zur grundsätzlichen Folgebilanzierung zum Zeitwert über die GuV[513]) ausgeübt wird. Die Ausübung ist möglich, wenn eine der folgenden Bedingungen erfüllt wird (IFRS 9.4.2.2, 9.4.3.5 und 9.5.3.1):

   (a) Die Ausübung der Option führt zur **Beseitigung oder signifikanten Reduktion einer Inkonsistenz**, die ansonsten aus der unterschiedlichen Bewertung von Vermögenswerten oder Verbindlichkeiten resultieren würde, oder aus der unterschiedlichen Erfassung von Gewinnen und Verlusten aus diesen.

   (b) Eine Gruppe finanzieller Verbindlichkeiten bzw. eine Gruppe finanzieller Vermögenswerte und finanzieller Verbindlichkeiten wird **auf der Basis beizulegender Zeitwerte verwaltet** und ihr Erfolg auf der Basis beizulegender Zeitwerte **beurteilt**, und zwar in Übereinstimmung mit einer dokumentierten Risikomanagement- oder Investitionsstrategie. Dabei ist es erforderlich, dass Informationen über diese Gruppe intern auf dieser Basis dem Management des Unternehmens in Schlüsselpositionen (i. S. von IAS 24)[514] bereitgestellt werden.

   (c) In bestimmten Fällen ist es auch zulässig, einen Vertrag, welcher **mindestens ein eingebettetes Derivat** enthält – und dessen Basis keinen in den Anwendungsbereich von IFRS 9 fallenden Vermögenswert darstellt – zur Gänze zum beizulegenden Zeitwert über die GuV zu bilanzieren.

4.6 Umklassifizierungen

4.6.1 Finanzielle Vermögenswerte

Ausgenommen von einer etwaigen Umklassifizierung sind **Eigenkapitalinstrumente**. Dies ergibt sich u. a. daraus, dass das bei diesen unter bestimmten Voraussetzungen ausübbare Wahlrecht zum Ausweis ihrer Zeitwertänderungen im sonstigen Gesamtergebnis nur bei Ersterfassung und unwiderruflich ausgeübt werden kann.[515] Auch die Ausübung der **Zeitwertoption** kann nur

511 Vgl. Kapitel 5.4.
512 Vgl. Kapitel 4.1.
513 Zum ggf. erforderlichen Ausweis bestimmter Zeitwertänderungen im sonstigen Gesamtergebnis vgl. Kapitel 5.4.
514 Vgl. Abschnitt IAS 24, Kapitel 2.
515 Vgl. Kapitel 5.3.

bei erstmaligem Ansatz und unwiderruflich erfolgen. Eine spätere Ausübung der Zeitwertoption oder ein Widerruf derselben sind daher nicht möglich.[516]

Im Falle einer **Änderung des Geschäftsmodells** für die Verwaltung finanzieller Vermögenswerte – was generell ein sehr seltenes Ereignis darstellt – sind alle betroffenen finanziellen Vermögenswerte in die sodann entsprechende Bewertungskategorie umzuklassifizieren (IFRS 9.4.4.1 und 9.B4.4.1-9.B4.4.3).

Eine Umklassifizierung erfolgt prospektiv ab dem **Umklassifizierungszeitpunkt**. Letzterer ist der erste Tag der ersten Berichtsperiode nach der ausschlaggebenden Änderung des Geschäftsmodells. Die Darstellung bislang erfasster Gewinne und Verluste (inkl. Wertminderungen bzw. -aufholungen) bzw. Zinsen darf sich dabei nicht ändern (IFRS 9.5.6.1 und 9.Anhang A).

In der Folge sollen die Konsequenzen der **möglichen Umklassifizierungen** zwischen den Bewertungskategorien aufgezeigt werden – unter Vernachlässigung von Effektivzinsen und der Besonderheiten i. Z. mit Wertminderungen (insbes. IFRS 9.B5.6.1 f.):

- Von „fortgeführte Anschaffungskosten" zu „Zeitwert über die GuV": Auf- bzw. Abwertung auf den Zeitwert am Umklassifizierungstag und GuV-wirksame Erfassung daraus resultierender Gewinne bzw. Verluste (IFRS 9.5.6.2).
- Von „Zeitwert über die GuV" zu „fortgeführte Anschaffungskosten": Der Zeitwert am Umklassifizierungstag wird zum neuen Bruttobuchwert (IFRS 9.5.6.3).
- Von „fortgeführte Anschaffungskosten" zu „Zeitwert über das sonstige Gesamtergebnis": Auf- bzw. Abwertung auf den Zeitwert im Umklassifizierungszeitpunkt und Erfassung daraus resultierender Gewinne bzw. Verluste im sonstigen Gesamtergebnis (IFRS 9.5.6.4).
- Von „Zeitwert über das sonstige Gesamtergebnis" zu „fortgeführte Anschaffungskosten": Zunächst wird der Zeitwert am Umklassifizierungstag zum neuen Buchwert. Die bislang kumuliert im sonstigen Gesamtergebnis erfassten Gewinne bzw. Verluste werden aus dem Eigenkapital entfernt (Buchung im sonstigen Gesamtergebnis). Die Gegenbuchung verändert den Buchwert des Vermögenswerts (IFRS 9.5.6.5 und 9.5.7.10).
- Von „Zeitwert über die GuV" zu „Zeitwert über das sonstige Gesamtergebnis": Der Vermögenswert wird weiterhin zum Zeitwert bilanziert (IFRS 9.5.6.6).
- Von „Zeitwert über das sonstige Gesamtergebnis" zu „Zeitwert über die GuV" zu: Der Vermögenswert wird weiterhin zum Zeitwert bilanziert. Die bislang kumuliert im sonstigen Gesamtergebnis erfassten Gewinne bzw. Verluste werden aus dem Eigenkapital entfernt (Buchung im sonstigen Gesamtergebnis) und in der GuV gegengebucht, womit diese Buchung eine Umgliederung i. S. von IAS 1[517] darstellt (IFRS 9.5.6.7, 9.5.7.10 und IAS 1.93).

4.6.2 Finanzielle Verbindlichkeiten

Finanzielle Verbindlichkeiten dürfen nicht in eine andere Bewertungskategorie umklassifiziert werden (**Umklassifizierungsverbot**) (IFRS 9.4.4.2).

516 Vgl. Kapitel 4.4.1 und 4.5.

517 Vgl. Abschnitt IAS 1, Kapitel 6.2.1.

4.7 Wertminderungen und -aufholungen finanzieller Vermögenswerte

4.7.1 Anwendungsbereich der Vorschriften

Eine **Verlustvorsorge für erwartete Kreditverluste** i. S. von IFRS 9 ist für die folgenden Vermögenswerte zu erfassen (IFRS 9.5.2.2 und 9.5.5.1 f.):

- Zu **fortgeführten Anschaffungskosten** bewertete finanzielle Vermögenswerte (IFRS 9.4.1.2),
- aufgrund des Geschäftsmodellkriteriums sowie des Kriteriums „ausschließlich Zins- und Tilgungszahlungen" zum **Zeitwert über das sonstige Gesamtergebnis** bilanzierte finanzielle Vermögenswerte (IFRS 9.4.1.2A),
- **Leasingforderungen**,
- **vertragliche Vermögenswerte** im Sinne jener Rechte, für die gem. IFRS 15 für Zwecke der Erfassung und Bewertung von Wertminderungsverlusten bzw. Wertaufholungsgewinnen IFRS 9 gilt (IFRS 9.2.2).

4.7.2 Überblick

Die folgende Abbildung veranschaulicht die Grundzüge der Wertminderungssystematik von IFRS 9.[518] Die Ermittlung der zu erfassenden Zinserträge wurde bereits in Kapitel 4.2.2 dargestellt; zu Kreditwertminderungen wird auf Kapitel 4.7.3 verwiesen.

Zunahme des Kreditrisikos seit erstmaliger Erfassung →

STUFE 1	STUFE 2 Signifikante Zunahme des Kreditrisikos	STUFE 3 Signifikante Zunahme des Kreditrisikos + Kreditwertminderung
Erwartete Kreditverluste der nächsten 12 Monate	Während der Laufzeit erwartete Kreditverluste	Währende der Laufzeit erwartete Kreditverluste
Effektivzinsen auf den Bruttobuchwert	Effektivzinsen auf den Bruttobuchwert	Effektivzinsen auf die fortgeführten Anschaffungskosten

Die Verlustvorsorge für einen finanziellen Vermögenswert ist

- zu jedem Bilanzstichtag auf Basis der während der Laufzeit erwarteten Kreditverluste zu bemessen (d. h. auf Basis der erwarteten Kreditverluste, welche aus allen möglichen Ausfallereignissen während der erwarteten Laufzeit des Finanzinstruments resultieren) (**Laufzeitbemessung**), sofern seit der erstmaligen Erfassung ein signifikanter Anstieg des Kreditrisikos – festgestellt auf der Ebene einer Gruppe oder eines einzelnen Vermögenswerts – zu verzeichnen war (IFRS 9.5.5.3 f. und 9.Anhang A).

518 In Anlehnung an *IASB*, IFRS 9 „Financial Instruments" – Project Summary, Juli 2014, S. 16 f., abgerufen am 25. 07. 2014 auf www.ifrs.org.

- auf Basis der während der nächsten 12 Monate erwarteten Kreditverluste zu bemessen (d. h. auf Basis der erwarteten Kreditverluste, welche aus Ausfallereignissen resultieren, die innerhalb von 12 Monaten ab dem Bilanzstichtag möglich sind) (**12-Monats-Bemessung**), sofern sein Kreditrisiko am Bilanzstichtag *nicht* signifikant höher ist als bei erstmaliger Erfassung (IFRS 9.5.5.5 und 9.Anhang A).

Erfolgte in der Vorperiode eine Laufzeitbemessung und sind die Voraussetzungen hierfür zum aktuellen Bilanzstichtag nicht mehr erfüllt, so ist **zu einer 12-Monats-Bemessung überzugehen** (IFRS 9.5.5.7 und 9.5.5.9).

4.7.3 Kreditwertminderungen

Ein finanzieller Vermögenswert ist kreditwertgemindert, wenn ein oder mehrere Ereignisse eingetreten sind, welche sich auf seine geschätzten künftigen Geldflüsse nachteilig auswirken. **Hinweise** auf eine Kreditwertminderung eines finanziellen Vermögenswerts beinhalten beobachtbare Daten über die folgenden Ereignisse (IFRS 9.Anhang A):

- **Erhebliche finanzielle Schwierigkeiten** des Emittenten bzw. des Schuldners,
- ein **Vertragsbruch** wie bspw. ein Ausfall oder der Eintritt von Überfälligkeit,
- **Zugeständnisse**, die der Gläubiger dem Schuldner aus wirtschaftlichen oder vertraglichen Gründen i. Z. mit finanziellen Schwierigkeiten des Schuldners gewährt, ansonsten aber nicht gewähren würde,
- eine **Insolvenz** bzw. ein **sonstiges Sanierungsverfahren** des Schuldners wird **wahrscheinlich**,
- das **Verschwinden eines aktiven Markts** für den Vermögenswert aufgrund finanzieller Schwierigkeiten,
- der Kauf bzw. die Entstehung eines Vermögenswerts zu einem **hohen Abschlag**, welcher die vorhandenen Kreditverluste widerspiegelt.

Eine Kreditwertminderung kann aufgrund eines einzelnen, separaten Ereignisses zustande kommen. Kann ein solches nicht identifiziert werden, so kann auch der Gesamteffekt mehrerer Ereignisse eine Kreditwertminderung auslösen (IFRS 9.Anhang A).

4.7.4 Signifikanz der Zunahme des Kreditrisikos und Gruppenbetrachtung

Ob die Verlustvorsorge auf einer 12-Monats- oder einer Laufzeitbemessung basiert, hängt davon ab, ob das Kreditrisiko seit der erstmaligen Erfassung des finanziellen Vermögenswerts signifikant gestiegen ist.[519] Eine entsprechende Beurteilung hat **zu jedem Bilanzstichtag erneut** zu erfolgen. Dabei ist auf die Änderung des Ausfallrisikos während der erwarteten Laufzeit des Finanzinstruments – bzw. unter bestimmten Voraussetzungen wahlweise vereinfachend innerhalb der nächsten 12 Monate (IFRS 9.B5.5.13 f.) – abzustellen und *nicht* etwa auf die betragliche Veränderung der erwarteten Kreditverluste. Für Zwecke der gegenständlichen Beurteilung hat ein Vergleich des Ausfallrisikos des Vermögenswerts am Bilanzstichtag mit jenem im Zeitpunkt seiner Ersterfassung zu erfolgen (**kumulierte Betrachtung**) (IFRS 9.5.5.9, 9.B5.5.7 und 9.B5.5.9). Der Begriff „**Ausfall**" (*default*) baut dabei auf dem Begriffsverständnis des Unternehmens für

519 Vgl. Kapitel 4.7.2.

Zwecke des internen Managements seines Kreditrisikos auf. Allerdings gilt grundsätzlich eine widerlegbare Vermutung, dass ein Ausfall spätestens dann vorliegt, wenn der Vermögenswert bereits seit 90 Tagen überfällig ist (IFRS 9.B5.5.36 f.).

Weist der Vermögenswert **zum Bilanzstichtag lediglich ein niedriges Kreditrisiko** auf (z. B. eine Anleihe mit der extern zugewiesenen Bonitätsstufe „Anlagebonität" (*investment grade*)), so kann unterstellt werden, dass sein Kreditrisiko seit seiner Ersterfassung nicht signifikant zugenommen hat (IFRS 9.5.5.10 und 9.B5.5.22-9.B5.5.24).

Der Standard enthält sehr umfangreiche Vorschriften, welche v. a. darauf abzielen, eine **rechtzeitige Erfassung einer ausreichenden Verlustvorsorge** zu gewährleisten. Dabei sind die folgenden Grundsätze von besonderer Bedeutung:

- Vernünftige **zukunftsbezogene Informationen** – und nicht lediglich Informationen zur Überfälligkeit – sind ebenfalls in die Würdigung einzubeziehen, sofern deren Beschaffung keine unangemessenen Anstrengungen bzw. Kosten verursacht. Die Berücksichtigung derartiger Informationen führt generell dazu, dass eine Laufzeitbemessung bereits erfolgt, bevor Überfälligkeit eintritt (IFRS 9.5.5.11, 9.B5.5.2 und 9.B5.5.15 f.).[520]
- Sind vertragliche Zahlungen **seit mehr als 30 Tagen überfällig**, so gilt eine **widerlegbare Vermutung**, dass das Kreditrisiko des Vermögenswerts seit seiner Ersterfassung signifikant zugenommen hat. Wird jedoch festgestellt, dass das Kreditrisiko **bereits davor** signifikant zugenommen hat, so kommt die widerlegbare Vermutung nicht zur Anwendung (IFRS 9.5.5.11, 9.Anhang A und 9.B5.5.19-9.B5.5.21).
- Je **länger** die **erwartete Laufzeit** eines Finanzinstruments ist, desto höher ist auch sein Ausfallrisiko (IFRS 9.B5.5.10 f.).
- Es kann auch erforderlich sein, die Beurteilung, ob das Kreditrisiko signifikant zugenommen hat, auf Ebene einer Gruppe von Finanzinstrumenten durchzuführen (**Gruppenbetrachtung**). Ein **Beispiel** ist die **Vergabe von Kleinkrediten an Private**. In diesem Fall werden aktuelle, zukunftsbezogene Informationen zur laufenden Bonitätsüberwachung eines jeden einzelnen Kredits oft nicht – oder nicht in ausreichendem Maße – vorliegen. Veränderungen des Kreditrisikos des einzelnen Vermögenswerts werden häufig erst bei Überfälligkeit einer Zahlung des privaten Kreditnehmers identifiziert. Daher ist die Beurteilung, ob das Kreditrisiko signifikant zugenommen hat, auf Gruppenebene durchzuführen und auch die Verlustvorsorge auf Gruppenebene zu ermitteln. Dabei sind umfassende Kreditrisikoinformationen über die Gruppe der Kleinkredite zu berücksichtigen – d. h. nicht alleine Informationen über die Überfälligkeit, sondern u. a. auch vorausschauende makroökonomische Informationen. In diesem Zusammenhang darf es zu keiner Verschleierung von Informationen durch Gruppierung von Finanzinstrumenten mit unterschiedlichen Kreditrisikomerkmalen kommen. Ist das Unternehmen nicht zur Gruppenbildung in der Lage (**Auffangtatbestand** gem. IFRS 9.B5.5.6), so steht dies einer Laufzeitbemessung nicht im Wege (IFRS 9.B5.5.1, 9.B5.5.1-9.B5.5.6 und 9.B5.5.16).

520 Zu einer beispielhaften Aufzählung von Informationen, welche bei der Beurteilung der Änderung des Kreditrisikos relevant sein können, vgl. IFRS 9.B5.5.17.

Für Zwecke der Beurteilung, ob das Kreditrisiko signifikant gestiegen ist – sowie der Bewertung der erwarteten Kreditverluste[521] – schreibt der Standard **keine verbindliche Methode** vor. Sofern eine Methode allerdings nicht eine explizite Ausfallwahrscheinlichkeit per se als Parameter inkludiert, müssen bestimmte Kriterien erfüllt werden, damit diese angewandt werden darf. Für unterschiedliche Vermögenswerte können unterschiedliche Methoden verwendet werden (IFRS 9.B5.5.12 und 9.IG, Bsp. 8 und 9).

Bei der Beurteilung, ob das Kreditrisiko signifikant gestiegen ist, sind die Merkmale des Finanzinstruments (bzw. der Gruppe von Finanzinstrumenten) sowie die Ausfallstruktur vergleichbarer Finanzinstrumente in der Vergangenheit zu berücksichtigen (IFRS 9.B5.5.13). In manchen Fällen kann für Zwecke dieser Beurteilung auch eine Würdigung der **qualitativen und nicht-statistischen quantitativen Informationen** ausreichen (IFRS 9.B5.5.18).

4.7.5 Finanzielle Vermögenswerte, die bereits bei erstmaliger Erfassung kreditwertgemindert sind

Die bereits beschriebenen Regeln zum Anwendungsbereich der Laufzeitbemessung sowie der 12-Monats-Bemessung gelten nicht für Vermögenswerte, welche bereits bei Ersterfassung kreditwertgemindert sind. Bei diesen Vermögenswerten basiert die Verlustvorsorge **stets** auf einer **Laufzeitbemessung**. Die Veränderung der erwarteten Kreditverluste wird zu jedem Bilanzstichtag in der GuV als Wertminderungsverlust bzw. Wertaufholungsgewinn erfasst. **Wertaufholungsgewinne** sind auch dann zu erfassen, wenn die erwarteten Kreditverluste am Bilanzstichtag niedriger sind als bei Ersterfassung (IFRS 9.5.5.13 f.).

4.7.6 Vereinfachte Vorgehensweise bei bestimmten Vermögenswerten

Ungeachtet der bereits beschriebenen Regeln zum Anwendungsbereich der Laufzeitbemessung sowie der 12-Monats-Bemessung enthält IFRS 9 die folgenden Vereinfachungsregeln (IFRS 9.5.5.15):

- Forderungen aus Lieferungen Leistungen und vertragliche Vermögenswerte aus Geschäften im Anwendungsbereich von IFRS 15:
  - Eine Laufzeitbemessung hat zu erfolgen, sofern **keine signifikante Finanzierungskomponente** gem. IFRS 15 existiert oder wenn das Unternehmen die praktische Erleichterung (IFRS 15.63) für Verträge anwendet, bei denen der Zeitraum zwischen Leistungserbringung und Zahlung erwartungsgemäß max. ein Jahr beträgt.
  - Liegt eine **signifikante Finanzierungskomponente** gem. IFRS 15 vor, so kann die Laufzeitbemessung als Bilanzierungsmethode gewählt werden.
- Im Falle von **Leasingforderungen** aus Geschäften im Anwendungsbereich von **IAS 17** kann die Laufzeitbemessung als Bilanzierungsmethode gewählt werden.

Die soeben genannten Wahlrechte können für die folgenden Kategorien unterschiedlich ausgeübt werden; innerhalb einer Kategorie ist allerdings eine einheitliche **Wahlrechtsausübung** geboten (IFRS 9.5.5.15 f.):

521 Zur Bewertung der erwarteten Kreditverluste vgl. Kapitel 4.7.7.

- Forderungen aus Lieferungen und Leistungen,
- Vertragliche Vermögenswerte,
- Operative Leasingforderungen,
- Finanzierungsleasingforderungen.

4.7.7 Bewertung der bei finanziellen Vermögenswerten erwarteten Kreditverluste

Es hat auf unparteiische Art und Weise und auf Basis einer Bandbreite möglicher Ergebnisse eine **wahrscheinlichkeitsgewichtete** Schätzung der Kreditverluste während der erwarteten Laufzeit des Finanzinstruments zu erfolgen. Bei einem **Kreditverlust** handelt es sich um den **Barwert** der Differenz zwischen den vertraglichen und den erwarteten Geldflüssen. Ein Kreditverlust liegt auch schon dann vor, wenn das Unternehmen davon ausgeht, die volle Zahlung zu erhalten – allerdings **später als vertraglich vereinbart**. In diesem Sinne sind **Szenarien** zu identifizieren, wobei für jedes Szenario dessen Eintrittswahrscheinlichkeit sowie der Betrag und der zeitliche Anfall der Geldflüsse zu schätzen sind. Dabei muss jedoch nicht notwendigerweise jedes mögliche Szenario identifiziert werden. Allerdings sind **zumindest** die Wahrscheinlichkeit des Eintritts eines Kreditverlusts – auch wenn diese nur sehr niedrig ist – und die Wahrscheinlichkeit, dass ein solcher nicht eintritt, zu berücksichtigen. In manchen Fällen werden im Rahmen der praktischen Anwendung auch **vereinfachende Vorgehensweisen** ausreichen (z. B. ein Abstellen auf die durchschnittlichen Kreditverluste einer großen Gruppe von Finanzinstrumenten mit gemeinsamen Risikomerkmalen) (IFRS 9.5.5.17a, 9.5.5.18, 9.Anhang A, 9.B5.5.28 f. und 9.B5.5.41 f.).

Ist ein Vermögenswert, der nicht bereits bei Ersterfassung kreditwertgemindert war, am Bilanzstichtag **kreditwertgemindert**, so ergeben sich die erwarteten Kreditverluste als Differenz zwischen dem Bruttobuchwert und dem Barwert der künftigen Geldflüsse (abgezinst mit dem ursprünglichen Effektivzinssatz (IFRS 9.B5.5.33)).

Im Falle einer **Laufzeitbemessung** der erwarteten Kreditverluste ist das Risiko des Eintritts eines Ausfalls während der erwarteten Laufzeit des Finanzinstruments zu schätzen. Bei **12-Monats-bemessenen** erwarteten Kreditverlusten handelt es sich um einen Teil der laufzeitbemessenen erwarteten Kreditverluste. Sie repräsentieren die Differenzen zwischen den vertraglichen und den erwarteten Geldflüssen während der Laufzeit, die aus einem Ausfall resultieren, welcher innerhalb von 12 Monaten nach dem Bilanzstichtag eintritt (oder innerhalb einer kürzeren Periode, sofern die erwartete Laufzeit des Finanzinstruments weniger als 12 Monate beträgt) – gewichtet mit der Wahrscheinlichkeit des Eintritts des Ausfalls (IFRS 9.B5.5.43 und 9.B5.5.28).

Bei der Bewertung ist grundsätzlich **maximal** auf die **längstmögliche Vertragsdauer** (inkl. Verlängerungsoptionen) abzustellen, während der das Unternehmen Kreditrisiken ausgesetzt ist (IFRS 9.5.5.19 f. und 9.B5.5.38).

Die Bewertung hat dem **Zeitwert des Geldes** Rechnung zu tragen (IFRS 9.5.5.17b). Die Abzinsung der erwarteten Kreditverluste erfolgt auf den Bilanzstichtag und nicht auf einen anderen Tag. Abgezinst wird (IFRS 9.B5.5.44-9.B5.5.46 und 9.Anhang A)

- **grundsätzlich** mit dem ursprünglichen, d. h. dem bei Ersterfassung ermittelten, Effektivzinssatz (bzw. mit einer Annäherung an diesen),

- im Falle einer **variablen Verzinsung** mit dem aktuellen Effektivzinssatz (i. S. von IFRS 9.B5.4.5),
- mit dem ursprünglichen kreditangepassten Effektivzinssatz, sofern der Vermögenswert bereits **bei Ersterfassung kreditwertgemindert** war bzw.
- im Falle von **Leasingforderungen** mit demselben Zinssatz, welcher gem. IAS 17 der Bewertung der Leasingforderung zugrunde gelegt wurde.

Der Bewertung der erwarteten Kreditverluste sind **vernünftige und haltbare Informationen** zugrunde zu legen. Für Zwecke dieses Standards handelt es sich dabei um Informationen (über vergangene Ereignisse, die gegenwärtige Situation und künftige wirtschaftliche Verhältnisse), welche am Bilanzstichtag **ohne unzumutbare Kosten bzw. Anstrengungen erhältlich** sind. Die erwarteten Kreditverluste reflektieren die eigenen Erwartungen des Unternehmens; dennoch sind im Rahmen ihrer Bewertung auch beobachtbare Marktinformationen zu berücksichtigen. Es ist ein regelmäßiger Abgleich der Schätzungen mit den im Endeffekt tatsächlich eingetretenen Kreditverlusten erforderlich (IFRS 9.5.5.17c und 9.B5.5.49-9.B5.5.54).

Bei der Ermittlung der Verlustvorsorge für eine **Leasingforderung** ist eine **Konsistenz** der Geldflüsse, welche der Ermittlung der erwarteten Kreditverluste zugrunde gelegt werden, mit jenen Geldflüssen erforderlich, die bei der Bewertung der Leasingforderung nach IAS 17 verwendet werden (IFRS 9.B5.5.34).

Besondere Bedeutung kommt praktischen **vereinfachenden Vorgehensweisen** bei der Bewertung erwarteter Kreditverluste zu. Deren Zulässigkeit setzt jedenfalls voraus, dass sie sich im Einklang mit den Grundprinzipien der Bewertung erwarteter Kreditverluste (IFRS 9.5.5.17) befinden. Ein Beispiel für eine derartige Vereinfachung ist die Anwendung einer **Vorsorgematrix** im Falle von **Forderungen aus Lieferungen und Leistungen**. Die Schätzung der erwarteten Kreditverluste basiert dabei auf den – erforderlichenfalls angepassten – historischen Daten. Darauf aufbauend können etwa fixe Vorsorgesätze in Abhängigkeit von der Dauer der Überfälligkeit festgelegt werden (z. B. 3 % im Falle einer Überfälligkeit zwischen 31 und 60 Tagen). Es kann auch erforderlich sein, für unterschiedliche Kundengruppen unterschiedliche Vorsorgesätze festzulegen (IFRS 9.B5.5.35).

5. Ausweis in der Ergebnisrechnung

Das vorliegende Kapitel behandelt die Darstellung von Gewinnen und Verlusten bei Anwendung der **allgemeinen Regeln von IFRS 9** – d. h. ohne Berücksichtigung der Auswirkungen der Inanspruchnahme der Regeln zur Sicherungsbilanzierung.[522]

522 Zur Sicherungsbilanzierung vgl. Kapitel 8.

5.1 Allgemeines

Im Falle der Folgebilanzierung finanzieller Vermögenswerte bzw. finanzieller Verbindlichkeiten[523]

- zu **fortgeführten Anschaffungskosten** werden die zu erfassenden Gewinne bzw. Verluste (z. B. Effektivzinsen sowie Gewinne bzw. Verluste aus der Ausbuchung) **stets** in der **GuV** erfasst (IFRS 9.5.7.2).
- zum **Zeitwert** werden die Gewinne bzw. Verluste in der **GuV** erfasst, sofern kein **Ausnahmentatbestand**[524] vorliegt (IFRS 9.5.7.1).

Im Rahmen des Wertminderungsmodells[525] ist die Anpassung der Verlustvorsorge am jeweiligen Bilanzstichtag aufgrund einer **geänderten Einschätzung erwarteter Kreditverluste** stets in der **GuV** als Wertminderungsverlust bzw. Wertaufholungsgewinn zu erfassen (IFRS 9.5.5.8, 9.Anhang A und 9.B5.5.33). In derselben Höhe verändert sich der Buchwert des Vermögenswerts.

Die Erfassung von **Dividenden** in der **GuV** setzt die kumulative Erfüllung der folgenden drei Kriterien voraus (IFRS 9.5.7.1A und 9.Anhang A):

- Das Recht des Unternehmens auf Auszahlung der Dividende ist entstanden.
- Der Zufluss der mit der Dividende verbundenen wirtschaftlichen Vorteile ist wahrscheinlich.
- Die Dividende kann verlässlich bewertet werden.

5.2 Zum Zeitwert über das sonstige Gesamtergebnis bilanzierte Schuldinstrumente

Bei finanziellen Vermögenswerten, welche aufgrund der Kriterien „Geschäftsmodell" und „ausschließlich Zins- und Tilgungszahlungen" zum **Zeitwert über das sonstige Gesamtergebnis** zu bilanzieren sind (IFRS 9.4.1.2A),[526] sind

- **Wertminderungsverluste bzw. Wertaufholungsgewinne** in der GuV zu erfassen,
- was auch für die **Effektivzinsen** gilt,
- während die **restliche Zeitwertänderung** grundsätzlich im sonstigen Gesamtergebnis auszuweisen ist.

Gleichzeitig verändert sich der Buchwert des Vermögenswerts, welcher zu jedem Bilanzstichtag dem Zeitwert entspricht. Die bei dieser Form der Folgebilanzierung in der GuV erfassten Beträge entsprechen jenen Beträgen, welche sich im Falle der Bilanzierung des Vermögenswerts zu fortgeführten Anschaffungskosten in der GuV ergeben hätten (IFRS 9.5.5.2 i.V. mit 9.BC5.119, 9.5.5.8, 9.5.7.1d i.V. mit 9.5.7.10 f., IFRS 9.Anhang A, 9.B5.7.1A sowie 9.IG, Bsp. 13 f.).

Im Falle der **Ausbuchung** des Vermögenswerts werden die bis zum Tag der Ausbuchung kumuliert im sonstigen Gesamtergebnis erfassten Beträge in die GuV umgebucht (Buchung „sonstiges Gesamtergebnis an GuV" bzw. „GuV an sonstiges Gesamtergebnis") (IFRS 9.5.7.10 und 9.B5.7.1A i.V. mit 9.3.2.12 f. und 9.3.2.20).

---

523 Zu den Sonderregeln für Umklassifizierungen vgl. Kapitel 4.6.

524 Vgl. Kapitel 5.2-5.4.

525 Vgl. Kapitel 4.7.

526 Vgl. Kapitel 4.4.1.

Bei derartigen Vermögenswerten handelt es sich für Zwecke der **Währungsumrechnung** um monetäre Posten, weshalb Währungsdifferenzen in Bezug auf die fortgeführten Anschaffungskosten GuV-wirksam erfasst werden (IFRS 9.5.7.10 und 9.B5.7.2A).

5.3 Zum Zeitwert über das sonstige Gesamtergebnis bilanzierte Eigenkapitalinstrumente

Für ein im Anwendungsbereich von IFRS 9 befindliches Eigenkapitalinstrument besteht ein **Wahlrecht** zum Ausweis seiner **Zeitwertänderungen** – inkl. etwaiger Währungsdifferenzen – im **sonstigen Gesamtergebnis** (anstatt in der GuV). Im Falle der Ausübung des Wahlrechts werden u. a. beträchtliche Wertverluste von Eigenkapitalinstrumenten in der Gesamtergebnisrechnung an einer weniger prominenten Stelle präsentiert, als nach dem Vorgängerstandard IAS 39. **Dividenden** werden allerdings dennoch stets in der GuV erfasst, sobald die Voraussetzungen[527] für ihre Erfassung erfüllt sind und sofern sie nicht eindeutig eine Rückerstattung eines Teils der Investitionskosten darstellen.

Voraussetzung für die Wahlrechtsausübung ist, dass das Eigenkapitalinstrument weder die Definition von „Handelsbestand"[528] erfüllt, noch eine bedingte Gegenleistung darstellt, die vom Erwerber im Rahmen eines IFRS 3 unterliegenden Unternehmenszusammenschlusses angesetzt wird. Das Wahlrecht kann **nur beim erstmaligen Ansatz** und **unwiderruflich** ausgeübt werden. Es ist allerdings ***keine* einheitliche Ausübung** für die einzelnen Eigenkapitalinstrumente des Unternehmens erforderlich (IFRS 9.4.1.4, 9.5.7.1b, 9.5.7.1A, 9.5.7.5 f., 9.B5.7.1 und 9.B5.7.3).

Beträge, welche in diesem Sinne im **sonstigen Gesamtergebnis** erfasst wurden, dürfen i. d. F. **nicht in die GuV umgebucht werden** – auch nicht im Zeitpunkt der Ausbuchung des Instruments. Allerdings ist es zulässig, den kumulierten, im sonstigen Gesamtergebnis erfassten Betrag (Rücklage) – ohne Berührung der Ergebnisrechnung – innerhalb des Eigenkapitals umzugliedern (IFRS 9.B5.7.1), z. B. in die einbehaltenen Gewinne.

5.4 Verbindlichkeiten, für die die Zeitwertoption ausgeübt wurde

Spezielle Ausweisvorschriften gelten, wenn für eine finanzielle Verbindlichkeit die in Kapitel 4.5 beschriebene Form der **Zeitwertoption** ausgeübt wurde (IFRS 9.5.7.1c, 9.5.7.7 f. und 9.B5.7.5-9.B5.7.20):[529]

- Die aus der **Änderung des Kreditrisikos der Schuld** resultierende Zeitwertänderung ist im **sonstigen Gesamtergebnis** zu erfassen. In vielen Fällen ist es ausreichend, diesen Betrag näherungsweise vereinfacht zu ermitteln (IFRS 9.BC5.58 und 9.BC5.62) und zwar als Differenz zwischen (IFRS 9.B5.7.18)
  - dem beizulegenden Zeitwert der Schuld am Ende der Periode und

527 Vgl. Kapitel 5.1.

528 Vgl. Kapitel 4.1.

529 Zu einer Ausnahme für Finanzgarantien und Kreditzusagen vgl. IFRS 9.5.7.9; zum Ganzen vgl. *Christian*, PiR 1/2011, S. 8 ff. Letztgenannter Artikel basiert zwar auf IFRS 9 (2010), ist aber hinsichtlich der Berücksichtigung des Kreditrisikos i. Z. mit der Zeitwertoption nach wie vor zu empfehlen, da die Ausführungen im Standard sowie das Beispiel in der IG inhaltlich unverändert – und im Übrigen fast wortgleich – in IFRS 9 (2014) übernommen wurden.

  - einem Barwert, ermittelt auf Basis der vertraglichen Geldflüsse und eines Abzinsungssatzes, der einerseits aus dem beobachtbaren Referenzzinssatz am Periodenende und andererseits aus der Kreditmarge zu Periodenbeginn besteht.

- Lediglich die **restlichen Zeitwertänderungen** werden in der **GuV** erfasst.
- Entsteht durch diese Vorgehensweise jedoch in der GuV eine **Inkonsistenz** oder wird eine solche vergrößert,[530] so sind **alle Zeitwertänderungen** der Verbindlichkeit (inkl. der kreditrisikobedingten) **GuV**-wirksam zu erfassen.

Die auf diese Weise im sonstigen Gesamtergebnis erfassten Beträge dürfen i. d. F. **nicht in die GuV umgebucht** werden. Allerdings ist eine Umbuchung des kumulierten sonstigen Gesamtergebnisses innerhalb des Eigenkapitals zulässig (IFRS 9.B5.7.9), z. B. in die einbehaltenen Gewinne.

6. Hybride Verträge

6.1 Einleitung

IFRS 9 enthält Sonderregeln für die Bilanzierung hybrider Verträge, welche eine nicht-derivative Basis sowie **mindestens ein eingebettetes Derivat** enthalten. Die Auswirkung eines eingebetteten Derivats besteht darin, dass ein Teil der Geldflüsse des gesamten Instruments ähnlich schwankt wie ein frei stehendes Derivat (IFRS 9.4.3.1). Ein einfaches Beispiel für einen hybriden Vertrag ist eine **Wandelanleihe**. Diese besteht zunächst aus einer **Anleihe (Basis)**, welche ohne Ausübung des Wandlungsrechts bei Fälligkeit zum Nominale getilgt wird. Übt der Inhaber hingegen während der Wandlungsfrist sein **Wandlungsrecht (eingebettetes Derivat)** aus, so erfolgt keine Tilgung; der Inhaber erhält stattdessen Aktien des Schuldners.

Kein eingebettetes, sondern ein **frei stehendes Derivat**, welches als solches ohnehin separat zu bilanzieren ist, liegt hingegen vor, wenn ein Derivat zwar mit einem anderen Finanzinstrument verbunden ist, jedoch vertraglich separat übertragbar ist oder eine andere Gegenpartei aufweist (IFRS 9.4.3.1). Ein Beispiel für separate Übertragbarkeit ist das mit einer Optionsanleihe verbundene Recht, Anteile gegen Geld – und nicht wie bei einer Wandelanleihe durch Aufgabe der Anleihe – zu erwerben.

Beinhaltet ein nicht-derivatives Finanzinstrument **sowohl eine Fremdkapital- als auch eine Eigenkapitalkomponente**, wie dies etwa bei einer Wandelanleihe aus der Perspektive des Emittenten der Fall ist, so erfolgt im Abschluss des **Emittenten** eine **Separierung** dieser Komponenten nach den Regeln von **IAS 32** (IAS 32.28-32.32 und IFRS 9.2.1d).[531] Allerdings klassifiziert der **Inhaber** solcher Verträge diese grundsätzlich nach IFRS 9.

530 Zu den speziellen Regeln des Standards, ob in derartigen Fällen eine Inkonsistenz entsteht oder vergrößert wird, vgl. *Christian*, PiR 1/2011, S. 9.

531 Vgl. Abschnitt IAS 32, Kapitel 3.

6.2 Hybride Verträge mit finanziellen Vermögenswerten als Basis

Beinhaltet ein hybrider Vertrag eine **Basis**, welche einen **Vermögenswert im Anwendungsbereich von IFRS 9** darstellt, so ist der hybride Vertrag in seiner **Gesamtheit** nach den **allgemeinen Vorschriften** von IFRS 9 für Zwecke der Folgebilanzierung zu **klassifizieren** (IFRS 9.4.3.2 i.V. mit IFRS 9.4.1.1-9.4.1.5). Dies zieht etwa bei Wandelanleihen eine Bewertung zum beizulegenden Zeitwert über die GuV nach sich.

6.3 Andere hybride Verträge

Ein hybrider Vertrag kann eine Basis enthalten, welche keinen Vermögenswert im Anwendungsbereich von IFRS 9 darstellt. In solch einem Fall ist das **eingebettete Derivat von der Basis zu trennen** – und als Derivat nach IFRS 9 zu bilanzieren – sofern die folgenden Kriterien kumulativ erfüllt werden (IFRS 9.4.3.3):

- Das hybride Instrument wird **nicht zum beizulegenden Zeitwert über die GuV** bilanziert.
- Es besteht **keine enge Verbindung** zwischen den wirtschaftlichen Merkmalen und Risiken des eingebetteten Derivats und jenen der Basis.
- Ein eigenständiges Instrument mit denselben Konditionen wie das eingebettete Derivat würde die **Definition eines Derivats** erfüllen.

Die Beurteilung, ob ein eingebettetes Derivat trennungspflichtig ist, erfolgt zu jenem Zeitpunkt, zu dem das Unternehmen Vertragspartei wird. Eine **spätere Neubeurteilung** ist verboten, es sei denn, es erfolgt eine Vertragsänderung, welche die Geldflüsse signifikant verändert. In letzterem Fall ist eine Neubeurteilung erforderlich (IFRS 9.B4.3.11 f.).

Ist ein eingebettetes Derivat **getrennt zu bilanzieren** (IFRS 9.4.3.4 und 9.B4.3.1),

- so wird die **Basis** gem. der maßgeblichen Standards bilanziert,
- während das **eingebettete Derivat** bei der Erstbewertung zum beizulegenden Zeitwert und i. d. F. zum beizulegenden Zeitwert über die GuV bilanziert wird.

Ist das Unternehmen nicht dazu in der Lage, den beizulegenden Zeitwert eines trennungspflichtigen eingebetteten Derivats auf der Grundlage seiner Konditionen verlässlich zu ermitteln, so wird dieser als Differenz zwischen dem beizulegenden Zeitwert des hybriden Vertrags und dem beizulegenden Zeitwert der Basis berechnet. Ist das Unternehmen (entweder bei der Anschaffung oder an einem nachfolgenden Bilanzstichtag) auch dazu nicht in der Lage, so ist der gesamte hybride Vertrag zum beizulegenden Zeitwert über die GuV zu bilanzieren (IFRS 9.4.3.6 f.).

In bestimmten Fällen ist es auch zulässig, einen Vertrag, welcher **mindestens ein eingebettetes Derivat** enthält – und die Basis *keinen* in den Anwendungsbereich von IFRS 9 fallenden Vermögenswert darstellt – zur Gänze zum beizulegenden Zeitwert über die GuV zu bilanzieren (IFRS 9.4.3.5 und 9.B4.3.9 f.).[532] Wird diese Form der **Zeitwertoption** in Anspruch genommen, so ist eine getrennte Bilanzierung des eingebetteten Derivats weder notwendig, noch zulässig (IFRS 9.4.3.3c).

532 Vgl. bereits Kapitel 4.5.

7. Ausbuchung finanzieller Vermögenswerte

Zur Frage, wann und auf welche Weise ein finanzieller Vermögenswert aus der Bilanz zu entfernen ist (Ausbuchung) (IFRS 9.Anhang A) enthält IFRS 9 umfangreiche Regelungen, welche vom Vorgängerstandard IAS 39 unverändert übernommen wurden (IFRS 9.IN11 und 9.BC3.31). Abgesehen von Erledigungsfällen (Ausbuchung wegen Verjährung, Tilgung etc.) und von Konsolidierungsvorschriften gilt folgendes Prüfschema (IFRS 9.B3.2.1):

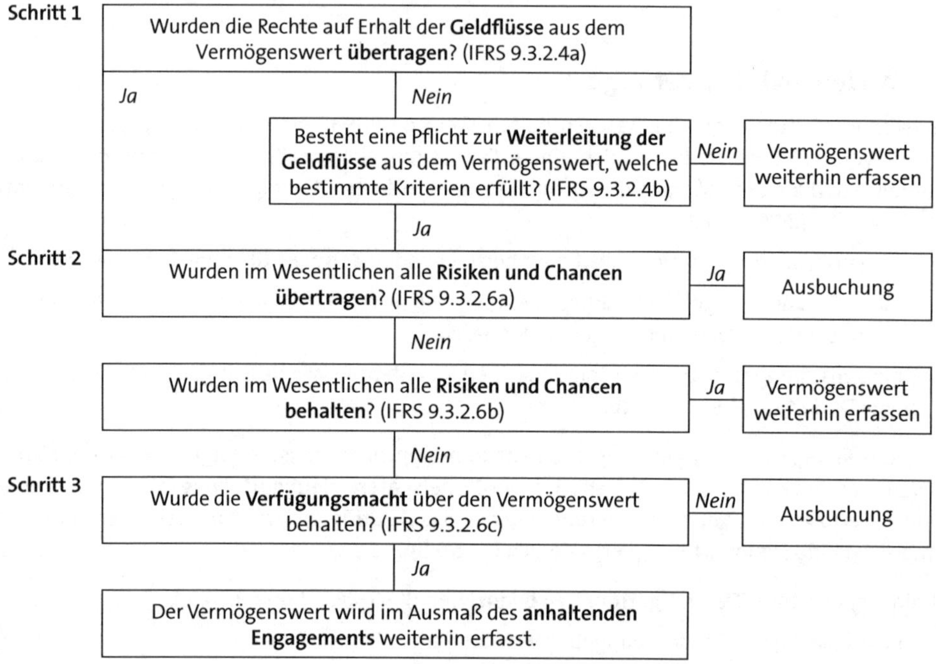

ad Schritt 1)

Zunächst ist zu untersuchen, **ob der Vermögenswert übertragen** wurde. Dies ist der Fall, wenn eine der folgenden beiden Situationen vorliegt:

(a) Die **Rechte auf die Geldflüsse wurden übertragen** (IFRS 9.3.2.4a), also etwa eine Forderung rechtswirksam abgetreten.

(b) Das Unternehmen hat die Rechte auf Erhalt der Geldflüsse aus dem Vermögenswert behalten, ist allerdings eine Pflicht eingegangen, die **Geldflüsse** an einen oder mehrere Empfänger **weiterzuleiten**, und zwar in einer Vereinbarung, die bestimmte Kriterien (IFRS 9.3.2.5) erfüllt (IFRS 9.3.2.4b).

ad Schritt 2)

Liegt eine Übertragung vor, ist zu untersuchen, ob das Unternehmen im Wesentlichen alle mit dem Eigentum des finanziellen Vermögenswerts verbundenen Risiken und Chancen übertragen oder behalten hat. Das relevante Risiko ist im Falle von Forderungen das Ausfallrisiko, im Falle von Wertpapieren das Kursschwankungsrisiko.[533] Dabei sind drei Fälle denkbar:

- Es wurden **im Wesentlichen alle Risiken und Chancen übertragen** (IFRS 9.3.2.6a). In diesem Fall ist der Vermögenswert auszubuchen. Zusätzlich sind jegliche im Rahmen der Übertragung entstandenen bzw. behaltenen Rechte und Pflichten als Vermögenswerte bzw. Schulden anzusetzen.
- Es wurden **im Wesentlichen alle Risiken und Chancen behalten** (IFRS 9.3.2.6b). In diesem Fall ist der Vermögenswert weiterhin zu erfassen. Hat das Unternehmen z. B. eine Forderung verkauft und dafür bereits das Entgelt erhalten, so wird die Forderung weiter in der Bilanz ausgewiesen und das erhaltene Entgelt mit der Buchung „Geld an Finanzielle Verbindlichkeit" erfasst (IFRS 9.3.2.15).
- Es wurden **im Wesentlichen alle Risiken und Chancen weder übertragen noch behalten** (IFRS 9.3.2.6c). In diesem Fall geht es weiter mit Schritt 3.

ad Schritt 3)

Gelangt man zu Schritt 3, so ist zu untersuchen, ob die **Verfügungsmacht** (IFRS 9.3.2.9 und 9.B3.2.7-9.B3.2.9) über den Vermögenswert behalten wurde. Bei dieser Frage geht es um die **faktische Möglichkeit des Käufers eines Vermögenswerts, diesen weiterzuverkaufen**. Ist diese gegeben, so hat das Unternehmen die Verfügungsmacht verloren.

- Wurde die **Verfügungsmacht nicht behalten**, d. h. diese wurde aufgegeben, so ist der Vermögenswert auszubuchen. Zusätzlich sind jegliche im Rahmen der Übertragung entstandenen bzw. behaltenen Rechte und Pflichten als Vermögenswerte bzw. Schulden anzusetzen (IFRS 9.3.2.6(c)(i)).
- Wurde die **Verfügungsmacht behalten**, so wird der Vermögenswert im Ausmaß des anhaltenden Engagements weiterhin erfasst (IFRS 9.3.2.6(c)(ii) und 9.3.2.16-9.3.2.21).

Für die Berechnung des **Ausbuchungsgewinns bzw. -verlustes** eines **finanziellen Vermögenswerts** ist der **Buchwert am Tag der Ausbuchung** maßgeblich (IFRS 9.3.2.12 f. und 9.3.2.20).

8. Sicherungsbilanzierung

8.1 Einleitung

Die Anwendung der in den vorangegangenen Kapiteln beschriebenen Regeln von IFRS 9 kann zu einer Art der Darstellung von **Sicherungsbeziehungen** im Jahresabschluss führen, welche nicht im Einklang mit der wirtschaftlichen Realität steht (**Inkonsistenz**). Die Ursache dafür besteht darin, dass die beiden Seiten einer Sicherungsbeziehung – d. h. das abgesicherte Grundgeschäft einerseits sowie das dazugehörige Sicherungsgeschäft andererseits – nicht immer auf dieselbe Art und Weise bilanziert werden. Dies ist bspw. dann der Fall, wenn ein geplantes, aber noch nicht vertraglich fixiertes Grundgeschäft, mit einem Devisentermingeschäft gegen das Währungsrisiko abgesichert wird. Während das Derivat zum beizulegenden Zeitwert über die GuV bilanziert wird, kann das erwartete Grundgeschäft mangels Vertrag noch gar nicht bilanziert

533 Vgl. *Lüdenbach/Hoffmann/Freiberg*, IFRS-Kommentar, 12. Aufl., § 28 Tz. 67.

werden. Der in der Realität vorhandene Risikoausgleich wird daher im konkreten Fall im Jahresabschluss nicht abgebildet. Das Resultat der Anwendung der allgemeinen Regeln von IFRS 9 wäre eine **irreführende Darstellung** vieler Sicherungsbeziehungen. Im Abschluss würde es zu einer Darstellung von Risikopositionen kommen, welche in der Realität gar nicht existieren.

IFRS 9 sieht zwei Möglichkeiten zur Vermeidung des soeben beschriebenen – den Jahresabschlussadressaten wohl kaum zumutbaren – Resultats vor:

- In manchen Fällen ist es möglich, die Inkonsistenz durch Ausübung der **Zeitwertoption**[534] zu beseitigen bzw. signifikant abzuschwächen.
- Darüber hinaus enthält der Standard umfangreiche, aber nützliche Regeln, die das Ziel verfolgen, den Jahresabschluss im Falle von Sicherungsbeziehungen realitätsgetreu und sachgerecht darzustellen. Dabei handelt es sich um die Vorschriften zur sog. **Sicherungsbilanzierung** (*hedge accounting*), welche bei Erfüllung bestimmter Voraussetzungen **wahlweise** (IFRS 9.6.1.2 und 9.6.5.1) angewandt werden können. Das Ziel der folgenden Ausführungen besteht darin, einen Überblick über die Grundzüge dieses sehr weitläufigen Themengebiets zu vermitteln.

8.2 Sicherungsinstrumente

Als separate Sicherungsinstrumente können zunächst zum beizulegenden Zeitwert über die GuV bilanzierte **Derivate** designiert werden. Davon ausgenommen sind (IFRS 9.6.2.1, 9.B6.2.1 und 9.B6.2.4)

- **geschriebene Optionen**, die keinen Ausgleich zu gekauften Optionen – inkl. solcher, die in anderen Finanzinstrumenten eingebettet sind – darstellen sowie
- **eingebettete, aber nicht separat bilanzierte Derivate**.

Zum Zeitwert über die GuV bilanzierte **nicht-derivative Finanzinstrumente** können ebenfalls als Sicherungsinstrumente designiert werden. Dies gilt jedoch nicht für finanzielle Verbindlichkeiten, für die die Zeitwertoption ausgeübt wurde, und deren kreditrisikobedingte Zeitwertänderungen im sonstigen Gesamtergebnis erfasst werden (IFRS 9.6.2.2).[535]

Im Falle der Absicherung gegen das **Währungsrisiko** kann die Fremdwährungskomponente eines nicht-derivativen Finanzinstruments als Sicherungsinstrument designiert werden, sofern es sich nicht um ein Eigenkapitalinstrument handelt, für das die Option zum Ausweis seiner Zeitwertänderungen im sonstigen Gesamtergebnis ausgeübt wurde (IFRS 9.6.2.2 und 9.B6.2.5).[536]

Im **Konzernabschluss** muss es sich bei den Sicherungsinstrumenten um Verträge handeln, welche mit einer – aus der Sicht des berichtenden Konzerns – **externen Partei** abgeschlossen wurden (IFRS 9.6.2.3). Schließlich werden konzerninterne Geschäfte im Rahmen der Konsolidierung[537] eliminiert.

534 Vgl. Kapitel 4.4.1, 4.5 und 5.4.
535 Vgl. Kapitel 5.4.
536 Vgl. Kapitel 5.3.
537 Zur Konsolidierung vgl. Abschnitt IFRS 10, Kapitel 3 sowie Abschnitt IFRS 3, Kapitel 3.8.

Ein geeignetes Instrument ist **in seiner Gesamtheit** als Sicherungsinstrument zu designieren. Zu diesem Grundsatz existieren allerdings auch Ausnahmetatbestände. So ist es u. a. zulässig (IFRS 9.6.2.4),

- lediglich den **inneren Wert einer Option** – nicht aber ihren Zeitwert (*time value*) – zu designieren,
- nur die **Kassakomponente** – und nicht die Terminkomponente – eines **Forwards** zu designieren,
- den **Fremdwährungsbasisaufschlag** eines Finanzinstruments von der Designation auszuschließen,
- einen **Prozentsatz des gesamten Nominalwerts** des Instruments zu designieren, wobei allerdings keine anteilige Designation für Teile der Laufzeit zulässig ist.

Unter bestimmten Voraussetzungen ist es auch zulässig, mehrere Instrumente zu einem Sicherungsinstrument **zusammenzufassen** (IFRS 9.6.2.5 f.). Ein einziges Instrument kann auch als Sicherungsinstrument für **mehrere Risikoarten** designiert werden, wobei sich die Grundgeschäfte in verschiedenen Sicherungsbeziehungen befinden können (IFRS 9.B6.2.6).

8.3 Grundgeschäfte

Bei einem Grundgeschäft kann es sich – unter der Voraussetzung der verlässlichen Bewertbarkeit – um Folgendes handeln (IFRS 9.6.3.1-9.6.3.3 und 9.Anhang A):

- Einen in der Bilanz erfassten **Vermögenswert**.
- Eine in der Bilanz erfasste **Verbindlichkeit**.
- Eine in der Bilanz nicht erfasste **feste Verpflichtung**. Dabei handelt es sich um eine bindende Vereinbarung, über den Austausch einer bestimmten Menge an Ressourcen, zu einem festgelegten Preis und an (einem) bestimmten zukünftigen Zeitpunkt(en).
- Ein **erwartetes Geschäft** – d. h. ein noch nicht verbindliches, aber antizipiertes künftiges Geschäft – welches hoch wahrscheinlich ist.
- Eine **Nettoinvestition in einen ausländischen Geschäftsbetrieb**.

Auch eine **(Teil-)Gruppe** dieser Elemente kann bei Erfüllung weiterer Voraussetzungen als Grundgeschäft designiert werden (IFRS 9.6.3.1). Darüber hinaus ist es grundsätzlich möglich, ein **Derivat gemeinsam mit einer geeigneten Risikoposition** als Grundgeschäft zu designieren (IFRS 9.6.3.4 und 9.B6.3.3 f.).

Im **Konzernabschluss** können nur Vermögenswerte, Verbindlichkeiten, feste Verpflichtungen und erwartete Geschäfte, welche mit einer – aus der Sicht des berichtenden Konzerns – **externen Partei** abgeschlossen wurden, als Grundgeschäfte designiert werden. Von diesem Erfordernis sind Sonderfälle ausgenommen, bei denen es – teilweise oder vollständig – zu keiner Eliminierung im Rahmen der Konsolidierung[538] kommt (IFRS 9.6.3.5 f. und 9.B6.3.5 f.).

Von zentraler Bedeutung für die praktische Anwendung ist die Möglichkeit, auch die folgenden **Komponenten** (bzw. Kombinationen ebendieser) der eingangs angeführten Elemente (z. B. einer

538 Zur Konsolidierung vgl. Abschnitt IFRS 10, Kapitel 3 sowie Abschnitt IFRS 3, Kapitel 3.8.

festen Verpflichtung) als Grundgeschäfte zu designieren (IFRS 9.6.3.1, 9.6.3.7 und 9.B6.3.7-9.B6.3.25):

- Änderungen der Geldflüsse bzw. des beizulegenden Zeitwerts eines Elements, welche auf ein spezifisches Risiko (bzw. auf spezifische Risiken) zurückzuführen sind (**Risikokomponenten**). Vorausgesetzt sind die separate Identifizierbarkeit sowie die verlässliche Bewertbarkeit im Rahmen der jeweiligen Marktstruktur. Risikokomponenten können auch einseitige Risiken (z. B. Effekte aus dem Überschreiten eines bestimmten Preises) darstellen.
- Ein **ausgewählter vertraglicher Geldfluss** bzw. **mehrere** davon.
- **Komponenten eines Nominalbetrags**, d. h. ein bestimmter Teil des Betrags eines Elements.

8.4 Kriterien für die Anwendung der Sicherungsbilanzierung

Die Anwendung der Regeln zur Sicherungsbilanzierung setzt die kumulative Erfüllung der folgenden Kriterien voraus (IFRS 9.6.4.1, 9.6.5.1 und 9.B6.4.1-9.B6.4.19):

- Die Sicherungsbeziehung besteht **lediglich aus geeigneten Grund- und Sicherungsgeschäften**.
- Zu Beginn der Sicherungsbeziehung erfolgt eine **formelle Designation und Dokumentation** der Sicherungsbeziehung sowie u. a. des Ziels bzw. der Strategie des Risikomanagements des Unternehmens hinsichtlich der Durchführung der Absicherung.
- Die Sicherungsbeziehung erfüllt alle der folgenden Anforderungen an die **Effektivität**:
  - Zwischen dem Grund- und dem Sicherungsgeschäft besteht eine **wirtschaftliche Beziehung**.
  - Die aus dieser wirtschaftlichen Beziehung resultierenden Wertänderungen werden ***nicht* durch die Auswirkungen des Kreditrisikos dominiert**.
  - Schließlich kommt es auch auf den **Sicherungsfaktor** der Sicherungsbeziehung an. Bei diesem handelt es sich um das Verhältnis zwischen der Menge des Sicherungsinstruments und jener des Grundgeschäfts im Sinne ihrer relativen Gewichtung (IFRS 9.Anhang A). Der Sicherungsfaktor muss derselbe sein wie jener, der aus der Menge des Grundgeschäfts resultiert, die das Unternehmen tatsächlich absichert und der Menge des Sicherungsgeschäfts, die das Unternehmen tatsächlich zur Absicherung der erwähnten Menge des Grundgeschäfts verwendet. Die Designation darf jedoch nicht ein Ungleichgewicht zwischen den Gewichtungen des Grund- und des Sicherungsgeschäfts widerspiegeln, welches (erfasste oder nicht erfasste) Ineffektivität erzeugen würde, die zu einer nicht dem Zweck der Sicherungsbilanzierung entsprechenden Abbildung im Jahresabschluss führen könnte.

8.5 Arten von Sicherungsbeziehungen

8.5.1 Zeitwertsicherungen

Bei einer Zeitwertsicherung (*fair value hedge*) handelt es sich um eine Absicherung gegen **Änderungen des beizulegenden Zeitwerts**, welche auf ein bestimmtes Risiko zurückzuführen sind und die GuV beeinflussen könnten. Die Risikoposition resultiert dabei aus (IFRS 9.6.5.2a)

- einem aktivierten Vermögenswert, einer passivierten Verbindlichkeit bzw. einer Komponente eines dieser **Bilanzposten** oder
- einer in der Bilanz nicht erfassten **festen Verpflichtung** bzw. einer Komponente davon.

Sonderregeln bestehen für abgesicherte **Eigenkapitalinstrumente**, für die das Wahlrecht zum Ausweis ihrer Zeitwertänderungen im **sonstigen Gesamtergebnis**[539] in Anspruch genommen wurde (IFRS 9.6.5.3):

- Die Risikoposition muss eine solche sein, welche das sonstige Gesamtergebnis beeinflussen könnte.
- Die erfasste Ineffektivität wird im sonstigen Gesamtergebnis ausgewiesen.

Ein **Wahlrecht** existiert für die Absicherung gegen das **Währungsrisiko einer festen Verpflichtung**: Eine solche kann entweder als Zeitwertsicherung oder als Geldflusssicherung bilanziert werden (IFRS 9.6.5.4).

8.5.2 Geldflusssicherungen

Bei einer Geldflusssicherung (*cash flow hedge*) handelt es sich um eine Absicherung gegen **Schwankungen der Geldflüsse**, welche auf ein bestimmtes Risiko zurückzuführen sind und die GuV beeinflussen könnten. Die Risikoposition resultiert dabei aus (IFRS 9.6.5.2b)

- einem aktivierten Vermögenswert, einer passivierten Verbindlichkeit, bzw. einer Komponente eines dieser **Bilanzposten** (z. B. künftige Zinszahlungen einer variabel verzinsten Verbindlichkeit) oder
- einem hochwahrscheinlichen **erwarteten Geschäft**.

Wie vorhin erwähnt, kann eine Absicherung gegen das **Währungsrisiko einer festen Verpflichtung wahlweise** entweder als Zeitwertsicherung oder als Geldflusssicherung dargestellt werden (IFRS 9.6.5.4).

8.6 Bilanzierung designierter Sicherungsbeziehungen

8.6.1 Zeitwertsicherungen

Bei einer Zeitwertsicherung ist der Gewinn bzw. Verlust aus dem **Sicherungsinstrument** in der **GuV** zu erfassen. Dient das Sicherungsinstrument allerdings der Absicherung eines **Eigenkapitalinstruments**, für das das Wahlrecht zum Ausweis seiner Zeitwertänderungen im sonstigen Gesamtergebnis ausgeübt wurde,[540] so sind die Gewinne bzw. Verluste aus dem Sicherungsinstrument im sonstigen Gesamtergebnis auszuweisen (IFRS 9.6.5.8a).

Beim **Grundgeschäft** erfolgt erforderlichenfalls eine **Buchwertanpassung** in Höhe seines Sicherungsgewinns bzw. -verlusts. Diese Gewinne bzw. Verluste sind in der **GuV** zu erfassen. Handelt es sich beim Grundgeschäft (IFRS 9.6.5.8b)

539 Vgl. Kapitel 5.3.
540 Vgl. Kapitel 5.3.

- um ein **Schuldinstrument** (oder einen Teil davon), das zum Zeitwert über das sonstige Gesamtergebnis bilanziert wird,[541] so wird der Sicherungsgewinn bzw. -verlust aus dem Grundgeschäft in der GuV erfasst.
- um ein **Eigenkapitalinstrument**, für das das Wahlrecht zum Ausweis seiner Zeitwertänderungen im sonstigen Gesamtergebnis ausgeübt wurde,[542] so bleiben diese Beträge im sonstigen Gesamtergebnis.
- um eine **feste Verpflichtung** (bzw. einen Teil davon), so werden ihre ab dem Zeitpunkt der Designation erfolgten kumulierten Zeitwertänderungen als **Vermögenswert bzw. Verbindlichkeit** angesetzt. Die Gegenbuchungen erfolgen in der **GuV**. Bei **Erfüllung** der festen Verpflichtung wird ihr Buchwert in den schlussendlich aus der Erfüllung resultierenden Vermögenswert (bzw. in die aus der Erfüllung resultierende Schuld) umgebucht (IFRS 9.6.5.9).

In gewissen Fällen können auch **Amortisationen** erforderlich sein (IFRS 9.6.5.10).

8.6.2 Geldflusssicherungen

Das Ziel einer Geldflusssicherung besteht darin, die Gewinne bzw. Verluste eines Sicherungsinstruments **zeitlich** in Perioden **zu verschieben**, in denen die abgesicherten, künftigen Geldflüsse GuV-wirksam werden (IFRS 9.B6.5.2). Aus diesem Grunde werden die Ergebnisse aus dem Sicherungsinstrument **zunächst im sonstigen Gesamtergebnis** erfasst.

Eine Geldflusssicherung ist wie folgt zu bilanzieren:

- Die **Sicherungsrücklage** wird an den **kleineren** der folgenden beiden absoluten Beträge angepasst (IFRS 9.6.5.11a):
  - Kumulierter Gewinn bzw. Verlust aus dem Sicherungsinstrument seit Beginn der Sicherungsbeziehung,
  - kumulierte Änderung des beizulegenden Zeitwerts des Grundgeschäfts seit Beginn der Sicherungsbeziehung. Dabei handelt es sich um den Barwert der kumulierten Änderung der abgesicherten, künftigen Geldflüsse.
- Jener Teil des Gewinns bzw. Verlusts aus dem Sicherungsinstrument, bei dem es sich um eine **effektive Absicherung** handelt, ist im **sonstigen Gesamtergebnis** zu erfassen (IFRS 9.6.5.11b).
- **Ineffektivitäten** sind in der **GuV** zu erfassen (IFRS 9.6.5.11c).

Die Behandlung der in der **Sicherungsrücklage** angesammelten Beträge hängt vom konkreten Einzelfall ab (IFRS 9.6.5.11d):

- Die erste Möglichkeit besteht darin, dass ein abgesichertes, erwartetes Geschäft i. d. F. zum **Ansatz eines nicht-finanziellen Bilanzpostens** führt, *oder* darin, dass ein abgesichertes, erwartetes Geschäft über einen nicht-finanziellen Vermögenswert bzw. eine nicht-finanziellen Verbindlichkeit zu einer **festen Verpflichtung** wird, für die die **Zeitwertsicherung** angewandt

541 Vgl. Kapitel 4.4.1 und 5.2.
542 Vgl. Kapitel 5.3.

wird. In diesem Fall wird die Sicherungsrücklage – ohne die Ergebnisrechnung zu berühren – gegen den erstmals erfassten Buchwert des Vermögenswerts bzw. der Verbindlichkeit umgebucht.

- Bei **anderen als den eben genannten** Geldflusssicherungen sind die in der Sicherungsrücklage angesammelten Beträge in die GuV umzubuchen (Buchung „Sonstiges Gesamtergebnis an GuV" bzw. „GuV an Sonstiges Gesamtergebnis"). Die Umbuchungen erfolgen in denselben Perioden, in denen die abgesicherten, künftigen Geldflüsse GuV-wirksam werden – z. B. in jenen Perioden, in denen Zinserträge bzw. -aufwendungen erfasst werden oder wenn ein erwarteter Verkauf stattfindet.
- Repräsentiert dieser Betrag allerdings einen **Verlust** und erwartet das Unternehmen, dass der gesamte Verlust oder ein Teil davon in einer oder mehreren künftigen Perioden **nicht wieder eingebracht werden wird**, so ist der entsprechende Betrag sofort in die GuV umzubuchen (Buchung „Sonstiges Gesamtergebnis an GuV" bzw. „GuV an Sonstiges Gesamtergebnis").

8.7 Rebalancierung

Wenn eine Sicherungsbeziehung nicht mehr die Effektivitätsanforderung hinsichtlich des Sicherungsfaktors erfüllt, das Ziel des Risikomanagements für diese Sicherungsbeziehung sich allerdings nicht ändert, so ist der **Sicherungsfaktor anzupassen**, sodass die Anforderung wieder erfüllt wird. Dieser Vorgang wird als **Rebalancierung** bezeichnet (IFRS 9.6.5.5).

8.8 Beendigung der Sicherungsbilanzierung

Die Sicherungsbilanzierung ist nur dann **prospektiv zu beenden**, wenn die Sicherungsbeziehung (oder ein Teil davon) nicht mehr die Anwendungskriterien (IFRS 9.6.4.1)[543] erfüllt – und zwar nach einer ggf. erforderlichen Rebalancierung. Darunter fallen auch der Ablauf, der Verkauf, die Ausübung oder die Auflösung des Sicherungsinstruments. Wird ein Sicherungsinstrument **durch ein anderes ersetzt**, so führt dies nicht zur Beendigung der Sicherungsbeziehung, sofern dies Teil des dokumentierten Ziel des Risikomanagements des Unternehmens ist – und mit diesem im Einklang steht. Wenn **nur ein Teil** der Sicherungsbeziehung zu beenden ist, so wird die Sicherungsbilanzierung für den anderen Teil fortgeführt (IFRS 9.6.5.6). Der Standard enthält auch spezielle Regeln für die **Bilanzierung** bei Beendigung einer Sicherungsbeziehung (IFRS 9.6.5.7, 9.6.5.10 und 9.6.5.12).

9. Aufgaben mit Lösungen

Verweise auf andere Abschnitte

Hinsichtlich einer **Differenz zwischen dem Transaktionspreis und dem beizulegenden Zeitwert bei der erstmaligen Erfassung** eines finanziellen Vermögenswerts wird auf den Abschnitt zu IAS 37 (Aufgabe 5) verwiesen. Zur Bilanzierung von Eigenkapital- und Schuldinstrumenten zum

543 Vgl. Kapitel 8.4.

Zeitwert über das sonstige Gesamtergebnis (inkl. der Darstellung in der **Gesamtergebnisrechnung** sowie im **Eigenkapitalspiegel**) vgl. Abschnitt IAS 1 (Aufgabe 6 und 7). Zu **latenten Steuern** bei einem zum Zeitwert über das sonstige Gesamtergebnis bilanzierten Eigenkapitalinstrument vgl. Abschnitt IAS 12 (Aufgabe 5). **Weitere Beispiele** zu Finanzinstrumenten befinden sich auch in den Abschnitten zu **IFRS 7** und **IAS 32**.

AUFGABE 1

Klassifizierung finanzieller Vermögenswerte – Geschäftsmodellkriterium

(a) Die A-AG hält finanzielle Vermögenswerte zur Realisierung der vertraglichen Geldflüsse. Der Finanzierungbedarf der A-AG ist prognostizierbar und die Fälligkeit ihrer finanziellen Vermögenswerte ist auf den geschätzten Finanzierungsbedarf der A-AG abgestimmt. Die A-AG steuert das Kreditrisiko mit dem Ziel, Kreditverluste zu minimieren. In der Vergangenheit haben **Verkäufe** i. d. R. dann stattgefunden, wenn das Kreditrisiko der finanziellen Vermögenswerte derart gestiegen ist, dass diese nicht mehr die in der dokumentierten Investitionspolitik der A-AG enthaltenen Anforderungen erfüllten. Darüber hinaus erfolgten auch vereinzelt Verkäufe, um unerwartete Finanzierungsbedürfnisse zu decken. Berichte an das Management in Schlüsselpositionen konzentrieren sich auf die Kreditqualität der Vermögenswerte sowie auf die vertragliche Rendite. Die A-AG beobachtet u. a. auch die beizulegenden Zeitwerte der Vermögenswerte.

(b) Die B-AG besitzt eine Gruppe von Darlehensforderungen. Diese werden allesamt gehalten, um die vertraglichen Geldflüsse zu realisieren, und nicht um Geldflüsse aus Verkäufen zu generieren. In manchen Fällen schließt die B-AG **Zinstauschgeschäfte** (Zins*swaps*) ab, um die variable Verzinsung bestimmter Forderungen in eine fixe Verzinsung zu „drehen".

(c) Die C-AG besitzt eine Gruppe von Darlehensforderungen. Diese werden allesamt gehalten, um vertragliche Geldflüsse zu realisieren, und nicht um Geldflüsse aus Verkäufen zu generieren. Allerdings befürchtet die C-AG bei diesen Darlehensforderungen **etwas größere Ausfälle**, d. h. es wird befürchtet, dass nicht alle vertraglichen Geldflüsse realisiert werden.

(d) Das Geschäftsmodell der D-AG besteht darin, Kredite an Kunden zu vergeben und die daraus resultierenden Kreditforderungen unmittelbar danach an die **Zweckgesellschaft** Z zu verkaufen. Letztere emittiert Instrumente an ihre Investoren. Die D-AG beherrscht Z nach IFRS 10 und konsolidiert Z daher. Z realisiert die vertraglichen Geldflüsse aus den Kreditforderungen und leitet diese an ihre Investoren weiter. Es sei angenommen, dass die Kreditforderungen in der Konzernbilanz der D-AG enthalten sind.

(e) Der **Versicherer** V hält finanzielle Vermögenswerte zur Finanzierung seiner Verbindlichkeiten aus Versicherungsverträgen. V verwendet die Erlöse aus den vertraglichen Geldflüssen der Vermögenswerte, um diese Verbindlichkeiten bei Fälligkeit zu begleichen. Um sicherzustellen, dass die vertraglichen Geldflüsse aus den Vermögenswerten zur Begleichung der Verbindlichkeiten ausreichen, erfolgen seitens V regelmäßig signifikante Kauf- und Verkaufsaktivitäten. Dadurch wird das Vermögensportfolio angepasst und Geld wird bei Bedarf verfügbar.

Aufgabenstellung

Beurteilen Sie die Ziele der beschriebenen Geschäftsmodelle für Zwecke der Klassifizierung der finanziellen Vermögenswerte im Hinblick auf die Folgebilanzierung nach IFRS 9.

Lösungshinweise

Insbesondere Kapitel 4.4.1 und 4.4.2

LÖSUNG

(a) Obwohl sich die A-AG u. a. auch mit den Zeitwerten der Vermögenswerte aus einer Liquiditätsperspektive befasst (Betrag an Geld, der realisiert werden würde, wenn die A-AG Vermögenswerte verkaufen müsste), besteht das Ziel des Geschäftsmodells im Erhalt der vertraglichen Geldflüsse. **Verkäufe** stehen nicht im Widerspruch zu dieser Zielsetzung, sofern diese als Reaktion auf eine Zunahme des Kreditrisikos der Vermögenswerte erfolgen (z. B. wenn die Vermögenswerte nicht mehr die in der dokumentierten Investitionspolitik der A-AG enthaltenen Anforderungen erfüllen). Vereinzelte Verkäufe aufgrund unerwarteter Finanzierungsbedürfnisse (z. B. in einem Stressszenario) stehen auch nicht im Widerspruch zu diesem Ziel. Dies gilt auch dann, wenn solche Verkäufe vom Wert her signifikant sind (IFRS 9.B4.1.4, Bsp. 1).

(b) Das Ziel des Geschäftsmodells besteht ungeachtet der **Zinstauschgeschäfte** darin, die Darlehensforderungen zu halten, um die vertraglichen Geldflüsse zu realisieren (IFRS 9.B4.1.4, Bsp. 2).

(c) Das Ziel des Geschäftsmodells besteht ungeachtet der erwarteten **Ausfälle** darin, die Darlehensforderungen zu halten, um die vertraglichen Geldflüsse zu realisieren (IFRS 9.B4.1.4, Bsp. 2).

(d) Für Zwecke des **Einzelabschlusses der D-AG** besteht das Geschäftsmodell der D-AG *nicht* darin, die Vermögenswerte zu halten, um vertragliche Geldflüsse zu realisieren. Die D-AG verfolgt ausschließlich das Ziel, Geldflüsse durch Verkauf der Kreditforderungen an Z zu realisieren. Somit ist eine Folgebilanzierung zum Zeitwert über die GuV erforderlich (IFRS 9.4.1.4). Im **Konzernabschluss der D-AG** werden hingegen die D-AG und Z als ein einziges großes Unternehmen betrachtet (gedankliche Aufhebung der Unternehmensgrenzen zwischen der D-AG und Z). Der Konzern (bestehend aus der D-AG und Z) hat Kredite mit dem Ziel vergeben, die daraus resultierenden Forderungen zu halten, um vertragliche Geldflüsse zu realisieren (IFRS 9.B4.1.4, Bsp. 3).

(e) Das Ziel des Geschäftsmodells besteht darin, die Verbindlichkeiten aus den Versicherungsverträgen zu finanzieren. Zur Erreichung dieses Ziels realisiert der **Versicherer** V vertragliche Zahlungen, wenn diese fällig werden, und verkauft finanzielle Vermögenswerte, um das gewünschte Profil des Vermögensportfolios aufrecht zu erhalten. Somit wird das Ziel des Geschäftsmodells sowohl durch Realisierung vertraglicher Geldflüsse als auch durch Verkauf von Vermögenswerten erreicht (IFRS 9.B4.1.4C, Bsp. 7).

AUFGABE 2

Klassifizierung finanzieller Vermögenswerte –
Kriterium „ausschließlich Zins- und Tilgungszahlungen"

(a) Es wird eine Klausel vereinbart, die die Anpassung der Zins- und Tilgungszahlungen einer Darlehensforderung mit festgelegtem Fälligkeitszeitpunkt an die Inflationsrate vorsieht. Die **Inflationsanpassung** bezieht sich auf die Währung, in der das Instrument emittiert wurde, und sie ist nicht mit einem Hebeleffekt (z. B. Anpassung der Zahlungen um die 3-fache Inflationsrate) verbunden.

(b) Die B-AG ist Inhaberin einer **Wandelanleihe** und ist als solche dazu berechtigt, die Wandlung der Anleihe in eine fixe Anzahl von Anteilen (Aktien) am Unternehmen des Schuldners zu verlangen.

(c) Die C-AG besitzt eine variabel verzinsliche Anleihe. Die **variable Verzinsung** verhält sich **invers** zum Marktzinssatz, d. h. wenn der Marktzinssatz sinkt, dann steigt der Zinssatz der Anleihe.

(d) Die **Zinsen** einer gehaltenen Anleihe hängen von der Entwicklung des **Jahreserfolgs des Schuldners** ab.

Aufgabenstellung

Beurteilen Sie – für Zwecke der Klassifizierung der beschriebenen finanziellen Vermögenswerte im Hinblick auf die Folgebilanzierung nach IFRS 9, ob deren vertragliche Bestimmungen zu Geldflüssen führen, welche ausschließlich Zins- und Tilgungszahlungen auf die ausstehende Kapitalsumme darstellen.

Lösungshinweise

Insbesondere Kapitel 4.4.1, 4.4.3 und 6.2

LÖSUNG

(a) In diesem Fall liegen trotz der **Inflationsanpassung** – welche keinen Hebeleffekt aufweist – ausschließlich Zins- und Tilgungszahlungen vor. Schließlich wird der Zeitwert des Geldes durch die Inflationsanpassung lediglich an die aktuellen Gegebenheiten angepasst (IFRS 9.B4.1.13, Bsp. A).

(b) Das hybride Instrument (d. h. die **Wandelanleihe**) enthält eine Basis (die Anleihe), welche einen – in den Anwendungsbereich von IFRS 9 fallenden – Vermögenswert darstellt. Daher ist die Wandelanleihe in ihrer Gesamtheit nach den allgemeinen Vorschriften von IFRS 9 für Zwecke der Folgebilanzierung zu klassifizieren (IFRS 9.4.3.2 i.V. mit IFRS 9.4.1.1-9.4.1.5). Die B-AG ist im konkreten Fall Risiken und Volatilitäten i. Z. mit den vertraglichen Geldflüssen ausgesetzt (Schwankungen des Aktienkurses des Emittenten), welche nicht jenen einer einfachen Kreditvereinbarung entsprechen. Somit ist die Rendite der Wandelanleihe nicht mit jener einer einfachen Kreditvereinbarung konsistent. Aus diesem Grunde wird das Kriterium „ausschließlich Zins- und Tilgungszahlungen" nicht erfüllt (IFRS 9.4.1.3b, 9.B4.1.7A und 9.B4.1.14, Bsp. F).

(c) Die **inversen Zinsen** stellen keine Gegenleistung für den Zeitwert des Geldes dar. Es liegen somit nicht ausschließlich Zins- und Tilgungszahlungen vor (IFRS 9.B4.1.14, Bsp. G).

(d) Es liegen nicht ausschließlich Zins- und Tilgungszahlungen vor. Schließlich reflektieren die vertraglichen Geldflüsse eine Rendite, welche nicht jener einer einfachen Kreditvereinbarung entspricht. Ausschließlich Zins- und Tilgungszahlungen würden im konkreten Fall allerdings dann vorliegen, wenn die Bindung an den **Jahreserfolg des Schuldners** zu einer Zinsanpassung führt, die den Inhaber lediglich für Änderungen des Kreditrisikos der Anleihe entschädigt und auch keine weiteren zuwiderlaufenden Merkmale vorliegen (IFRS 9.B4.1.13, Bsp. A).

AUFGABE 3

Zum Zeitwert über das sonstige Gesamtergebnis bilanziertes Schuldinstrument[544]

Die X-AG erwirbt am 01.12.01 eine Anleihe – mit identischen Nominal- und Effektivzinsen – für GE 100. Die Folgebilanzierung erfolgt annahmegemäß zum Zeitwert über das sonstige Gesamtergebnis. Die Anleihe ist nicht bereits bei erstmaliger Erfassung kreditwertgemindert.

Bis zum 31.12.01 ist der Zeitwert – aufgrund eines Anstiegs des Marktzinsniveaus – auf GE 95 gesunken. Die X-AG stellt keinen signifikanten Anstieg des Kreditrisikos seit der Ersterfassung fest, weshalb auf die 12-Monats-bemessenen erwarteten Kreditverluste, welche annahmegemäß GE 3 betragen, abzustellen ist (IFRS 9.5.5.5).

Am 01.01.02 verkauft die X-AG die Anleihe zu ihrem Zeitwert von GE 95.

Aufgabenstellung

Stellen Sie alle aus der Perspektive der X-AG (Bilanzstichtag: 31.12.) in den Jahren 01 und 02 erforderlichen Buchungen dar, wobei die Effektiv- bzw. Nominalzinsen zu vernachlässigen sind.

Lösungshinweise

Insbesondere Kapitel 4.7.2 und 5.2

LÖSUNG

01.12.01		Anleihe	100,-	
	an	Geld		100,-

Am 31.12.01 ist der Wertminderungsverlust GuV-wirksam zu erfassen, während die restliche Zeitwertänderung im sonstigen Gesamtergebnis II auszuweisen ist:

544 In Anlehnung an IFRS 9.IG, Bsp. 13.

31.12.01		Wertminderungsverlust (GuV)	3,-	
		Sonstiges Gesamtergebnis II	2,-	
	an	Anleihe		5,-

01.01.02		Geld	95,-	
	an	Anleihe		95,-

Das kumulierte sonstige Gesamtergebnis wird schließlich in die GuV umgebucht (IFRS 9.5.7.10 und 9.B5.7.1A):

01.01.02		Veräußerungsverlust (GuV)	2,-	
	an	Sonstiges Gesamtergebnis II		2,-

AUFGABE 4

Zum Zeitwert über das sonstige Gesamtergebnis bilanzierte Eigenkapitalinstrumente

Die X-AG erwirbt am 15.10.01 Aktien an der A-AG für GE 99. Anlässlich des Erwerbs fallen am selben Tag Transaktionskosten (zusätzliche Kosten, welche dem Erwerb unmittelbar zuzurechnen sind) i. H. von GE 1 an.

Der Börsenkurs der erworbenen Aktien entwickelt sich folgendermaßen:

31.12.01	70
31.12.02	90
31.12.03	102

Ein etwaiger Verkauf der Aktien in den Jahren 01 bis 03 würde Verkaufskosten i. H. von GE 2 verursachen.

Am 10.05.03 beschließt die A-AG die Ausschüttung einer Dividende für den Gewinn des Jahres 02. Der Zufluss der Dividende bei der X-AG ist ab diesem Tag wahrscheinlich. Die Auszahlung erfolgt schließlich am 16.05.03. Der Anteil der X-AG an der Ausschüttung beträgt GE 4.

Aufgabenstellung

Stellen Sie alle aus der Perspektive der X-AG (Bilanzstichtag: 31.12.) in den Jahren 01 bis 03 erforderlichen Buchungen dar. Gehen Sie davon aus, dass die Aktien in den Anwendungsbereich von IFRS 9 fallen, nicht die Definition von „Handelsbestand" erfüllen und auch mit keinem Unternehmenszusammenschluss i. Z. stehen. Die X-AG möchte die Aktien – sofern möglich – zum Zeitwert über das sonstige Gesamtergebnis bilanzieren.

Lösungshinweise

Insbesondere Kapitel 4.3, 5.1 und 5.3

LÖSUNG

Aktien erfüllen nicht das Kriterium „ausschließlich Zins- und Tilgungszahlungen" (IFRS 9.4.1.2b und 9.4.1.2Ab). Daher wären sie grundsätzlich zum Zeitwert über die GuV zu bilanzieren (IFRS 9.4.1.4). Die Zeitwertänderungen können aber im konkreten Fall auch im sonstigen Gesamtergebnis erfasst werden. Mangels eines gegenteiligen Hinweises erfüllen die Aktien nämlich nicht die Definition von „Handelsbestand", stehen mit keinem Unternehmenszusammenschluss i. Z. und fallen in den Anwendungsbereich von IFRS 9. Das Wahlrecht kann allerdings nur bei erstmaligem Ansatz und unwiderruflich ausgeübt werden. Es kann für die Anteile an der A-AG unabhängig davon ausgeübt werden, ob es für andere Eigenkapitalinstrumente in Anspruch genommen wurde (IFRS 9.4.1.4, 9.5.7.1b, 9.5.7.5 und 9.B5.7.1).

Bei der Erstbewertung werden die Transaktionskosten aktiviert, da die Folgebewertung nicht zum Zeitwert über die GuV erfolgt (IFRS 9.5.1.1, 9.B5.2.2 und 9.IG E.1.1).

15.10.01	Aktien	100,-	
	an Geld		100,-

Die Bewertung am 31.12.01 erfolgt – genauso wie an den nachfolgenden Bilanzstichtagen – zum aktuellen Zeitwert und *nicht* zum Zeitwert abzgl. Verkaufskosten (IFRS 9.B5.2.2):

31.12.01	Sonstiges Gesamtergebnis I	30,-	
	an Aktien		30,-

31.12.02	Aktien	20,-	
	an Sonstiges Gesamtergebnis I		20,-

Trotz Folgebilanzierung über das sonstige Gesamtergebnis ist die Dividende auf den Vorjahresgewinn in der GuV zu erfassen. Dies geschieht am 10.05.03 (Zeitpunkt der Entstehung des Rechtsanspruchs auf die Dividende), nachdem ab diesem Tag lt. Angabe ein Zufluss der Dividende wahrscheinlich ist und letztere offensichtlich auch verlässlich bewertet werden kann (IFRS 9.5.7.6 i.V. mit 9.5.7.1A).

10.05.03	Dividendenforderung	4,-	
	an Dividendenerträge (GuV)		4,-

16.05.03	Geld	4,-	
	an Dividendenforderung		4,-

31.12.03	Aktien	12,-	
	an Sonstiges Gesamtergebnis I		12,-

Die nachfolgende Umbuchung von im sonstigen Gesamtergebnis erfassten Beträgen in den Jahreserfolg ist unzulässig. Allerdings könnten die kumuliert im sonstigen Gesamtergebnis erfassten Beträge (Zeitwertrücklage) ohne Berührung der Ergebnisrechnung innerhalb des Eigenkapitals umgegliedert werden (z. B. in die einbehaltenen Gewinne), worauf allerdings an dieser Stelle verzichtet werden soll.[545]

AUFGABE 5

Spekulative Aktien

Aufgabenstellung

Die Angabe und die Aufgabenstellung lauten wie in Aufgabe 4. Gehen Sie allerdings davon aus, dass die Aktien zu einem spekulativen Portfolio gehören, welches aus gemeinsam verwalteten Finanzinstrumenten besteht und bei dem laufend kurzfristige Gewinnmitnahmen erfolgen.

Lösungshinweise

Insbesondere Kapitel 4.1, 4.3, 5.1 und 5.3

LÖSUNG

Aktien erfüllen nicht das Kriterium „ausschließlich Zins- und Tilgungszahlungen" (IFRS 9.4.1.2b und 9.4.1.2Ab). Daher sind sie zum Zeitwert über die GuV zu bilanzieren (IFRS 9.4.1.4). Ein Ausweis der Zeitwertänderungen im sonstigen Gesamtergebnisergebnis kommt nicht in Betracht, da die Aktien – aufgrund der Zugehörigkeit zu dem spekulativen Portfolio – **„Handelsbestand"** (IFRS 9.Anhang A) darstellen (IFRS 9.5.7.5).

Da die Folgebewertung zum Zeitwert über die GuV erfolgt, werden die Transaktionskosten bei der Erstbewertung ebenfalls in der GuV erfasst (IFRS 9.5.1.1 und 9.IG E.1.1).

15.10.01	Aktien	99,-	
	Transaktionsaufwand	1,-	
	an Geld		100,-

Unter der an dieser Stelle getroffenen Annahme, dass die Zeitwerterhöhungen und -rückgänge aus Finanzinstrumenten des Handelsbestands im Abschluss der X-AG wesentlich sind, müssen diese unsaldiert dargestellt werden (IAS 1.35). Die Bewertung am 31.12.01 erfolgt – genauso wie an den nachfolgenden Bilanzstichtagen – zum aktuellen Zeitwert und *nicht* zum Zeitwert abzgl. Verkaufskosten.

31.12.01	Zeitwertverlust	29,-	
	an Aktien		29,-

31.12.02	Aktien	20,-	
	an Zeitwertgewinn		20,-

545 Zum Verkauf eines nach IFRS 9 zum Zeitwert über das sonstige Gesamtergebnis bilanzierten Eigenkapitalinstruments mit Umbuchung der Zeitwertrücklage innerhalb des Eigenkapitals – inkl. Darstellung der Auswirkungen auf Gesamtergebnisrechnung und Eigenkapitalspiegel – vgl. Abschnitt IAS 1, Aufgabe 6.

Die Dividende auf den Vorjahresgewinn ist in der GuV zu erfassen. Dies geschieht am 10.05.03 (Zeitpunkt der Entstehung des Rechtsanspruchs auf die Dividende), nachdem ab diesem Tag lt. Angabe ein Zufluss der Dividende wahrscheinlich ist und letztere offensichtlich auch verlässlich bewertet werden kann (IFRS 9.5.7.1A):

10.05.03		Dividendenforderung	4,-	
	an	Dividendenerträge		4,-

16.05.03		Geld	4,-	
	an	Dividendenforderung		4,-

31.12.03		Aktien	12,-	
	an	Zeitwertgewinn		12,-

AUFGABE 6

Effektivzinsmethode – Einführendes Beispiel (finanzielle Verbindlichkeit)

Die X-AG nimmt am 01.01.01 ein Darlehen auf (Auszahlungsbetrag: GE 100, Rückzahlung in 2 Jahren zu einem Betrag von GE 121, keine vertraglichen Zinsen).

Aufgabenstellung

Stellen Sie alle aus der Perspektive der X-AG (Bilanzstichtag: 31.12.) in den Jahren 01 und 02 erforderlichen Buchungen dar. Die Folgebewertung des Darlehens erfolgt zu fortgeführten Anschaffungskosten (Effektivzinsmethode).

Lösungshinweise

Insbesondere Kapitel 4.2.2 und 4.5

LÖSUNG

01.01.01		Geld	100,-	
	an	Verbindlichkeit		100,-

Es sind zwar keine Nominalzinsen zu entrichten, dennoch verrechnet der Darlehensgeber ein Entgelt für das Darlehen in der Form eines Disagios (Differenz zwischen Auszahlungs- und höherem Rückzahlungsbetrag). Dieses Entgelt muss die X-AG effektivzinsmäßig über die Jahre 01 und 02 erfassen, d. h. die effektiven Zinsen müssen in der GuV als Zinsaufwand aufscheinen. Die Differenz zwischen Aus- und Rückzahlungsbetrag entspricht einer effektiven Verzinsung von 10 % p. a. (GE $121/1{,}1^2$ = GE 100 bzw. GE $100 \cdot 1{,}1^2$ = GE 121). Somit betragen die Effektivzinsen des Jahres 01 GE 10 (Buchwert am 01.01.01 i. H. von GE $100 \cdot 10$ %).

31.12.01		Zinsaufwand	10,-	
	an	Verbindlichkeit		10,-

Am 01.01.02 beträgt der Buchwert der Verbindlichkeit somit GE 110 (GE 100 + GE 10). Daher betragen die Effektivzinsen des Jahres 02 GE 11 (Buchwert am 01.01.02 i. H. von GE 110 · 10 %).

31.12.02	Zinsaufwand	11,-	
	an Verbindlichkeit		11,-

Am 31.12.02 (Tag der Rückzahlung) entspricht der Buchwert der Verbindlichkeit vor deren Ausbuchung somit dem Rückzahlungsbetrag.

31.12.02	Verbindlichkeit	121,-	
	an Geld		121,-

AUFGABE 7

Effektivzinsmethode – Finanzielle Verbindlichkeit

Die X-AG hat am 01.01.01 einen Bankkredit i. H. von GE 100 mit einer Laufzeit von 2 Jahren aufgenommen. Am Ende eines jeden Jahres muss die X-AG einen Betrag i. H. von GE 56 zahlen.

Aufgabenstellung

Stellen Sie alle aus der Perspektive der X-AG (Bilanzstichtag: 31.12.) in den Jahren 01 und 02 erforderlichen Buchungen dar. Die Folgebewertung des Bankkredites erfolgt zu fortgeführten Anschaffungskosten (Effektivzinsmethode).

Lösungshinweise

Insbesondere Kapitel 4.2.2 und 4.5

LÖSUNG

01.01.01	Geld	100,00	
	an Verbindlichkeit		100,00

Der Effektivzinssatz beträgt gerundet 7,90 %:[546]

Datum	Ein- (+) und Auszahlungen (-)	Effektivzinssatz
01.01.01	100,00	7,89993742 %
31.12.01	-56,00	
31.12.02	-56,00	

Es ergibt sich der nachfolgende Tilgungsplan. Die Effektivzinsen ergeben sich wie in Aufgabe 5 aus der Multiplikation des Buchwerts am 01.01. mit dem Effektivzinssatz. Der Tilgungsanteil der Rate ist die Differenz zwischen der Spalte „Rate" und der Spalte „Zinsen". Die Tilgung reduziert den Buchwert der Verbindlichkeit.

546 Der **Effektivzinssatz** ergibt sich durch die Anwendung der Formel „IKV" in der deutschsprachigen Version von Excel auf die angeführten Zahlungen. Alternativ ist auch eine Ermittlung anhand der Formel „XINTZINSFUSS" möglich.

Jahr	Buchwert 01.01.	Rate	Zinsen	Tilgung	Buchwert 31.12.
01	100,00	56,00	7,90	48,10	51,90
02	51,90	56,00	4,10	51,90	0,00
Summe		112,00	12,00	100,00	

31.12.01		Zinsaufwand	7,90	
		Bankverbindlichkeit	48,10	
	an	Geld		56,00

31.12.02		Zinsaufwand	4,10	
		Bankverbindlichkeit	51,90	
	an	Geld		56,00

AUFGABE 8

Lieferforderungen – Ermittlung der erwarteten Kreditverluste anhand einer Vorsorgematrix[547]

Die X-AG besitzt eine Vielzahl an kleinen Lieferforderungen gegenüber Endverbrauchern, welche keine signifikanten Finanzierungskomponenten i. S. von IFRS 15 aufweisen. Für Zwecke des Wertminderungstests nach IFRS 9 hat sie diese auf verschiedene Portfolien aufgeteilt. Die Forderungen eines jeden Portfolios weisen eine sehr hohe Homogenität auf. Nach IFRS 9 liegt der Verlustvorsorge für solche Forderungen eine Laufzeitbemessung zugrunde.

Im Portfolio P1 befinden sich Forderungen i. H. von GE 11.000. Zur Ermittlung der für P1 erwarteten Kreditverluste wird eine Vorsorgematrix verwendet. Diese basiert auf den in der Vergangenheit beobachteten Ausfallraten, welche zu jedem Bilanzstichtag aktualisiert werden, während der erwarteten Lebensdauer der Forderungen. Die Ausfallraten werden auch stets um die Auswirkungen zukunftsbezogener Schätzungen angepasst. Auf diese Art und Weise wurde die folgende Vorsorgematrix erstellt:

	Nicht überfällig	1-30 Tage überfällig	31-60 Tage überfällig	61-90 Tage überfällig	Mehr als 90 Tage überfällig
Ausfallrate	0,02 %	1,50 %	3,00 %	6,00 %	10,00 %

547 In Anlehnung an IFRS 9.IG, Bsp. 12. 1. 5003.

Die Bruttobuchwerte der einzelnen Fälligkeitsstufen lauten wie folgt:

	Bruttobuchwerte
Nicht überfällig	5.000
1-30 Tage überfällig	3.000
31-60 Tage überfällig	1.500
61-90 Tage überfällig	1.000
Mehr als 90 Tage überfällig	500
Summe	**11.000**

Aufgabenstellung

(a) Begründen Sie, weshalb im konkreten Fall hinsichtlich der erwarteten Kreditverluste eine Laufzeitbemessung erforderlich ist und wieso deren Ermittlung auf Basis einer Vorsorgematrix zulässig ist.

(b) Ermitteln Sie die erwarteten Kreditverluste.

Lösungshinweise

Insbesondere Kapitel 4.7.6 und 4.7.7

LÖSUNG (A)

Für Forderungen aus Lieferungen und Leistungen im Anwendungsbereich von IFRS 15 hat eine Laufzeitbemessung zu erfolgen, sofern keine signifikante Finanzierungskomponente gem. IFRS 15 existiert (IFRS 9.5.5.15(a)(i)).

Hinsichtlich der Ermittlung erwarteter Kreditverluste sind nach IFRS 9 auch **vereinfachende Vorgehensweisen** zulässig (z. B. eine Vorsorgematrix im Falle von Lieferforderungen), welche sich im Einklang mit den Grundprinzipien der Ermittlung erwarteter Kreditverluste befinden (IFRS 9.B5.5.35).

LÖSUNG (B)

Die erwarteten Kreditverluste ergeben sich durch Multiplikation der Bruttobuchwerte mit den laufzeitbezogenen Ausfallraten:

	Bruttobuchwerte	Ausfallrate	Erwartete, laufzeitbemessene Kreditverluste
Nicht überfällig	5.000	0,20 %	10
1-30 Tage überfällig	3.000	1,50 %	45
31-60 Tage überfällig	1.500	3,00 %	45
60-90 Tage überfällig	1.000	6,00 %	60
Mehr als 90 Tage überfällig	500	10,00 %	50
Summe	**11.000**		**210**

AUFGABE 9

Ausbuchung finanzieller Vermögenswerte – Einführendes Beispiel

Die X-AG besitzt am 01.01.01 eine Anleihe mit einem Nominale von GE 100 und einer Restlaufzeit von einem Jahr. Der Nominalzins von 7 % p. a. entspricht (mangels Disagio etc.) dem Effektivzins. Die Nominalzinsen sind stets am 31.12. jährlich im Nachhinein fällig. Am 01.01.01 beträgt der Marktzins 5 % p. a. Die X-AG verkauft die Anleihe am 01.01.01 zu ihrem beizulegenden Zeitwert an die Y-AG.

Aufgabenstellung

Stellen Sie alle im Abschluss der X-AG zum 31.12.01 erforderlichen Buchungen dar. Nehmen Sie an, dass die Anleihe gem. IFRS 9 zu fortgeführten Anschaffungskosten bewertet wird.

Lösungshinweise

Insbesondere Kapitel 7

LÖSUNG

Der beizulegende Zeitwert der Anleihe ergibt sich aus der Abzinsung der künftigen Geldflüsse mit dem aktuellen Marktzinssatz. Am 01.01.01 beträgt dieser daher GE 101,90 (= GE 107 : 1,05). Zu diesem Betrag wird die Anleihe an die Y-AG verkauft. Der Buchwert am 01.01.01 (fortgeführte Anschaffungskosten) beträgt GE 100 (= GE 107 : 1,07). Die Differenz i. H. von GE 1,90 ist GuV-wirksam zu erfassen (IFRS 9.3.2.12).

01.01.01		Geld	101,90	
	an	Anleihe		100,00
	an	Ertrag		1,90

AUFGABE 10

Ausbuchung finanzieller Vermögenswerte – Forderungsverkauf

Die X-AG besitzt eine Gruppe kurzfristiger Forderungen, welche zu fortgeführten Anschaffungskosten bewertet werden. Der Buchwert beträgt insgesamt GE 80 per 31.12.01. Die X-AG verkauft diese Gruppe von Forderungen am 31.12.01 um GE 70 (Begleichung am 31.12.01) an die Bank B. Dies geschieht im Zuge einer offenen Forderungsabtretung (d. h. es besteht eine Anweisung an die Schuldner, nur noch an B zu zahlen). Aufgrund von Erfahrungswerten wird mit Forderungsausfällen i. H. von GE 8 gerechnet. Es wird folgendes vereinbart:

(a) B trägt das gesamte Ausfallrisiko.

(b) Die X-AG trägt das gesamte Ausfallrisiko.

(c) Die X-AG und B tragen jeweils 50 % der Ausfälle. Die Abtretung erfolgt dabei ohne Einschränkungen, d. h. B kann etwa die Forderungen (rechtlich und faktisch) weiter veräußern, verpfänden etc.

(d) Die X-AG und B tragen jeweils 50 % der Ausfälle. Die Abtretung erfolgt dabei mit Einschränkungen, welche dazu führen, dass B die Forderungen weder rechtlich noch faktisch weiter veräußern, verpfänden etc. kann.

Aufgabenstellung

Stellen Sie alle aus der Perspektive der X-AG am 31.12.01 (Bilanzstichtag) erforderlichen Buchungen dar. Die X-AG hat bereits die Konsolidierungsbuchungen durchgeführt (IFRS 9.3.2.1 und 9.B3.2.1).

Lösungshinweise

Insbesondere Kapitel 7

LÖSUNG

I. d. F. wird auf den in Kapitel 7 in Anlehnung an IFRS 9.B3.2.1 dargestellten Entscheidungsbaum Bezug genommen.

Nach Vornahme der Konsolidierungsbuchungen (IFRS 9.3.2.1) ist zu prüfen, ob die Ausbuchungsregeln auf die gesamte Gruppe von Forderungen anzuwenden sind oder auf einen Teil dieser Gruppe (IFRS 9.3.2.2). Im vorliegenden Beispiel werden alle Geldflüsse der Gruppe von Forderungen auf B übertragen. Die Ausbuchungsregeln sind daher auf die Gruppe von Forderungen als Ganzes anzuwenden.

Als nächstes stellt sich die Frage, ob das Recht auf die Geldflüsse aus den Forderungen ausgelaufen ist (IFRS 9.3.2.3a). Die Forderungen wurden zwar verkauft, der Käufer (B) hat allerdings nach wie vor das Recht, Geldflüsse aus den Forderungen zu erhalten. Die Forderungen wurden nämlich noch nicht getilgt, sie sind noch nicht verjährt etc. Daher ist das Recht auf die Geldflüsse noch nicht ausgelaufen.

Danach stellt sich die Frage, ob die X-AG das Recht auf Erhalt der Geldflüsse aus den Forderungen übertragen hat (IFRS 9.3.2.4a). In diesem Beispiel wird unterstellt, dass die Übertragung unwiderruflich und unabdingbar erfolgt und auch im Falle der Insolvenz des Übertragenden rechtlich Bestand hat. Dies ist nämlich Voraussetzung für das Vorliegen einer Übertragung i. S. von IFRS 9.[548] Somit kann die Frage der Übertragung mit „Ja" beantwortet werden.

Die bilanzielle Beurteilung hängt also nach IFRS 9.B3.2.1 davon ab, inwieweit die Risiken und Chancen aus den Forderungen von der X-AG auf B übertragen wurden. Im Falle von Forderungen ist das relevante Risiko das Ausfallrisiko.[549] Im Falle der Risikoteilung (Varianten (c) und (d) dieses Beispiels) ist von Bedeutung, ob die X-AG die Verfügungsmacht über die Gruppe von Forderungen behalten hat.

Variante (a)

Nachdem B das gesamte Ausfallrisiko übernimmt, sind im Wesentlichen alle Risiken und Chancen von der X-AG auf B übergegangen. Daher hat die X-AG die Forderungen auszubuchen (IFRS 9.3.2.6a und 9.B3.2.1).

548 Vgl. *Varain*, in: Heinrichs/Kleindiek/Watrin, Münchener Kommentar zum Bilanzrecht, Band 1, IFRS, IAS 39, Tz. 142 ff.
549 Vgl. *Lüdenbach/Hoffmann/Freiberg*, IFRS-Kommentar, 12. Aufl., § 28 Tz. 67.

31.12.01	Geld	70,-	
	Aufwand	10,-	
	an Forderungen		80,-

Variante (b)

Die X-AG trägt das gesamte Ausfallrisiko und es wird laut Angabe mit Ausfällen i. H. von GE 8 gerechnet. Ausfälle in einer bestimmten Höhe sind somit wahrscheinlich. Daher hat die X-AG im Wesentlichen alle Risiken und Chancen zurückbehalten. Die Forderungen müssen daher von der X-AG weiterhin erfasst werden (IFRS 9.3.2.6b, 9.B3.2.5e und 9.B3.2.1). Die erhaltene Gegenleistung i. H. von GE 70 ist von der X-AG als finanzielle Verbindlichkeit zu erfassen (IFRS 9.3.2.15).

31.12.01	Geld	70,-	
	an Verbindlichkeit		70,-

Variante (c)

Die X-AG hat die Verfügungsmacht über die Forderungen aufgegeben (IFRS 9.3.2.9 und 9.B3.2.7-9.B3.2.9). Daher sind die Forderungen auszubuchen (IFRS 9.3.2.6(c)(i) und 9.B3.2.1):

31.12.01	Geld	70,-	
	Aufwand	10,-	
	an Forderungen		80,-

Die Vereinbarung, dass die X-AG 50 % der Ausfälle übernimmt (verbleibendes Risiko), stellt eine Garantie dar, welche mit ihrem beizulegenden Zeitwert i. H. von GE 4 (= 50 % · GE 8) zu bewerten ist (IFRS 9.3.2.6(c)(i)):

31.12.01	Aufwand	4,-	
	an Garantieverbindlichkeit		4,-

Variante (d)

Die X-AG hat die Verfügungsmacht über die Forderungen behalten (IFRS 9.3.2.9 und 9.B3.2.7-9.B3.2.9). Daher sind die Forderungen im Ausmaß des anhaltenden Engagements zu erfassen, d. h. die X-AG führt die Forderungen insoweit fort, als sie weiterhin in das Risiko involviert ist (IFRS 9.3.2.6(c)(ii), 9.B3.2.1 und 9.BCZ3.27). Die Forderungen sind i. H. des Maximalrisikos von GE 40 (50 % von GE 80) weiter zu erfassen, und i. H. von GE 40 auszubuchen. Da Forderungen i. H. von GE 40 in der Bilanz der X-AG verbleiben und diesem Buchwert ein Zahlungseingang von GE 40 gegenübersteht, ist in dieser Höhe eine Verbindlichkeit zu erfassen. Zusätzlich ist eine Verbindlichkeit i. H. von GE 4 (= 50 % von GE 8) für den bereits ausgebuchten Teil der Forderungen zu erfassen (IFRS 9.3.2.17):

31.12.01	Geld	70,-	
	Aufwand	14,-	
	an Verbindlichkeit		44,-
	an Forderungen		40,-

AUFGABE 11

Kreditrisikobedingte Zeitwertänderung einer Schuld[550]

Die X-AG emittiert am 01.01.01 eine Schuldverschreibung zu den folgenden marktüblichen Konditionen:

Nennwert = Ausgabepreis	GE 150.000
Fixe Verzinsung in %	8 % p. a. (zahlbar im Nachhinein)
Fixe Zinsen p. a. in GE	GE 12.000 (= GE 150.000 · 8 %)
Laufzeit	10 Jahre

Die X-AG verwendet den EURIBOR als beobachtbaren Referenzzinssatz, welcher im Emissionszeitpunkt 5 % beträgt.

Am 31.12.01 beträgt der EURIBOR 4,75 % und der beizulegende Zeitwert der Schuldverschreibung GE 153.811; dies entspricht einer Verzinsung von 7,6 %. Die Differenz von 0,4 % zwischen 8 % und 7,6 % entspricht einem um 0,25 % gesunkenen EURIBOR, sowie einer Veränderung von 0,15 %, die mangels anderer relevanter Änderungen der Marktbedingungen die Veränderung des Kreditrisikos, d. h. der Bonität der Schuldverschreibung, darstellt.

Aufgabenstellung

Nehmen Sie alle aus der Perspektive der X-AG im Abschluss zum 31.12.01 erforderlichen Buchungen vor. Gehen Sie davon aus, dass im konkreten Fall für die Verbindlichkeit die Zeitwertoption ausgeübt wurde, kreditrisikobedingte Zeitwertänderungen im sonstigen Gesamtergebnis zu erfassen sind und letztere auf sehr einfache Art und Weise ermittelt werden können.

Lösungshinweise

Insbesondere Kapitel 5.4

LÖSUNG

01.01.01		Geld	150.000	
	an	Verbindlichkeit		150.000

Die Kreditmarge ergibt sich per 01.01.01 als Differenz zwischen dem internen Zinssatz der Verbindlichkeit und dem EURIBOR:

Interner Zinssatz der Verbindlichkeit	8,00 %
EURIBOR	5,00 %
Kreditmarge per 01.01.01	3,00 %

550 In Anlehnung an IFRS 9.IE1-9.IE5 und *Christian*, PiR 1/2011, S. 10 f.

I. d. F. wird der Barwert zum 31.12.01 auf Basis der Kreditmarge zum 01.01.01 berechnet. Bei diesem Barwert handelt es sich um den Zeitwert, der sich ergeben würde, wenn sich das Kreditrisiko während des Jahres nicht verändert hätte.

EURIBOR per 31.12.01	4,75 %
Kreditmarge per 01.01.01	3,00 %
Abzinsungssatz	7,75 %

	31.12.01	31.12.02 bis 31.12.09	31.12.10
Geldflüsse		jeweils -12.000	-162.000
Barwert	**152.367**		

Die Zeitwertänderung, welche nicht auf Änderungen von Marktbedingungen zurückzuführen ist, ergibt sich im Endeffekt als Differenz:

Barwert per 31.12.01 (s. o.)	152.367
Zeitwert der Verbindlichkeit per 31.12.01	153.811
Aufwand aus der Veränderung des Kreditrisikos	**1.444**

31.12.01		Sonstiges Gesamtergebnis I (Kreditrisikorücklage)	1.444	
		Zeitwertverlust (GuV)	2.367	
	an	Verbindlichkeit		3.811

Die Anwendung der Vorschriften von IFRS 9 führt zu der i. d. R. paradoxen Situation, dass die X-AG einen Aufwand aus der Verbesserung des Kreditrisikos i. H. von GE 1.444 (im sonstigen Gesamtergebnis) zu erfassen hat. Im Endeffekt verfügt der Jahresabschlussleser zumindest über Informationen, auf deren Basis er ggf. Bereinigungen durchführen kann.

AUFGABE 12

Sicherungsbilanzierung – Erwartetes Geschäft

Die eigene Währung der X-AG (Sitz: München) ist der Euro. Am 30.11.03 geht die X-AG von einem Kauf einer Maschine in den USA zum 31.03.04 um US$ 10 Mio. aus. Dieser Kauf wird mit hoher Wahrscheinlichkeit stattfinden. Ein Kaufvertrag wurde bis zum Bilanzstichtag 31.12.03 noch nicht abgeschlossen.

Zur Absicherung gegen das Währungsrisiko aus dem erwarteten Geschäft schließt die X-AG am 30.11.03 ein Termingeschäft ab; dabei geht sie die Verpflichtung ein, per 31.03.04 US$ 10 Mio. zu einem Wechselkurs von 1,0 von der Hausbank zu kaufen.

Die folgende Tabelle stellt die Entwicklung des Wechselkurses dar:[551]

30.11.03	1,0
31.12.03	0,8
31.03.04	0,9

Am 31.03.04 wird die Maschine erwartungsgemäß gekauft, geliefert und bezahlt. Die Maschine ist am 01.04.04 betriebsbereit. Ihre Nutzungsdauer beträgt 5 Jahre.

Aufgabenstellung

Nehmen Sie alle Buchungen vor, die im Zeitraum 30.11.03 bis 31.12.04 aus der Perspektive der X-AG (Bilanzstichtag: 31.12.) erforderlich sind. Die X-AG wendet die Bestimmungen zur Sicherungsbilanzierung an.

Lösungshinweise

Insbesondere Kapitel 8

LÖSUNG

Bewertung des Sicherungsderivates zum **31.12.03**:

Umrechnung von US$ 10 Mio.:			
Terminkurs	1,0	€ 10 Mio.	= *US$ 10 Mio. · 1,0*
Kurs 31.12.03	0,8	€ 8 Mio.	= *US$ 10 Mio. · 0,8*
Beizulegender Zeitwert		€ -2 Mio.	

Der negative beizulegende Zeitwert von € -2 Mio. resultiert daraus, dass die X-AG ohne dem Termingeschäft US$ 10 Mio. um € 8 Mio. kaufen könnte, durch das Termingeschäft aber € 10 Mio. zahlen muss.

Umgekehrt hat sich der beizulegende Zeitwert des erwarteten Geschäfts verbessert. Während die X-AG am 30.11.03 noch mit einer Zahlung von € 10 Mio. rechnete, müsste sie am 31.12.03 nur noch € 8 Mio. für die Maschine bezahlen. Das erwartete Geschäft hat somit einen positiven beizulegenden Zeitwert von € +2 Mio.

Die Änderungen der beizulegenden Zeitwerte des erwarteten Geschäfts und des Derivates gleichen sich in der Realität auf Null aus. Das erwartete Geschäft kann zum 31.12.03 noch nicht bilanziert werden. Allerdings wäre das Derivat mit seinem negativen Wert einzubuchen („per Aufwand an Verbindlichkeit € 2 Mio."). Der Jahreserfolg für 03 würde sich i. H. von € -2 Mio. verschlechtern, obwohl sich die Zeitwertänderungen in der Realität ausgeglichen haben. Um dies zu vermeiden, werden die Zeitwertänderungen des Derivates bei Anwendung der Geldflusssicherung im sonstigen Gesamtergebnis erfasst. Somit wirken sich weder das erwartete Geschäft, noch das Derivat auf die GuV aus, d. h. die Auswirkung auf die GuV beträgt Null. Dies entspricht auch der Realität (s. o.).

551 Die Angaben in diesem Beispiel sind direkte Kursangaben in der Form 1 US$ = x €. Am 31.12.03 gilt etwa: 1 US$ = 0,8 €).

31.12.03	Sonstiges Gesamtergebnis I (Sicherungsrücklage I)	2 Mio.	
	an Verbindlichkeit		2 Mio.

Kritisch anzumerken ist dabei jedoch, dass durch diese Buchungstechnik zwar die GuV realitätsgetreu dargestellt wird, nicht aber das sonstige Gesamtergebnis, das Gesamtergebnis und das Eigenkapital als Ganzes.

Jahr 04

Bewertung des Sicherungsderivates zum **31.03.04**:

Umrechnung von US$ 10 Mio.:		
Terminkurs	1,0	€ 10 Mio. = *US$ 10 Mio. · 1,0*
Kurs 31.03.04	0,9	€ 9 Mio. = *US$ 10 Mio. · 0,9*
Beizulegender Zeitwert		€ -1 Mio.

Die Verbesserung des beizulegenden Zeitwerts von € -2 Mio. auf € -1 Mio. stellt eine Reduktion der Verbindlichkeit dar, welche im sonstigen Gesamtergebnis erfasst wird:

31.03.04	Verbindlichkeit	1 Mio.	
	an Sonstiges Gesamtergebnis I (Sicherungsrücklage I)		1 Mio.

Am 31.03.04 wird die Maschine um US$ 10 Mio., umgerechnet mit dem aktuellen Wechselkurs gekauft (= US$ 10 Mio. · 0,9 = € 9 Mio.). Darüber hinaus wird das Devisentermingeschäft, welches einen negativen beizulegenden Zeitwert i. H. von € -1 Mio. aufweist, beglichen. Somit ist insgesamt ein Betrag von € 10 Mio. zu bezahlen. Dieser zu zahlende Betrag entspricht auch dem Kaufpreis, welcher mit dem Terminkurs fixiert wurde (= US$ 10 Mio. · 1,0 = € 10 Mio.).

31.03.04	Maschine	9 Mio.	
	Verbindlichkeit	1 Mio.	
	an Geld		10 Mio.

Nun stellt sich allerdings die Frage, was mit der Sicherungsrücklage zu geschehen hat, welche noch immer mit einem Betrag i. H. von € -10 Mio. zu Buche steht. Bei einer Maschine handelt es sich um einen nicht-finanziellen Vermögenswert, weshalb IFRS 9.6.5.11(d)(i) maßgeblich ist. Demnach wird die Sicherungsrücklage am 31.03.04 – ohne die Ergebnisrechnung zu berühren – gegen den erstmals erfassten Buchwert des Vermögenswert bzw. der Verbindlichkeit umgebucht:

31.03.04	Maschine	1 Mio.	
	an Sicherungsrücklage		1 Mio.

Im Jahr 04 wird die Maschine für 9 Monate planmäßig abgeschrieben (€ 10 Mio. : 5 Jahre : 12 Monate · 9 Monate = € 1,5 Mio.):

31.12.04	Planmäßige Abschreibung	1,5 Mio.	
	an Maschine		1,5 Mio.

AUFGABE 13

Sicherungsbilanzierung – Feste Verpflichtung

Die eigene Währung der X-AG (Sitz: München) ist der Euro. Die X-AG hat am 30.11.03 eine Maschine in den USA um US$ 10 Mio. bestellt.

Zur Absicherung gegen das Währungsrisiko aus der festen Verpflichtung schließt die X-AG am 30.11.03 ein Termingeschäft ab; dabei geht sie die Verpflichtung ein, per 31.03.04 US$ 10 Mio. zu einem Wechselkurs von 1,0 von der Hausbank zu kaufen.

Die folgende Tabelle stellt die Entwicklung des Wechselkurses dar:[552]

30.11.03	1,0
31.12.03	0,8
31.03.04	0,9

Am 31.03.04 wird die Maschine geliefert und bezahlt. Die Maschine ist am 01.04.04 betriebsbereit. Ihre Nutzungsdauer beträgt 5 Jahre.

Aufgabenstellung

Nehmen Sie alle Buchungen vor, die im Zeitraum 30.11.03 bis 31.12.04 aus der Perspektive der X-AG (Bilanzstichtag: 31.12.) erforderlich sind. Die X-AG wendet die Bestimmungen zur Sicherungsbilanzierung an und übt das Wahlrecht gem. IFRS 9.6.5.4 derart aus, dass Absicherungen fester Verpflichtungen gegen das Währungsrisiko als Zeitwertsicherungen bilanziert werden.

Lösungshinweise

Insbesondere Kapitel 8

LÖSUNG

Bewertung des Sicherungsderivates zum **31.12.03**:

Umrechnung von US$ 10 Mio.:		
Terminkurs	1,0	€ 10 Mio. = *US$ 10 · 1,0*
Kurs 31.12.03	0,8	€ 8 Mio. = *US$ 10 · 0,8*
Beizulegender Zeitwert		€ -2 Mio.

552 Die Angaben in diesem Beispiel sind direkte Kursangaben in der Form 1 US$ = x €. Am 31.12.03 gilt etwa: 1 US$ = 0,8 €).

Der negative beizulegende Zeitwert von € -2 Mio. resultiert daraus, dass die X-AG ohne dem Termingeschäft US$ 10 Mio. um € 8 Mio. kaufen könnte, durch das Termingeschäft aber € 10 Mio. zahlen muss.

Umgekehrt hat sich der beizulegende Zeitwert der festen Verpflichtung verbessert. Während die X-AG am 30.11.03 noch mit einer Zahlung von € 10 Mio. rechnete, müsste sie am 31.12.03 nur noch € 8 Mio. für die Maschine bezahlen. Die feste Verpflichtung hat somit einen positiven beizulegenden Zeitwert von € +2 Mio.

Die Änderungen der beizulegenden Zeitwerte der festen Verpflichtung und des Derivates gleichen sich in der Realität auf Null aus. Ein positiver beizulegender Zeitwert einer festen Verpflichtung über den Kauf einer Maschine dürfte aber nach IFRS nicht bilanziert werden. Allerdings wäre das Derivat mit seinem negativen Wert einzubuchen („per Aufwand an Verbindlichkeit € 2 Mio.“). Der Jahreserfolg für 03 würde sich um € -2 Mio. verschlechtern, obwohl sich die Zeitwertänderungen in der Realität ausgeglichen haben. Um dies zu vermeiden, wird bei Anwendung der Vorschriften zur Zeitwertsicherung auch der positive beizulegende Zeitwert der festen Verpflichtung GuV-wirksam erfasst (als „sonstiger Vermögenswert“). Somit beträgt die Auswirkung der Summe der Zeitwertänderungen des Derivats und der festen Verpflichtung auf den Periodenerfolg Null. Dies entspricht auch der Realität (s. o.).

31.12.03		Aufwand	2 Mio.	
	an	Verbindlichkeit (Derivat)		2 Mio.

31.12.03		Sonstiger Vermögenswert	2 Mio.	
	an	Ertrag		2 Mio.

Jahr 04

Bewertung des Sicherungsderivates zum **31.03.04**:

Umrechnung von US$ 10 Mio.:			
Terminkurs	1,0	€ 10 Mio.	= *US$ 10 Mio · 1,0*
Kurs 31.03.04	0,9	€ 9 Mio.	= *US$ 10 Mio. · 0,9*
Beizulegender Zeitwert		€ -1 Mio.	

31.03.04		Verbindlichkeit (Derivat)	1 Mio.	
	an	Ertrag		1 Mio.

Der beizulegende Zeitwert der festen Verpflichtung beträgt nur noch € +1 Mio.

31.03.04		Aufwand	1 Mio.	
	an	Sonstiger Vermögenswert		1 Mio.

Begleichung des Devisentermingeschäfts (negativer beizulegender Zeitwert von € -1 Mio.):

31.03.04		Verbindlichkeit	1 Mio.	
	an	Geld		1 Mio.

Für die Bezahlung der Maschine ist der Wechselkurs per 31.03.04 maßgeblich. Dies führt zu einer Zahlung von € 9 Mio. (= US$ 10 Mio. · 0,9):

31.03.04		Maschine	9 Mio.	
	an	Geld		9 Mio.

Der positive beizulegende Zeitwert des schwebenden Geschäfts ist zur Anpassung der Anschaffungskosten der Maschine auszubuchen (IFRS 9.6.5.9):

31.03.04		Maschine	1 Mio.	
	an	Sonstiger Vermögenswert		1 Mio.

Somit wurde die Maschine mit dem am 30.11.03 gesicherten Wechselkurs eingebucht (US$ 10 Mio. · 1,0 bzw. € 9 Mio. + € 1 Mio.).

Die Maschine wird schließlich für 9 Monate planmäßig abgeschrieben (= € 10 Mio. : 5 Jahre : 12 Monate · 9 Monate):

31.12.04		Planmäßige Abschreibung	1,5 Mio.	
	an	Maschine		1,5 Mio.

IFRS 10 Konzernabschlüsse

1. Einleitung

Ein Mutterunternehmen und sämtliche seiner Tochterunternehmen bilden zusammen einen **Konzern**. Ein **Tochterunternehmen** ist dadurch charakterisiert, dass es von einem anderen Unternehmen (dem sog. **Mutterunternehmen**) beherrscht wird. In diesem Fall ist häufig von einem **Mutter-Tochter-Verhältnis** die Rede.

Ein **Konzernabschluss** ist der Abschluss eines Konzerns (Unternehmensgruppe), welcher so dargestellt wird, als ob die Konzernunternehmen (d. h. die Tochterunternehmen und das Mutterunternehmen) ein einziges Unternehmen wären. In einem Konzernabschluss werden daher – im Gegensatz zum Einzelabschluss[553] – nicht die Beteiligungen an den Tochterunternehmen ausgewiesen, sondern vielmehr die einzelnen Vermögenswerte (z. B. Gebäude, Maschinen und Vorräte) und Schulden der Tochterunternehmen (**Einheitstheorie**).

IFRS 10 regelt jedoch nicht sämtliche Aspekte der Konzernrechnungslegung, sondern beschäftigt sich primär mit

- der Abgrenzung des **Konsolidierungskreises**, d. h. mit der Frage, wann ein anderes Unternehmen (oder ein Teil davon) von einem Inverstor **beherrscht** wird und als Folge zu einem Tochterunternehmen wird (Kapitel 2), sowie mit
- **bestimmten Konsolidierungsmethoden** (Kapitel 3).

Hinsichtlich jener Aspekte der Konzernrechnungslegung, welche nicht Gegenstand von IFRS 10 sind, wird auf den Abschnitt des vorliegenden Buches zu **IFRS 3** verwiesen bzw. in Bezug auf die **Währungsumrechnung** auf jenen zu **IAS 21**.

In seltenen Fällen erfüllen **Mutterunternehmen** die Definition eines **Anlageunternehmens** (*investment entity*). Besonderes Merkmal derartiger Unternehmen ist insbesondere, dass ihr Geschäftszweck im Erwerb von Beteiligungen besteht, mit dem Ziel, laufende Beteiligungserträge und/oder Wertsteigerungen zu realisieren (IFRS 10.27 und 10.Anhang A). Derartige Mutterunternehmen haben – als Ausnahme zur oben erwähnten Einheitstheorie – ihre Tochterunternehmen in einem etwaigen Konzernabschluss grundsätzlich nicht zu konsolidieren, sondern erfolgswirksam zum beizulegenden Zeitwert zu bilanzieren (IFRS 10.31). Da es sich hierbei um Ausnahmefälle handelt, sind solche Konstellationen nicht Gegenstand des vorliegenden Abschnitts.[554]

Im Rahmen der nachfolgenden Ausführungen wird jenes Unternehmen, an dem eine Beteiligung besteht, als „**Beteiligungsunternehmen**" bzw. als „**untergeordnetes Unternehmen**" bezeichnet.

553 Zum Einzelabschluss vgl. Abschnitt IAS 27.

554 Hinsichtlich der Vorschriften zu Anlageunternehmen – und der mit ihrer Anwendung verbundenen Zweifelsfragen – wird verwiesen auf: *Lüdenbach/Hoffmann/Freiberg*, IFRS-Kommentar, 12. Aufl., § 32 Tz. 100 ff. sowie Christian, PiR 2013, S. 69 ff.

2. Konsolidierungskreis

2.1 Überblick

Die Abgrenzung des Konsolidierungskreises gem. IFRS 10 erfolgt in den folgenden Schritten:[555]

1. Identifikation des potenziellen Konsolidierungsobjekts (*Kapitel 2.2*)
2. Bestimmung der relativen Tätigkeiten (*Kapitel 2.3*)
3. Hat das Berichtsunternehmen Entscheidungsgewalt (*power*) über diese Tätigkeiten? (*Kapitel 2.3*)
4. Ist das Berichtsunternehmen Ergebnisvariabilität ausgesetzt? (*Kapitel 2.3*)
5. Besteht eine Verbindung zwischen Entscheidungsgewalt und Ergebnisvariabilität? (*Kapitel 2.3*)

2.2 Potenzielles Konsolidierungsobjekt

Bei den potenziellen Tochterunternehmen als mögliche Konsolidierungsobjekte handelt es sich i. d. R. um rechtlich eigenständige Gesellschaften. Im Einzelfall kann aber auch ein **Ausschnitt** aus einer solchen Gesellschaft (sog. **Silo**) zum Konsolidierungsobjekt werden. Dies ist insbesondere dann der Fall, wenn das Beteiligungsunternehmen mehrere i. d. R. langfristige Vermögenswerte hat, diese aber separat finanziert werden und die jeweilige Finanzverbindlichkeit nur aus den finanzierten Vermögenswerten und deren Erträgen bedient werden muss (IFRS 10.B76-10.B79). Derartige Konstruktionen kommen etwa bei Leasingobjektgesellschaft oder bei ABS-Gesellschaften (*multi-seller conduits*) vor.

2.3 Beurteilung, ob Beherrschung besteht

2.3.1 Überblick

Nach IFRS 10 **beherrscht** ein Investor ein anderes Unternehmen, wenn alle der drei folgenden Bedingungen erfüllt werden (IFRS 10.6 f. und 10.B2):

- Der Investor hat **Verfügungsgewalt** *(power)* über das andere Unternehmen (d. h. der Investor verfügt über bestehende Rechte, die es ihm gegenwärtig ermöglichen, die relevanten Tätigkeiten des Unternehmens zu steuern). Die **relevanten Tätigkeiten** sind jene Tätigkeiten des anderen Unternehmens, welche dessen Ergebnisse in wesentlichem Ausmaß beeinflussen

555 In Anlehnung an *Lüdenbach/Hoffmann/Freiberg*, IFRS-Kommentar, 12. Aufl., § 32 Tz. 8.

(IFRS 10.10 und 10.Anhang A). Die folgenden Aktivitäten sind Beispiele für Tätigkeiten, welche relevante Tätigkeiten eines bestimmten Unternehmens darstellen können (IFRS 10.B11):

- Kauf und Verkauf von Gütern bzw. Dienstleistungen,
- Forschungs- und Entwicklungstätigkeiten in Bezug auf neue Produkte oder Prozesse,
- Festlegung einer Finanzierungsstruktur bzw. Erhalt von Finanzierungen,
- Auswahl, Erwerb oder Veräußerung von Vermögenswerten.

- Der Investor ist variablen Ergebnissen aus seiner Beteiligung am anderen Unternehmen ausgesetzt oder hat Rechte auf diese variablen Ergebnisse (**Exponierung gegenüber oder Rechte auf variable(n) Ergebnisse(n)**). Die Ergebnisse des Investors aus seiner Beteiligung können aufgrund der Leistung des anderen Unternehmens schwanken (IFRS 10.15 und 10.B55).
- Der Investor ist dazu in der Lage, seine Verfügungsgewalt über das andere Unternehmen einzusetzen, um die Ergebnisse zu beeinflussen (**Zusammenhang zwischen Verfügungsgewalt und Ergebnissen**). Ein Investor, der ein **Agent** ist, beherrscht daher nicht das Unternehmen, an dem die Beteiligung besteht, wenn er Entscheidungsrechte ausübt, die an ihn delegiert wurden (IFRS 10.17 f.).

Bei der Beurteilung, ob Beherrschung besteht, ist es erforderlich, den **Zweck** und die **Gestaltung** des Unternehmens zu analysieren, an dem die Beteiligung besteht (IFRS 10.B5).

Es kann sein, dass Fakten und Umstände darauf hindeuten, dass hinsichtlich eines oder mehrerer der drei oben genannten Kriterien zur Beurteilung, ob Beherrschung besteht (IFRS 10.7), Änderungen eingetreten sind. In diesem Fall ist es erforderlich, **neu zu beurteilen**, ob Beherrschung besteht (IFRS 10.B80-10.B85).

Hinsichtlich der **Verfügungsgewalt** ist aus praktischer Sicht zwischen breit operierenden Unternehmen und sog. strukturierten Unternehmen zu unterscheiden.[556]

Variable Ergebnisse resultieren nicht nur aus gesellschaftsrechtlichen Ansprüchen (Dividenden), sondern z. B. auch aus Darlehen (Ausfallrisiko) oder auch aus Synergien, die der Investor aus dem Beteiligungsunternehmen zieht (IFRS 10.B57).

Die erforderliche Verbindung von Verfügungsgewalt und Ergebnisvariabilität besteht nicht bei einem **Entscheidungsträger**, der nur als **Agent** handelt, d. h. zwar (auf Zeit) autonom, aber (überwiegend) im Interesse eines anderen (IFRS 10.B58 f.). Ein verbreitetes Beispiel ist etwa ein **Vermögensverwalter** (*asset manager*), der über die Anlagen einer Anlagegesellschaft weitgehend autonom entscheidet, aber jederzeit vom Hauptinvestor entlassen werden kann. Im Rahmen der Beurteilung, ob ein Entscheidungsträger ein Agent ist, sind insbesondere die folgenden **Faktoren** zu berücksichtigen (IFRS 10.B60):

- der dauerhafte Umfang seiner Entscheidungsbefugnisse,
- die von anderen Parteien gehaltenen Rechte,
- das ihm vertraglich zustehende Entgelt,
- seine eigene Exponiertheit gegenüber der Variabilität der Ergebnisse aufgrund anderer von ihm gehaltener Beteiligungen am von ihm ggf. zu konsolidierenden Unternehmen.

556 Vgl. Kapitel 2.3.2-2.3.4.

Im Zuge der Beurteilung, ob Beherrschung vorliegt, behandelt der **Investor** die an seinen Agenten **delegierten Entscheidungsrechte** so, als ob er diese selbst direkt halten würde (IFRS 10.B59).

2.3.2 Die relevanten Tätigkeiten und der Mechanismus, mit dem über sie bestimmt wird

Die Identifikation der relevanten Tätigkeiten ist deshalb von zentraler Bedeutung, weil hieran die Verfügungsgewalt bzw. Entscheidungsmacht *(power)* festgemacht wird. Die Entscheidungsmacht (die amtliche Übersetzung spricht von „Verfügungsgewalt") über ein Unternehmen liegt bei demjenigen, der dessen **relevante Aktivtäten** bestimmen kann (IFRS 10.10), und zwar auf der Grundlage von gesellschaftsrechtlichen, aber auch schuldrechtlichen Rechtspositionen (IFRS 10.11). Relevant sind dabei jene Tätigkeiten, die sich signifikant auf die Rendite bzw. Ergebnisse des untergeordneten Unternehmens auswirken (IFRS 10.Anhang A).

IFRS 10 basiert – im Gegensatz zu den Vorgängernormen IAS 27 (2008) und SIC 12 – auf einem **einheitlichen Konsolidierungskonzept**. Demnach gelten für alle Arten von Unternehmen dieselben Kriterien zur Beurteilung, ob Beherrschung besteht und somit ein Mutter-Tochter-Verhältnis vorliegt. Dennoch sind einige Vorschriften des Standards im Rahmen der **praktischen Anwendung** primär für „normale" Unternehmen und andere wiederum primär für strukturierte Unternehmen von Bedeutung (obwohl der Standard den Begriff „strukturiertes Unternehmen" an keiner Stelle explizit verwendet).

- **„Normale" Unternehmen:** Bei vielen Unternehmen hat ein breites Spektrum von Aktivitäten signifikante Auswirkungen auf die Ergebnisse, u. a. die Beschaffungs- und Absatzaktivitäten, Forschungs- und Entwicklungstätigkeiten, Finanzierungstätigkeiten, die Verwaltung von finanziellen Vermögenswerten (z. B. Forderungen), Auswahl, Erwerb und Veräußerung von Anlagen usw. (IFRS 10.B11). In diesen Fällen ist danach zu fragen, wie die hierauf bezogenen Entscheidungen inkl. Budgetfestsetzungen und Metaentscheidungen über Bestellung und Abberufung des Entscheidungspersonals (Geschäftsführer) bestimmt werden können. Hierzu sind regelmäßig **Stimmrechte** oder vergleichbare Rechte (Organbesetzungsrechte, Beherrschungsverträge usw.) erforderlich (IFRS 10.B16).
- **Strukturierte Unternehmen:** Stimmrechte oder vergleichbare Rechte gewähren dann keine Verfügungsgewalt, wenn sie sich hauptsächlich auf administrative Dinge (etwa Besorgen der Buchhaltung, Verwaltung werthaltiger Debitoren, Auf- und Feststellung des Jahresabschlusses usw.) beziehen und schuld- und/oder gesellschaftsrechtliche Vereinbarungen die Aktivitäten der Gesellschaft in weitem Umfang vorherbestimmen (sog. Autopilot) (IFRS 10.B17). Für die Beurteilung der Machtverhältnisse in derartigen Fällen verweist IFRS 10.B17 auf IFRS 10.B5-B8 und damit u. a. auf das Maß, in dem die Risiken und Chancen aus den Aktivitäten des untergeordneten Unternehmens beim Investor liegen. Weitgehend entspricht dies den bisherigen Regelungen von SIC 12 zu **Zweckgesellschaften**, wobei der Anwendungsbereich der neuen Vorschriften insofern größer ist, als nicht zwingend eine enge Zwecksetzung gefordert ist und in der Beurteilung der Konsolidierungspflicht die Risiko-Chancen-Verteilung nur noch einer von mehreren insgesamt zu würdigenden Faktoren ist.

Als Zwischenfazit lässt sich festhalten: Wenngleich IFRS 10 im Interesse eines einheitlichen Konsolidierungsmodells – anders als noch IAS 27 und SIC 12 sowie ebenso anders als noch der Standardentwurf zu IFRS 10 (und IFRS 12) – nicht mehr begrifflich zwischen normalen und strukturierten Unternehmen unterscheidet, bleibt diese Unterscheidung substanziell erhalten. Die nachfolgenden Ausführungen folgen daher dieser Unterscheidung.

2.3.3 „Normale" Unternehmen

In manchen Fällen ist die Beurteilung, ob **Verfügungsgewalt** besteht, einfach. Dies ist der Fall, wenn die Macht über das andere Unternehmen ausschließlich und direkt aus Stimmrechten resultiert, die sich aus dem Besitz von Eigenkapitalinstrumenten (z. B. Aktien) ergeben; dann wird die Verfügungsgewalt anhand der Stimmrechte aus den Anteilen beurteilt. In anderen Fällen kann die Beurteilung aufwändiger sein (IFRS 10.11).

Von Bedeutung sind u. a. (IFRS 10.B15):

- **potenzielle Stimmrechte** aus Options- oder Wandlungsrechten,
- **Rechte zur Ernennung oder Abberufung von Geschäftsführern,**
- **andere Rechte** (z. B. in einem Beherrschungs- oder Managementvertrag festgelegte Entscheidungsrechte), die es dem Inhaber ermöglichen, die relevanten Tätigkeiten des anderen Unternehmens zu steuern.

Kann ein Gesellschafter aufgrund eines Sonderrechts über die Besetzung der Geschäftsführung bestimmen, während der andere die Mehrheit in der Gesellschafterversammlung hat (**Divergenz der Rechte**), kommt es darauf an, welches der beiden Gesellschaftsorgane wichtiger ist.

Bei der Beurteilung, ob Verfügungsgewalt besteht, werden lediglich **substanzielle Rechte** hinsichtlich des anderen Unternehmens berücksichtigt (die vom Investor und von anderen gehalten werden) und Rechte, die **keine Schutzrechte** darstellen (IFRS 10.B9 und 10.B22):

- **Schutzrechte** zielen darauf ab, die Beteiligung des Rechteinhabers zu schützen. Allerdings erhält der Inhaber durch diese Rechte keine Macht über das Unternehmen, auf das sich die Rechte beziehen (IFRS 10.Anhang A). Ein Beispiel ist das Recht des Inhabers nicht beherrschender Anteile, die Emission von Eigenkapital- oder Schuldinstrumenten zu genehmigen oder abzulehnen (IFRS 10.B28b).
- Im Falle eines **substanziellen Rechts** hat der Inhaber des Rechts die praktische Fähigkeit, das Recht auszuüben. Die Beurteilung, ob ein Recht substanziell ist, erfordert die Berücksichtigung aller Fakten und Umstände, wie etwa (IFRS 10.B22 f.):
  - die Existenz von Barrieren, die den Inhaber an der Ausübung der Rechte hindern (z. B. finanzielle Nachteile und Anreize, welche den Inhaber von der Ausübung der Rechte abhalten),
  - die Frage, ob der Inhaber der Rechte (z. B. von potenziellen Stimmrechten) von deren Ausübung profitieren würde.

Substanzielle Rechte, welche von **anderen Parteien** ausgeübt werden können, können einen Investor daran hindern, ein Unternehmen zu beherrschen (IFRS 10.B25). Ein solcher Fall, liegt etwa vor, wenn der Investor zwar mehr als 50 % der Stimmrechte hat, aber bei vielen Entscheidungen (z. B. bei solchen über die Bestellung der Geschäftsführer oder bei solchen über das Jahresbudget) eine **höhere Mehrheit** (z. B. 75 %) erforderlich ist. Sieht der Gesellschaftsvertrag hingegen lediglich für außerordentliche Entscheidungen (Kapitalerhöhung, Liquidation usw.) höhere Mehrheiten vor, so haben die Minderheitsgesellschafter lediglich Schutzrechte. Der Mehrheitsgesellschafter beherrscht das Unternehmen.

Bei der Beurteilung, ob Beherrschung besteht, sind die **potenziellen Stimmrechte** des Investors sowie die von anderen Parteien gehaltenen potenziellen Stimmrechte zu berücksichtigen. Potenzielle Stimmrechte stellen Rechte auf den Erhalt von Stimmrechten dar, wie jene, die aus Wandelanleihen oder Optionen (inkl. Forward-Verträgen) resultieren. Ihre Berücksichtigung setzt voraus, dass die potenziellen Stimmrechte **substanziell** sind (IFRS 10.B47).[557] Daher muss der Inhaber der potenziellen Stimmrechte u. a. den Ausübungs- bzw. Wandlungspreis des Instruments in Betracht ziehen. Es ist wahrscheinlicher, dass die Bedingungen potenzieller Stimmrechte substanziell sind, wenn sich das Instrument im Geld befindet oder der Investor aus anderen Gründen von der Ausübung bzw. Wandlung des Instruments profitieren würde (z. B. durch die Realisierung von Synergien zwischen dem Investor und dem anderen Unternehmen) (IFRS 10.B23c). Bei der Untersuchung potenzieller Stimmrechte muss der Investor daher den Zweck und die Gestaltung des Instruments sowie den Zweck und die Ausgestaltung eines etwaigen anderen Engagements bei dem betreffenden Unternehmen beurteilen. Dies umfasst eine Beurteilung der Bedingungen des Instruments sowie der wahrnehmbaren Erwartungen, Motive und Gründe des Investors für die Zustimmung zu diesen Bedingungen (IFRS 10.B48).

Faktische Beherrschung (*de facto control*) liegt bei **Publikumsgesellschaften** vor, wenn das Berichtsunternehmen zwar weniger als 50 % der Stimmrechte hält, aber die restlichen Anteile breit unter Kleinaktionären gestreut sind und diese zu einem erheblichen Teil gar nicht an den Hauptversammlungen teilnehmen. Der Hauptinvestor hat dann u. U. eine sog. **Präsenzmehrheit**, die es ihm erlaubt, das Unternehmen zu beherrschen (IFRS 10.B42-10.B46).

2.3.4 Strukturierte Unternehmen

In anderen Fällen sind die Stimmrechte oder ähnlichen Rechte hingegen nicht das Hauptkriterium für die Beurteilung, ob Beherrschung besteht (z. B. wenn sich die Stimmrechte lediglich auf administrative Aktivitäten beziehen und vertragliche Vereinbarungen die Steuerung der relevanten Tätigkeiten bestimmen) (IFRS 10.B16 f.). Relevante Beispiele sind Leasingobjektgesellschaften oder ABS-Gesellschaften.

Strukturierte Unternehmen zeichnen sich allgemein dadurch aus, dass gesellschafts- und/oder schuldrechtlich die gewöhnlichen Tätigkeiten weitgehend vorherbestimmt sind (sog. Autopilot) und die Entscheidungsgewalt für ungewöhnliche Fälle beim Berichtsunternehmen liegt. In diesem Fall gelten nur noch die ungewöhnlichen Aktivitäten als relevante Tätigkeiten und können dem Berichtsunternehmen Beherrschung geben (IFRS 10.B53).

Ein wichtiger Indikator für die Beherrschung ist die **Verteilung der Risiken**. Je mehr Risiken beim Investor liegen, umso eher wird er das Unternehmen beherrschen. Im Rahmen der Untersuchung der Risiken sind aber nicht nur negative Risiken, sondern auch Chancen zu analysieren (IFRS 10.B8). Typisch sind etwa folgende Konstellationen:

557 Hinsichtlich des Ausdrucks „substanziell" wird auf die obigen Ausführungen verwiesen.

- Das strukturierte Unternehmen finanziert sich beinahe ausschließlich aus Fremdmitteln, die es ohne Bürgschaften, Patronatserklärungen, Liquiditätsgarantien (Fazilitäten) etc. des Berichtsunternehmens nicht hätte beschaffen können.
- Die Fremdmittel stammen vom Berichtsunternehmen, das hierfür keine Sicherheiten erhält, mit denen ein Dritter sich zufrieden gegeben hätte.
- Das strukturierte Unternehmen verfügt zwar über wesentliches, von Dritten aufgebrachtes Eigenkapital, das Berichtsunternehmen nimmt den Dritten aber das eigenkapitaltypische Verlustrisiko ab, indem es ihnen etwa über einen langen Zeitraum ein Recht auf Andienung der Anteile zum Nominalwert zuzüglich einer Verzinsung einräumt oder ihnen auf Dauer Mindestdividenden garantiert.
- Das strukturierte Unternehmen hat von vornherein eine begrenzte Zeitdauer. Für den Wert des am Ende dieses Zeitraums bestehenden Vermögens garantiert das Berichtsunternehmen durch Einräumung von *first-loss*-Garantien, Andienungsrechten usw.

3. Konsolidierungsmethoden

3.1 Konzernbilanzstichtag und abweichende Bilanzstichtage von Tochterunternehmen

Der Stichtag des Konzernabschlusses ist der Bilanzstichtag des Mutterunternehmens. Tochterunternehmen dürfen auf der Grundlage eines Abschlusses mit einem abweichenden Bilanzstichtag einbezogen werden, wenn die Abweichung zwischen den Stichtagen nicht größer als 3 Monate und die Erstellung eines zusätzlichen Abschlusses für das Tochterunternehmen nicht praktikabel ist. Im Falle des auf diese Weise zulässigen Einbezugs eines Tochterunternehmens auf der Basis eines abweichenden Stichtags ist eine Anpassung erforderlich, um die Auswirkungen signifikanter Geschäftsfälle oder Ereignisse zu berücksichtigen (IFRS 10.B92 f.).

3.2 Erstellung des Konzernabschlusses

3.2.1 Überblick

Die Erstellung eines Konzernabschlusses erfolgt in den nachstehenden Schritten (IFRS 10.B86 f.):[558]

(1) Erstellung der **Bilanz II** und der **Gesamtergebnisrechnung II** für das Mutterunternehmen sowie für jedes Tochterunternehmen:

(a) Sofern die Einzelabschlüsse nicht nach IFRS aufgestellt werden, müssen diese von den nationalen Rechnungslegungsvorschriften an die IFRS angepasst werden.

558 Die Vorschriften zur Umrechnung von Abschlüssen ausländischer Tochterunternehmen in die Berichtswährung des Konzernabschlusses werden im Abschnitt zu IAS 21 (Kapitel 4) erläutert.

(b) Die Einzelabschlüsse aller Tochterunternehmen müssen an konzerneinheitliche Bilanzierungs- und Bewertungsmethoden der IFRS angepasst werden (z. B. einheitliche Bewertung aller Anlageimmobilien des Mutterunternehmens und der Tochterunternehmen nach dem Zeitwertmodell[559]).

(2) Erstellung der **Summenbilanz** und der **Summen-Gesamtergebnisrechnung** durch Addition der Bilanzen II und der Gesamtergebnisrechnungen II der Tochterunternehmen und des Mutterunternehmens. Dabei werden ähnliche Gruppen von Vermögenswerten, Schulden, Eigenkapital, Erträgen und Aufwendungen der einzelnen Konzernunternehmen addiert (z. B. Bildung der Summe der Buchwerte aller Handelswaren der Tochterunternehmen und des Mutterunternehmens bzw. die Summe der Darlehensverbindlichkeiten der Tochterunternehmen und des Mutterunternehmens).

(3) **Kapitalkonsolidierung**[560]

(a) Ausbuchung der Beteiligung des Mutterunternehmens am Tochterunternehmen sowie des Eigenkapitals des Tochterunternehmens im Erwerbszeitpunkt und Erfassung der nicht beherrschenden Anteile. Letzterer Posten repräsentiert das Eigenkapital des Tochterunternehmens, das nicht direkt oder indirekt dem Mutterunternehmen zuzurechnen ist (IFRS 10.Anhang A).

(b) Ansatz der Vermögenswerte und Schulden der Tochterunternehmen, welche in der Bilanz II der Tochterunternehmen nicht erfasst wurden, allerdings nach IFRS 3 in der Konzernbilanz anzusetzen sind.

(c) Anpassung der Buchwerte der Vermögenswerte und Schulden der Tochterunternehmen an die nach IFRS 3 erforderlichen Beträge (welche grundsätzlich beizulegende Zeitwerte darstellen) im Zeitpunkt des Unternehmenserwerbs. Diese Zeitwertanpassungen sind in der Folge fortzuschreiben. So sind etwa die im Zeitpunkt des Unternehmenserwerbs aktivierten stillen Reserven eines Gebäudes eines Tochterunternehmens in der Folge planmäßig abzuschreiben. In Bezug auf die restliche Gebäudeabschreibung erfolgt allerdings im Zuge der Konsolidierung keine Buchung, da diese ohnehin bereits in der Gesamtergebnisrechnung II enthalten ist.

(d) Ansatz des Firmenwerts.

(4) **Vollständige Eliminierung konzerninterner Salden, Geschäfte, Erträge und Aufwendungen.** Gewinne und Verluste aus konzerninternen Geschäften, welche im Buchwert von Vermögenswerten (z. B. Vorräte und Sachanlagen) erfasst werden, sind ebenfalls zur Gänze zu eliminieren (Zwischenerfolgseliminierung).

Schritt (4) wird in den folgenden Kapiteln dieses Abschnitts genauer behandelt. Schritt (3) ist Gegenstand des Abschnitts zu IFRS 3. Unterschiedliche Aspekte der Bilanzierung nicht beherrschender Anteile werden in den Abschnitten zu IFRS 3 und IFRS 10 erörtert.

---

559 Vgl. Abschnitt IAS 40, Kapitel 4.1.

560 Hinsichtlich genauerer Ausführungen zur Kapitalkonsolidierung wird auf den Abschnitt zu IFRS 3 verwiesen.

3.2.2 Schuldenkonsolidierung

Ein Konzern kann keine Schulden gegenüber sich selbst und keine Forderungen an sich selbst haben. Daher sind **konzerninterne Forderungen und Schulden** (mit der Konsolidierungsbuchung „Verbindlichkeit an Forderung") **zu eliminieren** (IFRS 10.B86c).

Ein Problem der Schuldenkonsolidierung stellen sog. **echte Aufrechnungsdifferenzen** dar. Diese ergeben sich aus einer **unterschiedlichen bilanziellen Behandlung von Aktiva und Passiva** in den Bilanzen II der Konzernunternehmen (nach Anpassung an konzerneinheitliche Bilanzierungsmethoden). Dies ist etwa in den folgenden Beispielen der Fall:

- Anfang 01 gewährt Tochterunternehmen A ein Darlehen an Tochterunternehmen B. Daher aktiviert A eine Darlehensforderung, während B eine Darlehensverbindlichkeit passiviert. Es sei angenommen, dass sich B Ende 01 in signifikanten finanziellen Schwierigkeiten befindet. Daher schreibt A die Darlehensforderung außerplanmäßig ab. Die finanziellen Schwierigkeiten wirken sich jedoch im Normalfall nicht auf die Bewertung der Darlehensverbindlichkeit im Abschluss von B aus. Deshalb haben die Forderung und die Verbindlichkeit zum 31.12.01 einen unterschiedlichen Buchwert. Die Konsolidierungsbuchung für das Jahr 01 lautet daher „per Verbindlichkeit an Forderung an Außerplanmäßige Abschreibung".
- Ein anderes Beispiel für echte Aufrechnungsdifferenzen sind wahrscheinliche Forderungen und Schulden, die beim Schuldner eher zu einem Ansatz einer Rückstellung führen, als beim Gläubiger zum Ansatz eines Vermögenswerts (Forderung).

Des Weiteren können sich **unechte Aufrechnungsdifferenzen** aufgrund unterschiedlicher Bilanzstichtage bzw. zeitlicher Buchungsunterschiede ergeben.

3.2.3 Aufwands- und Ertragskonsolidierung

In der Gesamtergebnisrechnung des Konzerns sind die Erträge und Aufwendungen aus Konzernsicht darzustellen, d.h. **konzerninterne Erträge und Aufwendungen sind zu eliminieren** (IFRS 10.B86c). Es sei angenommen, dass Tochterunternehmen A eine Maschine an Tochterunternehmen B im Rahmen eines operativen Leasings vermietet. Daher erfasst A Mieterträge und B Mietaufwendungen. Diese Erträge und Aufwendungen sind zu eliminieren, da der Konzern (welcher im Rahmen der Konzernrechnungslegung als ein einziges Unternehmen betrachtet wird) nicht eine Maschine an sich selbst vermieten kann. Daher lautet die Konsolidierungsbuchung in diesem Beispiel „Mieterträge an Mietaufwendungen".

3.2.4 Zwischenerfolgseliminierung

Im Rahmen der Konsolidierung müssen auch **Gewinne und Verluste** aus konzerninternen Geschäften, welche in den Einzelabschlüssen **in den Buchwerten von Vermögenswerten** erfasst wurden, zur Gänze eliminiert werden (IFRS 10.B86c). Es sei angenommen, dass das Tochterunternehmen A im Jahr 01 von einem konzernfremden Lieferanten Waren um GE 10 bezieht und diese an Tochterunternehmen B um GE 12 verkauft. Im Jahr 01 werden die Waren von B nicht weiterverkauft. In diesem Fall darf die Gesamtergebnisrechnung des Konzerns keine Umsatzerlöse, keinen Wareneinsatz und somit auch keine Gewinnspanne enthalten. Die Waren müssen in der Konzernbilanz mit den Konzernanschaffungskosten i. H. von GE 10 ausgewiesen werden (denn dies ist der Betrag, zu dem der Konzern die Waren vom konzernexternen Lieferanten erworben hat).

Im Falle der Existenz **nicht beherrschender Anteile** muss die Zwischenerfolgseliminierung in voller Höhe erfolgen und nicht nur i. H. des Anteils der Mehrheit. **Zwischenverluste** können auf eine **Wertminderung** hindeuten, welche im Konzernabschluss zu erfassen ist.

3.2.5 Nicht beherrschende Anteile

Sowohl IFRS 10 als auch IFRS 3[561] enthalten Vorschriften zu nicht beherrschenden Anteilen. Der Ausdruck „**nicht beherrschende Anteile**" bezeichnet das Eigenkapital eines Tochterunternehmens, welches nicht direkt oder indirekt dem Mutterunternehmen zuzurechnen ist (IFRS 10.Anhang A).

Nicht beherrschende Anteile sind in der **Konzernbilanz** innerhalb des **Eigenkapitals** auszuweisen. Der Ausweis erfolgt jedoch separat vom Eigenkapital der Eigentümer des Mutterunternehmens (IFRS 10.22 und IAS 1.54q).

Der Jahreserfolg und jede Komponente des sonstigen Gesamtergebnisses werden auf die Eigentümer des Mutterunternehmens und auf die nicht beherrschenden Anteile aufgeteilt, auch wenn dies dazu führt, dass der Wert der nicht beherrschenden Anteile negativ wird (IFRS 10.B94).

Existieren **potenzielle Stimmrechte**, so werden die Teile des Periodenerfolgs und der Eigenkapitaländerungen, die auf das Mutterunternehmen und auf die nicht beherrschenden Anteile entfallen, grundsätzlich auf der Basis gegenwärtiger Eigentumsanteile aufgeteilt. Die Konsolidierungsbuchungen erfolgen somit nicht unter Berücksichtigung der möglichen Ausübung oder Wandlung potenzieller Stimmrechte, obgleich letztere im Rahmen der Beurteilung, ob Beherrschung besteht, zu analysieren sind[562] (IFRS 10.B89 f.).

3.3 Erwerb und Verkauf von Anteilen

Der Fall, dass ein Unternehmen Anteile an einem anderen Unternehmen hält und durch den Erwerb weiterer Anteile **Beherrschung erlangt (Statuswechsel; stufenweiser Unternehmenszusammenschluss)**, ist Gegenstand von IFRS 3 (IFRS 3.41 f. und 3.32). Diesbezüglich wird daher auf die Ausführungen im Abschnitt zu **IFRS 3** verwiesen.[563]

IFRS 10 regelt hingegen folgende Fälle:

(a) **Aufstockung**: Dabei handelt es sich um einen Kauf von weiteren Anteilen an einem Unternehmen, das bereits beherrscht wird, d. h. das bereits Tochterunternehmen ist. Somit erfolgt kein Statuswechsel.

561 Vgl. Abschnitt zu IFRS 3, Kapitel 3.5.3 und 3.6.

562 Vgl. Kapitel 2.3.3.

563 Vgl. Abschnitt IFRS 3, Kapitel 3.5.1, 3.5.5 und 3.5.6 sowie Aufgabe 6.

(b) **Abstockung**: Dabei handelt es sich um einen **Verkauf von Anteilen an einem bestehenden Tochterunternehmen**, durch den kein Verlust der Beherrschung erfolgt. Somit erfolgt **kein Statuswechsel.**

(c) **Verlust der Beherrschung**: Dabei erfolgt ein **Verkauf von Anteilen an einem Tochterunternehmen**, durch den die Beherrschung des Unternehmens endet. Somit erfolgt ein **Statuswechsel.**

Die **Fälle (a) und (b)** sind als **Eigenkapitalgeschäfte** zu betrachten, d. h. als Geschäfte mit Eigentümern in ihrer Eigenschaft als Eigentümer. Demnach ist die folgende Vorgehensweise erforderlich (IFRS 10.B96):

- Der Buchwert der nicht beherrschenden Anteile ist anzupassen.
- Die Differenz zum beizulegenden Zeitwert der erhaltenen bzw. gezahlten Gegenleistung ist direkt im Eigenkapital zu erfassen (z. B. als einbehaltene Gewinne) und den Eigentümern des Mutterunternehmens zuzurechnen.

Fall (c) ist Gegenstand des restlichen Teils dieses Kapitels (IFRS 10.25 f. und 10.B97-10.B99). Dabei wird die Veräußerung der Anteile, welche zu einem Verlust der Beherrschung führt, im Konzernabschluss als Verkauf der einzelnen Vermögenswerte (inkl. Firmenwert) und Schulden des Tochterunternehmens betrachtet.

Es sei angenommen, dass ein Mutterunternehmen an einem Tochterunternehmen zu 90 % beteiligt ist und dass das Mutterunternehmen 60 % der Anteile verkauft. Dadurch reduziert sich die Beteiligungsquote auf 30 %, was zu einem Verlust der Beherrschung führt. In diesem Fall wird der Entkonsolidierungserfolg (welcher Bestandteil des Periodenerfolgs des Mutterunternehmens ist) folgendermaßen berechnet:

	Verkaufspreis i. e. S. (= Entgelt für die tatsächlich abgegangene 60 %-Beteiligung)
+	Buchwert der nicht beherrschenden Anteile (10 %)
+	Beizulegender Zeitwert der verbleibenden Anteile (30 %)
=	**Verkaufspreis i. w. S. (100 %)**
-	**Buchwert des Nettovermögens der T-AG (inkl. Firmenwert) (100 %)**
=	**Entkonsolidierungserfolg**

Wie der obigen Tabelle entnommen werden kann, sind etwaige **nicht beherrschende Anteile** bei Verlust der Beherrschung auszubuchen und in den Verkaufspreis i. w. S. einzubeziehen. Im Falle eines positiven Buchwerts der nicht beherrschenden Anteile erhöht sich durch deren Ausbuchung der Entkonsolidierungsgewinn bzw. verringert sich der Entkonsolidierungsverlust (IFRS 10.B98).

Im Falle einer Entkonsolidierung sind alle Beträge, welche in Bezug auf das betreffende Tochterunternehmen im **sonstigen Gesamtergebnis** erfassten wurden, auf jene Art und Weise zu behandeln, die erforderlich wäre, wenn das Mutterunternehmen die betreffenden Vermögenswerte bzw. Schulden direkt veräußert hätte (IFRS 10.B99).

Die Behandlung von **Firmenwerten** im Rahmen der Entkonsolidierung ist zu präzisieren. Es sei angenommen, dass die M-AG ein Tochterunternehmen (T1) erwirbt, welches keine eigene ZGE darstellt. Der aus dem Erwerb von T1 resultierende Firmenwert wird daher einer ZGE zugeordnet, die aus T1 und T2 besteht. Wird T1 in einer späteren Periode verkauft und entkonsolidiert, so wird der Firmenwert aus dem Erwerb von T1 nicht in vollem Umfang ausgebucht, sondern lediglich nach den relativen Werten von T1 und T2 (IAS 36.86).

Der beizulegende Zeitwert der verbleibenden Beteiligung am ehemaligen Tochterunternehmen stellt auch den **Zugangswert für die nachfolgende Bilanzierung** als finanzieller Vermögenswert gem. IFRS 9 oder für die Anwendung der Eigenkapitalmethode gem. IAS 28 dar (IFRS 10.25b und 10.B98b).

Ist der Verlust der Beherrschung die Konsequenz von zwei oder mehreren rechtlich separaten Vereinbarungen (Geschäften), so sind diese in gewissen Fällen im Rahmen der Bilanzierung wie ein einziges Geschäft zu behandeln (IFRS 10.B97). Somit gilt der Grundsatz der **wirtschaftlichen Betrachtungsweise**.[564]

Zu einem **Verlust der Beherrschung eines Tochterunternehmens** mit der Folge einer Entkonsolidierung kann es auch **ohne Verkauf von Anteilen** kommen. Dies kann der Fall sein, wenn die Stimmrechtsmehrheit in der Satzung von 51 % auf 67 % heraufgesetzt wird oder wenn Tochterunternehmen unter die Kontrolle staatlicher Behörden, Gerichte, Zwangsverwalter oder Aufsichtsbehörden geraten.

4. Aufgaben mit Lösungen

Verweis auf einen anderen Abschnitt

Die Konsolidierungsbuchungen i. Z. mit einer konzerninternen Dividende bei Existenz nicht beherrschender Anteile werden im Abschnitt zu IFRS 3 (Aufgabe 5) dargestellt.

AUFGABE 1

Silo-Struktur

Gesellschafter der Leasingobjektgesellschaft LO sind zu je 1/3 A, B und C. Die Gesellschaft hält drei Immobilien, von denen eine an A, eine an B und eine an C vermietet wird. Jede Immobilie ist durch ein eigenes Bank-Darlehen finanziert, wobei kein Darlehensgeber im Falle eines Darlehensausfalls auf die beiden anderen Immobilien und deren Erträge zurückgreifen darf. Für das Darlehen A hat A eine Finanzgarantie gestellt.

Aufgabenstellung

Beherrscht A die LO oder Teile von LO?

Lösungshinweise

Insbesondere Kapitel 2.2

564 Vgl. Abschnitt Rahmenkonzept, Kapitel 4.2.2.

LÖSUNG

A hat keine Verfügungsgewalt über die gesamte LO, da er weder eine Stimmrechtsmehrheit hat, noch sonstige Indikatoren – wie etwa das Tragen einer Risikomehrheit – auf Beherrschung hindeuten.

Im Hinblick auf die besonderen Sicherungsabreden mit den Darlehensgebern ist die jeweilige Immobilie und ihre jeweilige Finanzierung jedoch unter Haftungsgesichtspunkten vollständig von den anderen Immobilien und Finanzierungen separiert. Insoweit existieren unter einer rechtlichen Hülle (Gesellschaft) in Wirklichkeit drei potenzielle Konsolidierungsobjekte (jeweilige Immobilie mit zugehöriger Finanzierung – sog. Silos). Hinsichtlich Silo A trägt A u. a. wegen der Finanzgarantie die Mehrheit der Risiken. Dies indiziert eine Beherrschung dieses Silos durch A.

AUFGABE 2

Divergierende Mehrheiten

A hält die Mehrheit der Stimmrechte an der Gesellschaft G. B kann jedoch aufgrund eines Sonderrechts allein über die Zusammensetzung der Geschäftsführung bestimmen, d. h. Mitglieder der Geschäftsführung benennen, umbesetzen oder abberufen. Der Gesellschaftsvertrag sieht vor, dass die Geschäftsführer die Gesellschaft solange autonom leiten, bis die Gesellschafterversammlung mit einfacher Mehrheit ein Jahresbudget verabschiedet, an das die Geschäftsführer dann in engen Grenzen gebunden wären. Bisher sind die Geschäftsführungsmaßnahmen zur Zufriedenheit von A und B gelaufen, so dass auf die Aufstellung eines Jahresbudgets verzichtet wurde.

Aufgabenstellung

Beherrscht A oder B die Gesellschaft G?

Lösungshinweise

Insbesondere Kapitel 2.3.3

LÖSUNG

Sowohl Stimmrechtsmehrheiten in der Gesellschafterversammlung als auch Rechte zur Besetzung der Geschäftsführung können Verfügungsgewalt begründen (IFRS 10.11 und 10.B15).

Das Problem bei G ist die **Divergenz dieser Rechte**. Während A die Stimmrechtsmehrheit in der Gesellschafterversammlung hat, liegt das Recht zur Besetzung der Geschäftsführung bei B. Zu entscheiden ist dann, welches Gesellschaftsorgan und damit welches Recht wichtiger ist. Bei G ist dies die Stimmrechtsmehrheit, da über diese durch Verabschiedung eines Jahresbudgets jederzeit die Rechte der Geschäftsführung entwertet werden können. Dabei kommt es nicht darauf an, ob von dem Budgetrecht bisher Gebrauch gemacht wurde. Entscheidend ist allein, dass A dies könnte (**Verfügungsgewalt als Möglichkeit**, die relevanten Aktivitäten zu bestimmen). A beherrscht somit G.

AUFGABE 3

Potenzielle Stimmrechte

(a) A besitzt 80 % der Stimmrechte von Unternehmen U. B besitzt zwar eine gegenwärtig ausübbare Kaufoption (die B bei Ausübung die Mehrheit der Stimmrechte verschaffen würde). Diese wird allerdings nicht als substanziell eingestuft, vor allem weil sie weit aus dem Geld ist (IFRS 10.B50). Die Option ist innerhalb der nächsten zwei Jahre zu einem fixen Preis ausübbar. Dieser ist weit aus dem Geld und daran wird sich erwartungsgemäß in dem 2-Jahres-Zeitraum nichts ändern. A hat in der Vergangenheit von seinen Stimmrechten Gebrauch gemacht und steuert aktiv die relevanten Tätigkeiten von U.

(b) A, B, C und D besitzen jeweils ein Viertel der Stimmrechte von Unternehmen U. Die Geschäftsaktivität von U ist mit Unternehmen A eng verbunden. Darüber hinaus besitzt A Wandelanleihen. Diese sind jederzeit zu einem fixen Preis in Stammaktien von U wandelbar, welcher aus dem Geld ist (allerdings nicht weit aus dem Geld). Im Falle einer Wandlung der Anleihen würde A 55 % der Stimmrechte von U besitzen. A würde im Fall der Wandlung durch die Realisierung von Synergien profitieren.

Aufgabenstellung

Beurteilen Sie, wer die Verfügungsgewalt über U besitzt, was eine Voraussetzung für die Existenz von Beherrschung ist.

Lösungshinweise

Insbesondere Kapitel 2.3.3

LÖSUNG (A)

In der beschriebenen Situation ist es wahrscheinlich, dass A das Machtkriterium erfüllt, da A gegenwärtig dazu in der Lage ist, die relevanten Tätigkeiten von U zu steuern. Obwohl B eine gegenwärtig ausübbare Kaufoptionen besitzt (die B bei Ausübung die Mehrheit der Stimmrechte verschaffen würde), werden die Optionen nicht als substanziell eingestuft, vor allem weil sie weit aus dem Geld sind (IFRS 10.B50).

LÖSUNG (B)

A hat Macht über U, da A Stimmrechte von U gemeinsam mit substanziellen potenziellen Stimmrechten besitzt. Dadurch ist A gegenwärtig dazu in der Lage, die relevanten Tätigkeiten von X zu steuern (IFRS 10.B23(c) und 10.B50).

AUFGABE 4

Schuldenkonsolidierung

Die M-AG hat ihrem notleidenden Tochterunternehmen (der T-AG) am 01.01.01 ein zinsfreies Darlehen i. H. von GE 5 gewährt, welches am 31.12.03 zurückzuzahlen ist. Am 31.12.01 wird das

Darlehen i. H. von GE 3 wertberichtigt. Ende 03 bessert sich die Lage der T-AG überraschend. Am 31.12.03 wird das Darlehen schließlich in voller Höhe zurückgezahlt.

Bisheriger Buchungsstand (Einzelabschluss der T-AG):

01.01.01		Geld	5,-	
	an	Darlehensverbindlichkeit		5,-

31.12.03		Darlehensverbindlichkeit	5,-	
	an	Geld		5,-

Bisheriger Buchungsstand (Einzelabschluss der M-AG):

01.01.01		Darlehensforderung	5,-	
	an	Geld		5,-

31.12.01		Wertminderung	3,-	
	an	Darlehensforderung		3,-

31.12.03		Darlehensforderung	3,-	
	an	Wertaufholung		3,-

31.12.03		Geld	5,-	
	an	Darlehensforderung		5,-

Aufgabenstellung

Nehmen Sie alle in den Konzernabschlüssen der M-AG (Bilanzstichtag: 31.12.) für die Jahre 01-03 erforderlichen Buchungen vor. Die Summenabschlüsse wurden bereits erstellt.

Lösungshinweise

Insbesondere Kapitel 3.2.2

LÖSUNG

Jahr 01

Die konzerninterne Verbindlichkeit ist gegen die konzerninterne Forderung auszubuchen, allerdings entsprechen sich der Buchwert der Forderung und jener der Verbindlichkeit nicht. Es ist daher die Wertminderung auf die konzerninterne Forderung ebenfalls zu stornieren. Der Konzern kann keine Forderung gegen sich selbst haben und somit kann es im Konzernabschluss auch keine Wertminderung einer nicht existierenden Forderung geben.

31.12.01		Darlehensverbindlichkeit	5,-	
	an	Darlehensforderung		2,-
	an	Wertminderung		3,-

Jahr 02

Ausgehend vom Summenabschluss (welcher keine Konsolidierungsbuchungen enthält – auch nicht jene der Vorjahre) muss die Konsolidierungsbuchung vom Vorjahr wiederholt werden, um den korrekten Buchungsstand herzustellen. Allerdings ist am 31.12.02 eine Haben-Buchung am Konto „Einbehaltene Gewinne" erforderlich, um die Stornierung der in 01 erfassten Wertminderung zu wiederholen. Im Einzelabschluss der M-AG für das Jahr 02 ist die in 01 erfasste Wertminderung nämlich Bestandteil der einbehaltenen Gewinne der M-AG zum 31.12.02 und wird nicht in der Gesamtergebnisrechnung für das Jahr 02 ausgewiesen.[565]

31.12.02	Darlehensverbindlichkeit	5,-	
	an Darlehensforderung		2,-
	an Einbehaltene Gewinne		3,-

Jahr 03

Die Buchwerte der Forderung und der Verbindlichkeit wurden in den Einzelabschlüssen der M-AG und der T-AG bereits ausgebucht, diesbezüglich erfolgen daher keine Konsolidierungsbuchungen. Die von der M-AG erfasste Wertaufholung ist jedoch auszubuchen. Darüber hinaus muss (aus demselben Grund wie im Jahr 02) die Erhöhung der einbehaltenen Gewinne aus dem Vorjahr wiederholt werden.

31.12.03	Wertaufholung	3,-	
	an Einbehaltene Gewinne		3,-

AUFGABE 5

Aufwands- und Ertragskonsolidierung

Die T1-AG und die T2-AG sind Tochterunternehmen der M-AG. Ab dem 01.01.01 vermietet die T1-AG eine Maschine um eine jährliche Miete von GE 2 im Rahmen eines operativen Leasings an die T2-AG.

Bisheriger Buchungsstand (Einzelabschluss der T1-AG):

31.12.01	Geld	2,-	
	an Mietertrag		2,-

Bisheriger Buchungsstand (Einzelabschluss der T2-AG):

31.12.01	Mietaufwand	2,-	
	an Geld		2,-

Aufgabenstellung

Nehmen Sie alle im Konzernabschluss der M-AG zum 31.12.01 erforderlichen Buchungen vor. Der Summenabschluss liegt bereits vor.

565 Zur Wiederholung der Konsolidierungsbuchungen der Vorjahre vgl. auch Abschnitt IFRS 3, Kapitel 3.8.2.

Lösungshinweise

Insbesondere Kapitel 3.2.3

LÖSUNG

Der konzerninterne Mietertrag und der konzerninterne Mietaufwand sind zu eliminieren:

31.12.01	Mietertrag	2,-	
	an Mietaufwand		2,-

AUFGABE 6

Zwischenerfolgseliminierung

Die T1-AG und die T2-AG sind Tochterunternehmen der M-AG. Am 15.12.01 bezieht die T1-AG Handelswaren von einem konzernfremden Lieferanten um GE 4 und verkauft diese an die T2-AG um GE 5. Im Jahr 01 erfolgt kein Weiterverkauf der Waren durch die T2-AG.

Bisheriger Buchungsstand (Einzelabschluss der T1-AG):

15.12.01	Handelswaren	4,-	
	an Geld		4,-

15.12.01	Geld	5,-	
	an Umsatzerlöse		5,-

15.12.01	Wareneinsatz	4,-	
	an Handelswaren		4,-

Bisheriger Buchungsstand (Einzelabschluss der T2-AG):

15.12.01	Handelswaren	5,-	
	an Geld		5,-

Aufgabenstellung

Nehmen Sie alle im Konzernabschluss der M-AG zum 31.12.01 erforderlichen Buchungen vor. Der Summenabschluss liegt bereits vor.

Lösungshinweise

Insbesondere Kapitel 3.2.4

LÖSUNG

Der Summenabschluss enthält Umsatzerlöse i. H. von GE 5 (Verkauf von T1 an T2), einen Wareneinsatz i. H. von GE 4 (Abgang der Waren bei T1) und Handelswaren mit einem Buchwert von GE 5 (Zugang der Waren bei T2).

Tatsächlich hat der Konzern die Waren jedoch um Konzernanschaffungskosten von GE 4 von dem konzernfremden Lieferanten erworben. Ein Wareneinsatz und Umsatzerlöse sind aus Konzernsicht noch nicht entstanden (da der Konzern die Waren bis zum Bilanzstichtag noch nicht verkauft hat). Somit muss der Buchwert der Waren von GE 5 auf GE 4 reduziert werden. Zudem sind die Umsatzerlöse sowie der Wareneinsatz zu stornieren.

31.12.01		Umsatzerlöse	5,-	
	an	Wareneinsatz		4,-
	an	Handelswaren		1,-

Durch diese Konsolidierungsbuchung wurde der im Einzelabschluss der T1-AG bereits realisierte Zwischengewinn von GE 1 (Umsatzerlöse von GE 5 - Wareneinsatz von GE 4) im Rahmen der Erstellung des Konzernabschlusses storniert.

AUFGABE 7

Zwischenerfolgseliminierung

In den Konzernabschluss der M-AG zum 31.12.01 wird das Tochterunternehmen T-AG einbezogen.

Fall 1

Die T-AG erwirbt am 01.01.01 eine Maschine um GE 10 von einem konzernfremden Lieferanten. Die Maschine wird von der T-AG noch am selben Tag um GE 15 an die M-AG veräußert. Aus der Perspektive der M-AG stellt die Maschine eine Sachanlage (IAS 16) dar. Die Nutzungsdauer der Maschine beträgt 5 Jahre.

Bisheriger Buchungsstand (Einzelabschluss der T-AG):

01.01.01		Handelswaren	10,-	
	an	Geld		10,-

01.01.01		Geld	15,-	
	an	Umsatzerlöse		15,-

01.01.01		Wareneinsatz	10,-	
	an	Handelswaren		10,-

Bisheriger Buchungsstand (Einzelabschluss der M-AG):

01.01.01		Maschine (Sachanlage)	15,-	
	an	Geld		15,-

31.12.01		Planmäßige Abschreibung	3,-	
	an	Maschine		3,-

Fall 2

Die M-AG verkauft am 15.12.01 in 01 fertige Erzeugnisse an die T-AG (Herstellungskosten bei der M-AG: GE 6; Verkaufspreis an die T-AG: GE 8). Die T-AG ist für den Verkauf der Produkte zuständig und betrachtet diese daher als Handelswaren. Im Jahr 01 erfolgt noch kein Weiterverkauf der Produkte durch die T-AG.

Bisheriger Buchungsstand (Einzelabschluss der T-AG):

15.12.01	Handelswaren	8,-	
	an Geld		8,-

Bisheriger Buchungsstand (Einzelabschluss der M-AG):

Jahr 01	Diverse Aufwendungen (Herstellungskosten)	6,-	
	an Geld		6,-

15.12.01	Geld	8,-	
	an Umsatzerlöse		8,-

Bei der M-AG sind die Produkte weder im Lageranfangs-, noch im Lagerendbestand enthalten, weshalb für diese auch keine Bestandsveränderung und keine Veränderung des Buchwerts der fertigen Erzeugnisse erfasst wird.

Fall 3

Die T-AG gewährt der M-AG am 01.01.01 ein Darlehen i. H. von GE 9. Die T-AG erhält dafür in 01 Zinsen i. H. von GE 1 von der M-AG. Diese Zinsen wurden von der M-AG aktiviert (da diese annahmegemäß Fremdkapitalkosten für die Herstellung eines besonderen Vermögenswerts i. S. von IAS 23 darstellen).

Bisheriger Buchungsstand (Einzelabschluss der T-AG):

01.01.01	Darlehensforderung	9,-	
	an Geld		9,-

31.12.01	Geld	1,-	
	an Zinsertrag		1,-

Bisheriger Buchungsstand (Einzelabschluss der M-AG):

01.01.01	Geld	9,-	
	an Darlehensverbindlichkeit		9,-

31.12.01	Zinsaufwand	1,-	
	an Geld		1,-

31.12.01	Anlagen im Bau	1,-	
	an Aktivierte Eigenleistungen		1,-

Bisheriger Buchungsstand (Schuldenkonsolidierung):

31.12.01		Darlehensverbindlichkeit	9,-	
	an	Darlehensforderung		9,-

Bisheriger Buchungsstand (Aufwands- und Ertragskonsolidierung):

31.12.01		Zinsertrag	1,-	
	an	Zinsaufwand		1,-

Aufgabenstellung

Nehmen Sie alle im Konzernabschluss der M-AG zum 31.12.01 erforderlichen Buchungen vor. Der Summenabschluss liegt bereits vor.

Lösungshinweise

Insbesondere Kapitel 3.2.4

LÖSUNG (FALL 1)

Die in der Summen-Gesamtergebnisrechnung enthaltenen Umsatzerlöse sowie der Wareneinsatz sind zu stornieren. Der Konzern hat nämlich eine Sachanlage erworben und nicht Waren gekauft und weiter verkauft. Die Konzernanschaffungskosten der Maschine betragen GE 10, was dem vom Konzern bezahlten Betrag entspricht. Daher betragen die planmäßigen Abschreibungen für 01 GE 2. Der Buchwert zum 31.12.01 beträgt somit GE 8.

Durch die folgende Buchung werden die Anschaffungskosten von GE 15 auf GE 10 korrigiert und die Umsatzerlöse sowie der Wareneinsatz storniert:

31.12.01		Umsatzerlöse	15,-	
	an	Wareneinsatz		10,-
	an	Maschine		5,-

Korrektur der Abschreibung von GE 3 auf GE 2:

31.12.01		Maschine	1,-	
	an	Planmäßige Abschreibung		1,-

LÖSUNG (FALL 2)

Aus Sicht des Konzerns liegen keine Waren, sondern fertige Erzeugnisse vor. Der Konzern hat nämlich die Produkte selbst hergestellt.

31.12.01		Fertige Erzeugnisse	8,-	
	an	Handelswaren		8,-

Aus Konzernsicht sind noch keine Umsatzerlöse entstanden, da noch kein Verkauf an Konzernexterne erfolgt ist. Die Herstellungskosten des Jahres 01 (GE 6) sind als Bestandsveränderung zu erfassen. Darüber hinaus ist der Buchwert der fertigen Erzeugnisse von GE 8 auf die Herstellungskosten von GE 6 zu korrigieren.

31.12.01		Umsatzerlöse	8,-	
	an	Bestandsveränderung		6,-
	an	Fertige Erzeugnisse		2,-

LÖSUNG (FALL 3)

Der Buchwert der Anlagen im Bau darf nicht um konzerninterne Zinsaufwendungen erhöht werden. Er darf nämlich nur den Konzernherstellungskosten entsprechen. Letztere sind jene Herstellungskosten, welche von Konzernexternen verrechnet werden.

31.12.01		Aktivierte Eigenleistungen	1,-	
	an	Anlagen im Bau		1,-

AUFGABE 8

Aufstockung, Abstockung und Verlust der Beherrschung[566]

Die M-AG erwirbt am 31.12.01 80 % der Anteile an der T-AG um GE 8. Der nach IFRS 3 ermittelte Wert des Nettovermögens der T-AG beträgt zu diesem Zeitpunkt GE 5. Es sei vereinfachend angenommen, dass dieser mit dem Buchwert des Nettovermögens im Einzelabschluss der T-AG identisch ist.

Die nicht beherrschenden Anteile werden mit dem anteiligen Nettovermögen bewertet. Somit beträgt der Firmenwert GE 4 [= Gegenleistung i. H. von GE 8 + nicht beherrschende Anteile i. H. von GE 1 (= 20 % · GE 5) - Nettovermögen von GE 5] (IFRS 3.32 und 3.19)[567]. Die M-AG bewertet die Beteiligung an der T-AG in ihrem Einzelabschluss zu Anschaffungskosten (IAS 27.10a).

Die folgende Tabelle zeigt (vereinfacht) die Summenbilanz, die Kapitalkonsolidierung und die Konzernbilanz zum 31.12.01:[568]

	M-AG	**T-AG**	**Summenbilanz**	**Kapitalkonsolidierung**	**Konzernbilanz**
Firmenwert				4	4
Beteiligung an der T-AG	8		8	-8	0
Sonstiges Vermögen	50	15	65		65
Aktiva	**58**	**15**	**73**	**-4**	**69**

566 Zu den Grundlagen der Kapitalkonsolidierung wird auf den Abschnitt zu IFRS 3 verwiesen.

567 Zur Berechnung des Firmenwerts wird auf den Abschnitt zu IFRS 3 (Kapitel 3.5.1) verwiesen.

568 In dieser Darstellung weisen Buchungen bzw. Beträge im Soll stets ein positives Vorzeichen auf, jene im Haben ein negatives.

Grundkapital	-18	-3	-21	3	-18
Einbehaltene Gewinne	-10	-2	-12	2	-10
Nicht beherrschende Anteile				-1	-1
Schulden	-30	-10	-40		-40
Passiva	**-58**	**-15**	**-73**	**4**	**-69**

Die T-AG stellt im Konzernabschluss der M-AG annahmegemäß eine eigene GGE dar, welcher der gesamte Firmenwert i. H. von GE 4 für Zwecke des Wertminderungstests gem. IAS 36 zugeordnet wird (IAS 36.80).[569]

Vereinfachend sei angenommen, dass es in 02 bei der M-AG und bei der T-AG abgesehen von dem folgenden Geschäft zu keinem einzigen Geschäftsfall kommt.

Variante (a)

Am 31.12.02 erwirbt die M-AG weitere 10 % der Anteile an der T-AG um GE 1.

Bisheriger Buchungsstand (Einzelabschluss der M-AG):

31.12.02		Beteiligung an der T-AG	1,-	
	an	Geld		1,-

Variante (b)

Am 31.12.02 verkauft die M-AG 10 % der Anteile an der T-AG um GE 1.[570]

Bisheriger Buchungsstand (Einzelabschluss der M-AG):

31.12.02		Geld	1,-	
	an	Beteiligung an der T-AG		1,-

Variante (c)

Am 31.12.02 verkauft die M-AG 40 % der Anteile an der T-AG um GE 5, wodurch die M-AG die Beherrschung über die T-AG verliert.[571] Die verbleibenden Anteile an der T-AG (40 %) stellen eine Beteiligung an einem assoziierten Unternehmen dar, welche nach der Eigenkapitalmethode zu bilanzieren ist. Der beizulegende Zeitwert der verbleibenden 40 % der Anteile beträgt GE 5.

Bisheriger Buchungsstand (Einzelabschluss der M-AG):

31.12.02		Geld	5,-	
	an	Veräußerungsgewinn		1,-
	an	Beteiligung an der T-AG		4,-

569 Vgl. Abschnitt IAS 36, Kapitel 7.1.

570 Es entsteht dabei im Einzelabschluss der M-AG kein Veräußerungsgewinn, da der Verkaufspreis von GE 1 und der Buchwertabgang von GE 1 (GE 8 wurden für 80 % der Anteile bezahlt, somit beträgt der Buchwert für 10 % der Anteile bei Vernachlässigung einer Kontrollprämie GE 1) einander entsprechen.

571 Es entsteht dabei im Einzelabschluss der M-AG ein Veräußerungsgewinn i. H. von GE 1, welcher saldiert auszuweisen ist (IAS 1.34a). Der Veräußerungsgewinn errechnet sich durch Abzug des Buchwerts von 40 % der Anteile i. H. von GE 4 (GE 8 wurden für 80 % der Anteile bezahlt, somit beträgt der Buchwert für 40 % der Anteile bei Vernachlässigung einer Kontrollprämie GE 4) vom Verkaufspreis von GE 5.

Bisheriger Buchungsstand (gilt für ***alle Varianten****):*

Die Erstkonsolidierungsbuchung, welche im Rahmen der Erstellung des Konzernabschlusses zum 31.12.01 erfolgte, wurde im Zuge der Erstellung des Konzernabschlusses zum 31.12.02 bereits wiederholt.

Aufgabenstellung

Nehmen Sie die zur Erstellung des Konzernabschlusses der M-AG zum 31.12.02 noch erforderlichen Buchungen vor.

Lösungshinweise

Insbesondere Kapitel 3.3

LÖSUNG (A) UND (B)

Da durch den Kauf bzw. Verkauf von 10 % der Anteile weder Beherrschung erlangt wird noch verloren geht, liegen Eigenkapitalgeschäfte vor.

Zunächst wird der Buchwert der nicht beherrschenden Anteile angepasst (IFRS 10.B96):

Bisheriger Buchwert der nicht beherrschenden Anteile	1,0	*20 % von GE 5*
Variante (a)		
Nettovermögen der T-AG	5,0	
Neue Quote der nicht beherrschenden Anteile	10 %	*100 % - 90 %*
Neuer Buchwert der nicht beherrschenden Anteile	0,5	
Reduktion des Buchwerts der nicht beherrschenden Anteile	0,5	
Variante (b)		
Nettovermögen der T-AG	5,0	
Neue Quote der nicht beherrschenden Anteile	30 %	*100 % - 70 %*
Neuer Buchwert der nicht beherrschenden Anteile	1,5	
Erhöhung des Buchwerts der nicht beherrschenden Anteile	0,5	

Die Differenz zwischen der erhaltenen bzw. gezahlten Gegenleistung von GE 1 und der Anpassung des Buchwerts der nicht beherrschenden Anteile ist direkt im Eigenkapital – sinnvollerweise in den einbehaltenen Gewinnen – zu erfassen und den Eigentümern des Mutterunternehmens zuzurechnen (IFRS 10.B96):

Variante (a)

31.12.02		Nicht beherrschende Anteile	0,5	
		Einbehaltene Gewinne	0,5	
	an	Beteiligung an der T-AG		1,0

Werden diese Buchung und die Buchung „per Beteiligung (an der T-AG) an Geld GE 1“ (siehe den bisherigen Buchungsstand bei Variante (a)) zusammengefasst, so resultiert daraus der Buchungssatz „per Nicht beherrschende Anteile GE 0,5 per Einbehaltene Gewinne GE 0,5 an Geld GE 1,0“.

Variante (b)

31.12.02	Beteiligung an der T-AG	1,0	
	an Einbehaltene Gewinne		0,5
	an Nicht beherrschende Anteile		0,5

Werden diese Buchung und die Buchung „per Geld an Beteiligung (an der T-AG) GE 1“ (siehe den bisherigen Buchungsstand bei Variante (b)) zusammengefasst, so resultiert daraus der Buchungssatz „per Geld GE 1,0 an Einbehaltene Gewinne GE 0,5 an Nicht beherrschende Anteile GE 0,5“.

Fazit

Konzeptionell ist die Behandlung des Erwerbs sowie des Verkaufs von 10 % der Anteile an der T-AG als Eigenkapitalgeschäfte nur dann überzeugend, wenn die nicht beherrschenden Anteile mit ihrem beizulegenden Zeitwert bewertet werden, da in diesem Fall der gesamte Firmenwert (100 %) bilanziell erfasst wird (IFRS 3.32 und 3.19). Im vorliegenden Fall werden jedoch die nicht beherrschenden Anteile mit ihrem anteiligen Nettovermögen bewertet. Daher wird der Firmenwert in der Konzernbilanz der M-AG weiterhin auf der Basis eines 80 %igen Anteils an der T-AG ausgewiesen, obwohl die Beteiligungsquote nun 90 % (Variante a) bzw. 70 % (Variante b) beträgt.

LÖSUNG (C)

Verkaufspreis i. e. S. (= Entgelt für die tatsächlich abgehenden 40 %)	5	
Buchwert der nicht beherrschenden Anteile (20 %)	1	
Beizulegender Zeitwert der verbleibenden Anteile an der T-AG (40 %)	5	
Verkaufspreis i. w. S. (100 %)	11	
Buchwert des Nettovermögens der T-AG (inkl. Firmenwert) (100 %)	9	*GE 5 + GE 4*
Entkonsolidierungsgewinn	2	

31.12.02		Beteiligung an der T-AG[572]	4,-	
		Schulden[573]	10,-	
		Nicht beherrschende Anteile	1,-	
		Anteile an assoziierten Unternehmen	5,-	
		Veräußerungsgewinn[574]	1,-	
	an	Entkonsolidierungsgewinn		2,-
	an	Firmenwert		4,-
	an	Sonstiges Vermögen[575]		15,-

Der beizulegende Zeitwert der verbleibenden Anteile an der T-AG stellt den Zugangswert für die Anwendung der Eigenkapitalmethode gem. IAS 28 dar (IFRS 10.25b i.V. mit 10.B98b).

572 Die im Einzelabschluss der M-AG erfolgte (und in den Summenabschluss eingeflossene) Haben-Buchung am Beteiligungskonto i.H. von GE 4 (siehe bisheriger Buchungsstand bei Variante c) wird bei der Erstellung des Konzernabschlusses rückgängig gemacht.

573 Die Schulden der T-AG sind auszubuchen, da diese nicht mehr ein Tochterunternehmen der M-AG ist.

574 Der im Einzelabschluss der M-AG erfasste (und in den Summenabschluss eingeflossene) Veräußerungsgewinn ist zu stornieren.

575 Das sonstige Vermögen der T-AG ist auszubuchen, da diese nicht mehr ein Tochterunternehmen der M-AG ist.

IFRS 11 Gemeinsame Vereinbarungen

1. Einleitung

IFRS 11 „Gemeinsame Vereinbarungen" (Synonym: „Gemeinsame Gestaltungen")[576] („*Joint Arrangements*") ersetzt den Standard **IAS 31** „Anteile an *Joint Ventures*" sowie die Interpretation SIC 13 „Gemeinschaftsunternehmen – Nicht monetäre Einlagen durch Partnerunternehmen" (IFRS 11.C15). IFRS 11 gilt für alle Unternehmen, die **Parteien gemeinsamer Vereinbarungen** sind, hingegen nicht für die Bilanzierung bei der gemeinsam betriebenen Einheit selbst (IFRS 11.3).

Bei **gemeinsamen Vereinbarungen** handelt es sich um **wirtschaftliche Aktivitäten bzw. Strukturen**, wobei es unerheblich ist, ob diese von einem eigenen Rechtssubjekt (einer Gesellschaft) oder in anderer Weise (z. B. auf Basis von Bruchteilseigentum) durchgeführt werden.[577] Gemeinsame Vereinbarungen dienen den unterschiedlichsten Zielen. So können sie etwa darauf abzielen, den Parteien eine Teilung von Kosten und Risiken zu ermöglichen oder den Parteien Zugang zu neuen Märkten bzw. zu neuen Technologien zu verschaffen (IFRS 11.B12).

Eine **gemeinsame Vereinbarung** i. S. von IFRS 11 liegt allerdings nur dann vor, wenn diese wirtschaftlichen Aktivitäten bzw. Strukturen von zwei oder mehreren Parteien gemeinsam beherrscht werden (IFRS 11.4 und 11.Anhang A) und darüber hinaus beide der folgenden Kriterien erfüllt werden (IFRS 11.5):

- Die Parteien sind durch eine **vertragliche Vereinbarung** gebunden. Letztere legt die Regeln fest, nach denen die Parteien an der Aktivität teilnehmen, welche Gegenstand der Vereinbarung ist (IFRS 11.B4).
- Die vertragliche Vereinbarung verschafft zwei oder mehreren dieser Parteien **gemeinsame Beherrschung**[578] über die Gestaltung.

Die **Art und Form der vertraglichen Vereinbarung** wird durch IFRS 11 nicht limitiert. Durchsetzbare vertragliche Vereinbarungen bedürfen etwa nicht zwangsläufig der Schriftform bzw. einer schuldrechtlichen Absprache. Sie können auch vollständig in einem Gesellschaftsvertrag getroffen werden oder vollständig aus gesetzlichen Mechanismen resultieren (IFRS 11.B2 f.).

576 Das vorliegende Buch orientiert sich an der amtlichen Übersetzung der EU von „*joint arrangement*" mit „gemeinsame Vereinbarung". Kritisch sei allerdings angemerkt, dass sich der Begriff „*joint arrangement*" in IFRS 11 auch des Öfteren auf die gemeinsam beherrschten wirtschaftlichen Aktivitäten bzw. Strukturen selbst und nicht nur auf das vertragliche Regelwerk über ebendiese bezieht. Der englische Ausdruck „*arrangement*" hat eben eine breitere Bedeutung als der Begriff der Vereinbarung, was auch ein Blick in die Großwörterbücher belegt: „*a structure or combination of things arranged in a particular way or for a specific purpose*" (Webster's Third New International Dictionary of the English Language – unabridged) bzw. „*a collection of things that have been arranged*" (The American Heritage Dictionary of the English Language, 5. Aufl.). Eine alternative Übersetzung von „*joint arrangement*" ist daher „**gemeinsame Gestaltung**". Der Ausdruck „Gestaltung" bezieht sich lt. Duden u. a. auch auf „etwas Gestaltetes" bzw. auf eine „gestaltete Einheit" und eignet sich somit als neutraler Begriff, welcher das Vertragswerk und/oder die dahinter stehenden wirtschaftlichen Aktivitäten bzw. Strukturen bezeichnen kann.

577 Vgl. *Lüdenbach/Hoffmann/Freiberg*, IFRS-Kommentar, 12. Aufl., § 34 Tz. 9.

578 In dieser Kommentierung wird – abweichend von der offiziellen deutschen Übersetzung von IFRS 11 – für *joint control* der wohl zutreffendere Begriff „gemeinsamen Beherrschung" verwendet (anstelle von „gemeinsame Führung").

2. Beurteilung, ob gemeinsame Beherrschung besteht

Unter gemeinsamer Beherrschung ist die **vertraglich vereinbarte, gemeinsam ausgeübte Teilhabe an der Beherrschung** über eine Gestaltung zu verstehen. Sie existiert lediglich dann, wenn Entscheidungen über die relevanten Tätigkeiten (d. h. über jene Tätigkeiten, welche die Ergebnisse der Vereinbarung in wesentlichem Ausmaß beeinflussen) die **einstimmige Zustimmung** der Parteien erfordern, welche an der Beherrschung teilhaben (IFRS 11.7, 11.9 und 11.Anhang A).

Somit läuft die Beurteilung, ob eine Partei zusammen mit anderen eine Gestaltung gemeinsam beherrscht, in den folgenden **Schritten** ab (IFRS 11.4, 11.8-11.11, 11.Anhang A, 11.B5 f. und 11.B9 f.):

- **Zunächst** ist festzustellen, **ob alle Parteien oder eine Gruppe von Parteien die Gestaltung zusammen (kollektiv) beherrschen**. Der Standard **IFRS 10** definiert den Begriff „Beherrschung" und ist bei der Beurteilung heranzuziehen, ob alle Parteien oder eine Gruppe von Parteien variablen Ergebnissen aus ihrer Beteiligung an der Vereinbarung ausgesetzt sind oder Rechte auf diese variablen Ergebnisse haben und dazu in der Lage sind, diese Ergebnisse durch ihre Macht über die Vereinbarung zu beeinflussen. Sind alle Parteien oder ist eine Gruppe der Parteien bei gemeinsamer Betrachtung dazu in der Lage, die relevanten Tätigkeiten zu steuern, so beherrschen diese Parteien zusammen die Gestaltung.
- Nach der Feststellung, dass mehrere Parteien die Gestaltung zusammen (kollektiv) beherrschen (s. o.), ist zu beurteilen, ob die **Entscheidungen über die relevanten Tätigkeiten die einstimmige Zustimmung** der Parteien erfordern, die die Vereinbarung zusammen beherrschen. Ist dies der Fall, so wird die Gestaltung gemeinsam beherrscht und stellt eine gemeinsame Vereinbarung dar. Das Erfordernis der einstimmigen Zustimmung läuft darauf hinaus, dass jede Partei mit gemeinsamer Beherrschung der Gestaltung dazu in der Lage ist, jede der anderen Parteien (oder eine Gruppe der Parteien) daran zu hindern, einseitig Entscheidungen über die relevanten Tätigkeiten ohne ihre Zustimmung zu treffen.

Kann der zum Treffen von Entscheidungen über die relevanten Tätigkeiten erforderliche **Mindestanteil** der Stimmrechte durch die Zustimmung **mehr als einer Koalition von Parteien** erreicht werden, so liegt keine gemeinsame Gestaltung vor (IFRS 11.B8). In den folgenden Beispielen geht es um eine Gesellschaft, bei der alle relevanten Entscheidungen einer Mehrheit von mindestens 70 % bedürfen:

- Halten A, B und C jeweils $33^1/_3$ %, so liegt eine gemeinsame Vereinbarung vor, da 70 % nur bei Zustimmung aller Gesellschafter erreichbar sind.
- Hält A 50 %, während B und C jeweils 25 % besitzen, so handelt es sich um *keine* gemeinsame Vereinbarung, da die 70 %-Grenze in unterschiedlichen Koalitionen erreichbar ist: A mit B oder A mit C.
- Hält A 50 %, B 40 % und C 10 %, so liegt eine gemeinsame Vereinbarung vor, da 70 % nur in einer Koalition zwischen A und B erreichbar sind.

3. Arten gemeinsamer Vereinbarungen

3.1 Überblick

Eine gemeinsame Vereinbarung ist entweder eine gemeinsame Tätigkeit (*joint operation*) oder ein Gemeinschaftsunternehmen (*joint venture*) (IFRS 11.6). Die Unterscheidung dieser beiden Fälle ist deshalb von Bedeutung, weil nur Anteile an Gemeinschaftsunternehmen nach der Eigenkapitalmethode i. S. von IAS 28 bilanziert werden. Bei der gemeinsamen Tätigkeit werden hingegen die quotalen Anteile an den einzelnen Vermögenswerten und Schulden ausgewiesen.

Bei der Beurteilung, in welche Art gemeinsamer Gestaltung eine Partei involviert ist, sind deren Rechte und Pflichten i. Z. mit der Gestaltung im gewöhnlichen Geschäftsverkehr zu beurteilen (IFRS 11.15-11.17, 11.Anhang A und 11.B14):

- Im Falle einer **gemeinsamen Tätigkeit** haben die Parteien, welche die Vereinbarung gemeinsam beherrschen, **Rechte auf die Vermögenswerte** und **Verpflichtungen für die Schulden** i. Z. mit der Vereinbarung. Diese Parteien werden als die „Gemeinsam Tätigen" (*joint operators*) bezeichnet.
- Im Falle eines **Gemeinschaftsunternehmens** haben die Parteien, welche die Gestaltung gemeinsam beherrschen, **Rechte auf das Nettovermögen** der Gestaltung. Diese Parteien werden als „Gemeinschaftsunternehmer" (*joint venturers*) bezeichnet.

Gemeinsame Vereinbarungen können mittels **unterschiedlicher Strukturen und rechtlicher Formen** errichtet werden. In manchen Fällen wird die Tätigkeit, welche Gegenstand der gemeinsamen Gestaltung ist, in einer **separaten Einheit** (*separate vehicle*) durchgeführt. In anderen Fällen wird keine separate Einheit errichtet (IFRS 11.B12 f.). Der Ausdruck „separate Einheit" wird im Standard als separat identifizierbare finanzielle Struktur definiert, wobei es nicht von Bedeutung ist, ob eine eigene Rechtspersönlichkeit besteht (IFRS 11.Anhang A).

Wie oben beschrieben, muss eine Partei einer Vereinbarung bei der Klassifizierung ebendieser als gemeinsame Tätigkeit oder als Gemeinschaftsunternehmen ihre **Rechte und Pflichten i. Z. mit der Vereinbarung** im gewöhnlichen Geschäftsverkehr beurteilen. Dabei ist Folgendes zu berücksichtigen (IFRS 11.17, 11.B14 f. und 11.B21):

- Die Struktur der gemeinsamen Gestaltung.
- Wenn die gemeinsame Vereinbarung über eine separate Einheit strukturiert ist:
  - die rechtliche Form der separaten Einheit,
  - die von den Parteien vertraglich vereinbarten Klauseln,
  - andere Faktoren und Umstände (sofern relevant).

3.2 Struktur der gemeinsamen Vereinbarung

3.2.1 Keine separate Einheit

Soweit keine separate Einheit als Träger des Vermögens und der Schulden existiert, liegt zwingend eine **gemeinsame Tätigkeit** vor. In derartigen Fällen normiert die vertragliche Vereinbarung die Rechte der Parteien auf die Vermögenswerte und die Verpflichtungen in Bezug auf die Verbindlichkeiten i. Z. mit der Vereinbarung sowie die Rechte der Parteien auf die entsprechenden Erträge und deren Verpflichtungen in Bezug auf die entsprechenden Aufwendungen (IFRS 11.B16). In solchen Fällen vereinbaren die Parteien, **Tätigkeiten gemeinsam durchzuführen** (z. B. ein Produkt gemeinsam herzustellen, wobei jede Partei für eine bestimmte Aufgabe zuständig ist und jede Partei ihre eigenen Vermögenswerte verwendet und ihre eigenen Schulden eingeht) oder **einen Vermögenswert zu teilen und gemeinsam zu betreiben** (IFRS 11.B17 f.).

3.2.2 Separate Einheit

Eine gemeinsame Vereinbarung, bei der die Vermögenswerte und Schulden i. Z. mit der Vereinbarung von einer separaten Einheit gehalten werden, kann entweder ein **Gemeinschaftsunternehmen oder** eine **gemeinsame Tätigkeit** darstellen (IFRS 11.B19). Eine separate Einheit ist somit notwendige, aber nicht hinreichende Voraussetzung für ein Gemeinschaftsunternehmen.

Die folgende Darstellung gibt einen groben Überblick über die (in IFRS 11.B22-11.B33 enthaltenen) Vorschriften zur Beurteilung, ob es sich bei einer gemeinsamen Gestaltung, welche über eine separate Einheit strukturiert ist, um eine gemeinsame Tätigkeit oder ein Gemeinschaftsunternehmen handelt:[579]

579 Die Darstellung basiert auf IFRS 11.B33.

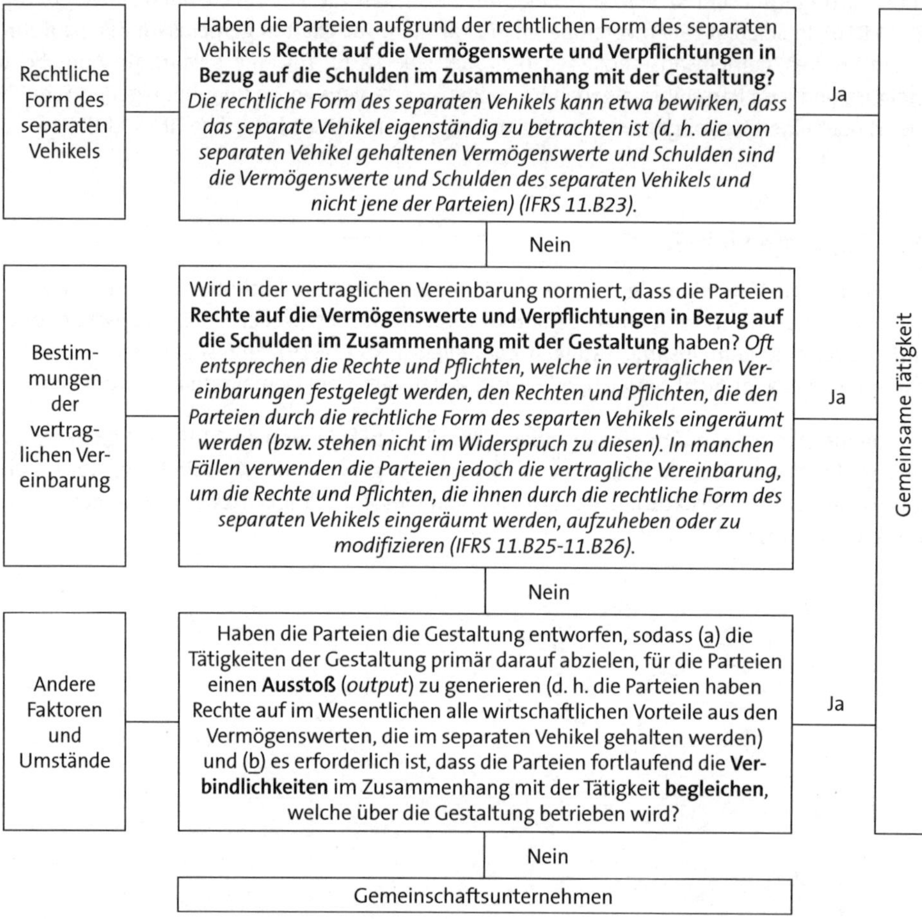

I. d. R. liegt bei einer als **Kapitalgesellschaft** (AG, GmbH, SE) oder **Personengesellschaft** (KG, OHG, BGB-Außengesellschaft) betriebenen gemeinsamen Vereinbarung ein Gemeinschaftsunternehmen vor. Eine wichtige Ausnahme sind gemeinsame Vereinbarungen in der Form von „**Zuliefergesellschaften**", die überwiegend auf Kostenerstattungsbasis – also ohne relevante eigene Gewinnerzielung – die Parteien dieser Vereinbarung mit Dienstleistungen oder Vorprodukten versorgen (IFRS 11.B32).

Strittig ist die Behandlung der meist als BGB-Außengesellschaft organisierten **Bau-ARGE**, bei der die ARGE zwar nach außen als Auftragnehmer auftritt, der Auftrag aber im Wesentlichen mit Personal und Maschinen der Parteien durchgeführt wird. Nach einer Auffassung liegt hier regelmäßig eine gemeinsame Tätigkeit vor, nach der in Deutschland etwa vom IDW vertretenen Gegenauffassung hingegen meist ein Gemeinschaftsunternehmen.[580]

580 Zur Behandlung österreichischer Bau-ARGEn im Konzernabschluss nach IFRS wird auf den Entwurf einer Stellungnahme des AFRAC vom Januar 2015 verwiesen, welcher auf www.afrac.at abgerufen werden kann.

4. Konzernabschlüsse der Parteien einer gemeinsamen Vereinbarung

IFRS 11 unterscheidet zwischen Parteien (IFRS 11.11 und 11.Anhang A),

- die eine gemeinsame Gestaltung **gemeinsam beherrschen** (Gemeinsam Tätige bzw. Gemeinschaftsunternehmer) und
- die an einer gemeinsamen Gestaltung beteiligt sind, diese allerdings ***nicht* gemeinsam beherrschen.**

4.1 Gemeinsame Tätigkeiten

4.1.1 Gemeinsam Tätige

Ein gemeinsam Tätiger erfasst Folgendes hinsichtlich seiner Beteiligung an einer gemeinsamen Tätigkeit (IFRS 11.20):

- seine eigenen Vermögenswerte und seinen Anteil an etwaigen gemeinsam gehaltenen Vermögenswerten,
- seine eigenen Schulden und seinen Anteil an etwaigen gemeinsam eingegangen Schulden,
- seine eigenen Erlöse aus dem Verkauf seines Anteils des Ausstoßes (*output*), der aus der gemeinsamen Tätigkeit resultiert,
- seinen Anteil an den Erlösen aus dem Verkauf des Ausstoßes durch die gemeinsame Vereinbarung,
- seine eigenen Aufwendungen und seinen Anteil an etwaigen gemeinsam getätigten Aufwendungen.

Die Vermögenswerte, Schulden, Erlöse und Aufwendungen i. Z. mit der Beteiligung eines gemeinsam Tätigen an einer gemeinsamen Tätigkeit werden gem. den **maßgeblichen Standards** bilanziert (IFRS 11.21).

Verkauft der gemeinsam Tätige **Vermögenswerte an die gemeinsame Gestaltung** (oder **legt** er Vermögenswerte in diese **ein**), so stellt dies ein Geschäft mit den anderen Parteien der gemeinsamen Tätigkeit dar. Daher erfasst der gemeinsam Tätige Gewinne und Verluste aus solch einem Geschäft lediglich im Ausmaß der Beteiligung der anderen Parteien an der gemeinsamen Vereinbarung. **Erwirbt** der gemeinsam Tätige **Vermögenswerte von der gemeinsamen Gestaltung**, so darf dieser seinen Anteil an den Gewinnen und Verlusten erst bei Weiterverkauf dieser Vermögenswerte an einen Dritten erfassen (IFRS 11.22, 11.B34 und 11.B36). U. E. ist eine analoge Anwendung dieser Vorschriften auf sonstige Innengeschäfte (etwa Dienstleistungen der Zuliefergesellschaft an den Gesellschafter) geboten.

4.1.2 Andere Beteiligte

Ist eine Partei an einer gemeinsamen Tätigkeit beteiligt ohne diese gemeinsam zu beherrschen, so handelt es sich bei dieser *nicht* um einen gemeinsam Tätigen. In solch einem Fall ist wie folgt zu unterscheiden (IFRS 11.23):

- Hat eine solche Partei **Rechte auf die Vermögenswerte** und **Verpflichtungen in Bezug auf die Schulden** i. Z. mit der gemeinsamen Vereinbarung, so bilanziert sie ihre Beteiligung an der Gestaltung **auf dieselbe Weise, wie ein gemeinsam Tätiger**.
- Hat eine solche Partei **keine Rechte auf die Vermögenswerte** und **keine Verpflichtungen in Bezug auf die Schulden** i. Z. mit der gemeinsamen Vereinbarung, so bilanziert sie ihre Beteiligung an der Gestaltung **gem. den für diese Beteiligung maßgeblichen Standards**.

4.2 Gemeinschaftsunternehmen

4.2.1 Gemeinschaftsunternehmer

Ein Gemeinschaftsunternehmer bilanziert seine Beteiligung an einem Gemeinschaftsunternehmen nach der **Eigenkapitalmethode** (*equity method*) **i. S. von IAS 28**[581] (es sei denn, es besteht im konkreten Fall eine Ausnahme von der Anwendung der Eigenkapitalmethode gem. IAS 28) (IFRS 11.24).

4.2.2 Andere Beteiligte

Ist eine Partei an einem Gemeinschaftsunternehmen beteiligt ohne dieses gemeinsam zu beherrschen, so handelt es sich bei dieser *nicht* um einen Gemeinschaftsunternehmer. In solch einem Fall ist deren Beteiligung gem. **IFRS 9** zu bilanzieren, **es sei denn**, sie verfügt über **maßgeblichen Einfluss** über das Gemeinschaftsunternehmen. In letzterem Fall erfolgt die Bilanzierung gem. **IAS 28** (IFRS 11.25).

5. Einzelabschlüsse der Parteien einer gemeinsamen Vereinbarung

IFRS 11 unterscheidet zwischen Parteien (IFRS 11.11 und 11.Anhang A),

- die eine gemeinsame Gestaltung **gemeinsam beherrschen** (Gemeinsam Tätige bzw. Gemeinschaftsunternehmer) und
- die an einer gemeinsamen Gestaltung beteiligt sind, diese allerdings ***nicht* gemeinsam beherrschen**.

5.1 Gemeinsame Tätigkeiten

5.1.1 Gemeinsam Tätige

Ein gemeinsam Tätiger hat seine Beteiligung an einer gemeinsamen Tätigkeit in seinem Einzelabschluss **genauso** zu bilanzieren, **wie in seinem Konzernabschluss** (IFRS 11.26a).

581 Hinsichtlich der Eigenkapitalmethode wird auf den Abschnitt zu IAS 28 (Kapitel 3) verwiesen.

5.1.2 Andere Beteiligte

Eine an einer gemeinsamen Tätigkeit beteiligte Partei, die diese nicht gemeinsam beherrscht, hat ihre Beteiligung an der gemeinsamen Tätigkeit in ihrem Einzelabschluss **genauso** zu bilanzieren, **wie in ihrem Konzernabschluss** (IFRS 11.27a).

5.2 Gemeinschaftsunternehmen

5.2.1 Gemeinschaftsunternehmer

Ein Gemeinschaftsunternehmer hat seine Beteiligung an einem Gemeinschaftsunternehmen in seinem Einzelabschluss gem. **IAS 27.10** zu bilanzieren (IFRS 11.26b).[582]

5.2.2 Andere Beteiligte

Ist eine Partei an einem Gemeinschaftsunternehmen beteiligt ohne dieses gemeinsam zu beherrschen, so ist deren Beteiligung im Einzelabschluss gem. **IFRS 9** zu bilanzieren, **es sei denn**, sie verfügt über **maßgeblichen Einfluss** über das Gemeinschaftsunternehmen. In letzterem Fall erfolgt die Bilanzierung gem. **IAS 27.10**[583] (IFRS 11.27b).

6. Aufgaben mit Lösungen

Verweis auf einen anderen Abschnitt

Hinsichtlich der Beispiele zur **Eigenkapitalmethode** (*equity method*) wird auf den Abschnitt zu **IAS 28** verwiesen.

AUFGABE 1

Vorliegen einer gemeinsamen Vereinbarung

(a) Die Unternehmen A und B errichten eine Gestaltung. A und B besitzen jeweils 50 % der Stimmrechte. Die vertragliche Vereinbarung zwischen A und B sieht vor, dass mindestens 51 % der Stimmrechte erforderlich sind, um Entscheidungen über die relevanten Tätigkeiten zu treffen.

(b) Die Unternehmen A, B und C errichten eine Gestaltung. A und B besitzen jeweils 40 % der Stimmrechte und C die restlichen 20 %. Die vertragliche Vereinbarung zwischen den drei Parteien sieht vor, dass mindestens 75 % der Stimmrechte erforderlich sind, um Entscheidungen über die relevanten Tätigkeiten der Gestaltung zu treffen.

(c) Die Unternehmen A, B und C errichten eine Gestaltung. A besitzt 40 % der Stimmrechte. B und C besitzen jeweils 30 % der Stimmrechte. Die vertragliche Vereinbarung zwischen den drei Parteien sieht vor, dass mindestens 70 % der Stimmrechte erforderlich sind, um Entscheidungen über die relevanten Tätigkeiten der Gestaltung zu treffen.

582 Vgl. Abschnitt IAS 27, Kapitel 3.
583 Vgl. Abschnitt IAS 27, Kapitel 3.

Aufgabenstellung

Beurteilen Sie, ob die oben beschriebenen Gestaltungen gemeinsame Vereinbarungen darstellen.

Lösungshinweise

Insbesondere Kapitel 1 und 2

LÖSUNG (ALLGEMEIN)

Für Zwecke der folgenden Beurteilungen ist es unerheblich, ob sich die vertragliche Vereinbarung etwa im Gesellschaftsvertrag befindet oder aus einer separaten schuldrechtlichen Absprache ergibt (IFRS 11.B2 f.).

LÖSUNG (A)

A und B haben implizit vertraglich vereinbart, dass sie die Gestaltung gemeinsam beherrschen, da Entscheidungen über die relevanten Tätigkeiten nicht erfolgen können, ohne dass A und B zustimmen (IFRS 11.B7). Somit liegt eine gemeinsame Vereinbarung vor.

LÖSUNG (B)

Mindestens 75 % der Stimmrechte sind erforderlich, um Entscheidungen über die relevanten Tätigkeiten der Gestaltung zu treffen. Diese Quote kann von keiner Partei alleine erreicht werden. Obwohl A und B jede Entscheidung blockieren können, beherrscht keiner der beiden die Gestaltung.

Allerdings kann die genannte Quote durch die Stimmrechte von A und B zusammen erreicht werden. Entscheidungen über die relevanten Tätigkeiten können nicht erfolgen, ohne dass A und B zustimmen. A und B beherrschen somit die Gestaltung aufgrund der vertraglichen Vereinbarung gemeinsam (IFRS 11.B8). Daher liegt eine gemeinsame Vereinbarung vor.

LÖSUNG (C)

Mindestens 70 % der Stimmrechte sind erforderlich, um Entscheidungen über die relevanten Tätigkeiten der Gestaltung zu treffen. Diese Quote kann von keiner Partei alleine erreicht werden. Obwohl A jede Entscheidung blockieren kann, beherrscht A die Gestaltung nicht.

Allerdings kann die genannte Quote durch die Stimmrechte von A und B zusammen bzw. von A und C zusammen erreicht werden. Demnach existiert mehr als eine Koalition von Parteien, die die Quote von 70 % der Stimmrechte erreichen können. Somit liegt keine gemeinsame Vereinbarung vor.

Würde die vertragliche Vereinbarung zwischen den Parteien hingegen festlegen, dass eine bestimmte Koalition von Parteien bei Entscheidungen über die relevanten Tätigkeiten einstimmig zustimmen muss, so läge eine gemeinsame Vereinbarung vor (IFRS 11.B8).

AUFGABE 2

Gemeinsame Tätigkeit oder Gemeinschaftsunternehmen?

X und Y sind regionale Energieversorgungsunternehmen. Um die Debitorenverwaltung (Rechnungsstellung, Geldeinzug, Mahnung usw.) effektiver betreiben zu können, gründen sie Anfang 01 die D-GmbH. Laut Gesellschaftsvertrag soll die D-GmbH die Debitorenverwaltung vorrangig für die beiden Gesellschafter erbringen, soweit ökonomisch sinnvoll auch für Dritte. In 01 werden keine Leistungen an Dritte erbracht. Hieran wird sich mit hoher Wahrscheinlichkeit auch in 02 nichts ändern. Die D-GmbH erhält im Wesentlichen nur einen Ersatz ihrer Kosten und erzielt keinen relevanten eigenen Gewinn.

Aufgabenstellung

Beurteilen Sie, ob die D-GmbH per 31.12.01 ein Gemeinschaftsunternehmen oder eine gemeinsame Tätigkeit darstellt.

Lösungshinweise

Insbesondere Kapitel 3

LÖSUNG

Die D-GmbH ist zwar gesellschaftsvertraglich verselbstständigt und damit eine separate Einheit. Dies ist jedoch nur notwendige, nicht aber hinreichende Voraussetzung für ein Gemeinschaftsunternehmen (IFRS 11.B19 und IFRS 10.16). Zu untersuchen ist, ob auf Basis der konkreten Sachverhalte und Umstände X und Y wirtschaftlich eher eine Beteiligung am Nettovermögen und an den Nettoergebnissen der D-GmbH haben. Hier gilt Folgendes (IFRS 11.B31 f.):

- Die Schulden der separaten Einheit werden in substanzieller Betrachtung nicht aus einem irgendwie zustande kommenden Gesamtergebnis bedient, sondern von den Parteien der gemeinsamen Gestaltung nach Maßgabe ihrer Leistungsabnahme.
- Der Nutzen der Vermögenswerte der separaten Einheit kommt den Parteien nicht primär über den Beitrag zu Nettovermögen und Nettoergebnissen der separaten Einheit zu, sondern unmittelbar über die Leistungsabnahme.
- In substanzieller (= wirtschaftlicher) Betrachtung besteht damit eine Beteiligung an den einzelnen Vermögenswerten und Schulden und damit eine gemeinsame Tätigkeit.

Nach dem Beispiel in IFRS 11.B32 gilt dies bereits dann, wenn voraussichtlich so gut wie alle Leistungen an die Gesellschafter erbracht werden. Weder eine zweite Zwecksetzung des Gesellschaftsvertrags (Erbringung von Leistungen auch an Dritte) noch tatsächliche, aber unwesentliche Leistungen an Dritte ändern daher etwas am Befund. Dies erscheint konsequent, da die Erwägungen von IFRS 11.B32 gerade auf Basis der wirtschaftlichen Betrachtungsweise begründet werden und damit rechtlichen Zwecksetzungen und unwesentlichen Fakten keine primäre Bedeutung zukommt.

Ändern sich jedoch Tatsachen und Umstände, so ist auch die Klassifizierung einer gemeinsamen Vereinbarung auf der Grundlage der neuen Fakten vorzunehmen und ggf. anzupassen (IFRS 11.19).

AUFGABE 3

Bilanzierung einer Beteiligung an einer gemeinsamen Tätigkeit (Fortsetzung von Aufgabe 2)

Die von X und Y betriebene D-GmbH (Debitorenverwaltungs-GmbH) aus Aufgabe 2 erbringt 60 % ihrer Leistungen an X und 40 % an Y.

Bilanz der D-GmbH zum 31.12.01

Büroausstattung	100	Eigenkapital	20
Geld	20	Leasingverbindlichkeit	100
Summe	**120**	**Summe**	**120**

Die Büroausstattung der D-GmbH wird im Rahmen eines Finanzierungsleasings gemietet.

GuV der D-GmbH für 01

Umsatzerlöse (Debitorenverwaltung)	1.000
Personalaufwand	-974
Abschreibungen	-15
Zinsaufwand	-10
Gewinn	**1**

Die Umsatzerlöse der D-GmbH lt. obiger GuV (GE 1.000) repräsentieren den Kostenersatz von X und Y an die D-GmbH. Korrespondierend zu diesen Umsatzerlösen hat X in seiner GuV bereits sonstige betriebliche Aufwendungen von GE 600 (= 60 % von GE 1.000) erfasst.

Aufgabenstellung

Wie ist die gemeinsame Tätigkeit D-GmbH in der Konzernbilanz (per 31.12.01) und in der Konzern-GuV (für 01) von X zu bilanzieren?

Lösungshinweise

Kapitel 4.1.1

LÖSUNG

Der gemeinsam Tätige erfasst seinen Anteil an den Vermögenswerten, Schulden, Erträgen und Aufwendungen der gemeinsamen Tätigkeit (IFRS 11.20). X bilanziert also in seiner **Konzernbilanz**:

Büroausstattung	60
Geld	12
Leasingverbindlichkeit	60

In der **Konzern-GuV** des X sind unstrittig die Aufwendungen anteilig zu erfassen, also:

Personalaufwand	584,4
Abschreibungen	9,0
Zinsaufwand	6,0

Fraglich ist jedoch, wie mit den **Umsatzerlösen** umzugehen ist. Bei wörtlicher Anwendung von IFRS 11.20 würde X Umsatzerlöse von GE 600 GE zeigen. Diese stellen aber wirtschaftlich Innenumsatz dar, so wie die in der GuV von X bereits berücksichtigen korrespondierenden **sonstigen betrieblichen Aufwendungen** von GE 600 (Kostenersatz von X an die D-GmbH) Innenaufwand darstellen. U. E. ist hier in Analogie zu IFRS 11.B34 und 11.B36 eine **Eliminierung** beider Größen geboten, sodass X aus der Beziehung zur D-GmbH im Endeffekt weder Umsatzerlöse noch sonstigen betrieblichen Aufwand zeigt.

IFRS 12 Angaben zu Beteiligungen an anderen Unternehmen

1. Einleitung

IFRS 12 regelt die Angaben zu **Beteiligungen an**

- Tochterunternehmen,
- gemeinsamen Vereinbarungen (= gemeinsame Gestaltungen),[584]
- assoziierten Unternehmen und
- nicht konsolidierten, strukturierten Unternehmen.[585]

Der Standard gilt grundsätzlich lediglich für den Konzernabschluss des beteiligten Unternehmens (IFRS 12.6b). Gem. IFRS 12 bezieht sich der Ausdruck **„Beteiligung an einem anderen Unternehmen"** auf vertragliche und nicht-vertragliche Engagements (z. B. durch Eigenkapitalinstrumente), welche ein Unternehmen gegenüber der Variabilität der Ergebnisse der Leistung des anderen Unternehmens aussetzen (IFRS 12.Anhang A und 12.B7).

Die **allgemeine Zielsetzung** von IFRS 12 besteht in der Offenlegung von Informationen, die es ermöglichen, Folgendes zu beurteilen (IFRS 12.1):

- Die Art der Beteiligungen an anderen Unternehmen und die mit diesen Beteiligungen verbundenen Risiken,
- die Auswirkungen dieser Beteiligungen auf die Vermögens-, Finanz- und Ertragslage des beteiligten Unternehmens sowie auf dessen Geldflüsse.

Um diese Zielsetzung zu erreichen, sind die folgenden Angaben erforderlich (IFRS 12.2):

- Die signifikanten Annahmen und ermessensbehafteten Entscheidungen des Unternehmens bei der Beurteilung der Art seiner Beteiligung an einem anderen Unternehmen bzw. an einer Gestaltung und bei der Beurteilung der Art der gemeinsamen Gestaltung, an der es beteiligt ist (s. Kapitel 3.1);
- Informationen über seine Beteiligungen an
  - Tochterunternehmen (s. Kapitel 3.2),
  - gemeinsamen Vereinbarungen (d. h. an gemeinsamen Tätigkeiten bzw. Gemeinschaftsunternehmen) und assoziierten Unternehmen (s. Kapitel 3.3) und
  - nicht konsolidierten, strukturierten Unternehmen (d. h. an strukturierten Unternehmen, die vom Unternehmen nicht beherrscht werden) (s. Kapitel 3.4).

Im Rahmen der nachfolgenden Ausführungen wird jenes Unternehmen, an dem eine Beteiligung besteht, als **„untergeordnetes Unternehmen"** bezeichnet. Die Sonderregeln von IFRS 12 in Bezug auf **Anlageunternehmen**[586] werden im Rahmen der vorliegenden Kommentierung vernachlässigt.

---

584 Bei den Begriffen „gemeinsame Vereinbarungen" (offizielle Übersetzung) und „gemeinsame Gestaltungen" handelt es sich um Synonyme.

585 Zum Begriff des „strukturierten Unternehmens" i. S. von IFRS 12 vgl. Kapitel 2.

586 Zu einer kurzen Einführung in Bezug auf Anlageunternehmen vgl. Abschnitt IFRS 10, Kapitel 1.

2. Der Begriff „strukturiertes Unternehmen"

Der Begriff „strukturiertes Unternehmen" („*structured entity*") wird in verschiedenen Abschnitten von IFRS 12 verwendet. Daher soll dieser Ausdruck erläutert werden, bevor auf die Angabevorschriften von IFRS 12 genauer eingegangen wird. Ein strukturiertes Unternehmen wird als Unternehmen definiert, welches derart gestaltet wurde, dass **Stimmrechte und ähnliche Rechte bei der Beurteilung, wer das Unternehmen beherrscht, nicht der dominierende Faktor** sind (z. B. wenn sich alle Stimmrechte lediglich auf administrative Tätigkeiten beziehen und die relevanten Tätigkeiten über vertragliche Vereinbarungen gesteuert werden) (IFRS 12.Anhang A und 12.B21). Die relevanten Tätigkeiten sind jene Tätigkeiten des untergeordneten Unternehmens, welche dessen Ergebnisse in wesentlichem Ausmaß beeinflussen (IFRS 10.10 und 10.Anhang A).[587]

Ein strukturiertes Unternehmen weist **oft einige oder alle der folgenden Eigenschaften** auf (IFRS 12.B22):

- **Eingeschränkte Tätigkeiten**;
- ein **enges und klar definiertes Ziel** (z. B. die Ausführung von Forschungs- und Entwicklungsaktivitäten, die Durchführung eines steuereffizienten Leasings, die Bereitstellung einer Kapital- oder Finanzierungsquelle für ein Unternehmen oder die Bereitstellung von Investitionsmöglichkeiten für Investoren, durch Übertragung von mit den Vermögenswerten des strukturierten Unternehmens verbundenen Risiken und Chancen auf die Investoren);
- **kein ausreichendes Eigenkapital**, welches dem strukturierten Unternehmen die Finanzierung seiner Tätigkeiten ohne nachgeordnete finanzielle Unterstützung ermöglicht;
- **Finanzierungen** in der Form **mehrfach vertraglich verknüpfter Instrumente** für Investoren, welche zu **Konzentrationen von Kreditrisiken oder anderen Risiken** (Tranchen) führen.

Beispiele für Unternehmen, welche als strukturierte Unternehmen betrachtet werden, sind Verbriefungsvehikel, Leasingobjektgesellschaften sowie manche Investitionsfonds (IFRS 12.B23).

Ein Unternehmen, welches durch Stimmrechte beherrscht wird, ist nicht lediglich deswegen ein strukturiertes Unternehmen, weil es z. B. als Folge einer Restrukturierung eine Finanzierung von Dritten erhält (IFRS 12.B24).

Das IASB merkt selbst an, dass der Begriff „strukturiertes Unternehmen" i. S. von IFRS 12 grundsätzlich im Wesentlichen dem Ausdruck „**Zweckgesellschaft**" („*special purpose entity*") i. S. der durch IFRS 10 aufgehobenen Interpretation SIC 12 entspricht (IFRS 12.BC82, 12.BC84 und IFRS 10.IN2).

3. Die Offenlegungsvorschriften von IFRS 12 im Einzelnen

3.1 Die signifikanten Annahmen und ermessensbehafteten Entscheidungen

Es sind Informationen über signifikante Annahmen und ermessensbehaftete Entscheidungen offenzulegen, die das Unternehmen im Rahmen der folgenden Beurteilungen getroffen hat (IFRS 12.7):

587 Vgl. Abschnitt IFRS 10, Kapitel 2.3.2.

- Dass es ein anderes Unternehmen gem. IFRS 10 **beherrscht**,[588]
- dass es eine Gestaltung gem. IFRS 11 **gemeinsam beherrscht**[589] oder über **maßgeblichen Einfluss** i. S. von IAS 28[590] über ein untergeordnetes Unternehmen verfügt,
- Beurteilung der **Art der gemeinsamen Vereinbarung** gem. IFRS 11 (d. h. Beurteilung, ob eine **gemeinsame Tätigkeit** oder ein **Gemeinschaftsunternehmen** vorliegt), wenn eine separate Einheit als Träger ihres Vermögens und ihrer Schulden existiert.[591]

Um diesen Vorschriften zu entsprechen, muss das beteiligte Unternehmen bspw. signifikante Annahmen und ermessensbehaftete Entscheidungen offenlegen, die es im Rahmen der folgenden Beurteilungen getroffen hat (IFRS 12.9):

- Dass es ein anderes Unternehmen beherrscht, obwohl es weniger als die Hälfte der Stimmrechte dieses anderen Unternehmens besitzt,
- dass es über keinen maßgeblichen Einfluss verfügt, obwohl es 20 % oder mehr der Stimmrechte eines anderen Unternehmens besitzt.

3.2 Beteiligungen an Tochterunternehmen

Es sind Informationen offenzulegen, die es den Adressaten des Konzernabschlusses des Unternehmens ermöglichen, Folgendes zu verstehen (IFRS 12.10a):

- die **Zusammensetzung des Konzerns**;
- die **Beteiligung der nicht beherrschenden Anteile** an den Tätigkeiten des Konzerns und an dessen Geldflüssen. So ist etwa u. a. das Folgende für jedes Tochterunternehmen anzugeben, bei dem nicht beherrschende Anteile existieren, welche für das berichtende Unternehmen wesentlich sind (IFRS 12.12):
  - der Anteil der von den nicht beherrschenden Gesellschaftern gehaltenen Eigentumsanteile und Stimmrechte,
  - der den nicht beherrschenden Gesellschaftern des Tochterunternehmens zugeordnete Periodenerfolg,
  - zusammengefasste finanzielle Informationen über das Tochterunternehmen (z. B. kurzfristiges Vermögen, langfristiges Fremdkapital, Erlöse und Gesamtergebnis). Die offengelegten Werte basieren auf dem Zahlenwert vor Eliminierung konzerninterner Sachverhalte (IFRS 12.B10 f.).

Es ist darüber hinaus erforderlich, Informationen offenzulegen, die es den Adressaten des Konzernabschlusses des Unternehmens ermöglichen, Folgendes zu beurteilen (IFRS 12.10b):

- Die Art und das Ausmaß **signifikanter Restriktionen** (z. B. vertragliche, gesetzliche und regulatorische Restriktionen) hinsichtlich der Möglichkeit des Berichtsunternehmens, Vermögenswerte des Konzerns zu verwenden (bzw. auf diese zuzugreifen) und Schulden des

588 Vgl. Abschnitt IFRS 10, Kapitel 2.
589 Vgl. Abschnitt IFRS 11, Kapitel 1 und 2.
590 Vgl. Abschnitt IAS 28, Kapitel 2.
591 Vgl. Abschnitt IFRS 11, Kapitel 3.2.2.

Konzerns zu begleichen (z. B. jene Restriktionen, die die Möglichkeit des Mutterunternehmens oder seiner Tochterunternehmen beschränken, Geld oder andere Vermögenswerte zwischen den Konzernunternehmen zu transferieren) (IFRS 12.13).

- Die Art der mit Beteiligungen an **konsolidierten, strukturierten Unternehmen** verbundenen **Risiken** (und Änderungen dieser Risiken). So sind etwa die Bestimmungen vertraglicher Vereinbarungen anzugeben, welche die Bereitstellung finanzieller Unterstützung durch das Mutterunternehmen oder dessen Tochterunternehmen gegenüber einem konsolidierten, strukturierten Unternehmen erfordern könnten, inkl. Ereignisse und Umstände, die das berichtende Unternehmen einem Verlust aussetzen könnten (z. B. Liquiditätsvereinbarungen oder Bonitätshebel i.V. mit Verpflichtungen zum Kauf von Vermögenswerten des strukturierten Unternehmens bzw. zur Bereitstellung finanzieller Unterstützung) (IFRS 12.14).
- Die Konsequenzen von **Änderungen der Eigentumsanteile** an einem Tochterunternehmen, welche **nicht zu einem Verlust der Beherrschung führen**. In diesem Zusammenhang ist eine Übersicht offenzulegen, die die Auswirkungen dieser Änderungen auf das Eigenkapital der Eigentümer des Mutterunternehmens zeigt (IFRS 12.18).
- Die Auswirkungen des **Verlusts der Beherrschung** über ein Tochterunternehmen während der Berichtsperiode. In diesem Zusammenhang sind u. a. der Entkonsolidierungsgewinn bzw. -verlust[592] (IFRS 10.25 und 10.B98) anzugeben sowie der GuV-Posten, in dem dieser erfasst wurde (IFRS 12.19).

3.3 Beteiligungen an gemeinsamen Vereinbarungen und assoziierten Unternehmen

IFRS 12 verlangt die Offenlegung von Informationen, die es den Adressaten des Jahresabschlusses des Unternehmens ermöglichen, Folgendes zu beurteilen (IFRS 12.20):

- **Die Art, das Ausmaß und die finanziellen Auswirkungen der Beteiligungen des Unternehmens** an gemeinsamen Vereinbarungen und assoziierten Unternehmen (inkl. der Art und der Auswirkungen seiner vertraglichen Beziehungen zu den anderen Investoren, die gemeinsame Vereinbarungen gemeinsam beherrschen bzw. assoziierte Unternehmen maßgeblich beeinflussen). In dieser Hinsicht sind u. a. die folgenden Angaben erforderlich:
  - Für jede **gemeinsame Vereinbarung** und für jedes **assoziierte Unternehmen**, welche(s) aus der Sicht des berichtenden Unternehmens **wesentlich** ist (IFRS 12.21a):
    - Der Anteil der vom Unternehmen gehaltenen Eigentumsanteile oder partizipierenden Anteile und der Anteil der gehaltenen Stimmrechte,
    - die Art der Beziehung des Unternehmens zum assoziierten Unternehmen bzw. zur gemeinsamen Vereinbarung (z. B. in der Form einer Beschreibung der Art der Tätigkeiten des assoziierten Unternehmens bzw. der gemeinsamen Vereinbarung und der Angabe, ob diese in Bezug auf die Unternehmenstätigkeiten strategisch sind);
  - Für jedes **Gemeinschaftsunternehmen** und für jedes **assoziierte Unternehmen**, welches aus der Sicht des berichtenden Unternehmens **wesentlich** ist (IFRS 12.21b):

592 Vgl. Abschnitt IFRS 10, Kapitel 3.3.

  - Zusammengefasste finanzielle Informationen über das Gemeinschafts- bzw. assoziierte Unternehmen (z. B. kurzfristiges Vermögen, langfristiges Fremdkapital, Erlöse und Gesamtergebnis und zwar jeweils zu 100 %, d. h. nicht nur nach dem eigenen Anteil) (IFRS 12.B12 f. und 12.BC49 f.);
  - wird das Gemeinschafts- bzw. assoziierte Unternehmen nach der Eigenkapitalmethode bilanziert, so ist der beizulegende Zeitwert der Beteiligung am Gemeinschafts- bzw. assoziierten Unternehmen anzugeben, sofern ein notierter Marktpreis für die Beteiligung existiert;
- die Art und das Ausmaß signifikanter Restriktionen hinsichtlich der Möglichkeit von Gemeinschafts- bzw. assoziierten Unternehmen, Finanzmittel an das Unternehmen in der Form von Bardividenden zu transferieren oder vom Unternehmen gewährte Kredite bzw. Vorschüsse zurückzuzahlen (IFRS 12.22a).

► Die **Art der** mit Beteiligungen an Gemeinschafts- und assoziierten Unternehmen verbundenen **Risiken** (und Änderungen dieser Risiken). In dieser Hinsicht sind u. a. die folgenden Angaben erforderlich (IFRS 12.23):

- Die **gesamten nicht erfassten Verpflichtungen** des Unternehmens **in Bezug auf** seine **Beteiligungen an Gemeinschaftsunternehmen** (inkl. der anteiligen Verpflichtungen des Unternehmens, die gemeinsam mit anderen Investoren eingegangen wurden, welche ein Gemeinschaftsunternehmen gemeinsam beherrschen). Verpflichtungen in diesem Sinne führen zu einem künftigen Abfluss von Geld bzw. anderen Ressourcen (IFRS 12.B18).
- In Übereinstimmung mit **IAS 37** sind die **in Bezug auf die Beteiligungen an Gemeinschafts- und assoziierten Unternehmen eingegangenen Eventualschulden** anzugeben, es sei denn, die Wahrscheinlichkeit ist gering (inkl. der anteiligen Eventualschulden des Unternehmens, die gemeinsam mit anderen Investoren eingegangen wurden, welche die Gemeinschaftsunternehmen gemeinsam beherrschen bzw. die assoziierten Unternehmen maßgeblich beeinflussen), und zwar separat vom Betrag der anderen Eventualschulden.

Wie alle IFRS-Angaben unterliegen auch jene nach IFRS 12 dem in IAS 1 und IAS 8 enthalten Wesentlichkeitsvorbehalt. Dieser wird in IFRS 12.4 noch einmal in besonderer Weise betont. Es ist darauf zu achten, dass nützliche Informationen nicht durch ein Übermaß an unwichtigen Informationen verschleiert werden (**Überladung mit Informationen**). Informationen sind deshalb u. U. wegzulassen oder mit anderen zusammenzufassen (Aggregation). Klare **Mindestvorgaben** des Standards sind dabei aber zu beachten. So verlangt etwa IFRS 12.21b Angaben für jedes wesentliche Gemeinschafts- oder assoziierte Unternehmen. Eine zusammengefasste Darstellung für mehrere wesentliche Beteiligungsunternehmen ist daher unzulässig (IFRS 12.BC50).[593]

3.4 Beteiligungen an nicht konsolidierten, strukturierten Unternehmen

IFRS 12 verlangt die Offenlegung von Informationen, die es den Adressaten des Jahresabschlusses des Unternehmens ermöglichen (IFRS 12.24),

593 Vgl. auch IFRIC Update, November 2014, S. 7.

- **die Art und das Ausmaß der Beteiligungen** an nicht konsolidierten, strukturierten Unternehmen zu verstehen. In dieser Hinsicht sind qualitative und quantitative Informationen über Beteiligungen an nicht konsolidierten, strukturierten Unternehmen offenzulegen. Diese Informationen umfassen die Art, den Zweck, die Tätigkeiten und die Größe des strukturierten Unternehmens und die Art und Weise, wie dieses finanziert wird, sind aber nicht auf diese Punkte beschränkt (IFRS 12.26).
- die **Art der** mit Beteiligungen an nicht konsolidierten, strukturierten Unternehmen verbundenen **Risiken** (und Änderungen dieser Risiken) zu beurteilen. Dazu gehören auch Informationen über die Risikoexponierung des Unternehmens aus seinem Engagement in nicht konsolidierten, strukturierten Unternehmen in vorherigen Perioden, auch wenn am Bilanzstichtag kein vertragliches Engagement mit dem strukturierten Unternehmen mehr besteht (IFRS 12.25). Es ist u. a. eine Übersicht in Tabellenform offenzulegen (es sei denn, eine andere Darstellungsform ist besser geeignet), welche Folgendes enthält (IFRS 12.29):
  - Die Buchwerte der im Abschluss erfassten Vermögenswerte und Schulden i. Z. mit Beteiligungen an nicht konsolidierten, strukturierten Unternehmen, sowie die Bilanzposten, denen diese Vermögenswerte und Schulden zugeordnet wurden;
  - den Betrag, der die maximale Exponierung des Unternehmens gegenüber Verlusten aus Beteiligungen an nicht konsolidierten, strukturierten Unternehmen am besten repräsentiert. Ist eine Quantifizierung nicht möglich, so sind dieser Umstand sowie die Gründe dafür anzugeben;
  - ein Vergleich der Buchwerte der Vermögenswerte und Schulden des Unternehmens i. Z. mit seinen Beteiligungen an nicht konsolidierten, strukturierten Unternehmen und der maximalen Exponierung des Unternehmens gegenüber Verlusten aus solchen Unternehmen.

4. Aufgaben mit Lösungen

AUFGABE 1

Vorliegen eines strukturierten Unternehmens

Unternehmen U gründet Unternehmen X. Allerdings besitzt U keine Eigenkapitalinstrumente von X. Nach der Gründung des neuen Unternehmens verkauft U Forderungen an dieses. X emittiert Eigenkapitalinstrumente an Investoren, welche von Dritten gezeichnet werden, und verwendet den Emissionserlös, um den Kaufpreis der Forderungen zu bezahlen. X führt das Inkasso in Bezug auf die Zins- und Tilgungszahlungen aus den Forderungen durch und leitet die entsprechenden Geldzuflüsse (nach Abzug der Kosten, die bei X für diese Tätigkeiten anfallen) an die Investoren weiter. U behält einen Teil des mit den Forderungen verbundenen Kreditrisikos durch die Abgabe einer Garantie zurück. Die Durchführung des Inkassos in Bezug auf die Zins- und Tilgungszahlungen aus den Forderungen ist die einzige Geschäftstätigkeit, welche von X betrieben werden darf.

Aufgabenstellung

Beurteilen Sie, ob X im Konzernabschluss von U ein strukturiertes Unternehmen i. S. von IFRS 12 darstellt.

Lösungshinweise

Insbesondere Kapitel 2

LÖSUNG

Im konkreten Fall geht es um „durch Forderungen gesicherte Wertpapiere" (**forderungsbesicherte Wertpapiere**, *asset-backed securities*). X stellt insbesondere deswegen ein strukturiertes Unternehmen i. S. von IFRS 12 dar, weil Stimmrechte gar nicht erforderlich sind, um X zu beherrschen und der Nutzen aus der Tätigkeit von X automatisch U zufließt. Die Geschäftstätigkeit von X ist nämlich eingeschränkt und X wurde mit einem engen und klar definierten Ziel gegründet. Aus diesen Gründen wäre X nach der „alten" Rechtslage als eine Zweckgesellschaft i. S. von SIC 12 zu betrachten gewesen.

AUFGABE 2

Angaben zu Gemeinschafts- und assoziierten Unternehmen

X ist an zehn assoziierten Unternehmen beteiligt. Die Unternehmen A bis E sind je für sich gesehen unwesentlich, die Unternehmen F bis J (Beteiligung der X zwischen 20 und 40 %) jeweils wesentlich. Unter Berufung auf den allgemeinen Wesentlichkeitsgedanken (IAS 1 und IAS 8), sowie dessen besondere Betonung in IFRS 12.4 möchte X im Konzernanhang bezüglich der zusammengefassten finanziellen Informationen gem. IFRS 11.21(b)(ii) wie folgt verfahren:

(a) Keine Offenlegung von Informationen zu den unwesentlichen Unternehmen (A bis E).

(b) Keine Offenlegung finanzieller Informationen für die einzeln wesentliche Unternehmen, stattdessen Angabe zusammengefasster Informationen für F bis J insgesamt.

Aufgabenstellung

Ist das von X beabsichtigte Vorgehen zulässig?

Lösungshinweise

Kapitel 3.3

LÖSUNG

(a) Der Verzicht auf die Angabe von Informationen zu den unwesentlichen Unternehmen entspricht nicht nur den allgemeinen Vorgaben von IAS 1, IAS 8 und IFRS 12.4, sondern ergibt sich auch unmittelbar aus dem Wortlaut von IFRS 12.21b. Danach sind finanzielle Informationen nur für die Gemeinschafts- und assoziierten Unternehmen geboten, die für das berichtende Unternehmen wesentlich sind. Hinsichtlich der Wesentlichkeit gelten allerdings im Bereich des Anhangs niedrigere Grenzwerte bzw. Schwellen, als etwa in der Bilanz bzw. der Gesamtergebnisrechnung (IAS 1.30).

(b) Eine Zusammenfassung aller wesentlichen assoziierten Unternehmen ist hingegen nicht zulässig. IFRS 12.21b verlangt Angaben für jedes Gemeinschaftsunternehmen und für jedes assoziierte Unternehmen, das wesentlich ist. Eine Zusammenfassung würde auch deshalb keinen Sinn machen, weil die zusammengefassten finanziellen Informationen jeweils auf der Basis von 100 % anzugeben sind. Eine Aggregation über mehrere Unternehmen würde dann bei unterschiedlichen Beteiligungsquoten zu einer nicht sinnvollen Informationsdarstellung führen (IFRS 12.BC49 f.).

IFRS 13 Ermittlung beizulegender Zeitwerte

1. Einleitung und Anwendungsbereich

IFRS 13 **definiert den Begriff „beizulegender Zeitwert“** *(„fair value“)*, stellt ein **Rahmenkonzept für die Ermittlung** beizulegender Zeitwerte bereit und verlangt **Angaben** zur Ermittlung beizulegender Zeitwerte (IFRS 13.1 und 13.IN4).

Eine detaillierte Erörterung der Ermittlung beizulegender Zeitwerte kann nicht in einem einzigen Abschnitts eines Buches erfolgen. Dies würde vielmehr ein eigenes Werk erfordern. Im vorliegenden Abschnitt werden daher lediglich die Grundlagen der Ermittlung beizulegender Zeitwerte (und nicht jedes Detail) erläutert.

IFRS 13 ist grundsätzlich anzuwenden, **wenn ein anderer Standard Bewertungen zum beizulegenden Zeitwert bzw. Angaben zur Ermittlung beizulegender Zeitwerte erlaubt oder verlangt** (inkl. Bewertungsmaßstäbe wie z. B. der beizulegende Zeitwert abzüglich Veräußerungskosten, welche auf dem Begriff des beizulegenden Zeitwerts basieren, und Angaben über derartige Bewertungsmaßstäbe). IFRS 13 sieht *nicht* – zusätzlich zu den bereits nach anderen Standards erlaubten oder verlangten Bewertungen zum beizulegenden Zeitwert – weitere Bewertungen zum beizulegenden Zeitwert vor (IFRS 13.5, 13.IN2 und 13.IN4).

Vermögenswerte und Schulden stellen den Schwerpunkt der Definition des Begriffs „beizulegender Zeitwert“ dar. Zusätzlich gilt IFRS 13 für die zum beizulegenden Zeitwert bewerteten eigenen Eigenkapitalinstrumente des Unternehmens (IFRS 13.4).

Es existieren zwei Kategorien von **Ausnahmen vom Anwendungsbereich** von IFRS 13 (IFRS 13.6 f.):

- Ausnahmen von den **Offenlegungsvorschriften** von IFRS 13,
- Ausnahmen von den **Bewertungs- und Offenlegungsvorschriften** von IFRS 13:
  - **Anteilsbasierte Vergütungen** im Anwendungsbereich von IFRS 2,
  - **Leasinggeschäfte** im Anwendungsbereich von IAS 17,
  - **Bewertungsmaßstäbe**, die gewisse Ähnlichkeiten mit dem beizulegenden Zeitwert aufweisen, allerdings keinen beizulegenden Zeitwert darstellen (z. B. der Nutzungswert i. S. von IAS 36 bzw. der Nettoveräußerungswert i. S. von IAS 2).

Das Rahmenkonzept von IFRS 13 für die Ermittlung beizulegender Zeitwerte gilt **sowohl für die Erst- als auch für die Folgebewertung**, wenn der beizulegende Zeitwert von einem Standard erlaubt oder vorgeschrieben wird (IFRS 13.8).

2. Die Bewertungsvorschriften von IFRS 13

2.1 Die Definition des Begriffs „beizulegender Zeitwert“

Der beizulegende Zeitwert (*fair value*) ist der **Preis**, der beim **Verkauf eines Vermögenswerts** zufließen würde bzw. der zu zahlen wäre, um eine **Schuld zu übertragen**, und zwar in einem **gewöhnlichen Geschäft zwischen Marktteilnehmern am Bewertungsstichtag zu den gegenwärti-**

gen Marktbedingungen. Demnach stellt der beizulegende Zeitwert einen **Ausstiegspreis** aus der Perspektive eines Marktteilnehmers dar, der den Vermögenswert besitzt bzw. die Verbindlichkeit schuldet (IFRS 13.2, 13.9, 13.Anhang A und 13.B2).

Aus den obigen Ausführungen geht klar hervor, dass es sich beim beizulegenden Zeitwert um einen **marktbasierten Bewertungsmaßstab** und **nicht um einen unternehmensspezifischen Bewertungsmaßstab** handelt (IFRS 13.2).

Ein **gewöhnliches Geschäft** ist ein Geschäft, das einen gewissen Zeitraum vor dem Bewertungsstichtag den Marktkräften ausgesetzt ist, damit Marketingaktivitäten möglich sind, die für Geschäfte mit derartigen Vermögenswerten oder Schulden üblich sind. Es handelt sich dabei keinesfalls um ein erzwungenes Geschäft (d. h. es darf etwa keine erzwungene Liquidation vorliegen, und auch kein Notverkauf) (IFRS 13.Anhang A).

2.2 Der Vermögenswert bzw. die Schuld

Nachdem der beizulegende Zeitwert für einen bestimmten Vermögenswert bzw. für eine bestimmte Schuld berechnet wird, muss das Unternehmen bei der Ermittlung des beizulegenden Zeitwerts die Eigenschaften des Vermögenswerts bzw. der Schuld berücksichtigen, wenn Marktteilnehmer diese Eigenschaften auch berücksichtigen würden. Die Auswirkung einer bestimmten Eigenschaft auf den beizulegenden Zeitwert hängt davon ab, wie diese von Marktteilnehmern berücksichtigt werden würde. An dieser Stelle werden Beispiele für solche Eigenschaften angeführt (IFRS 13.11 f.):

- Restriktionen hinsichtlich des Verkaufs bzw. der Nutzung des Vermögenswerts,
- der Zustand und der Standort des Vermögenswerts.

Der Begriff „zum beizulegenden Zeitwert bewerteter Vermögenswert" bzw. „zum beizulegenden Zeitwert bewertete Schuld" kann auf eine der folgenden beiden Arten verstanden werden (IFRS 13.13):

- Es handelt sich dabei um einen **einzelnen Vermögenswert** bzw. um eine **einzelne Schuld** (z. B. um eine finanzielle Verbindlichkeit oder um eine Sachanlage).
- Es handelt sich dabei um eine **Gruppe** von Vermögenswerten, eine Gruppe von Verbindlichkeiten oder um eine Gruppe, zu der sowohl Vermögenswerte als auch Verbindlichkeiten gehören (z. B. eine ZGE[594] oder ein Geschäftsbetrieb[595]).

Ob es sich bei dem Vermögenswert bzw. bei der Schuld hinsichtlich der Frage des Ansatzes bzw. der Offenlegung um einen einzelnen Vermögenswert bzw. eine einzelne Schuld handelt oder um eine Gruppe (s. o.), hängt von der **Aggregationsebene** (*unit of account*) ab. Die Aggregationsebene stellt die Ebene dar, auf der ein Vermögenswert gem. einem IFRS hinsichtlich der Frage des Ansatzes aggregiert oder disaggregiert wird. Die Aggregationsebene des Vermögenswerts bzw. der Schuld ist grundsätzlich gem. jenem Standard zu bestimmen, der die Bewertung zum beizulegenden Zeitwert erlaubt oder vorschreibt (IFRS 13.14 und 13.Anhang A).

594 Vgl. Abschnitt IAS 36, Kapitel 1 und 4.
595 Vgl. Abschnitt IFRS 3, Kapitel 1.

2.3 Das Geschäft

In Übereinstimmung mit der Definition des Begriffs „beizulegender Zeitwert"[596] wird bei dessen Ermittlung unterstellt, dass der Vermögenswert bzw. die Schuld in einem gewöhnlichen Geschäft zwischen Marktteilnehmern am Bewertungsstichtag zu den gegenwärtigen Marktbedingungen verkauft bzw. übertragen wird (IFRS 13.15).

Bei der Ermittlung des beizulegenden Zeitwerts wird angenommen, dass das Geschäft in dem folgenden Markt stattfindet (IFRS 13.16, 13.18 und 13.Anhang A):

- Im **Hauptmarkt** des Vermögenswerts bzw. der Schuld (sofern ein Hauptmarkt existiert). Diese gilt unabhängig davon, ob der Preis in diesem Markt direkt beobachtbar ist oder mittels einer anderen Bewertungsmethode geschätzt wird. Der Hauptmarkt ist jener Markt mit dem größten Volumen und der größten Aktivität hinsichtlich des Vermögenswerts bzw. der Schuld.
- Sofern kein Hauptmarkt existiert, im **vorteilhaftesten Markt** für den Vermögenswert bzw. die Schuld. Bei Letzterem handelt es sich um jenen Markt, der den Betrag, der für den Verkauf des Vermögenswerts zufließen würde, maximiert bzw. den Betrag, der für die Übertragung der Schuld zu zahlen wäre, minimiert, und zwar nach Berücksichtigung von Transport- und Transaktionskosten. Die letzten beiden Kostenarten werden im Standard folgendermaßen definiert:
  - **Transportkosten** sind jene Kosten, welche anfallen würden, um einen Vermögenswert von seinem gegenwärtigen Standort zu seinem vorteilhaftesten Markt (oder Hauptmarkt) zu transportieren.
  - **Transaktionskosten** sind die Kosten für den Verkauf eines Vermögenswerts bzw. für die Übertragung einer Schuld im vorteilhaftesten Markt (oder Hauptmarkt) für den Vermögenswert bzw. die Schuld, welche dem Verkauf bzw. der Übertragung direkt zurechenbar sind. Transaktionskosten müssen beide der folgenden Kriterien erfüllen:
    - Sie resultieren direkt aus dem Geschäft und sind für dieses von Bedeutung.
    - Sie wären beim Unternehmen nicht angefallen, wenn die Entscheidung, den Vermögenswert zu verkaufen bzw. die Schuld zu übertragen, nicht getroffen worden wäre.

Liegen keine gegenteiligen Hinweise vor, so ist der Markt, in dem das Unternehmen normalerweise den Vermögenswert verkaufen würde bzw. die Schuld übertragen würde, annahmegemäß der Hauptmarkt (oder der vorteilhafteste Markt) (IFRS 13.17).

Am Bewertungsstichtag muss das Unternehmen **Zugang** zum Hauptmarkt (bzw. zum vorteilhaftesten Markt) haben. Verschiedene Unternehmen (und Geschäftsbetriebe innerhalb dieser Unternehmen) können Zugang zu unterschiedlichen Märkten haben. Daher kann der Hauptmarkt (bzw. der vorteilhafteste Markt) für denselben Vermögenswert bzw. für dieselbe Schuld für verschiedene Unternehmen (und Geschäftsbetriebe innerhalb dieser Unternehmen) gem. IFRS 13 unterschiedlich sein. Daher erfolgt auch die Bestimmung der Marktteilnehmer aus einer unternehmensspezifischen Perspektive. Somit kann es in diesem Bereich zwischen verschiedenen Unternehmen zu Differenzen kommen. Obwohl das Unternehmen Zugang zum Markt ha-

596 Vgl. Kapitel 2.1.

ben muss, muss es **nicht dazu in der Lage sein, am Bewertungsstichtag den Vermögenswert zu verkaufen bzw. die Schuld zu übertragen**, um den beizulegenden Zeitwert auf der Grundlage des Preises in diesem Markt zu ermitteln (IFRS 13.19 f.).

Es ist möglich, dass **kein beobachtbarer Markt existiert**, der Informationen hinsichtlich der Preisfindung in Bezug auf den Verkauf oder die Übertragung am Bewertungsstichtag liefert. In diesem Fall ist zu unterstellen, dass ein Geschäft an diesem Tag stattfindet, welches aus der Perspektive eines Marktteilnehmers zu betrachten ist, der den Vermögenswert besitzt bzw. die Verbindlichkeit schuldet. Dieses **angenommene Geschäft** dient als Grundlage für die Schätzung des Preises für den Verkauf des Vermögenswerts bzw. für die Übertragung der Verbindlichkeit (IFRS 13.21).

2.4 Marktteilnehmer

Marktteilnehmer sind Käufer und Verkäufer im Hauptmarkt (oder im vorteilhaftesten Markt)[597] hinsichtlich des Vermögenswerts bzw. der Schuld, welche alle der folgenden Eigenschaften aufweisen (IFRS 13.Anhang A):

- Sie sind voneinander **unabhängig**, d. h. es handelt sich um **keine nahestehenden Parteien**[598] i. S. von IAS 24.[599]
- Sie sind **sachkundig** und haben ein **angemessenes Verständnis** hinsichtlich des Vermögenswerts bzw. der Schuld und des Geschäfts, wobei sie **alle verfügbaren Informationen verwenden**.
- Sie sind **dazu in der Lage, ein Geschäft** hinsichtlich des Vermögenswerts bzw. der Schuld **abzuschließen.**
- Sie haben die **Absicht, ein Geschäft** hinsichtlich des Vermögenswerts bzw. der Schuld **abzuschließen.** Demnach sind sie motiviert, ein derartiges Geschäft abzuschließen, allerdings nicht dazu gezwungen.

Das Unternehmen muss den beizulegenden Zeitwert auf der Basis jener **Annahmen** ermitteln, **die Marktteilnehmer** bei der Preisfindung hinsichtlich des Vermögenswerts bzw. der Schuld **verwenden würden**. Dabei ist davon auszugehen, dass die Marktteilnehmer in ihrem **besten wirtschaftlichen Interesse** handeln. Bei der Entwicklung dieser Annahme muss das Unternehmen keine bestimmten Marktteilnehmer identifizieren. Stattdessen identifiziert das Unternehmen Eigenschaften, welche Marktteilnehmer im Allgemeinen charakterisieren. Dabei sind Faktoren zu berücksichtigen, die hinsichtlich aller der folgenden Punkte spezifisch sind (IFRS 13.22 f.):

- Der Vermögenswert bzw. die Schuld,
- der Hauptmarkt (oder der vorteilhafteste Markt) für den Vermögenswert bzw. für die Schuld,
- Marktteilnehmer, mit denen das Unternehmen in diesem Markt handeln würde.

597 Vgl. Kapitel 2.3 hinsichtlich der Definition der Begriffe „Hauptmarkt" und „vorteilhaftester Markt".

598 Vgl. Abschnitt IAS 24, Kapitel 2.

599 Allerdings kann der in einem Geschäft mit einer nahestehenden Partei vereinbarte Preis bei der Ermittlung des beizulegenden Zeitwerts als Eingangsgröße verwendet werden, wenn Hinweise vorliegen, dass das Geschäft zu Marktbedingungen abgeschlossen wurde (IFRS 13.Anhang A).

2.5 Der Preis

Der **beizulegende Zeitwert** ist der **Preis**, der beim Verkauf eines Vermögenswerts zufließen würde bzw. der zu zahlen wäre, um eine Schuld zu übertragen (somit handelt es sich um einen Ausstiegspreis), und zwar in einem gewöhnlichen Geschäft im Hauptmarkt (bzw. im vorteilhaftesten Markt) am Bewertungsstichtag zu den gegenwärtigen Marktbedingungen. Dies gilt unabhängig davon, ob dieser Preis direkt beobachtbar ist oder mit einer anderen Bewertungsmethode geschätzt wird (IFRS 13.24 und 13.Anhang A).

Der der Ermittlung des beizulegenden Zeitwerts zugrunde gelegte Preis **darf nicht um Transaktionskosten[600] angepasst werden**. Transaktionskosten stellen nämlich keine Eigenschaft eines Vermögenswerts bzw. einer Schuld dar. Sie sind in Übereinstimmung mit dem entsprechenden Standard zu bilanzieren und umfassen keine Transportkosten.[601] Ist der Standort eine Eigenschaft des Vermögenswerts, so ist der Preis im Hauptmarkt (bzw. im vorteilhaftesten Markt) um die Kosten anzupassen, die anfallen würden, um den Vermögenswert von seinem gegenwärtigen Standort zu diesem Markt zu transportieren (IFRS 13.25 f.).

2.6 Anwendung im Falle nicht-finanzieller Vermögenswerte

Bei der Ermittlung des beizulegenden Zeitwerts eines nicht-finanziellen Vermögenswerts ist die Fähigkeit eines Marktteilnehmers zu berücksichtigen, wirtschaftliche Vorteile durch die **wertmaximierende Verwendung** des Vermögenswerts zu generieren (oder wirtschaftliche Vorteile durch Verkauf an einen anderen Marktteilnehmer zu generieren, der den Vermögenswert wertmaximierend verwenden würde). Die wertmaximierende Verwendung ist jene Verwendung eines nicht-finanziellen Vermögenswerts durch Marktteilnehmer, die den Wert des Vermögenswerts (oder der Gruppe von Vermögenswerten und Schulden (z. B. eines Geschäftsbetriebes) innerhalb derer der Vermögenswert verwendet werden würde) maximiert. Der wertmaximierenden Verwendung liegt jene Verwendung des Vermögenswerts zugrunde, welche **physisch möglich, rechtlich zulässig und finanziell machbar** ist (IFRS 13.27 f. und 13.Anhang A).

Aus den obigen Ausführungen geht hervor, dass sich die wertmaximierende Verwendung aus der **Perspektive der Marktteilnehmer** ergibt, und zwar selbst dann, wenn das Unternehmen eine andere Verwendung plant. So kann das Unternehmen etwa einen immateriellen Vermögenswert lediglich mit der Absicht erwerben, andere an dessen Nutzung zu hindern, und nicht mit der Absicht, den Vermögenswert selbst zu verwenden. Dennoch ist der beizulegende Zeitwert unter der Annahme der wertmaximierenden Verwendung des Vermögenswerts durch Marktteilnehmer zu ermitteln (IFRS 13.29 f.).

---

600 Hinsichtlich der Definition des Begriffs „Transaktionskosten" wird auf Kapitel 2.3 verwiesen.
601 Hinsichtlich der Definition des Begriffs „Transportkosten" wird auf Kapitel 2.3 verwiesen.

2.7 Anwendung auf Schulden und auf die eigenen Eigenkapitalinstrumente des Unternehmens

Bei der Bewertung zum beizulegenden Zeitwert wird angenommen, dass eine finanzielle oder nicht-finanzielle Schuld oder ein eigenes Eigenkapitalinstrument des Unternehmens (z. B. Eigenkapitalanteile, welche im Rahmen eines Unternehmenszusammenschlusses als Gegenleistung emittiert werden) am Bewertungsstichtag **auf einen Marktteilnehmer übertragen** wird. Hinsichtlich der Übertragung wird Folgendes unterstellt (IFRS 13.34):

- Die **Schuld** bleibt offen und der Marktteilnehmer, auf den die Schuld übertragen wird, ist dazu verpflichtet, diese zu begleichen. Die Schuld wird am Bewertungsstichtag gegenüber der Gegenpartei nicht beglichen.
- Das **eigene Eigenkapitalinstrument des Unternehmens** bleibt offen und der Marktteilnehmer, auf den das Eigenkapitalinstrument übertragen wird, übernimmt die mit dem Instrument verbundenen Rechte und Pflichten. Das Instrument wird am Bewertungsstichtag nicht gekündigt bzw. auf eine andere Weise beglichen.

Es kann vorkommen, dass kein beobachtbarer Markt existiert, der Informationen hinsichtlich der Preisfindung in Bezug auf die Übertragung der Schuld bzw. des eigenen Eigenkapitalinstruments des Unternehmens liefert (z. B. als Folge vertraglicher oder anderer rechtlicher Restriktionen in Bezug auf derartige Übertragungen). Dessen ungeachtet kann ein **beobachtbarer Markt** für derartige Instrumente existieren, die **von anderen Parteien als Vermögenswerte gehalten** werden (IFRS 13.35).

In allen Fällen ist es erforderlich, die **Verwendung beobachtbarer Eingangsgrößen zu maximieren** und die Verwendung nicht beobachtbarer Eingangsgrößen zu minimieren (IFRS 13.36).

Ist ein **notierter Preis** für die **Übertragung einer identischen oder ähnlichen Schuld** oder eines identischen oder ähnlichen **eigenen Eigenkapitalinstruments** des Unternehmens **nicht verfügbar** und (IFRS 13.37 und 13.40)

- wird das **identische Instrument von einer anderen Partei als Vermögenswert gehalten**, so wird der beizulegende Zeitwert der Schuld bzw. des Eigenkapitalinstruments aus der Perspektive eines Marktteilnehmers ermittelt, der das identische Instrument am Bewertungsstichtag als Vermögenswert hält.
- wird das **identische Instrument nicht von einer anderen Partei als Vermögenswert gehalten**, so wird der beizulegende Zeitwert der Schuld bzw. des Eigenkapitalinstruments mit einer Bewertungsmethode aus der Perspektive eines Marktteilnehmers ermittelt, der die Verbindlichkeit schuldet bzw. den Anspruch auf Eigenkapital emittiert hat.

Der beizulegende Zeitwert einer Schuld muss die Auswirkung des **Risikos der Nichterfüllung** reflektieren, d. h. des Risikos, dass das Unternehmen die Verpflichtung nicht erfüllen wird. Das Risiko der Nichterfüllung beinhaltet das eigene Kreditrisiko des Unternehmens und alle anderen Faktoren, die die Wahrscheinlichkeit beeinflussen können, dass die Verpflichtung erfüllt bzw. nicht erfüllt wird. Das Risiko der Nichterfüllung ist vor und nach der Übertragung der Schuld annahmegemäß dasselbe (IFRS 13.42 f. und 13.Anhang A).

2.8 Der beizulegende Zeitwert im Zeitpunkt des erstmaligen Ansatzes

Die Preise, die von einem Unternehmen gezahlt werden, um Vermögenswerte zu erwerben müssen nicht notwendigerweise mit den Preisen übereinstimmen, zu denen sie von dem Unternehmen verkauft werden. In ähnlicher Weise überträgt ein Unternehmen Schulden nicht notwendigerweise zu den Preisen, die an das Unternehmen gezahlt wurden, um die Schulden anzunehmen (IFRS 13.57 und 13.Anhang A):

- Wird ein Vermögenswert erworben bzw. eine Schuld angenommen (in einem Tauschgeschäft für diesen Vermögenswert bzw. für diese Schuld), so repräsentiert der **Transaktionspreis** den für den Erwerb des Vermögenswerts bezahlten Preis bzw. den für das Eingehen der Schuld erhaltenen Preis (**Einstiegspreis**).
- Im Gegensatz dazu stellt der **beizulegende Zeitwert** des Vermögenswerts bzw. der Schuld jenen Preis dar, der für den Verkauf des Vermögenswerts zufließen würde bzw. für die Übertragung der Schuld zu zahlen wäre (**Ausstiegspreis**).

In vielen Fällen entspricht der Transaktionspreis im Zeitpunkt des erstmaligen Ansatzes dem beizulegenden Zeitwert (IFRS 13.58).

Erlaubt oder verlangt ein anderer Standard die Bewertung eines Vermögenswerts bzw. einer Schuld im Zeitpunkt des erstmaligen Ansatzes zum beizulegenden Zeitwert und weicht der Transaktionspreis vom beizulegenden Zeitwert ab, so ist der daraus resultierende Gewinn bzw. Verlust (**Tag 1-Gewinn** bzw. **Tag 1-Verlust**) **erfolgswirksam** zu erfassen, es sei denn, ein anderer Standard sieht eine **abweichende Vorgehensweise** vor (IFRS 13.60).

2.9 Bewertungsmethoden

Es ist erforderlich, Bewertungsmethoden zu verwenden, welche angesichts der Umstände geeignet sind und für die ausreichende Daten zur Verfügung stehen, um den beizulegenden Zeitwert zu ermitteln, wobei die **Verwendung** relevanter **beobachtbarer Eingangsgrößen zu maximieren** und die **Verwendung nicht beobachtbarer Eingangsgrößen zu minimieren** ist (IFRS 13.61).

Drei weit verbreitete Bewertungsmethoden sind marktpreisorientierte, einkommensorientierte sowie kostenorientierte Verfahren (IFRS 13.62 und 13.Anhang A):

- Bei **marktpreisorientierten Verfahren** werden Preise und andere relevante Informationen verwendet, welche durch Marktgeschäfte mit identischen oder vergleichbaren (d. h. ähnlichen) Vermögenswerten, Schulden oder einer Gruppe von Vermögenswerten und Schulden (z. B. Geschäftsbetrieb) generiert werden. So werden etwa bei marktpreisorientierten Verfahren häufig Marktmultiplikatoren verwendet, die aus einer Gruppe von Vergleichsgrößen abgeleitet werden (IFRS 13.B5 f.).
- Die **einkommensorientierten Verfahren** umfassen Bewertungsmethoden, welche künftige Beträge (z. B. Geldflüsse oder Erträge und Aufwendungen) in einen einzigen gegenwärtigen (d. h. **abgezinsten**) Betrag umwandeln. Der Ermittlung des beizulegenden Zeitwerts liegen die gegenwärtigen Markterwartungen hinsichtlich künftigen Beträge zugrunde. Diese Bewertungsmethoden umfassen etwa die folgenden Verfahren (IFRS 13.B10 f.):

- Barwertverfahren,
- Optionspreismodelle wie etwa das Black-Scholes-Merton-Modell oder ein Binomialmodell,[602] denen Barwertverfahren zugrunde liegen und die sowohl den Zeitwert (*time value*), als auch den inneren Wert (*intrinsic value*) einer Option reflektieren,
- die Residualwertmethode (*multi-period excess earnings method*), welche verwendet wird, um den beizulegenden Zeitwert einiger immaterieller Vermögenswerte zu schätzen.

► Im Rahmen der **kostenorientierten Verfahren** wird jener Betrag ermittelt, welcher gegenwärtig erforderlich wäre, um die **Servicekapazität** eines Vermögenswerts **zu ersetzen**. Somit basiert der beizulegende Zeitwert auf den Kosten eines Marktteilnehmers für den Erwerb bzw. die Herstellung eines Ersatzvermögenswerts mit vergleichbarem Nutzen, angepasst um die Veralterung (**gegenwärtige Wiederbeschaffungs- bzw. Wiederherstellungskosten**). Die Veralterung umfasst den physischen Wertverlust, die technologische Veralterung sowie die wirtschaftliche Veralterung (IFRS 13.B8 f.).

Das Unternehmen muss Bewertungsmethoden wählen, welche sich im Einklang mit einer oder mehrerer dieser drei Kategorien von Verfahren zur Ermittlung des beizulegenden Zeitwerts befinden (IFRS 13.62).

2.10 Eingangsgrößen im Rahmen von Bewertungsverfahren

Die Eingangsgrößen sind die **Annahmen**, die die Marktteilnehmer bei der Bewertung des Vermögenswerts bzw. der Schuld verwenden würden (inkl. Annahmen über Risiken). Eingangsgrößen können folgendermaßen kategorisiert werden (IFRS 13.Anhang A):

► **Beobachtbare Eingangsgrößen** sind jene Eingangsgrößen, bei deren Bestimmung Marktdaten verwendet werden (wie öffentlich verfügbare Informationen über Ereignisse und Geschäfte);

► **nicht beobachtbare Eingangsgrößen** stellen Eingangsgrößen dar, für die keine Marktdaten verfügbar sind. Bei ihrer Bestimmung werden die besten verfügbaren Informationen verwendet, die die Marktteilnehmer bei der Bewertung verwenden würden.

Bei der Anwendung von Bewertungsmethoden zur Ermittlung des beizulegenden Zeitwerts ist die **Verwendung relevanter beobachtbarer Eingangsgrößen zu maximieren** und die Verwendung nicht beobachtbarer Eingangsgrößen zu minimieren. Märkte, in denen Eingangsgrößen für einige Vermögenswerte und Schulden (z. B. Finanzinstrumente) beobachtbar sein können, sind etwa Börsen, Händler-Märkte, Vermittler-Märkte und Direkt-Märkte (IFRS 13.67 f. und 13.B34).

Das Unternehmen hat Eingangsgrößen zu wählen, welche **mit den Eigenschaften des Vermögenswerts bzw. der Schuld im Einklang** stehen, die die **Marktteilnehmer** in einem Geschäft mit dem Vermögenswert bzw. mit der Schuld berücksichtigen würden. In manchen Fällen führen diese Eigenschaften zu einer Anpassung, etwa in der Form eines Zuschlags oder eines Abschlags (z. B. Kontrollprämie oder Abschlag aufgrund nicht vorhandener Beherrschung). Existiert

602 Vgl. Kapitel 2.2.

für einen Vermögenswert oder für eine Schuld ein in einem aktiven Markt[603] notierter Preis (d. h. eine **Eingangsgröße der Ebene 1**[604]), so hat das Unternehmen grundsätzlich diesen Preis ohne Anpassung der Ermittlung des beizulegenden Zeitwerts zugrunde zu legen (IFRS 13.69).

2.11 Die Zeitwerthierarchie

IFRS 13 normiert eine Zeitwerthierarchie (*fair value hierarchy*), welche die im Rahmen der Ermittlung beizulegender Zeitwerte verwendeten Eingangsgrößen in drei Klassen (Ebenen) kategorisiert. Dabei haben Eingangsgrößen der Ebene 1 den höchsten Stellenwert und Eingangsgrößen der Ebene 3 den niedrigsten (IFRS 13.72).

In manchen Fällen gehören die für die Zeitwertermittlung eines Vermögenswertes oder einer Schuld verwendeten Eingangsgrößen zu unterschiedlichen Ebenen der Zeitwerthierarchie. Dann wird der beizulegende Zeitwert in seiner Gesamtheit derselben Ebene der Zeitwerthierarchie zugeordnet, wie die Eingangsgröße der niedrigsten Ebene, welche für die gesamte Bewertung signifikant ist (IFRS 13.73).

2.11.1 Eingangsgrößen der Ebene 1

Eingangsgrößen der Ebene 1 sind **notierte Preise** für **identische Vermögenswerte oder Schulden** in **aktiven Märkten**, zu denen das Unternehmen **am Bewertungsstichtag Zugang** hat (IFRS 13.76 und 13.Anhang A). Ein **aktiver Markt** ist ein Markt, in dem Geschäfte mit dem Vermögenswert oder der Schuld in ausreichender Menge und mit ausreichender Häufigkeit stattfinden, um fortlaufend Preisinformationen bereitzustellen (IFRS 13.Anhang A). Grundsätzlich erfolgt in Bezug auf notierte Preise **keine Anpassung** (IFRS 13.77 und 13.79).

Einige finanzielle Vermögenswerte und finanzielle Verbindlichkeiten, für die eine Eingangsgröße der Ebene 1 vorliegt, werden in **mehreren aktiven Märkten** gehandelt (z. B. an verschiedenen Börsen). Daher besteht der Schwerpunkt innerhalb der Ebene 1 darin, Folgendes festzustellen (IFRS 13.78):

- Den **Hauptmarkt** für den Vermögenswert bzw. die Schuld, oder – sofern kein Hauptmarkt existiert – den **vorteilhaftesten Markt** für den Vermögenswert bzw. die Schuld;[605]
- ob das Unternehmen am Bewertungsstichtag in diesem Markt zu dem Preis ein **Geschäft** in Bezug auf den Vermögenswert bzw. die Schuld **abschließen kann**.

2.11.2 Eingangsgrößen der Ebene 2

Eingangsgrößen der Ebene 2 umfassen Eingangsgrößen, welche für den Vermögenswert bzw. die Schuld entweder **direkt oder indirekt beobachtbar** sind und **keine der Ebene 1 zugeordneten notierten Preise** darstellen. Die Ebene 2 umfasst die folgenden Eingangsgrößen (IFRS 13.81 f. und 13.Anhang A):

- In inaktiven Märkten notierte Preise für identische oder ähnliche Vermögenswerte bzw. Schulden,

603 Vgl. Kapitel 2.11.1.

604 Vgl. Kapitel 2.11.1.

605 Hinsichtlich der Definition der Begriffe „Hauptmarkt" und „vorteilhaftester Markt" wird auf Kapitel 3.3 verwiesen.

- in aktiven Märkten notierte Preise für ähnliche Vermögenswerte bzw. Schulden,
- andere Eingangsgrößen als notierte Preise, welche für den Vermögenswert bzw. die Schuld beobachtbar sind (z. B. in üblichen Intervallen beobachtbare Zinssätze sowie Kreditrisikoaufschläge),
- marktgestützte Eingangsgrößen (d. h. Eingangsgrößen, welche primär aus beobachtbaren Marktdaten abgeleitet bzw. durch diese untermauert werden, und zwar mittels Korrelation und anderer Methoden).

Anpassungen von Eingangsgrößen der Ebene 2 variieren in Abhängigkeit von Faktoren, welche für den Vermögenswert bzw. die Schuld spezifisch sind. Diese Faktoren umfassen die folgenden Eigenschaften (IFRS 13.83):

- Der Standort oder der Zustand des Vermögenswerts,
- das Ausmaß, in dem sich die Eingangsgrößen auf Vermögenswerte bzw. Schulden beziehen, die mit dem zu bewertenden Vermögenswert bzw. mit der zu bewertenden Schuld vergleichbar sind,
- das Volumen oder die Aktivität in den Märkten, in denen die Eingangsgrößen beobachtet werden.

2.11.3 Eingangsgrößen der Ebene 3

Eingangsgrößen der Ebene 3 sind **nicht beobachtbare Eingangsgrößen für den Vermögenswert bzw. die Schuld** (IFRS 13.86 und 13.Anhang A). Nicht beobachtbare Eingangsgrößen müssen bei der Zeitwertermittlung in dem Ausmaß verwendet werden, in dem relevante beobachtbare Eingangsgrößen nicht verfügbar sind. Da der beizulegende Zeitwert einen marktbasierten Bewertungsmaßstab darstellt und keinen unternehmensspezifischen,[606] müssen die nicht beobachtbaren Eingangsgrößen die **Annahmen** (inkl. die Annahmen über Risiken) reflektieren, die die **Marktteilnehmer** bei der Bewertung des Vermögenswerts bzw. der Schuld verwenden würden (IFRS 13.87). Im Rahmen der Ermittlung eines beizulegenden Zeitwerts hat eine **Risikoanpassung** zu erfolgen, wenn auch die Marktteilnehmer eine solche vornehmen würden. So kann es etwa erforderlich sein, im Falle einer signifikanten Bewertungsunsicherheit eine Risikoanpassung vorzunehmen (IFRS 13.88).

3. Darstellung der Anwendung ausgewählter Bewertungsmethoden

3.1 Bewertung selbst genutzter Sachanlagen

Die Bewertung eigengenutzter Sachanlagen erfolgt grundsätzlich auf Basis kostenorientierter Verfahren.[607]

606 Vgl. Kapitel 2.1.
607 Vgl. Kapitel 2.9.

3.2 Bewertung amerikanischer Optionen anhand des Binomialmodells

In diesem Kapitel werden die Grundzüge der Bewertung **amerikanischer Kaufoptionen auf Aktien** anhand des Binomialmodells dargestellt, wobei nicht auf Modellerweiterungen eingegangen wird. Eine **amerikanische Option kann** jederzeit während ihrer gesamten Laufzeit ausgeübt werden.

In der Praxis wird das Binomialmodell sowohl für die Bewertung von Optionen im Anwendungsbereich von IFRS 9 verwendet, als auch für die Bewertung von Mitarbeiteroptionen im Anwendungsbereich von IFRS 2. Obwohl die Regeln von IFRS 13 nicht für anteilsbasierte Vergütungen im Anwendungsbereich von IFRS 2 gelten (IFRS 13.6a), ist die Logik des Binomialmodels unabhängig davon, ob IFRS 13 anzuwenden ist, dieselbe.

Die Ermittlung des beizulegenden Zeitwerts einer Option gem. dem Binomialmodell erfolgt in den folgenden Schritten:

- Zunächst wird der **binomiale Preisbaum** erstellt, der die möglichen Veränderungen des beizulegenden Zeitwerts der Aktien aufzeigt. Der Zeitwert einer Aktie kann sich von einem Zeitpunkt zum nächsten entweder um einen Abwärtsfaktor (x) reduzieren, oder um einen Aufwärtsfaktor (y) erhöhen. Somit kann die Wertentwicklung der Aktien in der Zukunft geschätzt werden. Hinsichtlich der Faktoren gilt Folgendes (wobei die letzte Annahme üblicherweise zugrundegelegt wird, allerdings nicht zwingend getroffen werden muss): $y \geq 1; 0 < x \leq 1$ und $x = 1 : y$.
- Im Anschluss daran wird von den ermittelten Werten der Aktie am Ende des Betrachtungshorizonts (**Laufzeitende**) der Ausübungspreis der Option abgezogen, wodurch man eine Reihe verschiedener **innerer Werte** für die Option erhält. Es ist wichtig festzuhalten, dass der innere Wert einer Option nicht negativ werden kann, da der Inhaber die Option in diesem Fall einfach verfallen lassen würde.
- Im nächsten Schritt erfolgt die retrograde Ermittlung des Optionswerts dahingehend, dass die inneren Werte am Laufzeitende paarweise mit den sog. risikoneutralen Wahrscheinlichkeiten (Pseudowahrscheinlichkeiten bzw. Martingalmaße) multipliziert werden. Dabei ist w die risikoneutrale Wahrscheinlichkeit einer Aufwärtsbewegung und (1 - w) die risikoneutrale Wahrscheinlichkeit einer Abwärtsbewegung. Durch anschließendes Abzinsen mit dem risikofreien Zinssatz erhält man die möglichen Werte der Option zum Ende der Vorperiode. Diese Vorgehensweise wird so lange wiederholt, bis man als Folge dieser Rückwärtsrechnung am Beginn des „Baumes" (und somit am Bewertungsstichtag) angelangt ist, wo der errechnete Betrag dem beizulegenden Zeitwert der Option entspricht.

3.3 Bewertung einer Marke nach der Methode der Lizenzpreisanalogie

In diesem Kapitel wird die Ermittlung des beizulegenden Zeitwerts einer **Marke** anhand der **Methode der Lizenzpreisanalogie** *(relief from royalty method)* erläutert.[608] Nach dieser Methode bestimmt sich der Wert einer Marke als Barwert der Lizenzeinnahmen, die bei einer fiktiven Lizen-

608 Vgl. *Lüdenbach*, PiR 2006 S. 268 ff.

zierung der Marke an einen Dritten erzielt werden könnten (bzw. alternativ als Barwert der Lizenzzahlungen, die sich der Markeninhaber erspart, da er die Marke nicht von einem Dritten lizenzieren muss).

Die fiktiven Lizenzeinnahmen dürfen nicht um die **Markenerhaltungsaufwendungen** gekürzt werden, wenn die Markenerhaltungsaufwendungen – wie bei einer Volllizenzierung an einen einzigen Lizenznehmer üblich – vom fiktiven Lizenznehmer getragen werden. Diese sind dann nämlich bereits in der Lizenzrate eingepreist. Ein expliziter Abzug von den Lizenzeinnahmen würde zu einer doppelten Berücksichtigung dieser Aufwendungen führen.

3.4 Der abschreibungsbedingte Steuervorteil

Bei einkommensorientierten Bewertungen[609] steuerlich abschreibungsfähiger Vermögenswerte führt die Abzinsung der künftigen Geldflüsse zu einem Barwert, der den Steuervorteil aus der steuerlichen Abschreibungsfähigkeit (kleinere steuerliche Gewinne und somit weniger Steuerlast) noch nicht berücksichtigt.[610] Der beizulegende Zeitwert ist als objektiver Wert[611] von den Besonderheiten des konkreten Erwerbs bzw. Erwerbers abstrahiert. Daher muss dieser **abschreibungsbedingte Steuervorteil** (*tax amortization benefit*) als Wertkomponente berücksichtigt werden und zwar unabhängig davon, ob der Unternehmenszusammenschluss als Vermögenskauf (*asset deal*) tatsächlich zu steuerlichen Mehrabschreibungen führt oder als Anteilskauf (*share deal*) keine steuerlichen Mehrabschreibungen bewirkt.[612]

Der abschreibungsbedingte Steuervorteil kann berechnet werden, indem der beizulegende Zeitwert eines Vermögenswerts vor Berücksichtigung des Steuervorteils mit der folgenden Formel multipliziert wird:[613] „ND : (ND - RBF · s) - 1".

Die explizite Berücksichtigung des abschreibungsbedingten Steuervorteils ist ein Merkmal der einkommensorientierten Verfahren. Fälle, in denen dieser typischerweise eine Rolle spielt, sind die einkommensorientierte Bewertung von immateriellen Vermögenswerten, Anlageimmobilien und (vermieteten) Sachanlagen. Bei marktpreisorientierten Verfahren wird hingegen unterstellt, dass ein abschreibungsbedingter Steuervorteil bereits im Marktpreis enthalten ist.

609 Vgl. Kapitel 2.9.

610 Zu diesen und den nachfolgenden Ausführungen vgl. *Lüdenbach/Hoffmann/Freiberg*, IFRS-Kommentar, 12. Aufl., § 31 Tz. 242 und § 8a Tz. 42 ff.

611 Vgl. Kapitel 2.1.

612 Hinsichtlich einer Erläuterung der Begriffe „Vermögenskauf" und „Anteilskauf" wird auf den Abschnitt zu IFRS 3 (Kapitel 2) verwiesen.

613 „ND" = Nutzungsdauer; „RBF" = Rentenbarwertfaktor für die Laufzeit ND und den entsprechenden Abzinsungssatz i (entspricht dem Barwert einer Annuität von GE 1 mit der Laufzeit ND und dem Zins i); „s" = Steuersatz.

4. Aufgaben mit Lösungen

AUFGABE 1

Bewertung einer amerikanischen Option anhand des Binomialmodells

Die X-AG erwirbt am 01.01.01 eine amerikanische Kaufoption auf eine Aktie. Die Laufzeit der Option endet am 31.12.02. Der Ausübungspreis der Option beträgt GE 9. Der beizulegende Zeitwert einer Aktie beträgt am 01.01.01 GE 10. Der Aufwärtsfaktor beträgt 1,25 p. a., der Abwärtsfaktor 0,80 p. a. (= 1 : 1,25). Die risikoneutrale Wahrscheinlichkeit einer Steigerung des beizulegenden Zeitwerts der Aktie (w) beträgt 0,40 (d. h. 40 %). Der risikolose Zinssatz beträgt 10 % p. a.

Aufgabenstellung

Ermitteln Sie den beizulegenden Zeitwert der Option zum 01.01.01 nach dem Binomialmodell.

Lösungshinweise

Insbesondere Kapitel 4.2 und 3.9

LÖSUNG

Im Interesse der Anschaulichkeit erfolgen die Berechnungen in dieser Aufgabe auf der Basis von Zahlen, welche sich auf ein ganzes Jahr beziehen. In der Praxis erfolgen jedoch normalerweise genauere Berechnungen.

Die angenommene Entwicklung des beizulegenden Zeitwerts der Aktie wird in dem unten dargestellten Preisbaum veranschaulicht. Die Werte ergeben sich dabei unter Anwendung des Abwärts- bzw. Aufwärtsfaktors.

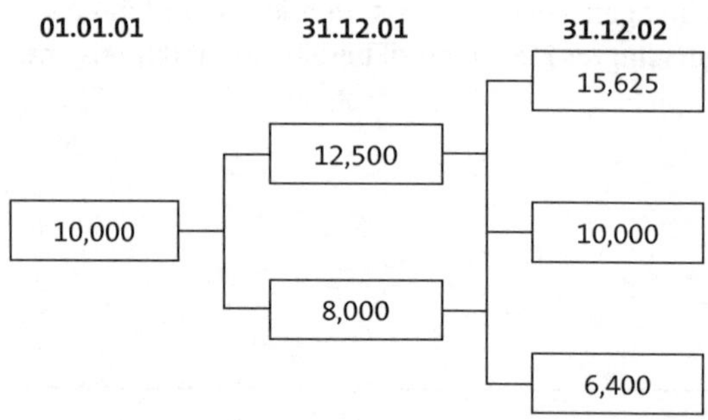

Im nächsten Schritt wird von jedem der eben errechneten möglichen beizulegenden Zeitwerte der Aktien per 31.12.02 der Ausübungspreis der Option (GE 9) abgezogen. Daraus ergeben sich mehrere verschiedene innere Werte für die Option. Ein innerer Wert kann nicht negativ werden. Danach werden die inneren Werte per 31.12.02 paarweise mit ihren risikoneutralen Wahrscheinlichkeiten multipliziert. Durch anschließendes Abzinsen um eine Periode ergeben sich die in der Spalte „31.12.01“ angeführten Beträge (s. u.).[614] Diese Vorgehensweise wird wiederholt, wodurch man als Folge der Rückwärtsrechnung am Beginn des „Baumes“ ankommt, wo der errechnete Betrag dem beizulegenden Zeitwert der Option zum 01.01.01 entspricht.

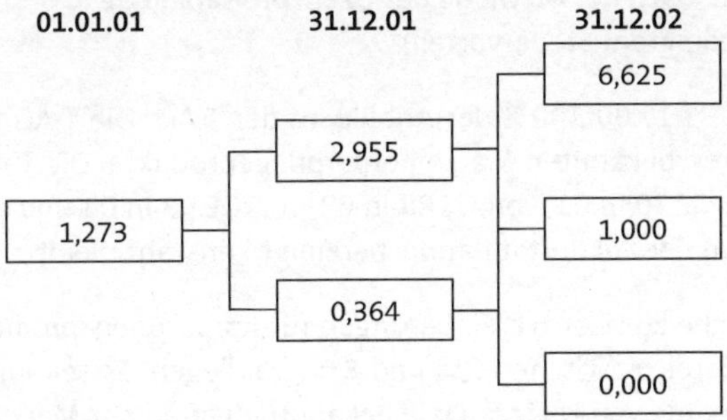

Der beizulegende Zeitwert der Option zum 01.01.01 beträgt somit (auf zwei Dezimalstellen gerundet) GE 1,27.

AUFGABE 2

Bewertung einer selbst genutzten Sachanlage

Die M-AG erlangt am 31.12.10 die Beherrschung über die T-AG. Letztere besitzt ein Gebäude, welches (sowohl vor dem, als auch nach dem Unternehmenszusammenschluss) für Verwaltungszwecke verwendet wird. Das Gebäude wurde von der T-AG Anfang 01 errichtet. Die Herstellungskosten betrugen GE 10. Zwischen der Errichtung des Gebäudes und dem 31.12.10 ist der entsprechende Preisindex um 20 % gestiegen. Ursprünglich betrug die realistisch geschätzte Nutzungsdauer 30 Jahre. Am 31.12.10 beträgt die Restnutzungsdauer 20 Jahre.

Aufgabenstellung

Ermitteln Sie den Buchwert des Gebäudes (beizulegender Zeitwert) im Konzernabschluss der M-AG zum 31.12.10.

Lösungshinweise

Insbesondere Kapitel 3.9 und 4.1

LÖSUNG

Herstellungskosten (Anfang 01)	10
Anstieg des entsprechenden Preisindex (bis 31.12.10) um 20 %	2
Herstellungskosten eines neuen Gebäudes (31.12.10)	12
Planmäßige Abschreibung für die Jahre 01-10 (= 10 : 30)	-4
Beizulegender Zeitwert	**8**

614 So ergibt sich etwa der Wert von GE 2,955 aus folgender Rechnung: [GE 6,625 · w + GE 1,000 · (1 - w)] : 1,1.

AUFGABE 3

Bewertung einer Marke nach der Methode der Lizenzpreisanalogie (inkl. abschreibungsbedingtem Steuervorteil)[615]

Die M-AG erwirbt am 31.12.00 100 % der Anteile an der T-AG. Die T-AG produziert unter einer bereits seit vielen Jahren bekannten Marke Körperpflegeprodukte. Die T-AG erwartet daraus einen Jahresumsatz von GE 80 in 01, von GE 88 in 02, von GE 96 in 03 und von GE 104 ab 04, welcher annahmegemäß in der Zukunft inflationsbereinigt konstant bleibt.

Eine Datenbankrecherche zu Lizenzvereinbarungen für Körperpflegeprodukte ergibt, dass die Lizenzraten in diesem Bereich zwischen 2 % und 8 % p. a. liegen. Es sei angenommen, dass (aufgrund der Berücksichtigung von Faktoren wie Bekanntheitsgrad der Marke, preisliche Positionierung der Produkte und Lebenszyklus) für die konkrete Marke eine Lizenzrate von 5 % p. a. mit einem Dritten vereinbart werden könnte. Dabei würde der fiktive Lizenznehmer die Markenerhaltungsaufwendungen zahlen.

Für Bewertungszwecke kann von einem risikoangepassten inflationsbereinigten Abzinsungssatz von 10 % ausgegangen werden. Künftig sollen weiterhin hohe Markenerhaltungsaufwendungen (Vermarktung) getätigt werden, um die Marke auf unabsehbare Zeit weiter nutzen zu können.

Aufgabenstellung

Ermitteln Sie den Betrag (beizulegender Zeitwert), mit dem die Marke im Zeitpunkt des Erwerbs der T-AG in der Konzernbilanz der M-AG anzusetzen ist. Dabei soll die Methode der Lizenzpreisanalogie angewandt werden. Der Steuersatz beträgt 25 %. Die steuerliche Nutzungsdauer der Marke würde bei einem fiktiven Erwerber der Marke annahmegemäß 15 Jahre betragen.

Lösungshinweise

Insbesondere Kapitel 4.3 und 4.4

LÖSUNG

Nach der **Methode der Lizenzpreisanalogie** bestimmt sich der beizulegende Zeitwert der Marke als **Barwert der Lizenzeinnahmen**, die bei einer **fiktiven Lizenzierung** der Marke **an einen Dritten** erzielt werden könnten.

Die **Markenerhaltungsaufwendungen** dürfen im konkreten Fall *nicht* von den fiktiven Lizenzeinnahmen abgezogen werden, denn diese werden laut Angabe vom fiktiven Lizenznehmer getragen und sind daher bereits in der Lizenzrate eingepreist. Ein expliziter Abzug in der nachfolgenden Berechnung würde zu einer doppelten Erfassung führen.

615 In Anlehnung an: *Lüdenbach*, PiR 2006 S. 268 ff. und *Lüdenbach/Hoffmann/Freiberg*, IFRS-Kommentar, 12. Aufl., § 31 Tz. 226 ff.

Der **Barwert der fiktiven künftigen Lizenzeinnahmen** errechnet sich folgendermaßen:

		01	02	03	04 ff.
Jahresumsätze		80,0	88,0	96,0	104,0
Lizenzrate (vor Steuern)	5 %				
Fiktive Lizenzerträge (vor Steuern)		4,0	4,4	4,8	5,2
Steuern	25 %	-1,0	-1,1	-1,2	-1,3
Fiktive Lizenzerträge (nach Steuern)		3,0	3,3	3,6	3,9
Abzinsungssatz	10 %				
Barwerte		2,7	2,7	2,7	29,3[616]
Summe der Barwerte		**37,4**			

Der **abschreibungsbedingte Steuervorteil** errechnet sich, indem der beizulegende Zeitwert der Marke vor Berücksichtigung des Steuervorteils („Summe der Barwerte" i. H. von GE 37,4 aus der obigen Tabelle) mit der Formel „ND : (ND - RBF · s) - 1" multipliziert wird:[617]

Steuerliche Nutzungsdauer (in Jahren)	15	
Zinssatz	10 %	
Rentenbarwertfaktor	7,60608	Barwert einer Annuität von GE 1, mit der Laufzeit ND und dem Zinssatz i: $1 : 1{,}1 + 1 : 1{,}1^2 + \ldots$ bis zum Ende der Periode ND (Formel "BW" in Excel)
Abschreibungsbedingter Steuervorteil	**5,4**	37,4 · (15 : (15 - 7,60608 · 0,25) - 1)

Somit beträgt der **beizulegende Zeitwert** der Marke per 31.12.00 (d. h. im Erstkonsolidierungs- bzw. Erwerbszeitpunkt) GE 42,8 (= GE 37,4 + GE 5,4).

616 Der Barwert der Jahre 04 ff. wird wie folgt ermittelt: Zunächst ist der Barwert per 01.01.04 einer ewigen Rente zu berechnen: GE 3,9 : 0,1 = GE 39. Die Zugrundelegung einer ewigen Rente ist aufgrund der unbestimmten Nutzungsdauer der Marke erforderlich. Dieses Ergebnis ist noch um drei Perioden vom 01.01.04 auf den 31.12.00 mit 10 % p. a. abzuzinsen.

617 „ND" = Nutzungsdauer; „RBF" = Rentenbarwertfaktor für die Laufzeit ND und den entsprechenden Abzinsungssatz i (entspricht dem Barwert einer Annuität von GE 1 mit der Laufzeit ND und dem Zins i); „s" = Steuersatz.

IFRS 14 Regulatorische Abgrenzungsposten

1. Überblick

IFRS 14 schafft – ausschließlich für **IFRS-Erstanwender** aus **preisregulierten Branchen** – die Möglichkeit, bestimmte Aktiv- und Passivposten fortzuführen, die wegen der Preisregulierung nach nationalem Bilanzrecht gebildet wurden. Derzeit existiert noch kein genauer Zeitplan für die Übernahme von IFRS 14 in das Recht der EU.

2. Preisregulierungsmechanismen

In oligopolistischen Märkten, etwa der Energie- und Wasserversorgung, dem öffentlichen Nahverkehr oder der Telekommunikation sind häufig staatlich initiierte Preisregulierungsmechanismen anzutreffen. Drei Formen lassen sich hier unterscheiden:

- Bei **kostenorientierter Regulierung** wird der Absatzpreis so festgelegt, dass der Anbieter unter Berücksichtigung der erwarteten Kosten eine im Vorfeld festgelegte Rendite erzielen kann. Soweit in einer Nachbetrachtung die tatsächlichen Kosten von den erwarteten abweichen, hat der Anbieter das Recht (bzw. bei Kostenunterschreitung die Pflicht), dies über die Absatzpreise der Folgeperioden an die Abnehmer weiterzureichen.
- Bei **anreizorientierter Regulierung** werden z. B. Preisobergrenzen aus unternehmensexternen Richtwerten (*benchmarks*) abgeleitet.
- In **Mischsystemen** kommt eine Kombination beider Regulierungsarten zur Anwendung.

3. Anwendungsbereich von IFRS 14

Ist bei Kosten- oder Mischsystemen eine festgestellte Abweichung von den Plankosten in den Folgeperioden an die Kunden weiterzureichen, stellt sich die Frage, wie der Zeitraum zwischen **Eintritt der Kostenabweichung** und **Weiterreichung an den Kunden** bilanziell abzubilden ist. Nach einigen nationalen Rechungslegungssystemen (so z. B. in Nordamerika und Indien) ist in diesem Fall die Bildung eines Aktiv- oder Passivpostens vorgesehen.

IFRS 14 gestattet es nun IFRS-Erstanwendern als **Wahlrecht**, derartige nach nationalem Recht gebildete Posten beim Übergang auf die IFRS **fortzuführen**, auch wenn die Merkmale eines Vermögenswerts oder einer Schuld nach IFRS nicht erfüllt sind.

Eine Anwendung von IFRS 14 ist nur für **preisregulierte Unternehmen** erlaubt (IFRS 14.5a). Es handelt sich hierbei um Unternehmen, bei denen die Absatzpreise auf Basis eines von einer Regulierungsstelle vorgegebenen oder beaufsichtigten Regelwerks bestimmt werden (IFRS 14.Anhang A).

Das preisregulierte Unternehmen muss weiterhin folgende Bedingung erfüllen: Im letzten nach **nationalem Bilanzrecht** erstellten Abschluss wurden regulatorische Aktiva oder Passiva angesetzt (IFRS 14.6).

4. Umsetzung des Wahlrechts

Technisch wird das Wahlrecht durch eine Befreiung von der Anwendung des IAS 8.11 umgesetzt (IFRS 14.9). Bei der Auswahl einer Rechnungslegungsmethode (IAS 8.10 ff.) kann daher der IFRS-Erstanwender unmittelbar auf die bisher angewandten nationalen Bilanzierungsnormen Bezug nehmen. Eine Prüfung der Frage, ob die regulatorischen Posten nach dem IFRS-Rahmenkonzept Vermögenswerte oder Schulden sind (IAS 8.11), braucht er nicht vorzunehmen.

Bei Entscheidung für die Fortsetzung der bisherigen Rechungslegungsmethode ist dieser nicht nur für den **Bilanzansatz**, sondern auch für die **Bewertung**, also insbesondere die Auflösung des regulatorischen Postens, zu folgen (IFRS 14.11).

5. Ausweis

Die aus nationalem Recht fortgeführten Posten sind nach IFRS in der **Bilanz** als **regulatorische Abgrenzungsposten** (*regulatory deferral acocunts*) am **Ende** der Aktiv- bzw. Passivseite gesondert, und nach einer Zwischensumme für die wirklichen Vermögenswerte (*total assets*) bzw. das wirkliche Kapital (*total equity and liabilities*) auszuweisen. Die sonst notwendige Klassifizierung als kurz- oder langfristig unterbleibt (IFRS 14.20 f. und 14.IE1).

Entsprechend ist in der **Gesamtergebnisrechnung** die Nettoveränderung der Abgrenzungsposten als Aufwand bzw. Ertrag und/oder als sonstiges Gesamtergebnis jeweils gesondert auszuweisen (IFRS 14.22 f.). Ein sonstiges Gesamtergebnis kann z. B. insoweit entstehen, als die zu Mehrerlösansprüchen führende Abweichung der Ist- von den Plankosten durch versicherungsmathematische Gewinne oder Verluste bei den Pensionsverpflichtungen bedingt ist.

6. Anhangangaben

Der Standard verlangt eine Reihe qualitativer und quantitativer Angaben, u. a.

- eine Beschreibung von Art und Umfang der **preisregulierten Tätigkeit** sowie des jeweiligen Regulierungsmechanismus (IFRS 14.30(a)),
- eine (tabellarische) **Überleitungsrechnung**, aus der sich die regulatorischen Abgrenzungsposten und ihre Veränderungen ergeben (IFRS 14.33(a)),
- eine Angabe der **„Restlaufzeit"** der Abgrenzungsposten (IFRS 14.33(c)).

7. Aufgabe mit Lösung

AUFGABE

U ist Betreiber eines Stromnetzes und unterliegt einer Preisregulierung. Durch einen Tornado sind im Jahr 01 Hochspannungsmasten und -leitungen beschädigt worden. Ungewöhnliche hohe Instandhaltungsaufwendungen (GE 400) fallen an, die nach IFRS-Grundsätzen (IAS 16) teils als Aufwand zu verbuchen, teils zu aktivieren wären. Die Regulierungsbehörde erlaubt eine Preiserhöhung für die Netzentgelte auf 4 Jahre, um den wesentlichen Teil der außergewöhnlichen Kosten zu amortisieren. Dieser (nicht abgezinste) Wert wird nach nationalem Recht per 31.12.01 aktiviert und wäre nach diesem Recht in 02 bis 05 jeweils mit GE 100 aufzulösen. Der Barwert entwickelt sich demgegenüber wie folgt:

31.12.01	363
31.12.02	279
31.12.03	191
31.12.04	98
31.12.05	0

Im Jahr 04 (Berichtsperiode) stellt U seinen ersten IFRS-Abschluss auf.

Aufgabenstellung

Welche Auswirkungen ergeben sich auf die Bilanz und die Gesamtergebnisrechnung für das Jahr 04 nach IFRS, wenn Ziel von U eine möglichst große Kontinuität zur vorherigen Rechnungslegung ist?

Lösungshinweise

Insbesondere Kapitel 3 und 4

LÖSUNG

- U ist in einer preisregulierten Branche tätig.
- U hat nach nationalem Recht regulatorische Abgrenzungsposten aktiviert.
- U wird IFRS-Anwender.

Alle Voraussetzungen für die Anwendung von IFRS 14 sind damit erfüllt (IFRS 14.5 f.).

Die Anwendung ist freiwillig, d. h. als (an die oben gennannten Bedingungen geknüpftes) Wahlrecht gestaltet (IFRS 14.5). U entscheidet sich für die Ausübung des Wahlrechts, um eine möglichst hohe Kontinuität zur bisherigen Rechnungslegung zu wahren.

Die Bewertung (Auflösung) des danach ansetzbaren Abgrenzungspostens folgt den Regeln des nationalen Bilanzrechts (IFRS 14.11). Auf die diskontierten Werte kommt es demnach nicht an. Vielmehr ist der Abgrenzungsposten mit GE 100 p. a. aufzulösen.

Hieraus ergibt sich bilanziell per 31.12.04 ein (Rest-)Wert von GE 100, der als regulatorischer Abgrenzungsposten am Ende der Aktivseite der Bilanz und nach einer Zwischensumme für die wirklichen Vermögenswerte auszuweisen ist (IFRS 14.20).

In der GuV bzw. Gesamtergebnisrechnung für 04 ist entsprechend nach den „normalen" Ergebnissen separat ein Aufwand von GE 100 aus der Auflösung des Aktivpostens zu zeigen (IFRS 14.22 f.) – ob vollständig in der GUV (bzw. im GuV-Teil der Gesamtergebnisrechnung) oder z. T. auch als sonstiges Gesamtergebnis lässt sich dem Sachverhalt nicht entnehmen.

IFRS 15 Erlöse aus Verträgen mit Kunden

1. Einleitung

Nicht alle Erträge stellen auch **Erlöse** dar. Bei letzteren handelt es sich um Erträge, welche sich aus der gewöhnlichen Geschäftstätigkeit des berichtenden Unternehmens ergeben (IFRS 15.Anhang A). Die Erlösrealisierung wird nach noch **geltender Rechtslage** im Allgemeinen durch den Standard **IAS 18** geregelt und für Fertigungsaufträge durch **IAS 11**. Ferner existieren zu dieser Thematik einige Interpretationen.

Am 28. Mai 2014 hat das IASB mit **IFRS 15** einen neuen Standard verabschiedet, welcher die Erlösrealisierung umfassend regelt und die Vorschriften der soeben erwähnten, älteren Verlautbarungen künftig ersetzen wird (IFRS 15.IN3 und 15.C10). IFRS 15 ist auf Geschäftsjahre anzuwenden, welche am oder nach dem 01. Januar **2017** beginnen. Eine vorzeitige Anwendung ist erlaubt (IFRS 15.IN2 und 15.C1). In der **Europäischen Union** müssen neue Standards des IASB allerdings offiziell in das EU-Recht übernommen werden, bevor sie angewandt werden können. Nachdem dies für IFRS 15 bislang noch nicht erfolgte, können die neuen Vorschriften derzeit in der EU noch nicht angewandt werden. Die Übernahme soll nach aktuellem Stand der Dinge im dritten Quartal 2015 erfolgen.[618] Die Vorschriften von IFRS 15 entsprechen inhaltlich grundsätzlich den neuen Regeln des **FASB** – d. h. der US GAAP – zur Erlösrealisierung (IFRS 15.IN9).

Das vorliegende Buch basiert bereits zur Gänze auf dem neuen IFRS 15.[619]

Unter ähnlichen Umständen ist eine **konsistente** Anwendung des Standards auf Verträge mit ähnlichen Eigenschaften erforderlich (IFRS 15.3).

Als **praktische Erleichterung** kann IFRS 15 auch auf eine **Gruppe** von Verträgen bzw. Leistungsverpflichtungen mit ähnlichen Eigenschaften angewandt werden. Diese Vorgehensweise darf allerdings nicht zu einem – im Vergleich zur Anwendung von IFRS 15 auf die einzelnen Verträge bzw. Leistungsverpflichtungen – wesentlich abweichenden Resultat führen (IFRS 15.4).

2. Ausnahmen vom Anwendungsbereich

IFRS 15 findet insbesondere auf die folgenden Bereiche – für die speziellere Standards gelten – **keine Anwendung** (IFRS 15.5):

- **Leasingverhältnisse** (IAS 17),
- **Versicherungsverträge** (IFRS 4),
- **Finanzinstrumente** und **andere vertragliche Rechte bzw. Pflichten** im Anwendungsbereich von IFRS 9 „Finanzinstrumente“, IFRS 10 „Konzernabschlüsse“, IFRS 11 „Gemeinsame Vereinbarungen“, IAS 27 „Einzelabschlüsse“ und IAS 28 „Anteile an Gemeinschafts- und assoziierten Unternehmen“.

618 Vgl. EFRAG, The EU endorsement status report, Stand 18. März 2015, abgerufen auf der Netzseite www.efrag.org.
619 Hinsichtlich eines Überblicks zu IAS 11 und IAS 18 wird auf die zweite Auflage dieses Buches verwiesen.

3. Erfassung von Umsatzerlösen

3.1 Identifikation von Kundenverträgen

IFRS 15 gilt nur für jene Verträge, bei denen die Gegenpartei ein **Kunde** ist. Ein Kunde ist eine Partei, die mit dem berichtenden Unternehmen einen Vertrag über den **entgeltlichen** Erhalt von Gütern oder Dienstleistungen – welche ein Resultat der **gewöhnlichen Geschäftstätigkeit** des berichtenden Unternehmens sind – abgeschlossen hat (IFRS 15.6 und 15.Anhang A).

Der Standard normiert die folgenden, kumulativ zu erfüllenden **Anforderungen an Verträge** mit Kunden (IFRS 15.9-15.16):

- Die Vertragsparteien haben dem Vertrag **zugestimmt** (bspw. in Schriftform) und sind zur Leistungserbringung **verpflichtet**.
- **Identifizierbarkeit der Rechte** einer jeden Partei sowie der **Zahlungsbedingungen** hinsichtlich der zu liefernden Güter bzw. der zu erbringenden Dienstleistungen.
- **Wirtschaftlicher Gehalt** des Vertrags (i. S. einer erwarteten Auswirkung auf die künftigen Geldflüsse des Unternehmens).
- Der **Eingang des Entgelts** beim Unternehmen ist **wahrscheinlich**.

Kein Vertrag i. S. von IFRS 15 liegt vor, wenn jede Vertragspartei über das einseitig durchsetzbare Recht verfügt, einen zur Gänze unerfüllten Vertrag zu kündigen, ohne die andere(n) Vertragspartei(en) zu entschädigen, (IFRS 15.12).

Wird der in diesem Kapitel eingangs angeführte Kriterienkatalog bei Vertragsbeginn erfüllt, so findet i. d. F. **nur dann** eine **erneute Beurteilung** statt, wenn ein Indikator auf eine signifikante Änderung der Fakten und Umstände existiert (z. B. eine signifikante Verschlechterung der Zahlungsfähigkeit des Kunden). Entspricht ein Vertrag hingegen *nicht* dem Kriterienkatalog, so ist i. d. F. zu hinterfragen, ob die Kriterien nicht **im Nachhinein erfüllt** werden (IFRS 15.13 f.).

Erfüllt ein Vertrag nicht den Kriterienkatalog und erhält das Unternehmen ein Entgelt vom Kunden, so darf dieses nur dann als Erlös erfasst werden, wenn einer der folgenden beiden **Ausnahmetatbestände** vorliegt (IFRS 15.15):

- Das Unternehmen hat **keine noch ausstehenden Verpflichtungen** zur Lieferung von Gütern bzw. zur Erbringung von Dienstleistungen an den Kunden. Darüber hinaus muss das Unternehmen die gesamte bzw. im Wesentlichen gesamte Gegenleistung vom Kunden **erhalten haben**. Diese darf auch **nicht rückzahlbar** sein.
- Der Vertrag wurde **gekündigt** und das vom Kunden erhaltene Entgelt ist **nicht rückzahlbar**.

Vom Kunden erhaltene Entgelte sind solange als **Verbindlichkeit** zu erfassen, bis der eingangs angeführte Kriterienkatalog i. d. F. erfüllt wird bzw. bis einer der beiden Ausnahmetatbestände eintritt (IFRS 15.16).

Manchmal ist es für Zwecke der Bilanzierung nach IFRS 15 erforderlich, mehrere Verträge zusammenzufassen, d. h. **als einen einzigen Vertrag zu betrachten**. Dies ist dann der Fall, wenn die Verträge gleichzeitig bzw. in zeitlicher Nähe mit demselben Kunden bzw. nahe stehenden Parteien des Kunden abgeschlossen wurden und zumindest eines der folgenden Kriterien erfüllt wird (IFRS 15.17):

- Die Verträge werden als Paket ausgehandelt und verfolgen ein einziges wirtschaftliches Ziel.
- Der Betrag der in einem Vertrag zu zahlenden Gegenleistung hängt vom Preis oder Ergebnis des anderen Vertrags ab.
- Bei den in den Verträgen zugesagten Gütern oder Dienstleistungen – bzw. bei manchen Gütern oder Dienstleistungen, die in jedem der Verträge zugesagt werden – handelt es sich um eine einzige Leistungsverpflichtung.

3.2 Identifikation von Leistungsverpflichtungen

Die Leistungsverpflichtungen sind bei Vertragsbeginn zu identifizieren. Bei einer Leistungsverpflichtung handelt sich um jede vertragliche Zusage eines **eigenständigen Gutes**, einer **eigenständigen Dienstleistung** (z. B. Herstellung eines Gegenstands im Auftrag des Kunden) oder eines **eigenständiges Bündels** aus Gütern und Dienstleistungen gegenüber dem Kunden. Auch bei einer **Reihe** eigenständiger Güter bzw. Dienstleistungen kann es sich um eine Leistungsverpflichtung handeln. Letzteres setzt voraus, dass die Güter bzw. Dienstleistungen im Wesentlichen dieselben sind und auch dasselbe Schema der Übertragung an den Kunden aufweisen (IFRS 15.22 f., 15.26h und 15.Anhang A).

Eigenständigkeit ist gegeben, wenn beide der folgenden Kriterien erfüllt werden (IFRS 15.27 f.):

- Es existiert ein korrespondierender **Nutzenzufluss beim Kunden**, d. h. der Kunde kann vom Gut bzw. der Dienstleistung an sich – oder zusammen mit anderen ihm bereits zur Verfügung stehenden Ressourcen – profitieren.
- Die Zusage des Transfers eines Guts bzw. einer Dienstleistung an den Kunden ist separat – von anderen Zusagen im Vertrag – identifizierbar. Ein Indikator für **separate Identifizierbarkeit** liegt etwa vor, wenn das Gut bzw. die Dienstleistung nicht als Bestandteil in das für den Kunden herzustellende Endprodukt einfließt (IFRS 15.29a).

Leistungsverpflichtungen umfassen **nicht alle Tätigkeiten** des Leistungserbringers. Dies gilt etwa für administrative Aktivitäten zur Vorbereitung eines Geschäfts, bei denen für den Kunden noch kein Nutzenzufluss feststellbar ist. Entscheidend ist stets, dass es zum Transfer von Gütern bzw. Dienstleistungen an den Kunden kommt (IFRS 15.25).

Ist ein zugesagtes Gut bzw. eine zugesagte Dienstleistung nicht eigenständig, so hat solange eine Zusammenfassung mit anderen zugesagten Gütern bzw. Dienstleistungen zu erfolgen, bis ein **eigenständiges Bündel** an Gütern bzw. Dienstleistungen identifiziert wird. Im Extremfall führt dies dazu, dass der Vertrag für Zwecke der Bilanzierung nur eine einzige Leistungsverpflichtung aufweist (IFRS 15.30).

Der Begriff der Leistungsverpflichtungen beschränkt sich nicht notwendigerweise auf die im Vertrag **explizit** genannten Güter bzw. Dienstleistungen. Vielmehr können sie sich auch **implizit** ergeben (z. B. aus des üblichen Geschäftspraktiken des Unternehmens), sofern bei Vertragsabschluss eine berechtigte Erwartung seitens des Kunden existiert (IFRS 15.24).

3.3 Bestimmung des Transaktionspreises

3.3.1 Allgemeines

Der auf eine Leistungsverpflichtung entfallende Transaktionspreis ist soweit als **Erlös** zu erfassen als die **Leistungsverpflichtung erfüllt** wurde. Beim **Transaktionspreis** handelt es sich um das Entgelt, auf das das Unternehmen aufgrund der Übertragung der zugesagten Güter bzw. Dienstleistungen an einen Kunden erwartungsgemäß Anspruch hat. Davon ausgenommen sind Beträge, welche im **Auftrag Dritter** einbehalten werden. Zum Transaktionspreis können sowohl feste als auch variable Beträge gehören (IFRS 15.46 f. und 15.Anhang A). Zahlungen an den Kunden – etwa Platzierungsgebühren oder Werbekostenzuschüsse – sind als Reduktion des Transaktionspreises zu würdigen, es sei denn der Zahlung steht eine unterscheidbare Gegenleistung vom Kunden an das Unternehmen gegenüber (IFRS 15. 70).

3.3.2 Variable Vergütungen

Enthält der Transaktionspreis auch einen variablen Bestandteil, so ist das für die Leistungserbringung zustehende Entgelt zu **schätzen**. Bei **variablen Komponenten** kann es sich etwa um Preisnachlässe, Rückgaberechte und Vertragsstrafen handeln. Sie können sich auch in Abhängigkeit von künftigen Ereignissen – z. B. vom Erreichen bestimmter Leistungsziele – ergeben und nicht zwangsläufig explizit aus dem Vertrag. Variabilität kann somit auch dann vorliegen, wenn von **Preiszugeständnissen** seitens des Unternehmens auszugehen ist (IFRS 15.50-15.52).

Die **Ermittlung** der variablen Vergütung basiert – je nachdem welche Methode das Unternehmen für besser geeignet hält – entweder auf dem **Erwartungswert** oder auf dem **wahrscheinlichsten Wert**. Ersterer kann sich im Falle einer großen Zahl ähnlicher Verträge empfehlen, letzterer im Falle von nur zwei möglichen Ergebnissen (z. B. Erreichung oder Verfehlung einer Leistungsprämie) (IFRS 15.53 f.). Der Einbezug der auf diese Weise bewerteten variablen Vergütungen in den Transaktionspreis ist allerdings **begrenzt**: Ein Einbezug erfolgt nur insoweit, als es hoch wahrscheinlich ist, dass es bei Wegfall der Unsicherheiten zu keiner signifikanten Stornierung der kumulativ erfassten Erlöse kommen wird (IFRS 15.46 i.V. mit 15.56 f.).

Erhält das Unternehmen ein Entgelt von einem Kunden und geht es von einer Rückerstattung dieses Entgelts – oder eines Teils davon – an den Kunden aus, so ist eine **Rückerstattungsverbindlichkeit** zu passivieren (IFRS 15.55).

Der Transaktionspreis ist zu jedem Bilanzstichtag **erneut zu schätzen** (IFRS 15.59).

3.3.3 Signifikante Finanzierungskomponenten

Bei der Ermittlung des Transaktionspreises ist der **Zeitwert des Geldes** zu berücksichtigen, sofern der zeitliche Anfall der Zahlungen entweder dem Kunden (Voraberfüllung der Leistungsverpflichtung) oder dem leistenden Unternehmen (Vorabzahlung des fälligen Betrags) einen **signifikanten Finanzierungsvorteil** verschafft. Der Standard spricht dabei von einer „signifikanten Finanzierungskomponente" (IFRS 15.60).

Das Ziel der Berücksichtigung des Zeitwerts des Geldes besteht darin, dass die Erlöse in einer Höhe erfasst werden, die den Preis repräsentiert, den ein Kunde bei Übertragung der Güter bzw. Dienstleistungen gezahlt hätte (**Barverkaufspreis**) (IFRS 15.61).

Der Standard normiert einige **Ausnahmetatbestände**, in denen keine signifikante Finanzierungskomponente vorliegt. Dies ist z. B. dann der Fall, wenn der Kunde für den Erhalt von Gütern bereits im Vorhinein bezahlt hat und der Zeitpunkt der Erfüllung der Leistungsverpflichtung durch das Unternehmen in seinem Ermessen liegt (IFRS 15.62).

Darüber hinaus existiert noch eine **praktische Erleichterung**: Von einer Berücksichtigung des Zeitwerts des Geldes kann abgesehen werden, wenn bei Vertragsbeginn erwartet wird, dass der Zeitraum zwischen Erfüllung der Leistungsverpflichtung und Zahlung **nicht mehr als ein Jahr** beträgt (IFRS 15.63).

Die Effekte der Finanzierung (**Zinsaufwendungen bzw. -erträge**) sind in der Gesamtergebnisrechnung **separat** von den Erlösen aus Verträgen mit Kunden auszuweisen. Zinsaufwendungen bzw. -erträge werden **nur soweit erfasst**, als ein Vertragsvermögenswert, eine Forderung oder eine Vertragsverbindlichkeit – i. Z. mit einem Vertrag mit einem Kunden – erfasst ist (IFRS 15.65).

3.4 Aufteilung des Transaktionspreises auf die Leistungsverpflichtungen

Enthält ein Vertrag mit einem Kunden lediglich eine einzige Leistungsverpflichtung, so erübrigt sich grundsätzlich die Aufteilung des Transaktionspreises. Umfasst ein Vertrag hingegen **mehrere Leitungsverpflichtungen**, so ist der Transaktionspreis auf ebendiese zu verteilen. Dies geschieht im Verhältnis der Einzelveräußerungspreise (Aufteilung auf Basis **relativer Einzelveräußerungspreise**). Dabei wird auf den Einzelveräußerungspreis zu Vertragsbeginn des eigenständigen Gutes bzw. der eigenständigen Dienstleistung abgestellt, welche(s) jeder Leistungsverpflichtung des Vertrags zugrunde liegt (IFRS 15.73-15.76 und 15.Anhang A).

Beim **Einzelveräußerungspreis** handelt es sich um jenen Preis, zu dem das Unternehmen ein zugesagtes Gut bzw. eine zugesagte Dienstleistung separat an einen Kunden verkaufen würde. Der **beste Nachweis** eines Einzelveräußerungspreises ist der **bei einem separaten Verkauf** – unter ähnlichen Umständen und an ähnliche Kunden – **beobachtbare Preis** des Gutes bzw. der Dienstleistung. Bei einem vertraglich genannten Preis oder einem Listenpreis eines Gutes bzw. einer Dienstleistung muss es sich nicht notwendigerweise um dessen bzw. deren Einzelveräußerungspreis i. S. von IFRS 15 handeln (IFRS 15.77 und 15.Anhang A). Ist der Einzelveräußerungspreis nicht direkt beobachtbar, so ist eine **Schätzung** erforderlich, wobei bestimmte Grundsätze – z. B. maximale Verwendung beobachtbarer Parameter – zu beachten sind (IFRS 15.78-15.80).

Ein **Preisnachlass** gegenüber einem Kunden liegt vor, wenn die im Vertrag für das Bündel an Gütern bzw. Dienstleistungen festgelegte Gegenleistung die Summe der Einzelveräußerungspreise dieser Güter bzw. Dienstleistungen unterschreitet. Durch die vorhin beschriebene Verteilung des Transaktionspreises auf Basis des Verhältnisses der Einzelveräußerungspreise wird ein gewährter Preisnachlass automatisch auf alle Leistungsverpflichtungen des Vertrags mitverteilt. In begründeten – im Standard definierten – Ausnahmefällen ist jedoch eine Zuordnung des Preisnachlasses zu lediglich einem Teil oder einer der Leistungsverpflichtungen erforderlich (IFRS 15.81-15.83).

Im Falle **variabler Entgelte** kann es zu einer Zuordnung ebendieser zu den folgenden Betrachtungsebenen kommen (IFRS 15.84 f.):

- zum **gesamten Vertrag**,
- unter bestimmten Voraussetzungen zu lediglich einem Teil oder einer der **Leistungsverpflichtungen** des Vertrags,
- unter bestimmten Voraussetzungen zu lediglich einem Teil oder einem der **eigenständigen Güter bzw. Dienstleistungen** innerhalb einer bestimmten Leistungsverpflichtung. Ein Beispiel ist die Gegenleistung für das zweite Jahr eines zwei Jahre laufenden Reinigungsvertrags, welche inflationsbedingt steigen wird (IFRS 15.84b i.V. mit 15.22b).

3.5 Erfüllung von Leistungsverpflichtungen

3.5.1 Erlösrealisierung bei Übergang der Beherrschung

Die **Erlöserfassung** erfolgt **mit Erfüllung einer Leistungsverpflichtung** durch Übertragung eines zugesagten Gutes bzw. einer zugesagten Dienstleistung – d. h. eines Vermögenswerts – an den Kunden. Die **Übertragung** erfolgt mit Erlangung der **Beherrschung** über den Vermögenswert durch den Kunden (IFRS 15.31). Etwas gewöhnungsbedürftig ist auf den ersten Blick der Umstand, dass IFRS 15 auch Dienstleistungen als Vermögenswerte subsumiert. Nach dem Verständnis des Standards ist dies sachgerecht, da es ausreicht, wenn Güter und Dienstleistungen nur für einen Moment Vermögenswerte darstellen, und zwar dann, wenn der Kunde diese erhält und verwendet (IFRS 15.33).

Beherrschung eines Vermögenswerts ist die Fähigkeit zur Bestimmung seiner Verwendung und des Erhalts im Wesentlichen aller der restlichen **Vorteile** i. Z. mit diesem – und des Ausschlusses anderer Unternehmen davon. Bei den Vorteilen handelt es sich um die **Verbesserung der potenziellen Geldflüsse**, die bspw. durch Verkauf des Vermögenswerts oder dessen Verwendung in der Produktion erzielt werden kann (IFRS 15.33).

Für jede Leistungsverpflichtung ist zunächst zu Vertragsbeginn festzustellen, ob diese über einen Zeitraum – d. h. **zeitraumbezogen** (vgl. Kapitel 3.5.2) oder **zeitpunktbezogen** (vgl. Kapitel 3.5.3) – erfüllt wird (IFRS 15.32 und 15.B2-15.B13).

3.5.2 Zeitraumbezogene Leistungsverpflichtungen

Erfolgt der **Übergang der Beherrschung** über ein Gut bzw. eine Dienstleistung – und somit auch die Erfüllung der Leistungsverpflichtung – zeitraumbezogen, so sind die **Erlöse** ebenfalls **zeitraumbezogen** zu erfassen. Ein solcher Fall liegt vor, wenn eines der folgenden Kriterien erfüllt wird (IFRS 15.35):

- Der Kunde zieht **kontinuierlich Nutzen**, d. h. er erhält und konsumiert gleichzeitig die Vorteile aus der Leistungserbringung.
- Das Unternehmen erstellt oder verbessert einen **vom Kunden beherrschten Vermögenswert**.
- Es existiert keine alternative Nutzungsmöglichkeit des Vermögenswerts für das leistungserbringende Unternehmen (**Kundenspezifität**), sei es aus tatsächlichen Gründen (Zuschnitt des Vermögenswerts nach ganz spezifischen Kundenwünschen) oder aus rechtlichen Grün-

den, wobei die entsprechende Beurteilung grundsätzlich nur bei Vertragsbeginn erfolgt (IFRS 15.36). Gleichzeitig verfügt das Unternehmen grundsätzlich **jederzeit** über einen **durchsetzbaren Anspruch auf Zahlung** für die bereits erbrachten Leistungen (IFRS 15.37).

Diese Regeln laufen somit im Endeffekt darauf hinaus, dass es auch nach neuem Recht zu einer **Teilgewinnrealisierung** kommen kann.[620]

Um die Erlöse den einzelnen Berichtsperioden zuordnen zu können, ist zu jedem Bilanzstichtag der Umfang der Leistungserfüllung (**Fertigstellungsgrad**) zu ermitteln. Für jede Leistungsverpflichtung ist eine einzige Methode anzuwenden. Diese ist auf ähnliche Leistungsverpflichtungen und unter ähnlichen Umständen **konsistent** anzuwenden (IFRS 15.39 f.).

Zur **Ermittlung des Fertigstellungsgrads** kommen sowohl Einsatz- als auch Leistungsverfahren (d. h. *input*- und *output*orientierte Verfahren) in Betracht. Bei **Einsatzverfahren** wird der Fertigstellungsgrad durch das Verhältnis des Faktoreinsatzes bis zum Stichtag zum gesamten Faktoreinsatz gemessen. Bei **Leistungsverfahren** wird hingegen der dem Kunden bereits durch Erfüllung der Leistungsverpflichtung zugeflossene Nutzen zum Gesamtnutzen (in Form von Gütern und Dienstleistungen) aus der Leistungsverpflichtung ins Verhältnis gesetzt. Die Wahl des konkreten Verfahrens hängt von der Art des Gutes bzw. der Dienstleistung ab (IFRS 15.41 und 15.B14-15.B19).[621] Der Fertigstellungsgrad bezieht sich lediglich auf jene Güter bzw. Dienstleistungen, für die die Beherrschung – bei Erfüllung der betreffenden Leistungsverpflichtung – auf den Kunden übergeht (IFRS 15.42).

Die Erlöserfassung setzt im Falle einer zeitraumbezogenen Leistungsverpflichtung voraus, dass eine **vernünftige Bewertung** des Fortschritts bei der Erfüllung der Leistungsverpflichtung möglich ist. U. a. in den frühen Phasen eines Auftrags ist das Ergebnis einer Leistungsverpflichtung ggf. nicht vernünftig bewertbar, obwohl die Wiedererlangung der zur Erfüllung der Leistungsverpflichtung eingegangenen Kosten erwartet wird. In letzterem Fall sind die Erlöse – bis zur Fähigkeit der vernünftigen Bewertung des Ergebnisses – lediglich **im Ausmaß der eingegangenen Kosten** zu erfassen (IFRS 15.44 f.).

3.5.3 Zeitpunktbezogene Leistungsverpflichtungen

Wird bei Vertragsabschluss keine zeitraumbezogene Erfüllung der Leistungsverpflichtung festgestellt, so handelt es sich automatisch um eine zeitpunktbezogene Leistungsverpflichtung (**Negativabgrenzung**) (IFRS 15.32 und 15.38). In letzterem Fall ist der **Zeitpunkt zu ermitteln**, zu dem der Kunde die Beherrschung über einen zugesagten Vermögenswert erhält und das Unternehmen eine Leistungsverpflichtung erfüllt. Dies geschieht anhand der **allgemeinen Grundsätze.**[622] Zusätzlich sind **Indikatoren** hinsichtlich des Übergangs der Beherrschung zu berücksichtigen, von denen der Standard die folgenden beispielhaft nennt (IFRS 15.38):[623]

- Bestehende Zahlungsansprüche gegenüber dem Kunden,
- Übergang des rechtlichen Eigentums auf den Kunden,

620 Vgl. *Hagemann*, PiR 8/2014, S. 232.
621 Vgl. *Hagemann*, PiR 8/2014, S. 232.
622 Vgl. Kapitel 3.5.1.
623 Vgl. *Hagemann*, PiR 8/2014, S. 233.

- physischer Besitz des Vermögenswerts durch den Kunden,
- Übergang der wesentlichen Risiken und Chancen i. Z. mit dem Eigentum des Vermögenswerts auf den Kunden,
- Abnahme des Vermögenswerts durch den Kunden.

4. Änderungen des Transaktionspreises

Änderungen des Transaktionspreises nach Vertragsbeginn – etwa aufgrund der Auflösung von Unsicherheiten – sind **auf die Leistungsverpflichtungen aufzuteilen**. Dies geschieht **auf derselben Basis wie bei Vertragsbeginn**. Es kommt somit zu keiner Neuaufteilung des Transaktionspreises unter Berücksichtigung von Änderungen der Einzelveräußerungspreise nach Vertragsbeginn. Beträge, die einer **erfüllten Leistungsverpflichtung** zugewiesen werden, sind in der Periode der Preisänderung als Erhöhung bzw. Reduktion der Erlöse zu erfassen. Unter bestimmten Voraussetzungen ist die Preisänderung lediglich einem Teil der Leistungsverpflichtungen bzw. kleineren Einheiten zuzuordnen (IFRS 15.87-15.89).

5. Vertragskosten

5.1 Kosten für den Erhalt eines Vertrags

Die **zusätzlichen Kosten** für den Erhalt eines Vertrags mit einem Kunden – d. h. jene Kosten, welche ohne Erhalt des Vertrags nicht angefallen wären, z. B. eine Verkaufsprovision – sind zu **aktivieren**, wenn das Unternehmen deren **Wiedererlangung** erwartet. Als **praktische Erleichterung** darf allerdings von einer Aktivierung abgesehen werden, wenn die Laufzeit des ansonsten anzusetzenden Vermögenswerts nicht mehr als ein Jahr betragen würde (IFRS 15.91 f. und 15.94).

Andere Kosten des Erhalts eines Vertrags – d. h. jene Kosten, die unabhängig vom Erhalt des Vertrags angefallen sind – dürfen hingegen nicht aktiviert werden, es sei denn, diese sind explizit – unabhängig vom Erhalt des Vertrags – an den Kunden verrechenbar (IFRS 15.93).

5.2 Kosten der Vertragserfüllung

Kosten der Erfüllung eines Vertrags mit einem Kunden, welche (IFRS 15.95-15.97 und 15.8)

- sich im **Anwendungsbereich eines anderen Standards** befinden (z. B. IAS 2 „Vorräte", IAS 16 „Sachanlagen" oder IAS 38 „Immaterielle Vermögenswerte") sind nach dem jeweiligen anderen Standard zu behandeln.
- ***nicht* in den Anwendungsbereich eines anderen Standards** fallen, sind zu aktivieren, wenn die folgenden drei Kriterien kumulativ erfüllt werden:
  - Die Kosten beziehen sich **direkt** auf einen Vertrag bzw. auf einen erwarteten Vertrag, den das Unternehmen spezifisch identifizieren kann. Direkte Kosten umfassen u. a. das Fertigungsmaterial, die Fertigungslöhne, die planmäßige Abschreibung der zur Auftragsdurchführung benötigten Maschinen, Zahlungen an Subunternehmer und lt. Vertrag explizit an den Kunden verrechenbare Kosten. Ein weiteres Beispiel sind Kosten für den Entwurf eines Vermögenswerts, der nach einem noch nicht fixierten, spezifischen Vertrag auf den Kunden übertragen wird.

– Die Kosten **schaffen oder erhöhen Ressourcen** des Unternehmens, welche bei der künftigen Erfüllung – bzw. Fortsetzung der Erfüllung – von Leistungsverpflichtungen verwendet werden.
– Die **Wiedererlangung der Kosten** wird erwartet.

Ein **Aktivierungsverbot** gilt u. a. für die folgenden Kosten (IFRS 15.98):

- Nicht an den Kunden verrechenbare Verwaltungs- und allgemeine Kosten,
- Kosten für Ausschuss und Fehlarbeiten, welche nicht im Preis enthalten sind,
- Kosten, welche sich auf bereits erfüllte (Teile von) Leistungsverpflichtungen beziehen,
- Kosten, bei denen das Unternehmen nicht unterscheiden kann, ob sie sich auf erfüllte oder noch nicht erfüllte Leistungsverpflichtungen beziehen.

6. Plan- und außerplanmäßige Abschreibungen auf Vermögenswerte für Kosten des Erhalts und der Erfüllung eines Vertrags

Dieses Kapitel behandelt die plan- und außerplanmäßige Abschreibung von zusätzlichen Kosten für den Erhalt eines Vertrags[624] sowie von Kosten der Vertragserfüllung,[625] welche **als Vermögenswerte aktiviert** wurden.

Derartige Vermögenswerte sind auf einer systematischen Grundlage **planmäßig abzuschreiben**, welche mit der Übertragung der Güter bzw. Dienstleistungen auf die sich der Vermögenswert bezieht auf den Kunden konsistent ist (IFRS 15.99 f.).

Ein **Wertminderungsverlust** ist in jenem Ausmaß in der GuV zu erfassen, in dem der **Buchwert** eines solchen Vermögenswerts **größer ist als** (IFRS 15.101 f.)

- die restliche – um das Kreditrisiko des Kunden angepasste – **Gegenleistung**, welche für die Güter bzw. Dienstleistungen, auf die sich der Vermögenswert bezieht, erwartet wird, abzgl.
- der **Kosten**, welche einen **direkten** Bezug zur Bereitstellung dieser Güter bzw. Dienstleistungen aufweisen und die noch nicht GuV-wirksam erfasst wurden.[626]

Beim **Wertminderungstest** wird genau genommen in **drei Schritten** vorgegangen (IFRS 15.103):

(1) Zunächst sind etwaige Wertminderungsverluste für mit dem Vertrag in Zusammenhang stehende Vermögenswerte zu erfassen, welche nach einem anderen Standard (z. B. IAS 2, IAS 16 und IAS 38) zu erfassen sind.

(2) Danach erfolgt der vorhin beschriebene Vergleich des Buchwerts des für Kosten des Erhalts und der Erfüllung eines Vertrags angesetzten Vermögenswerts mit der angepassten Gegenleistung abzgl. direkter Kosten.

(3) Schließlich ist der aus Schritt (2) resultierende Buchwert des Vermögenswerts in den Buchwert jener ZGE einzubeziehen, zu der er – für Zwecke der Anwendung von IAS 36 auf diese ZGE – gehört.

624 Vgl. Kapitel 5.1.
625 Vgl. Kapitel 5.2.
626 Vgl. Kapitel 5.2.

Im Falle des Wegfalls der Wertminderungsumstände bzw. deren Milderung ist in der GuV – in Bezug auf eine in Schritt (2) in der Vergangenheit erfasste Wertminderung – ein **Wertaufholungsgewinn** zu erfassen. Allerdings darf nicht über jenen fiktiven Buchwert (nach Abzug planmäßiger Abschreibungen) hinaus aufgewertet werden, welcher existieren würde, wenn an vorherigen Bilanzstichtagen kein Wertminderungsverlust erfasst worden wäre (IFRS 15.104).

7. Ausweis

Im Zeitpunkt des Vertragsabschlusses entsteht dem berichtenden Unternehmen einerseits eine Leistungsverpflichtung und andererseits ein Anspruch auf Gegenleistung. Diese sind saldiert auszuweisen. Hat im Zeitpunkt des Vertragsabschlusses noch keine der Parteien ihre Leistung erbracht, so entsprechen sich beide Posten und es bleibt daher bei der **Nichtbilanzierung schwebender Geschäfte.**[627]

Das berichtende Unternehmen hat eine **Vertragsverbindlichkeit** auszuweisen, wenn

- ein Kunde eine Gegenleistung entrichtet, oder
- das Unternehmen ein unbedingtes Recht auf Gegenleistung hat (d. h. eine Forderung besitzt),

bevor das Unternehmen an den Kunden ein Gut bzw. eine Dienstleistung überträgt. Der Ausweis erfolgt im Zahlungs- bzw. im Fälligkeitszeitpunkt, je nachdem, welcher der beiden der frühere ist (IFRS 15.106 und 15.Anhang A).

Ein **Vertragsvermögenswert** repräsentiert das Recht des Unternehmens auf Gegenleistung für Güter bzw. Dienstleistungen, welche das Unternehmen an einen Kunden übertragen hat, wenn dieses Recht noch von etwas anderem abhängt als dem Ablauf von Zeit. Ein Vertragsvermögenswert ist auszuweisen, wenn das Unternehmen Güter bzw. Dienstleistungen an einen Kunden überträgt, und zwar

- vor der Zahlung durch den Kunden oder
- vor Fälligkeit der Zahlung.

Für **Vertragsvermögenswerte** gelten im Hinblick auf **Wertminderungen** die Vorschriften von **IFRS 9** (IFRS 15.107 i.V. mit IFRS 9.2.2).

Ein **unbedingtes Recht** auf Gegenleistung ist allerdings separat als **Forderung** auszuweisen. Bei letzteren handelt es sich nicht mehr um Vertragsvermögenswerte. **Unbedingtheit** liegt vor, wenn lediglich der Ablauf von Zeit erforderlich ist, bevor die Zahlung der Gegenleistung fällig ist. Unterliegt der Betrag einer künftigen Rückerstattung, so ist diese unschädlich. Forderungen sind nach **IFRS 9** zu behandeln. Bei **Ersterfassung** einer Forderung aus einem Vertrag mit einem Kunden ist eine Differenz zwischen dem Wert der Forderung gem. IFRS 9 und dem korrespondierenden, erfassten Erlös als Aufwand (z. B. als Wertminderungsverlust) auszuweisen (IFRS 15.105, 15.107 f. und 15.Anhang A).

Zur Darstellung der **Effekte einer signifikanten Finanzierungskomponente** in der Gesamtergebnisrechnung wird auf Kapitel 3.3.3 verwiesen.

627 Vgl. *Hagemann*, PiR 8/2014, S. 228.

8. Aufgaben mit Lösungen

Verweis auf einen anderen Abschnitt

Hinsichtlich der Erlösrealisierung nach IFRS 15 beim Verkauf unter **Eigentumsvorbehalt** sowie bei Kommissionsgeschäften (**Verkaufskommission**) wird auf den Abschnitt zum Rahmenkonzept (Aufgaben 2 und 3) verwiesen.

AUFGABE 1

Signifikante Finanzierungskomponente und Vertragsverbindlichkeit[628]

Die X-AG verpflichtet sich am 01.01.01 gegenüber ihrem Kunden K zur Lieferung eines Vermögenswerts am 31.12.02. Es sei angenommen, dass die Beherrschung über den Vermögenswert am 31.12.02 auf K übergehen wird (**zeitpunktbezogene Leistungsverpflichtung**). Der Vertrag sieht zwei unterschiedliche Zahlungsmöglichkeiten vor:

- Zahlung von GE 121 am 31.12.02, d. h. bei Übergang der Beherrschung,
- Zahlung von GE 100 am 01.01.01, d. h. bei Vertragsabschluss **im Vorhinein**.

K entscheidet sich für die letztere Variante.

Die X-AG kommt zum Ergebnis, dass – angesichts des Marktzinsniveaus und der Länge des Zeitraums zwischen Übertragung des Vermögenswerts auf den Kunden und Zahlung – eine **signifikante Finanzierungskomponente** vorliegt (IFRS 15.61).

Im Falle einer separaten Finanzierungstransaktion bei Vertragsbeginn zwischen der X-AG und K wäre ein Zinssatz von 7 % p. a. vereinbart worden (Grenzfremdkapitalzinssatz der X-AG).

Aufgabenstellung

Nehmen Sie alle aus der Perspektive der X-AG (Bilanzstichtag: 31.12.) in den Jahren 01 und 02 erforderlichen Buchungen vor.

Lösungshinweise

Insbesondere Kapitel 3.3.3 und 7

LÖSUNG

Die X-AG hat am 01.01.01 – i. H. des von K vorausbezahlten Preises – eine Vertragsverbindlichkeit zu erfassen, da K eine Gegenleistung entrichtet, bevor die X-AG Leistungen an K erbracht hat (IFRS 15.106 und 15.B44):

01.01.01	Geld	100,-	
	an Vertragsverbindlichkeit		100,-

628 In Anlehnung an IFRS 15.IE148-15.IE151 und *Hagemann*, PiR 8/2014, S. 231.

Da eine signifikante Finanzierungskomponente vorliegt, ist der Zeitwert des Geldes zu berücksichtigen. In diesem Sinne ist jener Erlös durch Aufzinsung zu ermitteln, welcher zustande gekommen wäre, wenn K am 31.12.02 gezahlt hätte (IFRS 15.60 f.). Dabei ist jener Zinssatz zu verwenden, der in einer separaten Finanzierungstransaktion zwischen der X-AG und K vereinbart worden wäre (IFRS 15.64), d. h. 7 % p. a. – und *nicht* der der Transaktion zugrunde liegende Zinssatz von 10 % p. a. (GE 121 : $1{,}1^2$ = GE 100). Der zu Vertragsbeginn maßgebliche Zinssatz von 7 % p. a. ist i. d. F. auch nicht anzupassen (IFRS 15.64, letzter Satz). Somit beträgt der schlussendlich zu erfassende Erlös GE 114,49. Die Differenz zum Preis lt. Vertrag von GE 14,49 repräsentiert zusätzliche Umsätze und ist gleichzeitig als Zinsaufwand über 24 Monate zu verteilen (IFRS 15.65).

31.12.01		Zinsaufwand[629]	7,00	
	an	Vertragsverbindlichkeit		7,00

31.12.02		Zinsaufwand[630]	7,49	
	an	Vertragsverbindlichkeit		7,49

31.12.02		Vertragsverbindlichkeit	114,49	
	an	Umsatzerlöse		114,49

AUFGABE 2

Vertragsverbindlichkeit und Forderung[631]

Am 01.01.01 schließt die X-AG mit ihrem Kunden K einen nicht kündbaren Vertrag über die Lieferung eines Produkts an letzteren ab. Lt. Vertrag muss die X-AG ihre Leistungsverpflichtung am 31.03.01 erfüllen. Die Gegenleistung von GE 50 ist von K bereits am 31.01.01 im Vorhinein zu entrichten. Am 15.01.01 wird die Rechnung an K übermittelt. K zahlt schlussendlich erst am 01.03.01. Am 31.03.01 liefert die X-AG vereinbarungsgemäß das Produkt.

Aufgabenstellung

Nehmen Sie alle aus der Perspektive der X-AG (Bilanzstichtag: 31.12.) erforderlichen Buchungen vor.

Lösungshinweise

Insbesondere Kapitel 7

629 GE 11 = GE 100 (Stand der Vertragsverbindlichkeiten am 01.01.01) · 7 %
630 GE 7,49 = GE 107 (Stand der Vertragsverbindlichkeiten am 01.01.02) · 7 %
631 In Anlehnung an IFRS 15.IE198-15.IE200.

LÖSUNG

Die Übermittlung der Rechnung am 15.01.01 an K (d. h. vor dem Fälligkeitsdatum der Gegenleistung) führt nicht zu einer Bruttodarstellung i. S. eines gleichzeitigen Ausweises einer Forderung und einer Vertragsverbindlichkeit. Schließlich hat die X-AG in diesem Fall noch kein unbedingtes Recht auf eine Gegenleistung.

Am Tag der Fälligkeit der Gegenleistung (31.01.01) ist eine Forderung zu erfassen, da die X-AG ab diesem Zeitpunkt ein unbedingtes Recht auf Gegenleistung hat. Gleichzeitig ist eine Vertragsverbindlichkeit anzusetzen.

31.01.01		Forderung	50,-	
	an	Vertragsverbindlichkeit		50,-

Am 01.03.01 erhält die X-AG die Zahlung von K:

01.03.01		Geld	50,-	
	an	Forderung		50,-

Am 31.03.01 erfüllt die X-AG ihre Leistungsverpflichtung und erfasst daher die Umsatzerlöse:

31.03.01		Vertragsverbindlichkeit	50,-	
	an	Umsatzerlöse		50,-

AUFGABE 3

Aufteilung des Transaktionspreises und Vertragsvermögenswert[632]

Am 01.01.01 schließt die X-AG mit ihrem Kunden K einen Vertrag über die Lieferung der Produkte A und B ab. Lt. Vertrag ist Produkt A am 31.01.01 zu liefern und Produkt B am 28.02.01. Die Gegenleistung von GE 105 ist lt. Vertrag erst fällig, wenn sowohl A als auch B geliefert wurden.

Bei den Zusagen zur Lieferung der Produkte A und B handelt es sich um zwei Leistungsverpflichtungen. Der Einzelveräußerungspreis von A beträgt GE 80, jener von B GE 40. Der Rabatt von GE 15 (Differenz zwischen dem günstigeren Paketpreis und der Summe der Einzelveräußerungspreise) bezieht sich proportional auf beide Produkte. Die Beherrschung wird jeweils im Zeitpunkt der Lieferung von A bzw. B auf K übertragen.

Aufgabenstellung

Nehmen Sie alle aus der Perspektive der X-AG (Bilanzstichtag: 31.12.) erforderlichen Buchungen vor.

Lösungshinweise

Insbesondere Kapitel 3.4 und 7

632 In Anlehnung an und als Erweiterung zu IFRS 15.IE201-15.IE204.

LÖSUNG

Da der Vertrag mehrere Leitungsverpflichtungen enthält, ist der Transaktionspreis auf ebendiese zu verteilen. Dies geschieht im Verhältnis der Einzelveräußerungspreise von A und B:

	Einzelveräußerungspreis	Relativer Einzelveräußerungspreis	Aufteilung des Transaktionspreises
Produkt A	80	66,67 % *(= 80 : 120)*	70 *(= 105 · 66,67 %)*
Produkt B	40	33,33 % *(= 40 : 120)*	35 *(= 105 · 33,33 %)*
Summe	**120**	**100 %**	**105**

Die X-AG hat bis zum 28.02.01 (Lieferung des zweiten Produkts) kein unbedingtes Recht auf Gegenleistung und somit auch keine Forderung. Bei Lieferung von A am 31.01.01 ist allerdings ein Vertragsvermögenswert auszuweisen, da die X-AG mit dieser Lieferung eine Leistungsverpflichtung erfüllt hat (IFRS 15.105 und 15.107):

31.01.01		Vertragsvermögenswert	70,-	
	an	Umsatzerlöse		70,-

Am 28.02.01 erfüllt die X-AG die Verpflichtung zur Lieferung von B. Dadurch entsteht ein unbedingtes Recht auf Erhalt der Gegenleistung, welches als Forderung anzusetzen ist:

28.02.01		Forderung	105,-	
	an	Vertragsvermögenswert		70,-
	an	Umsatzerlöse		35,-

AUFGABE 4

Platzierungsgebühr

U ist Hersteller einer Markenschokolade und beliefert u. a. die Handelskette H. Diese verlangt von U eine Platzierungsgebühr (*placement* oder *slotting fee*) dafür, dass die Produkte des U in den Verkaufsregalen in günstiger Position (augenhoch, nicht bodennah) platziert werden.

Aufgabenstellung

Beurteilen Sie, ob die Platzierungsgebühren als (Vertriebs-)Aufwand oder als Erlösminderung zu buchen sind.

Lösungshinweise

Insbesondere Kapitel 3.3

LÖSUNG

Nach IFRS 15.70 sind Zahlungen des leistenden Unternehmens an den Kunden i. d. R. als Erlösminderung zu erfassen. Eine aufwandswirksame Verbuchung kommt nur dann in Frage, wenn das Unternehmen für die Zahlung vom Kunden eine identifizierbare Gegenleistung erhält.

Durch die Platzierungsgebühr erlangt U aber keine Beherrschung (Nutzungsrechte) über bestimmte Verkaufsflächen. Daher fehlt es an einer identifizierbaren Gegenleistung (IFRS 15.IE 161).

Die Gebühren sind daher erlösmindernd zu buchen.

AUFGABE 5

Errichtung eines Gebäudes

Grundfall:

U ist Bauunternehmer und errichtet schlüsselfertig auf einem U gehörenden Grundstück ein Einfamilienhaus für den Kunden K. Nach Fertigstellung erwirbt K das Eigentum am Grundstück und damit zivilrechtlich automatisch auch am Gebäude. K hat zwar Einfluss auf die Größe und Struktur (Zimmeraufteilung usw.) des Gebäudes genommen. Das Gebäude weist aber keine so großen Besonderheiten aus, dass es nicht auch für eine größere Zahl anderer Immobiliensuchender von Interesse wäre.

Alternativfall:

Das Gebäude wird auf einem K gehörenden Grundstück errichtet. Nach dem einschlägigen Zivilrecht stehen fest mit einem Grundstück verbundene Gegenstände (hier Gebäude) im Eigentum des Grundstückseigentümers.

Aufgabenstellung

Darf U den Umsatz erst mit Fertigstellung des Gebäudes oder sukzessive nach Leistungsfortschritt ausweisen?

Lösungshinweise

Insbesondere Kapitel 3.5

LÖSUNG

Entscheidend für den Zeitpunkt der Erlösrealisierung ist, ob eine **zeitraum- oder** eine **zeitpunktbezogene Leistung** vorliegt (IFRS 15.35-15.38). Eine zeitraumbezogene Leistung liegt u. a. in folgenden Fällen vor:

- Es existiert keine adäquate alternative Nutzungs- oder Verwertungsmöglichkeit des Vermögenswerts für das leistungserbringende Unternehmen (Kundenspezifität) (IFRS 15.35c).
- Das Unternehmen erstellt oder verbessert einen vom Kunden beherrschten Vermögenswert (IFRS 15.35b).

Im **Grundfall** gilt: Das Gebäude ist zwar so wenig kundenspezifisch, dass eine adäquate Vermarktung an einen anderen Kunden nicht ausscheiden würde, gleichwohl ist aus rechtlichen Gründen keine alternative Verwertungsmöglichkeit für U gegeben. Schließlich kann K auf die Einhaltung des Vertrags über ein spezifisch gelegenes Haus insistieren und muss sich nicht mit einem gleichartigen Gebäude auf einem gleichwertigen Grundstück zufrieden geben (IFRS 15.B7 und 15.IE81 ff.). Es liegt daher eine zeitraumbezogene Leistung vor. Der Umsatz ist somit nach Leistungsfortschritt zu realisieren.

Im **Alternativfall** ist beachtlich, dass nach dem einschlägigen Zivilrecht fest mit einem Grundstück verbundene Gegenstände (hier Gebäude) im Eigentum des Grundstückseigentümers stehen. K erwirbt daher sukzessive die Beherrschung über die Bauleistung. Es liegt daher ebenfalls eine zeitraumbezogene Leistung vor. Der Umsatz ist somit nach Leistungsfortschritt zu realisieren.

AUFGABE 6

Kostenlose Abgabe von Mobiltelefonen bei Mobilfunkunternehmen

M betriebt eine Mobilfunkunternehmen. Kunden, die einen Vertrag mit einer Laufzeit von 24 Monaten und monatlichen Gebühren von 50 € abschließen, erhalten kostenlos ein Mobiltelefon. Verzichten sie auf letzteres, so fallen nur monatliche Gebühren von 30 € an. Der Marktpreis des Mobiltelefons beträgt 360 €, die Beschaffungskosten für M 250 €. Das Mobiltelefon kann der Kunde auch mit anderen, nicht von M ausgegebenen SIM-Karten nutzen.

Vor Einführung von IFRS 15 hat M die Beschaffungskosten von 250 € je Mobiltelefon im Zeitpunkt der kostenlosen Abgabe als Vertriebsaufwand (Kundengewinnungskosten) gebucht und den Erlös aus der Nutzung des Mobilfunknetzes (24 x 50 = 1.200 €) pro rata, d. h. mit 600 € p. a. erfasst.

Aufgabenstellung

Kann M die bisherige Praxis nach Einführung von IFRS 15 beibehalten?

Lösungshinweise

Insbesondere Kapitel 3.2

LÖSUNG

Nach IFRS 15.27 f. stellen die Abgabe des Mobiltelefons und die 24-monatige Netznutzung eigenständige Leistungen dar, die daher separat hinsichtlich der Art der Erlösrealisierung in zeitlicher Hinsicht zu prüfen sind:

- Die Lieferung des Mobiltelefons ist eine zeitpunktbezogene Leistung, der Umsatz daher mit Übergabe zu erfassen.
- Die Netznutzung ist eine zeitraumbezogene Leistung, der Umsatz somit pro rata zu erfassen.

Zur Anwendung dieser Realisationskriterien ist der Gesamterlös (1.200 €) den beiden Leistungskomponenten nach Maßgabe der relativen Zeitwerte zuzurechnen. Dies ergibt folgendes:

- Zeitwert gesamt: 360 € + 24 · 30 € = 1.080 €
- Anteil Mobiltelefon: 360 : 1.080 = 33,33 %. Angewandt auf den Gesamterlös von 1.200 € ergibt dies 400 €.
- Anteil Netznutzung: 720 : 1.080 = 66,67 % . Angewandt auf den Gesamterlös von 1.200 € ergibt dies 800 €.

400 € sind also sofort mit Übergabe des Mobiltelefons als Erlös zu erfassen. Die verbleibenden 800 € sind pro rata, also mit 400 € p. a. bzw. 33,33 € p. m. zu realisieren.

STICHWORTVERZEICHNIS

A

G

J

K

N

O

T

Z